Massimo Bergamini
Graziella Barozzi
Anna Trifone

4 Matematica.rosso
Seconda edizione

Matematica e arte

Ellsworth Kelly di Emanuela Pulvirenti

Che cos'è quella strana macchia rossa in copertina? Difficile crederlo, ma è un quadro: un'opera di Ellsworth Kelly dal titolo *Red with White Relief*. Certo, ha una forma anomala, dimensioni esagerate, non presenta immagini né disegni astratti, non si capisce quale sia il significato... eppure è un dipinto a tutti gli effetti. E come tutti i dipinti, anche quelli più essenziali, nasce dall'esigenza di rappresentare un aspetto della realtà. Nel caso di Kelly, artista americano morto a dicembre del 2015 all'età di 92 anni, quell'aspetto è la forma che hanno le cose, soprattutto quelle della natura e delle piante a lungo disegnate negli anni della formazione.

"Non sono interessato alla struttura di una roccia ma alla sua ombra", amava dire Kelly.

I contorni delle cose, dunque, sono per Kelly più importanti di quello che ci sta dentro; la sagoma del quadro è più interessante del colore con cui è riempito. Si tratta quindi di un'esplorazione precisa e paziente delle infinite geometrie del quadro. Un'operazione di reinvenzione del mondo attraverso un linguaggio "pulito" e astratto. Talmente rigoroso e oggettivo che l'opera deve quasi sembrare essersi fatta da sé, senza l'intervento della volontà dell'artista.

La sua produzione è vicina al movimento del *Hard Edge Painting*, la pittura realizzata con campiture uniformi accostate in modo netto, ed è affine al *Minimalismo*, la corrente artistica che si esprime con elementi geometrici semplici e basilari. Eppure la sua opera sfugge a queste definizioni, perché riduce la tavolozza a pochi colori base, per di più usati separatamente, e poi perché le sue tele, con quelle forme originali e non classificabili, possiedono un dinamismo estraneo all'arte minimalista.

Le sue sagome colorate parlano lo stesso linguaggio essenziale ed esatto della matematica, sono formule visive che raccontano, proprio come fa questo libro, un universo misterioso tutto da scoprire.

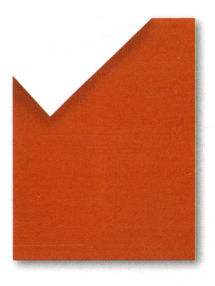

Ellsworth Kelly, *Red with White Relief*, 2002
olio su tela, due pannelli uniti
205,7 × 160 × 6,7 cm

Per saperne di più vai **su.zanichelli.it/copertine-bergamini**

PER IL COMPUTER E PER IL TABLET

L'eBook multimediale

1 REGÌSTRATI A MYZANICHELLI
Vai su **my.zanichelli.it** e registrati come studente

2 SCARICA BOOKTAB
- Scarica **Booktab** e installalo
- Lancia l'applicazione e fai login

3 ATTIVA IL TUO LIBRO
- Clicca su **Attiva il tuo libro**
- Inserisci il **codice di attivazione** che trovi sul **bollino argentato adesivo** in questa pagina

4 CLICCA SULLA COPERTINA
Scarica il tuo libro per usarlo offline

SOMMARIO

	T	E
VERSO L'INVALSI		I2

CAPITOLO 12 — FUNZIONI E LORO PROPRIETÀ

	T	E
1 Funzioni reali di variabile reale	560	572
Riepilogo: Dominio di una funzione		579
2 Proprietà delle funzioni	564	584
3 Funzione inversa	569	588
4 Funzione composta	570	591
■ IN SINTESI	571	
■ VERIFICA DELLE COMPETENZE		
• Allenamento		593
• Prove		597

Nell'eBook

1 video (• Dominio di una funzione)

e inoltre 11 animazioni

TUTOR matematica — 45 esercizi interattivi in più
risorsa riservata a chi ha acquistato l'edizione con tutor

CAPITOLO 13 — LIMITI DI FUNZIONI

	T	E
1 Insiemi di numeri reali	598	624
2 $\lim_{x \to x_0} f(x) = l$	601	625
3 $\lim_{x \to x_0} f(x) = \infty$	607	630
4 $\lim_{x \to \infty} f(x) = l$	611	633
5 $\lim_{x \to \infty} f(x) = \infty$	613	636
Riepilogo: I limiti e la loro verifica		637
6 Primi teoremi sui limiti	616	640
7 Limite di una successione	619	641
■ IN SINTESI	623	
■ VERIFICA DELLE COMPETENZE		
• Allenamento		643
• Prove		645

Nell'eBook

2 video (• Limite finito di una funzione in un punto • Teorema del confronto)

e inoltre 12 animazioni

TUTOR matematica — 45 esercizi interattivi in più
risorsa riservata a chi ha acquistato l'edizione con tutor

CAPITOLO 14 — CALCOLO DEI LIMITI E CONTINUITÀ DELLE FUNZIONI

	T	E
1 Operazioni sui limiti	646	673
Riepilogo: Operazioni sui limiti		674
2 Forme indeterminate	651	676
Riepilogo: Forme indeterminate		680
3 Limiti notevoli	656	682
Riepilogo: Calcolo dei limiti		684

Sommario

Nell'eBook

8 video (• Le forme indeterminate $0 \cdot \infty$, $\frac{0}{0}$ • Le forme indeterminate 0^0, ∞^0, 1^∞ • Il limite notevole $\lim_{x \to 0} \frac{e^x - 1}{x}$ • Infinitesimi, infiniti e loro confronto • Numero di Nepero • Teoremi sulle funzioni continue • Punti di discontinuità • Asintoti)

e inoltre 12 animazioni

TUTOR **45 esercizi interattivi in più**
risorsa riservata a chi ha acquistato l'edizione con tutor

4	Infinitesimi, infiniti e loro confronto	658	686
5	Limiti delle successioni	660	688
6	Funzioni continue	661	689
7	Punti di discontinuità di una funzione	664	694
8	Asintoti	667	696
	Riepilogo: Ricerca degli asintoti		698
9	Grafico probabile di una funzione	670	700
■	IN SINTESI	671	
■	VERIFICA DELLE COMPETENZE		
	• Allenamento		704
	• Prove		709

CAPITOLO 15 — DERIVATE

Nell'eBook

6 video (• Derivata in un punto • Continuità e derivabilità • Regole di derivazione: quoziente • Derivata della funzione inversa • Retta tangente al grafico di una funzione • Teorema di Lagrange)

e inoltre 15 animazioni

TUTOR **45 esercizi interattivi in più**
risorsa riservata a chi ha acquistato l'edizione con tutor

1	Derivata di una funzione	710	738
2	Continuità e derivabilità	716	744
3	Derivate fondamentali	717	744
4	Operazioni con le derivate	719	745
5	Derivata di una funzione composta	722	750
	Riepilogo: Operazioni con le derivate e funzioni composte		751
6	Derivata della funzione inversa	724	754
	Riepilogo: Calcolo delle derivate		756
7	Derivate di ordine superiore al primo	724	758
8	Retta tangente e punti di non derivabilità	725	759
9	Differenziale di una funzione	728	765
10	Teoremi del calcolo differenziale	730	768
	Riepilogo: Teorema di De L'Hospital		777
■	IN SINTESI	735	
■	VERIFICA DELLE COMPETENZE		
	• Allenamento		775
	• Prove		779

CAPITOLO 16 — STUDIO DELLE FUNZIONI

Nell'eBook

7 video (• Punti di flesso • Punti stazionari e derivata prima di funzioni derivabili • Massimi, minimi e cuspidi • Flessi e derivata seconda • Massimi, minimi, flessi e funzioni con parametri • Studio di funzioni • Studio di una funzione logaritmica)

e inoltre 21 animazioni

TUTOR **45 esercizi interattivi in più**
risorsa riservata a chi ha acquistato l'edizione con tutor

1	Funzioni crescenti e decrescenti e derivate	780	798
2	Massimi, minimi e flessi	781	800
3	Massimi, minimi, flessi orizzontali e derivata prima	785	802
	Riepilogo: Massimi e minimi relativi e flessi orizzontali		806
4	Flessi e derivata seconda	789	809
5	Problemi di ottimizzazione	792	812
6	Studio di una funzione	793	820
	Riepilogo: Studio di una funzione		837
■	IN SINTESI	796	
■	VERIFICA DELLE COMPETENZE		
	• Allenamento		841
	• Prove		847

Sommario

CAPITOLO 17 — ECONOMIA E FUNZIONI DI UNA VARIABILE

1	Prezzo e domanda	848	872
2	Funzione dell'offerta	853	877
3	Prezzo di equilibrio	855	878
	Riepilogo: Domanda e offerta		881
4	Funzione del costo	857	882
5	Funzione del ricavo	863	889
6	Funzione del profitto	865	892
■	IN SINTESI	870	
■	VERIFICA DELLE COMPETENZE		
	• Allenamento		898
	• Prove		901

Nell'eBook
1 video (• Prezzo di equilibrio)
e inoltre 8 animazioni

TUTOR matematica — 45 esercizi interattivi in più
risorsa riservata a chi ha acquistato l'edizione con tutor

CAPITOLO 18 — INTEGRALI

1	Integrale indefinito	902	924
2	Integrali indefiniti immediati	905	926
	Riepilogo: Integrali indefiniti immediati		931
3	Metodi di integrazione	907	933
	Riepilogo: Integrali indefiniti		938
4	Integrale definito	909	940
5	Teorema fondamentale del calcolo integrale	914	942
6	Aree di superfici piane	916	945
	Riepilogo: Aree di superfici piane		948
7	Integrazione numerica	918	950
8	Integrali e modelli economici	919	951
■	IN SINTESI	922	
■	VERIFICA DELLE COMPETENZE		
	• Allenamento		955
	• Prove		959

Nell'eBook
6 video (• Integrali di funzioni composte: le potenze • Integrali di funzioni composte: il logaritmo • Integrazione per parti • Integrazione delle funzioni razionali fratte • Valore medio di una funzione in un intervallo • Integrale definito e calcolo delle aree)
e inoltre 13 animazioni

TUTOR matematica — 60 esercizi interattivi in più
risorsa riservata a chi ha acquistato l'edizione con tutor

CAPITOLO 19 — STATISTICA BIVARIATA

1	Introduzione alla statistica bivariata	960	973
2	Regressione	964	976
3	Correlazione	968	979
	Riepilogo: Statistica bivariata		980
■	IN SINTESI	972	
■	VERIFICA DELLE COMPETENZE		
	• Allenamento		983
	• Prove		990

Nell'eBook
1 video (• Cefeidi)
e inoltre 2 animazioni

TUTOR matematica — 30 esercizi interattivi in più
risorsa riservata a chi ha acquistato l'edizione con tutor

CAPITOLO 20 — CALCOLO COMBINATORIO

1	Che cos'è il calcolo combinatorio	992	1008
2	Disposizioni	993	1009
3	Permutazioni	996	1012
4	Combinazioni	1000	1016
	Riepilogo: Calcolo combinatorio		1020
5	Binomio di Newton	1003	1024
■	**IN SINTESI**	1006	
■	**VERIFICA DELLE COMPETENZE**		
	• Allenamento		1025
	• Prove		1029

Nell'eBook

2 video (• Gioco della zara • Disposizioni, permutazioni, combinazioni)
e inoltre 9 animazioni

TUTOR matematica — 45 esercizi interattivi in più
risorsa riservata a chi ha acquistato l'edizione con tutor

CAPITOLO α1 — PROBABILITÀ

1	Eventi	α2	α19
2	Concezione classica della probabilità	α3	α19
3	Probabilità di eventi complessi	α6	α25
4	Concezione statistica della probabilità	α13	α28
5	Concezione soggettiva della probabilità	α15	α29
6	Impostazione assiomatica della probabilità	α16	α30
	Riepilogo: Probabilità		α32
■	**IN SINTESI**	α18	
■	**VERIFICA DELLE COMPETENZE**		
	• Allenamento		α34
	• Prove		α37

Nell'eBook

1 video (• Roulette e probabilità)
e inoltre 11 animazioni

TUTOR matematica — 30 esercizi interattivi in più
risorsa riservata a chi ha acquistato l'edizione con tutor

CAPITOLO α2 — DISTRIBUZIONI DI PROBABILITÀ

1	Variabili casuali discrete e distribuzioni di probabilità	α38	α66
2	Valori caratterizzanti una variabile casuale discreta	α46	α70
3	Distribuzioni di probabilità di uso frequente	α50	α75
4	Variabili casuali standardizzate	α55	α80
5	Variabili casuali continue	α56	α81
■	**IN SINTESI**	α63	
■	**VERIFICA DELLE COMPETENZE**		
	• Allenamento		α87
	• Prove		α91

Nell'eBook

2 video (• Roulette e distribuzioni di probabilità • Pacchetti di caffè)
e inoltre 8 animazioni

TUTOR matematica — 45 esercizi interattivi in più
risorsa riservata a chi ha acquistato l'edizione con tutor

CAPITOLO C3 — INTERPOLAZIONE

1	Interpolazione fra punti	C28	C32
2	Interpolazione per punti	C30	C34

TUTOR matematica — 15 esercizi interattivi in più
risorsa riservata a chi ha acquistato l'edizione con tutor

Fonti

VERSO L'INVALSI — I6

CAPITOLO C4
Disponibile nell'eBook

APPROSSIMAZIONE DI UNA FUNZIONE MEDIANTE POLINOMI
1. Formule di Taylor e di Maclaurin
2. Serie di Taylor e di Maclaurin

Fonti delle immagini

Capitolo 12 Funzioni e loro proprietà
570: Stokkete/Shutterstock
574 (a): aprilvalery/Shutterstock
574 (b): Federico Rostagno/Shutterstock
588 (a): Andrey_Popov/Shutterstock
588 (b): Joat/Shutterstock
590: Pakhnyushchy/Shutterstock
592 (a): Billion Photos/Shutterstock
592 (b): isak55/Shutterstock
595: Kostin/Shutterstock
596 (a): taa22/Shutterstock
596 (b): Konstantin Chagin/Shutterstock
596 (c): Pop Paul-Catalin/Shutterstock
597: mandritoiu/Shutterstock

Capitolo 13 Limiti di funzioni
622: Armin Rose/Shutterstock
627: TorriPhoto/Shutterstock
634: svarshik/Shutterstock
639 (a): chromatos/Shutterstock
639 (b): Georgios Kollidas/Shutterstock
645: Fouad A. Saad/Shutterstock

Capitolo 14 Calcolo dei limiti e continuità delle funzioni
668: Anton Bocaling, 2000
675: Noumad Soul/Shutterstock
682 (a): Istvan Csak/Shutterstock
682 (b): Chainfoto24/Shutterstock
685: abcphotosystem/Shutterstock
686: IM_photo/Shutterstock
689: Bildagentur Zoonar GmbH/Shutterstock
691 (a): Pete Niesen/Shutterstock
691 (b): Peter Gudella/Shutterstock
693: Canon Boy/Shutterstock
696 (a): Tomas Urbelionis
696 (b): Sergey Nivens/Shutterstock
701: Rodrigo Garrido
703 (a): angellodeco/Shutterstock
703 (b): Numeber001/Shutterstock
707 (a): zhang kan/Shutterstock
707 (b): Marcel Clemens/Shutterstock
707 (c): Andreas Kraus/Shutterstock
708: momente/Shutterstock
709: SMA Studio/Shutterstock

Capitolo 15 Derivate
712: Analia26/Shutterstock
715: Tim UR/Shutterstock
716: Mircea Bezergheanu/Shutterstock
739: Flat Design/Shutterstock
747: servickuz/Shutterstock
754 (a): Ivan Smuk/Shutterstock
754 (b): Comaniciu Dan/Shutterstock
754 (c): wavebreakmedia/Shutterstock
758: Lepas/Shutterstock
764: PHOTOMDP/Shutterstock
765: prochasson frederic/Shutterstock
766: Nova methodus pro maximis et minimis, Leibniz
767 (a): Smit/Shutterstock
767 (b): Franco Nadalin/Shutterstock
769: katalinks/Shutterstock/Shutterstock
770: Paulo Goncalves/Shutterstock
771: Osadchaya Olga/Shutterstock
777: Ruth Peterkin/Shutterstock
778: Spantomoda/Shutterstock
779: leungchopan/Shutterstock

Capitolo 16 Studio delle funzioni
780: Zimmytws/Shutterstock, Tim Scott/Shutterstock
792: GoodMood Photo/Shutterstock
808: andersphoto/Shutterstock
818 (a): Villiers Steyn/Shutterstock
818 (b): yurchello108/Shutterstock
819 (a): Vadim Ratnikov/Shutterstock
819 (b): Vladimiroquai/Shutterstock
825: Elena Kharichkina/Shutterstock
826: TK Studio/Shutterstock
830: Mary Rice/Shutterstock
834: Izf/Shutterstock
840: Scanrail1/Shutterstock
845: Lighthunter/Shutterstock
846 (a): Coprid/Shutterstock
846 (b): urfin/Shutterstock
846 (c): makuromi/Shutterstock
847: Dmitry Kalinovsky/Shutterstock

Capitolo 17 Economia e funzioni di una variabile
865 andrest/Shutterstock
875 (a): ollyy/Shutterstock
875 (b): Illker caikligil/Shutterstock
877 (a): symbiot/Shutterstock
877 (b): Eugenia Lucasenco/Shutterstock
879: Africa Studio/Shutterstock
881: Ilija Generalov/Shutterstock
882: Dinga/Shutterstock
883: Art65935/Shutterstock
888: monticello/Shutterstock
890: Rodrigo Garrido/Shutterstock
892: timquo/Shutterstock
897: ryabuha kateryna/Shutterstock
900 (a): kenishitotie/Shutterstock
900 (b): Christian Jung/Shutterstock
901: squarelogo/Shutterstock

Capitolo 18 Integrali
905: Potapov Alexander/Shutterstock
933 (a): MimaCZ/Shutterstock
933 (b): sheff/Shutterstock
945 (a): allegro/Shutterstock
945 (b): Pedarilhos/Shutterstock
949 (a): givaga/Shutterstock
949 (b): givaga/Shutterstock
951: pathdoc/Shutterstock
952: Vyacheslav Svetlichny/Shutterstock
954 (a): Natalya Chumak/Shutterstock
954 (b): Berents/Shutterstock
954 (c): spinetta/Shutterstock
957: canbedone/Shutterstock
958 (a): M.Unal Ozmen/Shutterstock
958 (b): Yasonya/Shutterstock
959: Ingrid Balabanova/Shutterstock

Cap 19 Statistica bivariata
967: NASA/JPL-Caltech
975: Mega Pixel/Shutterstock
977: Ekaterina Pokrovsky/Shutterstock
985: Marcel Jancovic/Shutterstock
989: Colour/Shutterstock
991: Rido/Shutterstock

Capitolo 20 Calcolo combinatorio
999 (a): Bill Lawson/Shutterstock
999 (b): ronstik/Shutterstock
1002: Jerry Bauer
1010 (a): PlusONE/Shutterstock
1010 (b): Andrey_Popov/Shutterstock
1011 (a): Dragon Images/Shutterstock
1011 (b): Rob Pittman/Shutterstock
1012: Freer/Shutterstock
1015: Vixit/Shutterstock
1023 (a): Thumb/Shutterstock
1023 (b): Perrush/Shutterstock
1023 (c): Poznyakov/Shutterstock
1023 (d): Photology1971/Shutterstock
1027: Nicole Gordine/Shutterstock
1028 (a): David Acosta Allely/Shutterstock
1028 (b): Nitr/Shutterstock
1029: Sara Sangalli/Shutterstock

Capitolo α1 Probabilità
α11: Webphoto
α20: Steve Cukrov/Shutterstock
α22: Billion Photos/Shutterstock
α23: Corepics VOF/Shutterstock
α24: Syda Productions/Shutterstock
α26: Markus Mainka/Shutterstock
α27 (a): Picsfive/Shutterstock
α27(b): Jozef_Culak/Shutterstock
α28: bouzou/Shutterstock
α29 (a): Cheryl Ann Quigley/Shutterstock
α29 (b): cristiano barni/Shutterstock
α30: koya979/Shutterstock
α31: wavebreakmedia/Shutterstock
α32 (a): Lek Changply/Shutterstock
α32 (b): AGCuesta/Shutterstock
α32 (c): mekcar/Shutterstock
α33: Milovad/Shutterstock
α36: antoniodiaz/Shutterstock
α37: PhotoStock10/Shutterstock

Capitolo α2 Distribuzioni di probabilità
α40: kurhan/Shutterstock
α53: nazarovsergey/Shutterstock
α62: O.Bellini/Shutterstock
α71: Chutima Chaochaiya/Shutterstock
α78: rook76/Shutterstock
α79 (a): mariakraynova/Shutterstock
α79 (b): Claudio Gennari/Shutterstock
α81: Joana Lopes/Shutterstock
α84: Swapan Photography/Shutterstock
α85: Quanthem/Shutterstock
α86: ffolas/Shutterstock

Verso l'INVALSI
I7: Alexey Lysenko/Shutterstock
I9: elena-t/Shutterstock

COME ORIENTARSI NEL LIBRO

Tanti tipi di esercizi

AL VOLO — Esercizi veloci
Per esempio: esercizio 3, pagina 572.

CACCIA ALL'ERRORE — Evita i tranelli
Per esempio: esercizio 91, pagina 745.

COMPLETA — Inserisci la risposta giusta
Per esempio: esercizio 45, pagina 626.

EUREKA! — Una sfida per metterti alla prova
Per esempio: esercizio 265, pagina 752.

> **265** **EUREKA!** Determina una funzione $y = f(g(x))$ che ha come derivata $y' = 3x^2 \sin(x^3 + 2)$.

FAI UN ESEMPIO — Se lo sai fare, hai capito
Per esempio: esercizio 397, pagina 830.

LEGGI IL GRAFICO — Ricava informazioni dall'analisi di un grafico
Per esempio: esercizio 269, pagina 815.

> **269** **LEGGI IL GRAFICO** Scrivi l'equazione della parabola rappresentata nella figura e trova la posizione di A e B in modo che il triangolo OBA abbia area massima.
> $\left[y_A = y_B = \dfrac{8}{3} \right]$

REALTÀ E MODELLI — La matematica di tutti i giorni
Per esempio: esercizio 522, pagina 701.

RIFLETTI SULLA TEORIA — Spiega, giustifica, argomenta
Per esempio: esercizio 40, pagina 875.

YOU & MATHS — La matematica in inglese
Per esempio: esercizio 342, pagina 688.

VERO O FALSO? TEST ASSOCIA — Vedi subito se hai capito
Per esempio: esercizi dal 210 al 211, pagina 637.

> **522** **REALTÀ E MODELLI** **Il rally** Durante una gara, una macchina percorre un tratto di strada in piano, con una traiettoria che può essere descritta dalla funzione modello $y = \dfrac{3 - x^2}{x + 1}$, con $x < -\sqrt{3}$.
> **a.** Disegna il grafico approssimativo della funzione modello nel suo dominio naturale.
> **b.** Studia la continuità della funzione nel suo dominio naturale.
> **c.** Determina eventuali asintoti.
> [b) $x = -1$: II specie; c) $y = -x + 1$]

I rimandi alle risorse digitali

Video — 1 ora e 40 minuti di video
Per esempio: *Dominio di una funzione*, pagina 562.

Animazione — 120 animazioni interattive
Per esempio: esercizi a pagina 652.

🇬🇧 **Listen to it** — La lettura di 50 definizioni ed enunciati in inglese
Per esempio: *Inflection point*, pagina 784.

TUTOR matematica (risorsa riservata a chi ha acquistato l'edizione con tutor) — 540 esercizi interattivi in più
con suggerimenti teorici, video e animazioni per guidarti nel ripasso.

VERSO L'INVALSI

⏱ 120 minuti

▶ Su http://online.scuola.zanichelli.it/invalsi trovi tante simulazioni interattive in più per fare pratica in vista della prova INVALSI.

1 Associa a ognuna delle funzioni nella prima colonna il suo dominio naturale nella seconda colonna.

a. $y = \ln(x^2 - 2x)$ 1. $x < 0 \vee x > 2$

b. $y = \ln \dfrac{x}{x+2}$ 2. $x > 0$

c. $y = \ln x + \ln(x+2)$ 3. $x < -2 \vee x > 0$

2 Il dominio naturale di $f(x) = \ln(\cos x)$ è:

A $-\dfrac{\pi}{2} + 2k\pi < x < \dfrac{\pi}{2} + 2k\pi, k \in \mathbb{Z}$.

B $x \neq \dfrac{\pi}{2} + k\pi, k \in \mathbb{Z}$.

C $x > 0$.

D $x \in \mathbb{R}$.

3 Giovanni compra in un ipermercato 1,4 kg di pane del giorno prima, che viene venduto a metà prezzo rispetto a quello fresco. Giovanni ricorda che con la stessa somma di denaro, la settimana precedente, aveva comprato 0,75 kg di pane fresco in un panificio. Sapendo che nell'ipermercato il pane fresco costa, al chilogrammo, 30 centesimi in più rispetto al panificio, quanto costa al kg il pane fresco del panificio?

4, 5 Alle elezioni universitarie si presentano la lista A e la lista B, ognuna delle quali ha 5 componenti. I seggi da assegnare sono 5. Per ripartirli fra le due liste, si procede come segue:

- si determinano i *quozienti di lista*, dividendo i voti ricevuti da ogni lista per 1, 2, 3, 4 e 5;
- si dispongono in ordine decrescente i quozienti così ottenuti: i primi 5 quozienti determinano la ripartizione dei seggi.

Il totale dei voti validi ricevuti dalle due liste è 220.

■ Se la lista A riceve 152 voti, a quanti seggi ha diritto?

A   2   C   4

B   3   D   5

■ Qual è il numero minimo di voti che deve ricevere A per ottenere tutti e 5 i seggi?

6 Considera la figura.

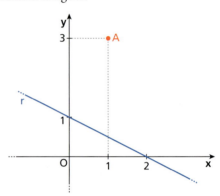

a. La retta r ha equazione $y = \dfrac{1}{2}x + 1$.   V   F

b. Il punto A dista $\dfrac{5}{2}$ da r.   V   F

c. La perpendicolare a r passante per A interseca l'asse y in $(0; 1)$.   V   F

d. Il simmetrico del punto A rispetto a r è il punto $(-1; -1)$.   V   F

7 Togliendo alla metà di 2^{-2} il triplo di 3^{-3}, ottieni:

A $\dfrac{1}{72}$.   B $-\dfrac{7}{17}$.   C $\dfrac{17}{72}$.   D $\dfrac{8}{9}$.

8 Per abbattere un albero, un boscaiolo effettua inizialmente i due tagli schematizzati in figura.

Se vuole che la profondità p sia 12 cm, quanto deve misurare, in cm, la distanza d tra i due tagli? (Approssima il risultato all'unità.)

9 Il sito dell'Aci riporta i seguenti costi per due diversi modelli di auto.

	Costi fissi (€/anno)	Costi variabili (€/km)
Modello A	2400	0,28
Modello B	3000	0,20

Oltre quale numero di km è più conveniente il modello B? Mostra il procedimento.

10
a. L'equazione $\ln x^2 = 1$ è equivalente a $2 \ln x = 1$. ☐V ☐F
b. L'equazione $\log_2(-x^2) = 4$ è impossibile. ☐V ☐F
c. L'insieme delle soluzioni di $\log_{10}(x^2 - 3x) = 1$ è $\{-2, 5\}$. ☐V ☐F
d. L'equazione $\log_2(-x) = 3$ ha come soluzione $x = -8$. ☐V ☐F

11 Quale delle seguenti è la soluzione della disequazione $\dfrac{x^2 - 1}{(x-1)^2} \geq 0$?

A $x \leq -1 \vee x \geq 1$
B $x \leq -1 \vee x > 1$
C $-1 \leq x \leq 1$
D $-1 \leq x < 1$

12 13 La seguente tabella riporta il numero di abitanti della Nigeria nel periodo 1990-2015.

Anno	Popolazione (mln)
1990	95,6
1995	108,4
2000	122,9
2005	139,6
2010	159,4
2015	182,2

■ Spiega perché è corretto, in questo caso, parlare di «crescita esponenziale» della popolazione.
■ Supponendo che la crescita negli anni successivi al 2015 mantenga approssimativamente questo andamento, quale fra le seguenti è una stima possibile della popolazione della Nigeria nel 2020?
A Tra 197 e 200 milioni.
B Tra 200 e 203 milioni.
C Tra 203 e 206 milioni.
D Tra 206 e 209 milioni.

14 15 Per il giornalino della scuola viene chiesto a 50 studenti quanti televisori sono presenti in casa. I dati vengono raccolti nella seguente tabella.

Numero televisori	0	1	2	3	4
Studenti	1	20	18	9	2

■ Qual è la moda della distribuzione di dati?
A 1 C 20
B 4 D 2

■ Calcola il numero medio dei televisori posseduti, approssimando il risultato al decimo.

16 Quali sono le coordinate del vertice della parabola di equazione $y = x^2 - 4x + 5$?
A $(0; 5)$
B $(1; 2)$
C $(4; 5)$
D $(2; 1)$

17 18 La seguente tabella riporta il numero di studenti di un istituto scolastico dal 2011 al 2015.

Anno	2011	2012	2013	2014	2015
Numero studenti	721	750	763	793	810

■ In quale anno si è verificato il maggiore aumento *assoluto* del numero di studenti rispetto all'anno precedente?
■ In quale anno si è verificato il maggiore aumento *relativo* rispetto all'anno precedente?

19 Determina le soluzioni della disequazione
$$\sqrt{x^{-2}} < x,$$
mostrando il procedimento.

20 Considera il polinomio
$$p(x) = x^4 + 2x^3 - 3x^2 - 8x - 4.$$
a. $p(x)$ è un polinomio di quarto grado. ☐V ☐F
b. $p(0) = 0$. ☐V ☐F
c. $p(x)$ è divisibile per $x + 1$. ☐V ☐F
d. $p(x)$ è divisibile per $x - 1$. ☐V ☐F

21 Quale dei seguenti punti è il più distante da $P(2; -3)$?
A $(2; -1)$ C $\left(\dfrac{3}{2}; -\dfrac{1}{2}\right)$
B $(0; -3)$ D $(0; -2)$

Verso l'INVALSI

22 Determina i punti di intersezione tra l'iperbole di equazione $x^2 - y^2 = 2$ e la circonferenza con centro nell'origine e raggio 2.

23 Se $\pi < \alpha < \frac{3}{2}\pi$, allora:

- **A** $\cos\alpha > 0$ e $\sin\alpha > 0$.
- **B** $\cos\alpha > 0$ e $\sin\alpha < 0$.
- **C** $\cos\alpha < 0$ e $\sin\alpha > 0$.
- **D** $\cos\alpha < 0$ e $\sin\alpha < 0$.

24
25 Sandro vuole dividere in due parti il terreno rappresentato in figura, posando una rete lungo la linea tratteggiata rossa.

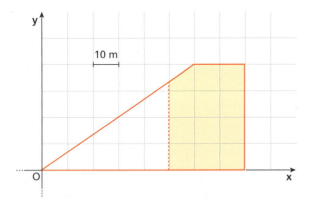

■ Quale sarà, in metri, la lunghezza della rete? (Approssima il risultato alla prima cifra decimale.)

■ Qual è, in metri quadri, l'area della parte colorata in giallo? (Approssima il risultato all'unità.)

26 Quale tra le seguenti equazioni rappresenta nel piano cartesiano un'ellisse con semiasse maggiore di lunghezza 5?

- **A** $\frac{x^2}{25} + y^2 = 9$
- **C** $\frac{x^2}{25} + \frac{y^2}{9} = 1$
- **B** $\frac{x^2}{5} + \frac{y^2}{3} = 1$
- **D** $\frac{x^2}{25} + \frac{y^2}{36} = 1$

27 Una parabola con asse parallelo all'asse y ha vertice nel punto $(1; -9)$ e interseca l'asse x nel punto $(-2; 0)$. Determina l'ascissa del secondo punto di intersezione tra la parabola e l'asse x.

28 La soluzione dell'equazione $2\cos(2x) + 1 = 0$ nell'intervallo $\left[\pi; \frac{3}{2}\pi\right]$ è:

- **A** $-\frac{2\pi}{3}$.
- **C** $\frac{4\pi}{3}$.
- **B** $\frac{2\pi}{3}$.
- **D** $\frac{7\pi}{6}$.

29
30 Considera la figura.

■ L'equazione di γ' è:

- **A** $(x + 2)^2 + (y - 1)^2 = 9$.
- **B** $(x - 2)^2 + (y + 1)^2 = 9$.
- **C** $(x - 2)^2 + (y - 1)^2 = 3$.
- **D** $(x - 2)^2 + (y + 1)^2 = 3$.

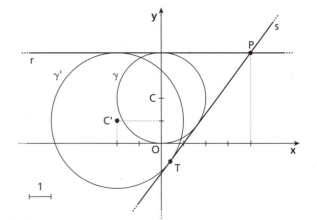

■ a. La retta s ha coefficiente angolare $\frac{3}{4}$. V F

b. Le circonferenze γ e γ' sono tangenti. V F

c. Le rette r e s sono tangenti comuni a γ e γ'. V F

31 Alle Olimpiadi di Rio del 2016 hanno partecipato 144 atlete italiane, pari al 45,86% del totale della delegazione del nostro Paese. Quanti atleti uomini italiani hanno partecipato?

32 Alcuni amici prendono il treno per una gita in montagna. Uno di loro nota che il prezzo del biglietto è uguale al triplo del numero dei partecipanti alla gita. La spesa complessiva è di € 432. Quanti sono i partecipanti?

Verso l'INVALSI

33 Nel piano cartesiano, quanto misura il raggio della circonferenza di equazione

$$9x^2 + 9y^2 - 10 = 0?$$

34 Giada vuole calcolare il logaritmo in base 2 di un numero reale positivo a. Con la calcolatrice che ha a disposizione, però, può calcolare solo il logaritmo naturale. Cosa deve digitare Giada per ottenere il risultato corretto?

- A $\ln a : \ln 2$
- B $\ln 2 : \ln a$
- C $\ln(a : 2)$
- D $\ln a : 2$

35 Nel laboratorio di fisica Johnny sta facendo un esperimento con un pendolo di lunghezza $l = 0{,}8$ m. Vuole studiare le oscillazioni per piccoli angoli, quindi l'angolo di apertura α non deve superare i 15°.

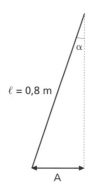

Qual è la massima ampiezza A dalla quale Johnny può far partire l'oscillazione? Esprimi il risultato in centimetri, approssimando al decimo.

36 Quale delle seguenti terne rappresenta le misure dei lati di un triangolo rettangolo?

- A 3, 4, 7.
- B 10, 24, 26.
- C 7, 25, 25.
- D 1, 1, 2.

37 Il grafico riporta la ripartizione (in percentuale) delle modalità di gestione dei rifiuti urbani in quattro Paesi dell'Unione europea nel 2013 (fonte: Ispra).

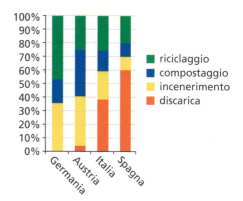

a. L'Austria e la Germania conferiscono in discarica meno del 5% dei rifiuti. V F

b. L'Italia incenerisce una quota percentuale maggiore di rifiuti rispetto alla Germania. V F

c. La Spagna ricicla circa il 20% dei rifiuti. V F

d. La quota di rifiuti italiani avviati al riciclaggio o al compostaggio è maggiore del 40%. V F

---

38 Qual è il grafico della parabola di equazione

$$y = 3x^2 - 12x + 11?$$

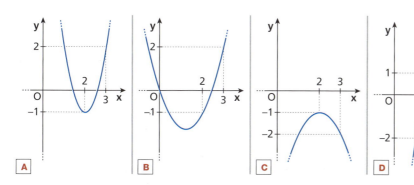

CAPITOLO 12
FUNZIONI E LORO PROPRIETÀ

1 Funzioni reali di variabile reale

▶ Esercizi a p. 572

■ Definizione di funzione

Richiamiamo il concetto di funzione reale di variabile reale.

DEFINIZIONE

Dati due sottoinsiemi A e B (non vuoti) di $\mathbb{R}$, una **funzione** f da A a B è una relazione che associa a *ogni* numero reale di A *uno e un solo* numero reale di B.

Scriviamo: $f: A \to B$.

Se a $x \in A$ la funzione f associa $y \in B$, diciamo che y è **immagine** di x mediante f. La legge che definisce la funzione f molto spesso viene indicata con l'equazione $y = f(x)$, detta **espressione analitica** della funzione.
In una funzione $y = f(x)$, x è detta **controimmagine** di y.

A viene detto **dominio** della funzione, e lo indicheremo anche con D, mentre il sottoinsieme di B formato dalle immagini degli elementi di A è detto **codominio** o **immagine** di A ed è indicato con C o con $f(A)$ o con I.

ESEMPIO

La funzione $f: \mathbb{R} \to \mathbb{R}$, descritta dalla legge matematica $y = -\dfrac{3}{2}x + 3$, associa a ogni valore di x uno e un solo valore di y. Per esempio, per $x = 4$ si ha $y = -3$.

x è detta **variabile indipendente**, y **variabile dipendente**.
Una funzione può essere anche indicata con un'espressione del tipo $f(x; y) = 0$, detta **forma implicita**, mentre $y = f(x)$ è detta **forma esplicita**. Per esempio, la funzione $3x + 2y - 6 = 0$ è la forma implicita di $y = -\dfrac{3}{2}x + 3$.

Di una funzione f possiamo disegnare il **grafico**, cioè l'insieme dei punti $P(x; y)$ del piano cartesiano tali che y è immagine di x mediante f, ossia l'insieme dei punti $P(x; f(x))$. Del grafico possiamo cercare le **intersezioni con gli assi**, che si determinano mettendo a sistema l'equazione della funzione con $y = 0$ (equazione dell'asse x) o con $x = 0$ (equazione dell'asse y).

🇬🇧 **Listen to it**

A **function** from a subset A of $\mathbb{R}$ to a subset B of $\mathbb{R}$ is a relation that assigns to each element in the set A exactly one element in the set B.

▶ Considera la funzione $y = x^2 - 3$. Quale valore di y associa a $x = 2$?

Paragrafo 1. Funzioni reali di variabile reale

Esistono funzioni, dette **funzioni definite a tratti**, date da espressioni analitiche diverse a seconda dei valori attribuiti alla variabile indipendente.

> **ESEMPIO**
> La **funzione valore assoluto** è definita nel seguente modo:
> $$y = |x| = \begin{cases} x & \text{se } x \geq 0 \\ -x & \text{se } x < 0 \end{cases}.$$

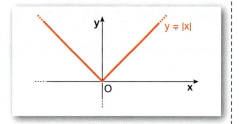

■ Classificazione delle funzioni

La funzione è **algebrica** se l'espressione analitica $y = f(x)$ che la descrive contiene solo, per la variabile x, operazioni di addizione, sottrazione, moltiplicazione, divisione, elevamento a potenza o estrazione di radice. Una funzione algebrica è:

- **razionale intera** o **polinomiale** se è espressa mediante un polinomio; in particolare se il polinomio è di primo grado rispetto alla variabile x, la funzione è **lineare**, se il polinomio in x è di secondo grado, la funzione è **quadratica**;
- **razionale fratta** se è espressa mediante quozienti di polinomi;
- **irrazionale** se la variabile indipendente x compare sotto il segno di radice.

Se una funzione $y = f(x)$ non è algebrica, si dice **trascendente**.

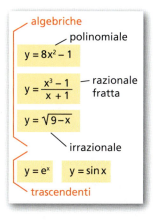

Per ogni funzione algebrica razionale si può scrivere un'espressione analitica in forma implicita $P(x; y) = 0$, dove $P(x; y)$ è un polinomio nelle variabili x e y; si definisce **grado** della funzione algebrica il grado di tale polinomio $P(x; y)$.

> **ESEMPIO**
> La funzione $y = \dfrac{x-1}{x^2}$ in forma implicita diventa $x^2 y - x + 1 = 0$, quindi il suo grado è 3.

▶ Qual è il grado della funzione $y = \dfrac{x^2 - 3}{x^3 + 1}$?

■ Dominio, zeri e studio del segno di una funzione

Dominio naturale

Molto spesso una funzione viene assegnata senza indicare il dominio. In questi casi deve essere determinato il suo *dominio naturale*.

> **DEFINIZIONE**
> Il **dominio naturale** (o **campo di esistenza**) della funzione $y = f(x)$ è l'insieme più ampio dei valori reali che si possono assegnare alla variabile indipendente x affinché esista il corrispondente valore reale y.

Chiamiamo il dominio naturale anche soltanto **dominio** e lo indichiamo con D.

> **ESEMPIO**
> La funzione $y = \sqrt{x^2 - 4}$ ha come dominio l'insieme dei numeri reali x per i quali il radicando dell'espressione a secondo membro è positivo o nullo, ossia $x \leq -2 \lor x \geq 2$. In sintesi, $D: x \leq -2 \lor x \geq 2$.

Capitolo 12. Funzioni e loro proprietà

▶ Qual è il dominio di $y = \dfrac{\sqrt{-x^2+6x-8}}{x-3}$?

Animazione

Nell'animazione, oltre al dominio della funzione dell'esercizio, studiamo anche le intersezioni del suo grafico con gli assi e il segno.

Domini delle principali funzioni	
Funzione	**Dominio**
Funzioni razionali intere: $y = a_0 x^n + a_1 x^{n-1} + \ldots + a_n$	$\mathbb{R}$
Funzioni razionali fratte: $y = \dfrac{P(x)}{Q(x)}$ (P e Q polinomi)	$\mathbb{R}$ esclusi i valori che annullano $Q(x)$
Funzioni irrazionali: $y = \sqrt[n]{f(x)}$	$\begin{cases}\{x \in \mathbb{R} \mid f(x) \geq 0\}, \text{ se } n \text{ è pari} \\ \text{dominio di } f(x), \text{ se } n \text{ è dispari}\end{cases}$
Funzioni logaritmiche: $y = \log_a f(x) \quad a > 0, a \neq 1$	$\{x \in \mathbb{R} \mid f(x) > 0\}$
Funzioni esponenziali: $y = a^{f(x)} \quad a > 0, a \neq 1$ $y = [f(x)]^{g(x)}$	dominio di $f(x)$ $\{x \in \mathbb{R} \mid f(x) > 0\} \cap$ dominio di $g(x)$
Funzioni goniometriche: $y = \sin x, y = \cos x$ $y = \tan x$ $y = \cot x$ $y = \arcsin x, y = \arccos x$ $y = \arctan x, y = \text{arccot } x$	$\mathbb{R}$ $\mathbb{R} - \left\{\dfrac{\pi}{2} + k\pi\right\}$, con $k \in \mathbb{Z}$ $\mathbb{R} - \{k\pi\}$, con $k \in \mathbb{Z}$ $[-1; 1]$ $\mathbb{R}$

▶ **Video**

Dominio di una funzione
Il dominio della funzione $f(x) = \tan x \cos x$ è lo stesso di quello della funzione $f(x) = \sin x$? Facciamo alcuni esempi.

Funzioni uguali

DEFINIZIONE

$y = f(x)$ e $y = g(x)$ sono **funzioni uguali** se hanno lo stesso dominio D e $f(x) = g(x)$ per ogni $x \in D$.

ESEMPIO

Le funzioni $f(x) = \dfrac{x(x^2+1)}{x^2+1}$ e $g(x) = x$ sono uguali perché hanno lo stesso dominio $\mathbb{R}$ e $f(x) = \dfrac{x(x^2+1)}{x^2+1} = x$ per ogni $x \in \mathbb{R}$.

$f(x) = \dfrac{x^2-x}{x-1}$ e $g(x) = x$ *non* sono uguali: $\dfrac{x(x-1)}{x-1} = x$ solo se $x \neq 1$.

Paragrafo 1. Funzioni reali di variabile reale

Zeri e segno

Un numero reale a è uno **zero della funzione** $y = f(x)$ se $f(a) = 0$.

Nel grafico di $f(x)$ gli zeri sono le ascisse dei punti di intersezione con l'asse x.
Gli eventuali punti di intersezione con l'asse y si ottengono calcolando $y = f(0)$, se $x = 0$ appartiene al dominio di f.

È possibile anche **studiare il segno** di una funzione $y = f(x)$, cioè cercare per quali valori di x appartenenti al dominio il corrispondente valore di y è positivo, e per quali è negativo. Per esempio, la funzione $y = 2x - 6$ risulta positiva per $x > 3$, nulla per $x = 3$, negativa per $x < 3$.

> **Animazione**
>
> Studiamo i tre casi della figura sotto, partendo dalla funzione $y = 9 - x^2$ e utilizzando una figura dinamica al variare di a e b nel vettore di traslazione $\vec{v}(a; b)$.

Grafici delle funzioni e trasformazioni geometriche

Traslazioni

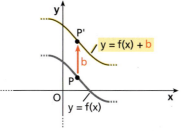

a. Traslazione di vettore parallelo all'asse x.

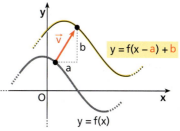

b. Traslazione di vettore parallelo all'asse y.

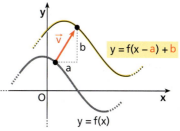

c. Traslazione di vettore $\vec{v}(a; b)$.

Simmetrie

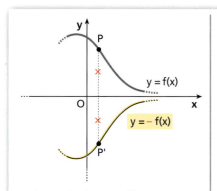

a. Simmetria rispetto all'asse x.

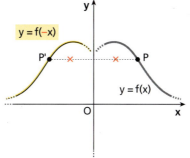

b. Simmetria rispetto all'asse y.

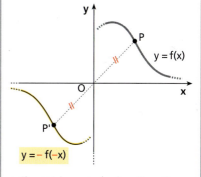

c. Simmetria centrale rispetto a O.

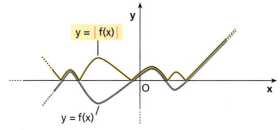

d. Simmetria rispetto all'asse x delle parti del grafico di $y = f(x)$ con $y < 0$.

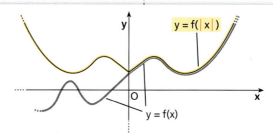

e. Per $x \geq 0$ il grafico è lo stesso di $y = f(x)$, per $x < 0$ il grafico è il simmetrico rispetto all'asse y di quello che $y = f(x)$ ha per $x > 0$.

Capitolo 12. Funzioni e loro proprietà

Dilatazioni

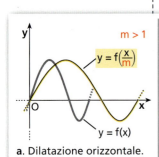

a. Dilatazione orizzontale.

b. Contrazione orizzontale.

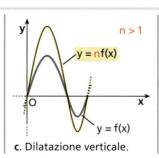

c. Dilatazione verticale.

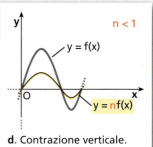

d. Contrazione verticale.

▢ **Animazione**

Studiamo i quattro casi della figura sopra, partendo dalla funzione $y = x^2 - 3x$ e utilizzando una figura dinamica in cui possiamo variare m e n.

🇬🇧 **Listen to it**

A **function** from a set A to a set B is said to be:
- an **injection** (or an **injective function**) if it maps distinct objects of set A to distinct objects of set B;
- a **surjection** (or a **surjective function**) if each element of B is the image of at least one element of A;
- a **bijection** (or a **bijective function**) if it is both injective and surjective.

▢ **Animazione**

Studiamo l'iniettività e la non iniettività delle due funzioni dell'esempio, anche mediante figure dinamiche.

▶ Disegna il grafico di una funzione suriettiva su $\mathbb{R}$ che non sia iniettiva.

2 Proprietà delle funzioni

■ Funzioni iniettive, suriettive e biunivoche   ▶ Esercizi a p. 584

DEFINIZIONE

Una funzione da A a B è:
- **iniettiva** se ogni elemento di B è immagine di al più un elemento di A;
- **suriettiva** se ogni elemento di B è immagine di almeno un elemento di A;
- **biunivoca** (o biiettiva) se è sia iniettiva sia suriettiva.

Una definizione equivalente di funzione iniettiva è la seguente:

una funzione è *iniettiva* se a elementi distinti di A corrispondono elementi distinti di B, ossia

$$x_1 \neq x_2 \quad \rightarrow \quad f(x_1) \neq f(x_2).$$

ESEMPIO

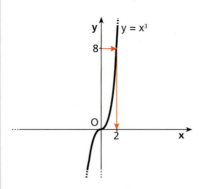

a. La funzione $y = x^3$ è sia iniettiva sia suriettiva perché a ogni valore scelto sull'asse y corrisponde *un* valore (suriettiva) e *un solo* (iniettiva) valore sull'asse x. La funzione è quindi biunivoca.

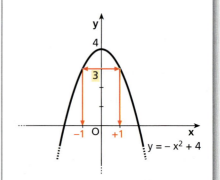

b. La funzione $y = -x^2 + 4$ è suriettiva se si considera come insieme B quello degli y tali che $y \leq 4$, ma *non* è iniettiva perché, scelto nel codominio un y diverso da 4, esso è l'immagine di **due** valori distinti di x.

Paragrafo 2. Proprietà delle funzioni

■ Funzioni crescenti, decrescenti, monotòne
▶ Esercizi a p. 585

Funzioni crescenti

DEFINIZIONE

$y = f(x)$ di dominio $D \subseteq \mathbb{R}$ è una **funzione crescente** in senso stretto in un intervallo I, sottoinsieme di D, se, comunque scelti x_1 e x_2 appartenenti a I, con $x_1 < x_2$, risulta $f(x_1) < f(x_2)$.

ESEMPIO

La funzione $y = x^2$ è crescente in senso stretto in $[0; 9]$.

Se nella definizione sostituiamo la relazione $f(x_1) < f(x_2)$ con $f(x_1) \le f(x_2)$, otteniamo la definizione di funzione **crescente in senso lato**, o anche **non decrescente**. Si può anche dire che la funzione è **debolmente crescente**.

ESEMPIO

$$f(x) = \begin{cases} x+1 & \text{se } x \le 1 \\ 2 & \text{se } 1 < x < 4 \\ 2x-6 & \text{se } x \ge 4 \end{cases}$$

è crescente in senso lato in $\mathbb{R}$.

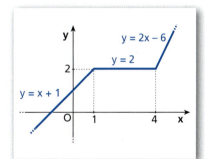

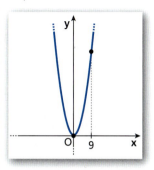

▶ In quale intervallo la funzione $y = x^2 - 2x + 1$ è strettamente crescente?

Funzioni decrescenti

DEFINIZIONE

$y = f(x)$ di dominio $D \subseteq \mathbb{R}$ è una **funzione decrescente** in senso stretto in un intervallo I, sottoinsieme di D, se, comunque scelti x_1 e x_2 appartenenti a I, con $x_1 < x_2$, risulta $f(x_1) > f(x_2)$.

Se nella definizione precedente sostituiamo la relazione $f(x_1) > f(x_2)$ con $f(x_1) \ge f(x_2)$, otteniamo la definizione di funzione **decrescente in senso lato**, o anche **non crescente**. In questo caso si può anche dire che la funzione è **debolmente decrescente**.
In seguito, se diremo che una funzione è crescente (o decrescente), senza aggiungere altro, sarà sottinteso che lo è in senso stretto.

Funzioni monotòne

DEFINIZIONE

Una funzione di dominio $D \subseteq \mathbb{R}$ è **monotòna** in senso stretto in un intervallo I, sottoinsieme di D, se in quell'intervallo è sempre crescente o sempre decrescente in senso stretto. Analoga definizione può essere data per una funzione monotòna in senso lato.

Capitolo 12. Funzioni e loro proprietà

▶ Quale delle due funzioni

$y = x^2 - 4x + 4,$

$y = \dfrac{1}{2}x + 1$

è monotòna?

Una funzione f monotòna in senso stretto è sempre iniettiva. Infatti, se f è monotòna in senso stretto, allora per ogni $x_1 \ne x_2$ si ha $f(x_1) < f(x_2)$ oppure $f(x_1) > f(x_2)$; quindi risulta $f(x_1) \ne f(x_2)$, cioè f è iniettiva.

ESEMPIO

$y = x^2 - 9$ è monotòna in senso stretto nell'intervallo [3; 5] e in tale intervallo è iniettiva. Invece, la stessa funzione non è monotòna in [1; 5], dove non è iniettiva.

■ Funzioni periodiche

▶ Esercizi a p. 586

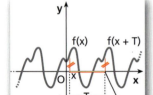

DEFINIZIONE

$y = f(x)$ è una **funzione periodica** di periodo T, con $T > 0$, se, per qualsiasi numero k intero, si ha:

$$f(x) = f(x + kT).$$

In una funzione periodica il grafico si ripete di periodo in periodo.
Se f è periodica di periodo T, allora non è iniettiva, perché x e $x + kT$ hanno la stessa immagine.
Se una funzione è periodica di periodo T, essa lo è anche di periodo $2T, 3T, 4T, \ldots$
Il periodo minore è anche detto **periodo principale** ed è quello che di solito è considerato come periodo della funzione.

▶ Qual è il periodo di $y = 2\cos x$?
E quello di $y = \cos 2x$?

ESEMPIO

$y = \sin x$ e $y = \cos x$ sono funzioni periodiche di periodo 2π.

$y = \tan x$ e $y = \cot x$ sono funzioni periodiche di periodo π.

■ Funzioni pari e funzioni dispari

▶ Esercizi a p. 586

DEFINIZIONE

Indichiamo con D un sottoinsieme di $\mathbb{R}$ tale che, se $x \in D$, allora $-x \in D$.
$y = f(x)$ è una **funzione pari** in D se $\boldsymbol{f(-x) = f(x)}$ per qualunque x appartenente a D.

▶ La funzione

$y = \dfrac{1}{-x^2 + 4}$

è pari?

ESEMPIO

$y = f(x) = -x^4 + 2x^2$ è pari perché:

$$f(-x) = -(-x)^4 + 2(-x)^2 = -x^4 + 2x^2 = f(x).$$

In generale, se una funzione polinomiale ha espressione analitica contenente soltanto potenze della x con *esponente pari*, allora è pari.
Verifica invece che la funzione $y = f(x) = 2x^4 - x$ **non** è pari perché, sostituendo a x il suo opposto $-x$, non si ottiene $f(x)$.

Se una funzione è **pari**, **il suo grafico è simmetrico rispetto all'asse y**. Infatti, se il punto $P(x; y)$ appartiene al grafico, vi appartiene anche il punto $P'(-x; y)$.

▭ **Animazione**

Nell'animazione risolviamo i tre esercizi relativi a funzioni pari e funzioni dispari, quello qui sopra e i due della pagina successiva.

Pertanto, le coordinate di P', pensate come $(x'; y')$, soddisfano le equazioni della simmetria rispetto all'asse y:

$$\begin{cases} x' = -x \\ y' = y \end{cases}.$$

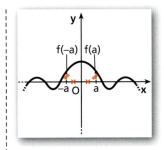

DEFINIZIONE
Indichiamo con D un sottoinsieme di $\mathbb{R}$ tale che, se $x \in D$, anche $-x \in D$. $y = f(x)$ è una **funzione dispari** in D se $f(-x) = -f(x)$ per qualunque x appartenente a D.

ESEMPIO
$y = f(x) = 4x^5 - x$ è dispari perché:
$$f(-x) = 4(-x)^5 - (-x) = -4x^5 + x = -(4x^5 - x) = -f(x).$$

▶ Verifica che la funzione $y = f(x) = x^3 + 1$ **non** è dispari.

Una funzione polinomiale con espressione analitica contenente solo potenze della x con *esponente dispari* è una funzione dispari.

Se una funzione è **dispari**, **il suo grafico è simmetrico rispetto all'origine degli assi**. Infatti, se il punto $P(x; y)$ appartiene al grafico, vi appartiene anche il punto $P'(-x; -y)$. Pertanto le coordinate di P', pensate come $(x'; y')$, soddisfano le equazioni della simmetria centrale avente come centro l'origine:

$$\begin{cases} x' = -x \\ y' = -y \end{cases}.$$

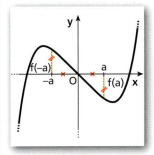

Una funzione che non sia pari non è necessariamente dispari (e viceversa).

▶ Verifica che $y = f(x) = x^3 - x^2$ non è né pari né dispari.

■ Proprietà delle principali funzioni trascendenti

Funzione esponenziale

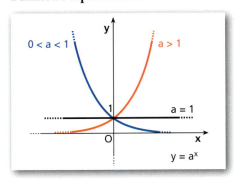

- Ha come **dominio** $\mathbb{R}$ e come **codominio**, se $a \neq 1$, $\mathbb{R}^+$, ossia il suo grafico sta tutto «sopra» l'asse x.
- Il grafico **non interseca** l'asse x, **interseca** l'asse y in $(0; 1)$.
- Se $a > 1$, è una funzione sempre **crescente**; se $0 < a < 1$, è sempre **decrescente**; se $a = 1$, è **costante** e vale 1.

Funzione logaritmica

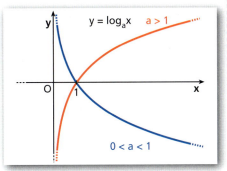

- Ha come **dominio** $\mathbb{R}^+$, come **codominio** $\mathbb{R}$.
- Il grafico **interseca** l'asse x in $(1; 0)$, **non interseca** l'asse y.
- Se $a > 1$, è una funzione sempre **crescente**; se $0 < a < 1$, è sempre **decrescente**.

Funzione seno

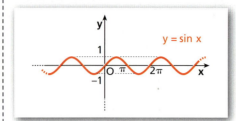

- Ha come **dominio** $\mathbb{R}$ e come **codominio** $[-1; 1]$.
- È una funzione **dispari**: $\sin(-x) = -\sin x$.
- È una funzione periodica di **periodo** 2π: $\sin x = \sin(x + 2k\pi)$, con $k \in \mathbb{Z}$.
- È **crescente** in $\left[-\frac{\pi}{2} + 2k\pi; \frac{\pi}{2} + 2k\pi\right]$.

◼ Animazione

Funzione coseno

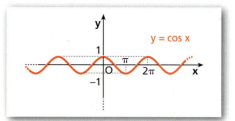

- Ha come **dominio** $\mathbb{R}$ e come **codominio** $[-1; 1]$.
- È una funzione **pari**: $\cos(-x) = \cos x$.
- È una funzione periodica di **periodo** 2π: $\cos x = \cos(x + 2k\pi)$, con $k \in \mathbb{Z}$.
- È **crescente** in $[-\pi + 2k\pi; 0 + 2k\pi]$.

◼ Animazione

Ti riproponiamo due animazioni con le quali abbiamo esaminato, mediante figure dinamiche, le caratteristiche delle funzioni seno e coseno, quando abbiamo studiato le funzioni goniometriche.

Funzione tangente

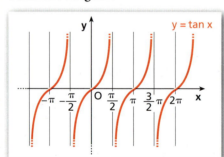

- Ha come **dominio** l'insieme $\mathbb{R}$ privato dei valori $\frac{\pi}{2} + k\pi$, con $k \in \mathbb{Z}$, e come **codominio** l'insieme $\mathbb{R}$.
- È una funzione **dispari**: $\tan(-x) = -\tan x$.
- È una funzione periodica di **periodo** π: $\tan x = \tan(x + k\pi)$, con $k \in \mathbb{Z}$.
- È **crescente** in $\left]-\frac{\pi}{2} + k\pi; \frac{\pi}{2} + k\pi\right[$.

◼ Animazione

Funzione cotangente

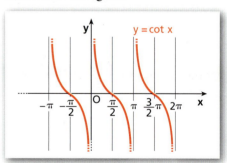

- Ha come **dominio** l'insieme $\mathbb{R}$ privato dei valori $k\pi$, con $k \in \mathbb{Z}$, e come **codominio** l'insieme $\mathbb{R}$.
- È una funzione **dispari**: $\cot(-x) = -\cot x$.
- È una funzione periodica di **periodo** π: $\cot x = \cot(x + k\pi)$, con $k \in \mathbb{Z}$.
- È **decrescente** in $]0 + k\pi; \pi + k\pi[$.

◼ Animazione

In queste animazioni puoi osservare in modo dinamico tutte le caratteristiche delle funzioni tangente e cotangente.

3 Funzione inversa

▶ Esercizi a p. 588

DEFINIZIONE

Data la funzione biunivoca

$y = f(x)$ da A a B,

la **funzione inversa** di f è la funzione biunivoca

$x = f^{-1}(y)$ da B ad A

che associa a ogni y di B il valore x di A tale che $y = f(x)$.

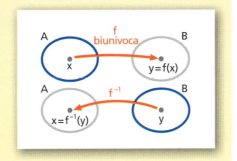

Listen to it

Given a bijective function f from A to B, its **inverse function** f^{-1} is the bijective function from B to A which associates to each y in B the value x in A such that y = f(x).

Se una funzione ammette inversa, si dice che è **invertibile**.
Se una funzione $f(x)$ non è biunivoca in A, è possibile effettuare una **restrizione D' del dominio** in cui sia biunivoca. Infatti, per l'invertibilità è sufficiente scegliere in A un sottoinsieme D' in modo che $f(x)$ sia iniettiva in D', perché $f(x)$ è senz'altro suriettiva se come insieme B di arrivo consideriamo l'immagine di $f(x)$.

ESEMPIO

La funzione $y = f(x) = x^2$ ha come dominio $\mathbb{R}$ e non è biunivoca, ma per renderla biunivoca dobbiamo considerare come dominio un insieme più ristretto, quello dei numeri reali positivi o nulli, cioè prendiamo $x \geq 0$. Con la restrizione del dominio operata possiamo considerare la sua funzione inversa,

$x = f^{-1}(y) = \sqrt{y}$,

definita associando a un numero quel valore che, elevato al quadrato, dà il numero stesso.
Per esempio,

$f^{-1}(9) = \sqrt{9} = 3$,

perché $9 = f(3) = 3^2$.

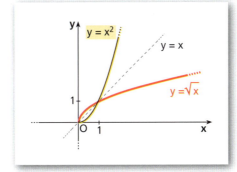

▶ Restringi il dominio della funzione

$y = 9 - x^2$

in modo che sia invertibile e determina la funzione inversa.

Animazione

Per rappresentare la funzione f^{-1} insieme alla funzione f, scambiamo le variabili nell'espressione della funzione inversa, considerando:

$y = \sqrt{x}$.

Il grafico di una funzione e quello della sua inversa sono simmetrici rispetto alla bisettrice del primo e del terzo quadrante.

Sfruttando questa proprietà, conoscendo anche soltanto il grafico di una funzione possiamo disegnare il grafico della sua inversa.

Le funzioni monotòne in senso stretto sono biunivoche se si considera come insieme di arrivo la loro immagine.
Quindi esse ammettono sempre la funzione inversa.

Capitolo 12. Funzioni e loro proprietà

MATEMATICA INTORNO A NOI

Il prezzo giusto Ogni volta che acquistiamo un prodotto o un servizio, paghiamo in cambio una certa cifra di denaro.

▶ Chi stabilisce qual è il prezzo «giusto»?

La risposta

Funzione esponenziale e funzione logaritmica

La funzione logaritmica è l'inversa della funzione esponenziale (e viceversa). Sono entrambe funzioni strettamente monotòne e quindi biunivoche.

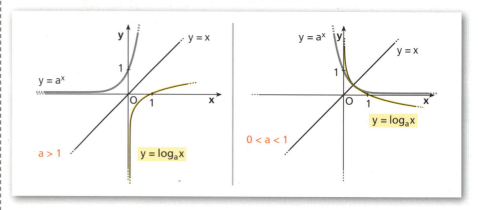

4 Funzione composta

▶ Esercizi a p. 591

Date le funzioni f e g, indichiamo con $g \circ f$ (si legge «g composto f») oppure con $y = g[f(x)]$ la **funzione composta** che si ottiene associando a ogni elemento x del dominio di f, che abbia immagine $f(x)$ appartenente al dominio di g, il valore y immagine di $f(x)$ mediante g.

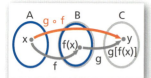

Per comporre le due funzioni, occorre che l'immagine di x mediante la prima funzione, cioè $f(x)$, sia un valore per il quale si può determinare l'immagine tramite la seconda funzione. Quindi il dominio di $y = g[f(x)]$ è costituito da tutti gli x del dominio di f tali che $f(x)$ appartiene al dominio di g.

In generale, **la composizione delle funzioni non è commutativa**: $g \circ f \neq f \circ g$.

▶ Date le seguenti funzioni f e g, determina $f \circ g$ e $g \circ f$:

a. $f(x) = x^2 - 1$, $g(x) = \dfrac{1}{x}$;

b. $f(x) = x - 1$, $g(x) = x^3$.

Animazione

> **ESEMPIO**
> Consideriamo le funzioni f e g, da $\mathbb{R}$ a $\mathbb{R}$, $f(x) = x^2$, $g(x) = x + 1$.
> La funzione composta $g \circ f$ è:
> $$y = g[f(x)] = g(x^2) = x^2 + 1.$$
> Invece $f \circ g$ è:
> $$y = f[g(x)] = f(x + 1) = (x + 1)^2.$$
> Per esempio, $g[f(5)] = g(25) = 26$, mentre $f[g(5)] = f(6) = 36$.

Se si compone la funzione f con la sua inversa f^{-1}, si ottiene la **funzione identità**, che associa a ogni elemento di un insieme se stesso:

$$f[f^{-1}(x)] = f^{-1}[f(x)] = x.$$

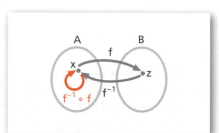

IN SINTESI
Funzioni e loro proprietà

■ Funzioni reali di variabile reale

- Una **funzione** da A a B è una relazione che a *ogni* elemento di A associa *uno e un solo* elemento di B.
- Il **dominio** della funzione è l'insieme A, il **codominio** è il sottoinsieme di B costituito dalle immagini degli elementi di A, che è anche chiamato **immagine** di A.
- **Funzioni reali di variabile reale**: sono rappresentate in genere da un'**espressione analitica**, ossia un'equazione del tipo $y = f(x)$. y è la **variabile dipendente** e x la **variabile indipendente**.
- **Dominio naturale**: è il più ampio sottoinsieme di $\mathbb{R}$ che può essere preso come dominio. È costituito da tutti i valori per i quali ha significato l'espressione analitica che definisce la funzione.
- Se l'espressione analitica che descrive una funzione contiene soltanto operazioni di addizione, sottrazione, moltiplicazione, divisione, elevamento a potenza o estrazione di radice, la funzione è **algebrica**. Una funzione algebrica può essere:
  - **razionale intera**, o **polinomiale**, se è espressa mediante un polinomio nella variabile indipendente;
  - **razionale fratta** se è espressa mediante quozienti di polinomi in x;
  - **irrazionale** se la variabile indipendente compare sotto il segno di radice.
- Se una funzione non è algebrica, è **trascendente**.

■ Proprietà delle funzioni

- Una funzione da A a B è:
  - **iniettiva** se due qualunque elementi *distinti* di A hanno immagini distinte in B;
  - **suriettiva** se *tutti* gli elementi di B sono immagini di almeno un elemento di A;
  - **biiettiva** (o biunivoca) se è iniettiva e suriettiva.
- Una funzione $y = f(x)$, di dominio D, è:
  - **crescente in senso stretto** in un intervallo $I \subseteq D$, se $\forall x_1, x_2 \in I$, con $x_1 < x_2$, risulta $f(x_1) < f(x_2)$;
  - **decrescente in senso stretto** in un intervallo $I \subseteq D$, se $\forall x_1, x_2 \in I$, con $x_1 < x_2$, risulta $f(x_1) > f(x_2)$.
- Una funzione, di dominio D, è **monotòna** in un intervallo $I \subseteq D$ se in esso è sempre crescente o sempre decrescente.
- Una funzione $y = f(x)$ è **periodica** di periodo T se: $f(x) = f(x + kT)$, $\forall k \in \mathbb{Z}$, con $T > 0$.
- $y = f(x)$, definita in $D \subseteq \mathbb{R}$, è:
  pari se $f(-x) = f(x)$, $\forall x \in D$;   **dispari** se $f(-x) = -f(x)$, $\forall x \in D$.

■ Funzione inversa

Una funzione f ammette la **funzione inversa** f^{-1} se e solo se è biunivoca.
$a = f^{-1}(b) \leftrightarrow b = f(a)$.

■ Funzione composta

Date le funzioni f e g, la **funzione composta** $g \circ f$ associa a ogni x del dominio di f che ha immagine $f(x)$ nel dominio di g il valore $y = g[f(x)]$.
In generale, $g \circ f \neq f \circ g$.

CAPITOLO 12
ESERCIZI

1 Funzioni reali di variabile reale

▶ Teoria a p. 560

Definizione di funzione

1 LEGGI IL GRAFICO Quali dei seguenti grafici rappresentano una funzione?

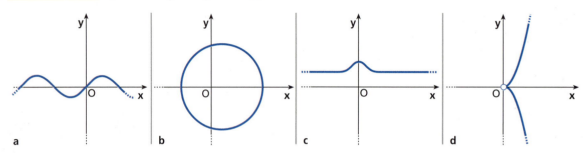

2 Indica il motivo per cui ciascuna delle seguenti scritture non può rappresentare una funzione.

a. $y = 1 - \ln(-\sqrt{x})$

b. $x^2 + y^2 = 9$

c. $x = 6$

d. $y = \begin{cases} x - 1 & \text{se } x \leq 0 \\ x^2 + 3 & \text{se } x \geq 0 \end{cases}$

e. $x + |y| = 0$

f. $x^2 = 4$

3 AL VOLO Quale delle due scritture rappresenta una funzione?

$x^2 = y^3 + 1$ $x = y^2 - 4$

LEGGI IL GRAFICO

4 Dal grafico deduci:
   a. il dominio e l'immagine della funzione;
   b. $f(-4), f(0), f(3), f\left(\dfrac{1}{2}\right)$;
   c. l'espressione analitica di $f(x)$.

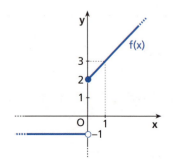

5 Osservando il grafico della figura determina:
   a. il dominio e l'immagine della funzione;
   b. l'espressione analitica di $f(x)$ che, per $x \leq 1$, è rappresentata da un arco di parabola con vertice sull'asse y;
   c. $f(1), f(2), f(-1), f(0), f(-2), f(3)$.

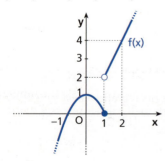

Paragrafo 1. Funzioni reali di variabile reale

COMPLETA le uguaglianze per ogni funzione assegnata.

6 $f(x) = \dfrac{3-4x}{x^2+1}$; $\quad \square = f(-1), \quad 4 = f(\square), \quad \square = f(0), \quad 3 = f(\square).$

7 $f(x) = 2^{x-1} + 2$; $\quad \dfrac{5}{2} = f(\square), \quad 3 = f(\square), \quad \square = f(3), \quad \square = f(-2).$

8 $f(x) = \sin\left(x + \dfrac{\pi}{6}\right)$; $\quad \dfrac{1}{2} = f(\square), \quad -\dfrac{\sqrt{3}}{2} = f(\square), \quad \square = f\left(\dfrac{\pi}{2}\right), \quad \square = f\left(\dfrac{\pi}{3}\right).$

9 $f(x) = 2\ln x - 1$; $\quad \square = f(1), \quad \square = f(e), \quad -3 = f(\square), \quad 3 = f(\square).$

Per ogni funzione calcola, se esistono, i valori indicati a fianco.

10 $f(x) = \dfrac{x^2-1}{\sqrt{x}}$; $\qquad f(0), \ f(-1), \ f(4), \ f(1), \ f(1-x).$

11 $f(x) = \dfrac{x-4}{\sqrt{\ln x}}$; $\qquad f(4), \ f(1), \ f(e), \ f(x+4).$

12 $f(x) = \dfrac{x^2-1}{x}$; $\qquad f(-x), \ f(3x), \ 3f(x), \ f(x^2), \ f^2(x).$

13 $f(x) = \sqrt{x-1}$; $\qquad f(2), \ -f(-x), \ f(x^2+1), \ f(x+1).$

14 Trova i valori di a e b per la funzione $f(x) = \dfrac{ax^2-2}{x+b}$ in modo che $f(-1) = -\dfrac{4}{5}$ e $f(0) = -\dfrac{1}{3}$.

$[a = -2, b = 6]$

15 Scrivi le seguenti funzioni in forma esplicita.
- **a.** $x^2 - 2xy + 1 = 0$
- **b.** $x + 2\ln y - 5 = 0$
- **c.** $y \sin x + y - 1 = 0$
- **d.** $2xy + y - x - 1 = 0$
- **e.** $2^y + 1 - x = 0$
- **f.** $xy^3 - 4 = 0$

16 Scrivi le seguenti funzioni in forma implicita.
- **a.** $y = \dfrac{x-1}{x+4}$
- **b.** $y = \dfrac{\ln x - 1}{x}$
- **c.** $y = \dfrac{e^x + 1}{e^x}$

Esplicita le seguenti equazioni rispetto alla variabile y e indica le condizioni di esistenza di y.

17 $4x^2 + y^2 - 16 = 0$

18 $3x^2 - 4y^2 + x - y = 0$

---

19 **YOU & MATHS** For each function in the first row, select the adjective that best describes it.
- **a.** $y = \dfrac{3}{4}$
- **b.** $y = \log_3 2x$
- **c.** $y = 4^x$
- **d.** $y = \dfrac{1}{5} \tan x$

1. trigonometric **2.** exponential **3.** logarithmic **4.** constant

Determina il grado delle seguenti funzioni algebriche.

20 $y = \dfrac{x^2 - 4x}{x^2}$

21 $y = \dfrac{2x^2 - 3x + 1}{x^3}$

22 $x^2 y + x^2 - 1 = 0$

---

23 Traccia i grafici corrispondenti alle seguenti equazioni:
- **a.** $y = x - 1$;
- **b.** $x^2 + y^2 - 4x = 0$;
- **c.** $y = x^2 - 2x$;
- **d.** $x^2 - y^2 = 9$.

Quali di queste equazioni rappresentano una funzione?

24 Disegna il grafico della seguente funzione.

$$f(x) = \begin{cases} x - 2 & \text{se } x > 2 \\ x^2 - 4 & \text{se } x \leq 2 \end{cases}$$

Deduci dal grafico l'immagine di $f(x)$ e calcola $f(-4), f(0), f(2), f(3)$.

Capitolo 12. Funzioni e loro proprietà

25 Disegna il grafico della seguente funzione.

$$f(x) = \begin{cases} x+4 & \text{se } x < -1 \\ 2^{x-1} & \text{se } x \geq -1 \end{cases}$$

Indica l'immagine di $f(x)$ e calcola $f(-5)$, $f(-1)$, $f(0)$, $f(2)$. Trova poi per quali valori di x si ha $f(x) = 8$ e $f(x) = -4$.

26 Indica, tra le seguenti funzioni, quali sono razionali (intere o fratte), irrazionali, trascendenti.

$y = \dfrac{\sqrt{x^2}}{x-1}$, $y = \tan x + 2$, $y = \dfrac{x^4+1}{x-3}$, $y = \dfrac{\sqrt{x+1}}{x}$, $y = \dfrac{1}{x+\sin x}$.

27 Disegna il grafico della funzione $f(x) = \begin{cases} x+2 & \text{se } x < -2 \\ x^2 + 2x & \text{se } -2 \leq x < 0 \\ 2 & \text{se } x \geq 0 \end{cases}$

Determina l'immagine di $f(x)$ e calcola $f(-4)$, $f(-1)$, $f(0)$, $f(3)$. Trova poi per quali valori di x si ha $f(x) = -1$.

28 Disegna il grafico della funzione $f(x) = \begin{cases} |x|+1 & \text{se } -2 \leq x < 1 \\ \log_{\frac{1}{2}} x & \text{se } x \geq 1 \end{cases}$.

Trova l'immagine di $f(x)$ e calcola $f(-1)$, $f(0)$, $f(1)$, $f(2)$. Determina per quali valori di x si ha $f(x) = -3$ e $f(x) = 2$.

REALTÀ E MODELLI

29 **Taxi in… funzione!** Alice chiama un taxi per andare in aeroporto.
a. Descrivi con una funzione come varia la tariffa del taxi in base ai kilometri percorsi.
b. Quanto spenderà Alice, che si trova a 18 km dall'aeroporto?
c. Determina dominio e codominio della funzione trovata e traccia il suo grafico.

[b] € 23,50

tariffe feriali diurne:
€ 3,00 diritto di chiamata
1,20 €/km per i primi 4 km
1,15 €/km dal quarto al decimo kilometro
1,10 €/km dal decimo kilometro in poi

30 **Tra domanda e offerta** Un consulente analizza il modello di marketing di una piccola azienda agricola che vende pomodori. Il consulente trova che la domanda di pomodori sul mercato segue la funzione $q_1 = \dfrac{600}{p}$, mentre l'offerta è descritta dalla funzione $q_2 = 2p - 40$. In questi modelli, p è il prezzo al quintale dei pomodori.
a. Rappresenta le due funzioni, esplicitando dominio e codominio.
b. Calcola il prezzo di equilibrio, che porta domanda e offerta ad assumere lo stesso valore. [b] $p = 30$ €/q

Dominio di una funzione

31 **LEGGI IL GRAFICO** Indica il dominio delle seguenti funzioni.

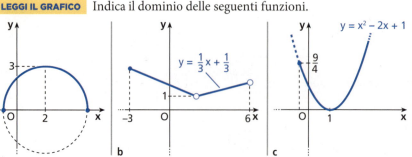

a b c d

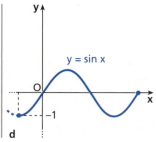

Paragrafo 1. Funzioni reali di variabile reale

32 **ASSOCIA** ogni funzione al proprio dominio.

a. $y = \dfrac{2}{x^2 - x}$ b. $y = \dfrac{1}{\sqrt{x-1}}$ c. $y = x^2 - 1$ d. $y = \dfrac{1}{x + |x|}$ e. $y = \dfrac{1}{x^3 + x}$

1. $\mathbb{R}$ 2. $x \neq 0$ 3. $x \neq 0 \wedge x \neq 1$ 4. $x > 1$ 5. $x > 0$

Funzioni algebriche

33 **ESERCIZIO GUIDA** Determiniamo il dominio delle seguenti funzioni:

a. $y = \dfrac{x^2 - 1}{x^3 - 9x}$; b. $y = \sqrt{\dfrac{x+2}{x^2 - 6x + 5}}$.

a. L'espressione ha significato solo se il denominatore è non nullo:
$$x^3 - 9x \neq 0 \rightarrow x(x^2 - 9) \neq 0.$$
Dominio: $x \neq 0 \wedge x \neq 3 \wedge x \neq -3$.

b. L'indice della radice è pari, quindi y esiste soltanto se:
$$\dfrac{x+2}{x^2 - 6x + 5} \geq 0.$$
Studiamo il segno del numeratore e del denominatore:
$x + 2 > 0$ per $x > -2$;
$x^2 - 6x + 5 > 0$ per $x < 1 \vee x > 5$.

Compiliamo il quadro dei segni.

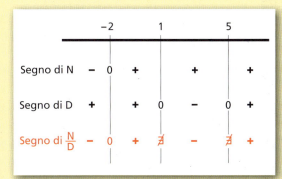

Dominio: $-2 \leq x < 1 \vee x > 5$.

Determina il dominio delle seguenti funzioni.

34 **AL VOLO**

$y = \dfrac{1}{4x}$; $y = 2x^3 - x$; $y = \dfrac{1}{x^2 + 4}$; $y = \sqrt{x + 6}$.

35 $y = x^3 - 4x$ $[\mathbb{R}]$

36 $y = \dfrac{x^2 - 3x + 1}{x + 2}$ $[x \neq -2]$

37 $y = \sqrt{3}\, x^2 - 1$ $[\mathbb{R}]$

38 $y = x^2 - \dfrac{1}{2x}$ $[x \neq 0]$

39 $y = \dfrac{x - 1}{x^2(x + 8)}$ $[x \neq 0 \wedge x \neq -8]$

40 $y = \dfrac{x - 2}{x^2 - 4x + 4}$ $[x \neq 2]$

41 $y = \dfrac{x^2 - 9}{x + 3}$ $[x \neq -3]$

42 $y = \dfrac{|x|}{x^2 + 2}$ $[\mathbb{R}]$

43 $y = \dfrac{x - 5}{x^2 - 25}$ $[x \neq \pm 5]$

44 $y = \dfrac{x - 1}{x^2 - 4x}$ $[x \neq 0 \wedge x \neq 4]$

45 $y = \dfrac{x}{2x^2 - 5x - 3}$ $\left[x \neq -\dfrac{1}{2} \wedge x \neq 3\right]$

46 $y = \dfrac{1}{(2x^2 - 4x)(x + 5)}$ $[x \neq 0 \wedge x \neq 2 \wedge x \neq -5]$

47 $y = \dfrac{2x - 1}{x^3 + 4x^2 - 2x - 8}$ $[x \neq \pm\sqrt{2} \wedge x \neq -4]$

48 $y = \dfrac{1}{|x - 2| + 2}$ $[\mathbb{R}]$

49 $y = \dfrac{2x}{x^2 - x^3 + 4x - 4}$ $[x \neq \pm 2 \wedge x \neq 1]$

50 $y = \dfrac{5}{\left(2 - \dfrac{1}{x}\right)(4 - x^2)}$ $\left[x \neq 0 \wedge x \neq \dfrac{1}{2} \wedge x \neq \pm 2\right]$

51 $y = \dfrac{x}{x^3 - 2x^2 + x}$ $[x \neq 0 \wedge x \neq 1]$

Capitolo 12. Funzioni e loro proprietà

52 $y = \dfrac{1 - 4x}{x^3 - 2x^2 - 9x + 18}$ $\quad [x \neq 2 \wedge x \neq \pm 3]$

53 $y = \dfrac{2 + x}{x - |x|}$ $\quad [x < 0]$

54 $y = \dfrac{x}{x^3 - 3x^2 + 2x - 6}$ $\quad [x \neq 3]$

55 $y = \dfrac{x - 3}{x^4 - 3x^2 + 2}$ $\quad [x \neq \pm\sqrt{2} \wedge x \neq \pm 1]$

56 $y = \dfrac{x - 1}{x^2 - 4|x|}$ $\quad [x \neq 0 \wedge x \neq \pm 4]$

57 $y = \dfrac{x + 5}{x^3 + x^2 - 2x}$ $\quad [x \neq -2 \wedge x \neq 0 \wedge x \neq 1]$

58 $y = \dfrac{1}{|x - 1| - 3}$ $\quad [x \neq -2 \wedge x \neq 4]$

59 $y = \dfrac{x^2 - 1}{x^3 + 3x^2 - 4x - 12}$ $\quad [x \neq -3 \wedge x \neq \pm 2]$

60 $y = \dfrac{4x}{4x^2 - 4x - 3}$ $\quad \left[x \neq -\dfrac{1}{2} \wedge x \neq \dfrac{3}{2}\right]$

61 $y = \dfrac{3 + x}{(9 - x^2)(x^2 + 2x + 3)}$ $\quad [x \neq \pm 3]$

62 $y = \dfrac{1}{x^3 - 4x^2 + 4x}$ $\quad [x \neq 0 \wedge x \neq 2]$

63 $y = \sqrt{x^2 + 4} + \dfrac{1}{x + 3}$ $\quad [x \neq -3]$

64 $y = \sqrt{2x - 1} + \sqrt{4 - x}$ $\quad \left[\dfrac{1}{2} \leq x \leq 4\right]$

65 $y = \dfrac{2}{\sqrt{x^2 + 2}}$ $\quad [\mathbb{R}]$

66 $y = \sqrt{\dfrac{x - 1}{x}}$ $\quad [x < 0 \vee x \geq 1]$

67 $y = \sqrt{4x - x^2}$ $\quad [0 \leq x \leq 4]$

68 $y = \dfrac{\sqrt{x}}{4x^2 - 3x}$ $\quad \left[x > 0 \wedge x \neq \dfrac{3}{4}\right]$

69 $y = \dfrac{\sqrt{16 - x^2}}{\sqrt{2x - 1}}$ $\quad \left[\dfrac{1}{2} < x \leq 4\right]$

70 $y = \sqrt{\dfrac{x - 3}{3x - 5}}$ $\quad \left[x < \dfrac{5}{3} \vee x \geq 3\right]$

71 $y = \sqrt{13x - 4 - 3x^2}$ $\quad \left[\dfrac{1}{3} \leq x \leq 4\right]$

72 $y = \dfrac{2}{\sqrt{1 - 3x}} + \sqrt{1 - x^2}$ $\quad \left[-1 \leq x < \dfrac{1}{3}\right]$

73 $y = \sqrt{\dfrac{6 + x}{9x - x^2}}$ $\quad [x \leq -6 \vee 0 < x < 9]$

74 $y = \dfrac{\sqrt{x + 6}}{x^2}$ $\quad [x \geq -6 \wedge x \neq 0]$

75 $y = \dfrac{2x}{\sqrt[3]{x^2 - 2x}}$ $\quad [x \neq 0 \wedge x \neq 2]$

76 $y = \sqrt{\dfrac{-2x}{x^2 + 4x + 4}}$ $\quad [x \leq 0 \wedge x \neq -2]$

77 $y = \sqrt{\dfrac{2x^2 + x - 1}{x - 1}}$ $\quad \left[-1 \leq x \leq \dfrac{1}{2} \vee x > 1\right]$

78 $y = \sqrt{\dfrac{x^2 - 1}{x}}$ $\quad [-1 \leq x < 0 \vee x \geq 1]$

79 $y = \sqrt{\dfrac{x^2 - 4x}{x^2 - 5x + 4}}$ $\quad [x \leq 0 \vee 1 < x < 4 \vee x > 4]$

80 $y = \sqrt{|x| - 1}$ $\quad [x \leq -1 \vee x \geq 1]$

81 $y = \sqrt{\dfrac{x^3}{x - 1}}$ $\quad [x \leq 0 \vee x > 1]$

82 $y = \dfrac{\sqrt{1 - x^5}}{x^2 - x}$ $\quad [x < 1 \wedge x \neq 0]$

83 $y = \sqrt{\dfrac{x - 1}{2x^3 - 5x^2 + 2x}}$ $\quad \left[x < 0 \vee \dfrac{1}{2} < x \leq 1 \vee x > 2\right]$

84 $y = \dfrac{x\sqrt{x^2 - 6x + 8}}{x^2}$ $\quad [x \leq 2 \wedge x \neq 0 \vee x \geq 4]$

85 $y = \dfrac{1}{\sqrt[7]{x^2 - 2x - 8}}$ $\quad [x \neq -2 \wedge x \neq 4]$

86 $y = \dfrac{1}{\sqrt{x} - \sqrt{x^2 - 2}}$ $\quad [x \geq \sqrt{2} \wedge x \neq 2]$

87 $y = \sqrt[3]{\dfrac{1}{x - 2}} + \dfrac{2}{x - 4}$ $\quad [x \neq 2 \wedge x \neq 4]$

88 $y = \dfrac{\sqrt{x^4(x + 2)}}{|x + 1| + x + 1}$ $\quad [x > -1]$

89 $y = \sqrt{\dfrac{|x|}{x - 1}} + \sqrt{x^2 - 9}$ $\quad [x \geq 3]$

90 $y = \sqrt{\dfrac{2x^2 - x - 1}{6x + 3}}$ $\quad [x \geq 1]$

91 $y = \dfrac{1}{\sqrt{x^2 - 5x + 6}} + \dfrac{1}{\sqrt{x - 1}}$ $\quad [1 < x < 2 \vee x > 3]$

92 $y = \dfrac{\sqrt{x}}{|x - 1| + |x^2 - x|}$ $\quad [x \geq 0 \wedge x \neq 1]$

93 $y = \dfrac{1}{\sqrt{x^2(x + 1)}} + \dfrac{1}{\sqrt{|x - 1|}}$ $\quad [x > -1 \wedge x \neq 0 \wedge x \neq 1]$

94 $y = \sqrt{\dfrac{x^2 - 4}{x - 3}} + \sqrt{1 - \sqrt{x}}$ $\quad [0 \leq x \leq 1]$

95 $y = \dfrac{\sqrt{x^4 - x^2 - 2}}{2x\sqrt{x^2 + 4}}$ $\quad [x \leq -\sqrt{2} \vee x \geq \sqrt{2}]$

96 $y = \sqrt{1 - \sqrt{|x + 2x^2|}}$ $\quad \left[-1 \leq x \leq \dfrac{1}{2}\right]$

97 $y = \dfrac{1}{\sqrt{x + 3} - 2x}$ $\quad [x \geq -3 \wedge x \neq 1]$

98 $y = \dfrac{x - 1}{\sqrt{x^2 + x} + \sqrt{-x}}$ $\quad [x \leq -1]$

99 **YOU & MATHS** Determine the domain of the following functions:

a. $f(x) = \sqrt{4 - x^2}$;
b. $f(x) = \dfrac{1}{\sqrt[3]{x - 6}}$.

(USA *Southern Illinois University Carbondale*, Final Exam)

[a) $-2 \leq x \leq 2$; b) $x \neq 6$]

Funzioni trascendenti con esponenziali e logaritmi

100 **TEST** Solo una delle seguenti funzioni non ha dominio $\mathbb{R}$. Quale?

A $y = 2^{x-4}$
C $y = \dfrac{1}{\sqrt{x^4 + 4x^2}}$
E $y = \dfrac{1}{e^{x-1}}$

B $y = \ln(x^2 + 1)$
D $y = \sqrt[3]{x - 1}$

101 **ESERCIZIO GUIDA** Determiniamo il dominio di:

a. $y = e^{\frac{1}{x^4 - x^2}}$; b. $y = \dfrac{x}{\ln x - 1}$.

a. L'esponente di e può essere qualsiasi numero reale. L'unica condizione che dobbiamo porre riguarda dunque l'esistenza della frazione: il denominatore deve essere non nullo.

$x^4 - x^2 \neq 0 \;\rightarrow\; x^2(x^2 - 1) \neq 0$

Dominio: $x \neq 0 \land x \neq 1 \land x \neq -1$.

b. Per l'esistenza di $\ln x$ deve essere $x > 0$.
Per l'esistenza della frazione deve essere: $\ln x - 1 \neq 0 \rightarrow \ln x \neq \ln e \rightarrow x \neq e$.
Quindi:

Dominio: $x > 0 \land x \neq e$.

Determina il dominio delle seguenti funzioni.

102 $y = e^{\sqrt{x}}$ $[x \geq 0]$

103 $y = \ln \sqrt{x}$ $[x > 0]$

104 $y = \ln(x^2 + 1)$ $[\mathbb{R}]$

105 $y = \ln(1 + 2x + x^2)$ $[x \neq -1]$

106 $y = e^{\frac{1}{x}}$ $[x \neq 0]$

107 $y = \dfrac{1}{e^{2x}}$ $[\mathbb{R}]$

108 $y = \ln(x + 8)$ $[x > -8]$

109 $y = \dfrac{\ln^2 x}{1 - \ln x}$ $[x > 0 \land x \neq e]$

110 $y = \ln(\ln x)$ $[x > 1]$

111 $y = \sqrt{-\ln x}$ $[0 < x \leq 1]$

112 $y = 4^{\ln x^2}$ $[x \neq 0]$

113 $y = \ln(x^2 - 4x - 12)$ $[x < -2 \lor x > 6]$

114 $y = \ln(x^2 - 4)$ $[x < -2 \lor x > 2]$

115 $y = (1 - 2x)e^{-2x}$ $[\mathbb{R}]$

116 $y = \dfrac{\ln x}{\sqrt{x - 5}}$ $[x > 5]$

117 $y = \dfrac{1}{\ln x + 1}$ $\left[x > 0 \land x \neq \dfrac{1}{e}\right]$

118 $y = 2^{\sqrt{\frac{x}{x-3}}}$ $[x \leq 0 \lor x > 3]$

119 $y = 3^{\sqrt{x^2 - 4}} + \dfrac{1}{6 + x}$

$[x \leq -2 \lor x \geq 2 \land x \neq -6]$

120 $y = \dfrac{1}{2\ln x - 2}$ $[x > 0 \land x \neq e]$

121 $y = \sqrt{\ln(x + 3)}$ $[x \geq -2]$

122 $y = \dfrac{1}{e^{x+2} - 1}$ $[x \neq -2]$

123 $y = \dfrac{\sqrt{2^x - 1}}{2x}$ $\qquad [x > 0]$

124 $y = \ln[\ln(x-2)]$ $\qquad [x > 3]$

125 $y = \sqrt{\ln x} + \sqrt{4-x}$ $\qquad [1 \le x \le 4]$

126 $y = \ln(2x - \sqrt{x})$ $\qquad \left[x > \dfrac{1}{4}\right]$

127 $y = \dfrac{1}{\ln(x+1)}$ $\qquad [x > -1 \wedge x \ne 0]$

128 $y = \dfrac{1}{2^{x+4} - 2}$ $\qquad [x \ne -3]$

129 $y = \dfrac{3^{\frac{1}{x}}}{\sqrt{x+1}}$ $\qquad [x > -1 \wedge x \ne 0]$

130 $y = \sqrt{-\ln x} + \sqrt{2x-1}$ $\qquad \left[\dfrac{1}{2} \le x \le 1\right]$

131 $y = \dfrac{\ln(e^x - 1)}{|x-1|}$ $\qquad [x > 0 \wedge x \ne 1]$

132 $y = \dfrac{\ln(x-4)}{\ln x - 4}$ $\qquad [x > 4 \wedge x \ne e^4]$

133 $y = \sqrt{2^x - 4^x}$ $\qquad [x \le 0]$

134 $y = \ln \dfrac{x+1}{x-3}$ $\qquad [x < -1 \vee x > 3]$

135 $y = \ln \dfrac{3-x}{1-x^2}$ $\qquad [-1 < x < 1 \vee x > 3]$

136 $y = \ln(x^2 - 9) + \ln x$ $\qquad [x > 3]$

137 $y = x \ln|x|$ $\qquad [x \ne 0]$

138 $y = \dfrac{1}{\ln(2^x - 1)}$ $\qquad [x > 0 \wedge x \ne 1]$

139 $y = \ln \dfrac{1}{x^2 - 4} + \ln(x^3 - x)$ $\qquad [x > 2]$

140 $y = \dfrac{1}{e^{-x} \ln x}$ $\qquad [x > 0 \wedge x \ne 1]$

141 $y = \log_{\frac{1}{2}}[\log_2(4 - x^2)]$ $\qquad [-\sqrt{3} < x < \sqrt{3}]$

142 $y = \dfrac{\sqrt{x^2 - 4} + \ln(x^2 - 5x + 6)}{x^2 - 7x + 10}$

$\qquad\qquad\qquad\qquad [(x \le -2 \vee x > 3) \wedge x \ne 5]$

143 $y = \sqrt{\ln x} + \sqrt{e^x}$ $\qquad [x \ge 1]$

144 $y = \sqrt{\ln \sqrt{x}} + \sqrt{(x-2)e^x}$ $\qquad [x \ge 2]$

145 $y = \dfrac{1}{9^{x^2} - 3}$ $\qquad \left[x \ne \pm \dfrac{\sqrt{2}}{2}\right]$

Funzioni trascendenti goniometriche

146 ESERCIZIO GUIDA Determiniamo il dominio di $y = \dfrac{\tan x - 1}{2 \sin x - 1}$.

Per l'esistenza di $\tan x$: $x \ne \dfrac{\pi}{2} + k\pi$.

Per l'esistenza della frazione:

$2 \sin x - 1 \ne 0 \;\to\; \sin x \ne \dfrac{1}{2} \;\to\; x \ne \dfrac{\pi}{6} + 2k\pi \wedge x \ne \dfrac{5}{6}\pi + 2k\pi$.

Quindi il dominio è $x \ne \dfrac{\pi}{2} + k\pi \wedge x \ne \dfrac{\pi}{6} + 2k\pi \wedge x \ne \dfrac{5}{6}\pi + 2k\pi$.

Determina il dominio delle seguenti funzioni.

147 $y = \dfrac{1}{2 \sin x}$ $\qquad [x \ne k\pi]$

148 $y = \dfrac{1}{2 \cos x - 1}$ $\qquad \left[x \ne \pm \dfrac{\pi}{3} + 2k\pi\right]$

149 $y = 1 - \sqrt{2 \sin x - 1}$ $\qquad \left[\dfrac{\pi}{6} + 2k\pi \le x \le \dfrac{5}{6}\pi + 2k\pi\right]$

150 $y = \dfrac{1}{\tan x - 1}$ $\qquad \left[x \ne \dfrac{\pi}{2} + k\pi \wedge x \ne \dfrac{\pi}{4} + k\pi\right]$

151 $y = \tan 2x$ $\qquad \left[x \ne \dfrac{\pi}{4} + k\dfrac{\pi}{2}\right]$

152 $y = \dfrac{1}{\cos x - 2}$ $\qquad [\mathbb{R}]$

153 $y = \sqrt{\sin x}$ $\qquad [2k\pi \le x \le \pi + 2k\pi]$

154 $y = \ln(2 + \sin x)$ $\qquad [\mathbb{R}]$

155 $y = e^{\sqrt{\sin^2 x}}$ $\qquad [\mathbb{R}]$

156 $y = \sin x + x^2 - 2x$ $\qquad [\mathbb{R}]$

Riepilogo: Dominio di una funzione

157 **FAI UN ESEMPIO** di funzione razionale fratta che abbia dominio:
  a. $D = [1; 2]$;   b. $x \neq 1 \wedge x \neq 2$.

158 **FAI UN ESEMPIO** di funzione irrazionale che abbia dominio:
  a. $x \geq 0$;   b. $x < -2 \vee x > 1$.

Determina il dominio delle seguenti funzioni.

159 $y = \dfrac{1}{\ln^2 x - 2\ln x + 1}$ $[x > 0 \wedge x \neq e]$

160 $y = \sqrt{\dfrac{x^2 - 15x - 16}{6 - x}}$ $[x \leq -1 \vee 6 < x \leq 16]$

161 $y = \ln(2 - \sqrt{4-x})$ $[0 < x \leq 4]$

162 $y = \ln[\ln(x-3)]$ $[x > 4]$

163 $y = \dfrac{\sqrt{x^2 + x - 12}}{x + 4}$ $[x < -4 \vee x \geq 3]$

164 $y = \dfrac{\sqrt{9 - x^2}}{\sqrt{x^2 - 4x}}$ $[-3 \leq x < 0]$

165 $y = \ln(1 - \sqrt{1 - 2x})$ $\left[0 < x \leq \dfrac{1}{2}\right]$

166 $y = \dfrac{1}{1 + \dfrac{1}{1 + \dfrac{1}{x}}}$ $\left[x \neq -1 \wedge x \neq -\dfrac{1}{2} \wedge x \neq 0\right]$

167 $y = \begin{cases} \dfrac{x-1}{\sqrt{3-x}} & \text{se } x \leq 0 \\ 2^{\frac{1}{x-4}} & \text{se } x > 0 \end{cases}$ $[x \neq 4]$

168 $y = \ln \dfrac{|x|}{|x-3| - 5}$ $[x < -2 \vee x > 8]$

169 $y = \sqrt{|x^2 - 3x + 4| - 2}$ $[x \leq 1 \vee x \geq 2]$

170 $y = \sqrt{3^x + 3 \cdot 3^{-x} - 3}$ $[\mathbb{R}]$

171 $y = \dfrac{1}{\log_3^2 x + 3 \log_3 x}$ $\left[x > 0 \wedge x \neq \dfrac{1}{27} \wedge x \neq 1\right]$

172 $y = \dfrac{1}{2x^3 - x^2 - x}$ $\left[x \neq -\dfrac{1}{2} \wedge x \neq 0 \wedge x \neq 1\right]$

173 $y = \ln(x^2 - |x|)$ $[x < -1 \vee x > 1]$

174 $y = \dfrac{\sqrt{\log_{\frac{1}{2}}(1-x)}}{\log_2(1-x)}$ $[0 < x < 1]$

175 $y = \sqrt{\dfrac{x^3 - x^2}{x + 1}}$ $[x < -1 \vee x \geq 1 \vee x = 0]$

176 $y = \sqrt{\left|\dfrac{x-1}{1+2x}\right| - 1}$ $\left[-2 \leq x \leq 0 \wedge x \neq -\dfrac{1}{2}\right]$

177 $y = \sqrt{\ln(x^2 - 2x) - \ln x}$ $[x \geq 3]$

178 $y = \dfrac{\ln(x^2 - 5x)}{\ln(7 - x)}$ $[x < 0 \vee 5 < x < 7 \wedge x \neq 6]$

Trova per quali valori di *k* le seguenti funzioni hanno dominio $\mathbb{R}$.

179 **AL VOLO** $y = \dfrac{1}{x + k}$

180 $y = \dfrac{1}{x^2 - 4x + k + 1}$ $[k > 3]$

181 $y = \sqrt{kx^2 - 2x + k}$ $[k \geq 1]$

182 $y = \sqrt{x^2 + k - 4}$ $[k \geq 4]$

---

183 **EUREKA!** Determina il dominio della funzione $y = \sqrt[n]{\dfrac{x}{x-3}}$ al variare di *n*.
[*n* dispari: $x \neq 3$; *n* pari: $x \leq 0 \vee x > 3$]

Determina per quale valore di *a* le funzioni hanno il dominio indicato.

184 $y = \dfrac{1}{x^2 + ax - 8}$ $D: x \neq -2 \wedge x \neq 4$ $[a = -2]$

185 $y = \ln(a - 2x)$ $D: x < -6$ $[a = -12]$

186 $y = e^{\frac{1}{x^2 - a}}$ $D: \mathbb{R}$ $[a < 0]$

Capitolo 12. Funzioni e loro proprietà

Funzioni uguali

Tra le seguenti coppie di equazioni indica quali rappresentano la stessa funzione.

187 $y = \ln\sqrt{x}$, $\qquad y = \dfrac{1}{2}\ln x$.

188 $y = \ln(x-3)^2$, $\qquad y = 2\ln(x-3)$.

189 $y = \dfrac{x}{\sqrt{x^2}}$, $\qquad y = 1$.

190 $y = \dfrac{\sin x}{\sin x} + 1$, $\qquad y = 2$.

191 $y = \sqrt{x}\cdot\sqrt{2-x}$, $\qquad y = \sqrt{x(2-x)}$.

192 $y = \dfrac{x^3}{x^2}$, $\qquad y = x$.

193 $y = \dfrac{\sqrt[3]{x^2-2x}}{\sqrt[3]{x}}$, $\qquad y = \sqrt[3]{x-2}$.

194 $y = x^2 + 4$, $\qquad y = |-x^2 - 4|$.

Zeri e segno di una funzione

LEGGI IL GRAFICO Osservando i seguenti grafici, indica il dominio e l'immagine di ciascuna funzione. Indica inoltre gli zeri e per quali valori di x ogni funzione è positiva o negativa.

195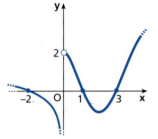

196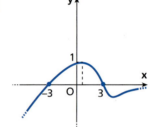

197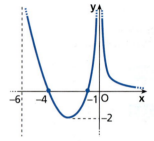

198 **ESERCIZIO GUIDA** Studiamo il segno della seguente funzione nel suo dominio, troviamo gli zeri e rappresentiamo nel piano cartesiano le zone in cui si trova il grafico:

$$y = f(x) = \dfrac{\ln x - 1}{x\sqrt{x+2}}.$$

- Determiniamo il dominio D:

$$\begin{cases} x > 0 & \text{esistenza di } \ln x \\ x \neq 0 & \text{esistenza della frazione} \\ x + 2 \neq 0 \\ x + 2 \geq 0 & \text{esistenza del radicale} \end{cases} \rightarrow D: x > 0.$$

- Studiamo il segno della funzione:

$$N > 0: \ln x - 1 > 0 \;\rightarrow\; \ln x > 1 \;\rightarrow\; \ln x > \ln e \;\rightarrow\; x > e;$$

$$D > 0: x\sqrt{x+2} > 0 \;\rightarrow\; x > 0.$$

Compiliamo il quadro dei segni, ricordando che la funzione $y = f(x)$ esiste soltanto per $x > 0$.

	0		e	
N		−	0	+
D		+		+
N/D		−	0	+

$f(x) > 0 \qquad$ per $x > e$;
$f(x) < 0 \qquad$ per $0 < x < e$;
$f(x) = 0 \qquad$ per $x = e$.

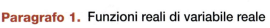

Il grafico della funzione si trova nelle zone non cancellate nel grafico e interseca l'asse x nel punto $(e; 0)$.

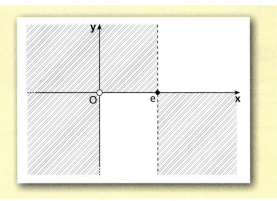

199 **AL VOLO** Indica il dominio e il segno delle seguenti funzioni.

$y = (x+2)^4$ $y = -(x-3)^{-2}$ $y = e^{x^2}$ $y = \left(\dfrac{1}{e}\right)^{-3x}$

Studia il segno delle seguenti funzioni nel loro dominio e trova eventuali punti di intersezione del grafico con gli assi (nei risultati non li indichiamo). Rappresenta nel piano cartesiano le zone in cui si trova il grafico.

200 $y = \dfrac{x-4}{x(1-x)^2}$ $[D: x \neq 0 \wedge x \neq 1; y > 0: x < 0 \vee x > 4]$

201 $y = \dfrac{2-|x|}{\sqrt{x-1}}$ $[D: x > 1; y > 0: 1 < x < 2]$

202 $y = \sqrt{\dfrac{x^2-2x}{x^3}}$ $[D: x \geq 2; y > 0: x > 2]$

203 $y = \dfrac{x^2-5x+4}{x^2-3x}$ $[D: x \neq 0 \wedge x \neq 3; y > 0: x < 0 \vee 1 < x < 3 \vee x > 4]$

204 $y = \dfrac{x^2-4}{9x^2-x^3}$ $[D: x \neq 0 \wedge x \neq 9; y > 0: x < -2 \vee 2 < x < 9]$

205 $y = \dfrac{x+3}{(x^2-1)(-x^2+4)}$ $[D: x \neq \pm 1 \wedge x \neq \pm 2; y > 0: x < -3 \vee -2 < x < -1 \vee 1 < x < 2]$

206 $y = \dfrac{\sqrt{25-x^2}}{|x|+|x^2-4x|}$ $[D: -5 \leq x \leq 5 \wedge x \neq 0; y > 0: -5 < x < 5 \wedge x \neq 0]$

207 $y = x\sqrt{\dfrac{1}{x}-1}$ $[D: 0 < x \leq 1; y > 0: 0 < x < 1]$

208 $y = \dfrac{x^3-5x^2+6x}{x}$ $[D: x \neq 0; y > 0: x < 0 \vee 0 < x < 2 \vee x > 3]$

209 $y = (x^3-1)\sqrt{\dfrac{x^2}{x^2-2x+1}}$ $[D: x \neq 1; y > 0: x > 1]$

210 $y = \dfrac{2^x}{2^x-2}$ $[D: x \neq 1; y > 0: x > 1]$

211 $y = \ln\dfrac{x-1}{x-4}$ $[D: x < 1 \vee x > 4; y > 0: x > 4]$

212 $y = \dfrac{\ln x}{|x-1|-2}$ $[D: x > 0 \wedge x \neq 3; y > 0: 0 < x < 1 \vee x > 3]$

213 $y = \dfrac{\sqrt{x-1}}{\ln(x-2)}$ $[D: x > 2 \wedge x \neq 3; y > 0: x > 3]$

Capitolo 12. Funzioni e loro proprietà

214 $y = \dfrac{e^{2x-1} - 1}{e^x - 1}$ $\left[D: x \neq 0;\ y > 0: x < 0 \vee x > \dfrac{1}{2}\right]$

215 $y = \dfrac{\ln x}{\ln(x-1)}$ $[D: x > 1 \wedge x \neq 2;\ y > 0: x > 2]$

216 $y = \sqrt{\dfrac{1-4x^2}{\log_{\frac{1}{2}} x}}$ $\left[D: 0 < x \leq \dfrac{1}{2} \vee x > 1;\ y > 0: 0 < x < \dfrac{1}{2} \vee x > 1\right]$

217 $y = \dfrac{\sqrt{\log_2 x}}{1 - \log_2 x}$ $[D: x \geq 1 \wedge x \neq 2;\ y > 0: 1 < x < 2]$

218 $y = \dfrac{\log_{\frac{1}{2}}(x-3)}{\log_3(x-1)}$ $[D: x > 3;\ y > 0: 3 < x < 4]$

219 **ASSOCIA** a ogni funzione la figura che indica la zona in cui si trova il grafico.

a. $y = \dfrac{e^{\sqrt{x+2}}}{x} \cdot (x-1)$ b. $y = \dfrac{4x^2 - 16x + 16}{x\sqrt{x+2}}$ c. $y = \dfrac{x}{\ln\sqrt{x+2}}$ d. $y = \dfrac{\ln(x-1)}{x^2 - 9x + 18}$

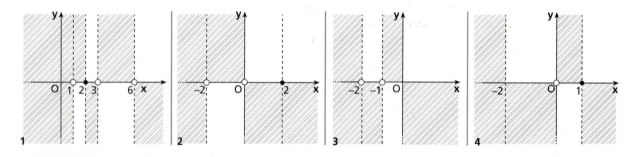

MATEMATICA AL COMPUTER
Intersezioni Con Wiris determiniamo le intersezioni con gli assi cartesiani del grafico della funzione $f: \mathbb{R} \to \mathbb{R}$ definita dalla legge $y = 12x^4 - 20x^3 - 231x^2 - 145x + 132$; tracciamo il grafico, dove evidenziamo le intersezioni trovate.

☐ Risoluzione – 8 esercizi in più

Grafici delle funzioni e trasformazioni geometriche

Traccia il grafico di f(x) e poi esegui le trasformazioni indicate a fianco; scrivi infine le equazioni delle curve trasformate.

220 $f(x) = -2x + 4$
- traslazione di vettore $\vec{v}(-2; 1)$
- simmetria rispetto all'asse y

221 $f(x) = x^2 - 2x$
- simmetria rispetto al punto (0; 1)
- simmetria rispetto alla retta $y = 3$

222 $f(x) = 2^x$
- simmetria rispetto alla retta $x = 2$
- traslazione di vettore $\vec{v}(-4; 1)$

223 $f(x) = \ln x$
- traslazione di vettore $\vec{v}(-3; -1)$
- simmetria rispetto all'asse x

224 $f(x) = \cos x$
- dilatazione verticale con $n = 2$
- traslazione di vettore $\vec{v}\left(\dfrac{\pi}{3}; 0\right)$

Paragrafo 1. Funzioni reali di variabile reale

Disegna il grafico di f(x) e rappresenta nello stesso piano cartesiano le funzioni indicate a fianco, dopo aver individuato quali trasformazioni geometriche devono essere applicate.

225 $f(x) = 2^x$; $\quad\quad y = -2^x + 2$; $\quad\quad y = 2^{x-2} - 1$.

226 $f(x) = \sin x$; $\quad\quad y = \sin 2x$; $\quad\quad y = 2\sin x$.

227 $f(x) = \ln x$; $\quad\quad y = \ln(-x)$; $\quad\quad y = -\ln(x)$.

228 YOU & MATHS Graph the function $f(x) = \begin{cases} e^{-x} & \text{if } x < 0 \\ e^x + 1 & \text{if } x \geq 0 \end{cases}$.

(USA *Southern Illinois University Carbondale*, Final Exam)

229 ESERCIZIO GUIDA   Disegniamo il grafico delle funzioni: **a.** $y = 2 + \ln(x+1)$; **b.** $y = |(x-3)^2 - 2|$.

a. Tracciato il grafico di $y = f(x) = \ln x$, otteniamo quello di $y = 2 + f(x+1) = 2 + \ln(x+1)$, con una traslazione di vettore $\vec{v}(-1; 2)$.

b. Tracciato il grafico di $y = f(x) = x^2$ (figura **a**), applichiamo in sequenza le trasformazioni geometriche.
Otteniamo il grafico di $y = f(x-3) = (x-3)^2$ applicando una traslazione di vettore $\vec{v}(3; 0)$ (figura **b**).
Otteniamo poi quello di $y = f(x-3) - 2 = (x-3)^2 - 2$ applicando una traslazione di vettore $\vec{v}_2(0; -2)$ (figura **c**).

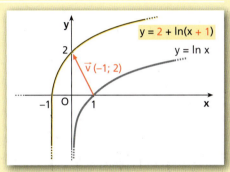

Ricaviamo infine il grafico di $f(x) = |(x-3)^2 - 2|$ applicando una simmetria rispetto all'asse x al grafico precedente, cioè al grafico di $y = (x-3)^2 - 2$, nell'intervallo in cui $y < 0$ (figura **d**). Per $y \geq 0$ il grafico rimane invariato.

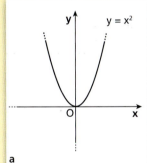 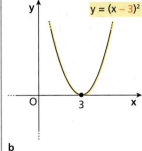 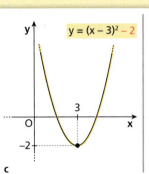 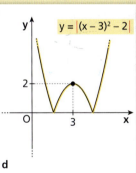

a b c d

Disegna i grafici delle seguenti funzioni.

230 $y = |x+3|$; $\quad\quad y = |x^2 + 5x|$. $\quad\quad$ **234** $y = -e^{|x|}$; $\quad\quad y = e^{x-1} + 4$.

231 $y = 2|x| - 1$; $\quad\quad y = 2^x - 1$. $\quad\quad$ **235** $y = (x+4)^2 - 2$; $\quad\quad y = 1 - \sin x$.

232 $y = |x^3| - 1$; $\quad\quad y = \frac{1}{2}e^x - 1$. $\quad\quad$ **236** $y = -3^{-x}$; $\quad\quad y = |3^x - 9|$.

233 $y = -\ln(x-2)$; $\quad\quad y = -2^x + 2$. $\quad\quad$ **237** $y = -2\ln(-x)$; $\quad\quad y = -|\ln x| + 1$.

Capitolo 12. Funzioni e loro proprietà

238 Disegna il grafico della funzione $y = f(x) = \log_2 x$. Successivamente traccia i grafici di

$y = -f(x)$, $y = f(x + 2)$, $y = f(x) + 2$, $y = f(-x)$.

239 Data la funzione $y = f(x)$ rappresentata nel grafico della figura seguente, disegna i grafici delle funzioni:

$y = |f(x)|,\ y = f(|x|),\ y = -f(x) - 2,\ y = f(-x)$.

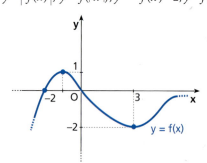

240 In figura è rappresentato il grafico della funzione $y = f(x)$. Disegna i grafici delle funzioni:

$y = f(x - 1),\ y = f(-x) + 3,\ y = -|f(x)|$.

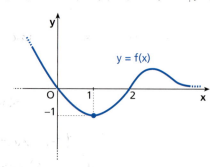

241 Disegna il grafico di $f(x) = 2^{x-1}$ e dimostra che $f(-x) \cdot f(x) = f(-1)$.

242 Disegna il grafico di $f(x) = \ln x + 1$ e poi traccia i grafici di $-f(-x)$, $f(x-4)$, $f(x-1) - 1$.

243 Determina la funzione $y = f(x) = ax^2 + bx + c$, il cui grafico passa per $A(-1; -1)$, per $B(-2; 0)$ e per l'origine O degli assi, e rappresentala graficamente. Utilizzando il grafico di $f(x)$ disegna i grafici di

$y = f(-x) + 1$, $y = -2f(-x)$, $y = |f(x)| - 2$.

$[y = x^2 + 2x]$

244 Disegna il grafico di $f(x) = -\cos x$ e poi quello delle funzioni $2f(2x)$, $-f(x) - 2$, $\dfrac{f(x)}{|f(x)|} - 2$.

245 **YOU & MATHS** Determine the domain and the image of $f(x) = \dfrac{1}{4}\sin 2x$, then sketch its graph.

Allenati con **15 esercizi interattivi** con feedback "hai sbagliato, perché..."

□ **su.zanichelli.it/tutor3**   risorsa riservata a chi ha acquistato l'edizione con tutor

2 Proprietà delle funzioni

Funzioni iniettive, suriettive e biunivoche

▶ Teoria a p. 564

LEGGI IL GRAFICO Ogni grafico rappresenta una funzione $f: \mathbb{R} \to \mathbb{R}$. Indica se è una funzione iniettiva, suriettiva o biunivoca.

246

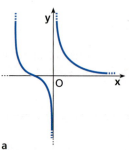
a

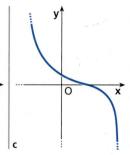
b

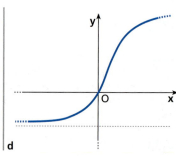
c   d

247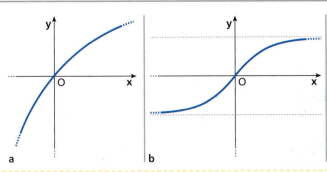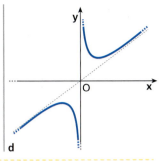

248 **AL VOLO** Quali delle seguenti funzioni sono iniettive su $\mathbb{R}$?

a. $y = |x|$ b. $y = x^2$ c. $y = x$ d. $y = 1 + x$

249 a. Determina il dominio e il codominio e studia il segno della funzione $f(x) = \begin{cases} -x & \text{se } |x| < 1 \\ |x-2| & \text{se } |x| \geq 1 \end{cases}$.

b. Calcola $f(-1), f(3), f\left(\dfrac{1}{2}\right)$ e determina le controimmagini di 0 e $-\dfrac{2}{5}$.

c. Rappresenta il grafico di $f(x)$ e conferma graficamente i risultati trovati.

d. $f(x)$ è una corrispondenza biunivoca?

$\left[\text{a) } D: \mathbb{R}, C: y > -1; f(x) > 0 \text{ per } x < 0 \vee 1 < x < 2 \vee x > 2; \text{ b) } 3, 1, -\dfrac{1}{2}, 0 \vee 2, \dfrac{2}{5}; \text{ d) no}\right]$

Funzioni crescenti, decrescenti, monotòne

▶ Teoria a p. 565

250 **LEGGI IL GRAFICO** Per ogni grafico studia gli intervalli di monotonia precisando in quali intervalli la funzione rappresentata è sempre crescente o decrescente e se lo è in senso stretto o in senso lato.

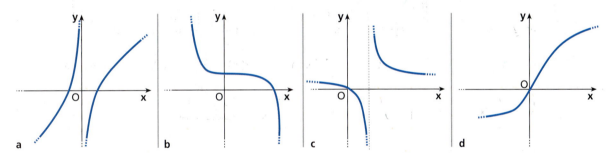

251 **VERO O FALSO?**

a. La funzione $y = \tan x$ è crescente in $[0; \pi]$. V F

b. La funzione $y = \ln x - 3$ è sempre decrescente. V F

c. Una funzione biunivoca è sempre monotòna. V F

d. La funzione $y = 3^{-x-1}$ è crescente. V F

252 **YOU & MATHS** Is $f(x) = \dfrac{1}{3}x^2 + 6$ an increasing function?

253 **RIFLETTI SULLA TEORIA** Siano f e g due funzioni definite sullo stesso dominio, entrambe crescenti in senso stretto. Cosa puoi dire sulla monotonia di $f + g$? E se f è crescente e g decrescente in senso stretto, cosa si può dire sulla monotonia di $f - g$?

Dopo aver rappresentato le seguenti funzioni, indica in quali intervalli sono crescenti e in quali decrescenti.

254 $y = \begin{cases} 2x - 1 & \text{se } x \leq 2 \\ 7 - x^2 & \text{se } x > 2 \end{cases}$ [cresc. per $x < 2$; decr. per $x > 2$]

255 $y = \begin{cases} \sin x & \text{se } -\dfrac{\pi}{2} \leq x \leq \dfrac{\pi}{2} \\ -\tan x & \text{se } \dfrac{\pi}{2} < x < \dfrac{3}{2}\pi \end{cases}$ $\left[\text{cresc. per } -\dfrac{\pi}{2} < x < \dfrac{\pi}{2}; \text{decr. per } \dfrac{\pi}{2} < x < \dfrac{3}{2}\pi\right]$

256 $y = x^2 - 3x - 10$ $\left[\text{decr. per } x < \dfrac{3}{2}; \text{cresc. per } x > \dfrac{3}{2}\right]$

257 $y = \begin{cases} -\ln(x+1) & \text{se } -1 < x < 0 \\ 1 & \text{se } 0 \leq x < 1 \\ 2^{x-1} & \text{se } x \geq 1 \end{cases}$ $[\text{decr. per } -1 < x < 0; \text{cresc. in senso lato per } x \geq 0]$

Funzioni periodiche
▶ Teoria a p. 566

258 **LEGGI IL GRAFICO** Indica il periodo delle seguenti funzioni periodiche.

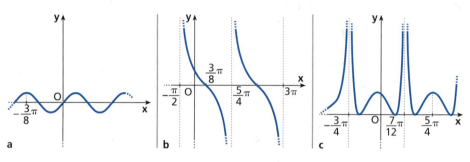

a. b. c.

Periodo delle funzioni goniometriche

259 **ESERCIZIO GUIDA** Determiniamo il periodo di: **a.** $y = \cos\dfrac{2}{5}x$; **b.** $y = \tan 4x$.

> Se $f(x)$ è una funzione di periodo T_1, allora $f(mx)$ è periodica di periodo $T = \dfrac{T_1}{m}$.

a. Il periodo della funzione $y = \cos x$ è 2π, quindi il periodo cercato è $T = \dfrac{2\pi}{\dfrac{2}{5}} = 2\pi \cdot \dfrac{5}{2} = 5\pi$.

b. Il periodo della funzione $y = \tan x$ è π, quindi il periodo cercato è $T = \dfrac{\pi}{4}$.

Trova il periodo delle seguenti funzioni.

260 $y = \sin\dfrac{2}{3}x$ $[3\pi]$ **263** $y = \tan x + \sin x$ $[2\pi]$

261 $y = \sin x + \cos\dfrac{x}{2}$ $[4\pi]$ **264** $y = 2\cos 2x + \sin x$ $[2\pi]$

262 $y = \tan 5x$ $\left[\dfrac{\pi}{5}\right]$ **265** $y = \dfrac{1}{\cos 4x}$ $\left[\dfrac{\pi}{2}\right]$

266 **YOU & MATHS** Give an example of a periodic function with period 4π.

Funzioni pari e funzioni dispari
▶ Teoria a p. 566

267 **FAI UN ESEMPIO** Che cosa significa che una funzione è pari? Di quali proprietà gode il suo grafico? Completa le tue risposte con un esempio.

Paragrafo 2. Proprietà delle funzioni

268 VERO O FALSO?
a. Una funzione che non è dispari è pari. V F
b. Il grafico di una funzione pari è simmetrico rispetto all'asse x. V F
c. Il grafico di una funzione dispari è simmetrico rispetto all'asse y. V F
d. Se una funzione $f(x)$ è pari, allora $-f(x)$ è dispari. V F

269 FAI UN ESEMPIO Dimostra che, date due funzioni f e g, entrambe dispari, allora $f+g$ è dispari e $f \cdot g$ è pari, e fai un esempio.

270 RIFLETTI SULLA TEORIA Date due funzioni f e g, una pari e l'altra dispari, cosa puoi dire del quoziente $\dfrac{f}{g}$?

271 LEGGI IL GRAFICO I seguenti grafici rappresentano alcune funzioni. Indica quali di esse sono pari, quali dispari e quali né pari né dispari, motivando la risposta.

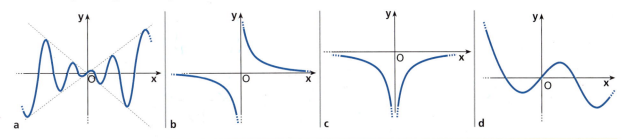

272 ESERCIZIO GUIDA Stabiliamo se le seguenti funzioni sono pari o dispari:

a. $f(x) = \dfrac{x^4 - x^2}{-2|x|}$; b. $f(x) = \sqrt[3]{x} + 6x^3$.

a. Determiniamo il dominio. La funzione è fratta:

$-2|x| \neq 0 \rightarrow D: x \neq 0$.

Preso un generico x nel dominio:

$f(-x) = \dfrac{(-x)^4 - (-x)^2}{-2|-x|} = \dfrac{x^4 - x^2}{-2|x|} = f(x) \rightarrow f$ è pari.

> f è pari se $f(-x) = f(x)$
> f è dispari se $f(-x) = -f(x)$

b. Il dominio è $\mathbb{R}$.

$f(-x) = \sqrt[3]{-x} + 6(-x)^3 = -\sqrt[3]{x} - 6x^3 = -f(x) \rightarrow f$ è dispari.

Verifica che le seguenti funzioni sono pari.

273 $y = \dfrac{1 + x^2}{4 - x^2}$; $y = \dfrac{x^2 - 2}{3x^4}$.

274 $y = \left|\dfrac{3x}{x^2 - 1}\right|$; $y = \dfrac{\sqrt{x^2 - 3}}{2 - x^2}$.

Verifica che le seguenti funzioni sono dispari.

275 $y = \dfrac{3}{x^3} + 2x^3$; $y = \dfrac{\sqrt[3]{x}}{x^2}$.

276 $y = x\sqrt{5 - x^2}$; $y = \dfrac{x}{\sqrt{9 - x^2}}$.

Stabilisci se le seguenti funzioni sono pari, dispari o né pari né dispari.

277 $y = 3x^3 + 2x - 1$

278 $y = x^2 - |5x|$

279 $y = x \cdot \dfrac{|2x|}{3}$

280 $y = \dfrac{\sqrt{7 - x^2}}{x}$

281 $y = \dfrac{x^3 - 1}{1 - x^2}$

282 $y = 2\sqrt{x + 1} - x$

283 $y = \sqrt{x^2 + 9} - x^4$

284 $y = \dfrac{\sqrt[3]{x^2}}{x}$

285 $y = 3x - \sqrt[3]{x}$

Capitolo 12. Funzioni e loro proprietà

286 $y = \dfrac{|x|}{1 + \sqrt{x^2 - 1}}$

287 $y = \dfrac{2x}{2^x + 2^{-x}}$

288 $y = \dfrac{x^4 + 2}{x}$

289 $y = \dfrac{3}{\sqrt{3 - x^2}}$

290 $y = \sqrt{\dfrac{x^2 - 1}{5 + x^2}}$

291 $y = x\sqrt{x^2 - 1}$

292 $y = \ln|x| + 1$

293 $y = \dfrac{e^x + e^{-x}}{x}$

294 $y = \dfrac{|x| + x^2}{2x}$

LEGGI IL GRAFICO Per ognuna delle funzioni rappresentate nei seguenti grafici indica:
a. il dominio; **b.** l'immagine; **c.** se è pari o dispari; **d.** se è monotòna.

295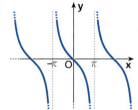

296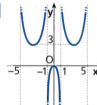

297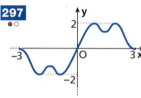

298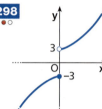

REALTÀ E MODELLI

299
Corrente che scalda La quantità Q di calore prodotta ogni secondo dalla lavatrice di Ernesto per scaldare l'acqua è funzione dell'intensità di corrente i secondo la legge: $Q(i) = 42i^2$.
a. Traccia il grafico di $Q(i)$ considerando un'opportuna restrizione del dominio.
b. È una funzione iniettiva? È monotòna? È pari?

300 **L'orologio** Considera un orologio analogico (a lancette) e costruisci la seguente funzione: la variabile indipendente h corrisponde all'ora (dall'ora 1 all'ora 24), la variabile dipendente è l'angolo (in gradi) che la lancetta delle ore forma con la posizione verticale delle 12.
a. Determina l'espressione analitica della funzione e rappresentala nel piano cartesiano.
b. Costruisci una funzione analoga considerando la lancetta dei minuti nell'arco di un'ora; rappresentala analiticamente e nel piano cartesiano.
c. Quale delle due funzioni è iniettiva? Quale è crescente in senso stretto in tutto il suo dominio?

$\left[\text{a) } f(h) = \begin{cases} 30h & 1 \leq h \leq 12, h \in \mathbb{N} \\ 30(h - 12) & 12 < h \leq 24, h \in \mathbb{N} \end{cases} ; \text{b) } g(m) = 6m, \text{ con } 0 \leq m < 60, m \in \mathbb{N}\right]$

3 Funzione inversa

▶ Teoria a p. 569

301 **LEGGI IL GRAFICO** Per ognuna delle funzioni rappresentate, considera un'eventuale restrizione del dominio in modo che la funzione ammetta la funzione inversa e disegnane il grafico.

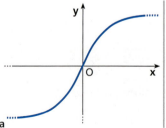
a

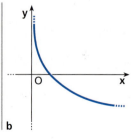
b

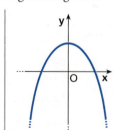
c

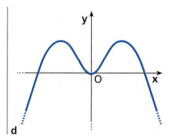
d

Paragrafo 3. Funzione inversa

302 Indica quali delle seguenti funzioni sono invertibili e spiega perché, utilizzando eventualmente il loro grafico.

a. $y = 2x - 5$;
b. $y = \dfrac{4}{x} + 1$;
c. $y = \sqrt{x+5}$;
d. $y = \ln(x-2)$.

303 **ESERCIZIO GUIDA** Determiniamo l'espressione analitica della funzione inversa di:

$$f(x) = \dfrac{1}{1+e^x}.$$

La funzione $y = \dfrac{1}{1+e^x}$ è definita $\forall x \in \mathbb{R}$. Determiniamo la relazione inversa $f^{-1}(y)$ ricavando x,

$$1 + e^x = \dfrac{1}{y} \rightarrow e^x = \dfrac{1}{y} - 1 \rightarrow x = \ln\left(\dfrac{1}{y} - 1\right),$$

e notiamo che è una funzione perché a ogni valore di y corrisponde un solo valore di x, pertanto la funzione è invertibile.
Poiché y è ora variabile indipendente, scriviamo la funzione inversa scambiando x con y:

$$y = \ln\left(\dfrac{1}{x} - 1\right).$$

Il dominio della funzione inversa, che coincide con il codominio di $f(x)$, si ottiene risolvendo la disequazione $\dfrac{1}{x} - 1 > 0$. Esso risulta essere l'insieme $\{x \in \mathbb{R} \mid 0 < x < 1\}$.

Determina l'espressione analitica della funzione inversa delle seguenti funzioni, verificando che sono invertibili.

304 $f(x) = \dfrac{1}{3}x - 4$ $\left[f^{-1}(x) = 3x + 12\right]$

305 $f(x) = -5x + 1$ $\left[f^{-1}(x) = -\dfrac{1}{5}x + \dfrac{1}{5}\right]$

306 $f(x) = \dfrac{1}{1+2x}$ $\left[f^{-1}(x) = \dfrac{1-x}{2x}\right]$

307 $f(x) = \dfrac{1}{\sqrt{2x}}$ $\left[f^{-1}(x) = \dfrac{1}{2x^2}\right]$

308 $f(x) = \sqrt[3]{x-3}$ $\left[f^{-1}(x) = x^3 + 3\right]$

309 $f(x) = 2 - x^3$ $\left[f^{-1}(x) = \sqrt[3]{2-x}\right]$

310 $f(x) = \sqrt{2x-4}$ $\left[f^{-1}(x) = \dfrac{x^2+4}{2}\right]$

311 $f(x) = 2 + e^x$ $\left[f^{-1}(x) = \ln(x-2)\right]$

312 $f(x) = \log_2(1+x)$ $\left[f^{-1}(x) = 2^x - 1\right]$

313 $f(x) = 2^{x+3} + 4$ $\left[f^{-1}(x) = \log_2(x-4) - 3\right]$

314 $f(x) = -e^{-2x} - 1$ $\left[f^{-1}(x) = \dfrac{\ln(-x-1)}{-2}\right]$

315 $f(x) = 1 - 2\ln(x-2)$ $\left[f^{-1}(x) = 2 + e^{\frac{1-x}{2}}\right]$

316 $f(x) = \ln\dfrac{1}{x}$ $\left[f^{-1}(x) = \dfrac{1}{e^x}\right]$

317 $f(x) = e^{\frac{x-1}{x}}$ $\left[f^{-1}(x) = \dfrac{1}{1-\ln x}\right]$

318 **ESERCIZIO GUIDA** Determiniamo l'espressione analitica della funzione inversa di $f(x) = 4x - x^2$ dopo aver effettuato un'opportuna restrizione del dominio in modo che $f(x)$ sia biunivoca e rappresentiamo la funzione inversa.

Il grafico di $f(x) = 4x - x^2$ è quello di una parabola rivolta verso il basso che ha il vertice in $V(2; 4)$ e che interseca l'asse in $x = 0$ e $x = 4$.

$f(x)$ ha dominio $\mathbb{R}$, ma non è biunivoca.

Nell'intervallo $]-\infty; 2]$, invece, risulta biunivoca e la sua immagine è l'intervallo $]-\infty; 4]$.

Capitolo 12. Funzioni e loro proprietà

Determiniamo la funzione inversa ricavando x:

$$y = 4x - x^2 \rightarrow x^2 - 4x + y = 0 \rightarrow x = 2 \pm \sqrt{4-y}.$$

Scegliamo $x = 2 - \sqrt{4-y}$, perché deve essere $x \leq 2$, e nell'espressione scambiamo x con y per poter rappresentare la funzione inversa nello stesso piano cartesiano di $f(x)$:

$$y = 2 - \sqrt{4-x}.$$

La funzione inversa è definita per $x \leq 4$ e otteniamo il suo grafico tracciando il simmetrico di quello di $f(x)$ rispetto alla bisettrice del primo e terzo quadrante.

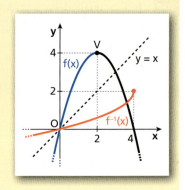

In un diagramma cartesiano disegna le seguenti funzioni e le loro inverse, dopo aver considerato, se necessario, opportune restrizioni del dominio, tali che le funzioni siano biunivoche. Scrivi l'espressione analitica della funzione inversa.

319 $y = -4x^2 + 8x$

320 $y = -2x - 2$

321 $y = \ln x - 2$

322 $y = |2^x - 2|$

323 $y = -x^2 + 9$

324 $y = -2\ln x + 3$

325 $y = \begin{cases} 4x + 1 & \text{se } x \geq 0 \\ 2^x - 1 & \text{se } x < 0 \end{cases}$

326 $y = e^{-x} - 1$

327 $y = x^2 - 6x + 5$

---

328 Data la funzione $f(x) = \ln \dfrac{1}{x-3}$, trova il dominio, traccia il grafico utilizzando le trasformazioni geometriche, determina l'espressione della funzione inversa e traccia il relativo grafico. $\quad [x > 3;\; f^{-1}(x) = e^{-x} + 3]$

329 **LEGGI IL GRAFICO** Il grafico in figura rappresenta una funzione $f(x)$ che è l'unione di una retta per $x \leq -2$, di un arco di parabola per $-2 < x \leq 2$ e di un altro arco di parabola per $x > 2$. Dopo aver trovato l'equazione di f, spiega perché è invertibile nell'intervallo $[0; +\infty[$ e calcola l'equazione della funzione inversa.

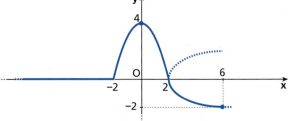

$$\left[f(x) = \begin{cases} 0 & x \leq -2 \\ -x^2 + 4 & -2 < x \leq 2 ;\; f^{-1}(x) = \begin{cases} x^2 + 2 & x < 0 \\ \sqrt{4-x} & 0 \leq x \leq 4 \end{cases} \\ -\sqrt{x-2} & x > 2 \end{cases} \right]$$

330 **REALTÀ E MODELLI** **Test tra le nuvole** Arianna e Lucia, appassionate di meteorologia, decidono di lanciare una piccola sonda a motore, programmata per salire in verticale con un andamento della quota espresso da $h(t) = \dfrac{t^2}{3000} + 2t$ (t è il tempo in secondi trascorso dal lancio), per effettuare alcune misurazioni.
Arianna afferma che non è necessario che a bordo ci sia un orologio o un cronometro, perché t si può ricavare sfruttando l'altimetro.
Ha ragione? Giustifica la tua risposta.

4 Funzione composta

▶ Teoria a p. 570

331 **ESERCIZIO GUIDA** Date le funzioni $f(x) = \ln x$ e $g(x) = x^2 - 2x$, determiniamo $f \circ g$ e $g \circ f$.

- Per effettuare la composizione $f \circ g$ si deve applicare prima la funzione g e al risultato applicare la f, e ciò è possibile solo se il codominio di g è contenuto nel dominio di f.
  La funzione f è definita per $x > 0$, per cui occorre che:
  $$g(x) = x^2 - 2x > 0, \text{ cioè } x < 0 \vee x > 2.$$
  Quindi $f \circ g$ è definita sull'insieme $]-\infty; 0[\cup]2; +\infty[$.
  Per determinare la sua espressione, applichiamo alla variabile x la funzione g, per ottenere $z = g(x)$, e a z la funzione f, per ottenere $y = f(z)$:
  $$z = x^2 - 2x \text{ e } y = \ln z = \ln(x^2 - 2x).$$
  La funzione $f \circ g:]-\infty; 0[\cup]2; +\infty[\rightarrow \mathbb{R}$ è $y = \ln(x^2 - 2x)$.

- Poiché la funzione g è definita $\forall x \in \mathbb{R}$, la composizione $g \circ f$ si può sempre effettuare e il dominio della funzione $g \circ f$ coincide con quello di f, cioè $]0; +\infty[$. Per determinare $g \circ f$, applichiamo alla variabile x la funzione f, per ottenere $z = f(x)$, e a z la funzione g, per ottenere $y = g(z)$:
  $$z = \ln x \text{ e } y = z^2 - 2z = \ln^2 x - 2\ln x.$$
  La funzione $g \circ f:]0; +\infty[\rightarrow \mathbb{R}$ è $y = \ln^2 x - 2\ln x$.

Date le seguenti funzioni f e g, determina $f \circ g$ e $g \circ f$ negli opportuni domini.

332 $f(x) = \sqrt[3]{x};$ $\quad g(x) = 8x^3 - 8.$ $\qquad [f \circ g = 2\sqrt[3]{x^3 - 1}; g \circ f = 8x - 8]$

333 $f(x) = \dfrac{1}{4x^2};$ $\quad g(x) = 4x^2.$ $\qquad \left[f \circ g = \dfrac{1}{64x^4}; g \circ f = \dfrac{1}{4x^4}\right]$

334 $f(x) = 2^x;$ $\quad g(x) = \sqrt{x} - 2.$ $\qquad [f \circ g = 2^{\sqrt{x}-2}; g \circ f = \sqrt{2^x} - 2]$

335 $f(x) = \ln 2x;$ $\quad g(x) = e^{-x}.$ $\qquad \left[f \circ g = -x + \ln 2; g \circ f = \dfrac{1}{2x}\right]$

336 $f(x) = \sin 2x;$ $\quad g(x) = \sqrt{x} - 1.$ $\qquad [f \circ g = \sin(2\sqrt{x} - 2); g \circ f = \sqrt{\sin 2x} - 1]$

337 Considera le funzioni $f(x) = \sqrt{x} + 3$ e $g(x) = \ln x + 1$. Verifica che $f \circ g \neq g \circ f$. Calcola poi $f \circ f^{-1}$ e $(f \circ g)^{-1}$.
$\qquad [f \circ f^{-1} = x; (f \circ g)^{-1} = e^{(x-3)^2 - 1}]$

338 Date le funzioni $f(x) = e^{x^2}$ e $g(x) = x + 2$, determina $h(x) = (f \circ g)(x)$ e risolvi la disequazione $h(x) \leq 1$.
$\qquad [x = -2]$

339 Date le funzioni $f(x) = x + 1$ e $g(x) = 2x - 3$, trova $f(x + 1)$ e $g(x - 1)$ e risolvi l'equazione:
$$f[g(x)] = f(x + 1) - g(x - 1). \qquad [x = 3]$$

340 Date le funzioni $f(x) = \dfrac{x + 1}{x}$ e $g(x) = x^2$:
  a. determina $h = f \circ g$;
  b. risolvi la disequazione $h(x) \leq f(2x)$. $\qquad \left[a) f \circ g = \dfrac{x^2 + 1}{x^2}; b) x \geq 2\right]$

341 Data $f(x) = \dfrac{ax + 1}{x + b}$, trova a e b in modo che $f(1) = -2$ e $f(4) = \dfrac{5}{2}$. Verifica che f è invertibile, trova f^{-1} e verifica che $f \circ f^{-1} \neq f^{-1} \circ f$. Determina poi la restrizione del dominio D' tale che $f \circ f^{-1} = f^{-1} \circ f$.
$\qquad \left[a = 1; b = -2; f^{-1} = \dfrac{2x + 1}{x - 1}; D' = \mathbb{R} - \{1, 2\}\right]$

342 Sono date le funzioni $f(x) = \sqrt{x^2 + 4}$, $g(x) = 2e^x$, $h(x) = \ln \sqrt{x}$. Determina $f \circ (g \circ h)$ e calcola $f \circ (g \circ h)(3)$.
$\qquad [f \circ (g \circ h) = 2\sqrt{x + 1}; 4]$

Capitolo 12. Funzioni e loro proprietà

343 Considera $f(x) = 2x - 1$ e $g(x) = \dfrac{1}{2x+2}$.

a. Per quali x si ha $(f \circ g)(x) = (g \circ f)(x)$?
b. Risolvi l'equazione $(f \circ g)(x) + f(x) = -1$.

$\left[\text{a) } \nexists\, x \in \mathbb{R};\ \text{b) } x = -\dfrac{1}{2} \lor x = 0 \right]$

344 **RIFLETTI SULLA TEORIA** Se due funzioni f e g sono entrambe dispari, cosa puoi dire della loro composizione?

Problemi **REALTÀ E MODELLI**

RISOLVIAMO UN PROBLEMA

■ Praline sopraffine

Valentino vuole preparare dei cioccolatini da regalare alla sua fidanzata. Ha degli stampini sferici di raggio 2 cm; la ricetta prevede che il volume di latte da utilizzare sia $\dfrac{1}{25}$ del volume totale dell'impasto.

Scrivi la funzione che fornisce a Valentino la quantità di latte in funzione del numero di cioccolatini che vuole preparare.

▶ **Esplicitiamo le funzioni che descrivono il problema.**

Chiamiamo V_L il volume di latte, V_T il volume totale dell'impasto. Allora $V_L = \dfrac{1}{25} V_T$.

Ricordiamo inoltre che la formula per ricavare il volume di una sfera a partire dal raggio è $V_S = \dfrac{4}{3} r^3 \pi$, quindi ciascuno dei cioccolatini di Valentino avrà un volume $V = \dfrac{4}{3} 2^3 \pi$ cm³ $= \dfrac{32}{3} \pi$ cm³. Il volume totale dell'impasto per fare n cioccolatini sarà perciò $V_T = n \cdot \dfrac{32}{3} \pi$ cm³.

▶ **Scriviamo la funzione che lega n a V_L.**

Componendo le funzioni trovate al punto precedente otteniamo $V_L(n) = \dfrac{1}{25} V_T = \dfrac{1}{25} \left(n \cdot \dfrac{32}{3} \pi \right) = \dfrac{32\pi}{75} n$ cm³.

345 **I signori degli anelli** La misura italiana di un anello è data da un numero intero compreso tra 1 e 33. Damiano e Ilaria osservano che approssimativamente la misura I dell'anello si ottiene prendendo il numero intero che più si avvicina al valore ottenuto dalla funzione $I = \dfrac{29}{25} d^2 + \dfrac{137}{5} d - \dfrac{73}{2}$, dove d è il diametro del dito in cm. La misura USA, che indichiamo con U, si ottiene da quella italiana I con la relazione $U = \dfrac{3}{8} I + \dfrac{3}{2}$ (anche questa relazione è approssimata e per la misura consideriamo solo valori interi).

a. Sai esprimere la misura americana in funzione del diametro del dito?
b. Il dito di Damiano ha il diametro di 2,1 cm, quello di Ilaria di 1,5 cm. Quali sono le misure (italiana e americana) dei loro anelli?

$\left[\text{a) } U = \dfrac{87}{200} d^2 + \dfrac{411}{40} d - \dfrac{195}{16};\ \text{b) } I_{\text{Damiano}} = 26,\ U_{\text{Damiano}} = 11,\ I_{\text{Ilaria}} = 7,\ U_{\text{Ilaria}} = 4 \right]$

346 **Fiumi di agrumi** L'azienda agricola di Ingrid ed Emanuele vende marmellata di arance. La produttività q in kg di un albero di arance in funzione della sua età t in anni ha l'andamento della parabola in figura; il numero di barattoli di marmellata ottenuti è descritto invece dalla funzione $n = \dfrac{4}{25} q$.

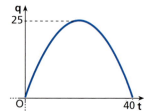

a. Scrivi la funzione che esprime il numero di barattoli ottenuti da un albero in funzione della sua età.
b. Se Ingrid ed Emanuele hanno 300 alberi piantati tutti nello stesso momento, quale funzione descrive il numero di barattoli di marmellata che ottengono in funzione dell'età delle loro piante?

$\left[\text{a) } n(t) = -\dfrac{1}{100} t^2 + \dfrac{2}{5} t;\ \text{b) } n(t) = -3t^2 + 120t \right]$

TUTOR matematica — Allenati con **15 esercizi interattivi** con feedback "hai sbagliato, perché…"
□ **su.zanichelli.it/tutor3** risorsa riservata a chi ha acquistato l'edizione con tutor

VERIFICA DELLE COMPETENZE ALLENAMENTO

ARGOMENTARE

1 Una funzione non crescente è sicuramente decrescente?
Giustifica la risposta e fai un esempio.

2 Una funzione pari può essere strettamente monotòna? Fai un esempio a sostegno della tua risposta e individua quale, tra le seguenti funzioni, è una funzione strettamente monotòna:

a. $y = x^2$;
b. $y = |\sin x|$;
c. $y = x^3$;
d. $y = |x|$.

3 Scrivi la definizione di funzione pari e fai un esempio. Una delle seguenti funzioni è pari, l'altra no. Spiega perché utilizzando la definizione.

a. $y = x^2 + 1$;
b. $y = \sqrt{x+1}$.

4 Perché, se una funzione è iniettiva nel suo dominio, puoi trovare la sua inversa senza preoccuparti della suriettività?

5 La composizione di due funzioni iniettive è iniettiva? Fai un esempio a sostegno della tua risposta.

6 Dimostra che, se una funzione f con dominio $\mathbb{R}$ è tale che $f(a+b) = f(a) + f(b)$, con a e b reali qualsiasi, il suo grafico passa per l'origine.
Quale delle funzioni $y = 7x$ e $y = x + 1$ gode della proprietà?

7 La funzione $g(x) = \sqrt{\ln x}$ può essere l'inversa di una funzione f biunivoca su $\mathbb{R}$? Giustifica la risposta.

UTILIZZARE TECNICHE E PROCEDURE DI CALCOLO

TEST

8 Soltanto una delle seguenti funzioni è dispari. Quale?

A $y = \ln|x| + 5$
B $y = x^3 + x^2$
C $y = \sqrt[3]{x}$
D $y = \sin 2x + x^2$
E $y = e^x + e^{-x}$

9 La funzione
$$f(x) = \begin{cases} |x^2 - 2| & \text{se } x \leq 0 \\ -x + 2 & \text{se } x > 0 \end{cases}$$
è crescente nell'intervallo:

A $]-\infty; -\sqrt{2}[$.
B $]-\sqrt{2}; \sqrt{2}[$.
C $]-\sqrt{2}; 0[$.
D $]0; \sqrt{2}[$.
E $]-\sqrt{2}; +\infty[$.

10 VERO O FALSO?

a. La funzione $y = x^3 - \dfrac{2}{x} + 1$ è dispari. V F

b. Il periodo della funzione $y = \sin\left(\dfrac{x}{3} + \pi\right)$ è $T = \dfrac{2}{3}\pi$. V F

c. La funzione $y = \dfrac{1}{\ln(x-1)}$ ha dominio $x > 1$. V F

d. Se $f(x) = x^2 - 1$ e $g(x) = \sqrt{x^2 - 1}$, allora $(f \circ g)(x) = x^2 - 2$. V F

Determina il dominio delle seguenti funzioni.

11 $y = \dfrac{1}{2x} + \dfrac{1}{x-1}$ $[x \neq 0 \wedge x \neq 1]$

12 $y = \dfrac{1}{(x-3)(2x-1)}$ $\left[x \neq \dfrac{1}{2} \wedge x \neq 3\right]$

13 $y = \dfrac{4x^2 - 1}{4x^2}$ $[x \neq 0]$

14 $y = \dfrac{1}{3x^2 - x - 2}$ $\left[x \neq -\dfrac{2}{3} \wedge x \neq 1\right]$

15 $y = \sqrt{x+7} - \sqrt{4x-3}$ $\left[x \geq \dfrac{3}{4}\right]$

16 $y = \dfrac{2}{x^3 - 25x} + \sqrt{x-1}$ $[x \geq 1 \wedge x \neq 5]$

17 $y = \dfrac{x}{x^4 - 7x^2 + 12}$ $[x \neq \pm 2 \wedge x \neq \pm\sqrt{3}]$

18 $y = \dfrac{4}{\sqrt{x^2 - 2x}}$ $[x < 0 \vee x > 2]$

Capitolo 12. Funzioni e loro proprietà

19 $y = \dfrac{2x + 7x^2 - 4}{x^2 - 4x + 4}$ $[x \neq 2]$

20 $y = \sqrt{\dfrac{x - 1}{x + 5}}$ $[x < -5 \vee x \geq 1]$

21 $y = \dfrac{\sqrt{(x - 4)^2}}{x^2 - 5x + 6}$ $[x \neq 2 \wedge x \neq 3]$

22 $y = \sqrt{\dfrac{x - 5}{3x^2 - 5x - 2}}$ $\left[-\dfrac{1}{3} < x < 2 \vee x \geq 5\right]$

23 $y = \ln(2x^2 - 5x - 7)$ $\left[x < -1 \vee x > \dfrac{7}{2}\right]$

24 $y = \ln(x^2 - 1) + \sqrt{x - 1}$ $[x > 1]$

25 $y = \dfrac{\ln(2x - 4)}{x^2 - 4x + 3}$ $[x > 2 \wedge x \neq 3]$

26 $y = \dfrac{e^{\sqrt{1 - x^2}}}{|x|}$ $[-1 \leq x \leq 1 \wedge x \neq 0]$

27 $y = \dfrac{\ln(x + 1)}{4^x - 8}$ $\left[x > -1 \wedge x \neq \dfrac{3}{2}\right]$

28 $y = \dfrac{1}{2 \cdot 4^x - 5 \cdot 2^x + 2}$ $[x \neq \pm 1]$

29 $y = \sqrt{e^{\frac{x-1}{x}} - 1}$ $[x < 0 \vee x \geq 1]$

30 $y = \sin\left(\dfrac{1}{\sqrt{x}}\right)$ $[x > 0]$

31 $y = \dfrac{\sqrt{\sin x}}{\cos x}$ $\left[2k\pi \leq x \leq \pi + 2k\pi \wedge x \neq \dfrac{\pi}{2} + 2k\pi\right]$

32 $y = \sqrt{x^2 - 4x + 3}$ $[x \leq 1 \vee x \geq 3]$

33 $y = \sqrt{2^{2x} - 2^x - 2} - \sqrt{2 - 2^x}$ $[x = 1]$

34 $y = \dfrac{\sqrt{x - 1}}{\ln(x^2 - 3)}$ $[x > \sqrt{3} \wedge x \neq 2]$

35 $y = \ln(2x + 9) - \sqrt{\ln(5x - 3)}$ $\left[x \geq \dfrac{4}{5}\right]$

36 $y = \sqrt{\dfrac{\ln(7x - 3) - 1}{x + 1}}$ $\left[x \geq \dfrac{e + 3}{7}\right]$

37 $y = \ln\left(\ln \dfrac{x + 1}{2x - 3}\right)$ $\left[\dfrac{3}{2} < x < 4\right]$

ANALIZZARE E INTERPRETARE DATI E GRAFICI

LEGGI IL GRAFICO Per ognuna delle funzioni rappresentate nelle figure seguenti indica:

a. il dominio;   **b.** l'immagine;   **c.** se è pari o dispari;   **d.** se è monotòna;   **e.** se è invertibile.

38

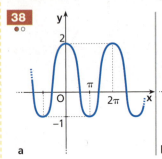
a

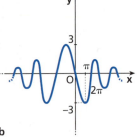
b

39

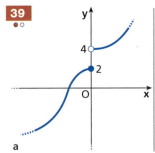
a

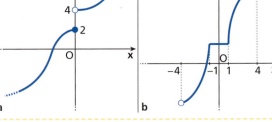
b

40 Disegna il grafico delle seguenti funzioni applicando le trasformazioni geometriche:
$y = |4 - x^2| + 2; \quad y = |2\sin(-x)|; \quad y = \cos\left(x + \dfrac{\pi}{4}\right) - 1; \quad y = e^{x+4}; \quad y = |\ln(x - 2)|.$

41 Disegnato il grafico della funzione $y = \sqrt{x}$, rappresenta graficamente le funzioni $y = \sqrt{|x|}$, $y = 1 - \sqrt{x}$ e $y = |\sqrt{x} - 2|$. Per ciascuna indica il dominio, il codominio e il segno. Quale di esse è pari? Quale è dispari? Quale ammette inversa?

42 **LEGGI IL GRAFICO** L'equazione del grafico della funzione in figura è del tipo

$$f(x) = \dfrac{1}{ax^2 + bx + c}.$$

a. Trova a, b, c.

b. Indica il dominio e il codominio di $f(x)$.

c. Considera la restrizione della funzione per $x > 0$, trova l'espressione analitica della funzione inversa e disegnane il grafico.

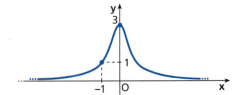

$\left[\text{a) } a = \dfrac{2}{3}, b = 0, c = \dfrac{1}{3}; \text{ b) } D: \mathbb{R}, C: 0 < y < 3; \text{ c) } f^{-1}(x) = \sqrt{\dfrac{3}{2x} - \dfrac{1}{2}}\right]$

RISOLVERE PROBLEMI

43 Data la funzione $f(x) = \dfrac{x^2-1}{\sqrt{x}}$,

a. determina il dominio;
b. studia il segno;
c. calcola, se possibile, i seguenti valori:
$f(0), f(-1), f(4), f\left(\dfrac{1}{2}\right), f(1-x)$.

$\left[\text{a) } D: x > 0; \text{ b) } y > 0 \text{ per } x > 1;\right.$
$\left. \text{c) non esiste; non esiste; } \dfrac{15}{2}; -\dfrac{3\sqrt{2}}{4}; \dfrac{x^2 - 2x}{\sqrt{1-x}}\right]$

44 Data la funzione $f(x) = \dfrac{x-4}{\sqrt{\ln x}}$,

a. determina il dominio;
b. studia il segno;
c. calcola, se possibile, i seguenti valori:
$f\left(\dfrac{1}{2}\right), f(1), f(e), f(x+4)$.

$\left[\text{a) } D: x > 1; \text{ b) } y > 0 \text{ per } x > 4;\right.$
$\left. \text{c) non esiste; non esiste; } e - 4; \dfrac{x}{\sqrt{\ln(x+4)}}\right]$

45 Date le funzioni $f(x) = \ln x$ e $g(x) = x^3 - 1$, determina $f \circ g$ e $g \circ f$. $\quad [f \circ g = \ln(x^3 - 1); g \circ f = \ln^3 x - 1]$

COSTRUIRE E UTILIZZARE MODELLI

RISOLVIAMO UN PROBLEMA

Un lancio adeguato

Una grande industria di biscotti programma la campagna pubblicitaria televisiva per il lancio di una nuova linea. I minuti dedicati agli spot in funzione dei giorni x trascorsi dall'inizio della campagna pubblicitaria seguono l'andamento della funzione $f(x) = -\dfrac{5}{12}x^2 + 10x + \dfrac{800}{3}$; il giorno in cui sarà messo in vendita il prodotto ci sarà il maggior tempo dedicato agli spot.

- Disegna il grafico di f e trova dominio e codominio, giustificandoli alla luce del modello che stai analizzando.
- Dopo quanti giorni dall'inizio della campagna sarà messo in vendita il prodotto? Dopo quanti giorni si concluderà la campagna?
- L'azienda decide di dedicare alla campagna 5 giorni in meno, anticipando l'immissione sul mercato ma mantenendo gli stessi minuti di pubblicità nei giorni precedenti e successivi. Che trasformazione devi applicare al grafico di f per descrivere la campagna? Scrivi l'equazione che descrive il nuovo modello.

▶ **Analizziamo f e gli adattamenti che subisce per descrivere il fenomeno.**

Il grafico di $f(x)$ è una parabola che assume il valore massimo nel vertice V di ordinata $y_V = -\dfrac{\Delta}{4a} = \dfrac{980}{3}$.

Il dominio naturale di f è $\mathbb{R}$.

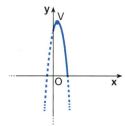

Nel nostro caso, però, x sono i giorni trascorsi e $f(x)$ i minuti al giorno dedicati allo spot, quindi ha senso considerare solo valori positivi o nulli per x e $f(x)$.
Pertanto, il dominio D è l'insieme dei valori di x tali che $x \geq 0 \land f(x) > 0$.

Risolvendo l'equazione $-\dfrac{5}{12}x^2 + 10x + \dfrac{800}{3} = 0$ troviamo l'intersezione $(40; 0)$ con il semiasse positivo delle x.

Quindi $D: 0 \leq x \leq 40$ e il codominio è $0 \leq y \leq \dfrac{980}{3}$.

▶ **Troviamo il giorno del lancio e la durata della campagna.**

Il giorno del lancio corrisponde all'ascissa del vertice (quando $f(x)$ assume il valore massimo):

$$x_V = -\frac{b}{2a} = 12.$$

La campagna si concluderà in corrispondenza dello zero che ha ascissa positiva. Risolviamo quindi l'equazione

$$-\frac{5}{12}x^2 + 10x + \frac{800}{3} = 0 \to 5x^2 - 120x - 3200 = 0 \to x^2 - 24x - 640 = 0 \to x = 12 \pm 28 \begin{cases} -16, \text{ non accettabile} \\ 40. \end{cases}$$

La campagna durerà quindi 40 giorni.

▶ **Cerchiamo il nuovo modello per descrivere la campagna.**

L'adattamento richiesto dall'azienda corrisponde a una traslazione di vettore $\vec{v}(-5; 0)$. Il grafico diventa quindi quello a lato, e l'equazione è

$$y = -\frac{5}{12}(x + 5)^2 + 10(x + 5) + \frac{800}{3} = -\frac{5}{12}x^2 + \frac{35}{6}x + \frac{1225}{4}.$$

---

46 **Bibita alla spina** Nel bar di Giulio all'inizio di un mese viene rifornito il contenitore di una bibita alla spina. Osservando il calo al passare dei giorni, Giulio vede che in 10 giorni il recipiente si svuota seguendo, in modo approssimato, l'andamento della funzione in figura, di equazione $y = a - \dfrac{18x}{bx + 10}$, dove y è il contenuto in litri e x il tempo in giorni.

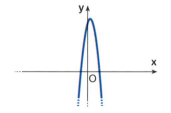

  a. Trova a e b.
  b. Se all'inizio del mese successivo vengono introdotti 6 litri di bibita in più, con un consumo giornaliero identico, in quanti giorni si svuoterà il contenitore?
  c. Quanti litri è necessario introdurre all'inizio del mese per avere a disposizione la bibita per 30 giorni?

[a) $a = 9$; $b = 1$; b) 50; c) 13,5]

47 **La concentrazione è fondamentale!** In un laboratorio si studia l'andamento di una reazione chimica che a partire dai reagenti A e B porta a ottenere il prodotto C.
La concentrazione dei reagenti nel tempo varia secondo le formule $C_A(t) = \dfrac{1}{4}e^{-t}$ e $C_B(t) = \dfrac{3}{4}e^{-t}$.

  a. Disegna i grafici delle due funzioni. Sono funzioni monotòne?
  b. Se $C_C(t)$ è la concentrazione del prodotto C al tempo t, secondo il principio di conservazione della massa di Lavoisier si ha

  $$C_A(0) + C_B(0) + C_C(0) = C_A(t) + C_B(t) + C_C(t), \forall t \geq 0.$$

  Se $C_C(0) = 0$, ricava l'equazione di $C_C(t)$ e disegna il suo grafico.
  c. La funzione che ottieni è monotòna? Giustifica i risultati ottenuti riflettendo sul fenomeno che descrivono.

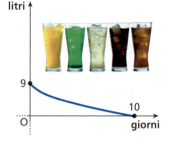

[b) $C_C(t) = 1 - e^{-t}$]

48 **La diffusione dell'influenza** Un modello matematico prevede che il virus dell'influenza si diffonda all'interno di una popolazione di P persone con una velocità y (numero di nuovi casi giorno per giorno) proporzionale sia al numero x di persone che già hanno contratto la malattia, sia al numero di quelle che non sono state infettate.

  a. Scrivi la legge della velocità di diffusione del virus in funzione di x.
  b. Calcola il valore della costante di proporzionalità nell'ipotesi che, su un campione di 100 000 persone, 1750 siano ammalate il giovedì e, il venerdì, ci siano 370 nuovi casi.
  c. Stima il numero di nuovi casi di infezione al sabato.
  d. Mostra che (nell'ipotesi che la popolazione resti costante nel tempo) la velocità massima di diffusione si ha quando il numero di persone potenzialmente infette corrisponde alla metà della popolazione stessa. Il risultato appena trovato è valido in generale per P qualsiasi? [a) $y = kx(P - x)$; b) $k = 2,2 \cdot 10^{-6}$; c) 457]

VERIFICA DELLE COMPETENZE — PROVE ⏱ 1 ora

PROVA A

1 Trova il dominio delle seguenti funzioni.

a. $y = \dfrac{x^2}{x^2 + 3x - 4}$
b. $y = \dfrac{1}{\sqrt{x^3 + 5x^2 + 6x}}$
c. $y = \dfrac{x}{x \ln(x+2)}$

2 Determina dominio, zeri e segno della funzione $y = \dfrac{x^3 - 9x}{x^2 + 4x + 3}$. Evidenzia nel piano cartesiano le zone in cui la funzione è positiva.

3 Stabilisci se le seguenti affermazioni sono vere o false, giustificando la risposta.

a. $y = 3x^3 - 2x$ è una funzione pari.
b. $y = \dfrac{x^2 + 4}{x - 2}$ è una funzione dispari.
c. $y = e^{-x+3}$ è una funzione crescente.

4 Spiega perché la funzione $y = \sqrt{x-1}$ è invertibile. Determina la funzione inversa e disegna il suo grafico.

5 Considera la funzione $f(x)$ della figura.

a. Determina il dominio, l'immagine e indica se è monotòna, pari o dispari.
b. Se l'equazione è del tipo $f(x) = \dfrac{x+a}{x+b}$, trova a e b.
c. Indica se è invertibile e trova la funzione inversa algebricamente e graficamente.

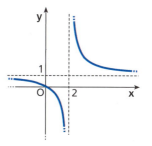

6 Disegna i grafici delle seguenti funzioni utilizzando le trasformazioni geometriche.

a. $y = -\sin\left(x - \dfrac{\pi}{6}\right) + 1$
b. $y = -\sqrt{x - 5}$
c. $y = \log_2(x - 1)$

PROVA B

La crema di bellezza Un'azienda che produce cosmetici deve stabilire il prezzo di una nuova crema di bellezza. La funzione che individua il numero di confezioni di crema richieste ogni mese a un dato prezzo è $q = 240 - 0,1p^2$ (funzione della domanda).

a. Scrivi la funzione che determina il prezzo corrispondente al numero di confezioni richieste, indicando dominio e codominio.
b. Quante confezioni al mese potrebbe vendere l'azienda se il prezzo fosse quello suggerito dalla clientela, cioè non più di 26 euro?
c. Per vendere almeno 190 confezioni al mese, quale dovrebbe essere il prezzo massimo per ogni confezione?

Allenati con **15 esercizi interattivi** con feedback "hai sbagliato, perché..."
su.zanichelli.it/tutor3 — risorsa riservata a chi ha acquistato l'edizione con tutor

CAPITOLO 13
LIMITI DI FUNZIONI

1 Insiemi di numeri reali

Ricordiamo alcune nozioni fondamentali riguardanti l'insieme $\mathbb{R}$ dei numeri reali. Poiché esiste una corrispondenza biunivoca tra $\mathbb{R}$ e i punti di una retta orientata r, detta **retta reale**, possiamo identificare ogni sottoinsieme di $\mathbb{R}$ (*insieme numerico*) con un *sottoinsieme di punti* della retta r.

Intorni di un punto

▶ Esercizi a p. 624

DEFINIZIONE

Dato un numero reale x_0, un **intorno completo** di x_0 è un qualunque intervallo aperto $I(x_0)$ contenente x_0:

$$I(x_0) = \,]x_0 - \delta_1;\ x_0 + \delta_2[,$$

con δ_1, δ_2 numeri reali positivi.

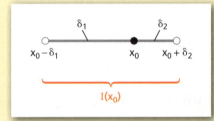

🇬🇧 **Listen to it**

A **neighbourhood** of a point x_0 is an open interval containing x_0.

ESEMPIO

Se $x_0 = 1$, l'intervallo aperto $I = \,]0;\,3[$ è un intorno completo di 1. In questo caso $\delta_1 = 1$ e $\delta_2 = 2$, perché possiamo scrivere $I = \,]1 - 1;\,1 + 2[$, e l'ampiezza dell'intervallo è 3.

Anche $]-1;\,2[$ e $\left]\dfrac{1}{2};\,4\right[$ sono intorni completi di 1.

Quando $\delta_1 = \delta_2$, il punto x_0 è il punto medio dell'intervallo. In questo caso parliamo di *intorno circolare* di x_0.

DEFINIZIONE

Dati un numero reale x_0 e un numero reale positivo δ, un **intorno circolare** di x_0, di raggio δ, è l'intervallo aperto $I_\delta(x_0)$ di centro x_0 e raggio δ:

$$I_\delta(x_0) = \,]x_0 - \delta;\,x_0 + \delta[.$$

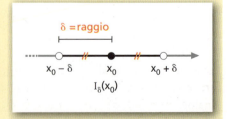

▶ Scrivi un intorno completo e un intorno circolare di 8.

L'intorno circolare del punto 5 di raggio 2 è $]5 - 2;\,5 + 2[$, ossia $]3;\,7[$.

Paragrafo 1. Insiemi di numeri reali

L'intorno circolare di x_0 di raggio δ è l'insieme dei punti $x \in \mathbb{R}$ tali che

$$x_0 - \delta < x < x_0 + \delta,$$

cioè tali che $-\delta < x - x_0 < \delta$. Ricordando che la disequazione $|A(x)| < k$ è equivalente a $-k < A(x) < k$, possiamo anche scrivere:

$$I_\delta(x_0) = \{x \in \mathbb{R} : |x - x_0| < \delta\}.$$

$I_2(5)$

> **PROPRIETÀ**
>
> L'intersezione e l'unione di due o più intorni completi, e in particolare circolari, di x_0 sono ancora degli intorni completi, e in particolare circolari, di x_0.

Intorno destro e intorno sinistro di un punto

Dato un numero $\delta \in \mathbb{R}^+$, chiamiamo:

- **intorno destro** di x_0 l'intervallo $I_\delta^+(x_0) = \,]x_0; x_0 + \delta[\,$;
- **intorno sinistro** di x_0 l'intervallo $I_\delta^-(x_0) = \,]x_0 - \delta; x_0[\,$.

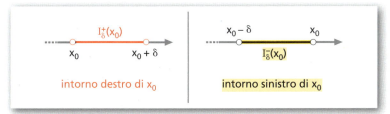

Per esempio, l'intervallo $]2; 2 + \delta[$ è un intorno destro di 2; l'intervallo $]-5; -3[$ è sia un intorno sinistro di -3, sia un intorno destro di -5.

■ Intorni di infinito

▶ Esercizi a p. 624

Dati $a, b \in \mathbb{R}$, con $a < b$, chiamiamo:

- **intorno di meno infinito** un qualsiasi intervallo aperto illimitato inferiormente:

$$I(-\infty) = \,]-\infty; a[= \{x \in \mathbb{R} : x < a\};$$

- **intorno di più infinito** un qualsiasi intervallo aperto illimitato superiormente:

$$I(+\infty) = \,]b; +\infty[= \{x \in \mathbb{R} : x > b\}.$$

Si definisce inoltre **intorno di infinito** l'unione tra un intorno di $-\infty$ e un intorno di $+\infty$, cioè:

$$I(\infty) = I(-\infty) \cup I(+\infty) = \{x \in \mathbb{R} : x < a \lor x > b\}.$$

La scrittura ∞, priva di segno, indica contemporaneamente sia $-\infty$ che $+\infty$. Quindi, se si vuole indicare solo $+\infty$, bisogna esplicitamente scrivere il segno $+$ davanti al simbolo ∞.
Per esempio, l'intervallo $]-\infty; -7[$ è un intorno di meno infinito, mentre la scrittura $x < -2 \lor x > 4$ indica un intorno di infinito.
Analogamente al caso di un numero reale x_0, possiamo parlare di **intorno circolare di infinito**:

$$I_c(\infty) = \,]-\infty; -c[\,\cup\,]c; +\infty[, \quad \text{con } c \in \mathbb{R}^+.$$

▶ Considera le soluzioni delle disequazioni:

a. $3x - 9 > 0$;
b. $x^2 - x > 0$;
c. $|x| > 4$.

Indica quale tipo di intorno di infinito è rappresentato da ciascuna di esse.

Punti di accumulazione

▶ Esercizi a p. 624

> **DEFINIZIONE**
>
> Il numero reale x_0 è un **punto di accumulazione** di A, sottoinsieme di $\mathbb{R}$, se ogni intorno completo di x_0 contiene infiniti punti di A.

Listen to it

A point $x_0 \in \mathbb{R}$ is a **limit point** of the subset S of $\mathbb{R}$ if every neighbourhood of x_0 contains at least one point $s \in S$, $s \neq x_0$.

Si dimostra che è equivalente alla definizione data dire che x_0 è punto di accumulazione di A se ogni intorno completo di x_0 contiene almeno un elemento di A distinto da x_0.

ESEMPIO

Consideriamo l'insieme: $A = \left\{ 1, \dfrac{1}{2}, \dfrac{1}{3}, \dfrac{1}{4}, \dfrac{1}{5}, \dfrac{1}{6}, \dfrac{1}{7}, \ldots, \dfrac{1}{n} \right\}$, con $n \in \mathbb{N} - \{0\}$, e rappresentiamolo sulla retta reale.

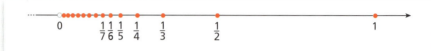

All'aumentare di n, i corrispondenti elementi di A si avvicinano al valore 0. È possibile verificare che il punto 0 gode della seguente proprietà: comunque scegliamo un intorno completo di 0 (anche di raggio molto piccolo), questo contiene infiniti elementi di A. Quindi 0 è un punto di accumulazione di A.

Per esempio l'intorno $\left] -1; \dfrac{1}{4} \right[$ del punto 0 contiene infiniti punti di A:

$$\dfrac{1}{5}, \dfrac{1}{6}, \dfrac{1}{7}, \ldots$$

Se scegliamo un intorno di 0 con raggio sempre più piccolo, è sempre possibile trovare qualche elemento di A che cada in quell'intorno.

Osserviamo che il punto 0 è punto di accumulazione di A, ma non appartiene ad A; e inoltre 0 è l'unico punto di accumulazione per A. Infatti, preso un qualunque elemento di A, esiste almeno un suo intorno che non contiene altri elementi di A. Per esempio, scegliendo $\dfrac{1}{4}$, l'intorno $\left] \dfrac{1}{5}; \dfrac{1}{3} \right[$ non contiene elementi di A, eccetto $\dfrac{1}{4}$.

Un insieme può non avere punti di accumulazione o averne un numero finito o infinito. Per esempio, gli intervalli hanno infiniti punti di accumulazione perché ogni punto di un intervallo è di accumulazione per l'intervallo stesso. Anche gli estremi dell'intervallo sono suoi punti di accumulazione.

ESEMPIO

Sia A l'insieme dei numeri reali compresi fra 2 e 5, ossia $A =]2; 5[$.

Il punto 3 di A è di accumulazione per A perché ogni intorno di 3 contiene infiniti punti di A.

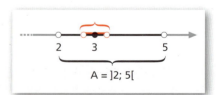

Gli esempi che abbiamo esaminato mostrano che un punto di accumulazione di un insieme può appartenere o non appartenere all'insieme stesso.

2 $\lim_{x \to x_0} f(x) = \ell$

Introduciamo in questo paragrafo il concetto di limite di una funzione.

■ Definizione e significato

▶ Esercizi a p. 625

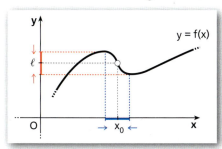

Consideriamo la funzione $y = f(x)$, definita nell'insieme D, e studiamo il suo comportamento quando x assume valori prossimi a x_0, punto di accumulazione per D.
In base al grafico, se x si avvicina a x_0, $f(x)$ si avvicina a l, ma in questo caso l non coincide con $f(x_0)$, perché $x_0 \notin D$.

Introduciamo uno strumento matematico che permetta di descrivere con precisione la proprietà vista nella figura: **più scegliamo x vicino al valore x_0 e più la sua immagine $f(x)$ si avvicina a un certo valore l.**
Consideriamo, per esempio, la funzione:

$$y = f(x) = \frac{2x^2 - 6x}{x - 3}, \qquad D = \mathbb{R} - \{3\}.$$

Vogliamo studiare il comportamento della funzione vicino al punto $x_0 = 3$.

Poiché $f(x)$ non è definita in 3, non ha senso considerare $f(3)$. Cerchiamo allora a quale valore l si avvicina la funzione quando x si approssima al valore 3.

Diamo alla variabile x dei valori che si avvicinano sempre più (per eccesso o per difetto) a 3 e calcoliamo le loro immagini $f(x)$, come indicato nella seguente tabella.

x	2,9	2,99	2,999	2,9999	→ 3 ←	3,0001	3,001	3,01	3,1
f(x)	5,8	5,98	5,998	5,9998	→ ? ←	6,0002	6,002	6,02	6,2

Vediamo che quanto più x si avvicina a 3, tanto più $f(x)$ si avvicina al valore 6.

Più in generale, se prendiamo un qualunque valore di x in un intorno di 3 sempre più piccolo, allora $f(x)$ si trova sempre più vicino a 6, cioè si trova in un intorno di 6 sempre più piccolo. Per comodità, consideriamo degli intorni circolari.

Possiamo esprimere lo stesso concetto anche in un altro modo: considerato un *qualunque* intorno circolare di 6 di ampiezza ε, che indichiamo con $I_\varepsilon(6)$, esiste sempre un intorno di 3 i cui punti x (con $x \neq 3$) hanno immagine $f(x)$ contenuta in $I_\varepsilon(6)$.
Infatti i punti di tale intorno sono quei valori di x che soddisfano la disequazione

$$|f(x) - 6| < \varepsilon \quad \to$$

$$\left| \frac{2x^2 - 6x}{x - 3} - 6 \right| < \varepsilon.$$

Raccogliamo $2x$ nel numeratore della frazione:

$$\left| \frac{2x(x-3)}{x-3} - 6 \right| < \varepsilon \to \left| \frac{2x(x-3) - 6(x-3)}{x-3} \right| < \varepsilon \to \left| \frac{(2x-6)(x-3)}{x-3} \right| < \varepsilon.$$

▶ Assegna a x dei valori sempre più vicini a 1 e osserva a che valore si avvicina $f(x) = \dfrac{x^2 - 1}{x - 1}$.

Essendo $x \neq 3$, possiamo semplificare, e otteniamo:

$$|2x-6| < \varepsilon \quad \rightarrow \quad 2 \cdot |x-3| < \varepsilon \quad \rightarrow \quad |x-3| < \frac{\varepsilon}{2} \quad \rightarrow$$

$$3 - \frac{\varepsilon}{2} < x < 3 + \frac{\varepsilon}{2}.$$

Le soluzioni della disequazione sono i punti dell'intorno

$$I(3) = \left] 3 - \frac{\varepsilon}{2}; 3 + \frac{\varepsilon}{2} \right[.$$

Riassumendo: per ogni $\varepsilon > 0$ esiste un intorno $I(3)$, che dipende da ε, tale che per ogni $x \in I(3)$, con $x \neq 3$,

$$|f(x) - 6| < \varepsilon.$$

Diciamo allora che «per x che tende a 3, $f(x)$ ha *limite* 6» e scriviamo:

$$\lim_{x \to 3} f(x) = 6.$$

Come abbiamo visto, non è necessario che il punto $x_0 = 3$ appartenga al dominio D della funzione, ma poiché dobbiamo considerare le immagini di punti sempre più vicini a x_0, occorre che la funzione sia definita in questi punti. Ciò significa che x_0 deve essere un *punto di accumulazione* per D.

Diamo ora la seguente definizione generale.

> **DEFINIZIONE**
>
> **Limite finito per x che tende a x_0**
>
> La funzione $f(x)$ ha per limite il numero reale l, per x che tende a x_0, quando, comunque si scelga un numero reale positivo ε, si può determinare un intorno completo I di x_0 tale che
>
> $$|f(x) - l| < \varepsilon$$
>
> per ogni x appartenente a I, diverso (al più) da x_0.
> Si scrive: $\lim\limits_{x \to x_0} f(x) = l$.

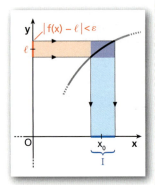

La validità della condizione $|f(x) - l| < \varepsilon$ presuppone che $f(x)$ sia definita in tutti i punti dell'intorno $I(x_0)$ (escluso al più x_0). Il punto x_0 è di accumulazione per il dominio della funzione. Non interessa il valore che la funzione $f(x)$ assume eventualmente in x_0.

In simboli la definizione si può formulare così:

$$\lim_{x \to x_0} f(x) = l \quad \text{se} \quad \underbrace{\forall \varepsilon > 0}_{\text{per ogni}} \underbrace{\exists I(x_0)}_{\text{esiste}} : \underbrace{|f(x) - l| < \varepsilon}_{\text{tale che}}, \forall x \in I(x_0), x \neq x_0.$$

Nella definizione appena data, considerando ε, pensiamo a valori *che diventano sempre più piccoli*. Diciamo che ε è preso «piccolo a piacere».

Inoltre, se esplicitiamo il valore assoluto nell'espressione $|f(x) - l| < \varepsilon$, otteniamo

$$-\varepsilon < f(x) - l < \varepsilon \quad \rightarrow \quad l - \varepsilon < f(x) < l + \varepsilon,$$

ossia $f(x)$ appartiene all'intorno $]l - \varepsilon; l + \varepsilon[$.

▶ Scrivi in forma simbolica il significato di
$\lim\limits_{x \to 0} f(x) = 5$.

Animazione

Nell'animazione, per studiare
$\lim\limits_{x \to 1} \left(\frac{1}{2}x^2 + \frac{1}{3} \right) = \frac{5}{6}$
in modo dinamico:
- scegliamo $\varepsilon > 0$;
- individuiamo l'intorno I di 1;
- facciamo scegliere a caso al computer $x \in I$;
- verifichiamo che
$\left| \left(\frac{1}{2}x^2 + \frac{1}{3} \right) - \frac{5}{6} \right| < \varepsilon$.

Interpretazione geometrica

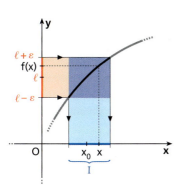
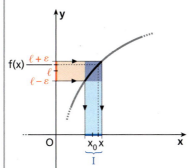
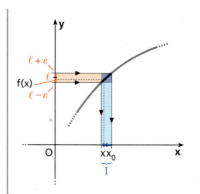

a. Fissiamo $\varepsilon > 0$. Individuiamo un intorno I di x_0 tale che $f(x) \in \,]\ell - \varepsilon; \ell + \varepsilon[$ per ogni $x \in I$.

b. Se riduciamo ε, troviamo un intorno di x_0 più piccolo.

c. Più piccolo scegliamo ε, più piccolo diventa, in genere, l'intorno I.

Verifica del limite

La definizione data non permette di calcolare il valore del limite l, ma solo di *verificare* se l è il limite della funzione oppure no.

ESEMPIO

Verifichiamo che $\lim\limits_{x \to 2}(2x - 1) = 3$.

Dobbiamo provare che, scelto $\varepsilon > 0$, esiste un intorno completo di 2 per ogni x del quale (escluso al più 2) si ha $|\underbrace{(2x-1)}_{f(x)} - \underbrace{3}_{\ell}| < \varepsilon$, ossia:

$|2x - 4| < \varepsilon$) esplicitiamo il valore assoluto

$-\varepsilon < 2x - 4 < \varepsilon$) aggiungiamo 4 ai tre membri

$4 - \varepsilon < 2x < 4 + \varepsilon$) dividiamo ciascun membro per 2

$2 - \dfrac{\varepsilon}{2} < x < 2 + \dfrac{\varepsilon}{2}$.

L'insieme delle soluzioni della disequazione è quindi:

$\left]2 - \dfrac{\varepsilon}{2}; 2 + \dfrac{\varepsilon}{2}\right[$.

Abbiamo trovato un intorno circolare di 2 di raggio $\dfrac{\varepsilon}{2}$ per cui è vera la condizione iniziale, quindi il limite è verificato.

In generale, l'esistenza del limite di una funzione in un punto x_0 è indipendente dal comportamento della funzione in x_0. Sono possibili i seguenti casi:

- esiste $\quad \lim\limits_{x \to x_0} f(x) = l \quad$ e $\quad l = f(x_0)$;
- esiste $\quad \lim\limits_{x \to x_0} f(x) = l \quad$ e $\quad l \neq f(x_0)$;
- esiste $\quad \lim\limits_{x \to x_0} f(x) = l \quad$ e $\quad$ non esiste $f(x_0)$.

▶ **Video**

Limite finito di una funzione in un punto
Come possiamo verificare che una funzione ha un limite finito in un punto?
Lo spieghiamo con un esempio:
$\lim\limits_{x \to 2} \dfrac{x^2 - 3x + 2}{x - 2} = 1$.

▶ **Animazione**

Nell'animazione risolviamo l'esercizio che segue e proponiamo anche la verifica grafica, mediante una figura dinamica.

▶ Verifica che
$\lim\limits_{x \to 4}\left(\dfrac{x}{2} + 3\right) = 5$.

Funzioni continue

▶ Esercizi a p. 627

Abbiamo visto che una funzione può ammettere limite l in un punto x_0, anche se in x_0 non è definita. Quando invece x_0 appartiene al dominio di f, possiamo considerare la sua immagine $f(x_0)$. Se essa coincide con il limite di $f(x)$ per x che tende a x_0, allora si dice che f è **continua in x_0**.

> **Listen to it**
>
> A function f is **continuous** at the point x_0 of its domain if f is defined in x_0 and its limit as x approaches x_0 exists and is equal to $f(x_0)$.

DEFINIZIONE

Siano $f(x)$ una funzione definita in un intervallo $[a; b]$ e x_0 un punto interno all'intervallo. La funzione $f(x)$ è **continua nel punto x_0** quando esiste il limite di $f(x)$ per $x \to x_0$ e tale limite è uguale al valore $f(x_0)$ della funzione calcolata in x_0:

$$\lim_{x \to x_0} f(x) = f(x_0).$$

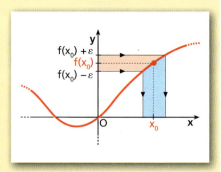

Diciamo poi che f è **continua nel suo dominio D** quando risulta continua in ogni punto di D.
Sono funzioni continue nel loro dominio quelle il cui grafico è una curva senza interruzioni; è il caso, per esempio, di una retta o di una parabola.

Se una funzione è continua in un punto, il calcolo del limite in quel punto risulta semplice, perché basta calcolare il valore della funzione in quel punto. Per esempio, sapendo che la funzione $f(x) = 2x$ è continua nel punto 7, risulta $\lim_{x \to 7} 2x = 2 \cdot 7 = 14$.

Elenchiamo le funzioni continue in $\mathbb{R}$ (o in intervalli di $\mathbb{R}$) più utilizzate.

Funzione costante

La funzione $f(x) = k$ è continua in tutto $\mathbb{R}$. Infatti, in ogni punto x_0 di $\mathbb{R}$ si ha $\lim_{x \to x_0} k = k$.

Funzione polinomiale

La funzione $f(x) = 3x^2 - 2x + 5$, espressa mediante un polinomio, è continua in $\mathbb{R}$. Per esempio, per $x = -1$: $\lim_{x \to -1}(3x^2 - 2x + 5) = 3(-1)^2 - 2(-1) + 5 = 10$.
In generale, è continua in tutto $\mathbb{R}$ ogni **funzione polinomiale**:

$$f(x) = a_0 x^n + a_1 x^{n-1} + \ldots + a_{n-1} x + a_n.$$

In particolare, sono continue in $\mathbb{R}$ le funzioni che sono potenze di x: $x, x^2, x^3, \ldots$

Funzione radice quadrata

La funzione, definita in $\mathbb{R}^+ \cup \{0\}$, $y = \sqrt{x}$ è continua per ogni x reale positivo o nullo. Per esempio, $\lim_{x \to 2} \sqrt{x} = \sqrt{2}$.

In generale, sono continue in $\mathbb{R}^+$ le funzioni potenza con esponente reale:

$$y = x^\alpha, \quad \text{con } x \in \mathbb{R}^+, \alpha \in \mathbb{R}.$$

Per esempio, $\lim_{x \to 2} x^{\frac{3}{4}} = 2^{\frac{3}{4}} = \sqrt[4]{2^3} = \sqrt[4]{8}$.

Funzioni goniometriche

Sono continue in $\mathbb{R}$ le funzioni $\sin x$ e $\cos x$.
Per esempio, $\lim_{x \to \pi} \sin x = \sin \pi = 0$ e $\lim_{x \to 0} \cos x = \cos 0 = 1$.

È continua anche la funzione tangente in $\mathbb{R} - \left\{\frac{\pi}{2} + k\pi,\ k \in \mathbb{Z}\right\}$. Per esempio, $\lim_{x \to \frac{\pi}{3}} \tan x = \tan \frac{\pi}{3} = \sqrt{3}$.

La funzione cotangente è continua in $\mathbb{R} - \{k\pi, k \in \mathbb{Z}\}$.

Per esempio, $\lim_{x \to \frac{\pi}{4}} \cot x = \cot \frac{\pi}{4} = 1$.

Infine, si può dimostrare che le funzioni secante, cosecante, arcoseno, arcocoseno, arcotangente, arcocotangente sono continue nel loro dominio.

Funzione esponenziale

La funzione esponenziale, definita in $\mathbb{R}$, $y = a^x$, con $a > 0$, è continua in $\mathbb{R}$. Per esempio, $\lim_{x \to 2} 3^x = 3^2 = 9$.

Funzione logaritmica

La funzione logaritmica, definita in $\mathbb{R}^+$, $y = \log_a x$, con $a > 0, a \neq 1$, è continua in $\mathbb{R}^+$. Per esempio, $\lim_{x \to 9} \log_3 x = \log_3 9 = 2$.

■ Limite destro e limite sinistro

▶ Esercizi a p. 628

Limite destro

Il limite destro di una funzione viene indicato con il simbolo:

$$\lim_{x \to x_0^+} f(x) = l.$$

$x \to x_0^+$ si legge «x tende a x_0 da destra». Significa che x si avvicina a x_0 restando però sempre maggiore di x_0.
La definizione del limite destro è analoga a quella già data di limite, con la sola differenza che la disuguaglianza $|f(x) - l| < \varepsilon$ deve essere verificata per ogni x appartenente a un intorno *destro* di x_0, ossia a un intorno del tipo $]x_0; x_0 + \delta[$.

Limite sinistro

Il limite sinistro di una funzione viene indicato con il simbolo:

$$\lim_{x \to x_0^-} f(x) = l.$$

$x \to x_0^-$ si legge «x tende a x_0 da sinistra». Significa che x si avvicina a x_0 restando però sempre minore di x_0.
Anche per il limite sinistro valgono le stesse considerazioni fatte per il limite destro, con la sola differenza che $|f(x) - l| < \varepsilon$ deve essere verificata per ogni x appartenente a un intorno *sinistro* di x_0, ossia un intorno del tipo $]x_0 - \delta; x_0[$.

> **ESEMPIO**
> Consideriamo la funzione il cui grafico è illustrato nella figura.
>
> $$f(x) = \begin{cases} 3x - 1 & \text{se } x < 1 \\ 2x + 1 & \text{se } x \geq 1 \end{cases}$$
>
> Verifichiamo che $\lim_{x \to 1^+} f(x) = 3$, mentre $\lim_{x \to 1^-} f(x) = 2$.

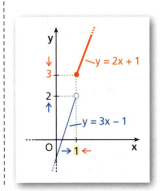

Capitolo 13. Limiti di funzioni

Limite destro

Fissiamo $\varepsilon > 0$ e verifichiamo che esiste un intorno *destro* di 1 tale che $|f(x) - 3| < \varepsilon$ per ogni x di tale intorno.

Poiché dobbiamo considerare valori di x maggiori di 1, sostituiamo a $f(x)$ la sua espressione nell'intervallo $x \geq 1$ e risolviamo la disequazione:

$$|(2x + 1) - 3| < \varepsilon \rightarrow$$

$$|2x - 2| < \varepsilon \rightarrow$$

$$-\varepsilon < 2x - 2 < \varepsilon \rightarrow$$

$$1 - \frac{\varepsilon}{2} < x < 1 + \frac{\varepsilon}{2}.$$

Considerando $x > 1$, la soluzione diventa

$$1 < x < 1 + \frac{\varepsilon}{2},$$

cioè la disuguaglianza iniziale è verificata per x nell'intorno destro $]1; 1 + \frac{\varepsilon}{2}[$ del punto 1.

Limite sinistro

Fissiamo $\varepsilon > 0$ e verifichiamo che esiste un intorno *sinistro* di 1 tale che $|f(x) - 2| < \varepsilon$, per ogni x di quell'intorno.

Poiché consideriamo valori di x minori di 1, sostituiamo a $f(x)$ la sua espressione per $x < 1$ e risolviamo la seguente disequazione.

$$|(3x - 1) - 2| < \varepsilon \rightarrow$$

$$|3x - 3| < \varepsilon \rightarrow$$

$$-\varepsilon < 3x - 3 < \varepsilon \rightarrow$$

$$1 - \frac{\varepsilon}{3} < x < 1 + \frac{\varepsilon}{3}$$

Considerando $x < 1$, abbiamo

$$1 - \frac{\varepsilon}{3} < x < 1,$$

ossia la disuguaglianza iniziale è verificata per x nell'intorno sinistro $]1 - \frac{\varepsilon}{3}; 1[$ del punto 1.

▶ Rappresenta la funzione
$$f(x) = \begin{cases} 2x & \text{se } x \geq 2 \\ 6 - x & \text{se } x < 2 \end{cases}$$
e verifica che
$$\lim_{x \to 2^+} f(x) = \lim_{x \to 2^-} f(x) = 4.$$

Osserviamo che il $\lim_{x \to x_0} f(x) = l$ esiste se e solo se esistono entrambi i limiti destro e sinistro e coincidono:

$$\lim_{x \to x_0} f(x) = l \leftrightarrow \lim_{x \to x_0^+} f(x) = l \wedge \lim_{x \to x_0^-} f(x) = l.$$

Infatti, fissato $\varepsilon > 0$, la disuguaglianza $|f(x) - l| < \varepsilon$ è verificata in un intorno completo I di x_0, con al più $x \neq x_0$, se e solo se è verificata sia in un intorno destro di x_0 sia in un intorno sinistro di x_0.

🇬🇧 **Listen to it**

A **one-sided limit** is either of the two limits of $f(x)$ as x approaches a point x_0 from below (from the **left**) or from above (from the **right**). If the two one-sided limits exist and are equal at a point x_0, then the limit of $f(x)$ at x_0 exists.

Paragrafo 3. $\lim_{x \to x_0} f(x) = \infty$

3 $\lim_{x \to x_0} f(x) = \infty$

Definizioni e significato

▶ Esercizi a p. 630

Il limite è $+\infty$

Se per valori di x che si avvicinano a un certo x_0 i valori di una funzione crescono sempre più, diciamo che per x che tende a x_0 la funzione tende a $+\infty$.

> **DEFINIZIONE**
>
> **Limite $+\infty$ per x che tende a x_0**
> Sia $f(x)$ una funzione definita in un intervallo $[a; b]$ e non definita in x_0 interno ad $[a; b]$. $f(x)$ tende a $+\infty$ per x che tende a x_0 quando per ogni numero reale positivo M si può determinare un intorno completo I di x_0 tale che
>
> $$f(x) > M$$
>
> per ogni x appartenente a I e diverso da x_0.
> Si scrive: $\lim_{x \to x_0} f(x) = +\infty$.

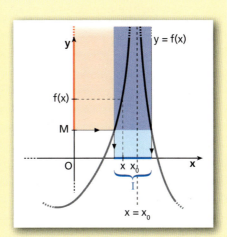

Animazione

Nell'animazione, per studiare

$$\lim_{x \to 2} \frac{1}{|x-2|} = +\infty$$

in modo dinamico:
- scegliamo $M > 0$;
- individuiamo l'intorno I di 2;
- facciamo scegliere a caso al computer $x \in I$;
- verifichiamo che

$$\frac{1}{|x-2|} > M.$$

Sinteticamente possiamo dire che:

$$\lim_{x \to x_0} f(x) = +\infty \quad \text{se} \quad \forall M > 0 \ \exists \ I(x_0): f(x) > M, \forall x \in I(x_0), x \neq x_0.$$

Quando diciamo «per ogni numero reale positivo M», pensiamo a valori di M che diventano *sempre più grandi*. Diremo allora che M è preso *grande a piacere*.
Se $\lim_{x \to x_0} f(x) = +\infty$, si dice anche che **la funzione f diverge positivamente**.

▶ Rappresenta graficamente una funzione $y = f(x)$ per la quale
$$\lim_{x \to 3} f(x) = +\infty.$$

Interpretazione geometrica

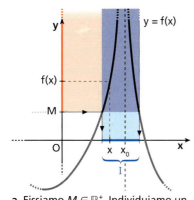

a. Fissiamo $M \in \mathbb{R}^+$. Individuiamo un intorno I di x_0 tale che $f(x) > M$ $\forall x \in I - \{x_0\}$.

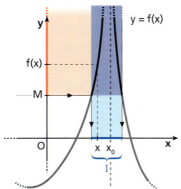

b. Se prendiamo M più grande, I esiste ancora e risulta, in genere, più piccolo.

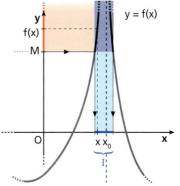

c. Scegliamo un valore di M ancora più grande. Se I è abbastanza piccolo, ossia se x è abbastanza vicino a x_0, allora $f(x)$ supera M.

Il limite è $-\infty$

Ci sono anche funzioni che decrescono sempre di più in prossimità di un certo punto x_0, ossia che tendono a $-\infty$ per x che tende a x_0. In questo caso diciamo che la funzione ha limite $-\infty$ per x che tende a x_0.

In generale vale la seguente definizione.

> **DEFINIZIONE**
>
> **Limite $-\infty$ per x che tende a x_0**
> Sia $f(x)$ una funzione definita in un intervallo $[a; b]$ e non definita in x_0 interno ad $[a; b]$.
> $f(x)$ tende a $-\infty$ per x che tende a x_0 quando per ogni numero reale positivo M si può determinare un intorno completo I di x_0 tale che
>
> $$f(x) < -M$$
>
> per ogni x appartenente a I e diverso da x_0.
> Si scrive:
>
> $$\lim_{x \to x_0} f(x) = -\infty.$$

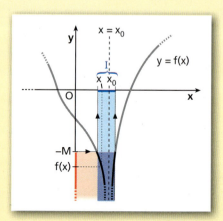

In simboli:

$$\lim_{x \to x_0} f(x) = -\infty \quad \text{se} \quad \forall M > 0 \; \exists \, I(x_0): \; f(x) < -M, \forall x \in I(x_0), x \neq x_0.$$

Se $\lim_{x \to x_0} f(x) = -\infty$, si dice anche che **la funzione f diverge negativamente**.

Interpretazione geometrica

L'interpretazione della definizione è analoga a quella data per funzioni che divergono positivamente.

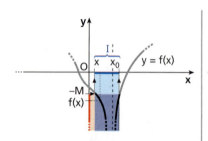

a. Fissiamo $M \in \mathbb{R}^+$. Individuiamo un intorno I di x_0 tale che $f(x) < -M \; \forall x \in I - \{x_0\}$.

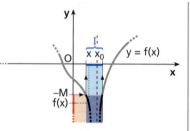

b. Se prendiamo M più grande, ossia $-M$ minore, I esiste ancora e risulta, in genere, più piccolo.

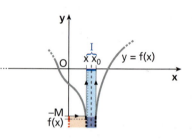

c. Scegliamo un valore di M ancora più grande ($-M$ ancora minore). Se I è abbastanza piccolo, ossia se x è abbastanza vicino a x_0, allora $f(x)$ è minore di $-M$.

Limiti destro e sinistro infiniti

Anche per i limiti infiniti si possono distinguere limiti destri e sinistri.

Se ...	scelto $M > 0$ la disequazione ...	è soddisfatta per $x \neq x_0$, in un ...
$\lim_{x \to x_0^+} f(x) = +\infty$	$f(x) > M$	intorno *destro* di x_0
$\lim_{x \to x_0^-} f(x) = +\infty$	$f(x) > M$	intorno *sinistro* di x_0
$\lim_{x \to x_0^+} f(x) = -\infty$	$f(x) < -M$	intorno *destro* di x_0
$\lim_{x \to x_0^-} f(x) = -\infty$	$f(x) < -M$	intorno *sinistro* di x_0

◻ **Animazione**

Nell'animazione verifichiamo, sia mediante la definizione, sia con una figura dinamica, che:

$$\lim_{x \to 0^+} \ln x = -\infty.$$

ESEMPIO

Verifichiamo che per la funzione $y = \dfrac{1}{x}$ è

$$\lim_{x \to 0^+} \frac{1}{x} = +\infty \ \text{e} \ \lim_{x \to 0^-} \frac{1}{x} = -\infty.$$

Limite destro

Fissiamo $M > 0$. Risolviamo, con $x \neq 0$:

$$\frac{1}{x} > M \ \to \ \frac{1}{x} - M > 0 \ \to \ \frac{1 - Mx}{x} > 0.$$

La disequazione ha come soluzione l'intervallo $\left]0; \dfrac{1}{M}\right[$, che è un intorno destro di 0 (figura **a**, a lato).

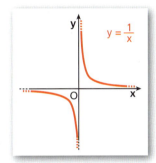

Limite sinistro

Fissiamo $M > 0$. Risolviamo, con $x \neq 0$:

$$\frac{1}{x} < -M \ \to \ \frac{1}{x} + M < 0 \ \to \ \frac{1 + Mx}{x} < 0.$$

La disequazione ha come soluzione l'intervallo $\left]-\dfrac{1}{M}; 0\right[$, che è un intorno sinistro di 0 (figura **b**, a lato).

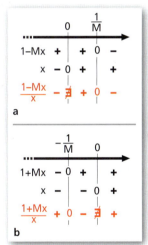

Il limite è ∞

Nell'esempio precedente, per la funzione esaminata nel punto 0, i limiti sinistro e destro valgono $-\infty$ e $+\infty$, quindi *non esiste* il limite per $x \to 0$. Tuttavia, in generale, è utile descrivere questa particolare situazione con la scrittura $\lim_{x \to x_0} f(x) = \infty$, che significa:

se $\lim_{x \to x_0} f(x) = \infty$, allora per ogni $M > 0$ è possibile trovare un intorno I di x_0 tale che $|f(x)| > M$, per ogni $x \in I$ nel dominio di $f(x)$, con $x \neq x_0$.

La disequazione $|f(x)| > M$ si può scrivere in modo equivalente come

$$f(x) > M \ \lor \ f(x) < -M,$$

e quindi le sue soluzioni sono l'unione delle soluzioni delle singole disequazioni.

Capitolo 13. Limiti di funzioni

ESEMPIO

Se consideriamo ancora la funzione $y = \dfrac{1}{x}$ dell'esempio precedente:

$$\lim_{x \to 0^+} \frac{1}{x} = +\infty, \ \lim_{x \to 0^-} \frac{1}{x} = -\infty \to \lim_{x \to 0} \frac{1}{x} = \infty.$$

Le soluzioni di $\left|\dfrac{1}{x}\right| > M$ sono: $-\dfrac{1}{M} < x < \dfrac{1}{M}$, con $x \neq 0$, quindi nell'intorno circolare di centro 0 e raggio $\dfrac{1}{M}$, escluso 0, è vero che

$$\frac{1}{x} < -M \ \lor \ \frac{1}{x} > M.$$

Asintoti verticali

▶ Esercizi a p. 632

DEFINIZIONE

Data la funzione $y = f(x)$, se si verifica che

$$\lim_{x \to c} f(x) = +\infty, \ -\infty \ \text{oppure} \ \infty,$$

la retta $x = c$ è **asintoto verticale** per il grafico della funzione.

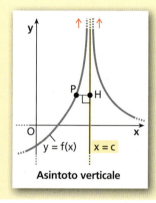

Asintoto verticale

▶ Verifica che il grafico di $y = \dfrac{1}{1-x}$ ha un asintoto verticale di equazione $x = 1$.

Animazione

- La definizione di asintoto verticale è ancora valida se consideriamo il limite destro ($x \to x_0^+$) o il limite sinistro ($x \to x_0^-$). In questo caso parleremo di asintoto verticale **destro** o **sinistro**, rispettivamente.

- La distanza di un generico punto del grafico di una funzione da un suo asintoto verticale, di equazione $x = c$, tende a 0 quando $x \to c$.
  Infatti, essendo $P(x; y)$ il generico punto del grafico, si ha:

$$\lim_{x \to c} \overline{PH} = \lim_{x \to c} |x - c| = 0.$$

Possiamo esprimere questa proprietà dicendo che per $x \to c$ il grafico della funzione si avvicina sempre più a quello della retta.

Nella figura che segue esaminiamo diversi casi di asintoti verticali.

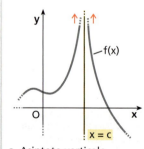

a. Asintoto verticale.

$\lim_{x \to c} f(x) = +\infty$

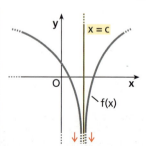

b. Asintoto verticale.

$\lim_{x \to c} f(x) = -\infty$

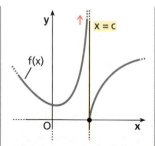

c. Asintoto verticale sinistro.

$\lim_{x \to c^-} f(x) = +\infty$

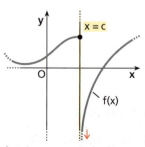

d. Asintoto verticale destro.

$\lim_{x \to c^+} f(x) = -\infty$

Il grafico di una funzione può avere più asintoti verticali, anche infiniti, come nel caso di $y = \tan x$.

4. $\lim_{x \to \infty} f(x) = \ell$

■ Definizioni e significato

▶ Esercizi a p. 633

x tende a $+\infty$

Dicendo «x tende a $+\infty$» intendiamo dire che consideriamo valori di x sempre più grandi e tali da superare qualsiasi numero reale positivo c fissato.

DEFINIZIONE

Limite finito di una funzione per x che tende a $+\infty$

Una funzione $f(x)$, definita in un intervallo illimitato a destra, tende al numero reale l per x che tende a $+\infty$ quando, per ogni $\varepsilon > 0$ fissato, si può determinare un intorno I di $+\infty$ tale che

$|f(x) - l| < \varepsilon$ per ogni $x \in I$.

Si scrive: $\lim_{x \to +\infty} f(x) = l$.

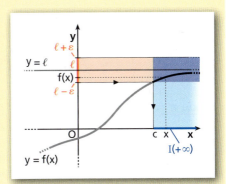

Animazione

Nell'animazione, studiamo

$\lim_{x \to +\infty} f(x) = \ell$

in modo dinamico, utilizzando la funzione

$f(x) = \dfrac{3}{2}\left(1 - e^{-x - \frac{1}{3}}\right)$.

Considerato che un intorno di $+\infty$ è costituito da tutti gli x maggiori di un numero c, possiamo dire che

$\lim_{x \to +\infty} f(x) = l$ se $\forall \varepsilon > 0 \; \exists c > 0: \; |f(x) - l| < \varepsilon, \forall x > c$.

Interpretazione geometrica

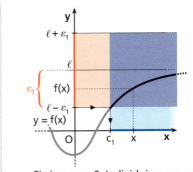
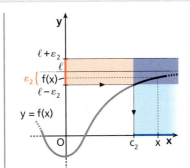
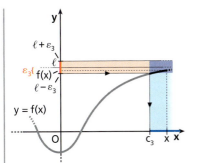

a. Fissiamo $\varepsilon > 0$. Individuiamo $c_1 > 0$ tale che $|f(x) - \ell| < \varepsilon$ per ogni $x > c_1$, ossia per ogni punto dell'intorno di $+\infty$: $]c_1; +\infty[$.

b. Se ε diventa più piccolo, la disuguaglianza $|f(x) - \ell| < \varepsilon$ è ancora vera, per valori di x più grandi di $c_2 > c_1$.

c. Scegliamo ε ancora più piccolo. In genere, perché $f(x)$ sia distante da ℓ meno di ε, dovremo prendere c_3 ancora più grande.

Ciò significa che, al crescere dei valori di x, $f(x)$ si avvicina al valore l.

x tende a $-\infty$

Il caso in cui «x tende a $-\infty$» è analogo al precedente.

> **DEFINIZIONE**
>
> **Limite finito di una funzione per x che tende a $-\infty$**
> Una funzione $f(x)$, definita in un intervallo illimitato a sinistra, ha limite reale l per x che tende a $-\infty$ se, per ogni $\varepsilon > 0$ fissato, è possibile trovare un intorno I di $-\infty$ tale che
>
> $$|f(x) - l| < \varepsilon \quad \text{per ogni } x \in I.$$
>
> Si scrive: $\lim_{x \to -\infty} f(x) = l$.

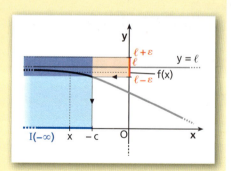

In simboli:

$$\lim_{x \to -\infty} f(x) = l \quad \text{se} \quad \forall \varepsilon > 0 \; \exists c > 0 \colon |f(x) - l| < \varepsilon, \forall x < -c.$$

▶ Verifica che
$\lim_{x \to -\infty} \dfrac{2x - 1}{x} = 2.$

☐ **Animazione**

x tende a ∞

I due casi precedenti possono essere riassunti in uno solo se si considera un intorno di ∞ determinato dagli x per i quali

$$|x| > c, \text{ ossia } x < -c \lor x > c,$$

dove c è un numero reale positivo grande a piacere.

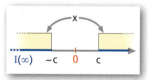

Diciamo allora che **x tende a ∞** omettendo il segno $+$ o $-$:

$\lim_{x \to \infty} f(x) = l$ **quando per ogni $\varepsilon > 0$ è possibile trovare un intorno I di ∞ tale che $|f(x) - l| < \varepsilon$ per ogni $x \in I$.**

> **ESEMPIO**
> Consideriamo la funzione $y = \dfrac{4x + 5}{x}$, definita in $D = \mathbb{R} - \{0\}$.
>
> Verifichiamo che $\lim_{x \to \infty} \dfrac{4x + 5}{x} = 4$. Fissato $\varepsilon > 0$, risolviamo la disequazione:
>
> $$\left|\dfrac{4x+5}{x} - 4\right| < \varepsilon \;\to\; \left|\dfrac{5}{x}\right| < \varepsilon \;\to\; \left|\dfrac{x}{5}\right| > \dfrac{1}{\varepsilon} \;\to\; |x| > \dfrac{5}{\varepsilon} \;\to\;$$
>
> $$\underbrace{x < -\dfrac{5}{\varepsilon} \lor x > \dfrac{5}{\varepsilon}}_{\text{intorno di } \infty}.$$

▶ Verifica che
$\lim_{x \to \infty} \dfrac{1}{x^3 - 1} = 0.$

Abbiamo trovato un intorno di ∞ per cui è vera la condizione iniziale, quindi il limite è verificato.

Paragrafo 5. $\lim_{x \to \infty} f(x) = \infty$

■ Asintoti orizzontali

▶ Esercizi a p. 635

DEFINIZIONE
Data la funzione $y = f(x)$, se si verifica una delle condizioni
$$\lim_{x \to +\infty} f(x) = q \text{ o } \lim_{x \to -\infty} f(x) = q \text{ o } \lim_{x \to \infty} f(x) = q,$$
la retta $y = q$ è **asintoto orizzontale** per il grafico della funzione.

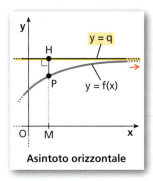
Asintoto orizzontale

- Se il limite esiste finito soltanto per $x \to +\infty$ (o $x \to -\infty$), abbiamo un asintoto orizzontale **destro** (o **sinistro**).
- La distanza di un generico punto $P(x; f(x))$ del grafico di una funzione da un suo asintoto orizzontale, di equazione $y = q$, tende a 0 quando x tende a $+\infty$:

$$\lim_{x \to +\infty} \overline{PH} = \lim_{x \to +\infty} |f(x) - q| = 0.$$

Considerazioni analoghe si hanno per $x \to -\infty$ o $x \to \infty$.

▶ Verifica che il grafico di $y = \dfrac{3x}{x+1}$ ha un asintoto orizzontale di equazione $y = 3$.

□ Animazione

Il grafico di una funzione $f(x)$ può ammettere un solo asintoto orizzontale, come nell'esempio precedente, ma anche due, quando i limiti della funzione per $x \to +\infty$ e per $x \to -\infty$ sono entrambi finiti, ma diversi fra loro, ossia:

$$\lim_{x \to +\infty} f(x) = q_1 \quad \text{e} \quad \lim_{x \to -\infty} f(x) = q_2, \quad \text{con } q_1 \neq q_2.$$

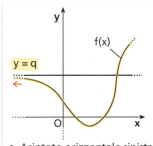
a. Asintoto orizzontale sinistro.
$\lim_{x \to -\infty} f(x) = q$

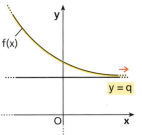
b. Asintoto orizzontale destro.
$\lim_{x \to +\infty} f(x) = q$

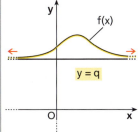
c. Asintoto orizzontale.
$\lim_{x \to \infty} f(x) = q$

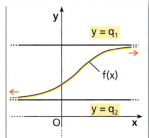
d. Due asintoti orizzontali.
$\lim_{x \to -\infty} f(x) = q_2$
$\lim_{x \to +\infty} f(x) = q_1$

5 $\lim_{x \to \infty} f(x) = \infty$

▶ Esercizi a p. 636

Il limite è $+\infty$ quando x tende a $+\infty$ o a $-\infty$

In questo caso si può anche dire che **la funzione diverge positivamente**.

Studiamo i due casi: $\lim_{x \to +\infty} f(x) = +\infty$ e $\lim_{x \to -\infty} f(x) = +\infty$.

Consideriamo la funzione $y = x^3$.
Se attribuiamo a x valori positivi crescenti, per esempio 1, 2, 3, 4, ..., i corrispondenti valori x^3, ossia 1, 8, 27, 64, ..., aumentano sempre più.
Diciamo che quando x tende a $+\infty$ i valori della funzione tendono a $+\infty$ e scriviamo $\lim_{x \to +\infty} x^3 = +\infty$.

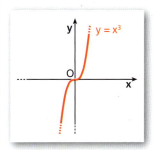

613

Capitolo 13. Limiti di funzioni

Animazione

Nell'animazione, studiamo
$$\lim_{x \to +\infty} \left(\frac{1}{12}x^2 + 1\right) = +\infty$$
in modo dinamico.

DEFINIZIONE
Limite $+\infty$ di una funzione per x che tende a $+\infty$

Una funzione $f(x)$, definita in un intervallo illimitato a destra, ha per limite $+\infty$ per x che tende a $+\infty$ quando per ogni numero reale positivo M si può determinare un intorno I di $+\infty$ tale che

$$f(x) > M \text{ per ogni } x \in I.$$

Si scrive: $\lim_{x \to +\infty} f(x) = +\infty$.

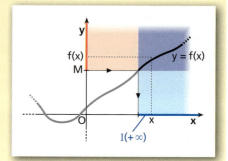

▶ Verifica che
$\lim_{x \to +\infty} x^3 = +\infty$
applicando la definizione.

In simboli:

$$\lim_{x \to +\infty} f(x) = +\infty \quad \text{se} \quad \forall M > 0 \ \exists c > 0 : f(x) > M, \forall x > c.$$

Consideriamo ora la funzione $y = x^2$.
Se attribuiamo a x valori negativi decrescenti, per esempio $-1, -2, -3, -4, \ldots$, i corrispondenti valori x^2, ossia $1, 4, 9, 16, \ldots$, aumentano sempre più. Diciamo che quando x tende a $-\infty$ i valori della funzione tendono a $+\infty$ e scriviamo
$$\lim_{x \to -\infty} x^2 = +\infty.$$

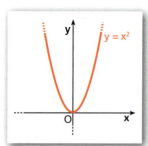

DEFINIZIONE
Limite $+\infty$ di una funzione per x che tende a $-\infty$

Una funzione $f(x)$, definita in un intervallo illimitato a sinistra, ha per limite $+\infty$ per x che tende a $-\infty$ quando per ogni numero reale positivo M si può determinare un intorno I di $-\infty$ tale che

$$f(x) > M \text{ per ogni } x \in I.$$

Si scrive: $\lim_{x \to -\infty} f(x) = +\infty$.

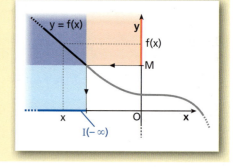

Listen to it

If the limit of $f(x)$ at a point x_0 or at $\pm\infty$ is $+\infty$, we say that f **diverges** or **grows without bound**.

In simboli:

$$\lim_{x \to -\infty} f(x) = +\infty \quad \text{se} \quad \forall M > 0 \ \exists c > 0 : f(x) > M, \forall x < -c.$$

ESEMPIO
Verifichiamo il limite precedente, $\lim_{x \to -\infty} x^2 = +\infty$, applicando la definizione.
Scelto $M > 0$, dobbiamo determinare un intorno di $-\infty$ tale che risulti:

$x^2 > M$ per ogni x dell'intorno.

▶ Verifica che
$\lim_{x \to -\infty} (4 - 3x) = +\infty$.

Questa disequazione di secondo grado è verificata per valori esterni all'intervallo delle radici $x = \pm\sqrt{M}$, ossia ha per soluzioni $x < -\sqrt{M} \lor x > +\sqrt{M}$.
In particolare, se $x < -\sqrt{M}$, che rappresenta un intorno di $-\infty$, la disuguaglianza è vera, quindi il limite è verificato.

Paragrafo 5. $\lim\limits_{x \to \infty} f(x) = \infty$

Il limite è $-\infty$ quando x tende a $+\infty$ o a $-\infty$

In questo caso si può anche dire che **la funzione diverge negativamente**.
Studiamo i due casi: $\lim\limits_{x \to +\infty} f(x) = -\infty$ e $\lim\limits_{x \to -\infty} f(x) = -\infty$.

DEFINIZIONE

Limite $-\infty$ di una funzione per x che tende a $+\infty$
Una funzione $f(x)$ ha per limite $-\infty$ per x che tende a $+\infty$ quando per ogni numero reale positivo M si può determinare un intorno I di $+\infty$ tale che $f(x) < -M$ per ogni $x \in I$.
Si scrive: $\lim\limits_{x \to +\infty} f(x) = -\infty$.

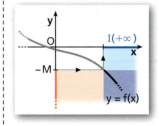

In simboli: $\lim\limits_{x \to +\infty} f(x) = -\infty$ se $\forall M > 0 \ \exists c > 0: f(x) < -M, \forall x > c$.

ESEMPIO

Verifichiamo il limite $\lim\limits_{x \to +\infty} (-\sqrt{x-1}) = -\infty$, applicando la definizione.

La funzione è definita in $D = [1; +\infty[$. Scelto un numero $M > 0$, dobbiamo determinare un intorno di $+\infty$ tale che risulti:

$-\sqrt{x-1} < -M$ per ogni x dell'intorno.

Moltiplichiamo entrambi i membri per -1 ed eleviamoli al quadrato:

$\sqrt{x-1} > M \ \to \ x - 1 > M^2 \ \to \ x > 1 + M^2$.

Le soluzioni della disequazione sono date da $x > 1 + M^2$, che rappresenta un intorno di $+\infty$, quindi il limite è verificato.

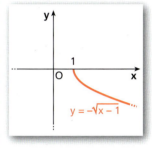

DEFINIZIONE

Limite $-\infty$ di una funzione per x che tende a $-\infty$
Una funzione $f(x)$ ha per limite $-\infty$ per x che tende a $-\infty$ quando per ogni numero reale positivo M si può determinare un intorno I di $-\infty$ tale che $f(x) < -M$ per ogni $x \in I$.
Si scrive: $\lim\limits_{x \to -\infty} f(x) = -\infty$.

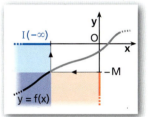

In simboli: $\lim\limits_{x \to -\infty} f(x) = -\infty$ se $\forall M > 0 \ \exists c > 0: f(x) < -M, \forall x < -c$.

▶ Verifica che
$\lim\limits_{x \to -\infty} \dfrac{1 + 2x^2}{x} = -\infty$.

☐ **Animazione**

Nella figura mostriamo i limiti della funzione esponenziale e della funzione logaritmica agli estremi del dominio.

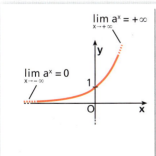

a $y = a^x$ ($a > 1$)

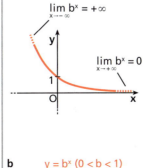

b $y = b^x$ ($0 < b < 1$)

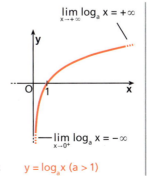

c $y = \log_a x$ ($a > 1$)

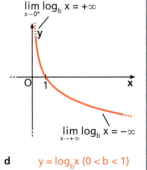

d $y = \log_b x$ ($0 < b < 1$)

615

6 Primi teoremi sui limiti

▶ Esercizi a p. 640

I teoremi e le proprietà che enunceremo in questo paragrafo sono validi sia per x che tende a un valore finito x_0, sia per x che tende a infinito.
I teoremi valgono anche se invece di l, valore finito, abbiamo $+\infty$ o $-\infty$.

■ Teorema di unicità del limite

> **TEOREMA**
>
> Se per x che tende a x_0 la funzione $f(x)$ ha per limite il numero reale l, allora tale limite è unico.

DIMOSTRAZIONE

Dimostriamo la tesi per assurdo.

Supponiamo che la tesi sia falsa e cioè che l non sia unico, quindi:

$$\lim_{x \to x_0} f(x) = l \quad \text{e} \quad \lim_{x \to x_0} f(x) = l', \quad \text{con } l \text{ e } l' \text{ entrambi finiti e } l' \neq l.$$

Possiamo supporre $l < l'$ e, poiché nella definizione di limite possiamo scegliere ε arbitrariamente purché sia positivo, consideriamo:

$$\varepsilon < \frac{l' - l}{2}.$$

Applichiamo la definizione di limite in entrambi i casi. Dovrebbero esistere due intorni I e I' di x_0 tali che:

$$|f(x) - l| < \varepsilon \quad \text{per ogni } x \in I, \quad |f(x) - l'| < \varepsilon \quad \text{per ogni } x \in I'.$$

Osserviamo che anche $I \cap I'$ è un intorno di x_0.

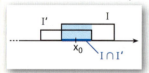

In $I \cap I'$ devono valere contemporaneamente le due disequazioni, ossia:

$$\begin{cases} |f(x) - l| < \varepsilon \\ |f(x) - l'| < \varepsilon \end{cases} \rightarrow$$

$$\begin{cases} l - \varepsilon < f(x) < l + \varepsilon \\ l' - \varepsilon < f(x) < l' + \varepsilon \end{cases}.$$

Dal confronto delle disuguaglianze, ricordando che $l < l'$, risulta che

$$l' - \varepsilon < f(x) < l + \varepsilon \quad \rightarrow \quad l' - \varepsilon < l + \varepsilon.$$

Esplicitando ε otteniamo:

$$-\varepsilon - \varepsilon < l - l' \quad \rightarrow \quad -2\varepsilon < l - l' \quad \rightarrow \quad 2\varepsilon > l' - l,$$

da cui $\varepsilon > \dfrac{l' - l}{2}$, contro l'ipotesi di $\varepsilon < \dfrac{l' - l}{2}$.

La supposizione che ci siano due limiti è falsa. Pertanto, se $\lim_{x \to x_0} f(x) = l$, il limite l è unico.

Paragrafo 6. Primi teoremi sui limiti

■ Teorema della permanenza del segno

Il teorema afferma che in un intorno di x_0 la funzione $f(x)$ ha lo stesso segno di l.

TEOREMA
Se il limite di una funzione per x che tende a x_0 è un numero l diverso da 0, allora esiste un intorno I di x_0 (escluso al più x_0) in cui $f(x)$ e l sono entrambi positivi oppure entrambi negativi.

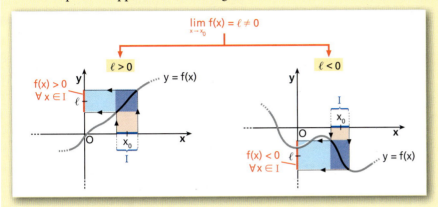

■ Teorema del confronto

Il teorema che ora esamineremo ci dà alcune indicazioni per il calcolo dei limiti.

TEOREMA
Siano $h(x)$, $f(x)$ e $g(x)$ tre funzioni definite in uno stesso intorno H di x_0, escluso al più il punto x_0. Se in ogni punto di H diverso da x_0 risulta

$$h(x) \leq f(x) \leq g(x)$$

e il limite delle due funzioni $h(x)$ e $g(x)$, per x che tende a x_0, è uno stesso numero l, allora anche il limite di $f(x)$ per x che tende a x_0 è uguale a l.

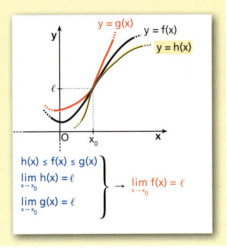

Listen to it

The **squeeze theorem**, or **sandwich theorem**, states that if $h(x) \leq f(x) \leq g(x)$ in H and $\lim_{x \to x_0} h(x) = \lim_{x \to x_0} g(x) = \ell$, $x_0 \in H$, then $\lim_{x \to x_0} f(x) = \ell$.
The functions h and g are said to be **lower and upper bounds** of f.

Poiché la funzione f viene «costretta», da h e da g, a tendere a l, il teorema viene anche detto *teorema dei due carabinieri*.

DIMOSTRAZIONE

Fissiamo $\varepsilon > 0$ a piacere. È vero che:

$|h(x) - l| < \varepsilon$, per ogni $x \in I_1 \cap H$, perché $\lim_{x \to x_0} h(x) = l$;

$|g(x) - l| < \varepsilon$, per ogni $x \in I_2 \cap H$, perché $\lim_{x \to x_0} g(x) = l$.

Le disuguaglianze valgono entrambe per ogni x appartenente all'intorno $I = I_1 \cap I_2$, escluso al più x_0.

Quindi, per ogni $x \in I$, abbiamo:

$$l - \varepsilon < h(x) < l + \varepsilon, \quad l - \varepsilon < g(x) < l + \varepsilon.$$

Poiché per ipotesi $h(x) \leq f(x) \leq g(x)$, scriviamo

$$l - \varepsilon < h(x) \leq f(x) \leq g(x) < l + \varepsilon \text{ per ogni } x \in I,$$

che implica: $l - \varepsilon < f(x) < l + \varepsilon$ per ogni $x \in I$, ossia:

$$|f(x) - l| < \varepsilon, \forall x \in I.$$

Quest'ultima relazione significa proprio che $\lim_{x \to x_0} f(x) = l$.

Video

Teorema del confronto

Qual è il limite di $\frac{\sin x}{x}$ per x che tende a zero?
Vediamo come si calcola applicando il teorema del confronto.

ESEMPIO

Sono date le funzioni

$h(x) = -x^2 + 4x - 2$,
$f(x) = 2x - 1$,
$g(x) = x^2$.

$h(x)$ e $g(x)$ sono funzioni polinomiali e quindi continue, pertanto:

$$\lim_{x \to 1} h(x) = \lim_{x \to 1} (-x^2 + 4x - 2) = 1,$$

$$\lim_{x \to 1} g(x) = \lim_{x \to 1} x^2 = 1.$$

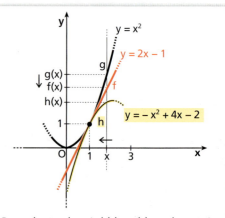

Per x che tende a 1, $h(x)$ e $g(x)$ tendono a 1. Anche $f(x)$, essendo compreso fra $h(x)$ e $g(x)$, deve tendere a 1.

Calcoliamo $\lim_{x \to 1} f(x)$. Possiamo osservare che per ogni valore x appartenente all'intervallo $]0; 3[$, i rispettivi valori delle tre funzioni h, f e g sono, nell'ordine, uno minore dell'altro, ossia $h(x) \leq f(x) \leq g(x)$.

Il teorema permette di affermare che è anche vero:

$$\lim_{x \to 1} f(x) = \lim_{x \to 1} (2x - 1) = 1.$$

Il teorema vale anche nel caso dei limiti per $x \to +\infty$ o $x \to -\infty$.
Un esempio grafico nel caso $x \to +\infty$ è illustrato nella figura.

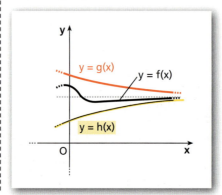

7 Limite di una successione

Il concetto di limite di una successione è simile a quello di limite di una funzione di variabile reale. Tuttavia, nel caso delle successioni il dominio è l'insieme dei numeri naturali, che non è un intervallo. Nell'insieme $\mathbb{N}$ l'unico punto di accumulazione è $+\infty$. Quindi, diversamente dalle funzioni di variabile reale, l'unico limite di successione che si può calcolare è per infinito, cioè n non può tendere a un valore finito ma solo a $+\infty$.

■ $\lim_{n \to +\infty} a_n = +\infty$

▶ Esercizi a p. 641

Consideriamo la successione $a_n = 3^n$:

1, 3, 9, 27, 81, …

Al crescere di n, i termini diventano sempre più grandi.

Diciamo allora che al tendere di n a $+\infty$ la successione tende a $+\infty$ e che, scelto un numero M grande a piacere, da un certo n in poi i termini della successione lo superano.

Per esempio, se $M = 10$ si ha $3^n > M$ da $n = 3$ in poi, se $M = 100$ da $n = 5$ in poi, …

> **DEFINIZIONE**
>
> $\lim_{n \to +\infty} a_n = +\infty$
>
> Data la successione di termine generale a_n, per n tendente a $+\infty$ la successione ha per limite $+\infty$ quando, fissato ad arbitrio un numero M positivo, è possibile determinare un corrispondente numero p_M positivo tale che:
>
> $a_n > M$ per ogni $n > p_M$.

In questo caso la successione si dice **divergente positivamente**.

Dire che M è un numero positivo fissato ad arbitrio equivale a dire che quanto enunciato vale *per ogni $M > 0$*.

> **ESEMPIO**
>
> Verifichiamo che
>
> $\lim_{n \to +\infty} 3n = +\infty$.
>
> Fissato $M > 0$, dobbiamo trovare un numero positivo p_M per cui:
>
> $3n > M \quad \forall n > p_M$.
>
> Dividendo entrambi i membri per 3 otteniamo $n > \dfrac{M}{3}$.
>
> Se poniamo $p_M = \dfrac{M}{3}$, abbiamo trovato che
>
> $\forall n > p_M \to 3n > M$,
>
> ossia tutti i termini con indice $n > \dfrac{M}{3}$ sono maggiori di M.

▶ Verifica che

$\lim_{n \to +\infty} \left(\dfrac{n^2}{8} + 1 \right) = +\infty$.

☐ Animazione

Capitolo 13. Limiti di funzioni

■ $\lim\limits_{n \to +\infty} a_n = -\infty$

▶ Esercizi a p. 641

DEFINIZIONE

$\lim\limits_{n \to +\infty} a_n = -\infty$

Data la successione di termine generale a_n, per n tendente a più infinito la successione ha per limite $-\infty$ quando, fissato ad arbitrio un numero M positivo, è possibile determinare un corrispondente numero p_M positivo tale che:

$$a_n < -M \quad \text{per ogni } n > p_M.$$

Quindi, fissato ad arbitrio un numero $M > 0$, da un certo indice in poi tutti i termini della successione sono minori di $-M$.

In questo caso la successione è detta **divergente negativamente**.

Per esempio, è divergente negativamente la successione:

$$a_n = -n^2.$$

▶ Verifica che
$\lim\limits_{n \to +\infty} (-n^2) = -\infty$.

■ $\lim\limits_{n \to +\infty} a_n = \ell$

▶ Esercizi a p. 642

Consideriamo la successione $a_n = \dfrac{1}{n^2}$, con $n \neq 0$:

$$1, \frac{1}{4}, \frac{1}{9}, \frac{1}{16}, \ldots$$

Al crescere di n i suoi termini si avvicinano sempre più a 0. Diciamo allora che al tendere di n a $+\infty$ la successione tende a 0. Comunque scegliamo un numero positivo ε piccolo quanto vogliamo, da un certo n in poi i termini della successione si discostano da 0 a meno di ε, cioè:

$$\left| \frac{1}{n^2} - 0 \right| < \varepsilon.$$

Per esempio, se $\varepsilon = 0{,}1$, la condizione $\left| \dfrac{1}{n^2} - 0 \right| < \varepsilon$ è vera da $n = 4$ in poi; se $\varepsilon = 0{,}01$, da $n = 11$ in poi, …

DEFINIZIONE

$\lim\limits_{n \to +\infty} a_n = l$

Data la successione di termine generale a_n, per n tendente a $+\infty$ la successione ha per limite il numero reale l quando, fissato ad arbitrio un numero ε positivo, è possibile determinare un corrispondente numero p_ε positivo tale che:

$$|a_n - l| < \varepsilon \quad \text{per ogni } n > p_\varepsilon.$$

Una successione di questo tipo si dice **convergente**.

▶ Verifica che
$\lim\limits_{n \to +\infty} \dfrac{1}{2n} = 0$.

▶ Verifica che
$\lim\limits_{n \to +\infty} (-1)^n \cdot \dfrac{8}{n+1} = 0$.

☐ Animazione

$\lim_{n \to +\infty} a_n$ non esiste

▶ Esercizi a p. 642

Può capitare che una successione non sia né divergente (positivamente o negativamente) né convergente: in questi casi si dice che **non esiste il limite**, oppure che la successione è **indeterminata**.

ESEMPIO

Nella successione $a_n = (-1)^n$, con $n \in \mathbb{N}$, tutti i termini hanno come valore $+1$ o -1:

$$a_n = \begin{cases} +1 & \text{se } n \text{ è pari} \\ -1 & \text{se } n \text{ è dispari} \end{cases}.$$

Anche considerando indici molto grandi, la successione oscilla tra $+1$ e -1, pertanto non è possibile determinare un unico valore a cui si avvicina, quindi il limite non esiste.

▶ Scrivi i primi dieci termini della successione $a_n = (-1)^n + 2$ e spiega perché è indeterminata.

Teoremi sui limiti delle successioni

▶ Esercizi a p. 642

I teoremi che abbiamo dimostrato per i limiti delle funzioni sono validi, come casi particolari, anche per le successioni.

Vediamo, per esempio, il **teorema del confronto**.

Date le successioni a_n, b_n, c_n tali che $a_n \leq b_n \leq c_n$, $\forall n \in \mathbb{N}$, se $\lim_{n \to +\infty} a_n = \lim_{n \to +\infty} c_n = l$, con $l \in \mathbb{R}$, allora esiste anche il limite di b_n per n tendente a $+\infty$ ed è uguale a l; analogamente, date a_n e b_n tali che $a_n \leq b_n$, $\forall n \in \mathbb{N}$, se $\lim_{n \to +\infty} a_n = +\infty$, anche b_n tende a $+\infty$ per n tendente a $+\infty$ e, se $\lim_{n \to +\infty} b_n = -\infty$, anche a_n tende a $-\infty$ per n tendente a $+\infty$.

Sottosuccessioni

Consideriamo la successione $a_n = \dfrac{n-1}{n+2}$, con $n \in \mathbb{N}$, e prendiamo i termini che hanno come indice i multipli di 3 non nulli (cioè $a_3, a_6, a_9, \ldots$):

$$\frac{2}{5}, \frac{5}{8}, \frac{8}{11}, \ldots, \frac{3n-1}{3n+2}, \ldots$$

Abbiamo ottenuto un'altra successione detta **sottosuccessione** o **successione estratta** da quella data.
Da una successione possiamo ricavare infinite sottosuccessioni. Diamo altri due esempi di sottosuccessioni della successione appena considerata:

$$\alpha_n = \frac{2n-1}{2n+2}, \qquad \beta_n = \frac{5n-1}{5n+2}.$$

Applicando la definizione di limite alla successione data possiamo verificare che $\lim_{n \to +\infty} a_n = 1$. In modo analogo è possibile verificare che le tre sottosuccessioni tendono tutte a 1 per n tendente a $+\infty$.
Questa è una proprietà generale delle successioni che ammettono limite; infatti è possibile dimostrare il seguente teorema.

▶ Prova a scrivere i primi dieci termini di queste sottosuccessioni e confrontali con quelli della successione di partenza.

Capitolo 13. Limiti di funzioni

TEOREMA
Limite delle sottosuccessioni
Se una successione a_n ammette limite $l \in \mathbb{R}$, oppure $+\infty$ o $-\infty$, per n tendente a $+\infty$, allora ogni successione estratta ammette lo stesso limite per n tendente a $+\infty$.

- Se una successione è indeterminata, non è detto che anche le sue sottosuccessioni lo siano.
  Per esempio, la successione indeterminata $1, -1, 1, -1, \ldots$ ha per sottosuccessione $1, 1, 1, 1, \ldots$, che è convergente a 1.
- Inoltre, se da una successione è possibile estrarre una sottosuccessione convergente, non possiamo dedurre che anche la successione sia convergente.

Limiti delle successioni monotòne

Per le successioni monotòne vale il seguente teorema.

TEOREMA
Limite di una successione monotòna
- Se una successione *crescente* è limitata superiormente, allora è convergente; se è illimitata superiormente, allora diverge positivamente.
- Se una successione *decrescente* è limitata inferiormente, allora è convergente; se è illimitata inferiormente, allora diverge negativamente.

Si deduce che *una successione monotòna non è mai indeterminata*.

ESEMPIO
1. La successione $a_n = \dfrac{n}{n+1}$, ossia
$$0, \frac{1}{2}, \frac{2}{3}, \frac{3}{4}, \ldots,$$
è crescente e limitata, quindi è convergente.
2. La successione dei numeri pari è crescente e illimitata, quindi è divergente.

▶ Verifica che ogni termine della successione: $a_n = \dfrac{n}{n+1}$ è minore del suo successivo e che ogni termine è minore di 1.

MATEMATICA E NATURA
Quanto freddo fa? Non c'è limite al caldo, ma esiste un limite al freddo. La temperatura più bassa teoricamente raggiungibile nell'Universo si definisce *zero assoluto* ed è pari a $-273{,}15$ °C.

▶ Perché il termometro non può scendere sotto lo zero assoluto?

La risposta

IN SINTESI
Limiti di funzioni

■ $\lim_{x \to x_0} f(x) = \ell$

- $\lim_{x \to x_0} f(x) = l$ se per ogni $\varepsilon > 0$ esiste un intorno I di x_0 tale che:
  $|f(x) - l| < \varepsilon$ per ogni $x \in I$, $x \neq x_0$.

- Una funzione è **continua in un punto** x_0 del suo dominio se $\lim_{x \to x_0} f(x) = f(x_0)$.
  Una funzione è **continua nel suo dominio** quando è continua in ogni punto del suo dominio.

■ $\lim_{x \to x_0} f(x) = \infty$

- $\lim_{x \to x_0} f(x) = +\infty$
- $\lim_{x \to x_0} f(x) = -\infty$

  se per ogni $M > 0$ esiste un intorno I di x_0 tale che $f(x) > M$ / $f(x) < -M$ per ogni $x \in I$, $x \neq x_0$.

- $\lim_{x \to x_0} f(x) = \infty$ se per x che tende a x_0 i limiti destro e sinistro sono entrambi infiniti, con segno opposto.

In questi casi, la retta $x = x_0$ è **asintoto verticale** per il grafico di f.

■ $\lim_{x \to \infty} f(x) = \ell$

- $\lim_{x \to +\infty} f(x) = l$
- $\lim_{x \to -\infty} f(x) = l$
- $\lim_{x \to \infty} f(x) = l$

se per ogni $\varepsilon > 0$ esiste un intorno I di $+\infty$ / di $-\infty$ / di ∞ tale che $|f(x) - l| < \varepsilon$ per ogni $x \in I$.

In questi casi, la retta $y = l$ è **asintoto orizzontale** per il grafico di f.

■ $\lim_{x \to \infty} f(x) = \infty$

- $\lim_{x \to +\infty} f(x) = +\infty$
- $\lim_{x \to -\infty} f(x) = +\infty$

  se per ogni $M > 0$ esiste un intorno I di $+\infty$ / di $-\infty$ tale che $f(x) > M$ per ogni $x \in I$.

- $\lim_{x \to +\infty} f(x) = -\infty$
- $\lim_{x \to -\infty} f(x) = -\infty$

  se per ogni $M > 0$ esiste un intorno I di $+\infty$ / di $-\infty$ tale che $f(x) < -M$ per ogni $x \in I$.

■ **Limite di una successione**

- $\lim_{n \to +\infty} a_n = +\infty$ se, fissato ad arbitrio un numero M positivo, è possibile determinare un corrispondente numero p_M positivo tale che $a_n > M$, $\forall n > p_M$. La successione si dice **divergente positivamente**.

- $\lim_{n \to +\infty} a_n = -\infty$ se, fissato ad arbitrio un numero M positivo, è possibile determinare un corrispondente numero p_M positivo tale che $a_n < -M$, $\forall n > p_M$. La successione si dice **divergente negativamente**.

- $\lim_{n \to +\infty} a_n = l$, $l \in \mathbb{R}$, se, fissato ad arbitrio un numero ε positivo, è possibile determinare un corrispondente numero p_ε positivo tale che risulti: $|a_n - l| < \varepsilon$, per ogni $n > p_\varepsilon$. La successione si dice **convergente**.

- $\lim_{n \to +\infty} a_n$ **non esiste** se a_n è non divergente e non convergente. La successione si dice **indeterminata**.

CAPITOLO 13
ESERCIZI

1 Insiemi di numeri reali

Intorni di un punto
▶ Teoria a p. 598

Stabilisci se i seguenti intervalli sono intorni del punto x_0. In caso affermativo indica se sono intorni circolari.

1 $x_0 = 2$; $]3; 8[$; $]-3; 8[$; $]1; 3[$.   **2** $x_0 = -1$; $]-3; 1[$; $]0; 3[$; $]-4; 8[$.

Per ciascuno dei seguenti punti scrivi un intorno destro e un intorno sinistro.

3 2; 8; -3.   **4** $\frac{1}{3}$; $\frac{7}{2}$; 0.

Per ciascuno dei seguenti punti determina almeno due intorni, di cui uno sia l'intorno circolare di raggio assegnato a fianco.

5 $x_0 = 1$ e $\delta = 2$.   **6** $x_0 = -3$ e $\delta = 0,5$.   **7** $x_0 = 12$ e $\delta = \frac{1}{2}$.

8 Dei seguenti intorni trova il centro e l'ampiezza.
$]-1; 2[$, $]4; 9[$, $]4,3; 4,6[$, $]-8; -3[$.

9 Scrivi un intorno circolare di $-\frac{1}{2}$ con raggio δ.

Risolvi le disequazioni e i sistemi seguenti, e indica se l'insieme soluzione è un intorno del punto assegnato, specificando se è circolare, destro o sinistro.

10 $\frac{x}{2-x} > 0$; 1.   **11** $\frac{14-2x}{x^2} < 0$; 7.   **12** $x^2 + x - 6 < 0$; 2.   **13** $\begin{cases} 1 < x^2 < 9 \\ 2x + 4 < 2 \end{cases}$; -2.

Intorni di infinito
▶ Teoria a p. 599

Stabilisci se i seguenti intervalli o unioni di intervalli sono intorni di $+\infty$, $-\infty$, ∞.

14 $]-3; +\infty[$; $]2; +\infty[$; $]-\infty; -1[$.   **15** $]-\infty; 2[\cup]3; +\infty[$; $]-\infty; -14[$; $]100; +\infty[$.

Rappresenta le soluzioni delle seguenti disequazioni e specifica se si tratta di intorni di $+\infty$, $-\infty$ o ∞.

16 $4x - 1 < 0$ **18** $x^2 - 3x + 2 > 0$ **20** $9 - |x| < 1$

17 $8 - x < 0$ **19** $5 - |x| > 0$ **21** $x^2 + 4x - 5 > 0$

Punti di accumulazione
▶ Teoria a p. 600

22 **VERO O FALSO?** Se x_0 è un punto di accumulazione per l'insieme A:
a. A è un insieme infinito.   V F
b. A può essere un insieme limitato.   V F
c. x_0 deve appartenere ad A.   V F
d. ogni intorno di x_0 deve contenere almeno un punto di A.   V F

Trova i punti di accumulazione dei seguenti insiemi.

23 $[2; 4]$ **25** $\mathbb{R} - \{2, 4\}$ **27** $]5; +\infty[$ **29** $]-1; 2] \cup \{3\}$

24 $\{2, 4\}$ **26** $[5; +\infty[$ **28** $[5; 8[$ **30** $\{x \in \mathbb{N}: 2 < x < 8\}$

31 **ESERCIZIO GUIDA** Dato l'insieme $A = \{x : x = \frac{1}{n}, n \in \mathbb{N} - \{0\}\}$, verifichiamo che 0 è un punto di accumulazione per A.

Riscriviamo l'insieme $A = \{1, \frac{1}{2}, \frac{1}{3}, \frac{1}{4}, \frac{1}{5}, \ldots\}$ e rappresentiamolo graficamente.

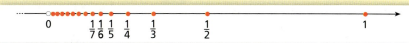

Vediamo che i punti si accumulano vicino a 0.
Per dimostrarlo prendiamo un qualunque intorno di 0, di generica apertura δ: $]-\delta; \delta[$. Mostriamo che esistono infiniti valori di A che appartengono a tale intorno.

Affinché un punto di A appartenga a $]-\delta; \delta[$, deve valere:

$$-\delta < \frac{1}{n} < \delta.$$

Poiché $\frac{1}{n} > 0$, è anche $\frac{1}{n} > -\delta$, quindi basta considerare:

$$\frac{1}{n} < \delta.$$

Passiamo alla disuguaglianza fra i reciproci (essendo n e δ numeri positivi):

$$n > \frac{1}{\delta}.$$

Tutti gli elementi di A con $n > \frac{1}{\delta}$ appartengono all'intorno di $]-\delta; \delta[$.

Per esempio, scegliendo $\delta = 0{,}1$, i valori di n che rendono vera $n > \frac{1}{\delta} = \frac{1}{0{,}1} = 10$ sono: 11, 12, 13, ... e quindi all'intervallo $]-0{,}1; 0{,}1[$ appartengono i seguenti elementi di A: $\frac{1}{11}, \frac{1}{12}, \frac{1}{13}, \ldots$

Scegliendo un qualsiasi altro valore per δ, esistono sempre infiniti numeri naturali maggiori di $\frac{1}{\delta}$, quindi 0 è un punto di accumulazione per A.

Verifica che il punto x_0 scritto a fianco all'insieme dato è un punto di accumulazione per l'insieme.

32 $A = \{x : x = \frac{1}{n+2}, n \in \mathbb{N}\}$, $x_0 = 0$.

33 $A = \{x : x = 2 + \frac{1}{n}, n \in \mathbb{N} - \{0\}\}$, $x_0 = 2$.

34 $A = \{x : x = \frac{n}{n+1}, n \in \mathbb{N}\}$, $x_0 = 1$.

35 $A = \{x : x = 3 - \frac{1}{n}, n \in \mathbb{N}\}$, $x_0 = 3$.

36 $B = \{x : x = \frac{n+2}{n}, n \in \mathbb{N} - \{0\}\}$, $x_0 = 1$.

37 $C = \{x : x = \frac{4n-5}{n-1}, n \in \mathbb{N} - \{0,1\}\}$, $x_0 = 4$.

2 $\lim_{x \to x_0} f(x) = \ell$

Definizione e significato

▶ Teoria a p. 601

LEGGI IL GRAFICO Deduci i limiti indicati.

38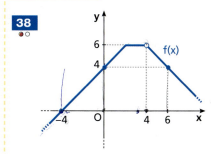

$\lim_{x \to -4} f(x); 0 \quad \lim_{x \to 0} f(x); 4$
$\lim_{x \to 4} f(x); 6 \quad \lim_{x \to 6} f(x).$

39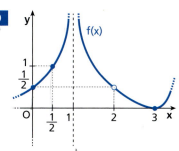

$\lim_{x \to 0} f(x); \frac{1}{2} \quad \lim_{x \to 3} f(x); 0$
$\lim_{x \to 2} f(x); \quad \lim_{x \to \frac{1}{2}} f(x).$ 1

40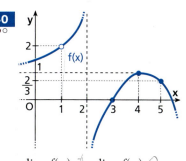

$\lim_{x \to 1} f(x); \quad \lim_{x \to 3} f(x); 0$
$\lim_{x \to 4} f(x); 1 \quad \lim_{x \to 5} f(x). \frac{2}{3}$

Capitolo 13. Limiti di funzioni

Rappresenta graficamente le seguenti funzioni, dopo averle eventualmente trasformate, e deduci dai grafici i limiti indicati.

41 $f(x) = x^2 - 1$, $\lim_{x \to -1} f(x)$, $\lim_{x \to 0} f(x)$.

42 $f(x) = \dfrac{2x^2 - x}{x}$, $\lim_{x \to 0} f(x)$, $\lim_{x \to 2} f(x)$.

43 $f(x) = \dfrac{x^2 + 2x - 8}{x - 2}$, $\lim_{x \to 2} f(x)$, $\lim_{x \to 0} f(x)$.

44 $f(x) = \dfrac{x(x-1)}{|x|}$, $\lim_{x \to 0} f(x)$, $\lim_{x \to 1} f(x)$.

---

45 **COMPLETA** la tabella utilizzando la calcolatrice, per stimare a cosa tende la funzione $f(x) = \dfrac{x^2 - 4}{2 - x}$ per x che tende a 2.

x	1,9	1,99	1,999	→ 2 ←	2,001	2,01	2,1
f(x)				→ ? ←			

46 Crea una tabella di valori per stimare a cosa tende la funzione $f(x) = \dfrac{x^2 + x - 2}{x - 1}$ per x che tende a 1.

Scrivi in forma simbolica il significato dei seguenti limiti e rappresentali graficamente utilizzando una funzione $f(x)$ scelta a piacere.

47 $\lim_{x \to 2} f(x) = -1$

48 $\lim_{x \to -1} f(x) = 4$

49 $\lim_{x \to 3} f(x) = 0$

Che cosa significano le seguenti scritture per la funzione $y = f(x)$?

50 $\forall \varepsilon > 0 \ \exists I(0): \forall x \in I(0), x \neq 0, |f(x) - 3| < \varepsilon$.

51 $\forall \varepsilon > 0 \ \exists I(-2): \forall x \in I(-2), x \neq -2, -\varepsilon < f(x) < \varepsilon$.

52 **RIFLETTI SULLA TEORIA** Il punto (2; 6) appartiene al grafico di una funzione $y = f(x)$, con dominio $\mathbb{R}$. Puoi dedurre da ciò che $\lim_{x \to 2} f(x) = 6$? Viceversa, se $\lim_{x \to 2} f(x) = 6$, puoi affermare che $f(2) = 6$?

Verifica del limite

53 **ESERCIZIO GUIDA** Applicando la definizione, verifichiamo che
$$\lim_{x \to 2}(x^2 + 1) = 5.$$

$\lim_{x \to x_0} f(x) = \ell$: per $\varepsilon > 0$, cerchiamo un intorno di x_0 dove $|f(x) - \ell| < \varepsilon$

Scelto un $\varepsilon > 0$, risolviamo la disequazione $|(x^2 + 1) - 5| < \varepsilon$ e verifichiamo che l'insieme delle sue soluzioni contiene un intorno di 2.

$$|(x^2+1)-5|<\varepsilon \rightarrow \begin{cases} x^2 - 4 < \varepsilon \\ x^2 - 4 > -\varepsilon \end{cases} \rightarrow \begin{cases} x^2 < 4 + \varepsilon \\ x^2 > 4 - \varepsilon \end{cases}$$

Prima disequazione Equazione associata: $x^2 - 4 - \varepsilon = 0 \rightarrow x^2 = 4 + \varepsilon \rightarrow x = \pm\sqrt{4 + \varepsilon}$.

La prima disequazione ha per soluzioni $-\sqrt{4 + \varepsilon} < x < \sqrt{4 + \varepsilon}$.

Seconda disequazione Equazione associata:
$x^2 - 4 + \varepsilon = 0 \rightarrow x^2 = 4 - \varepsilon$.

ε è positivo e arbitrariamente piccolo, quindi possiamo considerare $\varepsilon < 4$.

Se $\varepsilon < 4$, ossia $4 - \varepsilon > 0$: $x = \pm\sqrt{4 - \varepsilon}$.

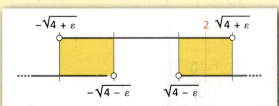

La seconda disequazione ha per soluzioni $x < -\sqrt{4-\varepsilon} \lor x > \sqrt{4-\varepsilon}$.

Dal quadro delle soluzioni deduciamo le soluzioni del sistema:

$$-\sqrt{4+\varepsilon} < x < -\sqrt{4-\varepsilon} \lor \sqrt{4-\varepsilon} < x < \sqrt{4+\varepsilon}.$$

Il primo intervallo, $]-\sqrt{4+\varepsilon}; -\sqrt{4-\varepsilon}[$, costituito da numeri negativi, non è un intorno di 2; invece l'intervallo $]\sqrt{4-\varepsilon}; \sqrt{4+\varepsilon}[$ è un intorno di 2, come possiamo verificare:

$$\sqrt{4-\varepsilon} < 2 < \sqrt{4+\varepsilon} \;\to\; 4-\varepsilon < 4 < 4+\varepsilon \;\to\; -\varepsilon < 0 < +\varepsilon.$$

Poiché l'intervallo $]\sqrt{4-\varepsilon}; \sqrt{4+\varepsilon}[$ è un intorno di 2, il limite è verificato.

Utilizzando la definizione, verifica i seguenti limiti.

54 $\lim\limits_{x \to 1}(2 - 3x) = -1$

55 $\lim\limits_{x \to -3}(x + 5) = 2$

56 $\lim\limits_{x \to \frac{1}{2}}(4x - 1) = 1$

57 $\lim\limits_{x \to -2}(3x + 4) = -2$

58 $\lim\limits_{x \to -2}(4 - x^2) = 0$

59 $\lim\limits_{x \to 1}(2 - 3x^2) = -1$

60 $\lim\limits_{x \to 1}(x^2 - 2x + 2) = 1$

61 $\lim\limits_{x \to 1} x^3 = 1$

62 $\lim\limits_{x \to 0}(x^3 - 1) = -1$

63 $\lim\limits_{x \to 2}\dfrac{x^2 - 4}{x - 2} = 4$

64 $\lim\limits_{x \to 1}\dfrac{x^2 - x}{x - 1} = 1$

65 $\lim\limits_{x \to 0}\dfrac{x^2 + x}{x} = 1$

66 $\lim\limits_{x \to 1}\ln x = 0$

67 $\lim\limits_{x \to 16}\sqrt{x} = 4$

68 $\lim\limits_{x \to 3} 2^x = 8$

69 **REALTÀ E MODELLI** **Quanto compri?** La quantità di un bene richiesta sul mercato dipende dal suo prezzo. La funzione della domanda di un prodotto dolciario realizzato da un panificio è approssimata dalla funzione $f(p) = 100 - 10p$, definita nell'intervallo $[0; 10]$, dove p è il prezzo espresso in euro. Verifica, applicando la definizione, che se il prezzo tende a € 4 la domanda è intorno ai 60 pezzi.

Funzioni continue

▶ Teoria a p. 604

70 **VERO O FALSO?**

a. Se $\lim\limits_{x \to x_0} f(x)$ esiste, allora f è continua in x_0. V F

b. La funzione $f(x) = x^3 - 10x$ è continua in tutto $\mathbb{R}$. V F

c. $\lim\limits_{x \to 2} 2^x = 4$. V F

d. $\lim\limits_{x \to 7}\sqrt{x} = \sqrt{7}$. V F

71 **LEGGI IL GRAFICO** Spiega perché le funzioni con i seguenti grafici non sono continue nei punti indicati.

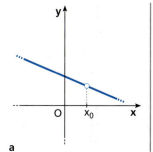

a

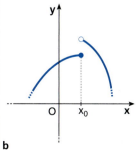

b

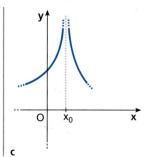

c

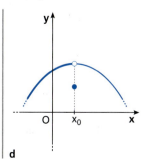

d

Capitolo 13. Limiti di funzioni

72 **ESERCIZIO GUIDA** Verifichiamo che la funzione

$$f(x) = 3x - 5$$

è continua nel punto $x_0 = 2$.

> $f(x)$ continua in x_0
> se $\lim_{x \to x_0} f(x) = f(x_0)$

Deve essere $\lim_{x \to 2} f(x) = f(2)$, ossia $\lim_{x \to 2} (3x - 5) = 1$.

Scelto $\varepsilon > 0$, risolviamo la disequazione $|(3x - 5) - 1| < \varepsilon$.

$$|3x - 6| < \varepsilon \;\to\; \begin{cases} 3x - 6 < \varepsilon \\ 3x - 6 > -\varepsilon \end{cases} \;\to\; \begin{cases} x < \dfrac{6 + \varepsilon}{3} \\ x > \dfrac{6 - \varepsilon}{3} \end{cases} \;\to\; \begin{cases} x < 2 + \dfrac{\varepsilon}{3} \\ x > 2 - \dfrac{\varepsilon}{3} \end{cases} \;\to\; 2 - \dfrac{\varepsilon}{3} < x < 2 + \dfrac{\varepsilon}{3}$$

Poiché l'intervallo $\left]2 - \dfrac{\varepsilon}{3}; 2 + \dfrac{\varepsilon}{3}\right[$ rappresenta un intorno completo di 2, il limite è verificato e la funzione data è continua nel punto 2.

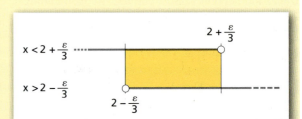

Verifica, applicando la definizione, che le seguenti funzioni sono continue nel punto indicato a fianco.

73 $f(x) = -4x + 1, \quad x_0 = -1.$

74 $f(x) = x^2 - 2x, \quad x_0 = 1.$

75 $f(x) = \sqrt{x}, \quad x_0 = 4.$

76 $f(x) = x^3 + 1, \quad x_0 = 1.$

77 $f(x) = \dfrac{1}{2}x - 2, \quad x_0 = -1.$

78 $f(x) = \dfrac{1}{x}, \quad x_0 = 2.$

79 Verifica con la definizione che la funzione

$$y = \dfrac{x^2 - 1}{x - 1}$$

non è continua in $x_0 = 1$.

Limite destro e limite sinistro

▶ Teoria a p. 605

COMPLETA osservando i grafici di $y = f(x)$.

80

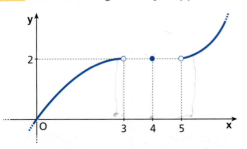

$\lim_{x \to 4} f(x) = \boxed{2}$; $\quad \lim_{x \to 3} f(x) = \boxed{\;}$;

$\lim_{x \to 3^-} f(x) = \boxed{2}$; $\quad \lim_{x \to 5^+} f(x) = \boxed{2}$.

81

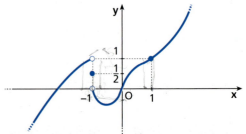

$\lim_{x \to -1} f(x) = \boxed{\tfrac{1}{2}}$; $\quad \lim_{x \to -1^+} f(x) = \boxed{\;}$;

$\lim_{x \to -1^-} f(x) = \boxed{1}$; $\quad \lim_{x \to 1} f(x) = \boxed{\;}$.

Paragrafo 2. $\lim_{x \to x_0} f(x) = \ell$

Rappresenta graficamente una funzione $y = f(x)$ per la quale siano veri i seguenti limiti.

82 $\lim_{x \to 2^+} f(x) = 1$; $\qquad \lim_{x \to 2^-} f(x) = 0$. $\qquad$ **83** $\lim_{x \to 0^-} f(x) = 1$; $\qquad \lim_{x \to 1^+} f(x) = 0$.

Scrivi in forma simbolica il significato dei seguenti limiti e rappresenta una funzione che ammette ciascuno dei limiti.

84 $\lim_{x \to 1^+} f(x) = -4$ $\qquad$ **85** $\lim_{x \to 3^-} f(x) = 1$ $\qquad$ **86** $\lim_{x \to 2^+} f(x) = \dfrac{1}{2}$ $\qquad$ **87** $\lim_{x \to 5^-} f(x) = 2$

Che cosa significano le seguenti scritture per la funzione $y = f(x)$?

88 $\forall \varepsilon > 0 \ \exists I^+(1): \forall x \in I^+(1), |2 - f(x)| < \varepsilon$.

89 $\forall \varepsilon > 0 \ \exists I^-(-2): \forall x \in I^-(-2), |f(x) + 5| < \varepsilon$.

90 **RIFLETTI SULLA TEORIA** Data la funzione $y = f(x)$, il cui dominio è $D = \{1; 2\} \cup [7; 10[$, indica, motivando le risposte, se è possibile calcolare:

a. $\lim_{x \to 2} f(x)$; $\qquad$ b. $\lim_{x \to 7^+} f(x)$; $\qquad$ c. $\lim_{x \to 10^-} f(x)$.

YOU & MATHS

91 Suppose that the graph of $y = f(x)$ is as given below.

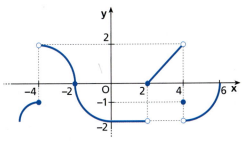

Find the following limits, if they exist:

a. $\lim_{x \to -4^-} f(x)$; $\qquad$ d. $\lim_{x \to -4^+} f(x)$;

b. $\lim_{x \to -2} f(x)$; $\qquad$ e. $\lim_{x \to 4^+} f(x)$;

c. $\lim_{x \to 2^+} f(x)$; $\qquad$ f. $\lim_{x \to 4^-} f(x)$.

(USA *Southern Illinois University Carbondale, Final Exam*)

[a) it doesn't exist; b) 0; c) 0; d) 2; e) -2; f) 2]

92 Suppose the graph of $y = f(x)$ is given below.

a. What is $\lim_{x \to 1^-} f(x)$?

b. What is $\lim_{x \to 1^+} f(x)$?

c. What is $\lim_{x \to 1} f(x)$?

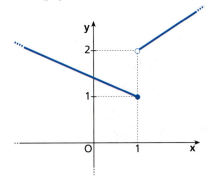

(USA *Southern Illinois University Carbondale, Final Exam*)

[a) 1; b) 2; c) it doesn't exist]

93 **ESERCIZIO GUIDA** Applicando la definizione di limite, verifichiamo che $\lim_{x \to 2^-}(3^x - 1) = 8$.

Dobbiamo verificare che, scelto $\varepsilon > 0$, esiste un intorno sinistro di 2 per ogni x del quale si ha $|(3^x - 1) - 8| < \varepsilon$. Risolviamo la disequazione:

$$|(3^x - 1) - 8| < \varepsilon \ \to \ -\varepsilon < 3^x - 9 < \varepsilon \ \to \ 9 - \varepsilon < 3^x < 9 + \varepsilon.$$

Poiché ε è piccolo a piacere, è lecito considerare $\varepsilon < 9$ in modo che sia $9 - \varepsilon > 0$. Applichiamo la funzione logaritmo in base 3 a tutti i membri della disequazione, conservando i versi perché la funzione è crescente.

$$\log_3(9 - \varepsilon) < \underbrace{\log_3 3^x}_{\log_3 3^x = x} < \log_3(9 + \varepsilon) \ \to \ \log_3(9 - \varepsilon) < x < \log_3(9 + \varepsilon)$$

Osserviamo che:

$$\log_3(9-\varepsilon) < \log_3 9 \rightarrow \log_3(9-\varepsilon) < 2 \quad \text{e} \quad \log_3(9+\varepsilon) > \log_3 9 \rightarrow \log_3(9+\varepsilon) > 2.$$

Quindi la disequazione è verificata in un intorno completo di 2. In particolare, è verificata in un suo sottoinsieme, ossia l'intorno sinistro di 2: $]\log_3(9-\varepsilon); 2[$. Pertanto il limite è verificato.

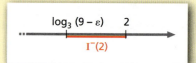

Applicando la definizione, verifica i seguenti limiti.

94 $\lim\limits_{x \to -1^-} (2x+3) = 1$

95 $\lim\limits_{x \to 2^-} (1-2x) = -3$

96 $\lim\limits_{x \to -3^+} \dfrac{x^2+5x+6}{x+3} = -1$

97 $\lim\limits_{x \to 0^+} \dfrac{x^2-2x}{|x|} = -2$

98 $\lim\limits_{x \to 3^-} \dfrac{x^2-x-6}{x-3} = 5$

99 $\lim\limits_{x \to 0^-} 2^{\frac{1}{x}} = 0$

---

100 $y = f(x) = \begin{cases} 2x-4 & \text{se } x \geq 1 \\ 2-x & \text{se } x < 1 \end{cases}$ $\quad \lim\limits_{x \to 1^+} f(x) = -2; \quad \lim\limits_{x \to 1^-} f(x) = 1.$

101 $y = f(x) = \begin{cases} x^2 & \text{se } x \geq 0 \\ x^2+1 & \text{se } x < 0 \end{cases}$ $\quad \lim\limits_{x \to 0^+} f(x) = 0; \quad \lim\limits_{x \to 0^-} f(x) = 1.$

102 Verifica che $\lim\limits_{x \to 1^+} \ln(x-1) = 0$ è *errato*.

103 Rappresenta la seguente funzione utilizzando le trasformazioni geometriche. Deduci poi dal grafico i limiti indicati a fianco e verificali mediante la relativa definizione.

$f(x) = \dfrac{|x|(x-1)}{x} + 1, \quad \lim\limits_{x \to 0^+} f(x), \quad \lim\limits_{x \to 0^-} f(x).$

3 $\lim\limits_{x \to x_0} f(x) = \infty$

Definizioni e significato

▶ Teoria a p. 607

LEGGI IL GRAFICO Deduci i limiti indicati.

104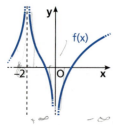

$\lim\limits_{x \to -2^-} f(x); \quad \lim\limits_{x \to 0^-} f(x);$
$\lim\limits_{x \to -2^+} f(x); \quad \lim\limits_{x \to 0^+} f(x).$

105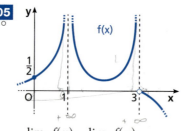

$\lim\limits_{x \to 1^-} f(x); \quad \lim\limits_{x \to 3^-} f(x);$
$\lim\limits_{x \to 1^+} f(x); \quad \lim\limits_{x \to 3^+} f(x).$

106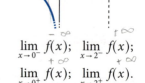

$\lim\limits_{x \to 0^-} f(x); \quad \lim\limits_{x \to 2^-} f(x);$
$\lim\limits_{x \to 0^+} f(x); \quad \lim\limits_{x \to 2^+} f(x).$

Rappresenta graficamente una funzione $y = f(x)$ per la quale siano veri i seguenti limiti.

107 $\lim\limits_{x \to -1^-} f(x) = +\infty; \quad \lim\limits_{x \to -1^+} f(x) = -\infty.$

108 $\lim\limits_{x \to 0^+} f(x) = +\infty; \quad \lim\limits_{x \to 0^-} f(x) = -1.$

Rappresenta graficamente le seguenti funzioni e deduci dai grafici i limiti indicati.

109 $f(x) = \dfrac{1}{x-1}, \quad \lim\limits_{x \to 1^-} f(x), \quad \lim\limits_{x \to 1^+} f(x).$

110 $f(x) = \dfrac{2-x}{x^2-2x}, \quad \lim\limits_{x \to 0^-} f(x), \quad \lim\limits_{x \to 0^+} f(x).$

Paragrafo 3. $\lim_{x \to x_0} f(x) = \infty$

111 **COMPLETA** la tabella utilizzando la calcolatrice per stimare a cosa tende la funzione $f(x) = \dfrac{x}{x^2 - x^3}$ per $x \to 1^+$.

x	1,3	1,2	1,1	1,01	1,001	1,0001	$\to 1^+$
f(x)							$\to$?

Scrivi in forma simbolica il significato dei seguenti limiti.

112 $\lim_{x \to 2} f(x) = +\infty$; $\lim_{x \to 1^+} f(x) = -\infty$.   **113** $\lim_{x \to -2^-} f(x) = +\infty$; $\lim_{x \to 1} f(x) = \infty$.

Che cosa significano le seguenti scritture per la funzione $y = f(x)$?

114 $\forall M > 0 \, \exists I(-4) : \forall x \in I(-4), x \neq -4, f(x) < -M$.   **115** $\forall M > 0 \, \exists I(0) : \forall x \in I(0), x \neq 0, f(x) > M$.

Verifica di $\lim_{x \to x_0} f(x) = +\infty$

116 **ESERCIZIO GUIDA** Applicando la definizione, verifichiamo che
$$\lim_{x \to -1^+} \frac{1}{x+1} = +\infty.$$

> $\lim_{x \to x_0} f(x) = +\infty$:
> per $M > 0$, cerchiamo un intorno di x_0 dove $f(x) > M$

Fissiamo $M > 0$ e cerchiamo un intorno destro di -1 in cui $\dfrac{1}{x+1} > M$.

Poiché x tende a -1 da destra, è $x > -1$ e quindi $x + 1 > 0$, per cui:

$$\frac{1}{x+1} > M \;\to\; 1 > M(x+1) \;\to\; Mx < 1 - M \;\to\; x < \frac{1-M}{M}.$$

Poiché $\dfrac{1-M}{M} = -1 + \dfrac{1}{M}$, allora $-1 + \dfrac{1}{M}$ è maggiore di -1, quindi per $x > -1$ otteniamo l'intorno destro di -1: $\left]-1; -1 + \dfrac{1}{M}\right[$.

Verifica i seguenti limiti, applicando la definizione.

117 $\lim_{x \to 3^-} \dfrac{1}{3-x} = +\infty$ **119** $\lim_{x \to 0^+} (-\ln x) = +\infty$ **121** $\lim_{x \to 2^-} \dfrac{1}{\sqrt{2-x}} = +\infty$

118 $\lim_{x \to 0^+} \dfrac{1}{\sqrt{x}} = +\infty$ **120** $\lim_{x \to \frac{1}{2}} \dfrac{1}{(2x-1)^2} = +\infty$ **122** $\lim_{x \to 5} \dfrac{5}{(x-5)^4} = +\infty$

Verifica di $\lim_{x \to x_0} f(x) = -\infty$

123 **ESERCIZIO GUIDA** Verifichiamo che $\lim_{x \to 2} \dfrac{-2}{|x-2|} = -\infty$, mediante la definizione.

> $\lim_{x \to x_0} f(x) = -\infty$:
> per $M > 0$, cerchiamo un intorno di x_0 dove $f(x) < -M$

Dobbiamo verificare che, scelto $M > 0$, arbitrariamente grande, esiste un intorno completo di 2 per ogni x del quale, escluso al più 2, si ha $\dfrac{-2}{|x-2|} < -M$.

$$\frac{-2}{|x-2|} < -M \quad \to \quad \frac{2}{|x-2|} > M \quad \underset{\substack{\text{poiché } x \neq 2,\\ \text{passiamo ai reciproci}}}{\rightsquigarrow} \quad \frac{|x-2|}{2} < \frac{1}{M} \quad \to \quad |x-2| < \frac{2}{M} \quad \to$$

$$-\frac{2}{M} < x-2 < \frac{2}{M} \quad \to \quad 2 - \frac{2}{M} < x < 2 + \frac{2}{M}$$

Per ogni x, escluso $x = 2$, dell'intorno completo di 2 $\left]2 - \frac{2}{M}; 2 + \frac{2}{M}\right[$, il valore della funzione è minore di $-M$, quindi il limite è verificato. L'intorno è circolare e ha raggio $\delta = \frac{2}{M}$.

Verifica i seguenti limiti, applicando la definizione.

124 $\lim\limits_{x \to 0} -\frac{1}{3x^4} = -\infty$

125 $\lim\limits_{x \to \frac{3}{2}^-} \frac{1}{4x^2 - 9} = -\infty$

126 $\lim\limits_{x \to -1} \frac{-1}{x^2 + 2x + 1} = -\infty$

127 $\lim\limits_{x \to 3^-} \frac{1}{x - 3} = -\infty$

128 $\lim\limits_{x \to 0} \frac{-1}{|x|} = -\infty$

129 $\lim\limits_{x \to 1^-} \frac{1}{\sqrt{x-1}} = -\infty$

Controlla, mediante il procedimento di verifica, se i seguenti limiti sono errati.

130 $\lim\limits_{x \to 4^-} \frac{3}{x-4} = +\infty$

131 $\lim\limits_{x \to -2} \frac{1}{(2-x)^2} = -\infty$

132 $\lim\limits_{x \to 0^+} \frac{-1}{\sqrt{x}} = -\infty$

Rappresenta graficamente le seguenti funzioni, deduci dai grafici i limiti nei punti indicati a fianco ed esegui la verifica.

133 $y = \ln x - 1$, in $x = 0$, limite destro.

134 $y = \frac{2}{x-1}$, in $x = 1$.

Asintoti verticali

▶ Teoria a p. 610

135 **VERO O FALSO?**

a. Una funzione può avere al massimo un asintoto verticale.   V F

b. Se $\lim\limits_{x \to 4} f(x) = +\infty$, allora $x = 4$ è un asintoto verticale per $f(x)$.   V F

c. La retta di equazione $x = -2$ è asintoto verticale per $g(x)$ se $\lim\limits_{x \to +\infty} g(x) = -2$.   V F

d. La funzione $y = \tan x$ ha infiniti asintoti verticali.   V F

LEGGI IL GRAFICO Scrivi le equazioni degli asintoti verticali delle funzioni rappresentate e scrivi i limiti che li esprimono.

136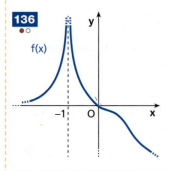

137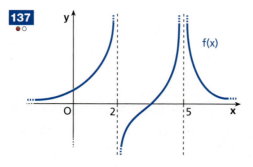

138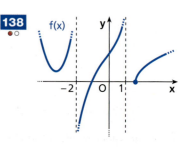

139 Utilizzando il linguaggio dei limiti, scrivi che la funzione $y = f(x)$ ha un asintoto verticale di equazione $x = -1$.

Verifica che le seguenti funzioni hanno come asintoto verticale la retta di equazione data.

140 $y = \dfrac{3}{x}$, $x = 0$.   **141** $y = \dfrac{1}{x-2}$, $x = 2$.   **142** $y = \dfrac{1}{\ln x}$, $x = 1$.

TUTOR matematica — Allenati con **15 esercizi interattivi** con feedback "hai sbagliato, perché…"
su.zanichelli.it/tutor3   risorsa riservata a chi ha acquistato l'edizione con tutor

---

4 $\lim\limits_{x \to \infty} f(x) = \ell$

Definizioni e significato
▶ Teoria a p. 611

LEGGI IL GRAFICO Deduci i limiti indicati.

143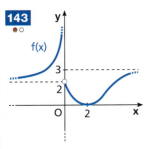

$\lim\limits_{x \to -\infty} f(x)$;
$\lim\limits_{x \to +\infty} f(x)$;
$\lim\limits_{x \to 0^+} f(x)$.

144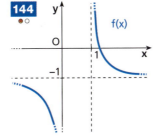

$\lim\limits_{x \to +\infty} f(x)$;
$\lim\limits_{x \to -\infty} f(x)$;
$\lim\limits_{x \to 1^+} f(x)$.

145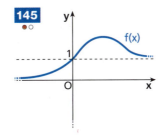

$\lim\limits_{x \to +\infty} f(x)$;
$\lim\limits_{x \to -\infty} f(x)$;
$\lim\limits_{x \to 0} f(x)$.

146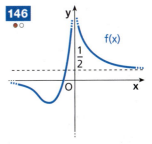

$\lim\limits_{x \to -\infty} f(x)$;
$\lim\limits_{x \to +\infty} f(x)$;
$\lim\limits_{x \to 0} f(x)$.

Rappresenta graficamente le seguenti funzioni e deduci dal grafico i limiti indicati.

147 $f(x) = 1 + \dfrac{3}{x}$, $\lim\limits_{x \to -\infty} f(x)$, $\lim\limits_{x \to +\infty} f(x)$.   **148** $f(x) = e^{-x} + 1$, $\lim\limits_{x \to +\infty} f(x)$, $\lim\limits_{x \to 0} f(x)$.

---

149 **COMPLETA** la tabella utilizzando la calcolatrice per stimare a cosa tende la funzione $f(x) = \dfrac{x^2 - 2}{4 - x^2}$ per x che tende a $+\infty$.

x	1	10	50	100	1000	10 000	$\to +\infty$
f(x)							$\to$?

---

150 **RIFLETTI SULLA TEORIA** Spiega perché non è possibile calcolare i seguenti limiti.

a. $\lim\limits_{x \to +\infty} \sqrt{4 - x^2}$ b. $\lim\limits_{x \to +\infty} \ln(1 - x)$

Rappresenta graficamente una funzione $y = f(x)$ per la quale siano veri i limiti indicati.

151 $\lim\limits_{x \to +\infty} f(x) = 3$ e $\lim\limits_{x \to -\infty} f(x) = -1$.   **152** $\lim\limits_{x \to -\infty} f(x) = 0$ e $\lim\limits_{x \to +\infty} f(x) = 1$.

Capitolo 13. Limiti di funzioni

153 Scrivi in forma simbolica il significato dei seguenti limiti.

a. $\lim_{x \to +\infty} f(x) = 2$ b. $\lim_{x \to -\infty} f(x) = 1$ c. $\lim_{x \to \infty} f(x) = -2$

Che cosa significano le seguenti scritture per la funzione $y = f(x)$?

154 $\forall \varepsilon > 0 \; \exists c > 0 \colon \forall x > c, |f(x) - 2| < \varepsilon.$

156 $\forall \varepsilon > 0 \; \exists c > 0 \colon \forall x, \text{con } |x| > c, |f(x)| < \varepsilon.$

155 $\forall \varepsilon > 0 \; \exists c > 0 \colon \forall x < -c, |f(x) + 1| < \varepsilon.$

157 $\forall \varepsilon > 0 \; \exists c > 0 \colon \forall x > c, |f(x)| < \varepsilon.$

Verifica di $\lim_{x \to +\infty} f(x) = \ell$

158 **ESERCIZIO GUIDA** Applicando la definizione di limite, verifichiamo che $\lim_{x \to +\infty} \frac{3x+1}{x} = 3$.

$\lim_{x \to +\infty} f(x) = \ell$: per $\varepsilon > 0$, cerchiamo un intorno di $+\infty$ dove $|f(x) - \ell| < \varepsilon$

Scelto $\varepsilon > 0$, dobbiamo verificare che esiste un intorno di $+\infty$ per ogni x del quale si ha: $\left|\frac{3x+1}{x} - 3\right| < \varepsilon$.

Risolviamo la disequazione, con $x \neq 0$:

$$\left|\frac{3x+1-3x}{x}\right| < \varepsilon \to \left|\frac{1}{x}\right| < \varepsilon \to |x| > \frac{1}{\varepsilon} \to$$

$$x < -\frac{1}{\varepsilon} \lor x > \frac{1}{\varepsilon}.$$

La disequazione è verificata in particolare per $x > \frac{1}{\varepsilon}$, cioè per ogni x dell'intorno $\left]\frac{1}{\varepsilon}; +\infty\right[$ di $+\infty$: il limite è verificato.

Mediante la definizione, verifica i seguenti limiti.

159 $\lim_{x \to +\infty} \frac{2}{x + 10} = 0$

161 $\lim_{x \to +\infty} \frac{4x-1}{2x+1} = 2$

163 $\lim_{x \to +\infty} \frac{x^3 + 4}{x^3} = 1$

160 $\lim_{x \to +\infty} \frac{4}{x-3} = 0$

162 $\lim_{x \to +\infty} \frac{2}{\sqrt{x}} = 0$

164 $\lim_{x \to +\infty} \frac{1}{1 + e^x} = 0$

---

165 **REALTÀ E MODELLI** **Verso l'infinito (piano piano)** Una tartaruga scende lungo un sentiero, il cui profilo, indicato in figura, si può modellizzare con il grafico della funzione $y = \frac{x+3}{x+1}$, con $x \geq 0$. Verifica con la definizione di limite che se la tartaruga andasse avanti all'infinito lungo il sentiero non scenderebbe comunque mai al di sotto di 1000 metri s.l.m.

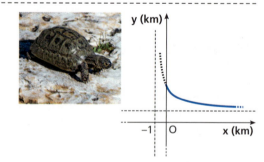

Verifica di $\lim_{x \to -\infty} f(x) = \ell$

166 **ESERCIZIO GUIDA** Mediante la definizione, verifichiamo $\lim_{x \to -\infty} e^{2x} = 0$.

Dobbiamo verificare che, fissato $\varepsilon > 0$, esiste un intorno di $-\infty$ per ogni x del quale si ha $|e^{2x} - 0| < \varepsilon$.
Risolviamo la disequazione:

$$|e^{2x}| < \varepsilon \;\to\; e^{2x} < \varepsilon.$$

$e^{2x} > 0 \; \forall x$

Applichiamo il logaritmo in base e a entrambi i membri, mantenendo il verso poiché la base è $e > 1$:

$$\underbrace{\ln e^{2x}}_{\ln e^{2x} = 2x} < \ln \varepsilon \;\to\; 2x < \ln \varepsilon \;\to\; x < \frac{\ln \varepsilon}{2}.$$

La disequazione è verificata in $\left]-\infty; \dfrac{\ln \varepsilon}{2}\right[$ che è un intorno di $-\infty$; quindi il limite è verificato.

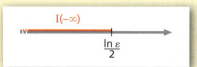

Mediante la definizione, verifica i seguenti limiti.

167 $\lim\limits_{x \to -\infty} \dfrac{2}{2x+1} = 0$ 　　 **169** $\lim\limits_{x \to -\infty} \dfrac{x^3+1}{2x^3} = \dfrac{1}{2}$ 　　 **171** $\lim\limits_{x \to -\infty} e^{-2+x} = 0$

168 $\lim\limits_{x \to -\infty} \dfrac{2x-1}{x+1} = 2$ 　　 **170** $\lim\limits_{x \to -\infty} \dfrac{3x+1}{1-2x} = -\dfrac{3}{2}$ 　　 **172** $\lim\limits_{x \to -\infty} \dfrac{1}{-\ln(-x)} = 0$

Verifica di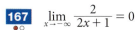

173 **ESERCIZIO GUIDA** Verifichiamo $\lim\limits_{x \to \infty} \dfrac{x}{x-1} = 1$.

Scelto $\varepsilon > 0$, cerchiamo un intorno di ∞ per ogni x del quale si ha $\left|\dfrac{x}{x-1} - 1\right| < \varepsilon$.
Risolviamo la disequazione, con $x \neq 1$:

$$\left|\dfrac{x}{x-1} - 1\right| < \varepsilon \;\to\; \left|\dfrac{x-x+1}{x-1}\right| < \varepsilon \;\to\; \left|\dfrac{1}{x-1}\right| < \varepsilon \;\to\; |x-1| > \dfrac{1}{\varepsilon} \;\to\;$$

$$x-1 < -\dfrac{1}{\varepsilon} \lor x-1 > \dfrac{1}{\varepsilon} \;\to\; x < 1 - \dfrac{1}{\varepsilon} \lor x > 1 + \dfrac{1}{\varepsilon}.$$

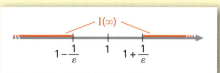

La disequazione è vera in $\left]-\infty; 1-\dfrac{1}{\varepsilon}\right[\cup \left]1+\dfrac{1}{\varepsilon}; +\infty\right[$, che è un intorno di ∞, quindi il limite è verificato.

Verifica i seguenti limiti.

174 $\lim\limits_{x \to \infty} \dfrac{1}{x^3} = 0$ 　　 **175** $\lim\limits_{x \to \infty} \dfrac{x+4}{x} = 1$ 　　 **176** $\lim\limits_{x \to \infty} \dfrac{2x}{x-1} = 2$

Asintoti orizzontali
▶ Teoria a p. 613

177 Scrivi, utilizzando il linguaggio dei limiti, che una funzione $y = f(x)$ ha un asintoto orizzontale di equazione $y = 4$.

178 Disegna il grafico di una funzione che abbia un asintoto orizzontale sinistro di equazione $y = -\dfrac{1}{2}$ e che non abbia asintoto orizzontale destro.

---

179 **LEGGI IL GRAFICO** Scrivi le equazioni degli asintoti della funzione $y = f(x)$ rappresentata e scrivi i limiti che li esprimono.

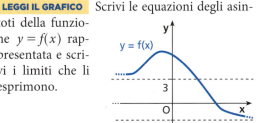

180 **TEST** Una funzione $y = f(x)$:

A　ha al massimo un asintoto orizzontale.

B　ha al massimo due asintoti orizzontali.

C　ha sempre almeno un asintoto orizzontale.

D　ha al massimo due asintoti.

E　non può avere sia asintoto orizzontale sia asintoto verticale.

Capitolo 13. Limiti di funzioni

ESERCIZI

RIFLETTI SULLA TEORIA

181 La funzione $y = f(x)$ ha come dominio $D = [0; 5]$. Può avere un asintoto orizzontale? E verticale?

182 Una funzione periodica può avere un asintoto orizzontale? E verticale?

Verifica, applicando la definizione, che le seguenti funzioni ammettono come asintoti orizzontali le rette le cui equazioni sono indicate a fianco.

183 $y = \dfrac{x}{1-x}$, $y = -1$ per $x \to \pm\infty$.

185 $y = \dfrac{\sqrt{x}+1}{\sqrt{x}-1}$, $y = 1$ per $x \to +\infty$.

184 $y = \dfrac{1}{x-3}$, $y = 0$ per $x \to \pm\infty$.

186 $y = \dfrac{1}{\ln(x-1)}$, $y = 0$ per $x \to +\infty$.

5 $\lim\limits_{x \to \infty} f(x) = \infty$

▶ Teoria a p. 613

LEGGI IL GRAFICO Deduci i limiti indicati.

187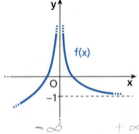

$\lim\limits_{x \to -\infty} f(x)$; $\lim\limits_{x \to 0^-} f(x)$;

$\lim\limits_{x \to +\infty} f(x)$; $\lim\limits_{x \to 0^+} f(x)$.

188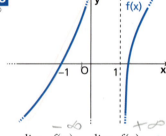

$\lim\limits_{x \to -\infty} f(x)$; $\lim\limits_{x \to 0^-} f(x)$;

$\lim\limits_{x \to +\infty} f(x)$; $\lim\limits_{x \to 1^+} f(x)$.

189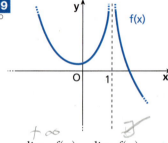

$\lim\limits_{x \to -\infty} f(x)$; $\lim\limits_{x \to 1} f(x)$.

$\lim\limits_{x \to +\infty} f(x)$;

Rappresenta graficamente le seguenti funzioni e deduci dai grafici i limiti indicati.

190 $f(x) = x^2 - 4x$, $\lim\limits_{x \to +\infty} f(x)$, $\lim\limits_{x \to -\infty} f(x)$.

191 $f(x) = -\ln x - 1$, $\lim\limits_{x \to +\infty} f(x)$, $\lim\limits_{x \to 0^+} f(x)$.

192 **COMPLETA** la tabella utilizzando la calcolatrice per stimare a cosa tende la funzione $f(x) = \dfrac{x^2 + 3}{x}$ per x che tende a $-\infty$.

x	−1	−5	−10	−100	−1000	−10 000	→−∞
f(x)	☐	☐	☐	☐	☐	☐	→?

Scrivi in forma simbolica il significato dei seguenti limiti.

193 $\lim\limits_{x \to +\infty} f(x) = -\infty$; $\lim\limits_{x \to \infty} f(x) = -\infty$.

194 $\lim\limits_{x \to -\infty} \sqrt{1-x} = +\infty$; $\lim\limits_{x \to \infty} (x^4 - 4) = +\infty$.

Che cosa significano le seguenti scritture per la funzione $f(x)$?

195 $\forall M > 0 \; \exists c > 0 : \forall x \text{ con } x > c, f(x) < -M$.

196 $\forall M > 0 \; \exists c > 0 : \forall x < -c, f(x) > M$.

197 **ESERCIZIO GUIDA** Verifichiamo i limiti:

a. $\lim_{x \to +\infty} (x^3 + 2) = +\infty$;

b. $\lim_{x \to \infty} (x^2 + 1) = +\infty$.

$\lim_{x \to +\infty} f(x) = +\infty$:
per $M > 0$, cerchiamo un intorno di $+\infty$ dove $f(x) > M$

a. Dobbiamo verificare che, scelto $M > 0$, esiste un intorno di $+\infty$ per ogni x del quale si ha $x^3 + 2 > M$. Risolviamo la disequazione:

$$x^3 + 2 > M \quad \to \quad x^3 > M - 2 \quad \to \quad x > \sqrt[3]{M - 2}.$$

L'insieme delle soluzioni è l'intervallo $]\sqrt[3]{M-2}; +\infty[$, che è un intorno di $+\infty$, quindi il limite è verificato.

b. Scelto $M > 0$, cerchiamo un intorno di ∞, per ogni x del quale si abbia $x^2 + 1 > M$. Risolviamo la disequazione, per la quale, supponendo $M > 1$, otteniamo:

$$x^2 + 1 > M \quad \to \quad x^2 > M - 1 \quad \to$$
$$x < -\sqrt{M-1} \lor x > \sqrt{M-1}.$$

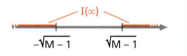

Per ogni x dell'intorno di ∞ $]-\infty; -\sqrt{M-1}[\cup]\sqrt{M-1}; +\infty[$ è vera la condizione $x^2 + 1 > M$, quindi il limite è verificato.

Verifica i seguenti limiti mediante le relative definizioni.

198 $\lim_{x \to +\infty} (x^3 + 3) = +\infty$

201 $\lim_{x \to +\infty} \sqrt[3]{x} = +\infty$

204 $\lim_{x \to +\infty} (3x + 2)^2 = +\infty$

199 $\lim_{x \to +\infty} (-3x^3) = -\infty$

202 $\lim_{x \to -\infty} (x^2 - 1) = +\infty$

205 $\lim_{x \to +\infty} (\log_2 x - 2) = +\infty$

200 $\lim_{x \to -\infty} \sqrt{2 + x^2} = +\infty$

203 $\lim_{x \to +\infty} 2^{x-4} = +\infty$

206 $\lim_{x \to +\infty} \frac{1 - \sqrt{x}}{3} = -\infty$

Controlla mediante il procedimento di verifica se i seguenti limiti sono errati.

207 $\lim_{x \to +\infty} (6 - x^3) = +\infty$

208 $\lim_{x \to -\infty} \sqrt{-x} = -\infty$

209 $\lim_{x \to +\infty} (\ln x - 1) = -\infty$

Riepilogo: I limiti e la loro verifica

TEST

210 Risolvendo la disequazione $(x + 1)^2 < \varepsilon$, puoi verificare *uno solo* fra i seguenti limiti. Quale?

A $\lim_{x \to -1} (x^2 + 2x) = -1$

B $\lim_{x \to 0} (x^2 + 2x + 1) = 1$

C $\lim_{x \to 1} (x^2 + 2x) = 3$

D $\lim_{x \to 0} (x^2 + 2x) = 0$

E Nessuno dei precedenti.

211 Se $\forall \varepsilon > 0$ la disequazione $|f(x) - 2| < \varepsilon$ è verificata per $x < 3 - \frac{1}{\varepsilon}$, allora:

A $\lim_{x \to -\infty} f(x) = 3$.

B $\lim_{x \to 3^-} f(x) = +\infty$.

C $\lim_{x \to +\infty} f(x) = -2$.

D $\lim_{x \to -\infty} f(x) = 2$.

E $\lim_{x \to +\infty} f(x) = 2$.

Capitolo 13. Limiti di funzioni

LEGGI IL GRAFICO Dal grafico della funzione $y = f(x)$ deduci, se esistono, i limiti indicati.

212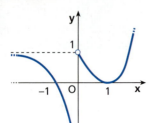

a. $\lim_{x \to -\infty} f(x)$;
b. $\lim_{x \to 0^-} f(x)$;
c. $\lim_{x \to 1} f(x)$;
d. $\lim_{x \to +\infty} f(x)$;
e. $\lim_{x \to 0^+} f(x)$.

Esprimi mediante la definizione i casi **a**, **b**, **d**.

214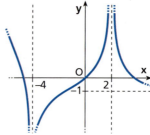

a. $\lim_{x \to -\infty} f(x)$;
b. $\lim_{x \to -4} f(x)$;
c. $\lim_{x \to 0} f(x)$;
d. $\lim_{x \to 2} f(x)$;
e. $\lim_{x \to +\infty} f(x)$.

Esprimi mediante la definizione i casi **b**, **d**.

213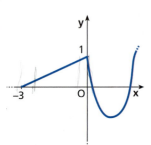

a. $\lim_{x \to -\infty} f(x)$;
b. $\lim_{x \to -3^-} f(x)$;
c. $\lim_{x \to 0^-} f(x)$;
d. $\lim_{x \to -3^+} f(x)$;
e. $\lim_{x \to 0^+} f(x)$.

Esprimi mediante la definizione i casi **d**, **e**.

215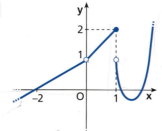

a. $\lim_{x \to -\infty} f(x)$;
b. $\lim_{x \to 0} f(x)$;
c. $\lim_{x \to 1^+} f(x)$;
d. $\lim_{x \to +\infty} f(x)$;
e. $\lim_{x \to 1^-} f(x)$.

Esprimi mediante la definizione i casi **a**, **e**.

216 VERO O FALSO?

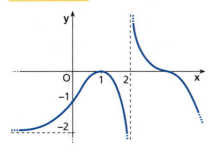

a. $\lim_{x \to -\infty} f(x) = -\infty$ V F
b. $\lim_{x \to 0^+} f(x) = -1$ V F
c. $\lim_{x \to 1^+} f(x) = 1$ V F
d. $\lim_{x \to 2^+} f(x) = +\infty$ V F
e. $\lim_{x \to +\infty} f(x) = +\infty$ V F
f. $\lim_{x \to 0^-} f(x) = -1$ V F
g. $\lim_{x \to 1^-} f(x) = 0$ V F
h. $\lim_{x \to 2^-} f(x) = -\infty$ V F

Disegna il grafico di una funzione $y = f(x)$ che soddisfi le condizioni date.

217 $\lim_{x \to 1} f(x) = 3$, $f(1)$ non definita;
$\lim_{x \to 4} f(x) = 1$, $f(4) = 5$.

218 $\lim_{x \to -1} f(x) = 2$, $f(-1) = 2$;
$\lim_{x \to 3} f(x)$ non esiste, $f(3) = 1$.

---

219 $D = \mathbb{R}$; $f(-2) = 0$; $f(-1) = 0$; $y > 0$ per $x < -2 \lor x > -1$;
$\lim_{x \to -\infty} f(x) = +\infty$; $\lim_{x \to +\infty} f(x) = 0$.

220 $D = \,]-1; 1[\, \cup \,]1; +\infty[$; $y > 0$ per $-1 < x < 1 \lor x > 2$;
$\lim_{x \to -1^+} f(x) = +\infty$; $\lim_{x \to 1} f(x) = \infty$; $\lim_{x \to +\infty} f(x) = 1$.

221 $D = \mathbb{R} - \{2\}$; $f(0) = 0$; $y > 0$ per $-3 < x < 0 \lor x > \dfrac{3}{2}$;
$\lim_{x \to -\infty} f(x) = -\infty$; $\lim_{x \to 2} f(x) = +\infty$; $\lim_{x \to +\infty} f(x) = 0$.

Rappresenta graficamente le seguenti funzioni, mediante le trasformazioni geometriche, e deduci dal grafico i limiti indicati a fianco, se esistono.

222 $y = -|\sin x|$; $\lim\limits_{x \to +\infty} y$; $\lim\limits_{x \to -\infty} y$; $\lim\limits_{x \to 0} y$; $\lim\limits_{x \to \frac{\pi}{2}} y$.

223 $y = \dfrac{2}{x} - 1$; $\lim\limits_{x \to 0^+} y$; $\lim\limits_{x \to +\infty} y$; $\lim\limits_{x \to 2} y$. $\lim\limits_{x \to -\infty} y$

224 $y = \begin{cases} \ln x & \text{se } x > 1 \\ e^x - 1 & \text{se } x \le 1 \end{cases}$; $\lim\limits_{x \to +\infty} y$; $\lim\limits_{x \to -\infty} y$; $\lim\limits_{x \to 0} y$; $\lim\limits_{x \to 1^+} y$.

225 $y = \begin{cases} -(x+1)^2 & \text{se } x \le 0 \\ \sqrt{x} & \text{se } x > 0 \end{cases}$; $\lim\limits_{x \to +\infty} y$; $\lim\limits_{x \to -\infty} y$; $\lim\limits_{x \to 0^+} y$; $\lim\limits_{x \to 0^-} y$.

---

226 **ASSOCIA** a ogni limite la sua forma simbolica.

a. $\lim\limits_{x \to +\infty} f(x) = 1$
b. $\lim\limits_{x \to 1} f(x) = +\infty$
c. $\lim\limits_{x \to -\infty} f(x) = -1$
d. $\lim\limits_{x \to +\infty} f(x) = -\infty$

1. $\forall M > 0 \, \exists I(1): f(x) > M, \forall x \in I(1), x \ne 1$
2. $\forall \varepsilon > 0 \, \exists c > 0: |f(x) + 1| < \varepsilon, \forall x < -c$
3. $\forall \varepsilon > 0 \, \exists c > 0: |f(x) - 1| < \varepsilon, \forall x > c$
4. $\forall M > 0 \, \exists c > 0: f(x) < -M, \forall x > c$

Verifica i seguenti limiti, utilizzando le definizioni.

227 $\lim\limits_{x \to 3^+} (2 - 3x) = -7$ **231** $\lim\limits_{x \to 0^+} \dfrac{-2}{x^3} = -\infty$ **235** $\lim\limits_{x \to 1^+} \log(x - 1) = -\infty$

228 $\lim\limits_{x \to 2^+} \dfrac{1}{2 - x} = -\infty$ **232** $\lim\limits_{x \to 0} -\dfrac{1}{x^6} = -\infty$ **236** $\lim\limits_{x \to +\infty} \log \dfrac{1}{x} = -\infty$

229 $\lim\limits_{x \to 7} \dfrac{1}{(x - 7)^2} = +\infty$ **233** $\lim\limits_{x \to -\infty} (x^2 + 3) = +\infty$ **237** $\lim\limits_{x \to -\infty} 2e^{-4x^2} = 0$

230 $\lim\limits_{x \to -3} \dfrac{1}{x^2 + 6x + 9} = +\infty$ **234** $\lim\limits_{x \to -\infty} \sqrt{2 - x} = +\infty$ **238** $\lim\limits_{x \to +\infty} \left(\dfrac{1}{2}\right)^{2x} = 0$

---

239 **ASSOCIA** ogni limite al grafico in cui è rappresentato l'asintoto corrispondente.

a. $\lim\limits_{x \to 1^-} f(x) = +\infty$ b. $\lim\limits_{x \to 1} f(x) = \infty$ c. $\lim\limits_{x \to +\infty} f(x) = 1$ d. $\lim\limits_{x \to 1} f(x) = -\infty$

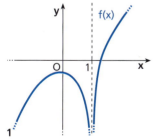
1

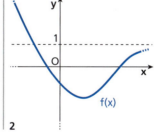
2

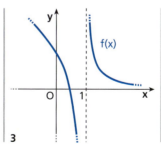
3

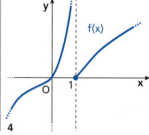
4

---

240 **REALTÀ E MODELLI** **Chi più e chi meno** Per la legge di Coulomb, due cariche elettriche puntiformi di segno opposto Q_+ e Q_- poste a una distanza r nel vuoto si attraggono con una forza di intensità $F = 9 \cdot 10^9 \left| \dfrac{Q_+ Q_-}{r^2} \right|$, con le grandezze espresse nelle unità di misura del Sistema Internazionale.

a. Scrivi F come funzione di r considerando le cariche in figura, espresse in coulomb.
b. Verifica, applicando la definizione, che se la distanza tende a 0 la forza tende a $+\infty$, se la distanza tende a $+\infty$ la forza tende a 0.

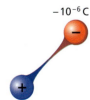
-10^{-6} C

$2 \cdot 10^{-6}$ C

$\left[\text{a)} \ F(r) = \dfrac{9}{500 r^2} \right]$

Capitolo 13. Limiti di funzioni

> **MATEMATICA AL COMPUTER**
> **Limiti di funzioni** Data la famiglia di funzioni $f(x) = \dfrac{px+q}{ax^2+bx+c}$, con $a \neq 0$, costruiamo un foglio elettronico che, dopo aver ricevuto i valori dei parametri, stabilisca il dominio della funzione corrispondente e permetta di ottenere delle tabelle di valori in prossimità degli estremi del dominio.
> Proviamo il foglio supponendo $p = 3, q = -6, a = 1, b = -5, c = 6$.
>
> ▣ Risoluzione – 20 Esercizi in più

6 Primi teoremi sui limiti
▶ Teoria a p. 616

241 **VERO O FALSO?** Considera una funzione $f(x)$.
    a. Se $\lim\limits_{x \to 1} f(x) = -2$, allora $f(x) < 0$ in ogni intorno $I(1)$.   V F
    b. Se $f(x) < 0 \;\; \forall x \in I(2)$, allora, se esiste $\lim\limits_{x \to 2} f(x)$, esso è negativo.   V F
    c. Se $0 \leq f(x) \leq x$, allora $\lim\limits_{x \to 0} f(x) = 0$.   V F
    d. Se $f(x)$ è definita in un intervallo I, allora per ogni $c \in I$ esiste ed è unico $\lim\limits_{x \to c} f(x)$.   V F

242 **ESERCIZIO GUIDA** Date le funzioni $h(x) = -x^2 + 4x - 3$, $f(x) = 2x - 2$, $g(x) = x^2 - 1$, e sapendo che $\lim\limits_{x \to 1} h(x) = \lim\limits_{x \to 1} g(x) = 0$, calcoliamo $\lim\limits_{x \to 1} f(x)$ usando il teorema del confronto.

Verifichiamo che $h(x) \leq f(x) \leq g(x)$ in un intorno di 1:

$-x^2 + 4x - 3 \leq 2x - 2 \leq x^2 - 1 \rightarrow$

$\begin{cases} -x^2 + 4x - 3 \leq 2x - 2 \\ 2x - 2 \leq x^2 - 1 \end{cases} \rightarrow$

$\begin{cases} -x^2 + 2x - 1 \leq 0 \\ -x^2 + 2x - 1 \leq 0 \end{cases} \rightarrow \forall x \in \mathbb{R}.$

Le disequazioni sono verificate $\forall x \in \mathbb{R}$, quindi anche in un intorno di 1. Essendo per ipotesi $\lim\limits_{x \to 1} h(x) = \lim\limits_{x \to 1} g(x) = 0$, possiamo applicare il teorema del confronto e affermare che $\lim\limits_{x \to 1} f(x) = 0$.

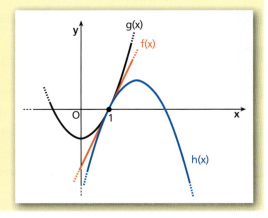

In ciascuno dei seguenti esercizi sono date tre funzioni, di cui due aventi lo stesso limite in un punto. Controlla se sono soddisfatte le ipotesi del teorema del confronto e applicalo per calcolare il limite della terza funzione.

243 $h(x) = \sqrt{1-x^2}$; $f(x) = x^2 + 1$; $g(x) = 2x^2 + 1$; $\lim\limits_{x \to 0} h(x) = \lim\limits_{x \to 0} g(x) = 1$.

244 $h(x) = -x^2 - 4x - 4$; $f(x) = x^2 + 4x + 4$; $g(x) = (2x+4)^2$; $\lim\limits_{x \to -2} h(x) = \lim\limits_{x \to -2} g(x) = 0$.

245 $h(x) = \dfrac{-2x+4}{x-1}$; $f(x) = -\dfrac{3}{4}x + \dfrac{1}{2}$; $g(x) = -x^2 + 2x$; $\lim\limits_{x \to 2} h(x) = \lim\limits_{x \to 2} g(x) = 0$.

246 Data una funzione $f(x)$ definita $\forall x \in \mathbb{R}$, sapendo che $2 \leq f(x) \leq x^2 + 2$, determina $\lim\limits_{x \to 0} f(x)$.

247 È data una funzione $f(x)$ definita in $]-1;1[$ e tale che $\cos x \leq f(x) \leq 1$ in $]-1;1[$. È possibile calcolare $\lim\limits_{x \to 0} f(x)$? Se sì, quanto vale?

248 Dimostra che, date due funzioni $f(x)$ e $g(x)$, definite nello stesso dominio, tali che
$|f(x)| \leq |g(x)|$ e $\lim\limits_{x \to c} g(x) = 0$,
allora $\lim\limits_{x \to c} f(x) = 0$.

7 | Limite di una successione

■ $\lim\limits_{n \to +\infty} a_n = +\infty$ ▶ Teoria a p. 619

249 **ESERCIZIO GUIDA** Verifichiamo che la successione $a_n = n^2 - 1$ diverge positivamente.

Dobbiamo verificare che $\lim\limits_{n \to +\infty}(n^2 - 1) = +\infty$.

Scelto $M > 0$, dobbiamo trovare un numero $p_M > 0$ per cui, $\forall n > p_M$:

$n^2 - 1 > M$ ⟩ isoliamo il termine n^2

$n^2 > M + 1$ ⟩ risolviamo la disequazione di secondo grado

$n < -\sqrt{M+1} \lor n > \sqrt{M+1}$.

Accettiamo solo $n > \sqrt{M+1}$ perché $n \to +\infty$.

Poniamo $p_M = \sqrt{M+1}$: risulta $n^2 - 1 > M, \forall n > p_M$, pertanto la successione data diverge positivamente.

> $\lim\limits_{n \to +\infty} a_n = +\infty$
> se $\forall M > 0, \exists p_M$ tale che:
> $a_n > M$ per ogni $n > p_M$

Verifica che le seguenti successioni divergono positivamente.

250 $a_n = 3n - 1, n \in \mathbb{N}$.

251 $a_n = n - 1000, n \in \mathbb{N}$.

252 $a_n = n^2, n \in \mathbb{N}$.

253 $a_n = 2n^2 - 3, n \in \mathbb{N}$.

254 $a_n = 8n^3 - 2, n \in \mathbb{N}$.

255 $a_n = 16n^4 + 6, n \in \mathbb{N}$.

256 $a_n = \sqrt{n} + 1, n \in \mathbb{N}$.

257 $a_n = 2^{n+1}, n \in \mathbb{N}$.

258 $a_n = \log_3 n, n \in \mathbb{N} - \{0\}$.

■ $\lim\limits_{n \to +\infty} a_n = -\infty$ ▶ Teoria a p. 620

259 **ESERCIZIO GUIDA** Verifichiamo che la successione $a_n = 3 - n$ diverge negativamente.

Occorre verificare che $\lim\limits_{n \to +\infty}(3 - n) = -\infty$.

Fissato $M > 0$, dobbiamo trovare un numero $p_M > 0$ per cui, $\forall n > p_M$:

$3 - n < -M$ ⟩ risolviamo la disequazione

$-3 + n > M \to n > M + 3$.

Poniamo $p_M = M + 3$: risulta $3 - n < -M, \forall n > p_M$, pertanto la successione data diverge negativamente.

> $\lim\limits_{n \to +\infty} a_n = -\infty$
> se $\forall M > 0, \exists p_M$ tale che:
> $a_n < -M$ per ogni $n > p_M$

Verifica che le seguenti successioni divergono negativamente.

260 $a_n = 1 - 4n, n \in \mathbb{N}$.

261 $a_n = -n + 5, n \in \mathbb{N}$.

262 $a_n = -\dfrac{1}{2} - 3n, n \in \mathbb{N}$.

263 $a_n = -n^2, n \in \mathbb{N}$.

264 $a_n = 1 - 2n^2, n \in \mathbb{N}$.

265 $a_n = -27n^3, n \in \mathbb{N}$.

$\lim_{n \to +\infty} a_n = \ell$

▶ Teoria a p. 620

266 **ESERCIZIO GUIDA** Verifichiamo che $\lim_{n \to +\infty} \dfrac{2n-1}{n} = 2$.

Scelto $\varepsilon > 0$, dobbiamo trovare un numero $p_\varepsilon > 0$ per cui, $\forall n > p_\varepsilon$:

$$\left| \dfrac{2n-1}{n} - 2 \right| < \varepsilon \quad \text{) risolviamo la disequazione}$$

> $\lim_{n \to +\infty} a_n = \ell$
> se $\forall \varepsilon > 0, \exists p_\varepsilon$ tale che:
> $|a_n - \ell| < \varepsilon$ per ogni $n > p_\varepsilon$

$$\left| \dfrac{2n-1-2n}{n} \right| < \varepsilon \to \left| -\dfrac{1}{n} \right| < \varepsilon \to \left| \dfrac{1}{n} \right| < \varepsilon \to \dfrac{1}{n} < \varepsilon \to n > \dfrac{1}{\varepsilon}.$$

Poniamo $p_\varepsilon = \dfrac{1}{\varepsilon}$: risulta $\left| \dfrac{2n-1}{n} - 2 \right| < \varepsilon$, $\forall n > p_\varepsilon$. Quindi la successione converge a 2.

Verifica i seguenti limiti.

267 $\lim_{n \to +\infty} \left(\dfrac{1}{n} + 3 \right) = 3$

269 $\lim_{n \to +\infty} \dfrac{4-n}{1-n} = 1$

271 $\lim_{n \to +\infty} \dfrac{2n-1}{5n} = \dfrac{2}{5}$

268 $\lim_{n \to +\infty} \dfrac{n-1}{n} = 1$

270 $\lim_{n \to +\infty} \dfrac{n+1}{2n} = \dfrac{1}{2}$

272 $\lim_{n \to +\infty} \dfrac{1}{3n^2 + 10} = 0$

$\lim_{n \to +\infty} a_n$ non esiste

▶ Teoria a p. 621

Spiega perché le seguenti successioni, con $n \in \mathbb{N}$, non ammettono limite.

273 $a_n = 10 - 2 \cdot (-1)^n$

274 $a_n = \dfrac{1}{2} + 4 \cdot (-1)^n$

275 $a_n = \dfrac{n-1}{n+1}(-1)^n$

Teoremi sui limiti delle successioni

▶ Teoria a p. 621

Limiti delle successioni monotòne

276 Dimostra che la successione il cui termine generale è $a_n = -\dfrac{1}{n}$, con $n \in \mathbb{N} - \{0\}$, è monotòna crescente e superiormente limitata da 0. Verifica che $\lim_{n \to +\infty} a_n = 0$.

277 Data la successione il cui termine generale è

$$a_n = \dfrac{2-3n}{n}, n \in \mathbb{N} - \{0\}:$$

a. dimostra che è monotòna decrescente;
b. verifica che $\lim_{n \to +\infty} a_n = -3$.

278 È data la successione il cui termine generale è

$$a_n = \dfrac{4n-1}{5-n}, n \in \mathbb{N} - \{5\}.$$

a. Dimostra che è monotòna crescente per $n > 5$.
b. Rappresentala graficamente nel suo dominio.
c. Verifica che $\lim_{n \to +\infty} a_n = -4$.

Verifica che le seguenti successioni sono monotòne e per ciascuna, dopo aver controllato se è limitata o illimitata, indica se è convergente o divergente.

279 $a_n = \dfrac{4n-1}{n}, n > 0$. [cresc., lim., conv.]

281 $a_n = \dfrac{1}{n+1}$ [decresc., lim., conv.]

280 $a_n = 1 - n^2$ [decresc., illim. inferior., div.]

Allenati con **15 esercizi interattivi** con feedback "hai sbagliato, perché..."
su.zanichelli.it/tutor3   risorsa riservata a chi ha acquistato l'edizione con tutor

VERIFICA DELLE COMPETENZE ALLENAMENTO

ARGOMENTARE

1 Una funzione $y = f(x)$ ha dominio $\mathbb{R}$ e il punto $(4; -1)$ appartiene al suo grafico. Puoi dedurre che $\lim_{x \to 4} f(x) = -1$? Viceversa, se $\lim_{x \to 4} f(x) = -1$, puoi affermare che $f(4) = -1$?

2 Considera una funzione $f(x)$ tale che $\lim_{x \to +\infty} f(x) = -\infty$. Esprimi in simboli la definizione di limite e interpretala graficamente. Quindi verifica, sia graficamente sia con la definizione, che $\lim_{x \to +\infty} (1 - \sqrt{x}) = -\infty$.

3 Enuncia il teorema del confronto, aiutandoti con un disegno. Quindi usalo per determinare $\lim_{x \to 1} f(x)$, sapendo che il dominio di $f(x)$ è $\mathbb{R}$ e che $1 - 2x \le f(x) \le -1$.

4 Scrivi la definizione di successione numerica. Fornisci un esempio per ciascun tipo di successione: convergente, divergente e indeterminata.

5 Scrivi la definizione di asintoto verticale e quella di asintoto orizzontale. Descrivi la loro proprietà aiutandoti con due grafici. Per la funzione $y = \dfrac{3}{x+2}$ verifica l'esistenza di un asintoto verticale e uno orizzontale di equazioni $x = -2$ e $y = 0$, sia graficamente sia applicando la definizione.

UTILIZZARE TECNICHE E PROCEDURE DI CALCOLO

6 È dato l'insieme $A = \left\{ x \mid x = 3 + \dfrac{2}{n}, n \in \mathbb{N} - \{0\} \right\}$. Verifica che $x_0 = 3$ è punto di accumulazione per A.

TEST

7 Se $\forall \varepsilon > 0$ esiste un intorno destro di -2 tale che $4 - \varepsilon < f(x) \le 4 + \varepsilon$, allora:

- **A** $\lim_{x \to -2} f(x) = -4$.
- **B** $\lim_{x \to 4} f(x) = -2$.
- **C** $\lim_{x \to -2^+} f(x) = 4$.
- **D** $\lim_{x \to -2^-} f(x) = 4$.
- **E** $\lim_{x \to -2^+} f(x) = 4$.

8 Se $\lim_{x \to 1} (x^2 - 3) = -2$, allora $\forall \varepsilon > 0 \, \exists \, I(1)$ tale che per $x \in I(1)$ si ha:

- **A** $-\sqrt{\varepsilon} < x < \sqrt{\varepsilon}$.
- **B** $-\sqrt{\varepsilon} - 1 < x < \sqrt{\varepsilon} + 1$.
- **C** $\sqrt{1 - \varepsilon} < x < \sqrt{1 + \varepsilon}$.
- **D** $-\sqrt{1 + \varepsilon} < x < -\sqrt{1 - \varepsilon}$.
- **E** $-\sqrt{\varepsilon} + 1 < x < \sqrt{\varepsilon} + 1$.

Verifica i seguenti limiti di funzioni mediante le relative definizioni.

9 $\lim_{x \to +\infty} \dfrac{2x - 1}{x + 1} = 2$

10 $\lim_{x \to 3^-} \sqrt{3 - x} = 0$

11 $\lim_{x \to 4} (2x - 3) = 5$

12 $\lim_{x \to 2} (x^2 - 8) = -4$

13 $\lim_{x \to 8} \sqrt{2x} - 3 = 1$

14 $\lim_{x \to +\infty} \dfrac{2^x - 1}{2^x} = 1$

15 $\lim_{x \to -\infty} \dfrac{1}{e^x} = +\infty$

16 $\lim_{x \to 2^+} \ln(2x - 4) = -\infty$

17 $\lim_{x \to +\infty} (2 - 3^x) = -\infty$

Verifica i seguenti limiti di successioni applicando le relative definizioni.

18 $\lim_{n \to +\infty} \left(\dfrac{1}{n} - 1 \right) = -1$

19 $\lim_{n \to +\infty} \dfrac{1}{4n^2 - 1} = 0$

20 $\lim_{n \to +\infty} (2 - 5n) = -\infty$

Capitolo 13. Limiti di funzioni

Verifica che le seguenti successioni sono monotòne e per ciascuna, dopo aver controllato se è limitata o illimitata, indica se è convergente o divergente.

21 $a_n = 2^n$ [cresc., illim. super., div.]

22 $a_n = \dfrac{2n+2}{n}, n > 0$. [decresc., lim., conv.]

ANALIZZARE E INTERPRETARE DATI E GRAFICI

23 **LEGGI IL GRAFICO** Dal grafico della funzione $y = f(x)$ deduci, se esistono, i limiti indicati.

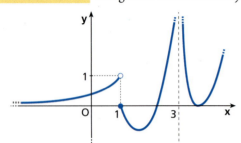

a. $\lim_{x \to -\infty} f(x)$;   d. $\lim_{x \to +\infty} f(x)$;

b. $\lim_{x \to 1^+} f(x)$;   e. $\lim_{x \to 1^-} f(x)$;

c. $\lim_{x \to 3^+} f(x)$;   f. $\lim_{x \to 3^-} f(x)$.

Esprimi mediante la definizione i casi **a**, **b**, **c**.

Rappresenta le seguenti funzioni utilizzando le trasformazioni geometriche. Deduci poi dal grafico i limiti indicati e verificali utilizzando la definizione.

24 $f(x) = \dfrac{1}{|x|}, \ \lim_{x \to 0} f(x)$.

26 $f(x) = 1 - \ln x, \ \lim_{x \to 0^+} f(x), \lim_{x \to 1} f(x)$.

25 $f(x) = \dfrac{4 - x^2}{|2 - x|}, \ \lim_{x \to 2^+} f(x), \lim_{x \to +\infty} f(x)$.

27 $f(x) = \begin{cases} e^{-x} & \text{se } x \geq 0 \\ 2x - 1 & \text{se } x < 0 \end{cases}, \ \lim_{x \to 0^-} f(x), \lim_{x \to 0^+} f(x)$.

---

28 a. Rappresenta graficamente la funzione $y = 2e^{x+1}$.
b. Verifica che $\lim_{x \to -\infty} f(x) = 0$.
c. Trova la funzione inversa e rappresentala graficamente. La funzione inversa ha degli asintoti?

29 a. Traccia il grafico della funzione $f(x) = \begin{cases} \dfrac{1}{x+1} & \text{se } x < 0 \\ e^{-x} - 1 & \text{se } x \geq 0 \end{cases}$.
b. Verifica l'esistenza di due asintoti orizzontali mediante le definizioni di limite.

30 a. Rappresenta graficamente la funzione $y = \left|\dfrac{1}{x - 4}\right|$ e verifica l'esistenza di un asintoto verticale e uno orizzontale mediante le definizioni di limite.
b. Deduci dal grafico il valore di $\lim_{x \to 2} y$ ed esegui la verifica mediante la relativa definizione.

Disegna il grafico di una funzione $y = f(x)$ che soddisfi le condizioni date.

31 $D = \mathbb{R} - \{0; 2\}$; $y > 0$ per $-1 < x < 0 \lor x > 2$;

$\lim_{x \to -\infty} f(x) = -\infty$; $\lim_{x \to 0^+} f(x) = 0$; $\lim_{x \to 0^-} f(x) = +\infty$; $\lim_{x \to 2^+} f(x) = +\infty$; $\lim_{x \to 2^-} f(x) = -\infty$.

VERIFICA DELLE COMPETENZE PROVE

⏱ 1 ora

PROVA A

1 **COMPLETA** osservando il grafico.

a. $\lim_{x \to \square} f(x) = -2$

b. $\lim_{x \to 0^+} f(x) = \square$;

c. $\lim_{x \to 0^-} f(x) = \square$;

d. $\lim_{x \to +\infty} f(x) = \square$;

e. $\lim_{x \to 1} f(x) = \square$.

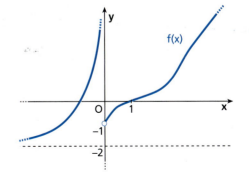

2 a. Disegna il grafico di una funzione $y = f(x)$ che abbia le seguenti caratteristiche:

$$\lim_{x \to -1} f(x) = -\infty, \quad \lim_{x \to -\infty} f(x) = -\infty, \quad \lim_{x \to +\infty} f(x) = 4.$$

b. Scrivi le equazioni degli asintoti presenti.

Verifica i seguenti limiti mediante le relative definizioni.

3 $\lim_{x \to -\infty} \dfrac{2x}{1-x} = -2$

4 $\lim_{x \to 2^-} \log(2-x) = -\infty$

5 $\lim_{x \to +\infty} (x^2 - 16) = +\infty$

---

6 Verifica che la successione $a_n = n^2 + 3$ è monotòna e, dopo aver controllato se è illimitata o limitata, indica se è convergente o divergente.

PROVA B

1 **Pressione e volume** Una certa quantità di gas subisce la trasformazione termodinamica rappresentata nel grafico.

a. Approssimando il grafico con un ramo di iperbole equilatera ricava l'equazione della curva che descrive la trasformazione.

b. Osservando il grafico ipotizza a cosa tende la pressione quando:
- il volume tende ad annullarsi;
- il volume aumenta sempre di più.

Descrivi le due situazioni mediante il linguaggio dei limiti e verifica i due limiti utilizzando le definizioni.

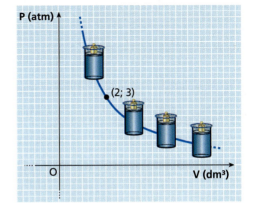

2 **Acclimatarsi** Un corpo che ha una temperatura iniziale di 25 °C viene posto all'istante $t = 0$ in un ambiente dove la temperatura è di 20 °C. Il corpo si raffredda secondo la legge $T(t) = 5e^{-\frac{t}{c}} + 20$, dove t è il tempo in secondi, c è una costante positiva, espressa anch'essa in secondi, e $T(t)$ esprime la temperatura in °C.
Verifica, graficamente e con la definizione di limite, che al passare del tempo il corpo tende a raggiungere la temperatura dell'ambiente.

645

CAPITOLO 14
CALCOLO DEI LIMITI E CONTINUITÀ DELLE FUNZIONI

1 Operazioni sui limiti

Nel capitolo precedente abbiamo definito e analizzato il concetto di limite. Ora è necessario imparare a calcolarlo.

Il calcolo di $\lim_{x \to x_0} f(x)$ è semplice quando $f(x)$ è una funzione continua in x_0, perché basta valutare la funzione in x_0. Sono poi utili alcuni teoremi relativi alle operazioni sui limiti che ora esaminiamo.

I teoremi che enunceremo sono validi sia nel caso di limite per x che tende a un valore finito, sia nel caso di limite per x che tende a $+\infty$ o $-\infty$.
Perciò, quando non sarà importante distinguere, indicheremo con «$x \to \alpha$» una qualsiasi delle seguenti scritture:

$$x \to x_0; \quad x \to x_0^+; \quad x \to x_0^-; \quad x \to +\infty; \quad x \to -\infty.$$

Prima di proseguire, mettiamo in evidenza alcuni importanti limiti di funzioni elementari verificabili con la definizione e che si possono osservare anche nei grafici rispettivi.

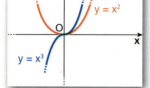

■ Limiti di funzioni elementari
▶ Esercizi a p. 673

- **Funzioni potenza** $y = x^n$

  Se n è pari: $\lim_{x \to \pm\infty} x^n = +\infty$.

  Se n è dispari: $\lim_{x \to +\infty} x^n = +\infty$, $\lim_{x \to -\infty} x^n = -\infty$.

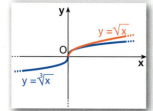

- **Funzioni radice** $y = \sqrt[n]{x}$

  Se n è pari: $\lim_{x \to 0^+} \sqrt[n]{x} = 0$, $\lim_{x \to +\infty} \sqrt[n]{x} = +\infty$.

  Se n è dispari: $\lim_{x \to -\infty} \sqrt[n]{x} = -\infty$, $\lim_{x \to +\infty} \sqrt[n]{x} = +\infty$.

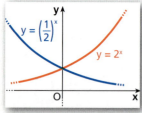

- **Funzioni esponenziali** $y = a^x$

  Se $a > 1$: $\lim_{x \to -\infty} a^x = 0$, $\lim_{x \to +\infty} a^x = +\infty$.

  Se $0 < a < 1$: $\lim_{x \to -\infty} a^x = +\infty$, $\lim_{x \to +\infty} a^x = 0$.

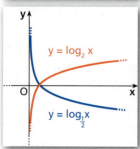

- **Funzioni logaritmiche** $y = \log_a x$

  Se $a > 1$: $\lim_{x \to 0^+} \log_a x = -\infty$, $\lim_{x \to +\infty} \log_a x = +\infty$.

  Se $0 < a < 1$: $\lim_{x \to 0^+} \log_a x = +\infty$, $\lim_{x \to +\infty} \log_a x = -\infty$.

Paragrafo 1. Operazioni sui limiti

■ Limite della somma

▶ Esercizi a p. 673

Le funzioni hanno limite finito

ESEMPIO
Consideriamo $f(x) = 2x - 6$ e $g(x) = x + 3$ e i loro limiti per $x \to 4$:

$$\lim_{x \to 4} (2x - 6) = 2 \quad \text{e} \quad \lim_{x \to 4} (x + 3) = 7,$$

perché f e g sono funzioni continue.
La funzione somma $s(x) = f(x) + g(x)$ è: $s(x) = (2x - 6) + (x + 3) = 3x - 3$.
Il limite di $s(x)$ per x che tende a 4 è: $\lim_{x \to 4} (3x - 3) = 9$.
Osserviamo che $9 = 2 + 7$, ossia il limite di $s(x)$ è uguale alla somma dei limiti di $f(x)$ e di $g(x)$.

▶ Considera le funzioni
$f(x) = x$,
$g(x) = x^2 - x + 3$
e verifica che
$\lim_{x \to 2} [f(x) + g(x)] = \lim_{x \to 2} f(x) + \lim_{x \to 2} g(x)$.

In generale, si può dimostrare il seguente teorema.

TEOREMA
Se $\lim_{x \to a} f(x) = l$ e $\lim_{x \to a} g(x) = m$, dove $l, m \in \mathbb{R}$, allora:

$$\lim_{x \to a} [f(x) + g(x)] = \lim_{x \to a} f(x) + \lim_{x \to a} g(x) = l + m.$$

🇬🇧 **Listen to it**

The limit of a sum of functions is the sum of the limits of the functions.

Quindi il limite della somma di due funzioni è uguale alla somma dei loro limiti.

Le funzioni non hanno entrambe limite finito

Cosa succede quando una delle due funzioni ha limite infinito? E quando entrambe hanno limite infinito?
Con i simboli $+\infty$ e $-\infty$ non si possono eseguire operazioni ragionando come se si trattasse di numeri reali. Per esempio, si può dimostrare che se $\lim_{x \to a} f(x) = l$, con $l \in \mathbb{R}$, e $\lim_{x \to a} g(x) = +\infty$, allora $\lim_{x \to a} [f(x) + g(x)] = +\infty$, che è come dire:

$$l + (+\infty) = +\infty.$$

Una relazione simile per i numeri reali $a + b = b$ è vera solo se $a = 0$.

Riassumiamo nella tabella i vari casi che si possono presentare nei calcoli dei limiti della somma di due funzioni quando almeno una delle due funzioni ha limite infinito.

Nella tabella puoi notare che manca il caso in cui si sommano $+\infty$ e $-\infty$, che non ha come risultato 0, come ci si potrebbe erroneamente aspettare.

lim $f(x)$	lim $g(x)$	lim $[f(x) + g(x)]$
l	$+\infty$	$+\infty$
l	$-\infty$	$-\infty$
$+\infty$	$+\infty$	$+\infty$
$-\infty$	$-\infty$	$-\infty$

▶ Calcola:
a. $\lim_{x \to +\infty} (x + x^2)$;
b. $\lim_{x \to -\infty} (x + 2^x)$.

$+\infty - \infty$ è una **forma di indecisione** o **forma indeterminata**.

Consideriamo, per esempio, la funzione $f(x) = 2x$ e le tre funzioni:

$$g_1(x) = -2x + 1; \quad g_2(x) = -x; \quad g_3(x) = -3x.$$

647

Per $x \to +\infty$, il limite di $f(x)$ è $+\infty$, mentre i limiti di $g_1(x)$, $g_2(x)$ e $g_3(x)$ sono $-\infty$.

Calcoliamo le funzioni somma:

$$s_1(x) = f(x) + g_1(x) = 2x - 2x + 1 = 1;$$

$$s_2(x) = f(x) + g_2(x) = 2x - x = x;$$

$$s_3(x) = f(x) + g_3(x) = 2x - 3x = -x.$$

Calcoliamo il limite per $x \to +\infty$ di tali funzioni:

$$\lim_{x \to +\infty} s_1(x) = \lim_{x \to +\infty} 1 = 1; \qquad \lim_{x \to +\infty} s_2(x) = \lim_{x \to +\infty} x = +\infty;$$

$$\lim_{x \to +\infty} s_3(x) = \lim_{x \to +\infty} (-x) = -\infty.$$

Abbiamo ottenuto tre limiti diversi: non può quindi esistere una regola che permetta di ottenere in generale il limite della funzione somma $f(x) + g(x)$ quando i limiti delle funzioni $f(x)$ e $g(x)$ sono rispettivamente $+\infty$ e $-\infty$.
Per questo motivo diciamo che $+\infty - \infty$ è una forma indeterminata. Vedremo nel prossimo paragrafo come eliminare l'indeterminazione e calcolare i limiti che si presentano in questa forma.

■ Limite del prodotto

▶ Esercizi a p. 673

Le funzioni hanno limite finito

Listen to it

The limit of a product of functions is the product of the limits of the functions.

TEOREMA

Se $\lim_{x \to \alpha} f(x) = l$ e $\lim_{x \to \alpha} g(x) = m$, con $l, m \in \mathbb{R}$, allora:

$$\lim_{x \to \alpha} [f(x) \cdot g(x)] = \lim_{x \to \alpha} f(x) \cdot \lim_{x \to \alpha} g(x) = l \cdot m.$$

Quindi il limite del prodotto di due funzioni è uguale al prodotto dei loro limiti.

ESEMPIO

Essendo $\lim_{x \to 1} 3x = 3$ e $\lim_{x \to 1} (x + 1) = 2$, allora $\lim_{x \to 1} 3x(x + 1) = 3 \cdot 2 = 6$.

Infatti, la funzione prodotto è $p(x) = 3x(x + 1) = 3x^2 + 3x$, e il limite per x che tende a 1 di tale funzione è proprio uguale a 6.

▶ Calcola:
$\lim_{x \to -1} 4xe^{-x}$.

In particolare, se $f(x)$ è una funzione costante $f(x) = k$, si ha:

$$\lim_{x \to \alpha} f(x) \cdot g(x) = \lim_{x \to \alpha} k \cdot g(x) = k \lim_{x \to \alpha} g(x) = k \cdot m.$$

Dal teorema del prodotto si può ricavare il seguente, relativo alla potenza di una funzione.

▶ Calcola:
$\lim_{x \to 1} (3x^2 - x)^4$.

TEOREMA

Se $\lim_{x \to \alpha} f(x) = l$, allora $\lim_{x \to \alpha} [f(x)]^n = l^n$, $\forall n \in \mathbb{N} - \{0\}$.

Questa regola si può estendere anche al caso di esponente reale diverso da 0.

Le funzioni non hanno entrambe limite finito

Se le funzioni non hanno entrambe limite finito, per il limite del prodotto si possono presentare diversi casi che riassumiamo nella tabella, osservando che anche quando si usano i simboli $+\infty$ e $-\infty$ vale ancora la regola dei segni.

lim $f(x)$	lim $g(x)$	lim $[f(x) \cdot g(x)]$
$l > 0$	$+\infty$ $-\infty$	$+\infty$ $-\infty$
$l < 0$	$+\infty$ $-\infty$	$-\infty$ $+\infty$
$+\infty$	$+\infty$	$+\infty$
$-\infty$	$-\infty$	$+\infty$
$+\infty$	$-\infty$	$-\infty$

ESEMPIO

Supponiamo noti $\lim_{x \to 0^+} (x-2) = -2$ e $\lim_{x \to 0^+} \ln x = -\infty$. Allora:

$$\lim_{x \to 0^+} (x-2) \cdot \ln x = +\infty.$$

▶ Calcola:
$\lim_{x \to +\infty} -xe^x$ e $\lim_{x \to 0^+} (x-1)\ln x$.

Notiamo che nella tabella precedente manca il caso in cui una funzione ha limite $l = 0$ e l'altra ha limite infinito.

$0 \cdot \infty$ è una **forma indeterminata**.

Consideriamo, per esempio, le funzioni $f(x) = 3x^2$, $g_1(x) = \dfrac{1}{x^2}$ e $g_2(x) = \dfrac{1}{x^4}$.

Quando $x \to 0$, il limite di $f(x)$ è uguale a 0, mentre applicando la definizione si può verificare che limiti di $g_1(x)$ e $g_2(x)$ sono entrambi $+\infty$.

Calcoliamo le funzioni prodotto:

$$p_1(x) = f(x) \cdot g_1(x) = 3x^2 \cdot \dfrac{1}{x^2} = 3;$$

$$p_2(x) = f(x) \cdot g_2(x) = 3x^2 \cdot \dfrac{1}{x^4} = \dfrac{3}{x^2}.$$

Si ha quindi $\lim_{x \to 0} p_1(x) = 3$, mentre con la definizione si verifica che $\lim_{x \to 0} p_2(x) = +\infty$.

L'esempio mostra che non esiste una regola generale. Ecco perché $0 \cdot \infty$ è una forma indeterminata.

■ Limite del quoziente

▶ Esercizi a p. 674

Le funzioni hanno limite finito

TEOREMA

Se $\lim_{x \to a} f(x) = l$ e $\lim_{x \to a} g(x) = m$, con $l, m \in \mathbb{R}$ e $m \neq 0$, allora:

$$\lim_{x \to a} \dfrac{f(x)}{g(x)} = \dfrac{\lim_{x \to a} f(x)}{\lim_{x \to a} g(x)} = \dfrac{l}{m}.$$

Listen to it

The limit of a quotient of two functions is the quotient of their limits (provided that the limit of the denominator is not 0).

Capitolo 14. Calcolo dei limiti e continuità delle funzioni

▶ Calcola:
a. $\lim_{x \to 0} \dfrac{\sin x}{x-1}$;
b. $\lim_{x \to -5} \dfrac{1}{5-x}$.

ESEMPIO

1. Essendo $\lim_{x \to 3}(x-1) = 2$ e $\lim_{x \to 3}(2x+1) = 7$, allora $\lim_{x \to 3} \dfrac{x-1}{2x+1} = \dfrac{2}{7}$.

2. Essendo $\lim_{x \to 3}(x-3) = 0$ e $\lim_{x \to 3}(2x+1) = 7$, allora $\lim_{x \to 3} \dfrac{x-3}{2x+1} = \dfrac{0}{7} = 0$.

Se invece $m = 0$, allora abbiamo due casi.

- $l \neq 0 \;\to\; \lim_{x \to \alpha} \dfrac{\boxed{f(x)}\;\text{— tende a } \ell}{\boxed{g(x)}\;\text{— tende a } 0}$

Si dimostra che in questo caso il risultato è ∞ e per il segno vale la regola dei segni.

ESEMPIO

Essendo $\lim_{x \to 3^+} -2x = -6$, $\lim_{x \to 3^+}(x-3) = 0$ e $x - 3 > 0$ per $x \to 3^+$, allora

$$\lim_{x \to 3^+} \dfrac{-2x}{x-3} = -\infty.$$

▶ Calcola:
a. $\lim_{x \to 0} \dfrac{3}{x^2}$;
b. $\lim_{x \to 1^-} \dfrac{2x}{x^2-1}$.

- $l = 0 \;\to\; \lim_{x \to \alpha} \dfrac{\boxed{f(x)}\;\text{— tende a } 0}{\boxed{g(x)}\;\text{— tende a } 0}$

$\dfrac{0}{0}$ è una **forma indeterminata**.

Le funzioni non hanno entrambe limite finito

▶ Calcola:
a. $\lim_{x \to -\infty} \dfrac{x+1}{-10}$;
b. $\lim_{x \to +\infty} \dfrac{-7}{x}$.

Si possono presentare i casi riassunti nella tabella, in cui l può anche essere uguale a 0. Inoltre per il segno del limite vale la regola dei segni.

lim $f(x)$	lim $g(x)$	lim $\dfrac{f(x)}{g(x)}$
l	∞	0
∞	l	∞

Nella tabella manca il caso in cui entrambe le funzioni $f(x)$ e $g(x)$ hanno limite infinito perché:

$\dfrac{\infty}{\infty}$ è una **forma indeterminata**.

■ Limite della potenza del tipo $[f(x)]^{g(x)}$ ▶ Esercizi a p. 674

Consideriamo funzioni potenza del tipo $[f(x)]^{g(x)}$ aventi sia la base sia l'esponente variabili. Per l'esistenza di tali funzioni occorre che $f(x) > 0$.

TEOREMA
Se $\lim_{x \to \alpha} f(x) = l > 0$ e $\lim_{x \to \alpha} g(x) = m$, allora:
$\lim_{x \to \alpha} [f(x)]^{g(x)} = l^m$.

ESEMPIO

$$\lim_{x \to 4} (\sqrt{x})^{x-1} = 2^3 = 8$$

Nei calcoli dei limiti di questo tipo,

0^0, 1^∞, ∞^0 sono **forme indeterminate**.

In tutti gli altri casi è possibile determinare il valore di $\lim_{x \to \alpha} [f(x)]^{g(x)}$ utilizzando le proprietà degli esponenziali.

lim $f(x)$	lim $g(x)$	lim $[f(x)]^{g(x)}$
$0 \leq l < 1$	$+\infty$	0
	$-\infty$	$+\infty$
$l > 1$	$+\infty$	$+\infty$
	$-\infty$	0

ESEMPIO

a. $\lim_{x \to 0^+} \left(x + \dfrac{1}{2}\right)^{\frac{1}{x}} = 0$ — tende a $+\infty$ (esponente), tende a $\dfrac{1}{2}$ (base)

Infatti una potenza con base compresa tra 0 e 1, se l'esponente tende a $+\infty$, tende a 0.

b. $\lim_{x \to 0^+} \left(\dfrac{1}{x}\right)^{-\frac{1}{x}} = 0$ — tende a $-\infty$ (esponente), tende a $+\infty$ (base)

Una potenza con base maggiore di 1, con esponente che tende a $-\infty$, tende a 0.

▶ Calcola:

a. $\lim_{x \to +\infty} (x+1)^x$;

b. $\lim_{x \to 0^-} (x+2)^{\frac{1}{x}}$.

2 Forme indeterminate

Come abbiamo visto nel paragrafo precedente, le forme indeterminate che possiamo incontrare nel calcolo dei limiti sono sette:

$$+\infty - \infty, \quad \infty \cdot 0, \quad \dfrac{\infty}{\infty}, \quad \dfrac{0}{0}, \quad 1^\infty, \quad 0^0, \quad \infty^0.$$

Esaminiamo ora, attraverso alcuni esempi, come calcolare i limiti che si presentano in forma indeterminata. Non esistono regole generali per il calcolo delle forme indeterminate, che vanno quindi risolte caso per caso.

🇬🇧 **Listen to it**

When substitution doesn't give enough information to determine the value of the limit, we have found an **indeterminate form**.

■ Forma indeterminata $+\infty - \infty$

▶ Esercizi a p. 676

Limite di una funzione polinomiale

ESEMPIO

$\lim_{x \to +\infty} (x^4 - 3x^2 + 1)$ si presenta nella forma indeterminata $+\infty - \infty$.

Raccogliendo il fattore x^4, il limite diventa:

$$\lim_{x \to +\infty} x^4 \left(1 - \dfrac{3}{x^2} + \dfrac{1}{x^4}\right).$$

Poiché $\lim_{x \to +\infty} \left(-\dfrac{3}{x^2}\right) = 0$ e $\lim_{x \to +\infty} \dfrac{1}{x^4} = 0$, risulta $\lim_{x \to +\infty} \left(1 - \dfrac{3}{x^2} + \dfrac{1}{x^4}\right) = 1$.

Inoltre, sappiamo che $\lim_{x \to +\infty} x^4 = +\infty$, quindi, per il teorema del limite del prodotto, risulta:

$$\lim_{x \to +\infty} x^4 \left(1 - \dfrac{3}{x^2} + \dfrac{1}{x^4}\right) = +\infty.$$

Capitolo 14. Calcolo dei limiti e continuità delle funzioni

Il procedimento utilizzato nell'esempio si generalizza come segue.

In generale, per calcolare il limite di una funzione polinomiale di grado n per $x \to +\infty$ (o per $x \to -\infty$),

$$\lim_{\substack{x \to +\infty \\ (x \to -\infty)}} (a_0 x^n + a_1 x^{n-1} + \ldots + a_n),$$

in cui compare la forma indeterminata $+\infty - \infty$, procediamo così:

- raccogliamo a fattor comune x^n:

$$\lim_{\substack{x \to +\infty \\ (x \to -\infty)}} x^n \left(a_0 + \frac{a_1}{x} + \frac{a_2}{x^2} + \ldots + \frac{a_n}{x^n} \right);$$

- poiché, per x che tende a $+\infty$ o $-\infty$, i limiti di $\frac{a_1}{x}, \frac{a_2}{x^2}, \ldots, \frac{a_n}{x^n}$ valgono 0:

$$\lim_{\substack{x \to +\infty \\ (x \to -\infty)}} \left(a_0 + \frac{a_1}{x} + \frac{a_2}{x^2} + \ldots + \frac{a_n}{x^n} \right) = a_0,$$

e quindi:

$$\boxed{\lim_{\substack{x \to +\infty \\ (x \to -\infty)}} (a_0 x^n + a_1 x^{n-1} + \ldots + a_n) = \lim_{\substack{x \to +\infty \\ (x \to -\infty)}} a_0 x^n.}$$

Tale limite vale $+\infty$ o $-\infty$. Il segno si determina applicando la regola dei segni al prodotto $a_0 x^n$.

▶ Calcola:
a. $\lim_{x \to +\infty} (x^2 - 2x)$;
b. $\lim_{x \to -\infty} (x^3 + x^2)$.

☐ **Animazione**

ESEMPIO

$$\lim_{x \to -\infty} (6x^3 + 4x^2 - 5) = \lim_{x \to -\infty} x^3 \cdot \left(6 + \frac{4}{x} - \frac{5}{x^3} \right) = \lim_{x \to -\infty} 6x^3 = -\infty$$

Limite di una funzione irrazionale

ESEMPIO

$\lim_{x \to +\infty} (x - \sqrt{x^2 + 1})$ si presenta nella forma indeterminata $+\infty - \infty$.

Per calcolare questo limite possiamo riscrivere la funzione data in modo che scompaia la differenza $x - \sqrt{x^2 + 1}$ e appaia invece la somma $x + \sqrt{x^2 + 1}$. Per far ciò, moltiplichiamo e dividiamo la funzione per $x + \sqrt{x^2 + 1}$, che è sicuramente diverso da 0 per x che tende a $+\infty$, e utilizziamo il prodotto notevole $(a-b)(a+b) = a^2 - b^2$:

▶ Calcola:
$\lim_{x \to +\infty} (x + 1 - \sqrt{x^2 + 2x})$.

☐ **Animazione**

$$x - \sqrt{x^2 + 1} = (x - \sqrt{x^2 + 1}) \cdot \frac{x + \sqrt{x^2 + 1}}{x + \sqrt{x^2 + 1}} = \frac{x^2 - (x^2 + 1)}{x + \sqrt{x^2 + 1}} = \frac{-1}{x + \sqrt{x^2 + 1}}.$$

Se $x \to +\infty$, il denominatore $x + \sqrt{x^2 + 1}$ tende a $+\infty$, quindi, la frazione tende a 0, ossia:

▶ Calcola:
$\lim_{x \to +\infty} (\sqrt{x} - \sqrt{x-1})$.

$$\lim_{x \to +\infty} (x - \sqrt{x^2 + 1}) = \lim_{x \to +\infty} \frac{-1}{x + \sqrt{x^2 + 1}} = 0.$$

Forma indeterminata $0 \cdot \infty$

▶ Esercizi a p. 677

ESEMPIO

Calcoliamo $\lim_{x \to \frac{\pi}{2}^-} (1 - \sin x) \cdot \tan x$.

Otteniamo la forma indeterminata $0 \cdot \infty$, perché:

$$\lim_{x \to \frac{\pi}{2}^-} (1 - \sin x) = 0 \quad \text{e} \quad \lim_{x \to \frac{\pi}{2}^-} \tan x = +\infty.$$

Ricordiamo che $\tan x = \dfrac{\sin x}{\cos x}$ e moltiplichiamo e dividiamo la funzione data per $(1 + \sin x)$, che è diverso da 0 per x vicino a $\dfrac{\pi}{2}$:

$$(1 - \sin x) \cdot \tan x \cdot \frac{1 + \sin x}{1 + \sin x} =$$

$$\frac{1 - \sin^2 x}{1 + \sin x} \cdot \frac{\sin x}{\cos x} = \frac{\cos^2 x}{1 + \sin x} \cdot \frac{\sin x}{\cos x} = \frac{\sin x \cdot \cos x}{1 + \sin x}.$$

Abbiamo semplificato per $\cos x$ poiché è diverso da 0 per $x \to \dfrac{\pi}{2}^-$. A questo punto, il numeratore $\sin x \cdot \cos x$ tende a 0, mentre il denominatore $1 + \sin x$ tende a 2, quindi, per il teorema del limite del quoziente di due funzioni, la frazione tende a $\dfrac{0}{2}$, ossia a 0:

$$\lim_{x \to \frac{\pi}{2}^-} (1 - \sin x) \cdot \tan x = 0.$$

▶ Calcola:
$\lim_{x \to 0^+} 2(\cos x - 1) \cdot \cot x$.

Animazione

▶ Calcola:
$\lim_{x \to 0^+} \sin x \cot x$.

Forma indeterminata $\dfrac{\infty}{\infty}$

▶ Esercizi a p. 677

Limite di una funzione razionale fratta per $x \to \infty$

Dato il limite

$$\lim_{\substack{x \to +\infty \\ (x \to -\infty)}} \frac{a_0 x^n + a_1 x^{n-1} + \ldots + a_n}{b_0 x^m + b_1 x^{m-1} + \ldots + b_m},$$

quando almeno un coefficiente delle potenze di x è diverso da 0 sia a numeratore sia a denominatore, questo limite si presenta nella forma $\dfrac{\infty}{\infty}$, perché il numeratore e il denominatore tendono a ∞ quando x tende a ∞.

Forniamo tre esempi di calcolo di limite con $n > m$, $n = m$, $n < m$.

Il grado del numeratore è maggiore del grado del denominatore

ESEMPIO

Calcoliamo il limite

$$\lim_{x \to +\infty} \frac{x^5 - 2x^2 + 1}{3x^2 - 2x + 6}.$$

Raccogliamo a fattor comune x^5 al numeratore e x^2 al denominatore e semplifichiamo; possiamo infatti supporre $x \neq 0$ perché x tende a $+\infty$ (lo stesso accadrebbe se x tendesse a $-\infty$):

Capitolo 14. Calcolo dei limiti e continuità delle funzioni

$$\lim_{x \to +\infty} \frac{x^5 \cdot \left(1 - \frac{2}{x^3} + \frac{1}{x^5}\right)}{x^2 \cdot \left(3 - \frac{2}{x} + \frac{6}{x^2}\right)} = \lim_{x \to +\infty} x^3 \cdot \frac{\left(1 - \frac{2}{x^3} + \frac{1}{x^5}\right)}{\left(3 - \frac{2}{x} + \frac{6}{x^2}\right)}.$$

- x^3 tende a $+\infty$
- $\left(1 - \frac{2}{x^3} + \frac{1}{x^5}\right)$ tende a 1
- $\left(3 - \frac{2}{x} + \frac{6}{x^2}\right)$ tende a 3

Si ha quindi:

$$\lim_{x \to +\infty} \frac{x^5 - 2x^2 + 1}{3x^2 - 2x + 6} = +\infty.$$

Il grado del numeratore è uguale al grado del denominatore

ESEMPIO

Calcoliamo il limite $\lim\limits_{\substack{x \to +\infty \\ (x \to -\infty)}} \dfrac{1 - 2x^2}{3x^2 + 2x - 5}$.

Raccogliamo a fattor comune x^2 sia nel numeratore sia nel denominatore e semplifichiamo:

$$\lim_{\substack{x \to +\infty \\ (x \to -\infty)}} \frac{x^2 \cdot \left(\frac{1}{x^2} - 2\right)}{x^2 \cdot \left(3 + \frac{2}{x} - \frac{5}{x^2}\right)} = \lim_{\substack{x \to +\infty \\ (x \to -\infty)}} \frac{\left(\frac{1}{x^2} - 2\right)}{\left(3 + \frac{2}{x} - \frac{5}{x^2}\right)}.$$

- $\left(\frac{1}{x^2} - 2\right)$ tende a -2
- $\left(3 + \frac{2}{x} - \frac{5}{x^2}\right)$ tende a 3

Per il teorema del quoziente dei limiti, la frazione tende a $-\dfrac{2}{3}$, pertanto:

$$\lim_{\substack{x \to +\infty \\ (x \to -\infty)}} \frac{1 - 2x^2}{3x^2 + 2x - 5} = -\frac{2}{3}.$$

Osserviamo che $-\dfrac{2}{3}$ è il rapporto fra i coefficienti della potenza di grado massimo, ossia di x^2, del numeratore e del denominatore.

Il grado del numeratore è minore del grado del denominatore

ESEMPIO

Calcoliamo il limite $\lim\limits_{x \to -\infty} \dfrac{2x - 1}{x^3 + 2x}$.

Raccogliamo x al numeratore, x^3 al denominatore e semplifichiamo:

$$\lim_{x \to -\infty} \frac{x \cdot \left(2 - \frac{1}{x}\right)}{x^3 \cdot \left(1 + \frac{2}{x^2}\right)} = \lim_{x \to -\infty} \frac{1}{x^2} \cdot \frac{\left(2 - \frac{1}{x}\right)}{\left(1 + \frac{2}{x^2}\right)} = 0.$$

- $\frac{1}{x^2}$ tende a 0
- $\left(2 - \frac{1}{x}\right)$ tende a 2
- $\left(1 + \frac{2}{x^2}\right)$ tende a 1

Quindi:

$$\lim_{x \to -\infty} \frac{2x - 1}{x^3 + 2x} = 0.$$

Limite di una funzione razionale fratta per $x \to \infty$: caso generale

In generale, data una funzione razionale fratta

$$f(x) = \frac{a_0 x^n + a_1 x^{n-1} + \ldots + a_n}{b_0 x^m + b_1 x^{m-1} + \ldots + b_m},$$

con il numeratore di grado n e il denominatore di grado m, abbiamo:

$$\lim_{\substack{x \to +\infty \\ (x \to -\infty)}} \frac{a_0 x^n + a_1 x^{n-1} + \ldots + a_n}{b_0 x^m + b_1 x^{m-1} + \ldots + b_m} = \begin{cases} \pm\infty & \text{se } n > m \\ \dfrac{a_0}{b_0} & \text{se } n = m \\ 0 & \text{se } n < m \end{cases}$$

Il segno di ∞ nel caso $n > m$ è dato dal prodotto dei segni di $\lim\limits_{\substack{x \to +\infty \\ (x \to -\infty)}} x^{n-m}$ e $\dfrac{a_0}{b_0}$.

▶ Calcola:

a. $\lim\limits_{x \to +\infty} \dfrac{3x}{x^2+1}$;

b. $\lim\limits_{x \to -\infty} \dfrac{4x^2+x}{-2x^2+3}$;

c. $\lim\limits_{x \to +\infty} \dfrac{1+x-x^5}{2+x^2}$.

□ Animazione

■ Forma indeterminata $\dfrac{0}{0}$

▶ Esercizi a p. 679

ESEMPIO

Calcoliamo il limite $\lim\limits_{x \to 3} \dfrac{x^2 - 2x - 3}{2x^2 - 9x + 9}$, che si presenta in forma indeterminata $\dfrac{0}{0}$, perché:

$$\lim_{x \to 3}(x^2 - 2x - 3) = 0 \quad \text{e} \quad \lim_{x \to 3}(2x^2 - 9x + 9) = 0.$$

Poiché il valore 3 annulla sia il polinomio al numeratore sia quello al denominatore, scomponiamo in fattori entrambi,

$$x^2 - 2x - 3 = (x-3)(x+1),$$
$$2x^2 - 9x + 9 = (x-3)(2x-3),$$

e semplifichiamo, poiché per $x \to 3$ possiamo supporre $x - 3 \neq 0$.

$$\lim_{x \to 3} \frac{x^2 - 2x - 3}{2x^2 - 9x + 9} = \lim_{x \to 3} \frac{(x-3)(x+1)}{(x-3)(2x-3)} = \lim_{x \to 3} \frac{x+1}{2x-3} = \frac{4}{3}.$$

La tecnica utilizzata in questo esempio si applica, più in generale, al caso del quoziente di due polinomi $f(x)$ e $g(x)$ che si annullino entrambi per $x \to x_0$.

□ Video

Le forme indeterminate $0 \cdot \infty$, $\dfrac{0}{0}$

▶ Calcoliamo:

$\lim\limits_{x \to 1^+} \dfrac{x^2+1}{x^2-1} \cdot (\sqrt{x} - 1)$.

▶ Calcola:

$\lim\limits_{x \to 2} \dfrac{x^2 - 4x + 4}{x^3 - 3x^2 + 4}$.

□ Animazione

▶ Calcola:

$\lim\limits_{x \to -1} \dfrac{x+1}{x^2-x-2}$.

■ Forme indeterminate $0^0, \infty^0, 1^\infty$

▶ Esercizi a p. 680

Le forme indeterminate $0^0, \infty^0, 1^\infty$ si incontrano nei calcoli di limite del tipo

$$\lim_{x \to \alpha} f(x)^{g(x)}, \quad \text{con } f(x) > 0.$$

Ricorrendo all'identità $a = e^{\ln a}$ possiamo scrivere:

$$f(x)^{g(x)} = e^{\ln f(x)^{g(x)}} \quad \to \quad \boxed{f(x)^{g(x)} = e^{g(x) \ln f(x)}}.$$

Allora se, per esempio, $g(x) \to 0$ e $f(x) \to 0$, nella funzione $e^{g(x) \ln f(x)}$ all'esponente compare la forma indeterminata $0 \cdot \infty$.

ESEMPIO

Calcoliamo $\lim\limits_{x \to +\infty} x^{\frac{1}{\ln x}}$.

Poiché $\lim\limits_{x \to +\infty} \dfrac{1}{\ln x} = 0$, si ha la forma indeterminata ∞^0.

Scriviamo: $x^{\frac{1}{\ln x}} = e^{\ln x^{\frac{1}{\ln x}}} = e^{\frac{1}{\ln x} \cdot \ln x} = e$. Il limite vale allora e.

□ Video

Le forme indeterminate $0^0, \infty^0, 1^\infty$

▶ Come si calcola il limite di potenze con base a esponente variabile?

▶ Calcola:

$\lim\limits_{x \to 0^+} (3x)^{-\frac{1}{\ln 3x}}$.

3 | Limiti notevoli

▶ Esercizi a p. 682

Illustriamo alcuni limiti particolari, detti *notevoli* perché sono fondamentali nelle applicazioni dell'analisi.

Limiti di funzioni goniometriche

Consideriamo $\lim_{x \to 0} \frac{\sin x}{x}$. Poiché $\lim_{x \to 0} \sin x = 0$ e $\lim_{x \to 0} x = 0$, siamo in presenza della forma indeterminata $\frac{0}{0}$. Dimostriamo che

$$\lim_{x \to 0} \frac{\sin x}{x} = 1.$$

▶ Calcola:
$\lim_{x \to 0} \frac{\sin x + 4x}{\sin 4x + x}$.

◻ Animazione

DIMOSTRAZIONE

Osserviamo che la funzione $\frac{\sin x}{x}$ è pari, poiché

$$f(-x) = \frac{\sin(-x)}{-x} = \frac{-\sin x}{-x} = \frac{\sin x}{x} = f(x),$$

e perciò il suo grafico è simmetrico rispetto all'asse y. Concludiamo che

$$\lim_{x \to 0^-} \frac{\sin x}{x} = \lim_{x \to 0^+} \frac{\sin x}{x},$$

e possiamo quindi limitarci nella dimostrazione al caso $\lim_{x \to 0^+} \frac{\sin x}{x}$.

Consideriamo il cerchio trigonometrico e un angolo positivo di ampiezza x. Poiché $x \to 0^+$, si può supporre $x < \frac{\pi}{2}$.

Se x è in radianti, la sua misura coincide con quella di $\widehat{AP}$, mentre la misura di PQ è $\sin x$ e quella di TA è $\tan x$. Essendo

$$\overline{PQ} < \widehat{AP} < \overline{TA},$$

abbiamo che

$$\sin x < x < \tan x.$$

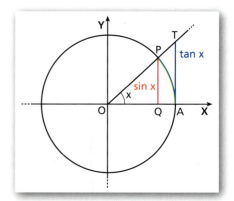

Dividiamo i termini della disuguaglianza per $\sin x$, mantenendo i versi delle disuguaglianze perché $\sin x > 0$ se $0 < x < \frac{\pi}{2}$:

$$1 < \frac{x}{\sin x} < \frac{1}{\cos x} \to \cos x < \frac{\sin x}{x} < 1.$$

Poiché $\lim_{x \to 0^+} \cos x = 1$ e $\lim_{x \to 0^+} 1 = 1$, per il teorema del confronto si ha che

$$\lim_{x \to 0^+} \frac{\sin x}{x} = 1.$$

Osservazione. Il limite studiato si può applicare anche quando al posto della variabile x compare una funzione $y = f(x)$ il cui limite è uguale allo stesso valore a cui tende x. Per esempio:

Paragrafo 3. Limiti notevoli

$$\lim_{x \to 0} \frac{\sin 3x}{3x} = 1.$$

Infatti, se poniamo $y = 3x$, per $x \to 0$ anche $y \to 0$, quindi:

$$\lim_{y \to 0} \frac{\sin y}{y} = 1.$$

La stessa osservazione vale per i limiti notevoli che stiamo per analizzare.

Dal limite notevole $\lim_{x \to 0} \frac{\sin x}{x} = 1$ si deducono i seguenti limiti, che si presentano anch'essi nella forma indeterminata $\frac{0}{0}$.

$$\lim_{x \to 0} \frac{1 - \cos x}{x} = 0, \qquad \lim_{x \to 0} \frac{1 - \cos x}{x^2} = \frac{1}{2}.$$

▶ Calcola:
$$\lim_{x \to 0} \frac{1 - \cos 4x}{3x^2}.$$

☐ Animazione

Limiti di funzioni esponenziali e logaritmiche

Consideriamo $\lim_{x \to \pm\infty} \left(1 + \frac{1}{x}\right)^x$.

Poiché $\lim_{x \to \pm\infty} \frac{1}{x} = 0$, siamo in presenza della forma indeterminata 1^∞. Si può dimostrare che:

$$\lim_{x \to \pm\infty} \left(1 + \frac{1}{x}\right)^x = e.$$

Ricordiamo che e rappresenta il numero di Nepero, che è un numero irrazionale di valore compreso fra 2 e 3.
Anche da questo limite notevole possiamo dedurne altri, che sono nella forma indeterminata $\frac{0}{0}$.

$$\lim_{x \to 0} \frac{\ln(1 + x)}{x} = 1$$

▶ Calcola:
$$\lim_{x \to +\infty} \left(\frac{x - 4}{x}\right)^x.$$

☐ Animazione

▶ Calcola:
$$\lim_{x \to 0} \frac{\ln(1 - 9x^2)}{x}.$$

☐ Animazione

DIMOSTRAZIONE
Applicando le proprietà dei logaritmi possiamo scrivere

$$\frac{\ln(1 + x)}{x} = \frac{1}{x} \ln(1 + x) = \ln(1 + x)^{\frac{1}{x}}$$

e quindi, per la continuità della funzione logaritmica:

$$\lim_{x \to 0} \ln(1 + x)^{\frac{1}{x}} = \ln\left[\lim_{x \to 0} (1 + x)^{\frac{1}{x}}\right].$$

Poniamo ora $y = \frac{1}{x}$, allora $x = \frac{1}{y}$ e per $x \to 0$ abbiamo $y \to \pm\infty$.

Effettuando la sostituzione di variabile nel limite precedente, otteniamo:

$$\lim_{x \to 0} \frac{\ln(1 + x)}{x} = \ln\left[\lim_{y \to \pm\infty} \left(1 + \frac{1}{y}\right)^y\right] = \ln e = 1.$$

$$\lim_{x \to 0} \frac{e^x - 1}{x} = 1$$

▶ Calcola:
$$\lim_{x \to 0} \frac{e^{4x} - e^x}{4x}.$$

☐ Animazione

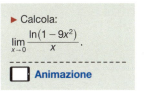

▶ Video

Il limite notevole $\lim_{x \to 0} \frac{e^x - 1}{x}$

▶ Calcoliamo:
$$\lim_{x \to 0} \frac{x^2}{2^x - 1}.$$

4 Infinitesimi, infiniti e loro confronto

■ Infinitesimi

▶ Esercizi a p. 686

DEFINIZIONE

Una funzione $f(x)$ è un **infinitesimo per** $x \to \alpha$ quando il limite di $f(x)$ per $x \to \alpha$ è uguale a 0.

α può essere finito o $+\infty$ o $-\infty$.

ESEMPIO

1. La funzione $f(x) = x - 1$ è un infinitesimo per $x \to 1$ perché $\lim_{x \to 1}(x - 1) = 0$.

2. La funzione $f(x) = \dfrac{1}{x+2}$ è un infinitesimo per $x \to +\infty$, perché
$$\lim_{x \to +\infty} \frac{1}{x+2} = 0,$$
e per $x \to -\infty$, perché
$$\lim_{x \to -\infty} \frac{1}{x+2} = 0.$$

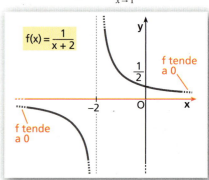

▶ Verifica che la funzione $f(x) = x^3 - 2x$ è un infinitesimo per $x \to 0$.

Funzioni del tipo $\dfrac{1}{x}, \dfrac{1}{x^2}, \dfrac{1}{x^3}, \ldots$ e $\dfrac{1}{\sqrt{x}}, \dfrac{1}{\sqrt[3]{x}}, \ldots$ sono tutte infinitesimi per $x \to +\infty$ e per $x \to -\infty$ (da quest'ultimo caso sono esclusi i reciproci delle radici di indice pari).

Confronto tra infinitesimi

Se $f(x)$ e $g(x)$ sono entrambi degli infinitesimi per $x \to \alpha$, allora $\lim_{x \to \alpha} \dfrac{f(x)}{g(x)}$ si presenta nella forma indeterminata $\dfrac{0}{0}$ e si dice che $f(x)$ e $g(x)$ sono **infinitesimi simultanei**. In questo caso è interessante vedere quale dei due infinitesimi tende a 0 «più rapidamente»; possiamo stabilire ciò determinando il limite (se esiste) del loro rapporto per $x \to \alpha$.

Siano dunque $f(x)$ e $g(x)$ due infinitesimi simultanei per $x \to \alpha$ e supponiamo che esista un intorno I di α tale che $g(x) \neq 0$ per ogni $x \in I$, con $x \neq \alpha$.

- Se $\lim_{x \to \alpha} \dfrac{f(x)}{g(x)} = l \neq 0$ (l finito), si dice che $f(x)$ e $g(x)$ sono **infinitesimi dello stesso ordine** (vuol dire che tendono a 0 con la stessa rapidità).

- Se $\lim_{x \to \alpha} \dfrac{f(x)}{g(x)} = 0$, si dice che $f(x)$ è un **infinitesimo di ordine superiore** a $g(x)$ (cioè f tende a 0 più rapidamente di g).

- Se $\lim_{x \to \alpha} \dfrac{f(x)}{g(x)} = \pm\infty$, si dice che $f(x)$ è un **infinitesimo di ordine inferiore** a $g(x)$ (cioè f tende a 0 meno rapidamente di g).

- Se *non esiste* il $\lim_{x \to \alpha} \dfrac{f(x)}{g(x)}$, si dice che **gli infinitesimi** $f(x)$ e $g(x)$ **non sono confrontabili**.

Paragrafo 4. Infinitesimi, infiniti e loro confronto

ESEMPIO

1. Gli infinitesimi $f(x) = \ln(1+x)$ e $g(x) = x$, per $x \to 0$, sono dello stesso ordine perché $\lim_{x \to 0} \dfrac{\ln(1+x)}{x} = 1 \neq 0$.

2. $f(x) = (x-3)^2$ è un infinitesimo di ordine superiore a $g(x) = x - 3$, per $x \to 3$, perché:
$$\lim_{x \to 3} \frac{(x-3)^2}{x-3} = \lim_{x \to 3}(x-3) = 0.$$

3. $f(x) = e^x - 1$ è un infinitesimo di ordine inferiore a $g(x) = x^3$, per $x \to 0$, perché:
$$\lim_{x \to 0} \frac{e^x - 1}{x^3} = \lim_{x \to 0} \frac{e^x - 1}{x} \cdot \lim_{x \to 0} \frac{1}{x^2} = 1 \cdot (+\infty) = +\infty.$$

4. Gli infinitesimi $f(x) = x \sin \dfrac{1}{x}$ e $g(x) = x$, per $x \to 0$, non sono confrontabili, perché $\lim_{x \to 0} \dfrac{x \sin \dfrac{1}{x}}{x} = \lim_{x \to 0} \sin \dfrac{1}{x}$ non esiste.

▶ Confronta fra loro gli infinitesimi
$f(x) = 1 - \cos x$ e
$g(x) = x^4$ per $x \to 0$.

▶ Puoi dimostrare che $x \sin \dfrac{1}{x}$ è un infinitesimo per $x \to 0$ con il teorema del confronto.

■ Infiniti

▶ Esercizi a p. 687

DEFINIZIONE
Una funzione $f(x)$ è un **infinito per $x \to \alpha$** quando il limite di $f(x)$ per $x \to \alpha$ vale $+\infty$, $-\infty$ o ∞.

α può essere finito o $+\infty$ o $-\infty$.

ESEMPIO
La funzione $f(x) = \dfrac{1}{x-1}$ è un infinito per $x \to 1$ perché $\lim_{x \to 1} \dfrac{1}{x-1} = \infty$.

Le funzioni del tipo $x, x^2, x^3, \ldots$ e anche $\sqrt{x}, \sqrt[3]{x}, \ldots$ sono infiniti per $x \to +\infty$ e per $x \to -\infty$ (da quest'ultimo caso sono escluse le radici di indice pari).

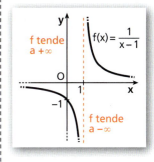

Confronto tra infiniti

Per gli infiniti possiamo introdurre dei concetti analoghi a quelli visti per gli infinitesimi.
Se $f(x)$ e $g(x)$ sono entrambi infiniti per $x \to \alpha$, allora $\lim_{x \to \alpha} \dfrac{f(x)}{g(x)}$ si presenta nella forma indeterminata $\dfrac{\infty}{\infty}$ e si dice che $f(x)$ e $g(x)$ sono **infiniti simultanei**.
Siano $f(x)$ e $g(x)$ due infiniti simultanei per $x \to \alpha$.

- Se $\lim_{x \to \alpha} \dfrac{f(x)}{g(x)} = l \neq 0$ (l finito), si dice che $f(x)$ e $g(x)$ sono **infiniti dello stesso ordine** (vuol dire che tendono a ∞ con la stessa rapidità).

- Se $\lim_{x \to \alpha} \dfrac{f(x)}{g(x)} = 0$, si dice che $f(x)$ è un **infinito di ordine inferiore** a $g(x)$ (cioè f tende a ∞ meno rapidamente di g).

- Se $\lim_{x \to \alpha} \dfrac{f(x)}{g(x)} = \pm\infty$, si dice che $f(x)$ è un **infinito di ordine superiore** a $g(x)$ (cioè f tende a ∞ più rapidamente di g).

- Se *non esiste* il $\lim_{x \to \alpha} \dfrac{f(x)}{g(x)}$, si dice che **gli infiniti** $f(x)$ e $g(x)$ **non sono confrontabili**.

☐ Video

Infinitesimi, infiniti e loro confronto

▶ Facciamo alcuni esempi per spiegare come si applica il teorema del confronto.

Capitolo 14. Calcolo dei limiti e continuità delle funzioni

ESEMPIO

1. Gli infiniti $f(x) = x^5$ e $g(x) = 3x^5 + 2$, per $x \to +\infty$, sono dello stesso ordine perché
$$\lim_{x \to +\infty} \frac{x^5}{3x^5 + 2} = \frac{1}{3} \neq 0.$$

2. $f(x) = (x-1)^2$ è un infinito di ordine superiore a $g(x) = x + 1$, per $x \to +\infty$, perché
$$\lim_{x \to +\infty} \frac{(x-1)^2}{x+1} = \lim_{x \to +\infty} \frac{x^2 - 2x + 1}{x+1} = +\infty.$$

3. $f(x) = \frac{1}{x}$ è un infinito di ordine inferiore a $g(x) = \frac{1}{x^4}$, per $x \to 0$, perché
$$\lim_{x \to 0} \frac{\frac{1}{x}}{\frac{1}{x^4}} = \lim_{x \to 0} x^3 = 0.$$

4. Gli infiniti $f(x) = x^3(\cos x + 2)$ e $g(x) = x^3$, per $x \to +\infty$, non sono confrontabili perché $\lim_{x \to +\infty} \frac{x^3(\cos x + 2)}{x^3} = \lim_{x \to +\infty} (\cos x + 2)$ non esiste.

▶ Confronta fra loro gli infiniti $f(x) = -4x^3 - 1$ e $g(x) = x^4 - x^3$ per $x \to +\infty$.

▶ Dimostra che $x^3(\cos x + 2)$ è un infinito per $x \to +\infty$ mediante il teorema del confronto.

5. Limiti delle successioni

▶ Esercizi a p. 688

Operazioni con le successioni

Date le successioni $a_0, a_1, a_2, ..., a_n, ...$ e $b_0, b_1, b_2, ..., b_n, ...$, definiamo le seguenti successioni.

Successione	Termini
somma	$a_0 + b_0, \ a_1 + b_1, \ a_2 + b_2, \ ..., \ a_n + b_n, \ ...$
differenza	$a_0 - b_0, \ a_1 - b_1, \ a_2 - b_2, \ ..., \ a_n - b_n, \ ...$
prodotto	$a_0 \cdot b_0, \ a_1 \cdot b_1, \ a_2 \cdot b_2, \ ..., \ a_n \cdot b_n, \ ...$
quoziente	$\frac{a_0}{b_0}, \ \frac{a_1}{b_1}, \ \frac{a_2}{b_2}, \ ..., \ \frac{a_n}{b_n}, \ ...,$ con $b_n \neq 0 \ \forall n \in \mathbb{N}$

ESEMPIO

Date le successioni $a_n = 2n$ e $b_n = n^2 - 3n$:
$a_n + b_n = 2n + n^2 - 3n = n^2 - n$;
$a_n \cdot b_n = 2n \cdot (n^2 - 3n) = 2n^3 - 6n^2$.

Teoremi sulle operazioni con i limiti per le successioni

Se $\lim_{n \to +\infty} a_n = l$ e $\lim_{n \to +\infty} b_n = l'$, con $l, l' \in \mathbb{R}$, sono validi i seguenti teoremi.

- Teorema della **somma dei limiti**: $\lim_{n \to +\infty} (a_n + b_n) = l + l'$.
- Teorema della **differenza dei limiti**: $\lim_{n \to +\infty} (a_n - b_n) = l - l'$.
- Teorema del **prodotto dei limiti**: $\lim_{n \to +\infty} (a_n \cdot b_n) = l \cdot l'$.
- Teorema del **quoziente dei limiti**: se $b_n \neq 0 \ \forall n \in \mathbb{N}$ e $l' \neq 0$, allora $\lim_{n \to +\infty} \frac{a_n}{b_n} = \frac{l}{l'}$.

Paragrafo 6. Funzioni continue

Questi teoremi sono analoghi a quelli studiati per le funzioni per $x \to +\infty$.
Analoghi sono anche i teoremi validi quando si presentano una o più successioni divergenti. Per esempio, se

$$\lim_{n \to +\infty} a_n = -\infty \text{ e } \lim_{n \to +\infty} b_n = -\infty, \text{ allora } \lim_{n \to +\infty} (a_n + b_n) = -\infty.$$

Per le successioni valgono i limiti notevoli studiati per le funzioni per $x \to +\infty$.
Per esempio:

$$\lim_{n \to +\infty} \left(1 + \frac{1}{n}\right)^n = e.$$

Anche nel calcolo dei limiti delle successioni, negli esercizi, procederemo come con i limiti delle funzioni.

Video

Numero di Nepero
▶ Cos'è il numero di Nepero?
▶ Perché è legato alla successione $a_n = \left(1 + \frac{1}{n}\right)^n$?

6 Funzioni continue

■ Definizioni

▶ Esercizi a p. 689

Approfondiamo ora il concetto di funzione continua.
Ricordiamo la definizione: una funzione $f(x)$, definita in un intorno di un punto x_0, è **continua in x_0** se:

$$\lim_{x \to x_0} f(x) = f(x_0).$$

Una funzione $f(x)$ è quindi continua in x_0 se:

- è definita in x_0, cioè esiste $f(x_0)$;
- esiste finito $\lim_{x \to x_0} f(x)$;
- il valore del limite è uguale a $f(x_0)$.

Consideriamo le funzioni i cui grafici sono illustrati in figura.

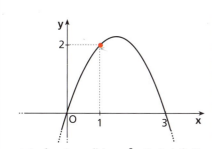

a. La funzione $f(x) = -x^2 + 3x$ è definita in $\mathbb{R}$ e $\lim_{x \to 1} f(x) = 2 = f(1)$.

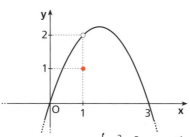

b. La funzione $f(x) = \begin{cases} -x^2 + 3x & \text{se } x \neq 1 \\ 1 & \text{se } x = 1 \end{cases}$
ha limite $\lim_{x \to 1} f(x) = 2 \neq f(1)$.

Esse hanno lo stesso limite per x che tende a 1; nel caso **a** tale limite coincide con il valore $f(1)$ della funzione nel punto 1, mentre nel caso **b** questo non accade. Nel primo caso la funzione è *continua in $x = 1$*, mentre nel secondo la funzione è *discontinua in $x = 1$*.

ESEMPIO

1. La funzione $y = 1 - x^4$, di dominio $\mathbb{R}$, è continua in $x_0 = 2$ perché
   - esiste $f(2) = -15$,
   - $\lim_{x \to 2}(1 - x^4) = -15 = f(2)$.

2. La funzione
$$y = \begin{cases} x^3 & \text{se } x < 1 \\ x + 2 & \text{se } x \geq 1 \end{cases}$$
non è continua in $x_0 = 1$.
La funzione ha dominio $\mathbb{R}$ e $f(1) = 3$, ma $\lim_{x \to 1} y$ non esiste perché
$$\lim_{x \to 1^-} y = 1 \text{ e } \lim_{x \to 1^+} y = 3.$$

▶ Stabilisci se la funzione
$f(x) = \begin{cases} 1 - x & \text{se } x < 0 \\ 2e^x - 1 & \text{se } x \geq 0 \end{cases}$
è continua in $x_0 = 0$.

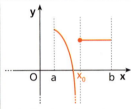

a. La funzione è continua a destra in x_0.

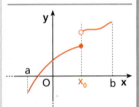

b. La funzione è continua a sinistra in x_0.

Se consideriamo solo il limite destro o sinistro di una funzione $f(x)$, possiamo dare le seguenti definizioni:

- $f(x)$ è **continua a destra** in x_0, se $f(x_0)$ coincide con il limite destro di $f(x)$ per x che tende a x_0:
$$\lim_{x \to x_0^+} f(x) = f(x_0);$$

- $f(x)$ è **continua a sinistra** in x_0, se $f(x_0)$ coincide con il limite sinistro di $f(x)$ per x che tende a x_0:
$$\lim_{x \to x_0^-} f(x) = f(x_0).$$

È possibile allora parlare di continuità anche per punti che sono estremi dell'intervallo $[a; b]$ in cui la funzione è definita; nel punto a si parla di continuità a destra, mentre nel punto b si parla di continuità a sinistra.
La funzione dell'esempio 2 è continua a destra in $x_0 = 1$.

DEFINIZIONE

Una funzione definita in $[a; b]$ si dice **continua nell'intervallo $[a; b]$** se è continua in ogni punto dell'intervallo.

- Sono continue in ogni intervallo del loro dominio le funzioni razionali e irrazionali (intere e fratte), le funzioni esponenziali, le funzioni logaritmiche, le funzioni goniometriche.

- Se $f(x)$ e $g(x)$ sono funzioni continue in un punto o in un intervallo, allora sono continue nello stesso punto o intervallo anche le funzioni:
$$f(x) \pm g(x); \quad kf(x), k \in \mathbb{R}; \quad f(x) \cdot g(x); \quad [f(x)]^n, n \in \mathbb{N} - \{0\};$$
$$\frac{f(x)}{g(x)} \text{ con } g(x) \neq 0.$$

- Data una funzione composta $y = g(f(x))$, si può dimostrare che se $f(x)$ è continua nel punto x_0 e g è continua nel punto $f(x_0)$, allora $g(f(x))$ è continua in x_0.

■ Teoremi sulle funzioni continue

▶ Esercizi a p. 691

Enunciamo, senza dimostrare, alcuni teoremi che esprimono proprietà importanti di cui godono le funzioni continue e ne illustriamo graficamente le conseguenze.

Paragrafo 6. Funzioni continue

Data la funzione $y = f(x)$ definita nell'intervallo I, chiamiamo:

- **massimo assoluto** di $f(x)$, se esiste, il massimo M dei valori assunti dalla funzione in I;
- **minimo assoluto** di $f(x)$, se esiste, il minimo m dei valori assunti dalla funzione in I.

TEOREMA
Teorema di Weierstrass
Se f è una funzione continua in un intervallo limitato e chiuso $[a; b]$, allora essa assume, in tale intervallo, il massimo assoluto e il minimo assoluto.

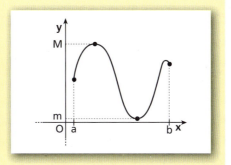

Listen to it

The **Weierstrass extreme value theorem** states that if f is continuous in $[a; b]$, then f must attain a maximum and a minimum in $[a; b]$.

Se alcune ipotesi del teorema non sono verificate, il risultato non è più vero come mostrano i seguenti controesempi.

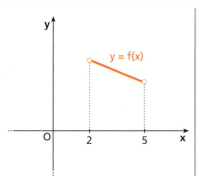 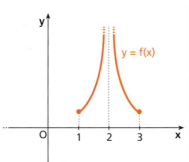 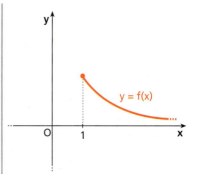

a. La funzione è continua nell'intervallo limitato aperto $]2; 5[$. Essa è priva di massimo e minimo in questo intervallo, in quanto gli estremi non appartengono all'intervallo.

b. La funzione non è continua nel punto $x = 2$. Nell'intervallo $[1; 3]$ essa assume minimo, ma è priva di massimo.

c. La funzione è continua nell'intervallo illimitato $[1; +\infty[$. Non vale il teorema di Weierstrass e la funzione è priva di minimo assoluto.

TEOREMA
Teorema dei valori intermedi
Se f è una funzione continua in un intervallo limitato e chiuso $[a; b]$, allora essa assume, almeno una volta, tutti i valori compresi tra il massimo e il minimo.

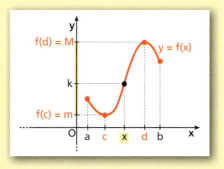

▶ Disegna il grafico di una funzione che non soddisfa tutte le ipotesi del teorema dei valori intermedi e per la quale la tesi è falsa.

Questo significa che ogni retta di equazione $y = k$, tale che $m < k < M$, interseca il grafico di $f(x)$ almeno in un punto.

663

Capitolo 14. Calcolo dei limiti e continuità delle funzioni

Video

Teoremi sulle funzioni continue

▶ Spieghiamo con l'aiuto dei grafici il teorema di Weierstrass, il teorema dei valori intermedi e il teorema di esistenza degli zeri.

TEOREMA
Teorema di esistenza degli zeri
Se f è una funzione continua in un intervallo limitato e chiuso $[a; b]$ e negli estremi di tale intervallo assume valori di segno opposto, allora esiste almeno un punto c, interno all'intervallo, in cui f si annulla, ossia $f(c) = 0$.

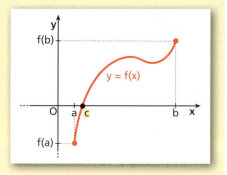

Vediamo alcuni controesempi in cui non sono verificate tutte le ipotesi del teorema.

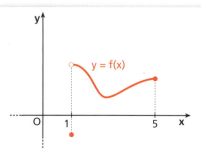

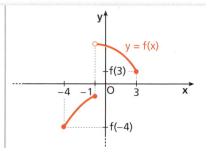

a. La funzione è continua nell'intervallo $]1; 5]$, $f(1) < 0$ e $f(5) > 0$, ma non esiste alcun punto dell'intervallo in cui essa si annulla.

b. La funzione non è continua in $x = -1$; $f(-4) < 0$ e $f(3) > 0$. Non esiste alcun punto dell'intervallo $[-4; 3]$ in cui essa si annulla.

7 Punti di discontinuità di una funzione

▶ Esercizi a p. 694

Una funzione $f(x)$, definita in un intorno di un punto x_0, **non è continua** in x_0 se $\lim_{x \to x_0} f(x) \neq f(x_0)$. Diciamo anche che x_0 è un **punto di discontinuità** o **punto singolare** della funzione $f(x)$.
È possibile classificare i punti di discontinuità di una funzione in tre categorie: di prima specie, di seconda specie e di terza specie. Il criterio usato per tale classificazione si basa sullo studio di $\lim_{x \to x_0} f(x)$.

Punti di discontinuità di prima specie

Listen to it

If a function f is not continuous at a point x_0 in its domain, then f has a **discontinuity** in x_0.

Listen to it

The point x_0 is a **jump discontinuity** for f if the one-sided limits at x_0 exist and are finite but are not equal.

DEFINIZIONE
Un punto x_0 si dice **punto di discontinuità di prima specie** per la funzione $f(x)$ quando, per $x \to x_0$, il limite destro e il limite sinistro di $f(x)$ sono entrambi finiti ma diversi fra loro.

$$\lim_{x \to x_0^-} f(x) = l_1 \neq \lim_{x \to x_0^+} f(x) = l_2$$

La differenza $|l_2 - l_1|$ si dice **salto** della funzione.

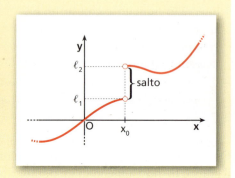

Paragrafo 7. Punti di discontinuità di una funzione

ESEMPIO
Consideriamo la funzione seguente:

$$f(x) = \begin{cases} -3x & \text{se } x < 2 \\ x - 1 & \text{se } x \geq 2 \end{cases}.$$

Poiché

$$\lim_{x \to 2^+}(x-1) = 1 \text{ e } \lim_{x \to 2^-}(-3x) = -6,$$

2 è un *punto di discontinuità di prima specie*. La distanza fra i punti A e B in figura è il salto e vale: $1 - (-6) = 7$.

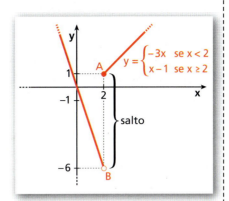

▶ Verifica che 3 è punto di discontinuità di prima specie per

$$f(x) = \begin{cases} x & \text{se } x \geq 3 \\ 1-x & \text{se } x < 3 \end{cases}.$$

Punti di discontinuità di seconda specie

DEFINIZIONE
Un punto x_0 si dice **punto di discontinuità di seconda specie** per la funzione $f(x)$ quando per $x \to x_0$ almeno uno dei due limiti, destro o sinistro, di $f(x)$ è infinito oppure non esiste.

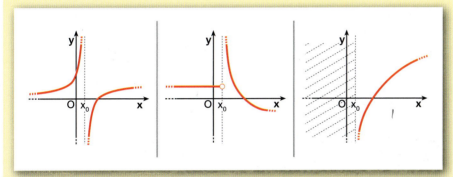

Listen to it
The point x_0 is an **infinite** or **essential discontinuity** for f if *one or both* of the one-sided limits at x_0 don't exist or are infinite.

Consideriamo gli esempi in figura.

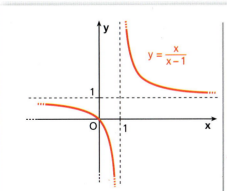

a. La funzione $y = \dfrac{x}{x-1}$ non è definita nel punto $x_0 = 1$ e $\lim\limits_{x \to 1^-} f(x) = -\infty$, mentre $\lim\limits_{x \to 1^+} f(x) = +\infty$.

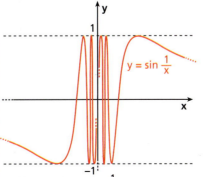

b. La funzione $y = \sin\dfrac{1}{x}$ non è definita in $x_0 = 0$ e per $x \to 0$ non ammette né limite destro né limite sinistro: infatti $t = \dfrac{1}{x}$ tende all'infinito e $\sin t$ continua a oscillare tra -1 e 1.

▶ Stabilisci se la funzione $f(x) = \tan x$ ammette discontinuità di prima o di seconda specie.

Video

Punti di discontinuità
▶ Quando una funzione è continua?
▶ Cosa sono i punti di discontinuità?

In entrambi i casi il punto x_0 è un *punto di discontinuità di seconda specie*.

Listen to it

The point x_0 is a **removable discontinuity** for f if the limit at x_0 exists but is not equal to $f(x_0)$, or if $f(x_0)$ is not defined.

Punti di discontinuità di terza specie (o eliminabile)

DEFINIZIONE

Un punto x_0 si dice **punto di discontinuità di terza specie** per la funzione $f(x)$ quando:

1. esiste ed è finito il limite di $f(x)$ per $x \to x_0$, ossia $\lim_{x \to x_0} f(x) = l$;
2. f non è definita in x_0, oppure, se lo è, risulta $f(x_0) \neq l$.

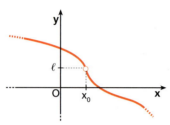

a. f non è definita in x_0.

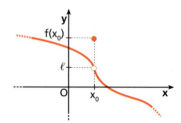

b. f è definita in x_0, ma $f(x_0) \neq l$.

ESEMPIO

Consideriamo la funzione:

$$f(x) = \frac{1-x^2}{x-1}.$$

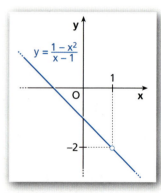

Il dominio è $\mathbb{R} - \{1\}$. La funzione coincide con la funzione $y = -1 - x$ nell'insieme $\mathbb{R} - \{1\}$ ed è discontinua in $x_0 = 1$.

Calcoliamo il limite per $x \to 1$:

$$\lim_{x \to 1} \frac{1-x^2}{x-1} = \lim_{x \to 1} \frac{(1-x)(1+x)}{-(1-x)} = \lim_{x \to 1} -(1+x) = -2.$$

Per la definizione di limite, possiamo dire che, scelto un intorno completo di $x_0 = 1$ sempre più ristretto, la funzione assume valori sempre più vicini a -2, e quindi possiamo dire che $f(x)$ è *quasi continua*, perché rimane escluso il solo punto $x_0 = 1$, come si può osservare nel grafico.

Il punto 1 viene anche detto punto di **discontinuità eliminabile**, perché la funzione può essere modificata nel punto 1 in modo da risultare continua in tale punto, rimanendo invariata nel suo dominio naturale:

$$f(x) = \begin{cases} \dfrac{1-x^2}{x-1} & \text{se } x \neq 1 \\ -2 & \text{se } x = 1 \end{cases}.$$

Tale funzione è continua in $x = 1$, infatti $\lim_{x \to 1} f(x) = -2 = f(1)$.

▶ Determina il punto di discontinuità di terza specie per la funzione
$f(x) = \dfrac{x^2 - 5x + 6}{x - 2}$.

L'asintoto è una retta a cui la curva della funzione si avvicina sempre di più senza mai toccarla

Paragrafo 8. Asintoti

8 Asintoti

Abbiamo visto che all'infinito il grafico di una funzione può avvicinarsi sempre più a quello di una retta. In tal caso la retta è un *asintoto* del grafico della funzione.

> **DEFINIZIONE**
> Una retta è un **asintoto** del grafico di una funzione se la distanza di un generico punto del grafico da tale retta tende a 0 quando l'ascissa o l'ordinata del punto tendono a ∞.

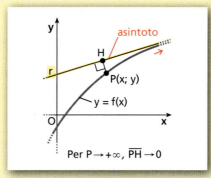

Gli asintoti possono essere verticali, orizzontali, obliqui.

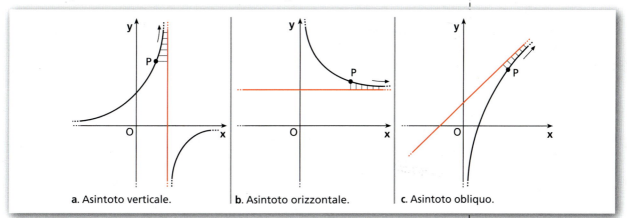

a. Asintoto verticale.   **b.** Asintoto orizzontale.   **c.** Asintoto obliquo.

■ Asintoti verticali e orizzontali

▶ Esercizi a p. 696

Riproponiamo le definizioni di asintoto verticale e asintoto orizzontale.

La retta di equazione $x = x_0$ è un asintoto verticale del grafico di una funzione se, al tendere di x a x_0, la funzione tende a $+\infty$ o $-\infty$ oppure, abbreviando, a ∞.

La retta di equazione $y = l$ è un asintoto orizzontale del grafico di una funzione $f(x)$ se $\lim_{x \to \infty} f(x) = l$.

Ricerca degli asintoti orizzontali e verticali

Per determinare gli asintoti orizzontali e verticali, occorre calcolare i limiti agli estremi del dominio di $f(x)$.

> **ESEMPIO**
> Data la funzione $f(x) = \dfrac{4x^2 + 3}{x^2 - 1}$, cerchiamo le equazioni dei suoi asintoti orizzontali e verticali calcolando i limiti agli estremi del dominio $D: \mathbb{R} - \{\pm 1\}$.
>
> $$\lim_{x \to \infty} \frac{4x^2 + 3}{x^2 - 1} = 4$$

Capitolo 14. Calcolo dei limiti e continuità delle funzioni

▶ Determina le equazioni degli asintoti orizzontali e verticali della funzione
$y = \dfrac{x+1}{3-x}$.

☐ Animazione

La retta di equazione $y = 4$ è asintoto orizzontale per il grafico della funzione.

$$\lim_{x \to +1} \frac{4x^2 + 3}{x^2 - 1} = \lim_{x \to -1} \frac{4x^2 + 3}{x^2 - 1} = \infty$$

Le rette di equazioni $x = 1$ e $x = -1$ sono asintoti verticali.

■ Asintoti obliqui

▶ Esercizi a p. 697

DEFINIZIONE

La retta di equazione $y = mx + q$, con $m \neq 0$, è **asintoto obliquo** per il grafico di una funzione $f(x)$ se

$$\lim_{x \to \infty} [f(x) - (mx + q)] = 0.$$

Analoga definizione si ha se si sostituiscono $+\infty$ o $-\infty$ a ∞. Per $x \to +\infty$ parliamo di **asintoto obliquo destro**, per $x \to -\infty$ di **asintoto obliquo sinistro**.

La definizione è equivalente alla richiesta che la distanza tra il punto P del grafico di $f(x)$ e il punto Q della retta di equazione $y = mx + q$ con la stessa ascissa tenda a 0 per $x \to \infty$.

Dimostriamo, con questa definizione, che la distanza PH di P dall'asintoto tende a 0 quando x tende a ∞.

Per la definizione di asintoto obliquo,

$$\lim_{x \to \infty} \overline{PQ} = \lim_{x \to \infty} |f(x) - (mx + q)| = 0,$$

ma, poiché PQ e HP sono rispettivamente l'ipotenusa e un cateto del triangolo rettangolo QHP, si ha: $\overline{PQ} > \overline{PH} > 0$.

Per il teorema del confronto: $\lim_{x \to \infty} \overline{PH} = 0$.

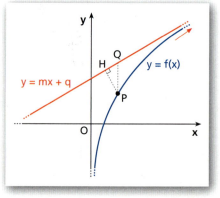

Osservazione. Da $\lim_{x \to \infty} [f(x) - (mx + q)] = 0$ ricaviamo $\lim_{x \to \infty} f(x) = \lim_{x \to \infty} (mx + q)$, da cui: $\lim_{x \to \infty} f(x) = \infty$, condizione necessaria (ma non sufficiente) per l'esistenza dell'asintoto obliquo.

Ricerca degli asintoti obliqui

MATEMATICA E ARCHITETTURA
Un limite da disastro

▶ Perché nei grattacieli si adottano forme aerodinamiche?

☐ La risposta

TEOREMA

Se il grafico della funzione $y = f(x)$ ha un asintoto obliquo di equazione $y = mx + q$, con $m \neq 0$, allora m e q sono dati dai seguenti limiti:

$$m = \lim_{x \to \infty} \frac{f(x)}{x};$$

$$q = \lim_{x \to \infty} [f(x) - mx].$$

Il teorema è valido anche se al posto di ∞ mettiamo $+\infty$ o $-\infty$.

DIMOSTRAZIONE

Se esiste un asintoto obliquo, è vero che

$$\lim_{x \to \infty} [f(x) - (mx + q)] = 0,$$

e quindi, dividendo per $x \neq 0$,

$$\lim_{x \to \infty} \frac{f(x) - (mx + q)}{x} = 0 \to \lim_{x \to \infty} \left[\frac{f(x)}{x} - m - \frac{q}{x}\right] = 0,$$

e, poiché $\lim_{x \to \infty} m = m$ e $\lim_{x \to \infty} \frac{q}{x} = 0$, deve essere:

$$m = \lim_{x \to \infty} \frac{f(x)}{x}.$$

Per ipotesi è $m \neq 0$, e per calcolare q consideriamo nuovamente:

$$\lim_{x \to \infty} [f(x) - (mx + q)] = 0 \to \lim_{x \to \infty} [(f(x) - mx) - q] = 0 \to$$

$$\lim_{x \to \infty} [f(x) - mx] - q = 0 \to \boldsymbol{q = \lim_{x \to \infty} [f(x) - mx]}.$$

Viceversa, si può dimostrare che se $\lim_{x \to \infty} f(x) = \infty$ ed esistono finiti i limiti $m = \lim_{x \to \infty} \frac{f(x)}{x}$ e $q = \lim_{x \to \infty} [f(x) - mx]$, con $m \neq 0$, allora il grafico della funzione $y = f(x)$ presenta un asintoto obliquo di equazione $y = mx + q$.

▶ **Video**

Asintoti
▶ Cos'è un asintoto?
▶ Come possiamo calcolarlo?

ESEMPIO

Determiniamo, se esiste, l'asintoto obliquo della funzione:

$$y = \frac{3x^2 - 2x + 1}{x - 1}.$$

Essendo $\lim_{x \to \infty} f(x) = \infty$, la curva può avere un asintoto obliquo. Calcoliamo m:

$$m = \lim_{x \to \infty} \frac{f(x)}{x} = \lim_{x \to \infty} \frac{3x^2 - 2x + 1}{x^2 - x} = 3.$$

Calcoliamo q, sostituendo nella formula il valore 3 al posto di m:

$$q = \lim_{x \to \infty} [f(x) - mx] = \lim_{x \to \infty} \left(\frac{3x^2 - 2x + 1}{x - 1} - 3x\right) =$$

$$= \lim_{x \to \infty} \frac{3x^2 - 2x + 1 - 3x^2 + 3x}{x - 1} = \lim_{x \to \infty} \frac{x + 1}{x - 1} = 1.$$

I calcoli svolti sono validi sia per $x \to +\infty$ sia per $x \to -\infty$; quindi, in entrambi i casi, il grafico della funzione ha un asintoto obliquo di equazione:

$$y = 3x + 1.$$

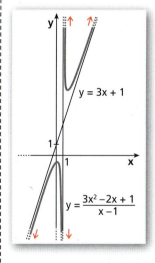

Un asintoto obliquo si può avere sia per $x \to +\infty$ sia per $x \to -\infty$, oppure in uno solo dei due casi, come si può osservare negli esempi della figura seguente.

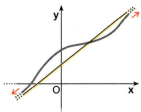
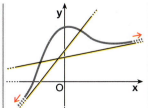
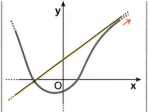
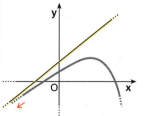

a. La funzione ha lo stesso asintoto obliquo per $x \to +\infty$ e per $x \to -\infty$.

b. La funzione ha due asintoti obliqui diversi per $x \to +\infty$ e per $x \to -\infty$.

c. La funzione ha un asintoto obliquo soltanto per $x \to +\infty$.

d. La funzione ha un asintoto obliquo soltanto per $x \to -\infty$.

Un caso particolare

Sia $f(x)$ una *funzione razionale fratta*

$$f(x) = \frac{A(x)}{B(x)}$$

tale che $A(x)$ sia un polinomio di grado n e $B(x)$ un polinomio di grado $n-1$. Allora, effettuando la divisione tra i due polinomi, possiamo scrivere:

$$A(x) = B(x) \cdot Q(x) + R(x) \rightarrow f(x) = Q(x) + \frac{R(x)}{B(x)},$$

dove $Q(x)$ è il quoziente, che è un polinomio di primo grado, e $R(x)$ è il resto, che è un polinomio di grado inferiore a $B(x)$. Quindi:

$$Q(x) = mx + q \text{ e } \lim_{x \to \infty} \frac{R(x)}{B(x)} = 0.$$

Essendo $f(x) = mx + q + \frac{R(x)}{B(x)}$, si ha che $\lim_{x \to \infty} f(x) = \infty$, $\lim_{x \to \infty} \frac{f(x)}{x} = m$ e $\lim_{x \to \infty} [f(x) - mx] = q$.

Allora, la retta di equazione $y = mx + q$, determinata dal quoziente tra $A(x)$ e $B(x)$, è un asintoto obliquo per il grafico di $f(x)$.

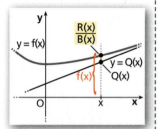

▶ Trova l'equazione dell'asintoto obliquo per la funzione
$f(x) = \dfrac{x^3 - 10}{x^2 + 1}$.

☐ **Animazione**

ESEMPIO

Consideriamo la funzione $f(x) = \dfrac{2x^4 - 2x + 1}{x^3 - 1}$.

Osserviamo che il grado del numeratore supera di una unità quello del denominatore, quindi la funzione ammette un asintoto obliquo, che troviamo eseguendo la divisione tra $A(x) = 2x^4 - 2x + 1$ e $B(x) = x^3 - 1$. Otteniamo come quoziente $Q(x) = 2x$ e come resto $R(x) = 1$, quindi possiamo scrivere

$$f(x) = 2x + \frac{1}{x^3 - 1}$$

e la retta di equazione $y = 2x$ è un asintoto obliquo per il grafico di $f(x)$.

9 Grafico probabile di una funzione

▶ Esercizi a p. 700

Data una funzione $y = f(x)$, poiché siamo in grado di determinare molte sue caratteristiche, possiamo tracciare il suo grafico anche se solo in modo approssimato. Lo chiameremo **grafico probabile**.

Per rappresentare il grafico probabile di una funzione occorre:

1. determinare il dominio;
2. studiare eventuali simmetrie rispetto all'asse y o rispetto all'origine;
3. determinare le intersezioni con gli assi cartesiani;
4. studiare il segno;
5. calcolare i limiti agli estremi del dominio e studiare i punti di discontinuità;
6. determinare gli asintoti.

IN SINTESI
Calcolo dei limiti e continuità delle funzioni

■ Operazioni sui limiti

- **Limite della somma e limite del prodotto**
  Se $\lim_{x \to \alpha} f(x) = l$ e $\lim_{x \to \alpha} g(x) = m$, con $l, m \in \mathbb{R}$, allora:

  $$\lim_{x \to \alpha} [f(x) + g(x)] = l + m,$$

  $$\lim_{x \to \alpha} [f(x) \cdot g(x)] = l \cdot m.$$

  Se i limiti non sono entrambi finiti valgono i risultati delle tabelle.

  I casi non indicati nelle tabelle corrispondono a forme indeterminate.

lim $f(x)$	lim $g(x)$	lim $[f(x) + g(x)]$
l	$+\infty$	$+\infty$
l	$-\infty$	$-\infty$
$+\infty$	$+\infty$	$+\infty$
$-\infty$	$-\infty$	$-\infty$

lim $f(x)$	lim $g(x)$	lim $[f(x) \cdot g(x)]$
$l > 0$	$+\infty$	$+\infty$
$l > 0$	$-\infty$	$-\infty$
$l < 0$	$+\infty$	$-\infty$
$l < 0$	$-\infty$	$+\infty$
$+\infty$	$+\infty$	$+\infty$
$-\infty$	$-\infty$	$+\infty$
$+\infty$	$-\infty$	$-\infty$

- **Limite della potenza $[f(x)]^n$**
  Se $\lim_{x \to \alpha} f(x) = l$, allora $\lim_{x \to \alpha} [f(x)]^n = l^n$, $\forall n \in \mathbb{N} - \{0\}$.

- **Limite del quoziente**
  Se $\lim_{x \to \alpha} f(x) = l$ e $\lim_{x \to \alpha} g(x) = m$, con $l, m \in \mathbb{R}$ e $m \neq 0$, allora $\lim_{x \to \alpha} \frac{f(x)}{g(x)} = \frac{l}{m}$.

  Se $m = 0$ e $l \neq 0$, $\lim_{x \to \alpha} \frac{f(x)}{g(x)} = \infty$, con segno dato dalla regola dei segni.
  Se le funzioni non hanno entrambe limite finito, vale la tabella a fianco.

  I casi non considerati portano a forme indeterminate.

lim $f(x)$	lim $g(x)$	lim $\frac{f(x)}{g(x)}$
l	∞	0
∞	l	∞

- **Limite della potenza $[f(x)]^{g(x)}$**
  Se $\lim_{x \to \alpha} f(x) = l > 0$ e $\lim_{x \to \alpha} g(x) = m$, allora $\lim_{x \to \alpha} [f(x)]^{g(x)} = l^m$.

  Per gli altri casi in cui non si abbia una delle forme indeterminate 1^∞, 0^0, ∞^0, il valore del limite si determina mediante le proprietà degli esponenziali.

■ Forme indeterminate

- **Forme indeterminate**: $+\infty - \infty$, $\infty \cdot 0$, $\frac{\infty}{\infty}$, $\frac{0}{0}$, 1^∞, 0^0, ∞^0.

- **Forma indeterminata $+\infty - \infty$ (funzioni razionali)**

  $$\lim_{\substack{x \to +\infty \\ (x \to -\infty)}} (a_0 x^n + a_1 x^{n-1} + \ldots + a_{n-1} x + a_n) = \lim_{\substack{x \to +\infty \\ (x \to -\infty)}} a_0 x^n = \infty, \text{ secondo la regola dei segni del prodotto } a_0 x^n.$$

- **Limite in forma indeterminata $\frac{\infty}{\infty}$ (funzioni razionali fratte)**

  $$\lim_{\substack{x \to +\infty \\ (x \to -\infty)}} \frac{a_0 x^n + a_1 x^{n-1} + \ldots + a_n}{b_0 x^m + b_1 x^{m-1} + \ldots + b_m} = \begin{cases} \pm\infty & \text{se } n > m \\ \dfrac{a_0}{b_0} & \text{se } n = m \\ 0 & \text{se } n < m \end{cases}$$

Capitolo 14. Calcolo dei limiti e continuità delle funzioni

■ Limiti notevoli

- $\lim\limits_{x \to 0} \dfrac{\sin x}{x} = 1;$
- $\lim\limits_{x \to 0} \dfrac{1 - \cos x}{x^2} = \dfrac{1}{2};$
- $\lim\limits_{x \to 0} \dfrac{\ln(1 + x)}{x} = 1;$
- $\lim\limits_{x \to 0} \dfrac{1 - \cos x}{x} = 0;$
- $\lim\limits_{x \to \pm\infty} \left(1 + \dfrac{1}{x}\right)^x = e;$
- $\lim\limits_{x \to 0} \dfrac{e^x - 1}{x} = 1;$

■ Infinitesimi, infiniti e loro confronto

Una funzione $f(x)$ è un:
- infinitesimo, per $x \to \alpha$, se $\lim\limits_{x \to \alpha} f(x) = 0;$
- infinito, per $x \to \alpha$, se $\lim\limits_{x \to \alpha} f(x) = \pm\infty.$

■ Limiti delle successioni

Per le successioni con limite finito $\left(\lim\limits_{n \to +\infty} a_n = l \text{ e } \lim\limits_{n \to +\infty} b_n = l', \text{ con } l, l' \in \mathbb{R}\right)$, valgono i teoremi sulle operazioni con i limiti, come per le funzioni.

- Teorema della **somma dei limiti**: $\lim\limits_{n \to +\infty} (a_n + b_n) = l + l'.$
- Teorema della **differenza dei limiti**: $\lim\limits_{n \to +\infty} (a_n - b_n) = l - l'.$
- Teorema del **prodotto dei limiti**: $\lim\limits_{n \to +\infty} (a_n \cdot b_n) = l \cdot l'.$
- Teorema del **quoziente dei limiti**: se $b_n \neq 0 \ \forall n \in \mathbb{N}$ e $l' \neq 0$, allora $\lim\limits_{n \to +\infty} \dfrac{a_n}{b_n} = \dfrac{l}{l'}.$

■ Funzioni continue e discontinuità

- $f(x)$ **continua in x_0**: $\lim\limits_{x \to x_0} f(x) = f(x_0)$; **continua in $[a; b]$**: f è continua in ogni punto di $[a; b]$.
- Teorema di **Weierstrass**: f continua in $[a; b] \to \exists c, d \in [a; b] \mid f(c) = m, f(d) = M$, dove m e M sono il minimo e il massimo dell'insieme dei valori assunti dalla funzione quando x varia in $[a; b]$.
- Teorema dei **valori intermedi**: f continua in $[a; b] \to \forall k: m \leq k \leq M \ \exists x \in [a; b]: f(x) = k.$
- Teorema di **esistenza degli zeri**: f continua in $[a; b]$, $f(a) \cdot f(b) < 0 \to \exists c \in [a; b]: f(c) = 0.$
- x_0 **è punto di discontinuità (punto singolare)** se $\lim\limits_{x \to x_0} f(x) \neq f(x_0).$
- x_0 **è punto di discontinuità di prima specie** se $\lim\limits_{x \to x_0^-} f(x) = l_1 \neq \lim\limits_{x \to x_0^+} f(x) = l_2.$
- x_0 **è punto di discontinuità di seconda specie** se per $x \to x_0$ almeno uno dei due limiti, destro o sinistro, di $f(x)$ è infinito oppure non esiste.
- x_0 **è punto di discontinuità di terza specie** se esiste ed è finito $\lim\limits_{x \to x_0} f(x) = l$, ma f non è definita in x_0 oppure, se lo è, risulta $f(x_0) \neq l.$

■ Asintoti

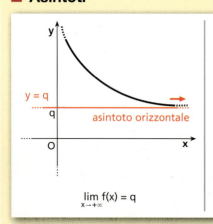

$\lim\limits_{x \to +\infty} f(x) = q$

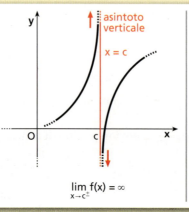

$\lim\limits_{x \to c^\pm} f(x) = \infty$

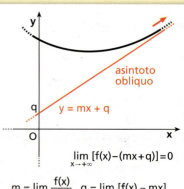

$m = \lim\limits_{x \to \infty} \dfrac{f(x)}{x}, \quad q = \lim\limits_{x \to \infty} [f(x) - mx]$

Paragrafo 1. Operazioni sui limiti

CAPITOLO 14
ESERCIZI

1 Operazioni sui limiti

Limiti di funzioni elementari
▶ Teoria a p. 646

AL VOLO Calcola i seguenti limiti di funzioni elementari.

1 $\lim_{x \to 2} 5e^3$; $\quad \lim_{x \to 1} \dfrac{2}{\ln e^2}$. $\quad$ **4** $\lim_{x \to +\infty} \left(\dfrac{1}{3}\right)^x$; $\quad \lim_{x \to -\infty} 4^x$.

2 $\lim_{x \to 10} x$; $\quad \lim_{x \to -\infty} x^5$. $\quad$ **5** $\lim_{x \to +\infty} 2^{-x}$; $\quad \lim_{x \to +\infty} 2^{2x}$.

3 $\lim_{x \to 3} e^x$; $\quad \lim_{x \to -\infty} e^x$. $\quad$ **6** $\lim_{x \to 1} \ln x$; $\quad \lim_{x \to 0^+} \log x$.

7 **ASSOCIA** ciascun limite al suo valore.

a. $\lim_{x \to 2} x^3$ $\qquad$ b. $\lim_{x \to +\infty} x^3$ $\qquad$ c. $\lim_{x \to -\infty} x^3$ $\qquad$ d. $\lim_{x \to -\infty} 3^x$

1. $+\infty$ $\qquad$ 2. 0 $\qquad$ 3. $-\infty$ $\qquad$ 4. 8

Limite della somma
▶ Teoria a p. 647

8 **ESERCIZIO GUIDA** Calcoliamo i limiti: **a.** $\lim_{x \to 1}(x + \ln x)$; **b.** $\lim_{x \to -\infty}(x^2 - 2x)$.

a. Abbiamo
$$\lim_{x \to 1} x = 1 \text{ e } \lim_{x \to 1} \ln x = 0,$$
quindi per il teorema del limite della somma:
$$\lim_{x \to 1}(x + \ln x) = 1.$$

b. Abbiamo
$$\lim_{x \to -\infty} x^2 = +\infty, \lim_{x \to -\infty}(-2x) = +\infty,$$
quindi:
$$\lim_{x \to -\infty}(x^2 - 2x) = +\infty.$$

Calcola i limiti.

9 $\lim_{x \to -2}(2x^3 + x^2)$ $\qquad$ [−12] $\qquad$ **12** $\lim_{x \to -\infty}(-x^2 + x)$ $\qquad$ [−∞]

10 $\lim_{x \to -1}(x^4 - x^3 - 4)$ $\qquad$ [−2] $\qquad$ **13** $\lim_{x \to -1}(\sqrt{2x+6} - x)$ $\qquad$ [3]

11 $\lim_{x \to +\infty}(e^x + \ln x)$ $\qquad$ [+∞] $\qquad$ **14** $\lim_{x \to e}(3 - \ln x)$ $\qquad$ [2]

Limite del prodotto
▶ Teoria a p. 648

15 **ESERCIZIO GUIDA** Calcoliamo: **a.** $\lim_{x \to 0^+}(x+1) \cdot \ln x$; **b.** $\lim_{x \to +\infty} x \cdot \dfrac{e^x}{2}$.

a. $\lim_{x \to 0^+}(x+1) = 1$; $\quad \lim_{x \to 0^+} \ln x = -\infty$.

Il segno dei due limiti è discorde, quindi:
$$\lim_{x \to 0^+}(x+1)\ln x = -\infty.$$

b. $\lim_{x \to +\infty} x = +\infty$; $\quad \lim_{x \to +\infty} \dfrac{e^x}{2} = +\infty$.

Il segno dei due limiti è concorde, pertanto:
$$\lim_{x \to +\infty} x \cdot \dfrac{e^x}{2} = +\infty.$$

673

Capitolo 14. Calcolo dei limiti e continuità delle funzioni

Calcola i limiti.

16 $\lim_{x \to 3^+} \sqrt{x-3}(3-x)$ [0]

17 $\lim_{x \to +\infty} \dfrac{2-x}{3}(x^3-1)$ [$-\infty$]

18 $\lim_{x \to +\infty} x \ln x$ [$+\infty$]

19 $\lim_{x \to +\infty} (1-x^2) e^x$ [$-\infty$]

20 $\lim_{x \to +\infty} (4+x)^3$ [$+\infty$]

21 $\lim_{x \to 1^-} (x-1)e^x$ [0]

22 $\lim_{x \to -\infty} (7-2x)^5(x^2+1)$ [$+\infty$]

23 $\lim_{x \to -\infty} (2x^2+1)^6$ [$+\infty$]

Limite del quoziente
▶ Teoria a p. 649

24 **ESERCIZIO GUIDA**   Calcoliamo: **a.** $\lim_{x \to 2} \dfrac{x^2+3x-1}{x-1}$; **b.** $\lim_{x \to -2^+} \dfrac{6x+1}{x+2}$.

a. Poiché $\lim_{x \to 2}(x^2+3x-1) = 9$ e

$\lim_{x \to 2}(x-1) = 1$,

abbiamo

$\lim_{x \to 2} \dfrac{x^2+3x-1}{x-1} = \dfrac{9}{1} = 9.$

b. $\lim_{x \to -2^+}(6x+1) = -11$ e $\lim_{x \to -2^+}(x+2) = 0$.

Il numeratore tende a un numero negativo, mentre il denominatore tende a 0, restando sempre positivo (si può dire che tende a 0^+); i limiti hanno segno discorde, pertanto:

$\lim_{x \to -2^+} \dfrac{6x+1}{x+2} = -\infty.$

Calcola i limiti.

25 $\lim_{x \to -2^-} \dfrac{4x+3}{x^2-4}$ [$-\infty$]

26 $\lim_{x \to 0} \dfrac{2x^2+x}{2x+5}$ [0]

27 $\lim_{x \to -3^-} \dfrac{x^2-1}{x+3}$ [$-\infty$]

28 $\lim_{x \to 1} \dfrac{x+1}{x^2-2x+1}$ [$+\infty$]

29 $\lim_{x \to -1} \dfrac{x+1}{x^2-2x+1}$ [0]

30 $\lim_{x \to 0^-} \dfrac{1}{x^3}$ [$-\infty$]

31 $\lim_{x \to -\infty} \dfrac{-2}{x^4}$ [0]

32 $\lim_{x \to 4^+} \dfrac{\sqrt{x-4}}{2x}$ [0]

Limite della potenza del tipo $[f(x)]^{g(x)}$
▶ Teoria a p. 650

Calcola i limiti.

33 $\lim_{x \to 2} x(x-1)^{x+1}$ [2]

34 $\lim_{x \to 4} (\sqrt{x})^{\frac{1}{x-2}}$ [$\sqrt{2}$]

35 $\lim_{x \to 0^+} (x+3)^{\frac{1}{x}}$ [$+\infty$]

36 $\lim_{x \to +\infty} \left(\dfrac{1}{x-1}\right)^x$ [0]

Riepilogo: Operazioni sui limiti

VERO O FALSO?

37 Se $\lim_{x \to c} f(x) = 0$ e $\lim_{x \to c} g(x) = -\infty$, allora:

  a. $\lim_{x \to c} \left[\dfrac{1}{f(x)} + \dfrac{1}{g(x)}\right] = \infty.$ V F

  b. $\lim_{x \to c} \dfrac{g(x)}{f(x)} = 0.$ V F

  c. $\lim_{x \to c} \dfrac{f(x)}{g(x)} = 0.$ V F

  d. $\lim_{x \to c} f(x)g(x) = \infty.$ V F

38 Se $\lim_{x \to c} f(x) = -1$ e $\lim_{x \to c} g(x) = -\infty$, allora:

  a. $\lim_{x \to c} [f(x) - g(x)] = -\infty.$ V F

  b. $\lim_{x \to c} \dfrac{f(x)}{g(x)} = 0.$ V F

  c. $\lim_{x \to c} \dfrac{g(x)}{f(x)} = -\infty.$ V F

  d. $\lim_{x \to c} [-f(x) - [g(x)]^2] = -\infty.$ V F

Riepilogo: Operazioni sui limiti

Calcola i limiti.

39 $\lim_{x \to -\infty} \left(x + \dfrac{5}{x}\right)$ $[-\infty]$

40 $\lim_{x \to 0} \left(\dfrac{1}{x^4} + \dfrac{1}{x^2}\right)$ $[+\infty]$

41 $\lim_{x \to -\infty} (x^2 + 7)^3$ $[+\infty]$

42 $\lim_{x \to 2} \left(\dfrac{2}{x} - 3\right)$ $[-2]$

43 $\lim_{x \to 3} (-2x+1)(x-2)$ $[-5]$

44 $\lim_{x \to 2} \dfrac{3x}{(x-2)^2}$ $[+\infty]$

45 $\lim_{x \to -4} e^{\frac{-4}{x}}$ $[e]$

46 $\lim_{x \to 1} \dfrac{x^2 + x + 1}{x^2 - 3x + 3}$ $[3]$

47 $\lim_{x \to 4} \dfrac{x + \sqrt{x}}{x^2 - 13}$ $[2]$

48 $\lim_{x \to 5} \dfrac{\sqrt{x+4}}{x+1}$ $\left[\dfrac{1}{2}\right]$

49 $\lim_{x \to 1} \dfrac{x}{x^2 - 4\sqrt{x} + 2}$ $[-1]$

50 $\lim_{x \to 3^+} \dfrac{5x-2}{3-x}$ $[-\infty]$

51 $\lim_{x \to -1^+} \dfrac{1}{x+1}$ $[+\infty]$

52 $\lim_{x \to +\infty} \dfrac{1}{x-2}$ $[0]$

53 $\lim_{x \to 3^-} \dfrac{1}{x-3}$ $[-\infty]$

54 $\lim_{x \to -\infty} \dfrac{1}{6-3x}$ $[0]$

55 $\lim_{x \to -1} \dfrac{-5}{(x+1)^2}$ $[-\infty]$

56 $\lim_{x \to -2^\pm} \dfrac{x+1}{x+2}$ $[-\infty; +\infty]$

57 $\lim_{x \to -3} \log_3(24-x)$ $[3]$

58 $\lim_{x \to \frac{3}{2}} \dfrac{x-2}{(2x-3)^2}$ $[-\infty]$

59 $\lim_{x \to 0^-} \left(\dfrac{1}{x^2} - \dfrac{1}{x^3}\right)$ $[+\infty]$

60 $\lim_{x \to 8} \dfrac{x + \sqrt[3]{x^2}}{\sqrt[3]{x} + 2}$ $[3]$

61 $\lim_{x \to +\infty} \dfrac{e^x + e^{-x}}{e^{-x}}$ $[+\infty]$

62 $\lim_{x \to 4} \dfrac{\log_2 x + 1}{3 \log_4 x}$ $[1]$

63 $\lim_{x \to 1} \dfrac{2x-1}{\log x - 3}$ $\left[-\dfrac{1}{3}\right]$

64 $\lim_{x \to 2} \sqrt{x + \log_2 x}$ $[\sqrt{3}]$

65 $\lim_{x \to 1^+} \dfrac{3x+2}{x-1}$ $[+\infty]$

66 $\lim_{x \to +\infty} \dfrac{2x^2 - 3x - 4}{e^x}$ $[0]$

67 $\lim_{x \to 2} (x^2 - 1)^{\frac{1}{x-1}}$ $[3]$

68 $\lim_{x \to 2} \dfrac{\log(x^2 + x - 5)}{2^x - 1}$ $[0]$

69 $\lim_{x \to 0^+} \dfrac{2x+3}{5^x - 1}$ $[+\infty]$

70 $\lim_{x \to 2} \dfrac{2x^2 - x + 1}{2^{2x} - 2^x + 2}$ $\left[\dfrac{1}{2}\right]$

---

71 **EUREKA!** Determina per quali valori di k: $\lim_{x \to +\infty} (k^2 - 8)^x = 0$. $[-3 < k < -2\sqrt{2} \lor 2\sqrt{2} < k < 3]$

72 **REALTÀ E MODELLI** **Più veloce!** Pietro percorre 30 km per andare al lavoro. Oggi ha impiegato complessivamente 1 ora tra andata e ritorno.
  a. Qual è stata la sua velocità media in km/h?
  b. Dette v e w le velocità medie, in km/h, che ha mantenuto rispettivamente all'andata e al ritorno, verifica che $w = \dfrac{30v}{v - 30}$, quindi calcola il valore a cui tende w quando v tende a 30. Come interpreti questo risultato?

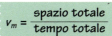
$v_m = \dfrac{\text{spazio totale}}{\text{tempo totale}}$

[a) 60 km/h; b) $w \to \infty$]

Capitolo 14. Calcolo dei limiti e continuità delle funzioni

2 Forme indeterminate

73 **TEST** Solo una fra le seguenti è una forma indeterminata. Quale?

A $\dfrac{\infty}{0}$ B $\dfrac{0}{\infty}$ C $0 \cdot \infty$ D 0^∞ E $(+\infty)^{-\infty}$

74 **ASSOCIA** ciascun limite alla forma indeterminata corrispondente.

a. $\lim\limits_{x \to -\infty} \dfrac{2x+1}{x^3-1}$ b. $\lim\limits_{x \to +\infty} x^4 - 3x$ c. $\lim\limits_{x \to +\infty} \left(\dfrac{1}{x}\right)^{\frac{2}{x}}$ d. $\lim\limits_{x \to 0^+} x \cdot \log x$

1. $+\infty - \infty$ 2. 0^0 3. $\dfrac{\infty}{\infty}$ 4. $0 \cdot \infty$

Forma indeterminata $+\infty - \infty$ ▶ Teoria a p. 651

75 **ESERCIZIO GUIDA** Calcoliamo:

a. $\lim\limits_{x \to -\infty} (x^3 + 2x^2 - 3)$; b. $\lim\limits_{x \to +\infty} (\sqrt{x+7} - \sqrt{x-5})$.

a. Poiché $\lim\limits_{x \to -\infty} x^3 = -\infty$ e $\lim\limits_{x \to -\infty} (2x^2 - 3) = +\infty$, abbiamo la forma indeterminata $-\infty + \infty$.

Raccogliamo a fattor comune x^3:

$$\lim_{x \to -\infty} (x^3 + 2x^2 - 3) = \lim_{x \to -\infty} \left[x^3 \cdot \left(1 + \frac{2}{x} - \frac{3}{x^3} \right) \right].$$

(tende a $-\infty$; tende a 0; tende a 0)

$\lim\limits_{x \to -\infty} (x^3 + 2x^2 - 3) = -\infty$.

b. Poiché $\lim\limits_{x \to +\infty} \sqrt{x+7} = +\infty$ e $\lim\limits_{x \to +\infty} \sqrt{x-5} = +\infty$, abbiamo la forma indeterminata $+\infty - \infty$.

Scriviamo la funzione $f(x) = \sqrt{x+7} - \sqrt{x-5}$ in modo che compaia la somma delle radici anziché la differenza, moltiplicando e dividendo $f(x)$ per $(\sqrt{x+7} + \sqrt{x-5})$:

$$\sqrt{x+7} - \sqrt{x-5} = (\sqrt{x+7} - \sqrt{x-5}) \cdot \dfrac{\sqrt{x+7}+\sqrt{x-5}}{\sqrt{x+7}+\sqrt{x-5}} = \dfrac{(x+7)-(x-5)}{\sqrt{x+7}+\sqrt{x-5}} = \dfrac{12}{\sqrt{x+7}+\sqrt{x-5}}.$$

$$\lim_{x \to +\infty} (\sqrt{x+7} - \sqrt{x-5}) = \lim_{x \to +\infty} \dfrac{12}{\sqrt{x+7}+\sqrt{x-5}} = 0$$

(tende a $+\infty$)

Calcola i limiti.

76 $\lim\limits_{x \to -\infty} (x^4 - x^2 - 9)$ $[+\infty]$

77 $\lim\limits_{x \to -\infty} (-2x^5 + 3x^2 - x + 3)$ $[+\infty]$

78 $\lim\limits_{x \to -\infty} \dfrac{9x^3 + x^2}{2}$ $[-\infty]$

79 $\lim\limits_{x \to +\infty} \left(-x^7 + \dfrac{1}{2}x + 1\right)$ $[-\infty]$

80 $\lim\limits_{x \to +\infty} (\sqrt{x+1} - \sqrt{x+2})$ $[0]$

81 $\lim\limits_{x \to +\infty} (\sqrt{x^2+1} - \sqrt{x^2-4})$ $[0]$

82 $\lim\limits_{x \to -\infty} (x^3 - x)\left(\dfrac{1}{x} - 2\right)$ $[+\infty]$

83 $\lim\limits_{x \to +\infty} (-2x^4 + x^3 - 2x^2)$ $[-\infty]$

84 $\lim\limits_{x \to -\infty} (\sqrt{1-2x} - \sqrt{3-2x})$ $[0]$

85 $\lim\limits_{x \to -\infty} (-3x^3 + 2x^2 - x)$ $[+\infty]$

Paragrafo 2. Forme indeterminate

86 $\lim_{x \to +\infty} \dfrac{x}{\sqrt{2x-1} - \sqrt{2x+2}}$ $\quad [-\infty]$

88 $\lim_{x \to +\infty} \dfrac{\sqrt{x} - \sqrt{x-5}}{2}$ $\quad [0]$

87 $\lim_{x \to +\infty} \dfrac{\sqrt{x^2-1} - x}{3x+1}$ $\quad [0]$

89 $\lim_{x \to -\infty} (4x + \sqrt{16x^2 - 1})$ $\quad [0]$

EUREKA!

90 Calcola $\lim_{x \to +\infty} (\sqrt[3]{x^3 - x^2} - x)$ ricordando che $A^3 - B^3 = (A-B)(A^2 + AB + B^2)$. $\quad \left[-\dfrac{1}{3}\right]$

91 Calcola $\lim_{x \to +\infty} (\sqrt[4]{x^3} - \sqrt[3]{x^2} + \sqrt{x} - x)$. $\quad [-\infty]$

Forma indeterminata $0 \cdot \infty$
▶ Teoria a p. 653

92 **ESERCIZIO GUIDA** Calcoliamo $\lim_{x \to 0^+} (\sin 2x \cdot \cot x)$.

Poiché $\lim_{x \to 0^+} \sin 2x = 0$ e $\lim_{x \to 0^+} \cot x = +\infty$, abbiamo la forma indeterminata $0 \cdot \infty$.

Utilizzando le formule goniometriche, trasformiamo $\sin 2x$ e $\cot x$ in modo da semplificare l'argomento del limite:

$$\sin 2x \cdot \cot x = 2\sin x \cos x \cdot \dfrac{\cos x}{\sin x} = 2\cos^2 x.$$

Quindi:

$$\lim_{x \to 0^+} (\sin 2x \cdot \cot x) = \lim_{x \to 0^+} (2\cos^2 x) = 2 \cdot 1 = 2.$$

Calcola i limiti.

93 $\lim_{x \to \frac{\pi}{2}} [(1 + \tan x)\cot x]$ $\quad [1]$

95 $\lim_{x \to 0} \left(4 - \dfrac{1}{x}\right)(x^2 + 2x)$ $\quad [-2]$

94 $\lim_{x \to 0^-} (\sin x \cot^2 x)$ $\quad [-\infty]$

96 $\lim_{x \to \frac{\pi}{2}} (\cos^2 x \tan x)$ $\quad [0]$

Forma indeterminata $\dfrac{\infty}{\infty}$
▶ Teoria a p. 653

97 **ESERCIZIO GUIDA** Calcoliamo:

a. $\lim_{x \to +\infty} \dfrac{-x^4 + 2x}{x^2 - 2}$; b. $\lim_{x \to +\infty} \dfrac{1 + 6x^3}{x^3 - x}$; c. $\lim_{x \to +\infty} \dfrac{2x - x^2}{x^3 + 1}$.

a. Raccogliamo a fattor comune le potenze di grado massimo al numeratore e al denominatore:

$$\lim_{x \to +\infty} \dfrac{x^4\left(-1 + \dfrac{2}{x^3}\right)}{x^2 \cdot \left(1 - \dfrac{2}{x^2}\right)} = \lim_{x \to +\infty} \left(x^2 \cdot \dfrac{-1 + \dfrac{2}{x^3}}{1 - \dfrac{2}{x^2}}\right).$$

(tende a -1 / tende a $+\infty$)

Quindi: $\lim_{x \to +\infty} \dfrac{-x^4 + 2x}{x^2 - 2} = -\infty$.

b. Ordiniamo il numeratore e il denominatore secondo il grado decrescente:

$$\lim_{x \to +\infty} \dfrac{6x^3 + 1}{x^3 - x}.$$

▶

Capitolo 14. Calcolo dei limiti e continuità delle funzioni

Raccogliamo a fattor comune i monomi di grado massimo al numeratore e al denominatore:

$$\lim_{x \to +\infty} \frac{x^3 \cdot \left(6 + \frac{1}{x^3}\right)}{x^3 \cdot \left(1 - \frac{1}{x^2}\right)} = \lim_{x \to +\infty} \frac{6 + \frac{1}{x^3}}{1 - \frac{1}{x^2}} = 6.$$

(tende a 6 / tende a 1)

c. Ordiniamo il numeratore e il denominatore secondo il grado decrescente:

$$\lim_{x \to +\infty} \frac{-x^2 + 2x}{x^3 + 1}.$$

Raccogliamo a fattor comune le potenze di grado massimo al numeratore e al denominatore:

$$\lim_{x \to +\infty} \frac{x^2 \cdot \left(-1 + \frac{2}{x}\right)}{x^3 \cdot \left(1 + \frac{1}{x^3}\right)} = \lim_{x \to +\infty} \frac{1}{x} \cdot \frac{-1 + \frac{2}{x}}{1 + \frac{1}{x^3}} = 0 \cdot (-1) = 0.$$

(tende a 0 / tende a −1)

Calcola i limiti.

98 $\lim_{x \to -\infty} \dfrac{x^6 - 3x^4}{2x^2 - 2x + 1}$ $[+\infty]$

99 $\lim_{x \to +\infty} \dfrac{3x^2 - 2x + 1 + x^5}{3x^2 - 2x + 1}$ $[+\infty]$

100 $\lim_{x \to +\infty} \dfrac{3x^3 - 4x^2 + 6}{3x^2 - 2x + x^3}$ $[3]$

101 $\lim_{x \to -\infty} \dfrac{x^2 - 6x^4 + 3x^6}{7x^5 + 4x^3 - 2x}$ $[-\infty]$

102 $\lim_{x \to -\infty} \dfrac{x^2 - 3x^4 - 27}{7 + 4x^3 + x}$ $[+\infty]$

103 $\lim_{x \to +\infty} \dfrac{2x - 6x^3 + x^2}{x^2 - 3x^3}$ $[2]$

104 $\lim_{x \to -\infty} \dfrac{x - 2x^3 + 3x^2}{x^2 - 2 - x^4}$ $[0]$

105 $\lim_{x \to -\infty} \dfrac{2x^2 + x + 4x^3}{x^5 - x^2}$ $[0]$

106 $\lim_{x \to -\infty} \dfrac{2x^5 - x^3 + x^4}{x^5 - 6x^2}$ $[2]$

107 $\lim_{x \to -\infty} \dfrac{x^3 - 2x^6 + 4}{2x^6 - 7 - x^3}$ $[-1]$

108 $\lim_{x \to +\infty} \dfrac{x^2 - 3x^4}{2x^2 - x + 4x^4}$ $\left[-\dfrac{3}{4}\right]$

109 $\lim_{x \to +\infty} \dfrac{x^2 - x^4}{x^2 - x + x^6}$ $[0]$

MATEMATICA E STORIA

Un limite notevole Per mostrare che « $\dfrac{(x+1)^m}{x^m}$ » ha l'unità come suo limite quando x viene aumentato senza limite», il matematico inglese Augustus De Morgan (1806-1871), nella sua opera introduttiva al calcolo differenziale e integrale, utilizza l'uguaglianza:

$$\frac{(x+1)^m}{x^m} = 1 + \frac{mx^{m-1} + \text{etc.}}{x^m}.$$

a. Verifica che l'uguaglianza è sempre vera comunque si scelga m naturale positivo.
b. Giustifica la seguente affermazione di De Morgan: «Il numeratore di quest'ultima frazione diminuisce indefinitamente se comparato con il suo denominatore» (mostrando, con ciò, che il valore del limite citato all'inizio di questo esercizio è proprio 1).

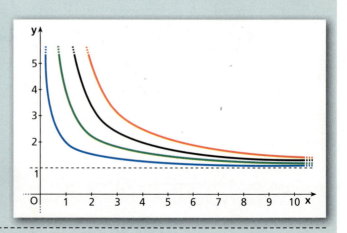

Risoluzione – Esercizio in più

Paragrafo 2. Forme indeterminate

Determina per quali valori di $n \in \mathbb{N}$ sono verificati i seguenti limiti.

110 $\lim_{x \to +\infty} \dfrac{2x^2 + 3}{x^n - 1} = 2$

111 $\lim_{x \to -\infty} \dfrac{x + 1}{4 - x^n} = 0$

112 $\lim_{x \to +\infty} \dfrac{4x + x^n}{x^3 + 1} = +\infty$

113 **ESERCIZIO GUIDA** Calcoliamo $\lim_{x \to -\infty} \dfrac{\sqrt{x^2 + 1}}{2x - 1}$.

Osserviamo che per x che tende a $-\infty$ il numeratore tende a $+\infty$, mentre il denominatore tende a $-\infty$ e quindi il limite è nella forma indeterminata $\dfrac{\infty}{\infty}$.

Raccogliamo a fattor comune i termini in x di grado massimo all'interno della radice e al denominatore:

$$\lim_{x \to -\infty} \frac{\sqrt{x^2\left(1 + \dfrac{1}{x^2}\right)}}{x\left(2 - \dfrac{1}{x}\right)} = \lim_{x \to -\infty} \frac{\sqrt{x^2} \cdot \sqrt{1 + \dfrac{1}{x^2}}}{x\left(2 - \dfrac{1}{x}\right)} = \lim_{x \to -\infty} \frac{|x| \cdot \sqrt{1 + \dfrac{1}{x^2}}}{x\left(2 - \dfrac{1}{x}\right)}.$$

Poiché x tende a $-\infty$, possiamo supporre $x < 0$, quindi abbiamo $|x| = -x$. Il limite perciò diventa:

$$\lim_{x \to -\infty} \frac{-x\sqrt{1 + \dfrac{1}{x^2}}}{x\left(2 - \dfrac{1}{x}\right)} = \lim_{x \to -\infty} \frac{-\sqrt{1 + \dfrac{1}{x^2}}}{\left(2 - \dfrac{1}{x}\right)} = -\frac{1}{2}.$$

(numeratore tende a -1; denominatore tende a 2)

Calcola i limiti.

114 $\lim_{x \to +\infty} \dfrac{\sqrt{x^2 + 8}}{x + 1}$ [1]

115 $\lim_{x \to +\infty} \dfrac{\sqrt{4x^2 - 3}}{x + 1}$ [2]

116 $\lim_{x \to +\infty} \dfrac{x + \sqrt{x^2 + 8}}{2x + 1}$ [1]

117 $\lim_{x \to +\infty} \dfrac{\sqrt{x^2 - x} - \sqrt{x^2}}{x - 2}$ [0]

118 $\lim_{x \to +\infty} \dfrac{\sqrt{x^2 + 3x - 1}}{x^2 + x - 1}$ [0]

119 $\lim_{x \to -\infty} \dfrac{3x - 2}{\sqrt{x^2 - x + 1}}$ [-3]

120 $\lim_{x \to +\infty} \dfrac{x^3 + x + 2}{\sqrt{2x^2 + 1}}$ [$+\infty$]

121 $\lim_{x \to -\infty} \dfrac{\sqrt{x^2 - 1} + 2x}{8x - 4}$ $\left[\dfrac{1}{8}\right]$

Forma indeterminata $\dfrac{0}{0}$

▶ Teoria a p. 655

122 **ESERCIZIO GUIDA** Calcoliamo $\lim_{x \to 2} \dfrac{2x^3 - x^2 - 5x - 2}{2x^2 - 5x + 2}$.

Calcolando il limite del numeratore e del denominatore, otteniamo la forma indeterminata $\dfrac{0}{0}$.

Poiché 2 è uno zero sia del numeratore sia del denominatore, scomponiamo in fattori. Per il numeratore usiamo la regola di Ruffini:

$$\begin{array}{c|ccc|c} & 2 & -1 & -5 & -2 \\ 2 & & 4 & 6 & 2 \\ \hline & 2 & 3 & 1 & 0 \end{array} \quad \to \quad 2x^3 - x^2 - 5x - 2 = (x - 2)(2x^2 + 3x + 1).$$

Scomponendo il denominatore abbiamo: $2x^2 - 5x + 2 = (x - 2)(2x - 1)$.

Calcoliamo il limite:

$$\lim_{x \to 2} \frac{2x^3 - x^2 - 5x - 2}{2x^2 - 5x + 2} = \lim_{x \to 2} \frac{(x - 2)(2x^2 + 3x + 1)}{(x - 2)(2x - 1)} = \lim_{x \to 2} \frac{2x^2 + 3x + 1}{2x - 1} = 5.$$

Capitolo 14. Calcolo dei limiti e continuità delle funzioni

Calcola i limiti.

123 $\lim_{x \to 0} \frac{x^2 + 4x}{x}$ [4]

124 $\lim_{x \to 1} \frac{(x-1)^2}{3x^2 - 3x}$ [0]

125 $\lim_{x \to -5} \frac{x^2 + 3x - 10}{x^2 - 25}$ $\left[\frac{7}{10}\right]$

126 $\lim_{x \to -2} \frac{3x^2 + x - 10}{x^2 - 5x - 14}$ $\left[\frac{11}{9}\right]$

127 $\lim_{x \to 1} \frac{x^3 - 1}{x^4 - 1}$ $\left[\frac{3}{4}\right]$

128 $\lim_{x \to \frac{1}{2}^+} \frac{2x^2 + 9x - 5}{4x^2 - 4x + 1}$ $[+\infty]$

129 $\lim_{x \to 2} \frac{x^3 + 2x^2 - 8x}{x^3 - 2x^2 + 2x - 4}$ [2]

130 $\lim_{x \to 2} \frac{x^4 - 4x^2}{x^3 - x^2 - 2x}$ $\left[\frac{8}{3}\right]$

131 $\lim_{x \to -1} \frac{x^4 + 2x^3 - 2x - 1}{x^2 + 2x + 1}$ [0]

132 $\lim_{x \to -3^-} \frac{x^2 + x - 6}{x^3 + 6x^2 + 9x}$ $[-\infty]$

133 $\lim_{x \to -2} \frac{x^3 + 6x^2 + 12x + 8}{x^2 + 4x + 4}$ [0]

134 $\lim_{x \to 1} \frac{x^3 - 7x + 6}{x^2 - 1}$ $[-2]$

Forme indeterminate 0^0, ∞^0, 1^∞

▶ Teoria a p. 655

135 **RIFLETTI SULLA TEORIA** Riconosci quali fra i seguenti limiti presentano una forma indeterminata.

$\lim_{x \to 0^+} 1^{\frac{1}{x}}$; $\quad \lim_{x \to +\infty}\left(1 + \frac{3}{x}\right)^x$; $\quad \lim_{x \to 1}\left(\frac{2}{1-x}\right)^x$; $\quad \lim_{x \to +\infty} x^{\frac{1}{x+1}}$; $\quad \lim_{x \to -\infty}(x^2)^x$.

136 **ESERCIZIO GUIDA** Calcoliamo $\lim_{x \to 0^+} x^{\frac{1}{\ln x}}$.

Per $x \to 0^+$ si ha $\ln x \to -\infty$, quindi $\frac{1}{\ln x} \to 0$, perciò abbiamo la forma indeterminata 0^0.

Usiamo l'identità scritta a fianco:

$\lim_{x \to 0^+} x^{\frac{1}{\ln x}} = \lim_{x \to 0^+} e^{\ln x^{\frac{1}{\ln x}}} = \lim_{x \to 0^+} e^{\frac{1}{\ln x} \cdot \ln x} = \lim_{x \to 0^+} e^1 = e.$

$f(x)^{g(x)} = e^{g(x) \ln f(x)}$ con $f(x) > 0$

Osservazione. Anche forme indeterminate dei tipi ∞^0 e 1^∞ possono essere risolte utilizzando la proprietà $a = e^{\ln a}$, con $a > 0$.

Calcola i limiti.

137 $\lim_{x \to 0^+} (2x)^{\frac{2}{\ln 2x}}$ $[e^2]$

138 $\lim_{x \to +\infty} x^{\frac{1}{\ln x}}$ $[e]$

139 $\lim_{x \to 0^+} \left(\frac{x}{2}\right)^{\frac{-3}{\ln x}}$ $\left[\frac{1}{e^3}\right]$

140 $\lim_{x \to +\infty} x^{\frac{1}{\ln^2 x^2}}$ [1]

141 $\lim_{x \to 0^+} \left(\frac{x^2}{4}\right)^{\frac{1}{3\ln x}}$ $\left[e^{\frac{2}{3}}\right]$

142 $\lim_{x \to 0^+} x^{-\frac{1}{\ln x^2}}$ $\left[\frac{1}{\sqrt{e}}\right]$

Riepilogo: Forme indeterminate

Calcola i limiti.

143 $\lim_{x \to -\infty}(-x^3 - 9)$ $[+\infty]$

144 $\lim_{x \to +\infty}(x + 2x^3 - x^2)$ $[+\infty]$

145 $\lim_{x \to -\infty}(-x^4 - x^3 + x^6 - x)$ $[+\infty]$

146 $\lim_{x \to +\infty}(x^5 - 11x)$ $[+\infty]$

147 $\lim_{x \to -2^+} \frac{x^2 + 2x}{x^3 + 2x^2 - 4x - 8}$ $[+\infty]$

148 $\lim_{x \to 5} \frac{x^2 - 25}{x^2 - 4x - 5}$ $\left[\frac{5}{3}\right]$

Riepilogo: Forme indeterminate

149 $\lim\limits_{x \to -3^+} \dfrac{x+3}{x^3 + 8x^2 + 21x + 18}$ $\quad [-\infty]$

150 $\lim\limits_{x \to 4^+} \dfrac{x-4}{x^2 - 8x + 16}$ $\quad [+\infty]$

151 $\lim\limits_{x \to -\infty} \dfrac{x - 5x^3 + x^2}{2x^3 + 4x^2 - x}$ $\quad \left[-\dfrac{5}{2}\right]$

152 $\lim\limits_{x \to -\infty} \dfrac{x^2 - 2x^3 + x^4}{x^5 + x^3 - 2x}$ $\quad [0]$

153 $\lim\limits_{x \to +\infty} \dfrac{x^2 - 2x^3 + x}{4x^2 - 2x^5 + 1}$ $\quad [0]$

154 $\lim\limits_{x \to -1^-} \dfrac{4x - 4}{1 - x^2}$ $\quad [+\infty]$

155 $\lim\limits_{x \to -\infty} \dfrac{x^2 - 2x^3 + 5}{2x^2 - 3x^3 + 1}$ $\quad \left[\dfrac{2}{3}\right]$

156 $\lim\limits_{x \to -3^-} \dfrac{x+3}{x^3 + 9x^2 + 27x + 27}$ $\quad [+\infty]$

157 $\lim\limits_{x \to -\infty} \dfrac{x - 2x^3 + x^5 + x^7}{x^2 - 2x^4 + 10x^6}$ $\quad [-\infty]$

158 $\lim\limits_{x \to 0^-} \dfrac{x^2 - x}{8x^3 - 7x^2}$ $\quad [-\infty]$

159 $\lim\limits_{x \to 3^+} \dfrac{x-3}{x^2 - 6x + 9}$ $\quad [+\infty]$

160 $\lim\limits_{x \to -2^+} \dfrac{x^2 + 4x + 4}{x^3 + 6x^2 + 12x + 8}$ $\quad [+\infty]$

161 $\lim\limits_{x \to +\infty} \dfrac{x - 2x^3 + x^4}{2x^3 - x}$ $\quad [+\infty]$

162 $\lim\limits_{x \to 2} \dfrac{x^3 - 4x}{x^3 - x^2 - 2x}$ $\quad \left[\dfrac{4}{3}\right]$

163 $\lim\limits_{x \to +\infty} \left(\dfrac{x^2 + 1}{x}\right)^\pi$ $\quad [+\infty]$

164 $\lim\limits_{x \to -\infty} (x + \sqrt{x^2 + 2})$ $\quad [0]$

165 $\lim\limits_{x \to +\infty} (3x - \sqrt{9x^2 + 1})$ $\quad [0]$

166 $\lim\limits_{x \to +\infty} \dfrac{1}{\sqrt{x^2 - 1} - x}$ $\quad [-\infty]$

167 $\lim\limits_{x \to -\infty} \dfrac{-x + \sqrt{x^2 - 8}}{6x + 7}$ $\quad \left[-\dfrac{1}{3}\right]$

168 $\lim\limits_{x \to +\infty} \dfrac{1}{2x - \sqrt{3 + 4x^2}}$ $\quad [-\infty]$

169 $\lim\limits_{x \to -\infty} \dfrac{8x + 2}{x - \sqrt{x^2 - 3}}$ $\quad [4]$

170 $\lim\limits_{x \to +\infty} \dfrac{x}{x^2 + \sqrt{3 + x^4}}$ $\quad [0]$

171 $\lim\limits_{x \to 1} \dfrac{1 - x}{1 - \sqrt{x}}$ $\quad [2]$

172 $\lim\limits_{x \to 8} \dfrac{\sqrt[3]{x} - 2}{x - 8}$ $\quad \left[\dfrac{1}{12}\right]$

173 $\lim\limits_{x \to +\infty} \dfrac{x^2}{x + \sqrt[3]{x^3 + 2x}}$ $\quad [+\infty]$

174 $\lim\limits_{x \to -\infty} \dfrac{1}{\sqrt{1 + x^2} + x}$ $\quad [+\infty]$

175 $\lim\limits_{x \to 0} \dfrac{\tan^2 x}{\sin x}$ $\quad [0]$

176 $\lim\limits_{x \to +\infty} e^{\frac{x^2 - 2}{-2x + 1}}$ $\quad [0^+]$

177 $\lim\limits_{x \to +\infty} \dfrac{\ln^2 x + 2\ln x}{\ln x + 1}$ $\quad [+\infty]$

178 $\lim\limits_{x \to 2} \left(\sqrt{\log 5x} - \dfrac{x^2 - 4}{x - 2}\right)$ $\quad [-3]$

179 $\lim\limits_{x \to +\infty} \dfrac{2}{2 - 2^{\frac{x-1}{x}}}$ $\quad [+\infty]$

180 $\lim\limits_{x \to 1} \dfrac{\sqrt{x+3} - \sqrt{5-x}}{\sqrt{1+x} - \sqrt{2}}$ $\quad [\sqrt{2}]$

181 $\lim\limits_{x \to \frac{\pi}{2}} \left[(1 - \sin x) \cdot \dfrac{1}{\cos x}\right]$ $\quad [0]$

182 $\lim\limits_{x \to \infty} \arcsin \dfrac{1 + x^2}{2x^2}$ $\quad \left[\dfrac{\pi}{6}\right]$

183 $\lim\limits_{x \to +\infty} \left(\dfrac{x+1}{2x-3}\right)^{x-1}$ $\quad [0^+]$

184 $\lim\limits_{x \to +\infty} \left(\dfrac{4x^2 - x}{x + 1}\right)^{x^2}$ $\quad [+\infty]$

185 $\lim\limits_{x \to +\infty} \left(\dfrac{x^2 - 1}{x}\right)^{-\ln x}$ $\quad [0^+]$

186 $\lim\limits_{x \to +\infty} \left(\dfrac{3x - 2}{x + 1}\right)^{\frac{x-1}{2x}}$ $\quad [\sqrt{3}]$

187 $\lim\limits_{x \to 0} \dfrac{\sqrt{2-x} - \sqrt{2+x}}{x}$ $\quad \left[-\dfrac{\sqrt{2}}{2}\right]$

188 $\lim\limits_{x \to -2} e^{\frac{x^2 - 4}{x + 2}}$ $\quad [e^{-4}]$

189 $\lim\limits_{x \to \infty} \log_2\left(\dfrac{x+1}{x}\right)$ $\quad [0]$

190 $\lim\limits_{x \to +\infty} \left(2^{\frac{1}{x}} - 2^{\frac{x-1}{x+1}}\right)$ $\quad [-1]$

COMPLETA

191 $\lim\limits_{x \to \square} \dfrac{x-1}{x^2 - 5x + 6} = \infty$ $\quad [2; 3]$

192 $\lim\limits_{x \to \square} \dfrac{x - 5x^2}{2x - x^2} = \infty$ $\quad [2]$

Capitolo 14. Calcolo dei limiti e continuità delle funzioni

TEST

193 Considera le funzioni $f(x) = 2x^2$, $g(x) = \frac{1}{x}$, $h(x) = -x$. Quale, fra i seguenti limiti, *non* è una forma indeterminata?

A $\lim_{x \to \infty} [f(x) \cdot g(x)]$

C $\lim_{x \to +\infty} [f(x) - h(x)]$

E $\lim_{x \to 0} \frac{h(x)}{f(x)}$

B $\lim_{x \to \infty} \frac{f(x)}{h(x)}$

D $\lim_{x \to 0} [g(x) \cdot h(x)]$

194 Fra i seguenti limiti, solo uno è una forma indeterminata. Quale?

A $\lim_{x \to \infty} \left(\frac{1}{x} - \frac{3}{x^2} \right)$

C $\lim_{x \to 0} \frac{2x+1}{3}$

E $\lim_{x \to -\infty} (2x^2 + x^3)$

B $\lim_{x \to 0} -\frac{1}{x^3}$

D $\lim_{x \to 0} (x^2 - 3x^3)$

REALTÀ E MODELLI

195 Allunga lo scivolo In un parco acquatico, il profilo dello scivolo di una piscina è rappresentato dal tratto di grafico della funzione

$$y = \frac{ax^2 + b}{4x^2 + 5}$$

evidenziato in figura, dove le misure indicate sono in metri (l'acqua è ad altezza 0).

a. Trova a e b.
b. Quale sarebbe l'altezza limite del punto più basso dello scivolo se aumentassimo sempre più la sua lunghezza?

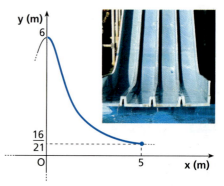

[a) 2; 30; b) 0,5 metri]

196 Qual è il profilo? La sezione di uno scavo deve seguire l'andamento rappresentato in figura.

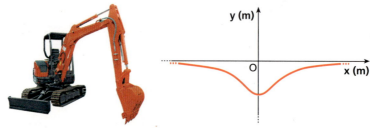

a. Quale delle funzioni mostrate rappresenta meglio il grafico dello scavo? Motiva la risposta.
b. Per quale valore di k la profondità massima è di 2 metri?

$f(x) = \frac{k - x^2}{x^2 + 2}$ $g(x) = \frac{k}{x^2 + 2}$

[b) -4]

3 Limiti notevoli

▶ Teoria a p. 656

Limiti di funzioni goniometriche

$\lim_{x \to 0} \frac{\sin x}{x} = 1$ $\lim_{x \to 0} \frac{1 - \cos x}{x} = 0$ $\lim_{x \to 0} \frac{1 - \cos x}{x^2} = \frac{1}{2}$

197 ESERCIZIO GUIDA Calcoliamo $\lim_{x \to 0} \frac{\tan x + 3x}{x + \sin x}$.

Il limite presenta la forma indeterminata $\frac{0}{0}$. Sostituiamo $\tan x = \frac{\sin x}{\cos x}$, poi raccogliamo x al numeratore e al denominatore.

Paragrafo 3. Limiti notevoli

$$\lim_{x \to 0} \frac{\tan x + 3x}{x + \sin x} = \lim_{x \to 0} \frac{\frac{\sin x}{\cos x} + 3x}{x + \sin x} = \lim_{x \to 0} \frac{x\left(\boxed{\frac{\sin x}{x}} \cdot \boxed{\frac{1}{\cos x}} + 3\right)}{x\left(1 + \boxed{\frac{\sin x}{x}}\right)} = \frac{1 \cdot 1 + 3}{1 + 1} = 2$$

(tende a 1, tende a 1, tende a 1)

Calcola i limiti.

AL VOLO

198 $\lim\limits_{x \to 0} \dfrac{x}{\sin x}$

199 $\lim\limits_{x \to 0} \dfrac{\cos x - 1}{x}$

200 $\lim\limits_{x \to 0} \dfrac{\cos x - 1}{x^2}$

201 $\lim\limits_{x \to 0} \dfrac{\sin x}{2x}$

202 $\lim\limits_{x \to 0} \left(\dfrac{\sin x}{x}\right)^3$

203 $\lim\limits_{x \to 1} \dfrac{(1 - \cos x)^2}{x^2}$

204 $\lim\limits_{x \to 0} \dfrac{\tan x}{x}$ [1]

205 $\lim\limits_{x \to 0} \dfrac{x^2}{\sin x}$ [0]

206 $\lim\limits_{x \to 0} \dfrac{x + \sin x}{x}$ [2]

207 $\lim\limits_{x \to 0} \dfrac{\cos^2 x - 1}{2x}$ [0]

208 $\lim\limits_{x \to 0} \dfrac{2\tan x + x}{x}$ [3]

209 $\lim\limits_{x \to 0} \dfrac{\sin x - 2x}{x}$ [-1]

210 $\lim\limits_{x \to 0} \dfrac{x^2 + x}{2x + \sin x}$ $\left[\dfrac{1}{3}\right]$

211 $\lim\limits_{x \to 0} \dfrac{2x^2}{1 - \cos x}$ [4]

212 $\lim\limits_{x \to 0} \dfrac{\sin x + 5x}{x + 2\sin x}$ [2]

213 $\lim\limits_{x \to 0} \dfrac{1 - \cos x}{\sqrt{2 - \cos x} - 1}$ [2]

214 $\lim\limits_{x \to 0} \dfrac{1 - \cos x}{\tan x \sin x}$ $\left[\dfrac{1}{2}\right]$

215 $\lim\limits_{x \to 0} \dfrac{2x \sin x}{\tan^2 x}$ [2]

216 $\lim\limits_{x \to 0} \dfrac{\sin x + 2x \cos x}{x \cos x + 2\sin x}$ [1]

217 $\lim\limits_{x \to 0} \dfrac{2\sin x + 5x}{3\sin x - x}$ $\left[\dfrac{7}{2}\right]$

Calcola i limiti. $\quad\lim\limits_{f(x) \to 0} \dfrac{\sin f(x)}{f(x)} = 1$

218 $\lim\limits_{x \to 0} \dfrac{\sin^2 2x}{x^2}$ [4]

219 $\lim\limits_{x \to 0} \dfrac{\tan 3x}{\sin x}$ [3]

220 $\lim\limits_{x \to 2} \dfrac{x^2 - 2x}{\sin(x - 2)}$ [2]

Limiti di funzioni esponenziali e logaritmiche

$\lim\limits_{x \to \infty} \left(1 + \dfrac{1}{x}\right)^x = e \qquad \lim\limits_{x \to 0} \dfrac{\ln(1+x)}{x} = 1 \qquad \lim\limits_{x \to 0} \dfrac{e^x - 1}{x} = 1$

221 **ESERCIZIO GUIDA** Calcoliamo $\lim\limits_{x \to +\infty} \left(\dfrac{5+x}{x}\right)^x$.

Per $x \to +\infty$ si ha la forma indeterminata 1^∞.

«Spezziamo» la frazione tra parentesi dividendo ciascun addendo del numeratore per x e semplificando:

$$\lim_{x \to +\infty} \left(\dfrac{5+x}{x}\right)^x = \lim_{x \to +\infty} \left(\dfrac{5}{x} + 1\right)^x.$$

Poniamo $y = \dfrac{x}{5}$, cioè $x = 5y$. Per $x \to +\infty$ anche $y \to +\infty$. Il limite dato diventa:

$$\lim_{x \to +\infty} \left(\dfrac{5}{x} + 1\right)^x = \lim_{y \to +\infty} \left(\dfrac{1}{y} + 1\right)^{5y} = \lim_{y \to +\infty} \left[\left(1 + \dfrac{1}{y}\right)^y\right]^5 = e^5.$$

Capitolo 14. Calcolo dei limiti e continuità delle funzioni

Calcola i limiti.

222 $\lim_{x \to -\infty} \left(\dfrac{x-7}{x} \right)^x$ $\quad [e^{-7}]$

223 $\lim_{x \to +\infty} \left(\dfrac{x^2+1}{x^2} \right)^{2x^2}$ $\quad [e^2]$

224 $\lim_{x \to +\infty} \left(1 + \dfrac{1}{4x} \right)^x$ $\quad [\sqrt[4]{e}]$

225 $\lim_{x \to -\infty} \left(1 + \dfrac{3}{x} \right)^x$ $\quad [e^3]$

226 $\lim_{x \to -\infty} \left(\dfrac{x+2}{x+1} \right)^x$ $\quad [e]$

227 $\lim_{x \to 0} (1+x)^{\frac{1}{x}}$ $\quad [e]$

228 $\lim_{x \to 0} (1+3x)^{\frac{2}{x}}$ $\quad [e^6]$

229 $\lim_{x \to +\infty} \left(1 - \dfrac{2}{x} \right)^x$ $\quad [e^{-2}]$

230 $\lim_{x \to 0} \dfrac{\ln(1+3x)}{x}$ $\quad [3]$

231 $\lim_{x \to 0} \dfrac{\ln(x+5) - \ln 5}{x}$ $\quad \left[\dfrac{1}{5}\right]$

232 $\lim_{x \to 0} \dfrac{\ln(1-4x)}{x}$ $\quad [-4]$

233 $\lim_{x \to +\infty} \left(x \ln \dfrac{x+2}{x} \right)$ $\quad [2]$

234 $\lim_{x \to +\infty} \{x[\ln(x+1) - \ln x]\}$ $\quad [1]$

235 $\lim_{x \to 0} \dfrac{e^{-2x} - 1}{x}$ $\quad [-2]$

236 $\lim_{x \to \infty} x \left(1 - e^{\frac{1}{x}} \right)$ $\quad [-1]$

237 $\lim_{x \to -2} \dfrac{e^{2x+4} - 1}{x+2}$ $\quad [2]$

238 $\lim_{x \to 0} \dfrac{e^{-4x} - 1}{x^2 - x}$ $\quad [4]$

239 $\lim_{x \to 1} \dfrac{e^x - e}{2x - 2}$ $\quad \left[\dfrac{e}{2}\right]$

240 $\lim_{x \to 0} \dfrac{e^x - e^{-x}}{8x}$ $\quad \left[\dfrac{1}{4}\right]$

TUTOR matematica Allenati con **15 esercizi interattivi** con feedback "hai sbagliato, perché..."
su.zanichelli.it/tutor3 — risorsa riservata a chi ha acquistato l'edizione con tutor

Riepilogo: Calcolo dei limiti

TEST

241 Quale dei seguenti limiti *non* si presenta in forma indeterminata?

A $\lim_{x \to 1} \dfrac{x-1}{x^3 + 2x - 3}$

B $\lim_{x \to 0^+} \dfrac{\ln x}{x}$

C $\lim_{x \to +\infty} \dfrac{x}{e^x}$

D $\lim_{x \to 0} \dfrac{1 - \cos 2x}{x}$

E $\lim_{x \to +\infty} \left(\dfrac{x+1}{x-1} \right)^x$

242 Quale dei seguenti limiti *non* vale 0?

A $\lim_{x \to 1} \dfrac{x^2 - 2x + 1}{x - 1}$

B $\lim_{x \to 0} \dfrac{x^2}{\sin x}$

C $\lim_{x \to +\infty} \dfrac{x+5}{x^2}$

D $\lim_{x \to +\infty} (\sqrt{x^2+1} - \sqrt{x^2-1})$

E $\lim_{x \to +\infty} \dfrac{\sqrt{x}}{\sqrt{x} - 1}$

CACCIA ALL'ERRORE Trova l'errore e correggi i seguenti limiti.

243 $\lim_{x \to +\infty} \dfrac{x^2 + 4x - 3}{4 - x^2} = 1$

244 $\lim_{x \to +\infty} \dfrac{\sqrt{x^2 + 2}}{4 + x} = +\infty$

245 $\lim_{x \to 0} \dfrac{\sin 2x}{x} = 1$

246 $\lim_{x \to +\infty} \left(1 + \dfrac{1}{2x} \right)^x = e^2$

Calcola i limiti.

AL VOLO

247 $\lim_{x \to +\infty} (-x^4 + 3x^3 - 5x^2 + x)$

248 $\lim_{x \to -\infty} (-5x^3 + 2x^2 + 5)$

249 $\lim_{x \to -\infty} \dfrac{2x}{1-x}$

Riepilogo: Calcolo dei limiti

250 $\lim_{x \to +\infty} (\sqrt{1+2x} - \sqrt{3+2x})$ $\quad [0]$

251 $\lim_{x \to -\infty} \dfrac{x^4 - x^3 + x^2}{-x^2 + x^3 - 2x}$ $\quad [-\infty]$

252 $\lim_{x \to -\infty} \dfrac{-2x^3 + x^2 + 1}{3x^2 + 4x^3 - 2x}$ $\quad \left[-\dfrac{1}{2}\right]$

253 $\lim_{x \to -\infty} \dfrac{2x^3 + 7}{x^3 - 2x + 6}$ $\quad [2]$

254 $\lim_{x \to 0} \dfrac{x^3 + 3x + 4x^2}{x^4 - 2x^3}$ $\quad [-\infty]$

255 $\lim_{x \to 1} \dfrac{x^2 - 2x + 1}{x - 1}$ $\quad [0]$

256 $\lim_{x \to +\infty} \dfrac{\sqrt{x} - \sqrt{x+3}}{3}$ $\quad [0]$

257 $\lim_{x \to -4} \dfrac{2x^2 + 7x - 4}{3x^2 + 10x - 8}$ $\quad \left[\dfrac{9}{14}\right]$

258 $\lim_{x \to 1^+} \dfrac{2x^3 + x^2 - 4x + 3}{2x^2 - x - 1}$ $\quad [+\infty]$

259 $\lim_{x \to -2^+} \dfrac{x^2 - x - 6}{2x^2 + 8x + 8}$ $\quad [-\infty]$

260 $\lim_{x \to 1^-} \dfrac{x}{x - 1}$ $\quad [-\infty]$

261 $\lim_{x \to -2^+} \dfrac{x^2}{x + 2}$ $\quad [+\infty]$

262 $\lim_{x \to -3^-} \dfrac{x^2 - x - 12}{x^3 + 6x^2 + 9x}$ $\quad [-\infty]$

263 $\lim_{x \to -\infty} \dfrac{x+1}{|x|-1}$ $\quad [-1]$

264 $\lim_{x \to +\infty} \dfrac{x-1}{|x|+1}$ $\quad [1]$

265 $\lim_{x \to +\infty} (\sqrt{3+2x} - \sqrt{2+x})$ $\quad [+\infty]$

266 $\lim_{x \to +\infty} (\sqrt{1+x+x^2} - \sqrt{3+x^2})$ $\quad \left[\dfrac{1}{2}\right]$

267 $\lim_{x \to 9} \dfrac{2x - \sqrt{x}}{x^2 - x + 3}$ $\quad \left[\dfrac{1}{5}\right]$

268 $\lim_{x \to +\infty} \dfrac{1}{\sqrt{x+2} - \sqrt{x+5}}$ $\quad [-\infty]$

269 $\lim_{x \to +\infty} \dfrac{x^2 + 3x + 1}{1 - 2x}$ $\quad [-\infty]$

270 $\lim_{x \to -\infty} \dfrac{x^3 + 7x^2}{x^4 - 2x^3 + 6}$ $\quad [0]$

271 $\lim_{x \to 4} \dfrac{\sqrt{x} - 2}{x^2 - 16}$ $\quad \left[\dfrac{1}{32}\right]$

272 $\lim_{x \to 3} \dfrac{\log(x^2 - 2x - 2)}{x^2 + x - 1}$ $\quad [0]$

273 $\lim_{x \to +\infty} \{x[\log(2x-1) - \log(x+2)]\}$ $\quad [+\infty]$

274 $\lim_{x \to 0^+} \dfrac{\log x}{x}$ $\quad [-\infty]$

275 $\lim_{x \to \frac{1}{2}^+} \dfrac{2x^2 + x - 1}{4x^3 - 8x^2 - 5x - 1}$ $\quad [0]$

276 $\lim_{x \to 1} \dfrac{x^3 - 2x + 1}{x^3 - 1}$ $\quad \left[\dfrac{1}{3}\right]$

277 $\lim_{x \to +\infty} e^{\frac{x+2}{x-1}}$ $\quad [e]$

278 $\lim_{x \to -\infty} \dfrac{e^{3x} + 2}{e^{2x} - 1}$ $\quad [-2]$

279 $\lim_{x \to +\infty} \dfrac{e^{3x} + 2e^x}{e^{4x} - e^x}$ $\quad [0]$

280 $\lim_{x \to 0} \dfrac{2^{3x} - 1}{2x}$ $\quad \left[\dfrac{3}{2} \ln 2\right]$

281 $\lim_{x \to +\infty} xe^x \ln x$ $\quad [+\infty]$

282 $\lim_{x \to 0} \dfrac{3x}{\sin x + \cos x}$ $\quad [0]$

283 $\lim_{x \to +\infty} \left(1 + \dfrac{4}{x}\right)^x$ $\quad [e^4]$

284 $\lim_{x \to -\infty} \left(1 - \dfrac{9}{x}\right)^x$ $\quad [e^{-9}]$

285 $\lim_{x \to +\infty} \left(\dfrac{x}{1+x}\right)^{-x}$ $\quad [e]$

286 $\lim_{x \to +\infty} \left(\dfrac{x+4}{2x+1}\right)^x$ $\quad [0]$

---

287 **YOU & MATHS** Find the following limits. You must show all your work.

a. $\lim_{x \to 4} \dfrac{x^2 - x - 12}{x^2 - 3x - 4}$ b. $\lim_{x \to 0} \dfrac{2x}{\sin 3x}$ c. $\lim_{x \to +\infty} (x - \sqrt{x^2 - 2x + 3})$ d. $\lim_{x \to 1^-} \dfrac{x^2 - 1}{(x-1)^2}$

(USA *Southern Illinois University Carbondale*, Final Exam)

$\left[\text{a) } \dfrac{7}{5}; \text{ b) } \dfrac{2}{3}; \text{ c) } 1; \text{ d) } -\infty\right]$

Problemi REALTÀ E MODELLI

288 **L'alga si allarga** Una riserva naturale sottomarina di 10 000 m² viene infestata da un'alga; al giorno t l'alga occupa un'area

$$A(t) = \dfrac{10\,000}{99 \cdot \left(\dfrac{39}{99}\right)^t + 1} \text{ m}^2.$$

Riuscirà l'alga a colonizzare l'intera riserva? Giustifica la tua risposta calcolando $\lim_{t \to +\infty} A(t)$. $\quad$ [sì]

Capitolo 14. Calcolo dei limiti e continuità delle funzioni

289 **L'infinito di Giulia** Il grafico della figura ha equazione

$$y = \frac{ax^2 + 10x + b}{(x+1)^2}, \ x \neq -1.$$

a. Determina a e b.

b. Per $x \geq 0$ il grafico approssima il profilo della pista da sci che Giulia sta percorrendo. Se le misure di x e y sono espresse in centinaia di metri, a che altezza si posizionerebbe Giulia se proseguisse all'infinito?

[a) $a = 2, b = 8$; b) 200 metri]

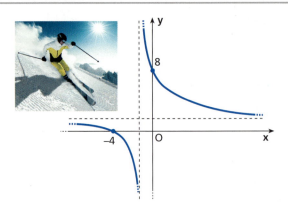

4 Infinitesimi, infiniti e loro confronto

Infinitesimi

▶ Teoria a p. 658

290 **VERO O FALSO?**

a. $y = \left(\frac{1}{2}\right)^x$ è un infinitesimo per $x \to -\infty$.   V F

b. $y = \cos(x - 2)$ è un infinitesimo per $x \to 2$.   V F

c. $y = (x-1)^3$ e $y = \ln(x)$ sono infinitesimi simultanei per $x \to 1$.   V F

d. $y = e^x$ e $y = \frac{1}{x}$ sono infinitesimi simultanei per $x \to -\infty$.   V F

291 **FAI UN ESEMPIO** di funzione che sia un infinitesimo:

a. per $x \to 2$;   b. per $x \to -\infty$.

Verifica che le seguenti funzioni sono infinitesimi.

292 $f(x) = \dfrac{x - \sin x}{\sin x}$,   per $x \to 0$.

294 $f(x) = \dfrac{\tan x}{x} - \cos x$,   per $x \to 0$.

293 $f(x) = x^3 - 2x + 1$,   per $x \to 1$.

295 $f(x) = \dfrac{1}{x-3}$,   per $x \to +\infty$.

Confronto tra infinitesimi

296 **ESERCIZIO GUIDA** Confrontiamo gli infinitesimi $f(x) = \ln(2x^2 + 1)$, $g(x) = e^{-x} - 1$, per $x \to 0$.

Le due funzioni sono infinitesimi perché $\lim_{x \to 0} \ln(2x^2 + 1) = \lim_{x \to 0} (e^{-x} - 1) = 0$.

Consideriamo il rapporto fra i due infinitesimi e calcoliamo il limite per $x \to 0$. Tenendo conto che $x \neq 0$, moltiplichiamo e dividiamo sia per $2x^2$, sia per $-x$, in modo da poter utilizzare i limiti notevoli:

$$\lim_{x \to 0} \frac{\ln(2x^2+1)}{e^{-x}-1} = \lim_{x \to 0} \underbrace{\frac{\ln(2x^2+1)}{2x^2}}_{\text{tende a 1}} \cdot \underbrace{\frac{2x^2}{-x}}_{\text{tende a 0}} \cdot \underbrace{\frac{-x}{e^{-x}-1}}_{\text{tende a 1}} = 1 \cdot 0 \cdot 1 = 0.$$

Poiché $\lim_{x \to 0} \dfrac{f(x)}{g(x)} = 0$, $f(x)$ è un infinitesimo di ordine superiore a $g(x)$.

Paragrafo 4. Infinitesimi, infiniti e loro confronto

Confronta tra loro gli infinitesimi.

297 $f(x) = \dfrac{1}{x^2}$, $\qquad g(x) = \dfrac{1}{x+6}$, $\qquad$ per $x \to \infty$. $\qquad\qquad$ [$f(x)$ ord. sup. a $g(x)$]

298 $f(x) = e^{2x} - 1$, $\qquad g(x) = \sin x$, $\qquad$ per $x \to 0$. $\qquad\qquad$ [$f(x)$ stesso ordine rispetto a $g(x)$]

299 $f(x) = \ln(1 - 2x)$, $\qquad g(x) = x(1 - e^{3x})$, $\qquad$ per $x \to 0$. $\qquad\qquad$ [$f(x)$ ord. inf. a $g(x)$]

300 $f(x) = x^2 \sin \dfrac{1}{x}$, $\qquad g(x) = x^2$, $\qquad$ per $x \to 0$. $\qquad\qquad$ [non confrontabili]

---

301 **TEST** La funzione $y = \dfrac{1}{x^3}$ è un infinitesimo per $x \to +\infty$ di ordine:

A inferiore a $y = \dfrac{1}{x}$. $\qquad$ **C** uguale a $y = \ln(1 + x^3)$. $\qquad$ **E** inferiore a $y = \dfrac{1}{(x+1)^3}$.

B superiore a $y = \dfrac{1}{x^6}$. $\qquad$ **D** superiore a $y = \dfrac{1}{x^2}$.

Infiniti
▶ Teoria a p. 659

Controlla se le seguenti funzioni sono infiniti.

302 $f(x) = \dfrac{x-3}{x^3+2}$, $\qquad$ per $x \to \infty$. $\qquad$ [no] $\qquad$ **304** $f(x) = \dfrac{x}{\cos x}$, $\qquad$ per $x \to \dfrac{\pi}{2}$. $\qquad$ [sì]

303 $f(x) = \dfrac{x^4+1}{2x}$, $\qquad$ per $x \to \infty$. $\qquad$ [sì] $\qquad$ **305** $f(x) = \ln(1+x)$, $\qquad$ per $x \to -1^+$. $\qquad$ [sì]

---

306 **TEST** Fra le seguenti funzioni, solo una *non* è un infinito per $x \to +\infty$. Quale?

A $y = \log_2 x$ $\qquad$ **B** $y = 3e^x$ $\qquad$ **C** $y = -x^5$ $\qquad$ **D** $y = \sqrt{1-x}$ $\qquad$ **E** $y = \dfrac{x^2}{x+1}$

Confronto tra infiniti

307 **ESERCIZIO GUIDA** Confrontiamo gli infiniti $f(x) = \dfrac{1}{x^2}$, $g(x) = \dfrac{1}{(x^3+x)(x^2-2x)}$, per $x \to 0$.

Le due funzioni sono infiniti, in quanto: $\lim\limits_{x \to 0} \dfrac{1}{x^2} = \lim\limits_{x \to 0} \dfrac{1}{(x^3+x)(x^2-2x)} = \infty$.

Calcoliamo il limite del rapporto tra i due infiniti, tenendo conto che $x \neq 0$:

$$\lim_{x \to 0} \dfrac{\dfrac{1}{x^2}}{\dfrac{1}{(x^3+x)(x^2-2x)}} = \lim_{x \to 0} \dfrac{1}{x^2} \cdot \dfrac{x^2(x^2+1)(x-2)}{1} = \lim_{x \to 0} (x^2+1)(x-2) = -2.$$

Poiché il limite è finito e diverso da 0, i due infiniti sono dello stesso ordine.

Confronta tra loro i seguenti infiniti.

308 $f(x) = x^4 + 3x^2 - 2x$, $\qquad g(x) = -3x^3 + x + 1$, $\qquad$ per $x \to \infty$. $\qquad\qquad$ [$f(x)$ ord. sup. a $g(x)$]

309 $f(x) = \dfrac{1}{(x-1)^2}$, $\qquad g(x) = \dfrac{1}{(x^3-x)(2x-2)}$, $\qquad$ per $x \to 1$. $\qquad\qquad$ [stesso ordine]

310 $f(x) = \sqrt{x+1}$, $\qquad g(x) = \sqrt{x} + 1$, $\qquad$ per $x \to +\infty$. $\qquad\qquad$ [stesso ordine]

311 $f(x) = \dfrac{1}{(2-x)^2}$, $\qquad g(x) = \dfrac{1}{4-x^2}$, $\qquad$ per $x \to 2$. $\qquad\qquad$ [$f(x)$ ord. sup. a $g(x)$]

Capitolo 14. Calcolo dei limiti e continuità delle funzioni

5 Limiti delle successioni

▶ Teoria a p. 660

312 ESERCIZIO GUIDA Calcoliamo $\lim_{n \to +\infty} \dfrac{1-n^2}{2n^2}$.

Poiché stiamo calcolando il limite per $n \to +\infty$, possiamo considerare $n \neq 0$; quindi, raccogliendo n^2 al numeratore, abbiamo:

$$\lim_{n \to +\infty} \frac{1-n^2}{2n^2} = \lim_{n \to +\infty} \frac{n^2\left(\dfrac{1}{n^2}-1\right)}{2n^2} = -\frac{1}{2}.$$

313 COMPLETA i seguenti limiti. In alcuni casi puoi completare in diversi modi. Spiega perché.

a. $\lim_{n \to +\infty} \dfrac{\square - 5}{1+n^2} = +\infty$;

b. $\lim_{n \to +\infty} \dfrac{2n^3+1}{6\,\square} = -\infty$;

c. $\lim_{n \to +\infty} \dfrac{3-5n^2}{\square + 10} = \dfrac{1}{2}$;

d. $\lim_{n \to +\infty} \dfrac{\square\;6n^3-1}{4n^3+1} =$ non esiste.

Calcola i seguenti limiti.

314 $\lim_{n \to +\infty} (1+n)$ $\quad [+\infty]$

315 $\lim_{n \to +\infty} (2-3n)$ $\quad [-\infty]$

316 $\lim_{n \to +\infty} \sqrt{2+n^2}$ $\quad [+\infty]$

317 $\lim_{n \to +\infty} (\sqrt{n+4}-4)$ $\quad [+\infty]$

318 $\lim_{n \to +\infty} \dfrac{1-n}{n^2}$ $\quad [0]$

319 $\lim_{n \to +\infty} \dfrac{n^2}{1-n}$ $\quad [-\infty]$

320 $\lim_{n \to +\infty} (-1)^n \cdot \sqrt{n}$ $\quad$ [non esiste]

321 $\lim_{n \to +\infty} \dfrac{3-n^3}{3n^3}$ $\quad \left[-\dfrac{1}{3}\right]$

322 $\lim_{n \to +\infty} \dfrac{1-2n^2}{n^2+1}$ $\quad [-2]$

323 $\lim_{n \to +\infty} \dfrac{n+1}{\sqrt{n^2+1}}$ $\quad [1]$

324 $\lim_{n \to +\infty} \sqrt{\dfrac{2n-3}{3n+2}}$ $\quad \left[\sqrt{\dfrac{2}{3}}\right]$

325 $\lim_{n \to +\infty} \dfrac{2n^2+5}{3n}$ $\quad [+\infty]$

326 $\lim_{n \to +\infty} (-2)^n$ $\quad$ [non esiste]

327 $\lim_{n \to +\infty} \dfrac{5-n^3}{1+n}$ $\quad [-\infty]$

328 $\lim_{n \to +\infty} (\sqrt{n}-\sqrt{n+1})$ $\quad [0]$

329 $\lim_{n \to +\infty} (n-\sqrt{n})$ $\quad [+\infty]$

330 $\lim_{n \to +\infty} \left(e^{\frac{1}{n}}-n\right)$ $\quad [-\infty]$

331 $\lim_{n \to +\infty} \dfrac{n^5+3}{9+n^2+2n^5}$ $\quad \left[\dfrac{1}{2}\right]$

332 $\lim_{n \to +\infty} \dfrac{n^2}{2n+1}$ $\quad [+\infty]$

333 $\lim_{n \to +\infty} \dfrac{n}{2n+1} \cdot (-1)^n$ $\quad$ [non esiste]

334 $\lim_{n \to +\infty} \dfrac{n^2-2n}{3n^3}$ $\quad [0]$

335 $\lim_{n \to +\infty} \dfrac{2n^2}{3n^2+1}$ $\quad \left[\dfrac{2}{3}\right]$

336 $\lim_{n \to +\infty} 2^n+5$ $\quad [+\infty]$

337 $\lim_{n \to +\infty} \left[\left(\dfrac{1}{2}\right)^n+\dfrac{3}{4}\right]$ $\quad \left[\dfrac{3}{4}\right]$

338 $\lim_{n \to +\infty} \log_{10}\left(\dfrac{n^4+3}{2+n^4}\right)$ $\quad [0]$

339 $\lim_{n \to +\infty} e^{\frac{n^2+5}{4-n^2}}$ $\quad [e^{-1}]$

340 $\lim_{n \to +\infty} (-1)^n \cdot n$ $\quad$ [non esiste]

---

341 EUREKA! Stabilisci se è vero o falso che $\lim_{n \to +\infty} \dfrac{1+2+3+\ldots+n}{n^2} = 0$. $\quad \left[\text{falso};\dfrac{1}{2}\right]$

342 YOU & MATHS If $S_n = \dfrac{1}{n}\sqrt{1+2+3+\ldots+n}$, find $\lim_{n \to +\infty} S_n$. (IR *Leaving Certificate Examination*, Higher Level)

$\left[\dfrac{\sqrt{2}}{2}\right]$

Paragrafo 6. Funzioni continue

343 **REALTÀ E MODELLI** **Legge di Verhulst** Una popolazione di rane tropicali viene tenuta sotto osservazione e censita ogni anno. Il primo censimento conta 1000 esemplari. Negli anni seguenti si verifica che l'andamento segue la legge di Verhulst: all'anno n le rane osservate sono $p_n = \dfrac{5000}{1 + 4e^{-\frac{n}{5}}}$.

a. Dopo quanti anni le rane sono raddoppiate?
b. Calcola il valore limite di p_n per $n \to +\infty$.

[a) $\simeq 5$ anni; b) 5000]

6 Funzioni continue

Definizioni
▶ Teoria a p. 661

344 Verifica, applicando la definizione, che le seguenti funzioni sono continue nel punto indicato.

a. $y = \dfrac{9 - x^2}{3 + x}$, $x_0 = 3$;
b. $y = \dfrac{3x^2 - x}{x}$, $x_0 = 1$.

345 Indica in quale dei punti $x_0 = 0$ e $x_1 = 2$ la funzione $y = \dfrac{4x - 2x^2}{x - 2}$ è continua e verificalo rappresentando la funzione.

346 Quali delle funzioni rappresentate dai seguenti grafici non sono continue in c e perché?

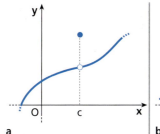
a
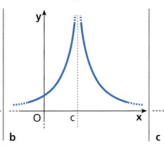
b
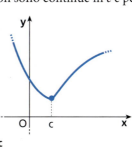
c
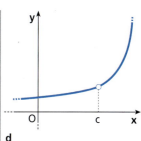
d

Disegna il grafico delle funzioni, verificando che sono continue nei punti segnati a fianco.

347 $f(x) = 4x + 3$, $\quad x_0 = -4.$

348 $f(x) = 1 - 3x$, $\quad x_0 = 0.$

349 $f(x) = x^2 - 6$, $\quad x_0 = -1.$

350 $f(x) = 2 - 3x^2$, $\quad x_0 = 1.$

351 $f(x) = \sqrt{4x + 5}$, $\quad x_0 = 5.$

352 $f(x) = \dfrac{x}{2x - 1}$, $\quad x_0 = 1.$

353 $f(x) = \begin{cases} x - 1 & \text{se } x \geq 1 \\ -2x + 2 & \text{se } x < 1 \end{cases}$, $\quad x_0 = 1.$

354 $f(x) = \begin{cases} x^2 & \text{se } x \leq 0 \\ 2x & \text{se } x > 0 \end{cases}$, $\quad x_0 = 0.$

355 **YOU & MATHS** Are the following functions continuous at $x = 0$? Justify your answers.

a. $y = 2x + 4$
b. $y = \begin{cases} x & \text{if } x > 0 \\ 1 & \text{if } x \leq 0 \end{cases}$

(CAN *University of New Brunswick*, Final Exam)

[a) sì; b) no]

Capitolo 14. Calcolo dei limiti e continuità delle funzioni

Rappresenta le seguenti funzioni e indica se sono continue nel loro dominio.

356 $f(x) = \begin{cases} e^x & \text{se } x < 0 \\ 2x+1 & \text{se } x \geq 0 \end{cases}$

$[f(x) \text{ continua } \forall x \in \mathbb{R}]$

358 $f(x) = \begin{cases} -2x+1 & \text{se } x < 1 \\ \ln x & \text{se } x \geq 1 \end{cases}$

$[f(x) \text{ discontinua in } x = 1]$

357 $f(x) = \begin{cases} \sqrt{1-x} & \text{se } x \leq 1 \\ 2x-2 & \text{se } x > 1 \end{cases}$

$[f(x) \text{ continua } \forall x \in \mathbb{R}]$

359 $f(x) = \begin{cases} -\dfrac{1}{2}x & \text{se } x \leq 0 \\ x^2+1 & \text{se } x > 0 \end{cases}$

$[f(x) \text{ discontinua in } x = 0]$

---

360 Verifica graficamente che la funzione
$$y = \frac{x^2 - 4}{x - 2}$$
non è continua in $x_0 = 2$.

361 **FAI UN ESEMPIO** Disegna il grafico di una funzione:
a. continua a destra in $x_0 = -2$;
b. continua a sinistra in $x_0 = 3$.

362 Verifica che la funzione $f(x) = |x|$ è continua in tutto il suo dominio.

363 Verifica graficamente che la seguente funzione è continua a destra in $x_0 = 0$:
$$f(x) = \begin{cases} -x & \text{se } x < 0 \\ 2x+1 & \text{se } x \geq 0 \end{cases}.$$

Indica per quali valori di x le seguenti funzioni sono continue.

364 $y = \dfrac{2}{x^3 - 2x^2}$ $\qquad [x \neq 0 \wedge x \neq 2]$

367 $y = \sqrt{12 - x^2 - x}$ $\qquad [-4 \leq x \leq 3]$

365 $y = \dfrac{x^2}{x^2 + 3x - 4}$ $\qquad [x \neq -4 \wedge x \neq 1]$

368 $y = 2^{\frac{1}{x}}$ $\qquad [x \neq 0]$

366 $y = \dfrac{2x}{x^2 - 5x + 7}$ $\qquad [\forall x \in \mathbb{R}]$

369 $y = \ln(1 - x^2)$ $\qquad [-1 < x < 1]$

REALTÀ E MODELLI

370 **Che corsa!** In una gara sui cento metri, un atleta inizia correndo con accelerazione costante secondo la legge $s = 2t^2$, dove s è la distanza dalla linea di partenza e t il tempo. Al tempo $t = 3$ s raggiunge la velocità di 12 m/s e successivamente procede fino al traguardo a velocità costante.

a. Calcola il tempo totale della corsa.
b. Scrivi la funzione che esprime la posizione s rispetto alla linea di partenza al variare del tempo t e tracciane il grafico, indicando se si tratta di una funzione continua.

$\left[a) \; 9{,}83 \text{ s}; \; b) \; s(t) = \begin{cases} 2t^2 & \text{se } 0 \leq t \leq 3 \\ 18 + 12(t-3) & \text{se } t > 3 \end{cases}; \text{ sì} \right]$

371 **Sale e scende** In un bacino idrico, al passare del tempo x, espresso in ore, il livello y dell'acqua, espresso in metri, cresce per 5 ore, a partire dall'istante 0, seguendo l'andamento della funzione $y = \dfrac{x^2}{10} + \dfrac{5}{2}$.

Si inizia poi a svuotare il bacino e il livello scende seguendo la funzione $y = \dfrac{30}{1 + x}$.

a. Scrivi la funzione complessiva $y = f(x)$, definita a tratti.
b. Rappresenta graficamente $f(x)$ e verifica, anche mediante la definizione, che in $x = 5$ la funzione è continua.

690

Funzioni continue e parametri

372 ESERCIZIO GUIDA Determiniamo per quali valori di a e b la seguente funzione è continua in tutto $\mathbb{R}$:

$$f(x) = \begin{cases} -x^2 - x + 1 & \text{se } x \leq 1 \\ 2x - a & \text{se } 1 < x \leq 3. \\ -x^2 + b & \text{se } x > 3 \end{cases}$$

La funzione $f(x)$ è continua negli intervalli $]-\infty; 1[$, $]1; 3[$ e $]3; +\infty[$. Dobbiamo scegliere il valore dei parametri a e b affinché risulti continua anche in $x = 1$ e in $x = 3$. Dovrà perciò valere:

$\lim\limits_{x \to 1^-} f(x) = \lim\limits_{x \to 1^+} f(x) = f(1) \quad \to \quad -1 = 2 - a,$

$\lim\limits_{x \to 3^-} f(x) = \lim\limits_{x \to 3^+} f(x) = f(3) \quad \to \quad 6 - a = -9 + b.$

Determiniamo a e b risolvendo il sistema:

$$\begin{cases} -1 = 2 - a \\ 6 - a = -9 + b \end{cases} \to \begin{cases} a = 3 \\ a + b = 15 \end{cases} \to \begin{cases} a = 3 \\ b = 12 \end{cases}.$$

Determina i valori dei parametri affinché le seguenti funzioni siano continue in tutto $\mathbb{R}$.

373 $f(x) = \begin{cases} ax & \text{se } x < 1 \\ b - 2 & \text{se } x = 1 \\ x^2 & \text{se } x > 1 \end{cases}$ $\quad [a = 1, b = 3]$

375 $f(x) = \begin{cases} 6x + b & \text{se } x \leq 1 \\ -x + 12 & \text{se } 1 < x < 4 \\ 3x + a & \text{se } x \geq 4 \end{cases}$ $\quad [a = -4, b = 5]$

374 $f(x) = \begin{cases} x^2 + x - 6 & \text{se } x \leq -3 \\ ax + b & \text{se } -3 < x \leq 2 \\ x^3 + a & \text{se } x > 2 \end{cases}$ $\quad [a = 2, b = 6]$

376 $f(x) = \begin{cases} x^2 - 2b & \text{se } x < -1 \\ 2x - b & \text{se } -1 \leq x < 3 \\ \sqrt{2x + a} & \text{se } x \geq 3 \end{cases}$ $\quad [a = 3, b = 3]$

Teoremi sulle funzioni continue ▶ Teoria a p. 662

Teorema di Weierstrass

377 LEGGI IL GRAFICO Spiega perché, per le funzioni rappresentate nei seguenti grafici, non è possibile applicare il teorema di Weierstrass negli intervalli indicati.

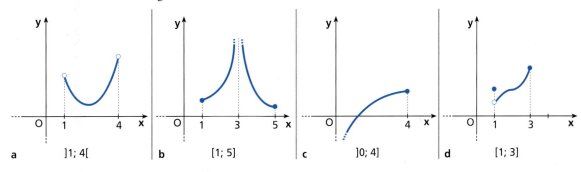

a $]1; 4[$ b $[1; 5]$ c $]0; 4]$ d $[1; 3]$

378 ESERCIZIO GUIDA Stabiliamo se vale il teorema di Weierstrass per la funzione:

$$f(x) = \begin{cases} -x^2 + 4 & \text{se } x \leq 2 \\ \frac{1}{2}x - 1 & \text{se } x > 2 \end{cases}, \quad \text{nell'intervallo } [-1; 3].$$

Dobbiamo verificare l'ipotesi del teorema, ossia che la funzione è continua nell'intervallo $[-1; 3]$.

Per ogni $x \in [-1; 3]$, con $x \neq 2$, la funzione è continua perché sono continue le funzioni $y = -x^2 + 4$ e $y = \frac{1}{2}x - 1$ nel loro dominio. Inoltre, per $x = 2$, si ha:

$$\lim_{x \to 2^-}(-x^2 + 4) = \lim_{x \to 2^+}\left(\frac{1}{2}x - 1\right) = f(2) = 0,$$

quindi anche in 2 la funzione è continua.

Concludiamo che vale il teorema di Weierstrass.

Osservazione. Dal grafico della funzione possiamo dedurre che nell'intervallo $[-1; 3]$ il punto di massimo è $(0; 4)$ e quello di minimo è $(2; 0)$. Il massimo M della funzione è $M = 4$ e il minimo m è $m = 0$.

> Se f è una funzione continua in un intervallo limitato e chiuso $[a; b]$, allora f ha in $[a; b]$ il massimo assoluto e il minimo assoluto.

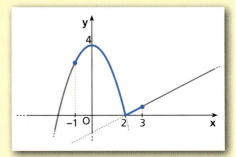

Stabilisci se, per le seguenti funzioni, vale il teorema di Weierstrass, nell'intervallo indicato a fianco.

379 $y = \dfrac{1}{x^2 - 3}$, $[0; 2]$. [no]

380 $y = \dfrac{1}{2^x - 1}$, $[-1; 2]$. [no]

381 $y = \sqrt{\dfrac{1}{x - 1}}$, $[1; 2]$. [no]

382 $y = \ln(x + 1)$, $[1; 3]$. [sì]

383 $y = \begin{cases} x^2 & \text{se } 0 \leq x \leq 1 \\ x + 1 & \text{se } 1 < x \leq 3 \end{cases}$, $[0; 3]$. [no]

Disegna i grafici delle seguenti funzioni nell'intervallo indicato a fianco, controlla le ipotesi del teorema di Weierstrass e, quando è possibile, determina il massimo M e il minimo m della funzione.

384 $y = x^2 - 4x$, $[0; 3]$. [sì, $M = 0$, $m = -4$]

385 $y = 1 + \ln x$, $[1; 3]$. [sì, $M = 1 + \ln 3$, $m = 1$]

386 $y = \dfrac{x}{x - 1}$, $[0; 3]$. [no]

387 $y = -x^2 + 3x$, $[-1; 0]$. [sì, $M = 0$, $m = -4$]

388 $y = \begin{cases} -2^x + 1 & \text{se } 0 \leq x < 1 \\ \sqrt{x} & \text{se } 1 \leq x \leq 4 \end{cases}$, $[0; 4]$. [no]

Teorema dei valori intermedi

389 **RIFLETTI SULLA TEORIA** Spiega perché la funzione $y = 3x^2 + 2$ assume certamente il valore 10 nell'intervallo $[1; 2]$.

Disegna i grafici delle seguenti funzioni nell'intervallo indicato; determina, quando possibile, il massimo M e il minimo m e stabilisci se assumono tutti i valori compresi tra m e M.

390 $y = x + 3x^2$, $[0; 2]$. [sì, $M = 14$, $m = 0$]

391 $y = \begin{cases} x & \text{se } x < 0 \\ x + 1 & \text{se } x \geq 0 \end{cases}$, $[-1; 1]$. [no, $M = 2$, $m = -1$]

Teorema di esistenza degli zeri

392 **ESERCIZIO GUIDA** Stabiliamo *se* vale il teorema di esistenza degli zeri per la funzione $y = \dfrac{x}{2x^2 - 1}$, nell'intervallo $\left[-\dfrac{1}{2}; \dfrac{1}{2}\right]$.

La funzione è discontinua per i punti in cui $2x^2 - 1 = 0 \rightarrow$

$x^2 = \dfrac{1}{2}$, ossia per $x = \pm\dfrac{\sqrt{2}}{2}$.

Poiché tali punti non appartengono all'intervallo $\left[-\dfrac{1}{2}; \dfrac{1}{2}\right]$, la funzione è continua nell'intervallo.

Inoltre: $f\left(-\dfrac{1}{2}\right) = 1 > 0$ e $f\left(\dfrac{1}{2}\right) = -1 < 0$.

> Se f è una funzione continua in un intervallo limitato e chiuso $[a; b]$ e negli estremi di tale intervallo ha valori di segno opposto, allora esiste almeno un punto c, interno all'intervallo, in cui $f(c) = 0$.

Sono quindi verificate le ipotesi del teorema di esistenza degli zeri.

Stabilisci se valgono le ipotesi del teorema di esistenza degli zeri per le seguenti funzioni, negli intervalli indicati.

393 $y = \dfrac{1}{x-1} - 2x$, $\left[0; \dfrac{1}{2}\right]$. [no]

394 $y = x^4 + 5x + 1$, $[-1; 0]$. [sì]

395 $y = 2x^5 + x^2 + 1$, $[0; 2]$. [no]

396 $y = 1 - x - \ln x$, $[1; 2]$. [no]

397 $y = 1 - e^{x-1}$, $[0; 2]$. [sì]

398 $y = \begin{cases} x - 4 & \text{se } x \leq 1 \\ x^2 + 1 & \text{se } x > 1 \end{cases}$, $[0; 2]$. [no]

---

399 **RIFLETTI SULLA TEORIA** È data la funzione $f(x)$, continua in $[2; 5]$ e tale che $f(3) = 0$. Puoi concludere che $f(2)$ e $f(5)$ sono discordi? Perché?

400 **EUREKA!** È data la funzione $f(x)$ continua su $[1; 7]$ e tale che $f(1) \cdot f(7) < 0$. Esiste $x \in\ ]1; 7[$ tale che $f(x) = 0$?

401 **REALTÀ E MODELLI** **Coincidenze** Elisa parte in treno da Ancona alle 7:00 e arriva a Milano alle 11:00.

L'indomani, per rientrare a casa, prende un treno più veloce, che parte alle 7:30 e arriva alle 9:30. Il tragitto è in entrambi i casi di 400 km.

a. Fissando l'origine del sistema di riferimento ad Ancona, scrivi le funzioni $a(t)$ e $r(t)$ che esprimono la posizione in funzione dell'ora del giorno rispettivamente per il viaggio di andata e per quello di ritorno, indicando il dominio delle due funzioni. Supponi che la velocità sia costantemente uguale alla velocità media in entrambi i viaggi.

b. Dimostra che c'è un punto nel tragitto in cui Elisa passa alla stessa ora sia all'andata sia al ritorno e determina a che ora succede.

c. Puoi dimostrare questo fatto anche applicando il teorema degli zeri alla funzione $a(t) - r(t)$? In quale intervallo?

[a) $a(t) = 100(t - 7), 7 \leq t \leq 11; r(t) = 400 - 200(t - 7,5), 7,5 \leq t \leq 9,5$; b) alle 8:40 circa; c) sì, $[7,5; 9,5]$]

7 Punti di discontinuità di una funzione

▶ Teoria a p. 664

402 **LEGGI IL GRAFICO** Per ciascun grafico classifica la discontinuità nel punto x_0.

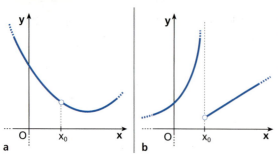
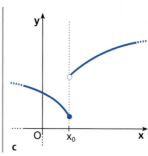
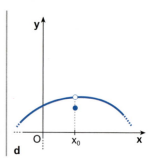

a b c d

FAI UN ESEMPIO

403 Disegna una funzione che in $x = 0$ abbia una discontinuità di terza specie e in $x = 2$ una di seconda specie.

404 Disegna una funzione che abbia in $x = -1$ una discontinuità di prima specie con salto uguale a 2.

Disegna il grafico delle seguenti funzioni, classifica i loro punti di discontinuità e, in caso di discontinuità di prima specie, calcola il salto.

405 $y = \dfrac{x}{x-1}$ [$x = 1$: II specie]

407 $y = \dfrac{4-x^2}{2+x}$ [$x = -2$: III specie]

406 $y = \dfrac{3x-9}{x-3}$ [$x = 3$: III specie]

408 $y = \dfrac{x^2-x}{2x-2}$ [$x = 1$: III specie]

409 $y = \dfrac{x^2-1}{x^2+x-2}$ [$x = 1$: III specie; $x = -2$: II specie]

410 $y = \dfrac{(x-2)^2}{x^2-5x+6}$ [$x = 2$: III specie; $x = 3$: II specie]

411 $f(x) = \begin{cases} x & \text{se } x \leq 0 \\ x+3 & \text{se } x > 0 \end{cases}$ [$x = 0$: I specie, salto = 3]

412 $f(x) = \begin{cases} x^2 & \text{se } x < 1 \\ 4-x & \text{se } x \geq 1 \end{cases}$ [$x = 1$: I specie, salto = 2]

413 $y = \dfrac{x}{|x|}$ [$x = 0$: I specie, salto = 2]

414 **ESERCIZIO GUIDA** Cerchiamo i punti di discontinuità della funzione $f(x) = \dfrac{x+3}{|x^2-9|}$ e classifichiamoli.

I punti di discontinuità di $f(x)$ sono i punti in cui si annulla il denominatore, cioè $x_1 = 3$ e $x_2 = -3$.
Stabiliamo il tipo di discontinuità.
Poiché $x^2 - 9 > 0$ per $x < -3 \vee x > 3$, possiamo scrivere:

$$f(x) = \begin{cases} \dfrac{x+3}{x^2-9} = \dfrac{x+3}{(x-3)(x+3)} = \dfrac{1}{x-3} & \text{se } x < -3 \vee x > 3 \\ \dfrac{x+3}{9-x^2} = \dfrac{x+3}{(3-x)(3+x)} = \dfrac{1}{3-x} & \text{se } -3 < x < 3 \end{cases}$$

Paragrafo 7. Punti di discontinuità di una funzione

Calcoliamo il limite destro e il limite sinistro della funzione per $x \to -3$:

$$\lim_{x \to -3^-} \frac{x+3}{|x^2-9|} = \lim_{x \to -3^-} \frac{1}{x-3} = -\frac{1}{6}, \qquad \lim_{x \to -3^+} \frac{x+3}{|x^2-9|} = \lim_{x \to -3^+} \frac{1}{3-x} = \frac{1}{6}.$$

Poiché il limite destro e quello sinistro sono diversi e finiti, $x = -3$ è un punto di discontinuità di prima specie. Il salto della funzione vale $\frac{1}{3}$.

Calcoliamo il limite destro e il limite sinistro della funzione per $x \to 3$ e otteniamo:

$$\lim_{x \to 3} \frac{x+3}{|x^2-9|} = \lim_{x \to 3^-} \frac{1}{3-x} = \lim_{x \to 3^+} \frac{1}{x-3} = +\infty.$$

Poiché il limite è infinito, $x = 3$ è un punto di discontinuità di seconda specie.

Date le seguenti funzioni, individua e classifica i loro punti di discontinuità.

415 $f(x) = \dfrac{4-4x}{1-x}$ $\qquad [x = 1: \text{III specie}]$

416 $f(x) = \dfrac{|x^2-16|}{x-4}$ $\qquad [x = 4: \text{I specie}]$

417 $f(x) = \dfrac{x^2-x}{|x|}$ $\qquad [x = 0: \text{I specie}]$

418 $f(x) = \dfrac{x^2+2x+4}{x-2}$ $\qquad [x = 2: \text{II specie}]$

419 $f(x) = \dfrac{x^2-16}{x-4}$ $\qquad [x = 4: \text{III specie}]$

420 $f(x) = \dfrac{\sqrt{x}-2}{x^2-25}$ $\qquad [x = 5: \text{II specie}]$

421 $f(x) = \dfrac{x^4-1}{x^2-1}$ $\qquad [x = \pm 1: \text{III specie}]$

422 $f(x) = \dfrac{1}{4+2^{\frac{1}{x}}}$ $\qquad [x = 0: \text{I specie}]$

423 $f(x) = \dfrac{x^2+2x+1}{x^2-3x+9}$ $\qquad [\nexists \text{ discontinuità}]$

424 $f(x) = \dfrac{x^2+5x+6}{x+2}$ $\qquad [x = -2: \text{III specie}]$

425 $f(x) = e^{-\frac{1}{x}}$ $\qquad [x = 0: \text{II specie}]$

426 $f(x) = e^{-\frac{1}{x^2}}$ $\qquad [x = 0: \text{III specie}]$

427 $f(x) = \dfrac{x^2-4x}{x}$ $\qquad [x = 0: \text{III specie}]$

428 $f(x) = \dfrac{x}{2x^2-x}$ $\qquad [x = 0: \text{III sp.}; x = \frac{1}{2}: \text{II sp.}]$

429 $f(x) = \dfrac{7}{x^2-4x-5}$ $\qquad [x = -1, x = 5: \text{II specie}]$

430 $f(x) = \dfrac{e^{2x}-1}{3x}$ $\qquad [x = 0: \text{III specie}]$

431 $f(x) = \begin{cases} 2x-7 & \text{se } x \leq 5 \\ 2x+7 & \text{se } x > 5 \end{cases}$ $\qquad [x = 5: \text{I specie}]$

432 $f(x) = \begin{cases} \dfrac{1}{x} & \text{se } x < 0 \\ -\ln x & \text{se } x > 0 \end{cases}$ $\qquad [x = 0: \text{II specie}]$

433 $f(x) = \begin{cases} 3x+1 & \text{se } x < 2 \\ -x^2+4x & \text{se } x \geq 2 \end{cases}$ $\qquad [x = 2: \text{I specie}]$

434 $f(x) = \begin{cases} -2-2^x & \text{se } x \leq 1 \\ 2+2^x & \text{se } x > 1 \end{cases}$ $\qquad [x = 1: \text{I specie}]$

435 $f(x) = \begin{cases} x^2+2x & \text{se } x < 0 \\ 2 & \text{se } x = 0 \\ x^2-2x & \text{se } x > 0 \end{cases}$ $\qquad [x = 0: \text{III specie}]$

436 $f(x) = \begin{cases} 2x+2 & \text{se } x < 0 \\ 1-\sqrt{x} & \text{se } 0 < x < 1 \\ \ln x & \text{se } x \geq 1 \end{cases}$ $\qquad [x = 0: \text{I sp.}]$

---

437 LEGGI IL GRAFICO

a. Scrivi l'espressione analitica della funzione.

b. Calcola, se esistono, $\lim\limits_{x \to 100} f(x)$ e $\lim\limits_{x \to 200} f(x)$.

$$\left[\text{a) } f(x) = \begin{cases} 0{,}10 \cdot x & 0 \leq x \leq 100 \\ 0{,}05 \cdot x + 5 & 100 < x \leq 200 \\ 0{,}05 \cdot x + 3 & x > 200 \end{cases} \text{; b) } 10; \nexists \right]$$

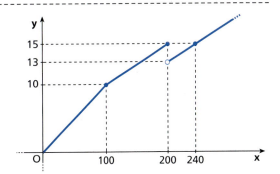

Capitolo 14. Calcolo dei limiti e continuità delle funzioni

REALTÀ E MODELLI

438 **Cara bolletta** La tariffa del metano prevede una quota fissa trimestrale di € 12 e poi un costo di 0,70 €/m³ per i primi 60 m³ consumati, 0,80 €/m³ per gli ulteriori consumi fino a 80 m³ e 1 €/m³ per i consumi superiori a 80 m³.
  a. Trova la funzione modello che esprime il costo della bolletta in termini di m³ consumati.
  b. Determina il dominio della funzione modello e rappresentane il grafico. Si tratta di una funzione continua?
  c. Se un Comune decide di applicare una sovrattassa ecologica di € 20 una tantum per chi supera gli 80 m³ di consumo, come si modifica la funzione modello trovata? Si tratta di una funzione continua?

439 **Italia chiama mondo** Una compagnia telefonica offre, per le chiamate internazionali, la tariffa indicata a fianco, a scatti anticipati della durata di 30 secondi.
  a. Quanto si spende per una chiamata che dura 20 secondi? E per una di 1′30″?
  b. Disegna il grafico della funzione del costo. Si tratta di una funzione continua? Se non lo è, che tipo di discontinuità presenta?

[a) € 1, € 3; b) I specie in $x = 30k$ secondi, $k \in \mathbb{N} - \{0\}$]

MATEMATICA AL COMPUTER
Funzioni continue Con Wiris classifichiamo i punti di discontinuità della funzione $f(x) = \dfrac{|3x^2 - 7x - 6|}{12x^2 + 5x - 2}$.

☐ Risoluzione – 8 esercizi in più

---

8 Asintoti

Asintoti verticali e orizzontali

▶ Teoria a p. 667

440 **COMPLETA** osservando la figura e scrivi le equazioni degli asintoti.

  a. $\lim_{x \to -\infty} f(x) = \square$

  b. $\lim_{x \to 7} f(x) = \square$

  c. $\lim_{x \to 2^+} f(x) = \square$

  d. $\lim_{x \to \square} f(x) = 0$

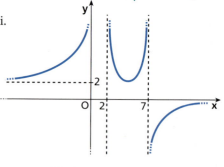

LEGGI IL GRAFICO Scrivi le equazioni degli asintoti delle funzioni rappresentate e i limiti che li definiscono.

441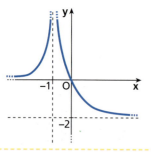

442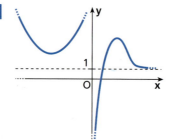

443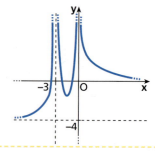

Paragrafo 8. Asintoti

444 **VERO O FALSO?**
a. Se una funzione $f(x)$ ha un asintoto verticale di equazione $x = 2$, si ha $\lim_{x \to 2} f(x) = \infty$. V F
b. Una funzione può avere infiniti asintoti verticali. V F
c. Una funzione $f(x)$ può avere due asintoti orizzontali diversi. V F
d. Una funzione razionale fratta ha sempre un asintoto verticale. V F

AL VOLO Determina gli eventuali asintoti orizzontali e verticali delle seguenti funzioni.

445 $y = e^x$ **446** $y = \ln x$ **447** $y = \dfrac{1}{x}$ **448** $y = 2^{-x}$

449 **ESERCIZIO GUIDA** Determiniamo le equazioni degli eventuali asintoti orizzontali e verticali della funzione:
$$y = \frac{3x^2 + 1}{x^2 - 1}.$$

La funzione data è una funzione razionale fratta, il cui dominio è $D: x \neq \pm 1$, ossia
$]-\infty; -1[\cup]-1; 1[\cup]1; +\infty[.$

Calcoliamo i limiti agli estremi del dominio.

$\lim_{x \to \pm\infty} \dfrac{3x^2 + 1}{x^2 - 1} = 3$ → asintoto orizzontale: $y = 3$

$\lim_{x \to -1^{\pm}} \dfrac{3x^2 + 1}{x^2 - 1} = \mp\infty$ → asintoto verticale: $x = -1$

$\lim_{x \to 1^{\pm}} \dfrac{3x^2 + 1}{x^2 - 1} = \pm\infty$ → asintoto verticale: $x = 1$

Osservazione. Possiamo giungere più rapidamente al risultato se notiamo che la funzione è pari e il suo grafico è simmetrico rispetto all'asse y. Quindi basta calcolare i limiti per $x \to +\infty$ e $x \to 1^{\pm}$.

Determina le equazioni degli eventuali asintoti orizzontali e verticali delle seguenti funzioni. (Qui e in seguito, nei risultati, in caso di funzioni periodiche, per brevità indichiamo soltanto gli asintoti relativi a un periodo.)

450 $y = \dfrac{2x^2 - 1}{x - 3}$ $[x = 3]$ **454** $y = \sqrt{\dfrac{x - 4}{x}}$ $[x = 0, y = 1]$

451 $y = \dfrac{2x^3 + 9}{x^3 - 1}$ $[x = 1, y = 2]$ **455** $y = \sqrt{\dfrac{x^3 - 1}{x^2 - x}}$ $[x = 0]$

452 $y = \dfrac{x^2 - 2x}{x^2 - 4}$ $[x = -2, y = 1]$ **456** $y = \dfrac{2e^{-x}}{x}$ $[x = 0, y = 0]$

453 $y = \dfrac{2x + 1}{x^2 - 9}$ $[x = \pm 3, y = 0]$ **457** $y = \dfrac{1}{\ln x}$ $[y = 0, x = 1]$

Asintoti obliqui

▶ Teoria a p. 668

458 **LEGGI IL GRAFICO** Scrivi le equazioni degli asintoti delle funzioni rappresentate nei seguenti grafici.

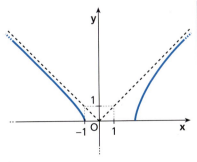
a

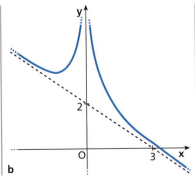
b

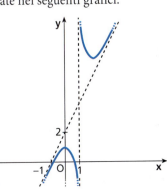
c

Capitolo 14. Calcolo dei limiti e continuità delle funzioni

459 **VERO O FALSO?**

a. Se una funzione $f(x)$ ha un asintoto obliquo, allora $\lim_{x \to \infty} f(x) = \infty$. V F
b. Se una funzione $f(x)$ ha $\lim_{x \to \infty} f(x) = \infty$, allora ha un asintoto obliquo. V F
c. Una funzione può avere più di un asintoto obliquo. V F
d. Una funzione periodica non può avere asintoti obliqui o asintoti orizzontali. V F

Ricerca degli asintoti obliqui

460 **ESERCIZIO GUIDA** Data $f(x) = \dfrac{x^2 - x + 1}{x + 3}$, determiniamo le equazioni degli eventuali asintoti obliqui.

Poiché, $\lim_{x \to \infty} \dfrac{x^2 - x + 1}{x + 3} = \infty$, la funzione può ammettere un asintoto obliquo. Calcoliamo i limiti:

$$m = \lim_{x \to \infty} \dfrac{f(x)}{x} = \lim_{x \to \infty} \dfrac{x^2 - x + 1}{x \cdot (x + 3)} = \lim_{x \to \infty} \dfrac{x^2 - x + 1}{x^2 + 3x} = 1,$$

$$q = \lim_{x \to \infty} [f(x) - mx] = \lim_{x \to \infty} \left(\dfrac{x^2 - x + 1}{x + 3} - x \right) = \lim_{x \to \infty} \dfrac{x^2 - x + 1 - x^2 - 3x}{x + 3} = \lim_{x \to \infty} \dfrac{-4x + 1}{x + 3} = -4.$$

L'asintoto obliquo della funzione data è la retta di equazione $y = x - 4$.

Determina le equazioni degli eventuali asintoti obliqui delle seguenti funzioni.

461 $y = \dfrac{2x^2 - 1}{x + 1}$ $[y = 2x - 2]$ **467** $y = \dfrac{9x^2 - 4}{3x - 1}$ $[y = 3x + 1]$

462 $y = \dfrac{4 - x^3}{2x^2 - 1}$ $\left[y = -\dfrac{1}{2}x \right]$ **468** $y = \dfrac{x^3 - 2x}{4 - x^2}$ $[y = -x]$

463 $y = \dfrac{5x^2 - 3x + 2}{2x + 4}$ $\left[y = \dfrac{5}{2}x - \dfrac{13}{2} \right]$ **469** $y = \dfrac{2x^4 - 3}{x^3}$ $[y = 2x]$

464 $y = \dfrac{3x^3 - 2}{x}$ [non esiste]   **470** $y = \dfrac{x^3}{2x^2 + 3}$ $\left[y = \dfrac{x}{2} \right]$

465 $y = \sqrt{x^2 - 1}$ $[y = \pm x]$ **471** $y = \dfrac{x}{x^2 + 1}$ [non esiste]

466 $y = \sqrt{2x^2 - 3x}$ $\left[y = \pm\sqrt{2}\, x \mp \dfrac{3}{2\sqrt{2}} \right]$ **472** $y = x + e^x$ $[y = x]$

Riepilogo: Ricerca degli asintoti

473 **TEST** Data la funzione $y = f(x)$, quale fra le seguenti affermazioni è sicuramente *falsa*?

A Può ammettere 3 asintoti verticali e uno orizzontale.
B Può ammettere 2 asintoti orizzontali.
C Può ammettere un asintoto orizzontale e uno obliquo.
D Può intersecare un suo asintoto orizzontale.
E Può avere 3 asintoti obliqui.

Determina le equazioni degli eventuali asintoti delle seguenti funzioni.

474 $y = \dfrac{4x^2 - x + 1}{x^2 - 1}$ $[x = -1, x = 1, y = 4]$ **476** $y = \dfrac{x + 3}{x^2 + 4x + 4}$ $[x = -2, y = 0]$

475 $y = \dfrac{4x^3 - 1}{x^2 - 4}$ $[x = -2, x = 2, y = 4x]$ **477** $y = \dfrac{x^4}{1 - x^3}$ $[x = 1, y = -x]$

Riepilogo: Ricerca degli asintoti

478 $y = \sqrt{x^2 + 1}$ $[y = \pm x]$

488 $y = \dfrac{\sqrt{x^2+4}}{x}$ $[x = 0, y = \pm 1]$

479 $y = \sqrt{\dfrac{x+3}{x}}$ $[x = 0, y = 1]$

489 $y = \left|\dfrac{x+2}{x-1}\right|$ $[x = 1, y = 1]$

480 $y = \dfrac{x^2 - 4x + 1}{2x}$ $\left[x = 0, y = \dfrac{1}{2}x - 2\right]$

490 $y = x - \sqrt{x^2 - 1}$ $[y = 0, y = 2x]$

481 $y = \dfrac{1}{1 - x^2}$ $[x = \pm 1, y = 0]$

491 $y = \dfrac{\ln x}{x}$ $[x = 0, y = 0]$

482 $y = \dfrac{3}{1 - 2x} + x$ $\left[x = \dfrac{1}{2}, y = x\right]$

492 $y = \dfrac{x}{\log x}$ $[x = 1]$

483 $y = \ln(1 - x)$ $[x = 1]$

493 $y = \dfrac{e^x + 1}{2 + x^2}$ $[y = 0]$

484 $y = \sqrt{x^2 - 9}$ $[y = \pm x]$

494 $y = \dfrac{2e^x}{x + 4}$ $[x = -4, y = 0]$

485 $y = \dfrac{x+2}{|x| - 2}$ $[x = 2, y = \pm 1]$

495 $y = \dfrac{3 - 2\ln x}{\ln x - 1}$ $[y = -2, x = e]$

486 $y = \dfrac{4x}{1 - \sqrt{x}}$ $[x = 1]$

496 $y = \dfrac{1 - x^4}{8x^3 - 1}$ $\left[x = \dfrac{1}{2}, y = -\dfrac{1}{8}x\right]$

487 $y = \ln\dfrac{x+1}{x-2}$ $[x = -1, x = 2, y = 0]$

497 $y = \dfrac{x^3 - 2x}{2x^2 - 4x}$ $\left[x = 2, y = \dfrac{1}{2}x + 1\right]$

Con i parametri

LEGGI IL GRAFICO

498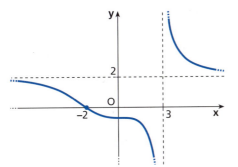

Nel grafico è rappresentata la funzione
$$y = \dfrac{ax^3 + b}{x^3 + c}.$$
Determina il valore di a, b e c.
$[a = 2; b = 16; c = -27]$

499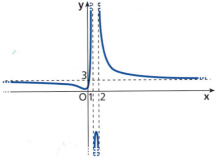

Determina a e b nella funzione
$$y = f(x) = \dfrac{ax^2 + 2}{x^2 + bx + 2}.$$
Scrivi le equazioni di tutti gli asintoti.
$[a = 3; b = -3]$

500 Trova a e b in modo che la funzione $y = \dfrac{ax^2 + b}{x}$ abbia un asintoto di equazione $y = 3x$.

$[a = 3, b = 0]$

501 Data la funzione $y = \dfrac{ax^3 + bx^2 + 4}{x^2 - 1}$, trova a e b in modo che il suo grafico abbia un asintoto di equazione $y = 2x - 1$.

$[a = 2, b = -1]$

Capitolo 14. Calcolo dei limiti e continuità delle funzioni

9 Grafico probabile di una funzione

▶ Teoria a p. 670

LEGGI IL GRAFICO determinando per ciascuna funzione: dominio, insieme immagine, eventuali punti di discontinuità (classificandoli) ed eventuali asintoti.

502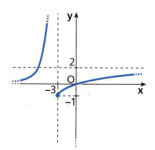

503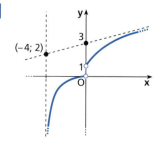

504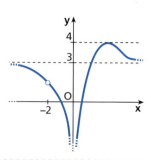

Funzioni algebriche

505 ESERCIZIO GUIDA Studiamo e rappresentiamo il grafico probabile della funzione $f(x) = \dfrac{x^2 - 1}{x}$.

1. Dominio: $\mathbb{R} - \{0\}$.

2. Eventuali simmetrie:
$$f(-x) = \frac{(-x)^2 - 1}{-x} = -\frac{x^2 - 1}{x} = -f(x).$$

Il grafico è simmetrico rispetto all'origine degli assi.

3. Intersezioni con gli assi.
Asse y: nessuna intersezione, essendo $x = 0$ escluso dal dominio.
Asse x:
$$\begin{cases} y = \dfrac{x^2 - 1}{x} \\ y = 0 \end{cases} \rightarrow \begin{cases} \dfrac{x^2 - 1}{x} = 0 \\ y = 0 \end{cases} \rightarrow \begin{cases} x^2 - 1 = 0 \\ y = 0 \end{cases} \rightarrow \begin{cases} x_{1,2} = \pm 1 \\ y = 0 \end{cases} \rightarrow A(-1; 0), B(1; 0).$$

4. Segno della funzione: $\dfrac{x^2 - 1}{x} > 0$.

   $N > 0$ per $x < -1 \vee x > 1$,

   $D > 0$ per $x > 0$.

Compiliamo il quadro dei segni.

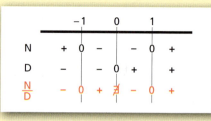

Riportiamo questi risultati nel piano cartesiano, tratteggiando le zone del piano in cui non ci sono punti della funzione.

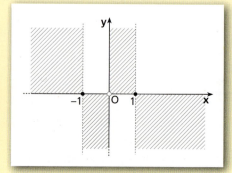

Paragrafo 9. Grafico probabile di una funzione

5. Limiti agli estremi del dominio:

- $\lim_{x \to \pm\infty} \dfrac{x^2-1}{x} = \pm\infty$; poiché il grado del numeratore supera di 1 quello del denominatore, esiste un asintoto obliquo di equazione $y = mx + q$.

$$m = \lim_{x \to \pm\infty} \dfrac{x^2-1}{x} \cdot \dfrac{1}{x} = \lim_{x \to \pm\infty} \dfrac{x^2-1}{x^2} = 1,$$

$$q = \lim_{x \to \pm\infty}\left(\dfrac{x^2-1}{x}\right) - x = \lim_{x \to \pm\infty} \dfrac{x^2-1-x^2}{x} =$$

$$\lim_{x \to \pm\infty}\left(-\dfrac{1}{x}\right) = 0.$$

L'asintoto obliquo ha equazione $y = x$.

- $\lim_{x \to 0^\pm} \dfrac{x^2-1}{x} = \mp\infty \to x = 0$ è un asintoto verticale.

Tracciamo il grafico probabile della funzione.

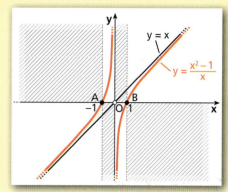

Traccia il grafico probabile delle seguenti funzioni.

506 $y = -x^3 + 4x$

507 $y = x^3 - x^2 - 2x$

508 $y = \dfrac{2x}{x^2 - 9}$

509 $y = \dfrac{x^2 - 1}{x^2 - 2x}$

510 $y = \dfrac{x}{x^2 - 5x + 6}$

511 $y = \dfrac{x^2 - 1}{x^2 - 7x + 6}$

512 $y = \dfrac{x^3}{x^2 - 1}$

513 $y = \dfrac{2}{x^2 - 6x}$

514 $y = \dfrac{2x^4}{x^3 - 8}$

515 $y = \dfrac{|x|}{x^2 - 4}$

516 $y = \dfrac{x+1}{x^3 - 4x^2}$

517 $y = \dfrac{2x}{(x-1)^2}$

518 $y = \sqrt{x^2 - 16}$

519 $y = x + \dfrac{4}{x} + 4$

520 $y = \dfrac{\sqrt{x^2 - 2x}}{x}$

521 **ASSOCIA** ogni funzione al relativo grafico.

a. $y = \dfrac{x^3 + 1}{x}$ b. $y = \dfrac{x^3 + 1}{x^2}$ c. $y = \dfrac{x^3 - 1}{x^2}$ d. $y = \dfrac{x^3 + 1}{x^4}$

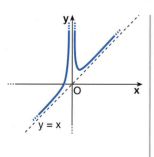

1

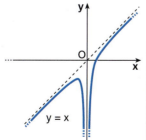

2

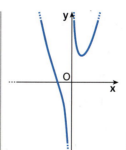

3

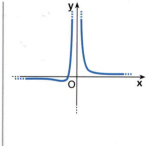

4

522 **REALTÀ E MODELLI** **Il rally** Durante una gara, una macchina percorre un tratto di strada in piano, con una traiettoria che può essere descritta dalla funzione modello $y = \dfrac{3 - x^2}{x + 1}$, con $x < -\sqrt{3}$.

a. Disegna il grafico approssimativo della funzione modello nel suo dominio naturale.
b. Studia la continuità della funzione nel suo dominio naturale.
c. Determina eventuali asintoti.   [b) $x = -1$: II specie; c) $y = -x + 1$]

Capitolo 14. Calcolo dei limiti e continuità delle funzioni

Funzioni trascendenti

523 **ASSOCIA** ogni funzione al relativo grafico.

a. $y = \dfrac{e^x}{x^2}$
b. $y = \dfrac{e^{x+1}}{x+1}$
c. $y = \dfrac{e^{x+1}}{x^2+1}$
d. $y = \dfrac{e^{1-x}}{x-1}$

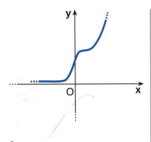

1

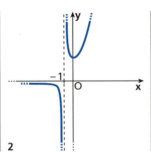

2

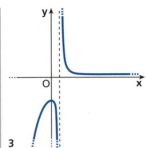

3

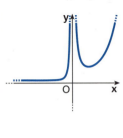

4

524 **ESERCIZIO GUIDA** Studiamo e rappresentiamo graficamente la funzione $y = \ln \dfrac{x}{x+6}$.

1. Dominio: $\dfrac{x}{x+6} > 0 \rightarrow x < -6 \vee x > 0$.

2. Simmetrie: la funzione non è né pari né dispari.

3. Intersezioni con gli assi.
   Asse y: nessuna intersezione, essendo $x = 0$ escluso dal dominio.
   Asse x:
   $$\begin{cases} y = \ln \dfrac{x}{x+6} \\ y = 0 \end{cases} \rightarrow \begin{cases} \ln \dfrac{x}{x+6} = 0 \\ y = 0 \end{cases} \rightarrow \begin{cases} \dfrac{x}{x+6} = 1 \\ y = 0 \end{cases} \rightarrow \begin{cases} x = x + 6 \\ y = 0 \end{cases} \rightarrow \text{nessuna intersezione.}$$

4. Studio del segno.
   $$\ln \dfrac{x}{x+6} > 0 \rightarrow \dfrac{x}{x+6} > 1 \rightarrow \dfrac{-6}{x+6} > 0$$
   La funzione è positiva per $x < -6$.

5. Calcoliamo i limiti agli estremi del dominio.
   - $\lim\limits_{x \to \pm\infty} \ln \dfrac{x}{x+6} = \ln 1 = 0 \rightarrow y = 0$ asintoto orizzontale
   - $\lim\limits_{x \to -6^-} \ln \dfrac{x}{x+6} = +\infty \rightarrow x = -6$ asintoto verticale sinistro
   - $\lim\limits_{x \to 0^+} \ln \dfrac{x}{x+6} = -\infty \rightarrow x = 0$ asintoto verticale destro

   Tracciamo il grafico probabile della funzione.

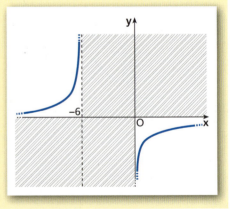

Traccia il grafico probabile delle seguenti funzioni.

525 $y = e^{\frac{1}{x-3}}$

526 $y = e^{1-x^2}$

527 $y = \dfrac{\ln x}{\ln x - 1}$

528 $y = \log_2 \dfrac{x-1}{x-4}$

529 $y = \ln \dfrac{x}{x+3}$

530 $y = 2^{\frac{x-1}{x+2}}$

531 $y = \dfrac{e^x - 1}{e^x + 4}$

532 $y = e^{\frac{x+1}{x^2+1}}$

533 $y = \dfrac{1}{\log x - 1}$

Paragrafo 9. Grafico probabile di una funzione

Problemi REALTÀ E MODELLI

RISOLVIAMO UN PROBLEMA

■ Batteri in crescita

Una particolare popolazione di batteri conta inizialmente 50 individui. Secondo la legge di Malthus il numero di batteri della colonia al tempo t, $N_1(t)$, è dato dalla legge

$$N_1(t) = 50e^{\frac{t}{30}},$$

dove il tempo t è misurato in minuti.

Questa legge non tiene in considerazione i fattori ambientali: secondo tale modello la popolazione cresce senza limite. Il modello di Verhulst elimina questo difetto: il numero $N_2(t)$ di individui al tempo t è dato da

$$N_2(t) = \frac{500}{1 + 9e^{-\frac{t}{30}}}.$$

- Determina il dominio e il segno di $N_2(t)$.
- Calcola $\lim_{t \to +\infty} N_2(t)$. Che significato ha la costante 500 presente nella legge?
- Disegna il grafico di $N_2(t)$ e confrontalo con quello di $N_1(t)$.

▶ **Calcoliamo dominio e segno di $N_2(t)$.**

Il denominatore è la somma di due termini positivi, pertanto non si annulla mai. Il dominio è quindi $D: [0; +\infty[$, tenuto conto del fatto che il tempo t non può essere negativo. Il numeratore è positivo, pertanto $N_2(t) > 0$ in tutto il suo dominio.

▶ **Determiniamo il comportamento di $N_2(t)$ per $t \to +\infty$.**

$$\lim_{t \to +\infty} N_2(t) = \lim_{t \to +\infty} \frac{500}{1 + 9\boxed{e^{-\frac{t}{30}}}} = 500.$$

tende a 0

La costante 500 è il limite a cui tende il numero di individui per $t \to +\infty$.

Possiamo dire che rappresenta il limite di popolazione che può essere sostenuto dall'ambiente.

▶ **Disegniamo i grafici di $N_1(t)$ e $N_2(t)$.**

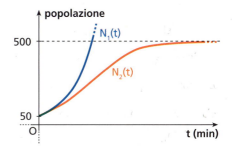

534 **Da asporto** La temperatura T di una pizza tolta dal forno e posta nel cartone, che si trova alla temperatura di 21 °C, diminuisce nel tempo secondo la legge:

$$T(t) = 21 + (T_0 - 21)e^{-\frac{t}{20}},$$

dove T_0 è la temperatura iniziale della pizza e t è il tempo misurato in minuti.

a. Se $T_0 = 110$ °C, qual è la temperatura della pizza dopo 30 minuti?
b. Calcola $\lim_{t \to +\infty} T(t)$ e interpreta il risultato fisicamente.
c. Disegna il grafico probabile della funzione $T(t)$ considerata.
d. Dopo quanti minuti la temperatura della pizza è dimezzata?   [a) $T \simeq 41$ °C; b) 21 °C; d) $\simeq 19$ minuti]

VERIFICA DELLE COMPETENZE — ALLENAMENTO

Capitolo 14. Calcolo dei limiti e continuità delle funzioni

ARGOMENTARE

1 Se $\lim\limits_{x \to -\infty} (x-2)^m = +\infty$, che cosa puoi dire del numero naturale m?

2 Se $P(x)$ è un polinomio di grado 2, $Q(x)$ è un altro polinomio e $\lim\limits_{x \to \infty} \dfrac{P(x)}{Q(x)} = 0$, cosa puoi dire sul grado di $Q(x)$?

3 Se $P(x)$ e $Q(x)$ sono due polinomi e $\lim\limits_{x \to +\infty} \dfrac{P(x)}{Q(x)} = -\infty$, è sempre vero che il coefficiente del termine di $Q(x)$ di grado più alto è negativo? Giustifica la tua risposta.

4 Sia f una funzione definita nel dominio D e che ha come asintoto orizzontale la retta $y = 5$. È vero che $f(x) \neq 5 \;\; \forall x \in D$? Giustifica la tua risposta, fornendo almeno un esempio a sostegno della tua tesi.

5 Sia f una funzione tale che $\lim\limits_{x \to 0} f(x) = 2$. È vero che $\lim\limits_{x \to 0} f(x-2) = 0$? Spiega perché fornendo almeno un esempio.

6 Sia f una funzione continua per cui $\lim\limits_{x \to +\infty} f\left(\dfrac{1}{2}x\right) = 0$. È vero che $\lim\limits_{x \to +\infty} f(x) = 0$?

UTILIZZARE TECNICHE E PROCEDURE DI CALCOLO

TEST

7 Quale dei seguenti limiti è *errato*?

- **A** $\lim\limits_{x \to 1^+} \log_{\frac{1}{2}}(x-1) = -\infty$
- **B** $\lim\limits_{x \to +\infty} \log_2(x+3) = +\infty$
- **C** $\lim\limits_{x \to -\infty} e^{3x} = 0$
- **D** $\lim\limits_{x \to +\infty} 2^{x+1} = +\infty$

8 Quale di queste funzioni soddisfa le condizioni $\lim\limits_{x \to -2^+} f(x) = -\infty$ e $\lim\limits_{x \to -\infty} f(x) = 2$?

- **A** $f(x) = \dfrac{2x}{x^2 - 4}$
- **B** $f(x) = \dfrac{2x - 1}{x + 2}$
- **C** $f(x) = \dfrac{2x^2 + 1}{x + 2}$
- **D** $f(x) = \dfrac{2x^2 - 10}{x^2 - 4}$
- **E** $f(x) = \dfrac{-2x}{-x + 2}$

Calcola i limiti.

9 $\lim\limits_{x \to 3} \dfrac{4}{2+x}$ $\left[\dfrac{4}{5}\right]$

10 $\lim\limits_{x \to -1} \dfrac{x^2 - 2}{x + 1}$ $[\infty]$

11 $\lim\limits_{x \to +\infty} \left(\dfrac{2}{x^2} - x + \dfrac{1}{x}\right)$ $[-\infty]$

12 $\lim\limits_{x \to +\infty} [(1-x)(x^2+2)]$ $[-\infty]$

13 $\lim\limits_{x \to -\infty} (-2x^4 - x^3 + 10x^2)$ $[-\infty]$

14 $\lim\limits_{x \to -\infty} \dfrac{5 - 2x + 3x^2}{1 + x^2 - x^3 - x^4}$ $[0]$

15 $\lim\limits_{x \to -2^+} \dfrac{x^2 - 3x - 10}{x^3 + 3x^2 - 4}$ $[+\infty]$

16 $\lim\limits_{x \to -\infty} \dfrac{6x^2 + x + 3}{2x^2 - 2x + 1}$ $[3]$

17 $\lim\limits_{x \to +\infty} \dfrac{1}{\sqrt{2x+1} - \sqrt{x+2}}$ $[0]$

18 $\lim\limits_{x \to -\infty} \dfrac{x+2}{\sqrt{4x^2+1}}$ $\left[-\dfrac{1}{2}\right]$

19 $\lim\limits_{x \to 2} \dfrac{x^3 - x^2 - 2x}{x^3 - 6x^2 + 12x - 8}$ $[+\infty]$

20 $\lim\limits_{x \to -1} \dfrac{-x^3 + 3x^2 + 9x + 5}{x^2 - 7 - 6x}$ $[0]$

Allenamento

21 $\lim\limits_{x \to -\infty} (\sqrt{1+4x^2} - \sqrt{3+x^2})$ $[+\infty]$

22 $\lim\limits_{x \to +\infty} \dfrac{x^2+3x+1}{x+2x^3}$ $[0]$

23 $\lim\limits_{x \to 1} \dfrac{x^2-1}{x^4-2x^3+2x-1}$ $[+\infty]$

24 $\lim\limits_{x \to 0} \dfrac{x^2-5}{e^x+e^{-x}}$ $\left[-\dfrac{5}{2}\right]$

25 $\lim\limits_{x \to 0} (1-4x)^{\frac{1}{x}}$ $\left[\dfrac{1}{e^4}\right]$

26 $\lim\limits_{x \to +\infty} \left(\dfrac{x+10}{x}\right)^{\frac{x}{2}}$ $[e^5]$

27 $\lim\limits_{x \to +\infty} \dfrac{e^{3x}+2}{e^{2x}-1}$ $[+\infty]$

28 $\lim\limits_{x \to +\infty} \dfrac{2e^{3x}+e^{2x}+3e^x}{e^{3x}+e^{2x}-e^x}$ $[2]$

29 $\lim\limits_{x \to -\infty} (x^4)^{e^{-3x}}$ $[+\infty]$

30 $\lim\limits_{x \to +\infty} \dfrac{(x+1)^{\sqrt{5}}}{e^{-x}}$ $[+\infty]$

Calcola i seguenti limiti di successioni.

31 $\lim\limits_{n \to +\infty} \dfrac{4n}{3n+1} \cdot (-1)^n$ [non esiste]

32 $\lim\limits_{n \to +\infty} \dfrac{n^2+5n}{2n^3+1}$ $[0]$

33 $\lim\limits_{n \to +\infty} \dfrac{3n}{n+1}$ $[3]$

34 $\lim\limits_{n \to +\infty} \dfrac{2n^2+4}{-2n}$ $[-\infty]$

35 $\lim\limits_{n \to +\infty} e^{\frac{1}{n}+2}$ $[e^2]$

36 $\lim\limits_{n \to +\infty} \dfrac{7n-2}{n^2}$ $[0]$

37 **VERO O FALSO?** Se $n > 3$, allora:

a. $\lim\limits_{x \to +\infty} \dfrac{x^3+1}{x^n-1} = 1$.   V F

b. $\lim\limits_{x \to -\infty} \dfrac{x+3}{nx+1} = 0$.   V F

c. $\lim\limits_{x \to +\infty} \dfrac{x^n+1}{2x-3x^2} = +\infty$.   V F

d. $\lim\limits_{x \to -\infty} \dfrac{nx+1}{x} = n$.   V F

Date le seguenti funzioni, individua i loro punti di discontinuità e la relativa specie.

38 $f(x) = \dfrac{14-x^2-5x}{4-x^2}$ $[x=2\text{: III specie}; x=-2\text{: II specie}]$

39 $f(x) = x^2+1 - \dfrac{1}{x-3}$ $[x=3\text{: II specie}]$

40 $f(x) = \dfrac{x+4}{|x+4|} + 1$ $[x=-4\text{: I specie}]$

41 $f(x) = \begin{cases} \dfrac{1}{x} & \text{se } x < 1 \\ x-2 & \text{se } x \geq 1 \end{cases}$ $[x=0\text{: II specie}; x=1\text{: I specie}]$

42 $f(x) = \begin{cases} -x & \text{se } x \leq -1 \\ \dfrac{\ln(x+1)}{-2x} & \text{se } x > -1 \end{cases}$ $[x=-1\text{: II specie}; x=0\text{: III specie}]$

Determina le equazioni degli eventuali asintoti delle seguenti funzioni.

43 $y = \dfrac{x^4+2}{8-x^3}$ $[x=2; y=-x]$

44 $y = \dfrac{x^2+4x}{x^4+5x^2+1}$ $[y=0]$

45 $y = \dfrac{x^2-2}{4-x^2}$ $[x=\pm 2; y=-1]$

46 $y = \dfrac{x-3}{|x|-1}$ $[x=\pm 1; y=\pm 1]$

ANALIZZARE E INTERPRETARE DATI E GRAFICI

TEST

47 $f(x) = \begin{cases} k - x^2 & \text{se } x < 0 \\ x + 1 & \text{se } x \geq 0 \end{cases}$ è continua in tutto $\mathbb{R}$ per:

- A $k = 1$
- B $k = 0$.
- C $k = -1$.
- D nessun valore reale di k.
- E $k = 2$.

48 Individua l'equazione della funzione rappresentata nel grafico.

- A $y = \dfrac{x}{x^2 - 1}$
- B $y = \dfrac{2x^2 + 1}{x^2 - 1}$
- C $y = \dfrac{2x + 1}{x^2 - 1}$
- D $y = \dfrac{x^3 + 1}{x^2 - 1}$
- E $y = \dfrac{x - 1}{x^2 - 1}$

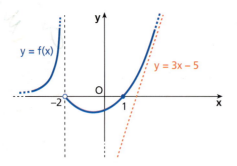

49 Individua l'equazione della funzione rappresentata nel grafico.

- A $y = \dfrac{\sqrt{x^2 + 1}}{x}$
- B $y = \dfrac{\sqrt{x^2 + 1}}{x^2}$
- C $y = \dfrac{\sqrt{x^2 + 1}}{x + 1}$
- D $y = \dfrac{\sqrt{x^2 + 1}}{x^2 + 1}$
- E $y = \dfrac{\sqrt{x^4 + 1}}{x}$

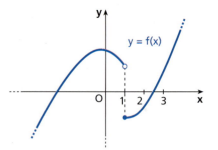

50 La funzione $f(x) = \dfrac{x + 1}{x^2 - 4}$:

- A è continua in tutto $\mathbb{R}$.
- B è continua in ± 2.
- C non è continua in nessun punto di $\mathbb{R}$.
- D è continua in tutti i punti del suo dominio.
- E è continua in tutti i punti del suo dominio escluso -1, dove si annulla.

VERO O FALSO?

51

La funzione rappresentata:

a. ha una discontinuità di seconda specie in $x = -2$. **V F**

b. soddisfa le ipotesi del teorema di Weierstrass in $[0; 1]$. **V F**

c. è tale che $\lim\limits_{x \to +\infty} \dfrac{f(x)}{x} = 3$. **V F**

d. non ha asintoti orizzontali. **V F**

52

La funzione rappresentata:

a. ha dominio $D: \mathbb{R} - \{1\}$. **V F**

b. soddisfa le ipotesi del teorema di esistenza degli zeri in $[2; 3]$. **V F**

c. non ha asintoti. **V F**

d. è tale che $\lim\limits_{x \to +\infty} \dfrac{f(x)}{x} = +\infty$. **V F**

Allenamento

53 Trova per quali valori di a la seguente funzione è continua in $\mathbb{R}$.

$$f(x) = \begin{cases} -x & \text{se } x \leq 0 \\ ax^2 & \text{se } x > 0 \end{cases}$$

$[\forall a \in \mathbb{R}]$

54 Determina per quali valori di a e b la seguente funzione è continua in $\mathbb{R}$.

$$f(x) = \begin{cases} ax + b & \text{se } x \leq 3 \\ -\log(x-2) & \text{se } 3 < x \leq 12 \\ e^{x-b} - 2 & \text{se } x > 12 \end{cases}$$

$[a = -4, b = 12]$

Disegna il grafico probabile delle seguenti funzioni.

55 $y = x^3 - 2x^2 + x$

57 $y = \dfrac{x^3 - 4x + 3}{x^2 + 3x}$

59 $y = \dfrac{e^x}{e^x - 1}$

56 $y = \ln \dfrac{x+5}{2x}$

58 $y = \dfrac{\sqrt{x-1}}{x-2}$

60 $y = \dfrac{x^2 - 1}{x^3 - 4x}$

COSTRUIRE E UTILIZZARE MODELLI

61  **Tariffe acqua** Quest'anno l'ente erogatore dell'acqua potabile applica le seguenti tariffe sul consumo di acqua, per i nuclei formati da due persone.
Per esempio, a fronte di un consumo di 50 m³, verranno addebitati € 0,20 al m³ per i primi 40 m³ e € 0,50 per i $50 - 40 = 10$ m³ restanti.
Scrivi l'espressione analitica della funzione modello $f(x)$ che fornisce il costo fatturato in base al consumo x di acqua nell'ipotesi che x possa assumere qualunque valore reale non negativo. Si tratta di una funzione continua?

Consumo x (m³/anno)	Prezzo (€/m³)
$0 \leq x \leq 40$	0,20
$40 < x \leq 80$	0,50
$80 < x \leq 120$	0,80
$120 < x \leq 160$	2,00
$x > 160$	3,00

62 **Gira gira** Ogni corpo di massa m che si trova a distanza r dal centro della Terra è attratto con una forza di intensità $F(r) = \dfrac{GMm}{r^2}$, dove $G = 6{,}67 \cdot 10^{-11}$ N·m²/kg² è la costante di gravitazione universale.
Considera un satellite di massa $m = 500$ kg.

a. Determina il dominio di $F(r)$, tenendo conto del suo significato fisico. Rappresenta la funzione e stabilisci se è continua.
b. Quanto vale $F(R)$? Che cosa rappresenta?
c. Cosa succede se il satellite si allontana sempre più dalla Terra?

$M = 5{,}97 \cdot 10^{24}$ kg
$R = 6{,}37 \cdot 10^6$ m

[a) $r \geq R$, continua; b) $4{,}9 \cdot 10^3$ N; c) $F(r) \to 0$]

63 **Light blue** In un colorificio, per ottenere una vernice azzurra, un dispositivo immette ogni minuto 4 litri di vernice blu in una vasca che all'inizio contiene 1200 litri di vernice bianca. In ogni litro di vernice blu immessa ci sono 12 grammi di polvere blu. Spiega perché nella vasca, dopo x minuti, la concentrazione C, in grammi per litro, della polvere blu è:

$$C = \dfrac{48x}{1200 + 4x}.$$

a. Qual è la concentrazione di polvere blu dopo un'ora?
b. Utilizza il limite per $x \to +\infty$ per calcolare a quale valore tende la concentrazione di polvere blu al passare del tempo.

[a) 2 g/L; b) 12 g/L]

Capitolo 14. Calcolo dei limiti e continuità delle funzioni

64 **La rendita finanziaria** Un risparmiatore, alla fine di ogni anno, versa una rata R di € 6000 a una banca che la capitalizza a un tasso d'interesse annuo i del 3,5%. Il montante M_n maturato alla fine dell'anno n, cioè l'ammontare che il risparmiatore potrebbe prelevare alla fine dell'anno n, è dato da:

$$M_n = R\frac{(1+i)^n - 1}{i}$$

(l'anno 1 è l'anno in cui si effettua il primo versamento).

a. Determina l'espressione ricorsiva del montante M_n.
b. Alla fine del quinto anno quanto hanno fruttato in tutto le rate versate dal risparmiatore?
c. A quanto tende il montante se il numero di anni dei versamenti aumenta sempre di più?

$$\left[\text{a)}\ M_n = (1+i)M_{n-1} + R;\ \text{b)}\ €\ 2174{,}80;\ \text{c)}\ \lim_{n\to+\infty} M_n = +\infty\right]$$

RISOLVIAMO UN PROBLEMA

A tutto gas

Un'azienda che produce acqua minerale frizzante conserva l'anidride carbonica in un recipiente in cui la pressione P e il volume V del gas, espressi in unità arbitrarie, sono legati dalla legge:

$$\left(P + \frac{2}{V^2}\right)(V - 1) = 1.$$

- Esprimi P in funzione di V.
- Studia la funzione $P(V)$ indipendentemente dalla situazione fisica. Classifica le discontinuità e determina gli eventuali asintoti.
- Traccia un grafico probabile della funzione $P(V)$.
- Quale parte del grafico rappresenta la situazione reale?

▶ **Determiniamo la funzione $P(V)$.**

$$P(V) = \frac{1}{V-1} - \frac{2}{V^2}$$

La funzione si può scrivere:

$$P(V) = \frac{V^2 - 2V + 2}{V^3 - V^2}.$$

Il dominio naturale di $P(V)$, indipendentemente dalla situazione fisica, è $D: \ ]-\infty;0[\ \cup\ ]0;1[\ \cup\ ]1;+\infty[$.
$P(V)$ è positiva per $V > 1$.

▶ **Studiamo la discontinuità e determiniamo gli asintoti.**

$\lim_{V\to 0^\pm} P(V) = -\infty \to V = 0$ asintoto verticale.

$\lim_{V\to 1^\pm} P(V) = \pm\infty \to V = 1$ asintoto verticale.

$V = 0$ e $V = 1$ sono punti di discontinuità di seconda specie.

$\lim_{V\to\pm\infty} P(V) = 0 \to P = 0$ asintoto orizzontale.

▶ **Tracciamo il grafico di $P(V)$.**

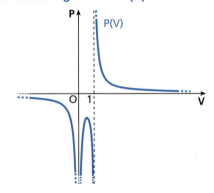

▶ **Studiamo la situazione reale.**

Osserviamo che sia il volume V sia la pressione $P(V)$ non possono essere negativi e che $P(V)$ è positiva per $V > 1$. Quindi la parte di grafico che rappresenta la situazione reale corrisponde al dominio fisico $]1; +\infty[$. Quando il volume tende al valore minimo, la pressione tende all'infinito. Mano a mano che il volume aumenta, la pressione diminuisce e tende a 0 quando il volume tende a $+\infty$.

Allenati con **15 esercizi interattivi** con feedback "hai sbagliato, perché..."
🔲 **su.zanichelli.it/tutor3** risorsa riservata a chi ha acquistato l'edizione con tutor

VERIFICA DELLE COMPETENZE PROVE

⏱ 1 ora

PROVA A

1 Calcola i seguenti limiti:

a. $\lim_{x \to -\infty} (4x - x^3 + 5)$;

b. $\lim_{x \to 1} \frac{x^2 + 4x - 5}{x^2 - 1}$;

c. $\lim_{x \to +\infty} \frac{\ln x + x^3}{x^3}$;

d. $\lim_{x \to +\infty} \left(1 - \frac{4}{x}\right)^{2x}$.

2 Calcola i limiti per $n \to +\infty$ delle seguenti successioni.

a. $a_n = \frac{9n^2}{4n^2 + 1} - 2$

b. $b_n = \frac{1 - n^2}{n + 1}$

3 Determina se la funzione
$$y = \begin{cases} x + 2 & \text{se } x \leq 0 \\ x & \text{se } x > 0 \end{cases}$$
è continua nell'intervallo [2; 3].

4 Individua e classifica i punti di discontinuità della funzione $y = \frac{x}{x^2 - 3x}$.

Disegna il grafico probabile delle seguenti funzioni, indicando in particolare eventuali discontinuità e asintoti.

5 $f(x) = \frac{3x^2 + 1}{4 - x^2}$

6 $f(x) = \frac{x^3 - 9x}{x^2 - 1}$

---

7 Il grafico a fianco è relativo a una funzione $f(x)$ che ha equazione
$$y = \frac{x^3 + 5x}{x^2 - 4}.$$

Determina:

a. il dominio della funzione;
b. le equazioni degli asintoti verticali;
c. le equazioni degli eventuali asintoti obliqui.

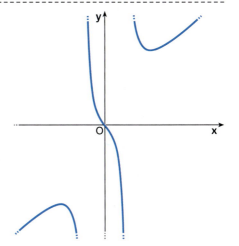

PROVA B

Flash in carica Se scatti una foto con il flash, la batteria ricomincia subito a ricaricare il condensatore del flash. La funzione che esprime la carica elettrica Q che si accumula in funzione del tempo t, in secondi, è:

$$Q(t) = a\left(1 - e^{-\frac{t}{b}}\right),$$

dove a e b sono costanti.

a. Utilizza il calcolo di un limite per stabilire qual è la carica massima che è messa a disposizione del flash.
b. Determina il tempo necessario per ottenere il 90% della carica massima se $b = 4$.
c. Disegna un grafico probabile della funzione per $a = 2$ e $b = 1$.
d. Durante la ricarica l'intensità di corrente $I(t)$ non è costante. Si dimostra che l'intensità di corrente all'inizio della ricarica, cioè all'istante $t = 0$, è data da $I(0) = \lim_{t \to 0^+} \frac{Q(t) - Q(0)}{t}$.

Calcola l'intensità di corrente iniziale $I(0)$.

CAPITOLO 15
DERIVATE

1 Derivata di una funzione

Problema della tangente

Uno dei problemi classici che portarono al concetto di derivata è quello della determinazione della retta tangente a una curva in un punto.
In alcuni casi, come per esempio quello della parabola, sappiamo già come procedere. L'equazione della tangente a una parabola in un suo punto $P(x_0; y_0)$ si ottiene scrivendo il sistema fra l'equazione $y - y_0 = m(x - x_0)$ del fascio di rette passanti per P e quella della parabola, $y = ax^2 + bx + c$, e ponendo la condizione $\Delta = 0$ nell'equazione risolvente.
Infatti, se una retta è tangente, ha due intersezioni con la parabola coincidenti in P.

Lo stesso metodo non si può applicare in generale.

Per esempio, se vogliamo determinare la tangente al grafico di $y = e^x$ in $(0; 1)$, e scriviamo il sistema

$$\begin{cases} y - 1 = mx & \text{equazione del fascio per } P \\ y = e^x & \text{equazione della funzione} \end{cases},$$

notiamo che l'equazione risolvente $mx + 1 = e^x$ non è di secondo grado, quindi non possiamo porre $\Delta = 0$.
Per ottenere allora m utilizziamo un metodo valido in generale basato sul concetto di limite, pensando a un procedimento nuovo secondo il quale si può approssimare la tangente mediante rette secanti che le si avvicinano sempre di più.

DEFINIZIONE

La **retta tangente a una curva** in un punto P è la posizione limite, se esiste, della secante PQ al tendere (sia da destra sia da sinistra) di Q a P.

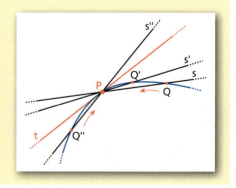

Paragrafo 1. Derivata di una funzione

Consideriamo una funzione $y = f(x)$ e troviamo il coefficiente angolare della tangente al grafico in un suo punto applicando la definizione appena data. Dobbiamo innanzitutto considerare il *rapporto incrementale*.

■ Rapporto incrementale

▶ Esercizi a p. 738

Dati una funzione $y = f(x)$, definita in un intervallo $[a; b]$, e un punto del suo grafico $A(c; f(c))$, incrementiamo l'ascissa di A di una quantità $h \neq 0$ e così otteniamo il punto B di coordinate:

$$x_B = c + h, \quad y_B = f(x_B) = f(c + h) \quad \rightarrow \quad B(c + h; f(c + h)).$$

Sia c sia $c + h$ devono appartenere all'intervallo $]a; b[$, ossia essere **interni** all'intervallo $[a; b]$. h può essere positivo o negativo.
Consideriamo gli incrementi:

$$\Delta x = x_B - x_A = h \quad \text{e} \quad \Delta y = y_B - y_A = f(c + h) - f(c).$$

Il rapporto dei due incrementi è $\dfrac{\Delta y}{\Delta x}$.

> **DEFINIZIONE**
> Dati una funzione $y = f(x)$, definita in un intervallo $[a; b]$, e due numeri reali c e $c + h$ (con $h \neq 0$) interni all'intervallo, il **rapporto incrementale** di f nel punto c (o relativo a c) è il numero:
> $$\frac{\Delta y}{\Delta x} = \frac{f(c + h) - f(c)}{h}.$$

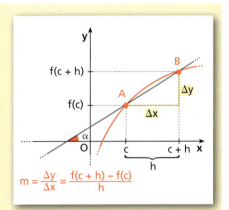

Listen to it

The **difference quotient** is the average rate of change of a function $y = f(x)$ with respect to x. It is the ratio of the change in output to the change in input.

Considerati i punti $A(c; f(c))$ e $B(c + h; f(c + h))$ del grafico di f, il rapporto incrementale di f nel punto c è **il coefficiente angolare della retta passante per A e B**.

> **ESEMPIO**
> Calcoliamo il rapporto incrementale di $y = f(x) = 2x^2 - 3x$ relativo al punto $c = 1$ per un generico incremento $h \neq 0$.
> Applicando la formula, troviamo:
> $$\frac{\Delta y}{\Delta x} = \frac{f(1 + h) - f(1)}{h}.$$
> Determiniamo $f(1 + h)$ sostituendo alla x della funzione l'espressione $1 + h$:
> $$f(1+h) = 2(1+h)^2 - 3(1+h) = 2(1 + 2h + h^2) - 3 - 3h = -1 + h + 2h^2.$$
> Determiniamo inoltre $f(1) = -1$.
> Calcoliamo infine il rapporto incrementale:
> $$\frac{f(1 + h) - f(1)}{h} = \frac{\cancel{-1} + h + 2h^2 - (\cancel{-1})}{h} = \frac{\cancel{h}(2h + 1)}{\cancel{h}} = 2h + 1.$$

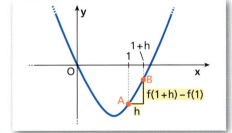

Animazione

Considerata
$f(x) = -x^2 + 6x - 4$,
nell'animazione calcoliamo il rapporto incrementale in $x_0 = 1$ e con una figura dinamica esaminiamo come cambia al variare di h.

▶ Calcola il rapporto incrementale della funzione $f(x) = -x^2 + 2x$ nel suo punto $c = 2$ e per un generico incremento h.

Capitolo 15. Derivate

L'espressione trovata rappresenta, al variare di h, il coefficiente angolare di una generica retta secante passante per il punto A del grafico con $x = 1$.

Il valore del rapporto incrementale in un punto c dipende dal valore dell'incremento di h.
Nell'esempio precedente, se $h = 0,2$, il rapporto incrementale vale $2(0,2) + 1 = 1,4$; se $h = 0,1$, vale $2(0,1) + 1 = 1,2$ e così via.

■ Derivata di una funzione

▶ Esercizi a p. 740

Consideriamo una funzione $y = f(x)$ definita in un intervallo $[a; b]$. Del grafico della funzione consideriamo i punti $A(c; f(c))$ e $B(c + h; f(c + h))$, con c e $c + h$ interni all'intervallo. Il punto A è fissato, il punto B varia al variare di h.
Tracciamo la retta AB, secante il grafico, per diversi valori di h. Disegniamo inoltre la retta t tangente al grafico in A.

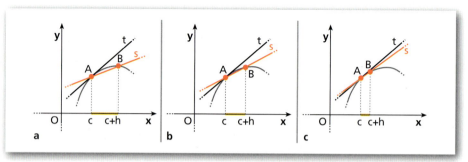

Attribuendo a h valori sempre più piccoli, il punto B si avvicina sempre di più al punto A. Quando $h \to 0$, il punto B tende a sovrapporsi al punto A e la retta AB tende a diventare la retta tangente alla curva in A. Il coefficiente angolare della secante AB, ossia il rapporto incrementale nel punto c, tende al coefficiente angolare della tangente in A, che viene chiamato *derivata* della funzione nel punto c.

> **DEFINIZIONE**
> Data una funzione $y = f(x)$, definita in un intervallo $[a; b]$, la **derivata della funzione** nel punto c interno all'intervallo, che indichiamo con $f'(c)$, è il limite, se esiste ed è *finito*, per h che tende a 0, del rapporto incrementale di f relativo a c:
>
> $$f'(c) = \lim_{h \to 0} \frac{f(c + h) - f(c)}{h}.$$
>
>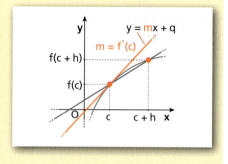

La derivata di una funzione in un punto c rappresenta **il coefficiente angolare della retta tangente** al grafico della funzione nel suo punto di ascissa c.

Una funzione è **derivabile** in un punto c se esiste la derivata $f'(c)$.
Quindi, se una funzione è derivabile in c:

1. la funzione è definita in un intorno del punto c;
2. esiste il limite del rapporto incrementale, relativo a c, per h che tende a 0, cioè esistono il limite destro e il limite sinistro di tale rapporto e tali limiti coincidono;

MATEMATICA E STORIA
Chi è il padre del calcolo? Nel 1712 Newton accusò Leibniz di plagio.

▶ Chi è l'inventore del calcolo differenziale?

☐ La risposta

☐ Video

Derivata in un punto
▶ Com'è definita la derivata in un punto?
Vediamolo con un esempio:
$f(x) = \frac{1}{4}x^2 - x + 3$.

Paragrafo 1. Derivata di una funzione

3. questo limite è un numero finito.

Indichiamo la derivata di una funzione $y = f(x)$ in un punto generico x con uno dei simboli seguenti:

$$f'(x); \quad \mathrm{D}f(x); \quad y'.$$

Se il limite per h che tende a 0 del rapporto incrementale di una funzione in un punto *non esiste o è infinito*, la funzione **non è derivabile** in quel punto.

In sintesi

Rapporto incrementale e derivata di una funzione			
Concetto	Figura	Definizione	Significato geometrico
Rapporto incrementale		$\dfrac{\Delta y}{\Delta x}$	Coefficiente angolare della **secante** al grafico della funzione nei punti P e Q
Derivata in x_P		$\lim\limits_{\Delta x \to 0} \dfrac{\Delta y}{\Delta x}$	Coefficiente angolare della **tangente** al grafico della funzione nel punto P

Calcolo della derivata con la definizione

Calcoliamo la derivata della funzione $f(x) = x^2 - x$ in $c = 3$.

Applichiamo la definizione:

$$f'(3) = \lim_{h \to 0} \frac{f(3+h) - f(3)}{h}.$$

Calcoliamo i valori che assume la funzione nei punti di ascissa 3 e $3+h$:

$$f(3) = 6; \quad f(3+h) = (3+h)^2 - (3+h) = 6 + 5h + h^2.$$

Sostituiamo nel rapporto incrementale:

$$f'(3) = \lim_{h \to 0} \frac{6 + 5h + h^2 - 6}{h} = \lim_{h \to 0} \frac{h(5+h)}{h} = \lim_{h \to 0} (5+h) = 5.$$

Quindi $f'(3) = 5$.

La derivata $f'(3)$ è un numero reale ed è il coefficiente angolare della tangente al grafico di $f(x)$ nel punto $(3; f(3))$.

Possiamo calcolare la derivata di una funzione anche in un punto generico x. In questo caso il valore $f'(x)$ che otteniamo è funzione di x e, per questo, parliamo anche di **funzione derivata**.

La funzione derivata, al variare di x, fornisce il coefficiente angolare di tutte le rette tangenti al grafico della funzione data.

ESEMPIO
Calcoliamo la derivata della funzione $f(x) = 4x^2$ in un generico punto x:

$$f'(x) = \lim_{h \to 0} \frac{f(x+h) - f(x)}{h} = \lim_{h \to 0} \frac{4(x+h)^2 - 4x^2}{h} =$$

$$\lim_{h \to 0} \frac{\cancel{4x^2} + 4h^2 + 8hx - \cancel{4x^2}}{h} = \lim_{h \to 0} \frac{4h(h+2x)}{h} = \lim_{h \to 0} 4(h+2x) = 8x.$$

La derivata $f'(x) = 8x$ è una funzione di x.

▶ Calcola la derivata di $f(x) = x^2 + 1$ in un generico punto x.

▢ **Animazione**

■ Derivata sinistra e derivata destra   ▶ Esercizi a p. 742

Poiché la derivata è il limite del rapporto incrementale, in analogia a quanto abbiamo detto per i limiti, possiamo definire la *derivata sinistra* e la *derivata destra* di una funzione.

DEFINIZIONE
Data una funzione $y = f(x)$, in un punto c:

la **derivata sinistra**	la **derivata destra**
$f'_-(c) = \lim\limits_{h \to 0^-} \dfrac{f(c+h) - f(c)}{h}$;	$f'_+(c) = \lim\limits_{h \to 0^+} \dfrac{f(c+h) - f(c)}{h}$.

Una funzione è **derivabile** in un punto c se esistono *finite* e *uguali* tra loro la derivata sinistra e la derivata destra.

ESEMPIO
Consideriamo la funzione $f(x) = |x|$. Nel punto $x = 0$ abbiamo:

$$f'_-(0) = \lim_{h \to 0^-} \frac{f(0+h) - f(0)}{h} = \lim_{h \to 0^-} \frac{-h - 0}{h} = -1;$$

$|h| = -h$ se $h < 0$

$$f'_+(0) = \lim_{h \to 0^+} \frac{f(0+h) - f(0)}{h} = \lim_{h \to 0^+} \frac{h - 0}{h} = 1.$$

$|h| = h$ se $h > 0$

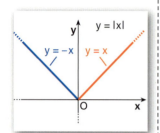

La derivata destra e quella sinistra esistono ma sono diverse, quindi nel punto $x = 0$ **non** esiste la derivata della funzione $y = |x|$.
A destra di $x = 0$, il grafico coincide con la retta $y = x$, cioè con la tangente di coefficiente angolare 1, quindi $f'_+(0) = 1$.
A sinistra di $x = 0$, il grafico della funzione e quello della tangente coincidono con la retta $y = -x$; il coefficiente angolare è -1, quindi $f'_-(0) = -1$.

▶ Verifica che, per $y = |x|$, nel punto $x = 2$, le derivate sinistra e destra coincidono e sono uguali alla derivata nel punto.

Paragrafo 1. Derivata di una funzione

Esaminiamo graficamente un altro esempio nella figura a lato. Nel punto $x = 1$, il grafico ha due tangenti diverse: le derivate sinistra e destra non coincidono.

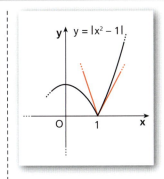

DEFINIZIONE

Una funzione $y = f(x)$ è **derivabile in un intervallo** chiuso $[a; b]$ se è derivabile in tutti i punti interni di $[a; b]$ e se esistono e sono finite la derivata destra in a e la derivata sinistra in b.

ESEMPIO

La funzione $y = |x|$ è derivabile nell'intervallo $[0; 2]$. Infatti:
- si può dimostrare che è derivabile in tutti i punti interni dell'intervallo;
- puoi verificare che esistono la derivata destra nel punto 0 e la derivata sinistra nel punto 2.

■ Derivata e velocità di variazione

Velocità di variazione di una grandezza rispetto a un'altra

Se versiamo del liquido in un bicchiere a forma conica come quello a lato, con quale velocità varia il volume del liquido al variare della sua altezza nel bicchiere? Schematizziamo il problema con un modello matematico, considerando un cono il cui raggio di base è lungo la metà dell'altezza: $\overline{GA} = \frac{1}{2}\overline{GC}$.

Esprimiamo il volume V del liquido in funzione dell'altezza FC, tenendo presente che, essendo simili i triangoli CFE e CGA, $\overline{FE} = \frac{1}{2}\overline{FC}$:

$$V = \frac{1}{3}\pi \overline{FE}^2 \cdot \overline{FC} = \frac{1}{3}\pi\left(\frac{1}{2}\overline{FC}\right)^2 \cdot \overline{FC} = \frac{1}{12}\pi \overline{FC}^3.$$

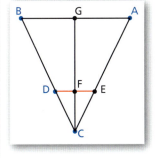

Se x è l'altezza del liquido e y il suo volume, abbiamo:

$$y = \frac{1}{12}\pi x^3, \quad \text{con } x \geq 0.$$

Dal grafico di questa funzione, rappresentato in figura, vediamo che al variare dell'altezza il volume cresce sempre più rapidamente.
Mediante il concetto di derivata possiamo calcolare la velocità di variazione del volume.
Consideriamo i punti x e $x + h$.
All'incremento $\Delta x = h$ corrisponde un incremento Δy. Il rapporto $\frac{\Delta y}{\Delta x}$ è la **velocità media** di variazione di y rispetto a x, perché indica l'incremento di y per ogni unità di incremento di x. Da un punto di vista geometrico, esso è il coefficiente angolare della retta PQ.
La **velocità istantanea** di variazione è il limite a cui tende il rapporto incrementale per $h \to 0$, cioè la derivata di y rispetto a x, ed è il coefficiente angolare della retta tangente in P. Applicando quindi la definizione di derivata, otteniamo la velocità di variazione di y in funzione di x.

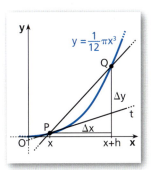

$$\lim_{h \to 0} \frac{\Delta y}{\Delta x} = \lim_{h \to 0} \frac{\frac{\pi}{12}(x+h)^3 - \frac{\pi}{12}x^3}{h} = \lim_{h \to 0} \frac{\pi}{12} \cdot \frac{x^3 + 3x^2h + 3xh^2 + h^3 - x^3}{h} =$$

$$\lim_{h \to 0} \frac{\pi}{12} \cdot \frac{h(3x^2 + 3xh + h^2)}{h} = \frac{\pi}{12} \cdot 3x^2 = \frac{\pi}{4}x^2$$

2 Continuità e derivabilità

▶ Esercizi a p. 744

Ci sono dei punti in cui una funzione è continua ma non è derivabile.

ESEMPIO

1. La funzione $y = |x|$ è continua in $x = 0$, perché $\lim_{x \to 0} |x| = f(0) = |0| = 0$; tuttavia essa non è derivabile in $x = 0$. Abbiamo già visto infatti che:

$$f'_-(0) \neq f'_+(0).$$

Nel punto di ascissa $x = 0$ la derivata sinistra è diversa dalla derivata destra.

2. La funzione $y = \sqrt[3]{x-1}$ è continua in $x = 1$, ma non è derivabile in questo punto perché il limite del rapporto incrementale non è finito, infatti:

$$\lim_{h \to 0} \frac{\sqrt[3]{1+h-1} - \sqrt[3]{1-1}}{h} = \lim_{h \to 0} \frac{\sqrt[3]{h}}{h} = \lim_{h \to 0} \sqrt[3]{\frac{h}{h^3}} = \lim_{h \to 0} \frac{1}{\sqrt[3]{h^2}} = +\infty.$$

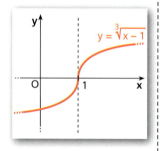

Viceversa, esistono punti in cui una funzione è derivabile ma non è continua? Il teorema seguente lo esclude.

TEOREMA
Se una funzione $f(x)$ è derivabile nel punto x_0, in quel punto la funzione è anche continua.

Ipotesi $\lim_{h \to 0} \dfrac{f(x_0 + h) - f(x_0)}{h} = f'(x_0)$ **Tesi** $\lim_{x \to x_0} f(x) = f(x_0)$

DIMOSTRAZIONE
Scriviamo la seguente relazione, che è un'identità (per $h \neq 0$):

$$f(x_0 + h) = f(x_0) + \frac{f(x_0 + h) - f(x_0)}{h} \cdot h.$$

Calcoliamo il limite per $h \to 0$ dei due membri, ricordando che $f(x)$ è derivabile in x_0 per ipotesi:

$$\lim_{h \to 0} f(x_0 + h) = \underbrace{\lim_{h \to 0} f(x_0)}_{\text{tende a } f(x_0)} + \underbrace{\lim_{h \to 0} \frac{f(x_0 + h) - f(x_0)}{h}}_{\text{tende a } f'(x_0)} \cdot \underbrace{\lim_{h \to 0} h}_{\text{tende a } 0} = f(x_0).$$

Posto $x_0 + h = x$, se $h \to 0$, si ha che $x \to x_0$. Sostituendo nella relazione precedente, concludiamo che la funzione $f(x)$ è continua in x_0, in quanto:

$$\lim_{x \to x_0} f(x) = f(x_0).$$

Nella dimostrazione del teorema abbiamo visto che la scrittura $\lim_{h \to 0} f(x_0 + h) = f(x_0)$ è equivalente a $\lim_{x \to x_0} f(x) = f(x_0)$.

Possiamo quindi assumerla come definizione di funzione continua:

una funzione è continua in x_0 se $\lim_{h \to 0} f(x_0 + h) = f(x_0)$.

MATEMATICA E NATURA

Frattali I frattali sono curve con alcune caratteristiche particolari: un esempio di frattale è la curva di von Koch, che è continua ma priva di tangente in ogni punto.

▶ Come si costruisce la curva di von Koch?
▶ Quali sono le caratteristiche dei frattali?

☐ La risposta

Paragrafo 3. Derivate fondamentali

Per quanto abbiamo detto, possiamo affermare che l'insieme D delle funzioni derivabili è un sottoinsieme dell'insieme C delle funzioni continue. Esistono funzioni continue ma non derivabili, mentre le funzioni derivabili sono sempre continue: $D \subset C$.

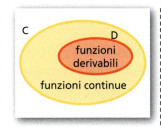

▶ Video

Continuità e derivabilità

▶ La funzione $f(x) = \sqrt{|x|+1}$ è continua?
▶ È derivabile?

3 Derivate fondamentali

▶ Esercizi a p. 744

Determiniamo ora le formule di derivazione che permettono di calcolare le derivate di alcune funzioni senza dover applicare la definizione.

Derivata della funzione costante

TEOREMA
La derivata di una funzione costante è 0: $\mathbf{D}\, k = \mathbf{0}$.

DIMOSTRAZIONE
Ricordando che, se $f(x) = k$, anche $f(x + h) = k$, calcoliamo:

$$f'(x) = \lim_{h \to 0} \frac{f(x+h) - f(x)}{h} = \lim_{h \to 0} \frac{k - k}{h} = 0.$$

Evidenziamo che $\lim_{h \to 0} \dfrac{k-k}{h}$ non è una forma indeterminata perché il numeratore è costante e vale 0 prima ancora di calcolare il limite.

Interpretazione grafica
Dal grafico della funzione $y = k$ è intuitivo notare che la tangente al grafico in ogni suo punto è rappresentata da una retta parallela all'asse x, quindi con coefficiente angolare $m = f'(x) = 0$.

Derivata della funzione identità

TEOREMA
La derivata di $f(x) = x$ è $f'(x) = 1$: $\mathbf{D}\, x = \mathbf{1}$.

DIMOSTRAZIONE
Se $f(x) = x$, risulta che $f(x + h) = x + h$. Calcoliamo $f'(x)$:

$$f'(x) = \lim_{h \to 0} \frac{f(x+h) - f(x)}{h} = \lim_{h \to 0} \frac{x+h-x}{h} = \lim_{h \to 0} \frac{h}{h} = 1.$$

Interpretazione grafica
La funzione $y = x$ ha come grafico la bisettrice del primo e terzo quadrante e coincide con la tangente al grafico stesso in ogni suo punto; il suo coefficiente angolare è $m = f'(x) = 1$.

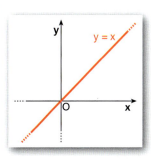

Capitolo 15. Derivate

Derivata della funzione potenza

TEOREMA

La derivata di $f(x) = x^\alpha$, con $\alpha \in \mathbb{R}$ e $x > 0$, è $f'(x) = \alpha x^{\alpha-1}$:

$$D\, x^\alpha = \alpha x^{\alpha-1}.$$

DIMOSTRAZIONE

$$f'(x) = \lim_{h \to 0} \frac{f(x+h) - f(x)}{h} = \lim_{h \to 0} \frac{(x+h)^\alpha - x^\alpha}{h} = \lim_{h \to 0} \frac{\left[x\left(1 + \frac{h}{x}\right)\right]^\alpha - x^\alpha}{h} =$$

$$\lim_{h \to 0} \frac{x^\alpha \left(1 + \frac{h}{x}\right)^\alpha - x^\alpha}{h} = \lim_{h \to 0} x^\alpha \frac{\left(1 + \frac{h}{x}\right)^\alpha - 1}{h} =$$

raccogliamo x^α al numeratore

$$x^\alpha = x^{\alpha-1} \cdot x = \frac{x^{\alpha-1}}{\frac{1}{x}}$$

$$\lim_{h \to 0} x^{\alpha-1} \underbrace{\frac{\left(1 + \frac{h}{x}\right)^\alpha - 1}{\frac{h}{x}}}_{\text{non dipende da } h} = \alpha x^{\alpha-1}$$

tende ad α per il limite notevole

$$\lim_{f(x) \to 0} \frac{[1 + f(x)]^k - 1}{f(x)} = k$$

Se α è intero, oppure $\alpha = \frac{m}{n}$ con n dispari, il teorema vale anche con $x < 0$.

Per le potenze con esponente naturale, cioè per $n \in \mathbb{N} - \{0\}$ e $\forall x \in \mathbb{R}$, si ha:

$$D\, x^n = n x^{n-1}.$$

ESEMPIO

$y = x^2 \quad \to \quad y' = 2x.$ $\qquad y = x^7 \quad \to \quad y' = 7x^6.$

$y = \dfrac{1}{x} = x^{-1} \quad \to \quad y' = -1 x^{-1-1} = -\dfrac{1}{x^2}$, con $x \neq 0$.

$y = \sqrt[4]{x^3} = x^{\frac{3}{4}} \quad \to \quad y' = \dfrac{3}{4} x^{\frac{3}{4}-1} = \dfrac{3}{4} x^{-\frac{1}{4}} = \dfrac{3}{4} \cdot \dfrac{1}{\sqrt[4]{x}}$, con $x > 0$.

$y = \dfrac{1}{x^4} = x^{-4} \quad \to \quad y' = -4 x^{-5} = \dfrac{-4}{x^5}$, con $x \neq 0$.

▶ Calcola la derivata delle funzioni:

a. $y = \dfrac{1}{x^6}$;

b. $y = \sqrt[5]{x^3}$.

☐ Animazione

Derivata della funzione radice quadrata

Se come esponente di x^α, con $x > 0$, abbiamo $\alpha = \dfrac{1}{2}$:

$$D\, x^{\frac{1}{2}} = \frac{1}{2} x^{\frac{1}{2}-1} = \frac{1}{2} x^{-\frac{1}{2}} = \frac{1}{2\sqrt{x}} \quad \to \quad \boxed{D\, \sqrt{x} = \frac{1}{2\sqrt{x}}}.$$

Per $x = 0$ esiste la funzione $\sqrt{x}$, ma non la sua derivata.

Derivata della funzione seno e della funzione coseno

Si possono dimostrare le seguenti regole di derivazione per x espresso in radianti.

$$D \sin x = \cos x; \qquad D \cos x = -\sin x.$$

Se x è misurato in gradi, si dimostra che:

$$D \sin x° = \frac{\pi}{180°} \cdot \cos x°;$$

$$D \cos x° = -\frac{\pi}{180°} \cdot \sin x°.$$

Derivata della funzione esponenziale e della funzione logaritmica

Si può dimostrare che la derivata della funzione esponenziale è:

D $a^x = a^x \ln a$; per $a = e$, $\ln e = 1$: **D $e^x = e^x$.**

La derivata della funzione logaritmica è:

D $\log_a x = \frac{1}{x} \cdot \log_a e$; per $a = e$: **D $\ln x = \frac{1}{x}$.**

4 Operazioni con le derivate

Derivata del prodotto di una costante per una funzione

▶ Esercizi a p. 745

TEOREMA

La derivata del prodotto di una costante k per una funzione derivabile $f(x)$ è uguale al prodotto della costante per la derivata della funzione:

D $[k \cdot f(x)] = k \cdot f'(x)$.

DIMOSTRAZIONE

$$y' = \lim_{h \to 0} \frac{k \cdot f(x+h) - k \cdot f(x)}{h} = \lim_{h \to 0} \frac{k \cdot [f(x+h) - f(x)]}{h} =$$

$$\lim_{h \to 0} k \cdot \boxed{\frac{f(x+h) - f(x)}{h}} = k \cdot f'(x)$$

tende a $f'(x)$

ESEMPIO

1. $y = -3 \cdot \ln x \quad \rightarrow \quad y' = -3 \cdot \frac{1}{x} = -\frac{3}{x}$

2. $y = \frac{2}{3} \cdot \cos x \quad \rightarrow \quad y' = \frac{2}{3} \cdot (-\sin x) = -\frac{2}{3} \sin x$

▶ Calcola la derivata di:
a. $y = -5 \sin x$;
b. $y = \frac{4}{3} e^x$.

Derivata della somma di funzioni

▶ Esercizi a p. 746

TEOREMA

La derivata della somma algebrica di due o più funzioni derivabili è uguale alla somma algebrica delle derivate delle singole funzioni:

D $[f(x) + g(x)] = f'(x) + g'(x)$.

🇬🇧 **Listen to it**

If f and g are differentiable functions, then the **derivative of their sum** is defined as
$D[f(x) + g(x)] = f'(x) + g'(x)$.

Capitolo 15. Derivate

DIMOSTRAZIONE

Calcoliamo il limite del rapporto incrementale di $f(x) + g(x)$:

$$y' = \lim_{h \to 0} \frac{[f(x+h) + g(x+h)] - [f(x) + g(x)]}{h} =$$

$$\lim_{h \to 0} \frac{[f(x+h) - f(x)] + [g(x+h) - g(x)]}{h}.$$

Ricordando che il limite di una somma è uguale alla somma dei limiti e l'ipotesi di derivabilità delle funzioni $f(x)$ e $g(x)$, possiamo scrivere:

$$y' = \lim_{h \to 0} \frac{f(x+h) - f(x)}{h} + \lim_{h \to 0} \frac{g(x+h) - g(x)}{h} = f'(x) + g'(x).$$

ESEMPIO

▶ Calcola la derivata di:
a. $y = 3x + \cos x$;
b. $y = \ln x - x$.

1. $y = x + 2 \cdot \sin x \quad \to \quad y' = 1 + 2 \cdot \cos x$
2. $y = 2 \cdot e^x - 3 \cdot \cos x + 1 \quad \to \quad y' = 2 \cdot e^x + 3 \cdot \sin x$

■ Derivata del prodotto di funzioni

▶ Esercizi a p. 747

Animazione

Nell'animazione trovi sia la risoluzione dell'esercizio appena proposto, sia quelle degli esercizi successivi, relativi a derivate di prodotti.

TEOREMA

La derivata del prodotto di due funzioni derivabili è uguale alla somma della derivata della prima funzione moltiplicata per la seconda non derivata e della derivata della seconda funzione moltiplicata per la prima non derivata:

$$D[f(x) \cdot g(x)] = f'(x) \cdot g(x) + f(x) \cdot g'(x).$$

Listen to it

If f and g are differentiable functions, then the **derivative of their product** is defined as
$D[f(x) \cdot g(x)] =$
$f'(x) \cdot g(x) + f(x) \cdot g'(x)$.

DIMOSTRAZIONE

$$y' = \lim_{h \to 0} \frac{f(x+h) \cdot g(x+h) - f(x) \cdot g(x)}{h} = \quad \text{sottraiamo e sommiamo } g(x+h) \cdot f(x)$$

$$\lim_{h \to 0} \frac{f(x+h) \cdot g(x+h) - g(x+h) \cdot f(x) + g(x+h) \cdot f(x) - f(x) \cdot g(x)}{h} =$$

$$\lim_{h \to 0} \frac{g(x+h) \cdot [f(x+h) - f(x)] + f(x) \cdot [g(x+h) - g(x)]}{h} =$$

$$\lim_{h \to 0} \left[g(x+h) \cdot \frac{f(x+h) - f(x)}{h} \right] + \lim_{h \to 0} \left[f(x) \cdot \frac{g(x+h) - g(x)}{h} \right] =$$

$$\lim_{h \to 0} g(x+h) \cdot \lim_{h \to 0} \frac{f(x+h) - f(x)}{h} + \lim_{h \to 0} f(x) \cdot \lim_{h \to 0} \frac{g(x+h) - g(x)}{h}.$$

Poiché $g(x)$ è derivabile, e quindi anche continua, per ipotesi, abbiamo:

$$\lim_{h \to 0} g(x+h) = g(x).$$

Inoltre, $\lim_{h \to 0} f(x) = f(x)$ perché $f(x)$ è una costante rispetto a h. Di conseguenza:

$$y' = g(x) \cdot f'(x) + f(x) \cdot g'(x).$$

ESEMPIO

▶ Calcola la derivata di:
a. $y = e^x \cos x$;
b. $y = x \cos x + (x+2)\sin x$.

Calcoliamo la derivata della funzione $y = x \cdot \sin x$:

$$y' = 1 \cdot \sin x + x \cdot \cos x.$$

Paragrafo 4. Operazioni con le derivate

Estendendo il teorema al prodotto di più funzioni, si può dimostrare che, per esempio, data la funzione $y = f(x) \cdot g(x) \cdot z(x)$, la sua derivata è:

$$y' = f'(x) \cdot g(x) \cdot z(x) + f(x) \cdot g'(x) \cdot z(x) + f(x) \cdot g(x) \cdot z'(x).$$

In generale la derivata del prodotto di più funzioni derivabili è la somma dei prodotti della derivata di ognuna delle funzioni per le altre funzioni non derivate.

▶ Calcola la derivata di $y = x \sin x \cos x$.

■ Derivata del reciproco di una funzione

TEOREMA

La derivata del reciproco di una funzione derivabile non nulla è uguale a una frazione in cui:
- il numeratore è l'opposto della derivata della funzione;
- il denominatore è il quadrato della funzione.

$$D \frac{1}{f(x)} = -\frac{f'(x)}{f^2(x)}, \quad \text{con } f(x) \neq 0.$$

DIMOSTRAZIONE

$$y' = \lim_{h \to 0} \frac{\frac{1}{f(x+h)} - \frac{1}{f(x)}}{h} = \lim_{h \to 0} \frac{\frac{f(x) - f(x+h)}{f(x)f(x+h)}}{h} =$$

$$\lim_{h \to 0} \frac{f(x) - f(x+h)}{h f(x) f(x+h)} = \lim_{h \to 0} \left[-\frac{f(x+h) - f(x)}{h} \cdot \frac{1}{f(x)f(x+h)} \right] =$$

$$-\lim_{h \to 0} \frac{f(x+h) - f(x)}{h} \cdot \lim_{h \to 0} \frac{1}{f(x)f(x+h)} = \quad \underset{h \to 0}{\rangle \lim} f(x+h) = f(x)$$
perché $f(x)$ è continua

$$-f'(x) \cdot \frac{1}{f(x)f(x)} = -\frac{f'(x)}{f^2(x)}.$$

ESEMPIO

1. $y = \dfrac{1}{\sin x} \quad \to \quad y' = -\dfrac{\cos x}{\sin^2 x}$

2. $y = \dfrac{5}{x^3 - 2} \quad \to \quad y' = -5 \cdot \dfrac{3x^2}{(x^3 - 2)^2} = -\dfrac{15x^2}{(x^3 - 2)^2}$

▶ Calcola la derivata di $y = \dfrac{1}{e^x}$.

■ Derivata del quoziente di due funzioni

▶ Esercizi a p. 748

TEOREMA

La derivata del quoziente di due funzioni derivabili (con funzione divisore non nulla) è uguale a una frazione che ha:
- per numeratore la differenza fra la derivata del dividendo moltiplicata per il divisore non derivato e il dividendo non derivato moltiplicato per la derivata del divisore;
- per denominatore il quadrato del divisore.

$$D \left[\frac{f(x)}{g(x)} \right] = \frac{f'(x) \cdot g(x) - f(x) \cdot g'(x)}{g^2(x)}, \quad \text{con } g(x) \neq 0.$$

🇬🇧 **Listen to it**

For f and g differentiable functions, with $g(x)$ never equal to 0, the **derivative of the ratio** $\dfrac{f(x)}{g(x)}$ is

$$D \left[\frac{f(x)}{g(x)} \right] = \frac{f'(x) \cdot g(x) - f(x) \cdot g'(x)}{g^2(x)}.$$

Capitolo 15. Derivate

Video

Regole di derivazione: quoziente

▶ Qual è la derivata della funzione $f(x) = \dfrac{\ln x}{x^2}$?

▶ Calcola la derivata di $y = \dfrac{\ln x - x}{x^3}$.

Animazione

DIMOSTRAZIONE

$$D\left[\frac{f(x)}{g(x)}\right] = D\left[f(x) \cdot \frac{1}{g(x)}\right] = f'(x) \cdot \frac{1}{g(x)} + f(x) \cdot D\left[\frac{1}{g(x)}\right].$$

$$D\left[\frac{1}{g(x)}\right] = -\frac{g'(x)}{g^2(x)} \;\rightarrow\; D\left[\frac{f(x)}{g(x)}\right] = f'(x) \cdot \frac{1}{g(x)} + f(x) \cdot \left[\frac{-g'(x)}{g^2(x)}\right].$$

Riduciamo allo stesso denominatore e concludiamo:

$$D\left[\frac{f(x)}{g(x)}\right] = \frac{f'(x) \cdot g(x) - f(x) \cdot g'(x)}{g^2(x)}.$$

ESEMPIO

$$y = \frac{3x^2 - 1}{x^2 + x} \;\rightarrow\; y' = \frac{3 \cdot 2x \cdot (x^2 + x) - (2x + 1) \cdot (3x^2 - 1)}{(x^2 + x)^2} =$$

$$\frac{6x^3 + 6x^2 - 6x^3 + 2x - 3x^2 + 1}{(x^2 + x)^2} = \frac{3x^2 + 2x + 1}{(x^2 + x)^2}.$$

Dal teorema precedente, come casi particolari, si ricavano le derivate della funzione tangente e della funzione cotangente.

Derivata della funzione tangente e della funzione cotangente

Poiché $y = \tan x = \dfrac{\sin x}{\cos x}$, applichiamo la formula di derivazione di un quoziente.

uguale a 1

$$y' = \frac{\cos x \cdot \cos x - \sin x \cdot (-\sin x)}{\cos^2 x} = \boxed{\frac{\sin^2 x + \cos^2 x}{\cos^2 x}} \;\rightarrow\; y' = \frac{1}{\cos^2 x},$$

oppure

$$y' = \frac{\cos^2 x}{\cos^2 x} + \frac{\sin^2 x}{\cos^2 x} = 1 + \tan^2 x.$$

Quindi:

$$\boxed{D \tan x = \frac{1}{\cos^2 x} = 1 + \tan^2 x.}$$

Analogamente, se scriviamo $y = \cot x = \dfrac{\cos x}{\sin x}$, otteniamo:

$$\boxed{D \cot x = -\frac{1}{\sin^2 x} = -(1 + \cot^2 x).}$$

5 Derivata di una funzione composta

▶ Esercizi a p. 750

Richiamiamo il concetto di funzione composta, spiegando quali simboli utilizzeremo per il calcolo della sua derivata.
Consideriamo per esempio la funzione:

$$y = \ln(x^2 + 2).$$

Essa rappresenta il logaritmo del polinomio $x^2 + 2$, che a sua volta è una funzione di x.

Paragrafo 5. Derivata di una funzione composta

Se poniamo $z = x^2 + 2$, otteniamo $y = \ln z$. In questo modo mettiamo in evidenza che l'argomento della funzione logaritmo non è la variabile indipendente x, ma è a sua volta un'altra funzione, cioè $z(x) = (x^2 + 2)$.

In generale, consideriamo $z = g(x)$ funzione della variabile x, dal dominio A all'immagine B, e $y = f(z)$ funzione della variabile z, dal dominio B all'immagine C. La funzione $y = f(g(x))$ è una funzione composta (o funzione di funzione) perché y è funzione di z, che a sua volta è funzione di x.

Le due funzioni $z = g(x)$ e $y = f(z)$ sono dette *componenti* della funzione composta.

Vale il seguente teorema.

> **TEOREMA**
> Se la funzione g è derivabile nel punto x e la funzione f è derivabile nel punto $z = g(x)$, allora la funzione composta $y = f(g(x))$ è derivabile in x e la sua derivata è il prodotto delle derivate di f rispetto a g e di g rispetto a x:
>
> $$D[f(g(x))] = f'(g(x)) \cdot g'(x).$$

> **ESEMPIO**
> Calcoliamo la derivata di
>
> $$y = \ln(x^2 + 2),$$
>
> in cui: $y = f(z) = \ln z$ e $z = g(x) = x^2 + 2$.
>
> $$y' = \left(\frac{1}{x^2 + 2}\right) \cdot (2x)$$
>
> — derivata della funzione logaritmica
> — derivata della funzione della variabile x, argomento del logaritmo

▶ Calcola la derivata di $y = e^{3x-1}$.

Animazione

Nell'animazione c'è la risoluzione di entrambi gli esercizi che proponiamo sulla derivazione di $y = e^{3x-1}$ e di $y = (4x^2 - 1)^2$.

Consideriamo un esempio di derivazione della potenza di una funzione.

> **ESEMPIO**
> Calcoliamo la derivata di $y = (2x^3 - 3x^2 + x - 1)^4$, in cui consideriamo:
>
> $$g(x) = 2x^3 - 3x^2 + x - 1 \quad \text{e} \quad y = f(g(x)) = [g(x)]^4.$$
>
> Per la formula di derivazione della funzione composta, otteniamo:
>
> $$y' = 4 \cdot [g(x)]^3 \cdot g'(x), \quad \text{dove } g'(x) = 6x^2 - 6x + 1.$$
>
> Sostituendo:
>
> $$y' = 4 \cdot (2x^3 - 3x^2 + x - 1)^3 \cdot (6x^2 - 6x + 1).$$

▶ Calcola la derivata di $y = (4x^2 - 1)^2$.

Generalizzando, per una funzione $f(x)$ vale la regola di derivazione:

$$D[f(x)]^\alpha = \alpha[f(x)]^{\alpha-1} f'(x), \quad \text{con } \alpha \in \mathbb{R}.$$

Il teorema della derivazione di una funzione composta può essere esteso a un numero qualunque di funzioni componenti.

Per esempio, nel caso di tre funzioni, essendo $y = f(g(z(x)))$, abbiamo:

$$D f(g(z(x))) = f'(g(z(x))) \cdot g'(z(x)) \cdot z'(x).$$

▶ Calcola la derivata di $y = \ln^4 \cos x$.

Animazione

6 Derivata della funzione inversa

▶ Esercizi a p. 754

TEOREMA

Consideriamo la funzione $y = f(x)$ definita e invertibile nell'intervallo I e la sua funzione inversa $x = f^{-1}(y)$. Se $f(x)$ è derivabile nel punto $x \in I$ con $f'(x) \neq 0$, allora anche $f^{-1}(y)$ è derivabile nel punto $y = f(x)$ e vale la relazione:

$$D[f^{-1}(y)] = \frac{1}{f'(x)}, \quad \text{con } x = f^{-1}(y).$$

Supponendo che esistano le due derivate, per giustificare la relazione che intercorre fra loro, ricordiamo che:

$$f^{-1}[f(x)] = x.$$

Deriviamo i due membri di questa uguaglianza:

$$D[f^{-1}(y)] \cdot f'(x) = 1 \quad \rightarrow \quad D[f^{-1}(y)] = \frac{1}{f'(x)}.$$

Di particolare interesse è l'applicazione del teorema nel calcolo delle derivate delle funzioni goniometriche inverse.

La funzione $y = f(x) = \arcsin x$, definita per $x \in [-1; 1]$, è l'inversa di $x = f^{-1}(y) = \sin y$, con $y \in \left[-\frac{\pi}{2}; \frac{\pi}{2}\right]$. Inoltre, la funzione seno è derivabile in $\left]-\frac{\pi}{2}; \frac{\pi}{2}\right[$ con derivata non nulla.

Per il teorema precedente la funzione $f(x) = \arcsin x$ è derivabile in $]-1; 1[$ e possiamo calcolare la sua derivata utilizzando $f'(x) = \frac{1}{D[f^{-1}(y)]}$.

Tenendo conto che se $y \in \left]-\frac{\pi}{2}; \frac{\pi}{2}\right[$ si ha $\cos y > 0$, otteniamo:

$$D \arcsin x = \frac{1}{D \sin y} = \frac{1}{\cos y} = \frac{1}{\sqrt{1 - \sin^2 y}} = \frac{1}{\sqrt{1 - x^2}}.$$

Quindi:

$$D \arcsin x = \frac{1}{\sqrt{1 - x^2}}.$$

In modo analogo si ottengono:

$$D \arccos x = -\frac{1}{\sqrt{1 - x^2}}, \quad D \arctan x = \frac{1}{1 + x^2}, \quad D \text{arccot } x = -\frac{1}{1 + x^2}.$$

▶ Sai che $y = e^x$ ha per derivata se stessa ed è la funzione inversa di $y = \ln x$. Utilizza il teorema della derivata della funzione inversa per dimostrare che:

$D \ln x = \frac{1}{x}$.

Video

Derivata della funzione inversa

▶ Come possiamo interpretare graficamente la derivata della funzione inversa?

▶ Calcola la derivata di $y = \arcsin \sqrt{1 - x}$.

Animazione

7 Derivate di ordine superiore al primo

▶ Esercizi a p. 758

Consideriamo la funzione: $y = f(x) = x^3 - 2x + 1$, con $x \in \mathbb{R}$.

Paragrafo 8. Retta tangente e punti di non derivabilità

La sua derivata,

$$y' = f'(x) = 3x^2 - 2,$$

è, a sua volta, una funzione della variabile x, definita sempre per $x \in \mathbb{R}$. Anche di tale funzione possiamo calcolare la derivata:

$$D\, y' = 6x.$$

A tale derivata diamo il nome di **derivata seconda** di $f(x)$, e la indichiamo con y'' oppure con $f''(x)$.
Per analogia, $y' = f'(x)$ è anche detta **derivata prima**.

Anche la derivata seconda ottenuta è una funzione che possiamo derivare; derivando quindi $y'' = 6x$ otteniamo la **derivata terza**:

$$y''' = 6.$$

In generale, data una funzione $y = f(x)$, con il procedimento esaminato si possono ottenere la derivata seconda, terza, quarta, ... che sono le **derivate di ordine superiore** della funzione data.

In generale, indichiamo la derivata di ordine n di una funzione $y = f(x)$ con $y^{(n)}$.

▶ Calcola la derivata terza della funzione $y = \ln x - \ln^2 x$ nel punto $x_0 = 1$.

▬▬▬▬▬▬▬▬▬▬▬

■ **Animazione**

ESEMPIO
Le derivate prima, seconda, terza e quarta di $y = \sin x$ sono:

$$y = \sin x, \quad y' = \cos x, \quad y'' = -\sin x, \quad y''' = -\cos x, \quad y^{(4)} = \sin x.$$

▶ Calcola la derivata nona di $y = \cos x$.

8 Retta tangente e punti di non derivabilità

■ Retta tangente

▶ Esercizi a p. 759

Determiniamo l'equazione della retta tangente alla parabola $f(x)$ di equazione $y = x^2 + 2x$ nel suo punto $A(1; 3)$.
Ricordando l'equazione del fascio di rette di centro $A(x_A; y_A)$, che nel nostro caso è $A(1; 3)$, otteniamo:

$$y - y_A = m(x - x_A) \quad \to \quad y - 3 = m(x - 1).$$

Il coefficiente angolare m è $f'(1)$, cioè il valore della derivata della funzione $y = x^2 + 2x$ calcolata nel suo punto $x = 1$:

$$f'(x) = 2x + 2 \quad \to \quad f'(1) = 2 + 2 = 4.$$

L'equazione della retta tangente in $A(1; 3)$ è: $y - 3 = 4(x - 1) \quad \to \quad y = 4x - 1$.

In generale, data la funzione $y = f(x)$, l'equazione della retta tangente al grafico di f nel punto $(x_0; y_0)$, se tale retta esiste e non è parallela all'asse y, è:

$$\boxed{y - y_0 = f'(x_0) \cdot (x - x_0).}$$

Esamineremo fra poco il caso di punti con tangente parallela all'asse y.

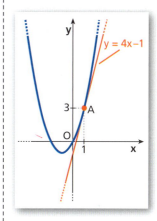

■ **Animazione**

Considerata la funzione
$$f(x) = 2x^3 - x^4 + \frac{1}{4},$$
nell'animazione prima determiniamo la tangente nel punto di ascissa 1, poi, con una figura dinamica, esaminiamo come varia se consideriamo un punto di ascissa generica x_0.

Punti stazionari

▶ Esercizi a p. 761

Nella figura vediamo alcuni esempi in cui la retta tangente al grafico della funzione in un suo punto di ascissa c è parallela all'asse x. In tutti i casi descritti l'equazione della tangente è del tipo $y = k$, ossia il suo coefficiente angolare è 0. Ciò significa che, in quel punto, la derivata è uguale a 0.

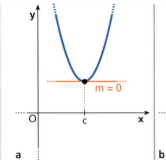
a

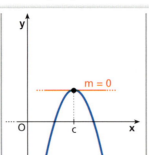
b

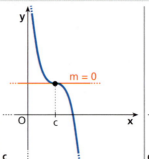
c

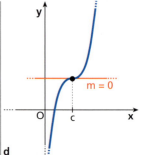
d

Listen to it

A **stationary point** of a function f is a value in the domain of f where the derivative of f is zero. At a stationary point the graph of f has a horizontal tangent.

DEFINIZIONE

Dati la funzione $y = f(x)$ e un suo punto $x = c$, se $f'(c) = 0$, allora $x = c$ è un **punto stazionario** o **punto a tangente orizzontale**.

Punti di non derivabilità

▶ Esercizi a p. 761

Esaminiamo ora alcuni punti in cui la tangente è parallela all'asse y. In tali punti la funzione è continua ma **non** derivabile.

Flessi a tangente verticale

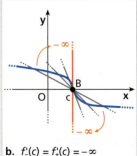

a. $f'_-(c) = f'_+(c) = +\infty$

b. $f'_-(c) = f'_+(c) = -\infty$

Osserviamo il grafico della figura **a** a fianco. Le rette secanti passanti per A tendono alla retta parallela all'asse y, man mano che gli ulteriori punti di intersezione si avvicinano ad A. Il coefficiente angolare delle secanti, ossia il rapporto incrementale della funzione, per $x \to c$, tende a $+\infty$, sia da destra sia da sinistra. Poiché, per la definizione di derivata, il limite del rapporto incrementale $f'(c)$ dovrebbe essere un valore finito, la funzione non è derivabile in $x = c$. Per esprimere questo concetto possiamo anche scrivere: $f'_-(c) = f'_+(c) = +\infty$.
Analogamente si ragiona con la funzione della figura **b** a fianco.
Entrambe le funzioni hanno la proprietà che nel punto considerato sono continue e il limite del rapporto incrementale, pur non essendo finito, ha *la stessa tendenza sia da destra sia da sinistra* (o sempre a $+\infty$ o sempre a $-\infty$).
I punti come A e B dei grafici delle figure **a** e **b** a fianco si chiamano punti di **flesso a tangente parallela all'asse y o a tangente verticale**.

Cuspidi

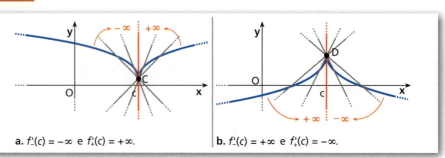

a. $f'_-(c) = -\infty$ e $f'_+(c) = +\infty$.

b. $f'_-(c) = +\infty$ e $f'_+(c) = -\infty$.

Paragrafo 8. Retta tangente e punti di non derivabilità

I punti come *C* e *D* dei grafici della figura precedente si chiamano **cuspidi**, rispettivamente cuspide verso il basso e cuspide verso l'alto.

Punti angolosi

Consideriamo i grafici della figura sotto.

Così come si parla di derivata destra e derivata sinistra, possiamo parlare di tangente destra e tangente sinistra. Nel caso dei punti angolosi esistono due tangenti al grafico nello stesso punto e diverse tra loro.

I punti come *E* e *F* dei grafici della figura si chiamano **punti angolosi**.

> ▢ **Video**
>
> **Retta tangente al grafico di una funzione**
> Consideriamo la funzione
> $f(x) = x^2 - \sqrt[3]{x} + 1$.
>
> ▶ Come varia la retta tangente nei suoi punti?

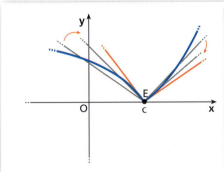

a. La derivata sinistra e la derivata destra nel punto *c* sono finite ma diverse fra loro: $f'_-(c) \neq f'_+(c)$.

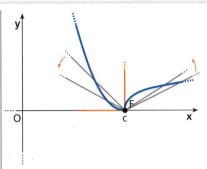

b. Nel punto *c* la derivata sinistra è finita (uguale a 0), mentre $f'_+(c) = +\infty$.

In sintesi

Punti di non derivabilità	Grafico		Derivata
flesso a tangente verticale	a.	b.	a. $f'_-(c) = f'_+(c) = +\infty$ b. $f'_-(c) = f'_+(c) = -\infty$
cuspide	a. Verso il basso.	b. Verso l'alto.	a. $f'_-(c) = -\infty$, $\quad f'_+(c) = +\infty$ b. $f'_-(c) = +\infty$, $\quad f'_+(c) = -\infty$
punto angoloso	a.	b.	$f'_-(c) \neq f'_+(c)$ a. entrambe finite b. una finita, l'altra infinita

Capitolo 15. Derivate

■ Criterio di derivabilità

▶ Esercizi a p. 763

Enunciamo un criterio utile per esaminare la derivabilità di una funzione in un punto senza ricorrere al calcolo del limite del rapporto incrementale.

> Se $f(x)$ è una funzione continua in $[a; b]$, derivabile in $]a; b[$ tranne al più in $x_0 \in \,]a; b[$ e se
> $$\lim_{x \to x_0^-} f'(x) = \lim_{x \to x_0^+} f'(x) = l,$$
> allora la funzione è derivabile in x_0 e risulta:
> $$f'(x_0) = l.$$

ESEMPIO

Verifichiamo se $f(x) = \begin{cases} \sqrt[3]{x^3 - 1} & \text{se } x \leq 0 \\ -\sqrt{x^2 + 1} & \text{se } x > 0 \end{cases}$ è derivabile in $x = 0$.

La funzione è continua perché $\lim\limits_{x \to 0^-} \sqrt[3]{x^3 - 1} = \lim\limits_{x \to 0^+} -\sqrt{x^2 + 1} = f(0) = -1$.

Calcoliamo la derivata a sinistra e a destra in $x = 0$:

$$f'(x) = \frac{1}{\cancel{3}} \cdot \frac{\cancel{3}x^2}{\sqrt[3]{(x^3-1)^2}} = \frac{x^2}{\sqrt[3]{(x^3-1)^2}} \quad \text{se } x < 0,$$

$$f'(x) = -\frac{1}{\cancel{2}} \cdot \frac{\cancel{2}x}{\sqrt{x^2+1}} = \frac{-x}{\sqrt{x^2+1}} \quad \text{se } x > 0.$$

Poiché $\lim\limits_{x \to 0^-} f'(x) = \lim\limits_{x \to 0^+} f'(x) = 0$, la funzione è derivabile in $x = 0$ e

$$f'(0) = 0.$$

Osserviamo che il criterio esprime una **condizione sufficiente** ma non necessaria per la derivabilità. Quindi, anche se non sono verificate le ipotesi del teorema, la funzione potrebbe essere derivabile.

9 Differenziale di una funzione

▶ Esercizi a p. 765

Sia $f(x)$ una funzione derivabile, e quindi continua, in un intervallo e siano x e $(x + \Delta x)$ due punti di tale intervallo.

> **DEFINIZIONE**
> Il **differenziale** di una funzione $f(x)$, relativo al punto x e all'incremento Δx, è il prodotto della derivata della funzione, calcolata in x, per l'incremento Δx. Il differenziale viene indicato con $df(x)$ oppure dy:
> $$dy = f'(x) \cdot \Delta x.$$

ESEMPIO

Calcoliamo i seguenti differenziali:

$$d \cos x = -\sin x \cdot \Delta x, \qquad d \ln x = \frac{1}{x} \cdot \Delta x.$$

Paragrafo 9. Differenziale di una funzione

Notiamo che il differenziale dipende da due elementi: il punto x in cui calcoliamo il differenziale e l'incremento Δx che consideriamo.

> **ESEMPIO**
> Il differenziale di $y = 2x^3 + 3$ è $dy = 6x^2 \cdot \Delta x$.
>
> Per $x = 1$ e $\Delta x = 0{,}3$ vale $dy = 6 \cdot (1)^2 \cdot 0{,}3 = 1{,}8$.
>
> Per $x = 2$ e $\Delta x = 0{,}2$ vale $dy = 6 \cdot (2)^2 \cdot 0{,}2 = 24 \cdot 0{,}2 = 4{,}8$.

Consideriamo la funzione $y = x$ e calcoliamone il differenziale:

$$dy = dx = 1 \cdot \Delta x \quad \rightarrow \quad \boxed{dx = \Delta x}.$$

Ciò significa che *il differenziale della variabile indipendente x è uguale all'incremento della variabile stessa.*
Sostituendo nella definizione di differenziale, possiamo scrivere $\boxed{dy = f'(x) \cdot dx}$, cioè *il differenziale di una funzione è uguale al prodotto della sua derivata per il differenziale della variabile indipendente.*

Da quest'ultima relazione, ricavando $f'(x)$, abbiamo: $\boxed{f'(x) = \dfrac{dy}{dx}}$.

La derivata prima di una funzione è dunque il rapporto fra il differenziale della funzione e quello della variabile indipendente.

La scrittura $f'(x) = \dfrac{dy}{dx}$ è utile anche nelle applicazioni relative a funzioni per le quali, nell'espressione analitica, oltre alla variabile indipendente, sono presenti dei parametri. Consideriamo per esempio $y = \dfrac{1}{2}at^2 + kt$, dove t è la variabile indipendente e a e k sono parametri, allora la derivata è:

$$\frac{dy}{dt} = at + k.$$

Interpretazione geometrica del differenziale

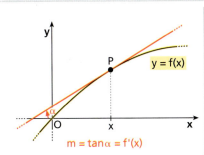

$m = \tan\alpha = f'(x)$

a. Consideriamo il grafico della funzione $y = f(x)$ e la retta tangente nel punto P, di ascissa x.

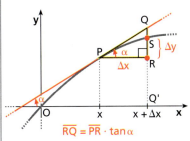

$\overline{RQ} = \overline{PR} \cdot \tan\alpha$

b. In corrispondenza del punto Q' di ascissa $x + \Delta x$, tracciamo i punti R, S e Q. Il triangolo PRQ è rettangolo in R. Per il teorema dei triangoli rettangoli si ha: $\overline{RQ} = \overline{PR} \cdot \tan\alpha$.

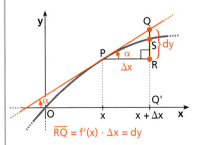

$\overline{RQ} = f'(x) \cdot \Delta x = dy$

c. Poiché $\overline{PR} = \Delta x$ e $\tan\alpha = f'(x)$, risulta $\overline{RQ} = dy$.

Consideriamo il triangolo rettangolo PRQ. Applicando a esso il teorema dei triangoli rettangoli della trigonometria, si ha:

$$\overline{RQ} = \overline{PR} \cdot \tan\alpha.$$

Ma $\overline{PR} = \Delta x$ e $\tan\alpha = f'(x)$.

Capitolo 15. Derivate

Animazione

Considerata
$f(x) = -\frac{1}{4}x^2 + 3x - 5$,

nell'animazione tracciamo la tangente al suo grafico in $x = 3$ ed esaminiamo con una figura dinamica la differenza fra Δy e dy al variare dell'incremento Δy.

Sostituendo, otteniamo: $\overline{RQ} = f'(x) \cdot \Delta x = dy$.

Ciò significa che il differenziale dy è la variazione che subisce l'ordinata della retta tangente alla curva quando si passa dal punto di ascissa x al punto di ascissa $(x + \Delta x)$.

L'incremento Δy della funzione relativo al punto x e al punto $(x + \Delta x)$ è la variazione che subisce l'ordinata della curva, cioè $\overline{RS}$:

$$\overline{RS} = \overline{Q'S} - \overline{Q'R} = f(x + \Delta x) - f(x) = \Delta y.$$

Da quanto detto possiamo concludere che sostituire all'incremento Δy della funzione il suo differenziale da un punto di vista geometrico significa sostituire al grafico della funzione la sua tangente.

Il differenziale costituisce quindi un'approssimazione dell'incremento della funzione. Nella figura **c** possiamo notare che l'errore commesso nel compiere tale approssimazione è $\overline{QS}$. Più grande viene preso Δx, più tale errore aumenta.

Vediamo ora con il seguente esempio un'applicazione del differenziale.

ESEMPIO

Calcoliamo il valore approssimato di $\sqrt{9{,}12}$.

Consideriamo $f(x) = \sqrt{x}$; scegliendo $x = 9$ e $\Delta x = 0{,}12$, possiamo scrivere:

$$\sqrt{9{,}12} = \sqrt{9 + 0{,}12} = f(x + \Delta x).$$

Calcoliamo:

$$\Delta y = f(x + \Delta x) - f(x) = \sqrt{9 + 0{,}12} - \sqrt{9},$$

$$dy = f'(x) \cdot dx = \frac{1}{2\sqrt{x}} \cdot \Delta x \quad \rightarrow \quad dy = \frac{1}{2\sqrt{9}} \cdot 0{,}12.$$

Poiché sappiamo che $\Delta y \simeq dy$, otteniamo: $\sqrt{9 + 0{,}12} - \sqrt{9} \simeq \frac{1}{2\sqrt{9}} \cdot 0{,}12$.

Quindi:

$$\sqrt{9{,}12} \simeq \sqrt{9} + \frac{1}{2\sqrt{9}} \cdot 0{,}12 = 3 + \frac{1}{6} \cdot 0{,}12 = 3 + 0{,}02 \quad \rightarrow \quad \sqrt{9{,}12} \simeq 3{,}02.$$

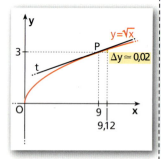

▶ Calcola il valore approssimato di $\sqrt{16{,}09}$.

In generale si può calcolare $f(x + \Delta x)$ in modo approssimato, generalizzando il ragionamento fatto nell'esempio precedente:

$$f(x + \Delta x) = f(x) + \Delta y \simeq f(x) + dy \quad \rightarrow \quad \boxed{f(x + \Delta x) \simeq f(x) + f'(x) \cdot \Delta x.}$$

10 Teoremi del calcolo differenziale

Teorema di Lagrange

▶ Esercizi a p. 768

Video

Teorema di Lagrange
Perché il teorema di Lagrange vale solo se sono rispettate determinate ipotesi?

TEOREMA

Teorema di Lagrange
Se una funzione $f(x)$ è continua in un intervallo chiuso $[a;b]$ ed è derivabile in ogni punto interno a esso, esiste almeno un punto $c \in \,]a;b[$ per cui vale la relazione:

$$\frac{f(b) - f(a)}{b - a} = f'(c).$$

Paragrafo 10. Teoremi del calcolo differenziale

Diamo un'interpretazione geometrica del teorema.

Essendo $y = f(x)$ derivabile nell'intervallo aperto $]a; b[$, il corrispondente grafico in tutti i suoi punti è dotato di retta tangente. Il teorema afferma che deve esserci almeno un punto c per il quale questa retta tangente è parallela alla retta AB.

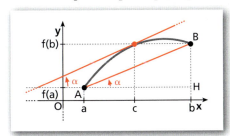

Consideriamo il triangolo rettangolo ABH. Abbiamo:

$$\tan \alpha = \frac{\overline{HB}}{\overline{AH}}, \quad \text{con } \overline{HB} = f(b) - f(a) \text{ e } \overline{AH} = b - a.$$

Il coefficiente angolare di AB è: $\dfrac{f(b) - f(a)}{b - a}$.

La retta tangente in c alla curva ha coefficiente angolare $\tan \alpha = f'(c)$. Sostituendo, ricaviamo:

$$f'(c) = \frac{f(b) - f(a)}{b - a}.$$

Le due rette hanno lo stesso coefficiente angolare e sono perciò parallele.

Il teorema afferma che esiste *almeno* un punto $c \in]a; b[$, ma nulla vieta che i punti siano più di uno, come si vede nella figura.

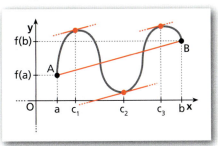

Il grafico di questa funzione ha più punti in cui la tangente è parallela alla retta AB. Se una delle ipotesi non è soddisfatta, il teorema può non risultare verificato, come evidenzia l'esempio della figura sotto, in cui nel punto c la funzione non è derivabile. Non esiste alcun punto in cui la retta tangente alla curva sia parallela alla retta AB.

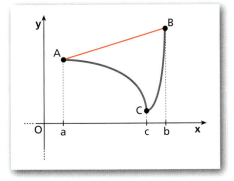

▶ **Animazione**

Con una figura dinamica, studiamo il significato geometrico del teorema di Lagrange, considerando la funzione

$$f(x) = -\frac{x^2}{4} + 2x$$

nell'intervallo [1; 6].

▶ **Listen to it**

The **Mean-Value Theorem**, attributed to Joseph Louis Lagrange, has a geometric implication. The theorem guarantees the existence of a tangent line that is parallel to the secant line through the points $(a; f(a))$ and $(b; f(b))$.

▶ La funzione $y = \sqrt[3]{x}$ verifica le ipotesi del teorema di Lagrange nell'intervallo [0; 8]?

Capitolo 15. Derivate

■ Conseguenze del teorema di Lagrange

Dal teorema di Lagrange discendono i seguenti teoremi.

TEOREMA

Se una funzione $f(x)$ è continua nell'intervallo $[a;b]$, derivabile in $]a;b[$ e tale che $f'(x)$ è nulla in ogni punto interno dell'intervallo, allora $f(x)$ è costante in tutto $[a;b]$.

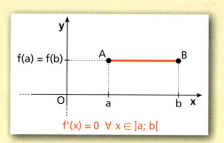

$f'(x) = 0 \ \forall \ x \in \ ]a; b[$

DIMOSTRAZIONE

Applichiamo il teorema di Lagrange all'intervallo $[a; x]$, dove x è un punto qualsiasi di $[a;b]$ diverso da a; esiste un punto $c \in \ ]a; x[$ per cui si ha:

$$f'(c) = \frac{f(x) - f(a)}{x - a}.$$

Essendo $f'(x) = 0$ per ogni punto di $]a;b[$, allora $f'(c) = 0$.
Deve essere allora:

$$f(x) - f(a) = 0 \ \rightarrow \ f(x) = f(a) \quad \forall x \in [a;b].$$

Quindi f è costante in tutto $[a;b]$.

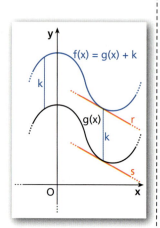

TEOREMA

Se $f(x)$ e $g(x)$ sono due funzioni continue nell'intervallo $[a;b]$, derivabili in $]a;b[$ e tali che $f'(x) = g'(x)$ per ogni $x \in \ ]a;b[$, allora esse differiscono per una costante.

DIMOSTRAZIONE

Chiamiamo $z(x)$ la loro differenza, ossia $z(x) = f(x) - g(x)$; si ha:

$$z'(x) = f'(x) - g'(x).$$

Per ipotesi $f'(x) = g'(x)$, quindi $z'(x) = 0$, per ogni x in $]a;b[$.
Per il teorema precedente, $z(x) = k$ in tutto $[a; b]$ e quindi $f(x) - g(x) = k$.

■ Teorema di Rolle

▶ Esercizi a p. 770

Un caso particolare del teorema di Lagrange è il seguente teorema, in cui aggiungiamo l'ipotesi $f(a) = f(b)$.

TEOREMA

Teorema di Rolle

Se, per una funzione $f(x)$ continua nell'intervallo $[a;b]$ e derivabile in $]a;b[$, si ha la condizione $f(a) = f(b)$, allora esiste almeno un punto $c \in \ ]a;b[$ per il quale risulta:

$$f'(c) = 0.$$

Paragrafo 10. Teoremi del calcolo differenziale

Da un punto di vista geometrico, il teorema di Rolle dice che, quando sono verificate le sue ipotesi, esiste sempre un punto c in cui la tangente al grafico è parallela alla retta AB e quindi all'asse x.

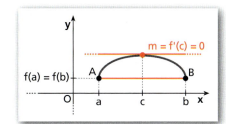

Animazione

Studiamo il significato geometrico del teorema di Rolle utilizzando una figura dinamica, il grafico di
$$f(x) = x^3 - 6x^2 + 9x + \frac{1}{2}$$
e l'intervallo
$[2 - \sqrt{3}; 2 + \sqrt{3}]$.

Anche per il teorema di Rolle valgono osservazioni analoghe a quelle del teorema di Lagrange.

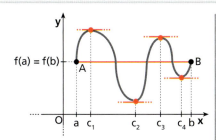

a. Il grafico di questa funzione presenta più punti in cui la tangente è parallela alla retta AB e all'asse x. In questi punti $f'(x) = 0$.

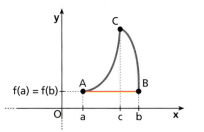

b. Per $x = c$ la funzione non è derivabile. Il suo grafico è privo di punti in cui la tangente è parallela alla retta AB e all'asse x.

▶ Quale delle due funzioni verifica le ipotesi del teorema di Rolle nell'intervallo $[-2; 2]$?

a. $y = |x| - 1$
b. $y = x^4 - x^2$

■ Teorema di Cauchy
▶ Esercizi a p. 771

Enunciamo, senza dimostrarlo, il seguente teorema.

> **TEOREMA**
> **Teorema di Cauchy**
> Se le funzioni $f(x)$ e $g(x)$ sono continue in $[a; b]$, derivabili in $]a; b[$ e inoltre in $]a; b[$ è sempre $g'(x) \neq 0$, allora esiste almeno un punto $c \in]a; b[$ per cui si ha:
> $$\frac{f(b) - f(a)}{g(b) - g(a)} = \frac{f'(c)}{g'(c)},$$
> cioè il rapporto fra gli incrementi delle funzioni $f(x)$ e $g(x)$ nell'intervallo $[a; b]$ è uguale al rapporto fra le rispettive derivate calcolate in un particolare punto c interno all'intervallo.

▶ Verifica se le funzioni $f(x) = x^3 - x + 1$ e $g(x) = x^2 + 1$ soddisfano le ipotesi del teorema di Cauchy nell'intervallo $[0; 2]$ e trova gli eventuali punti la cui esistenza è assicurata dal teorema.

Animazione

■ Teorema di De L'Hospital
▶ Esercizi a p. 772

Il calcolo delle derivate e i teoremi studiati finora sono utili anche per il calcolo di alcuni limiti che si presentano sotto la forma indeterminata del tipo $\frac{0}{0}$ oppure $\frac{\infty}{\infty}$. Ciò è possibile in base al seguente teorema, che ci limitiamo a enunciare.

Capitolo 15. Derivate

▶ Calcola:
$\lim_{x \to 1} \dfrac{\ln x}{x^3 - x}$.

☐ Animazione

▶ Calcola:
a. $\lim_{x \to 1} \dfrac{\ln x}{x - 1}$;
b. $\lim_{x \to -\infty} \dfrac{e^x + x}{2x}$.

> **TEOREMA**
> **Teorema di De L'Hospital**
> Dati un intorno I di un punto c e due funzioni $f(x)$ e $g(x)$ definite in I (escluso al più c), se:
> - $f(x)$ e $g(x)$ sono derivabili in I (escluso al più c), con $g'(x) \neq 0$,
> - le due funzioni tendono entrambe a 0 o a $+\infty$ o a $-\infty$ per $x \to c$,
> - esiste $\lim_{x \to c} \dfrac{f'(x)}{g'(x)}$,
>
> allora esiste anche il limite del rapporto delle funzioni ed è:
> $$\lim_{x \to c} \frac{f(x)}{g(x)} = \lim_{x \to c} \frac{f'(x)}{g'(x)}.$$

Il teorema vale anche per limiti destri e sinistri e si estende anche al caso di limite per $x \to +\infty$ (o $-\infty$).

> **ESEMPIO**
> Calcoliamo $\lim_{x \to +\infty} \dfrac{3x + \ln x}{2x + 1}$.
> Tale limite si presenta nella forma indeterminata $\dfrac{\infty}{\infty}$, e sono rispettate le altre ipotesi del teorema di De L'Hospital; possiamo scrivere:
> $$\lim_{x \to +\infty} \underbrace{\frac{\overbrace{3x + \ln x}^{f(x)}}{\underbrace{2x + 1}_{g(x)}}} = \lim_{x \to +\infty} \frac{\overbrace{3 + \dfrac{1}{x}}^{f'(x)}}{\underbrace{2}_{g'(x)}} = \frac{3}{2}.$$

Osserva che per applicare il teorema di De L'Hospital calcoliamo il rapporto delle derivate e **non** la derivata del quoziente.

- Nel caso in cui il limite del rapporto delle derivate si presenti anch'esso come una forma indeterminata del tipo $\dfrac{0}{0}$ oppure $\dfrac{\infty}{\infty}$ e le funzioni $f'(x)$ e $g'(x)$ soddisfino le ipotesi del teorema, si può passare al limite del quoziente delle derivate seconde, e così via per le derivate successive.

- Non sempre il teorema di De L'Hospital è utile nel calcolo di un limite; infatti, anche se non esiste $\lim_{x \to c} \dfrac{f'(x)}{g'(x)}$, $\lim_{x \to c} \dfrac{f(x)}{g(x)}$ può comunque esistere.

> **ESEMPIO**
> Consideriamo $\lim_{x \to \infty} \dfrac{2x + \sin x}{7x - \sin x}$.
> Abbiamo la forma indeterminata $\dfrac{\infty}{\infty}$ e applicando il teorema di De L'Hospital otteniamo
> $$\lim_{x \to \infty} \frac{2 + \cos x}{7 - \cos x},$$
> che non esiste, mentre, per il limite iniziale, dividendo numeratore e denominatore per x, otteniamo:
> $$\lim_{x \to \infty} \frac{2x + \sin x}{7x - \sin x} = \lim_{x \to \infty} \frac{\left(2 + \dfrac{\sin x}{x}\right)}{\left(7 - \dfrac{\sin x}{x}\right)} = \frac{2}{7}.$$

IN SINTESI
Derivate

■ Derivata di una funzione

Siano $y = f(x)$ una funzione definita in $[a; b]$ e c e $c + h$ due numeri reali interni all'intervallo.

- **Il rapporto incrementale** relativo a c è il numero: $\dfrac{f(c + h) - f(c)}{h}$.

- **Interpretazione geometrica**: considerati nel piano cartesiano i punti $A(c; f(c))$ e $B(c + h; f(c + h))$, il rapporto incrementale

  $$\dfrac{\Delta y}{\Delta x} = \dfrac{f(c + h) - f(c)}{h}$$

  è il coefficiente angolare della retta passante per A e per B.

- **La derivata** della funzione f nel punto c interno all'intervallo è il limite, se esiste ed è finito, per h che tende a 0, del rapporto incrementale relativo a c e si indica con $f'(c)$:

  $$f'(c) = \lim_{\Delta x \to 0} \dfrac{\Delta y}{\Delta x} = \lim_{h \to 0} \dfrac{f(c + h) - f(c)}{h}.$$

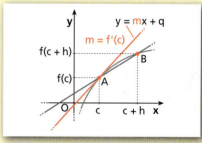

- **Interpretazione geometrica**: la derivata di una funzione in un punto c rappresenta il **coefficiente angolare** della retta tangente al grafico della funzione nel punto di ascissa c.

- Data la funzione $y = f(x)$, in un punto c,
  - la **derivata sinistra** è: $f'_-(c) = \lim\limits_{h \to 0^-} \dfrac{f(c + h) - f(c)}{h}$;
  - la **derivata destra** è: $f'_+(c) = \lim\limits_{h \to 0^+} \dfrac{f(c + h) - f(c)}{h}$.

  Una funzione $y = f(x)$ **è derivabile in un punto** c se esistono finite e uguali tra loro la derivata sinistra e la derivata destra.

- Una funzione $y = f(x)$ **è derivabile in un intervallo chiuso** $[a; b]$ se è derivabile in tutti i punti interni di $[a; b]$ e se esistono e sono finite in a la derivata destra e in b la derivata sinistra.

- Se una funzione $f(x)$ è **derivabile** nel punto x_0, in quel punto la funzione è anche **continua**. Invece non è detto che, se una funzione è continua in x_0, allora in x_0 sia anche derivabile.

- Data la funzione $y = f(x)$, la **derivata seconda** $y'' = f''(x)$ è la derivata della derivata prima. In modo analogo si definisce la **derivata terza**, che è la derivata della derivata seconda, e così via.

■ Tangenti e punti di non derivabilità

- Data la funzione $y = f(x)$, l'**equazione della tangente** al grafico di f nel punto $(x_0; y_0)$, con $y_0 = f(x_0)$, quando esiste e non è parallela all'asse y, è $y - y_0 = f'(x_0)(x - x_0)$.

- Un punto $x = c$ si dice **stazionario** se $f'(c) = 0$.
  La tangente nel punto stazionario $(c; f(c))$ ha coefficiente angolare $m = 0$.

- Un punto di ascissa c del grafico di $y = f(x)$ è:
  - un **flesso a tangente verticale** se $f'_-(c) = f'_+(c) = \pm\infty$;
  - una **cuspide** se $f'_-(c) = -\infty$ e $f'_+(c) = +\infty$ oppure $f'_-(c) = +\infty$ e $f'_+(c) = -\infty$;
  - un **punto angoloso** se $f'_-(c) \neq f'_+(c)$, dove almeno una delle due derivate ha un valore finito.

Derivate

Potenze di x

$D\,k = 0$	
$D\,x = 1$	
$D\,x^\alpha = \alpha x^{\alpha-1}$ — se $\alpha \in \mathbb{N} - \{0\}$, $x \in \mathbb{R}$; se $\alpha \in \mathbb{R}$, $x > 0$	
$D\sqrt{x} = \dfrac{1}{2\sqrt{x}}$, $x > 0$	

Funzioni goniometriche

$D \sin x = \cos x$
$D \cos x = -\sin x$
$D \tan x = \dfrac{1}{\cos^2 x} = 1 + \tan^2 x$
$D \cot x = -\dfrac{1}{\sin^2 x} = -(1 + \cot^2 x)$

Funzioni logaritmiche ed esponenziali

$D\,a^x = a^x \ln a$, $a > 0$
$D\,e^x = e^x$
$D \log_a x = \dfrac{1}{x} \log_a e$, $x > 0$, $a > 0 \wedge a \neq 1$
$D \ln x = \dfrac{1}{x}$, $x > 0$

Inverse delle funzioni goniometriche

$D \arctan x = \dfrac{1}{1 + x^2}$
$D \operatorname{arccot} x = -\dfrac{1}{1 + x^2}$
$D \arcsin x = \dfrac{1}{\sqrt{1 - x^2}}$
$D \arccos x = -\dfrac{1}{\sqrt{1 - x^2}}$

Regole di derivazione

$D[k \cdot f(x)] = k \cdot f'(x)$	$D \dfrac{f(x)}{g(x)} = \dfrac{f'(x) \cdot g(x) - f(x) \cdot g'(x)}{g^2(x)}$
$D[f(x) + g(x)] = f'(x) + g'(x)$	$D[f(g(x))] = f'(g(x)) \cdot g'(x)$
$D[f(x) \cdot g(x)] = f'(x) \cdot g(x) + f(x) \cdot g'(x)$	$D[f^{-1}(y)] = \dfrac{1}{f'(x)}$, con $x = f^{-1}(y)$
$D \dfrac{1}{f(x)} = -\dfrac{f'(x)}{f^2(x)}$	

■ Differenziale

- Il **differenziale** di una funzione $f(x)$, relativo al punto x e all'incremento Δx, è il prodotto della derivata della funzione, calcolata in x, per l'incremento Δx. Lo indichiamo con $df(x)$ oppure dy: $dy = f'(x) \cdot \Delta x$.
- Il **differenziale della variabile indipendente x** è uguale all'incremento della variabile stessa: $dx = \Delta x$. Quindi $dy = f'(x) \cdot dx$.
- Il differenziale dy è la variazione che subisce l'ordinata della tangente alla curva quando si passa dal punto della curva di ascissa x, cioè P, al punto della tangente di ascissa $(x + \Delta x)$, cioè Q.
  Sostituire all'incremento Δy della funzione il suo differenziale, **da un punto di vista geometrico**, significa sostituire al grafico della funzione la sua tangente.

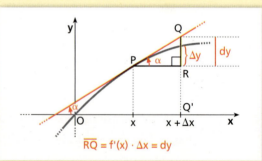

$\overline{RQ} = f'(x) \cdot \Delta x = dy$

- Si può calcolare $f(x + \Delta x)$ in modo approssimato utilizzando la formula:
$$f(x + \Delta x) \simeq f(x) + f'(x) \cdot \Delta.$$

In sintesi

■ Teoremi del calcolo differenziale

- **Teorema di Lagrange**
  Ipotesi: $f(x)$ continua in $[a;b]$;
  $f(x)$ derivabile in $]a;b[$.

  Tesi: $\exists c \in \,]a;b[$, in cui:
  $$\frac{f(b)-f(a)}{b-a} = f'(c).$$

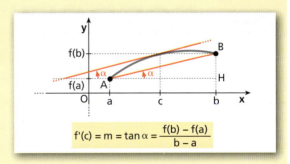

- Dal teorema di Lagrange discendono i seguenti teoremi.
  - Se $f(x)$ è continua nell'intervallo $[a;b]$ e $f'(x)$ è nulla in ogni punto interno dell'intervallo, allora **$f(x)$ è costante** in tutto $[a;b]$.

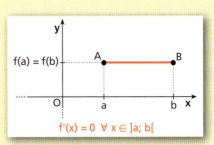

  - Se in tutto l'intervallo $[a;b]$ due funzioni $f(x)$ e $g(x)$ sono continue, derivabili nei punti interni e le loro derivate prime sono uguali, allora $f(x)$ e $g(x)$ **differiscono per una costante**.

- **Teorema di Rolle**
  Ipotesi: $f(x)$ continua in $[a;b]$;
  $f(x)$ derivabile e in $]a;b[$;
  $f(a) = f(b)$.

  Tesi: $\exists c \in \,]a;b[$, in cui:
  $$f'(c) = 0.$$

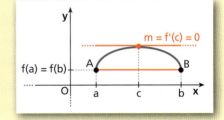

- **Teorema di Cauchy**
  Ipotesi: $f(x)$ e $g(x)$ continue in $[a;b]$;
  $f(x)$ e $g(x)$ derivabili in $]a;b[$;
  $g'(x) \neq 0$ per ogni $x \in \,]a;b[$.

  Tesi: $\exists c \in \,]a;b[$, in cui:
  $$\frac{f(b)-f(a)}{g(b)-g(a)} = \frac{f'(c)}{g'(c)}.$$

- **Teorema di De L'Hospital**
  Se due funzioni $f(x)$ e $g(x)$, definite in un intorno I di un punto x_0 (escluso al più x_0), sono derivabili in tale intorno con $g'(x) \neq 0$, e inoltre le due funzioni per $x \to x_0$ tendono entrambe a 0 o a $+\infty$ (o $-\infty$), e se esiste, per $x \to x_0$, il limite del rapporto $\dfrac{f'(x)}{g'(x)}$ delle derivate delle funzioni date, allora esiste anche il limite del rapporto delle funzioni ed è:
  $$\lim_{x \to x_0} \frac{f(x)}{g(x)} = \lim_{x \to x_0} \frac{f'(x)}{g'(x)}.$$

  Il teorema si estende anche al caso di limite per $x \to +\infty$ (o $x \to -\infty$).

CAPITOLO 15
ESERCIZI

1 Derivata di una funzione

Rapporto incrementale
▶ Teoria a p. 711

Data la funzione $f(x)$, calcola i valori indicati.

1 $f(x) = (x-1)^2$, $\quad f(1), f(-2), f(a+1)$. $\hfill [0; 9; a^2]$

2 $f(x) = 2x - 1$, $\quad f(4), f(c), f(c+h), f(c+h) - f(c)$. $\hfill [7; 2c-1; 2(c+h)-1; 2h]$

Esprimi l'incremento $f(c+h) - f(c)$ delle seguenti funzioni nel punto c indicato.

3 $y = \sqrt{x+1}$, $\quad c = 2$.

4 $y = \cos x$, $\quad c = \dfrac{\pi}{3}$.

5 **VERO O FALSO?** Data una funzione $y = f(x)$, definita in un intervallo $[a; b]$, e due numeri reali c e $c+h$ appartenenti ad $]a; b[$, il rapporto incrementale di f rispetto a c:

    a. dipende dall'incremento h.   V F

    b. rappresenta il rapporto tra l'incremento in ascissa e l'incremento in ordinata.   V F

    c. è un numero reale positivo.   V F

    d. rappresenta il coefficiente angolare della retta secante il grafico nei punti $(c; f(c))$ e $(c+h; f(c+h))$.   V F

    e. non si può calcolare per h negativo.   V F

6 **TEST** Il rapporto incrementale di una funzione f nel punto $c = 0$ con incremento h si calcola con l'espressione:

    A $\dfrac{f(h) - f(0)}{h}$.   C $\dfrac{f(0) - f(h)}{h}$.   E $\dfrac{f(h)}{h}$.

    B $\dfrac{f(0+h) + f(0)}{h}$.   D $\dfrac{f(0+h) - f(h)}{h}$.

LEGGI IL GRAFICO Determina l'equazione di $f(x)$ e calcola il rapporto incrementale di f nel punto c e incremento h assegnati. Nell'esercizio 7 la curva è una parabola, nell'esercizio 8 è un'iperbole.

7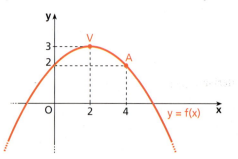

    a. $c = 1$, $\quad h = 2$;

    b. $c = 5$, $\quad h = 1$.

$\left[\text{a) } 0; \text{b) } -\dfrac{7}{4} \right]$

8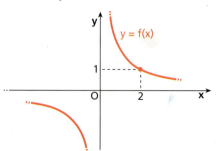

    a. $c = 2$, $\quad h = 1$;

    b. $c = -1$, $\quad h = -2$.

$\left[\text{a) } -\dfrac{1}{3}; \text{b) } -\dfrac{2}{3} \right]$

9 **REALTÀ E MODELLI** Pubblicità Nel grafico a fianco vediamo l'andamento delle vendite di automobili in risposta a una spesa in pubblicità, sostenuta dalla casa produttrice.

a. Calcola il rapporto incrementale delle vendite per 0, 20 e 40 milioni di euro spesi con incremento $h = 20$.

b. Il rapporto incrementale cresce o diminuisce? Sapresti interpretare il risultato?

$$\left[a) \; 3; \; \frac{3}{2}; \; 1; \; b) \; \text{diminuisce} \right]$$

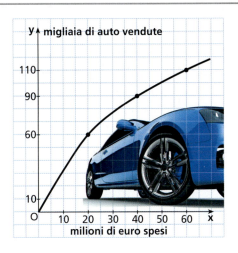

Determina il rapporto incrementale delle seguenti funzioni quando x varia nel modo indicato.

10 $f(x) = x^4 - 3x^2$, x varia da 0 a 2. $[2]$

11 $f(x) = \dfrac{x-1}{x^2}$, x varia da 1 a 3. $\left[\dfrac{1}{9}\right]$

12 $f(x) = 2x - 3$, x varia da -3 a -1. $[2]$

13 **ESERCIZIO GUIDA** Calcoliamo il rapporto incrementale di $f(x) = x^2 - x$ nel suo punto $c = 2$, e con un incremento h generico.

Calcoliamo il rapporto $\dfrac{f(c+h) - f(c)}{h}$, con $c = 2$.

$f(c + h) = f(2 + h) = (2 + h)^2 - (2 + h) = 4 + 4h + h^2 - 2 - h = h^2 + 3h + 2$

$f(c) = f(2) = 2^2 - 2 = 2$

Quindi: $\dfrac{f(c+h) - f(c)}{h} = \dfrac{f(2+h) - f(2)}{h} = \dfrac{h^2 + 3h + \cancel{2} - \cancel{2}}{h} = h + 3$.

Determina il rapporto incrementale delle seguenti funzioni nel punto c indicato e per un incremento h generico.

14 $f(x) = 3x^2 + 2$, $c = -1$. $[-6 + 3h]$ **16** $f(x) = x^2 - 4x + 8$, $c = -3$. $[h - 10]$

15 $f(x) = \dfrac{x-5}{x}$, $c = 4$. $\left[\dfrac{5}{4(h+4)}\right]$ **17** $f(x) = \dfrac{3x^2 - 1}{x}$, $c = 1$. $\left[\dfrac{3h+4}{1+h}\right]$

Determina il rapporto incrementale delle seguenti funzioni nel punto generico c del dominio, per un incremento h generico.

18 $y = x^2 + x - 1$ $[h + 2c + 1]$ **21** $y = \dfrac{2x-1}{x}$ $\left[\dfrac{1}{c(c+h)}\right]$

19 $y = x^2 - 4x$ $[h + 2c - 4]$ **22** $y = \dfrac{x-3}{x}$ $\left[\dfrac{3}{c(c+h)}\right]$

20 $y = \dfrac{2}{x} + 1$ $\left[-\dfrac{2}{c(c+h)}\right]$ **23** $y = -\dfrac{1}{2}\ln x$ $\left[-\dfrac{1}{2h}\ln\dfrac{c+h}{c}\right]$

Capitolo 15. Derivate

Derivata di una funzione

▶ Teoria a p. 712

24 VERO O FALSO?

a. Una funzione è derivabile in un punto se esiste il limite del rapporto incrementale in quel punto. V F
b. La derivata di una funzione in un punto è il coefficiente angolare della tangente al grafico in quel punto. V F
c. La derivata di una funzione in un punto generico è a sua volta una funzione. V F
d. La derivata di una funzione in un punto è un numero reale. V F

LEGGI IL GRAFICO Determina, considerando il suo significato geometrico, la derivata della funzione f nel punto indicato in figura, dove la retta t è tangente al grafico di f.

25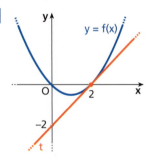

[1]

26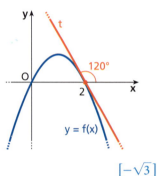

$[-\sqrt{3}]$

27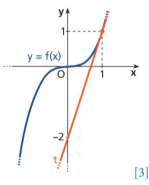

[3]

Calcolo della derivata in un punto assegnato

28 **ESERCIZIO GUIDA** Calcoliamo la derivata della funzione $f(x) = \dfrac{x^2 - 2}{x + 1}$ nel punto $c = -2$, applicando la definizione di derivata.

Per la definizione di derivata sappiamo che: $f'(c) = \lim\limits_{h \to 0} \dfrac{f(c+h) - f(c)}{h}$.

Calcoliamo prima il rapporto incrementale nel punto $c = -2$:

$$f(-2+h) = \dfrac{(-2+h)^2 - 2}{-2+h+1} = \dfrac{h^2 - 4h + 2}{h - 1}; \quad f(-2) = \dfrac{(-2)^2 - 2}{-2+1} = -2;$$

$$\dfrac{f(-2+h) - f(-2)}{h} = \dfrac{\dfrac{h^2 - 4h + 2}{h-1} + 2}{h} = \dfrac{\dfrac{h^2 - 4h + 2 + 2h - 2}{h - 1}}{h} = \dfrac{h^2 - 2h}{h - 1} \cdot \dfrac{1}{h} = \dfrac{h - 2}{h - 1}.$$

Calcoliamo poi il limite del rapporto incrementale per $h \to 0$: $\lim\limits_{h \to 0} \dfrac{h-2}{h-1} = 2$.

Concludiamo che: $f'(-2) = 2$.

Calcola la derivata delle seguenti funzioni nel punto c indicato, applicando la definizione di derivata.

29 $f(x) = 2x - 1$, $c = 6$. [2]

30 $f(x) = x^2 + 4x + 1$, $c = 1$. [6]

31 $f(x) = 1 + \dfrac{1}{4}x^2$, $c = 4$. [2]

32 $f(x) = 2x^3 - x$, $c = 0$. $[-1]$

33 $f(x) = \dfrac{1}{2}x^2 - 2x$, $c = -3$. $[-5]$

34 $f(x) = \dfrac{x - 1}{2 - x}$, $c = 1$. [1]

35 $f(x) = \dfrac{x-1}{x}$, $\quad c = 2.$ $\quad \left[\dfrac{1}{4}\right]$

36 $f(x) = -\dfrac{5}{x}$, $\quad c = 2.$ $\quad \left[\dfrac{5}{4}\right]$

37 $f(x) = \dfrac{3}{x-1}$, $\quad c = 4.$ $\quad \left[-\dfrac{1}{3}\right]$

38 $f(x) = \dfrac{4+x^2}{x+2}$, $\quad c = +2.$ $\quad \left[\dfrac{1}{2}\right]$

39 $f(x) = -\dfrac{1}{\sqrt{x}}$, $\quad c = 9.$ $\quad \left[\dfrac{1}{54}\right]$

40 $f(x) = -2\ln x$, $\quad c = 1.$ $\quad [-2]$

---

41 TEST Il limite $\lim\limits_{h \to 0} \dfrac{(3+h)^2 - 9}{h}$ è per definizione la derivata di:

A $f(x) = x^2 - 9$ $\quad$ in $c = 3$.

B $f(x) = (x+3)^2$ $\quad$ in $c = 0$.

C $f(x) = \dfrac{(3+x)^2 - 9}{x}$ $\quad$ in $c = 0$.

D $f(x) = (x+1)^2$ $\quad$ in $c = 2$.

E $f(x) = (x+1)^2$ $\quad$ in $c = 3$.

42 COMPLETA con il simbolo $>, <, =$, ragionando sul significato geometrico di derivata:

a. $f'(-2) \;\square\; 0$;

b. $f'(0) \;\square\; 0$;

c. $f'(3) \;\square\; 0$;

d. $f'(4) \;\square\; 0$.

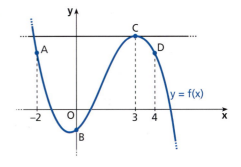

Calcolo della funzione derivata

43 ESERCIZIO GUIDA Data la funzione $f(x) = \sqrt{x+2}$, calcoliamo la sua derivata in un generico punto x.

Applicando la definizione di derivata, otteniamo:

$$f'(x) = \lim_{h \to 0} \dfrac{\sqrt{x+h+2} - \sqrt{x+2}}{h} = \lim_{h \to 0} \dfrac{(\sqrt{x+h+2} - \sqrt{x+2}) \cdot (\sqrt{x+h+2} + \sqrt{x+2})}{h \cdot (\sqrt{x+h+2} + \sqrt{x+2})} =$$

$$\lim_{h \to 0} \dfrac{\cancel{x}+h+\cancel{2}-\cancel{x}-\cancel{2}}{h(\sqrt{x+h+2} + \sqrt{x+2})} = \lim_{h \to 0} \dfrac{\cancel{h}}{\cancel{h}(\sqrt{x+h+2} + \sqrt{x+2})} = \dfrac{1}{2\sqrt{x+2}}.$$

Calcola la funzione derivata delle seguenti funzioni, applicando la definizione.

44 $f(x) = 4x - 9$ $\quad [f'(x) = 4]$

45 $f(x) = -x^2 + 4x$ $\quad [f'(x) = -2x + 4]$

46 $f(x) = 3x^2 - x$ $\quad [f'(x) = 6x - 1]$

47 $f(x) = x^2 - 8x$ $\quad [f'(x) = 2x - 8]$

48 $f(x) = \dfrac{2}{x}$ $\quad \left[f'(x) = -\dfrac{2}{x^2}\right]$

49 $f(x) = \dfrac{1}{x^3}$ $\quad \left[f'(x) = -\dfrac{3}{x^4}\right]$

50 $f(x) = \dfrac{1}{x-1}$ $\quad \left[f'(x) = -\dfrac{1}{(x-1)^2}\right]$

51 $f(x) = \dfrac{x+1}{x}$ $\quad \left[f'(x) = -\dfrac{1}{x^2}\right]$

52 $f(x) = \dfrac{5}{x^2 + 4}$ $\quad \left[f'(x) = -\dfrac{10x}{(x^2+4)^2}\right]$

53 $f(x) = \sqrt{3x}$ $\quad \left[f'(x) = \dfrac{3}{2\sqrt{3x}}\right]$

54 $f(x) = 2\sqrt{x}$ $\quad \left[f'(x) = \dfrac{1}{\sqrt{x}}\right]$

55 $f(x) = 3\ln x$ $\quad \left[f'(x) = \dfrac{3}{x}\right]$

LEGGI IL GRAFICO
Determina l'equazione di $f(x)$, calcola poi la funzione derivata con la definizione e rappresentala nello stesso piano cartesiano.

56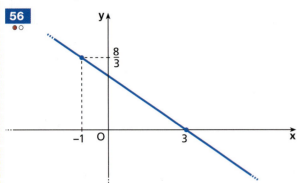

57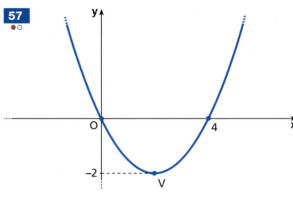

Derivata sinistra e derivata destra
▶ Teoria a p. 714

58 **ESERCIZIO GUIDA** Calcoliamo la derivata destra e la derivata sinistra della funzione $y = |x^2 - 4|$, in $x = 2$.

Poiché $x^2 - 4 \geq 0 \rightarrow x \leq -2 \vee x \geq 2$, la funzione può anche essere scritta nella forma

$$y = \begin{cases} x^2 - 4 & \text{se } x \leq -2 \vee x \geq 2 \\ -x^2 + 4 & \text{se } -2 < x < 2 \end{cases}$$

dalla quale notiamo che a sinistra e a destra di 2 la funzione ha due espressioni analitiche diverse, che utilizziamo per il calcolo del rapporto incrementale.

A sinistra di 2, cioè per $h < 0$:

$$f(2 + h) = -(2 + h)^2 + 4 = -\cancel{4} - h^2 - 4h + \cancel{4} = -h^2 - 4h.$$

A destra di 2, cioè per $h > 0$:

$$f(2 + h) = (2 + h)^2 - 4 = h^2 + \cancel{4} + 4h - \cancel{4} = h^2 + 4h.$$

Inoltre: $f(2) = (2)^2 - 4 = 4 - 4 = 0$.

Calcoliamo le due derivate, sostituendo nei rapporti incrementali i valori trovati:

$$f'_-(2) = \lim_{h \to 0^-} \frac{f(2+h) - f(2)}{h} = \lim_{h \to 0^-} \frac{-h^2 - 4h - 0}{h} = \lim_{h \to 0^-}(-h - 4) = -4;$$

$$f'_+(2) = \lim_{h \to 0^+} \frac{f(2+h) - f(2)}{h} = \lim_{h \to 0^+} \frac{h^2 + 4h - 0}{h} = \lim_{h \to 0^+}(h + 4) = 4.$$

Abbiamo ottenuto: $f'_-(2) = -4$, $f'_+(2) = 4$.

Essendo $f'_-(2) \neq f'_+(2)$, nel punto $x = 2$ la funzione non è derivabile.

Calcola la derivata destra e la derivata sinistra delle seguenti funzioni nei punti indicati.

59 $f(x) = |x - 1|$, $\quad c = 1$. $\quad\quad [f'_-(1) = -1; f'_+(1) = 1]$

60 $f(x) = |2x| - 1$, $\quad c = 0$. $\quad\quad [f'_-(0) = -2; f'_+(0) = 2]$

Paragrafo 1. Derivata di una funzione

61 $f(x) = \begin{cases} x - 3 & \text{se } x \leq 3 \\ \frac{1}{3}x - 1 & \text{se } x > 3 \end{cases}$, $c = 3$. $\left[f'_-(3) = 1;\ f'_+(3) = \frac{1}{3}\right]$

62 $f(x) = x^3 - x + 2$, $c = 1$. $[f'_-(1) = f'_+(1) = 2]$

63 $f(x) = \begin{cases} x^2 - 2x & \text{se } x \leq 2 \\ 2x^2 - 5x + 2 & \text{se } x > 2 \end{cases}$, $c = 2$. $[f'_-(2) = 2;\ f'_+(2) = 3]$

64 $f(x) = \begin{cases} x^2 + x & \text{se } x \leq 0 \\ \sqrt{x} & \text{se } x > 0 \end{cases}$, $c = 0$. $[f'_-(0) = 1;\ f'_+(0)$ non esiste finita$]$

65 $f(x) = |-x^2 + 2x|$, $c = 2$. $[f'_-(2) = -2;\ f'_+(2) = 2]$

LEGGI IL GRAFICO Esamina i seguenti grafici e ricava il valore delle derivate, sinistra e destra, nel punto indicato, utilizzando il significato geometrico di derivata.

66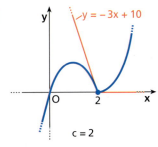
$c = 2$
$[f'_-(2) = -3;\ f'_+(2) = 0]$

67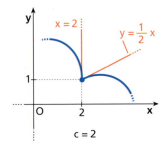
$c = 2$
$\left[\text{non esiste finita } f'_-(2);\ f'_+(2) = \frac{1}{2}\right]$

68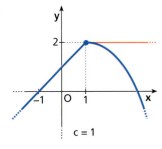
$c = 1$
$[f'_-(1) = 1;\ f'_+(1) = 0]$

69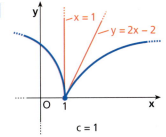
$c = 1$
$[\text{non esiste finita } f'_-(1);\ f'_+(1) = 2]$

70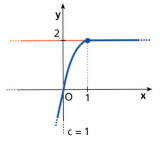
$c = 1$
$[f'_-(1) = 0;\ f'_+(1) = 0]$

71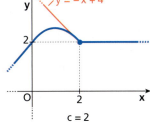
$c = 2$
$[f'_-(2) = -1;\ f'_+(2) = 0]$

Funzione derivabile in un intervallo

LEGGI IL GRAFICO Esaminando i grafici e utilizzando il significato geometrico di derivata, deduci se le seguenti funzioni sono derivabili negli intervalli indicati.

72
[1; 4]
[sì]

73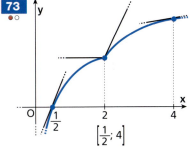
$\left[\frac{1}{2};\ 4\right]$
[no, perché $f'_-(2) \neq f'_+(2)$]

74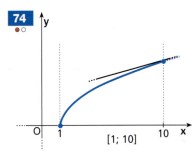
[1; 10]
[no, perché non esiste finita la derivata destra in 1]

2 Continuità e derivabilità

▶ Teoria a p. 716

75 LEGGI IL GRAFICO Indica se i seguenti grafici rappresentano funzioni: **a.** continue in $[a; b]$; **b.** derivabili in $[a; b]$. In caso negativo, giustifica le tue risposte.

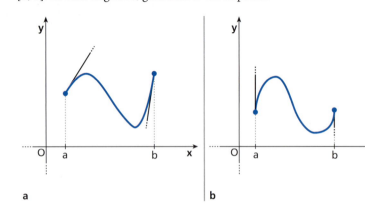

a

b

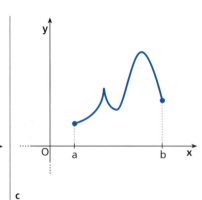

c

Rappresenta i grafici di ciascuna funzione e determina l'insieme dei punti in cui la funzione è:
a. continua;
b. derivabile.

76 $f(x) = 2|x| - 1$ $\quad\quad\quad\quad$ [a) $\mathbb{R}$; b) $\mathbb{R} - \{0\}$] $\quad$ **77** $y = |\ln x - 1|$ $\quad$ [a) $]0; +\infty[$; b) $]0; e[\cup]e; +\infty[$]

78 $y = \begin{cases} 2 & \text{se } x < -1 \\ x + 3 & \text{se } -1 \leq x < 1 \\ 0 & \text{se } x \geq 1 \end{cases}$ $\quad\quad\quad\quad\quad\quad\quad\quad\quad\quad\quad\quad\quad$ [a) $\mathbb{R} - \{1\}$; b) $\mathbb{R} - \{-1; 1\}$]

79 $y = \begin{cases} -3 & \text{se } x \leq -3 \\ -x^2 + 2x & \text{se } -3 < x < 0 \\ 3 & \text{se } x \geq 0 \end{cases}$ $\quad\quad\quad\quad\quad\quad\quad\quad\quad\quad\quad$ [a) $\mathbb{R} - \{0\}$; b) $\mathbb{R} - \{-3; 0\}$]

80 $y = \begin{cases} \frac{1}{2}x^2 & \text{se } x \leq 2 \\ 2x - 2 & \text{se } x > 2 \end{cases}$ $\quad\quad\quad\quad\quad\quad\quad\quad\quad\quad\quad\quad\quad\quad\quad$ [a) $\mathbb{R}$; b) $\mathbb{R}$]

81 $f(x) = \dfrac{2|x|}{x}$ $\quad\quad\quad\quad\quad\quad\quad\quad\quad\quad\quad\quad\quad\quad\quad\quad\quad\quad\quad\quad\quad$ [a) $\mathbb{R} - \{0\}$; b) $\mathbb{R} - \{0\}$]

Spiega perché le seguenti funzioni non sono derivabili nel punto x_0 indicato.

82 $f(x) = |x - 3| + 1$, $x_0 = 3$. $\quad$ **83** $f(x) = \dfrac{1}{1-x^2}$, $x_0 = 1$. $\quad$ **84** $f(x) = \sqrt[3]{x^2}$, $x_0 = 0$.

3 Derivate fondamentali

▶ Teoria a p. 717

AL VOLO Calcola la derivata delle seguenti funzioni.

85 $y = \pi$; $\quad\quad\quad$ $y = \ln x$. $\quad\quad\quad\quad\quad\quad$ **88** $y = \dfrac{3}{2}$; $\quad\quad\quad$ $y = \cos x$.

86 $y = \log_2 x$; $\quad\quad$ $y = \sin \dfrac{\pi}{4}$. $\quad\quad\quad\quad\quad$ **89** $y = 4^x$; $\quad\quad\quad$ $y = x$.

87 $y = e$; $\quad\quad\quad$ $y = \cos \dfrac{\pi}{2}$. $\quad\quad\quad\quad\quad$ **90** $y = \log x$; $\quad\quad$ $y = \sin x$.

Paragrafo 4. Operazioni con le derivate

91 **CACCIA ALL'ERRORE** Ognuna delle seguenti derivate contiene un errore. Trovalo e correggilo.

$D\, 2^x = 2^x$ $\qquad$ $D \cos x = \sin x$ $\qquad$ $D \sin \frac{3}{4}\pi = \cos \frac{3}{4}\pi$

$D \sin x = -\cos x$ $\qquad$ $D\, e^3 = e^3$ $\qquad$ $D \log_3 x = \frac{1}{x}$

Calcola la derivata delle seguenti funzioni.

$y = x^a \rightarrow y' = ax^{a-1}$

92 $y = x^6$ $\qquad [y' = 6x^5]$ **100** $y = x^{2\pi}$ $\qquad [y' = 2\pi x^{2\pi - 1}]$

93 $y = x^2$ $\qquad [y' = 2x]$ **101** $y = x^{\sqrt{2}+1}$ $\qquad [y' = (\sqrt{2}+1)x^{\sqrt{2}}]$

94 $y = x^9$ $\qquad [y' = 9x^8]$ **102** $y = x^{-4}$ $\qquad \left[y' = -\dfrac{4}{x^5}\right]$

95 $y = \dfrac{1}{x^3}$ $\qquad \left[y' = -\dfrac{3}{x^4}\right]$ **103** $y = \sqrt{\sqrt{x}}$ $\qquad \left[y' = \dfrac{1}{4\sqrt[4]{x^3}}\right]$

96 $y = \dfrac{1}{x^2}$ $\qquad \left[y' = -\dfrac{2}{x^3}\right]$ **104** $y = \dfrac{x}{\sqrt{x}}$ $\qquad \left[y' = \dfrac{1}{2\sqrt{x}}\right]$

97 $y = \sqrt[7]{x^2}$ $\qquad \left[y' = \dfrac{2}{7} \cdot \dfrac{1}{\sqrt[7]{x^5}}\right]$ **105** $y = \dfrac{x^2}{\sqrt[6]{x}}$ $\qquad \left[y' = \dfrac{11}{6}\sqrt[6]{x^5}\right]$

98 $y = \dfrac{1}{\sqrt[4]{x}}$ $\qquad \left[y' = -\dfrac{1}{4} \cdot \dfrac{1}{\sqrt[4]{x^5}}\right]$ **106** $y = x^4 \sqrt{x}$ $\qquad \left[y' = \dfrac{9}{2}x^3 \sqrt{x}\right]$

99 $y = \dfrac{1}{x}$ $\qquad \left[y' = -\dfrac{1}{x^2}\right]$ **107** $y = \dfrac{\sqrt{x}\,\sqrt[4]{x}}{x^2}$ $\qquad \left[y' = -\dfrac{5}{4x^2 \sqrt[4]{x}}\right]$

---

108 **ASSOCIA** a ogni funzione il grafico della sua derivata.

a. $y = \ln x$ $\qquad$ b. $y = x^3$ $\qquad$ c. $y = \cos x$ $\qquad$ d. $y = x^2$

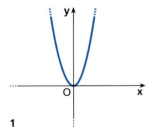
1

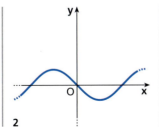
2

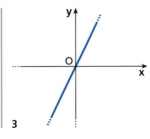
3

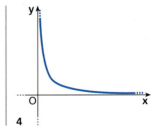
4

---

4 Operazioni con le derivate

Derivata del prodotto di una costante per una funzione $\qquad$ ▶ Teoria a p. 719

AL VOLO Calcola la derivata delle seguenti funzioni.

$y = kf(x) \rightarrow y' = kf'(x)$

109 $y = 5x;$ $\qquad y = 2e^x;$ $\qquad y = 5 \ln x;$ $\qquad y = 2 \sin x.$

110 $y = -3 \cos x;$ $\qquad y = 4 \log_2 x;$ $\qquad y = -\dfrac{3}{4}x;$ $\qquad y = 3 \cdot 5^x.$

111 $y = \dfrac{3}{x^4};$ $\qquad y = \dfrac{2}{3}x;$ $\qquad y = -5x^2.$ $\qquad \left[y' = -\dfrac{12}{x^5}; y' = \dfrac{2}{3}; y' = -10x\right]$

112 $y = \dfrac{x^\pi}{\pi};$ $\qquad y = \dfrac{1}{4x};$ $\qquad y = \sqrt{3}\,x^5.$ $\qquad \left[y' = x^{\pi-1}; y' = -\dfrac{1}{4x^2}; y' = 5\sqrt{3}\,x^4\right]$

Derivata della somma di funzioni

▶ Teoria a p. 719

Calcola la derivata delle seguenti funzioni.

$y = f(x) + g(x) \rightarrow y' = f'(x) + g'(x)$

113 $y = 3x - 8\ln x$ $\left[y' = 3 - \dfrac{8}{x}\right]$ **117** $y = x + \ln x$ $\left[y' = 1 + \dfrac{1}{x}\right]$

114 $y = 4x + 2\ln x - 3$ $\left[y' = 2 \cdot \left(2 + \dfrac{1}{x}\right)\right]$ **118** $y = \sin x - 2\cos x + 1$ $[y' = \cos x + 2\sin x]$

115 $y = e^x - 3\ln x^2$ $\left[y' = e^x - \dfrac{6}{x}\right]$ **119** $y = 5x - 3\sin x$ $[y' = 5 - 3\cos x]$

116 $y = 4^x + 3^x - 2$ $[y' = 4^x \ln 4 + 3^x \ln 3]$ **120** $y = 2x - \dfrac{1}{2} + 2^x$ $[y' = 2 + 2^x \ln 2]$

121 **ESERCIZIO GUIDA** Calcoliamo la derivata di $y = 5x^3 + 2x^2$.

$$y' = D[5x^3 + 2x^2] = D[5x^3] + D[2x^2] = 5 \cdot 3x^2 + 2 \cdot 2x^1 = 15x^2 + 4x$$

Calcola la derivata delle seguenti funzioni.

122 $y = x^5 + 6x$ $[y' = 5x^4 + 6]$ **129** $y = 6x^3 + 1$ $[y' = 18x^2]$

123 $y = -3x^2 + 3$ $[y' = -6x]$ **130** $y = -x^2 + 4x - 12$ $[y' = -2x + 4]$

124 $y = -8x + x^5$ $[-8 + 5x^4]$ **131** $y = \dfrac{1}{3}x^3 + \dfrac{1}{2}x^2$ $[y' = x^2 + x]$

125 $y = x^3 + x^2$ $[y' = 3x^2 + 2x]$ **132** $y = 2x^2 - 3x + 4$ $[y' = 4x - 3]$

126 $y = \dfrac{3}{2}x^4 - 7x$ $[y' = 6x^3 - 7]$ **133** $y = 2x^5 - 3x^3 + 2x - 4$ $[y' = 10x^4 - 9x^2 + 2]$

127 $y = -\dfrac{5}{3}x^3 - \dfrac{1}{3}x^6$ $[y' = -5x^2 - 2x^5]$ **134** $y = \dfrac{1}{2}x^5 + \dfrac{1}{4}x^2 - 2$ $\left[y' = \dfrac{5}{2}x^4 + \dfrac{1}{2}x\right]$

128 $y = 2x^2 + 3$ $[y' = 4x]$ **135** $y = \dfrac{x^6}{6} - \dfrac{x^5}{5} - 1$ $[y' = x^5 - x^4]$

136 **ESERCIZIO GUIDA** Calcoliamo la derivata di $y = \dfrac{2x^3 + 3}{x^2}$.

Scriviamo la funzione come somma di potenze di x.

$$y = \dfrac{2x^3 + 3}{x^2} = \underbrace{\dfrac{2x^3}{x^2} + \dfrac{3}{x^2}}_{\text{separiamo in somma di frazioni}} = \underbrace{2x + 3x^{-2}}_{\text{semplifichiamo}}$$

$$y' = D[2x + 3x^{-2}] = D[2x] + D[3x^{-2}] = 2 + 3 \cdot (-2)x^{-2-1} = 2 - 6x^{-3} = 2 - \dfrac{6}{x^3}$$

Calcola la derivata delle seguenti funzioni.

137 $y = \dfrac{x^2}{2} - \dfrac{2}{x^2}$ $\left[y' = x + \dfrac{4}{x^3}\right]$ **140** $y = \dfrac{2}{x^4} - \dfrac{3}{x^3} - \dfrac{1}{x^2}$ $\left[y' = -\dfrac{8}{x^5} + \dfrac{9}{x^4} + \dfrac{2}{x^3}\right]$

138 $y = \dfrac{1}{x} + \dfrac{1}{x^2} + \dfrac{1}{x^3}$ $\left[y' = -\dfrac{x^2 + 2x + 3}{x^4}\right]$ **141** $y = \dfrac{1 + 8x^2}{2x^3}$ $\left[y' = -\dfrac{8x^2 + 3}{2x^4}\right]$

142 $y = 2x^{\frac{3}{2}} - 4x^{-\frac{1}{2}} + 3x^{\frac{2}{3}}$

139 $y = \dfrac{x^2 - 1}{x}$ $\left[y' = 1 + \dfrac{1}{x^2}\right]$ $\left[y' = 3x^{\frac{1}{2}} + 2x^{-\frac{3}{2}} + 2x^{-\frac{1}{3}}\right]$

143 $y = \dfrac{6-x^5}{x}$ $\left[y' = -\dfrac{6+4x^5}{x^2}\right]$ **146** $y = \dfrac{1-x^3-x^5}{x^5}$ $\left[y' = \dfrac{-5+2x^3}{x^6}\right]$

144 $y = \dfrac{7x+5x^3}{x^2}$ $\left[y' = \dfrac{-7+5x^2}{x^2}\right]$ **147** $y = \dfrac{4+x^4}{x^5} + \dfrac{1}{2}$ $\left[y' = -\dfrac{20+x^4}{x^6}\right]$

145 $y = \dfrac{x^8-1}{7x^7}$ $\left[y' = \dfrac{x^8+7}{7x^8}\right]$ **148** $y = \dfrac{3-x}{2x^4}$ $\left[y' = \dfrac{-12+3x}{2x^5}\right]$

---

149 **REALTÀ E MODELLI** **Contatto radar** La portata r (misurata in km) di un particolare radar, in funzione della potenza x di funzionamento (misurata in watt), è regolata dalla legge $r(x) = 8\sqrt[4]{x}$.

a. Calcola la velocità media e la velocità istantanea con le quali varia la portata del radar quando la potenza di funzionamento varia da 0 watt a 60 watt.

b. Esiste un livello di potenza in corrispondenza del quale la velocità di variazione istantanea è uguale a quella media?

$$\left[\text{a) } v_{\text{media}} = 0{,}37 \text{ km/W}; \ v_{\text{istantanea}} = \dfrac{2}{\sqrt[4]{x^3}}; \text{ b) } 9{,}45 \text{ W}\right]$$

150 **ESERCIZIO GUIDA** Calcoliamo la derivata di $y = \sqrt[3]{x^2} + \dfrac{2}{x}$.

Riscriviamo la radice come potenza di x, $\sqrt[3]{x^2} = x^{\frac{2}{3}}$, e deriviamo.

$$y' = D\left[\sqrt[3]{x^2} + \dfrac{2}{x}\right] = D\left[x^{\frac{2}{3}}\right] + D\left[\dfrac{2}{x}\right] = \dfrac{2}{3}x^{\frac{2}{3}-1} - \dfrac{2}{x^2} = \dfrac{2}{3}x^{-\frac{1}{3}} - \dfrac{2}{x^2} = \dfrac{2}{3\sqrt[3]{x}} - \dfrac{2}{x^2}.$$

Calcola la derivata delle seguenti funzioni.

151 $y = \sqrt[5]{x} - 3x^3$ $\left[y' = \dfrac{1}{5\sqrt[5]{x^4}} - 9x^2\right]$ **154** $y = \dfrac{1}{4}x^8 - \dfrac{2}{\sqrt{x}} + \dfrac{1}{x^3}$ $\left[y' = 2x^7 + \dfrac{1}{\sqrt{x^3}} - \dfrac{3}{x^4}\right]$

152 $y = \sqrt[4]{x^3} + 3x - 2$ $\left[y' = \dfrac{3}{4} \cdot \dfrac{1}{\sqrt[4]{x}} + 3\right]$ **155** $y = \dfrac{x}{\sqrt{x}} + \dfrac{5}{2} \cdot \dfrac{1}{\sqrt[5]{x^2}}$ $\left[y' = \dfrac{1}{2\sqrt{x}} - \dfrac{1}{\sqrt[5]{x^7}}\right]$

153 $y = 2\sqrt{x} - \dfrac{1}{x}$ $\left[y' = \dfrac{1}{\sqrt{x}} + \dfrac{1}{x^2}\right]$ **156** $y = \dfrac{1}{2}x^2 - 3\dfrac{1}{\sqrt[3]{x}}$ $\left[y' = x + \dfrac{1}{\sqrt[3]{x^4}}\right]$

Derivata del prodotto di funzioni   ▶ Teoria a p. 720

$y = f(x) \cdot g(x) \rightarrow y' = f'(x) \cdot g(x) + f(x) \cdot g'(x)$

157 **TEST** Se $f(x)$ e $g(x)$ sono funzioni derivabili con $f(0) = \dfrac{5}{2}$, $g(0) = 6$, $f'(0) = -1$ e $g'(0) = 2$, la derivata di $y = f(x) \cdot g(x)$ per $x = 0$ vale:

A 3.   C -2.   E Non si può dire.

B -1.   D 2.

158 **ESERCIZIO GUIDA** Calcoliamo la derivata di $y = x^2 \ln x$.

$$y' = D[x^2 \cdot \ln x] = D[x^2] \cdot \ln x + x^2 \cdot D[\ln x] = 2x \ln x + x^2 \cdot \dfrac{1}{x} = 2x \ln x + x = x(2\ln x + 1)$$

Capitolo 15. Derivate

Calcola la derivata delle seguenti funzioni.

159 $y = x^2 \cos x$ $\qquad [y' = 2x \cos x - x^2 \sin x]$

160 $y = 5x^3 e^x$ $\qquad [y' = e^x(15x^2 + 5x^3)]$

161 $y = 2 \sin x \cdot \cos x$ $\qquad [y' = 2 \cos 2x]$

162 $y = 5e^x \cdot \sin x$ $\qquad [y' = 5e^x \cdot (\sin x + \cos x)]$

163 $y = x \cdot \ln x - \sin x$ $\qquad [y' = \ln x + 1 - \cos x]$

164 $y = (\ln x - 3) \ln x$ $\qquad \left[y' = \dfrac{1}{x} \cdot (2 \ln x - 3)\right]$

165 $y = e^x(\sin x + x)$ $\qquad [y' = e^x \cdot (\sin x + \cos x + x + 1)]$

166 $y = 3x \sin x$ $\qquad [y' = 3(\sin x + x \cos x)]$

167 $y = (2x + 1)\ln x$ $\qquad \left[y' = 2 \ln x + \dfrac{2x+1}{x}\right]$

168 $y = x \cdot e^x$ $\qquad [y' = e^x \cdot (1 + x)]$

169 $y = 3x \cdot \ln x$ $\qquad [y' = 3 \cdot (\ln x + 1)]$

170 $y = (e^x + 3) \ln x$ $\qquad \left[y' = e^x \cdot \ln x + \dfrac{1}{x}(e^x + 3)\right]$

171 $y = e^x \cdot \ln x$ $\qquad \left[y' = e^x \cdot \left(\ln x + \dfrac{1}{x}\right)\right]$

172 $y = e^x(x + 3)$ $\qquad [y' = e^x(x + 4)]$

---

173 $y = (x + 2 \ln x) \cdot \cos x$ $\qquad \left[y' = \left(1 + \dfrac{2}{x}\right) \cdot \cos x - (x + 2 \ln x) \cdot \sin x\right]$

174 $y = (\cos x - \sin x)(-\sin x - \cos x)$ $\qquad [y' = 4 \sin x \cos x]$

175 $y = 2xe^x + (x - 2)e^x$ $\qquad [y' = e^x(3x + 1)]$

176 $y = 2x(x - 6)(2x - 1) + 14x^2$ $\qquad [y' = 12(x - 1)^2]$

177 $y = x \cdot e^x \cdot \ln x$ $\qquad [y' = e^x \cdot (\ln x + x \cdot \ln x + 1)]$

178 $y = x \cdot \sin x \cdot (3x + 2)$ $\qquad [y' = 6x \sin x + 2 \sin x + 3x^2 \cos x + 2x \cos x]$

179 $y = 2x \cdot \ln x \cdot \sin x$ $\qquad [y' = 2 \cdot (\ln x \cdot \sin x + \sin x + x \cdot \ln x \cdot \cos x)]$

Derivata del quoziente di due funzioni

▶ Teoria a p. 721

180 **ESERCIZIO GUIDA** Calcoliamo la derivata della funzione:
$$y = \frac{3x - 2}{x^2 - 4}.$$

$$y = \frac{f(x)}{g(x)} \quad \to \quad y' = \frac{f'(x) \cdot g(x) - f(x) \cdot g'(x)}{g^2(x)}$$

Se poniamo $f(x) = 3x - 2$, $g(x) = x^2 - 4$, le loro derivate sono: $f'(x) = 3$ e $g'(x) = 2x$.

Utilizzando la regola di derivazione, abbiamo:

$$y' = \frac{3 \cdot (x^2 - 4) - (3x - 2) \cdot (2x)}{(x^2 - 4)^2} = \frac{3x^2 - 12 - 6x^2 + 4x}{(x^2 - 4)^2} = \frac{-3x^2 + 4x - 12}{(x^2 - 4)^2}.$$

Calcola la derivata delle seguenti funzioni.

181 $y = \dfrac{1}{3 - x}$ $\qquad \left[y' = \dfrac{1}{(3 - x)^2}\right]$

182 $y = \dfrac{5 + x}{2x^2}$ $\qquad \left[y' = -\dfrac{x^2 + 10x}{2x^4}\right]$

183 $y = \dfrac{3x - 2}{x + 4}$ $\qquad \left[y' = \dfrac{14}{(x + 4)^2}\right]$

184 $y = \dfrac{x^2 + 1}{6 - x}$ $\qquad \left[y' = \dfrac{-x^2 + 12x + 1}{(6 - x)^2}\right]$

185 $y = \dfrac{x^2}{2 - x^3}$ $\qquad \left[y' = \dfrac{x \cdot (x^3 + 4)}{(2 - x^3)^2}\right]$

186 $y = \dfrac{5}{x^3 + 1}$ $\qquad \left[y' = \dfrac{-15x^2}{(x^3 + 1)^2}\right]$

187 $y = \dfrac{2x + 3}{x - 2}$ $\qquad \left[y' = -\dfrac{7}{(x - 2)^2}\right]$

188 $y = \dfrac{x^2 + 5}{x^2 - 1}$ $\qquad \left[y' = \dfrac{-12x}{(x^2 - 1)^2}\right]$

Paragrafo 4. Operazioni con le derivate

189 $y = \dfrac{x^4}{3x+2}$ $\left[y' = \dfrac{x^3(9x+8)}{(3x+2)^2} \right]$

190 $y = \dfrac{x^3}{x^2-1}$ $\left[y' = \dfrac{x^2(x^2-3)}{(x^2-1)^2} \right]$

191 $y = \dfrac{x^3}{(x^2-1)^2}$ $\left[y' = -\dfrac{x^2(x^2+3)}{(x^2-1)^3} \right]$

192 $y = \dfrac{3x^2-2x+1}{3x-2}$ $\left[y' = \dfrac{9x^2-12x+1}{(3x-2)^2} \right]$

193 $y = \dfrac{x^2+5}{(x+1)^2}$ $\left[y' = \dfrac{2(x-5)}{(x+1)^3} \right]$

194 $y = \dfrac{(2x+1)^2}{(x-2)^3}$ $\left[y' = \dfrac{(2x+1)(-2x-11)}{(x-2)^4} \right]$

195 $y = \dfrac{2x}{x^3-x^2-1}$ $\left[y' = -2\dfrac{2x^3-x^2+1}{(x^3-x^2-1)^2} \right]$

196 $y = \dfrac{e^x}{x+1}$ $\left[y' = \dfrac{xe^x}{(x+1)^2} \right]$

197 $y = \dfrac{(x+1)^2}{x-2}$ $\left[y' = \dfrac{(x+1)(x-5)}{(x-2)^2} \right]$

198 $y = \dfrac{\sin x}{x}$ $\left[y' = \dfrac{x\cos x - \sin x}{x^2} \right]$

199 $y = \dfrac{\sin x - \cos x}{\sin x + \cos x}$ $\left[y' = \dfrac{2}{1+\sin 2x} \right]$

200 $y = \dfrac{\cos x}{x^2}$ $\left[y' = \dfrac{-x\sin x - \cos x}{x^3} \right]$

201 $y = \dfrac{\ln x - 2}{x}$ $\left[y' = \dfrac{3 - \ln x}{x^2} \right]$

202 $y = \dfrac{3x^2-2}{e^x}$ $\left[y' = \dfrac{-3x^2+6x+2}{e^x} \right]$

203 $y = \dfrac{x^2}{\ln x}$ $\left[y' = \dfrac{x(2\ln x - 1)}{\ln^2 x} \right]$

204 $y = \dfrac{2\ln x}{x^2}$ $\left[y' = \dfrac{2(1-2\ln x)}{x^3} \right]$

205 $y = \dfrac{1-\ln x}{1+\ln x}$ $\left[y' = -\dfrac{2}{x(1+\ln x)^2} \right]$

206 $y = \dfrac{x^3 - \ln x}{x}$ $\left[y' = \dfrac{2x^3 - 1 + \ln x}{x^2} \right]$

207 $y = \dfrac{(x-1)e^x}{x}$ $\left[y' = \dfrac{e^x(x^2-x+1)}{x^2} \right]$

208 $y = \dfrac{x^2-4x}{x\ln x}$ $\left[y' = \dfrac{x\ln x - x + 4}{x\ln^2 x} \right]$

209 $y = \dfrac{x^2}{6+2x} - \dfrac{x^2-1}{x+3}$ $\left[y' = \dfrac{-x^2-6x-2}{2(x+3)^2} \right]$

---

210 **LEGGI IL GRAFICO** Date le funzioni f e g i cui grafici sono rappresentati in figura, calcola:

a. $D\left[\dfrac{f(x)}{g(x)}\right]$; b. $D\left[\dfrac{g(x)}{f(x)}\right]$.

Quanto valgono le due derivate nel punto A?

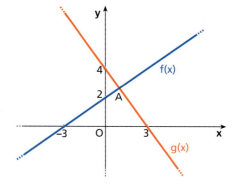

Derivata di $y = \tan x$ e di $y = \cot x$

Calcola la derivata delle seguenti funzioni.

211 $y = \tan x - \cot x$ $\left[y' = \dfrac{1}{\cos^2 x \sin^2 x} \right]$

212 $y = 2x^2 \cdot \cot x$ $\left[y' = -\dfrac{2x^2}{\sin^2 x} + 4x \cot x \right]$

213 $y = \ln x \cdot \tan x$ $\left[y' = \dfrac{\tan x}{x} + \dfrac{\ln x}{\cos^2 x} \right]$

214 $y = \dfrac{\tan x}{x}$ $\left[y' = \dfrac{x - \sin x \cos x}{x^2 \cos^2 x} \right]$

215 $y = e^x \cdot \cot x$ $\left[y' = e^x \left(\dfrac{\sin x \cos x - 1}{\sin^2 x} \right) \right]$

216 $y = 3x \cdot \tan x$ $\left[y' = 3 \cdot \left(\dfrac{\sin x \cos x + x}{\cos^2 x} \right) \right]$

217 $y = \dfrac{2}{\cot x} - \tan x$ $\left[y' = \dfrac{1}{\cos^2 x} \right]$

218 $y = \cos x \cdot \cot x$ $[y' = -\cos x (2 + \cot^2 x)]$

Capitolo 15. Derivate

5 Derivata di una funzione composta

▶ Teoria a p. 722

219 **ESERCIZIO GUIDA** Calcoliamo la derivata di $y = e^{x^3+2x}$.

$y = f(g(x)) \rightarrow y' = f'(g(x)) \cdot g'(x)$

La funzione presenta due funzioni componenti: $f(x) = e^{g(x)}$, $g(x) = x^3 + 2x$.

Deriviamo: $y' = \underbrace{e^{x^3+2x}}_{\text{derivata dell'esponenziale}} \cdot \underbrace{(3x^2 + 2)}_{\text{derivata del polinomio all'esponente}}$.

Calcola la derivata delle seguenti funzioni.

220 $y = e^{4x}$ $\qquad [y' = 4e^{4x}]$

221 $y = \ln(2x^2 - x)$ $\qquad \left[y' = \dfrac{4x-1}{2x^2 - x}\right]$

222 $y = e^{\frac{2x}{x-1}}$ $\qquad \left[y' = -\dfrac{2e^{\frac{2x}{x-1}}}{(x-1)^2}\right]$

223 $y = e^{x^2 - 3x}$ $\qquad [y' = e^{x^2-3x}(2x-3)]$

224 $y = e^{-x}$ $\qquad [y' = -e^{-x}]$

225 $y = 5\ln(x^2 + 3)$ $\qquad \left[y' = \dfrac{10x}{x^2+3}\right]$

226 $y = e^{x^2 - 2}$ $\qquad [y' = 2xe^{x^2-2}]$

227 $y = \ln(x^4 - 3x^2)$ $\qquad \left[y' = \dfrac{4x^2 - 6}{x^3 - 3x}\right]$

228 $y = \ln\dfrac{1-x}{1+x}$ $\qquad \left[y' = \dfrac{2}{x^2 - 1}\right]$

229 $y = \sin 5x$ $\qquad [y' = 5\cos 5x]$

230 $y = \cos x^3$ $\qquad [y' = -3x^2 \sin x^3]$

231 $y = 3\cos 4x$ $\qquad [y' = -12\sin 4x]$

232 $y = \tan 4x^4$ $\qquad \left[y' = \dfrac{16x^3}{\cos^2 4x^4}\right]$

233 $y = \cot 5x$ $\qquad \left[y' = -\dfrac{5}{\sin^2 5x}\right]$

234 $y = e^{2x} + 2e^{-x}$ $\qquad [y' = 2(e^{2x} - e^{-x})]$

235 $y = 4\ln 3x + \ln x$ $\qquad \left[y' = \dfrac{5}{x}\right]$

236 $y = \ln(x^2 - 1) + 5$ $\qquad \left[y' = \dfrac{2x}{x^2 - 1}\right]$

237 $y = 5\sin x^4$ $\qquad [y' = 20x^3 \cos x^4]$

238 **ESERCIZIO GUIDA** Calcoliamo la derivata di
$y = \ln \sin(x^4 - 2)$.

$y = f(g(z(x))) \rightarrow y' = f'(g(z(x))) \cdot g'(z(x)) \cdot z'(x)$

La funzione presenta tre funzioni componenti:

$f(x) = \ln g(x)$, $g(x) = \sin z(x)$ e $z(x) = x^4 - 2$.

Utilizzando la regola di derivazione delle funzioni composte, otteniamo:

$y = \ln \sin(x^4 - 2)$

$y' = \underbrace{\dfrac{1}{\sin(x^4-2)}}_{\text{derivata del logaritmo}} \cdot \underbrace{\cos(x^4 - 2)}_{\text{derivata del seno}} \cdot \underbrace{4x^3}_{\text{derivata del polinomio}}$.

Riepilogo: Operazioni con le derivate e funzioni composte

Calcola la derivata delle seguenti funzioni.

239 $y = \sin \ln 2x$ $\qquad \left[y' = \dfrac{\cos \ln 2x}{x}\right]$ **242** $y = \cos \ln 2x^2$ $\qquad \left[y' = -\dfrac{2\sin \ln 2x^2}{x}\right]$

240 $y = \ln \sin 3x$ $\qquad [y' = 3\cot 3x]$ **243** $y = \ln(e^{2x} - 1)$ $\qquad \left[y' = \dfrac{2e^{2x}}{e^{2x} - 1}\right]$

241 $y = 4\sin \ln \dfrac{x}{2}$ $\qquad \left[y' = \dfrac{4}{x} \cos \ln \dfrac{x}{2}\right]$ **244** $y = \sin e^{5x}$ $\qquad [y' = 5e^{5x} \cos e^{5x}]$

Derivata della potenza di una funzione, $y = [f(x)]^\alpha$, $\alpha \in \mathbb{R}$

245 **ESERCIZIO GUIDA** Calcoliamo la derivata di $y = \dfrac{5}{(4x-3)^4}$.

La funzione $y = \dfrac{5}{(4x-3)^4}$ può essere scritta $y = 5 \cdot (4x - 3)^{-4}$.

Utilizziamo la regola: $D[f(x)]^\alpha = \alpha [f(x)]^{\alpha-1} \cdot f'(x), \alpha \in \mathbb{R}$.

Quindi: $y' = -4 \cdot 5 \cdot (4x-3)^{-4-1} \cdot (4) = -80 \cdot (4x-3)^{-5} = -\dfrac{80}{(4x-3)^5}$.

Calcola la derivata delle seguenti funzioni.

246 $y = (x^3 - x^2 + 1)^3$ $\qquad [y' = 3x \cdot (x^3 - x^2 + 1)^2 \cdot (3x - 2)]$

247 $y = (3x^2 - 4)^3$ $\qquad [y' = 18x \cdot (3x^2 - 4)^2]$

248 $y = (2x^2 - 3x + 1)^2$ $\qquad [y' = 2 \cdot (2x^2 - 3x + 1) \cdot (4x - 3)]$

249 $y = \dfrac{3}{(2x-1)^2}$ $\qquad \left[y' = -\dfrac{12}{(2x-1)^3}\right]$

250 $y = \sqrt[3]{3x+1}$ $\qquad \left[y' = \dfrac{1}{\sqrt[3]{(3x+1)^2}}\right]$

251 $y = (2 + \sin x)^4$ $\qquad [y' = 4(2 + \sin x)^3 \cos x]$

252 $y = \cos^3 x$ $\qquad [y' = -3\cos^2 x \sin x]$

253 $y = 2\sin^2 x$ $\qquad [y' = 4\sin x \cos x]$

254 $y = (2x-1)^5 + \cos^2 x$ $\qquad [y' = 10(2x-1)^4 - \sin 2x]$

255 $y = x^4 + \ln^2 x$ $\qquad \left[y' = 4x^3 + \dfrac{2\ln x}{x}\right]$

256 $y = (\ln x + 1)^8$ $\qquad \left[y' = \dfrac{8(\ln x + 1)^7}{x}\right]$

257 $y = \dfrac{1}{\ln^2 x}$ $\qquad \left[y' = -\dfrac{2}{x \ln^3 x}\right]$

Riepilogo: Operazioni con le derivate e funzioni composte

258 **ASSOCIA** a ogni funzione la sua derivata.

a. $y = 3x^2 + 1$ b. $y = \dfrac{x-2}{x+1}$ c. $y = 2x^3$ d. $y = \dfrac{1}{x-1}$

1. $y' = \dfrac{3}{(x+1)^2}$ 2. $y' = -\dfrac{1}{(x-1)^2}$ 3. $y' = 6x$ 4. $y' = 6x^2$

259 **TEST** La derivata di $y = \ln x^3 + 4$ è:

A $y' = \dfrac{3x^2}{x^3 + 4}$.   B $y' = \dfrac{3\ln x^2}{x}$.   C $y' = \dfrac{1}{x^3 + 4}$.   D $y' = \dfrac{3}{x}$.   E $y' = \dfrac{1}{x^3}$.

Capitolo 15. Derivate

260 CACCIA ALL'ERRORE

a. $y = \cos(5x+1) \to y' = -\sin x \cdot 5$

b. $y = \ln x^3 \to y' = \ln x^3 \cdot 3x^2$

c. $y = \sqrt{\cos x} \to y' = \dfrac{1}{2\sqrt{-\sin x}}$

d. $y = e^{x^2+2x} \to y' = e^{x^2+2x} + 2x + 2$

261 TEST La derivata di $y = f(x^2+1)$ è:

A $y' = 2xf'(x)$
B $y' = (x^2+1)f(x^2+1)$
C $y' = 2xf'(x^2+1)$
D $y' = (2x+1)f'(x^2+1)$
E $y' = 2xf(x^2+1)$

262 RIFLETTI SULLA TEORIA Verifica che le funzioni $f(x) = 5\ln x$ e $g(x) = \ln(2x)^5$ hanno la stessa derivata. Come spieghi questo risultato?

263 Se $y = f(x^2)$, quanto vale y'?

264 Calcola y' per $y = [f(x)]^2$.

265 EUREKA! Determina una funzione $y = f(g(x))$ che ha come derivata $y' = 3x^2 \sin(x^3+2)$.

266 LEGGI IL GRAFICO Date le funzioni f e g i cui grafici in figura sono rispettivamente una parabola e una retta, siano $z(x) = f(g(x))$ e $w(x) = g(f(x))$. Calcola $z'(1)$ e $w'(2)$.

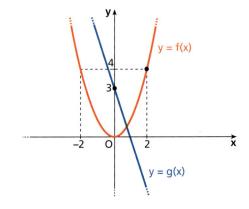

Calcola la derivata delle seguenti funzioni.

267 $y = \dfrac{1}{x^2-1}$ $\left[y' = \dfrac{-2x}{(x^2-1)^2}\right]$

268 $y = (5x^2+2) \cdot (x^2-4)^3$ $[y' = (x^2-4)^2(40x^3-28x)]$

269 $y = \sqrt{6x-5}$ $\left[y' = \dfrac{3}{\sqrt{6x-5}}\right]$

270 $y = \dfrac{1}{x^2} + 3\sin^4 x$ $\left[y' = -\dfrac{2}{x^3} + 12\sin^3 x \cos x\right]$

271 $y = \sqrt[3]{\cos x}$ $\left[y' = -\dfrac{\sin x}{3\sqrt[3]{\cos^2 x}}\right]$

272 $y = x \ln^2 x$ $[y' = \ln x(\ln x + 2)]$

273 $y = \sqrt{e^x}$ $\left[y' = \dfrac{1}{2}\sqrt{e^x}\right]$

274 $y = \ln x \cdot \sin^2 x$ $\left[y' = \dfrac{\sin^2 x}{x} + \sin 2x \ln x\right]$

275 $y = (x^2+1)^8$ $[y' = 16x(x^2+1)^7]$

276 $y = (2+3x^3)^4$ $[y' = 36x^2(2+3x^3)^3]$

277 $y = (x^3+3x+1)^3$ $[y' = 9(x^2+1)(x^3+3x+1)^2]$

278 $y = \dfrac{2}{(x^3+2)^2}$ $\left[y' = -\dfrac{12x^2}{(x^3+2)^3}\right]$

279 $y = \sqrt[3]{x^2-3}$ $\left[y' = \dfrac{2x}{3\sqrt[3]{(x^2-3)^2}}\right]$

280 $y = \sqrt[2]{3x+2}$ $\left[y' = \dfrac{3}{2\sqrt{3x+2}}\right]$

281 $y = \sqrt[3]{x^3-3x}$ $\left[y' = \dfrac{x^2-1}{\sqrt[3]{(x^3-3x)^2}}\right]$

282 $y = \sqrt[4]{2x^3-3x^2}$ $\left[y' = \dfrac{3x^2-3x}{2\sqrt[4]{(2x^3-3x^2)^3}}\right]$

283 $y = 3\sin^4 x$ $[y' = 12\sin^3 x \cdot \cos x]$

284 $y = \dfrac{1}{(\sin 3x-1)^3}$ $\left[y' = -\dfrac{9\cos 3x}{(\sin 3x-1)^4}\right]$

285 $y = \cot^2 x$ $\left[y' = \dfrac{-2\cot x}{\sin^2 x}\right]$

286 $y = \sqrt[3]{\tan x}$ $\left[y' = \dfrac{1}{3\sqrt[3]{\tan^2 x} \cdot \cos^2 x}\right]$

287 $y = \dfrac{(x+1)^2}{(x^2-2)^2}$ $\left[y' = -\dfrac{2x^3+6x^2+8x+4}{(x^2-2)^3}\right]$

288 $y = (3\sqrt[3]{x}-2)^4$ $\left[y' = \dfrac{4(3\sqrt[3]{x}-2)^3}{\sqrt[3]{x^2}}\right]$

289 $y = x + \sqrt{x-4}$ $\left[y' = 1 + \dfrac{1}{2\sqrt{x-4}}\right]$

Riepilogo: Operazioni con le derivate e funzioni composte

290 $y = \dfrac{x^2 - 2x}{x+1}$ $\left[y' = \dfrac{x^2 + 2x - 2}{(x+1)^2}\right]$

291 $y = \dfrac{x^4}{4} + \dfrac{4}{x^4}$ $\left[y' = \dfrac{x^8 - 16}{x^5}\right]$

292 $y = -x(x-2)^2$ $[y' = -3x^2 + 8x - 4]$

293 $y = \sqrt{6x - x^2}$ $\left[y' = \dfrac{3-x}{\sqrt{6x - x^2}}\right]$

294 $y = \dfrac{x^2 - x - 2}{x^2 - 2x}$ $\left[y' = -\dfrac{1}{x^2}\right]$

295 $y = 2x - \dfrac{1}{x} + 2$ $\left[y' = 2 + \dfrac{1}{x^2}\right]$

296 $y = 1 - \sqrt{2x - x^2}$ $\left[y' = \dfrac{x-1}{\sqrt{2x - x^2}}\right]$

297 $y = \ln^2(x^2 - 1)$ $\left[y' = \dfrac{4x \ln(x^2 - 1)}{x^2 - 1}\right]$

298 $y = e^{\ln^2 x}$ $\left[y' = \dfrac{2 \ln x \cdot e^{\ln^2 x}}{x}\right]$

299 $y = x^2 \ln 3x^2$ $[y' = 2x(\ln 3x^2 + 1)]$

300 $y = \dfrac{\ln(1 - x^2)}{x}$ $\left[y' = -\dfrac{2}{1 - x^2} - \dfrac{\ln(1 - x^2)}{x^2}\right]$

301 $y = \ln \dfrac{3x^2 - 1}{x}$ $\left[y' = \dfrac{3x^2 + 1}{x(3x^2 - 1)}\right]$

302 $y = 2\ln x - \sqrt{\ln x}$ $\left[y' = \dfrac{1}{x}\left(2 - \dfrac{1}{2\sqrt{\ln x}}\right)\right]$

303 $y = e^{4x} + \dfrac{1}{\sqrt{e^x}}$ $\left[y' = \dfrac{8\sqrt{e^{9x}} - 1}{2\sqrt{e^x}}\right]$

304 $y = e^{\sqrt{x}} + \ln \sqrt{x}$ $\left[y' = \dfrac{\sqrt{x}\, e^{\sqrt{x}} + 1}{2x}\right]$

305 $y = \dfrac{x \ln x}{\sqrt{x}}$ $\left[y' = \dfrac{\ln x + 2}{2\sqrt{x}}\right]$

306 $y = \ln \dfrac{x}{2 - x}$ $\left[y' = -\dfrac{2}{x^2 - 2x}\right]$

307 $y = e^{\frac{x+2}{x-1}}$ $\left[y' = -\dfrac{3}{(x-1)^2} \cdot e^{\frac{x+2}{x-1}}\right]$

308 $y = xe^x - x$ $[y' = xe^x + e^x - 1]$

309 $y = x^2 e^x$ $[y' = xe^x(2 + x)]$

310 $y = \dfrac{1 + e^x}{1 - e^x}$ $\left[y' = \dfrac{2e^x}{(1 - e^x)^2}\right]$

311 $y = \dfrac{1}{xe^x}$ $\left[y' = -\dfrac{x+1}{x^2 e^x}\right]$

312 $y = \dfrac{1}{2} \ln^2 x - \ln x$ $\left[y' = \dfrac{\ln x - 2}{x}\right]$

313 $y = \dfrac{1 - \sin x}{1 + \sin x}$ $\left[y' = -\dfrac{2\cos x}{(1 + \sin x)^2}\right]$

314 $y = \sin^3 x^2$ $[y' = 6x \sin^2 x^2 \cos x^2]$

315 $y = 2 \tan^2 x^3$ $\left[y' = \dfrac{12x^2 \cdot \tan x^3}{\cos^2 x^3}\right]$

316 $y = x \cdot \cos^3 5x$ $[y' = \cos^2 5x (\cos 5x - 15x \sin 5x)]$

317 $y = \sqrt{\tan^3 x} + \tan^2 x$ $\left[y' = \dfrac{3\sqrt{\tan x} + 4 \tan x}{2\cos^2 x}\right]$

318 $y = \dfrac{1}{\sqrt{\tan x}}$ $\left[y' = -\dfrac{1}{\sin 2x \sqrt{\tan x}}\right]$

319 $y = \ln \sin^2 x$ $[y' = 2 \cot x]$

320 $y = \ln^3 \sin x^2$ $[y' = 6x \cdot \cot x^2 \cdot \ln^2 \sin x^2]$

321 $y = \ln \dfrac{x^2 - 1}{2x + 3}$ $\left[y' = \dfrac{2(x^2 + 3x + 1)}{(x^2 - 1)(2x + 3)}\right]$

322 $y = \dfrac{\sqrt[3]{x}}{e^{x^2}}$ $\left[y' = \dfrac{1 - 6x^2}{3e^{x^2} \cdot \sqrt[3]{x^2}}\right]$

323 $y = \sqrt[4]{\ln x^3}$ $\left[y' = \dfrac{3}{4x \sqrt[4]{\ln^3 x^3}}\right]$

324 $y = \ln \sqrt{x^2 + 2x + 4}$ $\left[y' = \dfrac{x+1}{x^2 + 2x + 4}\right]$

325 $y = \ln^2 \sqrt{x^2 + 4}$ $\left[y' = \dfrac{2x \cdot \ln \sqrt{x^2 + 4}}{x^2 + 4}\right]$

326 $y = \dfrac{1}{2\sqrt{x}} \ln^4 x$ $\left[y' = \dfrac{\ln^3 x}{4x\sqrt{x}}(8 - \ln x)\right]$

327 $y = \dfrac{\sqrt{x^2 + 1}}{2^x}$ $\left[y' = \dfrac{-(x^2 + 1) \cdot \ln 2 + x}{2^x \cdot \sqrt{x^2 + 1}}\right]$

Capitolo 15. Derivate

ESERCIZI

REALTÀ E MODELLI

328 **Falegnameria** Un'asse di legno è appoggiata a un tronco la cui sezione circolare ha un raggio di 10 cm, come mostra la figura.

a. Verifica che l'equazione della semicirconferenza $\widehat{ATB}$ è
$$y = 10 + \sqrt{100 - x^2}.$$

b. Calcola con le derivate il coefficiente angolare della tangente nel punto di appoggio T che ha ordinata 16.

$$\left[b) -\frac{4}{3} \right]$$

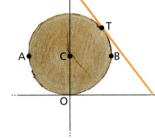

329 **Quanti semi** Nello studio in laboratorio di una pianta, si interra un certo numero di semi alla temperatura iniziale di 5 °C. La percentuale di semi che germogliano entro una settimana, in base alla temperatura T a cui viene portato poi il terreno, è data dalla funzione, detta sigmoide, $G(T) = \dfrac{a}{1 + e^{5-T}}$.

a. Determina il valore di a, sapendo che $\lim\limits_{T \to +\infty} G(T) = 100$, e sostituiscilo nella funzione.

b. Per semplificare lo studio nell'intervallo di temperatura $4\,°C \leq T \leq 6\,°C$, la curva a sigmoide può essere ben approssimata dalla retta tangente al grafico della funzione nel suo punto di ascissa 5. Determina l'equazione di tale retta.

$[a)\ 100;\ b)\ G = 25T - 75]$

330 **Curva della memoria** Nessuno riesce a ricordare tutto quello che apprende. Secondo la curva della memoria di Ebbinghaus, la percentuale di conoscenze che rimangono impresse dopo t settimane dall'apprendimento segue una curva descritta dalla funzione:
$$P(t) = M + (100 - M)e^{-kt}.$$

Sostituisci nella funzione i parametri di Riccardo indicati in figura, quindi:

a. calcola il limite di $P(t)$ per t che tende a $+\infty$ e stabilisci il significato di M;

b. determina la velocità con cui varia $P(t)$ nel tempo;

c. stabilisci per quale valore di t il valore assoluto della velocità di variazione di $P(t)$ risulta uguale a 10; ciò equivale a dire che da quell'istante in poi Riccardo dimentica, ogni settimana, meno del 10% delle informazioni apprese inizialmente.

$M = 40 \quad k = 0{,}5$

$\left[a)\ 40;\ b)\ P'(t) = -30e^{-\frac{t}{2}} \right]$

TUTOR matematica Allenati con **15 esercizi interattivi** con feedback "hai sbagliato, perché…"

□ **su.zanichelli.it/tutor3**   risorsa riservata a chi ha acquistato l'edizione con tutor

6 Derivata della funzione inversa

▶ Teoria a p. 724

331 **ESERCIZIO GUIDA** Per calcolare la derivata di $y = e^{3x}$, determiniamo prima la sua funzione inversa e poi utilizziamo la regola di derivazione della funzione inversa.

Troviamo la funzione inversa ricavando x in funzione di y.
Applichiamo il logaritmo a entrambi i membri di $y = e^{3x}$:

$\ln y = \ln e^{3x} \quad \to \quad \ln y = 3x \ln e \quad \to \quad \ln y = 3x \quad \to \quad x = \dfrac{\ln y}{3}$.

Paragrafo 6. Derivata della funzione inversa

Applichiamo la regola di derivazione della funzione inversa:

$$De^{3x} = \frac{1}{D\left(\frac{\ln y}{3}\right)} = \frac{1}{\frac{1}{3y}} = 3y.$$

Sostituendo:

$$De^{3x} = 3e^{3x}.$$

Calcola la derivata delle seguenti funzioni, determinando prima la loro funzione inversa e poi applicando la regola di derivazione della funzione inversa. Verifica i risultati con le regole di derivazione che già conosci.

332 $y = \sqrt{x}$; $\quad y = 5x$; $\quad y = x - 2$. **334** $y = x^2$; $\quad y = x^3$; $\quad y = \sqrt[3]{x}$.

333 $y = 4\ln x$; $\quad y = 2e^{4x}$; $\quad y = \frac{x}{3} + 1$. **335** $y = \frac{1}{e^x}$; $\quad y = \frac{1}{2}x - 1$; $\quad y = \frac{x}{x-3}$.

Derivata delle funzioni inverse delle funzioni goniometriche

$$D[\arcsin x] = \frac{1}{\sqrt{1-x^2}}$$

$$D[\arccos x] = -\frac{1}{\sqrt{1-x^2}}$$

$$D[\arctan x] = \frac{1}{1+x^2}$$

$$D[\text{arccot}\, x] = -\frac{1}{1+x^2}$$

336 **ESERCIZIO GUIDA** Calcoliamo la derivata di $y = \arcsin(5x + 3)$.

La funzione data è una funzione composta.
Chiamando $g(x) = 5x + 3$, la funzione data si può scrivere $y = \arcsin g(x)$, la cui derivata è

$$y' = \frac{1}{\sqrt{1 - g^2(x)}} \cdot g'(x).$$

Poiché $g'(x) = 5$, sostituendo otteniamo:

$$y' = \frac{1}{\sqrt{1-(5x+3)^2}} \cdot 5 = \frac{5}{\sqrt{1-(5x+3)^2}}.$$

Calcola la derivata delle seguenti funzioni.

337 $y = 2\arcsin x + \arccos x$ $\quad \left[y' = \frac{1}{\sqrt{1-x^2}}\right]$ **343** $y = \arcsin x^2$ $\quad \left[y' = \frac{2x}{\sqrt{1-x^4}}\right]$

338 $y = 4x - \arctan x$ $\quad \left[y' = \frac{4x^2+3}{x^2+1}\right]$ **344** $y = \arcsin(3x + 7)$ $\quad \left[y' = \frac{3}{\sqrt{1-(3x+7)^2}}\right]$

339 $y = \arctan x + \frac{1}{2}\text{arccot}\, x$ $\quad \left[y' = \frac{1}{2(1+x^2)}\right]$ **345** $y = \arctan x^3$ $\quad \left[y' = \frac{3x^2}{1+x^6}\right]$

340 $y = x - \sqrt{1-x^2}\arcsin x$ $\quad \left[y' = \frac{x\arcsin x}{\sqrt{1-x^2}}\right]$ **346** $y = \text{arccot}\,(x+2)$ $\quad \left[y' = -\frac{1}{1+(x+2)^2}\right]$

341 $y = \arctan x + \frac{1}{1+x^2}$ $\quad \left[y' = \frac{(x-1)^2}{(x^2+1)^2}\right]$ **347** $y = \arctan(x+1)$ $\quad \left[y' = \frac{1}{x^2+2x+2}\right]$

342 $y = \arcsin x + \sqrt{1-x^2}$ $\quad \left[y' = \frac{1-x}{\sqrt{1-x^2}}\right]$ **348** $y = \arctan e^x$ $\quad \left[y' = \frac{e^x}{1+e^{2x}}\right]$

Capitolo 15. Derivate

Riepilogo: Calcolo delle derivate

TEST

349 La funzione $y = 1 + \ln x$, con $x > 0$, è la derivata di una sola delle seguenti funzioni. Quale?

- A $y = x + \dfrac{1}{x}$
- B $y = x - \dfrac{1}{x}$
- C $y = x + \ln x$
- D $y = x - \ln x$
- E $y = x \cdot \ln x$

350 La funzione $y = \dfrac{1 - \ln x}{x^2}$ è la derivata di tutte le seguenti funzioni, *tranne* una. Quale?

- A $y = \dfrac{\ln x + 2x}{x}$
- B $y = 1 + \dfrac{\ln x}{x}$
- C $y = \dfrac{\ln x}{x}$
- D $y = x + \dfrac{\ln x}{x}$
- E $y = \dfrac{\ln x - x}{x}$

CACCIA ALL'ERRORE   Ognuna delle seguenti derivate contiene un errore. Trovalo e correggilo.

351 $y = \tan \dfrac{\pi}{4} \rightarrow y' = \dfrac{1}{\cos^2 \dfrac{\pi}{4}}$

352 $y = \sqrt{e} \rightarrow y' = \dfrac{1}{2\sqrt{e}}$

353 $y = \sin(\ln x) \rightarrow y' = \cos \dfrac{1}{x}$

354 $y = \dfrac{\sin x}{x^2} \rightarrow y' = \dfrac{\cos x}{2x}$

COMPLETA

355 $y = 5e^{-x} \rightarrow y' = \dfrac{\square \, 5}{e^x}$

356 $y = \tan(1 + x^4) \rightarrow y' = \dfrac{\square}{\cos^{\square}(1 + x^4)}$

357 $y = \cos^4 x \rightarrow y' = \square \sin x$

358 $y = \arctan \cos x \rightarrow y' = \dfrac{\square}{1 + \cos^2 x}$

359 $y = \sqrt[3]{2x^2 - 1} \rightarrow y' = \dfrac{4}{3} x^{\square}$

360 $y = \dfrac{4}{e^{\sqrt{x}}} \rightarrow y' = \dfrac{-2}{\square \, e^{\sqrt{x}}}$

Calcola la derivata delle seguenti funzioni.

361 $y = \dfrac{x^3}{1 - x^4}$ $\left[y' = \dfrac{x^6 + 3x^2}{(1 - x^4)^2}\right]$

362 $y = \dfrac{3x^2 + 4x}{x^2 - 2x}$ $\left[y' = \dfrac{-10}{(x - 2)^2}\right]$

363 $y = \dfrac{x^4 - 3x^2 + x}{x}$ $[y' = 3x^2 - 3]$

364 $y = \dfrac{1}{(1 - 2x)^3}$ $\left[y' = \dfrac{6}{(1 - 2x)^4}\right]$

365 $y = (3x^2 - 2)^2 (2x + 1)$
$[y' = 2(3x^2 - 2)(15x^2 + 6x - 2)]$

366 $y = x^3(4 - x^2)^2$ $[y' = -x^2(4 - x^2)(7x^2 - 12)]$

367 $y = \dfrac{x^2 - 2x}{(x - 1)^2}$ $\left[y' = \dfrac{2}{(x - 1)^3}\right]$

368 $y = (x^3 - 1)^2 (x + 2)$
$[y' = (x^3 - 1)(7x^3 + 12x^2 - 1)]$

369 $y = \sqrt{\dfrac{1 - x}{x + 3}}$ $\left[y' = \dfrac{-2}{(x + 3)^2} \sqrt{\dfrac{x + 3}{1 - x}}\right]$

370 $y = \dfrac{\sqrt{1 + x^2}}{2x}$ $\left[y' = \dfrac{-1}{2x^2 \sqrt{1 + x^2}}\right]$

371 $y = \dfrac{3x^4 - 2x^2 + 4}{x^3}$ $\left[y' = \dfrac{3x^4 + 2x^2 - 12}{x^4}\right]$

372 $y = x\sqrt{4 - x^2}$ $\left[y' = \dfrac{4 - 2x^2}{\sqrt{4 - x^2}}\right]$

373 $y = \sqrt[3]{x^3 - x^2}$ $\left[y' = \dfrac{3x - 2}{3\sqrt[3]{x(x - 1)^2}}\right]$

374 $y = e^{x^2}$ $[y' = 2xe^{x^2}]$

375 $y = \dfrac{1 + \sqrt{x}}{1 - \sqrt{x}}$ $\left[y' = \dfrac{1}{\sqrt{x}(1 - \sqrt{x})^2}\right]$

376 $y = \sqrt[5]{x^3} - 2\sqrt[4]{x^3}$ $\left[y' = \dfrac{3}{5} \cdot \dfrac{1}{\sqrt[5]{x^2}} - \dfrac{3}{2} \cdot \dfrac{1}{\sqrt[4]{x}}\right]$

377 $y = \dfrac{(x - 1)^2}{x} - \ln x^3$ $\left[y' = \dfrac{x^2 - 3x - 1}{x^2}\right]$

378 $y = x - \frac{1}{2}\ln\cos x^2$ $\quad [y' = 1 + x\tan x^2]$

379 $y = x^3 \sin x$ $\quad [y' = x^2(3\sin x + x\cos x)]$

380 $y = e^{\sqrt{x}} - \ln(3x+1)$ $\quad \left[y' = \frac{e^{\sqrt{x}}}{2\sqrt{x}} - \frac{3}{3x+1}\right]$

381 $y = 2x^{1+\pi}$ $\quad [y' = 2(1+\pi)x^\pi]$

382 $y = \frac{1}{2}\ln(x^2+1) - x\arctan x$ $\quad [y' = -\arctan x]$

383 $y = \frac{1-2x^2}{\sqrt{1-x^2}}$ $\quad \left[y' = \frac{2x^3 - 3x}{\sqrt{(1-x^2)^3}}\right]$

384 $y = x^4 + 4^x + x^{\sqrt{2}}$ $\quad [y' = 4x^3 + 4^x \ln 4 + \sqrt{2}\, x^{\sqrt{2}-1}]$

385 $y = (e^x)^2$ $\quad [y' = 2e^{2x}]$

386 $y = e^{x^2-2}$ $\quad [y' = e^{x^2-2}\cdot 2x]$

387 $y = 2xe^{-x} + 1$ $\quad [y' = 2e^{-x}(1-x)]$

388 $y = (x-1)e^{3-x}$ $\quad [y' = e^{3-x}(2-x)]$

389 $y = \ln^2 x - 4\ln x + 3$ $\quad \left[y' = \frac{2}{x}(\ln x - 2)\right]$

390 $y = \frac{xe^x + x^2 - 3}{x}$ $\quad \left[y' = \frac{x^2 + x^2 e^x + 3}{x^2}\right]$

391 $y = 2x^4 \ln x$ $\quad [y' = 2x^3(4\ln x + 1)]$

392 $y = x^2 e^{x^2} + 2$ $\quad [y' = 2xe^{x^2}(1+x^2)]$

393 $y = \frac{2e^x}{e^x - 2}$ $\quad \left[y' = \frac{-4e^x}{(e^x-2)^2}\right]$

394 $y = \ln x^2 + \frac{x-1}{x}$ $\quad \left[y' = \frac{2x+1}{x^2}\right]$

395 $y = \tan^3 x$ $\quad [y' = 3\tan^2 x(1+\tan^2 x)]$

396 $y = \tan x^3$ $\quad \left[y' = \frac{3x^2}{\cos^2 x^3}\right]$

397 $y = \arctan x + \frac{x}{1+x^2}$ $\quad \left[y' = \frac{2}{(1+x^2)^2}\right]$

398 $y = 2e^x + x^{2e}$ $\quad [y' = 2e^x + 2e\, x^{2e-1}]$

AL VOLO

399 $y = \ln\sqrt{\sin\frac{3}{4}\pi}$

400 $y = e^{\ln x}$

401 $y = \cos^2 x + \sin^2 x$

402 $y = \sqrt[3]{\frac{1}{x^3}}$

403 $y = \frac{\sin x + \cos x}{2e^x}$ $\quad \left[y' = -\frac{\sin x}{e^x}\right]$

404 $y = 2\cos^2 x \tan x$ $\quad [y' = -2(2\sin^2 x - 1)]$

405 $y = x^2 \sin x \cos x$ $\quad [y' = x(\sin 2x + x\cos 2x)]$

406 $y = \frac{6x - x^2}{(3-x)^2}$ $\quad \left[y' = \frac{18}{(3-x)^3}\right]$

407 $y = \frac{5x^2 - 2x + 1}{(1+x)^2}$ $\quad \left[y' = \frac{4(3x-1)}{(1+x)^3}\right]$

408 $y = \frac{1}{3}\sin^3 x - \sin x$ $\quad [y' = -\cos^3 x]$

409 $y = \frac{(x^2-4)^3}{x^2-1}$ $\quad \left[y' = \frac{2x(x^2-4)^2(2x^2+1)}{(x^2-1)^2}\right]$

410 $y = \frac{1+\sin x}{1-2\sin x}$ $\quad \left[y' = \frac{3\cos x}{(2\sin x - 1)^2}\right]$

411 $y = \frac{3}{x}\sqrt[3]{(1-x)^2}$ $\quad \left[y' = \frac{3-x}{x^2\sqrt[3]{x-1}}\right]$

412 $y = 4\arcsin\frac{x}{2} + x\sqrt{4-x^2}$ $\quad [y' = 2\sqrt{4-x^2}]$

413 $y = \sqrt{1-x^2} - x\arccos x$ $\quad [y' = -\arccos x]$

414 **EUREKA!** $y = \dfrac{1-\tan^2\frac{x}{2}}{1+\tan^2\frac{x}{2}}$ $\quad [y' = -\sin x]$

415 **LEGGI IL GRAFICO** Date le funzioni f e g, i cui grafici sono una retta e una parabola rappresentate in figura, calcola:

a. $Df(g(x))$;

b. $D\ln\dfrac{g(x)}{f(x)}$;

c. $D[g(x)]^2$.

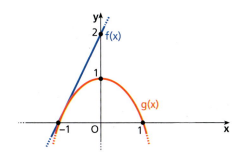

416 **REALTÀ E MODELLI** **Il profitto marginale** Un laboratorio artigianale produce sciarpe di qualità. Ogni mese ne vende 100 a un commerciante a € 35 l'una e generalmente riesce a vendere le altre a € 45 l'una. L'azienda sostiene un costo fisso mensile di € 1600, ogni sciarpa prodotta costa € 14 e in più c'è un costo variabile, che si può pensare proporzionale al cubo del numero di sciarpe prodotte, con costante di proporzionalità pari a € 0,0001.

a. Esprimi il profitto mensile P in funzione del numero x di sciarpe prodotte, nell'ipotesi che vengano realizzati e venduti almeno 100 pezzi.
b. Calcola la derivata di tale funzione, che viene chiamata *profitto marginale*.
c. Utilizzando la definizione di derivata, interpreta il significato del profitto marginale.

$[\text{a}) P(x) = -0,0001x^3 + 31x - 2600, \text{ con } x \geq 100; \text{ b}) P'(x) = -0,0003x^2 + 31]$

7 Derivate di ordine superiore al primo

▶ Teoria a p. 724

417 **ESERCIZIO GUIDA** Calcoliamo le derivate prima, seconda e terza di $y = x^2 \cdot \ln x$.

Applichiamo la regola di derivazione del prodotto di due funzioni.

Derivata prima: $y' = 2x \cdot \ln x + x^2 \cdot \dfrac{1}{x} = 2x \cdot \ln x + x = x \cdot (2\ln x + 1)$.

Derivata seconda: $y'' = 1 \cdot (2\ln x + 1) + x \cdot \left(\dfrac{2}{x}\right) = 2\ln x + 1 + 2 = 2\ln x + 3$.

Derivata terza: $y''' = \dfrac{2}{x}$.

Calcola la derivata seconda delle seguenti funzioni.

418 $y = x^4 - 2x^2 - 1$ $\quad [y'' = 4(3x^2 - 1)]$

419 $y = \dfrac{3}{x+1}$ $\quad \left[y'' = \dfrac{6}{(x+1)^3}\right]$

420 $y = x^3 \cdot (x-2)^2$ $\quad [y'' = 4x(5x^2 - 12x + 6)]$

421 $y = -\dfrac{2}{x}$ $\quad \left[y'' = -\dfrac{4}{x^3}\right]$

422 $y = (x^2 - 4)^3$ $\quad [y'' = 6(x^2 - 4)(5x^2 - 4)]$

423 $y = \sqrt{x+3}$ $\quad \left[y'' = -\dfrac{1}{4\sqrt{(x+3)^3}}\right]$

424 $y = e^{2x} + \ln x$ $\quad \left[y'' = 4e^{2x} - \dfrac{1}{x^2}\right]$

425 $y = 2x \cdot \ln x$ $\quad \left[y'' = \dfrac{2}{x}\right]$

426 $y = e^{x^3}$ $\quad [y'' = 3x \cdot e^{x^3} \cdot (3x^3 + 2)]$

427 $y = 3\ln x$ $\quad \left[y'' = -\dfrac{3}{x^2}\right]$

428 $y = 2x \cdot e^x$ $\quad [y'' = 2e^x(2+x)]$

429 $y = e^x + x^2$ $\quad [y'' = e^x + 2]$

430 $y = \ln(x^2 - 5x)$ $\quad \left[y'' = -\dfrac{2x^2 - 10x + 25}{(x^2 - 5x)^2}\right]$

431 $y = \cos^2 x$ $\quad [y'' = -2\cos 2x]$

432 $y = \sin x + \cos x$ $\quad [y'' = -(\sin x + \cos x)]$

433 $y = x \cdot \sin x$ $\quad [y'' = 2\cos x - x\sin x]$

434 $y = \sin 2x$ $\quad [y'' = -4\sin 2x]$

435 $y = \ln(\sin x)$ $\quad \left[y'' = -\dfrac{1}{\sin^2 x}\right]$

436 **ASSOCIA** a ogni funzione la sua derivata seconda.

a. $y = \ln x$ **b.** $y = \dfrac{1}{x}$ **c.** $y = \ln \dfrac{1}{x}$ **d.** $y = \ln \dfrac{1}{x^2}$

1. $y'' = \dfrac{1}{x^2}$ **2.** $y'' = -\dfrac{1}{x^2}$ **3.** $y'' = \dfrac{2}{x^2}$ **4.** $y'' = \dfrac{2}{x^3}$

437 Data la funzione $y = \sqrt{4x^2 + 1}$, calcola la derivata seconda nel punto $x_0 = 0$. $\quad [y''(0) = 4]$

Paragrafo 8. Retta tangente e punti di non derivabilità

Calcola la derivata terza delle seguenti funzioni.

438 $y = 2x^4 - 3x^3 + 2x^2$ $\qquad$ $[y''' = 6 \cdot (8x - 3)]$

441 $y = 2\sin x + \cos x$ $\qquad$ $[y''' = -2\cos x + \sin x]$

439 $y = \sqrt{2x + 1}$ $\qquad$ $\left[y''' = \dfrac{3}{\sqrt{(2x+1)^5}}\right]$

442 $y = x - \ln x$ $\qquad$ $\left[y''' = -\dfrac{2}{x^3}\right]$

440 $y = \dfrac{1}{3}x^3 + x^2 - x - 1$ $\qquad$ $[y''' = 2]$

443 $y = \ln(\cos x)$ $\qquad$ $\left[y''' = -\dfrac{2\sin x}{\cos^3 x}\right]$

---

444 Considera la funzione $y = xe^x$. Verifica che $x(y' - y'') + y = 0$.

445 Data la funzione $y = ax^4 + bx^2 + cx$, trova a, b, c, sapendo che $y''' = 4x$, $y'' = 0$ per $x = 1$ e $y'(3) = 13$.

$$\left[a = \dfrac{1}{6}; b = -1; c = 1\right]$$

8 Retta tangente e punti di non derivabilità

Retta tangente
▶ Teoria a p. 725

446 **VERO O FALSO?** Se per una funzione $y = f(x)$ si ha che:

a. la tangente nel punto di ascissa $x = 1$ è la retta di equazione $4x - 2y + 1 = 0$, allora $f'(1) = 2$. **V F**

b. $f'(1) = 0$, allora la tangente nel punto di ascissa $c = 1$ è parallela all'asse x. **V F**

c. nel punto di ascissa $c = 2$ la tangente è parallela all'asse y, allora la derivata in c è nulla. **V F**

d. il suo grafico passa per l'origine e $f'(0) = \dfrac{1}{2}$, allora la tangente nel punto di ascissa 0 ha equazione $x - 2y = 0$. **V F**

447 **ESERCIZIO GUIDA** Determiniamo l'equazione della retta tangente al grafico della funzione $f(x) = x^2 + x$, nel suo punto P di ascissa $x_P = 1$.

Determiniamo l'ordinata di P sostituendo $x_P = 1$ nell'espressione della funzione: $y_P = 2$, quindi $P(1; 2)$.

La tangente (non parallela all'asse y) che passa per P ha equazione: $\qquad y - y_P = f'(x_P)(x - x_P)$.

Troviamo il coefficiente angolare $f'(x_P)$. Calcoliamo la derivata di $f(x)$:

$f'(x) = 2x + 1 \rightarrow f'(1) = 2 + 1 = 3$.

Sostituendo nell'equazione precedente, otteniamo l'equazione della retta tangente:

$y - 2 = 3(x - 1) \rightarrow y = 2 + 3x - 3 \rightarrow y = 3x - 1$.

Determina l'equazione della retta tangente al grafico della seguente funzione, nel punto indicato a fianco.

448 $y = x^2 - 2x$, $\qquad x_0 = -2$. $\qquad [y = -6x - 4]$

449 $y = -x^2 + 4x$, $\qquad x_0 = 4$. $\qquad [y = -4x + 16]$

450 $y = -\dfrac{1}{3x}$, $\qquad x_0 = 1$. $\qquad \left[y = \dfrac{1}{3}x - \dfrac{2}{3}\right]$

451 $y = \dfrac{x}{x - 1}$, $\qquad x_0 = 0$. $\qquad [y = -x]$

452 $y = 1 - \dfrac{2}{x}$, $\qquad x_0 = -1$. $\qquad [y = 2x + 5]$

453 $y = \dfrac{1}{4\sqrt{x}}$, $\quad x_0 = 1.$ $\qquad \left[y = -\dfrac{1}{8}x + \dfrac{3}{8}\right]$

454 $y = 2xe^x + 1,$ $\quad x_0 = 0.$ $\qquad [y = 2x + 1]$

455 $y = \dfrac{x^3}{x+1},$ $\quad x_0 = 1.$ $\qquad \left[y = \dfrac{5}{4}x - \dfrac{3}{4}\right]$

456 $y = \dfrac{1}{2}\sin 2x + \cos x,$ $\quad x_0 = \pi.$ $\qquad [y = x - \pi - 1]$

457 $y = \ln(4x^2 - 3),$ $\quad x_0 = 1.$ $\qquad [y = 8x - 8]$

458 $y = 2\ln^2 x - x^2,$ $\quad x_0 = 1.$ $\qquad [y = -2x + 1]$

459 $y = \left|\dfrac{1-x}{x+2}\right|,$ $\quad x_0 = 2.$ $\qquad \left[y = \dfrac{3}{16}x - \dfrac{1}{8}\right]$

---

460 Scrivi le equazioni delle rette tangenti alla curva di equazione $y = \dfrac{x^2 - 4}{x+1}$ nei suoi punti di intersezione con gli assi cartesiani.
$\left[y = 4x - 4;\ y = \dfrac{4}{3}x - \dfrac{8}{3};\ y = 4x + 8\right]$

461 Scrivi l'equazione della tangente t alla curva di equazione $y = x^3 - 5x$ nel punto P di ascissa 2 e verifica che esiste un'altra retta tangente alla curva parallela a t.
$[y = 7x - 16;\ y = 7x + 16]$

462 Determina l'equazione della tangente alla curva di equazione $y = \dfrac{4}{1+x}$ e parallela alla bisettrice del secondo e quarto quadrante.
$[y = -x + 3;\ y = -x - 5]$

463 Scrivi le equazioni delle rette tangenti alla curva $y = -e^{-x} - 4e^x$, nei suoi punti di ordinata -5.
$[y = -3x - 5;\ y = 3x - 5 + 6\ln 2]$

Con i parametri

464 **ESERCIZIO GUIDA** Data la funzione di equazione $f(x) = x^3 + 2kx + k - 1$, determiniamo per quale valore di k la tangente al grafico nel punto di ascissa $x_0 = 1$ forma un angolo di 135° con l'asse x.

Il coefficiente angolare m della retta tangente a una curva in un suo punto è uguale a $f'(x_0)$:
$f'(x) = 3x^2 + 2k \rightarrow m = f'(1) = 3 + 2k.$

Ricordando che il coefficiente angolare m di una retta è uguale alla tangente dell'angolo che la retta forma con l'asse delle x, cioè $m = \tan \alpha$, possiamo scrivere:
$m = \tan 135° \rightarrow 3 + 2k = -1 \rightarrow k = -2.$

465 **LEGGI IL GRAFICO** Determina il valore del parametro k affinché la curva in figura, che è tangente alla retta t in A, sia il grafico della funzione:
$y = kx^2 - 2kx + 1.$

$\left[k = \dfrac{1}{2}\right]$

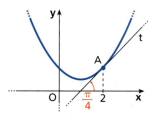

---

466 Per quale valore di k la tangente alla parabola di equazione $y = (k-2)x^2 - 3kx$ nel punto $x_0 = 2$ forma con l'asse x un angolo di $\dfrac{3}{4}\pi$? $\quad [k = 7]$

467 Considera la parabola $y = x^2 - (k-1)x + k$. Determina il valore di k in modo che la tangente nel suo punto di ascissa $x = -1$ sia parallela alla bisettrice del primo e terzo quadrante. $[k = -2]$

Paragrafo 8. Retta tangente e punti di non derivabilità

468 **ESERCIZIO GUIDA** Data la funzione $y = ax^3 + bx$, determiniamo a e b in modo che il suo grafico abbia nel punto $P(1; 2)$ una tangente di coefficiente angolare $m = 1$.

Per trovare a e b sono necessarie due condizioni:
1. il passaggio per $P(1; 2)$: $2 = a + b$;
2. la condizione di tangenza: $f'(1) = m$.

Calcoliamo: $f'(x) = 3ax^2 + b \to f'(1) = 3a + b$.

Impostiamo e risolviamo il sistema:

$$\begin{cases} 2 = a + b \\ 3a + b = 1 \end{cases} \to \begin{cases} a = -\frac{1}{2} \\ b = \frac{5}{2} \end{cases} \to \text{la funzione richiesta è } y = -\frac{1}{2}x^3 + \frac{5}{2}x.$$

469 Determina i parametri a e b in modo che il grafico della funzione $y = \dfrac{ax + b}{x}$ abbia nel punto $P(1; 1)$ una retta tangente parallela a quella passante per i punti $A(0; 2)$ e $B(4; -1)$.

$\left[a = \dfrac{1}{4}, b = \dfrac{3}{4}\right]$

470 Considera la parabola di equazione
$$y = 2ax^2 - (3a - b)x - 4b.$$
Determina a e b in modo che la retta a essa tangente nel suo punto di ascissa $x = 1$ sia parallela alla retta passante per i punti $A(3; 5)$ e $B(1; 1)$ e passi per il punto $P(-1; 2)$. $[a = 6, b = -4]$

Punti stazionari
▶ Teoria a p. 726

471 **LEGGI IL GRAFICO** In ognuno dei seguenti casi segna sul grafico i punti stazionari (se esistono).

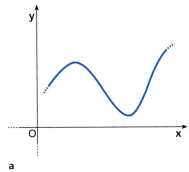

a

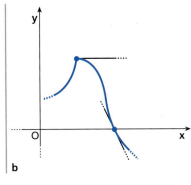

b

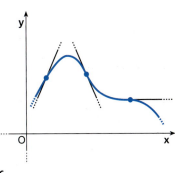

c

Punti di non derivabilità
▶ Teoria a p. 726

Negli esercizi che seguono, sono dati una funzione e un punto, indicato a fianco. Rappresenta la funzione e calcola la sua derivata. La funzione è continua nel punto? È derivabile nel punto?

472 $y = \begin{cases} x & \text{se } x \geq 0 \\ \sin x & \text{se } x < 0 \end{cases}$, $x = 0$.
$\left[y' = \begin{cases} 1 & \text{se } x \geq 0 \\ \cos x & \text{se } x < 0 \end{cases}; \text{continua e derivabile}\right]$

473 $y = \begin{cases} \ln x & \text{se } x \geq 1 \\ x & \text{se } x < 1 \end{cases}$, $x = 1$.
$\left[y' = \begin{cases} \dfrac{1}{x} & \text{se } x > 1 \\ 1 & \text{se } x < 1 \end{cases}; \text{né continua, né derivabile}\right]$

474 $y = \begin{cases} e^x & \text{se } x \geq 0 \\ \cos x & \text{se } x < 0 \end{cases}$, $x = 0$.
$\left[y' = \begin{cases} e^x & \text{se } x > 0 \\ -\sin x & \text{se } x < 0 \end{cases}; \text{continua ma non derivabile}\right]$

475 $y = \begin{cases} 0 & \text{se } x < 1 \\ \ln x & \text{se } x \geq 1 \end{cases}$, $x = 1$.
$\left[y' = \begin{cases} 0 & \text{se } x < 1 \\ \dfrac{1}{x} & \text{se } x > 1 \end{cases}; \text{continua ma non derivabile}\right]$

476 Data la funzione

$$y = \begin{cases} x+1 & \text{se } x < 0 \\ e^x & \text{se } x \geq 0 \end{cases},$$

calcola la sua derivata, se esiste, in $x = -2$, $x = 0$, $x = 1$, $x = 2$. $[1;\ 1;\ e;\ e^2]$

LEGGI IL GRAFICO In ognuno dei seguenti grafici indica i punti di non derivabilità, distinguendo i flessi a tangente parallela all'asse y, le cuspidi e i punti angolosi.

477

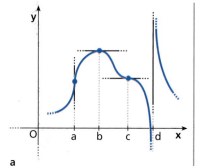
a

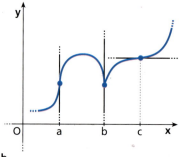
b

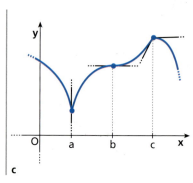
c

478

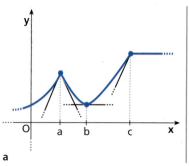
a

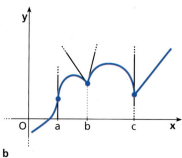
b

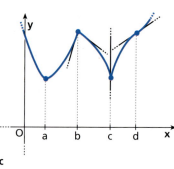
c

479 **VERO O FALSO?**

a. Se una funzione ha una cuspide rivolta verso l'alto in x_0, allora $f'_-(x_0) = +\infty$, oppure $f'_+(x_0) = -\infty$. V F

b. Se una funzione, nel punto x_0, è tale che $f'_-(x_0) = -\infty$ e $f'_+(x_0) = -\infty$, allora presenta in x_0 un flesso a tangente verticale. V F

c. Se una funzione $y = f(x)$ non è derivabile in un punto di ascissa $x = x_0$, allora non esiste la tangente alla funzione in quel punto. V F

d. Se nel punto di ascissa $x = x_0$ esiste una sola retta tangente, allora la funzione è derivabile in quel punto. V F

Disegna il grafico delle seguenti funzioni, utilizzando le trasformazioni geometriche, e per ciascuna indica i punti del dominio nei quali esse non sono derivabili, specificando il tipo di punto.

480 $y = |2 - x|$ $[x = 2,\ \text{punto angoloso}]$

481 $y = |x^2 - 3x|$ $[x = 0,\ x = 3,\ \text{punti angolosi}]$

482 $y = |\ln(x - 1)|$ $[x = 2,\ \text{punto angoloso}]$

483 $y = -\sqrt{|x|}$ $[x = 0,\ \text{cuspide}]$

484 $y = e^{|x|}$ $[x = 0,\ \text{punto angoloso}]$

485 $y = \begin{cases} \sqrt{-x} & \text{se } x \leq 0 \\ -\sqrt{x} & \text{se } x > 0 \end{cases}$ $[x = 0,\ \text{flesso a tangente verticale}]$

486 **FAI UN ESEMPIO** Scrivi una funzione che ha un punto angoloso in $x = 4$.

Paragrafo 8. Retta tangente e punti di non derivabilità

Traccia il grafico possibile di una funzione $y = f(x)$, date le seguenti informazioni.

487
a. Il dominio di $f(x)$ è $\mathbb{R}$.
b. $f(x)$ è positiva per $x < -2$.
c. Il grafico di $f(x)$ ha un flesso a tangente verticale nel punto $(-2; 0)$ e una cuspide nel punto $(0; 0)$.

488
a. Il dominio di $f(x)$ è $\mathbb{R} - \{1\}$.
b. $x_0 = 1$ è un punto di discontinuità di seconda specie.
c. $f(x)$ non è derivabile soltanto in un punto del dominio.
d. $f(x)$ è positiva per $x > 1$ e il grafico interseca l'asse x in $x_1 = 0$ e $x_2 = 3$.
e. Il punto $(3; 0)$ è angoloso con tangente sinistra di equazione $y = 0$ e tangente destra di equazione $x = 3$.

489
a. Il dominio di $f(x)$ è $\mathbb{R}$.
b. $f(x)$ è positiva per $x < -1 \vee x > 2$.
c. Il punto $(-1; 0)$ è angoloso con tangente sinistra di equazione $y = -x - 1$ e tangente destra di equazione $y = 0$.
d. Il grafico di $f(x)$ ha un flesso a tangente parallela all'asse y nel punto $(0; -1)$.

Criterio di derivabilità

▶ Teoria a p. 728

490 **ESERCIZIO GUIDA** Studiamo la derivabilità di $f(x) = \sqrt[3]{(x-1)^2}$.

- La funzione è continua $\forall x \in \mathbb{R}$.
- Calcoliamo $f'(x)$ scrivendo $f(x)$ come potenza: $f(x) = (x-1)^{\frac{2}{3}}$.

$$f'(x) = \frac{2}{3}(x-1)^{\frac{2}{3}-1} \rightarrow f'(x) = \frac{2}{3(x-1)^{\frac{1}{3}}} \rightarrow f'(x) = \frac{2}{3\sqrt[3]{x-1}}$$

La funzione è derivabile per $x \neq 1$.

- Applichiamo il criterio di derivabilità in $x = 1$:

$$\lim_{x \to 1^-} f'(x) = \lim_{x \to 1^-} \frac{2}{3\sqrt[3]{x-1}} = -\infty;$$

$$\lim_{x \to 1^+} f'(x) = \lim_{x \to 1^+} \frac{2}{3\sqrt[3]{x-1}} = +\infty.$$

Poiché $\lim_{x \to 1^-} f'(x) = -\infty$ e $\lim_{x \to 1^+} f'(x) = +\infty$, la funzione non è derivabile in $x = 1$ e nel punto $x = 1$ si ha una cuspide rivolta verso il basso, come si può vedere nella figura.

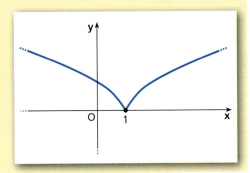

Studia la derivabilità delle seguenti funzioni.

491 $y = -\sqrt[3]{x^2}$ $[x = 0 \text{ cuspide}]$ **493** $y = \sqrt[3]{x}$ $[x = 0 \text{ flesso a tangente verticale}]$

492 $y = \sqrt[3]{x^2 - 1}$ $[x = \pm 1 \text{ flessi a tangente verticale}]$ **494** $y = \sqrt[3]{x^2} + 2x$ $[x = 0 \text{ cuspide}]$

495 $y = \dfrac{1-x}{2+x}$ [continua e derivabile per $x \neq -2$]

496 $y = \begin{cases} -x^2 - 2x & \text{se } x \leq 0 \\ \sqrt{x} & \text{se } x > 0 \end{cases}$ $[x = 0 \text{ punto angoloso}]$

Capitolo 15. Derivate

497 $y = \sqrt[3]{e^{-x} + 1}$ [derivabile $\forall x \in \mathbb{R}$]

498 $y = \sqrt{x^3 + 1}$ [$x = -1$ punto di non derivabilità]

499 $y = \begin{cases} -2x + 1 & \text{se } x < 0 \\ 2x^2 + x + 1 & \text{se } x \geq 0 \end{cases}$ [$x = 0$ punto angoloso]

500 $y = \begin{cases} 2\sin x & \text{se } x < 0 \\ \cos x - 1 & \text{se } x \geq 0 \end{cases}$ [$x = 0$ punto angoloso]

501 $y = \begin{cases} 4 & \text{se } x \leq 0 \\ 4(x^2 - 1) & \text{se } 0 < x < 1 \\ \ln x & \text{se } x \geq 1 \end{cases}$ [$x = 0$ punto di disc. di I specie, $x = 1$ punto angoloso]

502 $y = \sqrt[3]{x^2 - x^3}$ [$x = 0$ cuspide, $x = 1$ flesso a tangente verticale]

Verifica che le seguenti funzioni sono continue ma non derivabili nel punto indicato.

503 $f(x) = \begin{cases} \sqrt{1 - x^2} & \text{se } -1 \leq x \leq 1 \\ x^2 - 5x + 4 & \text{se } x > 1 \end{cases}$, $x_0 = 1$.

504 $f(x) = \begin{cases} \ln(1 + x^2) & \text{se } x \leq 0 \\ x^3 + 2x & \text{se } x > 0 \end{cases}$, $x_0 = 0$.

Derivabilità e parametri

Determina il valore di *a* e di *b* in modo che la funzione *f(x)* risulti continua e derivabile per ogni $x \in \mathbb{R}$.

505 $f(x) = \begin{cases} x^2 + bx - a & \text{se } x \leq 0 \\ x - 2b & \text{se } x > 0 \end{cases}$ [$a = 2, b = 1$]

506 $f(x) = \begin{cases} x^2 - ax - b & \text{se } x < 0 \\ e^x & \text{se } x \geq 0 \end{cases}$ [$a = -1, b = -1$]

507 $f(x) = \begin{cases} -2ax^2 + bx & \text{se } x \leq 1 \\ \dfrac{1}{x^2 + 1} & \text{se } x > 1 \end{cases}$ $\left[a = \dfrac{1}{2}, b = \dfrac{3}{2}\right]$

508 $f(x) = \begin{cases} ae^x + b & \text{se } x \leq 0 \\ \dfrac{1}{2e^x - 1} & \text{se } x > 0 \end{cases}$ [$a = -2, b = 3$]

509 **REALTÀ E MODELLI** **Slalom** La traiettoria di uno sciatore è descritta, in un opportuno sistema di riferimento, dalla funzione:

$$f(x) = \begin{cases} -x^3 + 9x^2 - 24x + 18 & \text{se } 0 \leq x < 3 \\ ax^2 + bx - 18 & \text{se } 3 \leq x \leq 7 \end{cases}$$

nell'intervallo [0; 7]. Determina il valore dei parametri reali *a* e *b* in modo che la funzione $f(x)$ sia continua e derivabile in [0; 7]. [$a = -1, b = 9$]

Derivata di una funzione definita a tratti o contenente valori assoluti

510 **LEGGI IL GRAFICO** Determina le derivate destra e sinistra della funzione il cui grafico è rappresentato in figura, nei punti:

a. $x_0 = 0$; **b.** $x_0 = 1$; **c.** $x_0 = 4$.

$\left[\text{a) } f'_-(0) = -\dfrac{1}{3}; f'_+(0) = 4;\right.$

$\left.\text{b) } f'_-(1) = 4; f'_+(1) = -\dfrac{4}{3}; \text{c) } f'_-(4) = f'_+(4) = -\dfrac{4}{3}\right]$

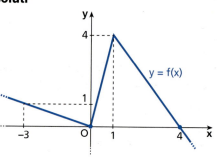

Paragrafo 9. Differenziale di una funzione

Calcola la derivata delle seguenti funzioni nel punto x_0 indicato.

511 $y = \left| \dfrac{1}{x-3} \right|$, $x_0 = 0$. $\qquad\qquad\left[y'(0) = \dfrac{1}{9} \right]$

512 $y = \dfrac{|x|-1}{x^2+1}$, $x_0 = -1$. $\qquad\qquad\left[y'(-1) = -\dfrac{1}{2} \right]$

Studia gli eventuali punti di non derivabilità delle seguenti funzioni.

513 $y = \dfrac{x}{|x|-1}$ $\qquad\qquad$ [continua e derivabile per $x \neq \pm 1$]

514 $y = |x| - 2x^2$ $\qquad\qquad$ [$x = 0$ punto angoloso]

515 $y = \sqrt{2-|x|}$ $\qquad$ [continua per $-2 \leq x \leq 2$, derivabile per $-2 < x < 2 \land x \neq 0$; $x = 0$ punto angoloso; $x = \pm 2$ punti a tangente verticale]

516 $f(x) = |\ln \sqrt{x}|$ $\qquad\qquad$ [$x = 1$ punto angoloso]

517 $f(x) = \begin{cases} \sqrt{4x - x^2} & \text{se } 0 \leq x \leq 4 \\ \sqrt{-x - x^2} & \text{se } -1 \leq x < 0 \end{cases}$ $\qquad$ [$x = 0$ cuspide; $x = -1$ e $x = 4$ punti a tangente verticale]

518 $y = xe^{|x|}$ $\qquad\qquad$ [derivabile $\forall x \in \mathbb{R}$]

519 $y = \dfrac{x|x|-1}{(x+2)^2}$ $\qquad\qquad$ [continua e derivabile per $x \neq -2$]

520 $y = |x^2 - 6x|$ $\qquad\qquad$ [$x = 0$, $x = 6$ punti angolosi]

521 $y = \ln(|x-1|-1)$ $\qquad\qquad$ [continua e derivabile per $x < 0 \lor x > 2$]

522 **REALTÀ E MODELLI** **Brooklyn bridge** Rispetto al sistema di riferimento indicato in figura, il profilo di una delle arcate dei piloni del ponte di Brooklyn può essere approssimato dalla funzione

$$f(x) = \dfrac{20}{3}\sqrt{-x^2 - 2|x| + 35}.$$

a. Determina l'altezza dell'arcata.
b. Studia i punti di non derivabilità.

$\left[\text{a) } \dfrac{20}{3}\sqrt{35} \simeq 40 \text{ m; b) } x = 0 \text{ punto angoloso}; x = -5 \text{ e } x = 5 \text{ punti di non derivabilità a tangente verticale} \right]$

9. Differenziale di una funzione

▶ Teoria a p. 728

523 **VERO O FALSO?**

a. Data la funzione $y = x \ln x$, si ha $dy = (1 + \ln x)\, dx$. $\qquad$ V F

b. Calcolare il differenziale dy di una funzione in un punto x_0 significa trovare un valore approssimato della funzione nel punto x_0. $\qquad$ V F

c. Data la funzione $f(x) = \dfrac{1}{x+1}$, se il differenziale relativo al punto $x = 0$ vale $-0{,}2$, allora Δx vale 2. $\qquad$ V F

Capitolo 15. Derivate

524 **ESERCIZIO GUIDA** Calcoliamo il differenziale dy della funzione $y = f(x) = \dfrac{x-1}{e^x}$.

Essendo $dy = f'(x) \cdot dx$, per calcolare il differenziale della funzione basta calcolare la sua derivata prima e moltiplicarla per dx.

$$f'(x) = \frac{e^x - (x-1)e^x}{e^{2x}} = \frac{e^x(1-x+1)}{e^{2x}} = \frac{2-x}{e^x} \quad \rightarrow \quad dy = \frac{2-x}{e^x}dx.$$

Calcola il differenziale dy delle seguenti funzioni.

525 $y = x^2 + \sin x$; $\quad y = \dfrac{x^4+1}{x}$. $\qquad \left[dy = (2x + \cos x)\,dx;\ dy = \dfrac{3x^4-1}{x^2}dx\right]$

526 $y = \ln^3 x$; $\quad y = \sqrt{x^3 - x}$. $\qquad \left[dy = \dfrac{3\ln^2 x}{x}dx;\ dy = \dfrac{3x^2-1}{2\sqrt{x^3-x}}dx\right]$

527 $y = \tan x \cdot e^x$; $\quad y = \sin(4x^2 - 1)$. $\qquad \left[dy = \dfrac{e^x}{\cos^2 x}\cdot(1 + \sin x \cdot \cos x)\,dx;\ dy = 8x \cdot \cos(4x^2-1)\,dx\right]$

528 $y = \ln\dfrac{x+5}{x-2}$; $\quad y = \arctan(x^3 - 1)$. $\qquad \left[dy = \dfrac{-7}{x^2+3x-10}dx;\ dy = \dfrac{3x^2}{x^6-2x^3+2}dx\right]$

MATEMATICA E STORIA
Differenziali secondo Leibniz Nel suo *Nova methodus pro maximis et minimis*, del 1684, Leibniz scrive:
«Sia a una quantità data costante, sarà: $da = 0$ e $dax = adx$.
Addizione e sottrazione: se si ha $z - y + w + x = v$
sarà $d(z - y + w + x) = dv = dz - dy + dw + dx$.
Moltiplicazione: $dxv = xdv + vdx$».
a. Ricava la regola $dax = adx$ utilizzando le altre regole.
b. Applica la regola della moltiplicazione nel caso di x^2.
c. Leibniz si riferisce ai segmenti come dx, che compare in figura, come a «segmenti presi ad arbitrio». Spiega il significato geometrico della scrittura simbolica $\dfrac{dy}{dx}$ utilizzata per indicare la derivata di una funzione $y = f(x)$.

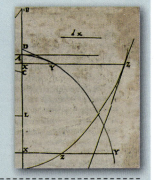

☐ Risoluzione – Esercizio in più

Incremento di una funzione

529 **ESERCIZIO GUIDA** Calcoliamo l'incremento Δy della funzione $y = x^3 - 2x^2$ quando $x_0 = 1$ viene incrementato di $\Delta x = 0{,}023$.

Calcoliamo Δy direttamente, cioè valutiamo la funzione $f(x) = x^3 - 2x^2$ nei punti $1{,}023$ e 1 e ne calcoliamo la differenza:

$$\Delta y = f(1{,}023) - f(1) = (1{,}023)^3 - 2\cdot(1{,}023)^2 - (1-2) \simeq -0{,}02246.$$

Utilizzando il differenziale di $f(x)$, possiamo approssimare lo stesso risultato con calcoli più semplici:

$$\Delta y = f(x_0 + \Delta x) - f(x_0) = dy \simeq f'(x_0)\cdot \Delta x = (3x_0^2 - 4x_0)\cdot \Delta x = (3-4)\cdot 0{,}023 = -0{,}023.$$

Calcola, sia direttamente sia con il differenziale, l'incremento Δy delle seguenti funzioni nei punti e per gli incrementi Δx indicati a fianco.

530 $y = 2x^4 - 2x^3$, $\quad x = 2, \Delta x = 10^{-3}$. $\qquad [\Delta y \simeq 0{,}04]$

531 $y = \dfrac{x^3}{6} - 2x + 1$, $\quad x = 4, \Delta x = 0{,}01$. $\qquad [\Delta y \simeq 0{,}06]$

Paragrafo 9. Differenziale di una funzione

532 $y = (2x^2 - 1)^4$, $\quad x = -1, \Delta x = 10^{-4}$. $\qquad [\Delta y \simeq -0{,}0016]$

533 $y = x^3 \cdot e^x$, $\quad x = 1, \Delta x = 0{,}05$. $\qquad [\Delta y \simeq 0{,}5437]$

Valore approssimato di una funzione in un punto

534 **ESERCIZIO GUIDA** Calcoliamo il valore approssimato di $\ln(1{,}34)$.

> Osserviamo che $\ln(1{,}34) = \ln(1 + 0{,}34)$. Allora possiamo calcolare il valore approssimato applicando la formula
> $$f(x_0 + \Delta x) \simeq f(x_0) + dy = f(x_0) + \Delta x \, f'(x_0)$$
> alla funzione $f(x) = \ln x$, con $x_0 = 1$ e $\Delta x = 0{,}34$.
> Poiché $f'(x_0) = \dfrac{1}{x_0} = 1$, otteniamo:
> $$\ln(1 + 0{,}34) \simeq \ln(1) + 0{,}34 \cdot 1 = 0{,}34.$$

Utilizza il differenziale per calcolare il valore approssimato dei seguenti numeri.

535 $\sqrt{4{,}005}$; $\quad (2{,}039)^2$. $\qquad [2{,}00125;\ 4{,}156]$

536 $(1{,}028)^3$; $\quad \sqrt[3]{8{,}012}$. $\qquad [1{,}084;\ 2{,}001]$

537 $\ln(1{,}03)$; $\quad e^{0{,}09}$. $\qquad [0{,}03;\ 1{,}09]$

Problemi

538 Utilizzando il differenziale, calcola di quanto aumenta l'area di un cerchio se il raggio, lungo 4 m, aumenta di 2 mm. $\qquad [0{,}050265 \text{ m}^2]$

539 Un cilindro ha la base di area 4π m^2 e l'altezza lunga 8 m. Di quanto aumenta il volume se si aumenta il raggio di base di 3 cm? $\qquad [3{,}015929 \text{ m}^3]$

REALTÀ E MODELLI

540 **Interesse composto** Un capitale C impiegato per n anni a un tasso annuo percentuale r produce un interesse I dato da $I = C\left[\left(1 + \dfrac{r}{100}\right)^n - 1\right]$. Determina con il metodo del differenziale di quanto varia l'interesse per una variazione Δr del tasso e calcola la variazione per $C = \text{\texteuro} 1000$, $n = 2$ anni, $r = 5$ e $\Delta r = 0{,}5$.
$\qquad [\text{\texteuro } 10{,}50]$

541 **Un cilindro per il grano** Un silo per contenere del grano ha la forma di un cilindro circolare retto, alto 20 m e con un raggio di 5 m. Calcola, utilizzando il differenziale, di quanto varia il volume del silo per una variazione generica del raggio Δr. Valuta poi la variazione del volume se il raggio aumentasse di 1 cm, 5 cm o 8 cm. $\qquad [\Delta V = 6{,}28 \text{ m}^3;\ \Delta V = 31{,}4 \text{ m}^3;\ \Delta V = 50{,}3 \text{ m}^3]$

542 **YOU & MATHS** The path of a football is given by the equation $y = x - \dfrac{x^2}{40}$, $x \geq 0$. If $\dfrac{dx}{dt} = 10\sqrt{2}$ for all t, find $\dfrac{dy}{dt}$ when $x = 10$.

(IR *Leaving Certificate Examination*, Higher Level)
$\qquad [5\sqrt{2}]$

Capitolo 15. Derivate

10 Teoremi del calcolo differenziale

Teorema di Lagrange
▶ Teoria a p. 730

LEGGI IL GRAFICO Indica quale delle seguenti funzioni verifica le ipotesi del teorema di Lagrange nell'intervallo $[a; b]$. Segna nel grafico il punto (o i punti) in cui vale la relazione del teorema.

543

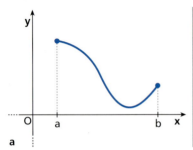
a

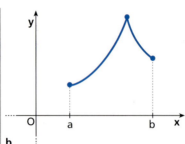
b

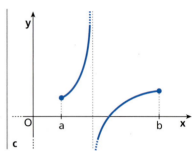
c

544

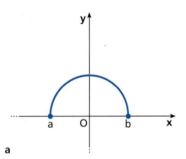
a

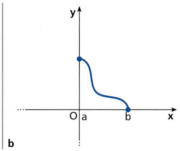
b

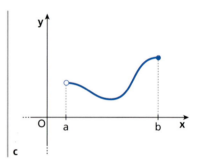
c

---

545 **ESERCIZIO GUIDA** Data la funzione $f(x) = x^3 - 2x$, verifichiamo che nell'intervallo $\left[-\frac{1}{2}; 2\right]$ valgono le ipotesi del teorema di Lagrange e troviamo i punti la cui esistenza è assicurata dal teorema.

Si devono verificare due condizioni:

- la funzione è polinomiale, quindi è continua in $\mathbb{R}$ → $f(x)$ è continua in $\left[-\frac{1}{2}; 2\right]$;

- $f(x)$ è derivabile in $\left]-\frac{1}{2}; 2\right[$ → la sua derivata $f'(x) = 3x^2 - 2$ esiste $\forall x \in \mathbb{R}$.

Poiché vale il teorema, deve esistere almeno un punto c interno all'intervallo nel quale:

$$f'(c) = \frac{f(2) - f\left(-\frac{1}{2}\right)}{2 + \frac{1}{2}}.$$

> **Teorema di Lagrange**
> Se $f(x)$ è
> - continua in $[a; b]$,
> - derivabile in $]a; b[$,
>
> allora esiste almeno un punto $c \in]a; b[$ interno ad $]a; b[$ tale che
> $$f'(c) = \frac{f(b) - f(a)}{b - a}.$$

Essendo $f'(c) = 3c^2 - 2$, $f(2) = 4$, $f\left(-\frac{1}{2}\right) = \frac{7}{8}$, si ha:

$$3c^2 - 2 = \frac{4 - \frac{7}{8}}{\frac{5}{2}} \quad \rightarrow \quad 3c^2 = \frac{5}{4} + 2 \quad \rightarrow \quad c^2 = \frac{13}{12} \quad \rightarrow \quad c = \pm\sqrt{\frac{13}{12}}.$$

Solo $c = \sqrt{\frac{13}{12}}$ è accettabile, perché interno all'intervallo $\left[-\frac{1}{2}; 2\right]$.

Paragrafo 10. Teoremi del calcolo differenziale

Date le seguenti funzioni, verifica che nell'intervallo indicato a fianco valgono le ipotesi del teorema di Lagrange e trova il punto (o i punti) la cui esistenza è assicurata dal teorema.

546 $f(x) = x^3 + 2x$, $[-2; 1]$. $[c = -1]$ **551** $f(x) = \dfrac{3}{\sqrt{x}}$, $[4; 9]$. $[c = \sqrt[3]{225}]$

547 $f(x) = \dfrac{1}{2}x^4 + 1$, $[0; 2]$. $[c = \sqrt[3]{2}]$ **552** $f(x) = -x^2 + 3x$, $[1; 2]$. $\left[c = \dfrac{3}{2}\right]$

548 $f(x) = 2x^2 + x + 1$, $[-2; 3]$. $\left[c = \dfrac{1}{2}\right]$ **553** $f(x) = \sqrt[3]{x}$, $[0; 27]$. $[c = \sqrt{27}]$

549 $f(x) = -\dfrac{1}{x} + 1$, $[1; 2]$. $[c = \sqrt{2}]$ **554** $f(x) = |x^2 - 1|$, $[2; 3]$. $\left[c = \dfrac{5}{2}\right]$

550 $f(x) = \ln x - x$, $[1; e]$. $[c = e - 1]$ **555** $f(x) = 2e^x + x$, $[0; 1]$. $[c = \ln(e - 1)]$

Le seguenti funzioni non verificano le ipotesi del teorema di Lagrange nell'intervallo indicato a fianco. Spiega il perché.

556 $f(x) = \dfrac{4}{x}$, $\left[-\dfrac{1}{2}; 1\right]$. **561** $f(x) = 2|-x + 2|$, $[1; 3]$.

557 $f(x) = \ln(x + 1)$, $[-1; 0]$. **562** $f(x) = \begin{cases} -x & \text{se } x < 0 \\ \sqrt{x} & \text{se } x \geq 0 \end{cases}$, $[-1; 2]$.

558 $f(x) = \sqrt[3]{x} - 1$, $[-2; 1]$. **563** $f(x) = \begin{cases} x^2 - 4x + 5 & \text{se } x \leq 2 \\ x & \text{se } x > 2 \end{cases}$, $[0; 3]$.

559 $f(x) = |x|$, $[-2; 4]$.

560 $f(x) = \sqrt[3]{x^2}$, $[-1; 1]$. **564** $f(x) = \begin{cases} e^x - 1 & \text{se } x < 0 \\ 3x^2 + 2x & \text{se } x \geq 0 \end{cases}$, $[-1; 2]$.

Rappresenta ognuna delle seguenti funzioni e trova (se esiste) il punto P del grafico che verifica il teorema di Lagrange nell'intervallo individuato dai punti A e B. Interpreta poi graficamente i risultati ottenuti.

565 $f(x) = -x^2 + 1$, $A(-1; 0)$, $B(2; -3)$. $\left[P\left(\dfrac{1}{2}; \dfrac{3}{4}\right)\right]$

566 $f(x) = -x^3 + 1$, $A(-2; 9)$, $B(1; 0)$. $[P(-1; 2)]$

567 $f(x) = |x| + 1$, $A(-1; 2)$, $B(2; 3)$. $[P \text{ non esiste}]$

568 **RIFLETTI SULLA TEORIA** Utilizza il teorema di Lagrange per spiegare se è vero che quando un automobilista percorre un tratto in autostrada senza soste a una velocità media di 90 km/h, c'è almeno un istante in cui la velocità è uguale a 90 km/h.

Problemi REALTÀ E MODELLI

569 **Pronti, partenza, via!** Un atleta si allena per una gara di corsa e in un percorso si può pensare che la sua legge oraria sia $s = 15t(t+1)^2$, dove t è il tempo in minuti e s è lo spazio in metri.

   a. Se il percorso è di 1500 m, qual è la velocità media v_m?

   b. Esiste almeno un istante in cui la sua velocità è esattamente v_m? Giustifica la risposta. Rappresenta graficamente la situazione.

[a) 6,25 m/s]

570  **Attenzione!** Un vaso di fiori cade da un balcone a 16 m dal suolo. Durante la caduta, la funzione che descrive la posizione s del vaso, cioè l'altezza da terra a cui si trova, è $s(t) = 16 - 4{,}9t^2$.

a. Calcola la velocità media del vaso.

b. Determina con il teorema di Lagrange il tempo t in cui la velocità istantanea è pari alla velocità media.

[a) $v_m = 8{,}9$ m/s; b) $t = 0{,}9$ s]

Teorema di Rolle

▶ Teoria a p. 732

LEGGI IL GRAFICO Indica quale delle seguenti funzioni verifica il teorema di Rolle nell'intervallo [a; b]. Segna nel grafico il punto (o i punti) in cui vale la relazione del teorema.

571

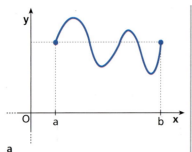

a   b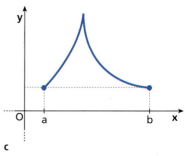

c

572

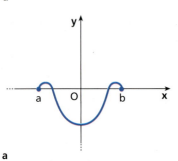

a   b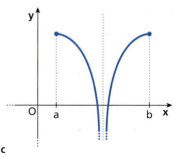

c

---

573 **ESERCIZIO GUIDA** Data la funzione $f(x) = -x^3 + 3x$, verifichiamo che nell'intervallo $[-\sqrt{3}; \sqrt{3}]$ valgono le ipotesi del teorema di Rolle e troviamo i punti la cui esistenza è assicurata dal teorema.

Si devono verificare tre condizioni:

- $f(x)$ è continua in $[-\sqrt{3}; \sqrt{3}]$ → la funzione è polinomiale, quindi continua in $\mathbb{R}$;
- $f(x)$ è derivabile in $]-\sqrt{3}; \sqrt{3}[$ → la sua derivata $f'(x) = -3x^2 + 3$ esiste $\forall x \in \mathbb{R}$;
- $f(-\sqrt{3}) = f(\sqrt{3})$ → infatti $f(-\sqrt{3}) = 3\sqrt{3} - 3\sqrt{3} = 0$ e $f(\sqrt{3}) = -3\sqrt{3} + 3\sqrt{3} = 0$.

Poiché vale il teorema, deve esistere almeno un punto c dell'intervallo nel quale $f'(c) = 0$:

$$-3c^2 + 3 = 0 \quad \to \quad -3c^2 = -3 \quad \to \quad c^2 = 1 \quad \to \quad c = \pm 1.$$

Entrambi i valori $c = 1$ e $c = -1$ sono accettabili perché interni all'intervallo $[-\sqrt{3}; \sqrt{3}]$.

> **Teorema di Rolle**
> Se $f(x)$
> - è continua in [a; b],
> - è derivabile in]a; b[,
> - ha $f(a) = f(b)$,
>
> allora esiste almeno un punto $c \in \,]a; b[$ tale che $f'(c) = 0$.

Paragrafo 10. Teoremi del calcolo differenziale

Date le seguenti funzioni, verifica che nell'intervallo indicato a fianco valgono le ipotesi del teorema di Rolle e trova il punto (o i punti) la cui esistenza è assicurata dal teorema.

574 $f(x) = \frac{1}{2}x^3 - \frac{3}{2}x$, $[-1; 2]$. $[c = 1]$

575 $f(x) = x^2 - 5x + 3$, $[-2; 7]$. $\left[c = \frac{5}{2}\right]$

576 $f(x) = -x^2 + 3x$, $[1; 2]$. $\left[c = \frac{3}{2}\right]$

577 $f(x) = \ln(-x^2 + 9)$, $[-2; 2]$. $[c = 0]$

578 $f(x) = x^2 + 2x + 3$, $[-3; 1]$. $[c = -1]$

579 $f(x) = \frac{1}{x^2 + 1}$, $[-1; 1]$. $[c = 0]$

580 $f(x) = 2\cos x$, $\left[\frac{\pi}{4}; \frac{7}{4}\pi\right]$. $[c = \pi]$

581 $f(x) = e^{x^2} + 4$, $[-1; 1]$. $[c = 0]$

582 $f(x) = \begin{cases} x^2 + 2x & \text{se } x \leq 1 \\ -2x^2 + 8x - 3 & \text{se } x > 1 \end{cases}$, $[-3; 3]$.
$[c_1 = -1; c_2 = 2]$

583 $f(x) = -x^4 + 2x^2 + 3$, $[-3; 3]$.
$[c_1 = -1; c_2 = 0; c_3 = 1]$

Le seguenti funzioni non verificano le ipotesi del teorema di Rolle nell'intervallo indicato a fianco. Spiega il perché.

584 $f(x) = 4x^2 - 2x$, $[-1; 3]$.

585 $f(x) = \frac{1}{\ln x}$, $\left[\frac{1}{2}; 3\right]$.

586 $f(x) = \sqrt[3]{x} + 1$, $[-1; 1]$.

587 $f(x) = 3x^3 - x$, $[0; 2]$.

588 $f(x) = |-2x + 1|$, $[0; 1]$.

589 $f(x) = \begin{cases} x^2 + 3x & \text{se } x < 1 \\ -x^3 + 5 & \text{se } x \geq 1 \end{cases}$, $[0; 2]$.

---

590 **TEST** Una sola delle seguenti funzioni non soddisfa le ipotesi del teorema di Rolle nell'intervallo $[-1; 1]$, quale?

A $f(x) = -x^2 + 5$

B $f(x) = |x^2 - 4|$

C $f(x) = x^2 + x - 2$

D $f(x) = \sqrt[3]{x^2 - 9}$

E $f(x) = \begin{cases} \cos x & \text{se } x \leq \pi \\ x - 5 & \text{se } x > \pi \end{cases}$

591 **REALTÀ E MODELLI** **Ritorno alla base** Un carrello si muove lungo un binario rettilineo e partendo da un punto stabilito vi ritorna senza soste seguendo la legge oraria $s = -\frac{1}{2}t^2 + 2t$.

Dimostra che esiste un istante in cui la sua velocità è zero.

Teorema di Cauchy

▶ Teoria a p. 733

592 **ESERCIZIO GUIDA** Date le funzioni $f(x) = x^2 - 2x + 4$ e $g(x) = 4x^2 + 2x$, verifichiamo che nell'intervallo $[1; 3]$ valgono le ipotesi del teorema di Cauchy e troviamo i punti la cui esistenza è assicurata dal teorema.

Sono verificate le tre condizioni:

• $f(x)$ e $g(x)$ sono continue in $[1; 3]$ perché sono funzioni polinomiali;

• $f(x)$ e $g(x)$ sono derivabili in $]1; 3[$, con $f'(x) = 2x - 2$ e $g'(x) = 8x + 2$;

• $g'(x) \neq 0$ in $]1; 3[$; infatti $g'(x) = 8x + 2 \neq 0$ per $x \neq -\frac{1}{4}$.

Capitolo 15. Derivate

Poiché valgono le ipotesi del teorema, deve esistere almeno un punto c nel quale:

$$\frac{f'(c)}{g'(c)} = \frac{f(3)-f(1)}{g(3)-g(1)}.$$

Si ha:

$$\frac{2c-2}{8c+2} = \frac{7-3}{42-6} \rightarrow \frac{c-1}{4c+1} = \frac{1}{9} \rightarrow 9(c-1) = 4c+1 \ \left(c \neq -\frac{1}{4}\right) \rightarrow c = 2.$$

Il punto cercato è $c = 2$.

Date le seguenti funzioni, verifica che nell'intervallo a fianco valgono le ipotesi del teorema di Cauchy e trova il punto (o i punti) la cui esistenza è assicurata dal teorema.

593 $f(x) = -x^2 + 3x$, $\qquad g(x) = 2x^2$, $\qquad [1; 4]$. $\qquad \left[c = \dfrac{5}{2}\right]$

594 $f(x) = x^3 + 1$, $\qquad g(x) = x^2 - 4x$, $\qquad [-2; -1]$. $\qquad \left[c = \dfrac{-1-\sqrt{13}}{3}\right]$

595 $f(x) = \sqrt{1+x}$, $\qquad g(x) = 2x+1$, $\qquad [0; 3]$. $\qquad \left[c = \dfrac{5}{4}\right]$

596 $f(x) = \dfrac{1}{x+1}$, $\qquad g(x) = \dfrac{x+1}{x}$, $\qquad [1; 2]$. $\qquad \left[c = \dfrac{1+\sqrt{3}}{2}\right]$

Per le seguenti coppie di funzioni non vale il teorema di Cauchy nell'intervallo indicato a fianco. Indica le condizioni che non sono verificate.

597 $f(x) = \dfrac{1}{x+3}$, $\qquad g(x) = 2x^2 - 2x + 1$, $\qquad [-2; 1]$. $\qquad \left[g'(x) = 0 \text{ in } x = \dfrac{1}{2}\right]$

598 $f(x) = x^3 + 3$, $\qquad g(x) = \sqrt{x^2+1}$, $\qquad [-1; 1]$. $\qquad [g'(x) = 0 \text{ in } x = 0]$

Teorema di De L'Hospital

▶ Teoria a p. 733

Forma indeterminata $\dfrac{0}{0}$

599 **ESERCIZIO GUIDA** Calcoliamo $\lim\limits_{x \to 0} \dfrac{e^x - 1}{x^2 - x}$.

Poiché per $x \to 0$ sia $e^x - 1$ sia $x^2 - x$ tendono a 0, siamo in presenza della forma indeterminata $\dfrac{0}{0}$.
Le funzioni $f(x) = e^x - 1$ e $g(x) = x^2 - x$ hanno per derivate $f'(x) = e^x$ e $g'(x) = 2x - 1$, e $g'(x) \neq 0$ in un intorno di 0. Calcoliamo:

$$\lim_{x \to 0} \frac{f'(x)}{g'(x)} = \lim_{x \to 0} \frac{e^x}{2x-1} = -1.$$

Tutte le ipotesi del teorema di De L'Hospital sono verificate, quindi:

$$\lim_{x \to 0} \frac{f(x)}{g(x)} = \lim_{x \to 0} \frac{f'(x)}{g'(x)} \rightarrow \lim_{x \to 0} \frac{e^x-1}{x^2-x} = \lim_{x \to 0} \frac{e^x}{2x-1} = -1.$$

Calcola i seguenti limiti.

600 $\lim\limits_{x \to -2} \dfrac{x^3 - 4x + 2x^2 - 8}{x+2}$ $\qquad [0]$ $\qquad$ **602** $\lim\limits_{x \to -1} \dfrac{x^5 - x^2 + 2}{x^3 - 2x - 1}$ $\qquad [7]$

601 $\lim\limits_{x \to 2} \dfrac{x^3 - 8}{3x - 6}$ $\qquad [4]$ $\qquad$ **603** $\lim\limits_{x \to 2} \dfrac{x^4 - 4x - 8}{x^5 - 16x}$ $\qquad \left[\dfrac{7}{16}\right]$

Paragrafo 10. Teoremi del calcolo differenziale

604 $\lim_{x \to 1} \dfrac{x^3 - 1}{x^2 + 2x - 3}$ $\left[\dfrac{3}{4}\right]$

605 $\lim_{x \to 1} \dfrac{\sqrt{x} - 1}{\sqrt[3]{x} - 1}$ $\left[\dfrac{3}{2}\right]$

606 $\lim_{x \to -1} \dfrac{x^6 + 2x^2 + 3x}{x^5 + x^2}$ $\left[-\dfrac{7}{3}\right]$

607 $\lim_{x \to 3} \dfrac{e^{x-3} - 1}{x^2 - 9}$ $\left[\dfrac{1}{6}\right]$

608 $\lim_{x \to 0^+} \dfrac{\sin x - 4x}{x^2}$ $[-\infty]$

609 $\lim_{x \to 0} \dfrac{1 - e^{-2x}}{x}$ $[2]$

610 $\lim_{x \to 2} \dfrac{e^x - e^2}{x - 2}$ $[e^2]$

611 $\lim_{x \to 1} \dfrac{\ln(2x - 1)}{x - 1}$ $[2]$

612 $\lim_{x \to 3} \dfrac{x^2 - 7x + 12}{x^2 - 4x + 3}$ $\left[-\dfrac{1}{2}\right]$

613 $\lim_{x \to 0} \dfrac{\sin x - x}{x^3}$ $\left[-\dfrac{1}{6}\right]$

614 $\lim_{x \to 0} \dfrac{e^x - 1}{2x^2 - 3x}$ $\left[-\dfrac{1}{3}\right]$

615 $\lim_{x \to 1} \dfrac{3x^3 - 9x + 6}{x^4 - x^3 - x + 1}$ $[3]$

Forma indeterminata $\dfrac{\infty}{\infty}$

Calcola i seguenti limiti.

616 $\lim_{x \to +\infty} \dfrac{x^2}{e^x}$ $[0]$

617 $\lim_{x \to -\infty} \dfrac{e^{x^2}}{x^2 - 1}$ $[+\infty]$

618 $\lim_{x \to +\infty} \dfrac{x + 5}{e^x + x}$ $[0]$

619 $\lim_{x \to +\infty} \dfrac{\ln(x + 2)}{x^3 + 1}$ $[0]$

620 $\lim_{x \to +\infty} \dfrac{x^5 - 1}{5x}$ $[+\infty]$

621 $\lim_{x \to \infty} \dfrac{x^2 + x}{2x^2}$ $\left[\dfrac{1}{2}\right]$

622 $\lim_{x \to +\infty} \dfrac{4x^2}{e^x}$ $[0]$

623 $\lim_{x \to +\infty} \dfrac{\ln x}{x^4}$ $[0]$

624 $\lim_{x \to -\infty} \dfrac{3x^2 - x}{2x}$ $[-\infty]$

625 $\lim_{x \to +\infty} \dfrac{e^{3x}}{x^3}$ $[+\infty]$

626 $\lim_{x \to +\infty} \dfrac{3x + \ln x}{7x - 2}$ $\left[\dfrac{3}{7}\right]$

627 $\lim_{x \to 1^+} \dfrac{\ln(e^x - e)}{\ln(x - 1)}$ $[1]$

628 $\lim_{x \to -\infty} \dfrac{5x^3 - 2x^2 + 4}{1 - 2x^3}$ $\left[-\dfrac{5}{2}\right]$

629 $\lim_{x \to +\infty} \dfrac{e^x + 5x}{x^2 - 3x}$ $[+\infty]$

630 $\lim_{x \to +\infty} \dfrac{\ln x}{e^x}$ $[0]$

631 $\lim_{x \to -\infty} \dfrac{x^2 - 3x + 2}{1 - x^3}$ $[0]$

632 $\lim_{x \to 3^+} \dfrac{\ln(x - 3)}{\ln(x^2 - 9)}$ $[1]$

633 $\lim_{x \to +\infty} \dfrac{\ln x}{x^2}$ $[0]$

Forma indeterminata $0 \cdot \infty$

634 **ESERCIZIO GUIDA** Calcoliamo $\lim_{x \to 0^+} x \cdot \ln x$.

Il limite è nella forma indeterminata $0 \cdot \infty$. Trasformiamo la funzione con l'identità $x = \dfrac{1}{\frac{1}{x}}$ (se $x \neq 0$):

$$\lim_{x \to 0^+} x \cdot \ln x = \lim_{x \to 0^+} \dfrac{\ln x}{\frac{1}{x}}.$$

Il limite ottenuto è ora nella forma indeterminata $\dfrac{\infty}{\infty}$. Calcoliamo:

$$\lim_{x \to 0^+} \dfrac{D(\ln x)}{D\left(\frac{1}{x}\right)} = \lim_{x \to 0^+} \dfrac{\frac{1}{x}}{-\frac{1}{x^2}} = \lim_{x \to 0^+} \dfrac{1}{x} \cdot (-x^2) = \lim_{x \to 0^+} (-x) = 0.$$

Per il teorema di De L'Hospital: $\lim_{x \to 0^+} x \cdot \ln x = 0.$

Capitolo 15. Derivate

Calcola i seguenti limiti.

635 $\lim_{x \to -\infty} x \cdot e^x$ [0]

636 $\lim_{x \to 0^+} x^2 \cdot \ln x$ [0]

637 $\lim_{x \to -\infty} x^2 \cdot e^x$ [0]

638 $\lim_{x \to 0^+} x \cdot e^{\frac{1}{x}}$ [$+\infty$]

639 $\lim_{x \to 0^+} 2x \cdot \ln 5x$ [0]

640 $\lim_{x \to +\infty} xe^{-x^2}$ [0]

Riepilogo: Teorema di De L'Hospital

CACCIA ALL'ERRORE Ognuno dei seguenti limiti contiene un errore. Trovalo e correggilo.

641 $\lim_{x \to 1} \frac{4x+1}{x^2-1} = \lim_{x \to 1} \frac{4}{2x} = 2$

642 $\lim_{x \to 0^+} x \ln x = \lim_{x \to 0^+} (\ln x + 1) = -\infty$

643 $\lim_{x \to 0^+} (x^2)^{2x} = \lim_{x \to 0} (2x)^2 = 0$

644 $\lim_{x \to +\infty} \frac{x}{x-1} = \lim_{x \to +\infty} \frac{(x-1)-x}{(x-1)^2} = 0$

Calcola i seguenti limiti.

645 $\lim_{x \to 3} \frac{x^3 - 7x - 6}{x^3 + 2x^2 - 14x - 3}$ $\left[\frac{4}{5}\right]$

646 $\lim_{x \to +\infty} \frac{x^2 - 4}{x^3 - 2x^2 + 1}$ [0]

647 $\lim_{x \to 2} \frac{x-2}{\sqrt[3]{x} - \sqrt[3]{2}}$ $[3\sqrt[3]{2^2}]$

648 $\lim_{x \to 1} \frac{x^6 + 2x^4 - 3x}{x^7 - x}$ $\left[\frac{11}{6}\right]$

649 $\lim_{x \to 0} \frac{\sqrt{1-x} + \sqrt{x+9} - 4}{x^3 - 2x}$ $\left[\frac{1}{6}\right]$

650 $\lim_{x \to 1} \frac{\ln x}{x^3 - x}$ $\left[\frac{1}{2}\right]$

651 $\lim_{x \to 2} \frac{2-x}{\log_2 x - 1}$ $\left[\frac{-2}{\log_2 e}\right]$

652 $\lim_{x \to +\infty} \frac{e^x}{x^2 + 5}$ [$+\infty$]

653 $\lim_{x \to 0} \frac{\cos x - 1}{x^2}$ $\left[-\frac{1}{2}\right]$

654 $\lim_{x \to +\infty} \frac{x}{2^x}$ [0]

655 $\lim_{x \to +\infty} \frac{x + \ln x}{e^x + x}$ [0]

656 $\lim_{x \to +\infty} \frac{e^x}{x}$ [$+\infty$]

657 $\lim_{x \to 0^+} \frac{e^{\frac{2}{x}}}{2 \ln x}$ [$-\infty$]

658 $\lim_{x \to 0} \frac{x^3 + 2x^2}{x^5 - x^2}$ [-2]

659 $\lim_{x \to +\infty} \frac{x^2 + e^x}{4 - x}$ [$-\infty$]

660 $\lim_{x \to +\infty} \frac{x^3}{x + \ln x}$ [$+\infty$]

661 $\lim_{x \to 0} \frac{1 - e^{3x}}{\sin 2x}$ $\left[-\frac{3}{2}\right]$

662 $\lim_{x \to 0^+} \frac{2\sin x - 4x}{x^2}$ [$-\infty$]

663 $\lim_{x \to 0} \frac{e^{2x} - 1}{5x}$ $\left[\frac{2}{5}\right]$

664 $\lim_{x \to 0} \frac{x + \sin x}{x^2 + 2x}$ [1]

665 $\lim_{x \to +\infty} \frac{\ln 2x}{x^2}$ [0]

666 $\lim_{x \to +\infty} x^2 e^{-2x+1}$ [0]

667 $\lim_{x \to 0^+} 2x^3 \cdot \ln x$ [0]

668 $\lim_{x \to +\infty} xe^{-x}$ [0]

669 $\lim_{x \to 1} \frac{e^x - e}{x - 1}$ [e]

670 $\lim_{x \to 0^+} \frac{\ln x}{e^{\frac{1}{x}}}$ [0]

671 $\lim_{x \to \frac{\pi}{2}^+} \frac{\cos x}{\sin x - 1}$ [$+\infty$]

672 $\lim_{x \to 1^+} \left(\frac{5}{\ln x} - \frac{3}{x-1}\right)$ [$+\infty$]

673 $\lim_{x \to 0} \frac{\sin 5x}{\sin 3x}$ $\left[\frac{5}{3}\right]$

VERIFICA DELLE COMPETENZE ALLENAMENTO

ARGOMENTARE

1. Cosa si intende per «velocità di variazione di una grandezza rispetto a un'altra»? Fornisci un esempio.

2. Spiega perché il coefficiente angolare della tangente al grafico di $f(x)$ in un punto P di ascissa x_0 è uguale alla derivata di $f(x)$ calcolata in x_0. Scrivi poi l'equazione della tangente al grafico di $f(x) = \dfrac{x^3 - 1}{x^3}$ nel punto P di ascissa -1.

3. Calcola mediante la definizione la derivata di $y = \dfrac{1}{x^2}$ nel punto $c = 2$ e conferma il risultato applicando le regole di derivazione.

4. **VERO O FALSO?** Motiva ogni risposta aiutandoti con un esempio.
  a. Una funzione che presenta un punto di non derivabilità può essere continua. **V F**
  b. Se una funzione $f(x)$ è continua in x_0 ma $f_-'(x_0) = +\infty$ e $f_+'(x_0) = -\infty$, allora presenta in x_0 una cuspide rivolta verso il basso. **V F**
  c. Una funzione derivabile in tutto $\mathbb{R}$ può avere un punto di discontinuità. **V F**
  d. Le funzioni del tipo $y = a_0 x^n + a_1 x^{n-1} + \ldots + a_n$ sono continue e derivabili $\forall x \in \mathbb{R}$ e $\forall n \in \mathbb{N}$. **V F**

5. Spiega, aiutandoti con esempi, come una funzione continua può avere uno o più punti in cui non è derivabile. Trova i punti di non derivabilità di $f(x) = \sqrt[5]{x^2}$.

6. Enuncia il teorema di Rolle e fornisci graficamente un esempio per ognuno dei casi in cui non è soddisfatta una delle ipotesi. Quale ipotesi viene a mancare per la funzione $y = \sqrt[3]{x^2}$ in $[-8; 8]$?

UTILIZZARE TECNICHE E PROCEDURE DI CALCOLO

TEST

7. Data la funzione $f(x) = \dfrac{x+3}{3-x}$, quale delle seguenti uguaglianze è *falsa*?
  A $f(-3) = 0$
  B $f(3) = 0$
  C $f'(-3) = \dfrac{1}{6}$
  D $f''(-3) = \dfrac{1}{18}$
  E $f'(2) = 6$

8. Quale funzione ha derivata diversa dalle altre? (Considera $x > 0$.)
  A $y = \ln\sqrt{\dfrac{\pi}{2}} + \ln x^2$
  B $y = 2\ln x + e^{\sqrt{2}}$
  C $y = 2\ln 2x + \ln \dfrac{1}{2}$
  D $y = \dfrac{1}{2}\ln 2x^2 + 2$
  E $y = 4\ln\sqrt{x}$

Calcola le derivate delle seguenti funzioni nel punto indicato, applicando la definizione, e conferma il risultato con le regole di derivazione.

9. $f(x) = x^2 + 2$, $c = 3$. $[6]$

10. $f(x) = \dfrac{3}{x^2}$, $c = 1$. $[-6]$

11. $f(x) = \dfrac{4}{2x-1}$, $c = -\dfrac{1}{2}$. $[-2]$

12. $f(x) = \sqrt{x+3}$, $c = 1$. $\left[\dfrac{1}{4}\right]$

Capitolo 15. Derivate

Calcola le derivate delle seguenti funzioni.

13 $y = x^5 - 3x^2 + \dfrac{2\sqrt{x}}{\sqrt[5]{x}}$ $\left[y' = 5x^4 - 6x + \dfrac{3}{5} \cdot \dfrac{1}{\sqrt[10]{x^7}} \right]$

14 $y = 5x^2 + x\cos x$ $[y' = 10x + \cos x - x\sin x]$

15 $y = x^2 e^x + 3$ $[y' = e^x(2x + x^2)]$

16 $y = (x^2 - 2)^3$ $[y' = 6x(x^2 - 2)^2]$

17 $y = x^2 e^{-x}$ $[y' = xe^{-x}(2 - x)]$

18 $y = x^3(4 - x^2)^2$ $[y' = -x^2(4 - x^2)(7x^2 - 12)]$

19 $y = \arctan \sqrt{x}$ $\left[y' = \dfrac{1}{2\sqrt{x}(1 + x)} \right]$

20 $y = \ln \sqrt{\tan \dfrac{\pi}{12}}$ $[y' = 0]$

21 $y = \cos x(2\tan x + 1)$ $[y' = 2\cos x - \sin x]$

22 $y = \dfrac{\sqrt[3]{x^2}}{\sqrt{x}}$ $\left[y' = \dfrac{1}{6\sqrt[6]{x^5}} \right]$

23 $y = (2\sqrt{x} - 1)(x^3 - 4)$ $\left[y' = 7x^{\frac{5}{2}} - 3x^2 - 4x^{-\frac{1}{2}} \right]$

24 $y = \dfrac{2x^2 - x}{x^2 + 4x}$ $\left[y' = \dfrac{9}{(x + 4)^2} \right]$

25 $y = \dfrac{\sqrt{x^2 + 4x}}{x}$ $\left[y' = \dfrac{-2}{x\sqrt{x^2 + 4x}} \right]$

26 $y = \dfrac{x + 1}{x - 2}$ $\left[y' = -\dfrac{3}{(x - 2)^2} \right]$

27 $y = \dfrac{\ln x}{x^3}$ $\left[y' = \dfrac{1 - 3\ln x}{x^4} \right]$

28 $y = \ln x^2 + \dfrac{1}{2}\ln^2 x$ $\left[y' = \dfrac{1}{x}(2 + \ln x) \right]$

29 $y = \dfrac{x^2 - 2x + 3}{x - 1}$ $\left[y' = \dfrac{x^2 - 2x - 1}{(x - 1)^2} \right]$

30 $y = \dfrac{3x}{(2x - 1)^3}$ $\left[y' = -\dfrac{3(4x + 1)}{(2x - 1)^4} \right]$

31 $y = \dfrac{xe^{-x} + 4}{x}$ $\left[y' = -e^{-x} - \dfrac{4}{x^2} \right]$

Calcola il differenziale delle seguenti funzioni.

32 $y = \ln(x^2 + 1)$ $\left[dy = \dfrac{2x}{x^2 + 1} dx \right]$

33 $y = \sqrt{\sin x}$ $\left[dy = \dfrac{\cos x}{2\sqrt{\sin x}} dx \right]$

Calcola i seguenti limiti applicando il teorema di De L'Hospital.

34 $\lim\limits_{x \to 0^+} x \ln x^3$ $[0]$

35 $\lim\limits_{x \to +\infty} \dfrac{e^x + 5}{e^{2x} - 2x}$ $[0]$

36 $\lim\limits_{x \to 0} \dfrac{\ln(1 + 6x)}{\ln(1 + 3x)}$ $[2]$

37 $\lim\limits_{x \to +\infty} \dfrac{2 + \ln^2 x}{2 - \ln x}$ $[-\infty]$

38 $\lim\limits_{x \to -\infty} \dfrac{e^{-x} - e^x}{x^2 - 1}$ $[+\infty]$

39 $\lim\limits_{x \to 0} \dfrac{\tan x - x^2}{\sin x}$ $[1]$

40 $\lim\limits_{x \to 0^+} x \cdot e^{\frac{1}{x}}$ $[+\infty]$

41 $\lim\limits_{x \to 0} \dfrac{\tan^2 x}{\cos x - 1}$ $[-2]$

RISOLVERE PROBLEMI

42 Scrivi l'equazione della retta tangente al grafico della funzione $y = (x + 1)^4$ nel punto di ascissa $x_0 = 1$.
$[y = 32x - 16]$

43 Determina le coordinate del punto P in cui la retta tangente al grafico della funzione $y = \dfrac{x + 1}{2x}$ ha coefficiente angolare $m = -\dfrac{1}{2}$.
$[P_1(-1; 0); P_2(1; 1)]$

44 Date le due curve di equazioni $y = \dfrac{4x - 4}{x}$ e $y = \ln 4(x - 1)$, determina gli eventuali punti che hanno la stessa ascissa in cui le tangenti sono parallele.
$[(2; 2); (2; \ln 4)]$

ANALIZZARE E INTERPRETARE DATI E GRAFICI

45 **TEST** È dato il seguente grafico di funzione.
Possiamo affermare che la funzione:

- A è continua ma non derivabile in [0; b].
- B è continua ma non derivabile in b.
- C ha una cuspide in a.
- D ha una cuspide in b.
- E ha un punto stazionario in a.

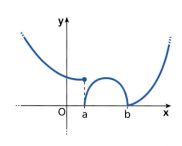

LEGGI IL GRAFICO Individua gli eventuali punti di discontinuità e non derivabilità delle funzioni rappresentate e classificali.

46

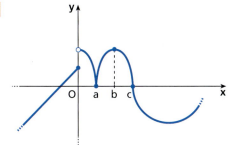

47

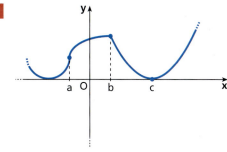

48 Sia $f:[1; 3] \to \mathbb{R}$ definita da $f(x) = 4x^2 - x + 1$. Verifica la validità delle ipotesi del teorema di Lagrange, determinando il punto che lo soddisfa. $[x = 2]$

49 Stabilisci se la funzione $f(x) = \ln(-x^2 + 9)$ verifica il teorema di Rolle nell'intervallo $[-2; 2]$; in caso affermativo, determina il punto la cui esistenza è assicurata dal teorema. $[c = 0]$

Verifica se le seguenti funzioni rispettano le ipotesi del teorema di Lagrange negli intervalli indicati.

50 $y = \begin{cases} x^2 + 1 & \text{se } x < 1 \\ 3x^2 - 4x + 3 & \text{se } x \geq 1 \end{cases}$, $[0; 2]$. [sì]

51 $y = x^2 - 5|x - 2| + 1$, $[-1; 2]$. [sì]

COSTRUIRE E UTILIZZARE MODELLI

52 **Verso l'alto** Una palla viene lanciata verticalmente in aria. La legge che descrive l'altezza della palla, misurata in metri, al variare del tempo, misurato in secondi, durante l'ascensione è approssimativamente $h = 1 + 6t - 5t^2$.

a. In quale istante raggiunge l'altezza massima?
b. Qual è l'altezza massima raggiunta?

$\left[\text{a)} \frac{3}{5} \text{ s; b)} \frac{14}{5} \text{ m}\right]$

53 **Crociera** Un'agenzia organizza una crociera nel Mediterraneo, in cui la nave deve percorrere 1200 miglia. Il consumo di combustibile, espresso in tonnellate per miglio, è proporzionale al quadrato della velocità, con il coefficiente di proporzionalità $k = 0,001$. Il costo per una tonnellata di combustibile è di € 407 e la spesa oraria complessiva per il personale di bordo è di € 4050.

a. Determina la funzione che esprime il costo totale della crociera, dovuto al carburante e al personale, in funzione della velocità v di navigazione.

b. Individua il punto stazionario di tale funzione.

$\left[\text{a)} \ C(v) = 1200\left(0,407v^2 + \frac{4050}{v}\right); \text{b)} \ 17 \text{ nodi}\right]$

Capitolo 15. Derivate

RISOLVIAMO UN PROBLEMA

■ Demolizioni

Una sfera di metallo usata per le demolizioni si sta dilatando a causa di un aumento della temperatura. Indichiamo con $r(t)$ il suo raggio (misurato in cm) in funzione del tempo (misurato in ore) e supponiamo che la funzione $r(t)$ sia derivabile per $t > 0$.
All'istante $t = 1$ h la superficie della sfera è 240 dm² e il suo volume aumenta con velocità di 480 cm³/h. Determina, in tale istante $t = 1$ h:
- il raggio della sfera e la velocità con cui aumenta;
- la velocità con cui aumenta la superficie della sfera.

▶ **Modellizziamo il problema.**

Scriviamo le funzioni che esprimono la superficie e il volume della sfera in funzione del tempo:

$$S(t) = 4\pi [r(t)]^2 \quad \text{e} \quad V(t) = \frac{4}{3}\pi [r(t)]^3.$$

La funzione che esprime la velocità con cui ciascuna grandezza aumenta è la derivata rispetto al tempo della funzione corrispondente.

▶ **Calcoliamo il raggio all'istante $t = 1$ h.**

$$S(1) = 24\,000 \text{ cm}^2 \;\rightarrow\; 4\pi [r(1)]^2 = 24\,000 \;\rightarrow\; [r(1)]^2 = \frac{6000}{\pi} \;\rightarrow\; r(1) = 10\sqrt{\frac{60}{\pi}} \simeq 43,7 \text{ cm}$$

▶ **Calcoliamo la velocità con cui aumenta il raggio.**

Utilizziamo la funzione volume $V(t)$ che deriviamo con la regola della funzione composta:

$$V'(t) = \frac{4}{3}\pi \cdot 3[r(t)]^2 \cdot r'(t) = 4\pi [r(t)]^2 \cdot r'(t) = S(t) \cdot r'(t).$$

Ricaviamo che

$$r'(t) = \frac{V'(t)}{S(t)}.$$

Dai dati iniziali conosciamo $V'(1) = 480$ cm³/h e $S(1) = 24\,000$ cm², quindi:

$$r'(1) = \frac{V'(1)}{S(1)} = \frac{480 \text{ cm}^3/\text{h}}{24\,000 \text{ cm}^2} = 0,02 \text{ cm/h}.$$

▶ **Calcoliamo la velocità con cui aumenta la superficie.**

Deriviamo la funzione che esprime la superficie e sostituiamo i valori per $t = 1$ h:

$$S'(t) = 8\pi \cdot r(t) \cdot r'(t) \;\rightarrow\; S'(1) = 8\pi \cdot 10\sqrt{\frac{60}{\pi}} \cdot 0,02 = 1,6\sqrt{60\pi} \simeq 22,0 \text{ cm}^2/\text{h}.$$

---

54 **Mansarda** Per ultimare l'edificazione di una villetta occorre costruire il tetto a due spioventi sopra la mansarda. Come dato di progetto è noto quanto segue: considerata in un opportuno sistema di riferimento cartesiano una parabola con la concavità rivolta verso il basso, di vertice $V(7; 2)$ e passante per $C(2; 0)$, i due spioventi poggiano sui punti della parabola di ascissa 5 e 9 e risultano tangenti alla parabola nei punti di contatto. Determina, nel sistema utilizzato, l'altezza massima del tetto e l'angolo formato dai due spioventi.

$$[2,32; 144,5°]$$

Allenati con **15 esercizi interattivi** con feedback "hai sbagliato, perché..."
☐ **su.zanichelli.it/tutor3**   risorsa riservata a chi ha acquistato l'edizione con tutor

VERIFICA DELLE COMPETENZE PROVE

⏱ 1 ora

PROVA A

1 Calcola attraverso la definizione la derivata della funzione $f(x) = x^2 - 2x$ nel punto $x_0 = 2$.

2 Calcola le derivate delle seguenti funzioni:

a. $y = \dfrac{5x^3 + 1}{3 - x^2}$;

b. $y = \sqrt{x}\, e^{3x^2 + 1}$;

c. $y = -3e^x + 5x^3$;

d. $y = 2\cos(3 - x^2)$;

e. $y = \left(\tan \dfrac{1}{x}\right)^2$;

f. $y = \ln \dfrac{x^5 - 6}{\sqrt{x}}$.

3 Nella figura è rappresentata una funzione $f(x)$. Il grafico è costituito da due archi di parabola che si congiungono nel punto A.
  a. Scrivi l'equazione di $f(x)$.
  b. Studia la derivabilità di $f(x)$ in A.
  c. Scrivi le equazioni delle rette tangenti in O e in B.

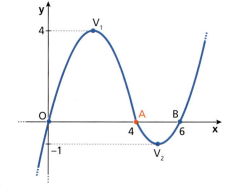

4 Data la curva di equazione $y = \dfrac{x - 4}{2x + 1}$, determina l'equazione della retta tangente nel suo punto di ascissa 1 e stabilisci se ci sono dei punti della curva con tangente parallela alla precedente.

5 Determina quale delle seguenti funzioni verifica le ipotesi del teorema di Lagrange nell'intervallo $[-2; 2]$, e per questa funzione trova il punto c previsto dalla tesi.

a. $f(x) = x^3 - 5x$

b. $f(x) = |5x - 3|$

c. $f(x) = \dfrac{2x}{x + 1}$

6 Calcola il seguente limite applicando il teorema di De L'Hospital:

$$\lim_{x \to +\infty} \dfrac{2x^2 - 1}{e^{x^2}}.$$

PROVA B

Palloncini gonfiabili Quando gonfi un palloncino introduci circa 0,5 dm³ d'aria ogni secondo; supponiamo che la velocità di riempimento sia costante.
  a. Scrivi la funzione che esprime il volume in litri dell'aria immessa nel palloncino in funzione del tempo misurato in secondi.
  b. Approssimando il palloncino a una sfera, scrivi il suo raggio in funzione del tempo.
  c. Determina la velocità con cui aumenta il raggio del palloncino.

CAPITOLO 16 | STUDIO DELLE FUNZIONI

1 Funzioni crescenti e decrescenti e derivate | ▶ Esercizi a p. 798

Per le funzioni crescenti e decrescenti, definite nel capitolo 12, vale il seguente teorema.

TEOREMA
Data una funzione $y = f(x)$, continua in un intervallo I e derivabile nei punti interni di I:
1. se $f'(x) > 0$ per ogni x interno a I, allora $f(x)$ è crescente in I;
2. se $f'(x) < 0$ per ogni x interno a I, allora $f(x)$ è decrescente in I.

L'intervallo I può essere sia limitato sia illimitato. Questo teorema è una **condizione sufficiente** per affermare che una funzione è crescente o decrescente in un intervallo.

DIMOSTRAZIONE
1. Siano x_1 e $x_2 \in I$, con $x_1 < x_2$.
   Per il teorema di Lagrange, applicato a $f(x)$ nell'intervallo $[x_1; x_2]$, si ha:
   $$\frac{f(x_2) - f(x_1)}{x_2 - x_1} = f'(c), \quad \text{con } c \in]x_1; x_2[.$$
   Essendo $x_2 - x_1 > 0$ e per ipotesi $f'(c) > 0$, anche $f(x_2) - f(x_1) > 0$, da cui:
   $$f(x_2) > f(x_1).$$
   Poiché x_1 e x_2 sono punti qualsiasi di I, la funzione è crescente in I.
2. Procedendo in modo analogo al caso precedente, si ottiene:
   $$f(x_2) - f(x_1) < 0.$$
   Infatti $x_2 - x_1 > 0$ e per ipotesi $f'(c) < 0$, quindi
   $$f(x_2) < f(x_1).$$
   Pertanto la funzione è decrescente in I.

Possiamo applicare questo teorema per determinare gli intervalli in cui una funzione è crescente o decrescente, studiando il segno della sua derivata prima.

MATEMATICA ED ECONOMIA
Inflazione La variazione dei prezzi dei principali beni di consumo è uno degli aspetti dell'economia che interessa più da vicino la nostra vita quotidiana e i nostri risparmi. Spesso si parla di inflazione, ma non sempre si conosce bene il significato di questa parola e ciò può far coltivare speranze illusorie.

▶ Se l'inflazione diminuisce vuol dire che i prezzi calano?

☐ La risposta

Paragrafo 2. Massimi, minimi e flessi

ESEMPIO
Determiniamo in quali intervalli la funzione $y = 4x^3 - x^2 + 1$, definita per ogni x reale, è crescente e in quali intervalli è decrescente.
Calcoliamo la derivata prima: $y' = 12x^2 - 2x$.
Studiamo il segno di y' e compiliamo il quadro dei segni.

$$12x^2 - 2x > 0 \rightarrow 2x(6x - 1) > 0 \rightarrow x < 0 \lor x > \frac{1}{6}$$

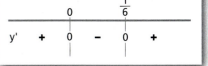

Applicando il teorema precedente, concludiamo che:

- per $x < 0$ $f(x)$ è crescente;
- per $0 < x < \frac{1}{6}$ $f(x)$ è decrescente;
- per $x > \frac{1}{6}$ $f(x)$ è crescente.

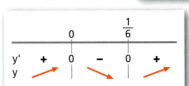

▶ Data la funzione $f(x) = \dfrac{x^2 - 6x + 12}{x^2}$, determina gli intervalli in cui è crescente o decrescente.

☐ **Animazione**

2. Massimi, minimi e flessi   ▶ Esercizi a p. 800

■ Massimi e minimi assoluti

DEFINIZIONE
Data una funzione $y = f(x)$ il cui dominio è D, x_0 è il **punto di massimo assoluto** se $f(x) \leq f(x_0)$ per ogni $x \in D$. Il valore $f(x_0) = M$ è il **massimo assoluto** della funzione.

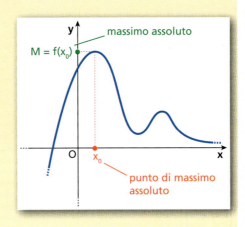

DEFINIZIONE
Data una funzione $y = f(x)$ il cui dominio è D, x_0 è il **punto di minimo assoluto** se $f(x) \geq f(x_0)$ per ogni $x \in D$. Il valore $f(x_0) = m$ è il **minimo assoluto** della funzione.

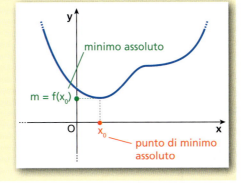

I punti di massimo e minimo assoluti di una funzione si dicono anche **punti di estremo assoluto**.
Il massimo e il minimo assoluti di una funzione, se esistono, sono unici.

Capitolo 16. Studio delle funzioni

■ Massimi e minimi relativi

Nelle seguenti definizioni di massimo *relativo* e minimo *relativo*, l'intorno del punto x_0 deve avere le seguenti caratteristiche:
- se x_0 è interno all'intervallo $[a; b]$, l'intorno considerato di x_0 deve essere completo;
- se x_0 coincide con a, l'intorno di x_0 è destro;
- se x_0 coincide con b, l'intorno di x_0 è sinistro.

Listen to it

$f(x_0)$ is a **relative maximum** if there exists within the domain of f an open interval I_{x_0} containing x_0 such that $f(x_0) \geq f(x)$, for all x in I_{x_0}.

▶ Verifica, applicando la definizione, che la funzione
$f(x) = 3x^3 - 9x + 2$
ha un punto di massimo relativo in $x = -1$.

▭ **Animazione**

DEFINIZIONE

Data una funzione $y = f(x)$, definita in un intervallo $[a; b]$, x_0 è un **punto di massimo relativo** se esiste un intorno I di x_0 tale che $f(x_0) \geq f(x)$ per ogni x dell'intorno I.
Il valore $f(x_0)$ è detto **massimo relativo** della funzione in $[a; b]$.

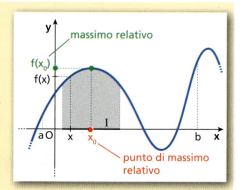

DEFINIZIONE

Data una funzione $y = f(x)$, definita in un intervallo $[a; b]$, x_0 è un **punto di minimo relativo** se esiste un intorno I di x_0 tale che $f(x_0) \leq f(x)$ per ogni x dell'intorno I.
Il valore $f(x_0)$ è detto **minimo relativo** della funzione in $[a; b]$.

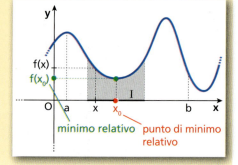

Una funzione definita in $[a; b]$ può avere più punti di massimo o minimo relativi.

I punti di massimo e minimo relativi si dicono **punti estremanti relativi** di $f(x)$.

I valori assunti dalla funzione in questi punti si chiamano **estremi relativi** di $f(x)$.

Un punto di estremo assoluto è anche un punto di estremo relativo, ma non è sempre vero il viceversa.

Per esempio, per la funzione della figura, x_0 è un punto di massimo relativo e assoluto, x_2 è un punto di massimo relativo, x_1 è un punto di minimo relativo; non esiste il punto di minimo assoluto.

Nelle definizioni date non è richiesta la continuità o la derivabilità della funzione $f(x)$.

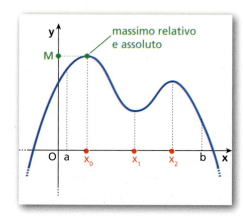

Questo significa che $f(x)$ può avere un punto di estremo relativo o assoluto in un punto in cui non è continua oppure non è derivabile. Per esempio, la funzione del grafico ha in x_0, punto di discontinuità, un punto di massimo relativo, mentre in x_1, punto di non derivabilità, ha un punto di minimo relativo.

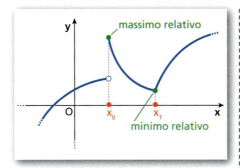

■ Concavità

Siano date la funzione $y = f(x)$, definita e derivabile nell'intervallo I, e la retta di equazione $y = t(x)$, tangente al grafico di $f(x)$ nel suo punto di ascissa x_0, interno all'intervallo I. Poiché $f(x)$ è derivabile in I, la retta tangente esiste in ogni punto.

> **DEFINIZIONE**
>
> In x_0 la funzione $f(x)$ ha la **concavità rivolta verso il semiasse positivo delle y (verso l'alto)** se esiste un intorno completo I di x_0 tale che, per ogni x appartenente all'intorno e diverso da x_0, la funzione assume valori maggiori di quelli di $t(x)$ nei punti aventi la stessa ascissa, ossia:
>
> $f(x) > t(x) \quad \forall x \in I \wedge x \neq x_0$.

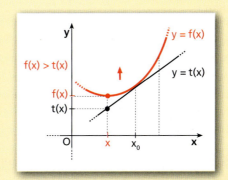

Questo significa che $f(x)$ è concava verso l'alto in x_0 se il suo grafico, in un intorno di x_0, escluso x_0, si trova al di sopra della retta tangente.

> **DEFINIZIONE**
>
> In x_0 la funzione $f(x)$ ha la **concavità rivolta verso il semiasse negativo delle y (verso il basso)** se esiste un intorno completo I di x_0 tale che, per ogni x appartenente all'intorno e diverso da x_0, la funzione assume valori minori di quelli di $t(x)$ nei punti aventi la stessa ascissa, ossia:
>
> $f(x) < t(x) \quad \forall x \in I \wedge x \neq x_0$.

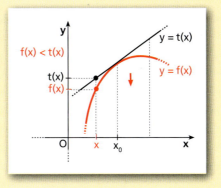

Questo significa che $f(x)$ è concava verso il basso in x_0 se il suo grafico, in un intorno di x_0, escluso x_0, si trova al di sotto della retta tangente.
Dato un intervallo I, diciamo che il grafico ha la concavità verso l'alto (oppure verso il basso) **nell'intervallo**, se ha la concavità verso l'alto (o verso il basso) in ogni punto interno dell'intervallo.
Una funzione il cui grafico rivolge la concavità verso l'alto si dice anche **convessa**.
Una funzione il cui grafico rivolge la concavità verso il basso si dice anche **concava**.

Capitolo 16. Studio delle funzioni

Listen to it
An **inflection point** is a point across which the direction of concavity changes.

Video
Punti di flesso
Spieghiamo cosa sono i punti di flesso dal punto di vista grafico.

■ Flessi

DEFINIZIONE

Data la funzione $y = f(x)$ definita e continua nell'intervallo I, diciamo che presenta in x_0, interno a I, un punto di **flesso** se in tale punto il grafico di $f(x)$ cambia concavità.

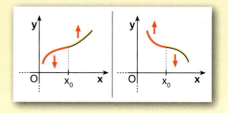

Se la funzione è derivabile nel punto di flesso, esiste la tangente alla curva in tale punto ed è obliqua o parallela all'asse x; se la derivata è infinita, la tangente è parallela all'asse y.

La tangente in un punto di flesso viene anche detta **tangente inflessionale**.

Essa ha la caratteristica di attraversare la curva. Inoltre, il punto di tangenza è un «punto triplo», come si nota nella figura.

Facendo tendere la secante AB passante per F alla posizione della tangente, i punti A e B si avvicinano sempre più al punto F. Il punto F può quindi essere considerato come un punto in cui la tangente ha tre intersezioni coincidenti con la curva.

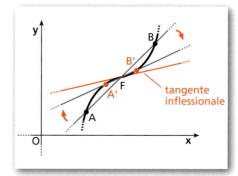

Se in un punto di flesso esiste la retta tangente, il flesso viene detto:

- **orizzontale** se la tangente nel punto di flesso è parallela all'asse x (figura **a**);
- **verticale** se la tangente è parallela all'asse y (figura **c**);
- **obliquo** se la tangente non è parallela a uno degli assi (figura **b**).

Se esiste un intorno del punto di flesso in cui il grafico della funzione ha:

- concavità verso il basso a sinistra del punto di flesso e verso l'alto a destra, il flesso è **ascendente** (figure **a** e **c**);
- concavità verso l'alto a sinistra del punto di flesso e verso il basso a destra, il flesso è **discendente** (figura **b**).

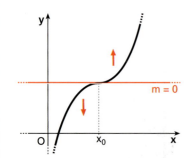

a. x_0 è punto di flesso orizzontale ascendente.

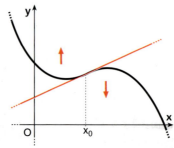

b. x_0 è punto di flesso obliquo discendente.

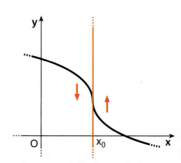

c. x_0 è punto di flesso verticale ascendente.

3. Massimi, minimi, flessi orizzontali e derivata prima

▶ Esercizi a p. 802

DEFINIZIONE
Dati una funzione derivabile $y = f(x)$ e un suo punto $x = c$, se $f'(c) = 0$, allora $x = c$ si dice **punto stazionario**.

Se $f'(c) = 0$, allora la tangente nel punto del grafico della funzione che ha ascissa $x = c$ è parallela all'asse x.

■ Teorema di Fermat

Vale il seguente teorema, che non dimostriamo.

TEOREMA
Teorema di Fermat
Data una funzione $y = f(x)$, definita in un intervallo $[a; b]$ e derivabile in $]a; b[$, se $f(x)$ ha un massimo o un minimo relativo nel punto x_0, interno ad $[a; b]$, la derivata della funzione in quel punto si annulla, cioè: $f'(x_0) = 0$.

Il teorema afferma che i punti di massimo e di minimo relativo di una funzione derivabile, interni all'intervallo di definizione, sono punti stazionari.

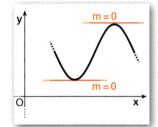

Per il significato geometrico della derivata, dal teorema precedente si deduce che la tangente in un punto del grafico di massimo o minimo relativo (che non sia un estremo dell'intervallo) è parallela all'asse x.

Il teorema precedente fornisce una *condizione necessaria* per l'esistenza di un massimo o di un minimo relativo in un punto interno ad $[a; b]$, ma tale condizione *non è sufficiente*.

Può infatti accadere che in un punto la retta tangente al grafico della funzione sia parallela all'asse x, ma che in quel punto non ci sia né un massimo né un minimo.

Per esempio, consideriamo la funzione

$$y = x^3$$

e il suo grafico.

Calcoliamo la derivata della funzione:

$$y' = 3x^2.$$

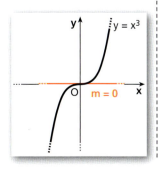

La derivata prima si annulla per $x = 0$. D'altra parte, poiché la derivata è positiva (ossia la funzione è crescente) sia a destra sia a sinistra di 0, in tale punto non può esserci né un massimo né un minimo.

Ricerca dei massimi e minimi relativi con la derivata prima

Esaminiamo ora una condizione sufficiente per l'esistenza di un massimo o minimo relativo in un punto interno a un intervallo.

> **TEOREMA**
>
> Data la funzione $y = f(x)$ definita e continua in un intorno completo I del punto x_0 e derivabile nello stesso intorno per ogni $x \neq x_0$:
>
> a. se per ogni x dell'intorno si ha $f'(x) > 0$ quando $x < x_0$ e $f'(x) < 0$ quando $x > x_0$, allora x_0 è un punto di massimo relativo;
> b. se per ogni x dell'intorno si ha $f'(x) < 0$ quando $x < x_0$ e $f'(x) > 0$ quando $x > x_0$, allora x_0 è un punto di minimo relativo;
> c. se il segno della derivata prima è lo stesso per ogni $x \neq x_0$ dell'intorno, allora x_0 non è un punto estremante.

DIMOSTRAZIONE

a. Per $x < x_0$ si ha $f'(x) > 0$, quindi $f(x)$ è crescente (per il teorema delle funzioni crescenti e decrescenti); pertanto, se $x < x_0$, $f(x) < f(x_0)$.
Per $x > x_0$ si ha $f'(x) < 0$, quindi $f(x)$ è decrescente; pertanto, se $x > x_0$, $f(x) < f(x_0)$.
Per ogni $x \neq x_0$ dell'intorno si ha $f(x) < f(x_0)$, quindi x_0 è punto di massimo relativo (figura **a**).

b. Si dimostra in modo analogo al precedente (figura **b**).

c. Supponiamo che per ogni $x \neq x_0$ dell'intorno si abbia $f'(x) < 0$ (dimostrazione analoga si ha se $f'(x) > 0$). La funzione è decrescente sia per $x < x_0$ sia per $x > x_0$. Pertanto se $x < x_0$, $f(x) > f(x_0)$, mentre se $x > x_0$, $f(x) < f(x_0)$. Concludiamo che x_0 non è né punto di massimo né punto di minimo (figura **c**).

ESEMPIO

Consideriamo la funzione $y = f(x) = x^3 - 3x$.

La funzione è continua $\forall x \in \mathbb{R}$. La sua derivata è $f'(x) = 3x^2 - 3$.

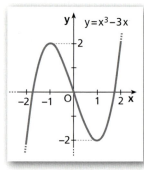

Studiamo il segno di $f'(x)$:

$$3x^2 - 3 > 0 \rightarrow 3(x^2 - 1) > 0 \rightarrow$$

$$x^2 - 1 > 0 \rightarrow x < -1 \lor x > 1.$$

Compiliamo il quadro relativo al segno della derivata prima $y' = 3x^2 - 3$, determinando gli intervalli in cui la funzione è crescente o decrescente.

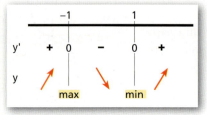

Paragrafo 3. Massimi, minimi, flessi orizzontali e derivata prima

La condizione sufficiente permette di affermare che $x = -1$ è un punto di massimo relativo, mentre $x = 1$ è di minimo relativo.
I corrispondenti valori della funzione sono:

$$M = f(-1) = 2 \quad \text{e} \quad m = f(1) = -2.$$

▶ Determina gli eventuali punti di massimo e di minimo della funzione:

$y = 2x^3 + 4x^2$.

Osserviamo che il teorema non richiede che la funzione sia derivabile in $x = x_0$. Se ciò avviene, allora, per il teorema dei massimi e dei minimi relativi di funzioni derivabili, si ha $f'(x_0) = 0$, e quindi x_0 è un punto stazionario per $f(x)$.

Se **in x_0 la funzione non è derivabile**, invece, non si ha un punto stazionario anche se x_0 è un punto di massimo o di minimo relativo.

ESEMPIO
Consideriamo la funzione $y = |x^2 - 1|$, ossia:

$$y = \begin{cases} x^2 - 1 & \text{se } x \leq -1 \vee x \geq 1 \\ -x^2 + 1 & \text{se } -1 < x < 1 \end{cases}.$$

La funzione è continua $\forall x \in \mathbb{R}$. La sua derivata è

$$y' = \begin{cases} 2x & \text{se } x < -1 \vee x > 1 \\ -2x & \text{se } -1 < x < 1 \end{cases}$$

e non esiste per $x = \pm 1$.
Poiché $2x > 0$ per $x > 0$ e $-2x > 0$ per $x < 0$, per lo studio del segno della derivata otteniamo il quadro a lato.
La funzione ha due minimi relativi in -1 e 1, mentre ha un massimo relativo in 0. I corrispondenti punti del grafico sono $A(-1; 0)$, $B(1; 0)$, $C(0; 1)$.

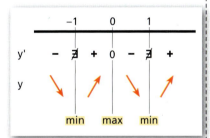

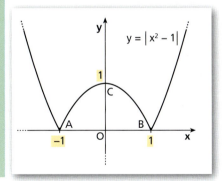

La derivata della funzione in $x = \pm 1$ non esiste, ma il teorema può essere applicato ugualmente.
I due punti A e B sono punti di minimo relativo e punti angolosi. Il punto C è punto di massimo relativo e punto stazionario.

▣ Animazione

Data la funzione
$y = \sqrt[3]{(x-1)^2} + 1$,
ricaviamo che ha un punto di minimo relativo a tangente verticale e lo verifichiamo con una figura dinamica.

▶ Determina ed esamina i punti di massimo e di minimo relativo della funzione
$f(x) = \dfrac{1}{3}x^3 - 4|x| + 3$,
indicando i punti stazionari e quelli angolosi.

▣ Animazione

▶ Determina gli eventuali punti di massimo e di minimo relativo della funzione
$y = \left| -\dfrac{1}{2}x^2 + x \right|$
e stabilisci se tali punti sono stazionari.

■ Punti stazionari di flesso orizzontale

TEOREMA
Data la funzione $y = f(x)$ definita e continua in un intorno completo I del punto x_0 e derivabile nello stesso intorno, x_0 è un punto di flesso orizzontale se sono soddisfatte le seguenti condizioni:
- $f'(x_0) = 0$;
- il segno della derivata prima è lo stesso per ogni $x \neq x_0$ dell'intorno I.

▣ Video

Punti stazionari e derivata prima di funzioni derivabili
Studiamo la funzione
$f(x) = -\dfrac{1}{5}x^5 + \dfrac{1}{4}x^4 + \dfrac{2}{3}x^3 + 1$.

I casi possibili sono due.

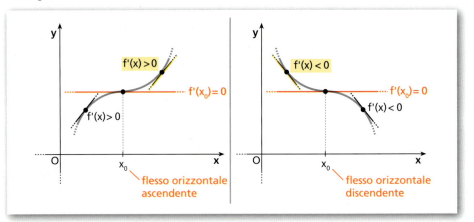

flesso orizzontale ascendente — flesso orizzontale discendente

▶ Determina gli eventuali punti di flesso orizzontale di $y = x^4 - 4x^3$.

flesso orizzontale

Animazione

Studiamo, con una figura dinamica, massimi e minimi relativi e flessi orizzontali di
$f(x) = \frac{3}{4}x^4 - 2x^3 + 2$ e
$g(x) = -\frac{x^4}{4} + \frac{3}{2}x^2 + 2x$.

▶ Trova i punti di massimo e di minimo relativi e di flesso orizzontale della funzione
$f(x) = \frac{1}{8}(3x^5 - 20x^3)$.

Animazione

ESEMPIO

Consideriamo la funzione $y = 3x^5 + 1$.
Calcoliamo la derivata prima e studiamo il segno:

$$f'(x) = 15x^4; \qquad 15x^4 = 0 \rightarrow x = 0; \qquad 15x^4 > 0 \rightarrow \forall x \neq 0.$$

Compiliamo il quadro dei segni e concludiamo che $x = 0$ è un punto di flesso orizzontale.

In sintesi

Data una funzione $f(x)$ continua, per la **ricerca dei massimi e dei minimi relativi e dei flessi orizzontali** con lo studio del segno della derivata prima:
- calcoliamo $f'(x)$ e determiniamo il suo dominio per trovare gli eventuali punti in cui la funzione non è derivabile (cuspidi, flessi verticali, punti angolosi);
- risolviamo l'equazione $f'(x) = 0$ per trovare i punti stazionari;
- studiamo il segno di $f'(x)$ per trovare i punti di massimo e minimo *relativo* (anche non stazionari) e i punti di flesso a tangente orizzontale.

I casi possibili per i punti stazionari sono indicati in figura.

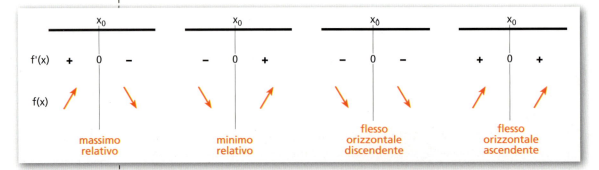

I teoremi enunciati valgono per i punti interni agli intervalli di definizione della funzione, pertanto occorre esaminare anche i valori che la funzione assume negli eventuali estremi di tali intervalli.

Paragrafo 4. Flessi e derivata seconda

Se inoltre dobbiamo trovare **il massimo e il minimo** *assoluti*:

- se la funzione $f(x)$ è continua e l'intervallo di definizione della funzione è chiuso e limitato, il teorema di Weierstrass assicura l'esistenza di massimo e minimo assoluti; per determinarli si confrontano le ordinate dei punti di massimo e minimo relativi tra di loro e con i valori che $f(x)$ assume negli estremi dell'intervallo: il valore maggiore corrisponde al punto di massimo assoluto e quello minore corrisponde al punto di minimo assoluto;

- se l'intervallo non è chiuso o non è limitato, massimo e minimo assoluti potrebbero non esistere. In questo caso, oltre allo studio degli eventuali punti stazionari e di non derivabilità, si calcolano i limiti della funzione agli estremi dell'intervallo, finiti o infiniti.

▶ Determina i punti di massimo e di minimo assoluto della funzione
$f(x) = \frac{1}{2}x^4 - 4x^2 + 4$
nell'intervallo $[-1; 3]$.

▢ **Animazione**

▢ **Video**

Massimi, minimi e cuspidi
Studiamo la funzione
$f(x) = x - \frac{5}{4}\sqrt[5]{x^4}$.

4 Flessi e derivata seconda

Concavità e segno della derivata seconda
▶ Esercizi a p. 809

Criterio per la concavità

Un criterio per stabilire la concavità del grafico di una funzione in un suo punto di ascissa x_0 è dato dal seguente teorema.

> **TEOREMA**
> Sia $y = f(x)$ una funzione definita e continua in un intervallo I, insieme con le sue derivate prima e seconda, e sia x_0 un punto interno a questo intervallo. Se in x_0 è $f''(x_0) \neq 0$, il grafico della funzione volge in x_0:
> - la concavità verso l'alto se $f''(x_0) > 0$;
> - la concavità verso il basso se $f''(x_0) < 0$.

> **ESEMPIO**
> Data la funzione $y = f(x) = 2x^3 - 5$, cerchiamo gli intervalli in cui il grafico della funzione volge la concavità verso l'alto o verso il basso.
> Calcoliamo le derivate prima e seconda:
> $$f'(x) = 6x^2, \quad f''(x) = 12x.$$
> Studiamo il segno della derivata seconda:
> $$f''(x) > 0 \rightarrow 12x > 0 \rightarrow x > 0.$$
> Se $x < 0$, la concavità è rivolta verso il basso.
> Se $x > 0$, la concavità è rivolta verso l'alto.

▶ Studia la concavità della funzione
$y = x^4 - 6x^2$.

Condizione necessaria per i flessi

Ricordiamo che un punto di flesso è un punto in cui la funzione cambia concavità. Per la ricerca dei flessi è utile il seguente teorema di cui ci limitiamo a fornire l'enunciato.

TEOREMA

Sia data una funzione $y = f(x)$ definita in un intervallo $[a; b]$ e in tale intervallo esistano le sue derivate prima e seconda. Se $f(x)$ ha un flesso nel punto x_0, interno ad $[a; b]$, la derivata seconda della funzione in quel punto si annulla, cioè: $f''(x_0) = 0$.

Il teorema fornisce una *condizione necessaria* ma *non sufficiente* per l'esistenza di un flesso in un punto.

■ Ricerca dei flessi e derivata seconda

▶ Esercizi a p. 810

Per trovare i punti di flesso possiamo studiare il segno della derivata seconda. Vale infatti il seguente teorema.

TEOREMA

Sia data la funzione $y = f(x)$ definita e continua in un intorno completo I del punto x_0 e in tale intorno esistano le sue derivate prima e seconda per ogni $x \neq x_0$.
Se per ogni $x \neq x_0$ dell'intorno si ha
- $f''(x) > 0$ per $x < x_0$ e $f''(x) < 0$ per $x > x_0$, oppure
- $f''(x) < 0$ per $x < x_0$ e $f''(x) > 0$ per $x > x_0$,

allora x_0 è un punto di flesso.

ESEMPIO

La funzione $f(x) = x^3 - 2x^2 + x$ è continua $\forall x \in \mathbb{R}$; calcoliamo $f'(x)$ e $f''(x)$:

$$f'(x) = 3x^2 - 4x + 1; \quad f''(x) = 6x - 4.$$

Studiamo il segno di $f''(x)$ e deduciamo la concavità:

$$6x - 4 > 0 \quad \rightarrow \quad x > \frac{2}{3}.$$

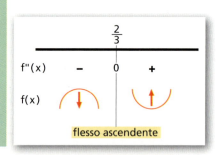

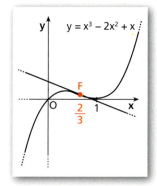

▶ Trova i punti di flesso della funzione
$y = f(x) = -\frac{1}{4}x^4 + x^3 - 2$.

☐ Animazione

Se, oltre alle ipotesi del teorema precedente, è vero che in x_0 la derivata seconda è continua, allora necessariamente $f''(x_0) = 0$. Quindi, i punti di flesso delle funzioni che hanno derivate prima e seconda continue vanno cercati fra le soluzioni dell'equazione $f''(x) = 0$. Inoltre, nei punti x_0 di flesso, se $f'(x_0) \neq 0$ il flesso è obliquo, se $f'(x_0) = 0$ il flesso è orizzontale.
Nell'esempio precedente, poiché $f''(x)$ è una funzione continua, possiamo cercare i punti di flesso risolvendo l'equazione $f''(x) = 0$, ossia:

$$6x - 4 = 0 \rightarrow x = \frac{2}{3}.$$

Paragrafo 4. Flessi e derivata seconda

Lo studio del segno di $f''(x)$ completa la ricerca; inoltre, poiché $f'\left(\dfrac{2}{3}\right) = -\dfrac{1}{3} \neq 0$, il flesso è obliquo.

Esaminiamo ora un esempio in cui una funzione $f(x)$ presenta anche un flesso a tangente verticale.

ESEMPIO

$f(x) = \sqrt[3]{8 - x^3}$ è continua $\forall x \in \mathbb{R}$; calcoliamo la derivata prima e seconda:

$$f'(x) = \dfrac{1}{3} \cdot \dfrac{-3x^2}{\sqrt[3]{(8-x^3)^2}} = -\dfrac{x^2}{\sqrt[3]{(8-x^3)^2}};$$

$$f''(x) = \dfrac{-2x\sqrt[3]{(8-x^3)^2} + x^2 \cdot \dfrac{-2x^2}{\sqrt[3]{8-x^3}}}{(8-x^3) \cdot \sqrt[3]{8-x^3}} = \dfrac{-2x \cdot (8-x^3) - 2x^4}{(8-x^3) \cdot \sqrt[3]{(8-x^3)^2}} = \dfrac{-16x}{(8-x^3) \cdot \sqrt[3]{(8-x^3)^2}}.$$

$f'(x)$ e $f''(x)$ hanno come dominio $\mathbb{R} - \{2\}$.

Studiamo il segno di $f''(x)$:
il numeratore è positivo per $x < 0$; il denominatore è positivo se $8 - x^3 > 0$, cioè per $x < 2$.

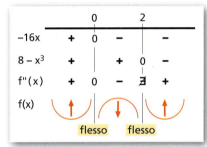

Quindi, per $x < 0$ e $x > 2$ la concavità è rivolta verso l'alto, mentre per $0 < x < 2$ la concavità è rivolta verso il basso.

In $x = 0$, la funzione ha un flesso discendente; inoltre:

$$f'(0) = 0,$$

quindi il punto $F_1(0; 2)$ è un flesso discendente orizzontale.
In $x = 2$, la funzione ha un flesso ascendente; inoltre:

$$\lim_{x \to 2} f'(x) = -\infty,$$

quindi il punto $F_2(2; 0)$ è un flesso ascendente verticale.

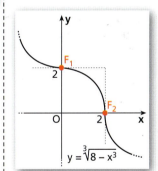

In sintesi

Data una funzione $f(x)$, continua e derivabile, per la **ricerca dei flessi**:
- calcoliamo la derivata seconda $f''(x)$ e determiniamo il suo dominio;
- studiamo il segno di $f''(x)$ e cerchiamo i punti in cui la concavità cambia, ossia i punti di flesso;
- se x_0 è un punto di flesso e:

  $f'(x_0) = 0,$ il flesso è **orizzontale**;

  $f'(x_0) \neq 0,$ il flesso è **obliquo**.

Se la funzione $f(x)$ non è derivabile in x_0 dove $f''(x)$ cambia segno, allora, quando $\lim_{x \to x_0} f'(x) = +\infty$ oppure $\lim_{x \to x_0} f'(x) = -\infty$, in x_0 c'è un flesso **verticale**.

Video

Flessi e derivata seconda
Studiamo la funzione
$f(x) = x - \ln(x^2 + 1)$.

Video

Massimi, minimi, flessi e funzioni con parametri
Consideriamo la funzione
$f(x) = x^4 + ax^3 + bx^2 + cx$.
Determiniamo i valori dei parametri a, b, c in modo da avere un flesso orizzontale per $x = 0$ e un flesso obliquo per $x = 1$.

Capitolo 16. Studio delle funzioni

MATEMATICA INTORNO A NOI

Una scatola in cartone
Ti trovi con un quadrato di cartone di dimensioni un metro per un metro e devi ricavarne un contenitore senza coperchio. Vuoi che sia il più grande possibile.

▶ Come bisogna tagliare un quadrato di cartone per avere il contenitore più capiente di tutti?

▶ **La risposta**

▶ Sull'arco $\overset{\frown}{AB}$ di un settore circolare di raggio che misura r, centro O e ampiezza $\frac{2}{3}\pi$, prendi un punto P in modo che l'area del quadrilatero $AOBP$ sia massima.

▶ Determina l'area massima del quadrilatero $OAPB$ della figura, inscritto nel quadrante di circonferenza OAB, al variare di P sull'arco $\overset{\frown}{AB}$.

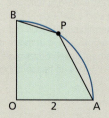

▶ **Animazione**

5 Problemi di ottimizzazione

▶ Esercizi a p. 812

In un **problema di ottimizzazione**, risolvibile utilizzando una funzione a una variabile, si cerca il valore da assegnare alla variabile per ottenere il miglior valore possibile di una funzione che soddisfi particolari condizioni.
Questo si traduce nella ricerca del **massimo** o del **minimo assoluto** di una funzione in un intervallo. La funzione viene detta **funzione obiettivo**.

ESEMPIO

Dividiamo un segmento AB, di misura $\overline{AB} = a$, in due parti in modo che la somma delle aree dei quadrati costruiti su di esse sia minima.
La funzione obiettivo è:
$$y = \overline{AP}^2 + \overline{PB}^2.$$
Poniamo $\overline{AP} = x$, con $0 \le x \le a$.

Scriviamo y in funzione di x:
$$y = x^2 + (a-x)^2 \quad \to \quad y = 2x^2 - 2ax + a^2.$$

Calcoliamo la derivata prima:
$$y' = 4x - 2a.$$

Troviamo gli zeri della derivata e studiamo il suo segno.
$$y' = 0 \;\to\; x = \frac{a}{2}; \qquad y' > 0 \;\to\; x > \frac{a}{2}.$$

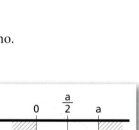

Compiliamo il quadro con y' e y.

$x = \frac{a}{2}$ è il punto di minimo cercato.

La somma minima delle aree dei quadrati è:
$$y\left(\frac{a}{2}\right) = 2\left(\frac{a}{2}\right)^2 - 2a\left(\frac{a}{2}\right) + a^2 = \frac{a^2}{2}.$$

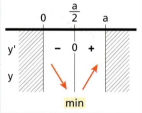

Per risolvere problemi di ottimizzazione:

- cerchiamo la **funzione obiettivo** da rendere massima o minima;
- poniamo le **condizioni** (o **vincoli**) relative alla variabile indipendente;
- determiniamo i massimi o i minimi della funzione;
- fra i valori trovati, accettiamo solo quelli che soddisfano le condizioni poste.

▶ Dagli estremi A e B di un segmento lungo 5 cm, prendi, perpendicolari ad AB e dalla stessa parte rispetto ad AB, i segmenti AP, lungo 2 cm, e BQ, lungo 4 cm.
Determina il percorso minimo per andare da P a Q passando per un punto R di AB.

▶ **Animazione**

▶ Determina la distanza minima di un punto dell'iperbole di equazione $xy = 4$, con $x > 0$, dalla retta di equazione $2x + y = 0$.

▶ **Animazione**

792

Paragrafo 6. Studio di una funzione

6 Studio di una funzione

▶ Esercizi a p. 820

Gli argomenti svolti finora permettono di studiare le principali proprietà di una funzione e di rappresentarla graficamente nel piano cartesiano.

Schema generale

Per tracciare il grafico di una funzione $y = f(x)$ procediamo esaminando i seguenti punti.

1. *Dominio D* della funzione.
2. Eventuali *simmetrie* rispetto all'asse *y* e all'origine:
   - se la funzione è *pari*, il grafico è simmetrico rispetto all'asse *y*:
   $$y = f(x) \text{ è } pari \text{ in } D \text{ se } f(-x) = f(x), \forall x \in D;$$
   - se è *dispari*, il grafico è simmetrico rispetto all'origine:
   $$y = f(x) \text{ è } dispari \text{ in } D \text{ se } f(-x) = -f(x), \forall x \in D.$$

   Se una funzione è pari o dispari, possiamo limitarci a studiarla nell'intervallo $x \geq 0$, perché il grafico per $x < 0$ si può dedurre per simmetria.
   Anche se $f(x)$ è *periodica* di periodo T, possiamo limitarci a studiare la funzione in un solo intervallo di ampiezza T;
   $$y = f(x) \text{ è } periodica \text{ di periodo } T \, (T > 0) \text{ se } f(x) = f(x + kT), \forall k \in \mathbb{Z}.$$

3. Coordinate degli eventuali *punti di intersezione* del grafico della funzione *con gli assi cartesiani*.
4. *Segno della funzione*: stabiliamo gli intervalli in cui essa è positiva, ponendo $f(x) > 0$ e trovando, di conseguenza, anche dove è negativa.
5. *Comportamento* della funzione *agli estremi del dominio*: calcoliamo i relativi *limiti* e cerchiamo poi gli eventuali *asintoti* della funzione. Classifichiamo inoltre gli eventuali punti di *discontinuità*, specificando se sono di prima, di seconda o di terza specie.
   - Asintoto verticale: $x = x_0$ se $\lim\limits_{x \to x_0} f(x) = +\infty, -\infty$ oppure ∞.
   - Asintoto orizzontale: $y = y_0$ se $\lim\limits_{x \to \infty} f(x) = y_0$.
   - Asintoto obliquo: $y = mx + q$, con $m = \lim\limits_{x \to \infty} \dfrac{f(x)}{x}$ e $q = \lim\limits_{x \to \infty} [f(x) - mx]$.
6. *Derivata prima* $f'(x)$. Troviamo il dominio e gli zeri di $f'(x)$ e dallo *studio del segno della derivata prima* determiniamo gli intervalli in cui la funzione è *crescente* ($f'(x) > 0$) e, di conseguenza, quelli in cui è *decrescente* ($f'(x) < 0$); cerchiamo gli eventuali punti di *massimo* o di *minimo relativo* e di *flesso orizzontale* e i punti di non derivabilità per $f(x)$ (*flessi verticali, cuspidi* e *punti angolosi*).
7. *Derivata seconda* $f''(x)$. Calcoliamo il dominio e gli zeri di $f''(x)$ e dallo *studio del segno della derivata seconda* determiniamo gli intervalli in cui il grafico volge la *concavità* verso l'alto ($f''(x) > 0$) o verso il basso ($f''(x) < 0$). Cerchiamo inoltre i *punti di flesso* a tangente obliqua ed eventualmente la tangente inflessionale.

Osserviamo che è conveniente, man mano che si studiano i vari elementi di una funzione, riportare i risultati sul grafico per controllarne la coerenza.

🇬🇧 **Listen to it**

Studying the function $y = f(x)$ involves examining:
1. its **domain** D;
2. its **symmetries**;
3. its **points of intersection** with the Cartesian axes;
4. its **sign**;
5. its end **behaviour**;
6. its **first derivative**;
7. its **second derivative**.

▢ **Animazione**

Con diverse figure dinamiche, studiamo le funzioni cubiche di equazioni:
- $y = x^3 + px + q$,
- $y = a(x^3 + px + q)$,
- $y = ax^3 + bx^2 + cx + d$,

al variare dei parametri presenti.

▶ Studia e rappresenta graficamente la funzione polinomiale
$y = x(x + 2)^2$.

▢ **Animazione**

▢ **Video**

Studio di funzioni
Riassumiamo i passaggi di uno studio di funzioni analizzando i grafici di quattro funzioni diverse.

Capitolo 16. Studio delle funzioni

▶ Studia e rappresenta graficamente la funzione razionale fratta
$$y = \frac{x^3}{6(x-2)}.$$

📽 Animazione

📽 Animazione

Con diverse figure dinamiche, studiamo le funzioni esponenziali:
- $y = a^x$, con $a > 1$,
- $y = a^x$, con $0 < a < 1$,
- $y = e^{x+b} + c$,

al variare dei parametri presenti.

📽 Animazione

Con diverse figure dinamiche, studiamo le funzioni logaritmiche:
- $y = \log_a x$, con $a > 1$,
- $y = \log_a x$, con $0 < a < 1$,
- $y = \ln(x+b) + c$,

al variare dei parametri presenti.

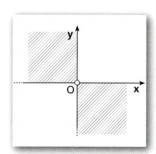

▶ Studia e rappresenta graficamente la funzione irrazionale
$$y = \sqrt{x^3 + 8}.$$

📽 Animazione

Vediamo un esempio di studio di funzione razionale fratta. Puoi esaminare altri esempi nelle animazioni e nei video delle pagine 793, 794, 795.

ESEMPIO
Studiamo e rappresentiamo graficamente $y = f(x) = 2x + \dfrac{5}{x} - 4$.

1. Dominio: $x \neq 0$.

2. Cerchiamo eventuali simmetrie:
$$f(-x) = -2x - \frac{5}{x} - 4 \neq \pm f(x).$$
La funzione non è né pari né dispari.
La funzione non è periodica.

3. Determiniamo le intersezioni con gli assi.
   $x = 0$ non appartiene al dominio della funzione, quindi non ci sono intersezioni con l'asse y.
   Vediamo se ci sono intersezioni con l'asse x:
$$\begin{cases} y = 2x + \dfrac{5}{x} - 4 \\ y = 0 \end{cases} \rightarrow \begin{cases} \dfrac{2x^2 - 4x + 5}{x} = 0 \\ y = 0 \end{cases} \rightarrow \begin{cases} 2x^2 - 4x + 5 = 0 \\ y = 0 \end{cases}$$

$$\frac{\Delta}{4} = 4 - 10 = -6 < 0 \rightarrow \text{non ci sono intersezioni con l'asse } x.$$

Il grafico non interseca né l'asse x né l'asse y.

4. Studiamo il segno della funzione:
$$2x + \frac{5}{x} - 4 > 0 \rightarrow \frac{2x^2 - 4x + 5}{x} > 0.$$

$N > 0 \quad 2x^2 - 4x + 5 > 0 \quad \forall x \in \mathbb{R}.$

$D > 0 \quad x > 0.$

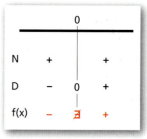

Dal quadro dei segni deduciamo che $f(x) < 0$ per $x < 0$ e $f(x) > 0$ per $x > 0$.

Riportiamo nel piano cartesiano queste informazioni.

5. Determiniamo il comportamento della funzione agli estremi del dominio, ossia in 0, a $-\infty$ e a $+\infty$.

$$\lim_{x \to 0^-} f(x) = -\infty \quad \text{e} \quad \lim_{x \to 0^+} f(x) = +\infty,$$

pertanto $x = 0$ è un asintoto verticale.

$$\lim_{x \to -\infty} f(x) = -\infty \quad \text{e} \quad \lim_{x \to +\infty} f(x) = +\infty,$$

pertanto non ci sono asintoti orizzontali, ma possono esistere asintoti obliqui. Calcoliamo:

$$m = \lim_{x \to \pm\infty} \frac{f(x)}{x} = \lim_{x \to \pm\infty} \frac{2x + \dfrac{5}{x} - 4}{x} = \lim_{x \to \pm\infty} \frac{2x^2 + 5 - 4x}{x^2} = 2;$$

$$q = \lim_{x \to \pm\infty} [f(x) - mx] =$$

$$\lim_{x \to \pm\infty} \left[\left(2x + \frac{5}{x} - 4\right) - 2x\right] =$$

$$\lim_{x \to \pm\infty} \left(\frac{5}{x} - 4\right) = -4.$$

La retta di equazione $y = 2x - 4$ è asintoto obliquo sia per $x \to +\infty$ sia per $x \to -\infty$.

Tracciamo gli asintoti nel piano cartesiano.

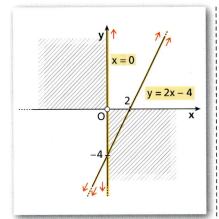

6. Determiniamo la derivata prima

$$f'(x) = 2 - \frac{5}{x^2} = \frac{2x^2 - 5}{x^2}.$$

Il dominio della derivata è $x \neq 0$. Studiamo il segno della derivata:

$N > 0$: $2x^2 - 5 > 0 \quad \to$

$x < -\sqrt{\dfrac{5}{2}} \vee x > \sqrt{\dfrac{5}{2}}.$

$D > 0$: $x^2 > 0 \quad \to \quad \forall x \neq 0.$

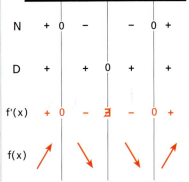

La funzione è crescente per $x < -\sqrt{\dfrac{5}{2}} \vee x > \sqrt{\dfrac{5}{2}}$, è decrescente per $-\sqrt{\dfrac{5}{2}} < x < \sqrt{\dfrac{5}{2}}$, con $x \neq 0$, e ha un massimo relativo in

$$M\left(-\sqrt{\dfrac{5}{2}}; -2\sqrt{10} - 4\right),$$

mentre in $P\left(\sqrt{\dfrac{5}{2}}; 2\sqrt{10} - 4\right)$ ha un minimo relativo.

7. Determiniamo la derivata seconda e studiamone il segno:

$$f''(x) = \frac{10}{x^3}; \qquad D: x \neq 0.$$

Se $x > 0$, $f''(x) > 0$, quindi la funzione ha la concavità rivolta verso l'alto, mentre se $x < 0$, $f''(x) < 0$, quindi la funzione ha la concavità rivolta verso il basso.
Non ci sono punti di flesso, perché $x = 0$ è stato escluso dal dominio.

I risultati ottenuti permettono di tracciare il grafico della funzione.

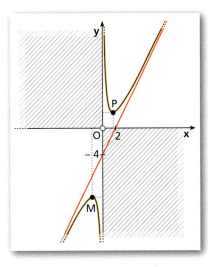

Paragrafo 6. Studio di una funzione

▶ **Animazione**

Con diverse figure dinamiche, studiamo le funzioni sinusoidali di equazioni:
- $y = A \sin x$,
- $y = \sin \omega x$,
- $y = \sin(x + \phi)$,
- $y = A \sin(\omega x + \phi)$,

al variare dei parametri presenti.

▶ Studia e rappresenta graficamente la funzione goniometrica

$$y = \frac{\sin x}{\sin x - 1}$$

in $\left[-\dfrac{3}{2}\pi; \dfrac{\pi}{2}\right]$.

▶ **Animazione**

▶ Studia e rappresenta graficamente la funzione esponenziale

$$y = (2 - x)e^x.$$

▶ **Animazione**

▶ Studia e rappresenta graficamente la funzione logaritmica

$$y = \frac{\ln x - 1}{x}.$$

▶ **Animazione**

▶ **Video**

Studio di una funzione logaritmica
Studiamo la funzione $f(x) = \ln(x^2 + 1)$.

Capitolo 16. Studio delle funzioni

IN SINTESI
Studio delle funzioni

■ Funzioni crescenti e decrescenti e derivate

- Data una funzione $y = f(x)$, continua in un intervallo I e derivabile nei suoi punti interni:
  - se $f'(x) > 0$ per ogni x interno a I, allora $f(x)$ è crescente in I;
  - se $f'(x) < 0$ per ogni x interno a I, allora $f(x)$ è decrescente in I.
- Data una funzione $y = f(x)$, continua in un intervallo I e derivabile nei suoi punti interni:
  - se $f(x)$ è crescente in I, allora $f'(x) \geq 0$ per ogni x interno a I;
  - se $f(x)$ è decrescente in I, allora $f'(x) \leq 0$ per ogni x interno a I.

■ Definizioni

- Data la funzione $y = f(x)$ di dominio D:
  - M è **massimo assoluto** di $f(x)$ se $M = f(x_0)$, $x_0 \in D \wedge M \geq f(x)$, $\forall x \in D$; x_0 è **punto di massimo assoluto**;
  - m è **minimo assoluto** di $f(x)$ se $m = f(x_0)$, $x_0 \in D \wedge m \leq f(x)$, $\forall x \in D$; x_0 è **punto di minimo assoluto**.
- Data una funzione $y = f(x)$, definita in un intervallo $[a; b]$, il punto x_0 di $[a; b]$ è di:
  - **massimo relativo** se esiste un intorno I di x_0 tale che $f(x_0) \geq f(x)$ $\forall x \in I$;
  - **minimo relativo** se esiste un intorno I di x_0 tale che $f(x_0) \leq f(x)$ $\forall x \in I$.
- Siano date la funzione $y = f(x)$, definita e derivabile nell'intervallo $[a; b]$, e la retta di equazione $y = t(x)$, tangente alla curva che rappresenta il grafico di $f(x)$ nel suo punto di ascissa x_0 interno all'intervallo.

  Se esiste un intorno completo I di x_0 tale che:
  - $f(x) > t(x) \forall x \in I \wedge x \neq x_0$, in x_0 la curva ha la **concavità** rivolta **verso l'alto**;
  - $f(x) < t(x) \forall x \in I \wedge x \neq x_0$, in x_0 la curva ha la **concavità** rivolta **verso il basso**.

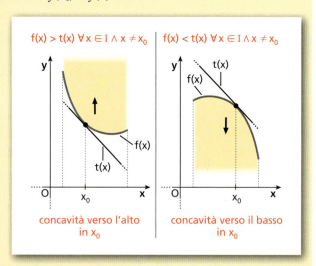

- Una curva ha la concavità verso l'alto (oppure verso il basso) **nell'intervallo $[a; b]$** se ha la concavità verso l'alto (o verso il basso) in ogni punto interno dell'intervallo.
- La funzione $y = f(x)$, definita e continua nell'intervallo $[a; b]$, ha in x_0, interno ad $[a; b]$, un punto di **flesso** se, in x_0, il grafico di $f(x)$ cambia concavità. Un flesso, in un punto in cui esiste la tangente, può essere orizzontale, obliquo o verticale.

■ Ricerca dei massimi, dei minimi e dei flessi orizzontali

- **Condizione necessaria per i massimi e minimi relativi (funzioni derivabili, punti interni)**
  Data una funzione $y = f(x)$, definita in un intervallo $[a; b]$ e derivabile in $]a; b[$, se $f(x)$ ha un massimo o un minimo relativo nel punto x_0, interno ad $[a; b]$, allora $f'(x_0) = 0$, cioè x_0 è un punto stazionario.

In sintesi

- **Condizione sufficiente per i massimi e minimi relativi**
  Data la funzione $y = f(x)$, definita e continua in un intorno completo I del punto x_0 e derivabile nello stesso intorno per ogni $x \neq x_0$, se per ogni $x \neq x_0$ dell'intorno:
  - si ha $f'(x_0) > 0$ per $x < x_0$ e $f'(x_0) < 0$ per $x > x_0$, allora x_0 è un punto di massimo relativo;
  - si ha $f'(x_0) < 0$ per $x < x_0$ e $f'(x_0) > 0$ per $x > x_0$, allora x_0 è un punto di minimo relativo.

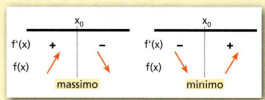

- **Condizione sufficiente per i flessi orizzontali**
  Data la funzione $y = f(x)$ definita e continua in un intorno completo del punto x_0 e derivabile nello stesso intorno, se:
  - $f'(x_0) = 0$,
  - il segno della derivata prima è lo stesso per ogni $x \neq x_0$ dell'intorno, allora x_0 è un punto di flesso orizzontale.

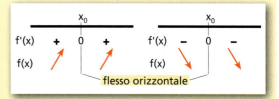

■ Flessi e derivata seconda

- **Condizione sufficiente per stabilire la concavità**
  Se $y = f(x)$ è una funzione definita e continua in un intervallo $[a; b]$, insieme con le sue derivate prima e seconda, in x_0, punto interno di $[a; b]$, il grafico della funzione volge:
  - la concavità verso l'alto se $f''(x_0) > 0$;
  - la concavità verso il basso se $f''(x_0) < 0$.

- **Condizione necessaria per i flessi**
  Sia $y = f(x)$ una funzione definita in un intervallo $[a; b]$ e tale che esistano le sue derivate prima e seconda. Se $f(x)$ ha un flesso nel punto x_0, interno ad $[a; b]$, la derivata seconda della funzione in quel punto si annulla, cioè: $f''(x_0) = 0$.

- **Condizione sufficiente per i flessi**
  Sia data la funzione $y = f(x)$ definita e continua in un intorno completo I del punto x_0 e tale che esistano le sue derivate prima e seconda per ogni $x \in I$, $x \neq x_0$.
  Se per ogni $x \neq x_0$ dell'intorno si ha
  - $f''(x) > 0$ per $x < x_0$ e $f''(x) < 0$ per $x > x_0$, oppure
  - $f''(x) < 0$ per $x < x_0$ e $f''(x) > 0$ per $x > x_0$,

  allora x_0 è un punto di flesso.

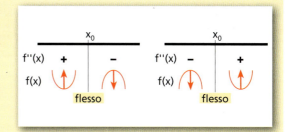

■ Problemi di ottimizzazione

Per risolvere un **problema di ottimizzazione**:
- si cerca la funzione da rendere massima o minima (**funzione obiettivo**);
- si pongono le **condizioni** (o **vincoli**) relativi alla variabile indipendente;
- si determinano i massimi o i minimi della funzione;
- fra i valori trovati, si accettano soltanto quelli che soddisfano le condizioni poste.

■ Studio di una funzione

Per tracciare il grafico di una funzione $y = f(x)$ possiamo procedere esaminando: il **dominio** della funzione; eventuali **simmetrie** e **periodicità**; le coordinate degli eventuali **punti di intersezione** del grafico della funzione con gli assi cartesiani; il **segno della funzione**; il comportamento della funzione agli estremi del dominio, con la ricerca degli eventuali **asintoti**; la **derivata prima** e il suo dominio; la **derivata seconda** e il suo dominio.

CAPITOLO 16
ESERCIZI

1 Funzioni crescenti e decrescenti e derivate
▶ Teoria a p. 780

1 **LEGGI IL GRAFICO** Nei seguenti grafici indica gli intervalli in cui le funzioni rappresentate sono crescenti o decrescenti.

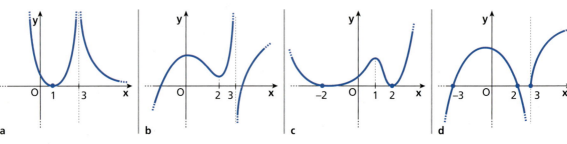

a b c d

2 **VERO O FALSO?** In un intervallo $[a; b]$:
  a. se una funzione $f(x)$ è continua e derivabile, allora è certamente crescente. V F
  b. se una funzione $f(x)$ è discontinua, non può essere crescente. V F
  c. se $f'(x) > 0$, allora $f(x)$ è crescente. V F
  d. se una funzione $f(x)$ è crescente, allora è derivabile con $f'(x) > 0$. V F

LEGGI IL GRAFICO

3 È data la funzione $f(x)$ rappresentata nella figura.
  a. È corretto scrivere: «$f(x)$ crescente $\forall x \in \mathbb{R}, x \neq 1$»?
  b. È corretto scrivere: «$f(x)$ crescente in $[0; 1[$ e in $]1; 2]$»?

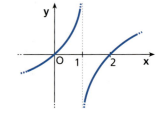

4 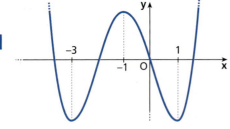 Individua gli intervalli in cui la derivata della funzione rappresentata è positiva.

5 Dal grafico di $f(x)$ deduci il segno di $f'(x)$.

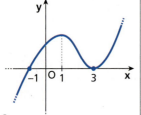 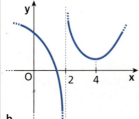 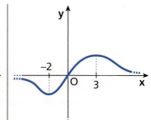 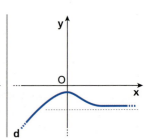

a b c d

Paragrafo 1. Funzioni crescenti e decrescenti e derivate

6 **TEST** Solo una delle seguenti affermazioni che riguardano la funzione $f(x)$ è *falsa*. Quale?

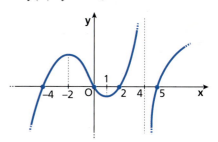

A $f'(x) > 0$ in $[-4; -2[$.

B $f'(x) < 0$ in $]-2; 1[$.

C $f(x)$ crescente in $]-\infty; -2]$.

D $f'(x) \geq 0$ in $[1; 4[$.

E $f(x)$ decrescente in $[0; 2]$.

7 **ESERCIZIO GUIDA** Determiniamo gli intervalli in cui la seguente funzione è crescente e quelli in cui è decrescente.

$$y = \frac{4x^2 + 1}{2x}.$$

Dominio $2x \neq 0 \rightarrow D: x \neq 0$.
Calcoliamo la derivata prima:

$$y' = \frac{8x(2x) - 2(4x^2 + 1)}{(2x)^2} = \frac{16x^2 - 8x^2 - 2}{4x^2} = \frac{4x^2 - 1}{2x^2}.$$

> se $f'(x) > 0 \rightarrow f(x)$ crescente
> se $f'(x) < 0 \rightarrow f(x)$ decrescente

Studiamo il segno di y'. Essendo il denominatore sempre positivo per $x \neq 0$, il segno dipende solo dal numeratore.

$$4x^2 - 1 > 0 \rightarrow x < -\frac{1}{2} \vee x > \frac{1}{2}$$

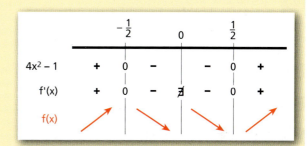

Dal quadro deduciamo che:

per $x < -\frac{1}{2} \vee x > \frac{1}{2}$ $f(x)$ è crescente;

per $-\frac{1}{2} < x < 0 \vee 0 < x < \frac{1}{2}$ $f(x)$ è decrescente.

Trova gli intervalli in cui le seguenti funzioni sono crescenti e quelli in cui sono decrescenti. Nelle soluzioni indichiamo per brevità solo gli intervalli in cui le funzioni sono crescenti oppure solo quelli in cui sono decrescenti.

8 **AL VOLO** $y = x^2 + 4$ $y = \sqrt{x}$ $y = e^{-x}$ $y = (x-3)^2$

9 $y = 2x^3 - x^2$ $\left[\text{cresc. per } x < 0 \vee x > \frac{1}{3}\right]$

10 $y = -x^3 + 3x^2 + 9x$ $[\text{cresc. per} -1 < x < 3]$

11 $y = x^3 + 2x^2 + 10x + 1$ $[\text{cresc. } \forall x \in \mathbb{R}]$

12 $y = 4x^5 - 10x^2 + 9$ $[\text{cresc. per } x < 0 \vee x > 1]$

13 $y = 2x^4 - 16x^2 + 1$
     $[\text{cresc. per} -2 < x < 0 \vee x > 2]$

14 $y = -x^3 + \frac{11}{2}x^2 - 6x + 3$ $\left[\text{cresc. per } \frac{2}{3} < x < 3\right]$

15 $y = \frac{x^4}{4} - 8x + \frac{1}{4}$ $[\text{cresc. per } x > 2]$

16 $y = \frac{1}{3}x^3 + 2x^2 + 4x - 1$ $[\text{cresc. per } \forall x \in \mathbb{R}]$

17 $y = \frac{2x - 1}{x + 3}$ $[\text{cresc. per } x \neq -3]$

18 $y = \frac{2}{x^2 - 9}$ $[\text{cresc. per } x < 0 \wedge x \neq -3]$

Capitolo 16. Studio delle funzioni

19 $y = \dfrac{1}{-x^2 + x}$ $\left[\text{cresc. per } x > \dfrac{1}{2} \wedge x \neq 1\right]$

20 $y = \dfrac{x^2 - 6x + 9}{x^2 - 2}$

$\left[\text{cresc. per } x < \dfrac{2}{3} \vee x > 3,\ x \neq -\sqrt{2}\right]$

21 $y = \dfrac{2x^2 - 8x + 8}{x^2 - 1}$

$\left[\text{cresc. per } x < \dfrac{1}{2} \vee x > 2,\ x \neq -1\right]$

22 $y = \dfrac{x^2 - 4x + 2}{x^2}$ $[\text{cresc. per } x < 0 \vee x > 1]$

23 $y = \dfrac{4x^2}{(x-1)^3}$ $[\text{cresc. per} -2 < x < 0]$

24 $y = \dfrac{x^2 - 2x}{4x^2 + x}$ $\left[\text{cresc. per } x \neq 0 \wedge x \neq -\dfrac{1}{4}\right]$

25 $y = \dfrac{x^2 - 4x + 2}{x^2 - 1}$ $[\text{cresc. per } x \neq \pm 1]$

26 $y = \dfrac{(x-3)^2}{x^2 - 3x + 2}$

$\left[\text{cresc. per } x < \dfrac{5}{3} \vee x > 3,\ x \neq 1\right]$

27 $y = \sqrt{x - 1}$ $[\text{cresc. per } x > 1]$

28 $y = \sqrt{9 - x^2}$ $[\text{cresc. per} -3 < x < 0]$

29 $y = \sqrt{\dfrac{x-2}{x}}$ $[\text{cresc. per } x < 0 \vee x > 2]$

30 $y = \sqrt{4x - x^2}$ $[\text{cresc. per } 0 < x < 2]$

31 $y = \sqrt[3]{x^2}$ $[\text{cresc. per } x > 0]$

32 $y = \dfrac{\sqrt{x-2}}{x}$ $[\text{cresc. per } 2 < x < 4]$

33 $y = \sqrt{3x - 2}$ $\left[\text{cresc. per } x > \dfrac{2}{3}\right]$

34 $y = \sqrt[3]{x^2 - 16}$ $[\text{cresc. per } x > 0]$

35 $y = \sqrt[3]{x + 1}$ $[\text{cresc. per } x \neq -1]$

36 $y = \dfrac{2}{\sqrt{x}} - \sqrt{x}$ $[\text{decresc. per } x > 0]$

37 $y = e^{-2x^2}$ $[\text{cresc. per } x < 0]$

38 $y = x^2 e^{-x}$ $[\text{cresc. per } 0 < x < 2]$

39 $y = \ln(2x + 5)$ $\left[\text{cresc. per } x > -\dfrac{5}{2}\right]$

40 $y = x + 2\ln x$ $[\text{cresc. per } x > 0]$

41 $y = x \ln x$ $\left[\text{cresc. per } x > \dfrac{1}{e}\right]$

42 $y = \ln(x^2 - 5x + 6)$ $[\text{cresc. per } x > 3]$

43 $y = xe^x$ $[\text{cresc. per } x > -1]$

44 $y = 4\sin^2 x$ $\left[\text{cresc. per } k\pi < x < \dfrac{\pi}{2} + k\pi\right]$

2 Massimi, minimi e flessi

▶ Teoria a p. 781

Massimi e minimi

LEGGI IL GRAFICO

45 Individua i punti di massimo e di minimo, relativi e assoluti, delle seguenti funzioni nell'intervallo di definizione.

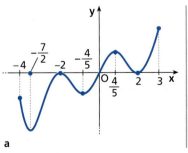

a

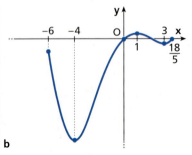

b

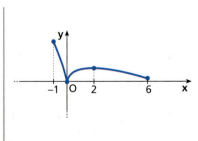

c

Paragrafo 2. Massimi, minimi e flessi

46 Individua i punti di massimo e di minimo delle seguenti funzioni nel loro dominio, specificando se sono relativi o assoluti.

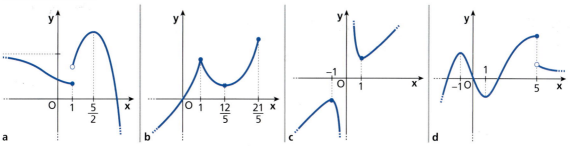

47 **VERO O FALSO?** Dal grafico di $f(x)$ si può dedurre che:

a. il massimo di $f(x)$ è 3.   V F
b. $f(x)$ ha due massimi relativi.   V F
c. il punto di minimo relativo è $x = -1$.   V F
d. $f(x)$ non ha minimo assoluto.   V F
e. 2 è un massimo relativo.   V F

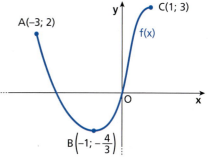

Traccia il grafico delle seguenti funzioni, indica se hanno dei punti di massimo o di minimo, relativi o assoluti, negli intervalli assegnati e scrivi il massimo e il minimo assoluto di $f(x)$.

48 $f(x) = -x^2 + 6x + 9$, $[1; 4]$.   **50** $f(x) = 1 + e^x$, $]-\infty; 0]$.

49 $f(x) = x^2 - 2x$, $[-1; 2]$.   **51** $f(x) = -\ln(x + 2)$, $[-1; 0]$.

Concavità e flessi

52 Indica per ognuna delle seguenti funzioni se nei punti indicati la curva rivolge la concavità verso l'alto o verso il basso, oppure se i punti evidenziati corrispondono a punti di flesso.

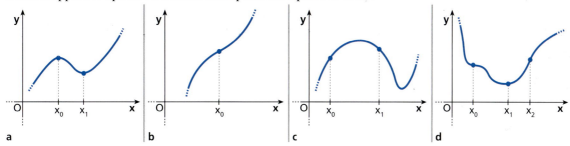

53 Nei seguenti grafici indica i punti di flesso, specificando se sono orizzontali, verticali o obliqui e se sono ascendenti o discendenti.

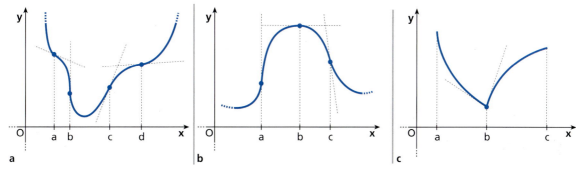

3 Massimi, minimi, flessi orizzontali e derivata prima

▶ Teoria a p. 785

Massimi, minimi e flessi orizzontali di funzioni derivabili

54 **ESERCIZIO GUIDA** Troviamo i punti di massimo e di minimo relativo e di flesso orizzontale della funzione:

$$f(x) = \frac{1}{1}x^4 - \frac{4}{3}x^3 + 2x^2.$$

La funzione è definita e continua per ogni $x \in \mathbb{R}$.

- **Calcoliamo la derivata prima e determiniamo il suo dominio.**

  $$f'(x) = x^3 - 4x^2 + 4x = x(x^2 - 4x + 4) = x(x-2)^2.$$

  $f'(x)$ esiste $\forall x \in \mathbb{R}$.

- $f'(x) = 0$: $x(x-2)^2 = 0 \to x = 0 \lor x = 2$.
  Quindi $x = 0$ e $x = 2$ sono punti stazionari.

- **Studiamo il segno di $f'(x)$.**

  $x(x-2)^2 > 0$.

  Il primo fattore è positivo per $x > 0$ e per il secondo fattore abbiamo $(x-2)^2 > 0$ $\forall x \neq 2$.

  Compiliamo il quadro dei segni (figura a lato).

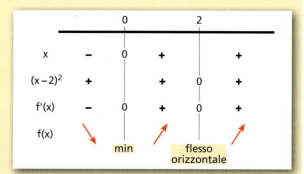

Dallo schema deduciamo che:

- per $x = 0$ si ha un punto di minimo relativo di coordinate $(0; 0)$, essendo $f(0) = 0$;
- per $x = 2$ si ha un flesso orizzontale perché il segno della derivata prima è lo stesso in un intorno di 2; tale punto ha coordinate $\left(2; \frac{4}{3}\right)$, essendo $f(2) = \frac{4}{3}$.

Trova i punti di massimo e di minimo relativo e di flesso orizzontale delle seguenti funzioni.
(Qui e in seguito nelle soluzioni indichiamo con max e min le ascisse dei punti di massimo e di minimo, con fl. quella dei punti di flesso.)

55 $y = -x^2 + 4x + 3$ $\qquad$ $[x = 2 \text{ max}]$

56 $y = 2x^3 + 6x^2$ $\qquad$ $[x = -2 \text{ max}; x = 0 \text{ min}]$

57 $y = (x - 3)^3$ $\qquad$ $[x = 3 \text{ fl. orizz.}]$

58 $y = x^3 + 9x^2 + 27x$ $\qquad$ $[x = -3 \text{ fl. orizz.}]$

59 $y = 3x^4 + 8x^3$ $\qquad$ $[x = -2 \text{ min}; x = 0 \text{ fl. orizz.}]$

60 $y = 3x^5 - 20x^3$ $\qquad$ $[x = 0 \text{ fl. orizz.}; x = -2 \text{ max}; x = 2 \text{ min}]$

61 $y = 3x^4 - 2x^3 - 3x^2$ $\qquad$ $\left[x = 0 \text{ max}; x = -\frac{1}{2}, x = 1 \text{ min}\right]$

62 $y = x^3 - 3x^2 + 1$ $\qquad$ $[x = 0 \text{ max}; x = 2 \text{ min}]$

63 $y = \frac{x^3}{3} - x^2 + x$ $\qquad$ $[x = 1 \text{ fl. orizz.}]$

64 $y = \frac{x^4}{4} - \frac{2}{3}x^3$ $\qquad$ $[x = 0 \text{ fl. orizz.}; x = 2 \text{ min}]$

65 $y = x^4 + 4x$ $\qquad$ $[x = -1 \text{ min}]$

66 $y = \frac{1}{5}x^5 + \frac{1}{3}x^3$ $\qquad$ $[x = 0 \text{ fl. orizz.}]$

67 $y = 6x^5 - 10x^3$ $\qquad$ $[x = -1 \text{ max}; x = 0 \text{ fl. orizz.}; x = 1 \text{ min}]$

68 $y = \frac{x^4}{4} - 2x^3 + 1$ $\qquad$ $[x = 0 \text{ fl. orizz.}; x = 6 \text{ min}]$

69 $y = x^4 + \frac{4}{3}x^3 - 4x^2$ $\qquad$ $[x = -2, x = 1 \text{ min}; x = 0 \text{ max}]$

70 $y = \frac{1}{3}x^3 - 2x^2 + 3x - 2$ $\qquad$ $[x = 1 \text{ max}; x = 3 \text{ min}]$

Paragrafo 3. Massimi, minimi, flessi orizzontali e derivata prima

71 $y = \dfrac{2x-1}{x+3}$ [$\nexists$ max, min, fl. orizz.]

72 $y = \dfrac{x^2+9}{x}$ [$x = -3$ max; $x = 3$ min]

73 $y = \dfrac{5}{x^2+5}$ [$x = 0$ max]

74 $y = \dfrac{x}{x^2+9}$ [$x = -3$ min; $x = 3$ max]

75 $y = \dfrac{x^3}{(1-x)^2}$ [$x = 0$ fl. orizz.; $x = 3$ min]

76 $y = \dfrac{1}{x^2-4}$ [$x = 0$ max]

77 $y = \dfrac{x^2-x-1}{x^2-x+1}$ $\left[x = \dfrac{1}{2} \text{ min}\right]$

78 $y = \dfrac{2x^2}{x-1}$ [$x = 0$ max; $x = 2$ min]

79 $y = \dfrac{-x^2+x-1}{2x^2-3x+3}$ [$x = 0$ max; $x = 2$ min]

80 $y = \dfrac{1}{x^2-3x+2}$ $\left[x = \dfrac{3}{2} \text{ max}\right]$

81 $y = \dfrac{x^2-3x+1}{2x^2-3x+1}$ $\left[x = 0 \text{ max}; x = \dfrac{2}{3} \text{ min}\right]$

82 $y = \dfrac{-x^2+3x}{2x-8}$ [$x = 2$ min; $x = 6$ max]

83 $y = \dfrac{x^2-4}{x^2-1}$ [$x = 0$ min]

84 $y = \dfrac{x-3}{(x-2)^3}$ $\left[x = \dfrac{7}{2} \text{ max}\right]$

85 $y = \dfrac{x^3-3x^2+4}{x^2}$ [$x = 2$ min]

86 $y = \dfrac{1}{x^3-x^2}$ $\left[x = \dfrac{2}{3} \text{ max}\right]$

87 $y = \dfrac{x^2-x-2}{(x-3)^2}$ $\left[x = \dfrac{7}{5} \text{ min}\right]$

88 $y = \dfrac{6x^4+2}{x^3}$ [$x = -1$ max; $x = 1$ min]

89 $y = \dfrac{x^2-2x+1}{x^2+x+1}$ [$x = -1$ min; $x = 1$ max]

90 $y = \sqrt{2x^2+1}$ [$x = 0$ min]

91 $y = \sqrt{x^2-2x+5}$ [$x = 1$ min]

92 $y = \ln(-x^2-2x+3)$ [$x = -1$ max]

93 $y = (x^2-4x+5)e^x$ [$x = 1$ fl. orizz.]

94 $y = x^3 e^x$ [$x = 0$ fl. orizz.; $x = -3$ min]

95 $y = \dfrac{1}{2}e^{-x^2}$ [$x = 0$ max]

96 $y = \ln x - x$ [$x = 1$ max]

97 $y = x \ln x$ $\left[x = \dfrac{1}{e} \text{ min}\right]$

98 $y = e^x - x$ [$x = 0$ min]

99 $y = \dfrac{x^3}{3}e^{-x}$ [$x = 0$ fl. orizz.; $x = 3$ max]

100 $y = 2x^2 \ln x$ $\left[x = \dfrac{1}{\sqrt{e}} \text{ min}\right]$

101 $y = \dfrac{\ln x}{x}$ [$x = e$ max]

102 $y = \dfrac{\ln x}{4x^2}$ [$x = \sqrt{e}$ max]

---

103 $y = 2\sin 2x$,   in $[0; \pi]$. $\left[x = \dfrac{\pi}{4}, x = \pi \text{ max}; x = 0, x = \dfrac{3}{4}\pi \text{ min}\right]$

104 $y = 3\cos^2 x$,   in $[0; \pi]$. $\left[x = \dfrac{\pi}{2} \text{ min}; x = 0, x = \pi \text{ max}\right]$

105 $y = \dfrac{1}{\cos x}$ [$x = \pi + 2k\pi$ max; $x = 2k\pi$ min]

106 $y = \dfrac{\sin x}{1 - \sin x}$,   in $]0; 2\pi[$. $\left[x = \dfrac{3}{2}\pi \text{ min}\right]$

107 $y = 1 + 2\cos 2x + 4\sin x$,   in $[0; 2\pi[$. $\left[x = \dfrac{\pi}{6} \text{ e } x = \dfrac{5}{6}\pi \text{ max}; x = \dfrac{\pi}{2} \text{ e } x = \dfrac{3}{2}\pi \text{ min}\right]$

Punti di massimo e minimo relativi di funzioni non ovunque derivabili

Funzioni con punti angolosi

108 **ESERCIZIO GUIDA** Troviamo i punti di massimo e di minimo relativi della funzione

$$f(x) = \begin{cases} \dfrac{1}{(x-1)^2} & \text{se } x < 0 \\ x^2 - 2x + 1 & \text{se } x \geq 0 \end{cases},$$

distinguendo i punti stazionari da quelli angolosi.

La funzione è ovunque definita e continua in $\mathbb{R}$.

- Calcoliamo la derivata prima e determiniamo il suo dominio:

$$f'(x) = \begin{cases} \dfrac{-2(x-1)}{(x-1)^4} = \dfrac{-2}{(x-1)^3} & \text{se } x < 0 \\ 2x - 2 & \text{se } x > 0 \end{cases}$$

Per $x = 0$, $f'(x)$ non esiste in quanto $f'_-(0) = 2$ e $f'_+(0) = -2$.

- $f'(x) = 0$ soltanto se:

$$2x - 2 = 0 \to x = 1.$$

Quindi $x = 1$ è l'unico punto stazionario.

- Studiamo il segno di $f'(x)$.

Per $x < 0$, $\dfrac{-2}{(x-1)^3} > 0$ se $x < 1$, quindi:

$$f'(x) > 0 \quad \text{se } x < 0.$$

Per $x > 0$, $2x - 2 > 0$ se $x > 1$.

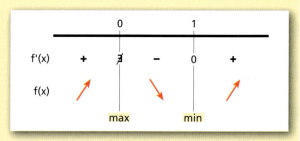

Dallo schema deduciamo che $x = 0$ è un punto di massimo relativo e $x = 1$ è un punto di minimo relativo.
Essendo $f(0) = 1$ e $f(1) = 0$, i corrispondenti punti del grafico sono $(0; 1)$ e $(1; 0)$.

Osservazione. Il punto $x = 0$ è un punto di massimo perché la funzione, pur non essendo derivabile, è continua e la derivata cambia segno nell'intorno di 0, come richiede la condizione sufficiente. Nella figura a lato puoi osservare il grafico della funzione.

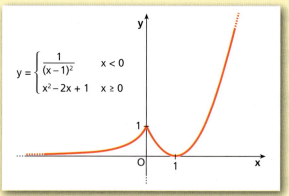

Trova i punti di massimo e di minimo relativi delle seguenti funzioni, distinguendo i punti stazionari da quelli angolosi.

109 $y = \begin{cases} x^2 + 4x & \text{se } x < 0 \\ -3x & \text{se } x \geq 0 \end{cases}$ $[x = -2 \text{ min (staz.)}; x = 0 \text{ max}]$

110 $y = \begin{cases} x^2 + x & \text{se } x < 0 \\ x^3 - 6x^2 + 9x & \text{se } x \geq 0 \end{cases}$ $\left[x = -\dfrac{1}{2}, x = 3 \text{ min (staz.)}; x = 1 \text{ max (staz.)}\right]$

111 $y = \begin{cases} -2x + 3 & \text{se } x \leq 1 \\ -x^3 + 3x^2 + 9x - 10 & \text{se } x > 1 \end{cases}$ $[x = 1 \text{ min}; x = 3 \text{ max (staz.)}]$

Paragrafo 3. Massimi, minimi, flessi orizzontali e derivata prima

112 $y = \begin{cases} x^3 + 1 & \text{se } x \leq 0 \\ x^4 - 4x + 1 & \text{se } x > 0 \end{cases}$ $\quad [x = 0 \text{ max}; x = 1 \text{ min (staz.)}]$

113 $y = |x^2 - 4x|$ $\quad [x = 2 \text{ max (staz.)}; x = 0, x = 4 \text{ min}]$

114 $y = |x^2 - x| + 3$ $\quad \left[x = \dfrac{1}{2} \text{ max (staz.)}; x = 0, x = 1 \text{ min}\right]$

Funzioni con punti di cuspide

115 **ESERCIZIO GUIDA** Troviamo i punti di massimo e di minimo relativi della seguente funzione, specificando se sono punti di cuspide:

$$f(x) = \sqrt[3]{(x-3)^2}.$$

La funzione è continua in $\mathbb{R}$.

- Calcoliamo la derivata prima e determiniamo il suo dominio.

  Poiché si può scrivere $f(x) = (x-3)^{\frac{2}{3}}$, si ha:

  $$f'(x) = \frac{2}{3}(x-3)^{\frac{2}{3}-1} = \frac{2}{3\sqrt[3]{x-3}}.$$

  La derivata non esiste per $x = 3$.

- Risolviamo $f'(x) = 0$. L'equazione

  $$\frac{2}{3\sqrt[3]{x-3}} = 0$$

  non ha soluzioni, quindi non ci sono punti stazionari.

- Studiamo il segno di $f'(x)$:

  $$f'(x) > 0 \rightarrow \frac{2}{3\sqrt[3]{x-3}} > 0 \rightarrow x > 3.$$

  Compiliamo il quadro dei segni (figura **a**).

  In $x = 3$ si ha un punto di minimo relativo, di coordinate $(3; 0)$.

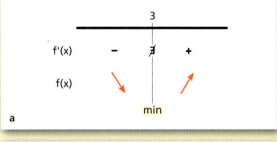
a

Notiamo che nel punto $x = 3$ la derivata non esiste perché:

$$\lim_{x \to 3^-} f'(x) = -\infty \quad \text{e} \quad \lim_{x \to 3^+} f'(x) = +\infty.$$

Il punto $x = 3$ è una cuspide. Nella figura **b** puoi osservare il grafico della funzione.

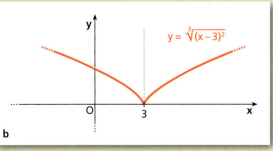
b

Determina i punti di massimo e di minimo relativi delle seguenti funzioni, specificando quando si tratta di cuspidi.

116 $y = \sqrt[3]{x^2} - x$ $\quad \left[x = 0 \text{ min (cuspide)}; x = \dfrac{8}{27} \text{ max}\right]$

117 $y = \sqrt[3]{x^3 - x^2}$ $\quad \left[x = 0 \text{ max (cuspide)}; x = \dfrac{2}{3} \text{ min}\right]$

Capitolo 16. Studio delle funzioni

118 $y = x - \frac{3}{2}\sqrt[3]{x^2} + 2$ $\quad[x = 0 \text{ max (cuspide)}; x = 1 \text{ min}]$

119 $y = \sqrt[3]{(x-1)^2}$ $\quad[x = 1 \text{ min (cuspide)}]$

120 $y = \sqrt[5]{x^2}$ $\quad[x = 0 \text{ min (cuspide)}]$

121 $y = \frac{3}{2}\sqrt[3]{(1-2x)^2}$ $\quad\left[x = \frac{1}{2} \text{ min (cuspide)}\right]$

Riepilogo: Massimi e minimi relativi e flessi orizzontali

TEST

122 Considera la funzione
$$f(x) = 2x^3 - 15x^2 + 24x + 6.$$
Una delle seguenti affermazioni che la riguardano è *falsa*: quale?
- A $x = 1$ è un punto stazionario.
- B $f(x)$ è ovunque crescente.
- C $f(x)$ ha un punto di massimo relativo e un punto di minimo relativo.
- D $f(x)$ è decrescente nell'intervallo $[1; 4]$.
- E $x = 4$ è un punto stazionario.

123 Se $f(x)$ ha un massimo in $c = 1$, allora:
- A $f(x)$ può essere discontinua in c.
- B $f(x)$ deve essere derivabile.
- C il grafico di $f(x)$ ha nel punto c la tangente orizzontale.
- D $f'(1) = 0$.
- E $f(x)$ è continua ma non necessariamente derivabile in c.

124 **ASSOCIA** a ciascuna funzione il suo punto di massimo relativo.

a. $y = \frac{1}{3}x^3 + \frac{1}{2}x^2 - 2x$ b. $y = -x^3 + 2x^2 - x$ c. $y = \frac{1}{3}x^3 - x^2 - 3x$ d. $y = -\frac{1}{3}x^3 + \frac{3}{2}x^2 - 2x$

1. $x_0 = -1$ 2. $x_0 = 2$ 3. $x_0 = 1$ 4. $x_0 = -2$

Trova i punti di massimo e di minimo relativi e quelli di flesso orizzontale delle seguenti funzioni, evidenziando anche i punti angolosi e di cuspide.

125 $y = \frac{x^4}{4} + 4$ $\quad[x = 0 \text{ min}]$

126 $y = x^3 - 3x^2 + 2$ $\quad[x = 0 \text{ max}; x = 2 \text{ min}]$

127 $y = x^4 - 2x^2 + 2$ $\quad[x = -1, x = 1 \text{ min}; x = 0 \text{ max}]$

128 $y = x^5 + 1$ $\quad[x = 0 \text{ fl. orizz.}]$

129 $y = 3x^7 - 7x^6 + 1$ $\quad[x = 0 \text{ max}; x = 2 \text{ min}]$

130 $y = x^2 - 6x - 5$ $\quad[x = 3 \text{ min}]$

131 $y = 3x - x^3$ $\quad[x = -1 \text{ min}; x = 1 \text{ max}]$

132 $y = \frac{x^4}{2} + \frac{x^3}{3} + \frac{1}{4}$ $\quad\left[x = -\frac{1}{2} \text{ min}; x = 0 \text{ fl. orizz.}\right]$

133 $y = \begin{cases} 2x + 1 & \text{se } x < 0 \\ x^2 - 2x + 1 & \text{se } x \geq 0 \end{cases}$ $\quad[x = 0 \text{ max (p. ang.)}; x = 1 \text{ min}]$

134 $y = 2x^4 + 3x^3 + 4$ $\quad\left[x = 0 \text{ fl. orizz.}; x = -\frac{9}{8} \text{ min}\right]$

135 $y = \frac{x^3}{3x+3}$ $\quad\left[x = 0 \text{ fl. orizz.}; x = -\frac{3}{2} \text{ min}\right]$

136 $y = \frac{2x^3 + 27}{x^2}$ $\quad[x = 3 \text{ min}]$

137 $y = \frac{2-x}{x^2}$ $\quad[x = 4 \text{ min}]$

138 $y = 2x + \frac{8}{x}$ $\quad[x = -2 \text{ max}; x = 2 \text{ min}]$

139 $y = \frac{1}{x^{10} - 1}$ $\quad[x = 0 \text{ max}]$

Riepilogo: Massimi e minimi relativi e flessi orizzontali

140 $y = \dfrac{x^2 - 1}{2x - 2}$ [né max, né min, né flessi]

141 $y = \dfrac{4x^3 + 1}{x}$ $\left[x = \dfrac{1}{2} \min\right]$

142 $y = \dfrac{3x - 4}{x^2 + 1}$ $\left[x = -\dfrac{1}{3} \min; x = 3 \max\right]$

143 $y = \dfrac{x^3}{x - 3}$ $\left[x = 0 \text{ fl. orizz.}; x = \dfrac{9}{2} \min\right]$

144 $y = x - 1 + \dfrac{1}{x - 3}$ $[x = 2 \max; x = 4 \min]$

145 $y = \dfrac{x^3}{x^2 + x - 1}$

$[x = 1 \min; x = -3 \max; x = 0 \text{ fl. orizz.}]$

146 $y = -2\sqrt{x} + x$ $[x = 0 \max; x = 1 \min]$

147 $y = 2 - \sqrt{x - 3}$ $[x = 3 \max]$

148 $y = 1 + \sqrt[3]{(x + 3)^2}$ $[x = -3 \min \text{ (cuspide)}]$

149 $y = 2x\sqrt{x + 1}$ $\left[x = -1 \max; x = -\dfrac{2}{3} \min\right]$

150 $y = \sqrt[3]{x^2 - x}$ $\left[x = \dfrac{1}{2} \min\right]$

151 $y = \sqrt{\dfrac{1}{x^2 + 1}}$ $[x = 0 \max]$

152 $y = \sqrt{\dfrac{x^2 + 7}{x + 4}}$ $[x = -4 + \sqrt{23} \min]$

153 $y = e^{2x} - 2x$ $[x = 0 \min]$

154 $y = e^{\frac{2x^2}{x - 1}}$ $[x = 0 \max; x = 2 \min]$

155 $y = e^x + e^{-x}$ $[x = 0 \min]$

156 $y = 2xe^{-x}$ $[x = 1 \max]$

157 $y = 3x^2 e^x$ $[x = -2 \max; x = 0 \min]$

158 $y = \ln(x + 2) - 3x$ $\left[x = -\dfrac{5}{3} \max\right]$

159 $y = 2\ln x - 8x$ $\left[x = \dfrac{1}{4} \max\right]$

160 $y = \dfrac{3 - x^2}{x + 2}$ $[x = -3 \min; x = -1 \max]$

161 $y = \dfrac{x^2 - 2x - 2}{x^2}$ $[x = -2 \max]$

162 $y = \dfrac{x^2 - 4x + 5}{(x - 1)^2}$ $[x = 3 \min]$

163 $y = \sqrt[3]{(2 - x)^2}$ $[x = 2 \min \text{ (cuspide)}]$

---

164 Calcola il valore di a in modo che il grafico della funzione 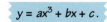 abbia un massimo nel punto di ascissa $x = 2$. $\left[-\dfrac{2}{3}\right]$

165 Determina per quale valore di a la funzione $y = \dfrac{a}{3}x^3 + \dfrac{a}{2}x^2 - 6x + 1$ ha un massimo per $x = -3$. $[1]$

166 Stabilisci per quale valore di k la funzione $y = x^3 + (k - 1)x^2 + (1 - k)x$ ha un minimo nel suo punto di ascissa $\dfrac{1}{3}$. $[2]$

167 Trova i coefficienti a, b, c della funzione
$y = ax^3 + bx^2 + cx$,
sapendo che il suo grafico ha un massimo in $(-1; 2)$ e che passa per il punto $(1; 0)$.
$\left[a = \dfrac{3}{2}; b = 1; c = -\dfrac{5}{2}\right]$

168 Determina per quali valori di a e b la funzione ha un massimo coincidente con il minimo della funzione $y = x - \ln x$.
$[a = -1; b = 1]$

LEGGI IL GRAFICO

169 La funzione $y = f(x)$, il cui grafico è rappresentato in figura, è del tipo
$y = ax^3 + bx + c$.
Determina a, b e c.
$\left[a = \dfrac{1}{3}; b = -4; c = 2\right]$

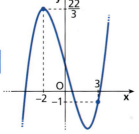

170 Nella figura è rappresentato il grafico di una funzione del tipo
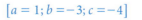
Determina a, b e c.
$[a = 1; b = -3; c = -4]$

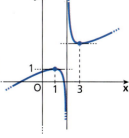

Capitolo 16. Studio delle funzioni

REALTÀ E MODELLI

171 **Quanto costa un panettone?** Un'azienda dolciaria che produce panettoni ha calcolato che il costo unitario da sostenere per la produzione di x panettoni segue l'andamento della funzione:

$$C(x) = \frac{x^2 - 50x + 10000}{50x}.$$

Determina quanti panettoni occorre sfornare per minimizzare il costo unitario.

[100]

172 **Pressione del sangue** La funzione $f(x)$ descrive l'andamento della pressione del sangue in seguito all'assunzione di una dose di x grammi di un farmaco, con $0 \leq x \leq 0{,}17$. Determina il dosaggio che produce il massimo della pressione sanguigna.

$f(x) = 320x^2 - 1860x^3$

$[x \simeq 0{,}11 \text{ g}]$

Ricerca dei massimi e dei minimi assoluti

173 **ESERCIZIO GUIDA** Troviamo i punti di massimo e di minimo assoluti della funzione $f(x) = x^4 - 2x^2 + 1$, nell'intervallo $-2 \leq x \leq 1$.

La funzione è definita e continua in $\mathbb{R}$, quindi anche $\forall x \in [-2; 1]$.
Per il teorema di Weierstrass esistono il minimo e il massimo assoluti di f nell'intervallo $[-2; 1]$.
Determiniamo i minimi e i massimi relativi.

- Calcoliamo la derivata prima e il suo dominio.

$$f'(x) = 4x^3 - 4x = 4x(x^2 - 1).$$

$f'(x)$ esiste $\forall x \in \mathbb{R}$.

- $f'(x) = 0$:

$$4x(x^2 - 1) = 0 \quad \rightarrow \quad x = 0 \lor x = \pm 1.$$

Quindi $x = 0$ e $x = \pm 1$ sono punti stazionari.

- Studiamo il segno di $f'(x)$.

$$f'(x) > 0 \text{ se } 4x(x^2 - 1) > 0.$$

$4x > 0 \quad \rightarrow \quad x > 0$.

$x^2 - 1 > 0 \quad \rightarrow \quad x < -1 \lor x > 1$.

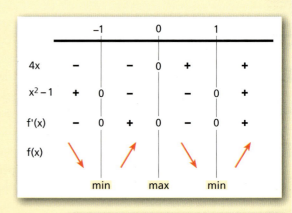

Compiliamo il quadro dei segni di $f'(x)$ e deduciamo che:
- in $x = \pm 1$ la funzione ha due minimi relativi di coordinate $(-1; 0)$ e $(1; 0)$, essendo $f(-1) = 0$ e $f(1) = 0$;
- in $x = 0$ la funzione ha un massimo relativo di coordinate $(0; 1)$, essendo $f(0) = 1$.

Per determinare ora i massimi e i minimi assoluti calcoliamo il valore della funzione agli estremi dell'intervallo assegnato:

$$f(-2) = 16 - 8 + 1 = 9, \quad f(1) = 0.$$

Confrontando le ordinate dei punti considerati si può affermare che il minimo assoluto si ha in $x = -1$ e $x = 1$, mentre il massimo assoluto è in $x = -2$.
Per chiarire il risultato osserviamo il grafico della funzione. Il massimo relativo in $(0; 1)$ non è il massimo assoluto nell'intervallo.

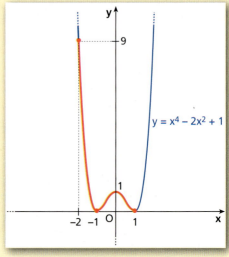

Paragrafo 4. Flessi e derivata seconda

Trova il massimo e il minimo assoluti delle seguenti funzioni negli intervalli indicati a fianco.

174 $y = \dfrac{x^3}{3} - 4x$, $\qquad$ [0; 3]. $\qquad$ $[x = 0 \max; x = 2 \min]$

175 $y = 2e^x - 2x$, $\qquad$ [-1; 4]. $\qquad$ $[x = 0 \min; x = 4 \max]$

176 $y = x^3 + 3x + 2$, $\qquad$ [0; 3]. $\qquad$ $[x = 0 \min; x = 3 \max]$

177 $y = x + \dfrac{2}{x}$, $\qquad$ [1; 4]. $\qquad$ $[x = \sqrt{2} \min; x = 4 \max]$

178 $y = \dfrac{1}{2}x^4 - 4x^2 + 4$, $\qquad$ [-1; 3]. $\qquad$ $[x = 3 \max; x = 2 \min]$

179 $y = \dfrac{x+3}{2\sqrt{x}}$, $\qquad$ $\left[\dfrac{1}{9}; 4\right]$. $\qquad$ $\left[x = \dfrac{1}{9} \max; x = 3 \min\right]$

180 $y = x\sqrt{4 - x^2}$, $\qquad$ [1; 2]. $\qquad$ $[x = \sqrt{2} \max; x = 2 \min]$

181 $y = x \ln x$, $\qquad$ [1; e]. $\qquad$ $[x = 1 \min; x = e \max]$

182 $y = \dfrac{x^2 + 4}{4x}$, $\qquad$ [-3; -1]. $\qquad$ $[x = -2 \max; x = -1 \min]$

183 $y = (x - 2)^4$, $\qquad$ [0; 3]. $\qquad$ $[x = 0 \max; x = 2 \min]$

184 $y = \sqrt{x - 2}$, $\qquad$ [3; 11]. $\qquad$ $[x = 3 \min; x = 11 \max]$

185 $y = 1 + \cos x$, $\qquad$ $\left[\dfrac{\pi}{2}; 2\pi\right]$. $\qquad$ $[x = \pi \min; x = 2\pi \max]$

186 $y = \dfrac{x^2 + 2}{4x}$, $\qquad$ [-5; -1]. $\qquad$ $[x = -5 \min; x = -\sqrt{2} \max]$

187 $y = e^{-x} + x$, $\qquad$ [-1; 1]. $\qquad$ $[x = -1 \max; x = 0 \min]$

188 $y = x(x - 2)^3$, $\qquad$ [0; 3]. $\qquad$ $\left[x = \dfrac{1}{2} \min; x = 3 \max\right]$

4 Flessi e derivata seconda

Concavità e segno della derivata seconda ▶ Teoria a p. 789

189 **ESERCIZIO GUIDA** Determiniamo gli intervalli in cui il grafico della funzione $y = \dfrac{x^4}{2} - 2x^3 - 9x^2 + 1$ rivolge la concavità verso l'alto o verso il basso.

La funzione è definita su tutto $\mathbb{R}$. Calcoliamo le derivate prima e seconda:

$y' = 2x^3 - 6x^2 - 18x; \qquad y'' = 6x^2 - 12x - 18.$

Studiamo il segno della derivata seconda ponendo

$6x^2 - 12x - 18 > 0 \quad \rightarrow \quad 6(x^2 - 2x - 3) > 0 \quad \rightarrow$
$x < -1 \vee x > 3.$

Compiliamo il quadro dei segni.
Per $x < -1 \vee x > 3$ la concavità è verso l'alto, per $-1 < x < 3$ la concavità è rivolta verso il basso.

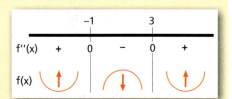

Capitolo 16. Studio delle funzioni

Trova gli intervalli in cui i grafici delle funzioni volgono la concavità verso il basso o verso l'alto. (Nei risultati, dove non c'è una diversa indicazione, indichiamo solo gli intervalli in cui la concavità è rivolta verso l'alto.)

190 $y = x^4 + 4x^3 + 1$ $[x < -2 \lor x > 0]$

191 $y = 2x^3 - 3x^2 + 4x$ $\left[x > \dfrac{1}{2}\right]$

192 $y = -x^4 + 6x^3 - 12x^2 + 6x$ $[1 < x < 2]$

193 $y = -\dfrac{1}{3}x^3 + 4x$ $[x < 0]$

194 $y = 2x^4 - 12x^2$ $[x < -1 \lor x > 1]$

195 $y = -2(x-1)^3$ $[x < 1]$

196 $y = \dfrac{x-1}{x+3}$ $[x < -3]$

197 $y = \dfrac{x^2}{x-1}$ $[x > 1]$

198 $y = \dfrac{x^2 - x}{x + 2}$ $[x > -2]$

199 $y = \dfrac{x^4}{2} + \dfrac{2}{x^4}$ $[x \neq 0]$

200 $y = \sqrt{x - 2} + 1$ [verso il basso $x > 2$]

201 $y = \ln\left(1 - \dfrac{2}{x}\right)$ $[x < 0]$

202 $y = xe^x + x$ $[x > -2]$

203 $y = \dfrac{5}{2}\sin x - 1$ $[2k\pi < x < \pi + 2k\pi]$

Ricerca dei flessi e derivata seconda
▶ Teoria a p. 790

204 **LEGGI IL GRAFICO** Nei seguenti grafici indica le caratteristiche del flesso e se in x_0 le derivate prima e seconda si annullano.

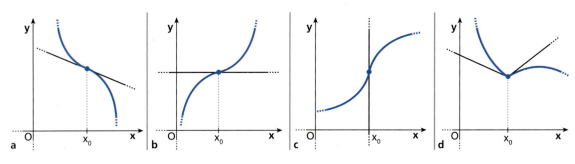

205 **ESERCIZIO GUIDA** Troviamo i punti di flesso della funzione $f(x) = -x(x+1)^3$.

La funzione è definita per ogni $x \in \mathbb{R}$. Calcoliamo la derivata prima e la derivata seconda:

$$f'(x) = -(x+1)^3 - 3x(x+1)^2 = (x+1)^2(-x-1-3x) = (x+1)^2(-4x-1);$$

$$f''(x) = 2(x+1)(-4x-1) + (x+1)^2(-4) = (x+1)(-8x-2-4x-4) =$$

$$(x+1)(-12x-6) = -6(x+1)(2x+1).$$

La derivata seconda è continua, quindi possiamo cercare i punti di flesso imponendo $f''(x) = 0$:

$$-6(x+1)(2x+1) = 0 \quad \rightarrow \quad x = -1 \quad \lor \quad x = -\dfrac{1}{2}.$$

Studiamo il segno di $f''(x)$:

$$f''(x) > 0 \quad \text{se} \quad -6(x+1)(2x+1) > 0 \quad \rightarrow \quad (x+1)(2x+1) < 0 \quad \rightarrow \quad -1 < x < -\dfrac{1}{2}.$$

Compiliamo il quadro di confronto della derivata seconda e della funzione.

Dal quadro si deduce che i punti $x_1 = -1$ e $x_2 = -\frac{1}{2}$ sono punti di flesso.

Essendo $f'(-1) = 0$ e $f'\left(-\frac{1}{2}\right) = \frac{1}{4} \neq 0$, $x_1 = -1$ è un punto di flesso orizzontale, mentre $x_2 = -\frac{1}{2}$ è un punto di flesso obliquo.

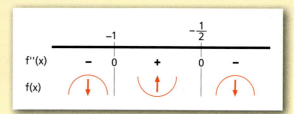

Determina i punti di flesso delle seguenti funzioni.

206 $y = -x^3(x+1)$ $\left[x = 0 \text{ fl. or.}; x = -\frac{1}{2} \text{ fl. ob.}\right]$

207 $y = 2x^3 - 8x$ $[x = 0 \text{ fl. ob.}]$

208 $y = x^4 - 3x^3 + 2$ $\left[x = 0 \text{ fl. or.}; x = \frac{3}{2} \text{ fl. ob.}\right]$

209 $y = -x(x-1)^2$ $\left[x = \frac{2}{3} \text{ fl. ob.}\right]$

210 $y = 2x + \frac{1}{x}$ [nessun flesso]

211 $y = \frac{x^3}{4 + 3x^2}$ $[x = 0 \text{ fl. or.}; x = \pm 2 \text{ fl. ob.}]$

212 $y = \frac{10x}{1 - x^2}$ $[x = 0 \text{ fl. ob.}]$

213 $y = x^2 + \frac{1}{x}$ $[x = -1 \text{ fl. ob.}]$

214 $y = \frac{x^2}{x - 1}$ [nessun flesso]

215 $y = \frac{x^3}{x + 1}$ $[x = 0 \text{ fl. or.}]$

216 **ESERCIZIO GUIDA** Determiniamo i punti di flesso della funzione $g(x) = \sqrt[3]{x + 2}$.

La funzione è definita $\forall x \in \mathbb{R}$. Calcoliamo le derivate prima e seconda:

$g'(x) = \frac{1}{3}(x + 2)^{-\frac{2}{3}} = \frac{1}{3} \cdot \frac{1}{\sqrt[3]{(x+2)^2}}$;

$g''(x) = \frac{1}{3} \cdot \left(-\frac{2}{3}\right)(x+2)^{-\frac{5}{3}} = -\frac{2}{9} \cdot \frac{1}{\sqrt[3]{(x+2)^5}}$.

La derivata seconda non esiste in $x = -2$ ed è positiva per $x < -2$ e negativa per $x > -2$.
Il punto $x = -2$ è di flesso. Poiché in -2 anche la $g'(x)$ non esiste e $\lim_{x \to -2} g'(x) = +\infty$, il flesso è verticale.

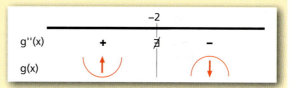

Determina i punti di flesso delle seguenti funzioni.

217 $y = x\sqrt{9 - x^2}$ $[x = 0 \text{ fl. ob.}]$

218 $y = \frac{x + 2}{\sqrt{x + 1}}$ $[x = 2 \text{ fl. ob.}]$

219 $y = \sqrt[3]{4 - x}$ $[x = 4 \text{ fl. ver.}]$

220 $y = \sqrt[3]{x^2 - 4}$ $[x = \pm 2 \text{ fl. ver.}]$

221 $y = x\sqrt[3]{x - 1}$ $\left[x = 1 \text{ fl. ver.}; x = \frac{3}{2} \text{ fl. ob.}\right]$

222 $y = \sqrt{x^2 - 2x - 1}$ [nessun flesso]

223 $y = \ln(x^2 - 5x + 6)$ [nessun flesso]

224 $y = xe^{-x}$ $[x = 2 \text{ fl. ob.}]$

225 $y = x \ln x - \frac{1}{x}$ $[x = \sqrt{2} \text{ fl. ob.}]$

226 $y = e^{\frac{x^3}{3}}$ $[x = 0 \text{ fl. or.}; x = -\sqrt[3]{2} \text{ fl. ob.}]$

227 $y = \sin 2x$, in $\left[\frac{\pi}{4}; \frac{5}{4}\pi\right]$. $\left[x = \frac{\pi}{2} \text{ e } x = \pi \text{ fl. ob.}\right]$

228 $y = 2\tan x + 1$, in $\left[-\frac{\pi}{2}; \frac{\pi}{2}\right]$. $[x = 0 \text{ fl. ob.}]$

Capitolo 16. Studio delle funzioni

229 **ESERCIZIO GUIDA** Determiniamo i punti di flesso della funzione $f(x) = x^3 - 6x + 2$ e scriviamo le equazioni delle tangenti inflessionali.

$f(x)$ è continua e derivabile in $\mathbb{R}$. Calcoliamo le derivate prima e seconda.
$f'(x) = 3x^2 - 6; \qquad f''(x) = 6x.$
$f''(x) = 0: \ 6x = 0 \to x = 0;$
$f''(x) > 0: \ 6x > 0 \to x > 0.$

Deduciamo che $x = 0$ è un punto di flesso obliquo perché $f'(0) \neq 0$.
Il coefficiente angolare della tangente inflessionale è $f'(0) = -6$.
Per $x = 0$ si ha $f(0) = 2$, quindi il punto di flesso ha coordinate $(0; 2)$.
L'equazione della tangente è: $y - 2 = -6x \to y = -6x + 2$.

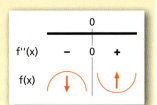

Determina i punti di flesso e scrivi le equazioni delle tangenti inflessionali delle seguenti funzioni.

230 $y = x^3 - 6x^2 + 4x + 5$ $\quad$ [fl. $(2; -3); y = -8x + 13$]

231 $y = x^3 + 4x - 1$ $\quad$ [fl. $(0; -1); y = 4x - 1$]

232 $y = x(x + 3)^2$ $\quad$ [fl. $(-2; -2); y = -3x - 8$]

233 $y = xe^x$ $\quad$ $\left[\text{fl.}\left(-2; -\dfrac{2}{e^2}\right); y = \dfrac{-x-4}{e^2}\right]$

234 $y = (x - 2)^3$ $\quad$ [fl. $(2; 0); y = 0$]

235 $y = 3\sin x$, in $[-\pi; \pi]$. $\quad$ [fl. $(0; 0); y = 3x$]

---

236 Determina per quali valori di a e b la funzione $y = ax^3 + bx^2$ ha un flesso in $F(-2; 16)$. $\quad$ [$a = 1; b = 6$]

237 Trova a, b nella funzione $y = e^{ax^2} + b$, in modo che il suo grafico abbia un flesso nel punto di ascissa -1 e passi per $(0; 2)$. $\quad$ $\left[a = -\dfrac{1}{2}; b = 1\right]$

238 Determina a, b, c nella funzione $y = ax^3 + bx^2 + cx$, in modo che il suo grafico abbia in $F(1; 2)$ un flesso orizzontale. $\quad$ [$a = 2; b = -6; c = 6$]

239 Nella funzione di equazione $y = ax^3 + bx^2 + cx + d$, trova a, b, c, d in modo che il grafico relativo passi per l'origine e abbia nel punto di ascissa -1 un flesso con tangente di equazione $y = 2x + 2$.
$\quad$ [$a = -2; b = -6; c = -4; d = 0$]

 Allenati con **15 esercizi interattivi** con feedback "hai sbagliato, perché..."
☐ su.zanichelli.it/tutor3 $\quad$ risorsa riservata a chi ha acquistato l'edizione con tutor

---

5 Problemi di ottimizzazione

▶ Teoria a p. 792

Problemi sui numeri

240 Trova x e y in modo che sia minima la somma dei loro quadrati, sapendo che $x + y = 20$. $\quad$ [10; 10]

241 Verifica che, se due numeri hanno somma costante a, il loro prodotto è massimo quando sono uguali.

242 La somma di due numeri positivi x e y è 40. Trova quali numeri rendono il prodotto $x^2 y^3$ massimo.
$\quad$ [16; 24]

243 Trova x e y in modo che sia minima la somma dei loro quadrati, sapendo che $xy = 36$. $\quad$ [6, 6 o $-6, -6$]

244 Verifica che, se due numeri hanno prodotto positivo e costante, la somma dei loro cubi è minima quando i due numeri sono uguali.

245 Trova per quale numero reale è minima la differenza tra il suo cubo e il numero stesso. $\left[\dfrac{\sqrt{3}}{3}\right]$

Problemi di geometria analitica

246 **ESERCIZIO GUIDA** È data la parabola di equazione $y = -x^2 + 4$. Determiniamo su di essa un punto P interno al primo quadrante in modo che sia massima la somma delle distanze di P dagli assi cartesiani.

Rappresentiamo graficamente la parabola assegnata.

Scegliamo la variabile
Il punto P ha generiche coordinate $(x; y)$ con $y = -x^2 + 4$, quindi scegliendo come variabile l'ascissa di P abbiamo:
$$P(x; -x^2 + 4).$$

Condizioni sulla variabile
La posizione del punto P può variare da $V(0; 4)$ ad $A(2; 0)$. Poiché P deve essere *interno* al primo quadrante, sono esclusi i casi limite di $P \equiv V$ e $P \equiv A$. Pertanto: $0 < x < 2$.

Determiniamo la funzione obiettivo
Se indichiamo con $\overline{PH}$ e $\overline{PK}$ le distanze di P dall'asse x e dall'asse y, la funzione è
$$y = \overline{PH} + \overline{PK} \rightarrow y = -x^2 + 4 + x = -x^2 + x + 4.$$

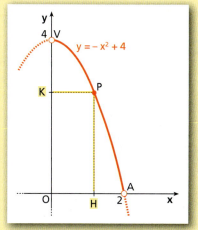

Calcoliamo il massimo
Calcoliamo la derivata prima:
$$y' = -2x + 1,$$
$$y' = 0: -2x + 1 = 0 \rightarrow x = \frac{1}{2}.$$
Quindi $x = \dfrac{1}{2}$ è un punto stazionario.

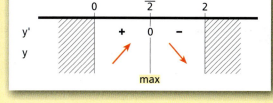

Studiamo il segno di y':
$$-2x + 1 > 0 \rightarrow 2x - 1 < 0 \rightarrow x < \frac{1}{2}.$$
Il valore massimo di y si ha per $x = \dfrac{1}{2}$.

In corrispondenza di questo valore otteniamo $y = -\left(\dfrac{1}{2}\right)^2 + 4 = \dfrac{15}{4}$, quindi il punto cercato è $P\left(\dfrac{1}{2}; \dfrac{15}{4}\right)$.

247 Individua il punto della retta $2x + y - 5 = 0$ per il quale è minima la distanza dall'origine degli assi cartesiani. $[P(2; 1)]$

248 Determina il punto della retta $y = 4x - 1$ per il quale è minima la distanza dal punto $A(0; 3)$.
$\left[P\left(\dfrac{16}{17}; \dfrac{47}{17}\right)\right]$

249 Stabilisci qual è il punto P del quarto quadrante, appartenente alla parabola di equazione $y = x^2 - 4$, che ha distanza minima dal punto $Q(0; -2)$.
$\left[P\left(\sqrt{\dfrac{3}{2}}; -\dfrac{5}{2}\right)\right]$

250 Determina sul segmento AB un punto P in modo che la somma dei quadrati delle sue distanze dagli assi cartesiani sia minima.
$\left[P\left(\dfrac{4}{5}; \dfrac{8}{5}\right)\right]$

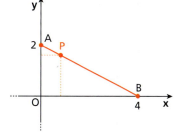

251 Determina le coordinate del punto P del primo quadrante appartenente alla curva rappresentata in figura in modo che l'area del rettangolo colorato sia massima. $[P(1;1)]$

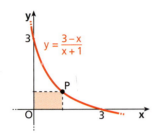

252 Data la parabola di equazione $y = -x^2 + 1$, determina su di essa un punto P di ordinata positiva in modo che sia minima la somma dei quadrati delle distanze di P dai punti di intersezione della parabola con l'asse x. $\left[x = \pm\dfrac{\sqrt{2}}{2}\right]$

253 Data la parabola di equazione $y = -x^2 + 4x$, inscrivi un rettangolo di area massima nella parte di piano delimitata dalla parabola e dall'asse x. $\left[\text{se } y = k \text{ è una parallela all'asse } x, k = \dfrac{8}{3}\right]$

254 Considera una generica retta passante per il punto $(1; 4)$ e di coefficiente angolare m negativo. Siano P e Q i punti di intersezione rispettivamente con gli assi x e y. Determina l'equazione della retta per cui è minima la somma $\overline{OP} + \overline{OQ}$. $[y = -2x + 6]$

255 Individua il punto della parabola di equazione $y = -x^2$ per il quale è minima la distanza dalla retta $y = x + 3$. $\left[P\left(-\dfrac{1}{2}; -\dfrac{1}{4}\right)\right]$

256 Data la parabola di equazione $y = -x^2 + 5$, indica con A e B i punti in cui interseca la retta di equazione $y = k$. Determina k in modo che sia massima l'area della superficie del triangolo OAB, in cui O è l'origine degli assi. $\left[k = \dfrac{10}{3}\right]$

257 È data la circonferenza di equazione $x^2 + y^2 = 1$. Determina su di essa un punto P in modo che sia massima la somma dei quadrati delle sue distanze dai punti $A(2; 0)$ e $B(0; 2)$. $\left[\text{se } x \text{ è l'ascissa di } P, x = -\dfrac{\sqrt{2}}{2}\right]$

258 Fra tutti i rettangoli inscritti nella circonferenza di equazione $x^2 + y^2 = 4$, determina quello di area massima. $[\text{il quadrato di lato } 2\sqrt{2}]$

259 Data la parabola di equazione $y = 4 - x^2$, individua sull'arco $\widehat{VA}$ (dove V è il vertice della parabola e A l'intersezione della parabola con il semiasse positivo delle x) il punto P per il quale è minima la distanza dal punto $B(0; 3)$. $\left[P\left(\dfrac{\sqrt{2}}{2}; \dfrac{7}{2}\right)\right]$

260 Determina un punto P sulla retta di equazione $x = 4$ in modo che la somma $\overline{PH}^2 + \overline{PK}^2$ sia minima, essendo $\overline{PH}$ e $\overline{PK}$ le distanze di P dalle rette di equazione $y = 2$ e $y = x - 3$. $\left[\left(4; \dfrac{5}{3}\right)\right]$

261 Date la circonferenza di equazione $x^2 + y^2 = 4$ e la retta r di equazione $y = mx$, siano P il loro punto di intersezione nel primo quadrante e A la proiezione di P sull'asse x. Determina per quale valore di m il triangolo OPA ha area massima. $[1]$

262 **LEGGI IL GRAFICO** Determina le equazioni delle parabole rappresentate in figura e trova il triangolo ABC di area massima, inscritto nella regione da esse delimitata, che ha il lato BC parallelo all'asse y. $\left[C\left(\dfrac{2}{3}; -\dfrac{8}{9}\right)\right]$

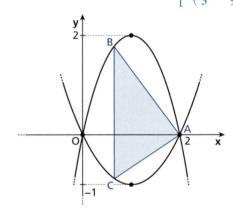

263 Data la parabola
$y = -x^2 + 8x - 7,$
inscrivi nella parte di piano limitata dalla parabola e dall'asse x un trapezio isoscele con la base maggiore sull'asse x e di area massima.
$[\text{se } y = k \text{ è la retta della base minore, } k = 8]$

264 La parabola di equazione $y = -2x^2 + x + 1$ interseca l'asse y nel punto C e l'asse x nei punti A e B (A è il punto di ascissa negativa). Considera un punto P variabile sull'arco $\widehat{CB}$ della parabola e trova l'ascissa di P per la quale è massima l'area del quadrilatero $OCPB$. $\left[x = \dfrac{1}{2}\right]$

Paragrafo 5. Problemi di ottimizzazione

265 Determina le coordinate di un punto P, appartenente alla parabola di equazione $y = -x^2 + 4x$, tale che la sua distanza dalla retta $y = -x + 8$ sia minima. Calcola la misura di tale distanza.
$$\left[P\left(\frac{5}{2}; \frac{15}{4}\right); d = \frac{7\sqrt{2}}{8}\right]$$

266 Scrivi l'equazione della parabola che passa per l'origine O e per i punti $A(2; 0)$ e $B(-1; 3)$. La retta di equazione $y = mx$ interseca l'arco di parabola $\overset{\frown}{OA}$, oltre che in O, in un punto P. Trova P in modo che l'area del triangolo OPA sia massima. $[P(1; -1)]$

267 Trova per quale valore di a il vertice della parabola di equazione $y = ax^2 - 2x + 4$ ha la minima distanza dall'origine. $\left[a = \frac{1}{2}\right]$

268 Date la parabola di equazione $y = x^2$ e l'iperbole equilatera di equazione $y = -\frac{4}{x}$, considera sulle due curve due punti P e Q con la stessa ascissa $a > 0$. Calcola la distanza $\overline{PQ}$ e trova per quale valore di a essa è minima. $[a = \sqrt[3]{2}]$

269 **LEGGI IL GRAFICO** Scrivi l'equazione della parabola rappresentata nella figura e trova la posizione di A e B in modo che il triangolo OBA abbia area massima.

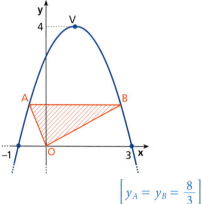

$$\left[y_A = y_B = \frac{8}{3}\right]$$

270 **a.** Determina le coordinate del punto di minimo P della funzione $f(x) = x^3 - 3ax^2 + 6a^2$ al variare di $a > 0$ e trova per quale valore di a il punto P ha la massima ordinata.

b. Rappresenta il grafico di $f(x)$ per il valore di a trovato. $[\text{a}) P(2a; -4a^3 + 6a^2), a = 1]$

Problemi di geometria piana

271 Fra tutti i rettangoli di area a^2, determina quello la cui diagonale è minima. [il quadrato di lato a]

272 Verifica che fra tutti i rettangoli di perimetro a, quello di area massima è il quadrato.

273 Fra tutti i rettangoli di diagonale d, trova quello di area massima. $\left[\text{il quadrato di lato } \frac{\sqrt{2}}{2}d\right]$

274 Fra tutti i triangoli rettangoli la cui somma dei cateti misura b, determina quello di ipotenusa minima.
$\left[\text{il triangolo isoscele con i cateti che misurano } \frac{b}{2}\right]$

275 Nel quadrato $ABCD$ di lato a, determina sul lato AB un punto P in modo che la somma dei quadrati delle sue distanze da C e dal punto medio M di AD sia minima. $\left[\overline{AP} = \frac{a}{2}\right]$

276 Fra tutti i triangoli rettangoli nei quali la somma di un cateto e dell'ipotenusa misura $2b$, determina quello di area massima.
$\left[\text{il triangolo nel quale un cateto misura } \frac{2}{3}b\right]$

277 Fra tutti i triangoli isosceli inscritti in un cerchio di raggio r, trova quello di area massima.
$\left[\text{il triangolo equilatero con altezza che misura } \frac{3}{2}r\right]$

278 Fra tutti i triangoli isosceli che hanno per base una corda di un cerchio di raggio r e il vertice nel centro del cerchio stesso, determina quello di area massima.
$\left[\text{il triangolo la cui altezza misura } \frac{r}{2}\sqrt{2}\right]$

279 Fra tutti i rombi circoscritti a un cerchio di raggio r, determina quello di perimetro minimo. [il quadrato]

280 Dati un triangolo equilatero ABC di lato $\overline{AB} = a$ e un punto P di AB, trova la posizione di P che rende massima l'area del trapezio $PBFE$. $\left[\overline{AP} = \frac{a}{3}\right]$

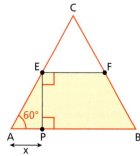

Capitolo 16. Studio delle funzioni

281 Sia $ABCD$ un trapezio isoscele di area 36 e con gli angoli adiacenti alla base di 45°. Determina l'altezza del trapezio in modo che abbia perimetro minimo.
$$\left[\text{misura dell'altezza} = \frac{6}{\sqrt[4]{2}}\right]$$

282 Tra tutti i rombi di perimetro a, determina quello di area massima.
$$\left[\text{il quadrato di diagonale } \frac{a}{2\sqrt{2}}\right]$$

283 Sia $ABCD$ un quadrato di lato a. Determina un punto P sul segmento MN che congiunge i punti medi M e N rispettivamente dei segmenti AB e CB in modo che sia minima la somma $\overline{PH}^2 + \overline{PM}^2$.
$$\left[\overline{PM} = \frac{\sqrt{2}}{3}a\right]$$

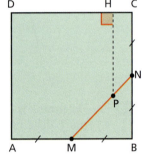

284 Sulla semicirconferenza di diametro AB, con $\overline{AB} = 2r$, traccia la corda AC. Indica con P il suo punto medio e con K la proiezione ortogonale di P su AB. Determina l'angolo $B\widehat{A}C$ in modo che sia massimo il segmento PK.
$$\left[B\widehat{A}C = \frac{\pi}{4}\right]$$

285 Determina la misura degli angoli alla base di un trapezio isoscele, con base minore e lati obliqui che misurano 2, in modo che l'area sia massima.
$$\left[\frac{\pi}{3}\right]$$

286 Data la semicirconferenza di diametro AB, con $\overline{AB} = 2$, traccia la retta t tangente in B e da un punto P della semicirconferenza traccia la proiezione Q su t. Determina la posizione di P per cui la somma $\overline{PQ} + \overline{PA}$ è massima.
$$\left[P\widehat{A}B = x, x = \frac{\pi}{3}\right]$$

287 Sull'arco $\overset{\frown}{AB}$ di un settore circolare di raggio 1, centro O e ampiezza $\frac{\pi}{3}$, prendi un punto P in modo che, indicate rispettivamente con H e K le proiezioni di P su OA e OB, risulti massima la somma dei segmenti PH e PK.
$$\left[\text{posto } A\widehat{O}P = x, x = \frac{\pi}{6}\right]$$

288 Sia ABC un triangolo rettangolo con l'ipotenusa BC lunga 10 m e l'angolo $A\widehat{B}C$ di ampiezza $\frac{\pi}{3}$. Traccia una semiretta uscente da B e appartenente all'angolo $A\widehat{B}C$ in modo che, dette H e K le proiezioni ortogonali su di essa di A e di C, la somma delle misure dei segmenti AH e CK risulti massima.
$$\left[\text{posto } H\widehat{B}C = x, x = \frac{\pi}{3}\right]$$

Problemi di geometria solida

289 Dato un triangolo rettangolo la cui ipotenusa misura l, determina l'ampiezza degli angoli acuti affinché il cilindro avente per diametro di base un cateto e per altezza l'altro cateto abbia area laterale massima.

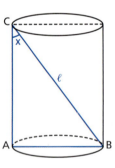

290 Fra tutte le piramidi regolari a base quadrata di apotema 3, determina quella di volume massimo.
$$[\text{se } x = \text{misura dell'altezza}, x = \sqrt{3}]$$

291 Fra tutti i cilindri inscrivibili in una sfera di raggio r, determina quello di superficie laterale massima.
$$[\text{se } x = \text{misura dell'altezza del cilindro}, x = r \cdot \sqrt{2}]$$

292 Fra i parallelepipedi rettangoli con volume costante V e altezza $h = 4$, determina quello con area laterale minima.
$$[\text{parallelepipedo a base quadrata}]$$

293 Tra i cilindri di volume V, qual è il raggio di base di quello che ha superficie totale minima?
$$\left[r = \sqrt[3]{\frac{V}{2\pi}}\right]$$

294 Al parallelepipedo in figura viene sottratto un cubo di spigolo x.

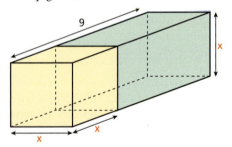

Determina per quale valore di x il parallelepipedo rimanente ha volume massimo. [6]

295 Tra i cilindri inscritti in un cono retto di raggio di base r e altezza $2r$, qual è quello di volume massimo?
$$\left[\text{raggio di base del cilindro} = \frac{2}{3}r\right]$$

Paragrafo 5. Problemi di ottimizzazione

296 Fra tutti i triangoli rettangoli ABC di data ipotenusa AB, con $\overline{AB} = a$, determina quello che genera, in una rotazione completa intorno al cateto AC, un cono di volume massimo.

$$\left[\text{posto } \overline{CB} = x, x = \frac{\sqrt{6}}{3}a\right]$$

297 Fra tutti i triangoli rettangoli ABC, di data ipotenusa AB, con $\overline{AB} = a$, determina quello per il quale è massima la somma delle superfici laterali dei coni generati da una rotazione completa prima intorno a un cateto e poi intorno all'altro cateto.

$$\left[\text{se } x = \text{misura di un cateto}, x = \frac{\sqrt{2}}{2}a;\right.$$
$$\left.\text{il triangolo è rettangolo isoscele}\right]$$

298 Fra tutti i coni inscritti in una sfera di raggio r, determina quello per il quale è massimo il rapporto tra il suo volume e quello della sfera.

$$\left[\text{posto } x = \text{misura dell'altezza del cono}, x = \frac{4}{3}r\right]$$

299 Di tutti i parallelepipedi a base quadrata con diagonale di misura d, determina quello di volume massimo.

$$\left[\text{posto } x = \text{misura dell'altezza}\right.$$
$$\left.\text{del parallelepipedo}, x = \frac{d \cdot \sqrt{3}}{3}\right]$$

Problemi REALTÀ E MODELLI

300 **ESERCIZIO GUIDA** Un foglio di carta rettangolare deve contenere: un'area di stampa di 50 cm², con margini superiore e inferiore di 4 cm e margini laterali di 2 cm. Quali sono le dimensioni del foglio di carta di area minima che si può utilizzare?

Nella figura è rappresentato il foglio di carta ABCD con area di stampa A'B'C'D'.
Poniamo $\overline{AB} = x$, $\overline{BC} = y$:

$$\overline{A'B'} = x - 8, \overline{B'C'} = y - 4, \quad \text{con } x > 8 \text{ e } y > 4.$$

L'area di stampa deve essere di 50 cm², quindi:

$$(x-8)(y-4) = 50 \rightarrow y = \frac{4x + 18}{x - 8}.$$

Pertanto:

$$\text{area}_{ABCD} = \overline{AB} \cdot \overline{BC} = xy = \frac{4x^2 + 18x}{x - 8}.$$

L'area è funzione di x e la funzione da minimizzare è:

$$A(x) = \frac{4x^2 + 18x}{x - 8}.$$

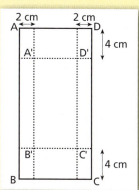

Calcoliamo la derivata prima e studiamo il suo segno.

$$A'(x) = \frac{(8x + 18)(x - 8) - (4x^2 + 18x)}{(x - 8)^2} = \frac{4(x + 2)(x - 18)}{(x - 8)^2}.$$

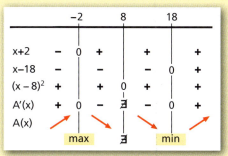

L'area $A(x)$ è minima per $x = 18$. Il corrispondente valore di y è:

$$y = \frac{18 + 4 \cdot 18}{18 - 8} = \frac{90}{10} = 9.$$

Il foglio di carta di area minima ha dimensioni 18 cm e 9 cm.

Capitolo 16. Studio delle funzioni

301 **Beware of dogs** Monica vuole realizzare sul retro della sua casa un recinto per i suoi cani, di forma rettangolare e che abbia un lato appoggiato al muro di casa. Ha a disposizione 5 m di rete. Individua qual è il recinto che consente ai cani di Monica di avere più spazio a disposizione.

[il recinto con il lato parallelo alla casa doppio di quello perpendicolare]

302 **Cartelloni minimi** Su un listello di legno si appendono due cartelloni come in figura: uno ha la forma di un quadrato, l'altro quella di un triangolo rettangolo con un cateto doppio dell'altro. Trova la misura di x in modo che la somma delle superfici dei due cartelloni risulti minima. $[x = 2]$

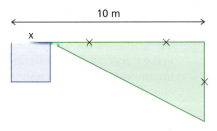

303 **Piscina massima** Una piscina ha la forma di un rettangolo con l'aggiunta di una zona a forma di semicerchio, avente il diametro coincidente con un suo lato. Determina le lunghezze dei lati del rettangolo in modo che la piscina abbia il perimetro esterno di 100 m e la superficie massima. $\left[b = \dfrac{200}{\pi + 4} \simeq 28 \text{ m}; h = \dfrac{100}{\pi + 4} \simeq 14 \text{ m} \right]$

304 **Aquilone** Si vuole costruire un aquilone a forma di settore circolare con una superficie di 8 m². Determina l'angolo α del settore in modo che il contorno dell'aquilone sia minimo, sapendo che la lunghezza l di un arco di circonferenza di raggio r e angolo al centro α è $l = \alpha r$, mentre l'area $\mathcal{A}$ del settore circolare è $\mathcal{A} = \dfrac{1}{2} \alpha r^2$.

$[\alpha = 2]$

305 **Giardini geometrici** Un giardiniere ha avuto l'incarico di realizzare un'aiuola a forma di settore circolare con un'area di 16 m². L'interno dell'aiuola sarà ricoperto d'erba, mentre lungo il perimetro saranno piantati dei fiori. Determina il raggio e l'angolo di apertura dell'aiuola in modo che si utilizzi il minor numero di fiori. $[r = 4 \text{ m}; \alpha = 2 \text{ rad}]$

306 In un mercato in regime di monopolio, il prezzo di vendita p di un bene dipende dalla quantità x che rappresenta la domanda del mercato secondo la legge $p(x) = 80 - x$.
   a. Determina la funzione ricavo totale $R(x)$ data dal prodotto tra il prezzo e la quantità di merce venduta.
   b. Determina per quale quantità di merce venduta il ricavo è massimo.

[a) $R(x) = 80x - x^2$; b) $x = 40$]

307 **Caldo caldo!** Un'azienda produce thermos con capacità di 1 L, a forma di cilindro circolare retto. Il settore *Ricerca e sviluppo* dell'azienda vuole determinare il raggio di base r e l'altezza h del thermos che permettano di minimizzare il calore disperso all'esterno, che è direttamente proporzionale alla superficie del contenitore. Calcola la loro lunghezza in centimetri.

$[r \simeq 5,4 \text{ cm}; h \simeq 10,8 \text{ cm}]$

308 Un falegname deve costruire una cassapanca a forma di parallelepipedo, con il coperchio, utilizzando la minima quantità di legno. Se uno spigolo deve essere di 15 dm e il volume di 630 dm³, quanto saranno lunghi gli altri due spigoli? [6,48 dm; 6,48 dm]

309 Su un cartoncino rettangolare si deve applicare una foto di 300 cm² con il margine superiore e inferiore di 3 cm e con i margini laterali di 4 cm. Che dimensioni deve avere il cartone di area minima che serve allo scopo?

[28 cm; 21 cm]

310 Si deve progettare una vasca a forma di parallelepipedo rettangolo a base quadrata della capacità di 64 m³, da rivestire di piombo. Determina il lato di base x affinché sia minima la quantità di piombo utilizzata (trascurando lo spessore delle pareti). $[x = 4 \cdot \sqrt[3]{2}]$

Paragrafo 5. Problemi di ottimizzazione

RISOLVIAMO UN PROBLEMA

Lavori in corso

Un'impresa edile deve costruire una strada che colleghi tra loro due piccoli paesi, A e B, che distano tra loro 6 km, e due strade che colleghino A e B con la città C, che dista da entrambi 5 km, in modo che il percorso sia il più breve possibile. Decide quindi di costruire un tratto comune CH sull'asse del segmento AB per poi costruire due strade rettilinee che colleghino H con A e con B. Quanto deve essere lungo il tratto CH?

▶ **Modellizziamo il problema.**

Rappresentiamo con un disegno la situazione: le tre località si trovano ai vertici di un triangolo isoscele (dato che C ha la stessa distanza da A e da B); il tratto CH si trova sull'asse del segmento AB; CK è l'altezza relativa ad AB.

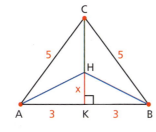

Chiamiamo x la misura del tratto KH. L'altezza CK, per il teorema di Pitagora, è lunga 4 km, quindi: $0 < x < 4$.

▶ **Troviamo la funzione obiettivo.**

Esprimiamo le tre misure in funzione di x.

$$\overline{CH} = \overline{CK} - \overline{KH} = 4 - x.$$

I tratti AH e HB sono uguali, dato che H è un punto dell'asse di AB. Calcoliamo la loro misura applicando il teorema di Pitagora al triangolo AHK:

$$\overline{AH} = \overline{HB} = \sqrt{\overline{AK}^2 + \overline{KH}^2} = \sqrt{9 + x^2}.$$

La funzione che esprime la misura della lunghezza delle strade da costruire è dunque:

$$f(x) = 2\sqrt{9 + x^2} + 4 - x.$$

▶ **Troviamo il minimo.**

Deriviamo la funzione:

$$f'(x) = \frac{2x}{\sqrt{9+x^2}} - 1 = \frac{2x - \sqrt{9+x^2}}{\sqrt{9+x^2}}.$$

Studiamo il segno della derivata prima:

$$f'(x) > 0 \rightarrow \frac{2x - \sqrt{9+x^2}}{\sqrt{9+x^2}} > 0 \rightarrow$$

$$2x - \sqrt{9+x^2} > 0 \rightarrow 2x > \sqrt{9+x^2}.$$

Dato che $0 < x < 4$ e il radicando è sempre positivo, possiamo elevare al quadrato entrambi i membri:

$$4x^2 > 9 + x^2 \rightarrow x^2 > 3 \rightarrow x < -\sqrt{3} \vee x > \sqrt{3}.$$

Compiliamo il quadro dei segni tenendo conto delle limitazioni. Dunque $x = \sqrt{3}$ è un minimo per la funzione. Per questo valore il tratto di strada CH è lungo circa 2,3 km.

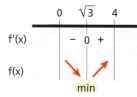

---

311 In una ditta i costi per la produzione sono suddivisi in costi fissi (1000 euro) e costi variabili secondo la quantità q di merce prodotta. I costi variabili seguono la legge $C(q) = 12q^2 - 960q$. Il ricavo rispetto alla quantità di merce venduta v è dato da $R(v) = 10v^2$. Supponendo che la quantità di merce prodotta e la quantità di merce venduta siano uguali, trova il quantitativo di merce per il massimo guadagno. [240]

312 **Viaggi d'affari** Il direttore commerciale di una grande azienda viaggia con un autista pagato € 60 l'ora. L'auto ha un costo fisso di € 0,10 al km e, per velocità v superiori a 50 km/h, ha un costo aggiuntivo di € $\dfrac{3(v-50)}{500}$ al kilometro.

a. Sapendo che il direttore deve fare un viaggio in autostrada di 100 km, calcola il costo fisso in euro di tale viaggio e, supponendo che durante il viaggio mantenga costantemente la velocità di crociera v, in km/h, esprimi il costo in euro dell'autista in funzione di v.

b. Scrivi la funzione che esprime il costo totale in euro del viaggio in funzione della velocità v, supponendo $v > 50$ km/h, e determina qual è la velocità di crociera che minimizza il costo del viaggio.

$$\left[a)\ C_{\text{fisso}} = 10;\ C_{\text{autista}} = \frac{6000}{v};\ b)\ C(v) = \frac{6000}{v} + \frac{3}{5}v - 20;\ v = 100\ \text{km/h} \right]$$

6 | Studio di una funzione
▶ Teoria a p. 793

Dal grafico di una funzione alle sue caratteristiche

313 **VERO O FALSO?** Osserva il grafico.

a. La funzione è dispari. V F
b. Non ci sono né massimi né minimi. V F
c. La funzione ha due asintoti. V F
d. Il dominio della funzione è $\mathbb{R} - \{-1, 2\}$. V F
e. La concavità cambia, ma non ci sono flessi. V F

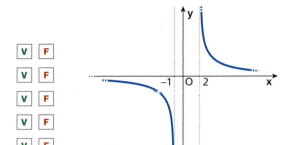

LEGGI IL GRAFICO Da ognuno dei seguenti grafici deduci:

1. il dominio della funzione rappresentata;
2. eventuali simmetrie e periodicità;
3. le intersezioni con gli assi;
4. gli intervalli in cui la funzione è positiva e negativa;
5. i limiti agli estremi del dominio e le equazioni degli asintoti;
6. i punti di massimo e minimo relativi;
7. i punti di flesso, evidenziando la concavità.

314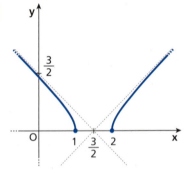

317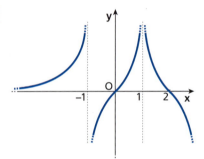

315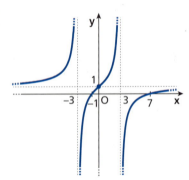

318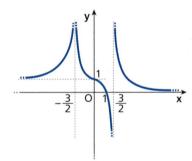

316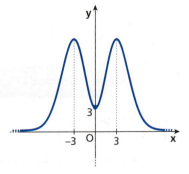

319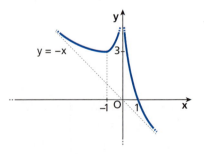

320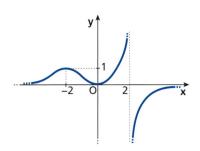

321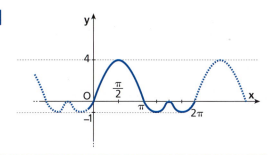

Dalle caratteristiche di una funzione al suo grafico

Traccia il grafico della funzione *y* = *f*(*x*), sapendo che ha le seguenti caratteristiche.

322
1. Il dominio è $\mathbb{R}$.
2. È pari.
3. Le intersezioni con gli assi sono $O(0;0)$ $(-2;0)$ e $(2;0)$.
4. $f(x) > 0$ per $x < -2 \lor x > 2$, $f(x) < 0$ per $-2 < x < 2 \land x \neq 0$.
5. Non ci sono asintoti e $\lim_{x \to \pm\infty} f(x) = +\infty$.
6. C'è un massimo in $O(0;0)$ e due minimi in $(-\sqrt{2}; -4)$ e $(\sqrt{2}; -4)$.
7. Ci sono due flessi obliqui in $\left(\pm\sqrt{\frac{2}{3}}; -\frac{20}{9}\right)$.

323
1. Il dominio è $\mathbb{R} - \{0\}$.
2. Non è né pari né dispari.
3. Non interseca gli assi cartesiani.
4. $f(x) > 0$ per $x > 0$, $f(x) < 0$ per $x < 0$.
5. Esistono un asintoto verticale $x = 0$, un asintoto obliquo a destra di equazione $y = x$ e un asintoto orizzontale a sinistra $y = -1$.
6. C'è un minimo nel punto $(1; 4)$.
7. Non vi sono flessi.

324
1. Il dominio è $\mathbb{R}$.
2. È pari.
3. L'intersezione con gli assi è in $(0; 0)$.
4. $f(x) > 0$ in $\mathbb{R} - \{0\}$.
5. Esiste un asintoto orizzontale $y = 1$.
6. C'è un minimo in $(0; 0)$.
7. Vi sono due flessi obliqui $F_1\left(-2; \frac{1}{2}\right)$ e $F_2\left(2; \frac{1}{2}\right)$.

325
1. Il dominio è $\mathbb{R} - \{0\}$.
2. Non è né pari né dispari.
3. L'intersezione con l'asse x è in $(2; 0)$.
4. $f(x) > 0$ per $x < 2$, $f(x) < 0$ per $x > 2$.
5. Si ha $\lim_{x \to -\infty} f(x) = 0^+$ e $\lim_{x \to +\infty} f(x) = -\infty$ e $x = 0$ è asintoto verticale.
6. Non sono presenti massimi e minimi.
7. Non ci sono flessi.

326
1. Il dominio è $\mathbb{R} - \{\pm 1\}$.
2. È pari.
3. L'intersezione con gli assi è nell'origine.
4. $f(x) > 0$ per $x < -1 \lor x > 1$, $f(x) < 0$ per $-1 < x < 1 \land x \neq 0$.
5. Esistono due asintoti verticali $x = \pm 1$ e un asintoto orizzontale $y = 0$.
6. C'è un massimo nell'origine.
7. Non vi sono flessi.

327
1. Il dominio è $\mathbb{R} - \{1\}$.
2. Non è né pari né dispari.
3. Le intersezioni con gli assi sono in $\left(\frac{1}{2}; 0\right)$, $(-1; 0)$ e in $(0; 1)$.
4. $f(x) > 0$ per $\left(x < \frac{1}{2} \land x \neq -1\right) \lor x > 1$, $f(x) < 0$ per $\frac{1}{2} < x < 1$.
5. Esistono un asintoto verticale $x = 1$ e un asintoto orizzontale $y = 0$ a destra $(x \to +\infty)$, mentre si ha $\lim_{x \to -\infty} f(x) = +\infty$.
6. Ci sono un minimo in $(-1; 0)$ e un massimo in $(0; 1)$.
7. C'è un flesso in $\left(-\frac{1}{2}; \frac{1}{2}\right)$.

328
1. Il dominio è $\mathbb{R} - \{-1\}$.
2. Non è né pari né dispari.
3. L'intersezione con gli assi è in $O(0; 0)$.
4. $f(x) > 0$ per $x < -1 \lor x > 0$, $f(x) < 0$ per $-1 < x < 0$.
5. Esistono un asintoto orizzontale $y = 1$ e un asintoto verticale $x = -1$ con $\lim_{x \to -1^{\pm}} f(x) = \mp\infty$.
6. Non ci sono massimi e minimi.
7. Il punto $O(0;0)$ è un flesso orizzontale ascendente e $F\left(1; \frac{1}{2}\right)$ è un flesso obliquo discendente.

Capitolo 16. Studio delle funzioni

Dalle caratteristiche di una funzione alla sua espressione analitica

TEST Quale delle seguenti funzioni è rappresentata dal grafico?

329

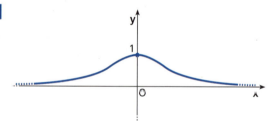

- **A** $y = x^2 + 1$
- **B** $y = \dfrac{1}{x+1}$
- **C** $y = \dfrac{1}{x^2+1}$
- **D** $y = \dfrac{x+1}{x^2+1}$
- **E** $y = \dfrac{-1}{x^2-1}$

330

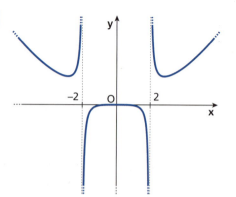

- **A** $y = x(x^2 - 4)$
- **B** $y = \dfrac{x^3}{x^2 - 4}$
- **C** $y = \dfrac{x^4}{10(x^2 - 4)}$
- **D** $y = \dfrac{4x^2}{x^2 - 4}$
- **E** $y = \dfrac{x^2 - 4}{x^4}$

331

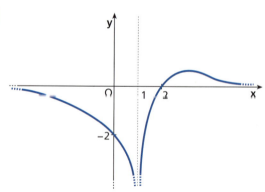

- **A** $y = \dfrac{-x + 2}{(x-1)^2}$
- **B** $y = \dfrac{x-2}{(x-1)^3}$
- **C** $y = \dfrac{x-2}{(x-1)^2}$
- **D** $y = \dfrac{x-2}{x-1}$
- **E** $y = \dfrac{x+2}{(x+1)^2}$

332

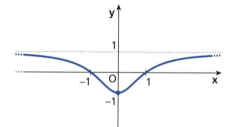

- **A** $y = \dfrac{x^2 - 1}{x^2 + 1}$
- **B** $y = \dfrac{x-1}{x+1}$
- **C** $y = -\dfrac{1}{x^2 - 1}$
- **D** $y = \dfrac{x-1}{x^2 + 1}$
- **E** $y = \dfrac{x^2 + 1}{x^2 - 1}$

333 Sia f una funzione che:
1. ha dominio $\mathbb{R} - \{3\}$;
2. ha intersezioni con gli assi nei punti $(0; 2)$ e $(6; 0)$;
3. ha un asintoto orizzontale di equazione $y = 1$ e uno verticale di equazione $x = 3$;
4. per $x > 6$ ha segno positivo.

Una possibile espressione analitica di f è:

- **A** $y = \dfrac{6}{x-3}$.
- **B** $y = \dfrac{x+6}{x+3}$.
- **C** $y = \dfrac{1}{x+3} + x + 6$.
- **D** $y = \dfrac{x-6}{x-3}$.
- **E** $y = \dfrac{x+6}{x-3}$.

Funzioni polinomiali

Le funzioni polinomiali,
$$y = a_n x^n + \ldots + a_2 x^2 + a_1 x + a_0, \text{ con } n \in \mathbb{N}, \text{ quando } n > 2,$$

- hanno come dominio $\mathbb{R}$;
- non hanno punti di discontinuità;
- non hanno asintoti;
- non hanno cuspidi, flessi verticali o punti angolosi;
- se sono funzioni dispari, hanno un flesso in $O(0; 0)$;
- se sono funzioni pari, $x = 0$ è un punto di massimo o di minimo relativo.

334 **TEST** A quale dei seguenti grafici corrisponde la funzione $y = x^4 - 4x^2$?

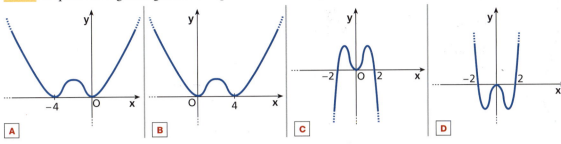

A   B   C   D

---

335 **ESERCIZIO GUIDA** Studiamo e rappresentiamo graficamente la funzione $y = f(x) = x^4 - 3x^2 + 2$.

1. Dominio: $\mathbb{R}$.

2. Simmetrie.
   Essendo $f(-x) = (-x)^4 - 3(-x)^2 + 2 = x^4 - 3x^2 + 2 = f(x)$, la funzione è pari e il suo grafico è simmetrico rispetto all'asse y.

3. Intersezioni con gli assi.

   Asse y: $\begin{cases} y = x^4 - 3x^2 + 2 \\ x = 0 \end{cases} \rightarrow \begin{cases} y = 2 \\ x = 0 \end{cases} \rightarrow$ il punto di intersezione con l'asse y è $A(0; 2)$.

   Asse x: $\begin{cases} y = x^4 - 3x^2 + 2 \\ y = 0 \end{cases} \rightarrow x^4 - 3x^2 + 2 = 0 \rightarrow x_1 = -1, x_2 = 1, x_3 = -\sqrt{2}, x_4 = +\sqrt{2}$.

   I punti di intersezione con l'asse x sono: $B(-1; 0)$, $C(1; 0)$, $D(-\sqrt{2}; 0)$, $E(\sqrt{2}; 0)$.

4. Segno della funzione.
   $$x^4 - 3x^2 + 2 > 0 \rightarrow (x^2 - 2)(x^2 - 1) > 0.$$

   1° fattore: $x^2 - 2 > 0 \rightarrow x < -\sqrt{2} \lor x > \sqrt{2}$.

   2° fattore: $x^2 - 1 > 0 \rightarrow x < -1 \lor x > 1$.

   Compiliamo il quadro dei segni.

   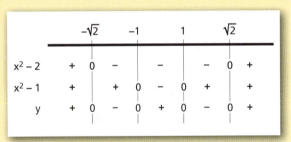

   Rappresentiamo i risultati nel riferimento cartesiano, tratteggiando le zone in cui **non** ci sono punti del grafico della funzione.

5. Limiti agli estremi del dominio:
   $$\lim_{x \to \pm\infty} (x^4 - 3x^2 + 2) = +\infty.$$

   Poiché la funzione è polinomiale, di quarto grado, **non** esiste un asintoto obliquo.

   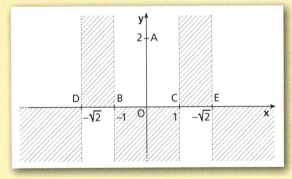

6. Derivata prima:
   $$y' = 4x^3 - 6x.$$

   Il dominio di y' è $\mathbb{R}$. Troviamo gli zeri e studiamo il segno.

   $y' = 0 \rightarrow 4x^3 - 6x = 0 \rightarrow 2x(2x^2 - 3) = 0 \rightarrow x = 0 \lor x = \pm\sqrt{\dfrac{3}{2}}$,

   $y' > 0 \rightarrow 2x(2x^2 - 3) > 0$.

1° fattore: $2x > 0 \to x > 0$.

2° fattore: $2x^2 - 3 > 0 \to x < -\sqrt{\frac{3}{2}} \lor x > \sqrt{\frac{3}{2}}$.

Compiliamo il quadro relativo al segno della derivata prima e segniamo gli intervalli in cui la funzione è crescente e quelli in cui è decrescente.

Per $x = \pm\sqrt{\frac{3}{2}}$ si hanno due punti di minimo. Calcoliamo le relative ordinate, sostituendo il valore delle ascisse nella funzione e otteniamo:

$$G\left(-\sqrt{\frac{3}{2}}; -\frac{1}{4}\right), H\left(\sqrt{\frac{3}{2}}; -\frac{1}{4}\right).$$

Per $x = 0$ si ha un massimo: $A(0; 2)$.

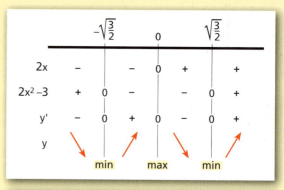

7. Derivata seconda:

$$y'' = 12x^2 - 6 = 6(2x^2 - 1),$$

$$y'' = 0 \to 2x^2 - 1 = 0 \to x = \pm\frac{\sqrt{2}}{2},$$

$$y'' > 0 \to 6(2x^2 - 1) > 0 \to$$

$$x < -\frac{\sqrt{2}}{2} \lor x > \frac{\sqrt{2}}{2}.$$

Compiliamo il quadro dei segni della derivata seconda e segniamo gli intervalli in cui il grafico della funzione ha concavità verso l'alto e quelli in cui l'ha verso il basso.

In $x = \pm\frac{\sqrt{2}}{2}$ abbiamo due flessi di coordinate:

$$F_1\left(-\frac{\sqrt{2}}{2}; \frac{3}{4}\right) \text{ e } F_2\left(\frac{\sqrt{2}}{2}; \frac{3}{4}\right).$$

Disegniamo il grafico della funzione.

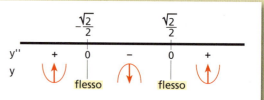

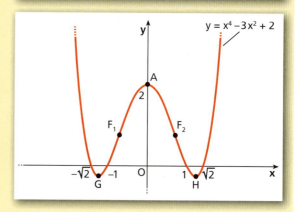

Studia e rappresenta graficamente le seguenti funzioni. (Qui e in seguito nelle soluzioni ci limitiamo a indicare i punti di massimo con max, quelli di minimo con min, quelli di flesso con F.)

336 $y = \frac{1}{3}x^3 - 3x^2$ $\quad [\max(0; 0); \min(6; -36); F(3; -18)]$

337 $y = x^4 - 8x^2$ $\quad \left[\min_{1,2}(\pm 2; -16); \max(0; 0); F_{1,2}\left(\pm\frac{2}{3}\sqrt{3}; -\frac{80}{9}\right)\right]$

338 $y = \frac{1}{3}x^3 - 9x$ $\quad [\max(-3; 18); \min(3; -18); F(0; 0)]$

339 $y = x^4 - \frac{4}{3}x^3$ $\quad \left[\min\left(1; -\frac{1}{3}\right); F_1(0; 0), F_2\left(\frac{2}{3}; -\frac{16}{81}\right)\right]$

340 $y = x^3 - 12x$ $\quad [\max(-2; 16); \min(2; -16); F(0; 0)]$

341 $y = x^2 - x^3$ $\quad \left[\min(0; 0); \max\left(\frac{2}{3}; \frac{4}{27}\right); F\left(\frac{1}{3}; \frac{2}{27}\right)\right]$

342 $y = x^3 - 3x + 2$ $\quad [\max(-1; 4); \min(1; 0); F(0; 2)]$

343 $y = x^4 - 16x^2$ $\qquad \left[\min_{1,2}(\pm 2\sqrt{2}; -64); \max(0;0); F_{1,2}\left(\pm\sqrt{\frac{8}{3}}; -\frac{320}{9}\right)\right]$

344 $y = x(x+2)^2$ $\qquad \left[\max(-2;0); \min\left(-\frac{2}{3}; -\frac{32}{27}\right); F\left(-\frac{4}{3}; -\frac{16}{27}\right)\right]$

345 $y = \frac{x^3}{3} - 3x^2 + 8x$ $\qquad \left[\max\left(2; \frac{20}{3}\right); \min\left(4; \frac{16}{3}\right); F(3;6)\right]$

346 $y = \frac{x^5}{5} + \frac{x^4}{2}$ $\qquad \left[\max\left(-2; \frac{8}{5}\right); \min(0;0); F\left(-\frac{3}{2}; \frac{81}{80}\right)\right]$

347 $y = (x^2 - 4)(x^2 - 1)$ $\qquad \left[\min_{1,2}\left(\pm\sqrt{\frac{5}{2}}; -\frac{9}{4}\right); \max(0;4); F_{1,2}\left(\pm\sqrt{\frac{5}{6}}; \frac{19}{36}\right)\right]$

348 $y = \frac{x^3}{6} - x^2 + \frac{3}{2}x$ $\qquad \left[\max\left(1; \frac{2}{3}\right); \min(3;0); F\left(2; \frac{1}{3}\right)\right]$

349 $y = x^2 - 4x^4$ $\qquad \left[\max_{1,2}\left(\pm\sqrt{\frac{1}{8}}; \frac{1}{16}\right); \min(0;0); F_{1,2}\left(\pm\sqrt{\frac{1}{24}}; \frac{5}{144}\right)\right]$

350 $y = x - \frac{1}{5}x^5$ $\qquad \left[\min\left(-1; -\frac{4}{5}\right); \max\left(1; \frac{4}{5}\right); F(0;0)\right]$

351 $y = -x^4 - x^2$ $\qquad [\max(0;0)]$

352 $y = x(x^2 - 4)$ $\qquad \left[\max\left(-\frac{2}{3}\sqrt{3}; \frac{16}{9}\sqrt{3}\right); \min\left(\frac{2}{3}\sqrt{3}; -\frac{16}{9}\sqrt{3}\right); F(0;0)\right]$

353 $y = x^3 - 2x^2 + x - 2$ $\qquad \left[\max\left(\frac{1}{3}; -\frac{50}{27}\right); \min(1; -2); F\left(\frac{2}{3}; -\frac{52}{27}\right)\right]$

354 $y = x^3\left(1 - \frac{1}{4}x\right)$ $\qquad \left[\max\left(3; \frac{27}{4}\right); F_1(0;0); F_2(2;4)\right]$

355 $y = x^4 - 2x^3 + 1$ $\qquad \left[\min\left(\frac{3}{2}; -\frac{11}{16}\right); F_1(0;1), F_2(1;0)\right]$

356 $y = 2x^3 - x^4$ $\qquad \left[\max\left(\frac{3}{2}; \frac{27}{16}\right); F_1(0;0), F_2(1;1)\right]$

357 **ASSOCIA** a ogni funzione il suo grafico senza svolgere lo studio completo.

a. $y = x^3 + x^2$ $\qquad$ b. $y = x^4 - x^3$ $\qquad$ c. $y = x^4 - x^2$ $\qquad$ d. $y = x^3 - x$

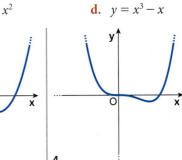

1 $\qquad$ 2 $\qquad$ 3 $\qquad$ 4

Problemi REALTÀ E MODELLI

358 **Che tosse!** La velocità dell'aria espulsa da un colpo di tosse provocato da un corpo estraneo dipende sia da fattori fisici della persona sia dal diametro r del corpo. Per Laura, la velocità v (espressa in mm/s) varia in funzione di r (espresso in mm) secondo la legge:

$$v(r) = 15r^2 - r^3, \quad \text{con } 0 \leq r \leq 15.$$

Studia la funzione e rappresentala graficamente.
Calcola per quali dimensioni del corpo estraneo si ha la massima velocità.

[10 mm]

Capitolo 16. Studio delle funzioni

359 **Ombrelli Rainoff** In tabella ci sono alcuni dei dati di una rilevazione effettuata dalla ditta Rainoff.

Numero addetti	0	2	5	10
Numero ombrelli prodotti	0	6	30	70

a. Studia la funzione polinomiale di terzo grado il cui grafico passa per i punti corrispondenti ai dati rilevati.

b. La ditta ha osservato che, quando si va oltre un certo numero di addetti, la produzione ha una flessione. Individua il numero di addetti in corrispondenza del quale la produzione inizia a diminuire. [b) 11]

Funzioni razionali fratte

Le funzioni razionali fratte,
$$y = \frac{a_n x^n + a_{n-1} x^{n-1} + \ldots + a_0}{b_m x^m + b_{m-1} x^{m-1} + \ldots + b_0} = \frac{A(x)}{B(x)},$$

- hanno come dominio $\mathbb{R}$ con esclusione dei valori che annullano $B(x)$;
- possono avere asintoti verticali che vanno ricercati fra i valori che annullano $B(x)$;
- intersecano l'asse x nei punti in cui $A(x) = 0$;
- se $n = m$, hanno un asintoto orizzontale di equazione $y = \dfrac{a_n}{b_m}$;
- se $n < m$, hanno come asintoto orizzontale l'asse x;
- se $n > m$, con $n - m = 1$, hanno un asintoto obliquo.

TEST

360 Quale dei seguenti grafici rappresenta l'andamento della funzione $y = \dfrac{x-1}{x^2}$?

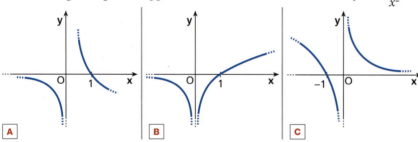

| A | B | C | D |

361 Fra i seguenti grafici, quale rappresenta l'andamento della funzione $y = x + \dfrac{1}{x}$?

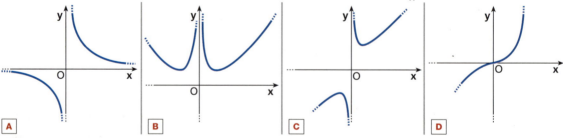

| A | B | C | D |

362 **ESERCIZIO GUIDA** Studiamo e rappresentiamo graficamente la funzione:

$$y = f(x) = \frac{(2-x)^3}{3(x-4)}.$$

1. Dominio: il denominatore deve essere $\neq 0$, quindi: $D: x \neq 4$.

Paragrafo 6. Studio di una funzione

2. Cerchiamo eventuali simmetrie:

$$f(-x) = \frac{[2-(-x)]^3}{3(-x-4)} = \frac{(2+x)^3}{-3(x+4)} \neq \pm f(x) \rightarrow \text{ la funzione non è né dispari né pari.}$$

3. Intersezioni con gli assi.

Asse y: $\begin{cases} y = \frac{(2-x)^3}{3(x-4)} \\ x = 0 \end{cases} \rightarrow \begin{cases} y = \frac{8}{-12} \\ x = 0 \end{cases} \rightarrow \begin{cases} y = -\frac{2}{3} \\ x = 0 \end{cases} \rightarrow A\left(0; -\frac{2}{3}\right).$

Asse x: $\begin{cases} y = \frac{(2-x)^3}{3(x-4)} \\ y = 0 \end{cases} \rightarrow \begin{cases} \frac{(2-x)^3}{3(x-4)} = 0 \\ y = 0 \end{cases} \rightarrow \begin{cases} (2-x)^3 = 0 \\ y = 0 \end{cases} \rightarrow \begin{cases} 2-x = 0 \\ y = 0 \end{cases} \rightarrow \begin{cases} x = 2 \\ y = 0 \end{cases} \rightarrow B(2; 0).$

4. Segno della funzione:

$\frac{(2-x)^3}{3(x-4)} > 0 \quad \begin{array}{l} N > 0 \text{ per } x < 2 \\ D > 0 \text{ per } x > 4. \end{array}$

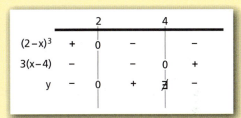

Compiliamo il quadro dei segni.

$f(x) > 0 \quad \text{per } 2 < x < 4.$

Rappresentiamo questi risultati nel piano cartesiano, tratteggiando le zone del piano in cui non ci sono punti del grafico della funzione.

5. Limiti agli estremi del dominio:

- $\lim\limits_{x \to \pm\infty} \frac{(2-x)^3}{3(x-4)} = -\infty;$

   poiché la differenza fra il grado del numeratore e il grado del denominatore è 2, non esiste asintoto obliquo;

- $\lim\limits_{x \to 4^\pm} \frac{(2-x)^3}{3(x-4)} = \mp\infty \rightarrow x = 4$ è un asintoto verticale.

6. Derivata prima:

$$y' = \frac{2}{3} \cdot \frac{(2-x)^2(5-x)}{(x-4)^2}.$$

Il dominio di y' è $x \neq 4$ e coincide con quello di y.

$y' = 0$ per $x = 2$ e $x = 5$, che sono quindi punti stazionari.

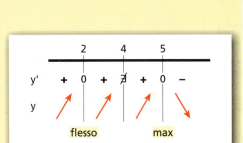

Il segno di y' dipende solo da $5 - x$ perché $(2-x)^2$ e $(x-4)^2$ sono sempre positivi per $x \neq 2$ e $x \neq 4$, dunque:

$y' > 0 \quad \text{per } x < 5 \land x \neq 2 \land x \neq 4.$

Per $x = 2$ la funzione ammette un flesso orizzontale e per $x = 5$ presenta un massimo. Quindi il flesso orizzontale è in $B(2; 0)$ e, poiché $f(5) = -9$, il massimo è in $M(5; -9)$.

7. Derivata seconda:

$$y'' = -\frac{2}{3} \cdot \frac{(x-2)(x^2-10x+28)}{(x-4)^3}.$$

Il trinomio $x^2 - 10x + 28$ è sempre positivo perché ha $\Delta < 0$, quindi il segno di y'' dipende da $x-2$ e $(x-4)^3$. Risulta che:

$y'' < 0$ per $x < 2 \lor x > 4$ → il grafico ha la concavità verso il basso;

$y'' > 0$ per $2 < x < 4$ → il grafico ha la concavità verso l'alto.

In $x = 2$ c'è un punto di flesso (come già trovato con la derivata prima) e in $x = 4$ la funzione non è definita. Tracciamo il grafico della funzione.

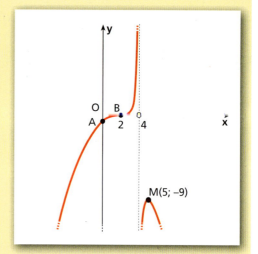

Studia e rappresenta graficamente le seguenti funzioni. (Nei risultati indichiamo con a le equazioni degli asintoti.)

363 $y = -\dfrac{2}{1+x^2}$ $\qquad \left[a: y = 0; \min(0; -2); F_{1,2}\left(\pm\dfrac{\sqrt{3}}{3}; -\dfrac{3}{2}\right)\right]$

364 $y = -\dfrac{x^2}{1+x}$ $\qquad [a: x = -1, y = -x+1; \min(-2; 4); \max(0; 0)]$

365 $y = x - \dfrac{3}{x+2}$ $\qquad [a: x = -2; y = x]$

366 $y = \dfrac{2x^2+2}{x}$ $\qquad [a: x = 0, y = 2x; \max(-1; -4); \min(1; 4)]$

367 $y = \dfrac{3}{x^3-1}$ $\qquad \left[a: y = 0, x = 1; F_1(0; -3), F_2\left(-\dfrac{1}{\sqrt[3]{2}}; -2\right)\right]$

368 $y = \dfrac{4x+1}{(x+1)^2}$ $\qquad \left[a: y = 0, x = -1; \max\left(\dfrac{1}{2}; \dfrac{4}{3}\right); F\left(\dfrac{5}{4}; \dfrac{32}{27}\right)\right]$

369 $y = \dfrac{x^2-1}{x}$ $\qquad [a: x = 0, y = x]$

370 $y = \dfrac{x^2-4}{x^2-1}$ $\qquad [a: x = \pm 1, y = 1; \min(0; 4)]$

371 $y = \dfrac{x+4}{x}$ $\qquad [a: x = 0, y = 1]$

372 $y = \dfrac{x^2-3x+2}{x^2-1}$ $\qquad [\text{discont. eliminabile per } x = 1; a: x = -1, y = 1]$

373 $y = \dfrac{1}{x^3-3x^2}$ $\qquad \left[a: x = 3, x = 0, y = 0; \max\left(2; -\dfrac{1}{4}\right)\right]$

374 $y = \dfrac{3-x^2}{x-2}$ $\qquad [a: x = 2, y = -x-2; \min(1; -2); \max(3; -6)]$

375 $y = \dfrac{x^3+27}{x^3}$ $\qquad [a: x = 0, y = 1]$

376 $y = \dfrac{x^2-8}{2x-1}$ $\qquad \left[a: x = \dfrac{1}{2}, y = \dfrac{1}{2}x + \dfrac{1}{4}\right]$

377 $y = -x - \dfrac{4}{x} + 6$ $\qquad [a: y = -x+6, x = 0; \min(-2; 10); \max(2; 2)]$

378 $y = x + \dfrac{9}{x} - 1$ $\qquad [a: y = x - 1, x = 0; \max(-3; -7); \min(3; 5)]$

379 $y = x + \dfrac{1}{x}$ $\qquad [a: y = x, x = 0; \max(-1; -2); \min(1; 2)]$

380 $y = \dfrac{x - 1}{x^2}$ $\qquad \left[a: x = 0, y = 0; \max\left(2; \dfrac{1}{4}\right); F\left(3; \dfrac{2}{9}\right)\right]$

381 $y = \dfrac{-x^3}{x^3 - 1}$ $\qquad \left[a: y = -1, x = 1; F_1(0; 0), F_2\left(-\dfrac{1}{\sqrt[3]{2}}; -\dfrac{1}{3}\right)\right]$

382 $y = \dfrac{x^2 - 4}{x^2 + 4}$ $\qquad \left[a: y = 1; \min(0; -1); F_1\left(-\dfrac{2\sqrt{3}}{3}; -\dfrac{1}{2}\right), F_2\left(\dfrac{2\sqrt{3}}{3}; -\dfrac{1}{2}\right)\right]$

383 $y = -\dfrac{(x + 1)^2}{x}$ $\qquad [a: y = -x - 2, x = 0; \min(-1; 0); \max(1; -4)]$

384 $y = \dfrac{x^2}{x^2 + 1}$ $\qquad \left[a: y = 1; \min(0; 0); F_1\left(-\dfrac{\sqrt{3}}{3}; \dfrac{1}{4}\right), F_2\left(\dfrac{\sqrt{3}}{3}; \dfrac{1}{4}\right)\right]$

385 $y = \dfrac{2x + 1}{x^2 - 2x + 1}$ $\qquad \left[a: x = 1, y = 0; \min\left(-2; -\dfrac{1}{3}\right); F\left(-\dfrac{7}{2}; -\dfrac{8}{27}\right)\right]$

386 $y = \dfrac{x^2 + 1}{x^2 - 9}$ $\qquad \left[a: x = \pm 3, y = 1; \max\left(0; -\dfrac{1}{9}\right)\right]$

387 $y = \dfrac{3}{x^2 + 4}$ $\qquad \left[a: y = 0; \max\left(0; \dfrac{3}{4}\right); F_{1,2}\left(\pm\dfrac{2\sqrt{3}}{3}; \dfrac{9}{16}\right)\right]$

388 $y = \dfrac{(x + 2)^2}{(x + 1)^2}$ $\qquad \left[a: y = 1, x = -1; \min(-2; 0); F\left(-\dfrac{5}{2}; \dfrac{1}{9}\right)\right]$

389 $y = \dfrac{x - 3}{(x - 2)^3}$ $\qquad \left[a: y = 0, x = 2; \max\left(\dfrac{7}{2}; \dfrac{4}{27}\right); F\left(4; \dfrac{1}{8}\right)\right]$

390 $y = \dfrac{x^2 - x - 2}{x^2 - 6x + 9}$ $\qquad \left[a: x = 3, y = 1; \min\left(\dfrac{7}{5}; -\dfrac{9}{16}\right); F\left(\dfrac{3}{5}; -\dfrac{7}{18}\right)\right]$

391 $y = \dfrac{2x^2 - 3}{x^2 - 2x + 2}$ $\qquad \left[a: y = 2; \min\left(\dfrac{1}{2}; -2\right); \max(3; 3)\right]$

392 $y = \dfrac{3 - x}{(x + 1)^2}$ $\qquad \left[a: x = -1, y = 0; \min\left(7; -\dfrac{1}{16}\right); F\left(11; -\dfrac{1}{18}\right)\right]$

393 $y = \dfrac{x^3 - 4}{x^2}$ $\qquad [a: x = 0, y = x; \max(-2; -3)]$

394 $y = \dfrac{|x|}{x^2 - 4}$ $\qquad [a: x = \pm 2, y = 0; \max(0; 0)]$

395 $y = \left|x + \dfrac{3}{x}\right|$ $\qquad [a: x = 0, y = \pm x; \min(\pm\sqrt{3}; 2\sqrt{3})]$

396 **LEGGI IL GRAFICO** L'equazione del grafico a fianco è del tipo:

$$y = \dfrac{ax^2}{x^2 + b}.$$

a. Determina a e b.
b. La funzione è pari o dispari? Giustifica la risposta con i calcoli.
c. La funzione ha massimi o minimi assoluti? E relativi? Quali?

[a) $a = 1, b = -4$; b) pari; c) $x = 0$ max rel.]

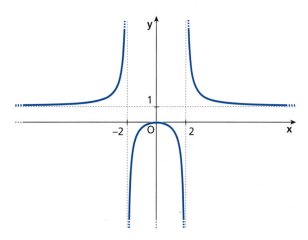

Capitolo 16. Studio delle funzioni

397 **FAI UN ESEMPIO** di funzione razionale fratta con un asintoto obliquo e uno verticale.

398 **CACCIA ALL'ERRORE** Data la funzione $y = f(x) = \dfrac{2x}{1-x^2}$:

a. $f(-x) = \dfrac{-2x}{1+x^2}$ → non è né pari né dispari;

b. $\lim\limits_{x \to \pm 1} \dfrac{2x}{1-x^2} = \infty$ → $f(x)$ ha un asintoto orizzontale;

c. $\lim\limits_{x \to \pm\infty} \dfrac{2x}{1-x^2} = 0$ → la retta di equazione $x = 0$ è asintoto della funzione;

d. $y' = \dfrac{2x^2 + 2}{(1-x^2)^2}$ → per $x = \pm 1$ ci sono un massimo e un minimo.

399 **AL VOLO** Stabilisci per ognuna delle funzioni se ha asintoti verticali, orizzontali o obliqui, e specifica quali.

a. $y = \dfrac{3}{x^2 + 1}$ b. $y = \dfrac{2-x}{x+1}$ c. $y = \dfrac{3x^3 + 1}{x^2 + 2}$ d. $y = \dfrac{3 + 2x}{x - 5}$

400 **REALTÀ E MODELLI** **Croccantini per Maggie** Dal momento in cui è stata lanciata sul mercato una nuova marca di croccantini, il prezzo di una confezione ha avuto il seguente andamento:

$$P(t) = 20 - \dfrac{10t^2}{(t+2)^2},$$

dove il tempo t è espresso in mesi, con $t \geq 0$, e il prezzo P in euro.
Studia e rappresenta la funzione $P(t)$. Qual è il prezzo iniziale della confezione di croccantini? Su quale valore si assesterà il prezzo al passare del tempo?

[€ 20; € 10]

MATEMATICA E STORIA
Uno studio di funzione… per i giovani La funzione $x = \dfrac{y^3 - 2ayy - aay + 2a^3}{ay}$ è tratta da *Instituzioni analitiche ad uso della gioventù italiana*, opera del 1748 di Maria Gaetana Agnesi. In questo caso x rappresenta le ordinate, y le ascisse e a è un numero reale positivo. Studia la funzione e rappresentala graficamente.

☐ Risoluzione – Esercizio in più

Funzioni irrazionali

Le funzioni irrazionali sono quelle che contengono radicali nei cui radicandi compare la variabile indipendente.
Se i radicali sono di indice pari, dal dominio si escludono i valori che rendono negativi i radicandi.

401 **ESERCIZIO GUIDA** Studiamo la funzione $y = f(x) = \sqrt{x^2 - 3x}$.

1. Dominio: la radice è di indice pari, quindi poniamo il radicando maggiore o uguale a 0.

   $x^2 - 3x \geq 0$ → $x(x-3) \geq 0$ → $x \leq 0 \vee x \geq 3$.

   Segniamo nel piano cartesiano il dominio, il pallino pieno indica che i punti sono compresi.

2. Sicuramente la funzione non ha simmetrie, dato che il dominio non è simmetrico rispetto all'origine.

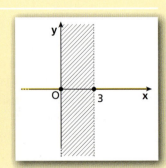

3. Intersezioni con gli assi.

Asse x: $\begin{cases} y = \sqrt{x^2 - 3x} \\ y = 0 \end{cases} \to \begin{cases} 0 = \sqrt{x^2 - 3x} \\ y = 0 \end{cases} \to \begin{cases} x^2 - 3x = 0 \\ y = 0 \end{cases} \to \begin{cases} x = 0 \ \lor \ x = 3 \\ y = 0 \end{cases} \to O(0; 0) \text{ e } A(3; 0).$

Asse y: $\begin{cases} y = \sqrt{x^2 - 3x} \\ x = 0 \end{cases} \to \begin{cases} y = 0 \\ x = 0 \end{cases} \to O(0; 0).$

Il grafico passa per i punti $O(0; 0)$ e $A(3; 0)$.

4. Segno della funzione: la radice quadrata è sempre positiva o nulla nel dominio della funzione.
Cancelliamo nel piano cartesiano il semipiano sotto l'asse x.

5. Limiti agli estremi del dominio: calcoliamo i limiti solo a $\pm\infty$ perché abbiamo già visto che per $x = 0 \lor x = 3$ si ha $y = 0$.

$$\lim_{x \to +\infty} \sqrt{x^2 - 3x} = +\infty; \qquad \lim_{x \to -\infty} \sqrt{x^2 - 3x} = +\infty.$$

Non ci sono né asintoti verticali né orizzontali.

Cerchiamo eventuali asintoti obliqui. Calcoliamo:

$$\lim_{x \to +\infty} \frac{\sqrt{x^2 - 3x}}{x} = \lim_{x \to +\infty} \frac{|x|\sqrt{1 - \frac{3}{x}}}{x} = \lim_{x \to +\infty} \sqrt{1 - \frac{3}{x}} = 1;$$

raccogliamo ed estraiamo x^2 $|x| = x$ per $x \to +\infty$

$$\lim_{x \to +\infty} [\sqrt{x^2 - 3x} - x] = \lim_{x \to +\infty} \frac{x^2 - 3x - x^2}{\sqrt{x^2 - 3x} + x} = \lim_{x \to +\infty} \frac{-3\cancel{x}}{\cancel{x}\left(\sqrt{1 - \frac{3}{x}} + 1\right)} = -\frac{3}{2}.$$

moltiplichiamo e dividiamo per $\sqrt{x^2 - 3x} + x$ $|x| = x$ per $x \to +\infty$

Analogamente, per $x \to -\infty$ (ricordando che $|x| = -x$ per $x \to -\infty$):

$$\lim_{x \to -\infty} \frac{\sqrt{x^2 - 3x}}{x} = -1;$$

$$\lim_{x \to -\infty} [\sqrt{x^2 - 3x} + x] = \frac{3}{2}.$$

Abbiamo dunque due asintoti obliqui di equazione

$y = x - \frac{3}{2}$, per $x \to +\infty$, e $y = -x + \frac{3}{2}$, per $x \to -\infty$.

6. Derivata prima: $f'(x) = \dfrac{2x - 3}{2\sqrt{x^2 - 3x}}.$

Il dominio della derivata è $x < 0 \lor x > 3$.

La derivata si annulla per $x = \dfrac{3}{2}$, punto escluso dal dominio.

Studiamo il segno della derivata:

$\dfrac{2x - 3}{2\sqrt{x^2 - 3x}} \geq 0 \ \to \ 2x - 3 \geq 0 \ \to \ x \geq \dfrac{3}{2}.$

il denominatore è positivo dove esiste

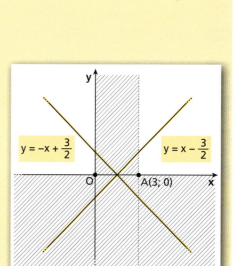

Compiliamo il quadro dei segni limitandoci all'insieme del dominio.

La funzione non ha punti stazionari. Tuttavia è sempre positiva o nulla, è decrescente per $x < 0$ e vale 0 per $x = 0$, quindi in $O(0; 0)$ c'è un minimo; è crescente per $x > 3$ e vale 0 per $x = 3$, quindi anche in $A(3; 0)$ c'è un minimo.

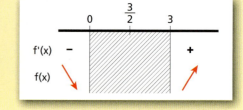

7. Derivata seconda. $f''(x) = \dfrac{9}{4(x^2 - 3x)\sqrt{x^2 - 3x}}$.

La derivata seconda è negativa in tutto il dominio di f, quindi la concavità è rivolta verso il basso e non ci sono flessi.

Tracciamo il grafico della funzione in base alle informazioni raccolte. Il grafico non può intersecare gli asintoti, altrimenti avremmo trovato dei massimi e dei flessi.

Per un disegno più accurato possiamo calcolare il limite della derivata prima per $x \to 0^-$ e $x \to 3^+$, per capire con quale pendenza la curva incontra l'asse x:

$$\lim_{x \to 0^-} \frac{2x - 3}{2\sqrt{x^2 - 3x}} = -\infty; \qquad \lim_{x \to 3^+} \frac{2x - 3}{2\sqrt{x^2 - 3x}} = +\infty.$$

I punti $x = 0$ e $x = 3$ sono allora punti a tangente verticale.

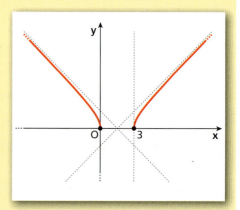

Studia e rappresenta graficamente le seguenti funzioni.

402 $y = \sqrt{x^2 - 9}$ $\qquad [a: y = x, y = -x; \min(\pm 3; 0)]$

403 $y = x\sqrt{x + 3}$ $\qquad [\max(-3; 0); \min(-2; -2)]$

404 $y = \sqrt[3]{x - 2}$ $\qquad [F(2; 0)]$

405 $y = \sqrt{\dfrac{x + 1}{x - 1}}$ $\qquad [a: x = 1, y = 1; \min(-1; 0)]$

---

406 $y = \dfrac{-2}{\sqrt{x + 4}}$ $\qquad [a: y = 0, x = -4]$

407 $y = 1 + \sqrt{x - 2}$ $\qquad [\min(2; 1)]$

408 $y = \sqrt{\dfrac{2x - 1}{x}}$ $\qquad \left[a: x = 0, y = \sqrt{2}; \min\left(\dfrac{1}{2}; 0\right)\right]$

409 $y = \sqrt{x^2 - 4}$ $\qquad [a: y = \pm x; \min_{1,2}(\pm 2; 0)]$

410 $y = x\sqrt{4 - x^2}$ $\qquad [\min_1(-\sqrt{2}; -2), \min_2(2; 0); \max_1(-2; 0), \max_2(\sqrt{2}; 2); F(0; 0)]$

411 $y = \sqrt{4x - x^2}$ $\qquad [\max(2; 2); \min_1(0; 0), \min_2(4; 0)]$

412 $y = \sqrt{x^3 + 1}$ $\qquad [\min(-1; 0); F(0; 1)]$

413 $y = \sqrt{\dfrac{1}{x^2 - 1}}$ $\qquad [a: x = \pm 1, y = 0]$

414 $y = \dfrac{\sqrt{x^2 - 2x}}{x}$ $\qquad [a: y = \pm 1, x = 0; \min(2; 0)]$

415 $y = \dfrac{1 + \sqrt{x}}{1 - \sqrt{x}}$ $\qquad \left[a: x = 1, y = -1; \min(0; 1); F\left(\dfrac{1}{9}; 2\right)\right]$

416 $y = \dfrac{1}{\sqrt{x + 3}}$ $\qquad [a: x = -3, y = 0]$

Paragrafo 6. Studio di una funzione

417 **ASSOCIA** a ciascuna funzione il suo grafico senza eseguire lo studio.

a. $y = \sqrt{9 - 9x^2}$
b. $y = \sqrt{9 - x^2}$
c. $y = \sqrt{\dfrac{x^2}{9} - 1}$
d. $y = -\sqrt{1 - \dfrac{x^2}{9}}$

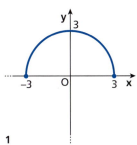

1

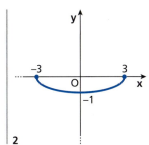

2

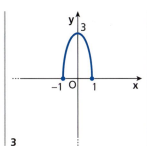

3

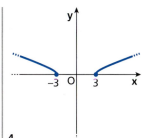

4

Funzioni esponenziali

418 **ESERCIZIO GUIDA** Studiamo $y = f(x) = xe^{-2x^2}$.

1. Dominio: $\mathbb{R}$.

2. Cerchiamo eventuali simmetrie:
$$f(-x) = (-x) \cdot e^{-2(-x)^2} = -xe^{-2x^2} = -f(x) \quad \rightarrow \quad \text{la funzione è dispari.}$$

3. Intersezione con gli assi: $O(0; 0)$.

4. Segno della funzione:
$$f(x) > 0 \quad \rightarrow \quad xe^{-2x^2} > 0 \quad \rightarrow \quad x > 0 \quad \rightarrow \quad f(x) \text{ positiva per } x > 0.$$

  l'esponenziale è sempre positivo

5. Limiti agli estremi del dominio:
$$\lim_{x \to \pm\infty} xe^{-2x^2} = \lim_{x \to \pm\infty} \frac{x}{e^{2x^2}} = \quad \text{ applichiamo il teorema di De L'Hospital}$$

  forma $\infty \cdot 0$

$$\lim_{x \to \pm\infty} \frac{1}{2xe^{2x^2}} = 0.$$

Quindi $y = 0$ è asintoto orizzontale.
La funzione non ha asintoti verticali e nemmeno obliqui.

6. Derivata prima: $f'(x) = (1 - 4x^2)e^{-2x^2}$.

Il dominio della derivata è $\mathbb{R}$.

$f'(x) = 0$ se $1 - 4x^2 = 0$, e cioè per $x = \pm\dfrac{1}{2}$.

Studiamo il segno di $f'(x)$. Dato che l'esponenziale è sempre positivo, è sufficiente porre:

$$1 - 4x^2 \geq 0 \quad \rightarrow \quad x^2 \leq \frac{1}{4} \quad \rightarrow \quad -\frac{1}{2} \leq x \leq \frac{1}{2}.$$

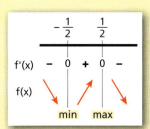

Dal quadro dei segni deduciamo che $x = -\dfrac{1}{2}$ è un punto di minimo e $x = \dfrac{1}{2}$ è un punto di massimo.
Sostituendo i valori nella funzione troviamo i punti del grafico:

$$P\left(-\frac{1}{2}; -\frac{1}{2\sqrt{e}}\right); \quad M\left(\frac{1}{2}; \frac{1}{2\sqrt{e}}\right).$$

7. Derivata seconda: $f''(x) = 4x(4x^2 - 3)e^{-2x^2}$.
Studiamo il suo segno:

$$f''(x) > 0 \rightarrow 4x(x^2 - 3)e^{-2x^2} > 0.$$

Dato che $e^{-2x^2} > 0$ per ogni x, studiamo:

$4x \geq 0 \rightarrow x \geq 0$;

$4x^2 - 3 \geq 0 \rightarrow x \leq -\dfrac{\sqrt{3}}{2} \vee x \geq \dfrac{\sqrt{3}}{2}$.

Dal quadro dei segni ricaviamo che la funzione ha tre punti di flesso in corrispondenza di $x = 0$ e $x = \pm\dfrac{\sqrt{3}}{2}$.
Tracciamo il grafico di $f(x)$ in base alle informazioni raccolte.

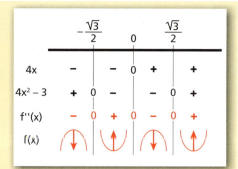

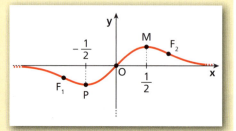

Studia e rappresenta graficamente le seguenti funzioni.

419 $y = xe^x$ $\qquad \left[a: y = 0; \min\left(-1; -\dfrac{1}{e}\right); F\left(-2; -\dfrac{2}{e^2}\right)\right]$

420 $y = x^2 e^x$ $\qquad \left[a: y = 0; \max\left(-2; \dfrac{4}{e^2}\right); \min(0; 0); \text{flessi in } x = -2 \pm \sqrt{2}\right]$

421 $y = (2x - 1)e^{-x}$ $\qquad \left[a: y = 0; \max\left(\dfrac{3}{2}; \dfrac{2}{\sqrt{e^3}}\right); F\left(\dfrac{5}{2}; \dfrac{4}{\sqrt{e^5}}\right)\right]$

422 $y = \dfrac{e^x}{x^3}$ $\qquad \left[a: x = 0, y = 0; \min\left(3; \dfrac{e^3}{27}\right)\right]$

423 $y = e^{2x} + e^x$ $\qquad [a: y = 0]$

424 $y = \dfrac{e^{2x}}{2^x}$ $\qquad [a: y = 0]$

425 $y = e^x(e^x - 1)$ $\qquad \left[a: y = 0; \min\left(-\ln 2; -\dfrac{1}{4}\right); F\left(-\ln 4; -\dfrac{3}{16}\right)\right]$

426 $y = (x - 1)e^{3-x}$ $\qquad [a: y = 0; \max(2; e); F(3; 2)]$

427 $y = \dfrac{2e^x + 4}{e^x - 1}$ $\qquad [a: y = 2, y = -4, x = 0]$

428 $y = \dfrac{1 + e^x}{1 - e^{2x}}$ $\qquad [a: y = 1, y = 0, x = 0]$

429 $y = (x^2 - 1)e^x$ $\qquad [a: y = 0; \max \text{ in } x = -1 - \sqrt{2}; \min \text{ in } x = -1 + \sqrt{2}; \text{flessi in } x = -2 \pm \sqrt{3}]$

430 **REALTÀ E MODELLI** **Raccolta fragole** Durante le 10 settimane di raccolta, l'azienda Sempre Verde produce una quantità di fragole, espressa in kilogrammi, che segue l'andamento della funzione:

$$q(t) = \dfrac{10\,000\,t}{e^t + 100},$$

dove il tempo t, che varia in modo continuo, è espresso in settimane.
Studia la funzione, tralasciando la derivata seconda, e stabilisci in quale settimana cade il giorno di massima raccolta. [quarta settimana]

Paragrafo 6. Studio di una funzione

Funzioni logaritmiche

Le funzioni logaritmiche:
- hanno come dominio l'insieme dei valori di $\mathbb{R}$ che rendono positivo l'argomento del logaritmo;
- se sono funzioni del tipo $y = \log \dfrac{A(x)}{B(x)}$, possono presentare asintoti verticali per i valori che annullano o $A(x)$ o $B(x)$.

431 **ESERCIZIO GUIDA** Studiamo e rappresentiamo graficamente la funzione $y = x^2 \cdot \ln x$.

1. Dominio: $x > 0$.
   Poiché l'argomento del logaritmo deve essere positivo, il dominio è $D: x > 0$.

2. La funzione non presenta simmetrie rispetto agli assi cartesiani in quanto il suo dominio riguarda solo le ascisse positive.

3. Intersezioni con gli assi: calcoliamo l'intersezione soltanto con l'asse x, perché quella con l'asse y ($x = 0$) è esclusa dal dominio.

   Asse x: $\begin{cases} y = x^2 \cdot \ln x \\ y = 0 \end{cases} \rightarrow \begin{cases} x^2 \cdot \ln x = 0 \\ y = 0 \end{cases} \rightarrow \begin{cases} \ln x = 0 \\ y = 0 \end{cases} \rightarrow \begin{cases} x = 1 \\ y = 0 \end{cases} \rightarrow A(1; 0)$.

4. Segno della funzione:
   $$x^2 \cdot \ln x > 0.$$
   Primo fattore: $x^2 > 0 \quad \forall x \in D$; secondo fattore: $\ln x > 0$ per $x > 1$; quindi $y > 0$ per $x > 1$.

5. Calcoliamo i limiti agli estremi del dominio.

   - $\displaystyle\lim_{x \to 0^+} x^2 \cdot \ln x = \lim_{x \to 0^+} \dfrac{\ln x}{\dfrac{1}{x^2}} =$ ⟩ applichiamo il teorema di De L'Hospital

     forma $0 \cdot \infty$

     $\displaystyle\lim_{x \to 0^+} \dfrac{\dfrac{1}{x}}{-\dfrac{2x}{x^4}} = \lim_{x \to 0^+} \left(-\dfrac{x^2}{2}\right) = 0.$

   - $\displaystyle\lim_{x \to +\infty} x^2 \cdot \ln x = +\infty.$

     Inoltre non esiste un asintoto obliquo, dato che:
     $$\lim_{x \to +\infty} \dfrac{x^2 \ln x}{x} = \lim_{x \to +\infty} x \ln x = +\infty.$$

6. Derivata prima:
   $$y' = x \cdot (2\ln x + 1).$$
   $y' = 0$ per $x = 0$ non accettabile e per $2\ln x + 1 = 0 \rightarrow \ln x = -\dfrac{1}{2} \rightarrow x = e^{-\frac{1}{2}} \rightarrow x = \dfrac{1}{\sqrt{e}}$.

   $y' > 0 \rightarrow x \cdot (2\ln x + 1) > 0$.

   Primo fattore: è positivo per $x > 0$.

   Secondo fattore: $2\ln x + 1 > 0 \rightarrow x > \dfrac{1}{\sqrt{e}}$.

   Compiliamo il quadro relativo al segno della derivata prima.

   Per $x = \dfrac{1}{\sqrt{e}}$ si ha un punto di minimo:

   $B\left(\dfrac{1}{\sqrt{e}}; -\dfrac{1}{2e}\right)$.

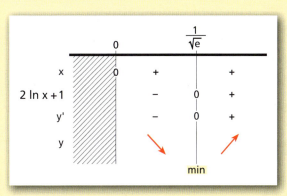

7. Derivata seconda:

$$y'' = 2\ln x + 3;$$

$$y'' > 0 \to 2\ln x + 3 > 0 \to \ln x > -\frac{3}{2} \to$$

$$x > e^{-\frac{3}{2}} \to x > \frac{1}{e\sqrt{e}}.$$

Compiliamo il quadro dei segni.

Per $x = \dfrac{1}{e\sqrt{e}}$ si ha:

$$y = -\frac{3}{2e^3}.$$

Quindi il punto di flesso è $F\left(\dfrac{1}{e\sqrt{e}}; -\dfrac{3}{2e^3}\right)$.

Tracciamo il grafico della funzione.

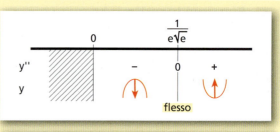

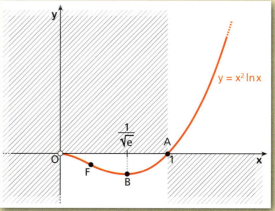

Studia e rappresenta graficamente le seguenti funzioni.

432 $y = 2\ln x^2$ $\quad[a: x = 0]$

433 $y = 3x\ln x$ $\quad\left[\min\left(\dfrac{1}{e}; -\dfrac{3}{e}\right)\right]$

434 $y = \ln \dfrac{1}{(x+1)^2}$ $\quad[a: x = -1]$

435 $y = x^2 \ln \dfrac{2}{x}$ $\quad\left[\max\left(\dfrac{2}{\sqrt{e}}; \dfrac{2}{e}\right); F\left(\dfrac{2}{\sqrt{e^3}}; \dfrac{6}{e^3}\right)\right]$

436 $y = \dfrac{x}{\ln x}$ $\quad\left[a: x = 1; \min(e; e); F\left(e^2; \dfrac{e^2}{2}\right)\right]$

437 $y = \ln(x^2 - 1)$ $\quad[a: x = \pm 1]$

438 $y = \ln \dfrac{x}{x+2}$ $\quad[a: x = -2, x = 0, y = 0]$

439 $y = \dfrac{1}{\ln x}$ $\quad\left[a: x = 1, y = 0; F\left(e^{-2}; -\dfrac{1}{2}\right)\right]$

440 $y = \dfrac{1 - \ln x}{\ln x}$ $\quad\left[a: x = 1, y = -1; F\left(e^{-2}; -\dfrac{3}{2}\right)\right]$

441 $y = \ln\left(1 - \dfrac{2}{x}\right)$ $\quad[a: y = 0, x = 0, x = 2]$

442 $y = \ln(x^2 - 4x)$ $\quad[a: x = 0, x = 4]$

443 $y = \ln^2 x - 4\ln x + 3$ $\quad[a: x = 0; \min(e^2; -1); F(e^3; 0)]$

444 $y = \dfrac{\ln x}{\ln x - 1}$ $\quad\left[a: y = 1, x = e; F\left(\dfrac{1}{e}; \dfrac{1}{2}\right)\right]$

445 $y = \dfrac{x^2}{2\ln x}$ $\quad[a: x = 1; \min(\sqrt{e}; e)]$

Funzioni goniometriche

Le funzioni goniometriche:
- sono quasi sempre periodiche, e in questo caso basta studiarle in un periodo;
- se sono periodiche, non presentano asintoti orizzontali o obliqui; possono avere solo asintoti verticali.

Studia e rappresenta graficamente le seguenti funzioni (indichiamo a fianco l'intervallo in cui studiare la funzione).

446 $y = \cos^3 x,$ $\quad[-\pi; \pi].$ $\quad\left[\max(0; 1); \min_1(-\pi; -1), \min_2(\pi; -1); F_{1,2}\left(\pm\dfrac{\pi}{2}; 0\right),\right.$
$\left.\text{flessi obliqui in } \alpha_{1,2} = \arccos\left(\pm\sqrt{\dfrac{2}{5}}\right) \text{ e in } \alpha_{1,2} - \pi\right]$

447 $y = \sin^2 x + 1,$ $\quad[0; \pi].$ $\quad\left[\max\left(\dfrac{\pi}{2}; 2\right); \min_1(0; 1), \min_2(\pi; 1); F_1\left(\dfrac{\pi}{4}; \dfrac{3}{2}\right), F_2\left(\dfrac{3}{4}\pi; \dfrac{3}{2}\right)\right]$

448 $y = \sqrt{2}(\sin x + \cos x)$, $[0; 2\pi]$. $\left[\max_1(2\pi; \sqrt{2}), \max_2\left(\dfrac{\pi}{4}; 2\right); \min_1(0; \sqrt{2}), \min_2\left(\dfrac{5}{4}\pi; -2\right)\right]$

449 $y = 2\sin x(\cos x - 1)$, $[-\pi; \pi]$. $\left[\max_1\left(-\dfrac{2}{3}\pi; \dfrac{3\sqrt{3}}{2}\right), \max_2(\pi; 0); \min_1(-\pi; 0), \min_2\left(\dfrac{2}{3}\pi; -\dfrac{3\sqrt{3}}{2}\right)\right]$

450 $y = \dfrac{1 - \sin x}{1 + \sin x}$, $[0; 2\pi]$. $\left[a: x = \dfrac{3}{2}\pi; \max(0; 1); \min_1\left(\dfrac{\pi}{2}; 0\right), \min_2(2\pi; 1)\right]$

Riepilogo: Studio di una funzione

451 **TEST** Quale delle seguenti funzioni è rappresentata dal grafico della figura?

A $y = x(x-2)^2$
B $y = x^2(x-2)^2$
C $y = x(x-1)(x-2)$
D $y = x(x+2)^2$
E $y = \dfrac{x-1}{x(x-2)}$

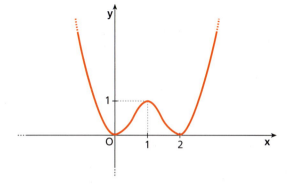

452 **RIFLETTI SULLA TEORIA** È vero che le funzioni del tipo $y = ax^3 + bx^2 + cx + d$ hanno sempre un massimo, un minimo e un flesso? Motiva la risposta anche con esempi.

453 **TEST** Quale dei seguenti grafici rappresenta l'andamento della funzione $y = xe^x$?

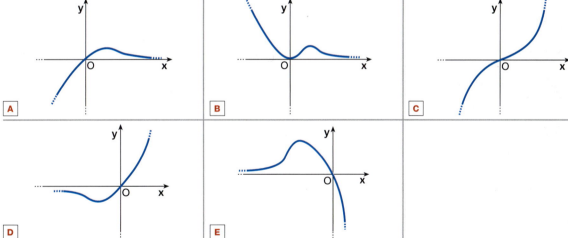

454 **ASSOCIA** a ciascuna funzione il suo grafico.

a. $y = \sqrt{x^2 + 1}$
b. $y = e^{x^2 + 1}$
c. $y = \dfrac{1}{x^2 + 1}$
d. $y = \ln(x^2 + 1)$

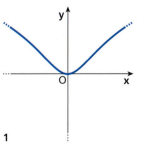
1

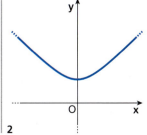
2

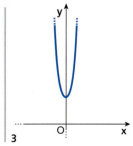
3

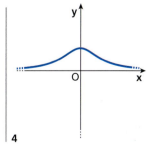
4

Capitolo 16. Studio delle funzioni

455 **RIFLETTI SULLA TEORIA** Può una funzione avere punti di intersezione con i suoi eventuali asintoti? (Esamina i casi di asintoti verticali, orizzontali, obliqui.)

Studia e rappresenta graficamente le seguenti funzioni.

456 $y = 4 - 3x^2 - x^3$ $\qquad$ $[\max(0; 4); \min(-2; 0); F(-1; 2)]$

457 $y = x - \dfrac{1}{3}x^3 + \dfrac{2}{3}$ $\qquad$ $\left[\max\left(1; \dfrac{4}{3}\right); \min(-1; 0); F\left(0; \dfrac{2}{3}\right)\right]$

458 $y = \dfrac{1}{5}x^5 - \dfrac{1}{3}x^3$ $\qquad$ $\left[\max\left(-1; \dfrac{2}{15}\right); \min\left(1; -\dfrac{2}{15}\right); F(0; 0); \text{flesso in } x = \pm\dfrac{\sqrt{2}}{2}\right]$

459 $y = x^3 - 6x^2 + 12x + 7$ $\qquad$ $[F(2; 15)]$

460 $y = (x^2 - 4x)^2$ $\qquad$ $\left[\max(2; 16); \min_1(0; 0), \min_2(4; 0); \text{flessi in } x = \dfrac{6 \pm 2\sqrt{3}}{3}\right]$

461 $y = (1 - x^2)^2$ $\qquad$ $\left[\max(0; 1); \min_{1,2}(\pm 1; 0); F_{1,2}\left(\pm\dfrac{\sqrt{3}}{3}; \dfrac{4}{9}\right)\right]$

462 $y = \dfrac{x^3}{6} + \dfrac{6}{x^3}$ $\qquad$ $[a: x = 0; \max(-\sqrt[3]{6}; -2); \min(\sqrt[3]{6}; 2)]$

463 $y = \dfrac{1}{x^2 - x} - 1$ $\qquad$ $\left[a: x = 0, x = 1; y = -1; \max\left(\dfrac{1}{2}; -5\right)\right]$

464 $y = (x + 1)(x^2 + x - 1)$ $\qquad$ $\left[\max\left(-\dfrac{4}{3}; \dfrac{5}{27}\right); \min(0; -1); F\left(-\dfrac{2}{3}; -\dfrac{11}{27}\right)\right]$

465 $y = x^2\sqrt{x^2 + 1}$ $\qquad$ $[\min(0; 0)]$

466 $y = xe^{\frac{1}{x}}$ $\qquad$ $[a: x = 0, y = x + 1; \min(1; e)]$

467 $y = (x^2 - 4x + 4)e^x$ $\qquad$ $[a: y = 0; \max(0; 4); \min(2; 0); F_{1,2}(\pm\sqrt{2}; (6 \mp 4\sqrt{2})e^{\pm\sqrt{2}})]$

468 $y = \dfrac{\sqrt{e^x}}{x}$ $\qquad$ $\left[a: x = 0, y = 0; \min\left(2; \dfrac{e}{2}\right)\right]$

469 $y = |x^3 - 9x^2|$ $\qquad$ $[\min_1(0; 0), \min_2(9; 0); \max(6; 108); F(3; 54)]$

470 $y = \dfrac{(x - 1)^3}{x}$ $\qquad$ $\left[a: x = 0; \min\left(-\dfrac{1}{2}; \dfrac{27}{4}\right); F(1; 0)\right]$

471 $y = (x + 1)^2(3x^2 - 2x + 1)$ $\qquad$ $\left[\min(-1; 0); F_1(0; 1), F_2\left(-\dfrac{2}{3}; \dfrac{11}{27}\right)\right]$

472 $y = \ln\left(x + \dfrac{1}{x}\right)$ $\qquad$ $[a: x = 0; \min(1; \ln 2); \text{flesso in } x = \sqrt{2 + \sqrt{5}}]$

473 $y = \dfrac{-2x^3}{x^2 - 4}$ $\qquad$ $[a: x = \pm 2, y = -2x; \min(-2\sqrt{3}; 6\sqrt{3}); \max(2\sqrt{3}; -6\sqrt{3}); F(0; 0)]$

474 $y = x - 1 - \dfrac{1}{x} + \dfrac{1}{x^2}$ $\qquad$ $\left[a: x = 0, y = x - 1; \min(1; 0); F\left(3; \dfrac{16}{9}\right)\right]$

475 $y = \dfrac{x^3}{(x + 1)^2}$ $\qquad$ $\left[a: x = -1, y = x - 2; \max\left(-3; -\dfrac{27}{4}\right); F(0; 0)\right]$

476 $y = \sqrt{\dfrac{x + 1}{x}}$ $\qquad$ $[a: x = 0, y = 1; \min(-1; 0)]$

477 $y = \sqrt[3]{x^3 - 3x}$ $\qquad$ $[a: y = x; \max(-1; \sqrt[3]{2}); \min(1; -\sqrt[3]{2}); F_1(0; 0) \text{ e } F_2(\pm\sqrt{3}; 0) \text{ flessi verticali}]$

478 $y = \dfrac{x^2 - 4}{x}$ \hfill $[a: x = 0, y = x]$

479 $y = \sqrt{x^2 - 1} + x$ \hfill $[a: y = 2x, y = 0; \min_1(-1;-1), \min_2(1;1)]$

480 $y = 1 - \sqrt{x^2 - 5x + 6}$ \hfill $\left[a: y = x - \dfrac{3}{2}, y = -x + \dfrac{7}{2}; \max_1(2;1), \max_2(3;1)\right]$

481 $y = 2x \ln x$ \hfill $\left[\min\left(\dfrac{1}{e}; -\dfrac{2}{e}\right)\right]$

482 $y = e^x \dfrac{x}{x+4}$ \hfill $[a: y = 0, x = -4; F(-2; -e^{-2})]$

483 $y = x^4 e^{-x}$ \hfill $[a: y = 0; \min(0;0); \max \text{ in } x = 4; \text{flessi in } x = 2 \text{ e } x = 6]$

484 $y = \ln \dfrac{x^2 - 1}{x^2 + 4}$ \hfill $[a: x = \pm 1, y = 0]$

485 Traccia il grafico di $f(x) = \dfrac{x^2 - 4}{2x}$ e da questo deduci il grafico di:

    a. $1 - f(x)$;   **b.** $|f(x)|$.

486 Disegna il grafico di $f(x) = x^3 - 9x$ e utilizzalo per rappresentare:

    a. $\dfrac{1}{f(x)}$;   **b.** $\ln f(x)$.

Risoluzione grafica di equazioni e disequazioni

487 **ESERCIZIO GUIDA**   Risolviamo graficamente l'equazione $x^3 - 4x - \ln x = 0$.

Scriviamo l'equazione nella forma:

$x^3 - 4x = \ln x$.

Poiché $\ln x$ è definito solo per $x > 0$, l'equazione può ammettere soluzioni solo per $x > 0$. Possiamo immaginare l'equazione come l'equazione risolvente del sistema:

$\begin{cases} y = x^3 - 4x \\ y = \ln x \end{cases}$.

Disegniamo nello stesso piano i grafici delle funzioni. Le ascisse dei loro punti di intersezione sono le soluzioni dell'equazione.

Osserviamo nel grafico che $x_1 < 1$ e $x_2 > 2$. Per ottenere una migliore approssimazione si può ingrandire il grafico con un software che disegna il grafico delle funzioni.
In tal caso si osserva che $0{,}3 < x_1 < 0{,}4$ e $2 < x_2 < 2{,}1$.

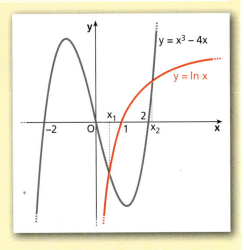

Risolvi graficamente le seguenti equazioni.

488 $x^3 - x^2 + 2 = 0$ \hfill $[-2 < x < -1]$

489 $x^4 + x^2 + x = 0$ \hfill $[-0{,}7 < x_1 < -0{,}6; x_2 = 0]$

490 $x^2 - 2 - \ln x = 0$ \hfill $[0{,}1 < x_1 < 0{,}2; 1{,}5 < x_2 < 1{,}6]$

491 $xe^x = 1$ \hfill $[0{,}5 < x < 0{,}6]$

492 $x + 1 + e^{2x} = 0$ \hfill $[-1{,}2 < x_1 < -1{,}1]$

493 $\ln x - \dfrac{1}{x} = 0$ \hfill $[1 < x < 2]$

Capitolo 16. Studio delle funzioni

494 ESERCIZIO GUIDA Risolviamo graficamente la disequazione $x^3 - 4x - \ln x \geq 0$.

Scritta la disequazione nella forma

$$x^3 - 4x \geq \ln x$$

e considerate le funzioni $y = x^3 - 4x$ e $y = \ln x$, osservando i loro grafici, disegnati nell'esercizio guida precedente, dobbiamo considerare gli intervalli in cui la prima funzione si «trova sopra» la seconda, quindi possiamo affermare che la disequazione ammette soluzioni per $0 < x \leq x_1 \lor x \geq x_2$.

Risolvi graficamente le seguenti disequazioni.

495 $e^x + x^2 + 2x \leq 0$ $\qquad [x_1 \leq x \leq x_2, \text{con} -2,0 < x_1 < -1,9 \text{ e} -1,5 < x_2 < -1,4]$

496 $(x-1)^3 - \ln x \leq 0$ $\qquad [1 \leq x \leq x_1, \text{con } 1,8 < x_1 < 1,9]$

497 $x^4 + x^3 - x - 2 > 0$ $\qquad [x < x_1 \lor x > x_2, \text{con} -1,4 < x_1 < -1,3 \text{ e } 1,1 < x_2 < 1,2]$

Problemi con le funzioni

498 Data la funzione $y = \dfrac{ax^2 - 1}{x + 2}$, trova a in modo che la funzione abbia un massimo nel punto di ascissa $x = 1$. Rappresenta graficamente la funzione ottenuta. $\qquad \left[a = -\dfrac{1}{5}\right]$

499 Determina a, b, c, d in modo che la funzione $y = ax + b + \dfrac{c}{x} + \dfrac{d}{x^2}$ abbia come asintoto la retta di equazione $2y + x + 4 = 0$, nel punto $x = -1$ un minimo e nel punto $x = -2$ un flesso. Rappresenta il suo grafico.

$$\left[a = -\dfrac{1}{2}, b = -2, c = \dfrac{3}{2}, d = 1\right]$$

500 REALTÀ E MODELLI Smartphone mania L'andamento delle vendite mensili di un nuovo modello di smartphone segue l'andamento della funzione $f(x) = \dfrac{3000x^2}{9 + x^2}$, dove x esprime il tempo in mesi e varia in modo continuo nell'intervallo $[0; 8]$.

a. Rappresenta graficamente la funzione.
b. In quale momento l'aumento delle vendite è massimo?

$$[\text{b}) \; x = \sqrt{3} \simeq 1 \text{ mese e } 22 \text{ giorni}]$$

MATEMATICA AL COMPUTER

Funzioni con il foglio elettronico Data la seguente famiglia di funzioni nella variabile reale x, con il parametro k,

$$f(x) = \dfrac{x^2 - 4}{kx - 4},$$

costruiamo un foglio che, ricevuto un valore del parametro, permetta di ottenere:
a. il dominio della funzione,
b. le coordinate degli eventuali punti di intersezione con gli assi cartesiani,
c. le equazioni degli eventuali asintoti,
d. le coordinate degli eventuali punti di massimo e di minimo relativi,
e. i grafici della funzione e degli asintoti dopo aver inserito gli estremi di variazione della x.

Risoluzione – 19 esercizi in più

 Allenati con **15 esercizi interattivi** con feedback "hai sbagliato, perché…"

su.zanichelli.it/tutor3 risorsa riservata a chi ha acquistato l'edizione con tutor

VERIFICA DELLE COMPETENZE ALLENAMENTO

ARGOMENTARE

1 Dimostra che, se due funzioni $f(x)$ e $g(x)$ rivolgono verso l'alto la concavità in $x = x_0$, allora anche
$$f(x) + g(x)$$
rivolge la concavità verso l'alto.

2 Considera tutte le funzioni del tipo $y = ax^3 + bx^2 + cx + d$.
 a. Quali di esse non possiedono punti stazionari?
 b. Dimostra che, se una di esse ha un punto di minimo relativo, allora ha anche un punto di massimo relativo.

3 Dopo aver dato la definizione di flesso, indica come si determinano i flessi orizzontale, obliquo e verticale. Trova i flessi della funzione $y = 3x^4 - 4x^3$.

4 Descrivi la procedura per determinare se una funzione ha asintoti obliqui e stabilisci quali delle seguenti funzioni ne hanno:
 a. $y = \dfrac{3x^3 + 1}{x^2 - 3}$;
 b. $y = x^4 + 5x - 2$;
 c. $y = \dfrac{3x + 1}{x^2 + 4}$;
 d. $\sqrt{x^2 - 2x + 3}$.

5 Descrivi il metodo per trovare i flessi orizzontali di una funzione e determina se $y = \dfrac{1}{3}(x - 2)^3$ ne ha.

6 Spiega perché una funzione polinomiale di terzo grado ammette sempre un punto di flesso. Motiva la risposta anche con un esempio.

7 Che cosa rappresentano i punti di massimo e di minimo di una funzione per il grafico della sua derivata? E i punti di flesso? Fai un esempio.

8 VERO O FALSO?
 a. La funzione $f(x) = \dfrac{x - 3}{x^2 + 1}$ non ha asintoti. V F
 b. $f(x) = \dfrac{e^{-x} - e^x}{x^2}$ è una funzione pari. V F
 c. La funzione $y = x^2 e^x$ ha due flessi. V F
 d. La funzione $y = 4x^3 - 12x^2$ ha un flesso orizzontale. V F

UTILIZZARE TECNICHE E PROCEDURE DI CALCOLO

Determina i punti di massimo, di minimo e di flesso delle seguenti funzioni.

9 $y = 3x^3 - 3x^2 + x + 1$ $\left[x = \dfrac{1}{3} \text{ fl. orizz.}\right]$

10 $y = (2x - 1)^5$ $\left[x = \dfrac{1}{2} \text{ fl. orizz.}\right]$

11 $y = \dfrac{2x}{x^2 - 4}$ $[x = 0 \text{ fl. obl.}]$

12 $y = \dfrac{3 - x}{x^2}$ $[x = 6 \text{ min}; x = 9 \text{ fl. obl.}]$

13 $y = \dfrac{8x^3}{1 + 2x^3}$ $\left[x = 0 \text{ fl. orizz.}; x = \dfrac{\sqrt[3]{2}}{2} \text{ fl. obl.}\right]$

14 $y = \sqrt[3]{4x - x^2 - 4}$ $[x = 2 \text{ max (cuspide)}]$

15 $y = x\sqrt{x + 3}$ $[x = -2 \text{ min}]$

16 $y = \sqrt[5]{(x - 4)^2}$ $[x = 4 \text{ min (cuspide)}]$

17 $y = (x - 4)e^x$ $[x = 3 \text{ min}; x = 2 \text{ fl. obl.}]$

18 $y = \dfrac{1}{x} + \ln x + 4$ $[x = 1 \text{ min}; x = 2 \text{ fl. obl.}]$

Capitolo 16. Studio delle funzioni

VERIFICA DELLE COMPETENZE

19 $y = 3x^3 + \dfrac{9}{2}x^2 - 18x + \dfrac{1}{2}$ $\left[x = -2 \text{ max}; x = 1 \text{ min}; x = -\dfrac{1}{2} \text{ fl. obl.}\right]$

20 $y = 6x^4 - 12x^2 + 6$ $\left[x = 0 \text{ max}; x = \pm 1 \text{ min}; x = \pm \dfrac{\sqrt{3}}{3} \text{ fl. obl.}\right]$

21 $y = -\dfrac{1}{4}x^4 + x^3 - 2$ $[x = 3 \text{ max}; x = 0 \text{ fl. orizz.}; x = 2 \text{ fl. obl.}]$

22 $y = 2x^2(1+x)^3$ $\left[x = -\dfrac{2}{5} \text{ max}; x = 0 \text{ min}; x = -1 \text{ fl. orizz.}; x = \dfrac{-4 \pm \sqrt{6}}{10} \text{ fl. obl.}\right]$

23 $y = \dfrac{1}{3}x^3 - 4|x| + 3$ $[x = 0 \text{ max (p. ang.) e fl.}; x = 2 \text{ min}]$

24 $y = \begin{cases} -x^2 + 4 & \text{se } x \leq 2 \\ x^2 - 3x + 2 & \text{se } x > 2 \end{cases}$ $[x = 0 \text{ max}; x = 2 \text{ min (p. ang.) e fl.}]$

Studia e rappresenta graficamente le seguenti funzioni.

25 $f(x) = x^3 - 3x^2$ $[\max(0;0); \min(2;-4); F(1;-2)]$

26 $f(x) = \dfrac{2x-1}{x+2}$ $[a: x = -2, y = 2; f(x) \text{ cresc. } \forall x \in D]$

27 $y = 3x(x^2 - 3)$ $[\max(-1;6); \min(1;-6); F(0;0)]$

28 $y = \dfrac{1}{12}x^4 - \dfrac{1}{2}x^2 + 1$ $\left[\max(0;1); \min_1\left(-\sqrt{3};\dfrac{1}{4}\right), \min_2\left(\sqrt{3};\dfrac{1}{4}\right); F_1\left(1;\dfrac{7}{12}\right), F_2\left(-1;\dfrac{7}{12}\right)\right]$

29 $y = \dfrac{6}{5}x^5 - 2x^3$ $\left[\max\left(-1;\dfrac{4}{5}\right); \min\left(1;-\dfrac{4}{5}\right); F_1(0;0), F_2\left(-\dfrac{\sqrt{2}}{2};\dfrac{7\sqrt{2}}{20}\right), F_3\left(\dfrac{\sqrt{2}}{2};-\dfrac{7\sqrt{2}}{20}\right)\right]$

30 $y = \dfrac{x^3}{6(x-2)}$ $\left[a: x = 2; \min\left(3;\dfrac{9}{2}\right); F(0;0)\right]$

31 $y = \dfrac{x^2 - 7x + 10}{6 - x}$ $[a: x = 6, y = -x + 1; \min(4;-1); \max(8;-9)]$

32 $y = \sqrt{x^3 + 8}$ $[\min(-2;0); F(0;2\sqrt{2})]$

33 $y = \sqrt{x^3 - 3x}$ $[\max(-1;\sqrt{2}); \min_1(-\sqrt{3};0), \min_2(0;0), \min_3(\sqrt{3};0)]$

34 $y = \dfrac{x^3}{3} - \dfrac{9}{4}x^2 + 2x + \dfrac{7}{3}$ $\left[\max\left(\dfrac{1}{2};\dfrac{45}{16}\right); \min\left(4;-\dfrac{13}{3}\right); \text{flesso in } x = \dfrac{9}{4}\right]$

35 $y = \dfrac{x^2 - 3x + 2}{x^2}$ $\left[a: x = 0, y = 1; \min\left(\dfrac{4}{3};-\dfrac{1}{8}\right); \text{flesso in } x = 2\right]$

36 $y = \dfrac{x-1}{\sqrt{x-2}}$ $[a: x = 2; \min(3;2); \text{flesso in } x = 5]$

37 $y = x \ln x^2$ $\left[\max\left(-\dfrac{1}{e};\dfrac{2}{e}\right); \min\left(\dfrac{1}{e};-\dfrac{2}{e}\right)\right]$

ANALIZZARE E INTERPRETARE DATI E GRAFICI

38 **TEST** Data una funzione $y = f(x)$ che
1. ha come dominio $\mathbb{R} - \{\pm 4\}$,
2. interseca l'asse x nei punti $A(-3;0)$ e $B(3;0)$,
3. ha come asintoti verticali le rette $x = 4$ e $x = -4$,
4. ha come asintoto orizzontale la retta $y = 2$,

la sua espressione analitica può essere:

A $y = \dfrac{x^2 - 9}{x^2 - 4}$.

B $y = \dfrac{2x^2 - 18}{16 - x^2}$.

C $y = \dfrac{2(x^2 - 16)}{x^2 - 9}$.

D $y = \dfrac{2(x^2 - 9)}{x^2 - 16}$.

E $y = 2(x^2 - 16)(x^2 - 9)$.

39 **TEST** Quale delle seguenti funzioni è rappresentata dal grafico?

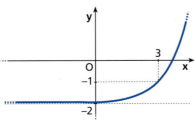

A $y = e^{-x+3} - 2$ B $y = e^x - 2$ C $y = e^{x-3} - 2$ D $y = e^{x+3} - 2$ E $y = -e^{x-3} - 2$

LEGGI IL GRAFICO

40 Il grafico della funzione in figura ha equazione

$$y = \frac{e^{-\frac{1}{2}x}}{2x+a} + b.$$

a. Trova a e b.
b. Determina le coordinate dei punti stazionari.
c. Scrivi l'equazione della tangente al grafico nel punto A.

$$\left[\text{a) } a = 4, b = 1; \text{ b) } M\left(-4; -\frac{e^2+4}{4}\right); \text{ c) } x + 4y - 5 = 0 \right]$$

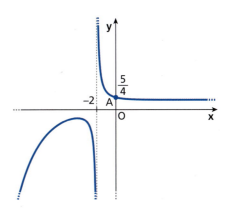

41 Determina per quale valore di k il grafico della funzione in figura ha equazione

$$y = e^{\frac{2x}{x^2+k}},$$

sapendo che i punti A e B sono rispettivamente un minimo e un massimo. Scrivi le equazioni delle tangenti al grafico in A e B. La funzione ha asintoti? Quali?

$$\left[k = 1, y = e; y = \frac{1}{e}; \text{ asintoto orizz. } y = 1 \right]$$

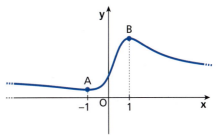

42 In figura è rappresentato il grafico di una funzione del tipo $y = ax^4 + bx^2 + c$.
Determina a, b, c. $[a = 1; b = -2; c = 2]$

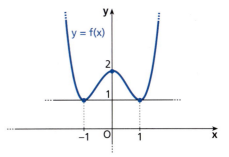

43 La funzione $f(x)$ ha un'equazione del tipo

$$y = ax^4 + bx^3 + 6x^2$$

e ha in F un flesso orizzontale.
Calcola a e b. Trova poi le coordinate dell'altro flesso di $f(x)$ e l'equazione della tangente inflessionale.

$$\left[a = 3, b = -8; \left(\frac{1}{3}; \frac{11}{27}\right); 48x - 27y - 5 = 0 \right]$$

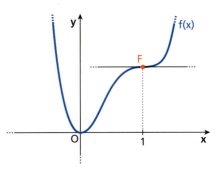

44 In figura è rappresentato il grafico della funzione:
$$f(x) = \frac{x^2 + ax}{4x + b}.$$

a. Trova a e b.

b. Scrivi le equazioni degli asintoti della funzione.

c. Dimostra che la funzione è crescente per

$$x < -\frac{1}{2} \quad e \quad x > -\frac{1}{2}.$$

$$\left[a)\ a = 3, b = 2;\ b)\ x = -\frac{1}{2};\ y = \frac{1}{4}x + \frac{5}{8} \right]$$

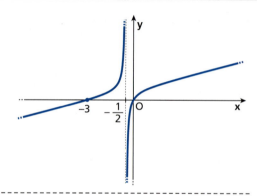

---

45 In figura è rappresentato il grafico di
$$f(x) = x^2 e^{ax}.$$

Determina il valore del parametro a, sapendo che M è un punto di massimo, e trova la sua ordinata. La funzione ha punti di flesso? Quali?

$$\left[a = -\frac{1}{2};\ M\left(4;\frac{16}{e^2}\right);\ x_F = 4 \pm 2\sqrt{2} \right]$$

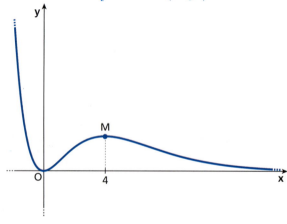

46 Il grafico della funzione in figura ha equazione
$$y = e^{ax^2 + bx + 1}$$

e M è un punto di massimo.

a. Determina i valori di a e b.

b. Trova le coordinate dei punti di flesso.

$$\left[a)\ a = -2, b = 1;\ b)\ F_1\left(-\frac{1}{4}; e^{\frac{5}{8}}\right), F_2\left(\frac{3}{4}; e^{\frac{5}{8}}\right) \right]$$

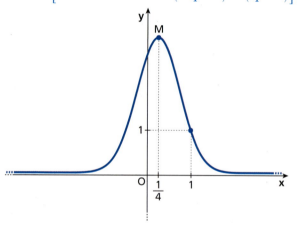

---

47 Trova i coefficienti a, b e c in modo che il grafico della funzione $f(x) = ax^4 + bx^3 + cx$ abbia un flesso orizzontale in $F(2; 4)$.
$$\left[a = \frac{1}{4};\ b = -1;\ c = 4 \right]$$

48 La curva di equazione $y = ax^3 + bx^2 + cx + d$ è tangente in $(1; 0)$ all'asse delle ascisse e ha un flesso in $(2; -2)$. Trova a, b, c, d.
$$[a = 1;\ b = -6;\ c = 9;\ d = -4]$$

49 Data la funzione $y = e^{3x^2 - ax + b}$, determina i valori dei parametri a e b, sapendo che il suo grafico ha un punto stazionario di ascissa 1 e passa per il punto $(2; 1)$.
$$[a = 6;\ b = 0]$$

RISOLVERE PROBLEMI

50 Trova il punto P della parabola di equazione $y = 2x^2 - 3x + 1$ le cui coordinate hanno somma minima.
$$\left[P\left(\frac{1}{2}; 0\right) \right]$$

51 Fra tutte le rette passanti per il punto $(1; 4)$ determina quella che, intersecando gli assi cartesiani, forma nel primo quadrante il triangolo di area minima.
$$[y = -4x + 8]$$

52 Determina il punto del primo quadrante appartenente alla curva di equazione $y = \dfrac{x+1}{x}$ che si trova a distanza minima dalla retta di equazione $x + 4y - 4 = 0$.
$$\left[P\left(2; \frac{3}{2}\right) \right]$$

Allenamento

53 Rappresenta le parabole γ_1 e γ_2 di equazioni $y = -x^2 + 10x - 9$ e $y = x^2 - 8x + 7$, e trova quale retta parallela all'asse y, intersecando la regione finita di piano delimitata da γ_1 e γ_2, individua la corda PQ di lunghezza massima. $\left[x = \dfrac{9}{2} \right]$

54 Dato il quadrato $ABCD$, determina per quale valore di x, ovvero per quale posizione di P sul lato AB, il quadrato inscritto $PQRS$ ha area minima. Quanto misura il lato in questo caso? $[x = 1; \overline{PQ} = \sqrt{2}]$

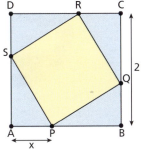

55 Determina il valore massimo dell'area del trapezio isoscele in figura. $\left[x = \dfrac{1}{2}; \text{area max} = \dfrac{7}{4}\sqrt{7} \right]$

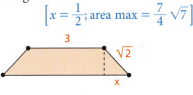

56 Il triangolo isoscele in figura ha perimetro 6. Studia la funzione $f(x) = \dfrac{\overline{AB}^2}{\overline{CH}^2}$.

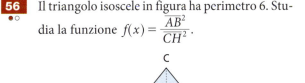

$\left[f(x) = \dfrac{(6-2x)^2}{6x - 9} \right]$

---

57 Dato l'insieme di parabole $y = ax^2 - (2a+1)x + a + 1$, con $a > 0$:

a. determina le coordinate dei punti di intersezione con l'asse x, A e B ($x_A > x_B$);

b. determina le coordinate del punto di intersezione C con l'asse y;

c. scrivi la funzione che esprime la somma $\overline{OA} + \overline{OC}$ in funzione di a e rappresentala graficamente.

$\left[\text{a) } A\left(\dfrac{a+1}{a}; 0\right), B(1; 0); \text{ b) } C(0; a+1); \text{ c) } f(a) = \dfrac{(a+1)^2}{a} \right]$

COSTRUIRE E UTILIZZARE MODELLI

RISOLVIAMO UN PROBLEMA

■ Caldo riposo

In economia si definisce *domanda di un bene economico* la quantità di bene x richiesta a un dato prezzo p.

Un'impresa produce piumini per letti matrimoniali e sostiene per la produzione una spesa fissa mensile di € 1600 e un costo per i materiali e la manodopera di € 80 per ogni pezzo. La domanda di piumini è espressa dalla funzione $x = 120 - 0,4p$, con $p \leq$ € 300. Esprimiamo le funzioni del costo mensile totale $C(x)$ e del ricavo $R(x) = x \cdot p(x)$, e determiniamo per quale quantità il guadagno mensile $G(x) = R(x) - C(x)$ è massimo.

▶ **Troviamo la funzione del costo.**

La funzione del costo è la somma di una componente fissa e di una variabile data dal prodotto di 80 per il numero x di piumini prodotti. Quindi:

$$C(x) = 1600 + 80x.$$

▶ **Troviamo la funzione del ricavo.**

Il ricavo è il prodotto tra la quantità di piumini venduti e il prezzo di vendita. Essendo

$$x = 120 - 0,4p \quad \rightarrow \quad p = 300 - 2,5x,$$

otteniamo:

$$R(x) = x \cdot (300 - 2,5x) = 300x - 2,5x^2.$$

▶ **Calcoliamo il massimo del guadagno.**

Scriviamo la funzione che esprime il guadagno:
$$G(x) = R(x) - C(x) = 300x - 2{,}5x^2 - (1600 + 80x) = 220x - 2{,}5x^2 - 1600.$$

Deriviamo la funzione e studiamo il segno della derivata:
$$G'(x) = 220 - 5x; \quad G'(x) > 0 \;\rightarrow\; 220 - 5x > 0 \;\rightarrow\; x < 44.$$

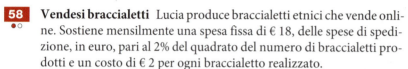

Dal quadro dei segni deduciamo che $x = 44$ è un massimo per la funzione del guadagno.

---

58 **Vendesi braccialetti** Lucia produce braccialetti etnici che vende online. Sostiene mensilmente una spesa fissa di € 18, delle spese di spedizione, in euro, pari al 2% del quadrato del numero di braccialetti prodotti e un costo di € 2 per ogni braccialetto realizzato.

a. Scrivi la funzione del costo totale.
b. Determina la funzione del costo unitario, definito come rapporto tra il costo totale per produrre x braccialetti e la quantità x di braccialetti prodotti.
c. Calcola il numero x di braccialetti prodotti per i quali il costo unitario è minimo.

$$\left[\text{a)}\; C(x) = 0{,}02x^2 + 2x + 18;\; \text{b)}\; C_u = \frac{0{,}02x^2 + 2x + 18}{x};\; \text{c)}\; x = 30 \right]$$

59 **Un uovo strano** All'interno di un uovo di cioccolato di forma sferica si inserisce una scatola, di forma cilindrica, che contiene la sorpresa.

a. Trova il volume massimo che può avere la scatola, supponendo che l'uovo contenitore abbia raggio R.
b. Calcola il rapporto tra il diametro di base e l'altezza del cilindro trovati al punto precedente.

$$\left[\text{a)}\; V = \frac{4\pi R^3}{3\sqrt{3}};\; \text{b)}\; \sqrt{2} \right]$$

60 **Medicinale in circolo** La concentrazione di un medicinale nel sangue dopo un'iniezione è descritta dalla funzione

$$C(t) = \frac{50}{t^2 + 1},$$

dove $t \geq 0$ è il tempo espresso in ore e la concentrazione è misurata in mg/mL.

a. Studia e rappresenta graficamente la funzione.
b. Dopo quanto tempo la concentrazione è inferiore a 2 mg/mL?
c. In base al modello, la concentrazione del medicinale sarà mai nulla?

[b) 4 ore e 54 minuti; c) no]

61 **Cotti a puntino** Pietro accende il forno di casa per preparare dei biscotti e imposta la temperatura indicata sulla ricetta. Durante la cottura legge la temperatura mediante il termometro in dotazione al forno e prende nota di tutte le misure; poi elabora i dati con un foglio di calcolo e ottiene la funzione che descrive la temperatura T (in gradi centigradi) al variare del tempo t (in minuti).

$$T(t) = \frac{100 + 1800t}{5 + 12t}$$

a. Rappresenta graficamente la funzione.
b. A che temperatura Pietro ha impostato il forno?

[b) 150 °C]

Allenati con **15 esercizi interattivi** con feedback "hai sbagliato, perché..."
☐ **su.zanichelli.it/tutor3**   risorsa riservata a chi ha acquistato l'edizione con tutor

VERIFICA DELLE COMPETENZE PROVE   ⏱ 1 ora

PROVA A

Determina i punti di massimo, di minimo e di flesso delle seguenti funzioni.

1 $y = -\dfrac{1}{3}x^3 - \dfrac{3}{2}x^2 + 4x$

2 $y = \dfrac{3x^2 - 9}{2 - x}$

Studia e rappresenta graficamente le seguenti funzioni.

3 $y = x^4 + 2x^3 - 2x - 1$

4 $y = \dfrac{x^2 - 1}{x^2 + 1}$

---

5 **TEST** Quale delle seguenti funzioni è rappresentata dal grafico della figura?

A $y = x^2(x + 2)$

D $y = x^2(x + 2)^2$

B $y = x(x + 2)^2$

E $y = x^4 + 2x^2$

C $y = x(x + 1)(x + 2)$

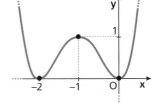

6 Il grafico della figura ha equazione $f(x) = (ax + b)e^x$.
Calcola i valori di a e b. Determina l'ordinata di A e le coordinate del punto di flesso.

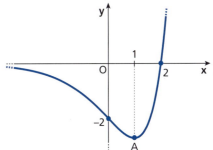

PROVA B

1 **Forniture elettriche** Una centrale elettrica sulla sponda di un fiume deve essere collegata a un grande complesso residenziale sull'altra sponda, a 1 km di distanza. La posa del cavo elettrico costa € 100 al metro lungo la riva, mentre costa € 200 sott'acqua.

  a. Scrivi la lunghezza L_1 del cavo sott'acqua e la lunghezza L_2 del cavo lungo la riva in funzione dell'angolo x in figura.

  b. Trova la funzione che esprime il costo totale necessario per posare il cavo in funzione dell'angolo x.

  c. Individua la configurazione che consente il costo minimo.

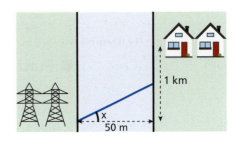

2 **Scorte in magazzino** Un'impresa ha un fabbisogno annuale di 12 000 kg di una certa materia prima. Per l'approvvigionamento, ne ordina ogni volta x kg, con un costo fisso di € 8 per ciascun ordine. Gli ordini vengono fatti in modo che in magazzino entri nuova merce appena è terminato lo stock precedente. Inoltre il consumo della materia prima è costante nel tempo. In media, in magazzino rimane una quantità di materia prima pari a $\dfrac{x}{2}$ kg e le spese fisse di mantenimento in magazzino ammontano a 1,20 €/kg. Qual è la quantità ottima da ordinare ogni volta per minimizzare i costi, immaginando che il prezzo della merce resti costante?

CAPITOLO 17
ECONOMIA E FUNZIONI DI UNA VARIABILE

1 Prezzo e domanda

In ogni società esistono produttori di beni, commercianti che li vendono e clienti che li comprano. Esiste perciò un **mercato**, inteso in senso lato, in cui avvengono scambi di beni. Definiamo:

- **bene** una qualsiasi merce immessa sul mercato, per esempio un prodotto alimentare, un capo di abbigliamento, un'auto, una casa;
- **domanda** la quantità di un certo bene richiesta a un certo prezzo dai consumatori;
- **offerta** la quantità di un certo bene immessa sul mercato da chi lo produce;
- **mercato libero** un mercato in cui ci sono molti produttori, molti acquirenti e né gli uni né gli altri sono in grado di influenzarlo;
- **mercato monopolistico** un mercato in cui c'è un solo produttore o venditore e molti acquirenti (oppure molti produttori e un solo acquirente). Per esempio, in Italia per molti anni il servizio telefonico è stato gestito da un solo ente, che ne deteneva il monopolio.

■ Funzione della domanda
▶ Esercizi a p. 872

La quantità domandata di un bene dipende innanzitutto dal suo prezzo, ma anche da altri elementi, come il reddito del consumatore, il prezzo di altri beni, i gusti e le mode. Considereremo però un modello semplificato in cui la domanda di un bene dipende solo dal suo prezzo.

Indichiamo con d la domanda e con p il prezzo di un bene, con $d \geq 0$ e $p \geq 0$. Chiamiamo **funzione della domanda** la funzione che associa a un valore di p il corrispondente valore di d. Nel nostro modello, se p aumenta, d diminuisce (o resta costante), quindi la funzione della domanda è una funzione decrescente oppure non crescente del prezzo.

Quando consideriamo il valore della domanda d, questo numero può rappresentare la misura di una lunghezza, un peso, una capacità, un numero intero di beni. Il prezzo p può essere espresso in diverse monete. Per questa varietà di situazioni non useremo unità di misura particolari, ma parleremo genericamente di *unità convenzionali*.

 Listen to it

The **demand curve** is the function representing the quantity that **consumers** are willing to **buy** for a given **price** of a good. The higher the price, the lower the quantity demanded, demonstrating a **negative relationship** between price and demand.

Paragrafo 1. Prezzo e domanda

Modello lineare $d = mp + q$

La funzione della domanda è rappresentata graficamente da un segmento di retta. Non consideriamo tutta la retta perché sia p sia d non possono assumere valori negativi.

Il coefficiente angolare m della retta è necessariamente sempre un numero negativo, perché la funzione della domanda deve essere decrescente.

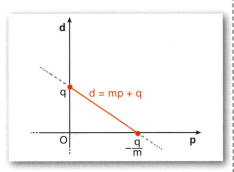

▶ Quale delle seguenti funzioni può essere la funzione della domanda di un bene?

$d = 18 - 6p$

$d = -12 + 4p$

Rappresenta il grafico di quella corretta.

Per $p = 0$, risulta $d = q$, che rappresenta la massima domanda: tutta la produzione viene immediatamente richiesta dai consumatori, se il bene è offerto a prezzo zero.

Viceversa $d = 0$ per $p = -\dfrac{q}{m}$, che rappresenta il prezzo massimo oltre il quale nessun consumatore è disposto ad acquistare quel bene.

> **ESEMPIO**
> La domanda di un bene è espressa dalla funzione $d = 300 - 2p$. Rappresentiamo la funzione.
> Il prezzo e la domanda devono essere entrambi positivi, quindi deve essere
> $$p \geq 0 \text{ e } d \geq 0 \to p \geq 0 \text{ e } 300 - 2p \geq 0 \to 0 \leq p \leq 150.$$
> Il grafico della funzione della domanda è perciò il segmento AB.

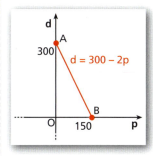

Modello di secondo grado o parabolico $d = ap^2 + bp + c$

La funzione della domanda deve essere decrescente, quindi la parabola deve essere rivolta verso il basso, cioè deve avere $a < 0$, e il vertice deve avere ordinata $-\dfrac{\Delta}{4a}$ positiva.

Consideriamo i due esempi della figura.

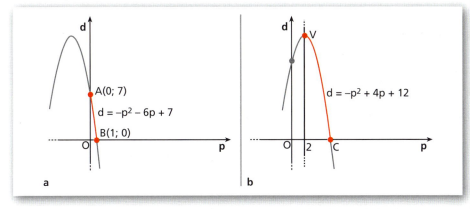

a b

In entrambi i casi dobbiamo considerare solo gli archi di parabola decrescenti e contenuti nel primo quadrante.

Nella figura **a**, il vertice ha ascissa negativa: la funzione della domanda è l'arco di parabola $\stackrel{\frown}{AB}$.

Nella figura **b**, il vertice ha ascissa positiva: dobbiamo considerare solo l'arco di parabola $\stackrel{\frown}{VC}$.

Modello esponenziale $d = a \cdot e^{-bp}$

In questo caso, perché la funzione della domanda sia positiva e decrescente per $p \geq 0$, deve essere

$a > 0$ e $b > 0$.

La domanda d tende a 0, per p che tende a $+\infty$.

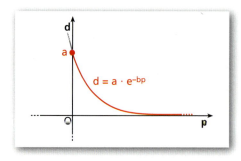

Modello iperbolico con $d = \dfrac{a}{p + b} + c$

In questo caso poniamo $a > 0$, $b > 0$.
La funzione della domanda è rappresentata da un ramo di iperbole equilatera con asintoti di equazioni $p = -b$ e $y = c$.

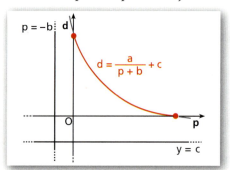

▶ La funzione della domanda di un bene è $d = \dfrac{15}{p+1} - 5$. Stabilisci il prezzo massimo che i consumatori sono disposti a pagare per acquistare il bene.

$[p = 2]$

Funzione di vendita

▶ Esercizi a p. 873

Spesso gli economisti preferiscono studiare, anziché la funzione della domanda $d = f(p)$, la sua inversa $p = f^{-1}(d)$, che è detta **funzione di vendita**. Essa esprime il prezzo p al quale possiamo vendere una certa quantità di merce d.

ESEMPIO

Riprendiamo la funzione della domanda lineare considerata nell'esempio precedente:

$d = 300 - 2p$.

La funzione di vendita si ottiene esplicitando la variabile p dalla funzione della domanda:

$p = 150 - \dfrac{1}{2}d$.

Rappresentiamo in uno stesso riferimento cartesiano le due funzioni, ricordando che il grafico della funzione inversa, se esiste, è simmetrico a quello della funzione data rispetto alla bisettrice del primo e terzo quadrante.

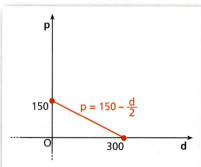

Per entrambe le funzioni indichiamo con x la variabile indipendente e con y quella dipendente.

Paragrafo 1. Prezzo e domanda

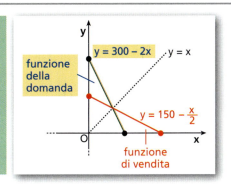

Se conosciamo la funzione di vendita, possiamo determinare il prezzo corrispondente a una certa domanda. Per esempio, il prezzo corrispondente alla domanda $d = 200$ unità è

$$p = 150 - \frac{1}{2} \cdot 200 = 50.$$

▶ Determina per quali valori di p la funzione $d = 5e^{-5p}$ rappresenta la funzione della domanda di un bene e trova la corrispondente funzione di vendita.

Anche la funzione di vendita è decrescente o non crescente in quanto, all'aumentare della quantità di merce richiesta sul mercato, il prezzo tende a diminuire.

■ Elasticità della domanda

▶ Esercizi a p. 873

Abbiamo visto che al variare del prezzo p varia anche la domanda d.

La variazione però è diversa a seconda del tipo di merce.

Per esempio, se c'è un forte aumento del prezzo del pane e la stessa variazione nel prezzo di un liquore ci aspettiamo che la diminuzione della domanda del pane sia meno sensibile della diminuzione della domanda del liquore: del liquore si può fare a meno, del pane no. Chiamiamo **elasticità della domanda** la capacità della domanda di reagire alla variazione del prezzo.

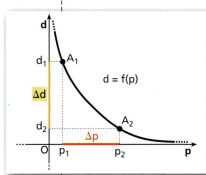

Per misurare l'elasticità si utilizza il *coefficiente di elasticità*.
Consideriamo due prezzi p_1 e p_2 di uno stesso bene e le corrispondenti domande d_1 e d_2. Calcoliamo la **variazione relativa del prezzo** $\frac{p_2 - p_1}{p_1} = \frac{\Delta p}{p_1}$ e la **variazione relativa della domanda** $\frac{d_2 - d_1}{d_1} = \frac{\Delta d}{d_1}$.

Per esempio, se $p_1 = 20$ e $p_2 = 23$:

$$\frac{\Delta p}{p} = \frac{23 - 20}{20} = 0{,}15.$$

Se esprimiamo il risultato in percentuale, vediamo che il prezzo è aumentato del 15%.
Per confrontare le variazioni relative della domanda e del prezzo, consideriamo il loro rapporto.

DEFINIZIONE

Il **coefficiente di elasticità** ε_d è il rapporto fra la variazione relativa della domanda e del prezzo.

$$\varepsilon_d = \frac{\frac{d_2 - d_1}{d_1}}{\frac{p_2 - p_1}{p_1}} = \frac{p_1}{d_1} \cdot \frac{\Delta d}{\Delta p}$$

Il coefficiente di elasticità, definito fra i due punti A_1 e A_2, viene anche detto **coefficiente di elasticità d'arco**.

Poiché la funzione della domanda è decrescente, le due variazioni $\Delta p = p_2 - p_1$ e $\Delta d = d_2 - d_1$ hanno segno opposto.
Il rapporto $\frac{\Delta d}{\Delta p}$ è pertanto negativo, quindi anche ε_d è negativo.

Capitolo 17. Economia e funzioni di una variabile

ESEMPIO
Se un certo bene passa da un prezzo di 3 unità (per esempio, euro) a uno di 3,24 unità, la domanda passa da 792 a 600. Calcoliamo il coefficiente di elasticità:

$$\varepsilon_d = \frac{\frac{600-792}{792}}{\frac{3,24-3}{3}} \simeq \frac{-0,24}{0,08} = -3.$$

Se scriviamo le variazioni relative come percentuali, ossia -24% e 8%, comprendiamo che $\frac{-24}{8} = -3$ indica la diminuzione in percentuale della domanda per ogni aumento di una unità, in percentuale, del prezzo. Se il prezzo aumenta dell'1%, la domanda diminuisce del 3%.

▶ Il prezzo di un prodotto alimentare passa da 2,4 euro a 2,1 euro quando la domanda varia da 536 a 612. Calcola il coefficiente di elasticità d'arco.
$[\simeq -1,13]$

Se la funzione della domanda è una funzione derivabile, il coefficiente ε_d può essere definito punto per punto nel modo seguente.

DEFINIZIONE
Se la funzione della domanda è derivabile, il **coefficiente di elasticità puntuale** è

$$\varepsilon_d = \frac{p}{d} \cdot d',$$

dove d' è la derivata della funzione della domanda calcolata in p.

ESEMPIO
Data la funzione della domanda $d = 300 - 4p^2$, calcoliamo il suo coefficiente di elasticità puntuale per $p = 3$.
Calcoliamo prima il coefficiente di elasticità in un punto generico p.

$$d' = -8p \quad \rightarrow \quad \varepsilon_d = \frac{p}{d}(-8p) = \frac{-8p^2}{300-4p^2}.$$

Se $p = 3$,

$$\varepsilon_d = \frac{-8 \cdot 9}{300-36} \simeq -0,27.$$

▶ Per la funzione della domanda $d = 73 - p^2 + 11p$, determina il coefficiente di elasticità puntuale per $p = 9$.
$[-0,69]$

Domanda rigida, elastica, anelastica

In economia si è soliti considerare il valore assoluto di ε_d, che ci permette di classificare il tipo di domanda.

- Se $|\varepsilon_d| < 1$, si dice che **la domanda è rigida** (o **non elastica**). Alla variazione di 1 punto percentuale del prezzo, corrisponde una variazione della domanda inferiore a 1. Ciò significa che all'aumentare del prezzo, la domanda cala lentamente. Questo succede per i beni di prima necessità, come il pane, il latte e lo zucchero, soprattutto in corrispondenza di prezzi bassi. Anche se il prezzo aumenta, i consumatori continuano ugualmente a farne uso.

- Se $|\varepsilon_d| > 1$, si dice che **la domanda è elastica**. Alla variazione di 1 punto percentuale del prezzo, corrisponde una variazione della domanda superiore a 1. Ciò significa che all'aumentare del prezzo, cala fortemente la sua richiesta. Questo succede per i beni voluttuari. Se il prezzo aumenta molto, i consumatori cercano di farne a meno.

- Se $|\varepsilon_d| = 1$, si dice che **la domanda è anelastica** (o **unitaria**). Alla variazione di 1 punto percentuale del prezzo, corrisponde una variazione della domanda anch'essa di 1 punto percentuale.

Possiamo individuare il tipo di elasticità della domanda direttamente dal grafico della funzione della domanda. Rappresentiamo una funzione della domanda e consideriamo un punto P di coordinate $(p; d)$ sul grafico e la retta t tangente alla curva in P.

Poiché la derivata nel punto P è il coefficiente angolare della retta t, ossia la tangente dell'angolo γ,

$$\tan \gamma = -\tan \beta = -\frac{\overline{PB}}{\overline{BA}},$$

dal punto di vista geometrico possiamo scrivere:

$$|\varepsilon_d| = \left| d' \cdot \frac{p}{d} \right| = \left| \frac{-\overline{PB}}{\overline{BA}} \cdot \frac{\overline{OB}}{\overline{PB}} \right| = \left| -\frac{\overline{OB}}{\overline{BA}} \right|.$$

Per studiare il tipo di domanda, confrontiamo allora le misure dei segmenti OB e BA.

- Se $\overline{OB} < \overline{BA}$, è $|\varepsilon_d| < 1$ e la domanda è rigida (figura **a**).
- Se $\overline{OB} = \overline{BA}$, è $|\varepsilon_d| = 1$ e la domanda è anelastica (figura **b**).
- Se $\overline{OB} > \overline{BA}$, è $|\varepsilon_d| > 1$ e la domanda è elastica (figura **c**).

▶ Stabilisci per quali valori di p la funzione $d = 40 - \dfrac{p^2}{10}$ rappresenta una funzione della domanda e determina per quali p la domanda è elastica, anelastica e rigida.

 Animazione

▶ Rappresenta la funzione della domanda $d = 3e^{-2p}$ e verifica graficamente che per $p = \dfrac{1}{2}$ la domanda è anelastica, per $p = \dfrac{1}{4}$ è rigida e per $p = 1$ è elastica.

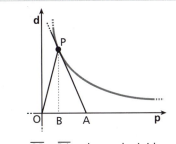 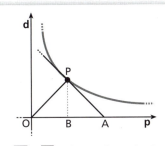 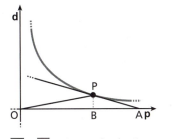

a. $\overline{OB} < \overline{BA} \rightarrow$ domanda rigida. **b.** $\overline{OB} = \overline{BA} \rightarrow$ domanda anelastica. **c.** $\overline{OB} > \overline{BA} \rightarrow$ domanda elastica.

2 Funzione dell'offerta

▶ Esercizi a p. 877

L'**offerta** è la quantità di merce che i produttori sono in grado o sono disposti a immettere sul mercato a un determinato prezzo.

L'offerta, al variare del prezzo, ha un comportamento opposto alla domanda. Se il prezzo di un bene aumenta, la domanda tende a diminuire, mentre l'offerta tende ad aumentare perché il produttore ha interesse ad aumentare la vendita.
Se indichiamo con h l'offerta e con p il prezzo, con $h \geq 0$ e $p \geq 0$, chiamiamo **funzione dell'offerta** la funzione che associa a un valore di p il corrispondente valore di h. Se p aumenta, h aumenta (o resta costante), quindi la funzione dell'offerta è crescente o non decrescente.
La funzione è limitata superiormente in quanto il produttore non riesce ad aumentare la produzione oltre una certa quantità.

Listen to it

The **supply curve** is the function representing the quantity that **producers** are willing to **supply** for a given price. The higher the price, the higher the quantity supplied, demonstrating a **positive relationship** between the price of a good and supply.

Capitolo 17. Economia e funzioni di una variabile

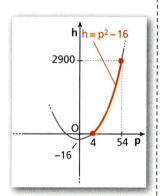

ESEMPIO

La funzione dell'offerta di un bene è $h = p^2 - 16$ e la massima produzione consentita è di 2900 unità. Rappresentiamo il modello.
Il modello è di secondo grado ed è rappresentato da una parabola con concavità verso l'alto. Il valore dell'offerta deve essere maggiore o uguale a 0 e, in ogni caso, minore o uguale a 2900 unità. Deve pertanto essere:

$$\begin{cases} p^2 - 16 \geq 0 \\ p^2 - 16 \leq 2900 \\ p \geq 0 \end{cases}$$

Risolvendo il sistema otteniamo $4 \leq p \leq 54$. La figura a lato rappresenta graficamente la funzione dell'offerta.

Se la funzione dell'offerta è lineare, ha di solito il termine noto negativo. Questo indica che, se il prezzo è minore di un certo valore, non si ha offerta.

ESEMPIO

Il grafico della funzione dell'offerta $h = 4p - 200$ interseca l'asse p del prezzo in $(50; 0)$.
Per $p \leq 50$ il produttore non è disposto a offrire nessuna quantità di merce.

Anche per l'offerta possiamo considerare la funzione inversa, che associa all'offerta il prezzo corrispondente e viene detta **funzione di produzione**.

ESEMPIO

Se $h = 4p - 200$, la funzione di produzione è:

$$p = \frac{200 + h}{4} \quad \rightarrow \quad p = 50 + \frac{h}{4}.$$

Inoltre, come per la domanda, anche per l'offerta parliamo di **elasticità**, come rapporto tra l'incremento relativo dell'offerta e quello del prezzo:

$$\varepsilon_h = \frac{\frac{h_2 - h_1}{h_1}}{\frac{p_2 - p_1}{p_1}} = \frac{p_1}{h_1} \cdot \frac{\Delta h}{\Delta p}.$$

Per l'elasticità puntuale, abbiamo:

$$\varepsilon_h = \frac{p}{h} \cdot h',$$

dove h' è la derivata della funzione dell'offerta calcolata in p.

ESEMPIO

Consideriamo ancora $h = p^2 - 16$. il coefficiente di elasticità puntuale è:

$$\varepsilon_h = \frac{p}{h} \cdot h' = \frac{p}{p^2 - 16} \cdot 2p = \frac{2p^2}{p^2 - 16}.$$

Calcoliamo ε_h per $p = 30$. Sostituendo, otteniamo $\varepsilon_h = \frac{1800}{884} \simeq 2{,}04$.

Pertanto, considerando un prezzo iniziale $p = 30$, l'aumento dell'1% del prezzo conduce a un aumento dell'offerta del 2% circa.
Poiché $\varepsilon_h > 1$, l'offerta è elastica.

3 Prezzo di equilibrio

▶ Esercizi a p. 878

In un mercato libero, molti sono i fattori che alterano il legame tra domanda, offerta e prezzo di un bene. Ci possono essere accordi fra produttori per far lievitare i prezzi, variazioni di abitudini dei consumatori, mutamenti politici e sociali. Noi esamineremo soltanto un modello semplificato della realtà riferendoci a un mercato **in regime di concorrenza perfetta**.

In un mercato di questo tipo si devono verificare le seguenti condizioni.

- Il bene prodotto e venduto deve essere omogeneo, cioè le sue caratteristiche non dipendono da chi lo produce o da chi lo commercializza.
- Il numero dei consumatori deve essere alto. In questo modo nessuno di essi può modificare il prezzo aumentando o diminuendo la propria domanda.
- Anche il numero dei produttori deve essere alto. In questo modo un solo produttore non può modificare il prezzo di mercato aumentando o diminuendo la propria offerta.
- Non esistono accordi fra produttori né fra consumatori. Non si possono quindi formare gruppi che siano in grado di influire sul prezzo.
- Ogni produttore può vendere a qualsiasi consumatore e ogni consumatore può acquistare da qualsiasi produttore.
- Deve esserci libertà di ingresso. Ogni consumatore e ogni produttore deve poter entrare e uscire a piacimento dal mercato.
- Ogni produttore e ogni consumatore deve conoscere le condizioni che determinano la domanda e l'offerta, deve cioè sussistere la *trasparenza di mercato*.

Con questo modello semplificato, determiniamo il prezzo di equilibrio.

DEFINIZIONE

Il **prezzo di equilibrio** di un bene è il prezzo per il quale la domanda è uguale all'offerta.

Consideriamo le funzioni $d(p)$ e $h(p)$ della domanda e dell'offerta. Come vediamo dal grafico a fianco, il prezzo di equilibrio è l'ascissa p_e del punto di intersezione dei grafici delle due funzioni.

Il valore della domanda e quello dell'offerta in questo punto coincidono.

Listen to it

The **equilibrium price** is the price at which the quantity demanded is equal to the quantity supplied. When the demand curve or the supply curve shifts, the equilibrium price changes.

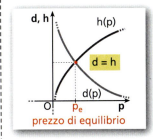

prezzo di equilibrio

ESEMPIO

La funzione della domanda di un bene è $d = \dfrac{27\,600}{p}$ e quella dell'offerta $h = 6p - 1260$. Determiniamo il prezzo di equilibrio.
Il grafico della domanda è un ramo di iperbole.
Il grafico dell'offerta è una parte di retta.

Poiché il prezzo di equilibrio si ha se la domanda è uguale all'offerta, deve essere

$$\frac{27\,600}{p} = 6p - 1260.$$

Questa equazione ha due soluzioni. Una è negativa e perciò economicamente non accettabile, l'altra è $p = 230$.

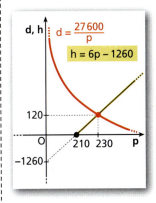

Capitolo 17. Economia e funzioni di una variabile

Sostituendo questo valore indifferentemente nella funzione della domanda o in quella dell'offerta, abbiamo $d = h = 120$.

Il prezzo di equilibrio è pertanto $p = 230$ e comporta un'offerta e una domanda di 120 unità del bene considerato.

Modifica del prezzo di equilibrio

La domanda e l'offerta possono variare con il passare del tempo. Di conseguenza anche il prezzo di equilibrio può subire modifiche. Vediamo diversi casi.

1. Modifica dell'offerta con domanda invariata

ESEMPIO

In un regime di concorrenza perfetta, le funzioni della domanda e dell'offerta sono rispettivamente $d = 12\,480 - 60p$ e $h = -9920 + 80p$. Determiniamo il prezzo di equilibrio.

$$d = h \rightarrow 12\,480 - 60p = -9920 + 80p.$$

Risolvendo otteniamo il prezzo di equilibrio $p_e = 160$ e, sostituendo, i corrispondenti valori della domanda e dell'offerta sono uguali a 2880.

Supponiamo ora che la funzione dell'offerta diminuisca e che diventi $h_1 = -14\,400 + 80p$.

La nuova espressione dell'offerta differisce dalla precedente solo per il termine noto, che è diminuito. Ciò equivale a dire che il grafico della funzione dell'offerta è stato traslato verso il basso.

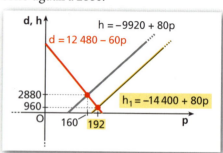

Calcoliamo il nuovo prezzo di equilibrio:

$$d = h_1 \rightarrow 12\,480 - 60p = -14\,400 + 80p \rightarrow p = 192,$$

che risulta maggiore di quello precedente.

Sostituendo in una delle due funzioni, in corrispondenza di $p_e = 192$ otteniamo 960 come uguale valore di domanda e offerta.

In generale, se la domanda resta invariata, una diminuzione dell'offerta produce un aumento del prezzo di equilibrio.

2. Modifica della domanda con offerta invariata

ESEMPIO

Riprendiamo la situazione iniziale dell'esempio precedente e modifichiamo la domanda, che diventa $d_1 = 11\,640 - 60p$.

Calcoliamo il nuovo prezzo di equilibrio:

$$d_1 = h \rightarrow 11\,640 - 60p = -9920 + 80p \rightarrow p = 154,$$

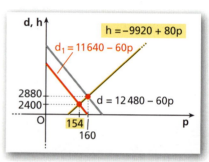

che risulta minore di quello precedente, cioè 160.

Sostituendo il prezzo di equilibrio $p_e = 154$ in una delle due funzioni, otteniamo 2400 come uguale valore della domanda e dell'offerta.

▶ **Video**

Prezzo di equilibrio

▶ Cosa succede in un mercato in cui il prezzo o la quantità di un bene non sono in equilibrio?

▶ Come può essere modificato il prezzo di equilibrio?

▶ Per un certo bene le funzioni della domanda e dell'offerta sono
$d = -p^2 + 450$ e
$h = 5p - 50$. Dopo un anno la domanda diventa $d_1 = -p^2 + 400$ e l'offerta resta invariata. Dopo due anni la domanda resta d_1 e l'offerta diventa $h_1 = 5p - 80$.
Calcola nei tre anni il prezzo di equilibrio.

▶ **Animazione**

In generale, se l'offerta resta invariata, una diminuzione della domanda produce una diminuzione del prezzo di equilibrio.

3. Modifica sia della domanda sia dell'offerta

Esaminiamo, soltanto da un punto di vista grafico, che cosa può succedere se variamo contemporaneamente la domanda e l'offerta, considerando tre situazioni in cui sia la domanda sia l'offerta calano. Passiamo da $d_1(p)$ e $h_1(p)$ a $d_2(p)$ e $h_2(p)$.

Nelle tre rappresentazioni seguenti sia la domanda sia l'offerta diminuiscono, ma nel primo caso il prezzo di equilibrio diminuisce, nel secondo aumenta e nel terzo resta invariato.

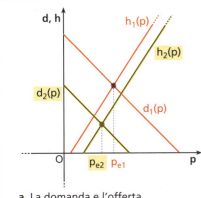

a. La domanda e l'offerta diminuiscono e anche il prezzo di equilibrio diminuisce.

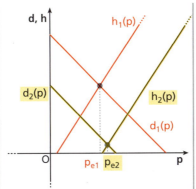

b. La domanda e l'offerta diminuiscono, mentre il prezzo di equilibrio aumenta.

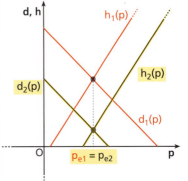

c. La domanda e l'offerta diminuiscono, ma il prezzo di equilibrio resta lo stesso.

4 Funzione del costo

■ Costo fisso, costo variabile, costo totale ▶ Esercizi a p. 882

La produzione di un bene ha dei costi dovuti alle materie prime utilizzate, alla mano d'opera, ai magazzini, ai macchinari. L'obiettivo di un'impresa è quello di raggiungere la massima produzione con i minimi costi. Per affrontare il problema noi consideriamo un modello matematico semplificato in cui i costi sono in funzione di una sola variabile, la quantità q di merce prodotta.
Questo modello è abbastanza soddisfacente se si considerano periodi di tempo brevi. In questo caso si parla di *costi di breve periodo*.

> **DEFINIZIONE**
> I **costi fissi** sono quelli che non dipendono dalla quantità di bene prodotto.
> I **costi variabili** sono quelli che dipendono da tale quantità.
> I **costi totali** sono la somma dei costi fissi e di quelli variabili.

I costi fissi, quali quelli per affitto di locali, assicurazioni e quote di ammortamento di un prestito, sono sostenuti dall'impresa anche se cessa la produzione. I costi variabili, quali quelli sostenuti per trasporto e materie prime, dipendono dalla quantità di beni prodotti e cessano con il cessare della produzione.

Con $C(q)$ indichiamo la **funzione del costo** totale, che è definita soltanto per

Capitolo 17. Economia e funzioni di una variabile

Listen to it

The **total cost curve** is the function representing the **cost of production** for a given quantity produced. It is the sum of **fixed costs**, which are independent of the quantity produced, and **variable costs**, which depend on the quantity produced.

$q \geq 0$, essendo q la quantità di bene prodotto. Un'azienda ha anche dei limiti di produzione massimi, quindi in generale la quantità q varia in un intervallo limitato del tipo $0 \leq q \leq l$.

Supporremo che la funzione sia sempre positiva e crescente. Indicata con C_f la somma di tutti i costi fissi e con C_v quella di tutti i costi variabili, abbiamo che

$$C = C_f + C_v.$$

I costi fissi sono rappresentati da una funzione costante (figura **a**).
I costi variabili possono essere descritti mediante diversi modelli. Per esempio, il loro andamento può essere come quello in figura **b**, con un grafico a «S rovesciata». Per piccole quantità di prodotto si ha un notevole aumento dei costi variabili, aumento che si riduce al crescere della produzione per diventare poi di nuovo consistente se la produzione diventa molto alta.
Il grafico di $C(q)$ si ottiene dai due precedenti per somma (figura **c**).

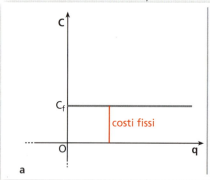
a

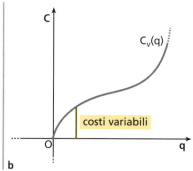
b

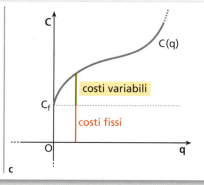
c

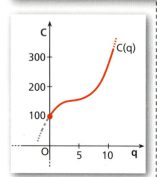

Un grafico a «S rovesciata» può corrispondere a una funzione polinomiale

$$C(q) = aq^3 - bq^2 + cq + d, \quad \text{con } a, b, c, d > 0.$$

Il grafico della funzione $C = \dfrac{q^3}{2} - \dfrac{25}{4}q^2 + 30q + 100$, per esempio, ha un andamento a «S rovesciata», come si vede dalla figura a fianco.

Se, invece, utilizziamo la funzione quadratica $C(q) = aq^2 + bq + c$, con $c > 0$, se $a < 0$ (parabola con concavità verso il basso), consideriamo soltanto l'intervallo di q in cui la funzione è, oltre che positiva, anche crescente.

> **ESEMPIO**
> Se la funzione del costo è
> $$C = -q^2 + 200q + 10\,000,$$
> l'intervallo in cui possiamo utilizzarla è soltanto $0 \leq q < 100$, dove 100 è l'ascissa del vertice della parabola.
> Se i costi fissi variano, il grafico viene traslato verso l'alto o verso il basso di un vettore parallelo all'asse delle ordinate.
> Se i costi fissi aumentano da 10 000 a 14 000 unità, il grafico si ottiene da quello precedente con una traslazione di vettore $\vec{v}(0; 4000)$.

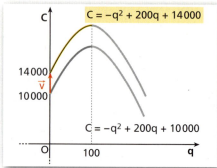

▶ La funzione del costo totale per la produzione di un bene è $C = 3e^{4q} + 10$. L'azienda può produrre un massimo di 100 pezzi a settimana. Determina il massimo costo settimanale e i costi fissi sostenuti dall'azienda.
[$3e^{400} + 10$; 13]

Paragrafo 4. Funzione del costo

■ Costo medio

▶ Esercizi a p. 884

DEFINIZIONE

Il **costo medio** (o **unitario**) C_m di un bene è il rapporto fra il costo totale C per produrre quel bene e la quantità prodotta q.

$$C_m = \frac{C}{q}$$

Nel caso in cui ogni unità di bene abbia lo stesso costo, il costo medio rappresenta il costo di ciascuna unità prodotta.

Significato geometrico

Consideriamo il grafico della funzione del costo totale $C(q)$ e un suo punto $P(q_1; C(q_1))$, come in figura.
Il rapporto fra l'ordinata e l'ascissa del punto, ossia il costo medio $C_m = \frac{C(q_1)}{q_1}$, è il coefficiente angolare della retta passante per l'origine O e per P. Questa proprietà può aiutare a comprendere il modo in cui varia C_m al variare di q.

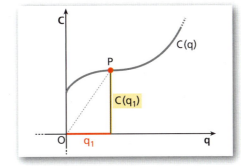

ESEMPIO

Un'impresa, per produrre lavatrici, sostiene spese fisse mensili di € 6000 e spese di € 150 per ogni lavatrice prodotta. Studiamo come varia il costo medio al variare del numero di lavatrici prodotte.
Indicato con q il numero delle lavatrici prodotte, la funzione del costo totale è $C = 150q + 6000$, che rappresentiamo nella figura.

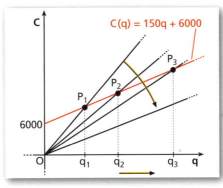

Notiamo che l'inclinazione rispetto all'asse orizzontale della retta che congiunge il punto O con un punto del grafico diminuisce all'aumentare di q.
Poiché il coefficiente angolare di ciascuna di queste rette è C_m, in questo modello all'aumentare della produzione il costo medio diminuisce progressivamente.
Ciò è confermato dal calcolo di C_m,

$$C_m = \frac{C}{q} = \frac{150q + 6000}{q},$$

da cui otteniamo la funzione:

$$C_m = \frac{6000}{q} + 150.$$

La funzione costo medio ha per grafico un ramo di iperbole con asintoto orizzontale $C_m = 150$, cor-

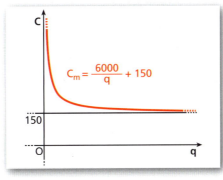

> ► Data la funzione del costo $C = 0,05q^2 + 16q + 40000$, determina i costi fissi, il costo medio e la produzione per avere il minimo costo medio.
>
> □ Animazione

rispondente al valore del coefficiente angolare della retta che rappresenta la funzione del costo.

Esaminiamo ora, da un punto di vista grafico, il costo medio nel caso del modello a «S rovesciata». Il coefficiente angolare delle rette congiungenti l'origine con i punti del grafico, all'aumentare di q, prima diminuisce fino a quando non si raggiunge un punto di tangenza (corrispondente a q_m nella figura **a**), poi aumenta.

L'andamento della funzione C_m è rappresentato nella figura **b**. C_m ha un punto minimo in q_m: la produzione della quantità q_m è quella per la quale si riesce ad avere il costo unitario più basso.

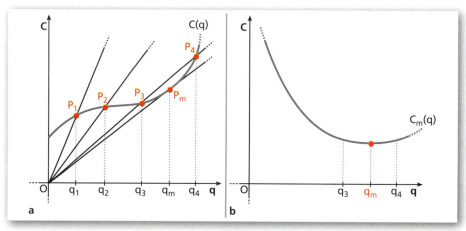

Costo fisso medio e costo variabile medio

Studiamo anche l'andamento delle funzioni del costo fisso medio e del costo variabile medio.

Poiché il costo fisso è una costante C_f, il costo fisso medio C_{fm} è dato da una funzione del tipo

$$C_{fm}(q) = \frac{C_f}{q},$$

quindi il suo andamento è rappresentato da un ramo di iperbole equilatera.

Man mano che aumenta la produzione, diminuisce il costo fisso medio.

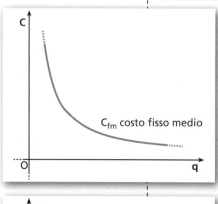

Il costo variabile medio C_{vm} si ottiene come differenza tra il costo totale medio e il costo fisso medio:

$$C_{vm} = C_m - C_{fm}.$$

Nella figura riportiamo il suo andamento, che può essere costruito come differenza tra i grafici di C_m e C_{fm}.

All'aumentare della quantità prodotta, il costo fisso medio è decrescente e tende a diventare trascurabile, e il costo medio tende a essere uguale al costo variabile medio.

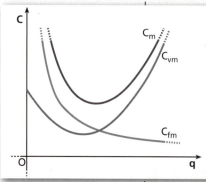

■ Costo marginale

▶ Esercizi a p. 885

A un produttore desideroso di modificare la propria produzione, aumentandola o diminuendola, interessa sapere quanto la variazione incida sui costi. Per avere questa informazione può utilizzare il *costo marginale*. Lo definiamo prima di tutto nel caso in cui la quantità di beni prodotti varia in modo discreto, come nella produzione di automobili.

DEFINIZIONE

Il **costo marginale per unità** C_{ma} è il costo che si deve sostenere per aumentare di una unità la produzione di un bene.

$$C_{ma} = C(q+1) - C(q)$$

Se $C_{ma} < 0$, vuol dire che $C(q+1) < C(q)$, cioè il costo è decrescente. Quando $C_{ma} > 0$, cioè $C(q+1) > C(q)$, il costo è crescente. Il minimo del costo si ottiene perciò in corrispondenza della quantità per cui il costo marginale è per la prima volta positivo.

Se invece la merce prodotta varia con continuità, come per esempio nel caso di un liquido, la variabile q è continua. In tal caso le variazioni di prodotto possono essere diverse dall'unità e diamo la seguente definizione.

DEFINIZIONE

Il **costo marginale** C_{ma} è il rapporto fra l'aumento di costo che si deve sostenere per un aumento Δq della quantità prodotta e l'incremento Δq stesso.

$$C_{ma} = \frac{C(q + \Delta q) - C(q)}{\Delta q}$$

Notiamo che C_{ma} è il rapporto incrementale della funzione $C(q)$. Se esiste il limite per $\Delta q \to 0$ di $C_{ma}(q)$, tale limite è la derivata di $C(q)$.
Quindi, se la funzione $C(q)$ è derivabile, possiamo considerare come **costo marginale la derivata prima della funzione del costo**, che indichiamo con C'.

$$C_{ma} = C'(q)$$

Da un punto di vista grafico, il costo marginale, essendo il coefficiente angolare della retta tangente al grafico della funzione $C(q)$, indica la rapidità con cui la funzione del costo varia.
Se consideriamo il modello del costo a «S rovesciata», notiamo che al crescere di q l'inclinazione della retta tangente al grafico di $C(q)$ prima diminuisce fino a raggiungere un valore minimo in q^*, poi aumenta (figura **a**). Quindi la funzione $C_{ma}(q)$ ha l'andamento rappresentato nella figura **b**.

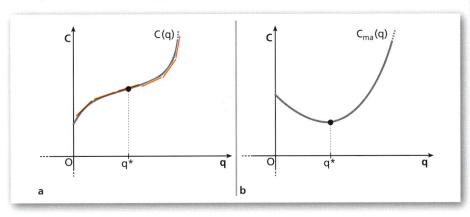

a b

Confronto tra costo marginale e costo medio

Cerchiamo, se esiste, una relazione fra costo marginale e costo medio. Consideriamo, per esempio, la funzione del costo

$$C = 0{,}08q^2 + 16q + 28\,800.$$

La funzione del costo medio è

$$C_m = \frac{C}{q} = \frac{0{,}08q^2 + 16q + 28\,800}{q} = 0{,}08q + \frac{28\,800}{q} + 16,$$

che è un'iperbole di asintoto verticale $q = 0$, asintoto obliquo $C(q) = 0{,}08q + 16$ e con punto di minimo in $M(600; 112)$.

Se q varia in modo continuo, la funzione del costo marginale si ottiene derivando $C(q)$:

$$C_{ma}(q) = C'(q) = 0{,}16q + 16,$$

che è una retta passante anch'essa per il punto M. Infatti, sostituendo l'ascissa del punto M nell'equazione della retta, si ha:

$$C_{ma}(600) = 0{,}16 \cdot 600 + 16 = 112,$$

che è proprio l'ordinata di M.

Se, in generale, calcoliamo la derivata della funzione del costo medio come derivata di un quoziente, abbiamo

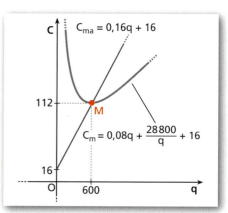

▶ Data la funzione del costo $C = 100e^{0{,}02q}$ determina il costo medio, il costo marginale e il minimo del costo medio, verificando che quest'ultimo è l'ordinata del punto di intersezione tra il costo medio e il costo marginale.

☐ **Animazione**

$$D\left[\frac{C}{q}\right] = \frac{C' \cdot q - C}{q^2} = \frac{1}{q}\left(\frac{C_{ma} \cdot q}{q} - \frac{C}{q}\right) = \frac{1}{q}(C_{ma} - C_m),$$

da cui deduciamo che la funzione del costo medio:

- è decrescente quando $C_{ma} < C_m$;
- è crescente quando $C_{ma} > C_m$;
- ha un minimo quando $C_{ma} = C_m$.

Concludiamo quindi che **i grafici del costo marginale e del costo medio si intersecano nel punto di minimo del costo medio**. Se la quantità varia in modo discreto, possiamo determinare il minimo del costo medio studiando la sua variazione.

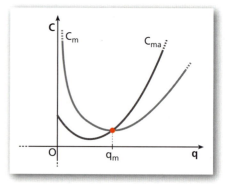

▶ Rappresenta il costo medio e il costo marginale per la funzione del costo
$$C = \frac{q^3}{2} - \frac{25}{4}q^2 + +30q + 100$$
e verifica che il minimo del costo medio coincide con il punto di intersezione tra il costo medio e il costo marginale.

$$C_m(q+1) - C_m(q) =$$

$$\frac{C(q+1)}{q+1} - \frac{C(q)}{q} = \frac{C(q+1) \cdot q - C(q) \cdot q - C(q)}{q(q+1)} =$$

$$\frac{1}{q+1}\left\{\frac{q[C(q+1) - C(q)]}{q} - \frac{C(q)}{q}\right\} = \frac{1}{q+1}[C_{ma}(q) - C_m(q)].$$

- Se $C_{ma} < C_m$, allora $C_m(q+1) < C_m(q)$, cioè il costo medio è decrescente;
- Se $C_{ma} > C_m$, allora $C_m(q+1) > C_m(q)$, cioè il costo medio è crescente.

Paragrafo 5. Funzione del ricavo

Il minimo del costo medio, perciò, si ottiene per la quantità per cui per la prima volta il costo marginale è maggiore o uguale al costo medio.

Puoi trovare un esempio di ricerca del minimo con questo metodo nell'esercizio guida 153 di pagina 888 oltre che nell'animazione.

▶ La funzione del costo per la produzione di barattoli è
$C = 9q^2 + 20q + 400$.
Determiniamo il minimo del costo medio e verifichiamo che è in corrispondenza della prima quantità per cui il costo marginale è maggiore del costo medio.

☐ **Animazione**

5 Funzione del ricavo

Esaminiamo ora le caratteristiche della **funzione del ricavo** che un'azienda ha dalla vendita dei suoi prodotti.

🇬🇧 **Listen to it**

Total revenues are the product of the unit price of a good and the amount of that good sold by the company.

> **DEFINIZIONE**
> Il **ricavo totale** è il prodotto della quantità venduta per il prezzo unitario di vendita.

Distinguiamo due casi ipotizzando un mercato in regime di concorrenza perfetta, oppure un mercato monopolistico.

■ Ricavo in un mercato di concorrenza perfetta

▶ Esercizi a p. 889

In un mercato in regime di concorrenza perfetta il prezzo di vendita di un prodotto si ottiene come prezzo di equilibrio fra domanda e offerta complessive risolvendo il sistema delle due equazioni corrispondenti alle due curve. Le variazioni della domanda di un singolo consumatore o dell'offerta di un singolo produttore non producono effetti sul prezzo, che, da questo punto di vista, è da considerarsi costante. Il ricavo di un'azienda dipende allora unicamente dalla quantità q venduta, a cui è direttamente proporzionale:

$$R = p_e \cdot q,$$

dove R è il ricavo, p_e il prezzo di equilibrio e q la quantità venduta.

> **ESEMPIO**
> Se la domanda di un bene è espressa da $d = 800 - 4p$ e la sua offerta da $h = 2p - 400$, determiniamo la funzione del ricavo.
> Poiché il prezzo di equilibrio si ha quando la domanda uguaglia la sua offerta, otteniamo:
> $$800 - 4p = 2p - 400 \rightarrow 1200 = 6p \rightarrow p = 200.$$
> Il ricavo, in un mercato di concorrenza perfetta, è $R = 200 \cdot q$.

▶ La domanda e l'offerta di un bene sono date dalle funzioni
$d = -0{,}4p + 200$ e
$h = 3p - 300$.
Determina la funzione del ricavo.
$[R = 147{,}0588q]$

■ Ricavo in un mercato monopolistico

▶ Esercizi a p. 890

In un mercato monopolistico, in genere, una diminuzione del prezzo provoca un aumento della domanda e un aumento del prezzo una diminuzione della domanda. Il produttore monopolista non può perciò considerare costante il prezzo di vendita di un bene, ma deve adattarlo alla quantità di bene che intende vendere. Il prezzo di vendita è quindi una funzione $p(q)$ della quantità q e il ricavo è

$$R = p(q) \cdot q.$$

Capitolo 17. Economia e funzioni di una variabile

ESEMPIO
In un mercato monopolistico la funzione della domanda di un bene è espressa da $q = 200 - \frac{1}{3}p$, dove p è il prezzo unitario. Determiniamo la funzione del ricavo.

Il prezzo di vendita, in funzione della quantità q, si ricava dalla funzione della domanda:

$$p = 600 - 3q.$$

Il ricavo è $R = (600 - 3q) \cdot q$.
Questa funzione è rappresentata da una parabola passante per l'origine degli assi e il punto $A(200; 0)$.

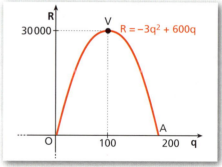

Ha la concavità verso il basso, perciò un massimo nel punto $V(100; 30\,000)$.
La funzione del ricavo è definita per $0 \leq q \leq 200$, crescente per $0 < q < 100$, decrescente per $100 < q < 200$, e ha un massimo per $q = 100$.

▶ Il prezzo di vendita di un bene è $p = 600 - 5q$. Determina la funzione del ricavo.

■ Ricavo medio e ricavo marginale

▶ Esercizi a p. 890

La definizione del ricavo medio è analoga a quella del costo medio.

DEFINIZIONE
Il **ricavo medio** R_m è il rapporto tra il ricavo totale R e la quantità q venduta

$$R_m = \frac{R}{q}$$

Poiché $R = p \cdot q$:

$$R_m = \frac{R}{q} = \frac{p \cdot q}{q} = p.$$

Quindi **il ricavo medio coincide con il prezzo unitario**.

ESEMPIO
Una ditta di elettrodomestici produce ogni settimana 80 lavatrici che hanno un prezzo unitario di € 413. Determiniamo il ricavo medio.
Il ricavo totale è $R = 413 \cdot 80 = 33\,040$.

Il ricavo medio è $R_m = \frac{33\,040}{80} = 413$, ossia è uguale al prezzo unitario.

▶ In un mercato monopolistico la domanda di un bene è data dalla funzione $q = 576 - \frac{p^2}{49}$. Determina la funzione del ricavo e quella del ricavo medio.

La definizione del ricavo marginale è analoga a quella del costo marginale.

Nel caso in cui q vari in modo discreto, abbiamo la seguente definizione.

DEFINIZIONE
Il **ricavo marginale** R_{ma} è la variazione del ricavo che si ottiene aumentando di una unità la produzione di un bene.

$$R_{ma} = R(q+1) - R(q)$$

Nel caso di variazione continua di q, la definizione è la seguente.

Paragrafo 6. Funzione del profitto

DEFINIZIONE

Il **ricavo marginale** R_{ma} è il rapporto fra la variazione del ricavo per un incremento Δq della quantità prodotta e l'incremento Δq stesso.

$$R_{ma} = \frac{R(q + \Delta q) - R(q)}{\Delta q}$$

Se la funzione del ricavo è derivabile, il **ricavo marginale** R_{ma} è la derivata prima della funzione del ricavo totale.

$$R_{ma} = R'(q).$$

ESEMPIO

1. Se vendiamo una quantità generica q di lavatrici al prezzo unitario di € 413, il ricavo è $R(q) = 413 \cdot q$ e il ricavo marginale

   $$R_{ma} = R(q + 1) - R(q) = 413q + 413 - 413q = 413.$$

2. Se in un mercato monopolistico il prezzo di un bene, la cui quantità varia con continuità, è $p(q) = 600 - 3q$, la funzione del ricavo è $R(q) = 600q - 3q^2$ e il ricavo marginale è $R_{ma}(q) = R'(q) = 600 - 6q$.

Supponiamo la funzione del ricavo derivabile e consideriamo i due tipi di mercato.

- In un **mercato di concorrenza perfetta**:

  $$R_{ma} = R'(q) = D(p \cdot q) = p.$$

  Il ricavo marginale è uguale al prezzo unitario e quindi anche al ricavo medio.

- In un **mercato monopolistico**:

  $$R'(q) = D[p(q) \cdot q] = p'(q) \cdot q + p(q).$$

  Poiché $p(q)$ è una funzione decrescente,

  $p'(q) < 0$, quindi $R'(q) < p(q)$.

  Il ricavo marginale, perciò, è minore del prezzo unitario.

6 Funzione del profitto

L'obiettivo di un'impresa è quello di raggiungere il massimo risultato economico dalla propria produzione, cioè il massimo profitto.

DEFINIZIONE

Il **profitto**, o **utile netto** o **guadagno** U, è la differenza fra il ricavo totale R e il costo totale C.

$$U = R - C.$$

Nel modello matematico la ricerca del massimo profitto equivale alla ricerca del massimo della funzione $U(q)$. Se q varia con continuità ed esistono $U'(q)$ e $U''(q)$, ciò si ha quando $U'(q) = 0$ e $U''(q) < 0$, perché U' deve essere decrescente. Per avere un massimo, infatti, U' deve essere positiva prima del punto q e negativa dopo q, cioè essere decrescente in q.

MATEMATICA E SOCIETÀ

La concorrenza perfetta e il monopolio In microeconomia le forme di mercato della concorrenza perfetta e del monopolio rappresentano due casi limite.

▶ Quali sono le posizioni intermedie?

☐ **La risposta**

▶ In un regime di concorrenza perfetta la domanda e l'offerta di un bene sono rappresentati dalle funzioni $d = \frac{36}{p} - 1$, con $0 < p < 36$, e $h = \frac{1}{2}p - \frac{1}{2}$, con $p > 1$. L'azienda che produce il bene sostiene costi fissi di 15 unità e costi variabili dati dalla funzione $C_v = (5 + 0{,}1q)q$. Determina la produzione che dà il massimo profitto e quanto vale il massimo profitto.

☐ **Animazione**

🇬🇧 **Listen to it**

The **total profit** earned by a company is the difference between total revenues and total costs.

Capitolo 17. Economia e funzioni di una variabile

▶ Per la produzione di penne un'azienda sostiene dei costi dati dalla funzione $C = 0{,}003q^2 + q + 4$. Le penne sono vendute a € 1,50 ciascuna. Determina la quantità di penne da produrre e vendere per ottenere il massimo guadagno e verifica che tale quantità è quella per cui il ricavo marginale diventa minore del costo marginale.

☐ **Animazione**

Essendo $U'(q) = R'(q) - C'(q)$, dobbiamo porre:

$$R'(q) - C'(q) = 0 \quad \rightarrow \quad R'(q) = C'(q).$$

Poiché $R'(q)$ è il ricavo marginale e $C'(q)$ il costo marginale, **il massimo profitto si ha per il valore di q per cui il ricavo marginale è uguale al costo marginale** (con la condizione che la derivata seconda di U sia negativa).

Se la quantità q non è continua, allora avremo un massimo della funzione guadagno quando per la prima volta la variazione del guadagno $U(q+1) - U(q)$ diventa negativa, cioè quando:

$$R(q+1) - C(q+1) - [R(q) - C(q)] = R(q+1) - R(q) - [C(q+1) - C(q)] =$$
$$R_{ma}(q) - C_{ma}(q) < 0.$$

Il massimo guadagno si ha per la prima quantità per cui il ricavo marginale è minore o uguale al costo marginale.

■ Funzione del profitto in un mercato di concorrenza perfetta

▶ Esercizi a p. 892

In un mercato di concorrenza perfetta, il prezzo del bene è costante, quindi:

$$R(q) = p \cdot q; \qquad R'(q) = p; \qquad R''(q) = 0.$$

Per cui $U''(q) = R''(q) - C''(q) = -C''(q)$, che è negativo solo se $C''(q) > 0$, cioè $C'(q)$ è crescente.

Ciò vuol dire che in un regime di concorrenza perfetta, per avere il massimo profitto:

- il costo marginale deve essere uguale al ricavo marginale, e cioè al prezzo unitario;
- nel punto di massimo utile il costo marginale deve essere crescente.

Interpretazione grafica

Interpretiamo i risultati precedenti su dei grafici considerando sempre il caso di concorrenza perfetta, quindi $R = p \cdot q$, con p prezzo costante.

Iniziamo osservando un **diagramma di redditività**, cioè un diagramma come quello sotto, in cui sono riportati i grafici del ricavo (in questo caso una retta) e del costo.

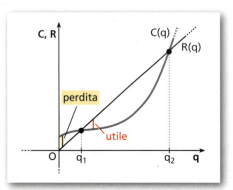

I punti di ascissa q_1 e q_2 sono detti **break-even points** o **punti di equilibrio economico**: ciascuno divide un intervallo in cui si ha perdita da uno in cui si ha profitto.

Un'azienda che produce una quantità $q < q_1$ o $q > q_2$ è in perdita ($R < C$), mentre per quantità $q_1 < q < q_2$ l'azienda ha un utile positivo ($R > C$). In q_1 e q_2 l'utile è nullo ($R = C$): q_1 e q_2 sono i limiti di produzione entro i quali deve stare l'azienda se vuole avere un guadagno.

Nel punto di ascissa q_M in figura, la tangente al grafico della funzione del costo $C(q)$ è parallela alla retta $R = p \cdot q$, quindi ha coefficiente angolare

$$C' = p.$$

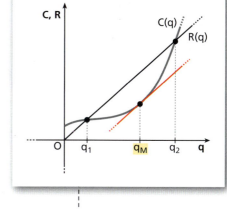

Il costo marginale è uguale al prezzo unitario, quindi in q_M il profitto è massimo.

Leggiamo ora costi e ricavi su un diagramma in cui rappresentiamo il costo medio C_m, il costo marginale $C_{ma} = C'$ e il ricavo marginale $R_{ma} = R'$, che nel caso di concorrenza perfetta è una retta parallela all'asse delle ascisse ad altezza p, che corrisponde al prezzo unitario. Indichiamo con y la variabile dipendente delle diverse funzioni.

Per $q = \overline{OA}$, per esempio, il costo è dato dall'area del rettangolo OAA_1B_1, infatti

$$\overline{AA_1} \cdot \overline{OA} = C_m(q) \cdot q = C(q),$$

mentre il ricavo è dato dall'area del rettangolo OAA_2B_2,

$$\overline{AA_2} \cdot \overline{OA} = p \cdot q = R(q).$$

Il profitto è uguale alla differenza delle due aree, cioè all'area di $B_1A_1A_2B_2$.

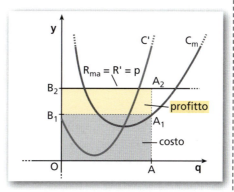

Indichiamo sul grafico anche i *breaking points* di ascissa q_1 e q_2 e il punto di massimo profitto q_M.

Se $q = q_M$, il costo marginale è uguale al prezzo unitario, quindi si ha il massimo profitto.

Se ci allontaniamo da q_M a destra o a sinistra, l'area in giallo, che corrisponde al profitto, tende a diminuire fino a diventare nulla in q_1 e q_2, dove $C_m(q_1) = C_m(q_2) = p$.

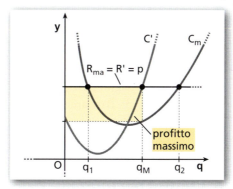

Nella figura sopra possiamo anche verificare che in q_M il costo marginale, $C'(q)$, è crescente, cioè è verificata la condizione $C''(q_M) > 0$, ossia $U''(q_M) < 0$.

Vediamo un esempio di ricerca del profitto massimo.

ESEMPIO

Dati la funzione del costo totale $C = 0{,}8q^2 + 160q + 18\,655$ e il prezzo unitario di vendita costante $p = 760$, entrambi espressi in euro, determiniamo per quale quantità si ha il massimo guadagno.

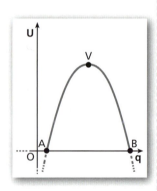

▶ In un mercato monopolistico, il prezzo di vendita di un bene è $p = -q + 300$ e la funzione del costo è $C = 25q + 515$. Determina la quantità di bene da produrre per ottenere il massimo profitto e i limiti di produzione per avere profitto.

| Animazione

La funzione del ricavo è $R = 760q$, e pertanto la funzione del guadagno è
$$U = -0{,}8q^2 + 600q - 18\,655.$$
La funzione è rappresentata da una parabola con la concavità verso il basso (figura a lato), di cui consideriamo soltanto l'arco positivo $\widehat{AVB}$.
Il massimo è raggiunto nel suo vertice.
$$q_V = -\frac{600}{-1{,}6} = 375 \ \rightarrow \ U(375) = -0{,}8 \cdot 375^2 + 600 \cdot 375 - 18\,655 = 93\,845.$$
I limiti di produzione q_A e q_B entro cui si deve stare per avere profitto si ottengono ponendo $U(q) = 0$, ossia
$$-0{,}8q^2 + 600q - 18\,655 = 0 \ \rightarrow \ q_A = 32{,}5,\ q_B = 717{,}5.$$

■ Funzione del profitto in un mercato monopolistico

|▶ Esercizi a p. 894

In un mercato monopolistico il prezzo di un bene varia in funzione della quantità prodotta e quindi il ricavo non è più necessariamente una funzione di tipo lineare: non valgono perciò le osservazioni economiche sul punto di massimo profitto fatte fin qui.
È sempre possibile, tuttavia, determinare il punto di massimo della funzione del profitto U e i punti di equilibrio economico, cioè i limiti entro cui mantenere la produzione per avere profitto. Questi punti si ottengono uguagliando la funzione del costo e la funzione del ricavo, cioè per $U = 0$.

ESEMPIO

In un mercato monopolistico, la funzione del costo per produrre un bene è $C = 100q + 850$ e il prezzo di vendita del bene è $p = 1000 - 50q$. Determiniamo il massimo guadagno.

Poiché il ricavo è $R = (1000 - 50q) \cdot q = 1000q - 50q^2$, la funzione del guadagno è
$$U = 1000q - 50q^2 - (100q + 850) = -50q^2 + 900q - 850.$$
La funzione è rappresentata da una parabola con la concavità verso il basso, quindi ha il massimo nel vertice che ha ascissa $q_V = -\frac{900}{2 \cdot (-50)} = 9$. Perciò il massimo guadagno è $U(9) = -50 \cdot 81 + 900 \cdot 9 - 850 = 3200$.
Ponendo $U = 0$, troviamo:
$$-50q^2 + 900q - 850 = 0 \rightarrow q_A = 1,\ q_B = 17,$$
che sono i limiti di produzione entro cui si deve rimanere per avere profitto.

■ Entrare nel mercato e uscire dal mercato |▶ Esercizi a p. 896

Cerchiamo, in regime di concorrenza perfetta, quando a un'impresa conviene entrare nel mercato e quando, dopo esservi entrata, le conviene uscirne.

Per un'azienda è conveniente entrare nel mercato solo se con la produzione opportuna i ricavi sono maggiori dei costi, cioè se il profitto è positivo. La valutazione non può essere fatta in modo puntuale, ma serve una valutazione complessiva.

Per questo motivo si confronta il ricavo medio, che in regime di concorrenza perfetta corrisponde al prezzo unitario del bene, con il minimo del costo totale medio C_1, che corrisponde all'ordinata del punto di intersezione tra il costo medio C_m e la derivata C' della funzione del costo.

Paragrafo 6. Funzione del profitto

Possono presentarsi tre casi.

- $p > C_1$ (figura **a**): all'azienda conviene entrare nel mercato; a patto di mantenere la produzione tra le quantità q_1 e q_2, il profitto è positivo.

- $p = C_1$ (figura **b**): la situazione è di pareggio; nel caso in cui l'azienda produca la quantità q_m di bene, il ricavo uguaglia il costo.

- $p < C_1$ (figura **c**): il ricavo medio è minore del minimo costo medio, qualunque sia la quantità di bene prodotto. L'impresa non entra nel mercato perché sarebbe in perdita.

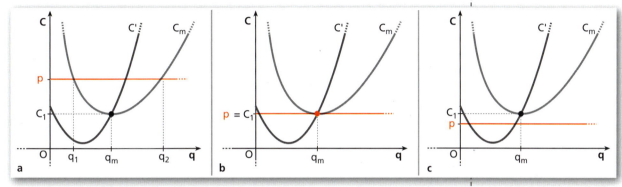

Se il prezzo unitario è inferiore al costo totale medio minimo, un'impresa che si trovi nel mercato deve affrontare la situazione descritta nella figura **c**: per qualsiasi quantità prodotta è in perdita.

Questo non significa necessariamente che l'impresa esca dal mercato. Se la produzione viene interrotta, l'impresa deve comunque affrontare dei costi fissi: essa resterà nel mercato fino a quando le perdite saranno inferiori ai costi fissi, in modo da coprirli almeno in parte. Poiché il costo fisso unitario si ottiene come differenza tra il costo medio e il costo medio variabile, per determinare se l'azienda deve uscire dal mercato è necessario allora confrontare il prezzo unitario con il minimo del costo variabile medio, che indichiamo con C_2. Anche in questo caso possono presentarsi tre situazioni.

- $p_1 > C_2$ (figura **a**): l'impresa resta nel mercato perché le perdite unitarie sono inferiori ai costi fissi unitari.

- $p_2 = C_2$ (figura **b**): le perdite unitarie uguagliano i costi fissi unitari, quindi l'impresa può restare ancora nel mercato (producendo la quantità q_{vm}).

- $p_3 < C_2$ (figura **c**): l'impresa esce dal mercato perché le perdite unitarie sono superiori ai costi fissi unitari.

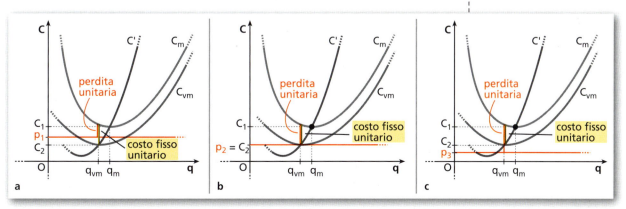

IN SINTESI
Economia e funzioni di una variabile

■ Funzione della domanda

- La **domanda** è la quantità di un bene richiesta dai consumatori, l'**offerta** è quella immessa sul mercato dai produttori. In un **mercato libero** ci sono molti produttori e consumatori e nessuno di essi è individualmente in grado di influenzarlo, in un **mercato monopolistico** ci sono un solo produttore e molti consumatori.

- La domanda d si può esprimere con una funzione non crescente del prezzo p di un bene. La **funzione della domanda** può essere espressa mediante diversi **modelli** fra cui il lineare, il parabolico, l'esponenziale. La sua funzione inversa è la **funzione di vendita**.

- L'**elasticità della domanda** è la capacità della domanda di reagire alla variazione del prezzo.
  Se al variare del prezzo da p_1 a p_2 la domanda varia da d_1 a d_2, il **coefficiente di elasticità** ε_d è:

  $$\varepsilon_d = \frac{\frac{d_2 - d_1}{d_1}}{\frac{p_2 - p_1}{p_1}} = \frac{p_1}{d_1} \cdot \frac{\Delta d}{\Delta p}.$$

  Se la funzione della domanda è derivabile, si definisce il **coefficiente di elasticità puntuale** in p:

  $$\varepsilon_d = \frac{p}{d} \cdot d',$$

  dove d' è la derivata della funzione della domanda calcolata in p.
  La domanda è: **rigida** se $|\varepsilon_d| < 1$, **elastica** se $|\varepsilon_d| > 1$, **anelastica** se $|\varepsilon_d| = 1$.

■ Funzione dell'offerta

L'**offerta** h si può esprimere con una funzione non decrescente del prezzo p di un bene. La funzione è limitata superiormente perché il produttore non può aumentare la produzione quanto vuole.
La funzione inversa della funzione dell'offerta è la **funzione di produzione**.

■ Prezzo di equilibrio

Il **prezzo di equilibrio** di un bene è quello per il quale domanda e offerta sono uguali.
In **regime di concorrenza perfetta**:
- se **la domanda resta costante**, a una diminuzione dell'offerta corrisponde un aumento del prezzo di equilibrio e viceversa;
- se **l'offerta resta costante**, a una diminuzione della domanda corrisponde una diminuzione del prezzo di equilibrio e a un aumento corrisponde un aumento;
- se **domanda e offerta variano insieme**, il prezzo di equilibrio può aumentare, diminuire o restare costante.

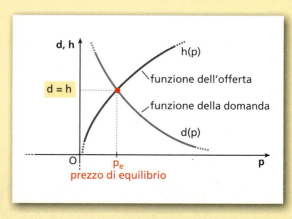

In sintesi

■ Funzione del costo

- I **costi fissi** sono quelli che non dipendono dalla quantità di bene prodotto, quelli **variabili** dipendono invece da tale quantità. I **costi totali** sono la somma dei costi fissi e di quelli variabili.

- Il **costo medio** (o **unitario**) C_m di un bene è il rapporto fra il costo totale C per la produzione del bene e la quantità prodotta q:

$$C_m = \frac{C}{q}.$$

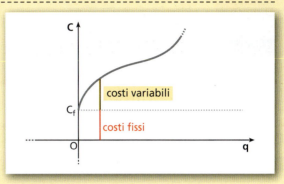

Considerato il grafico della funzione del costo, il costo medio relativo a una quantità q è il coefficiente angolare della retta che congiunge l'origine con il punto del grafico di ascissa q.
Se l'andamento di C è quello della figura precedente, C_m ha un solo punto di minimo.

- Il **costo marginale** C_{ma} è dato da:
  - $C_{ma} = C(q + 1) - C(q)$

    se q varia in modo discreto;

  - $C_{ma} = \dfrac{C(q + \Delta q) - C(q)}{\Delta q}$

    se q varia in modo continuo.

Se la funzione del costo è derivabile, il costo marginale è la derivata prima della funzione del costo:

$$C_{ma} = C'(q).$$

I grafici del costo marginale e del costo medio si intersecano nel punto di **minimo del costo medio**.

■ Funzione del ricavo

- Il **ricavo totale** è il prodotto della quantità venduta per il prezzo unitario di vendita: $R = p \cdot q$.

- Il **ricavo marginale** R_{ma} è dato da:
  - $R_{ma} = R(q + 1) - R(q)$ se q varia in modo discreto;
  - $R_{ma} = \dfrac{R(q + \Delta q) - R(q)}{\Delta q}$ se q varia in modo continuo.

Se la funzione del ricavo è derivabile, il ricavo marginale è la derivata prima della funzione del ricavo:

$$R_{ma} = R'(q).$$

- In un **mercato di concorrenza perfetta** il ricavo R è funzione soltanto della quantità q venduta, mentre il prezzo p è costante: $R(q) = p \cdot q$ e $R_{ma} = p$.

- In un **mercato monopolistico** il prezzo è funzione di q, quindi: $R(q) = p(q) \cdot q$ e $R_{ma}(q) = p'(q) \cdot q + p$. In tal caso $R_{ma}(q) < p$, in quanto $p(q)$ è decrescente, per cui $p'(q) < 0$.

■ Funzione del profitto

- Il **profitto** o **utile netto** U è la differenza fra il ricavo totale e il costo totale: $U = R - C$.

- Il **massimo profitto** si ha quando il ricavo marginale R' è uguale al costo marginale, ossia, in regime di concorrenza perfetta, quando è uguale al prezzo unitario.

- Un'**azienda entra nel mercato** se il prezzo unitario è maggiore del minimo del costo totale medio, **esce dal mercato** se il prezzo unitario è minore del minimo del costo variabile medio.

CAPITOLO 17
ESERCIZI

1 Prezzo e domanda

Funzione della domanda
▶ Teoria a p. 848

1 **TEST** Quale delle seguenti funzioni rappresenta nell'opportuno intervallo una funzione della domanda?

- **A** $d = 3p - 3$
- **B** $d = -p^2 + 2p - 1$
- **C** $d = -2e^{3p}$
- **D** $d = 2e^{-3p}$
- **E** $d = p^2 + 2p + 1$

2 **ESERCIZIO GUIDA** Stabiliamo se la funzione $d = -p^2 + 10p + 11$ può essere utilizzata come una funzione della domanda, determiniamo il suo valore massimo e quello minimo e quale domanda corrisponde a un prezzo $p = 8$.

La funzione è rappresentata da una parabola con concavità verso il basso, di vertice $V(5; 36)$.
Ne determiniamo le intersezioni con gli assi:

$$\begin{cases} p = 0 \\ d = -p^2 + 10p + 11 \end{cases} \rightarrow \begin{cases} p = 0 \\ d = 11 \end{cases}$$

$$\begin{cases} d = 0 \\ d = -p^2 + 10p + 11 \end{cases} \rightarrow \begin{cases} d = 0 \\ p = -1 \end{cases}; \begin{cases} d = 0 \\ p = 11 \end{cases}.$$

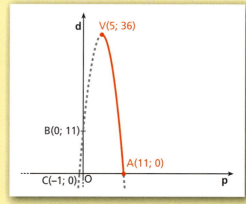

Abbiamo i tre punti $A(11; 0)$, $B(0; 11)$, $C(-1; 0)$.
La funzione è decrescente e non negativa soltanto nell'arco VA, ossia per $5 \le p \le 11$. Soltanto l'arco VA si presta perciò a rappresentare una funzione della domanda.
Il massimo valore è assunto dalla funzione nel vertice, per cui è $d = 36$. Il minimo è assunto sull'asse p, nel punto A, dove è $d = 0$. Infine, per $p = 8$, è $d(8) = -8^2 + 10 \cdot 8 + 11 = 27$.

Per ciascuna delle seguenti funzioni, stabilisci se può essere utilizzata come una funzione della domanda, qual è il suo valore massimo e quello minimo e il valore corrispondente al prezzo indicato a fianco. Determina poi la funzione di vendita corrispondente alla funzione data.

3 $d = 400 - p$; $p = 300$.   [sì; 400; 0; 100]

4 $d = \dfrac{600 - p}{20}$; $p = 400$.   [sì; 30; 0; 10]

5 $d = 3p + 1500$; $p = 50$.   [no]

6 $d = 600p - p^2$; $p = 400$.   [sì, per $300 \le p \le 600$; 90 000; 0; 80 000]

7 $d = -p^2 - 200p + 80\,000$; $p = 100$.   [sì; 80 000; 0; 50 000]

8 $d = p^2 - 200p - 800$; $p = 100$.   [no]

9 $d = \dfrac{400}{p + 20} + 60$; $p = 80$.   [sì; 80; non esiste; 64]

Paragrafo 1. Prezzo e domanda

10 $d = \dfrac{1000}{2p+50} + 40$; $\quad p = 75.$ [sì; 60; non esiste; 45]

11 $d = \dfrac{400}{-p+20}$; $\quad p = 30.$ [no]

12 $d = 600 \cdot e^{-0,01p}$; $\quad p = 10.$ [sì; 600; non esiste; 542,9]

13 $d = 600 \cdot e^{0,05p}$; $\quad p = 10.$ [no]

14 Per quale valore di a la funzione della domanda $d = 400 + ap^2$ ha come prezzo massimo ammissibile 20 unità? $\quad [a = -1]$

Funzione di vendita
▶ Teoria a p. 850

15 **ESERCIZIO GUIDA** Consideriamo la funzione della domanda $d = -p^2 + 10p + 11$. Determiniamo nell'intervallo opportuno la funzione di vendita.

Esplicitiamo la variabile p:

$d = -p^2 + 10p + 11 \rightarrow$

$p^2 - 10p - 11 + d = 0 \rightarrow$

$p(d) = 5 \pm \sqrt{36 - d}, \, 0 \le d \le 36.$

Poiché d è una funzione della domanda per $5 \le p \le 11$, consideriamo solo la funzione

$p = 5 + \sqrt{36 - d}, \, 0 \le d \le 36.$

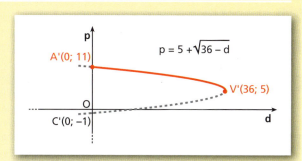

Determina la funzione di vendita per ciascuna delle seguenti funzioni della domanda.

16 $d = 1600 - p^2$ $\quad \left[p = \sqrt{1600 - d}, \, 0 \le d \le 1600\right]$ **17** $d = \dfrac{500}{p} + 10$ $\quad \left[p = \dfrac{500}{d-10}, \, d > 10\right]$

18 $d = 1000 \cdot e^{-0,04p}$ $\quad \left[p = -25 \ln\left(\dfrac{d}{1000}\right), \, 0 < d \le 1000\right]$ **19** $d = 500 \cdot e^{-0,01p}$ $\quad \left[p = -100 \ln\left(\dfrac{d}{500}\right), \, 0 < d \le 500\right]$

Elasticità della domanda
▶ Teoria a p. 851

20 **ESERCIZIO GUIDA** Stabiliamo in quale intervallo la funzione $d = -p^2 + 40p + 9600$ può essere utilizzata come una funzione della domanda. Calcoliamo poi il coefficiente di elasticità dell'arco quando il prezzo varia da $p_1 = 80$ a $p_2 = 100$.

La funzione ha per grafico una parabola con concavità verso il basso, di vertice $V(20; 10\,000)$, che interseca il semiasse positivo delle ascisse in $A(120; 0)$. La funzione è pertanto adatta a rappresentare una funzione della domanda soltanto nell'arco $\widehat{VA}$, in cui è decrescente.
Se il prezzo varia da $p_1 = 80$ a $p_2 = 100$, la domanda passa da $d_1 = 6400$ a $d_2 = 3600$. Il coefficiente di elasticità ε_d dell'arco $\widehat{BC}$ è:

$\varepsilon_d = \dfrac{\dfrac{3600 - 6400}{6400}}{\dfrac{100 - 80}{80}} = -1,75.$

$\varepsilon_d = \dfrac{\dfrac{d_2 - d_1}{d_1}}{\dfrac{p_2 - p_1}{p_1}}$

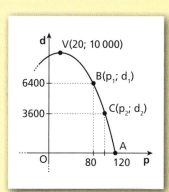

Capitolo 17. Economia e funzioni di una variabile

ESERCIZI

Per ogni funzione della domanda determina il coefficiente di elasticità della domanda ε_d relativo alla variazione dal prezzo p_1 al prezzo p_2 indicati a fianco.

21 $d = -0{,}6p + 180$; $p_1 = 20$; $p_2 = 80$. $[-0{,}071\,429]$

22 $d = -0{,}24p + 100$; $p_1 = 60$; $p_2 = 120$. $[-0{,}168\,22]$

23 $d = -0{,}04p + 200$; $p_1 = 2$; $p_2 = 6$. $[-0{,}0004]$

24 $d = -0{,}3p^2 + 180$; $p_1 = 2$; $p_2 = 4$. $[-0{,}020]$

25 $d = -0{,}2p^2 + 60$; $p_1 = 4$; $p_2 = 6$. $[-0{,}1408]$

26 $d = -0{,}2p^2 + 6p + 60$; $p_1 = 15$; $p_2 = 17$. $[-0{,}057]$

27 $d = \dfrac{40}{p+4} - 4$; $p_1 = 2$; $p_2 = 6$. $[-0{,}5]$

28 $d = \dfrac{10}{p+1} - 2$; $p_1 = 2$; $p_2 = 3$. $[-1{,}25]$

29 $d = 10 \cdot e^{-0{,}06p}$; $p_1 = 6$; $p_2 = 10$. $[-0{,}32]$

30 La funzione della domanda di un bene è $d = -5p + 75$. Rappresenta la funzione e calcola l'elasticità dell'arco quando il prezzo passa da $p_1 = 12$ a $p_2 = 14$. $[-4]$

31 Se il prezzo di un bene è $p_1 = 1$, la domanda è $d_1 = 10$. Se il prezzo è $p_2 = 2$, la domanda diventa $d_2 = 0$. Supponendo che la funzione della domanda sia del tipo $d = mp + q$, determina i coefficienti m e q e l'elasticità della domanda nell'arco tra p_1 e p_2. $[d = -10p + 20; -1]$

32 **TEST** La funzione della domanda di un bene è $d = -2p^2 + 6p + 10$. L'elasticità puntuale $\varepsilon(4)$ è:

A 20. **B** -20. **C** 40. **D** -40. **E** 10.

33 **ESERCIZIO GUIDA** Data la funzione della domanda $d = -p^2 + 40p + 9600$, calcoliamo il coefficiente di elasticità puntuale per $p = 90$.

Il coefficiente di elasticità puntuale, relativo al prezzo p, è

$$\varepsilon_d = \frac{p}{d} \cdot d' \quad \rightarrow \quad \varepsilon_p = \frac{p}{-p^2 + 40p + 9600} \cdot (-2p + 40),$$

da cui, per $p = 90$:

$$\varepsilon_d = \frac{90}{-90^2 + 40 \cdot 90 + 9600} \cdot (-2 \cdot 90 + 40) \simeq -2{,}47.$$

Poiché $|-2{,}47| > 1$, la domanda per il prezzo $p = 90$ è elastica.

Per ogni funzione della domanda calcola il coefficiente di elasticità puntuale relativo al prezzo p indicato a fianco. Indica se la domanda è rigida, elastica o anelastica.

34 $d = -5p + 20$; $p = 3$. $[\varepsilon = -3]$

35 $d = -0{,}1p^2 + 6p + 20$; $p = 33$. $[\varepsilon = -0{,}181]$

36 $d = \dfrac{80}{p+4} - 6$; $p = 5$. $[\varepsilon = -1{,}709]$

37 $d = \dfrac{100}{p}$; $p = 8$. $[\varepsilon = -1]$

38 $d = 20 \cdot e^{-0{,}01p}$; $p = 8$. $[\varepsilon = -0{,}08]$

39 $d = 10 \cdot e^{-0{,}02p}$; $p = 250$. $[\varepsilon = -5]$

Paragrafo 1. Prezzo e domanda

40 **RIFLETTI SULLA TEORIA** Un bene A ha elasticità della domanda ε_A tale che $|\varepsilon_A| < 1$ per ogni p ammissibile. L'elasticità della domanda per un bene B è ε_B e $|\varepsilon_B| > 1$.

a. Quale dei due beni può essere un bene di lusso?

b. Per quale dei due beni si ha una diminuzione minore della domanda a fronte della stessa variazione relativa del prezzo?

41 Il prezzo di un bene ha la funzione della domanda $d = -2p^2 + 10$. Calcola il massimo prezzo accettabile per i consumatori e l'elasticità della domanda per $p = 1$ e $p = 2$. Come interpreti i diversi valori dell'elasticità?

$$[2,23; \varepsilon(1) = -0,5; \varepsilon(2) = -8]$$

42 **LEGGI IL GRAFICO** Stabilisci, confrontando i segmenti opportuni, il tipo di elasticità della domanda di smartphone per i prezzi corrispondenti ai punti P, Q e R. Determina, poi, per quale prezzo la domanda è anelastica.

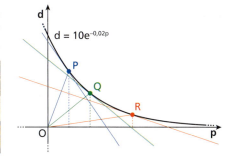

43 **TEST** Una funzione della domanda ha elasticità puntuale per il prezzo $p = 100$ uguale a -5. Quale delle seguenti funzioni ha questa caratteristica?

A $d = -0,4p^2 + 6p + 100$

B $d = -0,6p^2 + 10p + 400$

C $d = 40 \cdot e^{-0,05p}$

D $d = \dfrac{50}{p+2} - 6$

E Nessuna delle precedenti.

44 **REALTÀ E MODELLI** **Quanto è cara la benzina** A fronte di un continuo aumento dei prezzi e di guadagni che restano invariati, è opportuno procedere a una riduzione dei propri consumi, mantenendo costante il valore delle spese totali.

Consideriamo il costo della benzina. Numerosi automobilisti, quando non effettuano il pieno del serbatoio, sono abituati a comprare benzina indicando l'importo che intendono spendere e non il numero di litri. In questo modo, a causa dell'aumento dei prezzi, il numero dei litri acquistati diminuisce e occorreranno più rifornimenti, ma l'effetto psicologico di non aumentare le spese è salvo.

Consideriamo l'acquisto di € 50 di benzina verde effettuato una prima volta al prezzo di € 1,485 al litro e successivamente al prezzo di € 1,515 al litro.

a. Determina le percentuali di variazione dei prezzi e delle quantità.

b. Calcola l'elasticità della domanda di benzina dal primo al secondo prezzo.

c. Determina la funzione della domanda.

d. Calcola l'elasticità puntuale della domanda.

$$\left[\text{a) prezzi: } -2{,}02\%, \text{ quantità: } 1{,}9899\%; \text{ b) } 0{,}985; \text{ c) } d = \dfrac{50}{p}; \text{ d) } 1\right]$$

45 **YOU & MATHS** Draw a graph representing the demand function $d = \dfrac{120}{p}$. Find the coefficient of elasticity when the price varies from 120 to 160. What can you say about the elasticity of demand?

$$[\varepsilon_d = -0{,}75; \text{ rigid demand}]$$

46 **ESERCIZIO GUIDA** Data la funzione della domanda $d = -0,5p^2 + 5p + 400$, determiniamo per quale valore del prezzo p il coefficiente di elasticità puntuale è $\varepsilon = -1$.

Capitolo 17. Economia e funzioni di una variabile

Calcoliamo $d' = -p + 5$ e imponiamo $\varepsilon = -1$:

$$-1 = \frac{p}{-0,5p^2 + 5p + 400} \cdot (-p + 5) \rightarrow 1,5p^2 - 10p - 400 = 0.$$

Le soluzioni sono $p_1 = 20$ e $p_2 = -13,33$. Non è accettabile in economia il valore negativo, quindi il prezzo richiesto è 20.

$\varepsilon = \frac{p}{d} \cdot d'$

Date le seguenti funzioni, determina per quale valore del prezzo p l'elasticità puntuale è quella indicata a fianco.

47 $d = -p + 20$; $\varepsilon = -0,333$. $[p = 5]$

48 $d = -0,4p^2 + 100$; $\varepsilon = -18$. $[p = 15]$

49 $d = 30 \cdot e^{-0,03p}$; $\varepsilon = -3$. $[p = 100]$

50 $d = \frac{100}{p + 10} - 2$; $\varepsilon = -0,397$. $[p = 4]$

---

51 **TEST** Per quale valore di m nella funzione della domanda $d = mp + 40$ l'elasticità puntuale relativa a $p = 5$ è -1?

A $-0,04$ B 4 C -4 D $-0,4$ E $0,4$

52 **ESERCIZIO GUIDA** Consideriamo un bene con funzione della domanda $d = \frac{4}{2+p} + 3$.
Determiniamo per quali prezzi positivi la domanda è:
a. rigida;   b. elastica;   c. anelastica.

Abbiamo $d = \frac{4}{2+p} + 3$, perciò $d' = -\frac{4}{(2+p)^2}$ e quindi:

$$\varepsilon = \frac{p}{d} d' = \frac{p}{\frac{4}{2+p} + 3}\left[-\frac{4}{(2+p)^2}\right] = -\frac{4p}{(10 + 3p)(2 + p)},$$

$$|\varepsilon| = \left|-\frac{4p}{(10 + 3p)(2 + p)}\right| = \frac{4p}{(10 + 3p)(2 + p)}.$$

domanda rigida: $|\varepsilon| < 1$

a. La domanda è rigida per i prezzi $p \geq 0$ per cui:

$$\frac{4p}{(10 + 3p)(2 + p)} < 1 \rightarrow \frac{4p - (10 + 3p)(2 + p)}{(10 + 3p)(2 + p)} < 0 \rightarrow \frac{-20 - 12p - 3p^2}{(10 + 3p)(2 + p)} < 0.$$

Poiché p è positivo, sono positive le due quantità $10 + 3p$ e $2 + p$, quindi:

$$\frac{-20 - 12p - 3p^2}{(10 + 3p)(2 + p)} < 0 \rightarrow -20 - 12p - 3p^2 < 0 \rightarrow 20 + 12p + 3p^2 > 0.$$

La domanda è rigida per i prezzi p per cui $20 + 12p + 3p^2 > 0$.

b. La domanda è elastica per:

$$\frac{4p}{(10 + 3p)(2 + p)} > 1 \rightarrow \frac{-20 - 12p - 3p^2}{(10 + 3p)(2 + p)} > 0 \rightarrow 20 + 12p + 3p^2 < 0.$$

domanda elastica: $|\varepsilon| > 1$

c. La domanda è anelastica se p è tale che:

$$\frac{4p}{(10 + 3p)(2 + p)} = 1 \rightarrow 20 + 12p + 3p^2 = 0.$$

domanda anelastica: $|\varepsilon| = 1$

L'equazione $20 + 12p + 3p^2 = 0$ ha discriminante $\Delta = 12^2 - 3 \cdot 4 \cdot 20 = 144 - 240 = -96 < 0$, pertanto il trinomio $20 + 12p + 3p^2$ ha sempre segno positivo.
Concludiamo quindi che, trovandoci sempre nel caso a, la domanda è rigida per tutti i prezzi positivi p.

Paragrafo 2. Funzione dell'offerta

Per ciascuna delle seguenti funzioni della domanda stabilisci per quali prezzi positivi la domanda è rigida, per quali è elastica e per quali è anelastica.

53 $d = \dfrac{1}{p+1}$ [rigida per ogni p]

54 $d = \dfrac{2}{p+5} + 3$ [rigida per ogni p]

55 $d = 8p - \dfrac{2}{5}p^2$, $10 < p < 20$

$\left[\text{rigida per } 10 < p < \dfrac{40}{3} = 13,\bar{3}; \text{ el. per } \dfrac{40}{3} = 13,\bar{3} < p < 20; \text{ an. per } p = \dfrac{40}{3} = 13,\bar{3}\right]$

56 $d = 2e^{-2p}$ $\left[\text{rigida per } 0 \leq p < \dfrac{1}{2}; \text{ elastica per } p > \dfrac{1}{2}; \text{ anelastica per } p = \dfrac{1}{2}\right]$

57 $d = p^6 e^{\frac{p^2-10p}{2}}$, $2 < p < 3$ [rigida per $2 < p < 3$]

REALTÀ E MODELLI

58 **Il produttore di pane** Un imprenditore vuole aprire un laboratorio per la produzione di pane comune. Sa che il prezzo di vendita di quel tipo di pane è di 2,10 €/kg. Sa anche che la domanda di pane comune è espressa dalla funzione $d = -0,6p + 36$.
Dopo qualche mese, a causa del rinnovo del contratto di lavoro del settore, il pane viene venduto a 2,25 €/kg. La curva della domanda di pane non subisce variazioni.

a. Visto l'andamento della funzione della domanda, quale potrebbe essere la perdita percentuale stimata di vendite che subirebbe l'imprenditore?
b. Per ogni aumento percentuale del prezzo di vendita, qual è la diminuzione percentuale della domanda?

[a) 0,26%; b) 0,04%]

59 **Pasta sì, ma fino a un certo prezzo!** La domanda di pasta è espressa dalla funzione $d = \dfrac{120}{p+4} - 10$, dove p è il prezzo della pasta al kg.

a. Entro quali limiti può variare il prezzo della pasta?
b. Entro quali variazioni del prezzo di vendita la domanda di pasta è rigida?

[a) $0 \leq p \leq 8$; b) $0 < p < 2,93$]

2 Funzione dell'offerta

▶ Teoria a p. 853

60 **TEST** Una sola delle seguenti funzioni non rappresenta una funzione dell'offerta. Quale?

A $h = 1 + p^4$ **C** $h = 10 - p^2$ **E** $h = 2\sqrt{p-10}$
B $h = 4 + p^2$ **D** $h = -6 + 12p$

61 **ESERCIZIO GUIDA** Stabiliamo se la funzione $h = -3 + \sqrt{4+p}$, con $p \leq 20$, può essere utilizzata come una funzione dell'offerta. Determiniamo poi l'offerta corrispondente al prezzo $p = 12$, il prezzo al di sotto del quale non è più conveniente vendere e la funzione di produzione corrispondente alla funzione data.

Capitolo 17. Economia e funzioni di una variabile

La funzione $h = -3 + \sqrt{4+p}$ con $p \leq 20$ è rappresentata graficamente nella figura a fianco.
Deve essere $h \geq 0$, cioè $-3 + \sqrt{4+p} \geq 0$, che risolta dà $p \geq 5$.
Per $5 \leq p \leq 20$ la funzione è crescente, quindi può essere utilizzata come una funzione dell'offerta.
Il prezzo $p = 5$ è il valore al di sotto del quale l'offerta è negativa e quindi non conviene vendere.
L'offerta corrispondente al prezzo $p = 12$ è

$$h = -3 + \sqrt{4+12} = 1.$$

La funzione di produzione si ottiene esplicitando la variabile p, per cui da $h = -3 + \sqrt{4+p}$ abbiamo:

$$h + 3 = \sqrt{4+p} \;\to\; h^2 + 9 + 6h = 4 + p \;\to\;$$
$$p = h^2 + 6h + 5, \text{ con } 0 \leq h \leq -3 + 2\sqrt{6}.$$

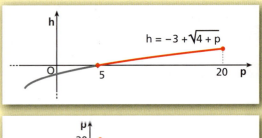

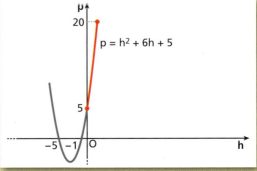

Per ciascuna delle seguenti funzioni, dopo aver stabilito se può essere utilizzata come una funzione dell'offerta, determina:
a. la corrispondente funzione di produzione;
b. l'entità dell'offerta corrispondente al prezzo indicato a fianco;
c. il prezzo al di sotto del quale non è più conveniente vendere.

62 $h = -150 + 3p$; $\qquad p = 100.$ $\qquad\qquad \left[\text{a) } p = \frac{1}{3}h + 50; \text{ b) } 150; \text{ c) } 50\right]$

63 $h = -400 + 20p$; $\qquad p = 50.$ $\qquad\qquad \left[\text{a) } p = \frac{1}{20}h + 20; \text{ b) } 600; \text{ c) } 20\right]$

64 $h = 2\sqrt{p-3}$; $\qquad p = 39.$ $\qquad\qquad \left[\text{a) } p = \frac{1}{4}h^2 + 3; \text{ b) } 12; \text{ c) } 3\right]$

65 $h = 3\sqrt{p-4}$; $\qquad p = 20.$ $\qquad\qquad \left[\text{a) } p = \frac{1}{9}h^2 + 4; \text{ b) } 12; \text{ c) } 4\right]$

66 La funzione di produzione di un bene è $p = 3\sqrt{h+4}$. Calcola l'elasticità dell'offerta in $p = 12$ e stabilisci se è rigida, elastica o anelastica. $\qquad \left[\frac{8}{3}; \text{ elastica}\right]$

67 La funzione dell'offerta $h = ap^2 + b$ vale 7 per $p = 24$ e l'elasticità in corrispondenza dello stesso prezzo è $\frac{32}{7}$. Determina i valori di a e b. $\qquad \left[a = \frac{1}{36}; b = -9\right]$

3 Prezzo di equilibrio

▶ Teoria a p. 855

68 **TEST** Se la funzione della domanda e la funzione dell'offerta di un bene sono

$$d = 100 - \frac{1}{100}p^2 \quad \text{e} \quad h = 50 + \frac{1}{100}p^2,$$

il prezzo di equilibrio del bene:

A è 50.　　**B** è −85.　　**C** è 95.　　**D** non esiste.　　**E** è 0.

Paragrafo 3. Prezzo di equilibrio

69 **ESERCIZIO GUIDA** Le funzioni della domanda e dell'offerta di un bene sono espresse da
$d = -0,4p^2 + 6250$ e $h = 294,5p - 2945$.
Determiniamo il prezzo di equilibrio e la quantità di merce domandata e offerta a tale prezzo.

Uguagliamo tra loro le funzioni della domanda e dell'offerta:

$$-0,4p^2 + 6250 = 294,5p - 2945,$$

da cui:

$$0,4p^2 + 294,5p - 9195 = 0.$$

L'equazione ha una sola radice positiva, che è $p = 30$. Il prezzo di equilibrio è perciò $p = 30$ e in corrispondenza di questo prezzo, l'offerta, coincidente con la domanda, è:

$$h(30) = 294,5 \cdot 30 - 2945 = 5890.$$

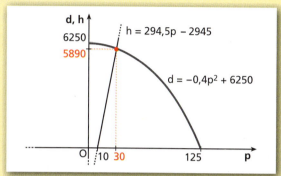

Osservando la figura, vediamo che per $p \geq 125$ non c'è più richiesta del bene e che per $p \leq 10$ il produttore non è disposto a offrire la merce.

Determina il prezzo di equilibrio fra le seguenti funzioni della domanda e dell'offerta e il corrispondente valore della domanda e dell'offerta.

70 $d = -0,6p + 180,$ $\qquad h = 4p - 200.$ $\qquad [p = 82,609; d = h = 130,43]$

71 $d = -0,4p + 200,$ $\qquad h = 3p - 300.$ $\qquad [p = 147,0588; d = h = 141,176]$

72 $d = -0,4p^2 + 1000,$ $\qquad h = 5p - 200.$ $\qquad [p = 48,88; d = h = 44,389]$

73 $d = -0,8p^2 + 100p + 4000,$ $\qquad h = 2p - 300.$ $\qquad [p = 156,783; d = h = 13,566]$

74 $d = \dfrac{2000}{p+4} - 6,$ $\qquad h = 4p - 28.$ $\qquad [p = 23,6096; d = h = 66,4385]$

75 $d = \dfrac{200}{p+8} - 6$ $\qquad h = 4p - 0,2.$ $\qquad [p = 3,068; d = h = 12,07]$

76 **YOU & MATHS** Given the demand and supply functions $d = \dfrac{1000 - p^2}{50}$ and $h = \dfrac{4+p}{2}$, determine the equilibrium price and quantity.
$[p = 20; q = 12]$

77 La funzione della domanda di un bene è $d = \dfrac{8}{p+2} - 2$ e quella dell'offerta è $h = 4p - 0,8$. Qual è il prezzo di equilibrio? $[p = 0,5]$

78 **LEGGI IL GRAFICO** Quelli a fianco sono i grafici della domanda e dell'offerta di una certa quantità di ortaggi. Individua graficamente il prezzo di equilibrio e poi determinalo algebricamente.

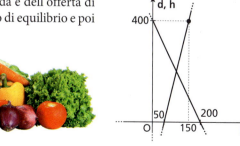

79 Le funzioni della domanda e dell'offerta di un prodotto sono

$d = -0,8p^2 + 20p + 200$ e $h = 6p - 18$.

Qual è la quantità di merce domandata e offerta al prezzo di equilibrio? $[146,6]$

Capitolo 17. Economia e funzioni di una variabile

Modifica del prezzo di equilibrio

80 **ESERCIZIO GUIDA** La funzione della domanda di un bene è $d = 37\,440 - 60p$ e quella dell'offerta è $h_1 = -29\,760 + 80p$. Calcoliamo il prezzo di equilibrio e valutiamo come si modifica se l'offerta aumenta e viene espressa dalla funzione $h_2 = -18\,560 + 80p$.

Il primo prezzo di equilibrio si ottiene uguagliando d e h_1:

$$37\,440 - 60p = -29\,760 + 80p \quad \cdot \quad 140p = 67\,200 \rightarrow p = 480.$$

Il prezzo di equilibrio è perciò $p_1 = 480$ e in corrispondenza di tale prezzo l'offerta è:

$$h_1 = -29\,760 + 80 \cdot 480 = 8640.$$

Se, lasciando invariata la domanda, l'offerta aumenta a $h_2 = -18\,560 + 80p$, il nuovo prezzo di equilibrio si determina uguagliando d e h_2:

$$37\,440 - 60p = -18\,560 + 80p \rightarrow$$
$$140p = 56\,000 \rightarrow p = 400.$$

Il nuovo prezzo di equilibrio è $p_2 = 400$, a cui corrisponde l'offerta

$$h_2 = -18\,560 + 80 \cdot 400 = 13\,440.$$

Pertanto si ha una variazione dell'offerta di

$$h_2 - h_1 = 13\,440 - 8640 = 4800 \text{ unità,}$$

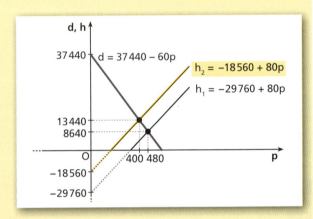

a cui corrisponde una diminuzione del prezzo di equilibrio di $480 - 400 = 80$ unità.
Nella figura abbiamo rappresentato graficamente le funzioni e i punti di equilibrio.

Date le seguenti funzioni della domanda e dell'offerta, determina il prezzo di equilibrio e come varia se una funzione si modifica in quella indicata a fianco. Rappresenta graficamente le funzioni e i punti di equilibrio.

81 $d = -0{,}6p + 180$, $\quad h_1 = 4p - 200;$ $\quad h_2 = 4p - 100.$ $\quad [p_1 = 82{,}61; p_2 = 60{,}87]$

82 $d = -2p^2 + 10p + 100$, $\quad h_1 = 4p - 24;$ $\quad h_2 = 4p - 36.$ $\quad [p_1 = 9{,}52; p_2 = 9{,}88]$

83 $d = -0{,}4p^2 + 1000$, $\quad h_1 = 5p - 200;$ $\quad h_2 = 5p - 240.$ $\quad [p_1 = 48{,}88; p_2 = 49{,}78]$

84 $d_1 = -2p + 400$, $\quad h = 4p - 200;$ $\quad d_2 = -2p + 700.$ $\quad [p_1 = 100; p_2 = 150]$

85 $d_1 = -3p + 600$, $\quad h = 5p - 200;$ $\quad d_2 = -3p + 800.$ $\quad [p_1 = 100; p_2 = 125]$

86 $d_1 = -0{,}8p^2 + 100p + 4000$, $\quad h = 2p - 300;$ $\quad d_2 = -0{,}8p^2 + 100p + 6000.$ $\quad [p_1 = 156{,}78; p_2 = 169{,}08]$

Date le funzioni $d_1(p)$ e $h_1(p)$ della domanda e dell'offerta, determina il prezzo di equilibrio e come varia se le funzioni si modificano diventando $d_2(p)$ e $h_2(p)$. Rappresenta graficamente le funzioni e i punti di equilibrio.

87 $d_1 = -2p + 500$, $\quad h_1 = 5p - 900;$ $\quad d_2 = -2p + 800$, $\quad h_2 = 5p - 600.$
$\quad\quad\quad\quad\quad\quad\quad\quad\quad\quad\quad\quad\quad\quad\quad\quad\quad\quad\quad\quad\quad\quad\quad\quad\quad\quad\quad\quad\quad\quad\quad\quad [p_1 = 200; p_2 = 200]$

88 $d_1 = -2p + 500$, $\quad h_1 = 5p - 900;$ $\quad d_2 = -2p + 450$, $\quad h_2 = 5p - 600.$
$\quad\quad\quad\quad\quad\quad\quad\quad\quad\quad\quad\quad\quad\quad\quad\quad\quad\quad\quad\quad\quad\quad\quad\quad\quad\quad\quad\quad\quad\quad\quad\quad [p_1 = 200; p_2 = 150]$

89 $d_1 = -2p + 500$, $\quad h_1 = 5p - 900;$ $\quad d_2 = -2p + 450$, $\quad h_2 = 5p - 950.$
$\quad\quad\quad\quad\quad\quad\quad\quad\quad\quad\quad\quad\quad\quad\quad\quad\quad\quad\quad\quad\quad\quad\quad\quad\quad\quad\quad\quad\quad\quad\quad\quad [p_1 = 200; p_2 = 200]$

90 Le funzioni della domanda e dell'offerta di un bene sono:

$$d = -0{,}4p + 200, \qquad h = 3p - 300.$$

Se l'offerta varia in modo che la nuova funzione sia $h_1 = 3p - 400$, quanto vale la variazione del prezzo di equilibrio? [29, 41]

91 La funzione dell'offerta di un bene passa da $d = -0{,}8p^2 + 20p + 200$ a $d_1 = -0{,}8p^2 + 20p + 400$. La funzione della domanda è in ciascun caso $h = 6p - 18$. Qual è la variazione della quantità domandata rispetto ai due prezzi di equilibrio? [34, 8 unità]

Riepilogo: Domanda e offerta

RISOLVIAMO UN PROBLEMA

■ Caffè in equilibrio

Il mercato del caffè è fortemente concorrenziale: sia i produttori sia i consumatori sono tanti e questo fa sì che non ci possano essere accordi tra i produttori o tra i consumatori per alterare il prezzo della vendita. In base a un'analisi fatta da una ditta appena entrata sul mercato, risulta che la funzione della domanda è $d = \dfrac{168}{p+2} - 2$, mentre quella dell'offerta è $h = 2p - 14$, dove p indica il prezzo, in euro, del caffè al kg.

- Entro quali limiti di prezzo l'azienda può vendere il caffè prodotto?
- Qual è il prezzo di equilibrio per questo prezzo e qual è la quantità di caffè domandata?
- Quanto vale il coefficiente di elasticità della domanda di caffè nel punto di equilibrio? Come interpreti il tipo di elasticità?

▶ **Determiniamo i limiti per i prezzi.**

Innanzitutto consideriamo solo prezzi positivi.
La funzione della domanda è decrescente per ogni prezzo positivo ed è positiva per i prezzi che risolvono la disequazione:

$$\frac{168}{p+2} - 2 \geq 0 \;\rightarrow\; \frac{168 - 2p - 4}{p+2} \geq 0 \;\rightarrow\; p \leq 82.$$

La funzione dell'offerta è crescente per ogni prezzo ed è positiva per i prezzi che soddisfano la disequazione:

$$2p - 14 \geq 0 \;\rightarrow\; p \geq 7.$$

Poiché sia la domanda sia l'offerta devono essere positive, deve essere $7 \leq p \leq 82$, cioè il caffè può essere venduto almeno a € 7 al kg e al più a € 82 al kg.

▶ **Troviamo il prezzo di equilibrio.**

In base alla descrizione del mercato in cui il caffè viene prodotto e venduto, deduciamo che ci troviamo in un regime di concorrenza perfetta, perciò il prezzo di equilibrio è dato dalla soluzione dell'equazione che si ottiene uguagliando la domanda e l'offerta:

$$\frac{168}{p+2} - 2 = 2p - 14 \;\rightarrow\; 168 - 2p - 4 =$$
$$2p^2 - 14p + 4p - 28 \;\rightarrow\; p^2 - 4p - 96 = 0 \;\rightarrow$$
$$p_1 = 12, \; p_2 = -8.$$

Scartiamo la soluzione negativa perché economicamente non accettabile: troviamo che il prezzo di equilibrio è $p = € 12$.

▶ **Determiniamo la quantità domandata.**

In corrispondenza del prezzo di equilibrio la quantità domandata è $d(12) = \dfrac{168}{12+2} - 2 = 10$ kg, che corrisponde anche alla quantità offerta.

▶ **Calcoliamo l'elasticità della domanda nel prezzo di equilibrio.**

Poiché

$$\varepsilon_d = \frac{p}{d} d' = \frac{p}{\dfrac{168}{p+2} - 2} \cdot \left[-\frac{168}{(p+2)^2} \right] =$$
$$-\frac{168p}{(164 - 2p)(p+2)},$$

nel prezzo di equilibrio $p = 12$ si ha:

$$\varepsilon_d = -\frac{168 \cdot 12}{(164 - 2 \cdot 12)(12+2)} \simeq -1{,}03.$$

Essendo $|\varepsilon_d| = 1{,}03$, la domanda è elastica. Ci aspettiamo che all'aumentare del prezzo ci sia una sensibile diminuzione della domanda: se il prezzo dovesse salire troppo, siamo disposti a farne a meno!

Capitolo 17. Economia e funzioni di una variabile

92 Un bene è domandato in ragione della funzione $d = -p^2 - p + 150$. Dopo aver verificato che la funzione d rappresenta effettivamente una funzione della domanda:
  a. calcola per quali prezzi positivi la domanda ha significato economico;
  b. determina il coefficiente di elasticità puntuale ε_d;
  c. calcola per quali prezzi p determinati nel punto **a** la domanda è rigida.

$$\left[\text{a) } 0 < p < \frac{\sqrt{601}-1}{2} \simeq 11{,}76; \text{ b) } \varepsilon_d = \frac{p(1+2p)}{p^2+p-150}; \text{ c) } 0 < p < \frac{\sqrt{451}-1}{3} \right]$$

93 La domanda di cereali è espressa dalla funzione $d = -0{,}4p + 25$ e l'offerta dello stesso bene dalla funzione $h = \sqrt{4p-19}$, dove p è il prezzo dei cereali al quintale.
  a. Rappresenta graficamente le due funzioni.
  b. Quali sono i limiti entro i quali può variare il prezzo del bene?
  c. Qual è il prezzo di equilibrio e le corrispondenti quantità offerta e domandata?

[b) $4{,}75 \leq p \leq 62{,}5$; c) $p = 35$]

94 **REALTÀ E MODELLI** **Carne: a che prezzo?** La domanda di carne di filetto di vitello è espressa dalla funzione $d = -0{,}4p^2 + 330$ e l'offerta dalla funzione $h = 4p - 20$, dove p è il prezzo della carne al kg.
  a. Rappresenta graficamente le due funzioni.
  b. Quali sono i limiti di prezzo entro cui vendere la carne di vitello?
  c. Verifica che la domanda di carne nel punto di equilibrio è elastica. Di quale percentuale calerebbe la domanda in conseguenza di un aumento, anche minimo, del prezzo di vendita?

[b) $5 \leq p \leq 28{,}7$; c) $\varepsilon_d \simeq -6{,}25$; $6{,}25\%$]

95 La funzione della domanda di un bene è $d = -3p + 600$. La funzione dell'offerta dello stesso bene è anch'essa lineare. Il prezzo minimo a cui il produttore è disposto a offrire la merce è 40 e il prezzo di equilibrio è 100. Qual è la funzione dell'offerta?

[$h = 5p - 200$]

96 **REALTÀ E MODELLI** **Le T-shirt** Il mercato delle T-shirt è di concorrenza perfetta (ci sono infatti molti produttori e molti consumatori). Si presuppone che le funzioni della domanda e dell'offerta delle T-shirt siano due rette. Il prezzo di vendita delle T-shirt è di € 12 l'una, al quale corrisponde una quantità giornaliera di 40 pezzi. I limiti del prezzo di vendita (cioè il prezzo in corrispondenza del quale l'offerta è nulla e il prezzo in corrispondenza del quale la domanda è nulla) possono variare tra € 8 e € 20. Quali sono le funzioni della domanda e dell'offerta?

[$d = -5p + 100$; $h = 10p - 80$]

97 La funzione dell'offerta di birra nel libero mercato ha equazione $h = 3p - 800$, ma, a causa di un forte aumento del costo dell'energia, gli imprenditori devono modificare la loro offerta, che è espressa ora dalla funzione $h_1 = 3p - 1200$. Supponendo che la funzione della domanda non subisca variazioni, il prezzo di equilibrio della birra diminuirà o aumenterà? Motiva la tua risposta utilizzando i grafici delle due funzioni dell'offerta e tracciando, a tua scelta, un possibile grafico della funzione della domanda.

TUTOR matematica — Allenati con **15 esercizi interattivi** con feedback "hai sbagliato, perché..." su.zanichelli.it/tutor3 — risorsa riservata a chi ha acquistato l'edizione con tutor

4 Funzione del costo

Costo fisso, costo variabile, costo totale
▶ Teoria a p. 857

98 **TEST** Una sola fra le seguenti è una funzione del costo. Quale?
  A $C = q^3 - 2q^2 + q + 1$
  B $C = q^3 - q^2 - 2q + 1$
  C $C = q^3 - 3q^2 + 2q + 2$
  D $C = q^3 - q^2 + q + 1$
  E $C = q^3 - 3q^2 + 2q + 1$

Paragrafo 4. Funzione del costo

99 **ESERCIZIO GUIDA** Rappresentiamo graficamente la funzione $C = -q^2 + 2000q + 10\,000$, verifichiamo che è adatta a rappresentare una funzione del costo e determiniamo il costo fisso.

Poiché $C(q)$ è una funzione quadratica, il grafico è una parabola. Essendo il coefficiente di q^2 negativo, la concavità è verso il basso.
Il vertice è $V(1000;\ 1\,010\,000)$.
Poiché una funzione del costo deve essere sempre positiva e crescente, $C(q)$ è adatta a rappresentare una funzione del costo per $0 \leq q \leq 1000$.
Il costo fisso è dato dal costo a produzione non ancora iniziata, cioè per $q = 0$. Si ha perciò $C_f = C(0) = 10\,000$.

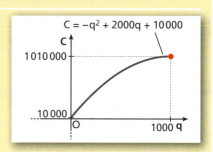

Rappresenta graficamente le seguenti funzioni, stabilisci se sono adatte a rappresentare una funzione del costo e, in caso affermativo, determina il costo fisso.

100 $C = 25q + 125$ [sì; 125]

101 $C = 3,5q + 70$ [sì; 70]

102 $C = 4q - 200$ [no]

103 $C = 0,6q^2 + 8q + 10$ [sì; 10]

104 $C = q^2 + 18q + 40$ [sì; 40]

105 $C = q^2 + 18q - 10$ [no]

106 $C = 20 \cdot e^{0,04q}$ [sì; 20]

107 $C = 15 \cdot e^{0,02q}$ [sì; 15]

108 **TEST** Un'azienda produce ricariche per penne a sfera e sostiene costi fissi pari a € 20 000 e costi variabili pari a € 0,25 per ogni unità prodotta. La funzione che rappresenta il costo totale è:

A $C = 5000q$.
B $C = 0,25q + 20\,000$.
C $C = 0,25q$.
D $C = 0,25q^2 + 20\,000q$.
E $C = 20\,000q + 0,25$.

109 **ESERCIZIO GUIDA** Un'azienda produce accessori per calzature e sostiene costi fissi pari a € 15 000 e costi variabili pari a € 0,15 per ogni unità prodotta. Scriviamo la funzione del costo totale, rappresentiamola graficamente e determiniamo il costo totale corrispondente alla produzione di 1000 accessori.

Indicato con q il numero degli articoli prodotti, il costo totale è espresso dalla funzione

$C = C_f + C_v$,

dove con C_v indichiamo i costi variabili e con C_f i costi fissi. $C_v = 0,15q$, per cui:

$C = 0,15q + 15\,000$.

La rappresentazione grafica è riportata a lato.

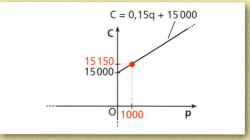

La funzione è crescente, quindi accettabile come funzione del costo. Consideriamo soltanto il tratto appartenente al primo quadrante. Come si vede in figura, quando ancora la produzione non è iniziata, cioè per $q = 0$, è $C = 15\,000$. Questo è il valore corrispondente ai costi fissi, che l'azienda deve sostenere indipendentemente dalla quantità prodotta. Il costo corrispondente alla produzione di 1000 unità è:

$C(1000) = 0,15 \cdot 1000 + 15\,000 = 15\,150$.

110 I costi fissi per produrre batterie per smartphone ammontano a € 800 000. I costi variabili sono pari a € 11 per ogni batteria.
  a. Scrivi la funzione del costo totale e rappresentala graficamente.
  b. Determina il costo totale corrispondente alla produzione di 100 000 batterie.

[a) $C = 11q + 800\,000$; b) € 1 900 000]

Capitolo 17. Economia e funzioni di una variabile

111 Un'azienda assembla computer e sostiene costi fissi pari a € 2 000 000 e costi variabili pari a € 365 per ogni unità prodotta. Scrivi la funzione del costo totale e rappresentala graficamente. Determina poi il costo totale per una produzione di 60 000 computer. $[C = 365q + 2\,000\,000;\, €\,23\,900\,000]$

112 Un'azienda produce ricambi per macchine agricole e sostiene costi fissi pari a € 2 700 000 e costi variabili pari a € 65 per ogni unità prodotta. Scrivi la funzione del costo totale, rappresentala graficamente e determina il costo totale corrispondente alla produzione di 90 000 pezzi. $[C = 65q + 2\,700\,000;\, €\,8\,550\,000]$

113 Un editore, per pubblicare un certo libro, sostiene costi fissi di € 1 600 000 e costi variabili di € 12 per ogni libro stampato. Scrivi la funzione del costo totale e, dopo averla rappresentata graficamente, determina il costo totale corrispondente a 100 000 libri. $[C = 12q + 1\,600\,000;\, €\,2\,800\,000]$

114 REALTÀ E MODELLI **Sede a costo minore** Un'azienda che produce automobili di lusso ha due sedi, una in Italia e una all'estero. Per le auto prodotte in Italia ci sono costi fissi di € 5 073 500 e costi variabili di € 11 000 per ogni auto prodotta. All'estero i costi fissi sono € 5 000 000 e i costi variabili € 11 700 per ogni auto.
a. Se in ogni sede vengono prodotte 80 000 automobili, in quale sede si hanno costi inferiori?
b. Fino a quale produzione è più conveniente come costi la sede all'estero? [a) Italia; b) 105 auto]

Costo medio
▶ Teoria a p. 859

115 ESERCIZIO GUIDA Data la funzione del costo $C = -q^2 + 30q + 500$, determiniamo il costo totale per produrre dieci unità, la funzione del costo medio $C_m(q)$ e il costo medio relativo alla produzione di 10 unità.

Osserviamo che $C(q)$ è effettivamente una funzione del costo per $0 \leq q \leq 15$. È infatti rappresentata da una parabola con vertice nel punto

$$V\left(\frac{-30}{-2}; \frac{-30^2 - 4 \cdot 500}{-4}\right) = V(15; 725)$$

e concavità rivolta verso il basso.
Il costo relativo alla produzione di 10 unità ha senso economico in quanto il numero di unità è minore dell'ascissa del vertice.
Il costo per produrre 10 unità è:

$C(10) = -10^2 + 30 \cdot 10 + 500 = 700$.

La funzione del costo medio è:

$C_m = \dfrac{-q^2 + 30q + 500}{q} = -q + 30 + \dfrac{500}{q}$.

$\boxed{C_m = \dfrac{C}{q}}$

Per $q = 10$ troviamo: $C_m(10) = -10 + 30 + \dfrac{500}{10} = 70$.

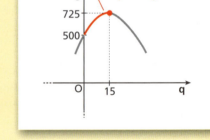

Date le seguenti funzioni del costo totale, determina la funzione del costo medio e calcola il costo totale e il costo medio relativi alla produzione q indicata a fianco.

116 $C = 30q + 120;$ $\qquad q = 15.$ $\qquad \left[C_m = 30 + \dfrac{120}{q};\, 570;\, 38\right]$

117 $C = 0{,}06q^2 + 20q + 20\,000;$ $\qquad q = 1000.$ $\qquad \left[C_m = 0{,}06q + 20 + \dfrac{20\,000}{q};\, 100\,000;\, 100\right]$

118 $C = 4 \cdot e^{0{,}012q};$ $\qquad q = 10.$ $\qquad \left[C_m = \dfrac{4 \cdot e^{0{,}012q}}{q};\, 4{,}5;\, 0{,}45\right]$

119 TEST Considera la funzione del costo $C = q^3 - 2q^2 + 3q + 8$.

Il minimo valore della funzione del costo medio C_m:

A non esiste. B è 13. C è 4. D è 5. E è 7.

Paragrafo 4. Funzione del costo

120 **ESERCIZIO GUIDA** Data la funzione del costo $C = -q^2 + 40q + 600$, determiniamo il costo totale e il costo medio relativi alla produzione di 15 unità. Verifichiamo poi che il valore del costo medio $C_m(15)$ coincide con il coefficiente angolare della retta uscente dall'origine e passante per $P(15; C(15))$.

Il costo totale di 15 unità è: $C(15) = -15^2 + 40 \cdot 15 + 600 = -225 + 600 + 600 = 975$,

mentre il costo medio è: $C_m(15) = \dfrac{975}{15} = 65$.

Scriviamo l'equazione della retta passante per l'origine e per $P(15; C(15)) = P(15; 975)$:

$$\dfrac{y - 975}{-975} = \dfrac{q - 15}{-15} \rightarrow y - 975 = \dfrac{975}{15}(q - 15) \rightarrow y = 65q.$$

Il coefficiente angolare della retta è $m = 65$, valore che coincide con quello trovato del costo medio.

Date le seguenti funzioni del costo totale, determina il costo medio relativo alla produzione q_0 indicata a fianco e verifica che coincide con il coefficiente angolare della retta per l'origine e il punto $P(q_0; C(q_0))$.

121 $C = 0{,}60q + 90$; $\qquad q_0 = 10$. $\qquad\qquad$ [9,6]

122 $C = 0{,}08q^2 + 40q + 12\,000$; $\qquad q_0 = 600$. $\qquad\qquad$ [108]

123 $C = 60 \cdot e^{0{,}08q}$; $\qquad q_0 = 100$. $\qquad\qquad$ [1788,57]

124 **EUREKA!** Per quali funzioni del costo, il costo medio è una funzione costante?

125 **RIFLETTI SULLA TEORIA** Verifica che per tutti i modelli di costo proposti, la funzione del costo medio è limitata inferiormente. Questo limite inferiore è detto dagli economisti *punto di fuga*. Che cosa succederebbe, infatti, se il prezzo del bene fosse inferiore a questo valore?

Costo marginale

▶ Teoria a p. 860

126 **ESERCIZIO GUIDA** Troviamo il costo marginale per la funzione del costo quadratica $C = aq^2 + bq + c$ nel caso discreto.

Il costo marginale è dato da:

$C_{ma}(q) = C(q+1) - C(q) =$

$a(q+1)^2 + b(q+1) + c - (aq^2 + bq + c) =$

$a(q^2 + 2q + 1) + b(q+1) + c - aq^2 - bq - c =$

$aq^2 + 2aq + a + bq + b - aq^2 - bq = 2aq + a + b.$

nel caso discreto
$C_{ma} = C(q+1) - C(q)$

Osserviamo che l'aumento dei costi non dipende dai costi fissi.

Determina il costo marginale associato alle seguenti funzioni del costo di tipo quadratico.

127 $C = 0{,}04q^2 + 70q + 500$ $\qquad\qquad [C_{ma} = 0{,}08q + 70{,}04]$

128 $C = q^2 + 30q + 200$ $\qquad\qquad [C_{ma} = 2q + 31]$

129 $C = -q^2 + 60q + 900$ $\qquad\qquad [C_{ma} = -2q + 59]$

130 Un'impresa che produce dischi rigidi per computer sostiene costi fissi e variabili secondo la funzione

$$C = 0{,}05q^2 + 100q + 1500.$$

Qual è il costo marginale? $\qquad\qquad [C_{ma} = 0{,}1q + 100{,}05]$

Capitolo 17. Economia e funzioni di una variabile

131 La funzione del costo per un bene la cui quantità varia in modo discreto è $C = 0,5q^2 + 40q + 20$. Quanto vale il costo marginale se la produzione passa da 49 a 50 unità? [89,5]

132 Il costo marginale discreto per la produzione di un bene è $C_{ma} = 0,28q + 5,14$. Sapendo che i costi fissi sostenuti sono pari a 60 unità e che il costo totale è di tipo quadratico, qual è la funzione del costo?
$$[C = 0,14q^2 + 5q + 60]$$

133 **ESERCIZIO GUIDA** Un'impresa per la produzione di olio di oliva sostiene una spesa fissa di € 600, una spesa di € 20 per ogni litro di olio prodotto e un'ulteriore spesa variabile pari al 6% del quadrato del numero di litri prodotti. Determiniamo la funzione del costo totale, la funzione del costo medio, la funzione del costo marginale e, se esiste, il minimo della funzione del costo medio.

Indicata con q la quantità, in litri, di olio di oliva prodotta, la funzione del costo totale è:

$C = 600 + 20q + 0,06q^2$.

La funzione del costo medio è: $C_m = 0,06q + \dfrac{600}{q} + 20$.

$C_m = \dfrac{C}{q}$

La funzione del costo medio ha un minimo in M:

$M\left(\sqrt{\dfrac{600}{0,06}}; 2\sqrt{600 \cdot 0,06} + 20\right) \rightarrow M(100; 32)$.

Il costo marginale è: $C_{ma} = 0,12q + 20$.

nel caso continuo
$C_{ma} = C'(q)$

Date le seguenti funzioni del costo totale, determina la funzione del costo medio, la funzione del costo marginale e, se esiste, il minimo della funzione del costo medio, supponendo che la quantità vari con continuità.

134 $C = 0,07q^2 + 18q + 70\,000$ $\left[C_m = 0,07q + \dfrac{70\,000}{q} + 18; C_{ma} = 0,14q + 18; q_{min} = 1000\right]$

135 $C = 0,06q^2 + 24q + 600$ $\left[C_m = 24 + \dfrac{600}{q} + 0,06q; C_{ma} = 0,12q + 24; q_{min} = 100\right]$

136 $C = 20q + 80$ $\left[C_m = 20 + \dfrac{80}{q}; C_{ma} = 20; \text{non esiste minimo}\right]$

137 $C = 0,8q + 50$ $\left[C_m = 0,8 + \dfrac{50}{q}; C_{ma} = 0,8; \text{non esiste minimo}\right]$

138 $C = 12 \cdot e^{0,04q}$ $\left[C_m = \dfrac{12 \cdot e^{0,04q}}{q}; C_{ma} = 0,48 \cdot e^{0,04q}; q_{min} = 25\right]$

139 $C = 24 \cdot e^{0,08q}$ $\left[C_m = \dfrac{24 \cdot e^{0,08q}}{q}; C_{ma} = 1,92 \cdot e^{0,08q}; q_{min} = 12,5\right]$

140 Il costo di un bene la cui quantità è misurata in litri è $C = 0,05q^2 + 30q + 2000$.
  a. Qual è la funzione del costo medio del bene?
  b. Qual è la funzione del costo marginale?
  c. Qual è la quantità per cui si ottiene il costo medio minimo?

$$\left[\text{a) } C_m = 30 + \dfrac{2000}{q} + 0,05q; \text{ b) } C_{ma} = 0,1q + 30; \text{ c) } q_{min} = 200\right]$$

141 **TEST** La funzione $C_{ma} = 33q^2 - 2q + 1$ è il costo marginale di una sola fra le seguenti funzioni del costo. Quale?

A $C = 11q^3 + q^2 - q + 10$ **C** $C = 10q^3 - q^2 + q + 10$ **E** $C = 11q^3 - q^2 + 2q + 1$

B $C = 11q^3 + q^2 + q + 10$ **D** $C = 11q^3 - q^2 + q + 10$

Paragrafo 4. Funzione del costo

142 RIFLETTI SULLA TEORIA Il costo marginale di un bene è $C_{ma} = 0,1q + 16$. È possibile determinare la funzione del costo? E i costi fissi?

143 EUREKA! Un bene la cui quantità varia con continuità ha costo marginale costante e pari a 100. Esiste il minimo del costo medio? Perché?

144 ESERCIZIO GUIDA Una ditta che produce polveri detergenti sostiene spese fisse pari a € 2400 mensili, una spesa di € 5 per ogni kilogrammo di merce prodotta e una spesa variabile pari al 6% del quadrato del numero di kilogrammi prodotti. Determiniamo le funzioni del costo totale, del costo marginale e del costo medio. Determiniamo per quale valore il costo medio è minimo. Verifichiamo poi che tale valore è l'ascissa del punto di intersezione dei grafici delle due funzioni del costo medio e del costo marginale.

Indicato con q il numero di kilogrammi prodotti, la funzione del costo totale è $C = 2400 + 5q + 0,06q^2$.
La funzione del costo medio è:

$$C_m = 0,06q + \frac{2400}{q} + 5.$$

Questa funzione ha un minimo in $M(200; 29)$.
La funzione del costo marginale è $C_{ma} = C'(q)$ cioè:

$$C_{ma} = 0,12q + 5.$$

Rappresentiamo graficamente le due funzioni.
Verifichiamo che i grafici delle due funzioni si incontrano nel punto M uguagliando le ordinate, ossia risolvendo l'equazione:

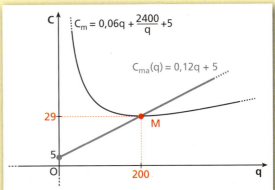

$0,06q + \frac{2400}{q} + 5 = 0,12q + 5 \rightarrow 0,06q^2 = 2400 \rightarrow q^2 = 40\,000$ ⟵ $q_1 = -200;$ $q_2 = 200.$

Tralasciando la soluzione $q = -200$ perché negativa, a conferma del risultato precedente, otteniamo:

$$\begin{cases} q = 200 \\ C_m = C_{ma} = 29 \end{cases}.$$

145 La funzione del costo totale per la produzione di un certo bene è $C = 0,28q^2 + 6200q + 2800$. Determina la funzione del costo medio, la funzione del costo marginale e il minimo della funzione del costo medio, verificando che si ha in corrispondenza del punto di intersezione dei grafici delle funzioni del costo medio e del costo marginale.

$$\left[C_m = 0,28q + \frac{2800}{q} + 6200;\ C_{ma} = 0,56q + 6200;\ \min(100; 6256) \right]$$

146 Il costo totale della produzione di un bene è espresso dalla funzione $C = 36q^2 + 1200q + 8100$.
Determina la funzione del costo medio C_m, la funzione del costo marginale C_{ma} e il minimo di C_m, verificando che si trova nell'intersezione dei grafici di C_m e C_{ma}.

$$\left[C_m = 36q + \frac{8100}{q} + 1200;\ C_{ma} = 72q + 1200;\ \min(15; 2280) \right]$$

147 LEGGI IL GRAFICO Il grafico a fianco mostra i costi fissi e variabili necessari a un'azienda per produrre un certo bene. Calcola la funzione del costo medio e la funzione del costo marginale. Individua il punto di intersezione dei due grafici e determinane le coordinate come punto minimo del costo medio.

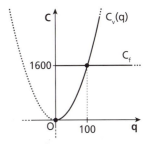

$$\left[C_m = 0,16q + \frac{1600}{q};\ C_{ma} = 0,32q;\ \min(100; 32) \right]$$

Capitolo 17. Economia e funzioni di una variabile

148 Una ditta che produce liquori sostiene spese fisse pari a € 6400, spese variabili di € 3 per ogni litro di liquore prodotto e spese varie pari al 4% del quadrato del numero di litri prodotti. Determina la funzione del costo totale, del costo medio, del costo marginale e in quale punto le ultime due funzioni si intersecano.

$$\left[C = 6400 + 3q + 0{,}04q^2;\ C_m = 0{,}04q + \frac{6400}{q} + 3;\ C_{ma} = 0{,}08q + 3;\ (100;\ 35)\right]$$

149 La funzione del costo totale di un'azienda che produce olio di oliva è $C = \frac{625}{6} + \frac{15}{2}q^2 - \frac{1}{3}q^3$, per $q \le 23$.
Determina la funzione del costo medio, la funzione del costo marginale e il minimo della funzione del costo medio.

$$\left[C_m = \frac{625}{6q} + \frac{15q}{2} - \frac{q^2}{3};\ C_{ma} = 15q - q^2;\ \min(5;\ 50)\right]$$

150 **REALTÀ E MODELLI** **Analisi dei costi** Una ditta che produce detersivo per lavatrici sostiene spese fisse pari a € 8100, spese variabili pari a € 5 per ogni kilogrammo di detersivo e spese varie pari al 9% del quadrato del numero di kilogrammi di detersivo prodotti.
a. Quali sono la funzione del costo totale, la funzione del costo medio e quella del costo marginale?
b. Si decide che è opportuno incrementare la produzione solo finché il costo marginale è minore del costo medio. Fino a quale quantità è sensato incrementare la produzione?
c. Qual è il costo medio in corrispondenza di questa quantità?

$$\left[\text{a)}\ C = 8100 + 5q + 0{,}09q^2;\ C_m = 0{,}09q + \frac{8100}{q} + 5;\ C_{ma} = 0{,}18q + 5;\ \text{b)}\ q = 300;\ \text{c)}\ C_m(300) = 59\right]$$

151 La funzione del costo totale di un'azienda che produce latte è $C = e^{\frac{q}{10}}$. Per quali valori di q il costo marginale è maggiore del costo medio? $[q > 10]$

152 Un'impresa produce prosciutto crudo e sostiene costi fissi mensili pari a € 5491,52, un costo pari a € 3,2 per ogni kg prodotto e un costo di commercializzazione del prodotto che è in proporzione a al quadrato dei kg prodotti. Sapendo che il costo medio è minimo per una produzione mensile di 1048 kg, determina la costante a e il valore del costo medio minimo. $[a = 0{,}0025;\ €\ 13{,}68]$

153 **ESERCIZIO GUIDA** Il costo sostenuto da un'azienda per produrre biciclette è $C = 0{,}1q^2 + 20q + 300$. Per quale quantità il costo medio è minimo?

Calcoliamo il costo medio e il costo marginale:

$$C_m = 0{,}1q + 20 + \frac{300}{q},$$

$$C_{ma} = 0{,}1(q+1)^2 + 20(q+1) + 300 - 0{,}1q^2 - 20q - 300 = 0{,}2q + 20{,}1.$$

Il minimo del costo medio si ha in corrispondenza della prima quantità in cui il costo marginale è maggiore o uguale al costo medio:

$$0{,}2q + 20{,}1 \ge 0{,}1q + 20 + \frac{300}{q} \to 0{,}1q^2 + 0{,}1q - 300 \ge 0 \to q \le -55{,}27,\ q \ge 54{,}27.$$

Il costo medio minimo si ha producendo 55 biciclette.

154 Per produrre schede madri per computer, un'azienda sostiene dei costi dati da $C = 0{,}008q^2 + 1008$. Quante schede deve produrre per minimizzare i costi? $[355]$

155 La funzione del costo per la produzione di modellini di auto da collezione è $C = 0{,}5q^3 - 5{,}5q^2 + 20q + 42$. Qual è la produzione per cui il costo medio è minimo? $[6]$

5 Funzione del ricavo

Ricavo in un mercato di concorrenza perfetta

▶ Teoria a p. 863

156 **ESERCIZIO GUIDA** La domanda di un bene è espressa da $d(p) = 600 - 3p$ e la sua offerta da $h(p) = 2p - 300$. Calcolato il prezzo di equilibrio, determiniamo la funzione del ricavo.

Il prezzo di equilibrio si ha quando la domanda uguaglia l'offerta, perciò:

$600 - 3p = 2p - 300 \rightarrow p = 180$.

Considerato come prezzo fisso il prezzo di equilibrio, il ricavo è: $R = p \cdot q = 180q$.

Date le seguenti funzioni della domanda e dell'offerta di un bene in un mercato di concorrenza perfetta, determina la funzione del ricavo.

157 $d = -6p + 864$; $h = 6p - 780$. $[R = 137q]$

158 $d = -4p + 684$; $h = 6p - 366$. $[R = 105q]$

159 $d = -0{,}4p^2 + 1000$; $h = 5p - 200$. $[R = 48{,}88q]$

160 $d = -0{,}8p^2 + 100p + 4000$; $h = 2p - 300$. $[R = 156{,}783q]$

161 $d = \dfrac{100}{p+6} - 4$; $h = 6p - 0{,}4$. $[R = 1{,}5945q]$

162 $d = \dfrac{200}{p+8} - 6$; $h = 4p - 0{,}2$. $[R = 3{,}068q]$

163 **TEST** In un mercato di concorrenza perfetta il ricavo per la produzione di un bene è $R = 100q$. La funzione della domanda per lo stesso bene è $d = -3p + 600$. Quale delle seguenti è la funzione dell'offerta?

A $h = 4p - 200$ **C** $h = 6p - 18$ **E** $h = -5p + 200$

B $h = 5p - 200$ **D** $h = -4p + 200$

REALTÀ E MODELLI

164 **Il ricavo previsto?** L'analista dei costi di un'azienda che si occupa di profilati di alluminio ha analizzato i prezzi a cui sono stati offerti i prodotti della sua azienda e la quantità domandata in kg. In base ai dati rilevati, nella riunione trimestrale ha presentato la slide con i grafici della domanda e dell'offerta previsti per il trimestre successivo.

a. Se l'azienda opera in regime di concorrenza perfetta, qual è la funzione del ricavo dell'azienda?

b. Se la produzione prevista per il secondo trimestre è compresa tra 20 000 kg e 40 000 kg in un trimestre, qual è l'intervallo del ricavo che ci si può aspettare?

[a) $R = 23{,}61q$; b) [472 200; 944 400]]

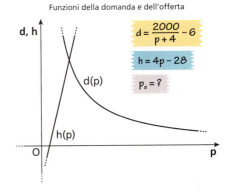

Secondo trimestre
Funzioni della domanda e dell'offerta

$d = \dfrac{2000}{p+4} - 6$

$h = 4p - 28$

$p_e = ?$

165 **A casa tua** Francesco offre un servizio di ristorazione a domicilio. La richiesta di pasti a domicilio è espressa da una funzione del tipo $d = \dfrac{k}{p+2} - 8$ e l'offerta dalla funzione $h = 2p - 24$, dove p è il prezzo in euro di un pasto completo. La funzione del ricavo ha equazione $R = 22q$. Quanto vale k? [672]

Capitolo 17. Economia e funzioni di una variabile

Ricavo in un mercato monopolistico
▶ Teoria a p. 863

Date le seguenti funzioni di vendita di un bene, determina la funzione del ricavo e rappresenta il suo grafico.

166 $p = 160 - 4q$ $\qquad [R = 160q - 4q^2]$ **168** $p = \dfrac{15}{2q}$ $\qquad \left[R = \dfrac{15}{2}\right]$

167 $p = \dfrac{20}{q}$ $\qquad [R = 20]$ **169** $p = \sqrt{100 - 4q}$ $\qquad [R = \sqrt{100 - 4q} \cdot q]$

170 **ESERCIZIO GUIDA** La domanda di un bene, in un mercato monopolistico, è espressa da $q = 300 - \dfrac{1}{2}p$, dove p è il prezzo unitario. Determiniamo la funzione del ricavo e rappresentiamola graficamente. In corrispondenza di quale quantità si ha il massimo ricavo?

Dalla funzione della domanda possiamo ricavare il prezzo di vendita, che in un mercato monopolistico dipende dalla quantità q venduta:

$$q = 300 - \dfrac{1}{2}p \;\rightarrow\; p = 600 - 2q.$$

La funzione del ricavo è perciò

$$R = p \cdot q = -2q^2 + 600q,$$

il cui grafico è una parabola (figura a fianco).
Come si vede dal grafico, la funzione del ricavo è crescente per $0 < q < 150$, decrescente per $150 < q < 300$ e raggiunge il massimo nel vertice della parabola, per $q = 150$ unità vendute del bene considerato.

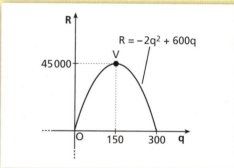

Date le seguenti funzioni della domanda di un bene, determina la funzione del ricavo, dopo aver espresso p in funzione di q (funzione di vendita).

171 $q = 100 - 5p$ $\qquad \left[R = -\dfrac{1}{5}q^2 + 20q\right]$ **173** $q = 600 - \dfrac{1}{2}p^2$ $\qquad [R = \sqrt{1200 - 2q} \cdot q]$

172 $q = 160 - 4p$ $\qquad \left[R = -\dfrac{1}{4}q^2 + 40q\right]$ **174** $q = \sqrt{\dfrac{200 - p}{9}}$ $\qquad [R = (200 - 9q^2) \cdot q]$

175 **REALTÀ E MODELLI** **Moto da cross** Renzo produce e vende moto da cross in condizioni di monopolio.
Sa che la domanda di moto è espressa dalla funzione $q = \sqrt{\dfrac{4332 - p}{4}}$, dove p è il prezzo di vendita della moto, in euro, e q la quantità richiesta mensilmente dal mercato.

a. Quante moto deve vendere e produrre mensilmente Renzo se desidera massimizzare il ricavo?

b. Quale sarà il corrispondente prezzo di vendita di ciascuna moto?

c. A quanto ammonterà il ricavo annuo?

[a) $q = 19$; b) $p =$ € 2800; c) € 658 464]

176 La funzione del ricavo per la produzione di un bene è $R = \ln \dfrac{30}{q} \cdot q$. Qual è la funzione della domanda?

$[q = 30 \cdot e^{-p}]$

Ricavo medio e ricavo marginale
▶ Teoria a p. 864

Determina il ricavo medio e il ricavo marginale di ciascuna delle seguenti funzioni del ricavo.

$R_m = \dfrac{R(q)}{q}$

$R_{ma} = R'(q)$

177 $R = 600q - 4q^2$ **179** $R = q^3 - 80q^2 - 900q$

178 $R = 200q - 5q^2$ **180** $R = q^3 - 100q^2 - 2400q$

890

Paragrafo 5. Funzione del ricavo

181 **LEGGI IL GRAFICO** Il grafico a fianco rappresenta la funzione del ricavo per la produzione di un bene. Determina il ricavo medio e il ricavo marginale.

$$[R_m = -70q + 490; \; R_{ma} = -140q + 490]$$

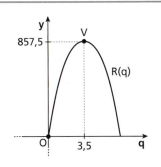

182 **ESERCIZIO GUIDA** Il ricavo totale di un'impresa, per la vendita di una quantità q di merce, è espresso dalla relazione $R = -100q^2 + 70\,000q$. Calcoliamo la funzione del ricavo medio e quella del ricavo marginale. Determiniamo poi i valori del ricavo medio e di quello marginale corrispondenti a una produzione di 200 litri di merce.

La funzione ricavo è rappresentata da una parabola con concavità verso il basso, per cui il massimo si ha nel vertice, cioè per una vendita di 350 unità, ed è:

$R(350) = 12\,250\,000.$

Il ricavo medio è:

$R_m = \dfrac{R}{q} = -100q + 70\,000.$

Il ricavo marginale è:

$R_{ma} = R'(q) = -200q + 70\,000.$

In corrispondenza di una produzione di 200 litri:

$R_m(200) = -100 \cdot 200 + 70\,000 = 50\,000,$

$R_{ma}(200) = -200 \cdot 200 + 70\,000 = 30\,000.$

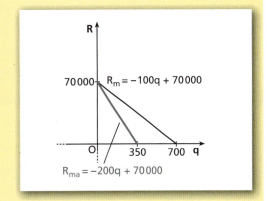

183 Il ricavo di un'impresa è $R = -70q^2 + 4200q$.
   a. Qual è la quantità per cui l'impresa ottiene il massimo ricavo?
   b. Qual è la funzione del ricavo medio?
   c. Qual è il ricavo marginale nel caso in cui la produzione sia $q = 20$?

$$[a) \; 30; \; b) \; R_m = 4200 - 70q; \; c) \; 1400]$$

184 Un'azienda vende mensilmente un quantità di bene compresa tra 6 kg e 10 kg. La funzione del ricavo dell'azienda è $R = q^3 - 70q^2 + 800q$.
   a. Nell'intervallo di produzione è compresa la produzione che dà il massimo ricavo?
   b. Qual è il massimo del ricavo medio nell'intervallo di produzione mensile?
   c. Quanto vale il ricavo marginale in corrispondenza della quantità che dà il massimo ricavo medio?

$$[a) \; \text{sì}; \; b) \; 416; \; c) \; 68]$$

185 **LEGGI IL GRAFICO** La funzione $p(q)$ di un bene prodotto da un'azienda ha l'andamento esponenziale del grafico a fianco.
   a. Determina il massimo della funzione ricavo.
   b. Puoi dedurre il grafico del ricavo medio da quello della funzione di vendita? Perché?
   c. Determina il ricavo marginale corrispondente a $q_0 = 20$.

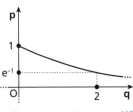

$$[a) \; \max(2; 2e^{-1}); \; c) \; R_{ma}(20) = -9e^{-10}]$$

Capitolo 17. Economia e funzioni di una variabile

186 Una ditta che produce elettrodomestici ha un ricavo settimanale espresso da $R = 2400q^2 - 1200q + 30$.

se q non è continuo:
$R_{ma} = R(q+1) - R(q)$

a. Qual è il ricavo per 50 unità di merce vendute?
b. Qual è la funzione del ricavo marginale?

[a) 5 940 030; b) $4800q + 1200$]

187 Una ditta che produce teli da bagno ha un ricavo settimanale espresso dalla relazione seguente:

$R = 6q^2 - 10q + 800$.

Determina il ricavo marginale e il ricavo corrispondente alla vendita di 20 teli.
[$R_{ma} = 12q - 34$; $R(20) = 2400$]

188 Una ditta che produce accessori per auto ha un ricavo mensile espresso dalla relazione seguente:

$R = 4q^2 - 60q + 1000$.

Determina il ricavo marginale e il ricavo corrispondente alla vendita di 100 accessori.
[$R_{ma} = 8q - 56$; $R(100) = 35\,000$]

189 Il ricavo mensile di un'azienda che produce oggetti in pelle è dato dalla relazione seguente:

$R = 3q^2 - 50q + 1800$.

Qual è il numero minimo di oggetti da produrre e vendere per avere un ricavo marginale positivo? [8]

190 Una piccola azienda, che produce bigiotteria, ha un ricavo settimanale espresso dalla relazione seguente:

$R = 8q^3 - 820q^2 + 6000q$.

Determina il ricavo marginale e il ricavo corrispondente alla vendita di 100 articoli.
[$R_{ma} = 24q^2 - 1616q + 5188$; $R(100) = 400\,000$]

6 Funzione del profitto

Funzione del profitto in un mercato di concorrenza perfetta
▶ Teoria a p. 866

191 **ESERCIZIO GUIDA** Data la funzione del costo totale $C = 0{,}8q^2 + 212q + 14\,200$ e il prezzo di vendita $p = 800$, determiniamo per quale quantità q di bene venduto si ha il massimo guadagno e quali sono i limiti di produzione per non essere in perdita.

La funzione del ricavo è $R = 800q$, quindi la funzione del profitto è:

$U = 800q - (0{,}8q^2 + 212q + 14\,200) \to$

$U = -0{,}8q^2 + 588q - 14\,200$.

$U = R - C$

Questa è una funzione rappresentata da una parabola con concavità verso il basso e di vertice $V(367{,}5; 93\,845)$, quindi il massimo guadagno è 93 845 in corrispondenza di una vendita di 367,5 unità di prodotto.
I limiti di produzione, per non essere in perdita, si hanno imponendo $U \geq 0$:

$-0{,}8q^2 + 588q - 14\,200 \geq 0 \to 25 \leq q \leq 710$.

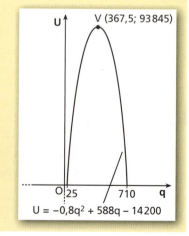

Paragrafo 6. Funzione del profitto

192 Il ricavo totale e il costo totale relativi alla produzione e vendita di un bene sono espressi dalle funzioni $R = -0{,}03q^2 + 100q$ e $C = 40q + 475$. Determina la funzione del profitto, la quantità da produrre e vendere per avere il massimo utile e i limiti di produzione per non essere in perdita.

$[U = -0{,}03q^2 + 60q - 475;\ 1000;\ 8 \leq q \leq 1992]$

193 Un'azienda ha un ricavo esprimibile con la funzione $R = -0{,}02q^2 + 100q - 275$. I costi totali di produzione sono dati da $C = 60q + 200$. Determina la funzione del profitto, il suo massimo e quali sono i limiti di produzione per non essere in perdita.

$[U = -0{,}02q^2 + 40q - 475;\ 19\,525;\ 12 \leq q \leq 1988]$

194 Un'impresa produce merce dalla cui vendita ottiene un ricavo $R = 400 + 120q - 0{,}5q^2$. Il profitto dell'azienda è $U = -0{,}5q^2 + 100q - 392$. Qual è la funzione che esprime i costi di produzione e quali sono i limiti di produzione per non essere in perdita?

$[C = 20q + 792;\ 4 \leq q \leq 196]$

195 Una ditta vende la sua produzione al prezzo unitario di € 64, sostenendo costi fissi di produzione di € 300 e costi variabili pari all'8% del quadrato dei pezzi prodotti. Determina la funzione del profitto e il suo massimo.

$[U = -0{,}08q^2 + 64q - 300;\ €\ 12\,500]$

196 **REALTÀ E MODELLI** **Produzione limitata** Un'azienda produce pantofole in un mercato di concorrenza perfetta. La domanda e l'offerta del bene sono espresse rispettivamente dalle funzioni

$$d = \frac{256}{p+2} - 6 \quad e \quad h = 2p - 18,$$

dove p è il prezzo del bene.
L'impresa sostiene costi fissi che ammontano a € 850 al giorno e un costo variabile di € 6 per ogni unità di bene prodotto. Il massimo della capacità produttiva è di 600 pantofole al giorno.

a. Qual è la quantità di bene da produrre per ottenere il massimo profitto?
b. Qual è il profitto in questo caso?
c. Qual è la quantità minima da produrre per non essere in perdita?

[a) 600; b) € 3950; c) 107]

197 **ESERCIZIO GUIDA** Un'azienda produce tavole da surf che vende a € 610 ciascuna. Per la produzione sostiene dei costi dati dalla funzione $C = 18q^2 + 100q + 2600$. Determiniamo i limiti di produzione per non essere in perdita e la quantità da produrre e vendere per avere il massimo guadagno.

La funzione del ricavo è $R = 610q$, quindi quella del guadagno è:

$U = 610q - (18q^2 + 100q + 2600) = -18q^2 + 510q - 2600.$

Imponiamo $U \geq 0$ per determinare i limiti di produzione:

$-18q^2 + 510q - 2600 \geq 0 \rightarrow 6{,}\overline{6} \leq q \leq 21{,}\overline{6}.$

Poiché q deve essere intero, l'azienda deve produrre e vendere almeno 7 tavole da surf e al più 21. Per trovare la produzione per ottenere il massimo guadagno osserviamo che U è una parabola con la concavità rivolta verso il basso, quindi il massimo è raggiunto nel vertice V che ha ascissa

$q_V = -\dfrac{510}{-36} \simeq 14{,}17.$

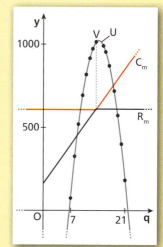

Poiché q è un numero intero, calcoliamo:

$U(14) = -18 \cdot 14^2 + 510 \cdot 14 - 2600 = 1012;$
$U(15) = -18 \cdot 15^2 + 510 \cdot 15 - 2600 = 1000.$

Il massimo guadagno è € 1012, corrispondente alla produzione di 14 tavole da surf.
Il risultato è confermato anche confrontando il ricavo marginale, $R_{ma} = 610$, e il costo marginale, $C_{ma} = 36q + 118$. Troviamo il primo intero per cui $R_{ma} < C_{ma}$:

$610 < 36q + 118 \rightarrow q > 13{,}\overline{6}.$

Se la produzione supera le 14 tavole, il guadagno decresce, quindi il massimo guadagno si ha con 14 tavole.

Capitolo 17. Economia e funzioni di una variabile

198 La funzione del costo per la produzione di cappotti è $C = 0{,}4q^2 + 15q + 1400$. La funzione della domanda è $d = -3p + 1780$ e quella dell'offerta $h = 20p - 60$. Quanti cappotti devono essere confezionati per avere il massimo guadagno? [81]

199 Un'azienda produce rasoi elettrici che vende a € 70 ciascuno. I costi di produzione sono dati dalla funzione $C = 0{,}002q^3 - q^2 + 10q + 100$. Qual è la produzione che permette di ottenere il massimo guadagno e qual è il massimo guadagno? [361; € 57 789,24]

200 **REALTÀ E MODELLI** **Biciclette da corsa** Un'azienda produce biciclette da corsa che vende a € 900 l'una, sostenendo spese fisse di produzione di € 47 500 e spese variabili pari al 3% del quadrato del numero di biciclette prodotte.

a. Qual è il numero minimo di biciclette che l'azienda deve produrre e vendere per non essere in perdita?
b. La direzione dell'azienda decide di aumentare progressivamente la quantità di merce prodotta e venduta. Fino a quale quantità di produzione la richiesta della direzione è giustificata da un aumento del profitto?
c. Alla fine dell'anno l'analista finanziario afferma che la produzione è tale che i costi superano il ricavo e, incrementando la produzione, si rischia di andare in perdita. Quante biciclette da corsa l'azienda è arrivata a produrre e vendere? [a) 53; b) 15 000; c) 29 947]

Funzione del profitto in un mercato monopolistico

▶ Teoria a p. 868

201 **ESERCIZIO GUIDA** Sia $C = q^3 - 13q^2 + 920q + 4864$ la funzione del costo sostenuto da un'impresa per produrre un bene la cui domanda, in regime di monopolio, è espressa dalla funzione $q = 680 - 0{,}4p$, dove p è il prezzo unitario di vendita del bene. Determiniamo la funzione del profitto e il suo massimo.

Esplicitiamo p dalla funzione della domanda:

$p = 1700 - 2{,}5q$.

La funzione del ricavo è allora $R = (1700 - 2{,}5q)q$ e la funzione del profitto è:

$U = 1700q - 2{,}5q^2 - (q^3 - 13q^2 + 920q + 4864) \rightarrow U = -q^3 + 10{,}5q^2 + 780q - 4864$.

Per determinare il massimo, calcoliamo U' e uguagliamo a zero:

$U' = -3q^2 + 21q + 780 \rightarrow -3q^2 + 21q + 780 = 0$ — $q = 20$; $q = -13$ non accettabile.

Calcoliamo il valore di U'' soltanto per la soluzione positiva:

$U'' = -6q + 21 \rightarrow U''(20) = -6 \cdot 20 + 21 = -99 < 0$.

Quindi $q = 20$ è un punto di massimo. Il massimo della funzione del profitto è:

$U(20) = -20^3 + 10{,}5 \cdot 20^2 + 780 \cdot 20 - 4864 = 6936$.

202 Il prezzo unitario di vendita di un articolo è $p = 100 - 0{,}8q$, dove q è il numero di articoli venduti. Per la produzione, il costo totale è espresso dalla relazione $C = 36q + 300$. Determina la quantità che si deve produrre e vendere per ottenere il massimo guadagno e i limiti di produzione per non essere in perdita.
[$U = -0{,}8q^2 + 64q - 300$; 40; $5 \leq q \leq 75$]

203 In regime di monopolio la funzione del costo sostenuto da un'impresa per produrre un bene è

$C = q^3 - 11q^2 + 940q + 4500$.

La domanda del bene è espressa dalla funzione $q = 740 - \frac{1}{2}p$, in cui p è il prezzo unitario di vendita del bene. Determina la funzione del profitto e il suo massimo.

[$U = -q^3 + 9q^2 + 540q - 4500$; $18(63\sqrt{21} - 157) \simeq 2370{,}64$]

Paragrafo 6. Funzione del profitto

204 In regime di monopolio un'impresa sostiene costi di produzione espressi dalla funzione:

$$C = q^3 + 12q^2 + 400.$$

Se la funzione della domanda del bene prodotto in funzione del prezzo unitario è $q = 400 - 2p$, determina la funzione del profitto, la produzione ottimale q_0 e il massimo profitto.

$$\left[U = -400 + 200q - \frac{25}{2}q^2 - q^3;\ q_0 = 5;\ \frac{325}{2}\right]$$

205 Un'azienda che produce e vende in regime di monopolio sostiene costi fissi di € 588, costi di € 300 per ogni unità prodotta e costi variabili pari al 25% del quadrato del numero degli articoli prodotti. La domanda del bene è espressa dalla relazione $q = 450 - p$, dove p è il prezzo unitario di vendita del bene. Determina il massimo profitto e per quale quantità di bene venduta lo si ottiene. $\quad [U = -1{,}25q^2 + 150q - 588;\ €\ 3912;\ 60]$

206 **YOU & MATHS** For a certain product run, a company incurs fixed costs of €180 and variable costs of €20. The selling price is defined by the function $p = 70 - 0{,}5q$. Determine the maximum profit. $\quad [€\ 1070]$

RISOLVIAMO UN PROBLEMA

Il profitto della bottarga di muggine

Ludovico ha una ditta che commercializza e vende una pregiata bottarga di muggine e opera in condizioni di monopolio.
La domanda di bottarga è espressa dalla funzione $q = 42 - 0{,}4p$, dove p è il prezzo di vendita della bottarga al kg e q la quantità.
La ditta giornalmente sostiene costi fissi, pari a € 687,5 e costi variabili, pari a € 15 per ogni kg di prodotto.

- Qual è la quantità che Ludovico deve vendere ogni giorno per massimizzare il profitto?
- Qual è il corrispondente prezzo di vendita?
- Quali sono i limiti di produzione che deve rispettare per non essere in perdita?

▶ **Determiniamo la funzione di vendita.**

Troviamo il prezzo al variare della quantità partendo dalla funzione di vendita.

$$q = 42 - 0{,}4p \ \to\ 0{,}4p = 42 - q \ \to$$
$$p = 105 - 2{,}5q$$

▶ **Determiniamo la funzione del profitto.**

Operando in regime di monopolio, il ricavo è:

$$R = p \cdot q = -2{,}5q^2 + 105q.$$

La funzione del costo, invece, è:

$$C = 15q + 687{,}5.$$

Quindi, la funzione del profitto giornaliero è:

$$U = R - C = -2{,}5q^2 + 90q - 687{,}5.$$

▶ **Calcoliamo la produzione che massimizza il profitto.**

Poiché la funzione del profitto è una parabola con la concavità rivolta verso il basso, il massimo del profitto si ottiene nel vertice della parabola, cioè per

$$q = \frac{-90}{2 \cdot (-2{,}5)} = 18.$$

che dà un profitto massimo pari a:

$$U(18) = -2{,}5 \cdot 18^2 + 90 \cdot 18 - 687{,}5 = 122{,}5.$$

▶ **Troviamo il prezzo di vendita che corrisponde a questa quantità.**

Il prezzo di vendita è:

$$p(18) = 105 - 2{,}5 \cdot 18 = 60,$$

cioè € 60 al kg.

▶ **Determiniamo i limiti di produzione.**

Per trovare i punti di equilibrio economico, cioè i limiti entro cui mantenere la produzione per avere un profitto positivo, possiamo porre uguale a 0 la funzione del profitto (che corrisponde a trovare le quantità per cui i costi uguagliano i ricavi). Abbiamo, perciò:

$$U = -2{,}5q^2 + 90q - 687{,}5 = 0 \ \to$$
$$q = 25\ \text{e}\ q = 11.$$

Mantenendo la produzione tra 11 kg e 25 kg Ludovico ha un utile positivo. Per una produzione pari a 11 kg o 25 kg Ludovico è in pareggio. Altrimenti è in perdita.

207 Un'impresa produce merce che vende a un prezzo unitario espresso, in euro, da $p = 36 - 0{,}6q$, dove q è il numero dei pezzi venduti. Per la produzione sostiene costi pari a € 275. Determina la funzione del profitto, il suo massimo e la quantità da produrre per non essere in perdita.

$$[U = -0{,}6q^2 + 36q - 275;\ €\ 265;\ 9 \leq q \leq 51]$$

208 Un'impresa produce articoli con un costo $C = q^3 - 5q^2 - 1600q + 60\,000$. Il prezzo unitario di vendita della produzione è espresso da $p = 25q + 800$. Determina la funzione del profitto e il suo massimo.

$$[U = -q^3 + 30q^2 + 2400q - 60\,000;\ 20\,000]$$

MATEMATICA AL COMPUTER

Le funzioni economiche con il foglio elettronico Costruiamo un foglio elettronico che legga il valore dei tre coefficienti a, b e c della funzione del costo totale $C = a \cdot q^2 + b \cdot q + c$ in regime di concorrenza perfetta e il prezzo di vendita unitario di p euro, controlliamo che a, b e c siano positivi e determiniamo la quantità del massimo guadagno e il ricavo, il costo e il guadagno corrispondenti.

☐ Risoluzione – Esercizio in più

Entrare nel mercato e uscire dal mercato
▶ Teoria a p. 868

209 **ESERCIZIO GUIDA** In regime di concorrenza perfetta un'azienda sostiene costi di produzione espressi dalla funzione del costo $C = q^2 + 20q + 2500$. Determiniamo a partire da quale prezzo unitario l'impresa trova conveniente entrare nel mercato. Successivamente stabiliamo entro quali limiti deve mantenersi la produzione, in modo conveniente per il produttore, se il prezzo unitario della merce è di € 200.

Dobbiamo confrontare il prezzo unitario del bene con il minimo del costo totale medio; questo è dato dalla relazione:

$$C_m = \frac{C}{q} = \frac{q^2 + 20q + 2500}{q} = q + 20 + \frac{2500}{q}.$$

Troviamo il minimo di C_m.

$$C'_m = 1 - \frac{2500}{q^2} \ \rightarrow\ 1 - \frac{2500}{q^2} = 0 \ \rightarrow\ q^2 = 2500 \begin{cases} q = 50; \\ q = -50 \text{ soluzione non accettabile.} \end{cases}$$

Poiché

$$C''_m = \frac{5000}{q^3} \ \rightarrow\ C''_m(50) = \frac{5000}{50^3} > 0,$$

$q_0 = 50$ minimizza la funzione del costo medio, il cui corrispondente valore minimo è:

$$C_m(50) = 120.$$

Alla luce dei costi di produzione l'azienda entra nel mercato solo se il prezzo unitario del bene è maggiore di € 120.
Se il prezzo unitario del bene è di € 200, la produzione deve essere mantenuta fra i quantitativi q_1 e q_2 individuati risolvendo l'equazione $C_m = 200$. Eseguiamo i calcoli:

$$C_m - 200 = q + 20 + \frac{2500}{q} - 200 = \frac{2500 - 180q + q^2}{q} = 0 \ \rightarrow\ q^2 - 180q + 2500 = 0.$$

Le radici dell'equazione sono:

$$q = 90 \pm \sqrt{8100 - 2500} = 90 \pm 20\sqrt{14}.$$

Quindi:

$$90 - 20\sqrt{14} \leq q \leq 90 + 20\sqrt{14},$$

ossia, approssimando:

$$15{,}167 \leq q \leq 164{,}833.$$

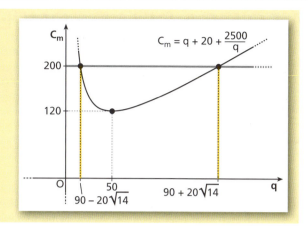

210 In regime di concorrenza perfetta un'azienda sostiene costi di produzione espressi dalla funzione del costo $C = q^2 + 10q + 1600$. Determina a partire da quale prezzo unitario l'impresa trova conveniente entrare nel mercato e stabilisci entro quali limiti deve mantenersi la produzione, in modo conveniente per il produttore, se il prezzo unitario della merce è di € 110. [minimo del costo medio: $C_m(40) = 90$; $q_1 = 20 \leq q \leq q_2 = 80$]

211 **REALTÀ E MODELLI** **Dentro o fuori?** Alice vuole attivare una nuova linea per la produzione e la vendita di casse audio. Sa che si troverà in un mercato di concorrenza perfetta. Ha stabilito che i costi che dovrà sostenere per questa produzione sono dati dalla funzione $C = q^2 + 7q + 4900$.

a. A partire da quale prezzo unitario, in euro, è conveniente per Alice attivare la nuova linea ed entrare nel mercato?

b. Ad Alice viene fatto sapere che il prezzo unitario fissato per la merce è di € 210. Supponendo che abbia deciso di entrare nel mercato, entro quali limiti deve stare la produzione affinché per lei sia conveniente mantenere attiva questa linea di produzione?

[a) minimo del costo medio: $C_m(70) = € 147$; b) $q_1 = 28 \leq q \leq q_2 = 175$]

212 In regime di concorrenza perfetta i costi che un'impresa sostiene per la produzione di un certo bene sono espressi dalla funzione

$$C = \frac{2}{5}q^3 - 7q^2 + 100q + 100.$$

Calcola il prezzo unitario minimo per cui l'impresa produttrice entra nel mercato e stabilisci entro quali limiti deve mantenersi la produzione, per avere guadagno, se il prezzo unitario della merce è di € 200.

$$\left[\text{minimo del costo medio: } C_m(10) = € 80; q_1 = \frac{5}{4}(11 - \sqrt{105}) \simeq 0{,}941 \leq q \leq q_2 = \frac{5}{4}(11 - \sqrt{105}) \simeq 26{,}559\right]$$

213 In regime di concorrenza perfetta un'azienda sostiene costi di produzione espressi dalla funzione del costo $C = e^{\frac{q}{20}}$. Determina a partire da quale prezzo unitario l'impresa trova conveniente entrare nel mercato.

$$\left[\text{minimo del costo medio: } C_m(20) = \frac{e}{20}\right]$$

214 In regime di concorrenza perfetta i costi di produzione di un'azienda sono rappresentati dalla funzione del costo $C = \frac{1}{2}q^3 - 6q^2 + 30q + 100$. Calcola al di sotto di quale prezzo unitario p_0 l'impresa è costretta a uscire dal mercato.

$$\left[p_0 = \text{minimo del costo medio variabile: } C_{vm}(6) = 12\right]$$

TUTOR matematica — Allenati con **15 esercizi interattivi** con feedback "hai sbagliato, perché..."
su.zanichelli.it/tutor3   risorsa riservata a chi ha acquistato l'edizione con tutor

Capitolo 17. Economia e funzioni di una variabile

VERIFICA DELLE COMPETENZE — ALLENAMENTO

ARGOMENTARE

1 Descrivi le caratteristiche della funzione della domanda facendo un esempio per ciascun modello prevalentemente usato in economia. Per ogni esempio scrivi la corrispondente funzione di vendita.

2 Illustra i concetti di coefficiente di elasticità dell'arco e di coefficiente di elasticità puntuale calcolandoli per la funzione della domanda $d = \dfrac{1}{p+2} + 3$, considerando come arco quello tra i prezzi 10 e 100 e per l'elasticità puntuale il prezzo $p = 50$.

3 Spiega per quale motivo il coefficiente di elasticità della domanda è sempre negativo, mentre il coefficiente di elasticità dell'offerta è sempre positivo.

4 Dopo aver descritto il significato economico di domanda elastica, anelastica e rigida, determina per quali prezzi la domanda descritta dalla funzione $d = 4e^{-20p}$ vale per ciascun tipo.

5 Illustra le caratteristiche di un mercato di concorrenza perfetta. Spiega come si determina in questo mercato il prezzo di equilibrio quando sono note le funzioni della domanda e dell'offerta, utilizzando come esempio le funzioni
$$d = -p^2 + 20p + 40 \quad \text{e} \quad h = \dfrac{1}{4}p^2 - 9.$$

6 Perché in un mercato di concorrenza perfetta il ricavo medio coincide con il prezzo di vendita, mentre in condizioni di monopolio il ricavo medio è in funzione della quantità?

7 Definisci i punti di equilibrio economico spiegando il loro significato economico. Spiega in che modo un'azienda, che sostiene costi dati dalla funzione $C = 25q + 515$ e ha ricavi $R = 300q$, può utilizzare i punti di equilibrio economico per programmare la propria produzione.

RISOLVERE PROBLEMI

8 **TEST** In regime di concorrenza perfetta un'azienda sostiene costi di produzione espressi dalla funzione $C = q^3 - q^2 + 3q + 1$. Il prezzo di entrata nel mercato è:

A $p_0 = 2$.   **B** $p_0 = 1$.   **C** $p_0 = 3$.   **D** $p_0 = 2{,}5$.   **E** $p_0 = 4$.

9 Un'azienda produce macchine per la mungitura. I costi che l'azienda sostiene sono espressi dalla funzione:
$$C = \dfrac{1}{4}q^3 - 3q^2 + 40q + 784.$$

a. Verifica che il minimo costo medio per l'azienda è in corrispondenza di una produzione di 14 macchine al giorno.

b. Determina quanto verrebbe a costare in media ogni macchina in corrispondenza del costo minimo.

[b) € 103]

10 Determina il prezzo di equilibrio fra la funzione della domanda $d = -p^2 + 50p + 100$ e la funzione dell'offerta $h = \dfrac{1}{25}p^2 - 16$, e il corrispondente valore della domanda e dell'offerta.

$[p = 50{,}2946;\ h = d = 85{,}182]$

11 La funzione del ricavo di un'azienda è $R = 30q + 3q^2 - \dfrac{8}{3}q^3$. Determina il ricavo medio, il ricavo marginale e il massimo ricavo medio.

$\left[R_m = 30 + 3q - \dfrac{8}{3}q^2;\ R_{ma} = 30 + 6q - 8q^2;\ \max\left(\dfrac{9}{16};\ \dfrac{987}{32}\right) \right]$

12 La funzione della domanda di un bene è $d = p^2 e^{\frac{p^2 - 6p}{2}}$, con $1 < p < 2$. Per quali valori positivi di p la domanda è rigida?

[per ogni valore di p, con $1 < p < 2$]

898

13 I costi di produzione di un'azienda che produce essenza per profumi sono espressi mediante la funzione del costo $C = 0{,}04q^2 + 40q + 350$. Rappresenta graficamente la funzione del costo, scrivi e rappresenta la funzione del costo medio e calcola il costo totale generato dalla produzione di 500 litri di essenza.

$$\left[C_m = 0{,}04q + 40 + \frac{350}{q}; C(500) = 30\,350\right]$$

14 La domanda di un bene è espressa dalla funzione $d = 3e^{-p}$ e l'offerta dello stesso bene dalla funzione $h = 2p - 4$, dove p è il prezzo del bene. Verifica che il prezzo di equilibrio è un valore compreso nell'intervallo [2; 3].

15 A seguito della produzione di un bene la funzione del ricavo è $R = -\frac{3}{100}q^3 + \frac{2}{5}q^2 + q$. Dopo aver determinato i valori di q per cui la funzione del ricavo ha senso economico, calcola la funzione del ricavo medio R_m e trova per quale valore q_0 raggiunge il massimo.

$$\left[0 < q < \frac{10}{3}(2 + \sqrt{7}) \simeq 15{,}4858; q_0 = \frac{20}{3} = 4{,}\overline{4}\right]$$

16 Luigi produce e vende mozzarelle di bufala in Puglia e opera in un mercato di concorrenza perfetta. La domanda e l'offerta di mozzarelle sono espresse da $d = -2p + 15$ e $h = 3p - 35$, dove p è il prezzo della mozzarella al kg. I costi che l'imprenditore sostiene mensilmente sono espressi dalla funzione $C = 0{,}005q^2 + 4q + 200$. Verifica che il massimo profitto è in corrispondenza della quantità in cui il ricavo marginale uguaglia i costi marginali.

COSTRUIRE E UTILIZZARE MODELLI

17 Un giovane vuole iniziare un'attività di produzione e vendita online di borse da donna in tessuto ecologico. Sa che il mercato è molto competitivo e che la domanda di quel tipo di prodotto è espressa dalla funzione $d = -2{,}5p + 40$ e che il coefficiente di elasticità puntuale della domanda nel punto di equilibrio vale $\varepsilon_d = -1{,}5$. A quale prezzo dovrà vendere le borse se vuole rimanere nel mercato? [9,6]

18 Settore tessile Nel Nord Italia operano circa 245 piccole imprese nel settore tessile, in una situazione di concorrenza perfetta. Le curve della domanda e dell'offerta di tessuti, nel breve periodo, sono espresse dalle funzioni:

$d = -0{,}5p^2 + 2p + 96,$ $h = 3p - 16,$ con p prezzo medio di vendita al metro.

a. Entro quali limiti può variare il prezzo, in euro, delle stoffe?
b. Qual è il prezzo di equilibrio e la corrispondente quantità di prodotto giornaliero da parte di tutte le imprese?
c. A causa dell'aumento dei costi la curva dell'offerta si modifica e diventa $h_1 = 3p - 31{,}5$. Qual è il nuovo prezzo di equilibrio?

[a) € $5{,}333 \leq p \leq$ € 16; b) $p =$ € 14; $q = 6370$ m; c) $p =$ € 15]

19 Minimizzare i costi del ferro Un'impresa opera nel settore del ferro per costruzioni e sostiene i seguenti costi:
- costi fissi pari a € 648 mensili;
- un costo variabile per ogni quintale prodotto pari a € 4;
- un ulteriore costo determinato dall'uso di un particolare macchinario per la lavorazione del ferro, pari alla metà del quadrato dei quintali prodotti.

a. Quali sono la funzione del costo totale mensile e la funzione del costo medio?
b. Qual è la produzione in corrispondenza della quale si ha il minimo costo medio e qual è il costo totale mensile in corrispondenza di questa quantità?

$$\left[a)\ C = 0{,}5q^2 + 4q + 648;\ C_m = 0{,}5q + \frac{648}{q} + 4;\ b)\ q = 36 \text{ quintali al mese};\ C(36) = \text{€ } 1440\right]$$

Capitolo 17. Economia e funzioni di una variabile

20 **Accettare o no la commessa?** Una grossa impresa produce scarpe da ginnastica che vende al prezzo di mercato di € 95 al paio e chiede a un terzista di effettuare una parte della produzione. Il terzista sa che i costi totali che deve sostenere sono espressi dalla funzione

$$C = \frac{1}{8}q^2 + 18q + 12\,800.$$

È conveniente per il terzista accettare la commessa? Giustifica la risposta indicando quale deve essere il minimo prezzo di vendita delle scarpe affinché il terzista copra i propri costi. [no; € 98]

21 **Il prezzo di un buon passito** Un'enoteca che nel mercato gode di una posizione di monopolio per la vendita di un vino passito proveniente dalla Sicilia, sostiene per l'acquisto un costo totale espresso dalla funzione:

$$C = 0{,}05q^2 + 8q + 500.$$

La curva della domanda per il prodotto è data dalla funzione:

$$d = 640 - 20p.$$

La ditta che provvede al prelievo e alla consegna comunica che il costo di trasporto per ogni bottiglia è aumentato di € 1, per l'aumento del premio di assicurazione e del costo del gasolio.

a. Determina il prezzo praticato dall'enoteca per ottenere il massimo guadagno prima dell'aumento del costo per il trasporto, la quantità venduta e l'utile.
b. Determina il nuovo prezzo e la relativa quantità.
c. Calcola la parte di costo che rimane a carico dell'enoteca e quella che va a carico dei consumatori.
d. Verifica che vi è un legame fra l'elasticità della domanda e il minore ricavo che viene conseguito.

[a) $p = 26$; $q = 120$; $U(120) = 940$; b) $p = 26{,}25$; $q = 115$]

22 **Confettura artigianale** Un negoziante acquista annualmente 500 vasetti di confettura artigianale a produzione limitata. Ogni barattolo gli costa € 5. Per stabilire la strategia e il prezzo di vendita, il commerciante aggiunge ai costi di acquisto della merce anche il 2% delle spese fisse di gestione dell'attività, che ammontano a € 12 000 all'anno.

a. Nell'ipotesi che il negoziante venda tutti i vasetti acquistati, qual è il prezzo minimo a cui venderli per non essere in perdita?

Dopo alcuni anni osserva che non sempre riesce a piazzare tutti i vasetti di marmellata. Quindi, cambiando strategia di vendita, decide di acquistare i vasetti di marmellata su ordinazione, cioè non più in blocco ma in base alla richiesta dei clienti, fino a un massimo di 500. In base alla sua esperienza, sa che la domanda decresce linearmente in funzione del prezzo, che il prezzo massimo che i clienti sono disposti a pagare per un vasetto di marmellata è di € 10 e che il prezzo che gli assicura la vendita della metà dei vasetti a disposizione è di € 5.

b. Quanti vasetti deve acquistare e vendere per avere almeno un guadagno positivo? Quanti al massimo?
c. Qual è il guadagno massimo con questa nuova strategia di vendita?
d. Quale deve essere il prezzo di ogni vasetto di marmellata per avere il guadagno massimo?

[a) € 5,48; b) 65; 185; c) € 125; d) € 7,5]

VERIFICA DELLE COMPETENZE PROVE   ⏱ 1 ora

PROVA A

1 Data la funzione $d = -p^2 + 17p + 19$, stabilisci se può essere utilizzata come una funzione della domanda, determina il coefficiente di elasticità nel passaggio dal prezzo $p_1 = 9$ al prezzo $p_2 = 14$. Determina per quali p la domanda è elastica, anelastica o rigida.

2 La funzione del costo per la produzione di un tipo di jeans è $C = \frac{1}{100}q^2 + 10q + 625$. Dopo aver verificato che C è effettivamente una funzione del costo e dopo averla rappresentata graficamente:
  a. determina il costo marginale C_{ma};
  b. calcola la funzione del costo medio C_m;
  c. determina q_0 che minimizza C_m e calcola il minimo del costo medio corrispondente.

3 **VERO O FALSO?** Considerando la funzione del costo totale, dato dalla somma del costo fisso e dei costi variabili, possiamo dire che:
  a. il costo fisso medio è una funzione costante. V F
  b. il costo fisso medio è decrescente. V F
  c. il costo variabile medio è minore del costo totale medio. V F
  d. il costo variabile medio si avvicina al costo fisso all'aumentare della produzione. V F

4 In un mercato a concorrenza perfetta la funzione della domanda e la funzione dell'offerta di un bene sono $d = -p^2 + 1500$ e $h = 4p - 260$. Determina la funzione del ricavo e poi rappresentane il grafico.

5 In un mercato monopolistico la domanda di un bene in funzione del prezzo unitario è $q = \frac{625}{9} - \frac{p^2}{81}$. Determina il ricavo medio, il ricavo marginale e il massimo ricavo medio.

6 In regime di concorrenza perfetta un'azienda sostiene costi di produzione espressi dalla funzione del costo $C = q^3 + q + 2$. Calcola a partire da quale prezzo unitario p_0 l'impresa trova conveniente entrare nel mercato.

PROVA B

Matteo vuole acquistare un furgoncino attrezzato per iniziare la vendita di pesce fritto da asporto. Sa che nella zona che ha scelto per la sua attività si troverebbe a operare in un regime di concorrenza perfetta.
La domanda e l'offerta di pesce sono espresse rispettivamente dalle funzioni

$d = -1,5p + 21$ e $h = 2,5p - 15$,

dove p è il prezzo di vendita del pesce al kg.

a. Nel punto di equilibrio la domanda è elastica, anelastica o rigida?
b. Matteo calcola che il profitto che potrebbe ottenere dall'attività è uguale al 60% del ricavo. Inoltre, deve sostenere il costo del leasing del furgoncino, che è di € 1296 al mese. Ipotizzando che intenda lavorare 22 giorni al mese, qual è la quantità minima di pesce che deve vendere al giorno per andare in pareggio?

CAPITOLO 18 — INTEGRALI

1 Integrale indefinito

Primitive

▶ Esercizi a p. 924

Listen to it

An **antiderivative** or **primitive function** of a given function f is a differentiable function F whose derivative is f.

Sappiamo che l'operazione di derivazione, quando è possibile, associa a una funzione un'altra funzione, la sua derivata, che è unica.

Vogliamo ora affrontare il problema inverso della derivazione: data una funzione, esiste una funzione la cui derivata sia uguale alla funzione data? Per esempio, data $f(x) = 2x$, ci chiediamo se esiste una funzione $F(x)$ la cui derivata è $2x$. Una funzione di questo tipo viene detta *primitiva* di $f(x)$. Poiché $F(x) = x^2$ ha come derivata $2x$, allora x^2 è una primitiva di $2x$.

> **DEFINIZIONE**
> Una funzione $F(x)$ è una **primitiva** della funzione $f(x)$, definita nell'intervallo $[a; b]$, se $F(x)$ è derivabile in tutto $[a; b]$ e la sua derivata è $f(x)$:
> $$F'(x) = f(x).$$

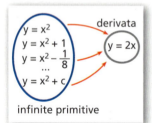
infinite primitive

La primitiva di una funzione non è unica. Osserviamo che, oltre a x^2, anche $x^2 + 1$, $x^2 - \frac{1}{8}$ e in generale $x^2 + c$ (con c costante reale) hanno come derivata $2x$, quindi esistono infinite primitive di $2x$.
In generale, si può dimostrare il seguente teorema.

> **TEOREMA**
> Se $F(x)$ è una primitiva di $f(x)$, allora le funzioni $F(x) + c$, con c numero reale qualsiasi, sono **tutte** e **sole** le primitive di $f(x)$.

▶ Scrivi alcune primitive di $f(x) = 3x^2$.

Interpretazione geometrica

Poiché tutte le primitive di una funzione $f(x)$ sono funzioni del tipo $F(x) + c$, geometricamente sono rappresentate da infinite curve piane, dette **curve integrali**, ottenute dal grafico di $F(x)$ mediante una traslazione verticale di

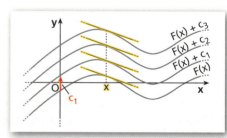

▶ Scrivi la primitiva di $f(x) = -4x$ che passa per il punto $(2; -1)$.

vettore $\vec{v}(0; c)$; a ogni valore di c corrisponde una curva. Tutte le funzioni hanno la stessa derivata perché nei punti con la stessa ascissa hanno tangente parallela.

Paragrafo 1. Integrale indefinito

■ Integrale indefinito

▶ Esercizi a p. 924

Riprendiamo l'esempio della funzione $f(x) = 2x$.
Diamo all'insieme delle sue primitive $x^2 + c$, con c numero reale qualunque, il nome di *integrale indefinito* di $f(x) = 2x$ e scriviamo così:

$$\int 2x \, dx = x^2 + c.$$

DEFINIZIONE

L'**integrale indefinito** di una funzione $f(x)$ è l'insieme di tutte le primitive $F(x) + c$ di $f(x)$, con c numero reale qualunque.

Si indica con $\int f(x) \, dx$.

- Il simbolo $\int f(x) \, dx$ si legge «integrale indefinito di $f(x)$ in dx», la funzione $f(x)$ è detta **funzione integranda** e la variabile x **variabile di integrazione**.
- La primitiva $F(x)$ che si ottiene per $c = 0$ si chiama **primitiva fondamentale**.
- Per brevità, useremo spesso il termine «integrale» al posto di «integrale indefinito».

ESEMPIO

L'integrale indefinito di $\cos x$ è l'insieme delle primitive di $\cos x$, cioè $\sin x + c$. Scriviamo:

$$\int \cos x \, dx = \sin x + c.$$

▶ Scrivi, in simboli, che l'integrale indefinito di $4x^3$ è $x^4 + c$.

Dalla definizione precedente, poiché $DF(x) = f(x)$, segue che

$$D\left[\int f(x) \, dx\right] = f(x).$$

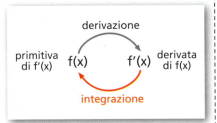

Questo significa che l'integrazione indefinita agisce come operazione inversa della derivazione.

DEFINIZIONE

Una funzione che ammette una primitiva (e quindi infinite primitive) è **integrabile**.

Listen to it

A function f is **integrable** if it has an integral.

Sappiamo che non sempre una funzione continua è derivabile. Per esempio, ci sono funzioni continue con punti angolosi, e in tali punti non sono derivabili. Quali sono, invece, le funzioni integrabili? Si può dimostrare che è valido il seguente teorema.

TEOREMA
Condizione sufficiente di integrabilità
Se una funzione è continua in $[a; b]$, allora ammette primitive nello stesso intervallo.

Tuttavia, non è sempre facile determinare primitive anche di funzioni continue abbastanza semplici. Per esempio, l'integrale $\int \frac{\sin x}{x}\, dx$, con $x \neq 0$, non è calcolabile con i metodi che esamineremo in questo capitolo.

Schematizziamo con un diagramma di Venn il legame tra funzioni continue, funzioni derivabili e funzioni integrabili.

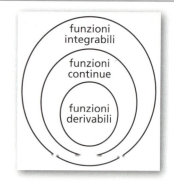

■ Proprietà dell'integrale indefinito

PROPRIETÀ

Prima proprietà di linearità

L'integrale indefinito di una somma di funzioni integrabili è uguale alla somma degli integrali indefiniti delle singole funzioni:

$$\int [f(x) + g(x)]\, dx = \int f(x)\, dx + \int g(x)\, dx.$$

Infatti, se deriviamo entrambi i membri, otteniamo rispettivamente:

$$D\left[\int [f(x) + g(x)]\, dx\right] = f(x) + g(x);$$

$$D\left[\int f(x)\, dx + \int g(x)\, dx\right] = D\left[\int f(x)\, dx\right] + D\left[\int g(x)\, dx\right] = f(x) + g(x).$$

I due membri hanno la stessa derivata, quindi rappresentano le primitive della stessa funzione.

ESEMPIO

$$\int (3x^2 + \cos x)\, dx = \int 3x^2\, dx + \int \cos x\, dx = x^3 + c_1 + \sin x + c_2.$$

Di solito si scrive una sola costante $c = c_1 + c_2$:

$$\int (3x^2 + \cos x)\, dx = x^3 + \sin x + c.$$

PROPRIETÀ

Seconda proprietà di linearità

L'integrale del prodotto di una costante per una funzione integrabile è uguale al prodotto della costante per l'integrale della funzione:

$$\int k \cdot f(x)\, dx = k \cdot \int f(x)\, dx.$$

Infatti, se deriviamo entrambi i membri, otteniamo derivate uguali,

$$D\left[\int k \cdot f(x)\, dx\right] = k \cdot f(x), \qquad D\left[k \cdot \int f(x)\, dx\right] = k D\left[\int f(x)\, dx\right] = k \cdot f(x),$$

quindi i due membri rappresentano le primitive della stessa funzione.

ESEMPIO

$$\int 4\cos x\, dx = 4 \cdot \int \cos x\, dx = 4\sin x + c.$$

2. Integrali indefiniti immediati

▶ Esercizi a p. 926

Dalle regole di derivazione delle funzioni elementari possiamo ricavare gli integrali indefiniti fondamentali.

ESEMPIO

$\int x^2 \, dx = \dfrac{x^3}{3} + c$. Infatti, derivando, abbiamo:

$D\left[\dfrac{x^3}{3} + c\right] = \dfrac{3x^{3-1}}{3} = x^2$.

È possibile verificare gli integrali della tabella calcolando la derivata della primitiva, procedendo come nell'esempio precedente.

Integrali immediati delle funzioni fondamentali	
$\int x^\alpha \, dx = \dfrac{x^{\alpha+1}}{\alpha+1} + c$, con $\alpha \neq -1$	$\int \cos x \, dx = \sin x + c$
$\int \dfrac{1}{x} \, dx = \ln|x| + c$	$\int \dfrac{1}{\cos^2 x} \, dx = \tan x + c$
$\int e^x \, dx = e^x + c$	$\int \dfrac{1}{\sin^2 x} \, dx = -\cot x + c$
$\int a^x \, dx = \dfrac{a^x}{\ln a} + c$	$\int \dfrac{1}{\sqrt{1-x^2}} \, dx = \arcsin x + c$
$\int \sin x \, dx = -\cos x + c$	$\int \dfrac{1}{1+x^2} \, dx = \arctan x + c$

Casi particolari del primo integrale, relativo alle potenze di x, sono:

$\int dx = x + c; \qquad \int x \, dx = \dfrac{x^2}{2} + c; \qquad \int \sqrt{x} \, dx = \dfrac{2}{3}\sqrt{x^3} + c$.

Per esempio, calcoliamo:

$\int \sqrt{x} \, dx = \int x^{\frac{1}{2}} \, dx = \dfrac{x^{\frac{1}{2}+1}}{\frac{1}{2}+1} + c = \dfrac{2}{3} x^{\frac{3}{2}} + c = \dfrac{2}{3}\sqrt{x^3} + c$.

Esaminiamo altri due esempi di calcolo di integrali.

ESEMPIO

1. $\int (2x^5 - 4x + 3) \, dx =$ ⟩ prima proprietà di linearità

    $\int 2x^5 \, dx - \int 4x \, dx + \int 3 \, dx =$ ⟩ seconda proprietà di linearità

    $2 \cdot \int x^5 \, dx - 4 \cdot \int x \, dx + 3 \cdot \int dx =$ ⟩ integriamo le potenze di x

    $2 \cdot \dfrac{x^6}{6} - 4 \cdot \dfrac{x^2}{2} + 3 \cdot x + c = \dfrac{x^6}{3} - 2x^2 + 3x + c$.

2. $\int \dfrac{1}{\sqrt{x}} \, dx = \int x^{-\frac{1}{2}} \, dx = \dfrac{x^{-\frac{1}{2}+1}}{-\frac{1}{2}+1} + c = \dfrac{x^{\frac{1}{2}}}{\frac{1}{2}} + c = 2 \cdot x^{\frac{1}{2}} + c = 2 \cdot \sqrt{x} + c$.

    $\underbrace{\dfrac{1}{\sqrt{x}} = \dfrac{1}{x^{\frac{1}{2}}} = x^{-\frac{1}{2}}}$

MATEMATICA E FISICA

In caduta libera Galileo affermò che in assenza di attrito tutti i corpi cadono con lo stesso moto.

▶ Come si possono ricavare le leggi del moto di caduta di un grave utilizzando l'integrazione indefinita?

☐ **La risposta**

▶ Calcola
$\int (3x^4 + x^2 - 2) \, dx$.

▶ Calcola
$\int \dfrac{6x + \sqrt{x}}{x^3 \sqrt{x}} \, dx$.

☐ **Animazione**

Capitolo 18. Integrali

■ Integrale delle funzioni la cui primitiva è una funzione composta

Cerchiamo ora di applicare le formule precedenti nel caso di funzioni composte.

Per esempio, cerchiamo di calcolare $\int (\ln x)^4 \, dx$. Pensando alla regola $\int x^\alpha \, dx = \frac{x^{\alpha+1}}{\alpha+1} + c$, potremmo ipotizzare che il risultato sia $\frac{(\ln x)^5}{5} + c$.

Derivando questa funzione dovremmo ottenere $(\ln x)^4$. Abbiamo invece:

$$D\left[\frac{(\ln x)^5}{5} + c\right] = \frac{5(\ln x)^4}{5} \cdot \frac{1}{x} = (\ln x)^4 \cdot \frac{1}{x}.$$

Quindi $\int (\ln x)^4 \, dx$ non può essere calcolato mediante la regola di $\int x^\alpha \, dx$. Dalla precedente uguaglianza deduciamo:

$$\int (\ln x)^4 \cdot \frac{1}{x} \, dx = \int (\ln x)^4 \cdot D \ln x \, dx = \frac{(\ln x)^5}{5} + c.$$

Pertanto, per integrare la potenza di una funzione (che è una funzione composta) applicando la regola della potenza, è necessario che la funzione integranda sia moltiplicata per la derivata della funzione più «interna» nella composizione: Si procede analogamente anche per calcolare integrali di altre funzioni composte riconducibili a regole di integrazione diverse, come le seguenti.

$$\int [f(x)]^\alpha f'(x) \, dx = \frac{[f(x)]^{\alpha+1}}{\alpha+1} + c \ (\text{con } \alpha \neq -1) \qquad \int \frac{f'(x)}{f(x)} \, dx = \ln|f(x)| + c$$

$$\int f'(x) e^{f(x)} \, dx = e^{f(x)} + c \qquad \int f'(x) a^{f(x)} \, dx = \frac{a^{f(x)}}{\ln a} + c$$

$$\int f'(x) \sin f(x) \, dx = -\cos f(x) + c \qquad \int f'(x) \cos f(x) \, dx = \sin f(x) + c$$

ESEMPIO

Calcoliamo i seguenti integrali.

1. $\int \underbrace{3x^2}_{f'(x)} \underbrace{(x^3+2)^2}_{[f(x)]^2} \, dx = \frac{(x^3+2)^3}{3} + c.$

2. Per calcolare $\int \tan x \, dx$, scriviamo la tangente come rapporto fra seno e coseno:

$$\int \tan x \, dx = \int \frac{\sin x}{\cos x} \, dx = -\int -\frac{\overbrace{\sin x}^{f'(x)}}{\underbrace{\cos x}_{f(x)}} \, dx = -\ln|\cos x| + c.$$

Quindi: $\boxed{\int \tan x \, dx = -\ln|\cos x| + c.}$

In modo simile si trova che:

$$\boxed{\int \cot x \, dx = \ln|\sin x| + c.}$$

▶ Calcola $\int x\sqrt{x^2+9} \, dx$.

▶ Calcola $\int \frac{x}{2x^2+5} \, dx$.

Video

Integrali di funzioni composte: le potenze

▶ Come possiamo calcolare $\int (e^x+3)^5 e^x \, dx$?

Vediamo questo e altri esempi di funzioni con potenze.

Video

Integrali di funzioni composte: il logaritmo

▶ Come possiamo calcolare $\int \frac{1}{x \ln x} \, dx$?

Vediamo questo e altri esempi con funzioni logaritmiche.

3. $\int x^2 e^{x^3} dx = \frac{1}{3} \int \underbrace{3x^2}_{f'(x)} \underbrace{e^{x^3+1}}_{e^{f(x)}} dx = \frac{1}{3} e^{x^3+1} + c.$

4. $\int x \sin x^2 \, dx.$

   Osserviamo che, a meno di una costante moltiplicativa, x è la derivata di x^2, argomento della funzione seno. Pertanto, moltiplichiamo e dividiamo per 2:

   $\int x \sin x^2 \, dx = \frac{1}{2} \int \underbrace{2x}_{f'(x)} \underbrace{\sin x^2}_{\sin f(x)} dx = -\frac{1}{2} \cos x^2 + c.$

▶ Calcola
$\int 3x \sin(x^2 + 4) \, dx.$

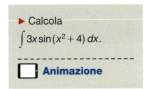
Animazione

3 Metodi di integrazione

■ Integrazione per sostituzione   ▶ Esercizi a p. 933

Quando l'integrale non è di risoluzione immediata può essere utile applicare il **metodo di sostituzione**, che consiste nell'effettuare un cambiamento di variabile che consenta di riscrivere l'integrale dato in una forma che sappiamo risolvere. Con questo metodo si può riscrivere $\int f(x) \, dx$ così:

$\int f(x) \, dx = \int f[g(t)] g'(t) \, dt$, dove $x = g(t)$ e $dx = g'(t) dt$.

 Listen to it

Integration by substitution, or **u-substitution**, consists in changing the variable of integration to make it easier to identify the primitive.

ESEMPIO

Calcoliamo $\int \frac{1}{1 + \sqrt{x}} \, dx.$

- Poniamo $\sqrt{x} = t$, ossia $x = t^2$.
- Calcoliamo il differenziale: $dx = 2t \, dt$.
- Sostituiamo nell'integrale dato e calcoliamo l'integrale rispetto a t,

   $\int \frac{1}{1 + \sqrt{x}} \, dx = \int \frac{1}{1+t} 2t \, dt = 2 \int \frac{t}{1+t} \, dt,$ ⟩ aggiungiamo e togliamo 1 al numeratore

   $2 \int \frac{t+1-1}{1+t} \, dt = 2 \int \left[\left(\frac{t+1}{1+t} \right) - \left(\frac{1}{1+t} \right) \right] dt = 2 \int dt - 2 \int \frac{1}{t+1} dt =$

   $2t - 2\ln|t+1| + c.$

- Utilizzando la posizione iniziale, scriviamo il risultato in funzione di x:

   $\int \frac{1}{1 + \sqrt{x}} \, dx = 2\sqrt{x} - 2\ln(\sqrt{x} + 1) + c.$

▶ Calcola
$\int \frac{1}{(1 + 4x)\sqrt{x}} \, dx.$

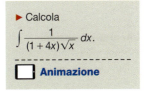
Animazione

▶ Calcola
$\int \frac{2e^x}{e^x + 1} dx$
ponendo $e^x = t$.

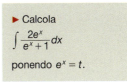

In generale, per calcolare $\int f(x) \, dx$ con il metodo di sostituzione:

- si pone $x = g(t)$, oppure $t = g^{-1}(x)$, dove $g(t)$ è invertibile con $g'(t)$ continua e diversa da 0;
- si calcola il differenziale dx, oppure dt;
- si sostituisce nell'integrale dato, in modo da ottenere un integrale nella variabile t, e si calcola, se possibile, l'integrale rispetto a t;
- si utilizza la posizione iniziale per scrivere il risultato in funzione di x.

Capitolo 18. Integrali

■ Integrazione per parti

▶ Esercizi a p. 934

Date due funzioni $f(x)$ e $g(x)$ derivabili, con derivata continua, in un intervallo $[a; b]$, consideriamo la derivata del loro prodotto:

$$D[f(x) \cdot g(x)] = f'(x) \cdot g(x) + f(x) \cdot g'(x).$$

Integriamo entrambi i membri:

$$\int D[f(x) \cdot g(x)] \, dx = \int [f'(x) \cdot g(x) + f(x) \cdot g'(x)] \, dx,$$

$$f(x) \cdot g(x) = \int f'(x) \cdot g(x) \, dx + \int f(x) \cdot g'(x) \, dx.$$

Isolando $\int f(x) \cdot g'(x) \, dx$, otteniamo:

$$\boxed{\int f(x) \cdot g'(x) \, dx = f(x) \cdot g(x) - \int f'(x) \cdot g(x) \, dx,}$$

detta formula di **integrazione per parti**.
Per semplicità di scrittura, in questa uguaglianza e nelle successive, trascuriamo le costanti relative alle primitive.
La formula è utile nei casi in cui la funzione integranda si può pensare come *prodotto di due fattori*.
$f(x)$ viene chiamato **fattore finito** e $g'(x) \, dx$ **fattore differenziale**.

Nell'applicazione della formula, una delle due funzioni, quella del fattore finito, viene soltanto derivata, mentre l'altra, quella del fattore differenziale, viene solo integrata. È quindi importante scegliere opportunamente i due fattori.

ESEMPIO

$$\int \underbrace{x}_{g'} \underbrace{\ln x}_{f} \, dx = \frac{x^2}{2} \ln x - \int \frac{x^2}{2} \cdot \frac{1}{x} \, dx = \frac{x^2}{2} \ln x - \frac{1}{2} \int x \, dx =$$

$$\frac{x^2}{2} \ln x - \frac{1}{2} \cdot \frac{x^2}{2} + c = \frac{x^2}{2} \left(\ln x - \frac{1}{2} \right) + c$$

Abbiamo scelto $x \, dx$ come fattore differenziale poiché sappiamo calcolare la primitiva di x. Del fattore finito $\ln x$ sappiamo invece calcolare la derivata, che si semplifica con la primitiva di x e permette di ottenere un integrale semplice da calcolare.

Al secondo membro della formula di integrazione per parti compare un altro integrale, quindi questo metodo di integrazione risulta utile se riusciamo a passare da un integrale più difficile a uno più facile da calcolare.

ESEMPIO

Calcoliamo $\int x \sin x \, dx$.

Sappiamo calcolare sia la derivata sia la primitiva di entrambe le funzioni. La scelta migliore è quella di derivare x, perché l'integrale si semplifica:

$$\int \underbrace{x}_{f} \underbrace{\sin x}_{g'} \, dx = x(-\cos x) - \int -\cos x \, dx = -x \cos x + \sin x + c.$$

Se scegliamo, invece, $\sin x$ come fattore finito, otteniamo:

$$\int x \sin x \, dx = \frac{x^2}{2} \sin x - \int \frac{x^2}{2} \cos x \, dx,$$

dove l'integrale a secondo membro è più complicato di quello di partenza.

🇬🇧 Listen to it

Integration by parts is a technique that allows the integral of a product of functions to be determined by calculating the integral of their derivative and antiderivative.

▢ Video
Integrazione per parti

▶ Applichiamo il metodo di integrazione per parti per calcolare:

$\int x \cdot \ln x \, dx$, $\int \arctan x \, dx$
e $\int \sin x \cdot e^x \, dx$.

▶ Calcola

$\int 5x^4 \ln x \, dx$.

▢ **Animazione**

▶ Calcola $\int x^2 e^x \, dx$.

▢ **Animazione**

In generale, negli integrali del tipo

$$\int x^n \sin x \, dx, \quad \int x^n \cos x \, dx, \quad \int x^n e^x \, dx$$

x^n si considera come fattore finito, mentre negli integrali del tipo

$$\int x^n \ln x \, dx,$$

$x^n \, dx$ si considera come fattore differenziale. In particolare, in $\int \ln x \, dx$ si considera come fattore differenziale $x^0 \, dx$, cioè $1 \, dx$:

$$\boxed{\int \ln x \, dx} = \int 1 \ln x \, dx = x \ln x - \int x \cdot \frac{1}{x} \, dx = \boxed{x \ln x - x + c}.$$

■ Integrazione di funzioni razionali fratte ▶ Esercizi a p. 935

Esaminiamo il calcolo degli integrali di funzioni razionali fratte:

$$\int \frac{N(x)}{D(x)} \, dx, \quad \text{con } N(x) \text{ e } D(x) \text{ polinomi.}$$

Se il grado del numeratore non è minore del grado del denominatore, è sempre possibile eseguire la divisione del polinomio $N(x)$ per il polinomio $D(x)$, ottenendo un polinomio quoziente $Q(x)$, e un polinomio resto $R(x)$ di grado minore di quello di $D(x)$. Infatti, se consideriamo la divisione tra polinomi $N(x) : D(x)$, il suo quoziente $Q(x)$ e il resto $R(x)$, è vero che

$$N(x) = Q(x) \cdot D(x) + R(x) \quad \rightarrow \quad \frac{N(x)}{D(x)} = Q(x) + \frac{R(x)}{D(x)} \quad \rightarrow$$

dividiamo per $D(x)$

$$\int \frac{N(x)}{D(x)} \, dx = \int \left[Q(x) + \frac{R(x)}{D(x)} \right] dx = \int \underbrace{Q(x)}_{\text{polinomio}} dx + \int \underbrace{\frac{R(x)}{D(x)}}_{\substack{\text{il grado di } R(x) \text{ è} \\ \text{minore di quello di } D(x)}} dx.$$

Nell'addizione dei due integrali, il primo è calcolabile in quanto è l'integrale di un polinomio; il secondo è l'integrale di una funzione razionale fratta con numeratore di grado inferiore al grado del denominatore.

Nell'animazione c'è un esempio in cui $D(x)$ è di primo grado. Un secondo esempio di questo tipo è in un esercizio guida. Nel video e in altri esercizi guida trovi invece altri esempi con $D(x)$ di secondo grado, con $\Delta > 0$ o $\Delta = 0$.

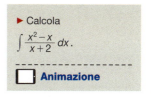

▶ Calcola

$$\int \frac{x^2 - x}{x + 2} \, dx.$$

□ **Animazione**

□ **Video**

Integrazione delle funzioni razionali fratte

▶ Calcoliamo il seguente integrale:

$$\int \frac{x^2 + 2x - 4}{x^2 - x} \, dx.$$

4 Integrale definito

■ Definizione di integrale definito ▶ Esercizi a p. 940

Trapezoide

Dati una funzione $y = f(x)$ e un intervallo chiuso e limitato $[a; b]$ nel quale la funzione è *continua* e *positiva* (o nulla), il **trapezoide** è la figura piana delimitata dall'asse x, dalle rette $x = a$ e $x = b$ e dal grafico di $f(x)$. Si tratta di un quadrilatero mistilineo di vertici $A(a; 0)$, $B(b; 0)$, $C(b; f(b))$, $D(a; f(a))$, che viene chiamato trapezoide perché somiglia a un trapezio con le basi parallele all'asse y.

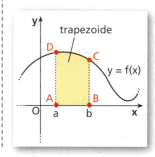

Capitolo 18. Integrali

L'*area S di un trapezoide* non può essere calcolata in modo elementare, tuttavia possiamo approssimarla utilizzando il seguente procedimento:

- dividiamo l'intervallo $[a; b]$ in n parti uguali di ampiezza $h = \dfrac{b-a}{n}$;

- consideriamo gli n rettangoli aventi ciascuno per base un segmento di suddivisione e per altezza il segmento associato al minimo m_i che la funzione assume in tale intervallo, la cui esistenza è garantita dal teorema di Weierstrass;

- indichiamo con s_n la somma delle aree di tutti questi n rettangoli:

$$s_n = m_1 h + m_2 h + \ldots + m_n h = \sum_{i=1}^{n} m_i h.$$

L'area del trapezoide viene così approssimata per difetto da s_n.

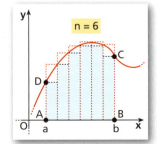

Con considerazioni analoghe, possiamo approssimare per eccesso l'area del trapezoide tramite la somma delle aree dei rettangoli associati a una scomposizione di $[a; b]$ in n parti uguali e aventi per altezza il segmento associato al massimo M_i della funzione nel corrispondente intervallo. Indichiamo la somma con S_n:

$$S_n = M_1 h + M_2 h + \ldots + M_n h = \sum_{i=1}^{n} M_i h.$$

s_n e S_n vengono chiamate rispettivamente **somma integrale inferiore** e **somma integrale superiore**. L'area S del trapezoide risulta compresa fra l'area per difetto e quella per eccesso, ossia possiamo scrivere:

$$s_n \leq S \leq S_n.$$

Integrale definito di una funzione continua positiva o nulla

Vediamo in che modo le somme integrali portano a determinare l'area del trapezoide. Osserviamo che l'approssimazione delle due aree s_n e S_n risulta migliore man mano che si scelgono più piccoli gli intervalli di suddivisione di $[a; b]$.

MATEMATICA E STORIA

Integrali ante litteram Nel III secolo a.C., Archimede determinò con buona approssimazione le misure della lunghezza della circonferenza, dell'area del cerchio, del segmento parabolico (nella figura), quelle di numerose altre superfici e di molti volumi di rotazione.

▶ Quale metodo usò?

La risposta

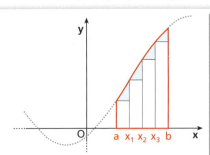 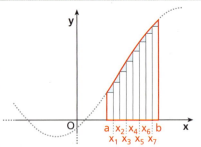

a. Per $n = 4$ l'intervallo è suddiviso in 4 parti. La somma delle aree dei 4 rettangoli approssima, per difetto, l'area del trapezoide.

b. Se $n = 8$, la somma delle aree degli 8 rettangoli approssima meglio della precedente, per difetto, l'area del trapezoide.

Per $n = 1, 2, 3, \ldots$ i valori di s_n e S_n formano le due successioni:

$s_1, s_2, s_3, \ldots, s_n, \ldots$

$S_1, S_2, S_3, \ldots, S_n, \ldots$

Si può dimostrare, utilizzando l'ipotesi della continuità della funzione $f(x)$ in $[a; b]$, che tali successioni convergono allo stesso limite, ossia che:

$$\lim_{n \to +\infty} s_n = \lim_{n \to +\infty} S_n.$$

Il limite comune delle due successioni si chiama **integrale definito** e viene indicato con il simbolo

$$\int_a^b f(x)\,dx,$$

che si legge «integrale da a a b di $f(x)$ in dx».

Tale limite fornisce la misura dell'area S del trapezoide relativo a $f(x)$, considerato nell'intervallo $[a; b]$.

Il simbolo $\int$ rappresenta una S allungata per ricordare che, nella rappresentazione grafica, a un integrale corrisponde una somma di aree di rettangoli aventi altezza $f(x)$ e base dx.

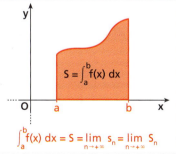

▶ Calcola un valore approssimato per difetto e per eccesso dell'area del trapezoide definito dalla funzione $y = x^2$ nell'intervallo $[0; 4]$, utilizzando prima 4 intervalli e poi 8 intervalli.

Integrale definito di una funzione continua di segno qualsiasi

Il procedimento seguito per una funzione $f(x)$ positiva nell'intervallo $[a; b]$ può essere ripetuto anche per una funzione che cambia segno in $[a; b]$ e si dimostra che, se una funzione $f(x)$ è continua in $[a; b]$, le successioni s_n e S_n per $n \to +\infty$ sono convergenti e ammettono lo stesso limite:

$$\lim_{n \to +\infty} s_n = \lim_{n \to +\infty} S_n.$$

Diamo allora la seguente definizione.

> **DEFINIZIONE**
>
> Data una funzione $f(x)$ continua in $[a; b]$, l'**integrale definito** esteso all'intervallo $[a; b]$ è il valore comune del limite per $n \to +\infty$ delle due successioni s_n, per difetto, e S_n, per eccesso.

Tale valore viene indicato con la scrittura $\int_a^b f(x)\,dx$, dove a e b sono gli **estremi di integrazione**, a è l'**estremo inferiore**, b l'**estremo superiore** e $f(x)$ è detta **funzione integranda**.

$$\underset{\text{estremo inferiore}}{\underset{\downarrow}{\int_{a}}}^{\overset{\text{estremo superiore}}{\overset{\downarrow}{b}}} \underset{\text{funzione integranda}}{\underset{\downarrow}{f(x)}}\,dx$$

Il risultato del calcolo di un integrale definito è un numero reale qualsiasi e non rappresenta necessariamente l'area del trapezoide.

- Se $f(x) > 0$ in $[a; b]$, allora $\int_a^b f(x)\,dx > 0$ e il valore dell'integrale definito rappresenta l'area del trapezoide (figura **a** della pagina seguente).

- Se $f(x) < 0$ in $[a; b]$, allora $\int_a^b f(x)\,dx < 0$. Per determinare l'area compresa tra il grafico di $f(x)$ e l'asse x (figura **b** della pagina seguente) occorre calcolare il valore assoluto di $\int_a^b f(x)\,dx$.

- Se $f(x)$ cambia segno in $[a; b]$, allora $\int_a^b f(x)$ può essere positivo, negativo o nullo.

Per calcolare l'area compresa tra il grafico di $f(x)$ e l'asse x occorre suddividere l'intervallo $[a; b]$ in sottointervalli in ognuno dei quali la funzione mantiene lo stesso segno (figura **c**).

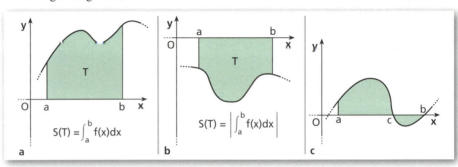

A differenza dell'integrale indefinito, che è un insieme di funzioni, l'integrale definito è un numero e non dipende dalla variabile x.

Definizione generale di integrale definito

Nella definizione di integrale definito non è necessario, come abbiamo ipotizzato finora, considerare dei sottointervalli di $[a; b]$ tutti della stessa ampiezza e neppure prendere per $f(x)$ i valori minimi e massimi negli intervalli.
Consideriamo una funzione $y = f(x)$ continua in $[a; b]$ e dividiamo l'intervallo in n intervalli chiusi mediante i punti $x_0, x_1, x_2, x_3, \ldots, x_n$, con:

$$a = x_0 < x_1 < x_2 < x_3 < \ldots < x_n = b.$$

x_0 coincide con a; x_n coincide con b.
Le ampiezze degli n intervalli possono essere diverse fra loro e sono date da:

$$\Delta x_1 = x_1 - a, \qquad \Delta x_2 = x_2 - x_1, \qquad \ldots, \qquad \Delta x_n = b - x_{n-1}.$$

Per ognuno degli intervalli fissiamo poi un qualsiasi punto dell'intervallo stesso, $c_1, c_2, c_3, \ldots, c_n$, e consideriamo i corrispondenti valori della funzione, $f(c_1), f(c_2), f(c_3), \ldots, f(c_n)$.

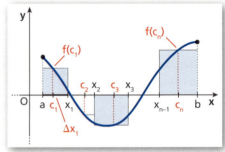

Scriviamo poi la somma $\overline{S}$ data da:

$$\overline{S} = f(c_1) \cdot \Delta x_1 + f(c_2) \cdot \Delta x_2 + f(c_3) \cdot \Delta x_3 + \ldots + f(c_n) \cdot \Delta x_n.$$

La somma $\overline{S}$ dipende:
- dal numero di suddivisioni;
- dalle ampiezze $\Delta x_1, \Delta x_2, \ldots, \Delta x_n$ degli intervalli;
- dai punti $c_1, c_2, \ldots, c_n$ scelti all'interno dei diversi intervalli.

Fra le ampiezze degli intervalli indichiamo quella massima con $\Delta x_{\max}$: se $\Delta x_{\max} \to 0$, anche tutte le altre ampiezze tendono a 0.

Si può dimostrare che se $\Delta x_{\max}$ tende a 0, tutte le somme $\overline{S}$, ottenute scegliendo in qualsiasi modo la suddivisione dell'intervallo e i punti all'interno dei diversi intervalli, tendono a uno stesso valore.

Paragrafo 4. Integrale definito

Diamo allora la seguente definizione.

DEFINIZIONE

Data una funzione $f(x)$, continua in $[a; b]$, l'**integrale definito** esteso all'intervallo $[a; b]$ è il valore del limite per Δx_{max} che tende a 0 della somma $\overline{S}$:

$$\int_a^b f(x)\,dx = \lim_{\Delta x_{max} \to 0} \overline{S}.$$

🇬🇧 **Listen to it**

Given a continuous real-valued function f defined on a closed interval $[a; b]$, $\int_a^b f(x)\,dx$ is called the **definite integral** over the interval $[a; b]$. The points a and b are called the **limits** of the integral.

Poiché per calcolare il limite precedente si possono scegliere a piacere gli intervalli di suddivisione Δx_i e i valori $f(x_i)$, allora se suddividiamo l'intervallo $[a; b]$ in parti uguali e in ciascuna di queste consideriamo il valore minimo o massimo di $f(x)$, ritroviamo la definizione di integrale data nel sottoparagrafo precedente.

Per convenzione si pone:

- $\int_a^a f(x)\,dx = 0$;
- $\int_a^b f(x)\,dx = -\int_b^a f(x)\,dx$ se $a > b$.

Se per una funzione esiste l'integrale definito in un intervallo $[a; b]$, si dice che la **funzione** è **integrabile in $[a; b]$**.

■ Proprietà dell'integrale definito   ▶ Esercizi a p. 941

Se consideriamo le funzioni $f(x)$ e $g(x)$ continue in un intervallo e a, b, c, punti qualunque di tale intervallo:

$$\int_a^c f(x)\,dx = \int_a^b f(x)\,dx + \int_b^c f(x)\,dx;$$

$$\int_a^b [f(x) + g(x)]\,dx = \int_a^b f(x)\,dx + \int_a^b g(x)\,dx;$$

$$\int_a^b k \cdot f(x)\,dx = k \cdot \int_a^b f(x)\,dx, \text{ con } k \in \mathbb{R};$$

$$\text{se } f(x) \leq g(x), \int_a^b f(x)\,dx \leq \int_a^b g(x)\,dx;$$

$$\left| \int_a^b f(x)\,dx \right| \leq \int_a^b |f(x)|\,dx.$$

▶ Dimostra che
$\int_1^3 x\,dx \leq \int_1^3 x^2\,dx$
e verificalo graficamente.

Integrale di una funzione costante

Se una funzione $f(x)$ è costante nell'intervallo $[a; b]$, cioè $f(x) = k$, allora:

$$\int_a^b k\,dx = k(b - a).$$

Interpretiamo graficamente questa proprietà quando k è positivo. L'integrale $\int_a^b k\,dx$ rappresenta l'area del rettangolo in figura, che è appunto $k(b - a)$.

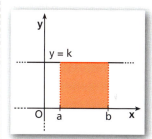

■ Teorema della media   ▶ Esercizi a p. 942

TEOREMA

Se $f(x)$ è una funzione continua in un intervallo $[a; b]$, esiste almeno un punto z dell'intervallo tale che:

$$\int_a^b f(x)\,dx = (b - a) \cdot f(z), \qquad \text{con } z \in [a; b].$$

🇬🇧 **Listen to it**

The first **Mean-Value theorem** for definite integrals states that if f is a continuous function on the interval $[a; b]$, then f achieves its mean value at some point z in $[a; b]$.

Capitolo 18. Integrali

Animazione

Mediante una figura dinamica, studiamo il significato geometrico del teorema della media, applicandolo a
$f(x) = -\dfrac{x^3}{6} + 2x^2 - 6x + \dfrac{19}{3}$
in [1; 8].

Geometricamente, se la funzione è positiva in $[a; b]$, il teorema della media esprime l'equivalenza fra un trapezoide, la cui area misura $\int_a^b f(x)\,dx$, e un rettangolo, aventi uguale base $b - a$. L'altezza del rettangolo è data dal valore di f in un particolare punto z dell'intervallo $[a; b]$:

$$f(z) = \dfrac{\int_a^b f(x)\,dx}{b - a}.$$

Questo valore si chiama **valore medio** della funzione $f(x)$ in $[a; b]$.

5 | Teorema fondamentale del calcolo integrale

Il calcolo dell'integrale definito risulta molto laborioso se applichiamo la definizione. In questo paragrafo faremo vedere che è possibile calcolare rapidamente l'integrale definito di una funzione utilizzando gli integrali indefiniti.

■ Funzione integrale

▶ Esercizi a p. 942

Animazione

Con figure dinamiche, studiamo la funzione integrale di una funzione $f(x)$, continua in $[a; b]$, quando nell'intervallo $f(x)$ assume valori:
- sempre positivi;
- sempre negativi;
- sia positivi sia negativi.

Sia f una funzione continua nell'intervallo $[a; b]$. Consideriamo un punto qualsiasi x di $[a; b]$.

Definiamo **funzione integrale** di f in $[a; b]$ la funzione

$$F(x) = \int_a^x f(t)\,dt,$$

che associa a ogni $x \in [a; b]$ il numero reale $\int_a^x f(t)\,dt$, dove la variabile indipendente x coincide con l'estremo superiore di integrazione.

Per non creare confusione fra variabili, indichiamo la funzione integranda con $f(t)$, dove t diventa la variabile di integrazione.

Se la funzione $f(t)$ è *positiva* in $[a; b]$, la funzione integrale $F(x)$ rappresenta l'area del trapezoide $ABCD$. Tale area dipende dal valore di x, variabile nell'intervallo $[a; b]$.

▶ **Considera**
$F(x) = \int_0^x t\,dt$, con $x > 0$.
Disegna $f(t) = t$ e calcola $F(0)$, $F(1)$, $F(3)$.

Dalla definizione di $F(x)$ otteniamo le seguenti relazioni:

$$F(a) = \int_a^a f(t)\,dt = 0, \quad F(b) = \int_a^b f(t)\,dt.$$

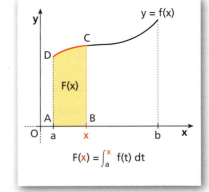

■ Teorema fondamentale

Il teorema fondamentale del calcolo integrale, chiamato anche **teorema di Torricelli-Barrow**, permette di collegare il concetto di integrale definito a quello di integrale indefinito, attraverso la funzione integrale.

Paragrafo 5. Teorema fondamentale del calcolo integrale

> **TEOREMA**
> **Teorema fondamentale del calcolo integrale**
> Se una funzione $f(x)$ è continua in $[a; b]$, allora esiste la derivata della sua funzione integrale
>
> $$F(x) = \int_a^x f(t)\,dt$$
>
> per ogni punto x dell'intervallo $[a; b]$ ed è uguale a $f(x)$, cioè:
>
> $$F'(x) = f(x),$$
>
> ovvero $F(x)$ è una primitiva di $f(x)$.

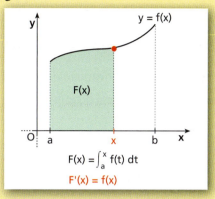

Il teorema enunciato permette di affermare che una funzione f continua in $[a; b]$ ammette come primitiva fondamentale la funzione integrale $F(x)$, con x variabile nell'intervallo $[a; b]$. Pertanto, l'integrale indefinito di f, inteso come la totalità delle sue primitive, si esprime come:

$$\int f(x)\,dx = \int_a^x f(t)\,dt + c, \text{ dove } c \text{ è una qualunque costante reale.}$$

■ Calcolo dell'integrale definito

▶ Esercizi a p. 943

Dal teorema fondamentale del calcolo integrale possiamo ottenere la formula per calcolare l'integrale definito.
Sia $\varphi(x)$ una primitiva qualsiasi di $f(x)$. Dal teorema fondamentale del calcolo integrale sappiamo che la funzione integrale $F(x)$ è una *particolare* primitiva della funzione f. Pertanto $\varphi(x)$ risulta della forma:

$$\varphi(x) = F(x) + c = \int_a^x f(t)\,dt + c, \text{ dove } c \text{ è una costante reale arbitraria.}$$

• Calcoliamo $\varphi(a)$ (sostituiamo all'estremo di integrazione x il valore a):

$$\varphi(a) = \int_a^a f(t)\,dt + c = 0 + c = c.$$

• Calcoliamo $\varphi(b)$ (sostituiamo all'estremo di integrazione x il valore b):

$$\varphi(b) = \int_a^b f(t)\,dt + c. \text{ Poiché } \varphi(a) = c, \text{ otteniamo:}$$

$$\varphi(b) = \int_a^b f(t)\,dt + \varphi(a).$$

Portiamo al primo membro $\varphi(a)$, $\varphi(b) - \varphi(a) = \int_a^b f(t)\,dt$.

Scriviamo l'uguaglianza da destra a sinistra e, poiché non ci sono più ambiguità di variabili, riutilizziamo la variabile x:

$$\int_a^b f(x)\,dx = \underbrace{\varphi(b) - \varphi(a)}_{\text{primitiva di f(x)}},$$

ovvero la seguente regola.

▶ **Video**

Valore medio di una funzione in un intervallo
Qual è il valore medio di $y = \ln x$ in $[1; e]$ e in quali punti la funzione assume questo valore?

Capitolo 18. Integrali

▶ Calcola il valore dell'integrale
$\int_0^1 \frac{3x}{1+9x^2} dx$.

□ Animazione

L'integrale definito di una funzione continua $f(x)$ è uguale alla differenza tra i valori assunti da una qualunque primitiva $\varphi(x)$ di $f(x)$ rispettivamente nell'estremo superiore di integrazione e nell'estremo inferiore.

Di solito nella totalità delle primitive si sceglie quella corrispondente a $c = 0$.

Otteniamo così la formula $\varphi(b) - \varphi(a) = [\varphi(x)]_a^b$, che permette di ricondurre il calcolo di un integrale definito a quello di un integrale indefinito.

▶ Trova il valore medio della funzione $f(x) = \sqrt{x-1}$ nell'intervallo [2; 5] e determina il punto z in cui la funzione assume tale valore.

□ Animazione

ESEMPIO

Calcoliamo $\int_2^3 2x \, dx$.

Utilizziamo l'integrale indefinito per determinare le primitive di $2x$:

$$\int 2x \, dx = x^2 + c.$$

Scegliamo la primitiva con $c = 0$, ossia x^2: $\int_2^3 2x \, dx = [x^2]_2^3$.

▶ Verifica che il risultato non cambia se, invece di x^2, scegliamo come primitiva, per esempio, $x^2 + 3$.

Sostituiamo a x prima il valore 3 e poi il valore 2, ottenendo:

$$[x^2]_2^3 = 3^2 - 2^2 = 9 - 4 = 5.$$

6 Aree di superfici piane

Area compresa tra una curva e l'asse x

▶ Esercizi a p. 945

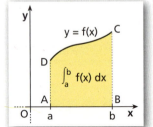

Abbiamo visto che l'integrale definito $\int_a^b f(x) \, dx$, con $a < b$, se $f(x) > 0$, rappresenta l'area della regione di piano delimitata dal grafico di $f(x)$, dall'asse x e dalle rette $x = a$ e $x = b$.

Se invece $f(x) < 0$, l'area è uguale a $-\int_a^b f(x) \, dx$.

▶ Calcola l'area della superficie compresa tra il grafico di $y = \cos x$ e l'asse x nell'intervallo $\left[-\frac{\pi}{2}; \frac{\pi}{2}\right]$.

Se $f(x)$ cambia segno nell'intervallo $[a; b]$, per determinare l'area compresa tra il suo grafico e l'asse x occorre suddividere l'intervallo $[a; b]$ in sottointervalli tali che in ciascuno di essi la funzione mantenga lo stesso segno. Si calcolano poi gli integrali nei diversi intervalli e si sommano algebricamente i risultati.

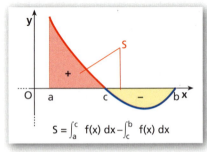

$S = \int_a^c f(x) \, dx - \int_c^b f(x) \, dx$

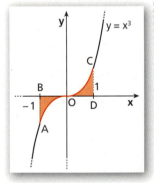

ESEMPIO

Calcoliamo l'area della superficie compresa tra il grafico della funzione $y = x^3$ e l'asse x nell'intervallo $[-1; 1]$:

$$S = -\int_{-1}^0 x^3 \, dx + \int_0^1 x^3 \, dx = -\left[\frac{x^4}{4}\right]_{-1}^0 + \left[\frac{x^4}{4}\right]_0^1 = -\left(-\frac{1}{4}\right) + \frac{1}{4} = \frac{1}{2}.$$

Osserva che $\int_{-1}^1 x^3 \, dx$ vale 0, che non è la misura dell'area considerata.

Paragrafo 6. Aree di superfici piane

■ Area compresa tra due curve

▶ Esercizi a p. 947

Consideriamo due funzioni $f(x)$ e $g(x)$ continue, entrambe positive e con $f(x) \geq g(x)$ nell'intervallo $[a; b]$. L'area S della superficie racchiusa dai loro grafici nell'intervallo $[a; b]$ si può ottenere facendo la differenza tra l'area del trapezoide individuato da $f(x)$ e l'area del trapezoide individuato da $g(x)$, cioè:

$$S = \int_a^b f(x)dx - \int_a^b g(x)dx.$$

Applicando la proprietà dell'integrale definito della somma di funzioni si ha:

$$S = \int_a^b [f(x) - g(x)]dx.$$

Questo vale in particolare per il calcolo dell'area chiusa delimitata dai grafici di due funzioni.

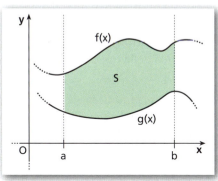

ESEMPIO

Calcoliamo l'area della superficie racchiusa dalle due parabole di equazioni $y = x^2 - 4x + 4$ e $y = -4x^2 + 16x - 11$.

Le due parabole si intersecano nei punti $A(1; 1)$ e $B(3; 1)$.
L'area S cercata è quindi data dalla differenza fra l'area del trapezoide $A'AV'BB'$ e l'area del trapezoide $AA'B'B$.

$S = \text{area}(A'AV'BB') - \text{area}(AA'B'B) =$

$\int_1^3 (-4x^2 + 16x - 11) dx - \int_1^3 (x^2 - 4x + 4) dx =$ ⟩ proprietà dell'integrale della somma di funzioni

$\int_1^3 (-4x^2 + 16x - 11 - x^2 + 4x - 4) dx =$

$\int_1^3 (-5x^2 + 20x - 15) dx =$

$\left[\dfrac{-5x^3}{3} + \dfrac{20x^2}{2} - 15x \right]_1^3 = -\cancel{45} + \cancel{90} - \cancel{45} + \dfrac{5}{3} - 10 + 15 = \dfrac{20}{3}.$

La formula resta valida anche se una o entrambe le funzioni sono negative. Infatti se la superficie non si trova tutta al di sopra dell'asse x, si può effettuare una traslazione in modo che essa sia tutta al di sopra dell'asse x e l'area non cambia.

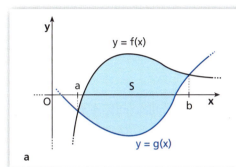

a

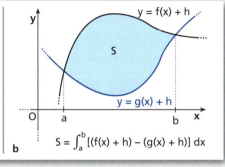

b

Allora:

$$S = \int_a^b [(f(x) + h) - (g(x) + h)] dx = \int_a^b [f(x) - g(x)] dx.$$

Quindi in generale vale la seguente regola.

Video

Integrale definito e calcolo delle aree
Consideriamo la funzione polinomiale
$f(x) = -\dfrac{1}{15}(3x^4 - 35x^3 + 126x^2 - 136x)$.

▶ Quanto vale l'integrale definito $\int_1^6 f(x) dx$?

▶ Quanto vale l'area compresa tra $f(x)$ e l'asse x?

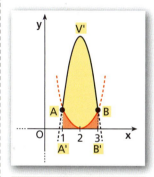

▶ Trova il valore dell'area racchiusa dalla retta di equazione $y = 4x$ e dalla parabola di equazione $y = x^2 + 3x$.

▶ Determina l'area della superficie racchiusa dai grafici delle funzioni di equazione $y = \sqrt{x}$, $y = \dfrac{2}{x+1}$ e dalla retta di equazione $x = 4$.

Animazione

7 Integrazione numerica

▶ Esercizi a p. 950

Mediante l'integrazione numerica di una funzione $f(x)$ è possibile calcolare in modo approssimato un integrale definito di f.

Il calcolo numerico di un integrale definito si basa sul suo significato geometrico. Sappiamo che l'integrale definito di una funzione su un intervallo $[a; b]$ rappresenta, quando $f(x) \geq 0$ in $[a, b]$, la misura dell'area della superficie delimitata dal grafico della funzione, dall'asse delle ascisse e dalle rette di equazioni $x = a$ e $x = b$ (figura a lato).

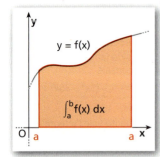

L'integrazione numerica è un modo approssimato di calcolare tale area. Per semplicità, considereremo soltanto il caso di una funzione continua e derivabile in un intervallo limitato e chiuso.

La continuità è condizione sufficiente per l'esistenza dell'integrale

$$\int_a^b f(x)\,dx.$$

Ci limitiamo a esaminare uno dei tanti metodi di integrazione numerica: **il metodo dei rettangoli**. Calcoliamo per approssimazione l'integrale

$$\int_0^1 (3x^2 + 2)\,dx$$

che hai già imparato a calcolare in modo esatto.

Il grafico della funzione

$$y = f(x) = 3x^2 + 2$$

è una parabola.
Calcolare numericamente l'integrale dato significa determinare l'area, approssimata, del trapezoide $VOBA$ (figura a fianco).

Dividiamo l'intervallo $[0; 1]$ in 10 parti uguali, ognuna di ampiezza $\frac{1}{10}$, ossia $0{,}1$.

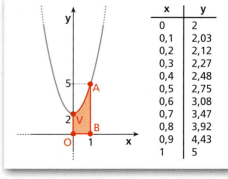

x	y
0	2
0,1	2,03
0,2	2,12
0,3	2,27
0,4	2,48
0,5	2,75
0,6	3,08
0,7	3,47
0,8	3,92
0,9	4,43
1	5

Chiamiamo $x_0, x_1, \ldots, x_{10}$ i punti di suddivisione di $[0; 1]$, dove $x_0 = 0$ e $x_{10} = 1$, e calcoliamo in una tabella i valori della funzione corrispondenti.

Sui segmenti di suddivisione disegniamo i rettangoli che hanno ciascuno:

- per base un intervallo di suddivisione;
- per altezza il segmento determinato dal valore di f calcolato nel primo estremo di tale intervallo (figura a lato).

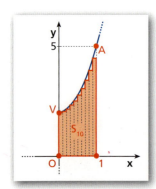

In ciascun intervallo $[x_k; x_{k+1}]$:

- approssimiamo il grafico di f con un segmento parallelo all'asse x e distante da questo $f(x_k)$;
- approssimiamo il trapezoide costruito sull'intervallo $[x_k; x_{k+1}]$ con un rettangolo di base $x_{k+1} - x_k$ e altezza $f(x_k)$.

La somma S_{10} delle aree dei 10 rettangoli considerati è:

$$S_{10} = 0{,}1 \cdot 2 + 0{,}1 \cdot 2{,}03 + 0{,}1 \cdot 2{,}12 + \ldots + 0{,}1 \cdot 4{,}43 =$$
$$0{,}1 \cdot (2 + 2{,}03 + 2{,}12 + \ldots + 4{,}43) = 2{,}855.$$

Possiamo anche considerare i rettangoli che hanno per base un intervallo di suddivisione e per altezza il segmento determinato dal valore di *f* calcolata nel secondo estremo di tale intervallo (figura a lato).

$$S'_{10} = 0{,}1 \cdot 2{,}03 + 0{,}1 \cdot 2{,}12 + 0{,}1 \cdot 2{,}27 + \ldots + 0{,}1 \cdot 5 =$$
$$0{,}1 \cdot (2{,}03 + 2{,}12 + 2{,}27 + \ldots + 5) = 3{,}155.$$

Possiamo dire che l'integrale richiesto è circa uguale a 2,855 (o a 3,155, se usiamo il secondo insieme di rettangoli), quindi scriviamo:

$$\int_0^1 (3x^2 + 2)\,dx \simeq 2{,}855, \text{ o anche } \int_0^1 (3x^2 + 2)\,dx \simeq 3{,}155.$$

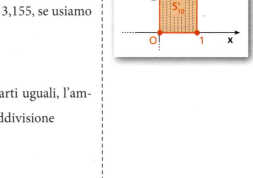

In generale, se un generico intervallo [*a*; *b*] viene diviso in *n* parti uguali, l'ampiezza di ogni intervallo di suddivisione è $\dfrac{b-a}{n}$. Ai punti di suddivisione

$$a, \quad x_1, \quad x_2, \quad \ldots, \quad x_{n-1}, \quad b$$

corrispondono i seguenti valori della funzione $y = f(x)$:

$$f(a), \quad y_1 = f(x_1), \quad y_2 = f(x_2), \quad \ldots, \quad y_{n-1} = f(x_{n-1}), \quad f(b).$$

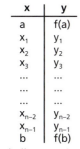

a. Nella tabella sono riportati i valori della funzione che hanno per ascissa un punto della suddivisione.

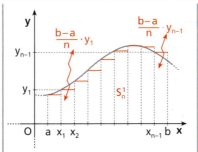

b. I rettangoli hanno come misura dell'altezza l'ordinata della funzione calcolata nel primo estremo degli intervalli di suddivisione.

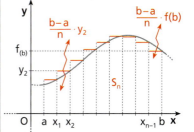

c. I rettangoli hanno come misura dell'altezza il valore della funzione calcolata nel secondo estremo degli intervalli di suddivisione.

Calcolando la somma delle aree dei rettangoli, prendendo sempre come altezza rispettivamente l'ordinata corrispondente al primo estremo degli intervalli oppure l'ordinata corrispondente al secondo estremo degli intervalli, otteniamo le formule seguenti, dette **formule dei rettangoli**:

$$\int_a^b f(x)\,dx \simeq \frac{b-a}{n}[f(a) + y_1 + y_2 + \ldots + y_{n-1}],$$

$$\int_a^b f(x)\,dx \simeq \frac{b-a}{n}[y_1 + y_2 + \ldots + y_{n-1} + f(b)].$$

8 Integrali e modelli economici
▶ Esercizi a p. 951

■ Le funzioni del costo e del ricavo

Le funzioni del costo marginale e del ricavo marginale si possono ottenere derivando rispettivamente la funzione del costo totale e quella del ricavo, se queste ultime sono derivabili. Perciò, nel caso in cui sono note le funzioni del costo marginale e del ricavo marginale, calcolandone l'integrale possiamo risalire alle funzioni del costo totale e del ricavo, ovvero:

$$C(x) = \int C_{ma}(x)\,dx,$$

$$R(x) = \int R_{ma}(x)\,dx.$$

> **ESEMPIO**
> Per la produzione di un certo prodotto, la funzione del costo marginale è $C_{ma}(x) = x + 3$, dove x indica la quantità prodotta. Sapendo che i costi fissi sono pari a 11, calcoliamo la funzione del costo totale $C(x)$ corrispondente:
>
> $$C(x) = \int C_{ma}(x)\,dx = \int (x+3)\,dx \;\rightarrow\; C(x) = 0{,}5x^2 + 3x + c.$$
>
> Inoltre, poiché i costi fissi sono pari a 11, sappiamo che $C(0) = 11$, quindi:
>
> $$C(0) = 0{,}5 \cdot 0^2 + 3 \cdot 0 + c = 11 \rightarrow c = 11.$$
>
> La funzione del costo totale è $C(x) = 0{,}5x^2 + 3x + 11$.

■ Il surplus del consumatore e quello del produttore

Con il termine **surplus del consumatore** si intende la differenza tra quanto il consumatore è disposto a pagare per un bene o servizio e il prezzo realmente pagato.

Quando il mercato si trova in equilibrio, i consumatori hanno un surplus positivo, perché al momento dell'acquisto della prima unità di un bene essi pagheranno il prezzo di equilibrio, ma per quella prima unità sarebbero stati disposti a pagare un prezzo più elevato. Ciò è vero anche per la seconda unità e per tutte le quantità inferiori alla quantità di equilibrio.

Graficamente il surplus del consumatore è rappresentato dall'area che si trova tra la funzione di vendita (che rappresenta quando i consumatori sarebbero stati disposti a pagare) e la semiretta orizzontale $p = P_e$, dove P_e è il prezzo di equilibrio (che rappresenta quanto i consumatori pagano realmente).

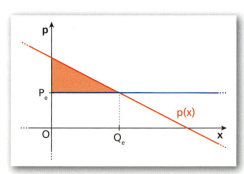

L'area colorata in rosso è il surplus del consumatore.

Il valore del surplus del consumatore si calcola come differenza tra l'integrale definito della funzione di vendita, tra 0 e la quantità di equilibrio Q_e, e il prodotto di prezzo di equilibrio e quantità di equilibrio:

$$SC = \int_0^{Q_e} p(x)\,dx - Q_e \cdot P_e.$$

> **ESEMPIO**
> In un mercato il prezzo di equilibrio è 5 e la funzione di vendita è $p(x) = -0{,}5x + 10$, dove x indica la quantità. Determiniamo il surplus del consumatore.

Ricaviamo la funzione della domanda, invertendo la funzione di vendita:

$x = 20 - 2p$.

Sostituendo il prezzo di equilibrio nella funzione della domanda, otteniamo la quantità di equilibrio:

$Q_e = 20 - 2 \cdot 5 = 10$.

Calcoliamo il surplus del consumatore:

$$SC = \int_0^{10}(-0,5x + 10)dx - 10 \cdot 5 \to SC = [0,25x^2 + 10x]_0^{10} - 50 \to$$

$$SC = 0,25 \cdot 10^2 + 10 \cdot 10 - 0,25 \cdot 0^2 + 10 \cdot 0 - 50 = 125.$$

Con il termine **surplus del produttore** si intende la differenza tra il prezzo di un bene o servizio e il prezzo a cui i produttori sarebbero stati disposti a venderlo. Quando il mercato è in equilibrio, anche i produttori hanno un surplus positivo, perché, per tutte le quantità inferiori a quella di equilibrio, essi sarebbero stati disposti ad applicare un prezzo più basso rispetto a quello di equilibrio.

Graficamente il surplus dei produttori è rappresentato dall'area che si trova tra la semiretta orizzontale $p = P_e$ e la funzione della produzione (che rappresenta il prezzo a cui i produttori sarebbero stati disposti a vendere).

Il valore del surplus del produttore si calcola come differenza tra il prodotto del prezzo di equilibrio e della quantità di equilibrio e l'integrale definito della funzione della produzione (che indichiamo con g^{-1}), tra 0 e la quantità di equilibrio Q_e:

$$SP = Q_e \cdot P_e - \int_0^{Q_e} g^{-1}(x)dx.$$

■ Variazioni istantanee

Un altro problema economico comune, la cui risoluzione richiede il calcolo degli integrali, si verifica quando è nota la variazione istantanea di una certa quantità rispetto al tempo e si vuole calcolare a quanto ammonta tale quantità in un dato momento.

ESEMPIO

Calcoliamo qual è il prezzo prevedibile di un'azione fra 2 giorni ($t = 2$), se oggi ($t = 0$) il prezzo dell'azione è pari a 8 euro e ipotizziamo una variazione istantanea del prezzo al variare del tempo $p'(t) = 0,25t$.

Determiniamo la funzione del prezzo dell'azione in funzione del tempo:

$$p(t) = \int p'(t)dt \to p(t) = \int 0,25t\, dt \to p(t) = 0,125t^2 + c.$$

Inoltre, poiché oggi il prezzo è 8 euro, sappiamo che $p(0) = 8$:

$p(0) = 0,125 \cdot 0^2 + c = 8 \to c = 8$.

Quindi la funzione del prezzo è:

$p(t) = 0,125t^2 + 8$.

Il prezzo in fra due giorni sarà:

$p(2) = 0,125 \cdot 2^2 + 8 = 8,5$.

Capitolo 18. Integrali

IN SINTESI
Integrali

■ Integrale indefinito

- **Funzione primitiva**: $F(x)$ si dice primitiva di $f(x)$ nell'intervallo $[a; b]$ se $F(x)$ è derivabile in $[a; b]$ e $F'(x) = f(x)$.
  Se $f(x)$ ammette una primitiva $F(x)$, allora ammette infinite primitive del tipo $F(x) + c$, con $c \in \mathbb{R}$.

$$\int f(x)\,dx = F(x) + c \iff f(x) \xrightleftharpoons[\text{derivata}]{\text{integrale}} F(x) + c$$

- **Integrale indefinito della funzione $f(x)$**: è l'insieme di tutte le primitive $F(x) + c$, con $c \in \mathbb{R}$. Si indica con $\int f(x)\,dx$. La funzione $f(x)$ è la **funzione integranda** e x è la **variabile di integrazione**.

- **Condizione sufficiente di integrabilità**
  Se una funzione è continua in un intervallo, allora ammette primitive in tale intervallo.

- **Proprietà di linearità**
  Se f e g ammettono integrale indefinito, allora

  - $\int [f(x) + g(x)]\,dx = \int f(x)\,dx + \int g(x)\,dx$ **prima proprietà**;

  - $\int k \cdot f(x)\,dx = k \cdot \int f(x)\,dx$ **seconda proprietà**.

Integrali immediati	
$\int x^\alpha \,dx = \dfrac{x^{\alpha+1}}{\alpha + 1} + c, \quad \text{con } \alpha \neq -1$	$\int \cos x \,dx = \sin x + c$
$\int \dfrac{1}{x}\,dx = \ln\lvert x \rvert + c$	$\int \dfrac{1}{\cos^2 x}\,dx = \tan x + c$
$\int e^x\,dx = e^x + c$	$\int \dfrac{1}{\sin^2 x}\,dx = -\cot x + c$
$\int a^x\,dx = \dfrac{a^x}{\ln a} + c$	$\int \dfrac{1}{\sqrt{1-x^2}}\,dx = \arcsin x + c$
$\int \sin x\,dx = -\cos x + c$	$\int \dfrac{1}{1+x^2}\,dx = \arctan x + c$

■ Metodi di integrazione

- **Metodo di sostituzione** Per calcolare l'integrale $\int f(x)\,dx$:
  - si pone $x = g(t)$, e quindi $t = g^{-1}(x)$, dove $g(t)$ è invertibile, con $g'(t)$ continua e diversa da 0;
  - si calcola il differenziale dx, oppure dt;
  - si sostituisce nell'integrale dato, in modo da ottenere un integrale nella variabile t;
  - si calcola, se possibile, l'integrale rispetto a t;
  - ritornando alla variabile x, si ha il risultato cercato.

- **Formula di integrazione per parti:**

  $$\int f(x)g'(x)\,dx = f(x) \cdot g(x) - \int f'(x)g(x)\,dx.$$

■ Integrale definito

- Data $f(x)$ continua su $[a; b]$, l'**integrale definito** esteso ad $[a; b]$ si indica con $\int_a^b f(x)dx$. a e b sono gli **estremi di integrazione**, $f(x)$ è la **funzione integranda**.

- L'integrale definito è un numero e non dipende dalla variabile x. Se $f(x) \geq 0$ in $[a; b]$, $\int_a^b f(x)dx$ rappresenta l'area del trapezoide determinato da f.

- $\int_b^a f(x)\,dx = -\int_a^b f(x)\,dx$, se $a < b$; $\int_a^a f(x)\,dx = 0$.

- **Proprietà dell'integrale definito**

  - Se $a < b < c$, $\int_a^c f(x)\,dx = \int_a^b f(x)\,dx + \int_b^c f(x)\,dx$.
  - $\int_a^b [f(x) + g(x)]\,dx = \int_a^b f(x)\,dx + \int_a^b g(x)\,dx$.
  - $\int_a^b k \cdot f(x)\,dx = k \cdot \int_a^b f(x)\,dx$.
  - $f(x) \leq g(x) \to \int_a^b f(x)\,dx \leq \int_a^b g(x)\,dx$.
  - $\left|\int_a^b f(x)\,dx\right| \leq \int_a^b |f(x)|\,dx$.
  - $\int_a^b k\,dx = k(b - a)$.

- **Teorema della media**
  Se f è una funzione continua nell'intervallo $[a; b]$, allora $\exists z \in [a; b]$ tale che $\int_a^b f(x)\,dx = (b - a) \cdot f(z)$.
  $f(z) = \dfrac{1}{b - a} \int_a^b f(x)\,dx$ è il **valore medio** di $f(x)$ in $[a; b]$.

■ Teorema fondamentale del calcolo integrale

- Se f è una funzione continua in $[a; b]$, si dice **funzione integrale** di f in $[a; b]$ la funzione:

  $$F(x) = \int_a^x f(t)\,dt, \quad \forall x \in [a; b].$$

- **Teorema fondamentale del calcolo integrale**
  Se f è continua in $[a; b]$, allora la sua funzione integrale $F(x)$ è derivabile in $[a; b]$ e $F'(x) = f(x)$, $\forall x \in [a; b]$.

- **Calcolo dell'integrale definito**: se $\varphi(x)$ è una primitiva qualunque di $f(x)$ nell'intervallo $[a; b]$, allora:

  $$\int_a^b f(x)\,dx = [\varphi(x)]_a^b = \varphi(b) - \varphi(a).$$

■ Aree di superfici piane

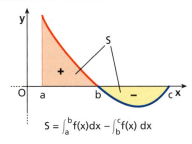

$S = \int_a^b f(x)dx - \int_b^c f(x)\,dx$

Area S della parte di piano compresa tra il grafico di una funzione e l'asse x.

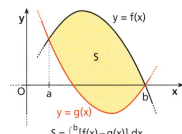

$S = \int_a^b [f(x) - g(x)]\,dx$

Area S della parte di piano compresa tra i grafici di due funzioni $f(x)$ e $g(x)$, con $f(x) \geq g(x)$.

CAPITOLO 18
ESERCIZI

1 Integrale indefinito

Primitive
▶ Teoria a p. 902

TEST

1 Una primitiva di $f(x) = 3x + 1$ è:

- A 3.
- B $3x^2 + x$.
- C $\frac{3}{2}x^2 + x$.
- D $\frac{3}{2}x^2 + 1$.
- E $3x$.

2 Una primitiva di $f(x) = \sin 3x$ è:

- A $\cos 3x$.
- B $-\cos 3x$.
- C $-3\cos 3x$.
- D $-\frac{1}{3}\cos 3x$.
- E $3\cos 3x$.

3 **ASSOCIA** ogni funzione della prima riga a una sua primitiva nella seconda riga.

a. $y = 4x$ b. $y = \frac{2}{3}x^3$ c. $y = 4$ d. $y = x + 4$

1. $y = \frac{x^4}{6}$ 2. $y = 2x^2$ 3. $y = 4x + \frac{x^2}{2}$ 4. $y = 4x + 1$

4 **VERO O FALSO?**

a. $y = x^2$ è una primitiva di $y = x$.   V F
b. $y = 3x + 7$ e $y = 3x + 17$ sono primitive della stessa funzione.   V F
c. Le primitive di una funzione, se esistono, sono infinite.   V F
d. $y = x^2 + 1$ e $y = x^2 + 3$ hanno le stesse primitive.   V F

Sono date due funzioni, $f(x)$ e $F(x)$. Modifica $F(x)$ in modo che sia una primitiva di $f(x)$.

5 $f(x) = x^2$, $F(x) = 3x^3 + 2$.

6 $f(x) = e^{-2x}$, $F(x) = e^{-2x}$.

7 $f(x) = 2\sin 2x$, $F(x) = -\frac{1}{3}\sin^2 x + 4$.

8 $f(x) = \frac{-3x}{x^2 + 1}$, $F(x) = \ln(x^2 + 1)$.

9 **TEST** Il grafico rappresenta una parabola di equazione $y = f(x)$. Individua una primitiva di $f(x)$.

- A $F(x) = 6(x - 1)$
- B $F(x) = x^3 + 3x^2$
- C $F(x) = x^3 + 3x^2 + 1$
- D $F(x) = x^3 - 3x^2$
- E $F(x) = x^2 - 2x$

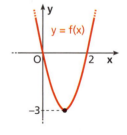

Integrale indefinito
▶ Teoria a p. 903

10 **ESERCIZIO GUIDA** Una delle due funzioni $y = x - x^2 - x^3$ e $y = 1 - 2x - 3x^2$ è una primitiva dell'altra. Determiniamo quale e scriviamo la relazione che lega le due funzioni mediante un integrale indefinito.

Paragrafo 1. Integrale indefinito

Calcoliamo la derivata delle due funzioni:
$$D[x - x^2 - x^3] = 1 - 2x - 3x^2,$$
$$D[1 - 2x - 3x^2] = -2 - 6x.$$

La derivata della prima funzione è uguale alla seconda funzione: $y = x - x^2 - x^3$ è una primitiva di $y = 1 - 2x - 3x^2$. Scriviamo:
$$\int (1 - 2x - 3x^2)\,dx = x - x^2 - x^3 + c.$$

Nelle seguenti coppie di funzioni, una delle due funzioni è una primitiva dell'altra. Determina quale e scrivi, mediante un integrale indefinito, la relazione che lega le due funzioni.

11 $y = 4 + 6x$; $\quad y = 4x + 3x^2$.

12 $y = 3x^2 - 1$; $\quad y = x^3 - x$.

13 $y = 3x^3 + x^2 - 3$; $\quad y = 9x^2 + 2x$.

14 $y = \dfrac{1}{x+1}$; $\quad y = -\dfrac{1}{(x+1)^2}$.

15 $y = \dfrac{2x}{x^2+1}$; $\quad y = \ln(x^2 + 1)$.

16 $y = \sqrt{x^2 + 1}$; $\quad y = \dfrac{x}{\sqrt{x^2+1}}$.

17 $y = -e^{-x}$; $\quad y = e^{-x}$.

18 $y = 1 + \tan^2 x$; $\quad y = \tan x$.

19 $y = \sin x + \cos x$; $\quad y = \cos x - \sin x$.

20 $y = -\dfrac{1}{x^2}$; $\quad y = \dfrac{2}{x^3}$.

COMPLETA

21 $\int \square \sin 5x^2\, dx = \cos 5x^2 + c$

22 $\int \dfrac{\square}{\sqrt{x^2 - 2x}}\, dx = \sqrt{x^2 - 2x} + c$

23 $\int \dfrac{2}{e^x}\, dx = \dfrac{\square}{e^x} + c$

24 $\int \square \ln^3 x\, dx = \ln^4 x + c$

25 $\int \dfrac{1}{1 + x} \square \, dx = \arctan \sqrt{x} + c$

26 $\int \square (x^3 + 3x)^5\, dx = (x^3 + 3x)^6 + c$

27 **VERO O FALSO?**

a. Ogni funzione continua ammette primitive. $\quad$ V F

b. Ogni funzione derivabile è integrabile. $\quad$ V F

c. Ogni funzione integrabile è derivabile. $\quad$ V F

28 **LEGGI IL GRAFICO** Quali delle seguenti funzioni non sono integrabili in $\mathbb{R}$? Indicane il motivo.

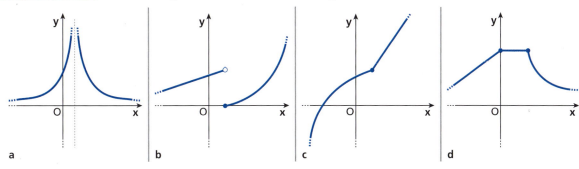

a $\quad$ b $\quad$ c $\quad$ d

RIFLETTI SULLA TEORIA

29 Spiega perché $D\left[\int \ln 4x^2\, dx\right] = \ln 4x^2$.

30 Puoi affermare che la funzione $f(x) = \begin{cases} 2x & \text{se } x < 0 \\ x + 3 & \text{se } x \geq 0 \end{cases}$ è integrabile nell'intervallo $[-2; 2]$? Perché?

Capitolo 18. Integrali

Determina a e b in modo tale che $F(x)$ sia una primitiva di $f(x)$.

31 $F(x) = x^2 + 5x$, $\quad f(x) = ax + b$. $\hfill [a = 2, b = 5]$

32 $F(x) = ax^3 - 2x^2$, $\quad f(x) = 9x^2 + bx$. $\hfill [a = 3, b = -4]$

2 | Integrali indefiniti immediati

▶ Teoria a p. 905

$$\int x^\alpha \, dx = \frac{x^{\alpha+1}}{\alpha+1} + c, \text{ con } \alpha \neq -1 \qquad \int \frac{1}{x} \, dx = \ln|x| + c$$

33 **VERO O FALSO?**

a. $\int x^2 \, dx = \left(\int x \, dx\right)^2$ $\hfill$ V F

b. $\int 3x \, dx - \int x \, dx = x^2 + c$ $\hfill$ V F

c. $\int x^{-1} \, dx = \frac{x^{-1+1}}{-1+1} + c$ $\hfill$ V F

d. $\int \frac{1}{x^2} \, dx = \ln x^2 + c$ $\hfill$ V F

34 **ESERCIZIO GUIDA** Calcoliamo: a. $\int \left(2x^4 - \sqrt[3]{x^2} + \frac{1}{x^2}\right) dx$; b. $\int \left(3 + \frac{2}{x}\right) dx$.

a. $\int \left(2x^4 - \sqrt[3]{x^2} + \frac{1}{x^2}\right) dx =$ ⟩ proprietà di linearità

$2 \int x^4 \, dx - \int x^{\frac{2}{3}} \, dx + \int x^{-2} \, dx =$ ⟩ integriamo le potenze di x

$2 \cdot \frac{x^{4+1}}{4+1} - \frac{x^{\frac{2}{3}+1}}{\frac{2}{3}+1} + \frac{x^{-2+1}}{-2+1} + c = \frac{2}{5} x^5 - \frac{x^{\frac{5}{3}}}{\frac{5}{3}} - x^{-1} + c = \frac{2}{5} x^5 - \frac{3}{5} x \sqrt[3]{x^2} - \frac{1}{x} + c.$

b. $\int \left(3 + \frac{2}{x}\right) dx = 3 \cdot \int dx + 2 \cdot \int \frac{1}{x} \, dx = 3 \cdot x + 2 \ln|x| + c.$

Calcola i seguenti integrali.

AL VOLO

35 $\int 7x \, dx$; $\quad \int 2 \, dx$; $\quad \int 6x^2 \, dx$.

36 $\int x^3 \, dx$; $\quad \int \sqrt{x} \, dx$; $\quad \int x^9 \, dx$.

37 $\int \frac{1}{x^4} \, dx$; $\quad \int \frac{5}{4} \sqrt[4]{x} \, dx$; $\quad \int x^8 \, dx$. $\hfill \left[-\frac{1}{3x^3} + c; \, x\sqrt[4]{x} + c; \, \frac{x^9}{9} + c\right]$

38 $\int \frac{1}{2x^3} \, dx$; $\quad \int \frac{4}{x} \, dx$; $\quad \int -\frac{2}{3} x^6 \, dx$. $\hfill \left[-\frac{1}{4x^2} + c; \, 4\ln|x| + c; \, -\frac{2}{21} x^7 + c\right]$

39 $\int \frac{3}{\sqrt[3]{x^2}} \, dx$; $\quad \int 8\sqrt{x} \, dx$; $\quad \int -\frac{1}{x^4} \, dx$. $\hfill \left[9\sqrt[3]{x} + c; \, \frac{16}{3} x\sqrt{x} + c; \, \frac{1}{3x^3} + c\right]$

40 $\int x^{-2} \, dx$; $\quad \int \frac{x}{\sqrt{x}} \, dx$; $\quad \int \frac{7}{2x^5} \, dx$. $\hfill \left[-\frac{1}{x} + c; \, \frac{2}{3} x\sqrt{x} + c; \, \frac{-7}{8x^4} + c\right]$

41 $\int \frac{\sqrt{x}}{\sqrt[4]{x}} \, dx$; $\quad \int \sqrt{x\sqrt{2x}} \, dx$; $\quad \int x^3 \sqrt{x} \, dx$. $\hfill \left[\frac{4}{5} x\sqrt[4]{x} + c; \, \frac{4}{7} x\sqrt{x}\sqrt[4]{2x} + c; \, \frac{2}{9} x^4 \sqrt{x} + c\right]$

42 $\int (x - 5) \, dx$; $\quad \int \frac{3\sqrt[3]{x}}{x} \, dx$; $\quad \int \frac{1}{4\sqrt{x}} \, dx$. $\hfill \left[\frac{x^2}{2} - 5x + c; \, 9\sqrt[3]{x} + c; \, \frac{\sqrt{x}}{2} + c\right]$

Paragrafo 2. Integrali indefiniti immediati

43 $\int(3x+1)dx$ $\quad\left[\dfrac{3}{2}x^2+x+c\right]$

44 $\int(x^2+2x)dx$ $\quad\left[\dfrac{x^3}{3}+x^2+c\right]$

45 $\int(x+\sqrt{x})dx$ $\quad\left[\dfrac{x^2}{2}+\dfrac{2}{3}x\sqrt{x}+c\right]$

46 $\int(2x^3-2)dx$ $\quad\left[\dfrac{x^4}{2}-2x+c\right]$

47 $\int(x^2+x+10)dx$ $\quad\left[\dfrac{x^3}{3}+\dfrac{x^2}{2}+10x+c\right]$

48 $\int(x^3-3x^2-8)dx$ $\quad\left[\dfrac{x^4}{4}-x^3-8x+c\right]$

49 $\int(4x^4-2x^2+5)dx$ $\quad\left[\dfrac{4x^5}{5}-\dfrac{2x^3}{3}+5x+c\right]$

50 $\int\left(\dfrac{1}{x^3}+\dfrac{3}{x^2}\right)dx$ $\quad\left[-\dfrac{1}{2x^2}-\dfrac{3}{x}+c\right]$

51 $\int\left(\dfrac{2}{x^3}-x^2-\dfrac{1}{x}\right)dx$ $\quad\left[-\dfrac{1}{x^2}-\dfrac{x^3}{3}-\ln|x|+c\right]$

52 $\int(2\sqrt{x}-x)dx$ $\quad\left[\dfrac{4}{3}x\sqrt{x}-\dfrac{x^2}{2}+c\right]$

53 $\int\left(\dfrac{4}{x^4}-\dfrac{6}{x^2}\right)dx$ $\quad\left[-\dfrac{4}{3x^3}+\dfrac{6}{x}+c\right]$

54 $\int\left(\dfrac{5}{x^4}-\dfrac{4}{x^3}+\dfrac{3}{x^2}\right)dx$ $\quad\left[-\dfrac{5}{3x^3}+\dfrac{2}{x^2}-\dfrac{3}{x}+c\right]$

55 $\int\left(x+\dfrac{1}{x}+1\right)dx$ $\quad\left[\dfrac{x^2}{2}+\ln|x|+x+c\right]$

56 $\int\left(3x^2-2x+\dfrac{3}{x}\right)dx$ $\quad[x^3-x^2+3\ln|x|+c]$

57 $\int(x+1)^2 dx$ $\quad\left[\dfrac{x^3}{3}+x^2+x+c\right]$

58 $\int(x-3)(x+3)dx$ $\quad\left[\dfrac{x^3}{3}-9x+c\right]$

---

59 TEST Solo uno dei seguenti grafici rappresenta una primitiva di $y=\dfrac{1}{2}x-1$. Quale?

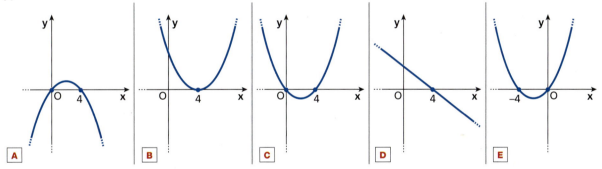

A B C D E

60 Tra le primitive $F(x)$ di $f(x)=5-6x+4x^3$, trova quella tale che $F(-1)=4$. $\quad[F(x)=5x-3x^2+x^4+11]$

---

61 ESERCIZIO GUIDA Calcoliamo $\int\dfrac{2x-1+x^3}{x^2}dx$.

Poiché il denominatore della frazione integranda è un monomio, possiamo scomporre la frazione in frazioni più semplici e applicare la prima proprietà di linearità:

$$\int\dfrac{2x-1+x^3}{x^2}dx=\int\dfrac{2x}{x^2}dx-\int\dfrac{1}{x^2}dx+\int\dfrac{x^3}{x^2}dx=2\int\dfrac{1}{x}dx-\int x^{-2}dx+\int x\,dx=2\ln|x|+\dfrac{1}{x}+\dfrac{x^2}{2}+c.$$

Calcola i seguenti integrali.

62 $\int\dfrac{x+5}{x}dx$ $\quad[x+5\ln|x|+c]$

63 $\int\dfrac{4x+x^2}{x}dx$ $\quad\left[4x+\dfrac{x^2}{2}+c\right]$

64 $\int\dfrac{1-x^2+6x}{x^2}dx$ $\quad\left[-\dfrac{1}{x}-x+6\ln|x|+c\right]$

65 $\int\dfrac{x^3+2x}{x}dx$ $\quad\left[\dfrac{x^3}{3}+2x+c\right]$

66 $\int\dfrac{3x^4+4x^2}{x^2}dx$ $\quad[x^3+4x+c]$

67 $\int\dfrac{3x^2+2-4x}{3x}dx$ $\quad\left[\dfrac{x^2}{2}+\dfrac{2}{3}\ln|x|-\dfrac{4}{3}x+c\right]$

68 $\int\dfrac{10x^5+4x+1}{2x}dx$ $\quad\left[x^5+2x+\dfrac{1}{2}\ln|x|+c\right]$

69 $\int\dfrac{x^2+2x}{x^2}dx$ $\quad[x+2\ln|x|+c]$

Capitolo 18. Integrali

70 $\int \dfrac{x^4+2x^2-1}{3x}dx$ $\left[\dfrac{x^4}{12}+\dfrac{x^2}{3}-\dfrac{1}{3}\ln|x|+c\right]$ **73** $\int \dfrac{1+2x^2}{\sqrt{x}}dx$ $\left[2\sqrt{x}+\dfrac{4}{5}x^2\sqrt{x}+c\right]$

71 $\int \dfrac{x^4+x^3-2x}{x^3}dx$ $\left[\dfrac{x^2}{2}+x+\dfrac{2}{x}+c\right]$ **74** $\int \dfrac{(x-1)(x+2)}{x}dx$ $\left[\dfrac{x^2}{2}+x-2\ln|x|+c\right]$

72 $\int \dfrac{3-x^2}{x^4}dx$ $\left[-\dfrac{1}{x^3}+\dfrac{1}{x}+c\right]$ **75** $\int \dfrac{x^2-9}{x+3}dx$ $\left[\dfrac{x^2}{2}-3x+c\right]$

Problemi

76 Rappresenta graficamente due primitive di $f(x)=4x+3$ assegnando alla costante due valori a piacere e verifica che le tangenti nei punti di ascissa -2 sono parallele tra loro.

77 Tra le primitive $F(x)$ di $f(x)=x^2-\dfrac{1}{x}$, trova quella tale che $F(1)=2$. $\left[F(x)=\dfrac{x^3}{3}-\ln|x|+\dfrac{5}{3}\right]$

$$\int e^x dx = e^x + c; \qquad \int a^x dx = \dfrac{1}{\ln a}\cdot a^x + c.$$

---

78 ESERCIZIO GUIDA Calcoliamo: **a.** $\int (2e^x+3\cdot 5^x)dx$; **b.** $\int \dfrac{10^{x-1}}{5^x}dx$.

a. $\int (2e^x+3\cdot 5^x)dx = 2\int e^x dx + 3\int 5^x dx = 2e^x + \dfrac{3}{\ln 5}\cdot 5^x + c.$

proprietà di linearità

b. Semplifichiamo la frazione integranda in modo da ricondurci a un unico esponenziale:

$\int \dfrac{10^{x-1}}{5^x}dx = \int \dfrac{10^x}{5^x}\cdot 10^{-1}dx = \int \left(\dfrac{10}{5}\right)^x \cdot \dfrac{1}{10}dx = \dfrac{1}{10}\int 2^x dx = \dfrac{1}{10}\cdot \dfrac{1}{\ln 2}\cdot 2^x + c.$

Calcola i seguenti integrali.

79 AL VOLO $\int 4e^x dx;\ \int 25^x dx.$ **84** $\int (2^x+2e^x+2\cdot 4^x)dx$ $\left[\dfrac{2^x}{\ln 2}+2e^x+\dfrac{1}{\ln 2}\cdot 4^x+c\right]$

80 $\int e^{x+2}dx$ $[e^{x+2}+c]$ **85** $\int (x+7\cdot 7^x)dx$ $\left[\dfrac{x^2}{2}+\dfrac{7}{\ln 7}\cdot 7^x+c\right]$

81 $\int (2e^x+1)dx$ $[2e^x+x+c]$ **86** $\int \left(5e^x+\dfrac{1}{x}\right)dx$ $[5e^x+\ln|x|+c]$

82 $\int (5-e^x)dx$ $[5x-e^x+c]$ **87** $\int (2-e^x-5^x)dx$ $\left[2x-e^x-\dfrac{5^x}{\ln 5}+c\right]$

83 $\int (4e^x+5\cdot 3^x)dx$ $\left[4e^x+\dfrac{5}{\ln 3}\cdot 3^x+c\right]$ **88** $\int \dfrac{9^x}{7^x}dx$ $\left[\dfrac{1}{\ln 9-\ln 7}\cdot\left(\dfrac{9}{7}\right)^x+c\right]$

$$\int \sin x\, dx = -\cos x + c; \quad \int \cos x\, dx = \sin x + c; \quad \int \dfrac{1}{\sin^2 x}dx = -\cot x + c; \quad \int \dfrac{1}{\cos^2 x}dx = \tan x + c.$$

---

89 ESERCIZIO GUIDA Calcoliamo $\int \left(2\sin x - \cos x - \dfrac{4}{\sin^2 x}\right)dx$.

$\int \left(2\sin x - \cos x - \dfrac{4}{\sin^2 x}\right)dx = 2\int \sin x\, dx - \int \cos x\, dx - 4\int \dfrac{1}{\sin^2 x}dx =$

proprietà di linearità

$2(-\cos x) - \sin x - 4(-\cot x) + c = -2\cos x - \sin x + 4\cot x + c$

Paragrafo 2. Integrali indefiniti immediati

Calcola i seguenti integrali.

AL VOLO

90 $\int 2\sin x\, dx$

91 $\int (\sin x + 3\cos x)\, dx$

92 $\int (x - 2\sin x)\, dx$

93 $\int \dfrac{\sin x - \sqrt{3}\cos x}{2}\, dx$ $\qquad\left[-\dfrac{\cos x + \sqrt{3}\sin x}{2} + c\right]$

94 $\int \left(\dfrac{\sin x}{3} - 5\cos x\right) dx$ $\qquad\left[-\dfrac{\cos x}{3} - 5\sin x + c\right]$

95 $\int \left(-\dfrac{2}{x^3} + \dfrac{\sin x - \cos x}{3}\right) dx$ $\qquad\left[\dfrac{1}{x^2} - \dfrac{\cos x + \sin x}{3} + c\right]$

96 $\int \left(\dfrac{3}{\sin^2 x} + \dfrac{\cos x}{2}\right) dx$ $\qquad\left[-3\cot x + \dfrac{\sin x}{2} + c\right]$

97 $\int (\cos x - \sin x + 2e^x)\, dx$ $\qquad [\sin x + \cos x + 2e^x + c]$

98 $\int \left(\dfrac{1}{\cos^2 x} - \dfrac{2}{\sin^2 x} + 3\sin x\right) dx$ $\qquad [\tan x + 2\cot x - 3\cos x + c]$

$$\int \dfrac{1}{\sqrt{1-x^2}}\, dx = \arcsin x + c = -\arccos x + c; \qquad \int \dfrac{1}{1+x^2}\, dx = \arctan x + c = -\text{arccot}\, x + c.$$

99 **ESERCIZIO GUIDA** Calcoliamo: **a.** $\int \left(\dfrac{2}{\sqrt{1-x^2}} + \dfrac{5}{1+x^2}\right) dx$; **b.** $\int \dfrac{6x^2}{1+x^2}\, dx$.

a. $\int \left(\dfrac{2}{\sqrt{1-x^2}} + \dfrac{5}{1+x^2}\right) dx = 2\int \dfrac{1}{\sqrt{1-x^2}}\, dx + 5\int \dfrac{1}{1+x^2}\, dx = 2\arcsin x + 5\arctan x + c.$

b. $\int \dfrac{6x^2}{1+x^2}\, dx = 6\int \dfrac{x^2 + 1 - 1}{1+x^2}\, dx = 6\int \dfrac{x^2+1}{1+x^2}\, dx - 6\int \dfrac{1}{1+x^2}\, dx = 6\int dx - 6\arctan x + c = 6(x - \arctan x) + c.$

aggiungiamo e togliamo 1 al numeratore

Calcola i seguenti integrali.

100 $\int \dfrac{3}{\sqrt{1-x^2}}\, dx$ $\qquad [3\arcsin x + c]$

104 $\int \left(\dfrac{12}{1+x^2} - 4x\right) dx$ $\qquad [12\arctan x - 2x^2 + c]$

101 $\int \dfrac{1}{4+4x^2}\, dx$ $\qquad \left[\dfrac{1}{4}\arctan x + c\right]$

105 $\int \left(\dfrac{1}{x} + \dfrac{1}{1+x^2}\right) dx$ $\qquad [\ln|x| + \arctan x + c]$

102 $\int \left(\dfrac{2}{\sqrt{1-x^2}} + \dfrac{1}{\sqrt{x}}\right) dx$ $\qquad [2\arcsin x + 2\sqrt{x} + c]$

106 $\int \dfrac{-x^2}{1+x^2}\, dx$ $\qquad [-x + \arctan x + c]$

103 $\int \left(2^x - \dfrac{14}{\sqrt{1-x^2}}\right) dx$ $\qquad \left[\dfrac{2^x}{\ln 2} + 14\arccos x + c\right]$

107 $\int \dfrac{1 + 2x^2}{1 + x^2}\, dx$ $\qquad [2x - \arctan x + c]$

■ **Integrale delle funzioni la cui primitiva è una funzione composta**

108 **TEST** Solo uno dei seguenti integrali *non* è nella forma $\int [f(x)]^\alpha f'(x)\, dx$. Quale?

A $\int 3x(x^3 - 1)^2\, dx$

C $\int 2x(x^2 + 1)^3\, dx$

E $\int \sqrt{x - 1}\, dx$

B $\int 2(2x - 6)^7\, dx$

D $\int 2x\sqrt{x^2 + 4}\, dx$

Capitolo 18. Integrali

109 ESERCIZIO GUIDA Calcoliamo $\int 3x^2(x^3-2)^4 dx$.

Applichiamo la formula $\int [f(x)]^\alpha f'(x)\, dx = \dfrac{[f(x)]^{\alpha+1}}{\alpha+1} + c$, ponendo $f(x) = x^3 - 2$ e $\alpha = 4$:

$$\int \underbrace{(x^3-2)^4}_{[f(x)]^4} \cdot \underbrace{3x^2}_{f'(x)}\, dx = \frac{(x^3-2)^{4+1}}{4+1} + c = \frac{(x^3-2)^5}{5} + c.$$

Calcola i seguenti integrali.

110 $\int 5(5x-2)^3 dx$ $\qquad \left[\dfrac{(5x-2)^4}{4} + c\right]$ **118** $\int x\sqrt{x^2+1}\, dx$ $\qquad \left[\dfrac{\sqrt{(x^2+1)^3}}{3} + c\right]$

111 $\int 4x(2x^2+3)^6 dx$ $\qquad \left[\dfrac{(2x^2+3)^7}{7} + c\right]$ **119** $\int \sqrt{4x+1}\, dx$ $\qquad \left[\dfrac{\sqrt{(4x+1)^3}}{6} + c\right]$

112 $\int 2x(x^2-1)^3 dx$ $\qquad \left[\dfrac{(x^2-1)^4}{4} + c\right]$ **120** $\int e^{2x}\sqrt{5+e^{2x}}\, dx$ $\qquad \left[\dfrac{1}{3}\sqrt{(5+e^{2x})^3} + c\right]$

113 $\int 14(7x-5)^3 dx$ $\qquad \left[\dfrac{(7x-5)^4}{2} + c\right]$ **121** $\int \dfrac{x}{\sqrt{x^2+4}}\, dx$ $\qquad \left[\sqrt{x^2+4} + c\right]$

114 $\int x^3\left(4 - \dfrac{1}{2}x^4\right)^5 dx$ $\qquad \left[-\dfrac{1}{12}\left(4 - \dfrac{1}{2}x^4\right)^6 + c\right]$ **122** $\int \dfrac{\ln x}{x}\, dx$ $\qquad \left[\dfrac{1}{2}\ln^2 x + c\right]$

115 $\int 3\sqrt{x+2}\, dx$ $\qquad \left[2\sqrt{(x+2)^3} + c\right]$ **123** $\int \dfrac{x^2+1}{(x^3+3x)^3}\, dx$ $\qquad \left[-\dfrac{1}{6(x^3+3x)^2} + c\right]$

116 $\int 15\sqrt{6-5x}\, dx$ $\qquad \left[-2\sqrt{(6-5x)^3} + c\right]$ **124** $\int \dfrac{(3\ln x)^2}{x}\, dx$ $\qquad \left[3\ln^3 x + c\right]$

117 $\int (x^2+2x-1)^5 (x+1)\, dx$ $\qquad \left[\dfrac{(x^2+2x-1)^6}{12} + c\right]$ **125** $\int \dfrac{3x}{(x^2+1)^3}\, dx$ $\qquad \left[-\dfrac{3}{4(x^2+1)^2} + c\right]$

126 ESERCIZIO GUIDA Calcoliamo $\int \dfrac{12x}{2x^2+1}\, dx$.

Osserviamo che il numeratore è un multiplo della derivata del denominatore: $D[2x^2+1] = 4x$.

Applichiamo la seconda proprietà di linearità e $\int \dfrac{f'(x)}{f(x)}\, dx = \ln|f(x)| + c$:

$$\int \dfrac{12x}{2x^2+1}\, dx = 3\int \dfrac{4x}{2x^2+1}\, dx = 3\ln(2x^2+1) + c.$$

non scriviamo $|2x^2+1|$ perché $2x^2+1 > 0\ \forall x$

Calcola i seguenti integrali.

127 $\int \dfrac{6x}{3x^2+4}\, dx$ $\qquad [\ln(3x^2+4) + c]$ **132** $\int \dfrac{x+1}{x^2+2x-3}\, dx$ $\qquad \left[\dfrac{1}{2}\ln|x^2+2x-3| + c\right]$

128 $\int \dfrac{7}{3+7x}\, dx$ $\qquad [\ln|3+7x| + c]$ **133** $\int \dfrac{3x^2+4x+1}{x^3+2x^2+x}\, dx$ $\qquad [\ln|x^3+2x^2+x| + c]$

129 $\int \dfrac{1}{2x-5}\, dx$ $\qquad \left[\dfrac{1}{2}\ln|2x-5| + c\right]$ **134** $\int \dfrac{e^x}{e^x-2}\, dx$ $\qquad [\ln|e^x-2| + c]$

130 $\int \dfrac{x^2}{x^3+2}\, dx$ $\qquad \left[\dfrac{1}{3}\ln|x^3+2| + c\right]$ **135** $\int \dfrac{2x+e^x}{e^x+x^2}\, dx$ $\qquad [\ln(e^x+x^2) + c]$

131 $\int \dfrac{8x^3}{x^4+1}\, dx$ $\qquad [2\ln(x^4+1) + c]$ **136** $\int 3\tan x\, dx$ $\qquad [-3\ln|\cos x| + c]$

Riepilogo: Integrali indefiniti immediati

137 **ESERCIZIO GUIDA** Calcoliamo $\int e^{x^2-x}(4x-2)dx$.

$$\int f'(x)e^{f(x)}dx = e^{f(x)} + c; \quad \int f'(x)a^{f(x)}dx = \frac{a^{f(x)}}{\ln a} + c.$$

$$\int e^{x^2-x}(4x-2)dx \underset{\text{raccogliamo 2}}{=} 2\int \underset{e^{f(x)}}{\underline{e^{x^2-x}}}\underset{f'(x)}{\underline{(2x-1)}}dx = 2e^{x^2-x} + c$$

Calcola i seguenti integrali.

138 $\int 4e^{4x}dx$ $\quad [e^{4x} + c]$ **143** $\int e^{3x+1}dx$ $\quad \left[\frac{1}{3}e^{3x+1} + c\right]$

139 $\int e^{-x}dx$ $\quad [-e^{-x} + c]$ **144** $\int e^{x^2} \cdot x\, dx$ $\quad \left[\frac{1}{2}e^{x^2} + c\right]$

140 $\int 3e^{-3x}dx$ $\quad [-e^{-3x} + c]$ **145** $\int e^{x^2+x}(2x+1)dx$ $\quad [e^{x^2+x} + c]$

141 $\int 4e^{4x-2}dx$ $\quad [e^{4x-2} + c]$ **146** $\int e^{2x^3} \cdot 6x^2 dx$ $\quad [e^{2x^3} + c]$

142 $\int (e^{-x} + 2x)dx$ $\quad [-e^{-x} + x^2 + c]$ **147** $\int (4x-6)e^{x^2-3x}dx$ $\quad [2e^{x^2-3x} + c]$

$$\int f'(x)\sin f(x)dx = -\cos f(x) + c; \quad \int f'(x)\cos f(x)dx = \sin f(x) + c.$$

Calcola i seguenti integrali.

148 $\int \sin 4x\, dx$ $\quad \left[-\frac{\cos 4x}{4} + c\right]$ **151** $\int 2x\cos x^2\, dx$ $\quad [\sin x^2 + c]$

149 $\int \cos\left(x - \frac{\pi}{3}\right)dx$ $\quad \left[\sin\left(x - \frac{\pi}{3}\right) + c\right]$ **152** $\int \frac{\sin\sqrt{x}}{\sqrt{x}}dx$ $\quad [-2\cos\sqrt{x} + c]$

150 $\int (\cos 4x - \sin 2x)dx$ $\quad \left[\frac{1}{4}\sin 4x + \frac{1}{2}\cos 2x + c\right]$ **153** $\int \frac{\sin e^{-x}}{e^x}dx$ $\quad [\cos e^{-x} + c]$

Riepilogo: Integrali indefiniti immediati

COMPLETA in modo che siano corretti i seguenti integrali.

154 $\int \boxed{}(3x+1)^3 dx = \frac{(3x+1)^4}{4} + c$ **156** $\int 2\boxed{}e^{x^2}dx = e^{x^2} + c$

155 $\int (x^2+6x)^5(2x+\boxed{})dx = \frac{(x^2+6x)^6}{6} + c$ **157** $\int \frac{2(\boxed{})}{3x^2+4x}dx = \ln|3x^2+4x| + c$

TEST

158 L'uguaglianza $\int \frac{1}{2\sqrt{f(x)}}dx = \sqrt{f(x)} + c$ è generalmente falsa. Tuttavia vale per *una* delle seguenti funzioni. Quale?

A $f(x) = \sin x$ **D** $f(x) = e^x$
B $f(x) = 3x$ **E** $f(x) = x^2$
C $f(x) = x + 28$

159 Quale delle seguenti funzioni è una primitiva della funzione $f(x) = 3x^2 - \sin x$?

A $F(x) = 6x - \cos x$ **D** $F(x) = x^3 + \cos x$
B $F(x) = 3x + \cos x$ **E** $F(x) = x^3 - \cos x$
C $F(x) = 6x^2 - \sin x$

Capitolo 18. Integrali

160 **ASSOCIA** alle seguenti funzioni $f(x)$ le corrispondenti primitive $F(x)$.

a. $f(x) = \dfrac{4x-6}{x^2-3x}$
b. $f(x) = (2x-3)(x^2-3x)^2$
c. $f(x) = \dfrac{4x-6}{(x^2-3x)^2}$

1. $F(x) = \dfrac{1}{3}(x^2-3x)^3 + c$
2. $F(x) = \ln(x^2-3x)^2 + c$
3. $F(x) = \dfrac{2}{3x-x^2} + c$

Calcola i seguenti integrali.

161 $\int (5x^4 - 4x^3 + 2x)dx$ $\quad [x^5 - x^4 + x^2 + c]$

162 $\int \left(\dfrac{3}{2}\sqrt{x} + 3x^2 - 3\right)dx$ $\quad [x\sqrt{x} + x^3 - 3x + c]$

163 $\int \left(\dfrac{1}{x^3} + \dfrac{2}{x^2} + x\right)dx$ $\quad \left[-\dfrac{1}{2x^2} - \dfrac{2}{x} + \dfrac{x^2}{2} + c\right]$

164 $\int \left(\dfrac{x^4 + x^3 - 1}{3}\right)dx$ $\quad \left[\dfrac{x^5}{15} + \dfrac{x^4}{12} - \dfrac{x}{3} + c\right]$

165 $\int \sqrt{x+6}\,dx$ $\quad \left[\dfrac{2}{3}\sqrt{(x+6)^3} + c\right]$

166 $\int \dfrac{3-x}{x}dx$ $\quad [3\ln|x| - x + c]$

167 $\int \dfrac{4x^2+1}{2x^2}dx$ $\quad \left[2x - \dfrac{1}{2x} + c\right]$

168 $\int \dfrac{x^3+x^2}{x^3}dx$ $\quad [x + \ln|x| + c]$

169 $\int \left(\dfrac{x^4+x^2}{4} - 4\right)dx$ $\quad \left[\dfrac{x^5}{20} + \dfrac{x^3}{12} - 4x + c\right]$

170 $\int \left(-\dfrac{3}{x} + x\sqrt{x}\right)dx$ $\quad \left[-3\ln|x| + \dfrac{2x^2 \cdot \sqrt{x}}{5} + c\right]$

171 $\int 2\sqrt{2x+10}\,dx$ $\quad \left[\dfrac{2}{3}\sqrt{(2x+10)^3} + c\right]$

172 $\int x(3x^2-1)^2 dx$ $\quad \left[\dfrac{(3x^2-1)^3}{18} + c\right]$

173 $\int \left(2x^2 - \dfrac{1}{x}\right)^2 dx$ $\quad \left[\dfrac{4}{5}x^5 - \dfrac{1}{x} - 2x^2 + c\right]$

174 $\int \left(x + \dfrac{2}{x^2}\right)^2 dx$ $\quad \left[\dfrac{x^3}{3} - \dfrac{4}{3x^3} + 4\ln|x| + c\right]$

175 $\int \dfrac{3}{3x+1}dx$ $\quad [\ln|3x+1| + c]$

176 $\int \dfrac{6x^2-1}{2x^3-x}dx$ $\quad [\ln|2x^3 - x| + c]$

177 $\int \dfrac{x}{1+9x^2}dx$ $\quad \left[\dfrac{1}{18}\ln(1+9x^2) + c\right]$

178 $\int \dfrac{4x+2}{x^2+x}dx$ $\quad [2\ln|x^2+x| + c]$

179 $\int e^{-4x}dx$ $\quad \left[-\dfrac{1}{4}e^{-4x} + c\right]$

180 $\int e^{4x^2-x}(8x-1)dx$ $\quad [e^{4x^2-x} + c]$

181 $\int \dfrac{\ln^3 x}{x}dx$ $\quad \left[\dfrac{\ln^4 x}{4} + c\right]$

182 $\int 2e^{2+x}dx$ $\quad [2e^{2+x} + c]$

183 $\int \dfrac{3\sin x - 2\cos x}{4}dx$ $\quad \left[-\dfrac{3}{4}\cos x - \dfrac{1}{2}\sin x + c\right]$

184 $\int \left(\dfrac{5}{x} - \dfrac{2}{\sqrt{1-x^2}}\right)dx$ $\quad [5\ln|x| - 2\arcsin x + c]$

185 $\int \left(\dfrac{1}{\sqrt{x}} - \dfrac{1}{\sqrt{1-x^2}}\right)dx$ $\quad [2\sqrt{x} - \arcsin x + c]$

186 $\int \sin^5 x \cos x\, dx$ $\quad \left[\dfrac{\sin^6 x}{6} + c\right]$

187 $\int \dfrac{4^{1+2x}}{8^x}dx$ $\quad \left[\dfrac{4}{\ln 2}2^x + c\right]$

188 $\int (2x-1)^8 dx$ $\quad \left[\dfrac{(2x-1)^9}{18} + c\right]$

189 $\int \dfrac{e^{\sqrt{x}-4}}{\sqrt{x}}dx$ $\quad [2e^{\sqrt{x}-4} + c]$

190 $\int \dfrac{x^4 + \ln x}{x}dx$ $\quad \left[\dfrac{x^4}{4} + \dfrac{\ln^2 x}{2} + c\right]$

---

191 $\int \left(\dfrac{x^3-x^2}{2} + \dfrac{x-1}{3}\right)dx$ $\quad \left[\dfrac{x^4}{8} - \dfrac{x^3}{6} + \dfrac{x^2}{6} - \dfrac{x}{3} + c\right]$

192 $\int (4x-1)\left(\dfrac{1}{2}x+2\right)dx$ $\quad \left[\dfrac{2}{3}x^3 + \dfrac{15}{4}x^2 - 2x + c\right]$

193 $\int \left(\sqrt{x} - \dfrac{1}{\sqrt{x}}\right)^2 (x+1)\,dx$ $\quad \left[\dfrac{x^3}{3} - \dfrac{x^2}{2} - x + \ln|x| + c\right]$

Per ciascuna delle seguenti funzioni, trova la primitiva passante per il punto P dato.

194 $f(x) = x^3 - 2x^2$, $\quad P(0;2)$. $\quad \left[F(x) = \dfrac{x^4}{4} - \dfrac{2}{3}x^3 + 2\right]$

195 $f(x) = \dfrac{1+3x^2}{x}$, $\quad P(1;3)$. $\quad \left[F(x) = \ln|x| + \dfrac{3}{2}x^2 + \dfrac{3}{2}\right]$

196 $f(x) = 2e^x + x$, $\quad P(0;-1)$. $\quad \left[F(x) = 2e^x + \dfrac{x^2}{2} - 3\right]$

197 Data la funzione $f(x) = 3x^2 - x$, determina fra le sue primitive $F(x)$ quella che ha un punto di massimo di ordinata 2.
$$\left[F(x) = x^3 - \frac{x^2}{2} + 2\right]$$

198 **LEGGI IL GRAFICO** Determina l'equazione della funzione rappresentata nel grafico, sapendo che è una primitiva di $y = 3x^2 - 1$.
$$[F(x) = x^3 - x + 2]$$

MATEMATICA AL COMPUTER
Primitive Con Wiris troviamo le primitive della funzione $g(x) = \dfrac{2x^3 - 2}{x^2}$ passanti rispettivamente per i punti $P(2; 6)$ e $Q(2; 0)$.

Tracciamo i grafici di $g(x)$ e delle due primitive, dove evidenziamo i punti assegnati.

Risoluzione – 6 esercizi in più

REALTÀ E MODELLI

199 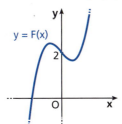 **Scarico abusivo** Un'industria inquina un fiume scaricando liquami tossici con una portata, espressa in litri al mese, descritta dalla funzione $N'(t) = 250t^{\frac{3}{2}}$.
  a. Determina la funzione $N(t)$ che esprime il volume di rifiuti immessi al tempo t, misurato in mesi.
  b. Se la densità dei liquami è paragonabile a quella dell'acqua, quanti rifiuti saranno stati dispersi nell'acqua dopo un anno?
$$\left[\text{a) } N(t) = 100t^{\frac{5}{2}}; \text{ b) } \simeq 50 \text{ tonnellate}\right]$$

200 **Punge ma fa bene** Ad Agata viene somministrato un farmaco. La concentrazione massima del farmaco nel sangue è di 12 mg/L, dopodiché inizia a diminuire con una velocità pari a $C'(t) = -4e^{-\frac{t}{3}}$, dove il tempo è misurato in ore.
  a. Scrivi la funzione $C(t)$ che esprime la concentrazione del farmaco nel sangue.
  b. Dopo quante ore la concentrazione sarà dimezzata?

$$\left[\text{a) } C(t) = 12e^{-\frac{t}{3}}; \text{ b) } \simeq 2 \text{ ore}\right]$$

TUTOR matematica Allenati con **15 esercizi interattivi** con feedback "hai sbagliato, perché…"
su.zanichelli.it/tutor3 risorsa riservata a chi ha acquistato l'edizione con tutor

3 Metodi di integrazione

Integrazione per sostituzione
▶ Teoria a p. 907

COMPLETA determinando il differenziale.

201 $2x + 1 = t \rightarrow dx = \boxed{}\, dt$

202 $\sqrt{x+1} = t \rightarrow dx = \boxed{}\, dt$

203 $2 + \sin x = t \rightarrow \boxed{}\, dx = dt$

204 $x^2 + 1 = t \rightarrow \boxed{}\, dx = dt$

205 $e^x = t \rightarrow \boxed{}\, dx = dt$

206 $3\cos x = t \rightarrow -3 \boxed{}\, dx = dt$

Capitolo 18. Integrali

207 **ESERCIZIO GUIDA** Calcoliamo per sostituzione l'integrale $\int \dfrac{1}{2\sqrt{x}\,(1+x)}\,dx$.

Poniamo $t = \sqrt{x}$, da cui: $x = t^2 \to dx = 2t\,dt$.
Sostituiamo nell'integrale:

$$\int \dfrac{1}{2t(1+t^2)}\,2t\,dt = \int \dfrac{1}{1+t^2}\,dt = \arctan t + c.$$

Sostituiamo, nella primitiva trovata, $\sqrt{x}$ a t: $\int \dfrac{1}{2\sqrt{x}\,(1+x)}\,dx = \arctan \sqrt{x} + c.$

Calcola i seguenti integrali per sostituzione, utilizzando il suggerimento scritto a fianco.

208 $\int \dfrac{x}{\sqrt{x-1}}\,dx$ $t = \sqrt{x-1}$ $\left[\dfrac{2}{3}\sqrt{x-1}\,(x+2) + c\right]$

209 $\int \dfrac{1+e^{\sqrt{x}}}{\sqrt{x}}\,dx$ $t = \sqrt{x}$ $[2(e^{\sqrt{x}} + \sqrt{x}) + c]$

210 $\int \dfrac{1}{x\sqrt{2x-1}}\,dx$ $t = \sqrt{2x-1}$ $[2\arctan\sqrt{2x-1} + c]$

211 $\int \dfrac{1}{\sqrt{x}\sqrt{1-x}}\,dx$ $t = \sqrt{x}$ $[2\arcsin\sqrt{x} + c]$

Calcola i seguenti integrali per sostituzione.

212 $\int \dfrac{3}{\sqrt{x+2}}\,dx$ $[6\sqrt{x+2} + c]$ **218** $\int \dfrac{1}{\sqrt[3]{1-x}}\,dx$ $\left[-\dfrac{3}{2}\sqrt[3]{(1-x)^2} + c\right]$

213 $\int \dfrac{6}{\sqrt{8-3x}}\,dx$ $[-4\sqrt{8-3x} + c]$ **219** $\int \dfrac{x}{\sqrt{2x+1}}\,dx$ $\left[\dfrac{1}{3}\sqrt{2x+1}\,(x-1) + c\right]$

214 $\int \sqrt{4x+1}\,dx$ $\left[\dfrac{1}{6}\sqrt{(4x+1)^3} + c\right]$ **220** $\int \dfrac{1}{x-\sqrt{x}}\,dx$ $[\ln(\sqrt{x}-1)^2 + c]$

215 $\int \dfrac{1}{2x+\sqrt{x}}\,dx$ $[\ln(1+2\sqrt{x}) + c]$ **221** $\int \dfrac{dx}{\sqrt{x}+3}$ $[2\sqrt{x} - 6\ln(\sqrt{x}+3) + c]$

216 $\int \dfrac{1}{1+\sqrt{x}}\,dx$ $[2\sqrt{x} - 2\ln(1+\sqrt{x}) + c]$ **222** $\int \dfrac{3\,dx}{\sqrt{x} + x\sqrt{x}}$ $[6\arctan\sqrt{x} + c]$

217 $\int \dfrac{-4e^{\frac{1}{x}}}{x^2}\,dx$ $[4e^{\frac{1}{x}} + c]$ **223** $\int \dfrac{x+3}{\sqrt{x+2}}\,dx$ $\left[\dfrac{2}{3}\sqrt{x+2}\,(x+5) + c\right]$

Integrazione per parti
▶ Teoria a p. 908

$$\int f(x) \cdot g'(x)\,dx = f(x) \cdot g(x) - \int f'(x) \cdot g(x)\,dx$$

CACCIA ALL'ERRORE Correggi i calcoli seguenti, applicando correttamente la formula di integrazione per parti.

224 $\int x \cos x\,dx = -x \sin x + \int \sin x\,dx = -x \sin x - \cos x + c$

225 $\int x \ln x\,dx = \dfrac{x^2}{2} \ln x - \int x \cdot \dfrac{1}{x}\,dx = \dfrac{x^2}{2} \ln x - x + c$

226 $\int x e^{-x}\,dx = x e^{-x} - \int e^{-x}\,dx = x e^{-x} - e^{-x} + c$

227 **ESERCIZIO GUIDA** Calcoliamo, applicando la formula di integrazione per parti, l'integrale $\int x^2 \ln x \, dx$.

$$\int \underbrace{x^2}_{g'} \underbrace{\ln x}_{f} \, dx = \underbrace{\frac{x^3}{3}}_{g} \underbrace{\ln x}_{f} - \int \underbrace{\frac{x^3}{3}}_{g} \cdot \underbrace{\frac{1}{x}}_{f'} \, dx = \frac{x^3}{3} \ln x - \int \frac{x^2}{3} \, dx = \frac{x^3}{3} \ln x - \frac{x^3}{9} + c$$

Calcola i seguenti integrali applicando la formula di integrazione per parti.

228 $\int 2x \ln x \, dx$ $\quad \left[x^2\left(\ln x - \frac{1}{2}\right) + c\right]$

229 $\int 3x \cos x \, dx$ $\quad [3x \sin x + 3\cos x + c]$

230 $\int x e^x \, dx$ $\quad [e^x(x-1) + c]$

231 $\int \frac{\ln x}{x^2} \, dx$ $\quad \left[-\frac{1}{x}(\ln x + 1) + c\right]$

232 $\int 4x e^{2x} \, dx$ $\quad [(2x-1)e^{2x} + c]$

233 $\int x \, 2^x \ln 2 \, dx$ $\quad \left[2^x\left(x - \frac{1}{\ln 2}\right) + c\right]$

234 $\int \frac{\ln x}{2\sqrt{x}} \, dx$ $\quad [\sqrt{x}(\ln x - 2) + c]$

235 $\int \frac{x+2}{e^x} \, dx$ $\quad \left[-\frac{x+3}{e^x} + c\right]$

236 $\int (x+2) \sin x \, dx$ $\quad [-(x+2)\cos x + \sin x + c]$

237 $\int \ln^2 x \, dx$ $\quad [x(\ln^2 x - \ln x^2 + 2) + c]$

238 $\int \sqrt[3]{x} \ln 2x \, dx$ $\quad \left[\frac{3}{4} x \sqrt[3]{x} \left(\ln 2x - \frac{3}{4}\right) + c\right]$

239 $\int x e^{-x} \, dx$ $\quad [-(x+1)e^{-x} + c]$

240 $\int \frac{\ln x}{x^3} \, dx$ $\quad \left[-\frac{\ln x}{2x^2} - \frac{1}{4x^2} + c\right]$

241 $\int 5x^4 \ln x \, dx$ $\quad \left[x^5 \ln x - \frac{x^5}{5} + c\right]$

242 $\int \ln 4x \, dx$ $\quad [x \ln 4x - x + c]$

243 $\int x \sin 2x \, dx$ $\quad \left[-\frac{x}{2} \cos 2x + \frac{1}{4} \sin 2x + c\right]$

244 $\int 2 \ln x \, dx$ $\quad [2x \ln x - 2x + c]$

245 $\int 2x \, e^{2x} \, dx$ $\quad \left[e^{2x}\left(x - \frac{1}{2}\right) + c\right]$

LEGGI IL GRAFICO

246 Determina l'equazione di $y = F(x)$, sapendo che è una primitiva di $y = 2x \ln x$.

$$\left[F(x) = x^2 \ln x - \frac{x^2}{2} + \frac{1}{2}\right]$$

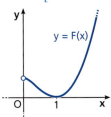

247 Trova l'equazione di $y = F(x)$, sapendo che è una primitiva di $y = -xe^x$.

$$[F(x) = e^x(1-x) + 3]$$

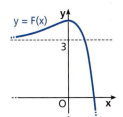

Integrazione di funzioni razionali fratte

▶ Teoria a p. 909

Il numeratore è la derivata del denominatore

248 **ESERCIZIO GUIDA** Calcoliamo $\int \frac{6x^2 + 8x}{x^3 + 2x^2 + 3} \, dx$.

Osserviamo che, raccogliendo 2 al numeratore, otteniamo $3x^2 + 4x$, derivata del denominatore, quindi applichiamo $\int \frac{f'(x)}{f(x)} \, dx = \ln|f(x)| + c$:

$$\int \frac{6x^2 + 8x}{x^3 + 2x^2 + 3} \, dx = 2 \int \frac{3x^2 + 4x}{x^3 + 2x^2 + 3} \, dx = 2 \ln|x^3 + 2x^2 + 3| + c = \ln(x^3 + 2x^2 + 3)^2 + c.$$

Capitolo 18. Integrali

Calcola i seguenti integrali.

249 $\int \dfrac{2x+1}{x^2+x}dx$ $\quad [\ln|x^2+x|+c]$

250 $\int \dfrac{4x+12}{x^2+6x}dx$ $\quad [\ln(x^2+6x)^2+c]$

251 $\int \dfrac{12x}{2+3x^2}dx$ $\quad [\ln(2+3x^2)^2+c]$

252 $\int \dfrac{2x^9+x^4+1}{x^{10}+x^5+5x}dx$ $\quad [\ln\sqrt[5]{|x^{10}+x^5+5x|}+c]$

253 $\int \dfrac{6x}{4+x^2}dx$ $\quad [\ln(x^2+4)^3+c]$

254 $\int \dfrac{x^2-1}{x^3-3x+1}dx$ $\quad [\ln\sqrt[3]{|x^3-3x+1|}+c]$

---

255 **ESERCIZIO GUIDA** Calcoliamo: **a.** $\int \dfrac{2x^2+5x+1}{2x+1}dx$; **b.** $\int \dfrac{2x-1}{x+4}dx$.

a. Poiché il grado del numeratore è maggiore del grado del denominatore, eseguiamo la divisione:

$$\begin{array}{r|l} 2x^2+5x+1 & 2x+1 \\ -2x^2-\ x & \overline{x+2} \\ \hline 4x+1 & \\ -4x-2 & \\ \hline /-1 & \end{array}$$

$\rightarrow Q(x)=x+2;\quad R(x)=-1.$

Riscriviamo la funzione: $\dfrac{2x^2+5x+1}{2x+1}=x+2+\dfrac{-1}{2x+1}$. L'integrale diventa:

$$\int \dfrac{2x^2+5x+1}{2x+1}dx = \int\left(x+2-\dfrac{1}{2x+1}\right)dx = \int(x+2)dx - \int\dfrac{1}{2x+1}dx =$$

$$\int(x+2)dx - \dfrac{1}{2}\int\dfrac{2}{2x+1}dx = \dfrac{x^2}{2}+2x-\dfrac{1}{2}\ln|2x+1|+c.$$

b. Essendo il grado del numeratore uguale al grado del denominatore, possiamo svolgere la divisione ma possiamo giungere allo stesso risultato aggiungendo e togliendo 8 al numeratore in modo da far apparire al numeratore un multiplo del denominatore:

$$\dfrac{2x-1+8-8}{x+4} = \dfrac{2(x+4)}{x+4} - \dfrac{9}{x+4} = 2 - \dfrac{9}{x+4}.$$

Calcoliamo:

$$\int \dfrac{2x-1}{x+4}dx = \int 2\,dx - 9\int\dfrac{1}{x+4}dx = 2x - \ln|x+4|^9+c.$$

Calcola i seguenti integrali.

AL VOLO

256 $\int \dfrac{1}{x+7}dx$

257 $\int \dfrac{2}{x-1}dx$

258 $\int -\dfrac{4}{1-2x}dx$

259 $\int \dfrac{5}{2x-3}dx$ $\quad \left[\dfrac{5}{2}\ln|2x-3|+c\right]$

260 $\int \dfrac{x+5}{x+3}dx$ $\quad [x+\ln(x+3)^2+c]$

261 $\int \dfrac{x}{x-10}dx$ $\quad [x+10\ln|x-10|+c]$

262 $\int \dfrac{2x-5}{x+4}dx$ $\quad [2x-13\ln|x+4|+c]$

263 $\int \dfrac{4x+1}{2x-1}dx$ $\quad \left[2x+\dfrac{3}{2}\ln|2x-1|+c\right]$

264 $\int \dfrac{x^2+1}{x+1}dx$ $\quad \left[\dfrac{x^2}{2}-x+\ln(x+1)^2+c\right]$

265 $\int \dfrac{x^2+x+1}{x-4}dx$ $\quad \left[\dfrac{x^2}{2}+5x+21\ln|x-4|+c\right]$

266 $\int \dfrac{x^2-x+3}{3-x}dx$ $\quad \left[-\dfrac{x^2}{2}-2x-9\ln|3-x|+c\right]$

267 $\int \dfrac{2x^2-3x+4}{2x-3}dx$ $\quad \left[\dfrac{x^2}{2}+\ln(2x-3)^2+c\right]$

268 $\int \dfrac{x^4+2x-1}{x^2-1}dx$ $\quad \left[\dfrac{x^3}{3}+x+\ln|x^2-1|+c\right]$

Paragrafo 3. Metodi di integrazione

Denominatore di secondo grado: $\Delta > 0$

269 ESERCIZIO GUIDA Calcoliamo $\int \dfrac{x-1}{x^2+5x+6}\,dx$.

Calcoliamo il discriminante del denominatore: $\Delta = 25 - 24 = 1 > 0$.
Le soluzioni dell'equazione associata al denominatore sono: $x_1 = -2$ e $x_2 = -3$.
Il denominatore si scompone nel prodotto: $x^2 + 5x + 6 = (x+2)(x+3)$.
Scriviamo la funzione integranda come somma di due frazioni aventi come denominatori i fattori trovati.
Dati $A, B \in \mathbb{R}$, si ha:

$$\dfrac{x-1}{x^2+5x+6} = \dfrac{A}{x+2} + \dfrac{B}{x+3} = \dfrac{Ax+3A+Bx+2B}{(x+2)(x+3)} = \dfrac{(A+B)x + 3A + 2B}{x^2+5x+6}.$$

Affinché tale uguaglianza sia un'identità, dobbiamo porre:

$\begin{cases} A + B = 1 \\ 3A + 2B = -1 \end{cases}$ uguaglianza dei coefficienti della x $\rightarrow$ $\begin{cases} A = -3 \\ B = 4 \end{cases}$
uguaglianza dei termini noti

L'integrale diventa:

$$\int \dfrac{x-1}{x^2+5x+6}\,dx = \int \left(\dfrac{-3}{x+2} + \dfrac{4}{x+3} \right) dx = -3 \int \dfrac{1}{x+2}\,dx + 4 \int \dfrac{1}{x+3}\,dx =$$
$$-3 \ln|x+2| + 4\ln|x+3| + c.$$

Calcola i seguenti integrali.

270 $\int \dfrac{6}{x^2-9}\,dx$ $\qquad \left[\ln\left|\dfrac{x-3}{x+3}\right| + c\right]$ **273** $\int \dfrac{3}{3x-2x^2}\,dx$ $\qquad \left[\ln\left|\dfrac{x}{3-2x}\right| + c\right]$

271 $\int \dfrac{1}{2x-x^2}\,dx$ $\qquad \left[\dfrac{1}{2}\ln\left|\dfrac{x}{2-x}\right| + c\right]$ **274** $\int \dfrac{4}{x^2-2x}\,dx$ $\qquad \left[2\ln\left|\dfrac{x-2}{x}\right| + c\right]$

272 $\int \dfrac{1}{x^2+x}\,dx$ $\qquad \left[\ln\left|\dfrac{x}{x+1}\right| + c\right]$ **275** $\int \dfrac{3x-5}{x^2-2x-3}\,dx$ $\qquad [2\ln|x+1| + \ln|x-3| + c]$

Denominatore di secondo grado: $\Delta = 0$

276 ESERCIZIO GUIDA Calcoliamo $\int \dfrac{x+5}{x^2+6x+9}\,dx$.

Il denominatore ha $\Delta = 0$ e può essere scritto come quadrato di un binomio: $x^2 + 6x + 9 = (x+3)^2$.
La funzione integranda può allora essere scritta come la somma di due frazioni aventi come denominatori $(x+3)$ e $(x+3)^2$:

$$\dfrac{x+5}{x^2+6x+9} = \dfrac{A}{x+3} + \dfrac{B}{(x+3)^2} = \dfrac{A(x+3)+B}{(x+3)^2} = \dfrac{Ax+3A+B}{x^2+6x+9}.$$

Affinché questa uguaglianza sia un'identità, dobbiamo porre:

$\begin{cases} A = 1 \\ 3A + B = 5 \end{cases} \rightarrow \begin{cases} A = 1 \\ B = 2 \end{cases}$

L'integrale diventa:

$$\int \dfrac{x+5}{x^2+6x+9}\,dx = \int \left[\dfrac{1}{x+3} + \dfrac{2}{(x+3)^2} \right] dx = \int \dfrac{1}{x+3}\,dx + 2\int (x+3)^{-2}\,dx =$$
$$\ln|x+3| + 2\dfrac{(x+3)^{-2+1}}{-2+1} + c = \ln|x+3| - \dfrac{2}{x+3} + c.$$

Capitolo 18. Integrali

Calcola i seguenti integrali.

277 $\int \frac{2}{x^2 - 6x + 9} dx$ $\quad \left[-\frac{2}{x-3} + c\right]$

278 $\int \frac{1}{4x^2 + 12x + 9} dx$ $\quad \left[-\frac{1}{2(2x+3)} + c\right]$

279 $\int \frac{x}{x^2 - 4x + 4} dx$ $\quad \left[\ln|x-2| - \frac{2}{x-2} + c\right]$

280 $\int \frac{2x-1}{x^2 + 2x + 1} dx$ $\quad \left[\ln(x+1)^2 + \frac{3}{x+1} + c\right]$

281 $\int \frac{4x+1}{4x^2 + 4x + 1} dx$ $\quad \left[\ln|2x+1| + \frac{1}{4x+2} + c\right]$

282 $\int \frac{2x+1}{4x^2 - 12x + 9} dx$ $\quad \left[\frac{\ln|2x-3|}{2} - \frac{2}{2x-3} + c\right]$

Riepilogo: Integrali indefiniti

Calcola i seguenti integrali.

283 $\int (3x^2 - 4x) dx$ $\quad [x^3 - 2x^2 + c]$

284 $\int (x^4 - 2x + 1) dx$ $\quad \left[\frac{x^5}{5} - x^2 + x + c\right]$

285 $\int (x^3 + 6x^2) dx$ $\quad \left[\frac{x^4}{4} + 2x^3 + c\right]$

286 $\int \frac{1}{5-x} dx$ $\quad [-\ln|5-x| + c]$

287 $\int e^{-6x} dx$ $\quad \left[-\frac{1}{6} e^{-6x} + c\right]$

288 $\int (6x-1)^2 dx$ $\quad [12x^3 - 6x^2 + x + c]$

289 $\int \frac{4x}{x^2 - 3} dx$ $\quad [2\ln|x^2 - 3| + c]$

290 $\int \frac{2}{(3x-2)^3} dx$ $\quad \left[-\frac{1}{3(3x-2)^2} + c\right]$

291 $\int \frac{x}{(x^2 + 4)^3} dx$ $\quad \left[-\frac{1}{4(x^2+4)^2} + c\right]$

292 $\int \frac{2-x}{x+3} dx$ $\quad [-x + 5\ln|x+3| + c]$

293 $\int \frac{x}{x+8} dx$ $\quad [x - 8\ln|x+8| + c]$

294 $\int (x^3 - \sin 2x) dx$ $\quad \left[\frac{x^4}{4} + \frac{1}{2} \cos 2x + c\right]$

295 $\int \frac{1}{3x+9} dx$ $\quad \left[\frac{1}{3} \ln|x+3| + c\right]$

296 $\int \sqrt{x-6} \, dx$ $\quad \left[\frac{2}{3} \sqrt{(x-6)^3} + c\right]$

297 $\int \frac{1}{\sqrt{2x+5}} dx$ $\quad [\sqrt{2x+5} + c]$

298 $\int \frac{2}{x^2 - 1} dx$ $\quad \left[\ln\left|\frac{x-1}{x+1}\right| + c\right]$

299 $\int \frac{2x^2 - 1}{x^3} dx$ $\quad \left[2\ln x + \frac{1}{2x^2} + c\right]$

300 $\int \frac{x^2}{x^3 + 2} dx$ $\quad \left[\frac{1}{3} \ln|x^3 + 2| + c\right]$

301 $\int \cos 7x \, dx$ $\quad \left[\frac{1}{7} \sin 7x + c\right]$

302 $\int (x-4)^3 dx$ $\quad \left[\frac{(x-4)^4}{4} + c\right]$

303 $\int \frac{x^2 - x}{x+3} dx$ $\quad \left[\frac{x^2}{2} - 4x + 12\ln|x+3| + c\right]$

304 $\int \frac{x^3}{x^2 - 1} dx$ $\quad \left[\frac{x^2}{2} + \frac{1}{2} \ln|x^2 - 1| + c\right]$

305 $\int \frac{1}{x^2 - 8x + 16} dx$ $\quad \left[-\frac{1}{x-4} + c\right]$

306 $\int \frac{x^5}{1+x^6} dx$ $\quad \left[\frac{1}{6} \ln(1+x^6) + c\right]$

307 $\int x\sqrt{x^2+4} \, dx$ $\quad \left[\frac{1}{3} \sqrt{(x^2+4)^3} + c\right]$

308 $\int (x^3 + 2)^2 dx$ $\quad \left[\frac{x^7}{7} + x^4 + 4x + c\right]$

309 $\int \frac{3}{x^2 - x - 2} dx$ $\quad \left[\ln\left|\frac{x-2}{x+1}\right| + c\right]$

310 $\int \frac{e^{-\frac{1}{x}}}{x^2} dx$ $\quad \left[e^{-\frac{1}{x}} + c\right]$

311 $\int (e^{4x} - 4e) dx$ $\quad \left[\frac{1}{4} e^{4x} - 4ex + c\right]$

312 $\int \frac{x-1}{x+4} dx$ $\quad [x - 5\ln|x+4| + c]$

313 $\int \left(\frac{5}{x^4} + \frac{x^2 - x}{2}\right) dx$ $\quad \left[-\frac{5}{3x^3} + \frac{x^3}{6} - \frac{x^2}{4} + c\right]$

314 $\int \left(\frac{3}{x^7} - \frac{10}{x^6} + 4\right) dx$ $\quad \left[-\frac{1}{2x^6} + \frac{2}{x^5} + 4x + c\right]$

Riepilogo: Integrali indefiniti

315 $\int\left(\dfrac{1}{2}\sqrt[3]{x}-\dfrac{5}{6}\sqrt[6]{x}\right)dx \qquad \left[\dfrac{3}{8}x\cdot\sqrt[3]{x}-\dfrac{5}{7}x\cdot\sqrt[6]{x}+c\right]$

316 $\int\left(3\sqrt{2x}+x-\dfrac{2}{x^3}\right)dx \qquad \left[2x\sqrt{2x}+\dfrac{x^2}{2}+\dfrac{1}{x^2}+c\right]$

317 $\int\left(\dfrac{3}{x}+\sqrt[4]{x^3}\right)dx \qquad \left[3\ln|x|+\dfrac{4}{7}\sqrt[4]{x^7}+c\right]$

318 $\int\dfrac{8x+2x^2-x^3}{2x}dx \qquad \left[4x+\dfrac{x^2}{2}-\dfrac{x^3}{6}+c\right]$

319 $\int(x^4-1)^2 4x^3 dx \qquad \left[\dfrac{(x^4-1)^3}{3}+c\right]$

320 $\int\dfrac{1}{\sqrt[4]{2x+1}}dx \qquad \left[\dfrac{2}{3}\sqrt[4]{(2x+1)^3}+c\right]$

321 $\int\dfrac{3x^2}{\sqrt{x^3+4}}dx \qquad [2\sqrt{x^3+4}+c]$

322 $\int\dfrac{6x^2+4}{x^3+2x+1}dx \qquad [\ln(x^3+2x+1)^2+c]$

323 $\int\dfrac{5x-1}{5x^2-2x}dx \qquad \left[\ln\sqrt{|5x^2-2x|}+c\right]$

324 $\int\dfrac{x-4}{x^2-14x+49}dx \qquad \left[\ln|x-7|-\dfrac{3}{x-7}+c\right]$

325 $\int\dfrac{15-x}{x^2+5x-6}dx \qquad [\ln(x-1)^2-3\ln|x+6|+c]$

326 $\int\dfrac{4x}{\sqrt{1-x^2}}dx \qquad [-4\sqrt{1-x^2}+c]$

327 $\int\dfrac{1}{x(1+x)}dx \qquad [\ln|x|-\ln|1+x|+c]$

328 $\int(-2e^x+6\cdot 8^x)dx \qquad \left[-2e^x+\dfrac{2}{\ln 2}\cdot 8^x+c\right]$

329 $\int\dfrac{2}{x\ln^2 x}dx \qquad \left[-\dfrac{2}{\ln x}+c\right]$

330 $\int\dfrac{\sin x}{\sqrt{1+\cos x}}dx \qquad [-2\sqrt{1+\cos x}+c]$

331 $\int\left(-\dfrac{\cos x}{3-\sin x}\right)dx \qquad [\ln(3-\sin x)+c]$

332 $\int(\sin x-6\cos x)dx \qquad [-\cos x-6\sin x+c]$

333 $\int e^{x^2+3x+1}(2x+3)dx \qquad [e^{x^2+3x+1}+c]$

334 $\int\dfrac{e^x-e^{-x}}{e^x+e^{-x}}dx \qquad [\ln(e^x+e^{-x})+c]$

335 $\int\dfrac{x\ln x^4}{\ln x}dx \qquad [2x^2+c]$

Calcola i seguenti integrali con il metodo di sostituzione.

336 $\int\dfrac{1}{1+\sqrt{x}}dx \qquad [2[\sqrt{x}-\ln(\sqrt{x}+1)]+c]$

337 $\int\dfrac{1}{2(\sqrt{x}-2)}dx \qquad [\sqrt{x}+2\ln|\sqrt{x}-2|+c]$

338 $\int\dfrac{x}{\sqrt{1-x}}dx \qquad \left[-\dfrac{2}{3}\sqrt{1-x}(x+2)+c\right]$

339 $\int\dfrac{x-2}{\sqrt{x+3}}dx \qquad \left[\dfrac{2}{3}\sqrt{x+3}(x-12)+c\right]$

Calcola i seguenti integrali, integrando per parti.

340 $\int xe^{2-x}dx \qquad [-e^{2-x}(x+1)+c]$

341 $\int(1+\ln x)dx \qquad [x\ln x+c]$

342 $\int x^3\ln x\, dx \qquad \left[\dfrac{x^4}{4}\left(\ln x-\dfrac{1}{4}\right)+c\right]$

343 **EUREKA!** $\int\ln^2 x\, dx$

Problemi

344 Fra tutte le primitive della funzione $y=2xe^{-x}$, determina quella il cui grafico passa per il punto $(0;1)$. $\qquad [F(x)=-2e^{-x}(x+1)+3]$

345 Trova la funzione $f(x)$, sapendo che $f(0)=1$, $f'(1)=4$ e $f''(x)=12x+2$. $\qquad [f(x)=2x^3+x^2-4x+1]$

346 **LEGGI IL GRAFICO** Trova l'equazione della funzione $f(x)$, sapendo che $f''(x)=e^x-2$. $\qquad [f(x)=e^x-x^2]$

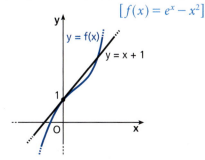

Capitolo 18. Integrali

347 a. Tra le primitive di $f(x) = \dfrac{5x+7}{x-1}$ determina quella che passa per il punto $A(2; 10)$.

b. Trova l'equazione della parabola con asse parallelo all'asse y, passante per l'origine e avente vertice nel punto di intersezione tra il grafico della primitiva determinata nel punto **a** e la retta $y = 5x$. (Scegli il punto di intersezione con ascissa maggiore.)

$\left[\text{a}) \ y = 5x + 12\ln|x-1|; \text{b}) \ y = -\dfrac{5}{2}x^2 + 10x\right]$

348 a. Individua l'intersezione A con l'asse delle ascisse della curva di equazione $y = \dfrac{x-1}{(x^2-2x)^2}$.

b. Determina la primitiva $y = f(x)$ della funzione data passante per il punto di coordinate $\left(1; -\dfrac{1}{2}\right)$.

c. Studia e rappresenta graficamente $y = f(x)$ e verifica, spiegandone i motivi, che il suo estremo relativo ha la stessa ascissa di A.

$\left[\text{a}) \ A(1; 0); \text{b}) \ y = -\dfrac{1}{2(x^2-2x)} - 1\right]$

4 Integrale definito

Definizione di integrale definito
▶ Teoria a p. 909

Trapezoide

Disegna il trapezoide individuato dalla funzione nell'intervallo scritto a fianco.

349 $y = x^2 + 2$, $[-1; 4]$.   **351** $y = x^3 - 1$, $[1; 2]$.   **353** $y = \cos x$, $\left[-\dfrac{\pi}{4}; \dfrac{\pi}{2}\right]$.

350 $y = \sqrt{x}$, $[1; 3]$.   **352** $y = \ln(x+1)$, $[0; e]$.   **354** $y = \dfrac{x+1}{x+2}$, $[-1; 2]$.

Trova, utilizzando sei suddivisioni di uguale ampiezza, un valore approssimato per eccesso e uno per difetto dell'area del trapezoide individuato dal grafico della funzione $f(x)$ nell'intervallo indicato a fianco.

355 $f(x) = -x^2 + 8x$, $[2; 8]$.   **356** $f(x) = \dfrac{1}{x+1}$, $[0; 4]$.

Integrale definito

357 **COMPLETA** in modo che gli integrali indichino la misura dell'area corrispondente.

a. $A_1 = \displaystyle\int_{-1}^{\square} f(x)\,dx$

b. $A_1 \cup A_2 = \displaystyle\int_{\square}^{\square} f(x)\,dx$

c. $A_3 = \left|\displaystyle\int_{\square}^{\square} f(x)\,dx\right|$

d. $A_2 \cup A_3 = \displaystyle\int_{\square}^{\square} f(x)\,dx - \displaystyle\int_{\square}^{\square} f(x)\,dx$

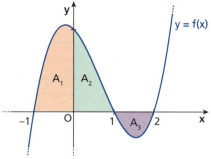

LEGGI IL GRAFICO Scrivi gli integrali che esprimono i valori delle aree delle regioni rappresentate nelle figure. (I grafici in cui non è indicato il tipo di equazione sono rette o parabole.)

358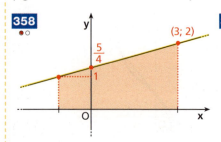

359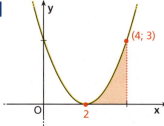

360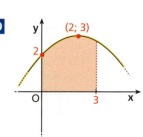

Paragrafo 4. Integrale definito

361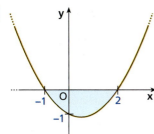

362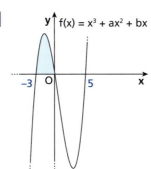

363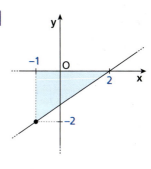

Rappresenta graficamente le regioni le cui aree sono date dagli integrali.

364 a. $\int_1^3 2x^2 \, dx$;   b. $\int_0^{\frac{\pi}{4}} \cos x \, dx$.   **366** a. $\left| \int_1^3 (1-x) \, dx \right|$;   b. $\int_{-4}^0 \sqrt{-x} \, dx$.

365 a. $\int_1^4 (-x^2 + 4x) \, dx$;   b. $\int_{\frac{1}{2}}^1 (-\ln x) \, dx$.   **367** a. $\int_{-1}^1 e^x \, dx$;   b. $\left| \int_\pi^{2\pi} \sin x \, dx \right|$.

---

368 **VERO O FALSO?** Osserva il grafico di $f(x)$ e rispondi.

a. $\int_0^2 f(x) \, dx > 0$ V F

b. $\int_{-3}^4 f(x) \, dx > 0$ V F

c. $\int_{-7}^{-1} f(x) \, dx < 0$ V F

d. $\int_{-5}^{-3} |f(x)| \, dx < 0$ V F

COMPLETA utilizzando i simboli $>$, $<$, $=$, dopo aver interpretato geometricamente ogni integrale.

369 $\int_{-6}^{-2} 3 \, dx \, \square \, 0$; $\int_{-3}^{-1} 2x^2 \, dx \, \square \, 0$; $\int_5^1 x^4 \, dx \, \square \, 0$.

370 $\int_{-1}^2 (x^2 + 4) \, dx \, \square \, 0$; $\int_0^1 (x^2 - 1) \, dx \, \square \, 0$; $\int_2^1 3x \, dx \, \square \, -\int_1^2 3x \, dx$.

371 $\int_3^3 x \ln x \, dx \, \square \, 0$; $\int_{-1}^1 (x^3 - 1) \, dx \, \square \, 0$; $\int_{-\frac{\pi}{4}}^0 \tan x \, dx \, \square \, 0$.

Proprietà dell'integrale definito

▶ Teoria a p. 913

372 **VERO O FALSO?**

a. $2 \int_1^4 (x-1) \, dx = \int_1^4 (2x - 2) \, dx$ V F   d. $\int_1^4 3 \, dx = 9$ V F

b. $\int_0^{\frac{\pi}{4}} \tan^2 x \, dx = \left(\int_0^{\frac{\pi}{4}} \tan x \, dx \right)^2$ V F   e. $\int_2^3 k \, dx = k$ V F

c. $\int_{-2}^6 (2x^2 + 4) \, dx = -2 \int_6^{-2} (x^2 + 2) \, dx$ V F   f. $\int_{-1}^2 x \, dx - \int_2^{-1} x \, dx = 0$ V F

373 Sapendo che $\int_0^2 f(x)dx = 4$ e $\int_2^5 f(x)dx = 6$, calcola:

a. $\int_0^5 f(x)dx$; b. $\int_0^2 3f(x)dx$; c. $\int_5^2 f(x)dx$. [a) 10; b) 12; c) −6]

374 Sapendo che $\int_1^5 f(x)dx = 3$ e $\int_1^5 g(x)dx = 7$, calcola:

a. $\int_1^5 [f(x)+g(x)]dx$; b. $\int_1^5 [g(x)-4f(x)]dx$. [a) 10; b) −5]

Teorema della media
▶ Teoria a p. 913

Indica quali delle seguenti funzioni rispettano le ipotesi del teorema della media nell'intervallo scritto a fianco.

375 $y = \dfrac{4}{x-1}$, [1; 4]. [no]   **377** $y = \ln(x+3)$, [−3; 0]. [no]

376 $y = \sqrt{x}$, [0; 6]. [sì]   **378** $y = \dfrac{x-2}{x^2-x-2}$, [0; 3]. [no]

Rappresenta graficamente i seguenti integrali e verifica che il punto di ascissa dato soddisfa la tesi del teorema della media.

379 $\int_0^4 (x+2)dx$, $z = 2$.   **380** $\int_1^5 (2x+1)dx$, $z = 3$.

TUTOR matematica Allenati con **15 esercizi interattivi** con feedback "hai sbagliato, perché…"
☐ **su.zanichelli.it/tutor3** risorsa riservata a chi ha acquistato l'edizione con tutor

5 Teorema fondamentale del calcolo integrale

Funzione integrale
▶ Teoria a p. 914

381 **TEST** Sia $F(x) = \int_{-1}^x t^2 dt$. Allora vale:

A $F(0) = 0$. B $F(1) = 0$. C $F(-1) = 0$. D $F(1) = 2$. E $F(-1) = 1$.

LEGGI IL GRAFICO

382 Sia $F(x) = \int_{-1}^x f(t)dt$.
Osserva il grafico e calcola:
a. $F(-1)$; c. $F(-2)$;
b. $F(0)$;   d. $F(1)$.

383 Sia $G(x) = \int_0^x g(t)dt$.
Osserva il grafico e calcola:
a. $G(-2)$; c. $G(4)$;
b. $G(0)$;   d. $G(-4)$.

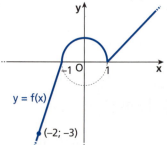

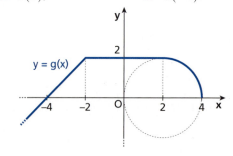

Paragrafo 5. Teorema fondamentale del calcolo integrale

Calcolo dell'integrale definito

▶ Teoria a p. 915

384 ESERCIZIO GUIDA Calcoliamo l'integrale definito $\int_1^2 (3x^2 + x)\,dx$.

Utilizziamo la formula fondamentale:

$$\int_a^b f(x)\,dx = [\varphi(x)]_a^b = \varphi(b) - \varphi(a),$$

dove $\varphi(x)$ è una qualunque primitiva di $f(x)$. Determiniamo le primitive di $3x^2 + x$:

$$\int (3x^2 + x)\,dx = x^3 + \frac{1}{2}x^2 + c.$$

Una primitiva è dunque $\varphi(x) = x^3 + \frac{1}{2}x^2$.

Pertanto si ha:

$$\int_1^2 (3x^2 + x)\,dx = \left[x^3 + \frac{1}{2}x^2\right]_1^2.$$

Sostituiamo alla variabile x dentro la parentesi quadra prima 2 e poi 1 e calcoliamo la differenza:

$$\left[x^3 + \frac{1}{2}x^2\right]_1^2 = (8 + 2) - \left(1 + \frac{1}{2}\right) = \frac{17}{2}.$$

Quindi $\int_1^2 (3x^2 + x)\,dx = \frac{17}{2}$.

Calcola i seguenti integrali definiti.

385 $\int_1^6 4x\,dx$ [70]

386 $\int_{-1}^1 (2x + 3)\,dx$ [6]

387 $\int_3^4 (5 - 6x)\,dx$ [−16]

388 $\int_{-2}^0 (3x^2 - x)\,dx$ [10]

389 $\int_2^5 (x + 1)\,dx$ $\left[\frac{27}{2}\right]$

390 $\int_0^1 (x^2 + x)\,dx$ $\left[\frac{5}{6}\right]$

391 $\int_{-2}^1 \frac{3x^2 + 2x - 1}{3}\,dx$ [1]

392 $\int_1^2 \left(x^2 + \frac{1}{x^2}\right)dx$ $\left[\frac{17}{6}\right]$

393 $\int_4^9 (3\sqrt{x} + 2x)\,dx$ [103]

394 $\int_0^1 (\sqrt[3]{x} - x)\,dx$ $\left[\frac{1}{4}\right]$

395 $\int_2^3 \left(2x + \frac{1}{x} + 1\right)dx$ $\left[6 + \ln\frac{3}{2}\right]$

396 $\int_0^1 4(x + 1)^3\,dx$ [15]

397 $\int_{-3}^0 (2x^2 + 5)\,dx$ [33]

398 $\int_{-1}^1 (x^3 - 3x^2 + 1)\,dx$ [0]

399 $\int_{\frac{1}{4}}^{\frac{1}{2}} \left(\frac{1}{x^3} + \frac{1}{x^2}\right)dx$ [8]

400 $\int_1^4 \frac{x - 1}{x}\,dx$ [3 − 2 ln 2]

401 $\int_{-1}^0 e^{-x}\,dx$ [e − 1]

402 $\int_2^7 \frac{1}{\sqrt{x + 2}}\,dx$ [2]

403 $\int_1^{\pi + 1} \sin(x - 1)\,dx$ [2]

404 $\int_0^2 \frac{4x}{1 + x^2}\,dx$ [2 ln 5]

405 $\int_0^1 (e^{2x} + x)\,dx$ $\left[\frac{1}{2}e^2\right]$

406 $\int_{-3}^{-1} \frac{x^2 + 2}{x^2}\,dx$ $\left[\frac{10}{3}\right]$

407 $\int_3^8 \frac{3\sqrt{x + 1}}{2}\,dx$ [19]

408 $\int_{-1}^{-\frac{1}{2}} \left(\frac{3}{x^4} - \frac{2}{x^2}\right)dx$ [5]

409 $\int_1^4 \left(\frac{3}{2}\sqrt{x} + 3x^2 + 1\right)dx$ [73]

410 $\int_{-2}^{-1} \frac{x^2 + 1}{x}\,dx$ $\left[-\frac{3}{2} - \ln 2\right]$

411 $\int_1^2 \frac{3x^3 - 2}{x}\,dx$ [7 − ln 4]

412 $\int_1^e \frac{1 - x}{x^2}\,dx$ $\left[-\frac{1}{e}\right]$

413 $\int_0^1 \frac{4x}{1 + 6x^2}\,dx$ $\left[\frac{1}{3}\ln 7\right]$

414 $\int_0^1 \frac{4}{1 + x^2}\,dx$ [π]

415 $\int_0^1 x^3(x^4 + 1)^5\,dx$ $\left[\frac{21}{8}\right]$

416 $\int_0^2 x(x^2 - 1)^3\,dx$ [10]

417 $\int_0^{\sqrt{8}} 6x\sqrt{x^2 + 1}\,dx$ [52]

418 $\int_{-1}^0 \frac{x^3}{x^4 + 1}\,dx$ $\left[-\frac{1}{4}\ln 2\right]$

943

Capitolo 18. Integrali

419 $\int_0^1 \dfrac{x}{(x^2-2)^4}\,dx$ $\left[\dfrac{7}{48}\right]$

420 $\int_0^1 \dfrac{x^2}{x^3+1}\,dx$ $\left[\dfrac{1}{3}\ln 2\right]$

421 $\int_1^e \dfrac{6\ln^2 x}{x}\,dx$ $[2]$

422 $\int_0^{\pi/3} \tan x\,dx$ $[\ln 2]$

423 $\int_1^3 \dfrac{4x+3}{2x^2+3x}\,dx$ $[\ln 27 - \ln 5]$

424 $\int_2^{\sqrt{5}} 6x\sqrt{x^2-4}\,dx$ $[2]$

425 $\int_3^6 \dfrac{3}{x^2-4x+4}\,dx$ $\left[\dfrac{9}{4}\right]$

426 $\int_0^1 \dfrac{2}{x^2+6x+9}\,dx$ $\left[\dfrac{1}{6}\right]$

427 $\int_2^4 \dfrac{2x^2+x+1}{2x-1}\,dx$ $[8 + \ln 7 - \ln 3]$

428 $\int_1^5 \left(3\sqrt{x} + \dfrac{1}{2\sqrt{x}}\right)dx$ $[11\sqrt{5} - 3]$

429 $\int_0^{\pi/2} (\sin x + \cos x)\,dx$ $[2]$

430 $\int_0^{\pi/6} (2\cos x - 1)\,dx$ $\left[1 - \dfrac{\pi}{6}\right]$

431 $\int_{-2}^{-1} 2e^x\,dx$ $\left[\dfrac{2}{e}\left(\dfrac{e-1}{e}\right)\right]$

432 $\int_{-1}^4 (x + \ln 2 \cdot 2^x)\,dx$ $[23]$

433 $\int_0^1 \dfrac{e^x}{e^x+1}\,dx$ $\left[\ln\dfrac{e+1}{2}\right]$

434 $\int_0^1 2xe^{x^2}\,dx$ $[e-1]$

435 $\int_0^1 (2x-1)5^{x^2-x}\,dx$ $[0]$

436 $\int_0^2 e^x\sqrt{e^x+1}\,dx$ $\left[\dfrac{2}{3}(\sqrt{(e^2+1)^3} - \sqrt{8})\right]$

EUREKA!

437 Calcola $\int_0^3 |x-1|\,dx$.

438 Se $f(1)=3$, $f(5)=3$ e $f'(x)$ è continua nell'intervallo $[1;5]$, quanto vale $\int_1^5 f'(x)\,dx$?

Valore medio di una funzione

439 **ESERCIZIO GUIDA** Calcoliamo il valore medio della funzione $y = \sqrt{x}$ nell'intervallo $[0;9]$ e determiniamo il punto z in cui la funzione assume tale valore. Interpretiamo geometricamente il risultato.

Verificato che la funzione è continua nell'intervallo dato, per calcolare il valore medio $f(z)$ della funzione utilizziamo il teorema della media:

$$f(z) = \dfrac{1}{b-a}\int_a^b f(x)\,dx.$$

Quindi:

$$f(z) = \dfrac{1}{9-0}\int_0^9 \sqrt{x}\,dx = \dfrac{1}{9}\left[\dfrac{2}{3}x\sqrt{x}\right]_0^9 = \dfrac{1}{9}(18 - 0) = 2.$$

Poiché $f(z) = \sqrt{z} = 2$, possiamo ricavare il valore di z, punto in cui la funzione vale 2:

$$z = 2^2 = 4.$$

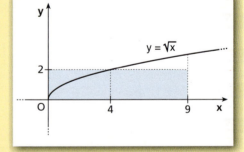

Riportiamo i risultati ottenuti in un diagramma cartesiano. L'area del rettangolo azzurro è uguale a quella del trapezoide relativo all'intervallo $[0;9]$.

Determina il valore medio delle seguenti funzioni nell'intervallo scritto a fianco. Calcola il punto z in cui la funzione assume tale valore. Interpreta geometricamente il risultato.

440 $y = 3x^2$, $[0;1]$. $\left[f(z) = 1;\ z = \dfrac{\sqrt{3}}{3}\right]$

Paragrafo 6. Aree di superfici piane

441 $y = 2x + 4$, $[-1; 2]$. $\left[f(z) = 5; z = \frac{1}{2}\right]$

444 $y = \frac{1}{1+x^2}$, $[0;1]$. $\left[f(z) = \frac{\pi}{4}; z = \sqrt{\frac{4}{\pi} - 1}\right]$

442 $y = 4 - x^2$, $[1; 2]$. $\left[f(z) = \frac{5}{3}; z = \sqrt{\frac{7}{3}}\right]$

445 $y = \frac{1}{(x-2)^2}$, $[3; 6]$. $\left[f(z) = \frac{1}{4}; z = 4\right]$

443 $y = \sqrt{x+2}$, $[-1; 2]$. $\left[f(z) = \frac{14}{9}; z = \frac{34}{81}\right]$

446 $y = \frac{x+2}{x-1}$, $[2; e+1]$. $\left[f(z) = \frac{2+e}{e-1}; z = e\right]$

LEGGI IL GRAFICO Determina le coordinate del punto P nelle figure in modo che i rettangoli colorati siano equivalenti ai trapezoidi indicati.

447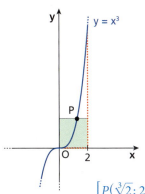
$[P(\sqrt[3]{2}; 2)]$

448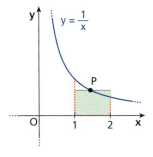
$\left[P\left(\frac{1}{\ln 2}; \ln 2\right)\right]$

449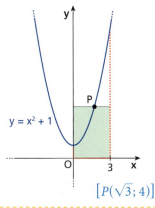
$[P(\sqrt{3}; 4)]$

REALTÀ E MODELLI

450 **Saldi online** Un'azienda che vende vestiti online lancia il mese dei saldi. Le vendite danno un guadagno, in euro, $G(t) = 100(e^{2t} - 1)$, dove t sono le settimane a partire dall'inizio dei saldi. Calcola il guadagno medio a settimana nelle prime 4 settimane. $[\simeq € 37149]$

451  **Aria di primavera** La temperatura, misurata in °C, in una località marina tra le 8 e le 20 varia secondo la funzione $T(x) = -\frac{x^2}{4} + 3x + 10$, dove x è la variabile che misura il tempo in ore a partire dalle 8, quindi $x = 0$ indica le 8. Qual è la temperatura media nell'arco di tempo considerato?
$[16\,°C]$

6 Aree di superfici piane

Area compresa tra una curva e l'asse x

▶ Teoria a p. 916

LEGGI IL GRAFICO Calcola l'area del trapezoide rappresentato in ciascuna delle seguenti figure utilizzando gli integrali definiti.

452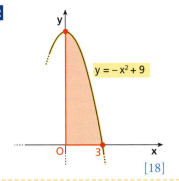
$[18]$

453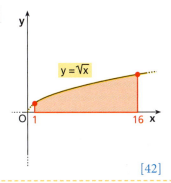
$[42]$

454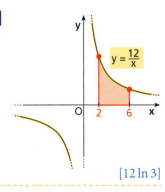
$[12 \ln 3]$

Capitolo 18. Integrali

ESERCIZI

Disegna i trapezoidi definiti dai grafici delle seguenti funzioni negli intervalli scritti a fianco e calcolane l'area utilizzando gli integrali definiti.

455 $y = 3x^2$, $[0; 2]$. $[8]$

456 $y = 16 - x^2$, $[-3; 3]$. $[78]$

457 $y = 4x^2 - 1$, $[1; 2]$. $\left[\dfrac{25}{3}\right]$

458 $y = -x^2 + 2x$, $[0; 2]$. $\left[\dfrac{4}{3}\right]$

459 $y = \sqrt{x+1}$, $[-1; 1]$. $\left[\dfrac{4}{3}\sqrt{2}\right]$

460 $y = -\dfrac{1}{x}$, $[-2; -1]$. $[\ln 2]$

461 $y = \ln(x + 1)$, $[0; 1]$. $[2\ln 2 - 1]$

462 $y = e^{-2x} + 1$, $[-1; 0]$. $\left[\dfrac{1}{2}(1 + e^7)\right]$

LEGGI IL GRAFICO Determina l'area colorata nelle figure.

463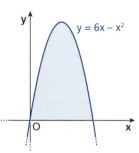

$[36]$

464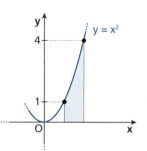

$\left[\dfrac{7}{3}\right]$

465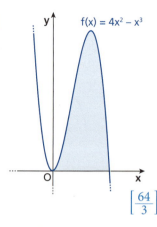

$\left[\dfrac{64}{3}\right]$

466 **ESERCIZIO GUIDA** Determiniamo l'area S della superficie delimitata dall'asse x e dal grafico della funzione $y = -x^2 + 4$ definita sull'intervallo $[-1; 3]$.

Il grafico della funzione è una parabola di vertice $V(0; 4)$, che ha la concavità rivolta verso il basso e incontra l'asse x nei punti di ascissa ± 2. Evidenziamo nel grafico la superficie considerata.
Per calcolare l'area scomponiamo la superficie in due superfici: $ABCV$, delimitata dall'arco di curva CVA, in cui la funzione assume valori positivi, e CDE, delimitata dall'arco di curva CD, in cui la funzione assume valori negativi.
Calcoliamo i due integrali e cambiamo segno al secondo:

$$S = \int_{-1}^{2}(-x^2 + 4)\,dx - \int_{2}^{3}(-x^2 + 4)\,dx =$$

$$\left[-\dfrac{x^3}{3} + 4x\right]_{-1}^{2} - \left[-\dfrac{x^3}{3} + 4x\right]_{2}^{3} =$$

$$\left(-\dfrac{8}{3} + 8 - \dfrac{1}{3} + 4\right) - \left(-\dfrac{27}{3} + 12 + \dfrac{8}{3} - 8\right) =$$

$$-\dfrac{9}{3} + 12 + \dfrac{19}{3} - 4 = \dfrac{34}{3}.$$

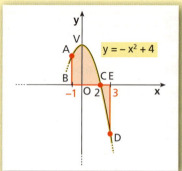

Dopo aver disegnato le superfici delimitate dall'asse x e dal grafico delle seguenti funzioni definite negli intervalli indicati, calcolane l'area.

467 $y = -x^3$, $[-1; 2]$. $\left[\dfrac{17}{4}\right]$

468 $y = x^2 - 3x$, $[-2; 2]$. $[12]$

469 $y = 3x^2 + 6x$, $[-1; 3]$. $[56]$

470 $y = x - x^2$, $[0; 3]$. $\left[\dfrac{29}{6}\right]$

Paragrafo 6. Aree di superfici piane

471 $y = x^3 + 1$, $[-4; 0]$. $\left[\dfrac{123}{2}\right]$ **474** $y = \cos x$, $\left[0; \dfrac{5\pi}{6}\right]$. $\left[\dfrac{3}{2}\right]$

472 $y = -x^2 + 6x - 8$, $[2; 5]$. $\left[\dfrac{8}{3}\right]$ **475** $y = e^x - 1$, $[-1; 1]$. $[e + e^{-1} - 2]$

473 $y = \sqrt{x} - 1$, $[0; 4]$. $[2]$ **476** $y = -x^2 + 6x - 8$, $[2; 5]$. $\left[\dfrac{8}{3}\right]$

Area compresa tra due curve
▶ Teoria a p. 917

LEGGI IL GRAFICO Calcola l'area delle superfici evidenziate nelle seguenti figure.

477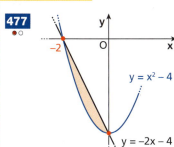

$\left[\dfrac{4}{3}\right]$

478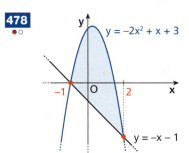

$[9]$

479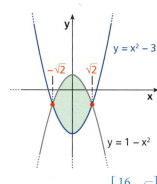

$\left[\dfrac{16}{3}\sqrt{2}\right]$

480 **ESERCIZIO GUIDA** Determiniamo l'area della superficie racchiusa dalle parabole di equazioni:

$y = x^2 + 1$ e $y = -x^2 + 4x + 1$.

Tracciamo le due parabole. La prima ha vertice nel punto $V_1(0; 1)$, asse di simmetria l'asse y e concavità rivolta verso l'alto. La seconda ha vertice nel punto $V_2(2; 5)$, asse di simmetria la retta di equazione $x = 2$.

Le due parabole si intersecano nei punti V_1 e V_2, perciò gli estremi di integrazione sono 0 e 2.

L'area della superficie da esse racchiusa è data dall'integrale della differenza tra la funzione maggiore (che sta sopra) e quella minore (che sta sotto), perciò:

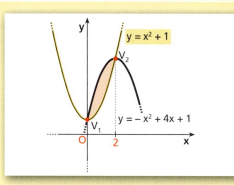

$$S = \int_0^2 [(-x^2 + 4x + 1) - (x^2 + 1)]dx = \int_0^2 (-2x^2 + 4x)\,dx = \left[-\dfrac{2}{3}x^3 + 2x^2\right]_0^2 = -\dfrac{16}{3} + 8 = \dfrac{8}{3}.$$

Rappresenta ogni coppia di funzioni e determina l'area della regione finita di piano da esse individuata.

481 $y = x^2$; $y = x + 2$. $\left[\dfrac{9}{2}\right]$ **485** $y = x^2 - 1$; $y = -x^2 - 3x - 1$. $\left[\dfrac{9}{8}\right]$

482 $y = x$; $y = x - x^2 + 1$. $\left[\dfrac{4}{3}\right]$ **486** $y = 3x - 1$; $y = -x^2 + x + 2$. $\left[\dfrac{32}{3}\right]$

483 $y = 3x^2$; $y = 1 - x^2$. $\left[\dfrac{2}{3}\right]$ **487** $y = x^2 + 4x$; $y = -2x^2 - 2x + 9$. $[32]$

484 $y = 4 - x^2$; $y = -5$. $[36]$ **488** $y = 4x^2 - x - 5$; $y = -2x^2 - x + 7$. $[16\sqrt{2}]$

Riepilogo: Aree di superfici piane

489 Determina l'area della regione finita di piano contenuta nel primo quadrante e individuata dalla parabola di equazione $y = -x^2 + 2$, da quella di equazione $y = x^2$ e dall'asse y. $\left[\dfrac{4}{3}\right]$

490 **YOU & MATHS** Determine the area enclosed by the curve $y = x^2 + 1$ and the line $y = 5$.
(IR *Leaving Certificate Examination*, Higher Level) $\left[\dfrac{32}{3}\right]$

491 Dopo aver verificato che la parabola di equazione $y = -\dfrac{1}{2}x^2 + 1$ incontra la curva di equazione $y = 2^x$ nei punti $A\left(-1; \dfrac{1}{2}\right)$ e $B(0; 1)$, determina l'area della regione finita di piano delimitata dalle due curve. $\left[\dfrac{5}{6} - \dfrac{1}{\ln 4}\right]$

492 Calcola l'area della regione piana delimitata dalla curva di equazione $y = \dfrac{1}{1-x}$, dall'asse y e dalla retta di equazione $y = 4$. $[3 - \ln 4]$

493 Calcola l'area della regione delimitata dalla curva di equazione $y = x^2 - 2x + 2$ e dalla retta di equazione $y = 5$ nel primo quadrante. $[9]$

494 Trova l'area della regione finita di piano individuata dalla parabola di equazione $y = -x^2 + 6x$ e dalla retta di coefficiente angolare 1 passante per il punto della parabola di ascissa 4. $\left[\dfrac{9}{2}\right]$

495 Trova l'area della regione finita di piano delimitata dalle curve di equazioni $y = \sin x$ e $y = -\cos x$ nell'intervallo $\left[-\dfrac{\pi}{4}; \dfrac{3\pi}{4}\right]$. $[2\sqrt{2}]$

496 Trova l'area delimitata dalla curva di equazione $y = x^3$ e dalla retta di equazione $y = 8$ nel primo quadrante. $[12]$

497 **TEST** La superficie colorata nella figura ha area:

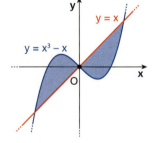

A $\int_{-\sqrt{2}}^{\sqrt{2}} (x^3 - 2x)\,dx$

B $\int_{-\sqrt{2}}^{\sqrt{2}} (2x - x^3)\,dx$

C $\int_{0}^{\sqrt{2}} (2x - x^3)\,dx + \int_{0}^{-\sqrt{2}} (x^3 - 2x)\,dx$

D $\int_{-\sqrt{2}}^{0} (x^3 - 2x)\,dx + \int_{0}^{\sqrt{2}} (2x - x^3)\,dx$

E $\int_{-\sqrt{2}}^{0} x^3\,dx + \int_{0}^{\sqrt{2}} (-x^3)\,dx$

498 Trova l'area della regione finita di piano delimitata dalla parabola di equazione $y = x^2 + 2x + 1$, dalla tangente passante per il suo punto di ascissa 1 e dall'asse x. $\left[\dfrac{2}{3}\right]$

499 Calcola l'area della regione finita di piano compresa tra le parabole di equazioni $y = x^2$ e $y = x^2 - 6x + 6$ e la bisettrice del secondo e quarto quadrante. $\left[\dfrac{5}{3}\right]$

500 **ASSOCIA** a ciascuna funzione $f(x)$ l'area della regione di piano che essa delimita con l'asse x nell'intervallo scritto a fianco.

a. 4   b. 9   c. 2   d. 12

1. $f(x) = |x|$ in $[-3; 3]$ 2. $f(x) = \sin x$ in $[0; \pi]$ 3. $f(x) = 6x$ in $[0; 2]$ 4. $f(x) = 6x^2$ in $[-1; 1]$

Riepilogo: Aree di superfici piane

LEGGI IL GRAFICO In ognuna delle seguenti figure sono evidenziate delle superfici: calcolane l'area mediante gli integrali.

501 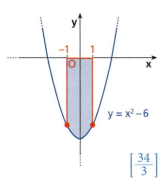 $\left[\dfrac{34}{3}\right]$

502 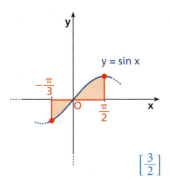 $\left[\dfrac{3}{2}\right]$

503 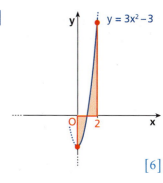 $[6]$

504 Disegna le parabole di equazioni $y = x^2 - 4x - 5$ e $y = -x^2 + 2x + 3$. Calcola poi l'area delle due zone delimitate dalle parabole e dal segmento che congiunge i loro punti di intersezione.
$\left[S_1 = S_2 = \dfrac{125}{6}\right]$

505 **LEGGI IL GRAFICO** Trova la misura dell'area della superficie colorata racchiusa dalle due parabole γ_1 e γ_2, con γ_2 di equazione $y = -x^2 + 5x - 2$.
$\left[\dfrac{40}{3}\right]$

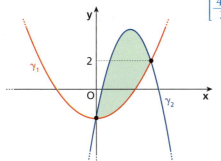

506 Calcola l'area della regione finita di piano delimitata dalla parabola di equazione $y = -x^2 + 4$ e dalle tangenti condotte alla parabola nei suoi punti di intersezione con l'asse x. $\left[\dfrac{16}{3}\right]$

507 **LEGGI IL GRAFICO** Nel grafico la retta è tangente alla parabola in A. Trova l'area della regione colorata.

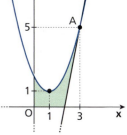

$\left[y = x^2 - 2x + 2; \dfrac{23}{8}\right]$

508 Determina l'equazione della parabola con asse parallelo all'asse y, con il vertice di ascissa $x = 2$ e passante per i punti $A(4; 0)$ e $B(-2; 12)$. Considera la retta t tangente in A alla parabola e la retta r parallela all'asse x passante per B. Calcola l'area della regione delimitata dalla parabola e dalle rette r e t. $\left[y = x^2 - 4x; S = \dfrac{14}{3}\right]$

509 **YOU & MATHS** Find the area of the bounded region enclosed by the curve $y = \dfrac{2x}{x^2 + 1}$, the x-axis, the line $x = 1$, and the line $x = 2\sqrt{2}$.
(IR *Leaving Certificate Examination,* Higher Level)
$\left[\ln\left(\dfrac{9}{2}\right)\right]$

510 **REALTÀ E MODELLI** **Turismo nel verde** Una strada di campagna e un fiume delimitano un'area verde che il Comune decide di attrezzare per i turisti. Scegliendo sugli assi cartesiani l'unità uguale a 300 m, la strada e il fiume possono essere descritti come una retta di equazione $y = \dfrac{x+3}{2}$ e una curva di equazione $y = \dfrac{x^3}{4} + \dfrac{x^2}{2} - \dfrac{3}{4}x$, rispettivamente.
Quanto è estesa l'area verde?

$[120\,000\ \text{m}^2]$

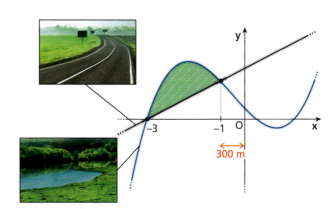

Capitolo 18. Integrali

MATEMATICA AL COMPUTER

Area di una superficie Costruiamo una figura che permetta di assegnare un valore ai coefficienti *a*, *b* e *c* della parabola di equazione $q(x) = ax^2 + bx + c$ e che mostri, in corrispondenza, l'area dell'eventuale superficie finita di piano compresa fra la parabola di equazione $y = q(x)$ e la parabola di equazione $p(x) = -x^2 + 4$.
In particolare consideriamo:

$q(x) = x^2 - 4x + 4$.

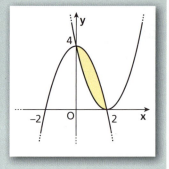

▭ Risoluzione – 7 esercizi in più

---

7 Integrazione numerica

▶ Teoria a p. 918

511 **ESERCIZIO GUIDA** Determiniamo un valore approssimato dell'integrale $\int_0^2 (x^2 + 1)\,dx$, utilizzando le formule dei rettangoli.

Dividiamo l'intervallo [0; 2] in 10 parti uguali; ogni parte ha ampiezza $\frac{2-0}{10} = 0{,}2$.

Compiliamo una tabella con i punti di suddivisione dell'intervallo [0; 2] e i corrispondenti valori della funzione.

	x	y	
a	0	1	$f(a)$
x_1	0,2	1,04	y_1
x_2	0,4	1,16	y_2
x_3	0,6	1,36	y_3
x_4	0,8	1,64	y_4
x_5	1	2	y_5
x_6	1,2	2,44	y_6
x_7	1,4	2,96	y_7
x_8	1,6	3,56	y_8
x_9	1,8	4,24	y_9
b	2	5	$f(b)$

Applichiamo la prima formula dei rettangoli:

$$\int_a^b f(x)\,dx \simeq \frac{b-a}{n}\,[f(a) + y_1 + y_2 + \dots + y_{n-1}].$$

Sostituendo i valori della tabella nella formula abbiamo:

$$\int_0^2 (x^2 + 1)\,dx \simeq 0{,}2 \cdot (1 + 1{,}04 + 1{,}16 + \dots + 4{,}24) =$$
$$= 0{,}2 \cdot (21{,}4) \simeq 4{,}28.$$

Applichiamo la seconda formula dei rettangoli:

$$\int_a^b f(x)\,dx \simeq \frac{b-a}{n}\,[y_1 + y_2 + \dots + y_{n-1} + f(b)].$$

Sostituendo anche in questo caso gli opportuni valori nella formula generale, abbiamo:

$$\int_0^2 (x^2 + 1)\,dx \simeq 0{,}2 \cdot (1{,}04 + 1{,}16 + 1{,}36 + \dots + 5) \simeq 0{,}2 \cdot (25{,}4) \simeq 5{,}08.$$

Applicando le formule dei rettangoli abbiamo ottenuto due valori approssimati dell'integrale dato, cioè 4,28 e 5,08.

Paragrafo 8. Integrali e modelli economici

Calcola il valore approssimato dei seguenti integrali, utilizzando le formule dei rettangoli. (Suddividi ogni intervallo in 10 parti uguali.)

512 $\int_2^3 3x\,dx$ [7,35; 7,65]   **516** $\int_0^1 2x^2\,dx$ [0,57; 0,77]

513 $\int_0^2 (4x+1)\,dx$ [9,2; 10,8]   **517** $\int_1^2 (x^2+1)\,dx$ [3,185; 3,485]

514 $\int_1^2 (2x+1)\,dx$ [3,9; 4,1]   **518** $\int_1^2 \frac{1}{x}\,dx$ [0,7188; 0,6688]

515 $\int_1^3 \frac{1}{2}x\,dx$ [1,9; 2,1]   **519** $\int_1^{\frac{3}{2}} \frac{1}{x^2}\,dx$ [0,3475; 0,3197]

---

8 Integrali e modelli economici

▶ Teoria a p. 919

520 Determina la funzione del costo medio sapendo che la funzione del costo marginale è $C'(x) = 3x^2 - 14x + 18$ e che i costi fissi sono pari a 10. Rappresenta graficamente la funzione del costo totale nell'intervallo [0; 7]. Se un'impresa produce una quantità $x = 5$, determina il costo marginale e quale sarà il costo supplementare per produrre $x = 5,5$.

$$\left[\frac{C(x)}{x} = x^2 - 7x + 18 + \frac{10}{x}; C'(5) = 23; \Delta C(5; 5,5) = 13,625\right]$$

521 Il ricavo marginale di un'impresa in un mercato monopolistico è $R_{ma}(x) = 20 - x$. Determina la funzione del ricavo totale, sapendo che $R(0) = 0$, e la legge della domanda.

$$[R(x) = 20x - 0,5x^2; x = 40 - 2p]$$

522 La funzione del ricavo marginale di un'impresa in un mercato monopolistico è $R_{ma}(x) = \dfrac{15}{(x+3)^2}$.

Determina la funzione del ricavo totale e la funzione di vendita, tenendo presente che $R(0) = 0$.

$$\left[R(x) = \frac{5x}{x+3}; p = \frac{5}{x+3}\right]$$

523 In un mercato in regime di monopolio, la funzione del ricavo marginale è $R'(x) = 18 - 0,1x$. Determina la funzione del ricavo medio con la condizione $R(0) = 0$. Rappresenta graficamente il ricavo marginale e il ricavo medio e verifica che, per una produzione $x = 100$, l'area sottostante la curva del ricavo marginale è uguale all'area data dal prodotto del ricavo medio per la produzione considerata.

$$\left[\frac{R(x)}{x} = 18 - 0,05x; \text{area} = 1300\right]$$

524 In un mercato in cui la funzione di vendita di un bene è $p = \dfrac{50}{x+2}$, il prezzo di equilibrio è $p = 4$. Determina il surplus del consumatore.

[49,63]

525 In un mercato in cui la funzione di offerta è $x = 2\sqrt{p-5}$, il prezzo di equilibrio è $p = 14$. Determina il surplus del produttore.

[27]

Capitolo 18. Integrali

526 Se la funzione di vendita è $p = \dfrac{6000}{x+50}$ e quella di produzione è $p = x + 10$, determina il punto di equilibrio e il surplus del consumatore e del produttore.
[(50; 60); 1158,88; 1250]

527 Se il prezzo di mercato varia in intervalli di tempo brevissimi, possiamo considerarlo come una variabile continua al variare di t. Siano $d(t) = 40 - 0{,}2p(t)$ e $o(t) = -10 + 0{,}3p(t)$ l'intensità della domanda e quella dell'offerta nell'intervallo infinitesimo da t a $(t+dt)$. Se la variazione istantanea del prezzo in funzione del tempo è $p'(t) = 10 \cdot e^{0{,}05t}$, determina la funzione del prezzo $p(t)$, sapendo che $p(0) = 10$, e dopo quanto tempo il mercato raggiunge il prezzo di equilibrio.
$[p(t) = 200 \cdot e^{0{,}05t} - 190; 7{,}43]$

528 Consideriamo il prezzo di mercato come una variabile continua al variare di t. Siano $d(t) = \dfrac{375}{p(t)+5}$ e $o(t) = -10 + 1{,}25p(t)$ le intensità della domanda e dell'offerta nell'intervallo infinitesimo da t a $(t+dt)$ e sia $p'(t) = t + 2$ la variazione istantanea del prezzo in funzione del tempo. Determina la funzione del prezzo $p(t)$, sapendo che $p(0) = 25$, e il tempo che occorre per raggiungere il prezzo di equilibrio.
$[p(t) = 0{,}5 \cdot t^2 + 2 \cdot t + 25;$ equilibrio impossibile$]$

529 In un deposito sono immagazzinate inizialmente 3000 tonnellate di carbone. La quantità di carbone prelevata si considera come funzione continua del tempo ed è caratterizzata dal tasso di uscita $x'(t) = -0{,}3t^2$ tonnellate al giorno. Trova la funzione $x(t)$ che esprime la quantità di carbone rimasta al tempo t. Determina dopo quanto tempo il deposito si esaurirà.
$[x(t) = -0{,}1 \cdot t^3 + 3000; 31{,}07 \text{ giorni}]$

530 Un capitale K di € 5000 è lasciato infruttifero. Se il tasso di inflazione i fa diminuire il valore del denaro in modo esponenziale col trascorrere del tempo t secondo la legge $K'(t) = -2 \cdot e^{i \cdot t}$, trova la funzione $K(t)$ che permette di determinare il valore reale del capitale a un'epoca t rispetto al valore iniziale e dopo quanto tempo il valore del capitale risulta dimezzato. Considera i casi in cui $i = 0{,}01$ e $i = 0{,}02$.
[260,27; 162,90]

531 La legge di distribuzione dei redditi di Pareto del numero delle persone y che hanno un reddito x, considerato come variabile continua, è $y = \dfrac{a}{x^m}$, con a e m costanti positive determinate statisticamente. Poni $a = 50\,000$ e $m = 1{,}5$ e determina:
a. il numero delle persone che hanno un reddito compreso tra 6400 e 40 000;
b. il reddito totale delle persone che hanno un reddito compreso tra i limiti del precedente intervallo;
c. il reddito medio delle stesse persone.
[a) 750; b) 12 000 000; c) 16 000]

532 In un mercato, la legge della domanda dipende dal prezzo del bene p e dal reddito r dei consumatori secondo la seguente legge: $x(p, r) = 100 \cdot p^{-1} \cdot r^{1{,}8}$. Determina, essendo fissato il prezzo $p = 5$, la quantità totale di quel bene domandata dai consumatori che possiedono un reddito che va da 2000 a 5000, sapendo che il loro numero y è dato dalla relazione $y = \dfrac{8000}{r^{2{,}5}}$.
[16 50136,13]

Paragrafo 8. Integrali e modelli economici

533 La legge di Pareto sulla distribuzione dei redditi considera il numero delle persone y e il reddito x come variabili continue. Utilizzando la relazione $y = \dfrac{A}{x^{\alpha+1}}$, con A e α costanti positive e $\alpha > 1$, determina:

a. la funzione che esprime il numero delle persone che hanno un reddito minimo x;
b. la funzione che esprime il reddito totale delle persone che hanno un reddito maggiore di x;
c. la funzione che esprime il reddito medio di tali persone e la sua caratteristica.

$$\left[\text{a) } N = \frac{A}{\alpha} \cdot \frac{1}{x^{\alpha}}; \text{ b) } R = \frac{A}{\alpha-1} \cdot \frac{1}{x^{\alpha-1}}; \right.$$
$$\left. \text{c) } M(x) = \frac{\alpha}{\alpha-1} \cdot x; \text{ la media dei redditi eccedenti un livello } x \text{ è un suo multiplo costante} \right]$$

534 In matematica finanziaria il tasso annuo nominale convertibile k volte è definito dalla relazione $j_k = k \cdot i_k$, dove i_k è il tasso effettivo relativo a $\dfrac{1}{k}$ di anno e in capitalizzazione composta la relazione $(1+i) = \left(1 + \dfrac{j_k}{k}\right)^k$ permette di calcolare il tasso annuo effettivo i. Se consideriamo un tasso δ convertibile infinite volte all'anno, cioè un tasso istantaneo di interesse, abbiamo la relazione $(1+i) = \lim\limits_{k \to \infty} \left(1 + \dfrac{\delta}{k}\right)^k = e^{\delta}$, da cui $\delta = \ln(1+i)$.

La formula del montante $M = C(1+i)^t$, utilizzando δ, assume la forma esponenziale $M = C \cdot e^{\delta t}$. Da questa formulazione otteniamo che il montante di una rendita posticipata di rata R, utilizzando il tasso istantaneo, è $M = \int_0^t R \cdot e^{\delta t} dt$.

Calcola il montante di una rendita annua di rata $R = 1000$, al tasso $i = 0,05$ e con durata 8 anni:

a. utilizzando l'impostazione $M = R \cdot s_{\overline{n}|i}$;
b. utilizzando il tasso istantaneo di interesse δ.

[a) 9549,11; b) 9786]

535 In matematica finanziaria il tasso istantaneo di interesse è $\delta = \ln(1+i)$ e in capitalizzazione composta la formula del valore attuale $V = C(1+i)^{-t}$ assume la forma esponenziale $V = C \cdot e^{-\delta t}$. Il valore attuale di una una rendita posticipata, utilizzando il tasso istantaneo, è $V = \int_0^t R \cdot e^{-\delta t} dt$.

Calcola il valore attuale di una rendita annua di rata $R = 1000$, al tasso $i = 0,05$ e con durata 8 anni:

a. utilizzando l'impostazione $V = R \cdot a_{\overline{n}|i}$;
b. utilizzando il tasso istantaneo di interesse δ.

[a) 6463,21; b) 6623,48]

536 In matematica finanziaria data una legge di capitalizzazione $M(t) = C \cdot f(t)$, dove $f(t)$ è il fattore di capitalizzazione, si chiama *forza di interesse* o *intensità di interesse* la funzione $\delta(t) = \dfrac{f'(t)}{f(t)}$.

Puoi ottenere il fattore di capitalizzazione, data la funzione $\delta(t)$, integrando entrambi i membri:

$$\int_0^t \delta(x)\, dx = \int_0^t \frac{f'(x)}{f(x)}\, dx \to \int_0^t \delta(x)\, dx = \ln f(t) \to f(t) = e^{\int_0^t \delta(x)\, dx}.$$

Determina i fattori di capitalizzazione $f(t)$ date le seguenti forze di interesse:

a. $\delta(t) = \dfrac{i}{1+it}$; b. $\delta(t) = \ln(1+i)$; c. $\delta(t) = \dfrac{d}{1-dt}$.

$$\left[\text{a) } f(t) = (1 + i \cdot t); \text{ b) } f(t) = (1+i)^t; \text{ c) } f(t) = \frac{1}{(1 - d \cdot t)} \right]$$

Capitolo 18. Integrali

Problemi REALTÀ E MODELLI

RISOLVIAMO UN PROBLEMA

■ Quanto ci costi!

Un caseificio sa che il costo marginale della sua produzione, in euro al kilogrammo, è espresso dalla funzione

$C'(x) = 5 - 0,02x$, per $x \leq 400$ kg.

- Scrivi la funzione costo totale, sapendo che i costi fissi sono di € 200.
- Trova il costo totale per produrre 300 kg di formaggio e il costo unitario medio.

▶ **Troviamo la funzione del costo totale.**

Calcoliamo l'integrale di $C'(x)$.

$\int (5 - 0,02x)dx = 5x - 0,02\dfrac{x^2}{2} + c =$
$5x - 0,01x^2 + c$.

Quindi $C(x) = 5x - 0,01x^2 + c$.

▶ **Determiniamo la costante c.**

Sapendo che i costi fissi sono di € 200, possiamo scrivere:

$C(0) = 200 \rightarrow 5 \cdot 0 - 0,01 \cdot 0 + c = 200 \rightarrow$
$c = 200$.

Allora $C(x) = 5x - 0,01x^2 + 200$.

▶ **Calcoliamo il costo totale per produrre 300 kg di formaggio.**

$C(300) = 5 \cdot 300 - 0,01(300)^2 + 200 = € 800$.

▶ **Calcoliamo il costo unitario medio.**

Per produrre 300 kg di formaggio il costo è di € 800. In questo caso il costo unitario medio è:

$\dfrac{800}{300} = 2,67$ €/kg.

---

537 Dolce fragranza Il costo marginale, espresso in euro a boccetta, per produrre x boccette di profumo è dato da

$C'(x) = \dfrac{x^2}{10\,000} - \dfrac{x}{10} + 20$, per $x \leq 200$,

e non ci sono costi fissi.

a. Scrivi la funzione costo totale $C(x)$.
b. Trova il costo per produrre 100 boccette.

$\left[\text{a) } C(x) = \dfrac{x^3}{30\,000} - \dfrac{x^2}{20} + 20x; \text{ b) } € 1533\right]$

538 A tutta musica Un sito promotore di eventi vende biglietti per un concerto. Il profitto marginale, che descrive la rapidità di variazione del profitto al variare dei biglietti venduti, è dato dalla funzione

$P'(x) = \dfrac{x}{5} - 30$,

dove x è il numero di biglietti venduti e il profitto è espresso in euro. Trova il profitto totale ricavato dalla vendita dei primi 500 biglietti, sapendo che il sito ha un guadagno fisso di € 50, indipendente dal numero di biglietti venduti. [€ 10 050]

Allenati con **15 esercizi interattivi** con feedback "hai sbagliato, perché..."
☐ su.zanichelli.it/tutor3   risorsa riservata a chi ha acquistato l'edizione con tutor

VERIFICA DELLE COMPETENZE   ALLENAMENTO

ARGOMENTARE

1 Dopo aver spiegato cosa si intende con la scrittura $\int f(x)dx = g(x) + c$, considera le funzioni $y = \dfrac{-1}{x-9}$ e $y = \dfrac{1}{(x-9)^2}$. Indica quale delle due è $g(x)$.

2 Scrivi la definizione di primitiva di una funzione e spiega la differenza che esiste fra primitiva e integrale indefinito di una funzione.

3 Dopo aver dato la definizione di integrale definito di una funzione $f(x)$ in un intervallo $[a; b]$, indica cosa rappresenta tale integrale da un punto di vista geometrico. Calcola l'integrale $\int_0^3 (x^2 - 4x + 3)dx$ e interpreta geometricamente il risultato.

4 Quali dei seguenti integrali permettono di calcolare l'area compresa tra il grafico della funzione integranda e l'asse x?

  a. $\int_{-1}^{2} x\,dx$; **b.** $\int_{-1}^{1} x^2\,dx$; **c.** $\int_{0}^{2\pi} \sin x\,dx$; **d.** $\int_{0}^{4} (x^2 - 4x)\,dx$.

Motiva le risposte.

UTILIZZARE TECNICHE E PROCEDURE DI CALCOLO

TEST

5 Dato il polinomio $p(x) = 4x^3 + 2x^k - 4$, indica per quale valore di k una primitiva di $p(x)$ è
$P(x) = x^4 + x^2 - 4x + c$.

  A 0 **B** 1 **C** -1 **D** 2 **E** Nessuno dei valori precedenti.

6 Solo uno dei seguenti integrali definiti non è nullo. Quale?

  A $\int_{1}^{1} 3x\,dx$ **B** $\int_{-1}^{1} x^5\,dx$ **C** $\int_{-2}^{2} x^4\,dx$ **D** $\int_{0}^{2\pi} \cos x\,dx$ **E** $\int_{3}^{-3} \sin x\,dx$

Calcola i seguenti integrali indefiniti.

7 $\int \left(\dfrac{x^3 - x^2}{2} + x + 1 \right) dx$ $\left[\dfrac{x^4}{8} - \dfrac{x^3}{6} + \dfrac{x^2}{2} + x + c \right]$

11 $\int x\sqrt{x^2 + 9}\,dx$ $\left[\dfrac{1}{3}(x^2 + 9)\sqrt{x^2 + 9} + c \right]$

8 $\int \left(\dfrac{1}{\sqrt[3]{x}} - \dfrac{2}{x^3} \right) dx$ $\left[\dfrac{3}{2}\sqrt[3]{x^2} + \dfrac{1}{x^2} + c \right]$

12 $\int \dfrac{4x^2}{2x^3 + 3}\,dx$ $\left[\dfrac{2}{3}\ln|2x^3 + 3| + c \right]$

9 $\int (x^3 + x)e^{x^4 + 2x^2}\,dx$ $\left[\dfrac{e^{x^4 + 2x^2}}{4} + c \right]$

13 $\int \dfrac{1}{(x-1)^2}\,dx$ $\left[-\dfrac{1}{x-1} + c \right]$

10 $\int x^3(x^4 + 1)\,dx$ $\left[\dfrac{1}{8}(x^4 + 1)^2 + c \right]$

14 $\int 3x \sin(x^2 + 4)\,dx$ $\left[-\dfrac{3}{2}\cos(x^2 + 4) + c \right]$

Calcola i seguenti integrali definiti.

15 **AL VOLO** $\int_{-5}^{5} (x + 3x^3)\,dx$

17 $\int_{1}^{2} x\sqrt{x^2 - 1}\,dx$ $[\sqrt{3}]$

16 $\int_{-1}^{1} (3x^5 + 3x^2 - 1)\,dx$ $[0]$

18 $\int_{0}^{4} (4\sqrt{x} - 3x^2)\,dx$ $\left[-\dfrac{128}{3} \right]$

19 $\int_1^2 \frac{x^2+5}{x}dx$ $\left[\frac{3}{2}+5\ln 2\right]$ **21** $\int_{-2}^{-1} \frac{3x^2+2}{x^3+2x}dx$ $[-\ln 4]$

20 $\int_1^3 \frac{-4}{(2x-1)^3}dx$ $\left[-\frac{24}{25}\right]$ **22** $\int_0^1 xe^{1-x^2}dx$ $\left[\frac{e-1}{2}\right]$

ANALIZZARE E INTERPRETARE DATI E GRAFICI

23 Scrivi l'equazione della primitiva di $y = \frac{3x+2}{x}$ il cui grafico passa per il punto (1; 5).

$[F(x) = 3x + 2\ln|x| + 2]$

24 **LEGGI IL GRAFICO** Tra le primitive della funzione $f(x) = -3x^2 e^{-x^3}$, determina quella il cui grafico è rappresentato nella figura. $[F(x) = e^{-x^3} - 1]$

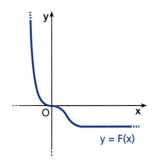

Trova l'area delle regioni colorate.

25 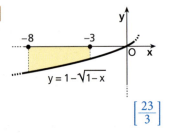 $\left[\frac{23}{3}\right]$

26 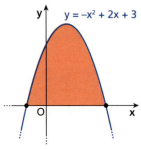 $\left[\frac{32}{3}\right]$

27 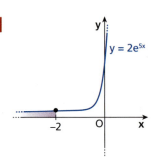 $\left[\frac{2}{5e^{10}}\right]$

28 Trova il valore medio della funzione $g(x) = \frac{3}{(1+x)^2}$ nell'intervallo [0; 8] e determina il punto z in cui g assume tale valore.

$\left[g(z) = \frac{1}{3}, z = 2\right]$

RISOLVERE PROBLEMI

29 Scrivi la primitiva $F(x)$ di $y = \frac{4x^2-2}{x}$ il cui grafico passa per (1; 5). $[F(x) = 2x^2 - 2\ln|x| + 3]$

30 Fra tutte le primitive di $f(x) = (x-2)e^{-x}$, determina quella il cui grafico passa per (0; 1).

$[F(x) = e^{-x}(1-x)]$

31 Fra tutte le primitive di $f(x) = x\ln\frac{1}{x}$, trova quella che passa per (1; 0). $\left[F(x) = \frac{x^2}{2}\ln\frac{1}{x} + \frac{x^2}{4} - \frac{1}{4}\right]$

Calcolo di aree

32 Determina l'area della regione finita di piano delimitata dalla retta di equazione $y = -2x + 6$ e dalla parabola di equazione $y = -x^2 + 2x + 3$. $\left[\dfrac{4}{3}\right]$

33 È data la regione finita di piano individuata dall'iperbole di equazione $y = \dfrac{1}{x}$, dal ramo di parabola di equazione $y = \sqrt{x}$ e dalla retta di equazione $x = 9$. Calcola l'area. $\left[\dfrac{52}{3} - \ln 9\right]$

34 Trova l'area della regione finita di piano delimitata dalla curva di equazione $y = \dfrac{2x - 6}{x - 4}$ e dagli assi cartesiani. $[6 - 4\ln 2]$

35 Determina la funzione del costo di un'azienda che produce cellulari, sapendo che il costo marginale è dato dalla funzione $C_{ma}(x) = 0{,}08x + 2$ e che il costo per produrre 10 telefoni è pari a 124.
$[C(x) = 0{,}04x^2 + 2x + 100]$

36 Calcola l'area della regione compresa fra l'asse x, la retta di equazione $x = -1$ e il grafico della funzione $y = \ln(x + 1)$. $[1]$

37 Determina la funzione di vendita e la funzione della domanda in un mercato in cui l'unica azienda operante ha una funzione del ricavo marginale data da $R_{ma}(x) = \ln(1000) - \ln(x) - 1$, sapendo che i ricavi sono nulli quando la quantità venduta è pari a 0.
$[p(x) = \ln(1000) - \ln(x);\ x = 1000e^{-p}]$

38 In un mercato la funzione della domanda è
$$x = -\dfrac{1750}{p} - 3$$
e la funzione dell'offerta è $x = \dfrac{9}{7}p + 2$.
Determina il surplus del consumatore e quello del produttore. $[3278{,}469;\ 859{,}056]$

39 Calcola fra quanti giorni si azzererà il prezzo di un'azione, sapendo che oggi il prezzo è pari a 39,675 euro e che la variazione istantanea del prezzo al variare del tempo, espresso in giorni, è $p'(t) = -0{,}15t$. $[23]$

COSTRUIRE E UTILIZZARE MODELLI

RISOLVIAMO UN PROBLEMA

■ Capitale in espansione

La velocità con cui è cresciuta la popolazione di Roma tra il 1870 e il 1970 si può esprimere come $P'(t) = \dfrac{9}{10} e^{\frac{t}{20}}$, dove t è il tempo in anni a partire dal 1870 e $P'(t)$ è espressa in migliaia di persone per anno.

- Determina la funzione $P(t)$ che esprime la popolazione in migliaia di persone, sapendo che nel 1870 si contavano circa 210 000 residenti, e calcola la popolazione nel 1970.
- A partire dagli anni Settanta la situazione è cambiata e il modello non è più valido. Calcola la popolazione prevista per l'anno 2014 e confronta il calcolo con il dato reale: circa 2,9 milioni di persone.

▶ **Determiniamo $P(t)$ integrando $P'(t)$.**

$$\int \dfrac{9}{10} e^{\frac{t}{20}} dt = 20 \cdot \dfrac{9}{10} e^{\frac{t}{20}} + c = 18 e^{\frac{t}{20}} + c.$$

Quindi $P(t) = 18 e^{\frac{t}{20}} + c$.

▶ **Calcoliamo il valore di c.**

Sapendo che nel 1870 la popolazione contava 210 000 unità e considerando il 1870 come anno 0, possiamo scrivere:

$P(0) = 210$ (migliaia di persone) →

$18 \cdot e^0 + c = 210 \quad \rightarrow \quad c = 210 - 18 = 192.$

Allora $P(t) = 18 e^{\frac{t}{20}} + 192$.

▶ **Troviamo la popolazione nel 1970.**

Il 1970 corrisponde a $t = 100$, quindi:

$$P(100) = 18 \cdot e^5 + 192 \simeq 2864.$$

Secondo il modello, nel 1970 gli abitanti di Roma erano quasi 2,9 milioni.

▶ **Calcoliamo la previsione per il 2014.**

Il 2014 corrisponde a $t = 144$:

$$P(144) = 18 \cdot e^{\frac{36}{5}} + 192 \simeq 24\,300.$$

Il modello prevede 24 milioni di abitanti, cifra che si discosta molto dalla realtà.

---

40  **Domanda e offerta** Il reparto marketing di un'azienda che produce gelati ha calcolato che la velocità con cui la quantità di prodotto richiesta dai consumatori varia rispetto al prezzo è data dalla funzione domanda marginale

$$D'(x) = -\frac{3000}{x^2},$$

dove il prezzo x è in euro.

a. Trova la funzione domanda $D(x)$, sapendo che quando il prezzo è di € 3 a confezione la domanda è di 1500 unità.

b. Calcola il numero di confezioni richieste quando il prezzo sale a € 4.

$$\left[a)\ D(x) = \frac{3000}{x} + 500;\ b)\ 1250 \right]$$

41 **Decoro** Nel piano cartesiano è riportato il motivo a petalo di fiore rappresentato in figura su una piastrella quadrata di lato 3 dm. Il profilo superiore del petalo è rappresentato da una funzione del tipo $f(x) = \sqrt{ax}$, con $a > 0$ e $x \in [0; 3]$. Il profilo inferiore è dato dalla funzione $g(x) = f^{-1}(x)$.

a. Determina l'espressione di $f(x)$ e $g(x)$.

b. Calcola l'area racchiusa dal petalo.

$$\left[a)\ f(x) = \sqrt{3x},\ g(x) = \frac{x^2}{3};\ b)\ 3\ \text{dm}^2 \right]$$

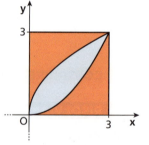

42 **L'ora del tè** Una tazza di tè, inizialmente alla temperatura di 90 °C, in un ambiente con una temperatura di 20 °C si raffredda a una velocità che si può esprimere come $T'(t) = -14e^{-\frac{t}{5}}$, dove t è misurato in minuti e la velocità di raffreddamento è misurata in gradi centigradi al minuto.

a. Trova la temperatura del tè in funzione dei minuti che passano.

b. Quanti minuti devi aspettare se vuoi bere il tè a 40 °C?

c. Cosa prevede il modello per tempi di raffreddamento molto lunghi?

$$\left[a)\ T(t) = 70e^{-\frac{t}{5}} + 20;\ b) \simeq 6\ \text{min};\ c)\ T(t) \to 20\ °C \right]$$

VERIFICA DELLE COMPETENZE PROVE   ⏱ 1 ora

PROVA A

1 Scrivi due primitive della funzione
$$f(x) = \frac{2x^2 + 5x}{x}$$
e traccia i loro grafici nello stesso piano cartesiano.

2 Calcola i seguenti integrali indefiniti.

  a. $\int x\sqrt{4 - x^2}\,dx$
  b. $\int \sin 2x\,dx$
  c. $\int \frac{\ln 5x}{x}\,dx$
  d. $\int \frac{2x}{x - 3}\,dx$

3 Calcola i seguenti integrali definiti.

  a. $\int_1^4 (8x - 1)\,dx$
  b. $\int_1^2 \frac{4x + 6}{x^2 + 3x}\,dx$
  c. $\int_0^1 (2x + 1)e^{x^2 + x}\,dx$

4 **a.** Trova il valore medio della funzione $f(x) = 3x^2 - 1$ nell'intervallo $[0; 2]$.
  b. Determina il punto z in cui la funzione assume tale valore.

5 **a.** Trova l'equazione della parabola e della retta r rappresentate in figura.
  b. Determina l'area della superficie colorata.

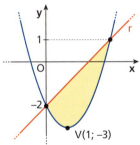

PROVA B

Vicini di casa Due piccoli Comuni limitrofi si stanno espandendo grazie alle buone opportunità di lavoro che offrono. La velocità con cui la popolazione cresce è

- $P'(t) = 45$ per il primo Comune,
- $S'(t) = 50e^{\frac{t}{100}}$ per il secondo Comune,

dove t è il tempo in anni, a partire dal 2000. $P'(t)$ e $S'(t)$ esprimono il numero di nuovi abitanti per anno.

a. Determina le funzioni $P(t)$ e $S(t)$ che descrivono l'andamento della popolazione a partire dal 2000, sapendo che in quell'anno il primo Comune contava 5200 abitanti e il secondo 5000.

b. Quanti abitanti avevano i due Comuni nel 2010?

c. Disegna i grafici di $P(t)$ e $S(t)$. Stima a partire da quale anno, secondo questi modelli, il secondo Comune avrà più abitanti del primo.

CAPITOLO 19
STATISTICA BIVARIATA

1 Introduzione alla statistica bivariata

La statistica bivariata si occupa di fare rilevazioni contemporaneamente su due diversi caratteri di una stessa popolazione e analizzare le loro eventuali relazioni. Come per la statistica univariata il primo passo è l'organizzazione dei dati.

■ Distribuzioni congiunte   ▶ Esercizi a p. 973

Supponiamo che su un gruppo di 13 ragazzi siano stati registrati i seguenti voti in italiano e matematica. Raggruppiamo i dati in una **tabella composta**: nella prima riga riportiamo i ragazzi, nella seconda e nella terza i voti nelle due materie.

Studente	1	2	3	4	5	6	7	8	9	10	11	12	13
Matematica	6	6	6	6	6	7	8	8	6	6	7	8	7
Italiano	6	7	7	6	6	6	8	6	6	7	7	9	8

Voto in matematica \ Voto in italiano	6	7	8	9	Totale
6	4	3	0	0	7
7	1	1	1	0	3
8	1	0	1	1	3
Totale	6	4	2	1	13

Anche in questo caso possiamo riassumere i dati evidenziando le frequenze con una **tabella a doppia entrata**: mettiamo nella prima riga e nella prima colonna le modalità dei due caratteri «Voto in italiano» e «Voto in matematica» e in ogni casella interna il numero di ragazzi che hanno ottenuto contemporaneamente i vari voti. Otteniamo la tabella a fianco.

Questa tabella permette di conoscere quanti sono gli alunni che hanno un determinato voto in italiano e in matematica, ma anche di leggere immediatamente quanti sono gli alunni che hanno un certo voto in matematica e contemporaneamente un altro voto in italiano. Se vogliamo sapere, per esempio, quanti studenti hanno 7 in matematica e 6 in italiano, troviamo 1 all'incrocio fra la terza riga e la seconda colonna.

La tabella ottenuta rappresenta la **distribuzione congiunta delle frequenze** dei due caratteri, cioè dell'insieme delle frequenze delle modalità di ciascuna coppia ordinata che ha come primo elemento una modalità del primo carattere e come secondo elemento una modalità del secondo carattere. Tali frequenze si chiamano **frequenze congiunte** o **interne**.

Quando entrambe le modalità sono quantitative si hanno **tabelle di correlazione**, se sono entrambe qualitative **tabelle di contingenza** e se una modalità è qualitativa e l'altra quantitativa **tabelle miste**.

Paragrafo 1. Introduzione alla statistica bivariata

Se consideriamo separatamente le modalità della prima colonna con i relativi totali esposti nell'ultima colonna, o le modalità della prima riga con i relativi totali dell'ultima riga, otteniamo due distribuzioni semplici (riportate nelle tabelle seguenti) che si chiamano **distribuzioni marginali**. Sono le distribuzioni che i due caratteri avrebbero se fossero rilevati singolarmente.

Voto in matematica	Numero alunni
6	7
7	3
8	3
Totale	13

Voto in italiano	Numero alunni
6	6
7	4
8	2
9	1
Totale	13

Supponiamo di voler conoscere la distribuzione dei voti di matematica tra i soli alunni che hanno ottenuto 7 in italiano. È sufficiente considerare, della tabella dei voti, solo la prima e la terza colonna, cioè la colonna delle modalità del carattere «Voto in matematica» e la colonna delle corrispondenti frequenze sotto la modalità «Voto in italiano = 7». Questa nuova tabella è la *distribuzione del carattere «Voto in matematica» condizionato alla modalità «Voto in italiano uguale a 7»*.

In generale, si chiama **distribuzione condizionata** di un carattere rispetto a una modalità di un altro carattere quella che, fissata la modalità del secondo carattere, associa a tutte le modalità del carattere in osservazione le corrispondenti frequenze assolute.

Voto in italiano / Voto in matematica	6	7	8	9	Totale
6	4	3	0	0	7
7	1	1	1	0	3
8	1	0	1	1	3
Totale	6	4	2	1	13

Possiamo invertire i ruoli dei due caratteri semplicemente scambiando le righe con le colonne.

Delle distribuzioni congiunte e marginali possiamo calcolare le frequenze relative calcolando i rapporti fra le frequenza assolute rispettivamente congiunte e marginali e il numero complessivo di unità della popolazione.

	6	7	8	9	Totale
6	$\frac{4}{13}$	$\frac{3}{13}$	0	0	$\frac{7}{13}$
7	$\frac{1}{13}$	$\frac{1}{13}$	$\frac{1}{13}$	0	$\frac{3}{13}$
8	$\frac{1}{13}$	0	$\frac{1}{13}$	$\frac{1}{13}$	$\frac{1}{13}$
Totale	$\frac{6}{13}$	$\frac{4}{13}$	$\frac{2}{13}$	$\frac{1}{13}$	1

Per calcolare le frequenze relative di una distribuzione condizionata, invece, ciascuna frequenza assoluta deve essere divisa per il totale della colonna o della riga corrispondente alla modalità rispetto a cui si condiziona. Nelle due tabelle della pagina seguente abbiamo calcolato le distribuzioni condizionate rispetto a tutte le modalità del carattere «Voto in italiano» e le distribuzioni condizionate rispetto a tutte le modalità del carattere «Voto in matematica».

MATEMATICA INTORNO A NOI

Fattori di rischio
I virus sono spesso i responsabili dei nostri malanni. Per indicare la causa presunta di una malattia si parla anche di fattore di rischio...

▶ Com'è possibile cercare eventuali correlazioni tra un fattore di rischio e una malattia?

▭ La risposta

► Con riferimento alla tabella a fianco, qual è la frequenza relativa dei ragazzi che hanno preso 8 in matematica tra quelli che hanno preso 8 in italiano?

	Fissato 6	Fissato 7	Fissato 8	Fissato 9	Totale
6	$\frac{4}{6}$	$\frac{3}{4}$	0	0	$\frac{7}{13}$
7	$\frac{1}{6}$	$\frac{1}{4}$	$\frac{1}{2}$	0	$\frac{3}{13}$
8	$\frac{1}{6}$	0	$\frac{1}{2}$	1	$\frac{3}{13}$
Totale	1	1	1	1	1

► Con riferimento alla tabella a fianco, qual è la frequenza relativa dei ragazzi che hanno preso 6 in italiano tra quelli che hanno preso 7 in matematica?

	6	7	8	9	Totale
Fissato 6	$\frac{4}{7}$	$\frac{3}{7}$	0	0	1
Fissato 7	$\frac{1}{3}$	$\frac{1}{3}$	$\frac{1}{3}$	0	1
Fissato 8	$\frac{1}{3}$	0	$\frac{1}{3}$	$\frac{1}{3}$	1
Totale	$\frac{6}{13}$	$\frac{4}{13}$	$\frac{2}{13}$	$\frac{1}{13}$	1

■ Indipendenza e dipendenza

► Esercizi a p. 975

Consideriamo i caratteri X e Y, le cui frequenze congiunte sono riportate nella tabella di sinistra, e calcoliamo le frequenze relative delle distribuzioni condizionate rispetto alle modalità del carattere Y (tabella di destra).

Y \ X	y_1	y_2	y_3	Totale
x_1	15	25	20	60
x_2	75	125	100	300
x_3	60	100	80	240
Totale	150	250	200	600

Y \ X	Fissato y_1	Fissato y_2	Fissato y_3	Totale
x_1	0,1	0,1	0,1	0,1
x_2	0,5	0,5	0,5	0,5
x_3	0,4	0,4	0,4	0,4
Totale	1	1	1	1

Osserviamo che tutte le distribuzioni condizionate presentano la stessa sequenza di frequenze relative. Ciò evidenzia il fatto che condizionare il carattere X a una qualunque modalità del carattere Y non influisce sulla distribuzione di X. Si dice in questo caso che il carattere X è **indipendente** dal carattere Y.

È facile verificare che se condizioniamo Y rispetto alle modalità di X otteniamo, di nuovo, la stessa sequenza di frequenze relative in tutte le righe, quindi anche Y è indipendente dal carattere X.

Possiamo perciò dire che i caratteri X e Y sono simmetricamente indipendenti.

Se due caratteri non sono indipendenti, diciamo che sono **dipendenti**.

Osserviamo meglio la tabella sopra di sinistra. Notiamo che

$$15 = \frac{60 \cdot 150}{600}, \quad 25 = \frac{60 \cdot 250}{600}, \quad 20 = \frac{60 \cdot 200}{600}, \quad 75 = \frac{300 \cdot 150}{600}$$

e così via.

Possiamo dire che, quando due caratteri sono indipendenti, ogni frequenza congiunta è il prodotto del totale della sua riga con il totale della sua colonna diviso per il numero di osservazioni.

Questo vale anche con le frequenze congiunte relative: in tal caso ogni frequenza relativa congiunta è uguale al prodotto delle corrispondenti frequenze marginali relative (tabella a fianco).

Y \ X	y_1	y_2	y_3	Totale
x_1	0,025	0,042	0,033	0,1
x_2	0,125	0,208	0,167	0,5
x_3	0,1	0,167	0,133	0,4
Totale	0,25	0,417	0,333	1

Indice χ^2

Nelle indagini reali è altamente improbabile ottenere delle frequenze congiunte che soddisfino esattamente la condizione di indipendenza, anche se i due caratteri sono indipendenti in modo evidente. L'indice χ^2 permette di valutare il grado di indipendenza in questi casi.

Consideriamo i generi di romanzo preferiti da un gruppo di ragazzi e ragazze.

Sesso \ Generi	Avventura	Storico	Giallo	Totale
Maschi	20	5	25	50
Femmine	45	10	15	70
Totale	65	15	40	120

Mantenendo gli stessi valori totali di ogni riga e colonna, possiamo costruire una tabella teorica nella quale si ha perfetta indipendenza, in cui cioè ogni frequenza congiunta si ottiene moltiplicando il totale della sua riga per il totale della sua colonna e dividendo poi il prodotto per il totale delle osservazioni.

Sesso \ Generi	Avventura	Storico	Giallo	Totale
Maschi	27,08	6,25	16,67	50
Femmine	37,92	8,75	23,33	70
Totale	65	15	40	120

Per ogni coppia di modalità la differenza tra la frequenza assoluta rilevata e la corrispondente frequenza assoluta teorica si chiama **contingenza**.
Per comodità esponiamo il loro valore in tabella.

Sesso \ Generi	Avventura	Storico	Giallo
Maschi	− 7,08	− 1,25	8,33
Femmine	7,08	1,25	− 8,33

Più le frequenze teoriche sono «vicine» alle frequenze reali, cioè più le contingenze sono, in valore assoluto, vicine a 0, più ci aspettiamo indipendenza tra i caratteri in osservazione. L'**indice χ^2**, cioè la somma dei rapporti tra il quadrato di ogni contingenza e la relativa frequenza teorica, dà una misura di questa vicinanza e quindi dell'indipendenza. Nel nostro caso abbiamo:

$$\chi^2 = \frac{50,1264}{27,08} + \frac{1,5625}{6,25} + \frac{69,3889}{16,67} + \frac{50,1264}{37,92} + \frac{1,5625}{8,75} + \frac{69,3889}{23,33} \simeq 10,7383.$$

L'indice χ^2 vale 0 in caso di perfetta indipendenza, essendo nulle tutte le contingenze, e cresce al crescere delle contingenze e del numero di osservazioni. L'indipendenza tra due caratteri, però, non dipende dal numero delle osservazioni e quindi nemmeno l'indice da utilizzare per valutarla dovrebbe dipenderne. Per questo si utilizza il seguente indice C, detto χ^2 **normalizzato**:

$$C = \frac{\chi^2}{N \cdot (h-1)},$$

dove N è il numero totale delle osservazioni e h è il valore minimo tra il numero delle righe e il numero delle colonne. Si ha che $0 \leq C \leq 1$. Nel nostro esempio:

$$C = \frac{10{,}7383}{120 \cdot (2-1)} = 0{,}089.$$

2 Regressione

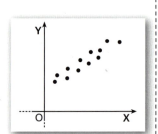

Consideriamo due variabili X e Y, cioè due caratteri quantitativi. Possiamo rappresentare le coppie dei relativi dati $(x_i; y_i)$ in un piano cartesiano: otteniamo ciò che si chiama **diagramma di dispersione** o **nuvola di punti** (figura a fianco).

Vogliamo trovare una funzione matematica $y = f(x)$, detta **funzione interpolante**, che permetta di rappresentare il legame tra i due caratteri. Il grafico di tale funzione avrà punti «vicini» alle coppie di dati rilevati e potrebbe passare per alcuni di essi.

■ Funzione interpolante lineare ▶ Esercizi a p. 976

La funzione lineare $y = ax + b$ è la più semplice delle possibili funzioni interpolanti, ma anche quella più usata. Fra tutte le funzioni lineari che passano fra i punti del diagramma di dispersione, la migliore è quella che:

- passa per il punto $(\overline{x}; \overline{y})$, detto **baricentro** della distribuzione, dove $\overline{x}$ e $\overline{y}$ sono le medie dei valori che le variabili X e Y assumono;
- rende nulla la somma delle differenze tra i valori rilevati y_i e i valori $f(x_i)$ calcolati con la retta interpolante;
- rende minima la somma dei quadrati delle differenze del punto precedente.

Quest'ultima caratteristica dà il nome al procedimento per determinare la retta, che si chiama perciò **metodo dei minimi quadrati**.

Per cercare la forma analitica dell'equazione della retta interpolante, scriviamo la retta generica passante per $(\overline{x}; \overline{y})$:

$$y - \overline{y} = a(x - \overline{x}).$$

Il valore di a viene determinato in modo da soddisfare la condizione dei minimi quadrati. Si può dimostrare che la formula per trovare a è la seguente:

$$a = \frac{\sum_{i=1}^{n}(x_i - \overline{x})(y_i - \overline{y})}{\sum_{i=1}^{n}(x_i - \overline{x})^2},$$

dove $x_i - \overline{x}$ e $y_i - \overline{y}$ sono gli scarti dei valori dati rispetto al valore medio e n è il numero di punti.

Paragrafo 2. Regressione

Ricordiamo che:

$$\bar{x} = \frac{\sum_{i=1}^{n} x_i}{n}, \quad \bar{y} = \frac{\sum_{i=1}^{n} y_i}{n},$$

dove $\sum_{i=1}^{n}$ si legge «sommatoria per i che va da 1 a n» e serve per indicare una somma di termini. Per esempio, nel nostro caso,

$$\sum_{i=1}^{n} x_i = x_1 + x_2 + \ldots + x_n$$

e

$$\sum_{i=1}^{n}(x_i - \bar{x})(y_i - \bar{y}) = (x_1 - \bar{x})(y_1 - \bar{y}) + (x_2 - \bar{x})(y_2 - \bar{y}) + \ldots + (x_n - \bar{x})(y_n - \bar{y}).$$

ESEMPIO Animazione

Il fatturato di un'industria nei primi 5 anni di attività è il seguente.

Anni (X)	1	2	3	4	5
Migliaia di euro (Y)	3456	3769,5	4126,5	4182	4408,5

Determiniamo la retta che interpola questi dati. Dopo aver calcolato $\bar{x}$ e $\bar{y}$,

$$\bar{x} = \frac{\sum x_i}{n} = \frac{15}{5} = 3, \quad \bar{y} = \frac{\sum y_i}{n} = \frac{19942,5}{5} = 3988,5,$$

compiliamo le colonne di $x'_i = x_i - \bar{x}$ e $y'_i = y_i - \bar{y}$ e poi quelle di $x'_i y'_i$ e $(x'_i)^2$.

x_i	y_i	$x'_i = x_i - \bar{x}$	$y'_i = y_i - \bar{y}$	$x'_i y'_i$	$(x'_i)^2$
1	3456	-2	$-532,5$	1065	4
2	3769,5	-1	-219	219	1
3	4126,5	0	138	0	0
4	4182	1	193,5	193,5	1
5	4408,5	2	420	840	4
$\sum$ 15	19942,5			2317,5	10
$\bar{x} = 3$	$\bar{y} = 3988,5$				

I valori ottenuti permettono di calcolare a:

$$a = \frac{\sum x'_i y'_i}{\sum x'^2_i} = \frac{2317,5}{10} = 231,75.$$

Poiché l'equazione della retta interpolante è $y - \bar{y} = a(x - \bar{x})$, sostituendo otteniamo $y - 3988,5 = 231,75 \cdot (x - 3) \rightarrow y = 231,75x + 3293,25$.

Questa relazione ci dice che secondo questo modello il fatturato y in media aumenta ogni anno di 231,75 migliaia di euro e che teoricamente l'anno successivo il fatturato sarà pari a $231,75 \cdot 6 + 3293,25 = 4683,75$ migliaia di euro.

▶ Carlo ha messo in un conto deposito € 1100 il primo mese, € 1000 il secondo e € 1200 il terzo. In base alla funzione interpolante lineare, quanto metterà sul conto deposito nel sesto mese?

[€ 1300]

 Animazione

■ Regressione lineare

▶ Esercizi a p. 978

La retta interpolante che abbiamo appena considerato è detta **retta di regressione di Y su X** e il coefficiente a è il **coefficiente di regressione di Y su X**.
Con lo stesso procedimento possiamo calcolare la retta di regressione di X su Y.

Anche questa retta passa per il punto $(\bar{x}; \bar{y})$ e il coefficiente b di regressione di X su Y è dato dalla formula:

$$b = \frac{\sum_{i=1}^{n}(x_i - \bar{x})(y_i - \bar{y})}{\sum_{i=1}^{n}(y_i - \bar{y})^2}.$$

Quindi la retta di regressione di X su Y ha equazione:

$$x - \bar{x} = b(y - \bar{y}) \quad \rightarrow \quad y = \frac{1}{b}x - \frac{\bar{x}}{b} + \bar{y}.$$

ESEMPIO Animazione

La tabella riporta il reddito di cinque dipendenti di un'industria e le relative spese per le ferie.

Dipendenti	Reddito mensile (in migliaia di euro)	Spese annuali per le ferie (in migliaia di euro)
Annovi	1,1	0,89
Bertini	1,65	1,07
Cocci	1,92	1,78
Dondi	2,75	2,23
Ellani	3,57	2,5

Chiamiamo X la variabile relativa al reddito e Y quella relativa alle spese. Determiniamo la retta di regressione di Y rispetto a X. Svolgendo i calcoli si ottiene, mediante il baricentro della distribuzione:

$$y - 1{,}694 = 0{,}69028(x - 2{,}198),$$
$$y = 0{,}69028x + 0{,}17677.$$

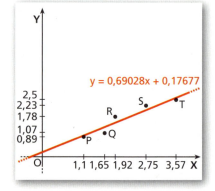

Analogamente, possiamo determinare la retta di regressione di X su Y. Svolti i calcoli si ottiene:

$$x = 1{,}31433y - 0{,}02848,$$

cioè

$$y = 0{,}76084x + 0{,}02167.$$

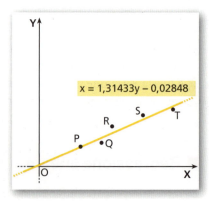

Confrontando le equazioni delle due rette di regressione notiamo che passano entrambe per lo stesso punto di coordinate $(2{,}198;\ 1{,}694)$, che è proprio il baricentro della distribuzione.

Paragrafo 2. Regressione

▶ La tabella riporta le età di cinque intervistati e il loro reddito annuo, in euro.

Età (X)	25	30	32	37	40
Reddito (Y)	3600	15000	17000	18000	20000

Trova le rette di regressione di Y su X e di X su Y.

$$[y - 14\,720 = 979{,}25(x - 32{,}8);\ x - 32{,}8 = 0{,}0008(y - 14\,720)]$$

Coefficienti di regressione

Il coefficiente angolare a della prima retta dell'esempio, cioè il **coefficiente di regressione di Y su X**, indica quanto varia la variabile Y al variare di un'unità di X. Nell'esempio, il coefficiente di regressione di Y su X è 0,69028.
Si può quindi ipotizzare che, se il reddito mensile aumenta di 1 euro, la predisposizione delle famiglie è di aumentare di circa 0,69 euro le spese annuali per le ferie.
Analogamente, il coefficiente b della seconda retta dell'esempio, cioè il **coefficiente di regressione di X su Y**, indica quanto varia X al variare di un'unità di Y.
Nell'esempio il coefficiente è 1,31433: si può pensare che, se le spese per ferie sono aumentate di 1 euro, le famiglie hanno avuto un aumento di reddito di 1,31 euro.

Osserviamo che le formule dei coefficienti a e b hanno lo stesso numeratore e a denominatore una quantità sicuramente positiva: i due coefficienti, perciò, sono sempre concordi. Inoltre a è il coefficiente angolare della retta di regressione di Y su X, mentre il coefficiente angolare della retta di regressione di X su Y è $\frac{1}{b}$.

Possiamo quindi affermare che i coefficienti angolari delle due rette di regressione sono sempre concordi, se sono positivi indicano che le rette hanno andamento crescente e se sono negativi indicano un andamento decrescente. Nel nostro esempio, questo fa capire che se aumenta il reddito, aumentano le spese per le ferie e, viceversa, se aumentano le spese per le ferie vuol dire che è aumentato lo stipendio in modo lineare.

In generale:
- se $a > 0$, Y aumenta all'aumentare di X;
- se $a < 0$, Y diminuisce all'aumentare di X;
- se $a = 0$, Y non dipende da X.

Regressione e angolo fra le rette di regressione

Consideriamo la situazione espressa nella tabella relativa al prezzo di un prodotto e alla sua richiesta sul mercato.

Prezzo in euro (X)	28	31,2	36	42	44,8	61,6
Numero articoli richiesti (Y)	7840	7672	7560	7280	7168	6496

Determiniamo le rette di regressione con il metodo dei minimi quadrati. Otteniamo, con il solito procedimento:

$$y - 7336 = -39{,}737 \cdot (x - 40{,}6),$$
$$x - 40{,}6 = -0{,}025 \cdot (y - 7336).$$

Le rappresentiamo in un grafico. Notiamo che le rette approssimativamente coincidono. Com'è noto in economia, c'è un legame tra domanda e prezzo di un prodotto e questo legame è lineare.

Video

Cefeidi Le cefeidi sono stelle la cui luminosità varia periodicamente: quelle più luminose hanno periodi maggiori.

▶ Qual è la legge che lega queste due quantità?

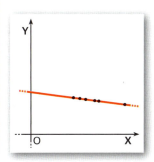

Capitolo 19. Statistica bivariata

In generale, considerate le due rette di regressione di Y su X e di X su Y, rispetto all'angolo acuto che si forma fra di esse si può dire che:

- più l'angolo è piccolo, migliore è il grado di approssimazione dei dati da parte delle due rette;
- se l'angolo è retto, non c'è relazione lineare fra le due variabili;
- se l'angolo è nullo, vale a dire se le due rette coincidono, diciamo che la regressione è **perfetta**; in questo caso le coppie di valori dei dati appartengono tutti alla retta.

Dire che non c'è relazione lineare non vuol dire che non ci sia relazione tra i due caratteri; vuol solo dire che il modello di regressione lineare non è adeguato.
La teoria della correlazione ci aiuta in tale valutazione.

3 Correlazione

▶ Esercizi a p. 979

La **teoria della correlazione** si occupa di stabilire se fra due variabili esiste un legame e, in caso affermativo, di esprimerlo con un numero che misuri quanto e come una variabile dipende dall'altra.

Covarianza

Date n coppie $(x_i; y_i)$ di una rilevazione statistica su due variabili X e Y, possiamo calcolare le medie di ciascuna variabile.

$$\overline{x} = \frac{\sum x_i}{n} \quad \text{e} \quad \overline{y} = \frac{\sum y_i}{n}.$$

Ricaviamo, poi, tutti gli scarti $x'_i = x_i - \overline{x}$ e $y'_i = y_i - \overline{y}$ dai valori medi $\overline{x}$ e $\overline{y}$.

Listen to it

Given n pairs $(x_i; y_i)$ of values for two statistical variables X and Y, the **covariance** is defined as $\sigma_{XY} = \frac{\sum x'_i y'_i}{n}$, where x'_i is the difference between x_i and the mean value of X and y'_i is the difference between y_i and the mean value of Y.

> **DEFINIZIONE**
> La **covarianza** di X e di Y è la media dei prodotti degli scarti, ossia la quantità
> $$\sigma_{XY} = \frac{\sum x'_i y'_i}{n}.$$

La covarianza è utile per studiare il grado di relazione tra due variabili.
Le rilevazioni riguardanti due variabili X e Y sono riportate nelle prime due colonne della tabella della pagina successiva.
Determiniamo la covarianza di X e di Y. Nella tabella abbiamo calcolato gli scarti e i loro prodotti dopo aver determinato i valori medi:

$$\overline{x} = \frac{105}{20} = 5{,}25 \quad \text{e} \quad \overline{y} = \frac{66}{20} = 3{,}3.$$

Otteniamo $\sigma_{XY} = \dfrac{\sum x'_i y'_i}{n} = \dfrac{32{,}5}{20} = 1{,}625.$

Rappresentiamo i dati su un piano cartesiano e sullo stesso le rette $x = \overline{x}$ e $y = \overline{y}$.
Queste rette dividono il diagramma di dispersione in quattro regioni che chiamiamo rispettivamente $\alpha, \beta, \delta, \gamma$. Dalla figura possiamo rilevare che le regioni opposte α e δ contengono più punti e le altre β e γ meno punti. Ciò accade ogni volta che la covarianza è positiva.

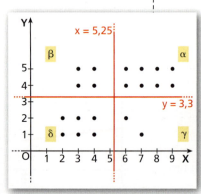

x_i	y_i	x_i'	y_i'	$x_i'y_i'$
6	4	0,75	0,7	0,525
6	5	0,75	1,7	1,275
7	4	1,75	0,7	1,225
7	5	1,75	1,7	2,975
8	4	2,75	0,7	1,925
8	5	2,75	1,7	4,675
9	4	3,75	0,7	2,625
9	5	3,75	1,7	6,375
2	1	−3,25	−2,3	7,475
2	2	−3,25	−1,3	4,225
3	1	−2,25	−2,3	5,175
3	2	−2,25	−1,3	2,925
4	1	−1,25	−2,3	2,875
4	2	−1,25	−1,3	1,625
3	4	−2,25	0,7	−1,575
3	5	−2,25	1,7	−3,825
4	4	−1,25	0,7	−0,875
4	5	−1,25	1,7	−2,125
6	2	0,75	−1,3	−0,975
7	1	1,75	−2,3	−4,025
Σ 105	66	0	0	32,5

In generale, è vero quanto segue.

- Se $\sigma_{XY} > 0$, nelle regioni α e δ in cui il diagramma di dispersione è diviso dalle rette $x = \bar{x}$ e $y = \bar{y}$, abbiamo più punti che nelle altre due regioni β e γ. Questo significa che all'aumentare di una variabile, aumenta in media anche l'altra.

- Se $\sigma_{XY} < 0$, nelle regioni β e γ abbiamo più punti che nelle altre due regioni α e δ. All'aumentare di una variabile, diminuisce in media l'altra.

- Se $\sigma_{XY} = 0$, fra le due variabili non c'è dipendenza lineare.

Capitolo 19. Statistica bivariata

Coefficiente di Bravais-Pearson

Per misurare il grado di dipendenza o correlazione lineare delle variabili X e Y, usiamo un indice che prende il nome di **coefficiente di correlazione lineare di Bravais-Pearson** e che indichiamo con la lettera r. Questo indice vale:

$$r = \frac{\sigma_{XY}}{\sigma_X \cdot \sigma_Y}, \quad \text{cioè} \quad r = \frac{\sum (x_i - \overline{x})(y_i - \overline{y})}{\sqrt{\sum (x_i - \overline{x})^2 \sum (y_i - \overline{y})^2}}.$$

Ricordiamo che con σ_{XY} abbiamo indicato la covarianza, mentre

$$\sigma_X = \sqrt{\frac{\sum (x_i - \overline{x})^2}{n}} \quad \text{e} \quad \sigma_Y = \sqrt{\frac{\sum (y_i - \overline{y})^2}{n}}$$

sono le **deviazioni standard** di X e di Y.

Poiché le deviazioni standard sono positive, il coefficiente di Bravais-Person ha lo stesso segno della covarianza. Ha però il vantaggio di essere un numero puro, cioè senza dimensioni, e di essere sempre compreso tra -1 e 1. Per questo non risente né delle unità di misura di X e di Y né dell'ordine di grandezza dei due caratteri.

In generale, possiamo quindi affermare che valgono i seguenti fatti.

- Se $0 < r < 1$, la correlazione lineare è **diretta** o **positiva**, cioè all'aumentare di X aumenta in media anche Y.
- Se $-1 < r < 0$, la correlazione lineare è **inversa** o **negativa**, cioè all'aumentare di X diminuisce in media Y.
- Se $r = 1$, la correlazione lineare è **perfetta diretta**, cioè tutti i punti del diagramma di dispersione appartengono alla retta di regressione che è crescente.
- Se $r = -1$, la correlazione lineare è **perfetta inversa**, cioè tutti i punti del diagramma di dispersione appartengono alla retta di regressione che è decrescente.
- Se $r = 0$, non esiste correlazione lineare.

Dire che non c'è correlazione lineare non vuol dire che non ci sia correlazione; può esistere ma di altro tipo.

Confrontiamo le conclusioni a cui arriviamo con le rette di regressione e quelle a cui arriviamo con il coefficiente di Bravais-Pearson.
Ricordando le espressioni dei coefficienti di regressione, possiamo scrivere che:

$$a \cdot b = \frac{\left[\sum (x_i - \overline{x})(y_i - \overline{y})\right]^2}{\sum (x_i - \overline{x})^2 \sum (y_i - \overline{y})^2} = r^2.$$

Quindi, se conosciamo i coefficienti di regressione, possiamo più semplicemente calcolare il coefficiente di correlazione con la formula:

$$r = \pm \sqrt{a \cdot b}.$$

r va scelto con il segno $+$ se i due coefficienti sono positivi, con il segno $-$ se i due coefficienti sono negativi. Si ricava inoltre che:

$$a = r \frac{\sigma_Y}{\sigma_X} \quad \text{e} \quad b = r \frac{\sigma_X}{\sigma_Y}.$$

Consideriamo allora una nuvola di punti, la retta di regressione di Y su X

$$y = ax - a\overline{x} + \overline{y},$$

la retta di regressione di X su Y $y = \frac{1}{b} x - \frac{\overline{x}}{b} + \overline{y}$ e valutiamo i vari casi.

Caso a. $r = -1$, cioè $-\sqrt{ab} = -1$: ciò vuol dire che i due coefficienti a e b hanno segno negativo e il loro prodotto è uguale a 1. Quindi $a = \dfrac{1}{b}$. Le rette di regressione di Y su X e di X su Y sono parallele e passano per uno stesso punto: le due rette, dunque coincidono e c'è correlazione perfetta inversa.

Correlazione perfetta inversa.

Caso b. $r = 1$, cioè $\sqrt{ab} = 1$: ciò vuol dire che i due coefficienti a e b hanno segno positivo e il loro prodotto è uguale a 1. Quindi $a = \dfrac{1}{b}$. Le rette di regressione di Y su X e di X su Y sono parallele e passano per uno stesso punto: le due rette dunque coincidono e c'è correlazione perfetta diretta.

Correlazione perfetta diretta.

Caso c. $r = 0$, cioè $\sqrt{ab} = 0$. Osservato che i numeratori delle formule per calcolare a e b sono uguali, se uno dei due coefficienti è uguale a 0, allora lo è anche l'altro, ovvero $ab = 0$ se e solo se $a = 0$ e $b = 0$. Considerando le rette di regressione, ciò vuol dire che una è orizzontale e l'altra è verticale, cioè sono perpendicolari: dunque non esiste correlazione lineare, il che vuol dire che non esiste correlazione, oppure esiste ma non è di tipo lineare.

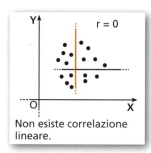
Non esiste correlazione lineare.

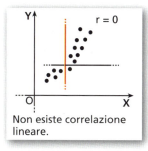
Non esiste correlazione lineare.

Caso d. $0 < r < 1$ oppure $-1 < r < 0$. Il prodotto dei coefficienti non è né 0 né in valore assoluto uguale a 1. Le rette di regressione non coincidono, né sono perpendicolari. Le rette formano quindi un angolo compreso tra 0° e 90° e i loro coefficienti angolari hanno segno concorde. Se il segno di entrambi è positivo c'è correlazione diretta, se il segno è negativo c'è correlazione inversa.

Correlazione diretta o positiva.

Correlazione inversa o negativa.

Capitolo 19. Statistica bivariata

IN SINTESI
Statistica bivariata

■ Introduzione alla statistica bivariata

- **Dati bivariati**: dati riguardanti un fenomeno statistico descritto da due variabili X e Y, rilevati mediante coppie ordinate $(x_i; y_i)$.
  Le frequenze di ogni coppia di dati, dette **frequenze congiunte**, possono essere rappresentate in una tabella **a doppia entrata**.
  Due caratteri sono **indipendenti** se nella tabella a doppia entrata ogni frequenza congiunta è il prodotto del totale della sua riga per il totale della sua colonna diviso per il numero di osservazioni.
- La differenza tra una frequenza assoluta rilevata e la corrispondente frequenza assoluta teorica si chiama **contingenza**.
- L'**indice χ^2** (**chi quadrato**) è la somma dei rapporti fra il quadrato di ogni contingenza e la relativa frequenza teorica. χ^2 vale 0 in caso di perfetta indipendenza.

■ Regressione

La **regressione** si occupa dell'individuazione di un legame tra due variabili statistiche X e Y. Può essere **di X su Y** o **di Y su X**.
La retta di regressione di Y su X ha equazione $y - \overline{y} = a(x - \overline{x})$, quella di X su Y $x - \overline{x} = b(y - \overline{y})$, con

$$a = \frac{\sum_{i=1}^{n}(x_i - \overline{x})(y_i - \overline{y})}{\sum_{i=1}^{n}(x_i - \overline{x})^2}, \quad b = \frac{\sum_{i=1}^{n}(x_i - \overline{x})(y_i - \overline{y})}{\sum_{i=1}^{n}(y_i - \overline{y})^2},$$

dove $\overline{x}$ e $\overline{y}$ sono i valori medi rispettivamente di x e y.
Considerato l'angolo che si forma fra le due rette di regressione di Y su X e di X su Y, possiamo dire che:
- più l'angolo è piccolo, migliore è il grado di approssimazione dei dati da parte delle due rette;
- se l'angolo è retto, non c'è dipendenza lineare fra le due variabili;
- se l'angolo è nullo, vale a dire se le due rette coincidono, diciamo che la regressione è **perfetta**; in questo caso le coppie di valori dei dati individuano punti che appartengono tutti alla retta.

■ Correlazione

- Diamo il nome di **covarianza di X e di Y** alla quantità:

$$\sigma_{XY} = \frac{\sum(x_i - \overline{x})(y_i - \overline{y})}{n}, \text{ dove } x_i - \overline{x} \text{ e } y_i - \overline{y} \text{ sono gli scarti dai valori medi } \overline{x} \text{ e } \overline{y}.$$

- Se $\sigma_{XY} > 0$, all'aumentare di una variabile, aumenta in media anche l'altra.
- Se $\sigma_{XY} < 0$, all'aumentare di una variabile, diminuisce in media l'altra.
- Se $\sigma_{XY} = 0$, non c'è dipendenza lineare tra le variabili.
- Mediante la **correlazione** vogliamo esprimere il legame che c'è tra due variabili statistiche X e Y con un indice che prende il nome di **coefficiente di correlazione lineare di Bravais-Pearson**. Questo indice vale:

$$r = \frac{\sigma_{XY}}{\sigma_X \cdot \sigma_Y}, \quad \text{cioè } r = \frac{\sum(x_i - \overline{x})(y_i - \overline{y})}{\sqrt{\sum(x_i - \overline{x})^2 \sum(y_i - \overline{y})^2}}, \text{ dove } \sigma_X \text{ e } \sigma_Y \text{ sono le deviazioni standard.}$$

- Se $0 < r < 1$, la correlazione è **diretta** o **positiva**, cioè all'aumentare di X aumenta in media anche Y.
- Se $-1 < r < 0$, la correlazione è **inversa** o **negativa**, cioè all'aumentare di X diminuisce in media Y.
- Se $r = 1$, la correlazione è **perfetta diretta**, cioè tutti i punti del diagramma di dispersione appartengono alla retta di regressione che è crescente.
- Se $r = -1$, la correlazione è **perfetta inversa**, cioè tutti i punti del diagramma di dispersione appartengono alla retta di regressione che è decrescente.
- Se $r = 0$, non esiste correlazione lineare.

CAPITOLO 19
ESERCIZI

1 Introduzione alla statistica bivariata

Distribuzioni congiunte
▶ Teoria a p. 960

1 Compila una tabella a doppia entrata. Considera gli accompagnatori turistici di un'agenzia che conoscono ciascuno due lingue straniere. Si hanno le seguenti coppie ordinate dove la prima lingua è quella del Paese di origine: (francese; inglese), (francese; spagnolo), (francese; tedesco), (tedesco; inglese), (tedesco; francese), (francese; inglese), (inglese; tedesco), (spagnolo; inglese), (inglese; francese), (francese; tedesco).

2 Raggruppa i seguenti dati in classi, compila una tabella a doppia entrata e determina le distribuzioni marginali e condizionate. Verifica che le due modalità sono dipendenti. Considera un campione di 30 pezzi meccanici prodotti da una macchina che possono essere difettosi nel peso o nella lunghezza. Si hanno le seguenti coppie ordinate di dati, dove il primo valore indica il peso in grammi e il secondo la lunghezza in cm:
(123; 56), (122; 55), (122; 55), (123; 55), (120; 56), (123; 57), (122; 55), (122; 56), (122; 54), (124; 57), (125; 55), (122; 54), (123; 58), (123; 54), (125; 55), (121; 52), (122; 55), (123; 56), (125; 56), (126; 57), (122; 56), (123; 54), (124; 55), (122; 55), (123; 56), (123; 57), (123; 56), (122; 57), (123; 57), (123; 55).

3 **VERO O FALSO?** Osserva la tabella in cui sono riportate le preferenze, divise per sesso, dei luoghi di vacanza.

Sesso \ Luogo di vacanza	Mare	Montagna	Città	Totale
Uomini	7	2	3	12
Donne	5	4	4	13
Totale	12	6	7	25

a. La popolazione analizzata è di 25 persone.   V   F
b. La frequenza relativa congiunta della coppia (Uomini; Mare) è $\frac{7}{12}$.   V   F
c. La distribuzione del carattere «Luogo di vacanza» condizionato alla modalità «Donne» è la seguente.   V   F

	Mare	Montagna	Città	Totale
Donne	5	4	4	13

d. La frequenza relativa della modalità «Città» condizionata alla modalità «Donne» è $\frac{4}{7}$.   V   F

4 La seguente tabella riporta il risultato di un'indagine sull'attività sportiva praticata da alcune persone.

Sesso \ Sport	Atletica	Calcio	Sci	Tennis	Altro	Nessuno sport
Uomini	42	180	88	54	35	28
Donne	130	28	78	46	75	85

a. Scrivi la distribuzione del carattere «Sesso» condizionato al carattere «Atletica».
b. Quante sono le donne che praticano almeno uno sport?

Capitolo 19. Statistica bivariata

5 **COMPLETA** la tabella relativa ai mezzi di trasporto usati per recarsi al lavoro e alla distanza dal luogo di lavoro.

Mezzo \ Distanza	< 5 km	Tra 5 km e 10 km	> 10 km	Totale
Auto		6	12	
Bici	4	1		5
Treno	0	1	5	6
Totale				31

a. Che cosa indica il numero 12?
b. Che cosa indica il numero 31?

Costruisci la tabella a doppia entrata con le frequenze congiunte e marginali assolute e la tabella con le frequenze relative utilizzando i dati forniti.

6

Sesso	M	M	F	M	F	F	F	M	F	M	M	F
Laurea	S	U	S	S	U	U	S	S	U	U	S	U

S = facoltà scientifiche   U = facoltà umanistiche

7

Residenza	N	C	S	N	S	S	N	C	C	N	S	N	S	C
Numero di figli	1	3	4	2	2	1	4	3	1	1	1	2	2	2

N = Nord   C = Centro   S = Sud

Osserva le tabelle, determina le distribuzioni marginali dei due caratteri e rispondi alle domande.

8

Sesso \ Hobby	Sport	Lettura	Cucina	Giardinaggio
Uomini	28	10	8	4
Donne	20	15	17	6

a. Tra gli amanti dello sport, quante sono le donne?
b. Tra gli uomini quanti si dedicano al giardinaggio?
c. Qual è la percentuale di persone che hanno come hobby la cucina?

[a) 20; b) 4; c) 23%]

9

Età \ Ore al computer	1	2	3
10-15	21	14	8
15-20	17	25	30
20-25	5	35	25

a. Determina le distribuzioni marginali dei due caratteri.
b. Qual è la percentuale di ragazzi che passa 3 ore al giorno davanti al computer?
c. Tra coloro che passano 2 ore al giorno al computer che percentuale ha 10-15 anni?

[b) 35%; c) 19%]

Paragrafo 1. Introduzione alla statistica bivariata

Indipendenza e dipendenza

▶ Teoria a p. 962

10 **FAI UN ESEMPIO** Scrivi una tabella relativa a due caratteri X e Y in modo che abbiano entrambi due modalità, su una popolazione di 50 persone, e che i due caratteri siano indipendenti.

11 **COMPLETA** e verifica che i caratteri X e Y riportati in tabella sono indipendenti confrontando le distribuzioni condizionate di X rispetto a Y e la distribuzione marginale di X.

	y_1	y_2	y_3	Totale
x_1	14	28	42	
x_2	6	12	18	
Totale				

12 **TEST** L'indice χ^2:

A è sempre positivo.

B è nullo per caratteri indipendenti.

C può essere positivo, negativo o nullo.

D è sempre minore o uguale a 1.

E può essere negativo.

13 **RIFLETTI SULLA TEORIA** L'indice χ^2 calcolato su 10 osservazioni è pari a 0,01. Per gli stessi caratteri si fanno 1000 osservazioni e l'indice χ^2 diventa 0,3. Puoi concludere qualcosa sull'indipendenza dei caratteri?

14 La tabella riporta le frequenze assolute dei giudizi ottenuti in un test in base all'età degli studenti.

Giudizio \ Età	7-10	11-14	15-18
A	60	80	70
B	70	65	95
C	85	75	80
D	70	60	80

Calcola gli indici χ^2 e C arrotondando opportunamente le frequenze teoriche all'unità. Che cosa puoi concludere?

[$\chi^2 = 9,02$; $C = 0,005$]

15 **REALTÀ E MODELLI** **Istruzione e mondo del lavoro** Un campione di 80 dipendenti è stato esaminato sotto i caratteri «Grado di istruzione» e «Settore» in cui opera l'azienda in cui lavora.

Grado istruzione \ Settore	Industria	Commercio	Agricoltura	Altro	Totale
Scuola media	10	2	4	1	
Scuola superiore	12	31	5	0	
Laurea	15	8	2	0	
Totale					

a. Completa la tabella inserendo i totali.
b. Usando solo queste informazioni puoi dire se i due caratteri sono dipendenti o indipendenti?
c. Calcola gli indici χ^2 e C. Che cosa puoi concludere?
d. Le conclusioni a cui sei giunto attraverso gli indici χ^2 e C sono le stesse a cui eri giunto dall'analisi della tabella?

[c) $\chi^2 = 21,10$; $C = 0,1228$]

Capitolo 19. Statistica bivariata

2 Regressione

Funzione interpolante lineare

▶ Teoria a p. 964

16 **ESERCIZIO GUIDA** In un esperimento abbiamo ottenuto le seguenti coppie di valori per le variabili X e Y.

x_i	25	30	35	40	45	50
y_i	80	93	102	118	132	152

Rappresentiamo il diagramma di dispersione e determiniamo la retta interpolante.

Rappresentiamo i punti in un diagramma cartesiano.

La retta interpolante ha equazione $y = ax + b$, ottenibile con la formula $y - \bar{y} = a(x - \bar{x})$, dove

$$a = \frac{\sum(x_i - \bar{x})(y_i - \bar{y})}{\sum(x_i - \bar{x})^2}.$$

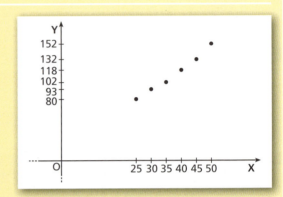

Calcoliamo i valori che servono per applicare le formule e li riportiamo nella tabella seguente.

x_i	y_i	$x_i - \bar{x}$	$y_i - \bar{y}$	$(x_i - \bar{x})(y_i - \bar{y})$	$(x_i - \bar{x})^2$	$f(x_i)$
25	80	−12,5	−32,8333	410,41625	156,25	77,6195
30	93	−7,5	−19,8333	148,74975	56,25	91,7050
35	102	−2,5	−10,8333	27,08325	6,25	105,7905
40	118	2,5	5,1667	12,91675	6,25	119,8760
45	132	7,5	19,1667	143,75025	56,25	133,9615
50	152	12,5	39,1667	489,58375	156,25	148,0470
Σ	225	677			1232,5	437,5	676,9995

$\bar{x} = \frac{225}{6} = 37,5; \quad \bar{y} = \frac{677}{6} = 112,8333.$

L'equazione della retta interpolante è:

$y = \frac{1232,5}{437,5}(x - 37,5) + 112,8333,$

$y = 2,8171x + 7,1920.$

La rappresentiamo insieme al diagramma di dispersione.

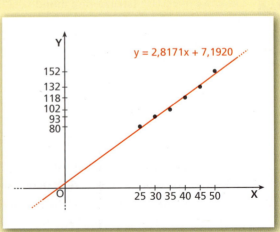

Paragrafo 2. Regressione

Rappresenta in un diagramma di dispersione i dati delle seguenti tabelle e determina l'equazione della retta di interpolazione.

17

x_i	0	1	2	3	4
y_i	3	5,4	9,9	13,5	18,9

$[y = 3,99x + 2,16]$

18

x_i	1	4	9	16	25
y_i	0,51	15,3	41,31	75,99	121,89

$[y = 5,06x - 4,66]$

19

x_i	1	2	3	4	5
y_i	37	62,9	96,2	118,4	148

$[y = 27,75x + 9,25]$

20

Tempo (s)	1	2	3	4	5
Velocità (m/s)	13,9	25,96	39,30	52,42	65,39

$[y = 12,944x + 0,562]$

21 **REALTÀ E MODELLI** **Viaggi all'estero** Nella seguente tabella sono riportati i dati (in milioni) relativi al numero di viaggi all'estero con almeno un pernottamento effettuati dagli italiani negli anni dal 2003 al 2008 (fonte: Istat).

Anno	2003	2004	2005	2006	2007	2008
Viaggi all'estero	14,6	15,8	17,8	18,1	18,9	19,8

a. Rappresenta i dati in una nuvola di punti.
b. Scrivi l'equazione della retta di interpolazione.
c. Nel 2009 i viaggi all'estero (in milioni) sono stati 17,3. Quale valore avresti invece potuto prevedere con il risultato del punto precedente?

$[b)\ y = 1,02x + 13,93;\ c) \simeq 21,1\ \text{milioni}]$

22 Nella tabella sono riportati i dati relativi al numero di persone che hanno trasferito la propria residenza dall'Italia all'estero nel quinquennio 2001-2005 (fonte: Istat).

2001	2002	2003	2004	2005
56 077	41 756	48 706	49 910	59 931

a. Rappresenta i dati in un diagramma di dispersione e congiungi i punti trovati con una spezzata.
b. Scrivi l'equazione della retta interpolante.

$[b)\ y = 1586,2x + 46517,4]$

23 Nella tabella sono riportati i dati relativi all'età e al numero di pulsazioni (al minuto) sotto sforzo, rilevati su un campione di otto donne.

Età	12	19	22	26	29	34	40	45
Pulsazioni	180	176	180	172	168	170	162	154

a. Riporta i dati in un diagramma di dispersione.
b. Scrivi l'equazione della retta di regressione della variabile *pulsazioni* rispetto alla variabile *età*.
c. Fai una previsione, in base ai dati forniti, riguardo al numero di pulsazioni sotto sforzo di una donna di 52 anni.

$[b)\ y = -0,767x + 192,014;\ c) \simeq 152]$

Capitolo 19. Statistica bivariata

Regressione lineare

▶ Teoria a p. 965

24 **ESERCIZIO GUIDA** Nella seguente tabella sono riportati la statura di cinque giovani e il relativo peso corporeo.

Ragazzo	Altezza in centimetri (X)	Peso in kilogrammi (Y)
1	171	64
2	175	68
3	177	73
4	178	75
5	180	77

Rappresentiamo i dati in un diagramma di dispersione. Stabiliamo se c'è qualche relazione di tipo lineare tra le due grandezze. Calcoliamo i coefficienti di regressione e ne valutiamo il significato.

L'equazione della retta di regressione di Y su X è:

$$y - 71{,}4 = 1{,}5299(x - 176{,}2)$$

e l'equazione della retta di regressione di X su Y è:

$$x - 176{,}2 = 0{,}6325 \cdot (y - 71{,}4).$$

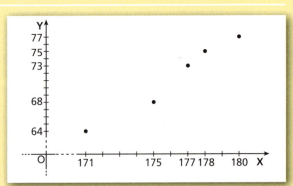

I coefficienti di regressione sono $a = 1{,}5299$ e $b = 0{,}6325$. Possiamo perciò dire che al variare di 1 cm dell'altezza il peso corporeo dei giovani varia in media di 1,5299 kilogrammi e che al variare di 1 kilogrammo del peso corporeo la statura varia in media di 0,6325 centimetri.

25 Sono dati i valori riportati in tabella.

x_i	30	48	102	168	180
y_i	30	33	42	53	55

- Rappresenta il diagramma di dispersione. Cosa osservi?
- Determina la retta di regressione della variabile X su Y e quella della variabile Y su X.
- Quanto valgono i due coefficienti di regressione? Cosa indicano?
- Determina il valore della variabile Y in corrispondenza di $x = 200$.

$$[x - 105{,}6 = 6(y - 42{,}6);$$
$$y - 42{,}6 = 0{,}16667(x - 105{,}6); y = 58{,}33]$$

26 Da un insieme di dati statistici sono state ricavate la retta di regressione di Y su X di equazione $y = 0{,}8x + 0{,}4$ e la retta di regressione di X su Y di equazione $x = 1{,}2y - 0{,}4$.
Quali sono i valori medi di X e di Y? [2; 2]

27 **TEST** La regressione lineare della variabile X su Y esprime:

- **A** di quanto X è più piccola di Y.
- **B** di quanto Y è più piccola di X.
- **C** un legame lineare fra X e Y.
- **D** di quanto X varia rispetto Y.
- **E** di quanto Y varia rispetto X.

28 **ASSOCIA** i valori di a e b, coefficienti di regressione rispettivamente di Y su X e di X su Y, a ciascuna situazione.

a. $a = 2$ 1. Non c'è dipendenza lineare fra X e Y.
b. $b = -3$ 2. Y aumenta al diminuire di X.
c. $a = -0{,}3$ 3. Y aumenta all'aumentare di X.
d. $b = 0$ 4. X diminuisce all'aumentare di Y.

3 Correlazione

▶ Teoria a p. 968

Dati i valori in tabella, calcola covarianza tra X e Y e rappresenta i dati in un diagramma di dispersione.

29
X	1	6	7	14	7
Y	0	8	5	6	6

31
X	1,6	3	4,5	7,9	11
Y	8	9	15,5	21	35,5

30
X	1	3	7	9	12
Y	17	15	9	4	1

32
X	100	85	112	60	23
Y	25	35	36	40	30

---

33 **TEST** La correlazione è:

A diretta se $r < 0$.
B diretta se $r = 0$.
C perfetta se $r > 1$.
D perfetta diretta se $r = 1$.
E inversa se $r < -1$.

34 **ASSOCIA** il coefficiente di correlazione di due variabili X e Y al diagramma di dispersione corrispondente.

a. $r = 0,06$ b. $r = -1$ c. $r = 0,92$ d. $r = -0,6$

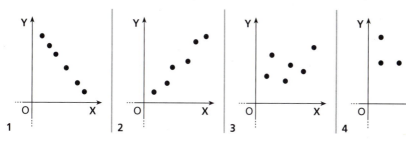

Dati i valori riportati in tabella, rappresenta il diagramma di dispersione e determina la retta di regressione della variabile X su Y e quella della variabile Y su X. Calcola il coefficiente di correlazione e commenta i risultati ottenuti.

35
X	1	3	5	7	9	11
Y	33,6	16	13,2	−15,6	−23,2	−47,2

$[x - 6 = -0,123(y + 3,8667);\ y + 3,8667 = -7,863(x - 6);\ r = -0,983]$

36
X	16	25	50	86	92
Y	24	29	36	50	54

$[x - 53,8 = 2,641(y - 38,6);\ y - 38,6 = 0,376(x - 53,8);\ r = 0,9966]$

37 Sono date le due grandezze X e Y riportate nella tabella.

X	5	12	18	25	34	50
Y	100	90	65	40	20	9

a. Rappresenta il diagramma di dispersione.
b. Determina la retta di regressione di X su Y e di Y su X.
c. Traccia le due rette di regressione sul diagramma di dispersione.
d. Determina il coefficiente di correlazione lineare.
e. Commenta il risultato.

$[b)\ x = -0,419y + 46,626;\ y = -2,197x + 106,728;\ d) -0,96]$

38 Date le tre variabili

X: reddito annuo in migliaia di euro,
Y: età dell'auto posseduta in anni,
W: numero km percorsi dall'auto per litro di carburante,

x_i	25	30	40	50	70
y_i	8	6	7	4	3
w_i	11	13	15	15	16

a. rappresenta i diagrammi di dispersione fra X e Y, fra Y e W e fra X e W;
b. determina il coefficiente di correlazione lineare fra X e Y;
c. determina il coefficiente di correlazione lineare fra Y e W;
d. determina il coefficiente di correlazione lineare fra X e W;
e. interpreta la correlazione lineare tra il fenomeno rappresentato dalla variabile X e quello rappresentato dalla variabile W.

[b) $-0{,}903$; c) $-0{,}784$; d) $0{,}873$; e) fenomeni concomitanti che hanno in comune...]

MATEMATICA E STORIA

Misure sulla superficie della Terra Nell'ambito delle misurazioni del meridiano francese, il matematico Adrien-Marie Legendre (1752-1833) raccolse i dati riportati nella tabella. Le lunghezze degli archi sono espresse in *moduli*, uno dei quali equivale a 2 tese. Una tesa corrisponde approssimativamente a 1,95 m.

a. Determina l'equazione della retta di regressione con il metodo dei minimi quadrati. Considera che
$2° \, 11' \, 21'' = 2 + \frac{11}{60} + \frac{21}{360} \simeq 2{,}189167$ ecc.

Luogo di osservazione	Differenza di latitudine	Lunghezza dell'arco
Dunkerque	0	0
Parigi - Pantheon	2° 11′ 21″	62 472,59
Évaux	2° 40′ 7″	76 145,74
Carcassonne	2° 57′ 48″	84 424,55
Montjouy	1° 51′ 10″	52 749,48

b. Utilizza la retta di regressione per calcolare la lunghezza del meridiano.

 Risoluzione – Esercizio in più

 Allenati con **15 esercizi interattivi** con feedback "hai sbagliato, perché..."
☐ **su.zanichelli.it/tutor3** risorsa riservata a chi ha acquistato l'edizione con tutor

---

Riepilogo: Statistica bivariata

Rappresenta in un diagramma di dispersione i dati delle seguenti tabelle. Determina, con il metodo dei minimi quadrati, l'equazione della retta di interpolazione statistica.

39

Quantità (X)	8	9	10	11	12	13
Ricavo (Y)	65	66	67	68	69	70

[$y = x + 57$]

40

N. addetti manutenzione (X)	1	3	6	10	12	13
N. interventi straordinari (Y)	440	406	375	320	292	275

[$y = -13{,}36x + 451{,}53$]

41

Tempo in secondi (X)	1	3	6	10	12	13
Velocità in cm/s (Y)	44,4	40,6	37,4	31,8	29	27,5

[$y = -1{,}3675x + 45{,}3730$]

RISOLVIAMO UN PROBLEMA

■ Una questione di interessi

Questa tabella rappresenta la serie storica del valore a inizio anno del tasso Euribor a tre mesi per gli ultimi 10 anni.

Anno	1	2	3	4	5	6	7	8	9	10
Tasso (%)	2,48	3,72	4,66	2,85	0,70	1,00	1,34	0,18	0,28	0,07

Il tasso Euribor sommato allo spread, diverso da banca a banca, determina il tasso di interesse applicato dalle banche per i mutui. Minore è l'Euribor, minori saranno gli interessi.
Carla vuole prevedere quale sarà il tasso due anni dopo.

- Quale modello potrebbe usare per fare questa previsione?
- Usando il metodo di interpolazione lineare, quale sarà il tasso Euribor due anni dopo?
- Osservando il coefficiente di correlazione, puoi affermare che c'è correlazione lineare tra il tempo in anni e l'andamento del tasso Euribor?

▶ **Ipotizziamo il modello.**

Per fare una previsione Carla può utilizzare il modello di regressione lineare.

▶ **Calcoliamo il baricentro della distribuzione, cioè le medie dei due caratteri.**

$$\bar{x} = \frac{1+2+3+4+5+6+7+8+9+10}{10} = 5,5;$$

$$\bar{y} = \frac{2,48+3,72+4,66+2,85+0,7+1+1,34+0,18+0,28+0,07}{10} = 1,728.$$

La retta di regressione passa per il punto $(\bar{x}; \bar{y})$ e il coefficiente angolare è:

$$a = \frac{\sum_{i=1}^{10}(x_i - 5,5)(y_i - 1,728)}{\sum_{i=1}^{10}(x_i - 5,5)^2} \simeq -0,438.$$

La retta di regressione dunque ha equazione:

$$y - 1,728 = -0,438(x - 5,5), \qquad y = -0,438x + 4,137.$$

Quindi, per prevedere il tasso due anni dopo, sapendo che allo stato attuale il tempo x vale 10, basta sostituire 12 a x. La previsione è $-0,438 \cdot 12 + 4,137 = -1,119$.

▶ **Calcoliamo anche il coefficiente di regressione dell'altra retta.**

Abbiamo:

$$b = \frac{\sum_{i=1}^{10}(x_i - 5,5)(y_i - 1,728)}{\sum_{i=1}^{10}(y_i - 1,728)^2} \simeq -1,55.$$

Il prodotto dei coefficienti a e b, cioè il quadrato del coefficiente di correlazione, è:

$$r^2 = a \cdot b \simeq 0,68.$$

Poiché il coefficiente di correlazione lineare è più vicino a 1 che a 0, possiamo aspettarci che ci sia una dipendenza lineare tra il tempo e il tasso Euribor: una correlazione lineare inversa.
Attenti però: anche se il modello sembra attendibile, non è il caso di aspettarsi che l'Euribor diventi negativo. Sarebbe un bel problema per le banche!

Capitolo 19. Statistica bivariata

42 Si è rilevato il livello di gradimento di un prodotto in tre regioni e il risultato è riportato nella seguente tabella.

Regioni \ Gradimento	Basso	Medio	Alto
Piemonte	20	30	10
Toscana	10	20	30
Puglia	30	10	10
Sicilia	10	30	40

Dopo aver verificato che le due modalità non sono indipendenti calcola gli indici χ^2 e C.

$[\chi^2 = 52,91; C = 0,1058]$

43 La tabella seguente è relativa al numero delle persone che abitano in 100 appartamenti suddivisi per numero di vani.

Persone \ Numero vani	1	2	3	4	5
1	6	22	3	0	0
2	4	25	14	1	0
3	0	3	8	5	2
4	0	0	0	4	3

Calcola gli indici χ^2 e C. Cosa puoi concludere?

$[\chi^2 = 76,22; C = 0,254]$

44 Nella tabella sono riportati i dati relativi al reddito medio pro capite X (in dollari) e la speranza di vita alla nascita Y (in anni) degli abitanti di 6 Paesi in via di sviluppo nel 2000.

a. Rappresenta i dati in una nuvola di punti.
b. Determina la retta di regressione di X su Y e quella di Y su X.
c. Determina quanto deve aumentare il reddito medio pro capite perché la speranza di vita alla nascita aumenti di 1 anno.

$[b) \ x = 54,35y - 2324,93; \ y = 0,013x + 48,023; \ c) \simeq 77 \text{ dollari}]$

Paese	X	Y
Bangladesh	370	61,19
Burkina Faso	210	44,22
Ecuador	1190	69,59
Egitto	1490	67,46
El Salvador	2000	70,15
Repubblica del Congo	570	51,32

45 **REALTÀ E MODELLI** Una classe, suddivisa in quattro gruppi, effettua un esperimento nel laboratorio di fisica. Ogni gruppo riscalda in un forno a temperatura controllata varie sbarrette di alluminio che a temperatura ambiente (20 °C) sono lunghe 500,00 mm. La seguente tabella riporta le lunghezze finali in millimetri, misurate dai vari gruppi, alle diverse temperature. Dopo aver trovato la media delle lunghezze per ogni temperatura, analizza come l'allungamento dipende dalla variazione di temperatura, utilizzando la retta di regressione.

Gruppo	80 °C	90 °C	110 °C	150 °C	180 °C
1	500,61	500,78	500,98	501,38	501,71
2	500,71	500,79	500,96	501,51	501,73
3	500,70	500,80	502,00	501,50	501,70
4	500,72	500,83	501,11	501,45	501,71

VERIFICA DELLE COMPETENZE ALLENAMENTO

ARGOMENTARE

1 In un'indagine su due caratteri X e Y, Anna ha trovato che tutte le contigenze sono nulle eccetto 2. Può affermare che i due caratteri sono indipendenti? Motiva la tua risposta e spiega in che modo può «valutare» il grado di dipendenza o indipendenza dei due caratteri.

2 Uno statistico ha intervistato 100 persone ottenendo un indice χ^2 pari a 13,3. Un altro statistico ha intervistato sullo stesso argomento le stesse 100 persone a cui ne ha aggiunte altre 100.
  a. Ti aspetti che l'indice χ^2 aumenti, diminuisca o resti costante?
  b. Supponendo che resti costante, come variano i due indici C nelle due indagini?
  c. Motiva le tue risposte ed esponi le conclusioni a cui puoi giungere in questo caso.

3 Descrivi il modo per determinare l'equazione di una retta interpolante con il metodo dei minimi quadrati e determina l'equazione della retta interpolante per i dati della seguente tabella.

X	12	16	18	24
Y	9	11	20	19

$[y = 0{,}9x - 1]$

4 Illustra che cos'è la regressione lineare. Data poi la seguente tabella:

X	4	8	12	16
Y	20	28	32	50

rappresenta il diagramma di dispersione e traccia le rette di regressione lineare che hanno equazione:
$y = 2{,}375x + 8{,}75$ e $x = 0{,}393y - 2{,}7725$.

5 Considera due caratteri X e Y e le rette di regressione di X su Y e di Y su X. Usando le conoscenze sulle equazioni delle rette, esponi il collegamento tra l'analisi dell'angolo formato tra le due rette e il valore del coefficiente di regressione di Bravais-Pearson.

COSTRUIRE E UTILIZZARE MODELLI

6 **TEST** Un'indagine su due caratteri X e Y viene modellizzata secondo il modello della regressione lineare. Date le due rette di regressione di Y su X e di X su Y, quale delle seguenti affermazioni *non* è corretta?
  A Esse si incontrano nel baricentro della distribuzione.
  B Se l'angolo che si forma fra di esse è retto, non esiste correlazione lineare.
  C Se l'angolo che si forma fra di esse è nullo, la regressione è perfetta.
  D I coefficienti angolari delle due rette sono discordi.
  E Minore è l'angolo tra le rette, più il modello è attendibile.

7 **TEST** In quale dei seguenti casi il modello della regressione non è opportuno?
  A Se il coefficiente di correlazione lineare è uguale a 0, perché vuol dire che non c'è alcuna correlazione tra i caratteri.
  B Se il coefficiente di correlazione lineare è uguale a -1, perché significa che all'aumento di un carattere corrisponde la diminuzione dell'altro.
  C Se il coefficiente di correlazione è uguale a 1, perché le due rette di regressione coincidono.
  D Se il coefficiente di correlazione è 0, perché ci può essere correlazione tra i caratteri, ma la correlazione non è lineare.
  E Se i coefficienti di regressione delle rette di regressione sono concordi.

ANALIZZARE E INTERPRETARE DATI E GRAFICI

8 Nella seguente tabella sono riportati i numeri delle telefonate arrivate a un call-center al variare del tempo di attesa per poter parlare con un operatore e il giorno della settimana in cui la telefonata è arrivata.

Giorno della settimana \ Tempo di attesa	0-10	10-15	> 15
Lunedì	10	15	7
Martedì	20	30	14
Mercoledì	5	7	3
Giovedì	30	45	21
Venerdì	2	2	1
Sabato	1	1	0
Domenica	2	3	1

a. Analizzando la tabella, puoi affermare che i caratteri «Giorno della settimana» e «Tempo di attesa» sono indipendenti?

b. Gli indici χ^2 e C, confermano o smentiscono la tua risposta precedente? [b) $\chi^2 = 0{,}94$; $C = 0{,}0021$]

9 Sono state intervistate 100 persone. Di queste 25 sono laureate, 40 diplomate e 35 hanno la licenza di scuola superiore di primo grado. Tra le persone laureate, 10 sono sposate o conviventi, mentre le rimanenti sono single. Tra i diplomati, gli sposati o i conviventi costituiscono un quarto del totale, mentre fra coloro che hanno la licenza di scuola superiore di primo grado sono un quinto.

a. Per analizzare i dati, costruisci la tabella di contingenza dei caratteri «Grado di istruzione» e «Stato civile».

b. Osservando i dati nella tabella, puoi stabilire se c'è dipendenza tra i due caratteri? Motiva la risposta.

c. Conferma o confuta la tua risposta usando l'indice χ^2. [c) $\chi^2 = 3{,}09$]

10 Osserva le rette di regressione di X su Y e di Y su X nel grafico. Puoi affermare che c'è correlazione lineare diretta? Motiva la tua risposta.

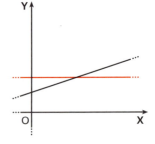

11 **TEST** La nuvola di punti in figura rappresenta i dati relativi a un'indagine sui caratteri «Età» e «Numero di sigarette fumate in un giorno». Osservando la nuvola di dati, puoi dedurre che:

A c'è correlazione diretta positiva.
B c'è correlazione diretta negativa.
C non c'è correlazione lineare.
D c'è correlazione perfetta positiva.
E c'è correlazione perfetta negativa.

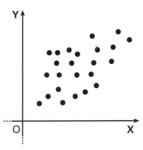

Allenamento

12 **TEST** Un'indagine sull'uso degli smartphone ha come scopo quello di stabilire se c'è una relazione tra il traffico dati e il traffico voce utilizzati. L'indagine perciò ha riguardato i caratteri X = «minuti di conversazione (con linea tradizionale) in un mese» e Y = «MB di traffico dati consumati in un mese». Le rette di regressione di X su Y e di Y su X passano entrambe per il punto (263; 890) e i due coefficienti di regressione valgono rispettivamente $a = 0,32$ e $b = 3,1$. Quale delle seguenti conclusioni è sicuramente sbagliata, perché in contrasto con i risultati dell'indagine?

- A La media mensile dei minuti di conversazione è 263.
- B La media mensile dei MB consumati in un mese è 890.
- C Non c'è correlazione lineare tra i due caratteri.
- D C'è correlazione lineare diretta.
- E Possiamo supporre che se aumentano i minuti di conversazione aumenta anche il traffico dati.

RISOLVERE PROBLEMI

13 Viene fatta un'indagine sulla popolazione per stabilire se c'è relazione tra l'età e il numero di libri letti nell'ultimo anno. I risultati di questa indagine sono riportati nella seguente tabella.

Età \ Libri	4	8	12	18	20	Totale
20	7	12	15	10	8	52
25	8	17	10	14	3	52
30	6	15	10	12	7	50
35	8	16	12	10	5	51
40	7	12	15	8	9	51
Totale	36	72	62	54	32	256

a. Qual è la media dei libri letti dal totale della popolazione intervistata?
b. Qual è la media dei libri letti dai ragazzi di 25 anni?
c. Qual è l'età media delle persone che leggono 12 libri all'anno?
d. Usando l'indice χ^2 puoi concludere che i due caratteri sono indipendenti?
e. È possibile stabilire, tramite il coefficiente di correlazione lineare, se c'è correlazione tra le due variabili?

[a) $\simeq 12$; b) $\simeq 12$; c) $\simeq 30$]

14 È data la seguente serie storica relativa alle quantità (in tonnellate) di formaggio prodotte da un gruppo di caseifici.

Anni	2004	2005	2006	2007	2008	2009
Quantità (t)	625	635	642	654	666	675

a. Costruisci la funzione lineare interpolante.
b. Estrapola la serie storica determinando le proiezioni relative agli anni 2010, 2011, 2012.
c. Se da una ulteriore indagine, per questi ultimi tre anni, i dati osservati sono stati rispettivamente 684, 694, 707, riformula la funzione del trend partendo dall'anno 2007.

[a) $y = 10{,}143x + 614$; b) 685, 695, 705; c) $y = 10{,}229x + 644{,}2$]

15 Nella tabella sono riportati i dati relativi alle altezze medie delle bambine dalla nascita fino a un anno di età.
Stabilisci se esiste una relazione lineare tra le due grandezze determinando l'equazione delle rette di regressione e calcolando l'indice di correlazione.

[$y = 1{,}84x + 50{,}1$; $x = 0{,}53y - 26{,}4$; $r = 0{,}988$]

Età (mesi)	Altezza (cm)
0	49
2	53
4	59
6	62
8	66
10	68
12	71

Capitolo 19. Statistica bivariata

16 Negli ultimi 5 anni si sono avuti i seguenti numeri di iscritti a una scuola superiore.

742   791   840   907   985

Il preside della scuola deve predisporre l'istituto per i prossimi due anni. Quanti alunni può prevedere di avere come nuovi iscritti nella sua scuola nei prossimi due anni?

[circa 1094]

17 Un'azienda ha sostenuto, per la sicurezza degli impianti, le seguenti spese (in centinaia di euro).

Anni	2004	2005	2006	2007	2008	2009
Spesa sicurezza	341	392	439	508	584	666

a. Rappresenta graficamente il fenomeno.
b. Determina la funzione che esprime il trend lineare.
c. Determina le proiezioni relative agli anni 2010 e 2011.

[b) $y = 64,86x + 261,3$; c) $715,3$; $780,2$]

18 La seguente tabella riporta il saldo del conto in banca di Francesca negli ultimi 8 trimestri.

Trimestre	1	2	3	4	5	6	7	8
Saldo	3578,9	3867,25	3579,32	3769,35	3871,89	3548,15	3925,97	4025,68

A Francesca interessa il trend del suo saldo e prevedere, su questo modello, tra quanti anni teoricamente raggiungerà la cifra di 10 000 euro sul conto. Quale strumento statistico utilizzeresti per rispondere a queste domande? Usando il tuo modello rispondi alle richieste di Francesca.

[37 anni; € 40,83]

19 I dati rilevati di un carattere X sono

2   4   6   8   10

Insieme a X è stato rilevato un carattere Y la cui media aritmetica dei 5 dati rilevati è 3.

a. Determina un punto che appartenga alla retta di regressione di Y rispetto a X.
b. Lo statistico che ha effettuato l'indagine ha riscontrato che c'è correlazione lineare perfetta tra i caratteri X e Y e che uno dei dati bivariati in suo possesso è $(2; 1)$.
Completa la seguente tabella sulle rilevazioni del caratteri Y in modo che siano compatibili con le conclusioni dello statistico.

X	2	4	6	8	10
Y	1				

[a) $(6; 3)$, baricentro della distribuzione]

20 **TEST** Un'azienda farmaceutica ha commissionato un'indagine per stabilire se c'è correlazione lineare tra l'efficacia di un farmaco e l'età del paziente a cui è stato somministrato. Si considerano perciò, tra tutte le persone che hanno utilizzato il farmaco, i due seguenti caratteri: X = « età del paziente» e Y = « tempo di guarigione ». L'indagine ha stabilito che c'è correlazione lineare perfetta diretta. Quale delle seguenti affermazioni non è corretta?

A Se aumenta l'età del paziente, aumenta in media il tempo di guarigione.
B Se aumenta il tempo di guarigione, aumenta l'età del paziente preso in considerazione.
C Le rette di regressione di X su Y e di Y su X sono perpendicolari.
D Le rette di regressione di X su Y e di Y su X sono coincidenti.
E I coefficienti di correlazione lineare sono entrambi positivi.

RISOLVIAMO UN PROBLEMA

■ Il fumo tra i giovani

La seguente tabella mostra i risultati di un'indagine sul numero n di sigarette fumate al giorno su un campione di 100 persone, al variare dell'età e.

n \ e	16-20	20-24	24-28	28-30
0-10	15	20	7	10
10-20	3	25	30	36
20-30	1	7	5	3

- Quante persone intervistate fumano da 0 a 10 sigarette al giorno?
- Qual è il numero medio di sigarette fumate dai ragazzi tra i 20 e i 24 anni?
- Usando il metodo che preferisci, stabilisci se i caratteri sono indipendenti o dipendenti.

Dal campione sono state estratte a caso 5 persone ottenendo le seguenti coppie di dati relative ai caratteri X «Età» e Y «Numero di sigarette fumate al giorno».

(18; 8)   (21; 25)   (25; 30)   (29; 18)   (23; 28)

- In base a questo campione ridotto puoi affermare che c'è correlazione lineare tra l'età e il numero di sigarette fumate al giorno?

▶ **Calcoliamo il numero di persone intervistate che fumano tra 0 e 10 sigarette al giorno.**

È sufficiente sommare le frequenze della riga 0-10: otteniamo 52.

▶ **Troviamo il numero medio di sigarette fumate dai ragazzi nella classe di età richiesta.**

Scriviamo la distribuzione del numero di sigarette fumate condizionato alla modalità «età 20-24».

n \ e	20-24
0-10	20
10-20	25
20-30	7

Usando il valore centrale della classe, calcoliamo la media:

$$M = \frac{5 \cdot 20 + 15 \cdot 25 + 25 \cdot 7}{52} = 12,5.$$

▶ **Stabiliamo se i caratteri sono indipendenti o dipendenti.**

Analizziamo la tabella aggiungendo i totali di colonna e di riga.

n \ e	16-20	20-24	24-28	28-30	Totale
0-10	15	20	7	10	52
10-20	3	25	30	36	94
20-30	1	7	5	3	16
Totale	19	52	42	49	162

Troviamo la frequenza teorica della modalità congiunta (16-20; 0-10), che è uguale a $\frac{52 \cdot 19}{162} \simeq 6$. Poiché la frequenza teorica è diversa da 15, che è la frequenza reale del dato, possiamo affermare che non ci sarà perfetta indipendenza tra i due caratteri.

▶ **Stabiliamo se c'è correlazione lineare tra i due caratteri del campione estratto.**

Calcoliamo la deviazione standard di entrambi i caratteri valutati sul campione estratto e abbiamo:

$\bar{x} \simeq 23{,}2;$ $\quad \bar{y} \simeq 21{,}8;$

$\sigma_X \simeq 3{,}7;$ $\quad \sigma_Y \simeq 8;$ $\quad \sigma_{XY} \simeq 11{,}24.$

Da cui otteniamo che

$$r = \frac{\sigma_{XY}}{\sigma_X \sigma_Y} \simeq 0{,}38.$$

Poiché è un numero maggiore strettamente di 0 e minore strettamente di 1, possiamo concludere che c'è correlazione lineare positiva tra l'età e il numero di sigarette fumate in un giorno.

---

21 Un'azienda produce medaglie d'oro. La lega usata per la produzione è stata creata in momenti diversi e quindi le medaglie possono avere lievi differenze di peso.
Vengono considerate 5 medaglie e vengono pesate prima una, poi due insieme, poi tre e così via. Otteniamo la seguente tabella.

Numero medaglie	1	2	3	4	5
Peso (g)	52,36	103,84	157,2	209,68	261,56

Le medaglie si possono considerare omogeneamente composte se c'è correlazione lineare tra il numero di medaglie pesate e il peso ottenuto.

a. Scrivi la retta di regressione usando i dati in tabella.
b. Puoi affermare che le medaglie sono omogeneamente composte?

[a) $y = 52{,}4x - 0{,}3$]

22 Anni fa un'azienda aveva ottenuto la seguente serie storica relativa al fatturato annuo (in migliaia di euro).

Anno	2000	2001	2002	2003	2004
Fatturato	325	415	216	218	240

Recentemente ha ripetuto l'indagine ottenendo la seguente serie storica.

Anno	2010	2012	2013	2014	2015
Fatturato	240	210	300	301	320

a. Rappresenta su uno stesso grafico il diagramma di dispersione.
b. Scrivi e rappresenta le due rette interpolanti.
c. Come potresti interpretare l'eventuale coincidenza delle due rette?
d. In base alla retta di regressione della prima serie storica, quale sarebbe dovuto essere il fatturato dell'azienda nel 2010?
e. In base alla retta di regressione della seconda serie storica, quale dovrebbe essere il fatturato nel 2016?
f. Scrivi e rappresenta la retta interpolante considerando tutti insieme i dati delle due serie storiche. Quale potrebbe essere, in base a questa retta, il fatturato dell'azienda nel 2016?

[b) $y = -36{,}7x + 392{,}9$; $y = 25{,}1x + 198{,}9$; d) $-10{,}8$ migliaia di euro;
e) 349,5 migliaia di euro; f) 271,9 migliaia di euro]

Allenamento

23 Tra gli appunti dell'allenatore della squadra di calcio «Pulcini con la palla» c'è la seguente distribuzione congiunta del numero di convocazioni alle partite del campionato (18 in totale) e delle assenze agli allenamenti durante l'anno (30 in totale).

Categoria pulcini			
Convocazioni \ Assenze allenamenti	0-10	10-20	20-30
0-6	0	7	7
6-12	1	4	0
12-18	12	4	0

a. Qual è il numero medio delle assenze agli allenamenti dei bambini che sono stati convocati almeno 6 volte e meno di 12 volte per le partite di campionato?

b. Si può affermare che l'allenatore non tiene conto del numero di assenze agli allenamenti nel momento in cui fa le convocazioni, ovvero che i due caratteri sono indipendenti?

c. Qual è il numero medio di convocazioni a cui può aspirare un bambino che fa meno di 20 assenze?

[a) 13; b) no; c) 11]

24 La tabella riporta i dati, relativi al primo semestre 2010, dei prezzi degli appartamenti di nuova costruzione in vendita nella periferia est di Roma, in base al numero dei locali.

Numero locali	Prezzo (€)
1	230 000
2	280 000
3	320 000
4	380 000
5	450 000

a. È possibile trovare una funzione che leghi il prezzo al numero dei locali?
b. Trova la retta interpolante.
c. Sulla base dei risultati precedenti stabilisci quanto potrebbe costare un appartamento di 6 locali.

[b) $y = 54000x + 170000$; c) € 494 000]

25 Un negoziante di alimentari ha rilevato i seguenti dati sul numero di clienti e sull'incasso giornaliero nell'ultima settimana.

Giorno	1	2	3	4	5	6
Numero clienti	21	30	28	27	35	45
Incasso (€)	320	358	390	320	430	510

Considera i caratteri X = «Giorno», Y = «Numero clienti» e Z = «Incasso».

a. Scrivi la retta interpolante che evidenzia il legame tra il giorno e il numero di clienti.
b. Secondo questi modelli, quanti clienti può aspettarsi il negoziante tra due giorni?
c. Scrivi la retta interpolante che evidenzia il legame tra il giorno e l'incasso.
d. Le due rette hanno qualche particolarità?
e. Scrivi la retta interpolante che evidenzia il legame tra il numero dei clienti e l'incasso.
f. Tra quale di questi caratteri, considerati a coppie, puoi dire che c'è maggiore correlazione lineare? È in linea con ciò che ti suggerisce l'intuito?

[a) $y = 3,83x + 17,59$; b) circa 49; c) $y = 31,31x + 278,41$; e) $y = 8,44x + 126,36$]

Allenati con **15 esercizi interattivi** con feedback "hai sbagliato, perché..."
su.zanichelli.it/tutor3   risorsa riservata a chi ha acquistato l'edizione con tutor

Capitolo 19. Statistica bivariata

VERIFICA DELLE COMPETENZE PROVE ⏱ 1 ora

PROVA A

1 La seguente tabella mista rappresenta la distribuzione dei caratteri «Sesso» e «Numero di sigarette fumate al giorno» in un campione di donne e uomini tra i 20 e i 45 anni.

	0-4	5-9	10-14	15-20	Totale
Uomini	8	16	4	2	30
Donne	4	8	2	2	16
Totale	12	24	6	4	46

a. Quante sigarette fumano mediamente le donne in una settimana?
b. Qual è la frequenza relativa delle donne che fumano tra 10 e 14 sigarette al giorno?
c. Usando l'indice χ^2 individua se i due caratteri sono indipendenti oppure no.

2 La seguente è una tabella di contingenza che riguarda i caratteri «Colore dei capelli» e «Colore degli occhi».

Colore occhi \ Colore capelli	Castani	Biondi	Rossi	Neri
Neri	10			20
Azzurri	3			6
Nocciola	15			10

a. È possibile completare la tabella in modo che i caratteri risultino indipendenti? Perché?
b. Cambia la frequenza congiunta di (Neri; Nocciola) da 10 a 30 e completa la tabella in modo che i caratteri risultino indipendenti.

3 I dati di una rilevazione statistica relativa agli alunni iscritti a un liceo scientifico sono i seguenti.

Anni	2006	2007	2008	2009	2010
N. alunni	742	791	840	907	985

a. Rappresenta la serie storica con un diagramma cartesiano.
b. Determina le proiezioni lineari relative agli anni 2011, 2012, 2013.

4 Date le due grandezze X e Y riportate nella seguente tabella:

x_i	10	15	30	40	55	60
y_i	4	12	36	52	76	84

a. rappresenta il diagramma di dispersione;
b. determina la retta di regressione della variabile X su Y e quella della variabile Y su X;
c. traccia le due rette di regressione sul diagramma di dispersione;
d. determina il coefficiente di correlazione lineare;
e. commenta il risultato.

PROVA B

1 Per ottimizzare il suo lavoro un fotografo professionista ha deciso di segnare ogni volta quante fotografie scatta e quante alla fine ne seleziona, suddividendole a seconda dell'evento.

Evento	Foto scattate	Foto selezionate
pubblicità	810	15
pubblicità	656	10
matrimonio	2500	150
pubblicità	630	10
book fotografico	400	25
matrimonio	2650	150
matrimonio	3100	150
book fotografico	230	10
pubblicità	150	25

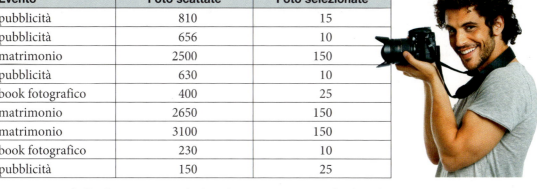

a. Scrivi una tabella che rappresenti la distribuzione congiunta dei due caratteri «Tipo evento» e «Destinazione foto», considerando per il primo le modalità «pubblicità», «matrimonio» e «book fotografico» e per il secondo i caratteri «Foto scattate» e «Foto selezionate».
b. Qual è la percentuale di foto scattate per i matrimoni?
c. In quale delle tre modalità è maggiore la percentuale di foto selezionate e quindi minore la percentuale di foto da buttare?
d. Osservando la tabella che hai costruito, puoi dire che i due caratteri «Tipo evento» e «Destinazione foto» sono indipendenti?
e. Usando l'indice χ^2 cambi la tua risposta precedente oppure no?
f. Considera la nuvola di punti che rappresenta i caratteri «Foto scattate» e «Foto selezionate». Puoi dire che c'è correlazione lineare tra i due caratteri?

2 Nelle ultime stagioni l'allenatore di una squadra di pallavolo sta valutando l'acquisto di uno schiacciatore per rinforzare la sua squadra. Ha compilato una tabella riportando il numero di partite giocate nelle ultime 6 stagioni, il numero di punti segnati e il prezzo del cartellino del giocatore, cioè il prezzo che dovrebbe pagare se decidesse di acquistarlo.

Stagione	1	2	3	4	5	6
Partite giocate	16	15	18	20	17	22
Punti segnati	302	280	340	246	300	320
Costo cartellino (€)	700	750	900	1300	1200	1450

a. Deduci, dalla precedente tabella, la tabella di contingenza sui caratteri «Partite giocate» e «Punti fatti».

Punti fatti \ Partite giocate	11-15	16-20	21-25
201-240			
241-280			
281-320			
321-360			

b. Puoi dire che i due caratteri sono indipendenti?
c. Scrivi la retta di regressione delle partite giocate sui punti segnati e quella dei punti segnati sulle partite giocate.
d. Puoi dire che c'è correlazione lineare tra i due caratteri?
e. Considera la retta interpolante che esprime il costo del cartellino al variare delle stagioni giocate. Se aspettasse altre due stagioni prima di acquistare il giocatore, quanto può prevedere di dover pagare?

CAPITOLO 20
CALCOLO COMBINATORIO

1 Che cos'è il calcolo combinatorio

▶ Esercizi a p. 1008

Listen to it

Combinatorial analysis (or **combinatorics**) is the branch of mathematics which studies the number of different ways of arranging the elements of a given set.

«Quante sono tutte le colonne che si possono giocare al Superenalotto, cioè quanti sono tutti i modi possibili di scegliere 6 numeri tra i 90 a disposizione?»
«Quante sono le possibili classifiche di una gara a cui partecipano 10 concorrenti?»
Il **calcolo combinatorio** permette di rispondere a queste domande o ad altre simili, in quanto studia il numero di modi in cui è possibile raggruppare, disporre o ordinare gli elementi di un insieme finito di oggetti o persone.

■ Raggruppamenti

Esaminiamo il seguente problema. Un ragazzo ha a disposizione due paia di pantaloni e quattro magliette. Ci domandiamo in quanti modi diversi può vestirsi.
Fissato un paio di pantaloni, a questo può accostare, una alla volta, ognuna delle quattro magliette, e quindi abbiamo quattro possibilità. Ma a questo numero di possibilità dobbiamo aggiungere le possibilità che si ottengono con il secondo paio di pantaloni e, di nuovo, ognuna delle quattro magliette. Quindi le possibilità sono in totale otto.

Indichiamo le due paia di pantaloni con P_1 e P_2, le quattro magliette con M_1, M_2, M_3, M_4, e consideriamo gli insiemi $P = \{P_1, P_2\}$ e $M = \{M_1, M_2, M_3, M_4\}$.

Elenchiamo tutte le possibili coppie. Esse non sono altro che gli elementi del prodotto cartesiano fra l'insieme dei pantaloni P e l'insieme delle magliette M:

$P \times M = \{(P_1; M_1), (P_1; M_2), (P_1; M_3), (P_1; M_4), (P_2; M_1), (P_2; M_2),$
$(P_2; M_3), (P_2; M_4)\}$.

Il diagramma ad albero della figura a fianco suggerisce un metodo per determinare il numero di tutti i gruppi che è possibile formare.
Le 2 possibilità corrispondenti ai rami dei pantaloni indicano quante volte vengono ripetute le 4 possibilità corrispondenti ai rami delle magliette.

Quindi in totale abbiamo $2 \cdot 4 = 8$ gruppi.

ESEMPIO

Elenchiamo tutte le sigle di tre elementi che possiamo scrivere utilizzando le cifre 1 e 2 per il primo posto, le lettere A, B, C per il secondo e le lettere greche α e β per l'ultimo posto. Calcoliamo poi quante sono.

Disegniamo il diagramma ad albero. Percorrendo i diversi rami del diagramma possiamo costruire tutte le sigle possibili. Procedendo dall'alto verso il basso: 1Aα, 1Aβ, 1Bα, …
Calcoliamo il numero delle sigle che possiamo scrivere: 2 sono le possibilità per la prima posizione, 3 per la seconda e 2 per la terza.
Complessivamente abbiamo $2 \cdot 3 \cdot 2 = 12$ gruppi.

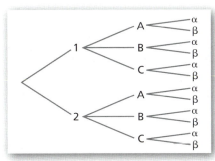

▶ Un fast food propone 4 tipi di panini, 3 tipi di bibite e 2 contorni. Quanti diversi tipi di menù «panino + contorno + bibita» offre? [24]

In generale, per determinare quanti gruppi si possono formare assegnando il primo posto a un elemento di un insieme A con n elementi, il secondo a uno di un insieme B con m elementi, il terzo a uno di un insieme C con k elementi, …, occorre calcolare il prodotto $n \cdot m \cdot k \cdot \ldots$

🇬🇧 **Listen to it**

The **rule of product** states that when a first task can be performed in n different ways, a second one in m different ways, a third one in k different ways and so on, the number of different ways to perform all the tasks one after another is $n \cdot m \cdot k \cdot \ldots$

2 Disposizioni

■ Disposizioni semplici
▶ Esercizi a p. 1009

Pierre, Quentin, Roberto e Samuel si sfidano in una corsa campestre. Vengono premiati solo i primi tre arrivati.
Calcoliamo quante sono le possibili classifiche dei premiati.

Indichiamo i quattro atleti con le lettere P, Q, R, S e con A l'insieme costituito da questi quattro elementi, cioè:

$A = \{P, Q, R, S\}$.

Costruiamo con un diagramma ad albero tutte le possibili terne di premiati.

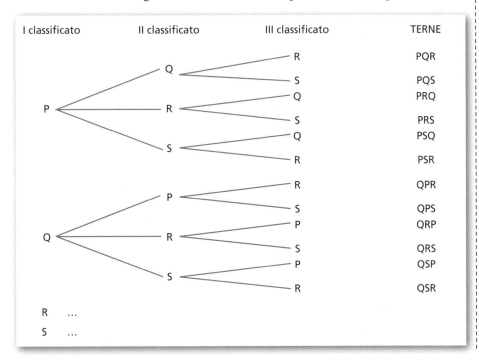

▶ Francesco mangia un frutto la mattina e uno a merenda. Ha una mela, una pera, una banana e un kiwi. Quante sono le possibili scelte dei frutti da mangiare al mattino e al pomeriggio? [12]

Notiamo che ogni terna si distingue dalle altre per
- la **diversità di almeno un elemento**,
- l'**ordine** degli elementi,

oppure per entrambi i motivi.

Chiamiamo i gruppi con le caratteristiche indicate con il termine di **disposizioni semplici**.

Per arrivare rapidamente al calcolo del numero di disposizioni, consideriamo che per il primo posto le possibilità sono 4. Dopo aver scelto il primo classificato, per il secondo classificato restano $4 - 1 = 3$ atleti che possono arrivare secondi, cioè 3 possibilità per il secondo posto. Per il terzo classificato, infine, restano $4 - 2 = 2$ atleti ancora in gara, cioè 2 possibilità per il terzo posto. Complessivamente i gruppi sono:

$$4 \cdot 3 \cdot 2 = 24.$$

Per indicare il valore trovato, usiamo la seguente notazione:

$$D_{4,3} = 24$$

(si legge: «disposizioni semplici di 4 elementi di classe 3»).

Generalizziamo il procedimento considerando n oggetti distinti e determiniamo la formula per i raggruppamenti di classe k, cioè con k oggetti.

🇬🇧 **Listen to it**

Given a set S of n distinct elements, the **simple k-permutations** are all the **ordered selections** of k elements chosen among the elements of the set S.

> **DEFINIZIONE**
>
> Le **disposizioni semplici** di n elementi distinti di classe k (con $0 < k \leq n$) sono tutti i gruppi di k elementi scelti fra gli n, che differiscono *per almeno un elemento o per l'ordine* con cui gli elementi sono collocati:
>
> $$D_{n,k} = \underbrace{n \cdot (n-1) \cdot (n-2) \cdot (n-3) \cdot \ldots \cdot (n-k+1)}_{\text{prodotto di } k \text{ fattori}}, \quad \text{con } n, k \in \mathbb{N} \text{ e } 0 < k \leq n.$$

Per esempio, calcoliamo:

$$D_{7,3} = \underbrace{7 \cdot 6 \cdot 5}_{3 \text{ fattori}}.$$

(si parte da 7)

Qui e nel seguito, indicheremo con $D_{n,k}$ sia le disposizioni sia il loro numero.

> **ESEMPIO**
>
> 1. A un torneo di calcio regionale under 21 partecipano 15 squadre. Quante sono le possibili classifiche delle prime cinque squadre?
>
>   L'insieme di partenza contiene come elementi le 15 squadre, perciò $n = 15$; i raggruppamenti contengono 5 elementi, dunque $k = 5$.
>   Il numero delle possibili classifiche è:
>
> $$D_{15,5} = 15 \cdot 14 \cdot 13 \cdot 12 \cdot 11 = 360360.$$
>
> 2. Quante sigle di 5 elementi si possono formare in modo che i primi due posti siano occupati da 2 diverse cifre e gli altri tre posti da 3 lettere diverse dell'alfabeto italiano?
>
>   Primi due posti: $D_{10,2} = 10 \cdot 9 = 90$.
>   Ultimi tre posti: $D_{21,3} = 21 \cdot 20 \cdot 19 = 7980$.
>
>   A ogni disposizione di due cifre ne accompagniamo una di tre lettere:
>
> $$D_{10,2} \cdot D_{21,3} = 90 \cdot 7980 = 718200.$$

▶ In quanti modi si possono sistemare quattro fotografie in tre cornici?
[24]

Paragrafo 2. Disposizioni

3. Quanti numeri di 4 cifre, tutte diverse tra loro, si possono formare con le dieci cifre decimali?
Se calcoliamo $D_{10,4} = 10 \cdot 9 \cdot 8 \cdot 7 = 5040$, nel risultato sono compresi anche quei numeri che iniziano con la cifra 0 e che, in realtà, non sono numeri di quattro cifre, ma di tre. Dobbiamo determinare quanti sono e sottrarre il loro numero da quello appena calcolato.
Ragioniamo così: prendiamo le nove cifre diverse dallo zero e calcoliamo tutte le disposizioni di classe 3. Infatti, se a ognuno dei numeri che così si formano poniamo davanti lo zero, abbiamo tutti i numeri da eliminare.
Poiché $D_{9,3} = 9 \cdot 8 \cdot 7 = 504$, i numeri con 4 cifre significative tutte diverse che si possono formare sono:

$$D_{10,4} - D_{9,3} = 5040 - 504 = 4536.$$

Possiamo giungere direttamente al risultato con il «metodo delle possibilità». Per il primo posto abbiamo 9 possibilità (le dieci cifre meno lo zero), per il secondo posto 9 possibilità (non utilizziamo la cifra collocata al primo posto, ma possiamo utilizzare ora la cifra zero), per il terzo posto 8 possibilità e infine per il quarto 7 possibilità. Quindi, appunto,

$$9 \cdot 9 \cdot 8 \cdot 7 = 4536.$$

▶ In quanti modi si può costruire una password di 6 lettere usando le 21 lettere dell'alfabeto italiano se nessuna lettera viene ripetuta e se l'ultima lettera non può essere z?

Animazione

■ Disposizioni con ripetizione

▶ Esercizi a p. 1010

Lanciamo una moneta tre volte e cerchiamo di prevedere tutti i modi con cui si succedono le uscite delle due facce.
L'insieme A che contiene i due possibili risultati del lancio è: $A = \{T, C\}$, dove T indica il risultato «Testa» e C il risultato «Croce».
Costruiamo con un diagramma ad albero le terne di tutti i possibili risultati.

I lancio	II lancio	III lancio	Terne ottenute
T	T	T	TTT
		C	TTC
	C	T	TCT
		C	TCC
C	T	T	CTT
		C	CTC
	C	T	CCT
		C	CCC

I gruppi così ottenuti differiscono per l'**ordine** degli elementi contenuti, ma **un elemento può comparire più di una volta**.
I gruppi trovati si chiamano **disposizioni con ripetizione**.
A differenza delle disposizioni semplici, la classe k di un gruppo può essere maggiore del numero n di elementi a disposizione. Nell'esempio la classe di ogni gruppo è 3, mentre gli elementi sono 2.
Osserviamo che le terne ottenute corrispondono agli elementi del prodotto cartesiano $A \times A \times A$.
Per determinare il loro numero possiamo usare ciò che già sappiamo sui raggruppamenti. L'insieme A ha 2 elementi, quindi il numero dei possibili gruppi di tre elementi di A, cioè il numero di elementi dell'insieme $A \times A \times A$, è $2 \cdot 2 \cdot 2 = 2^3$.

Capitolo 20. Calcolo combinatorio

In alternativa possiamo ricorrere al «metodo delle possibilità». Per il primo posto abbiamo 2 possibilità, che restano 2 anche per il secondo e per il terzo in quanto un elemento già utilizzato può ripresentarsi:

$$2 \cdot 2 \cdot 2 = 2^3 = 8.$$

In simboli, scriviamo: $D'_{2,3} = 8$.

Generalizziamo il procedimento considerando n oggetti distinti e determiniamo la formula per raggruppamenti di classe k.

 Listen to it

Given a set S of n distinct elements, the **k-permutations with repetition** are all the ordered selections of k elements of the set S, where every element can appear more than once.

> **DEFINIZIONE**
>
> Le **disposizioni con ripetizione** di n elementi distinti di classe k (con k numero naturale qualunque non nullo) sono tutti i gruppi di k elementi, anche ripetuti, scelti fra gli n, che differiscono *per almeno un elemento o per il loro ordine*:
>
> $$D'_{n,k} = n^k.$$

Anche in questo caso, con $D'_{n,k}$ indicheremo sia le disposizioni con ripetizione sia il loro numero.

▶ Sulla tastiera del PC ci sono 49 caratteri. Quante sequenze di caratteri, anche senza senso, si possono comporre digitando 10 caratteri?

ESEMPIO

1. Vogliamo organizzare una vacanza in Scozia e dobbiamo prenotare sei pernottamenti, in luoghi diversi oppure fermandoci più di una notte nello stesso luogo. Abbiamo a disposizione una lista di nove Bed and Breakfast. In quanti modi possiamo fare la nostra scelta?

   Poiché possiamo fermarci anche tutte le notti nello stesso luogo, le nostre possibilità sono:

   $$D'_{9,6} = 9^6 = 531\,441.$$

2. Quante sigle di cinque elementi, anche non distinti, si possono formare, tali che i primi due posti siano indicati da due cifre e gli ultimi tre da lettere dell'alfabeto italiano?

   Primi due posti: $D'_{10,2} = 10^2 = 100$.
   Ultimi tre posti: $D'_{21,3} = 21^3 = 9261$.

   A ogni disposizione con ripetizione di due cifre ne accompagniamo una con ripetizione di tre lettere:

   $$D'_{10,2} \cdot D'_{21,3} = 100 \cdot 9261 = 926\,100.$$

   Utilizzando il «metodo delle possibilità», abbiamo per ciascuno dei primi due posti 10 possibilità e per ciascuno degli ultimi tre 21:

   $$10 \cdot 10 \cdot 21 \cdot 21 \cdot 21 = 926\,100.$$

▶ Quante sigle di 8 elementi che hanno le prime quattro posizioni occupate da cifre e le rimanenti dalle vocali dell'alfabeto italiano puoi formare se le sigle devono contenere almeno una A e possono contenere ripetizioni?

 Animazione

3 Permutazioni

Permutazioni semplici

▶ Esercizi a p. 1012

Abbiamo quattro palline colorate, ognuna di un colore diverso (bianco, nero, rosso, verde). Calcoliamo in quanti modi diversi possiamo metterle in fila.
L'insieme dei colori è: $A = \{b, n, r, v\}$.

Costruiamo con un diagramma ad albero tutti i possibili raggruppamenti.

Paragrafo 3. Permutazioni

I pallina	II pallina	III pallina	IV pallina	Fila
b	n	r	v	bnrv
		v	r	bnvr
	r	n	v	brnv
		v	n	brvn
	v	n	r	bvnr
		r	n	bvrn
...				

Se la prima pallina è bianca, si ottengono 6 raggruppamenti. Ma la prima pallina può essere bianca, rossa, nera o verde, quindi:

$6 \cdot 4 = 24$ raggruppamenti.

Notiamo che **ogni gruppo contiene tutti gli elementi** dell'insieme e **differisce dagli altri solo per l'ordine**.

Stiamo quindi considerando le disposizioni semplici di 4 elementi di classe 4.

Chiamiamo i raggruppamenti che hanno queste caratteristiche **permutazioni semplici** o più brevemente **permutazioni**.

Nel nostro esempio parliamo di *permutazioni di 4 elementi* e scriviamo il numero delle permutazioni ottenute nel modo seguente:

$P_4 = 24$.

Nel caso generale, poiché le permutazioni di n elementi coincidono con le disposizioni semplici di classe n degli n elementi, per calcolare il numero delle permutazioni, poniamo nella formula delle disposizioni semplici $k = n$:

$$P_n = D_{n,n} = n \cdot (n-1) \cdot (n-2) \cdot (n-3) \cdot \ldots \cdot (n-n+1) =$$
$$n \cdot (n-1) \cdot (n-2) \cdot (n-3) \cdot \ldots \cdot 2 \cdot 1.$$

Il numero di permutazioni di n elementi, quindi, è il prodotto dei primi n numeri naturali (escluso lo 0). Tale prodotto si indica con il simbolo **$n!$** e si legge «n fattoriale».

Nel nostro esempio le permutazioni delle quattro palline colorate sono:

$P_4 = 4! = 4 \cdot 3 \cdot 2 \cdot 1 = 24$.

DEFINIZIONE

Le **permutazioni semplici** di n elementi distinti sono tutti i gruppi formati dagli n elementi, che differiscono per il loro *ordine*:

$P_n = n! = n \cdot (n-1) \cdot (n-2) \cdot \ldots \cdot 3 \cdot 2 \cdot 1$, con $n \geq 2$.

🇬🇧 **Listen to it**

When all the n elements of a set are **distinct**, the ordered selections of all the n elements are called **n-permutations**.

Anche in questo caso, con P_n indicheremo sia le permutazioni sia quante sono.

ESEMPIO

1. Quanti numeri di sei cifre distinte possiamo scrivere utilizzando gli elementi dell'insieme $A = \{2, 3, 4, 7, 8, 9\}$?

   $P_6 = 6! = 6 \cdot 5 \cdot 4 \cdot 3 \cdot 2 \cdot 1 = 720$.

▶ Dario ha 5 caramelle gommose di 5 colori diversi e 2 cioccolatini, uno al latte e uno fondente. Quanti sono i modi in cui Dario può mangiare i 7 dolciumi senza mangiare per prime tutte le caramelle?

☐ **Animazione**

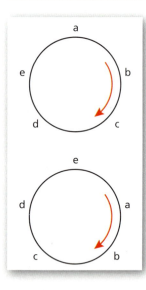

2. Calcoliamo il numero di anagrammi, anche senza significato, che si possono ottenere con le lettere della parola CANTO:

$$P_5 = 5! = 5 \cdot 4 \cdot 3 \cdot 2 \cdot 1 = 120.$$

3. Cinque ragazzi hanno a disposizione cinque sedie. In quanti modi possono sedersi se le sedie sono disposte intorno a un tavolo rotondo?

Se le sedie fossero in fila i modi sarebbero $P_5 = 5! = 120$.
Essendo disposti su una circonferenza, occorre considerare che vi sono permutazioni che, poste in ordine circolare, coincidono.
Chiamando i ragazzi con le prime cinque lettere dell'alfabeto, fissato un raggruppamento, per esempio

$a \ b \ c \ d \ e,$

sono a esso equivalenti i seguenti:

$b \ c \ d \ e \ a;$ $\qquad\qquad d \ e \ a \ b \ c;$

$c \ d \ e \ a \ b;$ $\qquad\qquad e \ a \ b \ c \ d.$

I modi che coincidono sono tanti quanti i ragazzi. Quindi, se cinque ragazzi siedono intorno a un tavolo rotondo, tutti i modi possibili di sedersi sono:

$$\frac{P_5}{5} = \frac{5!}{5} = 4! = P_4 = 24.$$

Questo è un esempio di **permutazione circolare**, in quanto gli elementi non sono in fila, ma disposti intorno a una circonferenza.

■ Funzione fattoriale

▶ Esercizi a p. 1013

Abbiamo visto che il simbolo $n! = n(n-1)(n-2)\ldots 2 \cdot 1$ indica il prodotto dei primi n numeri naturali, escluso lo zero.
Questa scrittura non è valida per $n = 0$ ma nemmeno per $n = 1$, perché un prodotto si può eseguire solo se ci sono almeno due fattori. Per poter estendere il significato di fattoriale a tutti i numeri naturali abbiamo la seguente definizione.

> **DEFINIZIONE**
> Definiamo la **funzione fattoriale** come:
> $$n! = n(n-1)(n-2)(n-3)\ldots 2 \cdot 1, \quad \text{con } n \geq 2,$$
> $$0! = 1,$$
> $$1! = 1.$$

La funzione $n!$ è crescente, con crescita molto rapida.

$2! = 2 \quad 3! = 6 \quad 4! = 24 \quad 5! = 120 \quad 6! = 720 \quad 7! = 5040 \quad 8! = 40\,320$

$9! = 362\,880 \quad 10! = 3\,628\,800 \quad \ldots$

Dalla definizione deduciamo la relazione: $\boxed{n! = n \cdot (n-1)!}$.

Infatti: $n! = n \cdot (n-1) \cdot \ldots \cdot 2 \cdot 1 = n \cdot [(n-1) \cdot \ldots \cdot 2 \cdot 1] = n \cdot (n-1)!$.
Per esempio, $5! = 5 \cdot 4 \cdot 3 \cdot 2 \cdot 1 = 5 \cdot (4 \cdot 3 \cdot 2 \cdot 1) = 5 \cdot 4! = 5 \cdot (5-1)!$.

Paragrafo 3. Permutazioni

In particolare, questa relazione, applicata per $n = 2$, giustifica il fatto che abbiamo posto $1! = 1$. Infatti:

$$2! = 2 \cdot (2-1)! = 2 \cdot 1!,$$

ma poiché è anche vero che

$$2! = 2 \cdot 1 = 2,$$

allora deve essere $2 \cdot 1! = 2$ e quindi $1! = 1$.

$n!$ e le disposizioni

Utilizziamo la funzione fattoriale per esprimere le disposizioni. Per esempio:

$$D_{5,3} = 5 \cdot 4 \cdot 3 = \frac{5 \cdot 4 \cdot 3 \cdot (2 \cdot 1)}{(2 \cdot 1)} = \frac{5!}{2!}.$$

In generale: $\boxed{D_{n,k} = \dfrac{n!}{(n-k)!}}$.

Infatti:

$$D_{n,k} = n \cdot (n-1) \cdot \ldots \cdot (n-k+1) =$$

⟩ moltiplichiamo numeratore e denominatore per $(n-k)!$

$$\frac{n \cdot (n-1) \cdot \ldots \cdot (n-k+1) \cdot (n-k)!}{(n-k)!} = \frac{n!}{(n-k)!}.$$

Considerando poi che le permutazioni di n oggetti sono le disposizioni di classe n di n oggetti, possiamo giustificare anche l'aver posto $0! = 1$ nella definizione di fattoriale. Infatti, sostituendo $k = n$ nella formula per le disposizioni,

$$D_{n,n} = \frac{n!}{(n-n)!} = \frac{n!}{0!},$$

ma, poiché è anche vero che

$$D_{n,n} = P_n = n!,$$

deve essere $\dfrac{n!}{0!} = n!$ e quindi dobbiamo porre $0! = 1$.

■ Permutazioni con ripetizione

▶ Esercizi a p. 1015

Calcoliamo quanti anagrammi (anche privi di significato) si possono formare con le lettere della parola TETTO.
Pensiamo per il momento che le tre T non siano uguali e distinguiamole colorandole: TETTO.
Se calcoliamo la permutazione P_5 di 5 elementi, consideriamo come diverse anche le parole che differiscono soltanto per la posizione delle tre T colorate. Per esempio, mettendo la E e la O nelle prime due posizioni, con le permutazioni sono distinte le parole:

EOTTT, EOTTT, EOTTT, EOTTT, EOTTT, EOTTT.

Abbiamo 6 casi diversi, corrispondenti alle permutazioni delle tre T: $3! = 6$.

Questi casi sono invece indistinguibili, e uguali a EOTTT, se consideriamo la T come lettera ripetuta più volte.

MATEMATICA INTORNO A NOI

Sempre in giro Ogni giorno i rappresentanti commerciali viaggiano di casa in casa e di città in città per presentare i loro prodotti.

▶ Come fanno a sapere qual è il percorso più breve per raggiungere i loro clienti?

 La risposta

▶ Verifica che l'uguaglianza

$$\frac{D_{n+1,k} - D_{n,k-1}}{n^2} = D_{n-1,k-2}$$

è vera per ogni $n > 0$ e per ogni k tale che $0 < k \leq n$.

 Animazione

 Video

Gioco della zara
Nel gioco della zara si lanciano tre dadi e si scommette sulla somma che uscirà. Sia il numero 10 sia il numero 9 si ottengono con sei terne diverse di numeri.

▶ Hanno la stessa probabilità di uscita?

Se consideriamo le 120 permutazioni di 5 lettere, in questo caso troviamo ogni raggruppamento ripetuto 6 volte. Quindi per ottenere il numero degli anagrammi di TETTO dobbiamo dividere 120 per 6:

$$\frac{120}{6} = 20.$$

Per indicare che dei cinque elementi tre corrispondono a uno stesso elemento ripetuto usiamo il simbolo $P_5^{(3)}$, che si legge: «permutazioni di 5 elementi di cui 3 ripetuti». Abbiamo che:

$$P_5^{(3)} = \frac{P_5}{P_3} = \frac{5!}{3!} = 20.$$

Chiamiamo i raggruppamenti di questo tipo **permutazioni con ripetizione**.
In generale:

$$P_n^{(k)} = \frac{n!}{k!}.$$

La formula si generalizza ulteriormente quando nell'insieme di n elementi gli elementi ripetuti sono $k, h, ..., r$, dove $k + h + ... + r \leq n$.

> **DEFINIZIONE**
>
> Le **permutazioni con ripetizione** di n elementi, di cui $h, k, ...$ ripetuti, sono tutti i gruppi formati dagli n elementi, che differiscono per l'*ordine* in cui si presentano gli elementi distinti e la *posizione* che occupano gli elementi ripetuti:
>
> $$P_n^{(h,k,...)} = \frac{n!}{h! \cdot k! \cdot ...}.$$

ESEMPIO
In quanti modi cinque sedie possono essere occupate da tre persone?

Dobbiamo calcolare il numero delle permutazioni di 5 elementi, con 3 distinti e 2 ripetuti (le due sedie vuote), quindi:

$$P_5^{(2)} = \frac{5!}{2!} = 5 \cdot 4 \cdot 3 = 60.$$

 Listen to it

When h elements of a set S of n elements are not distinct from one another, the ordered selections are called n-permutations with h indistinguishable objects.

▶ Quanti sono gli anagrammi, anche senza senso, della parola STRETTE?

☐ Animazione

4 Combinazioni

■ Combinazioni semplici
▶ Esercizi a p. 1016

Consideriamo cinque punti nel piano, a tre a tre non allineati. Determiniamo quanti triangoli possiamo costruire congiungendo tre punti.

Indichiamo i punti con le lettere A, B, C, D, E. Consideriamo, per esempio, il triangolo ABC. Esso viene individuato da tutte queste terne:

$ABC, ACB, BAC, BCA, CAB, CBA$.

Nel contare i triangoli queste terne vanno prese una volta sola. Quindi, tutte le terne di lettere che indicano i vertici dei triangoli costituiscono dei **gruppi che si differenziano** fra di loro **solo per gli elementi contenuti e non per il loro ordine**. Chiamiamo questi gruppi **combinazioni (semplici) di 5 elementi di classe 3**. Per indicare il loro numero usiamo il simbolo $C_{5,3}$.

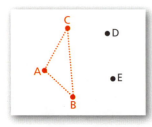

Per ricavare $C_{5,3}$, partiamo da tutte le terne possibili, ossia le disposizioni $D_{5,3}$. Per ogni scelta di 3 elementi ci sono $P_3 = 3!$ disposizioni di questi elementi che differiscono solo per l'ordine. Tutte queste vanno contate solo una volta. Per esempio, abbiamo già visto che al triangolo ABC corrispondono le terne ABC, ACB, BCA, BAC, CBA e CAB. Abbiamo perciò:

$$C_{5,3} = \frac{D_{5,3}}{P_3} = \frac{5 \cdot 4 \cdot 3}{3!} = \frac{60}{6} = 10.$$

In generale, con ragionamenti analoghi, si ottiene la formula generale:

$$C_{n,k} = \frac{D_{n,k}}{P_k} = \frac{n \cdot (n-1) \cdot (n-2) \cdot \ldots \cdot (n-k+1)}{k!}.$$

DEFINIZIONE

Le **combinazioni semplici** di n elementi distinti di classe k (con $0 < k \leq n$) sono tutti i gruppi di k elementi, scelti fra gli n, che differiscono per almeno un elemento (ma non per l'ordine):

$$C_{n,k} = \frac{D_{n,k}}{P_k} = \frac{n \cdot (n-1) \cdot (n-2) \cdot \ldots \cdot (n-k+1)}{k!}, \quad \text{con } k \leq n.$$

🇬🇧 **Listen to it**

Given a set S of n distinct elements, the **simple k-combinations** are all the **unordered selections** of k elements chosen among the elements of the set S.

Con il simbolo $C_{n,k}$ indicheremo sia le combinazioni sia il loro numero.

ESEMPIO

In un Gran Premio di F1 una casa automobilistica ha a disposizione cinque vetture da assegnare a due piloti. In quanti modi la scuderia può utilizzare le automobili?

L'insieme di partenza contiene le automobili che numeriamo da 1 a 5:

$A = \{1, 2, 3, 4, 5\}$.

Poiché i piloti sono due, i raggruppamenti sono tutte le coppie che si possono formare con due macchine, scelte tra le cinque disponibili. L'ordine non conta, quindi tali raggruppamenti sono combinazioni:

$$C_{5,2} = \frac{5 \cdot 4}{2!} = 10.$$

▶ Bisogna sistemare 18 libri su 3 mensole mettendo 6 libri su ciascuna. In quanti modi possiamo farlo senza considerare l'ordine dei libri su ciascuna mensola?

☐ **Animazione**

▶ Calcola il numero di terni che si possono fare al gioco del lotto.
[117 480]

■ Coefficienti binomiali

 Esercizi a p. 1016

Il numero delle combinazioni viene anche indicato con il simbolo $\binom{n}{k}$, che si chiama *coefficiente binomiale* e si legge «n su k».

DEFINIZIONE

Il **coefficiente binomiale** di due numeri naturali n e k, con $0 \leq k \leq n$, è il numero $\binom{n}{k} = \dfrac{n!}{k!(n-k)!}$.

Per esempio, $\binom{6}{2} = \dfrac{6!}{2!(6-2)!} = \dfrac{6!}{2! \cdot 4!} = \dfrac{6 \cdot 5 \cdot 4 \cdot 3 \cdot 2 \cdot 1}{2 \cdot 1 \cdot 4 \cdot 3 \cdot 2 \cdot 1} = 15.$

Dalla definizione e dalle proprietà del fattoriale, per $k = 0$ otteniamo:

$$\binom{n}{0} = \frac{n!}{0! \cdot n!} = 1, \qquad \binom{0}{0} = \frac{0!}{0! \cdot 0!} = 1.$$

Si può anche calcolare $\binom{n}{n} = \dfrac{n!}{n! \cdot (n-n)!} = \dfrac{n!}{n! \cdot 0!}$, da cui: $\binom{n}{n} = 1$.

Capitolo 20. Calcolo combinatorio

▶ Calcola separatamente $\binom{18}{16}$ e $\binom{18}{2}$ verificando che sono uguali.

▶ Risolvi l'equazione $\binom{x}{2} = 8 + 2\binom{x-3}{2}$.

□ Animazione

▶ Verifica la formula di ricorrenza applicando a entrambi i membri la definizione di coefficiente binomiale.

▶ Usa il valore noto di $\binom{32}{15} = 565722720$ per calcolare $\binom{32}{14}$ e $\binom{32}{18}$.

□ Animazione

Proprietà

- $\binom{n}{k} = \binom{n}{n-k}$ **legge delle classi complementari**.

Infatti $\binom{n}{k} = \dfrac{n!}{k!(n-k)!} = \dfrac{n!}{(n-k)!k!} = \dfrac{n!}{(n-k)![n-(n-k)]!} = \binom{n}{n-k}$.

- $\binom{n}{k+1} = \binom{n}{k} \dfrac{n-k}{k+1}$ **formula di ricorrenza**

La formula di ricorrenza è utile quando conosciamo il valore del coefficiente binomiale per un certo valore di k e dobbiamo trovare i valori delle classi successive (o precedenti).

ESEMPIO

Se sappiamo che $\binom{14}{5} = 2002$, allora:

$$\binom{14}{6} = \binom{14}{5} \frac{14-5}{5+1} = 2002 \cdot \frac{9}{6} = 3003.$$

Possiamo giustificare ora la definizione delle combinazioni semplici $C_{n,k} = \binom{n}{k}$.

Utilizzando la formula che esprime il numero delle disposizioni semplici come rapporto di due fattoriali, abbiamo:

$$C_{n,k} = \frac{D_{n,k}}{P_k} = \frac{n!}{(n-k)!} \cdot \frac{1}{k!} = \frac{n!}{(n-k)! \cdot k!} = \binom{n}{k}.$$

■ Combinazioni con ripetizione

▶ Esercizi a p. 1020

Riprendiamo il problema affrontato nello studio delle disposizioni con ripetizione.

Lanciamo consecutivamente una moneta e segniamo la successione di uscita di testa (T) e di croce (C). Questa volta non interessa l'ordine di uscita, ma solo la composizione di ogni possibile gruppo.

Se i lanci sono 2, il numero delle possibilità, rispetto alle disposizioni, si riduce a 3:

$TT \quad TC \quad CC \qquad\qquad\qquad k = 2.$

Se i lanci sono 3, il numero delle possibilità si riduce a 4:

$TTT \quad TTC \quad TCC \quad CCC \qquad\qquad k = 3.$

Se i lanci sono 4, il numero delle possibilità si riduce a 5:

$TTTT \quad TTTC \quad TTCC \quad TCCC \quad CCCC \qquad k = 4.$

Chiamiamo questi raggruppamenti **combinazioni con ripetizione**.
Utilizziamo le combinazioni con ripetizione in tutti i problemi di distribuzione nei quali occorre formare gruppi con oggetti *non distinguibili*.

Osserviamo che in ogni gruppo un elemento può ripetersi fino a k volte e, non interessando l'ordine, ogni gruppo contiene gli stessi elementi, ma con un numero di ripetizioni diverso in ciascun gruppo distinto.

MATEMATICA E LETTERATURA

Uno, cento, mille racconti Combinando diversamente alcune parole, si ottengono frasi diverse. Combinando diversamente le frasi, si ottengono tanti racconti. Da questa tecnica narrativa è nata la letteratura combinatoria, di cui Italo Calvino è uno degli esponenti più autorevoli.

▶ Qual è l'opera in cui Calvino costruisce racconti combinatori?

□ La risposta

Per indicare le combinazioni con ripetizione usiamo la seguente notazione:

$n = 2, \quad k = 2, \qquad C'_{2,2} = 3;$

$n = 2, \quad k = 3, \qquad C'_{2,3} = 4;$

$n = 2, \quad k = 4, \qquad C'_{2,4} = 5.$

Listen to it

Given a set S of n distinct elements, the **k-combinations with repetition** are all the unordered selections of k elements, where every element can appear more than once.

DEFINIZIONE

Le **combinazioni con ripetizione** di n elementi distinti di classe k (con k numero naturale qualunque non nullo) sono tutti i gruppi di k elementi che si possono formare, nei quali:
- ogni elemento può essere ripetuto al massimo fino a k volte;
- non interessa l'ordine con cui gli elementi si presentano;
- è diverso il numero di volte col quale un elemento compare:

$$C'_{n,k} = C_{n+k-1,k} = \binom{n+k-1}{k} = \frac{(n+k-1) \cdot (n+k-2) \cdot \ldots \cdot (n+1) \cdot n}{k!}.$$

Puoi verificare con i valori ottenuti nell'esempio precedente che:

$C'_{2,2} = C_{2+2-1,2} = C_{3,2} = 3,$

$C'_{2,3} = C_{2+3-1,3} = C_{4,3} = 4,$

$C'_{2,4} = C_{2+4-1,4} = C_{5,4} = 5.$

Video

Disposizioni, permutazioni, combinazioni

▶ Quanti sono gli anagrammi, anche senza significato, della parola TEMA? E della parola TATTICA?

▶ In un campionato di 12 squadre, come si possono classificare le prime 4 squadre?

ESEMPIO

In quanti modi diversi possiamo distribuire 6 oggetti in 4 scatole?
Se indichiamo con le lettere a, b, c, d le 4 scatole, alcune possibili distribuzioni sono le seguenti:

$a\,a\,a\,b\,c\,d, \qquad a\,a\,a\,a\,a\,a, \qquad a\,b\,b\,c\,d\,d, \qquad b\,b\,b\,c\,c\,d.$

Nella prima distribuzione 3 oggetti vanno nella scatola a, uno nella b, uno nella c, uno nella d; nella seconda distribuzione tutti gli oggetti vanno nella scatola a e le altre scatole restano vuote…
Osserviamo che tutti i modi sono le combinazioni con ripetizione di 4 elementi di classe 6:

$$C'_{4,6} = \binom{4+6-1}{6} = \binom{9}{6} = \binom{9}{3} = \frac{9 \cdot 8 \cdot 7}{3!} = 84.$$

Notiamo che alcune scatole possono rimanere vuote.

▶ In un'urna ci sono una pallina rossa, una blu e una verde. Si estraggono quattro palline rimettendo ogni volta la pallina estratta nell'urna. Quanti sono i possibili esiti in cui, tra le quattro palline estratte, compare almeno una pallina rossa?

Animazione

5 Binomio di Newton

▶ Esercizi a p. 1024

Con il calcolo letterale possiamo scrivere le potenze di un binomio:

$n = 0 \qquad (A + B)^0 = 1;$

$n = 1 \qquad (A + B)^1 = A + B;$

$n = 2 \qquad (A + B)^2 = A^2 + 2AB + B^2;$

$n = 3 \qquad (A + B)^3 = A^3 + 3A^2B + 3AB^2 + B^3.$

Per potenze con esponente maggiore di 3 si ricorre al triangolo di Tartaglia, che fornisce i coefficienti dello sviluppo di $(A + B)^n$.

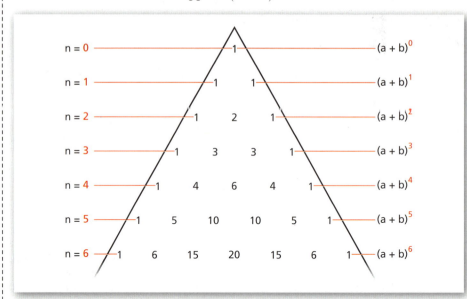

I lati obliqui del triangolo sono formati da tanti 1, mentre ogni coefficiente interno è la somma dei due coefficienti della riga precedente che sono alla sua destra e alla sua sinistra.

Per esempio:

$$n = 3 \quad 1 \quad 3 \quad 3 \quad 1$$
$$n = 4 \quad 1 \quad 4 \quad 6 \quad 4 \quad 1$$

e continuando così si costruiscono tutte le righe successive del triangolo.

La potenza con esponente n ha il seguente sviluppo:

$$(A + B)^n = (\ldots)A^n B^0 + (\ldots)A^{n-1}B^1 + \ldots + (\ldots)A^0 B^n.$$

dove i coefficienti sono quelli dell'n-esima riga e la somma degli esponenti è sempre n.

Per esempio:

$$(A + B)^4 = 1A^4 B^0 + 4A^3 B^1 + 6A^2 B^2 + 4AB^3 + B^4.$$

La costruzione del triangolo è scomoda al crescere di n perché occorre costruire tutte le righe precedenti alla riga n-esima.

Ordiniamo le righe utilizzando i valori di n: nella figura, la riga più in alto è la riga zero, quella più in basso è la sesta riga.

In ogni riga indichiamo con k la posizione di un numero, dove il primo 1 a sinistra corrisponde a $k = 0$. Con queste convenzioni, se osserviamo i numeri che compongono il triangolo di Tartaglia, ci accorgiamo per esempio che la posizione $k = 3$ della sesta riga è occupata dal numero 20, che corrisponde al coefficiente binomiale:

Paragrafo 5. Binomio di Newton

riga 6
$$\binom{6}{3} = \frac{6!}{3! \cdot 3!} = 20.$$
posizione 3

In generale la k-esima posizione dell'n-esima riga è occupata dal numero che corrisponde al coefficiente binomiale $\binom{n}{k}$.

Per lo sviluppo di $(A + B)^n$ possiamo perciò anche utilizzare i coefficienti binomiali ottenendo la **formula del binomio di Newton**:

$$(A + B)^n = \binom{n}{0} A^n B^0 + \binom{n}{1} A^{n-1} B^1 + \ldots + \binom{n}{n-1} A^1 B^{n-1} + \binom{n}{n} A^0 B^n.$$

Listen to it

The **binomial expansion**, proposed by Newton, is the formula which describes the expansion of **powers** of a **binomial**.

ESEMPIO

$(a + b)^6 =$

$\binom{6}{0}a^6 + \binom{6}{1}a^5 b + \binom{6}{2}a^4 b^2 + \binom{6}{3}a^3 b^3 + \binom{6}{4}a^2 b^4 + \binom{6}{5}ab^5 + \binom{6}{6}b^6 =$

$a^6 + 6a^5 b + 15a^4 b^2 + 20a^3 b^3 + 15a^2 b^4 + 6ab^5 + b^6.$

▶ Qual è il coefficiente di $a^8 b^2$ nello sviluppo di $(a+b)^{10}$? [45]

Ricordando che $\sum_{k=0}^{n}$ significa «la somma dei termini che otteniamo quando k varia da 0 a n», possiamo riscrivere in modo sintetico la formula:

$$(A + B)^n = \sum_{k=0}^{n} \binom{n}{k} A^{n-k} B^k.$$

$\binom{n}{k}$ è chiamato coefficiente binomiale proprio perché si trova nella formula del binomio di Newton.

In particolare, se $A = 1$ e $B = 1$, dalla formula del binomio otteniamo

$$(1 + 1)^n = 2^n = \sum_{k=0}^{n} \binom{n}{k} \cdot 1 \cdot 1 = \binom{n}{0} + \binom{n}{1} + \ldots + \binom{n}{n},$$

cioè:

$$\binom{n}{0} + \binom{n}{1} + \ldots + \binom{n}{n} = 2^n.$$

Ciò dimostra che la somma dei termini sull'n-esima riga del triangolo di Tartaglia è 2^n.

La caratteristica del triangolo di Tartaglia, per cui ogni coefficiente è la somma dei due coefficienti della riga precedente a destra e sinistra, è una proprietà dei coefficienti binomiali espressa dalla **formula di Stifel**:

$$\binom{n}{k} = \binom{n-1}{k-1} + \binom{n-1}{k}.$$

ESEMPIO

$\binom{4}{2} = \binom{3}{1} + \binom{3}{2}$. Infatti, $\frac{4 \cdot 3}{2} = 3 + \frac{3 \cdot 2}{2}$.

▶ Applica la proprietà di Stifel a $\binom{5}{3}$ e verifica il risultato ottenuto.

Capitolo 20. Calcolo combinatorio

IN SINTESI
Calcolo combinatorio

■ Raggruppamenti

Dati gli insiemi A con n elementi, B con m elementi, C con k elementi, ... con $n, m, k, \in \mathbb{N} - \{0\}, ...$, il numero dei raggruppamenti che si possono formare prendendo il primo elemento in A, il secondo in B, il terzo in C, ... è:
$n \cdot m \cdot k \cdot ...$

■ Disposizioni

- **Disposizioni semplici di n elementi distinti di classe k** (con $n, k \in \mathbb{N} - \{0\}$ e $k \leq n$): sono tutti i gruppi che si possono formare con k elementi, presi fra gli n, tali che ogni gruppo è diverso dagli altri per gli elementi contenuti o per il loro ordine. $D_{n,k} = n \cdot (n-1) \cdot (n-2) \cdot ... \cdot (n-k+1) = \dfrac{n!}{(n-k)!}$.

    ESEMPIO: Modi di accostare 7 palline di colore diverso in gruppi da 4:
    $D_{7,4} = 7 \cdot 6 \cdot 5 \cdot 4 = 840$.

- **Disposizioni con ripetizione di n elementi distinti di classe k** (con $n, k \in \mathbb{N} - \{0\}$): sono tutti i gruppi che si possono formare con k elementi, anche ripetuti, presi fra gli n, tali che ogni gruppo è diverso dagli altri per gli elementi contenuti o per il loro ordine. $D'_{n,k} = n^k$.

    ESEMPIO: Colonne del totocalcio compilabili con i simboli 1, 2, X:
    $D'_{3,14} = 3^{14} = 4\,782\,969$.

■ Permutazioni

- **Permutazioni semplici di n elementi distinti**: sono tutti i gruppi formati dagli n elementi che differiscono per il loro ordine. $P_n = n \cdot (n-1) \cdot ... \cdot 2 \cdot 1 = n!$.

    ESEMPIO: In quanti modi si possono disporre 6 persone in fila? $P_6 = 6! = 720$.

- **Funzione fattoriale**
  Nei numeri naturali si definisce:

  $n! = \begin{cases} n \cdot (n-1) \cdot (n-2) \cdot ... \cdot 2 \cdot 1 & \text{se } n \geq 2 \\ 1 & \text{se } n = 0 \text{ o } n = 1. \end{cases}$

  Proprietà: $n! = n \cdot (n-1)!$.

- **Permutazioni di n elementi di cui $h, k, ...$ ripetuti**: sono i gruppi formati dagli n elementi che differiscono per l'ordine degli elementi distinti e il posto occupato dagli elementi ripetuti.
    $$P_n^{(h,k,...)} = \dfrac{n!}{h! \cdot k! \cdot ...}.$$

    ESEMPIO: In quanti modi, lanciando una moneta per 6 volte, possono uscire 2 teste e 4 croci?
    $P_6^{(2,4)} = \dfrac{6!}{2! \cdot 4!} = \dfrac{720}{2 \cdot 24} = 15$.

In sintesi

■ Combinazioni

- **Combinazioni semplici di n elementi distinti di classe k (con $0 < k \leq n$)**: sono tutti i gruppi che si possono formare con k elementi, presi fra gli n, e tali che ogni gruppo è diverso dagli altri per almeno un elemento contenuto.

$$C_{n,k} = \frac{D_{n,k}}{P_k} = \frac{n \cdot (n-1) \cdot (n-2) \cdot \ldots \cdot (n-k+1)}{k!} = \binom{n}{k} = \frac{n!}{k!(n-k)!}, \quad \text{con } k \leq n.$$

  ESEMPIO: In quanti modi possiamo scegliere 3 aperitivi, da offrire a una festa, fra 7 a disposizione?

$$C_{7,3} = \binom{7}{3} = \frac{7 \cdot 6 \cdot 5}{3!} = 35.$$

- **Coefficienti binomiali**
  Si definisce **coefficiente binomiale**:

$$\binom{n}{k} = \frac{n!}{k!(n-k)!}, \quad \text{con } n \text{ e } k \text{ numeri naturali}, 0 \leq k \leq n.$$

  In particolare: $\binom{n}{n} = 1$, $\binom{n}{0} = 1$, $\binom{0}{0} = 1$.

  - **Legge delle classi complementari**

$$\binom{n}{k} = \binom{n}{n-k} \qquad \textbf{ESEMPIO}: \binom{9}{7} = \binom{9}{2}$$

  - **Formula di ricorrenza**

$$\binom{n}{k+1} = \binom{n}{k} \cdot \frac{n-k}{k+1} \qquad \textbf{ESEMPIO}: \text{Sapendo che } \binom{12}{5} = 792, \text{ calcoliamo } \binom{12}{6} = 792 \cdot \frac{12-5}{5+1} = 924.$$

- **Combinazioni con ripetizione di n elementi distinti di classe k**: sono tutti i gruppi che si possono formare con k elementi, presi fra gli n; ogni elemento di un gruppo può essere ripetuto fino a k volte, non interessa l'ordine in cui gli elementi si presentano, e in ciascun gruppo è diverso il numero delle volte in cui un elemento compare.

$$C'_{n,k} = C_{n+k-1,k} = \binom{n+k-1}{k} = \frac{(n+k-1) \cdot (n+k-2) \cdot \ldots \cdot (n+1) \cdot n}{k!}.$$

  ESEMPIO: In quanti modi diversi possiamo distribuire 3 penne in 4 scatole?

$$C'_{4,3} = C_{4+3-1,3} = C_{6,3} = \binom{6}{3} = \frac{6 \cdot 5 \cdot 4}{3!} = 20.$$

■ Binomio di Newton

- $$(A+B)^n = \binom{n}{0}A^n B^0 + \binom{n}{1}A^{n-1}B^1 + \ldots + \binom{n}{n}A^0 B^n = \sum_{k=0}^{n} \binom{n}{k} A^{n-k} B^k$$

  ESEMPIO: $(x-1)^4 = \binom{4}{0}x^4 + \binom{4}{1}x^3(-1) + \binom{4}{2}x^2(-1)^2 + \binom{4}{3}x(-1)^3 + \binom{4}{4}(-1)^4 = x^4 - 4x^3 + 6x^2 - 4x + 1$

- **Formula di Stifel**

$$\binom{n}{k} = \binom{n-1}{k-1} + \binom{n-1}{k} \qquad \textbf{ESEMPIO}: \binom{5}{3} = \binom{4}{2} + \binom{4}{3}$$

CAPITOLO 20
ESERCIZI

1. Che cos'è il calcolo combinatorio
▶ Teoria a p. 992

Raggruppamenti

1 **ESERCIZIO GUIDA** Una mensa aziendale offre ai suoi dipendenti ogni giorno la possibilità di scegliere fra due primi, tre secondi e due dessert. Quanti sono i tipi di pasto che si possono costruire con i piatti offerti? Forniamo una rappresentazione della soluzione con un diagramma ad albero.

Abbiamo nell'ordine le seguenti possibilità:

    2 primi piatti,

    3 secondi piatti,

    2 dessert.

In totale abbiamo $2 \cdot 3 \cdot 2 = 12$ possibilità.
Il diagramma ad albero corrispondente è quello a fianco.

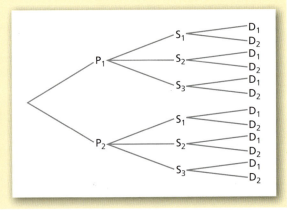

2 Abbiamo cinque palline nere numerate da 1 a 5 e tre bianche numerate da 1 a 3. Quante coppie di palline possiamo ottenere con una pallina nera e una bianca? Fornisci una rappresentazione della soluzione con un diagramma ad albero. [15]

3 Prese le palline dell'esercizio precedente, quante coppie di palline una nera e una bianca, entrambe dispari, possiamo formare? Fornisci una rappresentazione della soluzione con un diagramma ad albero. [6]

4 **LEGGI IL GRAFICO** Osserva il seguente diagramma ad albero.

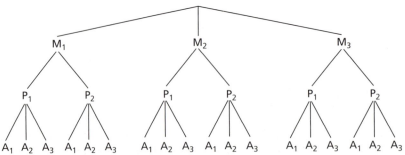

Scrivi gli insiemi con i quali formare i raggruppamenti e quanti sono i raggruppamenti possibili.

5 In una scuola di ballo sono iscritte dodici donne e sette uomini. Quante sono le possibili coppie che si possono formare? [84]

6 In una classe vi sono otto ragazze e undici ragazzi. Quante sono le coppie formate da una ragazza e un ragazzo che si possono formare? [88]

Paragrafo 2. Disposizioni

7 In tre classi quinte di una scuola ci sono rispettivamente 22, 18 e 23 alunni. Occorre mandare una rappresentanza formata da un alunno di ciascuna quinta. Quante sono le terne di studenti che è possibile formare?   [9108]

8 Calcola quante sigle di tre elementi si possono formare ponendo al primo posto una delle cinque vocali, al secondo posto una delle sedici consonanti e al terzo posto una delle dieci cifre.   [800]

9 Calcola quante sigle di tre elementi si possono formare ponendo al primo posto una delle cinque vocali, al secondo posto una delle sedici consonanti e al terzo posto ancora una consonante non necessariamente diversa da quella precedentemente collocata al secondo posto.   [1280]

2 Disposizioni

Disposizioni semplici
▶ Teoria a p. 993

10 Costruisci con i diagrammi ad albero tutte le terne che si possono formare con gli elementi non ripetuti dell'insieme $\{a, b, c, d\}$, in modo che le terne differiscano o per almeno un elemento o per l'ordine. Quante sono?   [24]

11 **AL VOLO** Calcola, se possibile, $D_{1,1}, D_{4,1}, D_{4,4}, D_{4,0}, D_{4,2}$.

12 Se $D_{n,2} = 42$, quanto vale n?   [7]

Calcola.

13 $D_{11,4}$; $D_{6,2}$; $D_{10,5}$.

14 $D_{x-1,2}$; $D_{x+1,3}$; $D_{x,3}$.

15 $2 - \dfrac{D_{7,3}}{D_{7,2}} + \dfrac{D_{5,2}}{D_{5,1}}$ [1]

16 $\dfrac{D_{8,4} - D_{7,3}}{7 \cdot D_{7,2}}$ [5]

17 $\dfrac{D_{6,3}}{D_{5,4}} : \dfrac{D_{5,2}}{D_{6,4}} - \dfrac{D_{11,3}}{D_{10,2}}$ [7]

18 $\dfrac{D_{8,3} - D_{4,2}}{D_{9,3}}$ $\left[\dfrac{9}{14}\right]$

19 **TEST** Un codice di accesso a un sistema di sicurezza è formato da 6 cifre tutte diverse ed è escluso lo zero. Il numero totale dei possibili codici è:

A 15 120.   **B** 120 960.   **C** 151 200.   **D** 60 480.   **E** 50 400.

20 **ESERCIZIO GUIDA** Quanti numeri di tre cifre tutte diverse si possono costruire con gli elementi dell'insieme $A = \{4, 5, 6, 7, 8\}$? Quanti sono i numeri che cominciano con la cifra 8?

I gruppi che si possono formare sono:
$D_{5,3} = 5 \cdot 4 \cdot 3 = 60$.

$D_{n,k} = n \cdot (n-1) \cdot \ldots \cdot (n-k+1)$, con $1 \leq k \leq n$

Otteniamo i numeri di tre cifre tutte diverse che cominciano con la cifra 8 formando tutti i gruppi di classe 2 senza utilizzare questa cifra, e poi ponendo la cifra 8 davanti a ognuno di essi:
$D_{4,2} = 4 \cdot 3 = 12$.

Oppure applichiamo il «metodo delle possibilità», tenendo conto che al primo posto abbiamo una sola possibilità data dalla cifra 8: $1 \cdot 4 \cdot 3 = 12$.

21 Calcola quanti numeri di quattro cifre diverse si possono formare con le nove cifre dell'insieme $A = \{1, 2, 3, 4, 5, 6, 7, 8, 9\}$.   [3024]

Capitolo 20. Calcolo combinatorio

22 Quante parole, anche prive di significato, si possono formare con tre lettere diverse scelte fra le seguenti?

[60]

23 Un'azienda deve assumere tre diplomati da collocare in tre diversi uffici: amministrazione, contabilità, commerciale. Ha a disposizione venti curriculum di persone aventi i requisiti necessari. In quanti modi può essere fatta la scelta? [6840]

24 REALTÀ E MODELLI **Più persone che sedie** In quanti modi diversi cinque persone, su un gruppo di otto, possono sedersi sulle cinque sedie in figura? [6720]

25 Calcola quante sigle di cinque elementi, tutti diversi, si possono formare con le ventuno lettere dell'alfabeto italiano e le dieci cifre decimali, sapendo che i primi tre posti devono essere occupati dalle lettere e gli ultimi due dalle cifre. [718 200]

26 Avendo a disposizione sei atleti per la gara di staffetta 4×100, in quanti modi possiamo stabilire la successione ordinata degli atleti che correranno durante la gara? [360]

27 Una polisportiva ha organizzato una lotteria benefica con cinque premi diversi in valore. Ha venduto ottanta biglietti. In quanti modi si possono avere i vincitori? [2 884 801 920]

28 A un torneo di calcio partecipano sedici squadre. Quante partite si devono effettuare fra girone di andata e di ritorno, sapendo che tutte le squadre si devono incontrare? [240]

29 Quanti numeri di cinque cifre diverse si possono formare con le dieci cifre decimali? [27 216]

30 Calcola quante parole, anche prive di significato, si possono scrivere con quattro lettere diverse dell'insieme $A = \{a, e, i, o, m, r, t\}$, in modo che le parole comincino tutte con **me**. [20]

31 REALTÀ E MODELLI **Titolari in campo** Un allenatore di calcio ha a disposizione quattro attaccanti, sei centrocampisti e cinque difensori. Ha scelto di giocare con il modulo 4-3-3, che prevede quattro difensori, tre centrocampisti e tre attaccanti, ma non ha ancora scelto i giocatori titolari. Quante formazioni potrebbe schierare, sapendo che ha a disposizione anche tre portieri? [1 036 800]

Disposizioni con ripetizione

▶ Teoria a p. 995

Calcola.

32 AL VOLO $D'_{3,1}$, $D'_{2,6}$, $D'_{5,2}$, $D'_{10,3}$.

33 $D'_{6,2} - D_{6,2} + D'_{7,2}$ [55]

34 $12\left(D'_{3,3} - \dfrac{1}{4}D'_{4,3}\right) : D_{3,2}$ [22]

35 ESERCIZIO GUIDA Si lanciano due dadi, uno dopo l'altro. Quanti sono i casi possibili? Quanti sono i casi in cui entrambe le facce presentano numeri pari?

Rispondiamo alla prima domanda. Ogni dado ha 6 numeri e in un lancio lo stesso numero si può presentare in entrambi i dadi. Abbiamo quindi delle disposizioni con ripetizione. Tutti i casi che si possono presentare sono:

$$D'_{6,2} = 6^2 = 36.$$

$$D'_{n,k} = n^k$$

Per la seconda domanda, abbiamo $n = 3$ e $k = 2$. I casi in cui le due facce sono entrambe pari sono:

$$D'_{3,2} = 3^2 = 9.$$

Paragrafo 2. Disposizioni

36 Indica quanti numeri di tre cifre, anche ripetute, si possono formare con gli elementi del seguente insieme.

A = {3, 5, 6, 7, 8} [125]

37 In un'urna ci sono dieci palline numerate da 1 a 10. Per tre volte si estrae una pallina, rimettendola ogni volta dentro l'urna. Calcola le possibili terne ordinate che si possono ottenere. [1000]

38 **TEST** Un'impresa codifica le proprie merci utilizzando tre cifre diverse da 0, non necessariamente diverse tra loro. Il numero di merci che è possibile codificare è:

A 729. B 6561. C 1000. D 720. E 504.

39 Quanti codici a cinque cifre si possono formare con le cifre decimali da 1 a 9? [59 049]

40 Trova quanti codici a cinque cifre si possono formare con le cifre decimali da 0 a 9, sapendo che la prima cifra non può essere 0. [90 000]

41 Indica quanti numeri di tre cifre, anche ripetute, si possono formare con gli elementi del seguente insieme.

A = {0, 3, 5, 6, 7, 8} [180]

42 Determina quante sigle di quattro elementi si possono formare con le 21 lettere dell'alfabeto italiano e le cifre decimali da 1 a 9, sapendo che i primi due posti devono essere occupati dalle lettere e gli ultimi due dalle cifre. [35 721]

43 Quanti numeri pari di 3 cifre si possono scrivere utilizzando le cifre dell'insieme $A = \{1, 2, 3, 5, 7\}$? [25]

44 Calcola quante sigle di cinque elementi che cominciano con la lettera A si possono formare con le ventuno lettere dell'alfabeto italiano e le dieci cifre decimali, sapendo che i primi tre posti devono essere occupati dalle lettere e gli ultimi due dalle cifre. [44 100]

45 **REALTÀ E MODELLI** **Playlist** Si memorizzano 12 canzoni su un dispositivo. Se ne vogliono ascoltare tre, scegliendone a caso una alla volta. Quante sono le possibili terne di canzoni? Quante sono le terne sfortunate, cioè quelle in cui almeno una canzone si ripete? [1728; 408]

46 Quanti numeri dispari di 3 cifre si possono scrivere utilizzando le cifre dell'insieme $B = \{1, 2, 3, 4, 5, 7\}$? [144]

47 In un'urna abbiamo dieci palline numerate da 1 a 10. Calcola quante terne ordinate si possono ottenere, estraendo una pallina per tre volte consecutive e rimettendola ogni volta nell'urna dopo l'estrazione, tali che il primo numero sia divisibile per tre. [300]

48 **REALTÀ E MODELLI** **Sigle aeree** Le compagnie aeree sono identificate da una sigla formata da due lettere, anche uguali, oppure da una lettera e una cifra. Le lettere sono scelte tra le 26 dell'alfabeto inglese e la cifra, da 1 a 9, può essere messa in prima o in seconda posizione (es. AC, WW, L6, 2P). Gli aeroporti sono invece identificati da codici di tre lettere dell'alfabeto inglese di cui al massimo due si possono ripetere.

a. Attualmente le sigle delle compagnie aeree sono 856. Quante sigle sono ancora disponibili per nuove compagnie?

b. Calcola in quanti modi si può associare una sigla di una compagnia a un codice di un aeroporto (considera le sigle e i codici possibili, non quelli effettivamente esistenti). [a) 288; b) 20 077 200]

Capitolo 20. Calcolo combinatorio

3 Permutazioni

Permutazioni semplici
▶ Teoria a p. 996

Calcola le seguenti espressioni.

49 AL VOLO $P_5 - 5P_4$

50 $\dfrac{P_4}{P_3} - 1$ [3]

51 $\dfrac{P_6 - P_5}{5P_4}$ [5]

52 $6\dfrac{P_6}{6!} + 2P_3 - P_2$ [16]

53 ESERCIZIO GUIDA Calcoliamo in quanti modi si possono mettere in fila tre bambini e quattro bambine, prima nel caso in cui non importi l'ordine col quale si dispongono maschi e femmine, e poi nel caso in cui prima vi siano tutte le femmine e poi tutti i maschi.

Se non importa l'ordine, non c'è distinzione fra bambini e bambine: dobbiamo considerare le permutazioni di 7 elementi:

$P_7 = 7! = 5040$.

$P_n = n! = n \cdot (n-1) \cdot (n-2) \cdot \ldots \cdot 1$

Nel caso in cui il gruppo delle femmine preceda quello dei maschi dobbiamo considerare che a ogni permutazione semplice del primo gruppo si associa una permutazione semplice del secondo gruppo. Il numero delle possibilità è:

$P_4 \cdot P_3 = 4! \cdot 3! = 24 \cdot 6 = 144$.

54 A una gara partecipano otto concorrenti. In quanti modi può presentarsi la classifica finale? [40 320]

55 In quanti modi si possono distribuire nove premi a nove bambini? [362 880]

56 Quanti numeri di dieci cifre diverse si possono scrivere con le dieci cifre decimali? [3 265 920]

57 Calcola quante sigle, di sette elementi tutti diversi, si possono scrivere con le cifre dell'insieme $A = \{1, 2, 3\}$ e le lettere dell'insieme $B = \{a, b, c, d\}$, sapendo che le cifre precedono le lettere. [144]

58 Calcola in quanti modi si possono sistemare in fila cinque bambine e quattro bambini se tutte le bambine vogliono stare vicine tra loro e lo stesso vale per tutti i bambini. [5760]

59 REALTÀ E MODELLI Facile! Il numero di telefono di Gianni è 0538 691742. La sua amica Anna nota che il numero di telefono è formato da tutte e sole le dieci cifre, quindi pensa che sia facile da ricordare. Dopo qualche tempo Anna vuole chiamare Gianni. Sa che Gianni vive a Villa Bò, quindi risale al prefisso 0538 dopo una ricerca sul Web, ma non riesce assolutamente a ricordare il resto del numero. Quanti tentativi, al massimo, dovrà fare Anna per riuscire a telefonare? [720]

60 Calcola quanti anagrammi, anche senza significato, si possono fare con le parole:

MONTE, STORIA e RESIDUO. [120; 720; 5040]

61 YOU & MATHS In how many ways can five keys be placed on a circular key ring?

A 12   B 24   C 5   D 18   E None of these.

(USA *Marywood University Mathematics Contest*)

62 A un congresso nove persone devono sedere intorno a un tavolo rotondo. Calcola in quanti modi le persone possono prendere posto. Se le stesse persone attendono in fila davanti all'ingresso della sala, in quanti modi si possono disporre? [40 320; 362 880]

Paragrafo 3. Permutazioni

Funzione fattoriale
▶ Teoria a p. 998

Calcola.

63 $5!$

64 $0! + 1!$

65 $2! - 3!$

66 $\dfrac{6!}{20}$

67 $\dfrac{4!}{0!}$

68 $\dfrac{10!}{9!}$

VERO O FALSO?

69
a. $10! = 10 \cdot 9 \cdot 8!$ V F
b. $\dfrac{10!}{5!} = 2!$ V F
c. $\dfrac{7!}{7} = 6!$ V F
d. $\dfrac{6!}{2!3!} = 1$ V F
e. $\dfrac{290!}{289!} = 290$ V F

70
a. $9! - 8! = 1!$ V F
b. $8! - 7! = 7 \cdot 7!$ V F
c. $\dfrac{9!}{9} - 8! = 1$ V F
d. $4 \cdot 4! + 4! = 5!$ V F
e. $10! = 5!2!$ V F

Identità con *n*!

71 **RIFLETTI SULLA TEORIA** Spiega perché $n!$ è un numero sempre positivo al variare di n in $\mathbb{N}$.

72 **ESERCIZIO GUIDA** Verifichiamo l'identità $2n! + (n+1)! = (n+3) \cdot n!$.

Primo membro: utilizzando la relazione $n! = n \cdot (n-1)!$ e raccogliendo poi $n!$, otteniamo
$$2n! + (n+1)! = 2n! + (n+1) \cdot n! = (2 + n + 1) \cdot n! = (n+3) \cdot n!.$$
Essendo il primo membro uguale al secondo, l'identità è verificata.

Verifica le seguenti identità.

73 $n \cdot n! - (n+1)! = -n!$

74 $(n+1)^2 \cdot n! + (n+1)! = (n+2)!$

75 $\dfrac{n!}{(n-2)!} = n \cdot (n-1)$

76 $n! + (n+1)! + (n+2)! = n! \cdot (n+2)^2$

Equazioni con *n*!

77 **ESERCIZIO GUIDA** Risolviamo l'equazione $10(x-1)! = 5x!$.

$x - 1 \geq 0 \rightarrow x \geq 1$, con $x \in \mathbb{N}$.   condizione di esistenza
$10(x-1)! = 5x!$
$10(x-1)! = 5x(x-1)! \rightarrow 10(x-1)! - 5x(x-1)! = 0$ poiché $n! = n \cdot (n-1)!$
$(x-1)! \cdot (10 - 5x) = 0$ raccogliamo $(x-1)!$
$10 - 5x = 0 \rightarrow x = 2$ poiché $(x-1)! \neq 0$

La soluzione è accettabile perché verifica la condizione di esistenza iniziale.

Risolvi le seguenti equazioni.

78 $2(x+1)! = 4x!$ [1]

79 $x! = 6(x-2)!$ [3]

80 $x! + 7(x-2)! = 0$ $[\nexists x \in \mathbb{N}]$

81 $(x+1)! - x! = 2x!$ [2]

Capitolo 20. Calcolo combinatorio

Identità con le permutazioni semplici e le disposizioni

82 **ESERCIZIO GUIDA** Verifichiamo l'identità $P_n = n \cdot D_{n-1,n-2}$, con $n \geq 3$.

Primo membro: $P_n = n!$.

Secondo membro: $n \cdot D_{n-1,n-2} = n \cdot \dfrac{(n-1)!}{(n-1-n+2)!} = \dfrac{n(n-1)!}{1!} = n!$.

$D_{n,k} = \dfrac{n!}{(n-k)!}$

Entrambi i membri sono uguali a $n!$, quindi l'identità è verificata.

Verifica le seguenti identità.

83 $(n-3)D_{n,3} = D_{n,4}$

84 $P_n + P_{n-1} = (n+1)P_{n-1}$

85 $D_{n+1,3} - 3D_{n,2} = D_{n,3}$

86 $P_n = D_{n,k} \cdot P_{n-k}$

87 $D_{n+1,3} = P_{n+1} : P_{n-2}$

88 $n \cdot D_{n-1,k} = (n-k) \cdot D_{n,k}$

Equazioni con le permutazioni semplici e le disposizioni

89 **ESERCIZIO GUIDA** Risolviamo l'equazione $P_{x+1} = 6 \cdot P_{x-1}$.

Riscriviamo l'equazione di partenza usando i fattoriali: $(x+1)! = 6 \cdot (x-1)!$.

$x - 1 \geq 0 \rightarrow x \geq 1$, con $x \in \mathbb{N}$.

$P_n = n!$

condizione di esistenza

Risolviamo l'equazione.

$(x+1)! = 6 \cdot (x-1)! \rightarrow (x+1)\,x(x-1)! = 6 \cdot (x-1)!$ → trasportiamo tutto al primo membro

$x(x+1)(x-1)! - 6 \cdot (x-1)! = 0$ → raccogliamo a fattor comune

$(x-1)! \cdot [x(x+1) - 6] = 0 \rightarrow (x-1)! \cdot (x^2 + x - 6) = 0$ → per la legge di annullamento del prodotto

$(x-1)! = 0 \rightarrow$ impossibile;

$x^2 + x - 6 = 0 \rightarrow x = -3 \lor x = 2$.

$x = -3$ non è accettabile perché -3 non è un numero naturale, quindi solo $x = 2$ è accettabile, poiché verifica la condizione di esistenza iniziale.

Risolvi le seguenti equazioni.

90 $P_x = 30 \cdot P_{x-2}$ [6]

91 $4 \cdot D_{x,3} = D_{x,4}$ [7]

92 $D'_{x,2} = D_{x,2} + 4$ [4]

93 $P_x - 20 \cdot P_{x-2} = 0$ [5]

94 $P_{x+1} - P_x = 0$ [$\nexists x \in \mathbb{N}$]

95 $P_{x-1} = 6 \cdot P_{x-3}$ [4]

96 $3 \cdot D_{x,2} = 2 \cdot D_{x+1,2}$ [5]

97 $D_{x,3} - x^3 = D_{x,2} - 1$ [$\nexists x \in \mathbb{N}$]

98 $2 \cdot D_{x-1,3} - D_{x+1,3} = 2 \cdot D_{x,2}$ [12]

99 $D'_{x,3} = D_{x+1,3} + 4 - x$ [2]

Paragrafo 3. Permutazioni

■ **Permutazioni con ripetizione** ▶ Teoria a p. 999

100 **ESERCIZIO GUIDA** Abbiamo dieci palline di cui cinque nere, tre rosse, due gialle. Calcoliamo:
  a. in quanti modi si possono disporre in fila;
  b. quante sono le sequenze nelle quali le palline gialle occupano i primi due posti;
  c. in quanti modi si possono disporre in maniera che le palline di uno stesso colore siano tutte vicine.

a. Sono le permutazioni di 10 oggetti con 5, 3 e 2 oggetti ripetuti:

$$P_{10}^{(5,3,2)} = \frac{10!}{5! \cdot 3! \cdot 2!} = \frac{3\,628\,800}{120 \cdot 6 \cdot 2} = 2520.$$

$$P_n^{(h,k,\ldots)} = \frac{n!}{h! \cdot k! \ldots}$$

b. Sono tutte le permutazioni di 8 oggetti con 5 e 3 oggetti ripetuti, che si accodano alle due palline gialle che occupano i primi due posti:

$$P_8^{(5,3)} = \frac{8!}{5! \cdot 3!} = \frac{40\,320}{120 \cdot 6} = 56.$$

c. Sono tutte le permutazioni semplici che possiamo fare con i gruppi dei tre colori:

$$P_3 = 3! = 6.$$

---

101 Calcola quanti anagrammi, anche senza significato, si possono fare con le parole:

MENTE , STESSA e TRATTATIVA . [60; 120; 25 200]

102 Una moneta viene lanciata otto volte. In quanti modi si può presentare una sequenza che contiene sei teste e due croci? [28]

103 In uno spettacolo, sul palcoscenico si devono disporre in fila sei ballerine e quattro ballerini. In quanti modi si possono disporre gli artisti, dovendo solo distinguere le posizioni di maschi e femmine? [210]

104 **YOU & MATHS** What is the number of different 7-digit numbers that can be made by rearranging the digits of 3053354? (Note that this includes the given number, and that the first digit of a number is never 0.)

(USA *Lehigh University: High School Math Contest*) [360]

105 **REALTÀ E MODELLI** **Scalata alpina** A una cordata partecipano otto alpinisti, di cui cinque sono uomini e tre sono donne. In quanti modi si possono disporre gli alpinisti, dovendo solo distinguere le posizioni di maschi e femmine e sapendo che il capo della cordata è un uomo? [35]

106 Quanti anagrammi, anche senza significato, si possono formare con le lettere di CARTELLA ? Quanti di essi iniziano e finiscono per A? Quanti iniziano per CE? [10 080; 360; 180]

107 Quanti sono gli anagrammi, anche privi di significato, di CIOCCOLATA ? Quanti finiscono per ATA? Quanti iniziano con una consonante? [151 200; 420; 75 600]

108 **YOU & MATHS** In how many ways can the letters of the word METCALF be arranged if M is always at the beginning and A and E are always side by side?

(IR *Leaving Certificate Examination*, Higher Level) [240]

Capitolo 20. Calcolo combinatorio

4 Combinazioni

Combinazioni semplici
▶ Teoria a p. 1000

109 Calcola, se possibile, $C_{5,2}$, $C_{6,3}$, $C_{3,1}$, $C_{4,4}$, $C_{1,4}$.

110 VERO O FALSO?

a. $C_{10,4} = \dfrac{D_{10,4}}{P_4}$ V F

b. $D_{7,3} = C_{7,3} \cdot P_7$ V F

c. $C_{8,5} = \dfrac{8 \cdot 7 \cdot 6 \cdot 5}{5!}$ V F

d. $C_{4,2} = \dfrac{4 \cdot 3 \cdot 2 \cdot 1}{2 \cdot 1}$ V F

Calcola il valore delle seguenti espressioni.

111 $4D'_{3,2} - C_{5,3} + P_3$ [32]

112 $\dfrac{C_{6,4}}{D_{6,3}} + \dfrac{P_4}{2} : C_{3,2}$ $\left[\dfrac{33}{8}\right]$

113 $C_{9,2} - P_3 + 2 \cdot \dfrac{D_{5,3}}{P_4}$ [35]

114 AL VOLO Calcola le seguenti espressioni usando le informazioni a fianco.

$C_{15,6}$ sapendo che $D_{15,6} = 3\,603\,600$.

$D_{12,4}$ sapendo che $C_{12,4} = 495$.

115 RIFLETTI SULLA TEORIA Se conosci il numero delle k-ple ordinate di n oggetti, puoi sapere il numero di sottoinsiemi di k elementi di un insieme di n elementi? Come?

116 TEST In una stazione autostradale ci sono 12 uscite abilitate per il pagamento. 8 sono aperte e 4 chiuse. Il numero di tutti i modi in cui si possono presentare le uscite è:

A 495. B 11 880. C 336. D 1320. E 8640.

Coefficienti binomiali
▶ Teoria a p. 1001

117 Calcola $\binom{4}{2}$, $\binom{7}{4}$, $\binom{7}{0}$, $\binom{10}{10}$.

118 VERO O FALSO?

a. $\binom{4}{0} = 4$ V F

b. $\binom{30}{1} = 1$ V F

c. $\binom{6}{6} = \binom{6}{0}$ V F

d. $\binom{20}{16} = \binom{20}{15} \cdot \dfrac{5}{16}$ V F

119 Se $\binom{9}{k} = 9$, quali valori può assumere k? [1; 8]

AL VOLO

120 Calcola $\binom{16}{5}$, sapendo che $\binom{16}{4} = 1820$.

121 Calcola $\binom{n+1}{n}$ e $\binom{n}{n-2}$.

Calcola le seguenti espressioni.

122 $\binom{0}{0} + \binom{5}{2}$ [11]

123 $\binom{8}{8} + \binom{8}{1}$ [9]

124 $1 + \binom{7}{2}$ [22]

125 $\binom{3}{0} + \binom{3}{1} + \binom{3}{2}$ [7]

Identità con i coefficienti binomiali

126 **ESERCIZIO GUIDA** Verifichiamo l'identità $\dfrac{n+1}{k} \cdot \dbinom{n}{k-1} = \dbinom{n+1}{k}$.

Utilizziamo la definizione $\dbinom{n}{k} = \dfrac{n!}{k!(n-k)!}$.

Primo membro: $\dfrac{n+1}{k} \cdot \dfrac{n!}{(k-1)! \cdot (n-k+1)!} = \dfrac{(n+1)!}{k! \cdot (n-k+1)!}$.

$(n+1)n! = (n+1)!$ e $k(k-1)! = k!$

Secondo membro: $\dfrac{(n+1)!}{k! \cdot (n-k+1)!}$.

Poiché per entrambi i membri abbiamo ottenuto la stessa espressione, l'identità è verificata.

Verifica le seguenti identità.

127 $\dbinom{n}{1} = \dfrac{2}{n+1} \cdot \dbinom{n+1}{2}$

128 $\dbinom{n+1}{2} = n^2 - \dbinom{n}{2}$

129 $\dbinom{n}{4} = \dfrac{n}{4} \cdot \dbinom{n-1}{3}$

130 $\dbinom{n+1}{k} \cdot \dfrac{k}{n-k+2} = \dbinom{n+1}{k-1}$

131 $k \cdot \dbinom{n-1}{k} = (n-1) \cdot \dbinom{n-2}{k-1}$

132 $\dbinom{n}{k} = \dbinom{n-1}{k-1} + \dbinom{n-1}{k}$ (formula di Stifel)

Equazioni con i coefficienti binomiali

133 **ESERCIZIO GUIDA** Risolviamo l'equazione $4\dbinom{x}{x-2} + 2\dbinom{x-1}{2} = 3x^2 - 18$.

Poniamo le condizioni di esistenza.

Per $\dbinom{x}{x-2}$: $\begin{cases} x \geq 0 \\ x-2 \geq 0 \\ x \geq x-2 \end{cases} \rightarrow x \geq 2$.

Per $\dbinom{x-1}{2}$: $\begin{cases} x-1 \geq 0 \\ x-1 \geq 2 \end{cases} \rightarrow x \geq 3$.

Quindi deve essere $x \geq 3$.

Sostituiamo $\dbinom{x}{x-2}$ con $\dbinom{x}{2}$.

per la legge delle classi complementari $\dbinom{n}{k} = \dbinom{n}{n-k}$

L'equazione diventa:

$4\dbinom{x}{2} + 2\dbinom{x-1}{2} = 3x^2 - 18$ ⟩ per la definizione $\dbinom{n}{k} = C_{n,k} = \dfrac{D_{n,k}}{k!}$

$4\dfrac{x(x-1)}{2} + 2\dfrac{(x-1)(x-2)}{2} = 3x^2 - 18 \rightarrow$ ⟩ svolgiamo i calcoli

$2x^2 - 2x + x^2 - 3x + 2 - 3x^2 + 18 = 0 \rightarrow$

$-5x + 20 = 0 \rightarrow x = 4$.

La soluzione è accettabile.

Capitolo 20. Calcolo combinatorio

Risolvi le seguenti equazioni.

134 $3 \cdot \binom{x}{3} = x \cdot \binom{x-1}{4}$ [7]

135 $\binom{x}{2} = \binom{x}{3}$ [5]

136 $\binom{x+1}{3} = \binom{x}{2}$ [2]

137 $\binom{x-1}{2} = 2 \cdot \binom{x-2}{2}$ [5]

138 $\binom{x}{x-2} = 2x$ [5]

139 $\binom{x}{x-3} = \frac{10}{3} \cdot \binom{x}{5}$ [6]

Risolvi le seguenti disequazioni.

140 $C_{x,2} \geq \frac{x}{2}$ [$x \geq 2$]

141 $\binom{x}{2} + \binom{x-1}{2} < 2x^2$ [$x \geq 3$]

142 $\binom{x+2}{x-1} < \binom{x+1}{2}$ [$\nexists x \in \mathbb{N}$]

143 $\frac{1}{3}\binom{x}{3} \geq \frac{1}{2}\binom{x}{2}$ [$x \geq 7$]

Problemi con le combinazioni semplici

144 **ESERCIZIO GUIDA** Un'urna contiene nove palline numerate di cui sei rosse e tre bianche. Si estraggono contemporaneamente cinque palline. Calcoliamo:

    a. quanti gruppi diversi di cinque palline si possono avere;

    b. quanti di cinque palline tutte rosse;

    c. quanti di quattro rosse e una bianca;

    d. quanti di tre rosse e due bianche;

    e. quanti di due rosse e tre bianche.

  a. Poiché non interessa l'ordine, dobbiamo calcolare le combinazioni semplici che si possono fare con le nove palline prese cinque alla volta:

$$C_{9,5} = \binom{9}{5} = \binom{9}{4} = \frac{9 \cdot 8 \cdot 7 \cdot 6}{4!} = 126.$$

$$C_{n,k} = \binom{n}{k} = \frac{n!}{k! \cdot (n-k)!}$$

  b. Dobbiamo calcolare le combinazioni semplici che si possono fare con le sei palline rosse prese cinque alla volta:

$$C_{6,5} = \binom{6}{5} = \binom{6}{1} = 6.$$

  c., d., e. Otteniamo il numero di tutti i gruppi di $k = 4, 3, 2$ palline rosse e $(5 - k) = 1, 2, 3$ palline bianche con il prodotto delle singole combinazioni relative a ciascun colore:

    c. $C_{6,4} \cdot C_{3,1} = \binom{6}{4} \cdot \binom{3}{1} = \binom{6}{2}\binom{3}{1} = \frac{6 \cdot 5}{2!} \cdot 3 = 45;$

    d. $C_{6,3} \cdot C_{3,2} = \binom{6}{3} \cdot \binom{3}{2} = \frac{6 \cdot 5 \cdot 4}{3!} \cdot 3 = 60;$

    e. $C_{6,2} \cdot C_{3,3} = \binom{6}{2} \cdot \binom{3}{3} = \frac{6 \cdot 5}{2!} \cdot 1 = 15.$

Osservazione. Il numero totale dei raggruppamenti di tipo **b**, **c**, **d** ed **e** è 126, ossia è uguale al numero delle combinazioni di nove palline prese cinque alla volta, tipo **a**. Questo perché non ci sono ulteriori possibilità per le combinazioni dei colori.

Paragrafo 4. Combinazioni

145 Quante cinquine si possono fare con i novanta numeri del lotto? [43 949 268]

146 Quanti terni e quanti ambi si possono fare con i novanta numeri del lotto? [117 480; 4005]

147 Calcola quante sono le cinquine che contengono due numeri prefissati. [109 736]

148 Calcola in quanti modi si possono estrarre quattro carte da un mazzo da quaranta. [91 390]

149 In quanti modi si possono estrarre cinque carte di fiori da un mazzo di cinquantadue carte? [1287]

150 In quanti modi si possono estrarre cinque carte nere da un mazzo di cinquantadue carte? [65 780]

151 Calcola in quanti modi si possono estrarre cinque carte di fiori o cinque carte di picche da un mazzo di cinquantadue carte. [2574]

152 **TEST** Un bambino colora di bianco o rosso o verde 5 quadratini che ha disegnato. I possibili modi con i quali il bambino può colorare i quadratini indipendentemente dall'ordine sono:

   A 42.   **B** 60.   **C** 10.   **D** 125.   **E** 21.

153 Calcola quanti sono i sottoinsiemi di quattro elementi di un insieme costituito da sei. [15]

154 In quanti modi diversi può essere formata una rappresentanza di tre alunni di una classe di venti studenti? [1140]

155 Calcola quante sono le diagonali di un pentagono. [5]

156 Calcola in quanti modi diversi si possono collocare quattro maglioni in sei cassetti affinché in ogni cassetto ci sia al massimo un maglione. [15]

157 Tutte le persone che partecipano a una riunione si stringono la mano reciprocamente. Se le strette di mano che le persone si scambiano sono in tutto 15, quanti sono i partecipanti alla riunione? [6]

158 **EUREKA!** Caterina ha una somma tale da acquistare cinque libri da leggere in vacanza. Ne ha già scelti alcuni, ma è indecisa sugli altri da scegliere fra otto titoli diversi. Se ha 56 modi diversi per effettuare la scelta, quanti sono i libri che ha già scelto? [2]

159 **REALTÀ E MODELLI** **Maglioni in mostra** Per allestire una vetrina una commessa ha a disposizione 7 nuovi tipi di maglioni e 3 manichini. A rotazione vuole esporre in vetrina tutti i capi, senza mai riproporre lo stesso abbinamento.

   a. Quante vetrine diverse potrà allestire la commessa?
   b. Per quante settimane si potranno osservare vetrine diverse supponendo che ogni lunedì e giovedì si rinnovino gli abbinamenti?
   c. Quanti tipi di maglioni dovrebbe avere a disposizione la commessa, supponendo che un manichino non possa essere utilizzato, per esaurire tutte le combinazioni in 10 settimane? [a) 35; b) 18; c) 7]

Equazioni con le combinazioni semplici

Risolvi le seguenti equazioni.

160 $C_{x,3} = C_{x-1,2}$ [3]

161 $C_{x+2,3} = 3C_{x+1,2}$ [7]

162 $C_{x-1,2} = 1$ [3]

163 $P_3 \cdot C_{x-1,3} = D_{x-2,4}$ [7]

164 $C_{x+1,3} = \dfrac{x^3}{6} - 2$ [12]

165 $3C_{x+1,2} = 4C_{x,2}$ [7]

Capitolo 20. Calcolo combinatorio

Combinazioni con ripetizione

▶ Teoria a p. 1002

166 Calcola, se possibile, $C'_{4,2}$, $C'_{2,4}$, $C'_{7,3}$, $C'_{6,4}$, $\dfrac{C'_{7,2}}{C'_{8,2}}$.

167 **ESERCIZIO GUIDA** Lanciando contemporaneamente quattro dadi uguali, quante sono le combinazioni con cui si possono presentare le sei facce?

In ogni lancio un numero può comparire più volte, al massimo quattro, quindi ogni gruppo si distingue dagli altri per i numeri contenuti e per il diverso numero di volte col quale compare lo stesso numero, ma non interessa l'ordine. Si tratta allora di combinazioni con ripetizione:

$$C'_{n,k} = C_{n+k-1,k} = \binom{n+k-1}{k}$$

$$C'_{6,4} = \binom{6+4-1}{4} = \binom{9}{4} = \frac{9 \cdot 8 \cdot 7 \cdot 6}{4!} = 126.$$

168 In quanti modi diversi possiamo distribuire otto tavolette di cioccolato a cinque bambini, sapendo che possiamo assegnare a qualche bambino più di una tavoletta? [495]

169 Calcola in quanti modi diversi possiamo distribuire quattro tavolette di cioccolato a sei bambini, tenendo presente la possibilità di assegnare a qualche bambino più di una tavoletta. [126]

170 In quanti modi possiamo collocare sei palline uguali in quattro urne? [84]

171 In quanti modi possiamo mettere sei palline uguali in quattro urne in modo che nessuna risulti vuota? [10]

172 Lanciamo contemporaneamente 5 dadi. Quante possibili combinazioni di numeri si possono ottenere? E quante contengono il numero 1 almeno una volta? [252; 126]

Riepilogo: Calcolo combinatorio

173 **VERO O FALSO?**

a. Nelle disposizioni due raggruppamenti differiscono per la natura degli elementi. V F
b. Le permutazioni contengono tutti gli elementi dell'insieme di partenza. V F
c. Nelle combinazioni due raggruppamenti differiscono per la natura o per l'ordine degli elementi. V F

TEST

174 Utilizziamo 7 lampadine colorate per creare un festone luminoso da stendere fra due pali. Le lampadine hanno tutte colore diverso tranne 3 che sono rosse. I possibili modi con cui i colori si possono susseguire sono:

A 5040. B 840. C 35. D 343. E 210.

175 Si collocano 8 statuette raffiguranti Biancaneve e i sette nani su un muretto di un giardino. I possibili modi con cui possono essere collocate sono:

A 5040. B 8. C 56. D 40320. E 20160.

176 Due classi terze hanno rispettivamente 24 e 16 alunni. Vogliamo formare una rappresentanza con tre alunni, di cui due dalla terza più numerosa. Quante sono le terne che si possono formare? [4416]

Riepilogo: Calcolo combinatorio

177 Quanti numeri pari di tre cifre diverse si possono scrivere utilizzando le cifre dell'insieme $A = \{1, 2, 3, 4, 5, 7\}$? [40]

178 Un sacchetto contiene dodici palline numerate. Calcola in quanti modi, tenendo conto dell'ordine, si possono estrarre tre palline ordinate non rimettendo la pallina estratta nel sacchetto. [1320]

179 In quanti modi quattro persone possono sedersi su una fila di dieci sedie? [5040]

180 In quanti modi si possono collocare cinque oggetti diversi in tre cassetti? [243]

181 Si lancia una moneta per 4 volte consecutive. Calcola quante sono le possibili sequenze:
  a. di testa e croce;
  b. di testa e croce che iniziano con testa;
  c. nelle quali testa compare una volta;
  d. nelle quali compare sempre la stessa faccia.
  [a) 16; b) 8; c) 4; d) 2]

182 In quanti modi posso formare un campione di dieci persone da intervistare in un gruppo di trenta? [30 045 015]

183 Quanti numeri di cinque cifre puoi formare con quelle del numero 83 368 in modo che le cifre 8 e 3 siano ripetute due volte? Quanti iniziano con 8? Quanti sono maggiori di 60 000? [30; 12; 18]

184 **PIN** Devi costruire il codice PIN del tuo cellulare nuovo; vuoi scegliere quattro delle dieci cifre, senza ripeterne nessuna. Quanti possibili codici puoi inventare? [5040]

185 In partenza per le vacanze, devi inserire la combinazione per chiudere e aprire la tua valigia. Il numero deve contenere sei cifre, anche ripetute. Quante sono le possibili combinazioni? Se le cifre non possono essere ripetute, le combinazioni aumentano o diminuiscono? [1 000 000]

186 Tre amici si recano in un negozio per acquistare una T-shirt ciascuno. Sono disponibili 25 magliette diverse. Quante sono le possibili terne di T-shirt acquistabili dai tre ragazzi? [15 625]

187 A una festa cui partecipano quindici ragazzi si fa un brindisi. Se ciascuna persona fa incontrare il suo bicchiere con quello di tutte le altre, quanti «cin-cin» si fanno? [105]

188 Calcola quante sigle di 10 elementi si possono costruire se per i primi cinque posti utilizziamo tre lettere A e due lettere B e per gli altri cinque posti tre cifre 1 e due cifre 0. [100]

189 In un piano sono dati nove punti a tre a tre non allineati. Quanti triangoli si possono disegnare con i vertici in quei punti? [84]

190 Quanti numeri diversi si possono scrivere mescolando le cinque cifre dispari? Quanti terminano con 1? [120; 24]

191 Si ritaglia un esagono di cartoncino e si vogliono colorare gli angoli relativi ai vertici con sei colori diversi (rosso, giallo, verde, blu, marrone, viola). Quanti sono i modi possibili? [120]

192 Un test è formato da 8 quesiti a risposta multipla con cinque possibilità. In quanti modi puoi rispondere alle otto domande del test? [390 625]

193 Da ciascuna delle due urne in figura si estraggono contemporaneamente 2 palline.
Calcola quanti sono i gruppi costituiti da:
  a. due palline rosse estratte dalla prima urna e due palline blu estratte dalla seconda;
  b. una pallina rossa e una blu estratte da ciascuna urna;
  c. tutte palline blu.

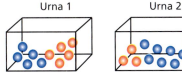

[a) 210; b) 525; c) 210]

RISOLVIAMO UN PROBLEMA

Aree di parcheggio

Perché un'area di parcheggio sia a norma di legge è necessario che ci sia almeno un posto riservato ai disabili ogni 50 posti disponibili o frazione di 50.
Ciò vuol dire che in un'area di sosta con 49 posti ci deve essere almeno un posto riservato ai disabili; in un'area di sosta con 51 posti ce ne devono essere almeno 2.
Un'area di sosta ha 200 posti auto disposti come in figura e si è deciso di rispettare la normativa riservando il numero minimo di posti ai disabili.

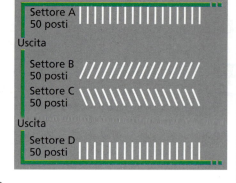

- In quanti modi si possono scegliere i posti riservati per i disabili?
- Se il progettista vuole che in ogni settore ci sia esattamente un posto per disabili, in quanti modi si possono scegliere i posti riservati?
- Per migliorare il servizio, oltre al vincolo precedente, si decide anche di collocare almeno due posti riservati in due dei quattro parcheggi più vicini all'uscita. Quante sono, in questo caso, le possibili collocazioni dei quattro posti per disabili?
- A un certo punto della giornata il parcheggio è vuoto e vi entrano 3 auto con il contrassegno per disabili e 2 auto senza contrassegno. Quante sono le disposizioni possibili di tutte queste auto all'interno del parcheggio?

▶ **Calcoliamo in quanti modi si possono scegliere le posizioni per i parcheggi dei disabili.**

Poiché i posti auto sono 200, il numero minimo di posti riservati previsto dalla legge è 4. I parcheggi sono indistinguibili, quindi non importa l'ordine, ma solo la posizione. Dobbiamo perciò calcolare:

$$C_{200,4} = \binom{200}{4} = \frac{200!}{4!(200-4)!} = \frac{200 \cdot 199 \cdot 198 \cdot 197}{4 \cdot 3 \cdot 2} = 64\,684\,950.$$

▶ **Determiniamo il numero di posizioni possibili tenendo conto del vincolo del progettista.**

Poiché i settori del parcheggio sono 4, tanti quanti i posti riservati previsti, e ogni settore è formato da 50 posti auto, il vincolo del progettista si traduce in un posto per disabili ogni 50 parcheggi. Anche in questo caso non interessa l'ordine. I possibili modi per mettere in un settore un posto riservato tra i 50 a disposizione sono:

$$C_{50,1} = \binom{50}{1} = 50.$$

Per ogni possibile scelta in un settore ce n'è una anche in ciascuno degli altri tre settori, quindi in tutto ci sono $50^4 = 6\,250\,000$ scelte possibili per i quattro posti per disabili.

▶ **Calcoliamo le possibilità sistemando almeno due dei posti riservati vicino alle uscite.**

I parcheggi vicini alle uscite sono 4. Troviamo innanzitutto in quanti modi possiamo scegliere due di questi posti da riservare ai disabili. Saranno:

$$C_{4,2} = \binom{4}{2} = \frac{4!}{2!2!} = 6.$$

Dopodiché restano solo due settori in cui sistemare i due posti riservati rimanenti, uno per settore. Per ognuno di questi le scelte possibili sono 50, quindi in tutto avremo $6 \cdot 50^2 = 15\,000$ possibilità di scelta con il vincolo imposto al progettista.

▶ **Determiniamo le possibili posizioni delle auto con il contrassegno per disabili.**

Le tre auto con il contrassegno per disabili occuperanno tre dei quattro posti a esse riservati. Poiché le auto sono di tipo diverso, questa volta non interessa solo la posizione occupata, ma anche quale auto occupa quella posizione. Dobbiamo cioè calcolare le disposizioni delle tre auto nei quattro posti:

$$D_{4,3} = 4 \cdot 3 \cdot 2 = 24.$$

▶ **Determiniamo le possibili posizioni delle auto senza il contrassegno.**

I posti non riservati sono 196. Le 2 auto si possono disporre in questi posti in tanti modi quante sono le disposizioni di classe 2:

$$D_{196,2} = \frac{196!}{(196-2)!} = 196 \cdot 195 = 38\,220.$$

▶ **Calcoliamo il numero delle possibili disposizioni delle cinque auto nel parcheggio.**

$$D_{4,3} \cdot D_{196,2} = 24 \cdot 38\,220 = 917\,280$$

REALTÀ E MODELLI

194 **Panini & Co.** Il cestino da viaggio fornito da un hotel ai suoi ospiti durante un'escursione contiene due panini, tre frutti e due bibite. Se i panini possono essere imbottiti con cinque tipi diversi di salumi, i frutti a disposizione sono di sei tipi e le bibite di sette tipi, in quanti modi può essere preparato il cestino? [4200]

195 **Colorare il mondo** Un bambino vuole colorare i cinque continenti di un planisfero, ognuno con un colore diverso, e per fare questo ha a disposizione 10 colori.

a. In quanti modi può colorare i continenti?
b. Se pittura subito l'Europa di verde, in quanti modi può poi colorare gli altri continenti? Qual è la relazione con il caso precedente?
c. Quanti colori basterebbe avere per poter colorare Asia e Africa in più di dieci modi diversi?

[a) 30 240; b) 3024; c) 4]

196 **Password** Per l'accesso a un sito internet è necessario fornire una sequenza di 5 caratteri.

a. Qual è il numero totale dei codici possibili se i caratteri utilizzabili sono le cifre da 0 a 9, ipotizzando sia che le cifre possano ripetersi, sia che debbano essere tutte diverse?
b. Qual è il numero totale dei codici se i caratteri utilizzabili sono le cifre da 1 a 5, senza ripetizioni?
c. Qual è il numero totale dei codici possibili se nella combinazione possono essere utilizzate sia le cifre da 0 a 5 che le 26 lettere dell'alfabeto inglese, senza ripetizioni?

[a) 100 000, 30 240; b) 120; c) 24 165 120]

197  **6 e 5 + 1** Nel gioco del Superenalotto si vince se si indovinano i 6 numeri naturali estratti, compresi tra 1 e 90.

a. Quante sono tutte le possibili sestine di numeri estratti?
b. Quante delle possibili sestine contengono almeno un multiplo di 6?

[a) 622 614 630; b) 421 255 080]

198 Per formare le targhe automobilistiche si utilizzano ventidue lettere (quelle dell'alfabeto inglese, escluse I, O, Q e U) e le dieci cifre decimali; le targhe sono formate da due lettere seguite da tre cifre e di nuovo da due lettere. Calcola quante sono le targhe che:

a. si possono formare;
b. hanno uguali le prime due lettere e uguali le ultime due;
c. hanno le tre cifre tutte pari.

[a) 234 256 000; b) 484 000; c) 29 282 000]

MATEMATICA AL COMPUTER

Il calcolo combinatorio Una scatola contiene g gettoni gialli (numerati da 1 a g) e b gettoni blu (numerati da 1 a b). Consideriamo l'estrazione di un gruppo di e gettoni.
Costruiamo un foglio elettronico che, ricevuti i numeri g, b ed e, determini quanti gruppi differenti possiamo estrarre. Deve poi essere calcolato il numero di gruppi in relazione al numero k dei gettoni gialli in essi contenuti. Per dimensionare il foglio poniamo come limite $g \leq 10$.
Proviamo il foglio nei casi $g = 2$, $b = 3$ ed $e = 2$; $g = 5$, $b = 3$ ed $e = 6$; $g = 10$, $b = 12$ ed $e = 10$.
Per verifica, scriviamo i gruppi del primo caso.

☐ **Risoluzione – 8 esercizi in più**

Capitolo 20. Calcolo combinatorio

MATEMATICA E STORIA

Trigrammi ed esagrammi Il libro mistico cinese *I Ching* (databile a un periodo precedente il 2200 a.C., ma di cui conosciamo solo la versione di Confucio) comprende le possibili permutazioni su insiemi di linee di due tipi: «linee intere» ▬▬ e «linee spezzate» ▬ ▬. Esse formano dei *trigrammi* se sono riunite in gruppi di tre e degli *esagrammi* se sono riunite in gruppi di sei; a ciascun simbolo corrisponde un significato, come esemplificato a fianco.
Considerando che ogni simbolo può essere formato da sole linee intere, sole linee spezzate o entrambe, determina quanti *trigrammi* e quanti *esagrammi* è possibile realizzare.

▢ Risoluzione – Esercizio in più

5 Binomio di Newton

▶ Teoria a p. 1003

199 **ESERCIZIO GUIDA** Calcoliamo lo sviluppo della potenza: $(x^2 - 2y)^4$.

$$(x^2 - 2y)^4 = \binom{4}{0}(x^2)^4(-2y)^0 + \binom{4}{1}(x^2)^3(-2y)^1 + \binom{4}{2}(x^2)^2(-2y)^2 +$$

$$+ \binom{4}{3}(x^2)^1(-2y)^3 + \binom{4}{4}(x^2)^0(-2y)^4 = x^8 - 8x^6y + 24x^4y^2 - 32x^2y^3 + 16y^4.$$

$$(A+B)^n = \sum_{k=0}^{n} \binom{n}{k} A^{n-k} B^k$$

Calcola lo sviluppo delle seguenti potenze di binomi.

200 $(2a + 3y)^3$; $(a - 2b)^8$.

202 $(2a^2 + 3a^3)^4$; $\left(\dfrac{a}{2} + x\right)^8$.

201 $(x^3 - y^2)^5$; $\left(x + \dfrac{1}{x}\right)^6$.

203 $(\sqrt{2} + 2)^4$; $\left(\dfrac{1}{2}x^2 - 2y\right)^6$.

204 **ESERCIZIO GUIDA** Calcoliamo il quarto termine dello sviluppo di $(x + 2)^{10}$.

Data la formula $(A+B)^n = \sum_{k=0}^{n} \binom{n}{k} A^{n-k} B^k$, consideriamo soltanto il termine generale $\binom{n}{k} A^{n-k} B^k$; poiché per $k = 0$ si ha il primo termine, il quarto termine si ha per $k = 3$. Essendo $n = 10$, otteniamo:

$$\binom{10}{3} \cdot x^7 \cdot 2^3 = \dfrac{10 \cdot 9 \cdot 8}{3 \cdot 2} x^7 \cdot 8 = 120 x^7 \cdot 8 = 960 x^7.$$

205 Calcola il quarto termine dello sviluppo di $\left(2x - \dfrac{1}{2}y\right)^7$. $[-70x^4y^3]$

206 Determina il terzo, il quinto e l'ottavo termine dello sviluppo di $(x - 1)^9$. $[36x^7; 126x^5; -36x^2]$

207 Calcola il sesto termine dello sviluppo di $(a^2 + b)^8$. $[56a^6b^5]$

208 Determina n, sapendo che il coefficiente del terzo termine dello sviluppo di $(x + 2y)^n$ è 60. $[6]$

209 Dato lo sviluppo della potenza $(a + b)^n$, determina il coefficiente del termine con parte letterale ab^8 e determina l'esponente n. $[9; 9]$

Allenati con **15 esercizi interattivi** con feedback "hai sbagliato, perché…"
▢ su.zanichelli.it/tutor3 risorsa riservata a chi ha acquistato l'edizione con tutor

VERIFICA DELLE COMPETENZE ALLENAMENTO

ARGOMENTARE

1 Scrivi e giustifica la legge delle classi complementari e spiega perché, in una classe di 24 alunni, stabilire in quanti modi possiamo scegliere i 20 non interrogati in un giorno equivale a stabilire in quanti modi possiamo scegliere i 4 interrogati nello stesso giorno.

2 Spiega la differenza tra disposizioni e combinazioni e indica i modi per calcolarne il numero. Scrivi due esempi a partire dall'insieme di dieci cavalli che partecipano a una corsa.

3 Indica la differenza tra permutazioni e permutazioni circolari e confronta il numero dei modi di sistemare 10 persone attorno a un tavolo rotondo con il numero dei modi di sistemarle su 10 sedie allineate.

4 Usando il «metodo delle possibilità», spiega perché il numero di disposizioni con ripetizione di n oggetti di classe k è n^k. Confronta il numero di password di dieci caratteri, costruite usando solo le dieci cifre (anche ripetute), con il numero di password senza ripetizioni con le prime cinque posizioni occupate da cifre e le ultime cinque posizioni occupate dalle prime dieci lettere dell'alfabeto italiano.

5 Descrivi le combinazioni con ripetizione di n elementi di classe k. Considera poi la seguente situazione. Si pesca cinque volte una pallina da un'urna che contiene una pallina blu e una rossa. Ogni volta si rimette la pallina all'interno. Indica tutti i possibili esiti delle cinque estrazioni, considerando uguali gli esiti che differiscono solo per l'ordine di uscita. Verifica che il loro numero è quello che avresti ottenuto applicando opportunamente la formula.

6 Aiutandoti con un esempio, spiega nel modo che ritieni opportuno perché il numero di permutazioni di n oggetti è minore del numero di disposizioni con ripetizione di n oggetti di classe n.

UTILIZZARE TECNICHE E PROCEDURE DI CALCOLO

Calcola il valore delle seguenti espressioni.

7 $P_4 - C_{4,2} - 1!$ [17]

9 $P_2 \cdot D'_{3,2}$ [18]

8 $\dfrac{D_{7,4}}{D_{7,3}} + 5$ [9]

10 $3! \cdot \dbinom{7}{2} - 4$ [122]

Risolvi le seguenti equazioni.

11 $(x+1)! - 4(x-1)! = x!$ [2]

15 $P_{x+2} - 3 \cdot P_x = 3 \cdot P_{x+1}$ [2]

12 $(D_{x,3} + 2 \cdot D_{x-1,3}) \cdot D'_{x,2} = 0$ [$\nexists x \in \mathbb{N}$]

16 $3C_{x-3,3} = \dfrac{x}{2}$ [6]

13 $D_{x,3} - D_{x-1,3} = 18$ [4]

17 $3 \cdot \dbinom{x+1}{x-1} = 9 \cdot \dbinom{x}{x-2}$ [2]

14 $C_{x+1,2} + C_{x,2} = x^2 - x$ [$\nexists x \in \mathbb{N}$]

18 $P_x - 8P_{x-2} = 3(x-1)!$ [5]

Sviluppa le seguenti potenze di binomi.

19 $(2x+1)^5$

20 $(a^2-1)^4$

21 $\left(\dfrac{1}{2}x + 2y\right)^6$

22 $(x^2 - 2y^2)^5$

1025

Capitolo 20. Calcolo combinatorio

RISOLVERE PROBLEMI

TEST

23 Dobbiamo intervistare 5 persone diverse fra 12 che hanno partecipato a una vacanza all'estero organizzata da una determinata agenzia di viaggi. Tutti i possibili modi con cui possiamo scegliere gli intervistati sono:
- A 95 040.
- B 3 991 680.
- C 792.
- D 120.
- E 5544.

24 Si usano gli elementi dell'insieme $M = \{x, y, t, z\}$ e le dieci cifre per formare sigle da 6 elementi. Sapendo che i primi due posti sono formati da lettere anche ripetute e gli altri quattro posti da cifre diverse, le sigle che si possono ottenere sono:
- A 160 000.
- B 80 640.
- C 60 480.
- D 3360.
- E 120 000.

25 In un'urna ci sono dieci palline numerate da 1 a 10. Tre sono bianche e le altre nere. Calcola quante sono le cinquine che contengono esattamente una pallina bianca. [105]

26 Per aprire una cassaforte occorre formare un numero di quattro cifre diverse (scelte fra le dieci decimali). Quanti tentativi si possono fare? [5040]

27 Un'urna contiene tre palline di colori diversi: bianco, rosso, nero. Si estrae consecutivamente per quattro volte una pallina rimettendola nell'urna prima dell'estrazione successiva. Quante sono le possibili sequenze di colori? [81]

28 In una banca ci sono sei sportelli. In quanti modi diversi si possono disporre le prime sei persone che entrano nella banca? [720]

29 Trova in quanti modi si possono riporre quattro oggetti distinti in sei scatole diverse sapendo che è possibile riporre in una scatola più oggetti. [1296]

30 Determina il numero degli anagrammi delle parole ANTENNA e RADIO. [420; 120]

31 In quanti modi si possono scegliere i due rappresentanti di classe, se nella classe ci sono venticinque studenti? [300]

32 In una classe di ventotto alunni, di cui quindici maschi, devono essere scelti due ragazzi e due ragazze per un'assemblea di delegati. Quante sono le scelte possibili? [8190]

33 Calcola quante sono le diagonali di un esagono. [9]

34 Quanti numeri di quattro cifre distinte, scelte fra 1, 2, 3, 4, 5, 6, 7, si possono formare? Quanti di questi sono pari? Quanti dispari? Quanti terminano con 2? Quanti sono maggiori di 6000? [840; 360; 480; 120; 240]

35 Calcola in quanti modi si possono disporre sei oggetti distinti in quattro scatole diverse sapendo che vi possono essere scatole vuote. [4096]

36 Calcola in quanti modi si possono disporre in fila tre gettoni rossi e quattro gialli se il primo gettone deve essere rosso. [15]

37 In quanti modi possono disporsi quattro uomini e sette donne su una fila di quattordici sedie? [120 120]

38 In una famiglia i figli sono tre. Calcola quante diverse possibilità ci sono fra maschi e femmine. [4]

39 In una scatola ci sono trenta gettoni numerati da 1 a 30. Dieci sono rossi, gli altri sono di colore diverso. Calcola quante terne distinte si possono estrarre in modo che ognuna di esse contenga:
- a. solo un gettone rosso;
- b. almeno un gettone rosso;
- c. nessun gettone rosso;
- d. soltanto gettoni rossi.

[a) 1900; b) 2920; c) 1140; d) 120]

Allenamento

40 Quanti sono gli anagrammi, anche senza significato, della parola CALCOLATRICE? Quanti cominciano per C? Quanti finiscono per TRICE? [19 958 400; 4 989 600; 630]

41 Cinque giocatori partecipano a un concorso a premi (nel quale lo stesso giocatore può vincere anche tutti i premi). In quanti modi possono essere assegnati i primi tre premi? [125]

42 Possiedo dieci DVD tra cui due copie di un primo film, tre copie di un secondo e due copie di un terzo. In quanti modi li posso sistemare nel mio scaffale? [151 200]

43 Quante cinquine, nel gioco del lotto, contengono una prefissata quaterna? [86]

44 Dato l'insieme $A = \{a, e, l, o, m, r, t\}$, calcola quante parole, anche prive di significato, si possono scrivere:
  a. con quattro lettere diverse;
  b. con quattro lettere diverse nelle quali la prima sia r e l'ultima a;
  c. con sette lettere diverse;
  d. con otto lettere supponendo che la lettera m si possa ripetere due volte.

[a) 840; b) 20; c) 5 040; d) 20 160]

COSTRUIRE E UTILIZZARE MODELLI

RISOLVIAMO UN PROBLEMA

■ L'indecisione del collezionista

Francesco colleziona modellini di aeroplani. Ha comprato un espositore con tre spazi in cui mettere i modellini e ha calcolato in quanti modi diversi può sistemare tre dei suoi modellini nell'espositore senza considerare l'ordine. Avendo scartato subito due modellini un po' rovinati, ora ha 64 possibilità in meno.

- Quanti modellini ha in tutto Francesco?
- Con un espositore da cinque posti, in quanti diversi modi Francesco può sistemare i suoi modellini non rovinati, se è interessato anche all'ordine in cui sono disposti?

▶ **Scriviamo l'espressione che rappresenta il numero delle possibili disposizioni dei modellini scelti nei tre spazi dell'espositore.**

Indichiamo con x il numero dei modellini di Francesco. L'espressione cercata è la seguente:

$$\binom{x}{3} = \frac{x!}{3!(x-3)!}.$$

▶ **Scriviamo l'espressione che rappresenta il numero delle possibili disposizioni dei modellini dopo averne tolti 2.**

Ora il numero di modellini è $x - 2$, quindi le possibili disposizioni nei tre spazi sono:

$$\binom{x-2}{3} = \frac{(x-2)!}{3!(x-5)!}.$$

▶ **Determiniamo il numero di modellini di Francesco.**

In base alle informazioni sappiamo che

$$\frac{(x-2)!}{3!(x-5)!} = \frac{x!}{3!(x-3)!} - 64$$

$$\frac{(x-2)(x-3)(x-4)}{3!} = \frac{x(x-1)(x-2)}{3!} - 64$$

$$(x^2 - 5x + 6)(x - 4) = (x^2 - x)(x - 2) - 384$$

$$x^3 - 9x^2 + 26x - 24 = x^3 - 3x^2 + 2x - 384$$

$$6x^2 - 24x - 360 = 0 \quad \rightarrow \quad x^2 - 4x - 60 = 0,$$

da cui $x = 10$ o $x = -6$.
Solo la prima soluzione è accettabile, quindi Francesco ha 10 modellini, di cui 8 non rovinati.

▶ **Determiniamo le possibili disposizioni di 8 modellini in un espositore con 5 posti.**

Poiché conta l'ordine, vogliamo sapere in quanti modi può disporre 5 degli 8 modellini non rovinati. Cerchiamo, cioè:

$$D_{8,5} = \frac{8!}{3!} = 6720.$$

Capitolo 20. Calcolo combinatorio

45 **Rappresentanze studentesche** Un liceo ha quattro indirizzi diversi. In base ai dati sulle iscrizioni per l'anno scolastico 2015-2016, gli studenti sono suddivisi come nella tabella seguente.

		Indirizzo				
		Linguistico	Classico	Scientifico	Scienze umane	Totale
Biennio	Maschi	34	14	66	23	137
	Femmine	165	26	74	98	363
Triennio	Maschi	25	22	123	0	170
	Femmine	199	47	127	0	373
	Totale	423	109	390	121	1043

a. Per i rappresentanti di istituto viene votato uno studente per ciascun indirizzo. Quanti sono i possibili gruppi di rappresentanti?
b. Dovendo scegliere una delegazione di studenti del triennio per il gemellaggio con una scuola viennese, si decide di inviare due maschi e due femmine. Quante sono le delegazioni possibili?
c. Al torneo di calcio a 5 del biennio partecipano 4 squadre miste di 6 elementi ciascuna (di cui 3 femmine), in rappresentanza dei vari indirizzi. Quante squadre diverse si possono ottenere con gli studenti dell'indirizzo scientifico?   [a) 2 175 789 330; b) 996 614 970; c) 2 966 346 240]

46 **Laura ... sei tu?** Marco deve chiamare Laura sul cellulare, ma non ricorda bene le dieci cifre che compongono il numero. Le prime tre sono 3, 2, 8 e le ultime sono 3, 9, 4. Quanti tentativi può fare, sapendo che le rimanenti cifre sono tutte dispari? E se ricorda anche che la quarta cifra è 7?   [625; 125]

47 **Quattro in storia** L'insegnante di storia oggi vuole interrogare quattro studenti, tra cui Paolo e Andreina. Se le possibili quaterne di interrogati sono 276, quanti sono gli alunni della classe?   [26]

48 **Difetta di memoria** Lucia ha una nuova tessera del Bancomat, con un codice di cinque cifre. Non ha ancora ben memorizzato il numero e ricorda solo che le cifre sono tutte diverse: la prima è 0, l'ultima è 5 e solo la seconda è pari. Quanti tentativi al massimo deve fare per individuare il codice?   [48]

49 **A Monza** Per il GP d'Italia di Formula 1 si qualificano venti piloti con le rispettive vetture. In quanti modi può essere formata la griglia di partenza? Se la pole position e la seconda posizione sono occupate rispettivamente da una Mercedes e da una Ferrari, quante sono le possibili griglie di partenza? (Considera che ogni scuderia schiera due autovetture.)   [20!; 4 · 18!]

50 **Biglietti in regalo** A un gruppo di dieci amici, fra i quali ci sono anche Marta e Luca, vengono regalati quattro biglietti per un concerto. In quanti modi possono essere scelti i quattro amici che andranno allo spettacolo, se Marta non vuole andare senza Luca, mentre Luca è disposto ad andare anche senza Marta?   [154]

51 **Doppie per otto** Otto amici devono occupare otto camere singole a loro riservate nell'hotel in cui sono arrivati per trascorrere le vacanze. In quanti modi si possono disporre nelle camere? Arrivati in hotel, però, si accorgono che sono state riservate loro quattro camere doppie. In quanti modi possono formare le coppie? In quanti modi possono occupare le quattro camere?   [40 320; 105; 2520]

52 **Macedonia** Alessia ha a disposizione 20 tipi di frutta (fragole, pesche, limoni, kiwi, ...). Vuole preparare due macedonie usando per la prima quattro frutti diversi ma senza il limone, e per la seconda cinque frutti diversi, evitando quelli usati nella prima macedonia e senza kiwi. Quante coppie di macedonie può preparare?   [12 753 468]

VERIFICA DELLE COMPETENZE — PROVE

⏱ 1 ora

PROVA A

1 Verifica l'identità $D_{n,k} - k \cdot D_{n-1, k-1} = D_{n-1, k}$.

2 In una classe di 28 alunni, l'insegnante di educazione fisica deve scegliere sei ragazzi che partecipino alla corsa campestre. In quanti modi può effettuare la scelta?

3 Con le 5 vocali, le 16 consonanti e le 10 cifre decimali, quante sigle di 6 elementi puoi costruire se i primi 2 posti devono essere occupati da vocali diverse seguite da 2 consonanti diverse e infine da un numero di due cifre?

4 Con le prime cinque cifre (da 0 a 4) quanti numeri puoi formare:
   a. di tre cifre tutte diverse;
   b. di quattro cifre anche ripetute;
   c. di cinque cifre diverse che iniziano con 4;
   d. di due cifre pari diverse.

5 Sviluppa $(a - 2)^5$.

6 Allo slalom speciale del campionato del mondo di sci partecipano quaranta atleti. In quanti modi si può formare la classifica dei primi cinque?

7 Abbiamo cinque palline nere numerate da 1 a 5 e tre palline bianche numerate da 1 a 3. Determina quanti sono i gruppi ordinati di tre palline diverse che si possono formare avendo:
   a. due nere seguite da una bianca;
   b. due nere seguite da una bianca, usando i numeri dispari;
   c. tutte dispari.

8 Dovendo collocare 5 oggetti diversi, in scatole distinguibili, calcola il numero delle possibilità:
   a. mettendone 3 in una scatola e 2 in un'altra;
   b. mettendoli in 3 scatole senza lasciarne alcuna vuota;
   c. mettendoli in tre scatole, anche lasciandone una o due vuote.

PROVA B

Ginnastica ritmica La World Cup di ginnastica ritmica è una competizione internazionale di esercizi, sia a squadre sia individuali, da eseguire con uno o più dei seguenti attrezzi: nastro, clavette, palla, fune e cerchio. La gara a squadre prevede che ogni squadra, composta da cinque ginnaste, presenti due esercizi: uno con un solo attrezzo e uno con due attrezzi.

a. Quante sono le possibili scelte degli attrezzi per i due esercizi a squadre?

La scelta degli attrezzi da usare nei due esercizi della gara a squadre avviene ogni quattro anni. Contestualmente vengono scelti anche quattro dei cinque attrezzi da impiegare nelle gare individuali.

b. Quante sono le scelte possibili per entrambe le tipologie di gara?

Alla competizione con le clavette hanno partecipato 20 ginnaste, di cui tre russe, due italiane e due ucraine. Le altre nazioni hanno partecipato con al più due ginnaste. Da regolamento, dopo la prima giornata, in base ai punteggi ottenuti, vanno in finale solo le prime 8 ginnaste, ma non più di due per nazione.

c. Quante sono le classifiche possibili delle prime 8 ginnaste che passano alla fase successiva?
d. Quante sono le classifiche possibili se sai che vanno in finale due russe, un'ucraina e un'italiana?

CAPITOLO α1 — PROBABILITÀ

1 Eventi

▶ Esercizi a p. α19

Se lasci cadere un oggetto in una stanza, puoi prevedere che raggiungerà il pavimento. Se invece lanci un dado, non puoi prevedere quale fra i possibili risultati otterrai.

Sono analoghi al lancio di un dado tutti gli esperimenti di cui non è prevedibile il risultato, e per questo vengono chiamati *aleatori*, perché in latino *alea* significa «dado».

Esempi di esperimenti aleatori sono: un incontro di calcio, la puntualità di un treno, l'estrazione di un numero al lotto, la produzione di un pezzo difettoso da parte di una macchina, il contrarre una malattia.

Per descrivere e studiare matematicamente gli esperimenti aleatori, diamo le seguenti definizioni.

Listen to it

A **random experiment** is an experiment which admits more than one possible **outcome**. The set of all possible outcomes of a random experiment is called the **sample space** and every subset of the sample space is called an **event**. An event is **elementary** if it contains only a single outcome of the experiment.

DEFINIZIONE

- Un **esperimento aleatorio** è un fenomeno di cui non riusciamo a prevedere il risultato con certezza.
- L'insieme U di tutti i possibili risultati di un esperimento si chiama **spazio campionario** o **universo**.
- Un **evento** è un qualunque sottoinsieme dello spazio campionario; un evento formato da un singolo risultato dell'esperimento è detto **evento elementare**.

ESEMPIO

Nel lancio di un dado possiamo rappresentare l'insieme universo U come:

$$U = \{1, 2, 3, 4, 5, 6\},$$

e graficamente con un diagramma di Venn come nella figura.

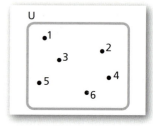

Gli eventi elementari sono:

$E_1 =$ «esce il numero 1», …,

$E_6 =$ «esce il numero 6».

Un possibile evento è $E = \{2, 4, 6\}$, cioè «esce un numero pari».

Paragrafo 2. Concezione classica della probabilità

Chiamiamo **spazio degli eventi** l'insieme di tutti gli eventi che si possono associare a un esperimento, cioè l'insieme delle parti di U.

ESEMPIO

Lanciamo consecutivamente una moneta due volte. Se indichiamo «testa» con T e «croce» con C, con l'aiuto di un diagramma ad albero possiamo determinare l'insieme universo U:

$U = \{TT, TC, CT, CC\}$.

Lo spazio degli eventi è:

$\mathscr{P}(U) = \{\{TT\}, \{CC\}, \{TC\}, \{CT\}, \{TT, CC\}, \{TT, TC\}, \{TT, CT\},$
$\{CC, TC\}, \{CC, CT\}, \{TC, CT\}, \{TT, CC, TC\},$
$\{TT, CC, CT\}, \{CC, TC, CT\}, \{TT, TC, CT\},$
$\{TT, CC, TC, CT\}, \varnothing\}$.

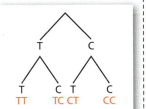

▶ **Animazione**

Nell'animazione determiniamo lo spazio campionario relativo a tre lanci consecutivi di una moneta e tre eventi aleatori di cui uno elementare.

2 Concezione classica della probabilità

▶ Esercizi a p. α19

Nel lancio di un dado consideriamo l'evento:

E = «esce un numero dispari».

L'insieme universo $U = \{1, 2, 3, 4, 5, 6\}$ è l'insieme dei **casi possibili**, mentre il sottoinsieme $E = \{1, 3, 5\}$ rappresenta l'insieme dei **casi favorevoli**, ossia di quelli in cui l'evento E è verificato.
Se il dado non è truccato, tutti i casi sono *ugualmente possibili*, e il rapporto

$$\frac{\text{numero dei casi favorevoli}}{\text{numero dei casi possibili}} = \frac{3}{6} = \frac{1}{2}$$

fornisce una stima sulla possibilità che l'evento E si verifichi.

▶ **Listen to it**

The **probability** of an event E is given by the ratio of the number of **favourable outcomes** to the number of all possible outcomes.

DEFINIZIONE

La **probabilità** di un evento E è il rapporto fra il numero dei casi favorevoli f e quello dei casi possibili u quando sono tutti ugualmente possibili.

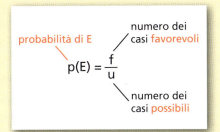

▶ In un gioco da tavola ci sono 120 pedine, ognuna delle quali riporta una lettera dell'alfabeto italiano. 57 pedine hanno una vocale, 14 la lettera A, 11 la E e 12 la I. Le pedine con la O sono il triplo di quelle con la U. Calcola la probabilità che, prendendo una pedina a caso:

a. sia una vocale;
b. sia una O.

▶ **Animazione**

ESEMPIO

Estraiamo una carta da un mazzo di 52 carte. I casi possibili sono $u = 52$, cioè tutti i possibili esiti dell'estrazione.
Consideriamo gli eventi:

E_1 = «estrazione di una figura rossa»;
E_2 = «estrazione di una carta di picche».

Capitolo α1. Probabilità

> ▶ In un libro di 60 pagine ci sono 5 pagine dedicate all'introduzione, che non contengono illustrazioni. Delle rimanenti, 12 pagine hanno illustrazioni. Calcola la probabilità che, prendendo una pagina a caso:
> a. sia nell'introduzione,
> b. non abbia illustrazioni.
>
> $\left[\text{a)}\ \dfrac{1}{12}; \text{b)}\ \dfrac{4}{5}\right]$

Per E_1 i casi favorevoli sono $f = 6$, cioè il numero delle figure rosse; per E_2 i casi favorevoli sono $f = 13$, cioè il numero delle carte di picche. Quindi:

$$p(E_1) = \frac{6}{52} = \frac{3}{26} \simeq 0,12; \qquad p(E_2) = \frac{13}{52} = \frac{1}{4} = 0,25.$$

Possiamo esprimere questi valori anche mediante percentuali.

Per esempio, il valore percentuale della probabilità di E_2 è 25%.

Possiamo fare le seguenti osservazioni.

- Poiché il numero f dei casi favorevoli è sempre minore o uguale al numero dei casi possibili,

  $0 \leq p(E) \leq 1$,

  cioè, la probabilità di un evento è sempre compresa tra 0 e 1.

- Se $f = u$, poiché il numero dei casi favorevoli è uguale al numero dei casi possibili:

  $p(E) = 1$

  e l'evento è **certo**.

- Se $f = 0$, poiché il numero dei casi favorevoli è nullo:

  $p(E) = 0$

  e l'evento è **impossibile**.

Evento contrario

Consideriamo un evento E. Il suo **evento contrario** $\overline{E}$ è l'evento che si verifica se e solo se non si verifica E.

Per esempio, nel lancio di un dado l'evento contrario di E = «esce un numero pari» è $\overline{E}$ = «non esce un numero pari», ossia «esce un numero dispari».

È vero che:

$$p(\overline{E}) = 1 - p(E).$$

Infatti, essendo u = numero dei casi possibili e f = numero dei casi favorevoli a E:

$$p(\overline{E}) = \frac{u - f}{u} = 1 - \frac{f}{u} = 1 - p(E).$$

> ▶ In un'urna ci sono tre palline gialle, una bianca e due verdi. Calcola la probabilità dell'evento contrario di B = «esce una pallina bianca»:
> a. direttamente;
> b. usando le proprietà della probabilità.
>
> ▪ Animazione

ESEMPIO

Nel lancio di un dado l'evento $\overline{E}$ = «non esce il numero 6» è l'evento contrario dell'evento E = «esce il numero 6», quindi

$$p(\overline{E}) = 1 - p(E) = 1 - \frac{1}{6} = \frac{5}{6}.$$

Dal punto di vista degli insiemi, dato l'insieme corrispondente a un evento E, al suo evento contrario $\overline{E}$ corrisponde l'*insieme complementare* di E rispetto a U. Nell'esempio precedente, $U = \{1, 2, 3, 4, 5, 6\}$, $E = \{6\}$, $\overline{E} = \{1, 2, 3, 4, 5\}$.

Per quanto abbiamo detto, la somma della probabilità di un evento e di quella del suo evento contrario è 1:

$$p(E) + p(\overline{E}) = 1.$$

Paragrafo 2. Concezione classica della probabilità

■ Probabilità e calcolo combinatorio

Nel calcolare la probabilità di un evento con la definizione data, per contare il numero di casi favorevoli e quello di casi possibili, può essere utile il calcolo combinatorio.

ESEMPIO

Da un'urna contenente 4 palline bianche e 6 nere estraiamo *consecutivamente* 5 palline, senza rimettere ogni volta la pallina estratta nell'urna.

a. Consideriamo l'evento:

E_1 = «escono consecutivamente, nell'ordine, 2 palline bianche e 3 nere».

Dobbiamo supporre di *distinguere per l'ordine* di uscita ogni possibile raggruppamento, anche se identico ad altri per composizione.
I casi possibili si possono quindi calcolare con le *disposizioni semplici*:

$$D_{10,5} = 10 \cdot 9 \cdot 8 \cdot 7 \cdot 6 = 30\,240.$$

I casi favorevoli sono tutti i gruppi formati da 2 palline bianche delle quattro contenute nell'urna e dai gruppi formati da 3 palline nere delle sei contenute nell'urna:

$$D_{4,2} \cdot D_{6,3} = (4 \cdot 3) \cdot (6 \cdot 5 \cdot 4) = 1440.$$

Si ha che $p(E_1) = \dfrac{D_{4,2} \cdot D_{6,3}}{D_{10,5}} = \dfrac{1440}{30\,240} = \dfrac{1}{21}$.

b. Consideriamo ora l'evento:

E_2 = «escono 2 palline bianche e 3 nere».

Questa volta *non interessa l'ordine*: indicando con b una pallina bianca e con n una nera, l'evento è verificato non solo quando la successione è

$b, b, n, n, n,$

ma anche quando è

$b, n, b, n, n;$ $\quad n, b, b, n, n;$ $\quad \ldots$

I casi favorevoli sono quindi quelli calcolati nel caso **a** moltiplicati per le permutazioni di 5 elementi, di cui 2 e 3 ripetuti:

$$(D_{4,2} \cdot D_{6,3}) \cdot P_5^{(2,3)} = 1440 \cdot \dfrac{5!}{2! \cdot 3!} = 14\,400.$$

Pertanto $p(E_2) = \dfrac{14\,400}{30\,240} = \dfrac{10}{21}$.

Osserviamo che la probabilità dell'evento E_2 può essere scritta anche nel seguente modo:

$$p(E_2) = \dfrac{D_{4,2} \cdot D_{6,3} \cdot \dfrac{5!}{2! \cdot 3!}}{D_{10,5}} = \dfrac{\dfrac{D_{4,2}}{2!} \cdot \dfrac{D_{6,3}}{3!}}{\dfrac{D_{10,5}}{5!}} = \dfrac{C_{4,2} \cdot C_{6,3}}{C_{10,5}}.$$

Confrontando i risultati ottenuti per E_1 ed E_2, possiamo quindi concludere che nelle estrazioni consecutive senza reinserimento si utilizzano le disposizioni semplici se è essenziale l'ordine di uscita, le combinazioni semplici se l'ordine non interessa.

> **Video**
> **Roulette e probabilità**
> Facciamo 10 puntate alla roulette.
> ▶ Qual è la probabilità che esca un numero nero?

> ▶ In una classe con 16 femmine e 9 maschi si formano dei gruppi di studio composti da 5 persone. Formando un gruppo a caso, qual è la probabilità che sia composto da almeno 4 femmine?
>
> **Animazione**

3 Probabilità di eventi complessi

▶ Esercizi a p. α25

Eventi unione e intersezione

Ogni evento è un sottoinsieme dello spazio campionario, quindi possiamo utilizzare gli insiemi per definire eventi unione e intersezione di eventi.

> **DEFINIZIONE**
>
> Dati due eventi E_1 ed E_2 di uno stesso spazio campionario:
> - l'**evento unione** o **somma logica** è l'evento $E_1 \cup E_2$ che si verifica quando è verificato *almeno* uno degli eventi E_1 o E_2;
> - l'**evento intersezione** o **prodotto logico** è l'evento $E_1 \cap E_2$ che si verifica quando sono verificati *entrambi* gli eventi E_1 ed E_2.

La o e la e che abbiamo utilizzato nella definizione corrispondono alle *operazioni logiche* tra le proposizioni che descrivono gli eventi. Infatti, date due proposizioni logiche p e q:

- la loro disgiunzione $p \vee q$, cioè p o q, è falsa quando entrambe p e q sono false, è vera negli altri casi;
- la loro congiunzione $p \wedge q$, cioè p e q, è vera quando entrambe p e q sono vere, è falsa negli altri casi.

L'evento unione viene anche detto **evento totale**, mentre l'evento intersezione è anche detto **evento composto**.

> **ESEMPIO**
>
> Estraiamo una pallina da un'urna che ne contiene 6, numerate da 1 a 6, e consideriamo:
>
> $E_1 = $ «esce un numero minore di 4»,
>
> $E_2 = $ «esce un multiplo di 2».
>
> Abbiamo che:
>
> $E_1 \cup E_2 = $ «esce un numero minore di 4 o multiplo di 2» = $\{1, 2, 3, 4, 6\}$;
>
> $E_1 \cap E_2 = $ «esce un numero minore di 4 e multiplo di 2» = $\{2\}$.

▶ Si lanciano tre monete con le facce contrassegnate da T e C. Considera gli eventi
- $E_1 = $ «esce solo una T»,
- $E_2 = $ «esce almeno una T»,
- $E_3 = $ «escono almeno due T».

Stabilisci quali sono le coppie di eventi compatibili e le coppie di eventi incompatibili.

Eventi compatibili ed eventi incompatibili

Estraiamo una pallina da un'urna contenente 18 palline numerate da 1 a 18 e consideriamo gli eventi:

$E_1 = $ «esce un numero minore di 10»;

$E_2 = $ «esce un numero multiplo di 3».

Osserviamo che gli eventi E_1 ed E_2 possono verificarsi *contemporaneamente*, per ognuno dei risultati dati da un elemento di $E_1 \cap E_2 = \{3, 6, 9\}$. In casi come questo si dice che gli eventi sono *compatibili*.

Paragrafo 3. Probabilità di eventi complessi

Consideriamo ora gli eventi:

E_3 = «esce il numero 2»;

E_4 = «esce il numero 10».

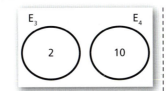

$E_3 \cap E_4 = \emptyset$: questi due eventi, invece, *non* possono verificarsi *contemporaneamente*. Eventi di questo tipo sono *incompatibili*.

> **DEFINIZIONE**
> Due eventi E_1 ed E_2, relativi allo stesso spazio campionario, sono **incompatibili** se il verificarsi di uno esclude il verificarsi contemporaneo dell'altro, cioè $E_1 \cap E_2 = \emptyset$. In caso contrario sono **compatibili**.

🇬🇧 **Listen to it**

Two events E_1 and E_2 are said to be **mutually exclusive** (or **disjoint**) if they cannot both occur in a single trial of the experiment. Therefore, the intersection of mutually exclusive events is empty.

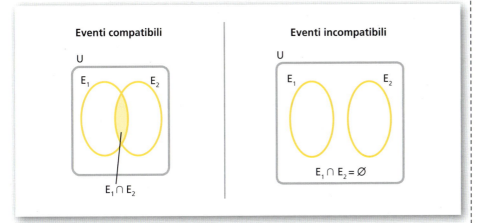

■ Probabilità della somma logica di eventi

Vale il seguente teorema.

> **TEOREMA**
> La **probabilità della somma logica di due eventi** E_1 ed E_2 è uguale alla somma delle loro probabilità diminuita della probabilità del loro evento intersezione:
>
> $p(E_1 \cup E_2) = p(E_1) + p(E_2) - p(E_1 \cap E_2)$.
>
> In particolare, se gli eventi sono *incompatibili*:
>
> $p(E_1 \cup E_2) = p(E_1) + p(E_2)$.

> **ESEMPIO**
> Vengono esaminati 60 dischetti di acciaio: 10 hanno almeno il diametro non conforme alle specifiche, 8 almeno lo spessore non conforme e 5 entrambi i difetti. Calcoliamo la probabilità che un dischetto non abbia difetti.
>
> E_1 = «diametro non conforme» → $p(E_1) = \dfrac{10}{60}$,
>
> E_2 = «spessore non conforme» → $p(E_2) = \dfrac{8}{60}$,
>
> $E_1 \cap E_2$ = «diametro e spessore non conformi» → $p(E_1 \cap E_2) = \dfrac{5}{60}$.

▶ Un sacchetto contiene trenta gettoni numerati da 1 a 30. Si estraggono consecutivamente due gettoni, senza rimettere il primo nel sacchetto. Calcola la probabilità che:

a. vengano estratti due multipli di 3 oppure due multipli di 5;

b. la somma dei numeri estratti sia un numero pari.

□ **Animazione**

La probabilità che un dischetto sia non conforme alle specifiche è:

$$p(E) = p(E_1 \cup E_2) = \frac{10}{60} + \frac{8}{60} - \frac{5}{60} = \frac{13}{60}.$$

La probabilità che non abbia difetti è: $p(\overline{E}) = 1 - \frac{13}{60} = \frac{47}{60}$.

Possiamo generalizzare il teorema precedente al caso di n eventi a due a due incompatibili, $E_1, E_2, \ldots, E_n$, ottenendo la formula

$$p(E_1 \cup E_2 \cup \ldots \cup E_n) = p(E_1) + p(E_2) + \ldots + p(E_n).$$

Questo risultato è anche chiamato **teorema della probabilità totale**.

■ Probabilità condizionata

Eventi dipendenti ed eventi indipendenti

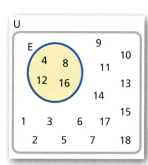

Consideriamo un'urna contenente 18 palline identiche numerate da 1 a 18.
Lo spazio campionario è

$$U = \{1, 2, 3, 4, 5, 6, 7, 8, 9, 10, 11, 12, 13, 14, 15, 16, 17, 18\}$$

e l'evento E = «estrazione di una pallina con un numero multiplo di 4» ha probabilità $p(E) = \frac{4}{18} = \frac{2}{9}$.

1. Consideriamo l'evento

   E_1 = «estrazione di una pallina con un numero maggiore di 15»,

   per il quale $p(E_1) = \frac{3}{18} = \frac{1}{6}$.

   Valutiamo ora la probabilità di E quando sappiamo che E_1 si è verificato. Indichiamo questa probabilità con il simbolo $p(E \mid E_1)$ che leggiamo *probabilità di E condizionata a E_1*.

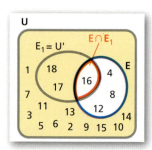

   In questa situazione gli esiti possibili non sono più 18, ma 3 (figura a lato), in quanto l'insieme universo si è ridotto a:

   $$U' = E_1 = \{16, 17, 18\}.$$

   Abbiamo un solo caso favorevole, elemento dell'insieme $E \cap E_1 = \{16\}$.

   La probabilità è $p(E \mid E_1) = \frac{1}{3}$, che è un valore maggiore di $p(E) = \frac{2}{9}$.

   Sapere che E_1 si è verificato ha aumentato la probabilità di E. Gli eventi E ed E_1 si dicono *correlati positivamente*.

2. Consideriamo l'evento

   E_2 = «estrazione di una pallina con un numero minore di 10»,

   per il quale $p(E_2) = \frac{9}{18} = \frac{1}{2}$.

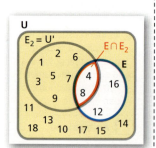

   Valutiamo la probabilità di E, supponendo che si sia verificato E_2, cioè la probabilità $p(E \mid E_2)$ di E condizionata a E_2. Gli esiti possibili diventano 9 (figura a lato), in quanto l'insieme universo si è ridotto a $U' = E_2 = \{1, 2, 3, 4, 5, 6, 7, 8, 9\}$; i casi favorevoli sono i 2 elementi dell'insieme $E \cap E_2 = \{4, 8\}$.

   $p(E \mid E_2) = \frac{2}{9}$, che è un valore uguale a $p(E) = \frac{2}{9}$.

Paragrafo 3. Probabilità di eventi complessi

In questo caso, sapere che E_2 si è verificato non ha mutato il valore della probabilità di E. Gli eventi E ed E_2 sono *indipendenti*.

3. Consideriamo l'evento

   E_3 = «estrazione di una pallina con un numero multiplo di 3»,

   per il quale $p(E_3) = \dfrac{6}{18} = \dfrac{1}{3}$.

   Valutiamo la probabilità di E supponendo che sia verificato l'evento E_3, cioè $p(E \mid E_3)$. Gli esiti possibili ora sono 6 (figura a lato), perché l'insieme universo si è ridotto a $U' = E_3 = \{3, 6, 9, 12, 15, 18\}$; c'è un solo caso favorevole, elemento dell'insieme $E \cap E_3 = \{12\}$.

   $p(E \mid E_3) = \dfrac{1}{6}$, che è un valore minore di $p(E) = \dfrac{2}{9}$.

   Sapere che si è verificato E_3 ha diminuito la probabilità di E. Gli eventi E ed E_3 sono *correlati negativamente*.

In generale, diamo la seguente definizione.

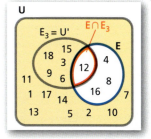

DEFINIZIONE
Dati due eventi E_1 ed E_2, con $p(E_2) \neq 0$, si chiama **probabilità condizionata** di E_1 rispetto a E_2, e si indica con $p(E_1 \mid E_2)$, la probabilità che si verifichi E_1 nell'ipotesi che E_2 sia verificato.

🇬🇧 **Listen to it**

The **conditional probability** of E_1 given E_2 is the probability that the event E_1 will occur given that the event E_2 has occurred.

Se $p(E_1 \mid E_2) = p(E_1)$, cioè le conoscenze ulteriori sul verificarsi di E_2 non modificano la probabilità di E_1, si dice che gli eventi sono **indipendenti**.
Se invece $p(E_1 \mid E_2) \neq p(E_1)$, cioè le conoscenze ulteriori sul verificarsi di E_2 modificano la probabilità di E_1, si dice che gli eventi sono **dipendenti**.
Dati due eventi dipendenti E_1 ed E_2:

- se $p(E_1 \mid E_2) > p(E_1)$, i due eventi sono **correlati positivamente**;
- se $p(E_1 \mid E_2) < p(E_1)$, i due eventi sono **correlati negativamente**.

Osserviamo che, mentre per calcolare $p(E_1)$ consideriamo l'insieme universo U, nel calcolare $p(E_1 \mid E_2)$ l'insieme universo si riduce al sottoinsieme E_2.

▶ Da un mazzo di 40 carte ne estraiamo una. Stabilisci se sono indipendenti gli eventi:
- E = «pesco una carta maggiore o uguale al quattro»;
- F = «pesco una carta di denari».

▭ **Animazione**

Calcolo della probabilità condizionata

Per la probabilità condizionata vale il seguente teorema.

TEOREMA
La probabilità condizionata di un evento E_1 rispetto a un evento E_2, non impossibile, è:

$$p(E_1 \mid E_2) = \dfrac{p(E_1 \cap E_2)}{p(E_2)},$$

con $p(E_2) \neq 0$.

ESEMPIO
Si estrae una carta da un mazzo di 52. Calcoliamo la probabilità che sia un sette sapendo che la carta estratta è:

1. una carta nera;
2. una carta rossa con un valore minore di 9.

Gli eventi sono:

E = «estrazione di un sette»;

E_1 = «estrazione di una carta nera»;

E_2 = «estrazione di una carta nera con un valore minore di 9».

Data la probabilità $p(E) = \dfrac{4}{52} = \dfrac{1}{13}$, abbiamo:

1. $p(E \mid E_1) = \dfrac{p(E \cap E_1)}{p(E_1)} = \dfrac{\frac{2}{52}}{\frac{26}{52}} = \dfrac{1}{13}$; gli eventi sono indipendenti;

2. $p(E \mid E_2) = \dfrac{p(E \cap E_2)}{p(E_2)} = \dfrac{\frac{2}{52}}{\frac{16}{52}} = \dfrac{1}{8}$; gli eventi sono dipendenti e correlati positivamente.

■ Probabilità del prodotto logico di eventi

Da un'urna contenente 18 palline numerate da 1 a 18 estraiamo consecutivamente 2 palline, senza rimettere la prima estratta nell'urna. L'evento

E = «prima esce un numero minore di 10 e poi un numero maggiore di 15»

è l'intersezione di:

E_1 = «alla prima estrazione esce un numero minore di 10»;

E_2 = «alla seconda estrazione esce un numero maggiore di 15».

Il numero di casi favorevoli, cioè delle coppie formate prima da un numero minore di 10 e poi da uno maggiore di 15, è $9 \cdot 3 = 27$, mentre i casi possibili sono $18 \cdot 17 = 306$. La probabilità del prodotto logico di E_1 ed E_2 è quindi:

$$p(E) = p(E_1 \cap E_2) = \dfrac{27}{306} = \dfrac{3}{34}.$$

Questo risultato si può ottenere anche in un altro modo.
Dalla relazione della probabilità condizionata abbiamo:

$$p(E_2 \mid E_1) = \dfrac{p(E_1 \cap E_2)}{p(E_1)} \rightarrow p(E_1 \cap E_2) = p(E_1) \cdot p(E_2 \mid E_1).$$

Applichiamo la relazione ottenuta nel nostro esempio:

$$p(E_1) = \dfrac{9}{18} = \dfrac{1}{2}.$$

Per l'evento E_2 condizionato a E_1, essendo già stata estratta una pallina, i casi possibili sono 17, mentre i casi favorevoli sono 3:

$$p(E_2 \mid E_1) = \dfrac{3}{17}.$$

Pertanto,

$$p(E_1 \cap E_2) = p(E_1) \cdot p(E_2 \mid E_1) = \dfrac{1}{2} \cdot \dfrac{3}{17} = \dfrac{3}{34}.$$

Paragrafo 3. Probabilità di eventi complessi

Abbiamo riottenuto il valore calcolato precedentemente in modo diretto.
Vale il seguente teorema.

> **TEOREMA**
>
> La **probabilità del prodotto logico di due eventi** E_1 ed E_2 è uguale al prodotto della probabilità dell'evento E_1 per la probabilità dell'evento E_2 nell'ipotesi che E_1 si sia verificato:
>
> $$p(E_1 \cap E_2) = p(E_1) \cdot p(E_2 | E_1).$$
>
> In particolare, nel caso di eventi *indipendenti*:
>
> $$p(E_1 \cap E_2) = p(E_1) \cdot p(E_2).$$

La seconda formula è conseguenza della prima perché, se gli eventi sono indipendenti, $p(E_2 | E_1) = p(E_2)$.

> **ESEMPIO**
>
> Un'urna contiene 5 palline nere, 4 rosse e 2 verdi. Calcolare la probabilità che estraendo consecutivamente sei palline si ottengano nell'ordine tre palline nere, due rosse e una verde.
>
> **a.** Nel caso in cui la pallina estratta ogni volta venga rimessa nell'urna
>
> $$p = \frac{5}{11} \cdot \frac{5}{11} \cdot \frac{5}{11} \cdot \frac{4}{11} \cdot \frac{4}{11} \cdot \frac{2}{11} = \left(\frac{5}{11}\right)^3 \cdot \left(\frac{4}{11}\right)^2 \cdot \frac{2}{11} = \frac{4000}{1771561}.$$
>
> **b.** Nel caso in cui la pallina estratta ogni volta non venga rimessa nell'urna
>
> $$p = \frac{5}{11} \cdot \frac{4}{10} \cdot \frac{3}{9} \cdot \frac{4}{8} \cdot \frac{3}{7} \cdot \frac{2}{6} = \frac{1440}{332640} = \frac{1}{231}.$$

Il teorema della probabilità del prodotto logico si può estendere a più eventi che si devono verificare uno dopo l'altro, considerando quello precedente come verificato.
Nel caso di tre eventi la formulazione è

$$p(E) = p(E_1 \cap E_2 \cap E_3) = p(E_1) \cdot p(E_2 | E_1) \cdot p(E_3 | (E_1 \cap E_2)),$$

che per eventi indipendenti si semplifica:

$$p(E) = p(E_1 \cap E_2 \cap E_3) = p(E_1) \cdot p(E_2) \cdot p(E_3).$$

■ Problema delle prove ripetute

Effettuiamo cinque estrazioni consecutive da un'urna contenente 18 palline numerate da 1 a 18. Calcoliamo la probabilità che alla prima estrazione esca una pallina con un numero multiplo di 4 e nelle restanti estrazioni un numero non divisibile per 4. Chiamiamo E_1 questo evento.

Siamo di fronte a un *evento prodotto logico* di una sequenza di cinque *eventi indipendenti*.

La probabilità dell'evento E = «esce un multiplo di 4» è $p(E) = \frac{2}{9}$, mentre la probabilità dell'evento $\overline{E}$ = «non esce un multiplo di 4» è $1 - p(E) = 1 - \frac{2}{9} = \frac{7}{9}$.

La probabilità richiesta è: $p(E_1) = \frac{2}{9} \cdot \frac{7}{9} \cdot \frac{7}{9} \cdot \frac{7}{9} \cdot \frac{7}{9} = \frac{2}{9} \cdot \left(\frac{7}{9}\right)^4 = \frac{2 \cdot 7^4}{9^5}$.

 Listen to it

The **multiplication rule** states that the probability of the intersection of the events E_1 and E_2 is equal to the probability of E_1 times the conditional probability of E_2 given E_1.

▶ In un'urna ci sono 12 palline, di cui 8 bianche e 4 nere. Si effettuano due estrazioni, con reimmissione. Calcola la probabilità di estrarre, in successione, una pallina bianca e una nera. Determina la stessa probabilità nel caso in cui la prima pallina estratta non venga rimessa nell'urna.

□ **Animazione**

MATEMATICA E SCIENZA

Siamo soli nell'Universo? A tutti è capitato di chiedersi almeno una volta se nel resto dell'Universo esiste qualche forma di vita intelligente.

▶ Possiamo calcolare la probabilità di vita extraterrestre?

□ **La risposta**

Abbandoniamo ora la richiesta che il multiplo di 4 esca la prima volta e consideriamo il caso in cui essa esca una volta sola, non importa in quale posizione della sequenza.

L'evento $F_{1,5}$ = «esce un multiplo di 4 solo una volta su cinque lanci» è la somma logica degli eventi E_i = «esce un multiplo di 4 solo all'i-esimo lancio», con i che va da 1 a 5; tali eventi sono tutti incompatibili fra loro e ognuno ha probabilità uguale a $p(E_1)$. Quindi

$$p(F_{1,5}) = p(E_1) + p(E_2) + \ldots + p(E_5) = 5 \cdot p(E_1) = 5 \cdot \frac{2 \cdot 7^4}{9^5}.$$

Il numero di sequenze che contengono solo un multiplo di 4 può essere visto come il numero dei modi in cui un elemento può occupare cinque posti a disposizione:

$$\binom{5}{1}.$$

Se l'evento «esce un multiplo di 4» si deve presentare due volte, abbiamo:

$$p(F_{2,5}) = \binom{5}{2} \cdot \frac{2}{9} \cdot \frac{2}{9} \cdot \frac{7}{9} \cdot \frac{7}{9} \cdot \frac{7}{9} = \binom{5}{2} \cdot \left(\frac{2}{9}\right)^2 \cdot \left(\frac{7}{9}\right)^3 = \frac{10 \cdot 2^2 \cdot 7^3}{9^5}.$$

Se le volte sono tre:

$$p(F_{3,5}) = \binom{5}{3} \cdot \frac{2}{9} \cdot \frac{2}{9} \cdot \frac{2}{9} \cdot \frac{7}{9} \cdot \frac{7}{9} = \binom{5}{3} \cdot \left(\frac{2}{9}\right)^3 \cdot \left(\frac{7}{9}\right)^2 = \frac{10 \cdot 2^3 \cdot 7^3}{9^5}.$$

E così via.
In generale vale il seguente teorema.

> **TEOREMA**
>
> **Schema delle prove ripetute (o di Bernoulli)**
> Dato un esperimento aleatorio ripetuto nelle stesse condizioni n volte e indicato con E un evento che rappresenta il successo dell'esperimento e ha probabilità costante p di verificarsi e probabilità $q = 1 - p$ di non verificarsi, la probabilità di ottenere k successi su n prove è:
>
> $$p_{(k,n)} = \binom{n}{k} p^k \cdot q^{n-k}.$$

> **ESEMPIO**
> Calcolare la probabilità che, lanciando un dado regolare per 4 volte, una faccia con un numero minore di tre si presenti:
>
> **a.** una volta; **b.** almeno tre volte; **c.** almeno una volta.
>
> L'evento ha la probabilità di verificarsi $p = \frac{2}{6} = \frac{1}{3}$ e l'evento contrario $q = 1 - \frac{1}{3} = \frac{2}{3}$.
>
> **a.** $p_{(1,4)} = \binom{4}{1} \cdot \left(\frac{1}{3}\right)^1 \cdot \left(\frac{2}{3}\right)^3 = \frac{32}{81};$
>
> **b.** $p_{(3,4)} + p_{(4,4)} = \binom{4}{3} \cdot \left(\frac{1}{3}\right)^3 \cdot \left(\frac{2}{3}\right)^1 + \binom{4}{4} \cdot \left(\frac{1}{3}\right)^4 \cdot \left(\frac{2}{3}\right)^0 = \frac{8}{81} + \frac{1}{81} = \frac{9}{81} = \frac{1}{9};$
>
> **c.** $p = 1 - p_{(0,4)} = 1 - \binom{4}{0} \cdot \left(\frac{1}{3}\right)^0 \cdot \left(\frac{2}{3}\right)^4 = 1 - \frac{16}{81} = \frac{65}{81}.$

▶ Un test è composto da 10 domande, ciascuna con quattro opzioni di risposta, di cui una sola corretta. Alberto risponde a caso a tutte le 10 domande.
Qual è la probabilità che risponda correttamente ad almeno 7 domande?

[$\simeq 0{,}0035$]

4 Concezione statistica della probabilità

▶ Esercizi a p. α28

Abbiamo un'urna che contiene palline colorate, ma non sappiamo né quali sono i colori, né quante sono le palline e, inoltre, non possiamo aprire l'urna per esaminarne il contenuto.

L'unico procedimento che ci rimane per acquisire conoscenze è quello di *estrarre a sorte un gran numero di volte delle palline, rimettendo ogni volta la pallina estratta nell'urna*, in modo che ogni estrazione sia effettuata nelle stesse condizioni.

Effettuiamo consecutivamente 80 estrazioni e ogni volta prendiamo nota del colore uscito, e lo riportiamo nella seconda colonna della tabella a lato.
Utilizzando i valori ottenuti, calcoliamo il rapporto fra il numero delle volte in cui è uscito un determinato colore e il numero delle prove effettuate tutte nelle stesse condizioni, cioè la sua *frequenza relativa*, e lo riportiamo nella terza colonna della tabella.

Colore	Numero palline	Frequenza relativa
rosso	5	$\frac{1}{16}$
giallo	18	$\frac{9}{40}$
nero	22	$\frac{11}{40}$
verde	35	$\frac{7}{16}$
Totale	80	1

DEFINIZIONE

La **frequenza relativa** $f(E)$ di un evento sottoposto a n esperimenti, effettuati tutti nelle stesse condizioni, è il rapporto fra il numero delle volte m in cui E si è verificato e il numero n delle prove effettuate.

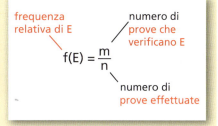

$$f(E) = \frac{m}{n}$$

dove: frequenza relativa di E; numero di prove che verificano E; numero di prove effettuate.

I valori della frequenza relativa di un evento sono compresi tra 0 e 1:

$0 \leq f(E) \leq 1$.

Frequenza 0 non significa che l'evento è impossibile, ma soltanto che non si è mai verificato. Per esempio, se nelle prove effettuate non è mai uscita una pallina blu, questo non significa che nell'urna non ve ne siano.
Analogamente, frequenza 1 non significa che l'evento è certo, ma soltanto che in quella serie di esperimenti è stato sempre osservato.

Se ripetiamo l'esperimento, senz'altro otterremo valori diversi. Il valore m dipende infatti dal numero di prove n che effettuiamo. Ma se abbiamo la pazienza di aumentare il numero delle prove, riveliamo un fatto interessante: il valore della frequenza $f(E) = \frac{m}{n}$ tende a un valore costante che si può ritenere come la probabilità dell'evento.
Per esempio, sappiamo che la probabilità di ottenere testa lanciando una moneta, secondo l'impostazione classica, è $\frac{1}{2}$. Allo stesso valore tende la frequenza se sperimentalmente lanciamo una moneta un numero elevatissimo di volte.

Capitolo α1. Probabilità

In generale, vale la seguente proprietà.

> **Legge empirica del caso**
> Dato un evento E, sottoposto a n prove tutte nelle stesse condizioni, il valore della frequenza relativa $f(E) = \dfrac{m}{n}$ tende al valore della probabilità $p(E)$, all'aumentare del numero n di prove effettuate.

La *legge empirica del caso* è alla base della **definizione statistica** o **frequentistica della probabilità**.

> **DEFINIZIONE**
> La **probabilità statistica** di un evento E è la frequenza relativa del suo verificarsi quando il numero di prove effettuato è da ritenersi «sufficientemente alto».

 Listen to it

The **probability** of an event E is equal to its **relative frequency** computed over a sufficiently large number of trials.

Nell'impostazione classica il valore della probabilità è calcolato **a priori**, ossia prima che l'esperimento avvenga, mentre il valore della frequenza è un valore **a posteriori**.

Ci sono moltissimi eventi per i quali è difficile o impossibile calcolare la probabilità applicando l'impostazione classica. Per eventi di questo tipo possiamo applicare l'impostazione frequentistica.

Esempi di eventi di questo tipo sono:
- produzione di un pezzo difettoso con un macchinario;
- trovare un posto di lavoro;
- contrarre una determinata malattia;
- incidente automobilistico;
- efficacia di un farmaco.

Per questi eventi occorre fondare il calcolo su quanto è avvenuto in passato e cercare statisticamente le relative frequenze, accettandole come probabilità degli eventi.

> **ESEMPIO**
> Una ditta farmaceutica vuole sperimentare un nuovo vaccino antinfluenzale. Si sottopongono volontariamente al vaccino 10 000 persone e, di queste, nell'inverno successivo, 6750 non contraggono l'influenza. Qual è la probabilità di non contrarre il virus con questo tipo di vaccino?
> Poiché il numero di prove effettuate è 10 000 e il numero di prove che si verificano è 6750:
> $$f = \dfrac{6750}{10\,000} = 0{,}675.$$
> La probabilità di non ammalarsi è del 67,5%.

▶ Durante l'ultima stagione, Gianmarco ha realizzato 41 canestri su 68 tiri liberi effettuati. Calcola la probabilità che Gianmarco fallisca consecutivamente due tiri liberi.

▭ **Animazione**

▶ In un'indagine per scoprire il gradimento di un certo film sono stati intervistati 50 bambini, 50 donne e 50 uomini, ed è risultato che il film è piaciuto a 30 bambini, 20 donne e 25 uomini. Scegliendo a caso un bambino, una donna e un uomo, qual è la probabilità che il film sia piaciuto solo a uno di loro?

▭ **Animazione**

5. Concezione soggettiva della probabilità

▶ Esercizi a p. α29

Una persona sta valutando se partecipare o non partecipare a un gioco d'azzardo nel quale si vince se, lanciando contemporaneamente due dadi, escono due numeri pari. Secondo l'impostazione classica, egli sa che la probabilità di vittoria è $\frac{9}{36} = \frac{1}{4} = 25\%$, ma ha osservato che su 21 lanci le due facce pari sono uscite 7 volte, cioè con una frequenza di $\frac{1}{3}$, vale a dire del 33,3% circa.

Decide allora di proporre a chi tiene il banco di giocare una posta di 10 euro per ricevere, in caso di vittoria, 34 euro.

La valutazione che ha fatto è del tutto personale. Ha determinato il valore della probabilità secondo una valutazione **soggettiva**.

Possiamo determinare il valore che ha attribuito alla probabilità dell'evento «uscita di due facce pari» mediante il rapporto tra la posta che è disposto a pagare e la somma che dovrebbe ricevere in caso di vincita:

$$p(E) = \frac{10}{34} = \frac{5}{17} \simeq 29,4\%.$$

Il giocatore valuta la probabilità di vincita in misura maggiore di quella che il calcolo secondo l'impostazione classica («a priori») gli fornisce $\left(\text{cioè } \frac{1}{4}\right)$, in quanto avrebbe dovuto, in questo caso, pretendere un pagamento dal banco di 40 euro, cioè 4 volte la posta. Ma valuta anche la probabilità di vincita in misura minore di quella che sperimentalmente («a posteriori») si verifica $\left(\text{cioè } \frac{1}{3}\right)$, in quanto in questo caso avrebbe potuto pretendere solo 30 euro, cioè 3 volte la posta.

Il modo di procedere soggettivo è l'unico utilizzabile per quegli eventi per i quali non è possibile calcolare teoricamente il numero dei casi favorevoli e possibili e non si può sottoporre l'evento a prove sperimentali ripetute nelle stesse condizioni. Siamo in questa situazione, per esempio, se vogliamo stimare la probabilità di vittoria di una squadra di calcio in un torneo.

DEFINIZIONE

La **probabilità soggettiva** di un evento è la *misura del grado di fiducia* che una persona attribuisce al verificarsi dell'evento, secondo la sua opinione. Il valore si ottiene effettuando il rapporto fra la somma P che si è disposti a pagare, in una scommessa, e la somma V che si riceverà nel caso l'evento si verifichi.

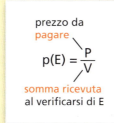

prezzo da pagare
$$p(E) = \frac{P}{V}$$
somma ricevuta al verificarsi di E

Listen to it

The **subjective probability** of an event E is a measure of the **degree of belief** that a person assigns to the event. It reflects the individual's personal opinion about whether the event is likely to occur.

Deve sussistere la **condizione di coerenza**: la persona che accetta di pagare P per ottenere V deve anche essere disposta a ricevere P per pagare V nel caso l'evento si verifichi.

Il valore della probabilità, utilizzando la concezione soggettiva, varia da individuo a individuo, ma in ogni caso esso è compreso fra 0 e 1, in quanto si suppone che la somma che si è disposti a pagare sia minore o uguale a quella della vincita.

▶ Un tifoso è disposto a scommettere 10 euro per riceverne 25 sulla vittoria della sua squadra di pallavolo nella prossima partita.
a. Quale probabilità attribuisce il tifoso alla vittoria della squadra?
b. Quanto ha pagato il tifoso, in caso di vittoria della squadra, se riceve una somma di 40 euro?
c. Quale somma dovebbe essere disposto a pagare per poter ricevere 30 euro in caso di sconfitta della squadra?

☐ **Animazione**

ESEMPIO

A una corsa di cavalli una persona è disposta a pagare 90 euro per ricevere 120 euro in caso di vittoria di un determinato cavallo.

Calcoliamo la probabilità di vittoria che attribuisce al cavallo:

$$p(E) = \frac{90}{120} = \frac{3}{4}.$$

Per la condizione di coerenza, deve essere disposto, scambiando i ruoli, a ricevere 90 euro e pagare 120 euro in caso di vittoria del cavallo.
Si dice anche che la vittoria del cavallo è pagata 4 a 3.

In conclusione, la valutazione *soggettiva della probabilità* porta a considerare il calcolo delle probabilità come una scommessa.

6 Impostazione assiomatica della probabilità

▶ Esercizi a p. α30

Abbiamo visto che le definizioni di probabilità date finora (classica, statistica e soggettiva) sono legate al tipo di esperimento considerato e al metodo che vogliamo utilizzare per il calcolo.

L'impostazione assiomatica nasce con lo scopo di superare questi aspetti particolari, per giungere a una formulazione rigorosa, utilizzando la teoria degli insiemi. Basandosi su di essa vengono fornite le definizioni fondamentali di *spazio campionario, evento, evento elementare, spazio degli eventi, evento contrario, evento unione* ed *evento intersezione* che abbiamo già esaminato, oltre a definire l'*evento impossibile* come quello corrispondente all'insieme vuoto e l'*evento certo* come quello relativo all'insieme U dello spazio campionario.

Avendo fissato tutti questi elementi, viene data la seguente definizione assiomatica di probabilità.

 Listen to it

The probability *p* of an event *E* can be defined by the following **axioms**:
1. $p(E)$ is a non-negative number;
2. if *U* is the **certain event**, then $p(U)$ is equal to 1;
3. if the intersection of two events is empty, then the probability of their union is equal to the sum of their probabilities.

DEFINIZIONE

Definizione assiomatica di probabilità
Dato uno spazio campionario *U*, una funzione *p* che associa a ogni evento *E* dello spazio degli eventi un numero reale viene detta probabilità se soddisfa i seguenti assiomi:
1. $p(E) \geq 0$;
2. $p(U) = 1$;
3. se $E_1 \cap E_2 = \emptyset$, allora $p(E_1 \cup E_2) = p(E_1) + p(E_2)$.

L'impostazione assiomatica non fornisce alcun procedimento per determinare la probabilità di un evento, ma i valori che vengono assegnati agli eventi devono rispettare gli assiomi.

Paragrafo 6. Impostazione assiomatica della probabilità

ESEMPIO

L'insieme U è costituito da tre eventi elementari A, B, C, i quali hanno le seguenti probabilità:

$$p(A) = \frac{3}{8}, \qquad p(B) = \frac{2}{5}, \qquad p(C) = \frac{9}{40}.$$

Tali valori soddisfano gli assiomi della probabilità. In particolare, essendo:

$A \cup B \cup C = U$ e $A \cap B = A \cap C = B \cap C = \emptyset$,

$$p(A) + p(B) + p(C) = \frac{3}{8} + \frac{2}{5} + \frac{9}{40} = 1 = p(U).$$

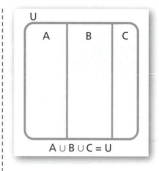

Dalla definizione assiomatica si deducono le seguenti *proprietà*.

a. $p(\emptyset) = 0$;
b. $0 \leq p(E) \leq 1$;
c. $p(\overline{E}) = 1 - p(E)$;
d. se gli eventi $E_1, E_2, \ldots, E_n$ sono una partizione di U, allora
$$p(E_1) + p(E_2) + \ldots + p(E_n) = 1.$$
e. $p(E_2 - E_1) = p(E_2) - p(E_1 \cap E_2)$; in particolare, se $E_1 \subseteq E_2$, allora
$$p(E_2 - E_1) = p(E_2) - p(E_1).$$

ESEMPIO

Da un'indagine è risultato che, preso come campione un certo numero di italiani, la probabilità che essi trascorrano le prossime vacanze al mare è del 45%, in montagna è del 27%, sia al mare che in montagna è del 5%. Calcoliamo la probabilità che gli italiani:

a. vadano solo al mare;
b. non vadano in montagna;
c. non vadano al mare né in montagna.

Consideriamo gli eventi: A = «andare al mare»; B = «andare in montagna». Conosciamo le probabilità:

$$p(A) = \frac{45}{100} = 0{,}45; \quad p(B) = \frac{27}{100} = 0{,}27; \quad p(A \cap B) = \frac{5}{100} = 0{,}05.$$

▶ Una macedonia è composta per il 60% da mele, per il 10% da kiwi, per un altro 10% da ananas, per il 5% da lamponi e per il resto da fragole. Prendendo un pezzo di frutta a caso, calcola la probabilità di:

a. prendere un pezzo di fragola;
b. prendere un pezzo di mela o kiwi;
c. non prendere né un lampone né un pezzo di fragola.

 Animazione

a. L'evento considerato è $A - B$:
$$p(A - B) = p(A) - p(A \cap B) = 0{,}45 - 0{,}05 = 0{,}40 = 40\%.$$

b. L'evento considerato è $\overline{B}$:
$$p(\overline{B}) = 1 - p(B) = 1 - 0{,}27 = 0{,}73 = 73\%.$$

c. L'evento considerato è $\overline{A \cup B}$, per cui, dato che $A \cup B = (A - B) \cup B$:
$$p(\overline{A \cup B}) = 1 - [p(A - B) + p(B)] = 1 - [0{,}40 + 0{,}27] = 0{,}33 = 33\%.$$

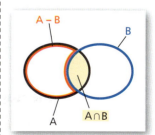

IN SINTESI
Probabilità

■ Eventi

- **Esperimento aleatorio**: fenomeno di cui non riusciamo a prevedere il risultato con certezza.
- **Universo** o **spazio campionario**: l'insieme di tutti i possibili risultati di un esperimento aleatorio.
- **Evento**: sottoinsieme dello spazio campionario.
- **Evento elementare**: evento formato da un singolo risultato dell'esperimento.
- **Spazio degli eventi**: l'insieme di tutti i possibili eventi.
- L'**evento contrario** $\overline{E}$ di un evento E si verifica se e solo se non si verifica E.

■ Concezione classica della probabilità

Probabilità di un evento E: $\quad p(E) = \dfrac{f}{u}$.

- f ← numero dei casi favorevoli
- u ← numero dei casi possibili

■ Probabilità di eventi complessi

- Due eventi E_1 ed E_2 sono **incompatibili** se $E_1 \cap E_2 = \varnothing$ e sono **compatibili** se $E_1 \cap E_2 \neq \varnothing$.
- $p(E_1 \cup E_2) = p(E_1) + p(E_2) - p(E_1 \cap E_2)$. Se gli eventi sono incompatibili: $p(E_1 \cup E_2) = p(E_1) + p(E_2)$.
- La **probabilità condizionata di un evento E_1 rispetto a un evento E_2**, non impossibile, è la probabilità di verificarsi di E_1 nell'ipotesi che E_2 si sia già verificato e si indica con $\boldsymbol{p(E_1 \mid E_2)}$.
  Gli eventi si dicono **indipendenti** se $p(E_1 \mid E_2) = p(E_1)$.
- Vale il teorema: $p(E_1 \mid E_2) = \dfrac{p(E_1 \cap E_2)}{p(E_2)}$, con $p(E_2) \neq 0$.
- $p(E_1 \cap E_2) = p(E_1) \cdot p(E_2 \mid E_1)$. Se E_1 ed E_2 sono eventi indipendenti: $p(E_1 \cap E_2) = p(E_1) \cdot p(E_2)$.
- **Schema delle prove ripetute (o di Bernoulli)**: se p è la probabilità che un evento si verifichi e $q = 1 - p$ la probabilità che non si verifichi, la probabilità che in n ripetizioni dell'esperimento l'evento si verifichi k volte è $p_{(k,n)} = \binom{n}{k} p^k q^{n-k}$.

■ Concezione statistica della probabilità

- **Frequenza relativa** di un evento: $\quad f(E) = \dfrac{m}{n}$.
  - m ← numero di prove che verificano E
  - n ← numero di prove effettuate nelle stesse condizioni

- La **probabilità statistica** di un evento E è uguale alla frequenza relativa, se il numero di prove effettuate è sufficientemente alto.

■ Concezione soggettiva della probabilità

probabilità soggettiva di E $\quad p(E) = \dfrac{P}{V}$

- P ← prezzo che una persona ritiene equo pagare per una scommessa
- V ← somma ricevuta al verificarsi di E

Paragrafo 2. Concezione classica della probabilità

CAPITOLO α1
ESERCIZI

1 Eventi
▶ Teoria a p. α2

1 Stabilisci quali dei seguenti eventi sono elementari e quali composti da più eventi elementari.
Si estrae da un mazzo di 52 carte:

a. una carta di cuori;
b. il due di picche;
c. una figura;
d. la regina di fiori;
e. un cinque;
f. una figura nera.

2 Si lanciano due monete contemporaneamente. Scrivi gli eventi elementari.

3 Un'urna contiene cinque palline con i primi cinque numeri dispari. Si estrae una pallina. Scrivi gli eventi elementari e altri eventi formati da più eventi elementari.

4 FAI UN ESEMPIO di esperimento aleatorio e indica il suo spazio campionario.

5 TEST In un'urna ci sono due palline bianche e una nera. Se ne estrae una. Detti U e $\mathcal{P}(U)$ rispettivamente lo spazio campionario e lo spazio degli eventi, si ha:

A $U = \{b, n\}$, $\mathcal{P}(U) = \{\{b\}, \{n\}, \{b, n\}\}$.
B $U = \{\varnothing, b, n\}$, $\mathcal{P}(U) = \{\varnothing, \{b\}, \{n\}, \{b, n\}\}$.
C $U = \{b, n\}$, $\mathcal{P}(U) = \{\varnothing, \{b\}, \{n\}, \{b, n\}\}$.
D $U = \{b, n\}$, $\mathcal{P}(U) = \{\{b, b\}, \{b\}, \{n\}, \{b, n\}\}$.
E $U = \{b, n, bn\}$, $\mathcal{P}(U) = \{\{b\}, \{n\}, \{b, n\}, \varnothing\}$.

2 Concezione classica della probabilità
▶ Teoria a p. α3

6 Quali dei seguenti numeri non rappresentano la probabilità di un evento?

0; 0,23; 100%; $\frac{7}{6}$; $\frac{1}{100}$; 1,3.

Quale di essi rappresenta la probabilità dell'evento certo e quale quella dell'evento impossibile?

7 Si estrae una carta da un mazzo di 52 carte. Trova il numero dei casi favorevoli ai seguenti eventi.

a. Esce una carta di fiori.
b. Esce un tre.
c. Esce una figura rossa.
d. Esce un asso nero.
e. Esce il re di cuori.

[a) 13; b) 4; c) 6; d) 2; e) 1]

Evento contrario

8 Nel lancio di un dado indica l'evento contrario per ciascuno dei seguenti eventi:

a. esce un numero minore di 3;
b. esce il numero 4.

9 Da un'urna che contiene 5 palline rosse, 7 nere e 8 bianche si estraggono 3 palline. Indica l'evento contrario di ciascuno dei seguenti eventi:

a. **nessuna** pallina è rossa;
b. **tutte** le palline sono nere;
c. **almeno una** pallina è bianca;
d. **una sola** pallina è rossa.

α19

Capitolo α1. Probabilità

10 Nel lancio per tre volte di una moneta indica l'evento contrario di:
  a. non esce mai «croce»;
  b. esce «croce» al più una volta;
  c. esce «testa» almeno una volta.

11 Si estraggono contemporaneamente due palline da un'urna contenente venti palline numerate da 1 a 20. Calcola il numero di casi favorevoli ai seguenti eventi.
  a. Escono due numeri minori di 6.
  b. Escono due numeri pari.
  c. Escono il 3 e un numero maggiore di 15.

[a) 10; b) 45; c) 5]

12 **ESERCIZIO GUIDA** Un'urna contiene dieci palline numerate da 1 a 10. Estraiamo una pallina e calcoliamo la probabilità che questa:
  a. abbia il numero 5;
  b. abbia un numero divisibile per 4;
  c. non abbia un numero divisibile per 4.

Poiché l'urna contiene 10 palline e ne viene estratta una sola, il numero dei casi possibili è 10.
  a. Nell'urna vi è una sola pallina con il numero 5. La probabilità è: $p = \dfrac{1}{10}$.
  b. Nell'urna vi sono due numeri divisibili per 4: {4, 8}. La probabilità è: $p = \dfrac{2}{10} = \dfrac{1}{5}$.
  c. L'evento è quello contrario del punto precedente: $p = 1 - \dfrac{1}{5} = \dfrac{4}{5}$.

13 Si lancia un dado a sei facce. Calcola la probabilità che esca:
  a. il numero 2;
  b. un numero multiplo di 3;
  c. un numero multiplo di 5;
  d. un numero multiplo di 8;
  e. un numero inferiore a 6.

$\left[\text{a) } \dfrac{1}{6}; \text{b) } \dfrac{1}{3}; \text{c) } \dfrac{1}{6}; \text{d) } 0; \text{e) } \dfrac{5}{6} \right]$

14 In un cassetto ci sono 15 magliette: 2 bianche, 5 rosse, 3 azzurre e le restanti di altri colori. Se si sceglie a caso una maglietta, calcola la probabilità che:
  a. non sia bianca;
  b. sia rossa o azzurra.

$\left[\text{a) } \dfrac{13}{15}; \text{b) } \dfrac{8}{15} \right]$

15 Il sacchetto della tombola contiene 90 numeri. Viene estratto un numero. Calcola la probabilità che esca:
  a. un numero maggiore di 50;
  b. un numero con due cifre uguali;
  c. un numero con due cifre diverse;
  d. un numero multiplo di 4;
  e. un numero primo inferiore a 20.

$\left[\text{a) } \dfrac{4}{9}; \text{b) } \dfrac{4}{45}; \text{c) } \dfrac{73}{90}; \text{d) } \dfrac{11}{45}; \text{e) } \dfrac{4}{45} \right]$

16 Abbiamo un mazzo di 52 carte. Viene estratta una carta. Calcola la probabilità che esca:
  a. una carta di picche;
  b. una figura;
  c. una carta rossa.

$\left[\text{a) } \dfrac{1}{4}; \text{b) } \dfrac{3}{13}; \text{c) } \dfrac{1}{2} \right]$

17 Calcola la probabilità che, nel lancio di un dado, non esca:
  a. il numero 5;
  b. un numero maggiore di 5;
  c. un numero minore di 5.

$\left[\text{a) } \dfrac{5}{6}; \text{b) } \dfrac{5}{6}; \text{c) } \dfrac{1}{3} \right]$

18 Un'urna contiene 4 palline rosse, 3 nere e 13 verdi. Viene estratta una pallina. Calcola la probabilità che:
  a. esca una pallina nera;
  b. esca una pallina rossa;
  c. esca una pallina verde;
  d. non esca una pallina rossa;
  e. esca una pallina gialla.

$\left[\text{a) } \dfrac{3}{20}; \text{b) } \dfrac{1}{5}; \text{c) } \dfrac{13}{20}; \text{d) } \dfrac{4}{5}; \text{e) } 0 \right]$

19 In una scatola di biscotti ce ne sono 10 alla cannella, 8 al cacao, 12 con le mandorle e 4 con le nocciole. Se Giulia è allergica alla frutta a guscio, qual è la probabilità che, scegliendo a caso un biscotto dalla scatola, ne prenda uno a cui non è allergica? $\left[\dfrac{9}{17} \right]$

Paragrafo 2. Concezione classica della probabilità

20 Nella rubrica di un cellulare ci sono 20 nomi; di questi 8 iniziano con la lettera A, 5 con la C, 4 con la M e 3 con la N. Si sceglie un nome a caso a cui mandare un SMS. Calcola la probabilità che:
a. esca un nome che inizia per C;
b. esca un nome che inizia per N;
c. esca un nome che inizia con una vocale;
d. esca un nome che inizia con una consonante.
$$\left[a) \frac{1}{4}; b) \frac{3}{20}; c) \frac{2}{5}; d) \frac{3}{5} \right]$$

21 In una classe di 24 alunni ci sono 14 maschi e 10 femmine. L'insegnante di matematica estrae a sorte un nome per l'interrogazione. Calcola la probabilità che:
a. ciascun alunno ha di essere estratto;
b. l'alunno estratto sia femmina;
c. l'alunno estratto sia maschio;
d. ciascun alunno ha di non essere estratto.
$$\left[a) \frac{1}{24}; b) \frac{5}{12}; c) \frac{7}{12}; d) \frac{23}{24} \right]$$

22 Si estrae una pallina da un'urna che contiene 8 palline bianche, 10 verdi, 12 rosse. Indica gli eventi contrari dei seguenti eventi e determina le relative probabilità.

E_1 = «esce una pallina verde o rossa»

E_2 = «esce una pallina rossa»
$$\left[\frac{4}{15}; \frac{3}{5} \right]$$

23 Anna vuole regalare a Serena un libro di uno scrittore che ha pubblicato 5 romanzi. Anna sa che Serena ne possiede già 2, ma non si ricorda quali. Se Anna sceglie a caso uno dei 5 libri, qual è la probabilità che Serena non lo possieda già?
$$\left[\frac{3}{5} \right]$$

24 **TEST** Abbiamo un dado a 4 facce, recanti i numeri 1, 3, 5, 7, e un dado a 8 facce, recanti i numeri 2, 4, 6, 8, 10, 12, 14, 16 (per ciascun dado tutte le facce hanno la stessa probabilità di uscire). Qual è la probabilità che, lanciandoli contemporaneamente entrambi una sola volta, si ottenga come somma 11?

A $\frac{1}{16}$ C $\frac{1}{4}$ E 1

B $\frac{1}{8}$ D $\frac{1}{2}$

(Giochi di Archimede, 2012)

25 Determina la probabilità che, estraendo una carta da un mazzo di 40 carte, essa sia un tre oppure una carta di spade.
$$\left[\frac{13}{40} \right]$$

26 Calcola la probabilità che lanciando un dado non escano il 5 e il 6.
$$\left[\frac{2}{3} \right]$$

27 Una roulette ha i numeri da 1 a 18 rossi, da 19 a 36 neri e lo 0 verde. Viene fatta girare la ruota e lanciata la pallina. Calcola la probabilità che la pallina si fermi su:
a. un numero pari nero;
b. un numero dispari;
c. un numero primo rosso.
$$\left[a) \frac{9}{37}; b) \frac{18}{37}; c) \frac{7}{37} \right]$$

28 In una scatola ci sono 20 palline di colore bianco o verde. Se la probabilità di estrarre una pallina bianca è 0,6, calcola:
a. il numero di palline bianche;
b. la probabilità di estrarre una pallina verde.
[a) 12; b) 0,4]

29 **LEGGI IL GRAFICO** La professoressa di italiano consegna alla classe una lista di libri che consiglia di leggere durante l'estate. Il diagramma a barre mostra il numero di libri raggruppati in base al loro numero di pagine.

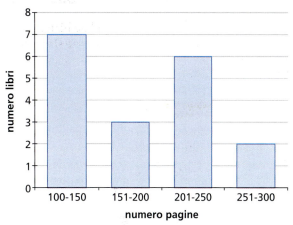

Arianna sceglie a caso uno dei libri dalla lista. Calcola la probabilità che il libro scelto:
a. abbia un numero di pagine compreso tra 201 e 250;
b. abbia meno di 151 pagine;
c. abbia più di 200 pagine.
$$\left[a) \frac{1}{3}; b) \frac{7}{18}; c) \frac{4}{9} \right]$$

Capitolo α1. Probabilità

30 Antonella, Barbara, Carlo e Duilio hanno prenotato quattro posti affiancati per lo spettacolo di stasera a teatro. Rappresenta, con un diagramma ad albero, tutti i diversi modi in cui i quattro amici possono disporsi sulle quattro poltrone. Se si dispongono a caso, calcola la probabilità che:

a. Barbara sia seduta tra Antonella e Carlo;

b. Barbara e Duilio siano seduti vicini;

c. i due ragazzi non siano vicini.

$$\left[a) \frac{1}{6}; b) \frac{1}{2}; c) \frac{1}{2}\right]$$

31 **REALTÀ E MODELLI** **Soddisfazione per il lavoro** La tabella seguente, tratta dal rapporto Istat «Aspetti della vita quotidiana», riporta il grado di soddisfazione per il lavoro nella popolazione italiana occupata di età compresa tra i 25 e i 44 anni (i valori sono in migliaia).

Titolo di studio \ Soddisfazione per il lavoro	Molta	Sufficiente	Poca	Nessuna
Nessun titolo di studio o licenza di scuola elementare	22	115	40	7
Licenza di scuola media	334	1434	544	99
Diploma di scuola superiore	766	3079	774	161
Laurea	473	1573	438	91

Scelto a caso un lavoratore in questa fascia di età, determina con quale probabilità:

a. ha un diploma di scuola superiore e non è laureato;

b. è molto soddisfatto del lavoro che svolge;

c. è un laureato per nulla soddisfatto della propria occupazione.

[a) 48,04%; b) 16,03%; c) 0,91%]

Probabilità e calcolo combinatorio

32 **TEST** Un'urna contiene 5 palline bianche e 3 nere non distinguibili al tatto. La probabilità che, estraendo contemporaneamente 3 palline, esse siano una bianca e due nere è:

A $\frac{15}{32}$. B $\frac{15}{28}$. C $\frac{15}{56}$. D $\frac{17}{32}$. E $\frac{5}{56}$.

33 **ESERCIZIO GUIDA** Un'urna contiene dieci palline numerate da 1 a 10. Calcoliamo la probabilità che:

a. estraendo *consecutivamente* 2 palline, *rimettendo* ogni volta la pallina estratta nell'urna, si abbiano due numeri primi (evento E);

b. estraendo *consecutivamente* 3 palline, *non rimettendo* ogni volta la pallina estratta nell'urna, si abbiano due numeri primi e un numero non primo (evento F);

c. estraendo *contemporaneamente* 3 palline, esse siano 2 palline con un numero inferiore a 5 e una con un numero maggiore o uguale a 5 (evento H).

a. I casi possibili sono tutti i modi in cui possono presentarsi due dei dieci numeri, anche ripetuti, in quanto dopo ogni estrazione la pallina viene rimessa nell'urna e quindi può essere estratta di nuovo. Pertanto si ha: $D'_{10,2} = 10^2 = 100$.

I casi favorevoli sono tutti i modi in cui possono presentarsi, anche con ripetizione, due dei quattro numeri primi $\{2, 3, 5, 7\}$. Pertanto $D'_{4,2} = 4^2 = 16$.

$p(E) = \frac{16}{100} = \frac{4}{25}$.

b. I casi possibili sono tutti i modi in cui possono presentarsi tre dei dieci numeri, ma ogni numero può presentarsi una sola volta in quanto non viene rimesso nell'urna. Pertanto $D_{10,3} = 10 \cdot 9 \cdot 8 = 720$.
I casi favorevoli sono tutti i gruppi formati da due numeri primi e un numero non primo e occorre tenere conto di tutti i possibili modi in cui si possono presentare. Perciò $D_{4,2} \cdot D_{6,1} \cdot P_3^{(2)} = (4 \cdot 3) \cdot 6 \cdot 3 = 216$.

$$p(F) = \frac{216}{720} = \frac{3}{10}$$

c. I casi possibili sono tutti i modi in cui si possono estrarre tre palline, e, essendo l'estrazione contemporanea, non ha alcuna rilevanza l'ordine dell'estrazione. Pertanto:

$$\binom{10}{3} = \frac{10 \cdot 9 \cdot 8}{3!} = 120.$$

I casi favorevoli sono tutti i gruppi formati da due delle quattro palline aventi un numero inferiore a 5 e da una con un valore maggiore. Pertanto:

$$\binom{4}{2} \cdot 6 = \frac{4 \cdot 3}{2!} \cdot 6 = 36;$$

$$p(H) = \frac{36}{120} = \frac{3}{10}.$$

34 In una scatola di cioccolatini ne sono rimasti 4 al latte, 10 fondenti e 2 al liquore. Si prendono consecutivamente due cioccolatini a caso. Calcola la probabilità che:
a. siano entrambi fondenti;
b. non siano al liquore;
c. siano entrambi al latte.

$$\left[a) \frac{3}{8} ; b) \frac{91}{120} ; c) \frac{1}{20} \right]$$

35 Un'urna contiene cinque palline numerate da 1 a 5. Si estraggono consecutivamente due palline, rimettendo la prima pallina estratta nell'urna. Calcola la probabilità che:
a. escano due 5;
b. escano due numeri pari;
c. esca prima un numero pari e poi uno dispari;
d. escano un numero pari e uno dispari.

$$\left[a) \frac{1}{25} ; b) \frac{4}{25} ; c) \frac{6}{25} ; d) \frac{12}{25} \right]$$

36 In un gruppo di 5 amici ci sono 2 maschi e 3 femmine. Per farsi una foto di gruppo, si dispongono casualmente uno di fianco all'altro, su un'unica fila. Qual è la probabilità che i due ragazzi siano alle estremità della fila? $\left[\frac{1}{10} \right]$

37 Si gettano contemporaneamente due dadi. Calcola la probabilità che le due facce:
a. siano due numeri uguali;
b. siano due numeri dispari;
c. siano due numeri primi;
d. siano un numero pari e l'altro dispari.

$$\left[a) \frac{1}{6} ; b) \frac{1}{4} ; c) \frac{1}{4} ; d) \frac{1}{2} \right]$$

38 Giacomo prenota un viaggio in treno in uno scompartimento a sei posti, dei quali due sono vicini al finestrino. Sapendo che tre posti sono già occupati, qual è la probabilità che sia libero un posto vicino al finestrino? $\left[\frac{4}{5} \right]$

39 Un'urna U_1 contiene 25 palline bianche e 15 palline rosse, mentre un'urna U_2 ne contiene 20 bianche e 20 rosse.
È più facile che estraendo tre palline contemporaneamente da U_1 siano tutte bianche o che estraendone due da U_2 siano tutte e due rosse?

[entrambe rosse da U_2]

40 Calcola la probabilità di fare 14 al totocalcio giocando una colonna. [0,00000020908]

41 Una folata di vento ha sparso a terra dieci fogli degli appunti di Carlotta; raccogliendoli come capita, qual è la probabilità che siano in ordine?

$$\left[\frac{1}{3628800} \right]$$

42 Una scatola contiene 12 palline bianche, 13 rosse, 5 verdi.
Si estraggono contemporaneamente due palline. Calcola la probabilità che siano:
a. entrambe rosse; **c.** una sola bianca;
b. almeno una bianca; **d.** nessuna verde.

$$\left[a) \frac{26}{145} ; b) \frac{94}{145} ; c) \frac{72}{145} ; d) \frac{20}{29} \right]$$

Capitolo α1. Probabilità

43 Lanciando 4 dadi, calcola la probabilità che:
a. abbiano tutte le facce uguali;
b. abbiano 4 facce con il numero 2.
$$\left[a)\ \frac{1}{216};\ b)\ \frac{1}{1296} \right]$$

44 Si lancia consecutivamente un dado due volte. Calcola la probabilità che le due facce:
a. abbiano la somma dei punteggi uguale a 9;
b. abbiano la somma dei punteggi maggiore di 9;
c. abbiano due numeri che siano divisori di 6.
$$\left[a)\ \frac{1}{9};\ b)\ \frac{1}{6};\ c)\ \frac{4}{9} \right]$$

45 Giovanni ha 12 libri di scuola. Una mattina si sveglia tardi e, nella fretta, prende i primi 3 libri che gli capitano sotto mano. Qual è la probabilità che tra questi ci sia il libro di matematica? $\left[\frac{1}{4} \right]$

46 **REALTÀ E MODELLI** **Gare d'istituto** In una scuola 120 alunni partecipano alla «giornata dell'arte», preparando lavori di vari generi artistici.
a. Calcola la probabilità che i primi tre classificati siano tutti alunni della 4ª C, che partecipa con 20 ragazzi.
b. Se la probabilità che uno dei tre classificati sia della 4ª C e gli altri due della 4ª A è $\frac{9}{826}$, quanti sono gli alunni della 4ª A che partecipano al concorso?
$$\left[a)\ \frac{57}{14\,042};\ b)\ 18 \right]$$

47 Nel laboratorio di scienze ci sono 25 microscopi, di cui 2 difettosi. Ognuno dei 21 studenti della 4ª A sceglie un microscopio. Qual è la probabilità che nessuno scelga un microscopio difettoso? $\left[\frac{1}{50} \right]$

48 **REALTÀ E MODELLI** **Giochiamo al lotto** Carlo si trova in una ricevitoria del lotto. Può decidere di giocare:
a. un terno secco sulla ruota di Bari (cioè gioca 3 numeri e vince se sono 3 dei 5 numeri estratti su quella ruota);
b. il numero 8 sulla ruota di Bari come primo estratto;
c. il numero 8 e il numero 10 sulla ruota di Bari scommettendo che almeno uno tra l'8 e il 10 sia tra i 5 numeri estratti.

Indipendentemente dalla cifra che vincerà, Carlo vuole scegliere il gioco che gli dà maggiore probabilità di vittoria. Come deve giocare? Motiva la risposta. [gioca i numeri 8 e 10]

49 Un'urna contiene nove palline numerate da 1 a 9. Si estraggono consecutivamente due palline, senza rimettere la prima pallina estratta nell'urna. Calcola la probabilità che:
a. prima esca una pallina con un numero pari e poi una con un numero dispari;
b. le palline abbiano un numero pari e un numero dispari;
c. entrambe le palline abbiano un numero dispari.
$$\left[a)\ \frac{5}{18};\ b)\ \frac{5}{9};\ c)\ \frac{5}{18} \right]$$

50 Nelle stesse ipotesi dell'esercizio precedente, calcola la probabilità che:
a. entrambe le palline abbiano un numero primo;
b. entrambe le palline abbiano un numero non primo;
c. una pallina abbia un numero primo e l'altra un numero non primo.
$$\left[a)\ \frac{1}{6};\ b)\ \frac{5}{18};\ c)\ \frac{5}{9} \right]$$

51 **YOU & MATHS** An ordinary pack of 52 playing cards consists of 13 clubs, 13 diamonds, 13 hearts and 13 spades. The pack is shuffled and a card is drawn up and returned to the pack. This procedure is repeated twice. Find the probability that the three cards drawn up are:
a. all hearts;
b. two clubs and a spade (in any order);
c. of three different suits.

(UK *University of Essex*, First Year Examination)

52 Voglio prenotare due posti nella decima fila del cinema. Se la fila ha 20 posti numerati dall'81 al 100, calcola la probabilità che:
a. i due posti si trovino tra il numero 91 e il numero 100;
b. i due posti siano vicini. $\left[a)\ \frac{9}{38};\ b)\ \frac{1}{10} \right]$

53 Un'urna contiene 13 palline numerate da 1 a 13. Si estraggono contemporaneamente due palline. Calcola la probabilità che:
a. escano due numeri pari;
b. escano due numeri maggiori di 9;
c. escano un numero pari e uno dispari;
d. escano il numero 5 e uno qualunque degli altri numeri.
$$\left[a)\ \frac{5}{26};\ b)\ \frac{1}{13};\ c)\ \frac{7}{13};\ d)\ \frac{2}{13} \right]$$

3 Probabilità di eventi complessi

▶ Teoria a p. α6

Indica fra i seguenti eventi quali sono compatibili e quali incompatibili.

54 Nell'estrazione di un numero del lotto esce un numero:
   a. E_1 = «divisibile per 8», E_2 = «dispari»;
   b. E_1 = «minore di 20», E_2 = «multiplo di 12».

55 Nell'estrazione di una carta da un mazzo di 40 esce:
   a. E_1 = «un asso», E_2 = «una figura»;
   b. E_1 = «una carta di spade», E_2 = «un re».

Indica se i seguenti eventi sono dipendenti o indipendenti.

56 In due lanci di una moneta:
   E_1 = «esce "croce" al primo lancio», E_2 = «esce "croce" al secondo lancio».

57 In due lanci di un dado:
   E_1 = «esce un numero pari al primo lancio», E_2 = «esce il numero 2 al secondo lancio».

58 **ESERCIZIO GUIDA** Un'urna contiene 15 gettoni numerati da 1 a 15: quelli dal numero 1 al numero 8 sono neri, gli altri verdi. Calcoliamo le probabilità che estraendo:

a. un gettone, esso sia nero o rechi contrassegnato un numero multiplo di 3;
b. un gettone, esso sia verde, sapendo che è uscito un numero minore di 13;
c. consecutivamente tre gettoni, rimettendo quello estratto nell'urna, essi siano due neri e uno verde;
d. consecutivamente tre gettoni, senza rimettere quello estratto nell'urna, essi siano due neri e uno verde;
e. consecutivamente, nelle stesse condizioni, per 4 volte un gettone, esso sia verde tre o quattro volte.

a. L'evento «viene estratto un gettone nero o che reca contrassegnato un numero multiplo di 3» è somma logica di due eventi tra loro compatibili, in quanto i numeri 3 e 6 sono neri e multipli di 3. L'intersezione è dunque non vuota, e pertanto abbiamo:

$$p(E_1 \cup E_2) = p(E_1) + p(E_2) - p(E_1 \cap E_2) = \frac{8}{15} + \frac{5}{15} - \frac{2}{15} = \frac{11}{15}.$$

b. Dobbiamo calcolare una probabilità condizionata. In particolare, chiamando E_1 = «esce un gettone verde» ed E_2 = «esce un gettone contrassegnato con un numero minore di 13», abbiamo:

$$p(E_1 | E_2) = \frac{p(E_1 \cap E_2)}{p(E_2)}.$$

I numeri verdi minori di 13 possono essere solo quattro (9, 10, 11, 12), quindi $p(E_1 \cap E_2) = \frac{4}{15}$.

Segue che $p(E_1 | E_2) = \dfrac{\frac{4}{15}}{\frac{12}{15}} = \dfrac{4}{12} = \dfrac{1}{3}$.

c. I tre eventi E_1 = «esce un gettone nero», E_2 = «esce un gettone nero», E_3 = «esce un gettone verde» sono tra loro indipendenti perché dopo ogni estrazione il gettone è rimesso nell'urna e quindi le probabilità di uscita sono invariate. L'evento composto dalla sequenza di tre estrazioni è il prodotto logico dei tre eventi, dove ogni gruppo {nero, nero, verde} si può presentare in 3 modi diversi perché non è specificato l'ordine in cui gli eventi devono accadere. Abbiamo quindi:

$$p(E_1 \cap E_2 \cap E_3) = p(E_1) \cdot p(E_2) \cdot p(E_3) \cdot P_3^{(2,1)} = \frac{8}{15} \cdot \frac{8}{15} \cdot \frac{7}{15} \cdot 3 = \frac{1344}{3375} = \frac{448}{1125}.$$

d. Come nel caso precedente, ma gli eventi sono dipendenti:

$$p(E_1 \cap E_2 \cap E_3) = \frac{8}{15} \cdot \frac{7}{14} \cdot \frac{7}{13} \cdot 3 = \frac{1176}{2730} = \frac{28}{65}.$$

e. Sono prove ripetute dell'evento «esce un gettone verde», che ha probabilità $p = \frac{7}{15}$; nel nostro caso abbiamo lo schema applicato a due possibilità incompatibili:

$$p_{(3,1)} + p_{(4,4)} = \binom{4}{3} \cdot \left(\frac{7}{15}\right)^3 \cdot \left(\frac{8}{15}\right)^1 + \binom{4}{4} \cdot \left(\frac{7}{15}\right)^4 = \frac{13\,377}{50\,625}.$$

59 Calcola la probabilità che lanciando un dado esca un numero minore di 5 o dispari. $\left[\frac{5}{6}\right]$

60 Un'urna contiene 20 palline numerate da 1 a 20. Calcola la probabilità che, estraendo una pallina, esca un numero:
a. pari;
b. multiplo di 8 o maggiore di 17;
c. dispari o minore di 7.
$\left[\text{a)}\ \frac{1}{2};\ \text{b)}\ \frac{1}{4};\ \text{c)}\ \frac{13}{20}\right]$

61 Calcola la probabilità che lanciando contemporaneamente due dadi regolari escano due facce pari, sapendo che sono uscite due facce uguali. $\left[\frac{1}{2}\right]$

62 Si estrae un numero da un sacchetto contenente i 90 numeri del lotto. Calcola la probabilità che esca un numero divisibile per 5, sapendo che è uscito un numero divisibile per 3. $\left[\frac{1}{5}\right]$

63 **REALTÀ E MODELLI** **I più bravi della scuola** Alla fine dell'anno scolastico, in una scuola di 648 studenti, 1 su 6 ha ottenuto una media superiore all'8 e 1 su 9 ha 10 in almeno una materia, mentre solo 12 studenti hanno raggiunto entrambi i risultati. Scegliendo a caso uno studente, qual è la probabilità che abbia la media maggiore di 8 oppure 10 in qualche materia? $\left[\frac{7}{27}\right]$

64 Antonio pesca tre carte da un mazzo di 40. Qual è la probabilità che abbia in mano tre re? $\left[\frac{1}{2470}\right]$

65 **Vigilia di Natale** Roberta prepara i pacchetti dei regali per quattro suoi amici, ma una volta incartati non riesce più a distinguerli. Se fossero consegnati a caso, qual è la probabilità che ognuno di loro riceva proprio il suo? $\left[\frac{1}{24}\right]$

66 **REALTÀ E MODELLI** **Domenica al parco** La domenica Susanna va al parco solo se non piove e la sua amica Cristina è libera. Per la prossima domenica sono previste piogge con una probabilità del 20%. Cristina va a trovare i suoi nonni una domenica su due, indipendentemente dal tempo. Qual è la probabilità che la prossima domenica Susanna vada al parco? [40%]

67 **TEST** Agata, Nina e Leo decidono che al «Via!» ciascuno di loro dirà (a caso) «Bim», oppure «Bum», oppure «Bam». Qual è la probabilità che dicano tutti e tre la stessa cosa?

A Meno di $\frac{1}{12}$.
B Tra $\frac{1}{12}$ e $\frac{1}{10}$.
C Tra $\frac{1}{10}$ e $\frac{1}{8}$.
D Tra $\frac{1}{8}$ e $\frac{1}{6}$.
E Più di $\frac{1}{6}$.

(*Giochi di Archimede*, 2014)

68 Ogni mattina Gianluca, per andare a scuola, deve prendere l'autobus delle 7.20. Una mattina su 5, Gianluca arriva alla fermata in ritardo, tra le 7.21 e le 7.25. Quando piove (una mattina su 6) l'autobus passa dopo le 7.25, mentre gli altri giorni è puntuale. Qual è la probabilità che Gianluca non perda l'autobus? $\left[\frac{5}{6}\right]$

69 La mensa è aperta dal lunedì al venerdì. Ogni giorno, tra i primi piatti, c'è almeno uno tra spaghetti e ravioli. Se gli spaghetti ci sono 4 giorni alla settimana e i ravioli 3, qual è la probabilità che, in un giorno qualsiasi, ci siano entrambi i piatti? $\left[\frac{2}{5}\right]$

70 Pennarello o pastello? Da ciascuno dei due astucci in figura viene preso un pastello o un pennarello a caso. Calcola la probabilità che

a. entrambi siano pastelli;
b. siano un pennarello dal primo astuccio e un pastello dal secondo;
c. siano entrambi pennarelli, o un pastello e un pennarello.

7 pastelli
6 pennarelli

8 pastelli
8 pennarelli

$$\left[a) \frac{7}{26}; b) \frac{3}{13}; c) \frac{19}{26} \right]$$

71 Tiro al piattello Durante una gara di tiro al piattello, tre concorrenti hanno rispettivamente la probabilità di $\frac{1}{6}$, $\frac{1}{4}$ e $\frac{1}{3}$ di colpire il bersaglio. Ciascuno spara una sola volta. Trova la probabilità che uno e uno soltanto di essi colpisca il piattello. In tal caso qual è la probabilità che sia stato il primo atleta? $\left[\frac{31}{72}; \frac{6}{31} \right]$

---

72 Si effettuano 4 estrazioni con reimmissione da un mazzo di 52 carte.
Calcola la probabilità di estrarre:

a. 4 assi;
b. almeno 2 assi.

$$\left[a) \frac{1}{13^4}; b) \frac{913}{13^4} \right]$$

73 Un'urna contiene 2 palline bianche e 3 nere. Calcola la probabilità che, estraendo per 7 volte consecutive una pallina, rimettendo quella estratta nell'urna, la pallina bianca si presenti:

a. solo la prima volta;
b. una volta;
c. 5 volte;
d. sempre;
e. mai;
f. almeno una volta.

$$\left[a) \frac{2 \cdot 3^6}{5^7}; b) \frac{14 \cdot 3^6}{5^7}; c) \frac{6048}{5^7}; d) \frac{2^7}{5^7}; \right.$$
$$\left. e) \frac{3^7}{5^7}; f) \frac{5^7 - 3^7}{5^7} \right]$$

74 La probabilità che una persona ha di colpire il centro di un bersaglio con una freccetta è del 90%. Calcola la probabilità che in 5 lanci abbia successo:

a. sempre;
b. 4 volte;
c. mai;
d. almeno una volta.

[a) 0,590 49; b) 0,328 05; c) 0,000 01; d) 0,999 99]

75 La probabilità che un neopatentato ha di avere un incidente nel primo anno è del 12%. Determina la probabilità che su 6 neopatentati almeno 5 abbiano un incidente.

[0,000 134]

76 Un'urna contiene 5 palline numerate da 1 a 5. Calcola la probabilità che estraendo consecutivamente due palline, rimettendo la pallina estratta nell'urna:

a. prima esca un numero minore di 3 e poi un numero maggiore di 3;
b. prima esca un numero minore di 4 e poi un numero maggiore di 1.

Ripeti il calcolo nell'ipotesi che la prima pallina estratta non venga rimessa nell'urna.

$$\left[a) \frac{4}{25}; b) \frac{12}{25}; a) \frac{1}{5}; b) \frac{1}{2} \right]$$

77 Germogli Alessia ha tre vasetti di terra, in ognuno dei quali mette due semi di pomodoro. Se ogni seme ha una probabilità di germogliare dell'80%, calcola la probabilità che:

a. nasca almeno una pianta in uno solo dei vasetti;
b. nasca almeno una pianta in tutti e tre i vasetti.

[a) ≃ 0,46%; b) ≃ 88,5%]

Capitolo α1. Probabilità

4 | Concezione statistica della probabilità

▶ Teoria a p. α13

78 Una medaglia commemorativa reca da una parte una effigie e dall'altra un motto. Viene lanciata per 60 volte e la parte con il motto si è presentata 22 volte. Calcola il valore della probabilità dell'evento «uscita della faccia con il motto». $\left[\dfrac{11}{30}\right]$

79 Un dado non è regolare. Vengono effettuati 700 lanci ottenendo i seguenti risultati:
- la faccia 1 si è presentata 104 volte;
- la faccia 2 si è presentata 130 volte;
- la faccia 3 si è presentata 92 volte;
- la faccia 4 si è presentata 148 volte;
- la faccia 5 si è presentata 115 volte;
- la faccia 6 si è presentata 111 volte.

Calcola le probabilità da attribuire all'uscita delle facce. $\left[\dfrac{26}{175}; \dfrac{13}{70}; \dfrac{23}{175}; \dfrac{37}{175}; \dfrac{23}{140}; \dfrac{111}{700}\right]$

80 **FAI UN ESEMPIO** di evento in cui è opportuno utilizzare la concezione statistica di probabilità.

81 **REALTÀ E MODELLI** **Prevedere gli indennizzi** Una compagnia di assicurazioni ha rilevato che su 17 220 polizze di assicurazione contro i furti di auto sono stati richiesti 1230 indennizzi. Calcola la probabilità di furto. Se le polizze diventano 22 400, calcola il numero di richieste di indennizzo che si può prevedere. $\left[\dfrac{1}{14}; 1600\right]$

82 Un'urna contiene 20 palline. Si effettuano 60 estrazioni, rimettendo ogni volta la pallina estratta nell'urna. Per 45 volte è uscita una pallina bianca e per 15 volte una pallina nera. In base alle frequenze ottenute, valuta la composizione dell'urna. [15 bianche e 5 nere]

83 Un'urna contiene 8 palline gialle, 7 rosse e 5 verdi. Si effettuano 400 estrazioni, rimettendo ogni volta la pallina estratta nell'urna. Calcola quante volte in media possono presentarsi la pallina gialla, quella rossa e la verde. [160; 140; 100]

84 **REALTÀ E MODELLI** **Arrivare a 80 anni** Dalla tavola demografica fornita dall'ISTAT per l'anno 2004, risulta che su 100 000 maschi nati vivi, 96 639 hanno raggiunto i 45 anni e 52 680 gli 80 anni. Calcola la probabilità che ha un uomo di 45 anni di raggiungere gli 80 anni e quella di non raggiungerli. [0,545; 0,455]

MATEMATICA E STORIA
Galileo e il lancio di tre dadi Lanciamo tre dadi e sommiamo i punteggi ottenuti, analizzando quanti e quali sono i possibili risultati. Galileo affronta questo problema (*Opere*, t. XIV), e compila la seguente tabella.

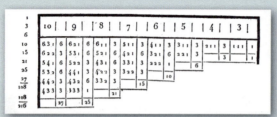

Essa mostra, fra l'altro, «il punto 10 e sotto di esso sei triplicità di numeri con i quali egli si può comporre». Inoltre, dato che la «triplicità 6. 3. 1 è composta di tre numeri diversi», essa dà luogo a «sei scoperte di dadi differenti», come segnala il valore «6» riportato accanto.

a. Considera la «triplicità 6. 3. 1» e, permutando, ricava l'elenco delle altre cinque «scoperte» differenti.
b. Considera le «triplicità» composte «di due numeri uguali e di un altro diverso»: a quante «scoperte di dadi differenti» dà luogo ciascuna di esse? E quelle composte di tre numeri uguali?
c. Quanti sono i casi possibili nel lancio di tre dadi?
d. Quanti sono i casi favorevoli, rispettivamente, ai punteggi 3, 4, 5, 6, 7, 8, 9, 10?

Risoluzione – Esercizio in più

Paragrafo 5. Concezione soggettiva della probabilità

5 | Concezione soggettiva della probabilità

▶ Teoria a p. α15

85 **TEST** Una persona è disposta a scommettere 34 euro per ottenere, in caso di vittoria della squadra di calcio per cui fa il tifo, 50 euro. Ha valutato la probabilità di vittoria:

A $\frac{8}{25}$.   C $\frac{17}{42}$.   E $\frac{25}{42}$.

B $\frac{17}{25}$.   D $\frac{8}{17}$.

86 **ESERCIZIO GUIDA** Prima dell'inizio di una partita di calcio, un tifoso sarebbe disposto a scommettere 14 euro per ricevere 20 euro sulla vittoria della squadra per cui tifa, 2 euro per riceverne 10 in caso di pareggio e infine 0,5 euro per ricevere 5 euro in caso di sconfitta.
Calcoliamo le probabilità che attribuisce ai tre eventi: vittoria, pareggio e sconfitta.

Per la vittoria: $p_1 = \frac{14}{20} = 0{,}7$;   per il pareggio: $p_2 = \frac{2}{10} = 0{,}2$;   per la sconfitta: $p_3 = \frac{0{,}5}{5} = 0{,}1$.

87 **REALTÀ E MODELLI** **Cavalli e scommesse** Irene e Silvia sono alle corse dei cavalli. Vogliono scommettere, ma non è loro abitudine, quindi decidono di essere prudenti e rischiare poco. Irene vuole scommettere 8 euro su Atrix. In caso di vittoria riceverà 12 euro. Silvia vuole scommettere su Festa, la cui vittoria è data 6 contro 10, cioè se Silvia scommette 6 euro e Festa vince, Silvia riceve 10 euro.

a. Tra Irene e Silvia, chi ha attribuito la probabilità di vittoria maggiore al proprio cavallo?

b. Se Silvia decide di scommettere 18 euro, quanto riceverà se Festa vince?

[a) Irene; b) 30 euro]

88 In un certo momento della campagna elettorale negli USA, un sondaggio fra gli elettori aveva rilevato che su 3000 persone 1800 avrebbero votato per il partito democratico. Contemporaneamente, gli scommettitori davano la vittoria del partito democratico 6 a 9 (cioè, scommettendo 6 dollari, se ne sarebbero ricevuti 9 in caso di vittoria). Calcola la probabilità di vittoria secondo il sondaggio e secondo gli scommettitori. $\left[\frac{3}{5}; \frac{2}{3}\right]$

89 A e B fanno una scommessa sull'esito di una partita di calcio. A scommette sulla vittoria e la sua posta è di 5 euro, mentre la posta di B è di 2 euro. Calcola la probabilità che A attribuisce alla vittoria. $\left[\frac{5}{7}\right]$

90 Due tifosi A e B fanno una scommessa di 10 euro sull'esito di una partita di basket. B scommette sulla vittoria e la sua posta è di 7 euro, mentre A scommette sulla sconfitta e la sua posta è di 3 euro. Calcola la probabilità che B attribuisce alla sconfitta. $\left[\frac{3}{10}\right]$

91 **REALTÀ E MODELLI** **Qualifica a Monza** Dopo le prove di qualifica dei piloti di F1 per il GP di Monza, un tifoso scommette 15 euro per riceverne 25 in caso di vincita al GP del team per il quale tifa, 3 euro per riceverne 10 in caso che si classifichi al secondo posto e infine 0,6 euro per riceverne 6 in caso che non si verifichino i due eventi precedenti.
Calcola la probabilità dei tre eventi. $\left[\frac{3}{5}; \frac{3}{10}; \frac{1}{10}\right]$

Capitolo α1. Probabilità

6 Impostazione assiomatica della probabilità
▶ Teoria a p. α16

92 **VERO O FALSO?**

a. La probabilità è una particolare funzione che associa a ogni evento E dello spazio degli eventi un solo numero reale. V F

b. Un evento E si indica con un qualunque sottoinsieme di $\mathscr{P}(U)$. V F

c. L'evento certo si rappresenta con l'insieme vuoto. V F

d. L'evento impossibile si rappresenta con l'insieme universo U. V F

93 **ASSOCIA** Considera i seguenti eventi elementari relativi al lancio di un dado:

E_1 = «esce il numero 1»,

…,

E_6 = «esce il numero 6».

Associa a ogni evento la sua descrizione.

a. $\overline{E_6}$
b. $E_3 \cup E_4 \cup E_5 \cup E_6$
c. $E_3 \cup E_6$
d. $E_2 \cup E_4 \cup E_6$

1. Esce un numero pari.
2. Esce un numero maggiore di 2.
3. Esce un numero diverso da 6.
4. Esce un multiplo di 3.

94 In un portapenne ci sono una penna blu (b), una rossa (r) e una nera (n), una matita (m), un evidenziatore (e) e un pennarello (p). Si prende un oggetto a caso. Il diagramma a fianco rappresenta lo spazio campionario e alcuni eventi. Descrivi gli eventi corrispondenti agli insiemi indicati.

E $\overline{G}$ $\overline{E} \cap \overline{G}$ $E \cup G$

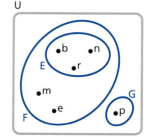

95 **COMPLETA** Scegliamo una parola a caso da un dizionario. Considera gli eventi:

E_1 = «la parola inizia con una vocale»;

E_2 = «la parola inizia con la lettera A»;

E_3 = «la parola ha più di 4 lettere».

Completa utilizzando i simboli ∪ e ∩.

$E_2 \;\square\; E_3$ = «la parola inizia con la A e ha più di 4 lettere».

$E_1 \;\square\; \overline{E_2}$ = «la parola inizia con una vocale diversa da A».

$\overline{E_1} \;\square\; E_3$ = «la parola inizia con una consonante oppure ha più di 4 lettere».

96 Un'urna contiene 8 palline numerate da 1 a 8. Lo spazio campionario U associato all'estrazione di una pallina è $U = \{1, 2, 3, 4, 5, 6, 7, 8\}$. Rappresenta con un diagramma di Venn gli eventi:

E_1 = «si estrae un numero pari»;

E_2 = «si estrae un multiplo di 3»;

E_3 = «si estrae un numero minore di 5».

Paragrafo 6. Impostazione assiomatica della probabilità

97 **TEST** L'insieme degli esiti U di un esperimento è costituito da quattro eventi A, B, C, D, cioè

$$A \cup B \cup C \cup D = U$$

e gli eventi sono disgiunti. Se $p(A) = p(C) = \frac{1}{5}$ e $p(B) = \frac{3}{10}$, allora

A $p(D) = \frac{2}{5}$. **C** $p(D) = \frac{3}{10}$. **E** Non si può calcolare $p(D)$.

B $p(D) = \frac{1}{10}$. **D** $p(D) = \frac{1}{2}$.

98 **VERO O FALSO?**

a. La probabilità di un evento è sempre minore di 1. V F
b. Se la probabilità di un evento è $\frac{1}{4}$, la probabilità dell'evento contrario è $\frac{3}{4}$. V F
c. Se si è verificato l'evento E_1, allora si è verificato anche l'evento $E_1 \cup E_2$. V F
d. La probabilità dell'evento certo è 1. V F

99 In un esperimento aleatorio, l'insieme universo è costituito dagli eventi elementari A, B, C, D, E. Calcola:

a. $p(E)$, se $p(A) = \frac{2}{7}$, $p(B) = p(D) = \frac{1}{5}$, $p(C) = \frac{1}{7}$;

b. $p(B)$, se $p(A) = p(E) = \frac{1}{3}$, $p(C) = p(D) = \frac{1}{4}$.

$\left[\text{a)}\ \frac{6}{35}\ ;\ \text{b) situazione impossibile}\right]$

100 **RIFLETTI SULLA TEORIA**

a. Qual è l'evento contrario dell'evento impossibile?
b. Utilizzando gli assiomi della probabilità, verifica la proprietà $p(\varnothing) = 0$.

101 Una moneta viene truccata in modo tale che la probabilità che si presenti croce sia un terzo di quella che si presenti testa. Determina il valore delle due probabilità.

$\left[\frac{1}{4}\ ;\ \frac{3}{4}\right]$

102 Tre persone A, B e C partecipano a un gioco nel quale uno dei tre giocatori deve vincere. La probabilità di vincita di A è doppia di quella di B e la probabilità di perdere di B è i $\frac{5}{6}$ della probabilità di perdere di C. Determina le probabilità di vincita dei tre giocatori.

$\left[\frac{4}{7}\ ;\ \frac{2}{7}\ ;\ \frac{1}{7}\right]$

103 **REALTÀ E MODELLI** **Libri, fotografie, fumetti** Dall'inventario dei volumi di una piccola libreria risulta che il 15% è costituito da libri per bambini, il 7% da fumetti, il 20% da libri fantasy, il 30% da romanzi di fantascienza e il resto da libri di fotografia. Un cliente entra nella libreria e acquista un libro.

a. Qual è la probabilità che abbia acquistato un libro di fotografia?
b. Qual è la probabilità che non abbia acquistato né un fumetto né un libro per bambini?

[a) 0,28; b) 0,78]

Riepilogo: Probabilità

104 Da un mazzo di 52 carte se ne estrae una. Calcola la probabilità che sia:
a. un due;
b. un due nero;
c. il due di cuori.
$$\left[a) \frac{1}{13}; b) \frac{1}{26}; c) \frac{1}{52}\right]$$

105 Nel lancio di una moneta per tre volte, calcola la probabilità che:
a. esca «croce» almeno una volta;
b. esca «testa» al più una volta.
$$\left[a) \frac{7}{8}; b) \frac{1}{2}\right]$$

106 Da una scatola che contiene 20 palline, di cui 4 sono nere, 6 rosse e 10 verdi, se ne estraggono contemporaneamente due. Calcola la probabilità che:
a. nessuna pallina sia verde;
b. le palline siano tutte di colore diverso;
c. almeno una pallina sia rossa;
d. al massimo una pallina sia nera.
$$\left[a) \frac{9}{38}; b) \frac{62}{95}; c) \frac{99}{190}; d) \frac{92}{95}\right]$$

107 **TEST** Da un mazzo di 40 carte se ne estrae una, che subito viene reinserita nel mazzo; il mazzo viene mescolato e poi si estrae una nuova carta. Qual è la probabilità che la nuova carta sia la stessa estratta in precedenza?

A $\frac{1}{1600}$ B $\frac{1}{40}$ C $\frac{1}{80}$ D $\frac{1}{20}$ E $\frac{1}{40 \cdot 39}$

(*Giochi di Archimede*, 2012)

108 Un'urna contiene 5 palline numerate da 1 a 5.
a. Determina la probabilità degli eventi elementari, sapendo che la probabilità di estrazione di ogni pallina è proporzionale al numero riportato.
b. Calcola la probabilità dei seguenti eventi:
 A = «estrarre una pallina con un numero primo»;
 B = «estrarre un multiplo di 2»;
 C = «estrarre un numero primo diverso da 2».
$$\left[a) \frac{1}{15}; \frac{2}{15}; \frac{3}{15}; \frac{4}{15}; \frac{5}{15}; b) \frac{3}{5}; \frac{2}{5}; \frac{2}{5}\right]$$

109 Un'urna contiene 4 palline gialle e 6 rosse. Si estraggono contemporaneamente 5 palline. Calcola la probabilità che:
a. due siano gialle e tre rosse;
b. siano tutte rosse;
c. non siano tutte gialle;
d. non siano tutte rosse.
$$\left[a) \frac{10}{21}; b) \frac{1}{42}; c) 1; d) \frac{41}{42}\right]$$

110 Un'urna contiene 10 palline numerate da 1 a 10. Si estraggono contemporaneamente 5 palline. Calcola la probabilità che:
a. due palline abbiano un numero maggiore di 6;
b. le cinque palline abbiano tutte un numero maggiore di 4;
c. quattro palline abbiano un numero minore di 5.
$$\left[a) \frac{10}{21}; b) \frac{1}{42}; c) \frac{1}{42}\right]$$

111 In un negozio di strumenti musicali ci sono 10 chitarre elettriche, 8 bassi, 6 sassofoni. Calcola la probabilità che, scegliendo a caso uno strumento, esso sia:
a. una chitarra elettrica;
b. un sassofono;
c. uno strumento a corde;
d. non un basso.
$$\left[a) \frac{5}{12}; b) \frac{1}{4}; c) \frac{3}{4}; d) \frac{2}{3}\right]$$

Riepilogo: Probabilità

112 **REALTÀ E MODELLI** **Colazione fuori** Nella pasticceria «Frutti di bosco», Javier prepara i biscotti alle mandorle tre giorni alla settimana e le brioche al miele due giorni alla settimana. Solo un giorno alla settimana prepara entrambi i dolci. Una mattina Veronica va a fare colazione alla pasticceria, sperando di trovare i biscotti alle mandorle o le brioche al miele: qual è la probabilità che accada? $\left[\dfrac{4}{7}\right]$

113 12 ragazzi vogliono dividersi in 3 squadre. Mettono in un sacchetto dei bigliettini numerati da 1 a 12, e ciascuno ne estrae uno a caso. I biglietti dall'1 al 4 rappresentano la squadra A, quelli dal 5 all'8 la squadra B, quelli dal 9 al 12 la squadra C. I ragazzi che estrarranno i numeri 1, 5 e 9 diventeranno i capitani delle relative squadre. Qual è la probabilità di capitare nella squadra A o di essere capitano di una delle tre squadre? $\left[\dfrac{1}{2}\right]$

114 In una classe di 25 studenti, i $\dfrac{3}{5}$ sono maggiorenni. I maschi sono 10, di cui 7 maggiorenni. Scegliendo a caso uno studente, qual è la probabilità che sia una ragazza maggiorenne? $\left[\dfrac{8}{25}\right]$

115 **Scala reale** Nel gioco del poker ogni giocatore riceve cinque carte; il punto che vale di più è la scala reale (cinque carte consecutive dello stesso seme in ordine crescente), seguita dal poker (quattro carte uguali). Calcola la probabilità, per il primo giocatore, di ricevere servito da un mazzo di 32 carte (valori dal sette all'asso):

    a. un poker;   **b.** una scala reale. $\left[a)\ \dfrac{1}{899};\ b)\ \dfrac{1}{12586}\right]$

116 Devono essere interrogati 3 studenti, 2 maschi e una femmina. Calcola la probabilità che, scegliendo a caso gli interrogati, la femmina sia interrogata per seconda. $\left[\dfrac{1}{3}\right]$

117 **TEST** In questa stagione accade spesso che quando Luca esce da scuola piova: ciò accade con probabilità uguale a $\dfrac{2}{5}$. Per questo motivo Luca ritiene opportuno prendere con sé un ombrello, ma a volte se ne dimentica; la probabilità che in un singolo giorno Luca dimentichi l'ombrello è $\dfrac{1}{2}$. Qual è la probabilità che per tre giorni consecutivi Luca non si bagni mai, durante il ritorno da scuola?

  A Minore di $\dfrac{1}{6}$.   **C** Compresa tra $\dfrac{1}{3}$ e $\dfrac{1}{2}$.   **E** Maggiore di $\dfrac{5}{6}$.

  B Compresa tra $\dfrac{1}{6}$ e $\dfrac{1}{3}$.   **D** Compresa tra $\dfrac{1}{2}$ e $\dfrac{2}{3}$.

(*Giochi di Archimede*, 2014)

118 Calcola la probabilità che lanciando contemporaneamente due dadi regolari escano due facce dispari o una faccia dispari e una pari. $\left[\dfrac{3}{4}\right]$

119 Calcola la probabilità di ottenere esattamente 5 volte il numero 6 lanciando un dado regolare a sei facce per 15 volte. $[\simeq 0{,}0624]$

120 **YOU & MATHS** There are ten prizes, five A's, three B's, and two C's, placed in identical sealed envelopes for the top ten contestants in a mathematics contest. The prizes are awarded by allowing winners to select an envelope at random from those remaining. When the eighth contestant goes to select a prize, what is the probability that the remaining three prizes are one A, one B, and one C?

(CAN *Canadian Open Mathematics Challenge*)

$\left[\dfrac{1}{4}\right]$

Capitolo α1. Probabilità

VERIFICA DELLE COMPETENZE   ALLENAMENTO

ARGOMENTARE

1 Definisci la probabilità in senso classico, la probabilità statistica e la probabilità soggettiva, soffermandoti sulle differenze e sulle situazioni in cui ciascuna è più utilizzata. Analizza, come esempi, i seguenti eventi.

- Fare ambo al lotto
- Vincere una scommessa sulla vittoria di una squadra
- Vincere una partita a scacchi
- Ottenere 6 nel lancio di un dado

2 Dopo aver richiamato le formule per calcolare la probabilità della somma logica di due eventi nel caso in cui essi siano compatibili e nel caso in cui siano incompatibili, considera gli eventi E_1 = «esce un multiplo di 6», E_2 = «esce 87» ed E_3 = «esce un multiplo di 5» relativi all'estrazione di un numero da 1 a 90. Calcola $p(E_1 \cup E_2)$ e $p(E_1 \cup E_3)$.

3 Spiega che cosa si intende per probabilità condizionata di un evento E_1 rispetto a un evento E_2, soffermandoti sul significato e sul valore di $p(E_1 | E_2)$ nel caso in cui $E_1 = U$, nel caso in cui $E_2 = U$ e nel caso in cui $E_1 \cap E_2 = \emptyset$. Verifica le tue risposte considerando il lancio di due dadi e all'occorrenza gli eventi E_1 = «la somma è 4» ed E_2 = «escono due numeri maggiori di 3».

4 Esponi il concetto di eventi indipendenti e dipendenti e stabilisci, nel modo che ritieni opportuno, le coppie di eventi indipendenti tra A = «esce una figura», B = «esce una carta di picche» e C = «esce una carta rossa minore di 5» nell'estrazione di una carta da un mazzo di 52 carte.

5 Usando le definizioni di eventi incompatibili e di eventi indipendenti, spiega perché due eventi non impossibili non possono essere contemporaneamente incompatibili e indipendenti.

RISOLVERE PROBLEMI. COSTRUIRE E UTILIZZARE MODELLI

6 Un dado non è regolare e le facce 1 e 6 hanno la stessa probabilità di verificarsi, ma doppia di quella di ciascuno degli altri numeri. Calcola la probabilità dei seguenti eventi relativi al lancio del dado:

A = «si presenta una faccia con un numero pari»;

B = «si presenta un numero multiplo di 3»;

C = «si presenta un numero primo».

$$\left[\frac{1}{2}; \frac{3}{8}; \frac{3}{8}\right]$$

7 Da un mazzo di 40 carte si estrae una carta. Sapendo che i possibili esiti sono equiprobabili, calcola la probabilità dei seguenti eventi:

A = «esce una figura»;

B = «esce una figura o un asso»;

C = «esce un asso»;

D = «esce una figura o una carta di coppe»;

E = «esce una carta di bastoni».

$$\left[\frac{3}{10}; \frac{2}{5}; \frac{1}{10}; \frac{19}{40}; \frac{1}{4}\right]$$

8 Si lanciano contemporaneamente due dadi. Calcola la probabilità che i numeri usciti:
- **a.** diano per somma 7 o per prodotto 12;
- **b.** diano per somma 6 o che la loro somma sia divisibile per 2;
- **c.** diano per somma 8 o siano uguali;
- **d.** diano per somma un numero dispari o il loro prodotto sia divisibile per 3.

$$\left[a) \frac{2}{9}; b) \frac{1}{2}; c) \frac{5}{18}; d) \frac{7}{9}\right]$$

9 In un'urna vi sono 5 palline numerate da 1 a 5. Calcola la probabilità che, effettuando 4 estrazioni, rimettendo ogni volta la pallina estratta nell'urna, si alternino numeri minori di 3 e maggiori o uguali a 3.

$$\left[\frac{72}{625}\right]$$

RISOLVIAMO UN PROBLEMA

■ Penne stilografiche

Una cartoleria acquista da un fornitore 100 penne stilografiche e 300 set di cartucce di inchiostro. La cartoleria valuta al 70% la probabilità di vendere tutte le penne stilografiche entro la fine dell'anno e al 75% la probabilità di vendere tutte le cartucce. Valuta inoltre al 90% la probabilità di vendere tutte le cartucce nel caso in cui siano state vendute tutte le penne.

- Gli eventi «vendere tutte le penne stilografiche» e «vendere tutte le cartucce» sono indipendenti?

Determina la probabilità di vendere:
- tutte le stilografiche sapendo di aver venduto tutte le cartucce;
- tutte le stilografiche ma non le cartucce.

▶ **Indichiamo con S l'evento «vendere tutte le penne stilografiche» e con C l'evento «vendere tutte le cartucce».**

Abbiamo $p(C|S) = 0,9 \neq p(C) = 0,75$, quindi gli eventi C e S non sono indipendenti.

▶ **Calcoliamo la probabilità di vendere tutte le stilografiche, sapendo di aver venduto tutte le cartucce.**

La probabilità richiesta è la probabilità condizionata di S rispetto a C: $p(S|C) = \dfrac{p(C \cap S)}{p(C)}$.

Dai dati del problema abbiamo

$$p(C \cap S) = p(C|S) \cdot p(S) = 0,9 \cdot 0,7 = 0,63,$$

quindi:

$$p(S|C) = \dfrac{p(C \cap S)}{p(C)} = \dfrac{0,63}{0,75} = 0,84.$$

La probabilità di vendere tutte le stilografiche, nel caso in cui siano state vendute tutte le cartucce, è dell'84%.

▶ **Calcoliamo la probabilità di vendere tutte le stilografiche ma non le cartucce.**

$$p(S - C) = p(S) - p(S \cap C) = 0,7 - 0,63 = 0,07$$

La probabilità di vendere tutte le penne ma non le cartucce è del 7%.

---

10 Da un'urna contenente 3 palline rosse e 5 nere si estraggono consecutivamente, con reimmissione, tre palline. Considerando gli eventi A = «almeno una pallina uscita è rossa» e B = «almeno due palline uscite sono nere», calcola la probabilità dell'evento A condizionato a B. $\left[\dfrac{9}{14}\right]$

11 Un'urna contiene 6 palline gialle, 4 bianche e 6 verdi. Calcola la probabilità che, estraendo due palline, esse siano di colore diverso, sapendo che almeno una è verde. $\left[\dfrac{4}{5}\right]$

---

12 **TEST** Al porto sono arrivate 5 casse contenenti ciascuna 72 banane e in una di esse vi è un certo numero di banane radioattive. Si sa che scegliendo a caso due delle 5 casse e scegliendo a caso da ciascuna di esse una banana, la probabilità che una delle due banane scelte sia radioattiva è del 5%.
Quante sono le banane radioattive?

A 6   B 9   C 10   D 12   E Nessuna delle precedenti.

(*Giochi di Archimede*, 2013)

Capitolo α1. Probabilità

13 Un grande negozio di abbigliamento per giovani ha venduto negli ultimi tre mesi 1500 capi, di cui 825 paia di jeans, 375 T-shirt e 300 felpe. Calcola la probabilità di vendita di ciascun tipo di capo e fai una previsione sul numero di jeans, T-shirt e felpe che si venderanno se, nei prossimi mesi, si vogliono vendere 1700 capi.

14 A ciascuno il suo! Tre impiegati uscendo dall'ufficio, in un giorno di pioggia, prendono a caso uno dei tre ombrelli depositati nel portaombrelli. Calcola la probabilità che:
a. ognuno prenda il suo ombrello;
b. nessuno prenda il proprio ombrello.

$$\left[a) \frac{1}{6} ; b) \frac{1}{3} \right]$$

15 Non tutte sane Dall'analisi di un campione di un raccolto di noci, si stima che circa il 5% sia marcio. Prendendo due noci a caso, calcola la probabilità che:
a. una sola sia sana;
b. almeno una non sia marcia.

[a) 9,5%; b) 99,75%]

16 Interrogati Una classe è composta da 14 ragazzi e 7 ragazze. Tra gli allievi se ne scelgono a sorte 3 per l'interrogazione. Calcola la probabilità che:
a. siano tutti maschi;
b. siano tutte femmine;
c. i primi due interrogati siano maschi e la terza femmina.

$$\left[a) \frac{26}{95} ; b) \frac{1}{38} ; c) \frac{91}{570} \right]$$

17 Studio pomeridiano Gianni deve studiare inglese, storia e matematica. Estrae una carta da un mazzo di 40 carte. Se esce una figura Gianni inizierà con inglese, se esce un asso con matematica, in tutti gli altri casi con storia. Terminato lo studio della prima materia, Gianni lancia una moneta per decidere quale materia studierà per ultima. Qual è la probabilità di terminare lo studio con inglese?

$$\left[\frac{7}{20} \right]$$

18 Tutto pieno? Un piccolo albergo dispone di dieci camere doppie. La probabilità di trovarne una libera in agosto, senza avere prenotato, è del 20%. Calcola la probabilità che un giorno qualsiasi di agosto:
a. tutte le stanze siano occupate;
b. esattamente due stanze siano libere;
c. ci siano almeno due stanze libere.

[a) 0,107; b) 0,302; c) 0,0625]

19 Rigori Nell'ultimo mese di allenamento un calciatore ha tirato 80 rigori, segnandone 68. Basandoti su questo risultato, calcola la probabilità che con 12 rigori segni esattamente 8 gol. Quanti rigori deve tirare perché la probabilità di fare gol almeno una volta sia superiore al 99%?

[0,068; almeno 3]

20 Basta la fortuna? Alice e Sara stanno affrontando lo stesso test composto da 6 domande a risposta chiusa. Ogni domanda ha 5 possibili risposte. Alice risponde a caso a tutte le domande. Sara, invece, conosce le risposte di tre domande e risponde alle altre a caso. Ottengono la sufficienza se rispondono correttamente a 4 domande.
a. Qual è la probabilità che entrambe ottengano esattamente la sufficienza?
b. Qual è la probabilità che Alice ottenga esattamente la sufficienza e Sara non superi la prova?

[a) 0,006; b) 0,008]

VERIFICA DELLE COMPETENZE — PROVE ⏱ 1 ora

PROVA A

1 Un dado viene lanciato due volte. Calcola la probabilità che:
a. la somma dei due numeri usciti sia maggiore di 9;
b. il prodotto dei due numeri usciti sia divisibile per 4;
c. il numero uscito al secondo lancio sia maggiore di quello uscito al primo.

2 Di domenica Il negozio di vestiti sotto casa di Ilaria è aperto una domenica su 4. Nelle domeniche in cui il negozio è aperto, le due titolari, Costanza e Francesca, si alternano: a turno una resta a casa e sostituirà la collega nella domenica di apertura successiva. Con che probabilità Ilaria troverà Francesca in negozio la prossima domenica?

3 Due macchine funzionano in modo indipendente e la probabilità che la prima ha di guastarsi è del 3%, mentre la probabilità che la seconda ha di guastarsi è del 2%. Calcola la probabilità che:
a. siano guaste entrambi;
b. almeno una sia guasta;
c. sia guasta la seconda, sapendo che è guasta anche la prima.

4 Durante un GP del motomondiale, un tifoso sarebbe disposto a scommettere 21 euro per riceverne 24 in caso di vincita del suo pilota preferito. Un sondaggio tra un gruppo di tifosi dà la vittoria di tale pilota 3 su 4. Calcola la probabilità di vittoria secondo il tifoso e secondo il sondaggio.

PROVA B

1 Un'indagine statistica ha rilevato che 7 ragazzi su 10, di età compresa tra i 14 e i 16 anni, possiedono uno scooter. Calcola la probabilità che, scegliendo un campione di 15 ragazzi in quella fascia di età, 5 possiedano lo scooter.

2 La probabilità che un prodotto A ha di essere acquistato è del 40%, mentre la probabilità che un prodotto simile B ha di essere acquistato è del 25%, e la probabilità che ha di essere acquistato quando A non è acquistato è del 10%. Calcola la probabilità che venga acquistato uno tra i prodotti A e B.

3 Trofeo Città di Schio Al Trofeo di nuoto Città di Schio 2016 hanno partecipato atleti di età compresa fra i 13 e i 26 anni. La seguente tabella riporta la sintesi dei tempi stabiliti dagli atleti nei 50 stile libero.

	22″00-27″00	27″01-32″00	32″01-37″00
Maschi	80	84	1
Femmine	4	136	20

Si sceglie un atleta a caso.

a. Calcola la probabilità degli eventi:
   A = «l'atleta ha nuotato in un tempo tra 22″00 e 27″00»;
   M = «l'atleta è un maschio».
   Si tratta di eventi indipendenti? Motiva la tua affermazione.

b. Calcola la probabilità che l'atleta abbia nuotato in un tempo tra 27″01 e 32″00, sapendo che è una ragazza; calcola inoltre la probabilità che l'atleta abbia nuotato in più di 32″, sapendo che è un ragazzo.

c. Calcola la probabilità che l'atleta sia una ragazza, sapendo che ha nuotato in un tempo compreso tra 22″00 e 27″00.

CAPITOLO α2
DISTRIBUZIONI DI PROBABILITÀ

1 Variabili casuali discrete e distribuzioni di probabilità

Variabili casuali discrete

▶ Esercizi a p. α66

Abbiamo un'urna contenente 6 palline verdi e 4 gialle. Estraiamo senza reimmissione 3 palline e valutiamo quante volte potrebbe uscire la pallina verde. Essa può non uscire mai, oppure una volta, o due, o tre volte.

Indichiamo con X una funzione, definita sullo spazio dei campioni dell'esperimento, che indica il numero di palline verdi estratte.

Se si verifica l'evento E = «non escono palline verdi», la funzione X vale 0. Quindi possiamo scrivere

E = «$X = 0$».

Analogamente possiamo scrivere l'evento «escono 2 palline verdi» come «$X = 2$», dato che in tal caso la funzione X vale 2. Per ogni valore assunto da X possiamo calcolare, perciò, la probabilità che X assuma quel valore. Avremo:

$p_0 = p(X = 0) = p$ (non escono palline verdi) $= \dfrac{4}{10} \cdot \dfrac{3}{9} \cdot \dfrac{2}{8} = \dfrac{1}{30}$;

$p_1 = p(X = 1) = p$ (esce una pallina verde) $= 3 \cdot \dfrac{6}{10} \cdot \dfrac{4}{9} \cdot \dfrac{3}{8} = \dfrac{3}{10}$;

$p_2 = p(X = 2) = p$ (escono due palline verdi) $= 3 \cdot \dfrac{6}{10} \cdot \dfrac{5}{9} \cdot \dfrac{4}{8} = \dfrac{1}{2}$;

$p_3 = p(X = 3) = p$ (escono tre palline verdi) $= \dfrac{6}{10} \cdot \dfrac{5}{9} \cdot \dfrac{4}{8} = \dfrac{1}{6}$.

Valori assunti da X	0	1	2	3
Evento	$X = 0$	$X = 1$	$X = 2$	$X = 3$
Probabilità	$\dfrac{1}{30}$	$\dfrac{3}{10}$	$\dfrac{1}{2}$	$\dfrac{1}{6}$

Osserviamo che per qualunque valore x diverso da 0, 1, 2 e 3,

$p(X = x) = p(\varnothing) = 0$.

Paragrafo 1. Variabili casuali discrete e distribuzioni di probabilità

La funzione X è una *variabile casuale discreta*: *variabile* perché assume valori diversi, *casuale* perché i valori dipendono da un esperimento aleatorio, *discreta* perché assume un numero finito di valori.

> **DEFINIZIONE**
>
> Una **variabile casuale** (o **aleatoria**) **discreta** X è una funzione, definita sullo spazio dei campioni di un esperimento aleatorio, che assume un numero finito, o al più un'infinità numerabile, di valori.

🇬🇧 **Listen to it**

A **random variable** is a function whose value depends on the outcome of a random experiment; it is said **discrete** if the set of all possible values it can take is finite or countably infinite.

Indichiamo con «$X = x$» l'evento «la variabile casuale X assume il valore x», e con $p(X = x)$ la probabilità di tale evento.
La variabile aleatoria X che descrive il numero di palline verdi estratte dall'urna del nostro esempio è una variabile **teorica**, perché la probabilità degli eventi associati ai valori che essa assume è calcolata teoricamente o in senso classico.

Consideriamo un'altra situazione.
Nel corso di un mese rileviamo ogni giorno il prezzo al kilogrammo di un certo prodotto venduto al banco in un supermercato. Su indicazioni della direzione il prezzo può variare ogni giorno, mantenendosi però sempre tra 4,60 e 5,40 €/kg. Suddividiamo l'intervallo [4,60; 5,40] in quattro intervalli uguali e riassumiamo i valori rilevati per il prezzo nella seguente tabella di frequenza.

Prezzo al kg in euro	4,60-4,80	4,80-5,00	5,00-5,20	5,20-5,40
Frequenza	9	3	12	6

Consideriamo una funzione Y che assume il valore 4,70 se il prezzo appartiene al primo intervallo, 4,90 se appartiene al secondo, 5,10 nel caso del terzo e 5,30 nel caso del quarto. Secondo la definizione, Y è una variabile casuale discreta, ed è **empirica**, in quanto attribuiamo le probabilità ai diversi valori dopo che l'esperimento è stato condotto, utilizzando la probabilità statistica.

Valori assunti da Y	4,70	4,90	5,10	5,30
Frequenza relativa (Probabilità statistica)	$\frac{3}{10}$	$\frac{1}{10}$	$\frac{2}{5}$	$\frac{1}{5}$

■ Distribuzioni di probabilità

▶ Esercizi a p. α66

Torniamo alle tre estrazioni dell'urna. Consideriamo la funzione $f(x) = p(X = x)$.
Abbiamo che:

$$f(0) = \frac{1}{30}, \quad f(1) = \frac{3}{10}, \quad f(2) = \frac{1}{2}, \quad f(3) = \frac{1}{6}.$$

Possiamo osservare che:
- $0 \leq f(x) \leq 1$;
- $f(0) + f(1) + f(2) + f(3) = 1$.

La funzione f si chiama *distribuzione di probabilità* della variabile aleatoria X.

> **DEFINIZIONE**
>
> Data una variabile casuale discreta X, la **distribuzione di probabilità** di X è la funzione $f(x)$ che associa a ogni valore $x \in \mathbb{R}$ la probabilità che questo sia assunto:
>
> $f(x) = p(X = x)$.

Capitolo α2. Distribuzioni di probabilità

▶ Stabilisci per quale valore di c la funzione

$$f(x) = \begin{cases} 0{,}3 & \text{se } x = -1 \\ 0{,}1 & \text{se } x = 2 \\ c & \text{se } x = 4 \\ 0 & \text{altrimenti} \end{cases}$$

è una distribuzione di probabilità e quali sono i valori assunti dalla variabile X di cui f è distribuzione. [0,6]

Spesso indicheremo con f_X la distribuzione di probabilità di una variabile casuale discreta X.

Se X è una variabile casuale discreta che assume i valori $x_1, x_2, \ldots x_n$ e f è la sua distribuzione di probabilità, allora:

- $0 \leq f(x) \leq 1$;
- $f(x_1) + f(x_2) + \ldots + f(x_n) = 1$.

Possiamo rappresentare la distribuzione di probabilità di una variabile casuale discreta per mezzo di un istogramma o di un diagramma cartesiano.

ESEMPIO

Abbiamo un'urna con tre palline numerate da 1 a 3. Estraiamo consecutivamente due palline, rimettendo ogni volta la pallina estratta nell'urna. Costruiamo la distribuzione di probabilità della variabile casuale X = «somma dei due numeri estratti». Le coppie di palline che possiamo estrarre sono:

	somma dei numeri estratti
(1, 1)	2
(1, 2); (2, 1)	3
(1, 3); (3, 1); (2, 2)	4
(2, 3); (3, 2)	5
(3, 3)	6

dove per ogni coppia la probabilità di estrazione è $\frac{1}{9}$.

Quindi la variabile casuale X può assumere i valori 2, 3, 4, 5, 6, a cui corrispondono le probabilità:

$$p(X=2) = p(X=6) = \frac{1}{9}; \quad p(X=3) = p(X=5) = \frac{2}{9};$$

$$p(X=4) = \frac{3}{9} = \frac{1}{3}.$$

La variabile casuale X ha la seguente distribuzione di probabilità.

X	2	3	4	5	6
f	$\frac{1}{9}$	$\frac{2}{9}$	$\frac{1}{3}$	$\frac{2}{9}$	$\frac{1}{9}$

MATEMATICA ED ECONOMIA

Matematica antifrode
Nel 1992 il matematico statunitense Mark Nigrini propose un metodo, utilizzato ancora oggi, per stanare gli evasori fiscali.

▶ Come si può riconoscere se una dichiarazione dei redditi non è veritiera?

☐ La risposta

▶ In una classe ci sono 15 maschi e 10 femmine. Vengono interrogati due alunni. Se X è la variabile casuale che indica il numero di maschi interrogati, determina la distribuzione della variabile X.

☐ Animazione

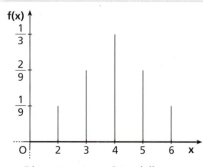
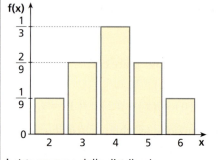

a. Diagramma cartesiano della distribuzione di probabilità di X.

b. Istogramma della distribuzione di probabilità di X.

■ Funzione di ripartizione

▶ Esercizi a p. α67

Riprendiamo il problema in cui estraiamo senza reimmissione 3 palline da un'urna contenente 6 palline verdi e 4 gialle e consideriamo la distribuzione di probabilità relativa al numero di palline verdi uscite.

X	0	1	2	3
f	$\frac{1}{30}$	$\frac{3}{10}$	$\frac{1}{2}$	$\frac{1}{6}$

Ci domandiamo qual è la probabilità che le palline verdi escano al massimo una volta, oppure al massimo due volte ecc.

Per il teorema della probabilità totale, a questa domanda possiamo rispondere associando a ciascun valore della variabile casuale la somma delle probabilità dei valori che lo precedono e della probabilità del valore stesso.

Per esempio, indicando con F la funzione che a ogni $x = 0, 1, 2, 3$ associa $F(x) = p(X \leq x)$, abbiamo quanto segue.

X	0	1	2	3
f	$\frac{1}{30}$	$\frac{3}{10}$	$\frac{1}{2}$	$\frac{1}{6}$
F	$\frac{1}{30}$	$\frac{1}{30} + \frac{3}{10} = \frac{1}{3}$	$\frac{1}{3} + \frac{1}{2} = \frac{5}{6}$	$\frac{5}{6} + \frac{1}{6} = 1$

Possiamo definire la funzione F su tutto $\mathbb{R}$, infatti:
- se $x < 0$, $F(x) = p(X \leq x) = 0$: la probabilità che esca un numero negativo di palline verdi è 0;
- se $x > 3$, $F(x) = p(X \leq x) = 1$: al massimo X può valere 3, quindi è certo che X vale meno di un numero maggiore di 3;
- se per esempio $x = 1,5$, $F(1,5) = F(1)$: la probabilità che X non sia superiore a 1,5 si ottiene sommando le probabilità che X assuma il valore 0 oppure 1:

$$F(1,5) = p(X \leq 1,5) = p((X = 0) \cup (X = 1)) = p(X = 0) + p(X = 1) = \frac{1}{3}.$$

Otteniamo il grafico della funzione F in figura.

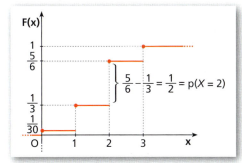

Osserviamo che la funzione F ha i punti di discontinuità in corrispondenza dei valori assunti dalla X e l'ampiezza del salto in ognuno di questi punti è uguale alla probabilità che X assuma quel valore.

La funzione F è detta *funzione di ripartizione* di X.

> **DEFINIZIONE**
>
> La **funzione di ripartizione** di una variabile casuale X è la funzione $F(x)$ che, per ogni $x \in \mathbb{R}$, fornisce la probabilità che X assuma un valore non superiore a x:
>
> $F(x) = p(X \leq x)$,
>
> dove con «$X \leq x$» indichiamo l'evento «la variabile casuale X assume un valore minore o uguale a x».

Capitolo α2. Distribuzioni di probabilità

Se la variabile casuale discreta X assume i valori $x_1 < x_2 < \ldots < x_n$ con probabilità $p_1, p_2, \ldots, p_n$, si ha

$$F(x_i) = p(X \leq x_i) = p_1 + p_2 + \ldots + p_i = \sum_{k=1}^{i} p_k, \quad \text{con } i = 1, 2, \ldots, n,$$

e in generale:

$$F(x) = \begin{cases} 0 & \text{se } x < x_1 \\ \sum_{k=1}^{i} p_k & \text{se } x_i \leq x < x_{i+1} \\ 1 & \text{se } x \geq x_n \end{cases}$$

▶ Determina la funzione di ripartizione della variabile casuale X che indica il numero di maschi interrogati dell'esercizio precedente.

Nel caso dell'esempio delle palline verdi e gialle, la funzione di ripartizione è:

$$F(x) = \begin{cases} 0 & \text{se } x < 0 \\ \dfrac{1}{30} & \text{se } 0 \leq x < 1 \\ \dfrac{1}{3} & \text{se } 1 \leq x < 2 \\ \dfrac{5}{6} & \text{se } 2 \leq x < 3 \\ 1 & \text{se } x \geq 3 \end{cases}$$

Possiamo utilizzare la funzione di ripartizione per calcolare, per esempio, la probabilità che le palline verdi si presentino più di una volta, cioè la probabilità dell'evento «$X > 1$». Questo è l'evento contrario di «$X \leq 1$», quindi:

$$p(X > 1) = 1 - p(X \leq 1) = 1 - F(1) = 1 - \dfrac{1}{3} = \dfrac{2}{3}.$$

■ Operazioni sulle variabili casuali

▶ Esercizi a p. α68

Operazioni tra una variabile e delle costanti

Un'urna contiene 12 palline, di cui una pallina con il numero 3, quattro palline con il 4, due con il 7 e cinque con il 9. Estraiamo una pallina.
Consideriamo la variabile casuale $X = $ «numero della pallina estratta» e la sua distribuzione di probabilità.

X	3	4	7	9
f_X	$\dfrac{1}{12}$	$\dfrac{1}{3}$	$\dfrac{1}{6}$	$\dfrac{5}{12}$

Da questa variabile casuale possiamo ottenerne altre, i cui valori sono distribuiti con *le stesse probabilità* dei valori di X, moltiplicando e/o sommando delle costanti ai suoi valori.

Per esempio, se moltiplichiamo i valori di X per 5, otteniamo la variabile casuale, indicata con $5X$, avente la seguente distribuzione di probabilità.

$5X$	15	20	35	45
f_{5X}	$\dfrac{1}{12}$	$\dfrac{1}{3}$	$\dfrac{1}{6}$	$\dfrac{5}{12}$

▶ Una variabile casuale X ha distribuzione di probabilità:

$$f(x) = \begin{cases} 0,1 & \text{se } x = -5 \\ 0,2 & \text{se } x = -3 \\ 0,4 & \text{se } x = 0 \\ 0,3 & \text{se } x = 1 \\ 0 & \text{altrimenti} \end{cases}$$

Determina la distribuzione di $3X$ e di $X+5$.

Se invece ai valori della variabile X aggiungiamo 3, otteniamo la variabile casuale, indicata con $X + 3$, avente la seguente distribuzione di probabilità.

Paragrafo 1. Variabili casuali discrete e distribuzioni di probabilità

$X+3$	6	7	10	12
f_{X+3}	$\frac{1}{12}$	$\frac{1}{3}$	$\frac{1}{6}$	$\frac{5}{12}$

In generale, date una variabile casuale discreta X e una costante h, si denota con:

- hX la variabile casuale i cui valori sono dati dal prodotto di h per i valori della variabile X;
- $X + h$ la variabile casuale i cui valori sono dati dalla somma dei valori della variabile X con h.

Per entrambe queste variabili, i valori assunti hanno le **stesse probabilità dei corrispondenti valori di** X.

Somma di due variabili

I) Prendiamo ora anche una seconda urna. Questa contiene due palline con il numero 1 e tre con il 2. Estraiamo una pallina.
Consideriamo la variabile casuale Y = «numero della pallina estratta dalla seconda urna» e la sua distribuzione di probabilità.

Y	1	2
f_Y	$\frac{2}{5}$	$\frac{3}{5}$

Estraiamo una pallina dalla prima urna e una pallina dalla seconda.

Consideriamo la variabile casuale «somma dei due numeri estratti». Indichiamo questa variabile con la notazione $X + Y$ e diciamo che è la **somma delle variabili casuali** X e Y.

Per determinare la distribuzione di probabilità di $X + Y$, costruiamo la tabella della **distribuzione congiunta** di X e Y in cui le righe corrispondono ai valori della X e le colonne corrispondono a quelli della Y.

All'interno della tabella, ogni casella contiene la probabilità di estrazione di due palline aventi rispettivamente il valore x_i e y_j, corrispondenti alla riga i-esima e alla colonna j-esima che individuano la casella.

Tale probabilità è la **probabilità congiunta** del prodotto dei due eventi:

«$X = x_i$» = «estrazione del numero x_i dalla prima urna», $i = 1, 2, 3, 4$;

«$Y = y_j$» = «estrazione del numero y_j dalla seconda urna», $j = 1, 2$.

In questo caso tutte le coppie di eventi sono indipendenti, quindi la probabilità dell'intersezione è uguale al prodotto delle probabilità.
Abbiamo, per esempio:

$$p((X=3) \cap (Y=1)) = p(X=3) \cdot p(Y=1) = \frac{1}{12} \cdot \frac{2}{5} = \frac{1}{30}.$$

La variabile casuale $Z = X + Y$ ha per valori le possibili somme tra i valori delle due variabili X e Y. Per ogni valore z_i assunto da Z, la probabilità che Z sia uguale a z_i è uguale alla somma delle probabilità (contenute nella tabella) delle possibili coppie di numeri la cui somma è uguale a z_i; infatti tali coppie corrispondono a eventi incompatibili e $Z = z_i$ corrisponde al loro evento unione.

X \ Y	1	2
3	$\frac{1}{30}$	$\frac{1}{20}$
4	$\frac{2}{15}$	$\frac{1}{5}$
7	$\frac{1}{15}$	$\frac{1}{10}$
9	$\frac{1}{6}$	$\frac{1}{4}$

▶ In un'urna ci sono 4 palline verdi e 2 rosse, in un'altra 3 verdi e 4 rosse. Da ogni urna si estraggono due palline. Dette X e Y le variabili che indicano, rispettivamente, il numero di palline verdi estratte dalla prima urna e quello delle palline verdi estratte dalla seconda, trova la distribuzione di $X + Y$.

Per esempio, la somma 5 si ottiene con 4 e 1 o con 3 e 2, quindi:

$$p(Z = 5) = p(((X = 4) \cap (Y = 1)) \cup ((X = 3) \cap (Y = 2))) = \frac{2}{15} + \frac{1}{20} = \frac{11}{60}.$$

$X + Y$	4	5	6	8	9	10	11
f_{X+Y}	$\frac{1}{30}$	$\frac{11}{60}$	$\frac{1}{5}$	$\frac{1}{15}$	$\frac{1}{10}$	$\frac{1}{6}$	$\frac{1}{4}$

Se, come in questo caso, le coppie di eventi «$X = x_i$» e «$Y = y_j$» sono indipendenti per ogni coppia x_i e y_j, si dice che le variabili casuali X e Y sono **indipendenti**.

Osserviamo che:

- la distribuzione di X e la distribuzione di Y sono date, rispettivamente, dalla somma dei valori sulle righe e dalla somma dei valori sulle colonne; queste vengono dette **distribuzioni marginali** della X e della Y;
- nel caso di indipendenza delle variabili casuali, **le probabilità congiunte sono uguali al prodotto di quelle marginali**.

X \ Y	1	2	f_X
3	$\frac{1}{30}$	$\frac{1}{20}$	$\frac{1}{12}$
4	$\frac{2}{15}$	$\frac{1}{5}$	$\frac{1}{3}$
7	$\frac{1}{15}$	$\frac{1}{10}$	$\frac{1}{6}$
9	$\frac{1}{6}$	$\frac{1}{4}$	$\frac{5}{12}$
f_Y	$\frac{2}{5}$	$\frac{3}{5}$	1

II) Consideriamo ancora l'urna contenente una pallina con il numero 3, quattro con il 4, due con il 7 e cinque palline con il 9 e la variabile casuale X = «numero della pallina estratta».

X	3	4	7	9
f_X	$\frac{1}{12}$	$\frac{1}{3}$	$\frac{1}{6}$	$\frac{5}{12}$

Estraiamo consecutivamente due numeri senza reimmissione.
Indichiamo con Y la variabile casuale corrispondente al numero della pallina estratta nella seconda estrazione.

Vogliamo determinare la distribuzione di probabilità della variabile casuale $X + Y$ = «somma dei due numeri estratti».

Questa volta gli eventi

«$X = x_i$» = «estrazione del numero x_i come prima pallina»,

«$Y = y_j$» = «estrazione del numero y_j come seconda pallina»

sono dipendenti: diremo che le variabili casuali X e Y sono **dipendenti**.

Per calcolare le probabilità congiunte dobbiamo, perciò, usare la probabilità condizionata.

Per esempio:

$$p((X = 3) \cap (Y = 3)) = p(X = 3) \cdot p(Y = 3 \mid X = 3) = 0;$$

$$p((X = 3) \cap (Y = 4)) = p(X = 3) \cdot p(Y = 4 \mid X = 3) = \frac{1}{12} \cdot \frac{4}{11} = \frac{1}{33}.$$

Paragrafo 1. Variabili casuali discrete e distribuzioni di probabilità

Proseguendo nello stesso modo otteniamo la distribuzione congiunta di X e Y.

X \ Y	3	4	7	9
3	0	$\frac{1}{33}$	$\frac{1}{66}$	$\frac{5}{132}$
4	$\frac{1}{33}$	$\frac{1}{11}$	$\frac{2}{33}$	$\frac{5}{33}$
7	$\frac{1}{66}$	$\frac{2}{33}$	$\frac{1}{66}$	$\frac{5}{66}$
9	$\frac{5}{132}$	$\frac{5}{33}$	$\frac{5}{66}$	$\frac{5}{33}$

▶ In un'urna ci sono 4 palline numerate da 1 a 4. Se ne estraggono 2 contemporaneamente. Indichiamo con X la variabile che indica il numero minore e con Y quella che indica il numero maggiore. Stabilisci se X e Y sono indipendenti e trova la distribuzione di $X + Y$.

 Animazione

La distribuzione di probabilità della variabile casuale $X + Y$ si ottiene procedendo in modo analogo al caso precedente.

$X + Y$	7	8	10	11	12	13	14	16	18
f_{X+Y}	$\frac{2}{33}$	$\frac{1}{11}$	$\frac{1}{33}$	$\frac{4}{33}$	$\frac{5}{66}$	$\frac{10}{33}$	$\frac{1}{66}$	$\frac{5}{33}$	$\frac{5}{33}$

Anche in questo caso, se di due variabili casuali X e Y conosciamo la distribuzione congiunta, addizionando righe e colonne possiamo ottenere le distribuzioni marginali di X e di Y. Nel caso di variabili dipendenti, però, si può osservare che **le probabilità congiunte *non* sono il prodotto delle probabilità marginali**.

X \ Y	3	4	7	9	f_X
3	0	$\frac{1}{33}$	$\frac{1}{66}$	$\frac{5}{132}$	$\frac{1}{12}$
4	$\frac{1}{33}$	$\frac{1}{11}$	$\frac{2}{33}$	$\frac{5}{33}$	$\frac{1}{3}$
7	$\frac{1}{66}$	$\frac{2}{33}$	$\frac{1}{66}$	$\frac{5}{66}$	$\frac{1}{6}$
9	$\frac{5}{132}$	$\frac{5}{33}$	$\frac{5}{66}$	$\frac{5}{33}$	$\frac{5}{12}$
f_Y	$\frac{1}{12}$	$\frac{1}{3}$	$\frac{1}{6}$	$\frac{5}{12}$	1

Quadrato di una variabile

Consideriamo una variabile casuale X con la seguente distribuzione di probabilità.

X	-1	0	1	2
f_X	$\frac{1}{8}$	$\frac{1}{4}$	$\frac{1}{2}$	$\frac{1}{8}$

A partire da X possiamo costruire la variabile casuale X^2, **quadrato della variabile casuale** X, elevando al quadrato i valori di X. Le probabilità associate ai valori di X^2 si ottengono dalle probabilità dei rispettivi valori di X, facendo attenzione al fatto che uno stesso valore di X^2 si può ottenere da due diversi valori di X. Nel nostro esempio:

$$p(X^2 = 0) = p(X = 0) = \frac{1}{4};$$

$$p(X^2 = 1) = p((X = -1) \cup (X = 1)) = \frac{1}{8} + \frac{1}{2} = \frac{5}{8};$$

$$p(X^2 = 4) = p(X = 2) = \frac{1}{8}.$$

Dunque X^2 ha la seguente distribuzione di probabilità.

X^2	0	1	4
f_{X^2}	$\frac{1}{4}$	$\frac{5}{8}$	$\frac{1}{8}$

2 Valori caratterizzanti una variabile casuale discreta

▶ Esercizi a p. α70

■ Valore medio

Un'urna contiene 4 palline con il numero 50, 5 palline con il 54, 8 con il 58 e 3 con il 62.
Effettuiamo 50 estrazioni di una pallina nelle stesse condizioni, cioè rimettendo ogni volta la pallina estratta nell'urna. Otteniamo la seguente tabella.

Valore	Frequenza assoluta
50	10
54	12
58	24
62	4

Se calcoliamo la media aritmetica, otteniamo:

$$M = \frac{50 \cdot 10 + 54 \cdot 12 + 58 \cdot 24 + 62 \cdot 4}{50} = 55{,}76.$$

Avremmo anche potuto scrivere la media nella forma:

$$M = 50 \cdot \frac{10}{50} + 54 \cdot \frac{12}{50} + 58 \cdot \frac{24}{50} + 62 \cdot \frac{4}{50} = 55{,}76,$$

dove compaiono le frequenze relative.
Consideriamo la variabile casuale X che indica il numero ottenuto in un'estrazione. Calcolando teoricamente la probabilità, abbiamo la seguente distribuzione.

X	50	54	58	62
f	$\frac{1}{5}$	$\frac{1}{4}$	$\frac{2}{5}$	$\frac{3}{20}$

La somma dei prodotti di ogni valore per la sua probabilità dà il *valore medio* di X:

$$M(X) = 50 \cdot \frac{1}{5} + 54 \cdot \frac{1}{4} + 58 \cdot \frac{2}{5} + 62 \cdot \frac{3}{20} = 56.$$

Paragrafo 2. Valori caratterizzanti una variabile casuale discreta

Il valore ottenuto, μ = 56, esprime in modo sintetico la variabile casuale ed è un **valore teorico** che, come in questo caso, può non essere mai assunto dalla variabile casuale.

> **DEFINIZIONE**
> Data una variabile casuale discreta X che assume i valori $x_1, x_2, ..., x_n$ con probabilità $p_1, p_2, ..., p_n$, il **valore medio** (o **speranza**) $M(X)$ di X è la somma dei prodotti di ogni valore assunto dalla variabile casuale per la corrispondente probabilità:
> $$M(X) = x_1 p_1 + x_2 p_2 + ... + x_n p_n = \sum_{i=1}^{n} x_i p_i.$$

 Listen to it

The **expected value** of a discrete random variable is the sum of every possible value weighted by its probability.

Significato del valore medio

Se consideriamo un numero elevato di prove relative a un esperimento aleatorio, per la legge empirica del caso la frequenza relativa di un evento approssima la sua probabilità teorica. Pertanto, se consideriamo le frequenze relative degli eventi corrispondenti ai valori della variabile casuale discreta X che descrive l'esperimento, abbiamo che la media aritmetica ponderata approssima il valore medio di X.

▶ La variabile casuale X assume i valori −5, 3, 10 rispettivamente con probabilità 0,3, 0,5 e 0,2. Determina il valore medio di X. [2]

Riferendoci all'esempio precedente, notiamo che la media aritmetica ottenuta nell'esperimento delle 50 estrazioni, cioè il valore 55,76, è molto vicino al valore medio 56. All'aumentare del numero di estrazioni, la media aritmetica tenderà al valore medio teorico.

Quindi possiamo dire che *il valore medio permette di fare una previsione teorica sul risultato dell'esperimento aleatorio quando il numero di prove è molto grande.*

Esaminiamo un esempio.
Una ditta produce sedie da giardino e deve stabilire la quantità da produrre per la prossima stagione estiva, in relazione alla probabilità di vendita. La distribuzione di probabilità che esprime il numero di sedie che si venderanno è la seguente.

X	1500	1800	2000	2100	2500
f	0,30	0,35	0,15	0,12	0,08

Il numero di sedie che si prevede di vendere durante la prossima stagione estiva è:
$$M(X) = 1500 \cdot 0,30 + 1800 \cdot 0,35 + 2000 \cdot 0,15 + 2100 \cdot 0,12 + 2500 \cdot 0,08 =$$
$$450 + 630 + 300 + 252 + 200 = 1832.$$

Proprietà del valore medio

> **PROPRIETÀ**
> Siano X e Y due variabili casuali discrete e k, h due costanti numeriche.
> 1. Se X è *costante*, cioè assume sempre uno stesso valore a, allora $M(X) = a$;
> 2. $M(k \cdot X) = k \cdot M(X)$;
> 3. $M(X + h) = M(X) + h$;
> 4. $M(X + Y) = M(X) + M(Y)$;
> 5. Se X assume i valori $x_1, x_2, ..., x_n$ con probabilità $p_1, p_2, ..., p_n$:
> $$M(X^2) = x_1^2 p_1 + x_2^2 p_2 + ... + x_n^2 p_n = \sum_{i=1}^{n} x_i^2 p_i.$$

Combinando la seconda e la terza proprietà, otteniamo:

$$M(k \cdot X + h) = k \cdot M(X) + h.$$

■ Varianza e deviazione standard

Sono date le seguenti variabili discrete e le relative distribuzioni di probabilità.

X	9	12	15	18	21
f_X	0,1	0,2	0,4	0,2	0,1

Y	3	9	15	21	27
f_Y	0,15	0,2	0,3	0,2	0,15

Esse hanno la stessa media $M(X) = M(Y) = \mu = 15$. Tuttavia, osserviamo le rappresentazioni grafiche delle distribuzioni di probabilità.

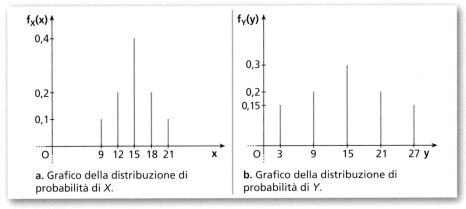

a. Grafico della distribuzione di probabilità di X.

b. Grafico della distribuzione di probabilità di Y.

Vediamo che nel primo caso i valori risultano più vicini al valore medio, pertanto c'è una minore *dispersione*.

Per misurare questa dispersione possiamo considerare gli scarti di ogni valore dal valore medio, creando così la variabile casuale $X - \mu$, che chiamiamo *variabile casuale scarto*, con la seguente distribuzione di probabilità.

$X - \mu$	-6	-3	0	3	6
$f_{X-\mu}$	0,1	0,2	0,4	0,2	0,1

Osserviamo che il valore medio della variabile casuale scarto è nullo:

$$M(X - \mu) = -6 \cdot 0{,}1 - 3 \cdot 0{,}2 + 3 \cdot 0{,}2 + 6 \cdot 0{,}1 = 0.$$

Nello stesso modo $M(Y - \mu) = 0$. Il valore medio dello scarto non è quindi adatto per esprimere la dispersione. Consideriamo allora i *quadrati degli scarti dal valore medio*, cioè la variabile $(X - \mu)^2$.

Assumiamo come indice della dispersione il valore medio di questa variabile casuale, che chiamiamo *varianza* e indichiamo con $var(X)$:

$$var(X) = M[(X - \mu)^2] = (-6)^2 \cdot 0{,}1 + (-3)^2 \cdot 0{,}2 + 0^2 \cdot 0{,}4 +$$

$$+ 3^2 \cdot 0{,}2 + 6^2 \cdot 0{,}1 = 10{,}8.$$

Possiamo anche considerare, come indice della dispersione, la radice quadrata della varianza, detta *deviazione standard* $\sigma(X)$:

Paragrafo 2. Valori caratterizzanti una variabile casuale discreta

$$\sigma(X) = \sqrt{var(X)} = \sqrt{10,8} \simeq 3,29.$$

La variabile casuale scarto di Y ha la seguente distribuzione di probabilità.

$Y - \mu$	-12	-6	0	6	12
$f_{Y-\mu}$	0,15	0,2	0,3	0,2	0,15

$$var(Y) = M[(Y-\mu)^2] = (-12)^2 \cdot 0,15 + (-6)^2 \cdot 0,2 + 0^2 \cdot 0,3 + 6^2 \cdot 0,2 +$$
$$+ 12^2 \cdot 0,15 = 57,6; \qquad \sigma(Y) = \sqrt{57,6} \simeq 7,59.$$

Questi valori confermano la maggiore dispersione della variabile Y che avevamo rilevato confrontando i grafici di X e Y.
Generalizziamo.

> **DEFINIZIONE**
> Data una variabile casuale discreta X, si chiama **variabile casuale scarto** di X la variabile casuale che ha per valori le differenze fra i valori di X e il valore medio $M(X)$, cioè la variabile $X - M(X)$.

Questa variabile non è molto significativa perché **il suo valore medio è sempre nullo**. Per avere informazioni riguardo alla dispersione dei valori di una variabile X, si considera allora la variabile casuale quadrato dello scarto di X.

> **DEFINIZIONE**
> Data una variabile casuale discreta X che assume i valori $x_1, x_2, \ldots, x_n$ con probabilità $p_1, p_2, \ldots, p_n$, e con valore medio $M(X) = \mu$, si chiama **varianza** di X, e si indica con $var(X)$, il valore medio della variabile casuale quadrato dello scarto di X:
> $$var(X) = M[(X-\mu)^2] = \sum_{i=1}^{n}(x_i - \mu)^2 \cdot p_i = (x_1 - \mu)^2 \cdot p_1 +$$
> $$+ (x_2 - \mu)^2 \cdot p_2 + \ldots + (x_n - \mu)^2 \cdot p_n.$$

Listen to it

The **variance** of a discrete random variable is the expected value of the squared differences between the possible values and the expected value of the random variable.

La varianza ci dice quanto sono concentrati i valori della variabile X attorno al valore medio μ. La varianza si può anche indicare con $\sigma^2(X)$.

> **DEFINIZIONE**
> La **deviazione standard** (o **scarto quadratico medio**) $\sigma(X)$ di una variabile casuale X è la radice quadrata della varianza di X:
> $$\sigma(X) = \sqrt{var(X)}.$$

Attraverso il **valore di sintesi** μ e **il valore di dispersione** σ^2, possiamo, individuare le **caratteristiche di una variabile casuale**.
Si può inoltre dimostrare che vale il seguente teorema.

▶ Verifica l'uguaglianza $var(X) = M(X^2) - [M(X)]^2$ nel caso particolare della variabile casuale X con la seguente distribuzione e poi nel caso generale.

X	-3	1	2	3
f	0,1	0,15	0,3	0,45

▶ Animazione

> **TEOREMA**
> Sia X una variabile casuale. La varianza di X è uguale alla differenza tra il valore medio della variabile X^2 e il quadrato del valore medio di X:
> $$var(X) = M(X^2) - [M(X)]^2.$$

Capitolo α2. Distribuzioni di probabilità

Proprietà della varianza

> **PROPRIETÀ**
> Siano X e Y due variabili casuali discrete e k, h due costanti numeriche:
> 1. $var(k \cdot X) = k^2 \cdot var(X)$;
> 2. $var(X + h) = var(X)$;
> 3. se le variabili sono *indipendenti*, $var(X + Y) = var(X) + var(Y)$.

Combinando le prime due proprietà, otteniamo:
$$var(k \cdot X + h) = k^2 \cdot var(X).$$

La semidifferenza tra $var(X + Y)$ e $[var(X) + var(Y)]$ viene detta **covarianza** di X e Y e si indica con $cov(X, Y)$:

$$\boxed{cov(X, Y) = \frac{var(X + Y) - [var(X) + var(Y)]}{2}.}$$

La covarianza è un indice di variabilità che lega le due variabili.
Sappiamo che, se le variabili sono indipendenti, $var(X + Y) = var(X) + var(Y)$, quindi in tal caso $cov(X, Y) = 0$.

La covarianza può anche essere calcolata direttamente (senza conoscere le varianze) nel seguente modo:
- si determinano gli scarti dei valori della variabile X;
- si determinano gli scarti dei valori della variabile Y;
- si calcola la somma dei prodotti degli scarti per le rispettive probabilità congiunte.

Notiamo che, quando conosciamo la covarianza di due variabili casuali X e Y, possiamo ricavare la varianza della loro somma dalla formula precedente:
$$var(X + Y) = var(X) + var(Y) + 2cov(X, Y).$$

▶ Si estraggono consecutivamente senza reimmissione due palline da un'urna che contiene quattro palline numerate da 1 a 4. Indica con X il primo numero estratto e con Y il secondo numero estratto. Calcola $var(X + Y)$ e $cov(X, Y)$.

Animazione

3 Distribuzioni di probabilità di uso frequente

Per ogni fenomeno specifico si può costruire una sua variabile casuale. Lo statistico ha il compito di esaminare i fenomeni e di classificarli, andando oltre l'apparente diversità, per ricondurli a quelle «regolarità» che li descrivono.

■ Distribuzione uniforme discreta   ▶ Esercizi a p. α75

Un'urna contiene cinque palline con i numeri 3, 5, 7, 9 e 11. Si estrae una pallina. Indichiamo con X_1 la variabile casuale che rappresenta l'esito dell'estrazione. Ogni pallina ha la stessa probabilità delle altre di essere estratta, quindi, indicando con f la distribuzione di probabilità di X_1, abbiamo:
$$f(3) = f(5) = f(7) = f(9) = f(11).$$
Poiché
$$f(3) + f(5) + f(7) + f(9) + f(11) = 1,$$

deve essere:

$$f(3) = f(5) = f(7) = f(9) = f(11) = \frac{1}{5}.$$

Pertanto, la distribuzione di X_1 e la sua funzione di ripartizione sono le seguenti.

X_1	3	5	7	9	11
f	$\frac{1}{5}$	$\frac{1}{5}$	$\frac{1}{5}$	$\frac{1}{5}$	$\frac{1}{5}$
F	$\frac{1}{5}$	$\frac{2}{5}$	$\frac{3}{5}$	$\frac{4}{5}$	1

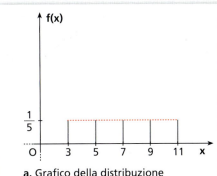

a. Grafico della distribuzione di probabilità di X_1.

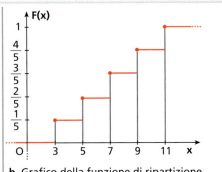

b. Grafico della funzione di ripartizione di X_1.

In questo caso la distribuzione di probabilità è detta *uniforme*. Il grafico della sua distribuzione di probabilità ha un andamento rettilineo orizzontale. Il grafico della funzione di ripartizione è a gradini, con tutti i salti uguali e di ampiezza $\frac{1}{5}$.

> **DEFINIZIONE**
>
> Una variabile casuale discreta X ha una **distribuzione di probabilità uniforme** se tutti i suoi valori hanno la stessa probabilità, cioè, se X assume i valori $x_1, x_2, ..., x_n$ e la probabilità è data da:
>
> $$p(X = x_i) = \frac{1}{n}, \quad i = 1, 2, ..., n.$$

Listen to it

If a discrete random variable follows a **discrete uniform distribution**, then $p(X = x) = \frac{1}{n}$.

Più semplicemente diremo che una variabile casuale è *uniforme* o *distribuita uniformemente* se ha una distribuzione di probabilità uniforme.

Per calcolare il valore medio e la varianza di una distribuzione uniforme, in genere bisogna usare le solite formule, ma se i valori di una variabile casuale X sono 1, 2, 3, ..., n e tutti hanno probabilità $p = \frac{1}{n}$, si può dimostrare che:

$$M(X) = \frac{n+1}{2} \quad e \quad var(X) = \frac{n^2 - 1}{12}.$$

Per esempio, se la variabile casuale X assume i valori 1, 2, 3, 4, 5, tutti con probabilità $\frac{1}{5}$, abbiamo:

$$\mu = \frac{5+1}{2} = 3, \quad \sigma^2 = \frac{5^2 - 1}{12} = 2, \quad \sigma = \sqrt{2}.$$

▶ Quattro libri hanno rispettivamente i seguenti numeri di pagine: 57, 117, 177 e 237. Se ne sceglie uno a caso. Se X è la variabile che indica il numero di pagine del libro scelto, trova la distribuzione, il valore medio e la varianza di Y.

□ Animazione

Consideriamo di nuovo X_1. I suoi valori si possono ottenere dai valori 1, 2, 3, 4, 5 di una variabile X moltiplicando questi ultimi per 2 e aggiungendo 1 al prodotto. Pertanto X_1 è la variabile casuale $2 \cdot X + 1$ e quindi applicando le proprietà del valore medio e della varianza otteniamo:

$\mu_1 = M(2X + 1) = 2M(X) + 1 = 2 \cdot 3 + 1 = 7;$

$\sigma_1^2 = var(2X + 1) = 2^2 \, var(X) = 2^2 \cdot 2 = 8;$

$\sigma_1 = 2\sqrt{2}.$

■ Distribuzione binomiale

▶ Esercizi a p. α76

Un'urna contiene 8 palline nere e 24 bianche. Si estraggono consecutivamente cinque palline rimettendo ogni volta la pallina estratta nell'urna. Consideriamo l'evento «uscita della pallina nera».

Abbiamo un evento, con probabilità costante $p = \dfrac{1}{4}$, sottoposto a 5 prove tutte nelle stesse condizioni.

Consideriamo la variabile casuale X corrispondente al numero delle volte in cui l'evento può verificarsi. La variabile X assume i valori 0, 1, 2, 3, 4 e 5. Secondo lo schema delle prove ripetute, la probabilità che X assuma il valore x è:

$$p(X = x) = \binom{5}{x}\left(\dfrac{1}{4}\right)^x\left(\dfrac{3}{4}\right)^{5-x}.$$

La distribuzione e la funzione di ripartizione di X quindi sono le seguenti.

X	0	1	2	3	4	5
f	0,237305	0,395508	0,263672	0,087891	0,014648	0,000977
F	0,237305	0,632813	0,896484	0,984375	0,999023	1

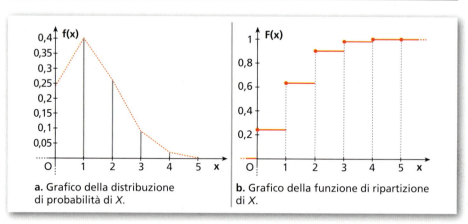

a. Grafico della distribuzione di probabilità di X.

b. Grafico della funzione di ripartizione di X.

In questo caso la distribuzione è detta *binomiale* di parametri 5 e $\dfrac{1}{4}$.

🇬🇧 Listen to it

If a discrete random variable follows a **binomial distribution**, then

$p(X = x) = \binom{n}{x}p^x(1-p)^{n-x}.$

DEFINIZIONE

Una variabile casuale discreta X, con valori $x = 0, 1, 2, \ldots, n$, ha una **distribuzione di probabilità binomiale** di *parametri* n e p (con $0 < p < 1$) se:

$$p(X = x) = \binom{n}{x}p^x(1-p)^{n-x}.$$

Una variabile casuale con distribuzione binomiale, detta *variabile binomiale*, descrive il numero di volte in cui si può verificare un evento aleatorio di probabilità p su n prove indipendenti.

Supponiamo di effettuare una sola prova. Abbiamo la seguente distribuzione di probabilità.

X_1	0	1
f	$1-p$	p

Questa particolare variabile binomiale di parametri 1 c p è detta **di Bernoulli** (o **bernoulliana**).

Il valore medio di X_1 è

$$M(X_1) = 0 \cdot (1-p) + 1 \cdot p = p$$

e la varianza vale:

$$var(X_1) = M(X_1^2) - [M(X_1)]^2 = p - p^2 = p(1-p).$$

In generale, per una variabile binomiale X di parametri n e p, si può dimostrare che:

$$\boxed{M(X) = np} \quad \text{e} \quad \boxed{var(X) = np(1-p)}.$$

ESEMPIO

Una macchina di precisione produce pezzi di ricambio per elettrodomestici con una percentuale del 2% di pezzi difettosi.
Calcoliamo il numero medio di pezzi difettosi che si possono prevedere su una produzione giornaliera di 400 pezzi e la deviazione standard.

Essendo $n = 400$, $p = 0{,}02$ e $1 - p = 0{,}98$, otteniamo:

$$\mu = 400 \cdot 0{,}02 = 8 \quad \text{e} \quad \sigma = \sqrt{400 \cdot 0{,}02 \cdot 0{,}98} = 2{,}8.$$

▶ Al poligono di tiro Andrea colpisce il bersaglio una volta su dieci. Fa 6 tiri. Qual è la probabilità che colpisca il bersaglio almeno 4 volte?
[0,00127]

Video

Roulette e distribuzioni di probabilità
Alla roulette si può puntare su un gruppo di numeri.

▶ Qual è la probabilità di vincere almeno 40 volte se puntiamo 100 volte sulla prima dozzina di numeri?

▶ Usando i dati dell'esercizio precedente, qual è il numero medio di bersagli colpiti da Andrea?
[0,6]

■ Distribuzione di Poisson   ▶ Esercizi a p. α78

Un evento ha probabilità $p = 0{,}005$. Calcoliamo la probabilità che su 800 prove, *effettuate nelle stesse condizioni*, l'evento si verifichi 6 volte.
Possiamo considerare una variabile casuale X binomiale di parametri $n = 800$ e $p = 0{,}005$ e calcolare:

$$p(X = 6) = \binom{800}{6} \cdot 0{,}005^6 \cdot 0{,}995^{794} \simeq 0{,}10433.$$

Si può dimostrare che se, come in questo caso, n è grande e p è piccolo, allora posto $np = \lambda$, la quantità $\binom{n}{x} p^x (1-p)^{n-x}$ si può approssimare con $\dfrac{\lambda^x}{x!} \cdot e^{-\lambda}$.

Nel nostro caso, per esempio, osservato che $\lambda = n \cdot p = 800 \cdot 0{,}005 = 4$, possiamo calcolare:

$$p(X = 6) = \frac{4^6}{6!} e^{-4} \simeq 0{,}104196,$$

che è una buona approssimazione del valore precedente.
Si può provare che l'approssimazione diventa migliore al crescere di n.

Possiamo costruire, quindi, una variabile casuale X immaginando che il numero di prove sia infinito. La variabile X perciò può assumere un qualunque valore x intero non negativo, e la probabilità che assuma tale valore è:

Capitolo α2. Distribuzioni di probabilità

$$p(X = x) = \frac{\lambda^x}{x!} \cdot e^{-\lambda}.$$

Questa distribuzione si chiama *distribuzione di Poisson*.

🇬🇧 **Listen to it**

If a discrete random variable follows a **Poisson distribution** with parameter λ, then
$p(X = x) = \frac{\lambda^x}{x!} \cdot e^{-\lambda}.$

> **DEFINIZIONE**
>
> Una variabile casuale discreta X, che assume valori $x = 0, 1, 2, \ldots$, ha una **distribuzione di probabilità di Poisson** di *parametro* λ (con $\lambda > 0$) se:
>
> $$p(X = x) = \frac{\lambda^x}{x!} \cdot e^{-\lambda}.$$

La distribuzione di Poisson approssima quella binomiale quando il numero delle prove n è elevato e la probabilità di successo p è piccola, ponendo $\lambda = np$. Per questo si usa indicare la distribuzione di Poisson come *distribuzione degli eventi rari*. Una *variabile di Poisson*, cioè una variabile che ha una distribuzione di Poisson, può assumere tutti i **valori interi non negativi**.

Le variabili di Poisson sono utilizzate, per esempio, per modellizzare importanti fenomeni in fisica (decadimento radioattivo), in medicina (malattie rare) o in campo economico (file di attesa).

Il parametro λ di una distribuzione di Poisson assume particolare interesse perché si può dimostrare che, per una variabile casuale discreta X con questa distribuzione di probabilità, esso coincide con il valore medio e la varianza della variabile:

$$M(X) = var(X) = \lambda.$$

Confrontiamo i grafici di quattro distribuzioni di Poisson con $\lambda = 0{,}5$, 1, 4, 10.

Osserviamo che all'aumentare del valore di λ la distribuzione della probabilità tende a diventare simmetrica attorno al valore medio.

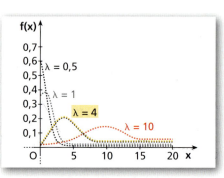

> **ESEMPIO**
>
> A uno sportello bancario arrivano in media 30 persone all'ora. Calcoliamo la probabilità che in 5 minuti:
>
> - arrivino 4 persone;
> - arrivino meno di 3 persone.
>
> Calcoliamo in media quante persone arrivano in 5 minuti; essendo 30 le persone e 60 i minuti in un'ora, indicando con λ il valore medio cercato, abbiamo:
>
> $30 : 60 = \lambda : 5 \rightarrow \lambda = 2{,}5.$
>
> Modellizziamo gli arrivi con una variabile di Poisson X di parametro $\lambda = 2{,}5$. Per ogni $x \in \mathbb{N}$,
>
> $$p(X = x) = \frac{2{,}5^x}{x!} e^{-2{,}5},$$
>
> pertanto $p(X = 4) = \frac{2{,}5^4}{4!} e^{-2{,}5} \simeq 0{,}133602.$

La probabilità che arrivino meno di 3 persone è

$$p(X \leq 2) = F(2) = p(X=0) + p(X=1) + p(X=2) \simeq 0,543813.$$

▶ A un distributore di benzina arrivano ogni ora mediamente 5 auto per fare rifornimento. Calcola la probabilità che in un'ora arrivino 6 auto al distributore. $[\simeq 0,15]$

4 Variabili casuali standardizzate

▶ Esercizi a p. α80

Le seguenti variabili casuali discrete mostrano il punteggio di due test sottoposti ai 23 alunni di una classe, in momenti successivi. I test si differenziano per il numero dei quesiti, e quindi per il punteggio massimo ottenibile, e per la difficoltà.

X_1	0	1	2	3	4	5	6	7	8
f_{X_1}	$\frac{2}{23}$	$\frac{2}{23}$	$\frac{2}{23}$	$\frac{6}{23}$	$\frac{3}{23}$	$\frac{3}{23}$	$\frac{2}{23}$	$\frac{1}{23}$	$\frac{1}{23}$

X_2	0	1	2	3	4	5
f_{X_2}	$\frac{2}{23}$	$\frac{4}{23}$	$\frac{5}{23}$	$\frac{5}{23}$	$\frac{4}{23}$	$\frac{3}{23}$

I valori assunti dalle variabili corrispondono ai punteggi possibili, mentre le distribuzioni di probabilità sono determinate dalle frequenze relative dei punteggi nella classe (per esempio, nel secondo test 5 alunni su 23 hanno ottenuto 3 punti).

Le due variabili casuali hanno rispettivamente valori medi:

$$\mu_1 \simeq 3,478 \quad e \quad \mu_2 \simeq 2,609.$$

Consideriamo un alunno che ha conseguito 4 punti nel primo test e 3 nel secondo e calcoliamo gli scarti dalle medie dei suoi punteggi:

$4 - \mu_1 \simeq 0,522;$

$3 - \mu_2 \simeq 0,391.$

Potremmo concludere che l'alunno ha avuto un peggioramento, in quanto con il primo test ha uno scarto positivo, rispetto alla media della classe, maggiore di quello del secondo test.

La differenza con la media non è però sufficiente a valutare la situazione, in quanto non tiene conto della diversa difficoltà dei test.
La difficoltà è misurata dalla variabilità dei risultati, e pertanto rapportiamo le differenze dal valore medio con le deviazioni standard, cioè misuriamo gli scarti dai valori medi in unità di σ.

Essendo $\sigma_1 \simeq 2,061$ e $\sigma_2 \simeq 1,496,$

abbiamo: $\dfrac{4 - \mu_1}{\sigma_1} \simeq 0,253$ e $\dfrac{3 - \mu_2}{\sigma_2} \simeq 0,261.$

Dobbiamo concludere che, per il secondo test, l'alunno ha conseguito un miglioramento rispetto alla situazione complessiva della classe.

Capitolo α2. Distribuzioni di probabilità

Se operiamo la stessa trasformazione per tutti i valori della variabile casuale X_1, otteniamo una **nuova variabile casuale Z_1**, detta *standardizzata*, **che ha la stessa distribuzione di probabilità**:

$$Z_1 = \frac{X_1 - \mu_1}{\sigma_1} \simeq \frac{X_1 - 3{,}478}{2{,}061}.$$

Z_1	$-1{,}688$	$-1{,}202$	$-0{,}717$	$-0{,}232$	$0{,}253$	$0{,}738$	$1{,}224$	$1{,}709$	$2{,}194$
f_{Z_1}	$\frac{2}{23}$	$\frac{2}{23}$	$\frac{3}{23}$	$\frac{6}{23}$	$\frac{3}{23}$	$\frac{3}{23}$	$\frac{2}{23}$	$\frac{1}{23}$	$\frac{1}{23}$

🇬🇧 Listen to it

Given a random variable X whose expected value and **standard deviation** are respectively μ and σ, the **standardized random variable** associated with X is given by: $Z = \frac{X - \mu}{\sigma}$.

> **DEFINIZIONE**
>
> Data una variabile casuale X con valore medio μ e deviazione standard σ, la **variabile casuale standardizzata di X** è la variabile casuale:
>
> $$Z = \frac{X - \mu}{\sigma}.$$

Effettuando la standardizzazione di una variabile casuale si possono fare confronti tra fenomeni descritti da grandezze diverse, cioè da variabili aventi unità di misura diverse, in quanto la variabile Z è indipendente dall'unità di misura.

I valori assunti dalla variabile standardizzata Z di una variabile casuale X vengono chiamati **punti zeta** e hanno la stessa distribuzione di probabilità di X.

Applicando le proprietà del valore medio e della varianza osserviamo che

$$M(Z) = M\left(\frac{X - \mu}{\sigma}\right) = \frac{1}{\sigma} M(X - \mu) = \frac{1}{\sigma}[M(X) - \mu] = \frac{1}{\sigma}(\mu - \mu) = 0$$

e

$$\mathrm{var}(Z) = M(Z^2) - [M(Z)]^2 = M\left[\left(\frac{X - \mu}{\sigma}\right)^2\right] - 0 = \frac{1}{\sigma^2} M[(X - \mu)^2] = \frac{1}{\sigma^2} \cdot \sigma^2 = 1.$$

Pertanto vale la seguente proprietà.

▶ Una variabile casuale X assume i valori -3, 2 e 5, e ha valore medio $1{,}5$ e varianza 4. Trova i punti zeta della variabile standardizzata.
$[-2{,}25;\, 0{,}25;\, 1{,}75]$

> **PROPRIETÀ**
>
> Una variabile standardizzata Z ha valore medio nullo e varianza e deviazione standard unitarie:
>
> $$M(Z) = 0, \qquad \mathrm{var}(Z) = \sigma(Z) = 1.$$

5 Variabili casuali continue

Consideriamo un esperimento in cui abbiamo un cronometro che fermiamo, in modo casuale, premendo un pulsante. Vogliamo determinare la probabilità che venga fermato, per esempio, esattamente dopo 8 secondi. La grandezza legata al fenomeno aleatorio è il tempo, che varia con continuità: a seconda della sensibilità del cronometro, possiamo pensare di considerare, oltre ai secondi, i decimi di secondo, i centesimi e così via. Se consideriamo un intervallo di tempo, per esempio

Paragrafo 5. Variabili casuali continue

fra 0 e 10 secondi, a ogni istante possiamo far corrispondere un numero reale e viceversa. In generale, diamo la seguente definizione.

DEFINIZIONE

Una **variabile casuale** (o **aleatoria**) **continua** X è una funzione, definita sullo spazio dei campioni di un esperimento aleatorio, che può assumere tutti i valori reali contenuti in un intervallo (limitato o illimitato).

Listen to it

A random variable is said to be **continuous** if it can take any value in a finite or infinite interval of real values.

Riprendiamo il nostro esempio.
La possibilità di fermare il cronometro dopo 8 secondi esatti è praticamente nulla, in quanto si tratta di «centrare» un istante preciso fra gli infiniti istanti possibili. Questo è vero anche per qualsiasi altro istante.

Il modello matematico che serve per descrivere le probabilità associate a una variabile casuale continua X che varia entro un intervallo $I = [a; b]$, dove $I \subseteq \mathbb{R}$, non si basa quindi sulle probabilità dei singoli valori di X, bensì sulla probabilità che X assuma valori compresi fra due estremi $x_1, x_2 \in I$.

Per esempio, nel caso del cronometro, potremmo chiederci qual è la probabilità di fermarlo in un istante compreso fra 7 e 9 secondi.

Per il calcolo della probabilità utilizziamo una funzione $f(x) \geq 0$, definita punto per punto in $\mathbb{R}$, chiamata *funzione densità di probabilità di X*: il valore della probabilità $p(x_1 \leq X \leq x_2)$ è uguale all'area compresa fra il grafico di $f(x)$ e l'asse delle ascisse nell'intervallo $[x_1; x_2]$.

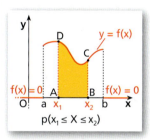

DEFINIZIONE

La **funzione densità di probabilità** di una variabile casuale continua X è una funzione $f(x)$ tale che:

$$f(x) \geq 0, \quad \forall x \in \mathbb{R}; \qquad \int_{-\infty}^{+\infty} f(x)\,dx = 1;$$

$$p(x_1 \leq X \leq x_2) = \int_{x_1}^{x_2} f(x)\,dx, \qquad \forall x_1 < x_2.$$

▶ Verifica che la funzione
$$f(x) = \begin{cases} 3e^{-3x} & \text{se } x \geq 0 \\ 0 & \text{se } x < 0 \end{cases}$$
è la densità di probabilità di una variabile casuale X e calcola $p(-3 \leq X < 4)$.
$[1 - e^{-12}]$

Il fatto che $f(x) \geq 0$ ci assicura che, per ogni $x_1 < x_2$, effettivamente

$$p(x_1 \leq X \leq x_2) \geq 0.$$

La condizione $\int_{-\infty}^{+\infty} f(x)\,dx = 1$ corrisponde alla condizione che l'evento «$X \in \mathbb{R}$» sia un evento certo, ed è l'analoga della condizione $f(x_1) + f(x_2) + \ldots + f(x_n) = 1$ per le variabili casuali discrete.

Con questa definizione si verifica facilmente che, per ogni $x \in \mathbb{R}$,

$$p(X = x) = p(x \leq X \leq x) = \int_{x}^{x} f(t)\,dt = 0,$$

cioè la probabilità che una variabile casuale continua X assuma un certo valore x è nulla.

Per questo motivo abbiamo anche che

$$p(x_1 \leq X \leq x_2) = p(x_1 < X \leq x_2) = p(x_1 \leq X < x_2) = p(x_1 < X < x_2).$$

Osserviamo che, quando l'intervallo I in cui varia X ha estremi finiti a e b, la

Capitolo α2. Distribuzioni di probabilità

Listen to it

The **probability density function** associated with a continuous random variable X is the function which computes the probability that X will assume some value within a given interval, while the **cumulative distribution function** gives the probability that X will assume a value smaller than or equal to a given value.

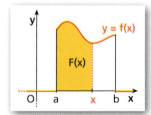

funzione densità di probabilità ha valore $f(x) = 0$, per $x < a$ e per $x > b$. L'area complessiva compresa tra il grafico di $f(x)$ e l'asse x coincide con quella relativa all'intervallo $I = [a; b]$.

Analogamente al caso discreto, introduciamo il concetto di funzione di ripartizione.

> **DEFINIZIONE**
> La **funzione di ripartizione** di una variabile casuale continua X con densità di probabilità $f(x)$ è la funzione $F(x)$ che, per ogni $x \in \mathbb{R}$, fornisce la probabilità che X assuma un valore non superiore a x:
> $$F(x) = p(X \leq x) = \int_{-\infty}^{x} f(t)\,dt.$$

- $F(x)$ è uguale all'area compresa tra il grafico della funzione densità di probabilità $f(x)$ e l'asse delle ascisse nell'intervallo $]-\infty; x]$.
- Essa è una **primitiva della funzione densità di probabilità** $f(x)$, cioè:
$$F'(x) = \frac{dF(x)}{dx} = f(x).$$
- Possiamo utilizzare $F(x)$ per calcolare $p(x_1 \leq X \leq x_2)$ applicando la relazione
$$p(x_1 \leq X \leq x_2) = F(x_2) - F(x_1).$$

Anche per le variabili casuali continue possiamo parlare di valore medio, varianza e deviazione standard. Le formule sono l'estensione nel continuo di quelle per le variabili casuali discrete; l'integrale sostituisce la sommatoria.

Valore medio:
$$M(X) = \int_{-\infty}^{+\infty} x \cdot f(x)\,dx.$$

Varianza:
$$var(X) = \int_{-\infty}^{+\infty} [x - M(X)]^2 f(x)\,dx.$$

Deviazione standard: $\sigma(X) = \sqrt{var(X)}$.

Possiamo inoltre definire la somma e il prodotto tra una variabile casuale continua e una costante.
Continuano a valere le proprietà:

$$M(X + h) = M(X) + h; \qquad M(kX) = kM(X);$$
$$var(X + h) = var(X); \qquad var(kX) = k^2 var(X).$$

La standardizzata di una variabile casuale continua X con media μ e deviazione standard σ è

$$Z = \frac{X - \mu}{\sigma},$$

per la quale $M(Z) = 0$ e $var(Z) = 1$.

La probabilità che X assuma un valore compreso tra x_1 e x_2 coincide con la probabilità che la sua standardizzata Z assuma un valore compreso tra i relativi punti zeta, cioè, se $z_1 = \frac{x_1 - \mu}{\sigma}$ e $z_2 = \frac{x_2 - \mu}{\sigma}$, allora:

$$p(x_1 \leq X \leq x_2) = p(z_1 \leq Z \leq z_2).$$

Paragrafo 5. Variabili casuali continue

È anche possibile definire la variabile casuale X^2, che ha media

$$M(X^2) = \int_{-\infty}^{+\infty} x^2 f(x) dx.$$

Come per le variabili casuali discrete, vale il teorema:

$$var(X) = M(X^2) - [M(X)]^2.$$

> **ESEMPIO**
> Una variabile casuale continua X varia nell'intervallo $[0; 2]$ e la sua funzione densità di probabilità è:
>
> $$f(x) = \begin{cases} \dfrac{x^3}{4} & \text{se } 0 \leq x \leq 2 \\ 0 & \text{se } x < 0 \text{ o } x > 2 \end{cases}.$$
>
> Determiniamo la funzione di ripartizione:
>
> $$F(x) = \begin{cases} 0 & \text{se } x < 0 \\ \int_0^x \dfrac{t^3}{4} dt = \left[\dfrac{t^4}{16}\right]_0^x = \dfrac{1}{16} x^4 & \text{se } 0 \leq x \leq 2. \\ 1 & \text{se } x > 2 \end{cases}$$
>
> Calcoliamo la probabilità che X assuma un valore compreso tra 1 e 1,5.
>
> $$p(1 \leq X \leq 1,5) = \int_1^{1,5} \dfrac{x^3}{4} dx = \left[\dfrac{x^4}{16}\right]_1^{1,5} = \dfrac{1}{16}(5,0625 - 1) \simeq 0,2539.$$
>
> Il valore medio è $M(X) = \int_0^2 x \cdot \dfrac{x^3}{4} dx = \dfrac{8}{5}$.
>
> La varianza è:
>
> $$var(X) = \int_0^2 \left(x - \dfrac{8}{5}\right)^2 \dfrac{x^3}{4} dx = \dfrac{8}{75}.$$
>
> Più semplicemente, applicando la proprietà $var(X) = M(X^2) - [M(X)]^2$:
>
> $$var(X) = \int_0^2 x^2 \cdot \dfrac{x^3}{4} dx - \left(\dfrac{8}{5}\right)^2 = \int_0^2 \dfrac{x^5}{4} dx - \dfrac{64}{25} = \dfrac{8}{3} - \dfrac{64}{25} = \dfrac{8}{75}.$$

▶ Una variabile casuale X ha la seguente funzione di ripartizione:

$$F(x) = \begin{cases} 0 & \text{se } x < 1 \\ \ln x & \text{se } 1 \leq x \leq e. \\ 1 & \text{se } x > e \end{cases}$$

Calcola:
- $p(0 \leq X \leq \sqrt{e})$;
- $M(X)$;
- $var(X)$.

□ **Animazione**

■ Distribuzione uniforme continua ▶ Esercizi a p. α83

Consideriamo una variabile casuale continua X a valori nell'intervallo $[0; 10]$, che abbia una funzione densità di probabilità del tipo:

$$f(x) = \begin{cases} 0 & \text{se } x < 0 \\ c & \text{se } 0 \leq x \leq 10, \\ 0 & \text{se } x > 10 \end{cases} \text{ con } c \text{ un numero reale positivo costante.}$$

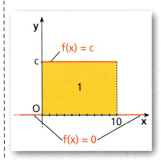

Il grafico di $f(x)$ è rappresentato nella figura a lato.
Per la definizione di funzione densità di probabilità, l'area nell'intervallo $[0; 10]$ compresa tra questa retta e l'asse delle ascisse, cioè l'area del rettangolo di base 10 e altezza c, deve essere uguale a 1, pertanto:

$$10 \cdot c = 1 \quad \rightarrow \quad c = \dfrac{1}{10}, \quad f(x) = \dfrac{1}{10} \text{ per } 0 \leq x \leq 10.$$

Una distribuzione di questo tipo è detta *uniforme*.

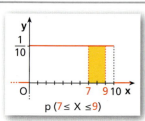

La probabilità che la variabile X assuma valori contenuti in un intervallo $[x_1; x_2]$, per esempio $x_1 = 7$ e $x_2 = 9$, è:

$$p(7 \leq X \leq 9) = \int_7^9 \frac{1}{10} dx = \left[\frac{x}{10}\right]_7^9 = \frac{1}{5}.$$

Determiniamo la funzione di ripartizione $F(x) = p(X \leq x) = \int_{-\infty}^x f(t)dt$.

Se $x < 0$ integriamo f su un intervallo in cui essa è nulla, quindi $F(x) = 0$.
Se $0 \leq x \leq 10$, allora:

$$F(x) = p(X \leq x) = \int_0^x \frac{1}{10} dt = \left[\frac{t}{10}\right]_0^x = \frac{x}{10}.$$

Se $x > 10$ integriamo f su un intervallo in cui essa è non nulla solo tra 0 e 10, quindi:

$$F(x) = \int_{-\infty}^x f(t)dt = \int_0^{10} \frac{1}{10} dt = 1.$$

Il grafico della funzione di ripartizione è rappresentato nella figura a lato.

Utilizzando la funzione di ripartizione, possiamo calcolare in modo alternativo la probabilità che X assuma un valore compreso fra 7 e 9:

$$p(7 \leq X \leq 9) = F(9) - F(7) = \frac{9}{10} - \frac{7}{10} = \frac{1}{5}.$$

In generale abbiamo la seguente definizione.

DEFINIZIONE

Si dice che una variabile casuale continua X, a valori in $[a; b]$, ha una **distribuzione uniforme** se la sua funzione densità di probabilità è:

$$f(x) = \begin{cases} 0 & \text{se } x < a \\ \frac{1}{b-a} & \text{se } a \leq x \leq b. \\ 0 & \text{se } x > b \end{cases}$$

La probabilità che X assuma valori contenuti nell'intervallo $[x_1; x_2]$ (con $a \leq x_1 \leq x_2 \leq b$) è:

$$p(x_1 \leq X \leq x_2) = \int_{x_1}^{x_2} \frac{1}{b-a} dx = \left[\frac{x}{b-a}\right]_{x_1}^{x_2} = \frac{x_2 - x_1}{b-a}.$$

La funzione di ripartizione di X è:

$$F(x) = \begin{cases} 0 & \text{se } x < a \\ \int_a^x \frac{1}{b-a} dt = \frac{x-a}{b-a} & \text{se } a \leq x \leq b. \\ 1 & \text{se } x > b \end{cases}$$

▶ Una variabile casuale X è uniformemente distribuita sull'intervallo $[-3; 5]$. Determina: $p(-2 \leq X \leq 4)$, $p(X \geq 0)$, $M(X)$ e $var(X)$.

Animazione

Inoltre si può dimostrare che:

$$M(X) = \frac{a+b}{2} \quad \text{e} \quad var(X) = \frac{(b-a)^2}{12}.$$

■ Distribuzione normale o gaussiana

▶ Esercizi a p. α84

La *distribuzione normale* è una funzione densità di probabilità che è stata individuata come il modo con il quale si distribuiscono le misure ripetute, che differiscono fra loro per motivi accidentali, di una stessa grandezza X.

> **DEFINIZIONE**
>
> Si dice che una variabile casuale continua X ha una **distribuzione normale** (o **gaussiana**) se la sua funzione densità di probabilità è definita in $\mathbb{R}$ e ha espressione:
>
> $$f(x) = \frac{1}{\sigma\sqrt{2\pi}} \cdot e^{-\frac{(x-\mu)^2}{2\sigma^2}},$$
>
> dove μ e σ sono parametri reali e $\sigma > 0$.
> Indichiamo questa distribuzione con
>
> $N(\mu; \sigma^2)$.

Sono molto frequenti i fenomeni collettivi naturali, sociali e produttivi i cui valori si possono rappresentare con una *variabile casuale normale*, cioè una variabile casuale continua con distribuzione normale.

Per una variabile casuale normale, i parametri μ e σ coincidono con il valore medio e la deviazione standard. Vale a dire, se X ha distribuzione $N(\mu; \sigma^2)$:

$M(X) = \mu,\quad var(X) = \sigma^2,\quad \sigma(X) = \sigma.$

La curva che rappresenta il grafico di una densità gaussiana è chiamata *curva degli errori accidentali* o, dalla sua forma dovuta alla simmetria, *curva a campana*.

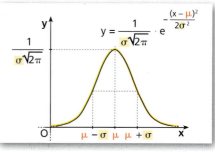

Sottolineiamo alcune caratteristiche di questa curva:

- è simmetrica rispetto all'asse di equazione $x = \mu$;
- la curva ha un massimo in corrispondenza del punto $\left(\mu; \frac{1}{\sigma\sqrt{2\pi}}\right)$;
- ha l'asse delle ascisse come asintoto orizzontale;
- presenta due punti di flesso in corrispondenza di $\mu - \sigma$ e $\mu + \sigma$.

Se consideriamo più variabili casuali normali con uguale valore medio μ, ma diverso valore di σ, vediamo che *la curva si appiattisce all'aumentare della deviazione standard* (figura a lato).

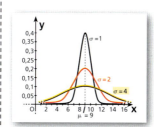

Consideriamo una variabile casuale Z con distribuzione $N(0; 1)$. Per calcolare, per esempio, $p(0 \leq Z \leq 1,35)$, dovremmo calcolare $\int_0^{1,35} \frac{1}{\sqrt{2\pi}} e^{-\frac{x^2}{2}} dx$.

Non esiste però una primitiva esplicita della funzione densità di probabilità gaussiana. Con metodi di approssimazione, tuttavia, è stata costruita la **tavola di Sheppard**, che fornisce i valori approssimati delle aree sotto la curva di una distribuzione $N(0; 1)$ nell'intervallo $[0; z]$, cioè i valori di

$p(0 \leq Z \leq z) = \int_0^z \frac{1}{\sqrt{2\pi}} e^{-\frac{x^2}{2}} dx.$

Riportiamo la tavola di Sheppard alla fine del volume.

Capitolo α2. Distribuzioni di probabilità

In questa tavola, le righe corrispondono alla parte intera e alla prima cifra decimale del valore z e le colonne alla cifra dei centesimi.

Per esempio, per trovare $p(0 \leq Z \leq 1{,}35)$, occorre individuare la riga in cui compare il numero 1,3 e scorrerla fino alla colonna corrispondente a 0,05. La casella così individuata contiene il valore cercato:

$$p(0 \leq Z \leq 1{,}35) \simeq 0{,}4115.$$

La simmetria della curva gaussiana rispetto all'asse y comporta che *la stessa tavola possa essere utilizzata anche per valori negativi della variabile Z*:

$$\boldsymbol{p(-z < Z < 0) = p(0 < Z < z)}.$$

Osservato che $p(Z > 0)$ corrisponde alla metà dell'area totale sottostante la curva gaussiana (che vale 1), abbiamo anche:

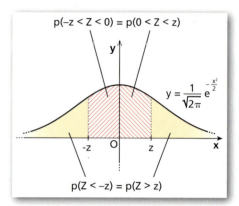

$$\boldsymbol{p(Z < -z) = p(Z > z) = p(Z > 0) - p(0 < Z < z) = 0{,}5 - p(0 < Z < z)}.$$

Vedremo alcuni esempi negli esercizi.

Osserviamo che nella tavola non compaiono numeri z maggiori di 3,99 e che l'area sotto il grafico nell'intervallo [0; 3,99] è circa 0,5. Ciò vuol dire che l'area sotto il grafico a destra di 3,99 è praticamente nulla.

Calcoliamo ora la probabilità che la variabile casuale normale X con distribuzione $N(3; 4)$ assuma valori compresi nell'intervallo [4; 6].

Per usare la tavola di Sheppard, *standardizziamo* la variabile X nella variabile Z:

$$Z = \frac{X - \mu}{\sigma} = \frac{X - 3}{2}.$$

In questo modo abbiamo ottenuto ancora una *variabile casuale normale*, ma con valore medio $\mu = 0$ e deviazione standard $\sigma = 1$, quindi con distribuzione $N(0; 1)$.

I punti zeta corrispondenti ai valori $x_1 = 4$ e $x_2 = 6$ sono

$$z_1 = \frac{4 - 3}{2} = 0{,}5 \quad \text{e} \quad z_2 = \frac{6 - 3}{2} = 1{,}5.$$

Quindi, utilizzando la tavola di Sheppard:

$$p(4 \leq X \leq 6) = p(0{,}5 \leq Z \leq 1{,}5) = p(0 \leq Z \leq 1{,}5) - p(0 \leq Z \leq 0{,}5) \simeq$$
$$0{,}4332 - 0{,}1915 = 0{,}2417.$$

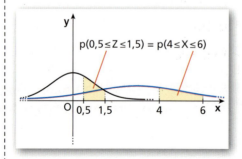

▶ Video

Pacchetti di caffè

Un'azienda confeziona pacchetti di caffè il cui peso è una grandezza distribuita normalmente, con valore medio di 250 g e deviazione standard di 14 g.

▶ Qual è la probabilità che un pacchetto pesi fra 245 e 255 grammi?

▶ Su 100 pacchetti, quanti avranno un peso inferiore a 230 grammi?

▶ Il tempo necessario per eseguire un test diagnostico sulle auto si distribuisce come una variabile normale X con media di 2 ore e deviazione standard di 15 minuti. Calcola la probabilità che per eseguire un test occorrano:
- più di 2 ore;
- più di un'ora e mezza;
- più di un'ora e meno di 3 ore.

Animazione

IN SINTESI
Distribuzioni di probabilità

■ Variabili casuali discrete

- **Variabile casuale discreta**: funzione definita sullo spazio dei campioni di un esperimento aleatorio, che assume un numero finito o al più un'infinità numerabile di valori.

- **Distribuzione di probabilità** di una variabile casuale discreta X: funzione $f(x)$ che associa a ogni valore $x \in \mathbb{R}$ la probabilità che questo sia assunto, cioè:

  $f(x) = p(X = x)$.

- **Funzione di ripartizione** di una variabile casuale discreta X: la funzione $F(x)$ che, per ogni $x \in \mathbb{R}$, fornisce la probabilità che X assuma un valore non superiore a x, cioè:

  $F(x) = p(X \leq x)$.

- **Operazioni tra una variabile casuale discreta X e una costante h**
  - hX: variabile casuale i cui valori sono dati dal prodotto di h per i valori della variabile X.
  - $X + h$: variabile casuale i cui valori sono dati dalla somma dei valori della variabile X con h.

  I valori assunti da hX e $X + h$ hanno le stesse probabilità dei corrispondenti valori di X.

- La **distribuzione congiunta** di due variabili X e Y è formata dalle **probabilità congiunte**

  $p[(X = x_i) \cap (Y = y_j)]$

  al variare dei valori x_i e y_j assunti da X e da Y.

- **Somma di due variabili casuali discrete** X e Y: la variabile $X + Y$ che ha come valori tutte le possibili somme di un valore di X con un valore di Y.
  Dato un valore z assunto da $X + Y$, il valore $p(X + Y = z)$ si trova sommando le probabilità congiunte $p[(X = x_i) \cap (Y = y_j)]$ per ogni coppia di valori x_i e y_j tali che $x_i + y_j = z$.

- X e Y sono variabili casuali **indipendenti** se le coppie di eventi «$X = x_i$» e «$Y = y_j$» sono indipendenti per ogni coppia di valori x_i e y_j assunti rispettivamente da X e Y. In questo caso, le probabilità congiunte sono uguali al prodotto delle **probabilità marginali**:

  $p[(X = x_i) \cap (Y = y_j)] = p(X = x_i) \cdot p(Y = y_j)$.

■ Variabili casuali continue

- **Variabile casuale continua**: funzione definita sullo spazio dei campioni di un esperimento aleatorio, che assume tutti i valori reali compresi in un intervallo I (limitato o illimitato).

- **Funzione densità di probabilità** di una variabile casuale continua X: funzione $f(x)$ tale che

  $f(x) \geq 0, \quad \forall x \in \mathbb{R}; \quad \int_{-\infty}^{+\infty} f(x)\,dx = 1; \quad p(x_1 \leq X \leq x_2) = \int_{x_1}^{x_2} f(x)\,dx, \quad \forall x_1 < x_2$.

- **Funzione di ripartizione** di una variabile casuale continua X con densità $f(x)$: la funzione $F(x)$ che, per ogni $x \in \mathbb{R}$, fornisce la probabilità che X assuma un valore non superiore a x, cioè

  $F(x) = p(X \leq x) = \int_{-\infty}^{x} f(t)\,dt$.

Capitolo α2. Distribuzioni di probabilità

■ Valori caratterizzanti una variabile casuale

	Variabile casuale discreta X che assume i valori $x_1, x_2, ..., x_n$, con probabilità $p_1, p_2, ..., p_n$	Variabile casuale continua X con densità di probabilità $f(x)$
Valore medio di X	$M(X) = \sum_{i=1}^{n} x_i p_i$	$M(X) = \int_{-\infty}^{+\infty} x f(x) dx$
Varianza di X	$var(X) = \sum_{i=1}^{n} [x_i - M(X)]^2 p_i$	$var(X) = \int_{-\infty}^{+\infty} [x - M(X)]^2 f(x) dx$
Deviazione standard di X	$\sigma(X) = \sqrt{var(X)}$	

- **Proprietà del valore medio**

    $M(kX) = kM(X);$

    $M(X + k) = M(X) + k;$

    $M(X + Y) = M(X) + M(Y).$

- **Proprietà della varianza**

    $var(kX) = k^2 var(X);$

    $var(X + k) = var(X);$

    se X e Y sono indipendenti, $var(X + Y) = var(X) + var(Y)$.
    La varianza si può calcolare con la formula

    $var(X) = M(X^2) - [M(X)]^2,$

    dove $M(X^2) = \sum_{i=1}^{n} x_i^2 p_i$ se X è discreta e $M(X^2) = \int_{-\infty}^{+\infty} x^2 f(x) dx$ se X è continua.
    La covarianza di due variabili casuali X e Y è

    $cov(X, Y) = \dfrac{var(X + Y) - [var(X) + var(Y)]}{2}.$

■ Variabili casuali standardizzate

Standardizzata di una variabile casuale X con valore medio μ e deviazione standard σ: la variabile casuale $Z = \dfrac{X - \mu}{\sigma}$. Valgono le proprietà $M(Z) = 0$ e $var(Z) = \sigma(Z) = 1$.

I **punti zeta** sono i valori assunti dalla variabile standardizzata Z.
Se X è una variabile casuale discreta, la probabilità dei punti zeta è uguale alla probabilità dei relativi punti di X, cioè se $z = \dfrac{x - \mu}{\sigma}$ allora $p(Z = z) = p(X = x)$.

Se X è una variabile casuale continua, la probabilità che X assuma un valore compreso tra x_1 e x_2 coincide con la probabilità che Z assuma un valore compreso tra i relativi punti zeta, cioè se $z_1 = \dfrac{x_1 - \mu}{\sigma}$ e $z_2 = \dfrac{x_2 - \mu}{\sigma}$ allora $p(x_1 \leq X \leq x_2) = p(z_1 \leq Z \leq z_2)$.

In sintesi

■ **Distribuzioni di probabilità di uso frequente**

- Una variabile casuale *discreta* ha una distribuzione di probabilità **uniforme** se tutti i suoi valori hanno la stessa probabilità.
  Se X è distribuita uniformemente e assume i valori 1, 2, ..., n, ognuno con probabilità $\frac{1}{n}$:
  $$M(X) = \frac{n+1}{2}; \qquad var(X) = \frac{n^2-1}{12}.$$

- Una variabile casuale *discreta* X che assume i valori $x = 0, 1, 2, ..., n$ ha una distribuzione di probabilità **binomiale** di parametri n e p (con $0 < p < 1$) se
  $$p(X = x) = \binom{n}{x} p^x (1-p)^{n-x}.$$
  I valori assunti dalla variabile rappresentano il numero di successi di un evento di probabilità p in n prove indipendenti.
  $$M(X) = np; \qquad var(X) = np(1-p).$$

- Una variabile casuale *discreta* X che assume i valori $x = 0, 1, 2, ...$ ha una distribuzione di probabilità **di Poisson** di parametro $\lambda > 0$ se
  $$p(X = x) = \frac{\lambda^x}{x!} e^{-\lambda}.$$
  È un'approssimazione della distribuzione binomiale, ottenuta ponendo $\lambda = np$ quando il numero delle prove n è elevato e il valore della probabilità p è piccolo.
  $$M(X) = \lambda; \qquad var(X) = \lambda.$$

- Una variabile casuale *continua* X che assume valori in un intervallo $[a; b]$ ha una distribuzione di probabilità **uniforme** se la sua funzione densità di probabilità è
  $$f(x) = \begin{cases} 0 & \text{se } x < a \vee x > b \\ \dfrac{1}{b-a} & \text{se } a \leq x \leq b \end{cases};$$
  $$M(X) = \frac{a+b}{2}; \qquad var(X) = \frac{(b-a)^2}{12}.$$

- Una variabile casuale continua X che assume valori in tutto $\mathbb{R}$ ha una distribuzione di probabilità **normale** (o **di Gauss**) di parametri $\mu \in \mathbb{R}$ e $\sigma > 0$ se la sua funzione densità di probabilità è
  $$f(x) = \frac{1}{\sigma\sqrt{2\pi}} \cdot e^{-\frac{(x-\mu)^2}{2\sigma^2}};$$
  $$M(X) = \mu; \qquad var(X) = \sigma^2; \qquad \sigma(X) = \sigma.$$
  La standardizzata Z di una variabile casuale normale ha distribuzione normale di parametri 0 e 1. La **tavola di Sheppard** fornisce i valori approssimati dell'area sottostante alla distribuzione normale standardizzata nell'intervallo $[0; z]$, cioè i valori $p(0 \leq Z \leq z) = \int_0^z \frac{1}{\sqrt{2\pi}} e^{-\frac{x^2}{2}} dx$. Valgono le proprietà:
  $$p(-z < Z < 0) = p(0 < Z < z); \qquad p(Z < -z) = p(Z > z) = 0{,}5 - p(0 < Z < z).$$
  Se X è una variabile casuale normale con media μ e deviazione standard σ, per calcolare $p(x_1 \leq X \leq x_2)$ si calcolano i punti zeta relativi a x_1 e x_2, cioè $z_1 = \dfrac{x_1 - \mu}{\sigma}$ e $z_2 = \dfrac{x_2 - \mu}{\sigma}$, e si calcola $p(z_1 \leq Z \leq z_2)$ utilizzando la tavola di Sheppard e le proprietà precedenti.

CAPITOLO α2
ESERCIZI

1 Variabili casuali discrete e distribuzioni di probabilità

Variabili casuali discrete
▶ Teoria a p. α00

1 **TEST** Si premono due tasti a caso su un tastierino numerico (numeri da 0 a 9). Quale delle seguenti frasi descrive una variabile casuale?

- **A** Si premono due 9.
- **B** La probabilità che si premano due nove è $\frac{2}{81}$.
- **C** La funzione che indica la somma dei due numeri premuti.
- **D** La funzione che associa a ogni coppia di numeri la probabilità che essi siano premuti.
- **E** Si preme un 1 e un 9.

2 **ASSOCIA** Su 20 ragazzi 6 non hanno fratelli, 10 hanno un fratello e 4 hanno due fratelli. Indica con X la funzione che indica il numero di fratelli di un ragazzo scelto a caso tra i 20. Associa a ogni elemento l'oggetto matematico che rappresenta.

X	probabilità
«$X = 1$»	variabile casuale
$p(X = 1) = \frac{1}{2}$	evento

3 **FAI UN ESEMPIO** Considera una o più estrazioni da un'urna che contiene 6 palline rosse, 5 bianche e 4 nere. Fai un esempio di una variabile casuale teorica e un esempio di una variabile casuale empirica.

Distribuzioni di probabilità
▶ Teoria a p. α39

Nei seguenti esercizi determina la distribuzione di probabilità della variabile casuale indicata e rappresentala graficamente.

4 Si lancia un dado regolare. Variabile casuale: X = «valore della faccia del dado che è uscita».

$$\left[1, 2, \ldots; \frac{1}{6}, \frac{1}{6}, \ldots\right]$$

5 Si lancia tre volte una moneta regolare. Variabile casuale: X = «numero delle facce testa uscito».

$$\left[0, 1, \ldots; \frac{1}{8}, \frac{3}{8}, \ldots\right]$$

6 Si lanciano contemporaneamente due dadi regolari. Variabile casuale: X = «somma dei due punteggi usciti».

$$\left[2, 3, 4, \ldots; \frac{1}{36}, \frac{2}{36}, \frac{3}{36}, \ldots\right]$$

7 Da un'urna contenente 4 palline nere e 5 rosse si estraggono consecutivamente senza reimmissione 4 palline. Variabile casuale: X = «numero delle palline nere uscite».

$$\left[0, 1, 2, \ldots; \frac{5}{126}, \frac{20}{63}, \frac{10}{21}, \ldots\right]$$

8 Da un'urna contenente 2 palline nere e 1 rossa si estraggono consecutivamente, con reimmissione della pallina estratta, 4 palline. Variabile casuale: X = «numero delle palline nere uscite».

$$\left[0, 1, 2, \ldots; \frac{1}{81}, \frac{8}{81}, \frac{8}{27}, \ldots\right]$$

Funzione di ripartizione

9 **COMPLETA** Considera la seguente distribuzione di probabilità.

X	4	6	11	15
f	0,3	0,1	0,2	0,4

Completa la sua funzione di ripartizione.

$$F(x) = \begin{cases} 0 & \text{se } x < 4 \\ \underline{\quad} & \text{se } 4 \leq x < 6 \\ 0,4 & \text{se } \underline{\quad} \leq x < \underline{\quad} \\ \underline{\quad} & \text{se } 11 \leq x < 15 \\ 1 & \text{se } x \geq \underline{\quad} \end{cases}$$

10 **LEGGI IL GRAFICO** Osserva il grafico della funzione di ripartizione di una variabile casuale X. Stabilisci i valori assunti da X e la sua distribuzione di probabilità.

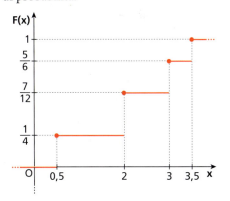

11 Rappresenta la funzione di ripartizione dell'esercizio 9 e rispondi.
   a. In quali valori di ascissa la funzione è discontinua? Che cosa rappresentano rispetto alla variabile casuale?
   b. Quanto vale l'ampiezza di ciascun salto nei punti di discontinuità?

12 **ESERCIZIO GUIDA** Da un'urna contenente 5 palline numerate da 1 a 5 se ne estraggono contemporaneamente due. Detta X la variabile casuale che indica il numero maggiore estratto, determiniamo la relativa distribuzione di probabilità, la funzione di ripartizione e calcoliamo la probabilità di avere un valore minore di 5.

La variabile casuale X può assumere i valori 2, 3, 4, 5.
L'evento «$X = 2$» corrisponde all'evento «escono 1 e 2», cioè alla coppia non ordinata $\{1; 2\}$:

$$p(X = 2) = \frac{1}{\binom{5}{2}} = \frac{1}{\frac{5!}{3!2!}} = \frac{1}{\frac{5 \cdot 4}{2}} = \frac{1}{10}.$$

L'evento «$X = 3$» corrisponde all'evento «escono un 3 e un 1 o un 3 e un 2» cioè alle coppie non ordinate $\{1; 3\}$ e $\{2; 3\}$:

$$p(X = 3) = \frac{2}{10} = \frac{1}{5}.$$

Analogamente:

$$p(X = 4) = \frac{3}{10}; \quad p(X = 5) = \frac{4}{10} = \frac{2}{5}.$$

La funzione di ripartizione è

$$F(x) = \begin{cases} 0 & \text{se } x < 2 \\ \frac{1}{10} & \text{se } 2 \leq x < 3 \\ \frac{1}{10} + \frac{1}{5} = \frac{3}{10} & \text{se } 3 \leq x < 4 \\ \frac{3}{10} + \frac{3}{10} = \frac{6}{10} = \frac{3}{5} & \text{se } 4 \leq x < 5 \\ \frac{3}{5} + \frac{2}{5} = 1 & \text{se } x \geq 5 \end{cases}$$

La probabilità che X assuma un valore minore di 5 è

$$p(X < 5) = p(X \leq 4) = F(4) = \frac{3}{5}.$$

13 Un'urna contiene 4 palline rosse, 2 gialle e 3 nere. Si estraggono contemporaneamente due palline. Considera la variabile casuale X = «escono due palline con uguale colore», assegnando valore 1 se l'evento si verifica e valore 0 in caso contrario. Determina la distribuzione di probabilità e la funzione di ripartizione.

$$\left[0, 1; \frac{13}{18}, \frac{5}{18}; \frac{13}{18}, 1\right]$$

Capitolo α2. Distribuzioni di probabilità

14 Preso un campione di 1000 famiglie, si rileva che la spesa media mensile per gli alimentari è la seguente: 450 famiglie spendono € 600, 300 famiglie € 700, 150 famiglie € 850 e 100 famiglie € 1100. Costruisci la distribuzione di probabilità e la funzione di ripartizione della variabile che indica la spesa media alimentare e calcola qual è la probabilità che si spendano non più di € 850. $\quad [600, 700, \ldots; 0,45, 0,3, \ldots; 0,45, 0,75, \ldots; 0,9]$

15 Un'urna contiene i 90 numeri del lotto. Si estrae una pallina. Considera la variabile casuale X = «esce un numero multiplo di 6», assegnando valore 1 se l'evento si verifica e valore 0 in caso contrario. Determina la distribuzione di probabilità e la funzione di ripartizione. $\quad \left[0, 1; \frac{5}{6}, \frac{1}{6}; \frac{5}{6}, 1\right]$

16 Due concorrenti tirano contemporaneamente a un bersaglio. Il primo ha la probabilità di colpirlo del 90% e il secondo del 70%. Determina la distribuzione di probabilità della variabile casuale relativa a quante volte viene colpito il bersaglio. $\quad [0, 1, 2; 0,03, 0,34, 0,63]$

Operazioni sulle variabili casuali ▶ Teoria a p. α42

17 COMPLETA Data la variabile casuale:

X	10	20	30	40
f_X	0,25	0,18	0,44	0,13

completa le seguenti tabelle.

$X+15$	25			
f_{X+15}				

$\frac{1}{2}X$	5			
$f_{\frac{1}{2}X}$				

18 ESERCIZIO GUIDA La variabile casuale X indica il numero delle giornate di assenza per malattia degli impiegati di un'azienda in una settimana e ha la seguente distribuzione di probabilità rilevata statisticamente.

X	0	1	2	3	4	5
f_X	0,49	0,18	0,12	0,1	0,09	0,02

a. Determiniamo le distribuzioni di probabilità delle variabili $2X$, $X-3$ e $5X+1$.

b. Consideriamo la variabile casuale Y che indica il numero delle giornate di assenza degli impiegati per motivi diversi dalla malattia, avente la seguente distribuzione di probabilità.

Y	0	1	2
f_Y	0,9	0,08	0,02

Determiniamo la distribuzione di probabilità della somma $X+Y$ supponendo che le variabili X e Y siano indipendenti.

a. La variabile casuale $2X$ assume i valori di X moltiplicati per 2, con le stesse probabilità.

$2X$	0	2	4	6	8	10
f_{2X}	0,49	0,18	0,12	0,1	0,09	0,02

Paragrafo 1. Variabili casuali discrete e distribuzioni di probabilità

La variabile casuale $X - 3$ assume i valori di X sommati alla costante -3, con la stessa distribuzione delle probabilità.

$X-3$	-3	-2	-1	0	1	2
f_{X-3}	0,49	0,18	0,12	0,1	0,09	0,02

La variabile casuale $5X + 1$ assume i valori di X moltiplicati per 5 e sommati a 1; le probabilità non cambiano.

$5X+1$	1	6	11	16	21	26
f_{5X+1}	0,49	0,18	0,12	0,1	0,09	0,02

b. Costruiamo la tabella della distribuzione congiunta. Poiché le variabili sono indipendenti, le coppie di eventi «$X = i$» e «$Y = j$» sono indipendenti per ogni $i = 0, 1, ..., 5$ e $j = 0, 1, 2$, quindi la probabilità dell'intersezione dei due eventi è uguale al prodotto delle probabilità.

X \ Y	0	1	2	f_X
0	0,441	0,0392	0,0098	0,49
1	0,162	0,0144	0,0036	0,18
2	0,108	0,0096	0,0024	0,12
3	0,09	0,008	0,002	0,1
4	0,081	0,0072	0,0018	0,09
5	0,018	0,0016	0,0004	0,02
f_Y	0,9	0,08	0,02	1

$p((X = 0) \cap (Y = 2)) = p(X = 0) \cdot p(Y = 2)$

Abbiamo perciò per esempio:

$p(X + Y = 0) = p((X = 0) \cap (Y = 0)) = 0,441;$

$p(X + Y = 1) = p((X = 1) \cap (Y = 0)) + p((X = 0) \cap (Y = 1)) = 0,162 + 0,0392 = 0,2012.$

Proseguendo in questo modo otteniamo la distribuzione di $X + Y$.

$X+Y$	0	1	2	3	4	5	6	7
f_{X+Y}	0,441	0,2012	0,1322	0,1032	0,0914	0,0272	0,0034	0,0004

Considera la variabile casuale X avente la seguente distribuzione di probabilità.

X	1	2	5	8	9	12
f_X	0,42	0,08	0,15	0,02	0,23	0,1

Determina le distribuzioni di probabilità delle variabili indicate.

19 a. $4X$ b. $X + 6$ c. $X - 2$

20 a. $3X + 8$ b. $-2X + 1$ c. $4X + 2$

Capitolo α2. Distribuzioni di probabilità

21 Considera le variabili casuali indipendenti X e Y aventi le seguenti distribuzioni di probabilità.

X	2	3	4
f_X	0,2	0,3	0,5

Y	1	2	3	5
f_Y	0,1	0,2	0,4	0,3

Costruisci la tabella delle probabilità congiunte e quindi la distribuzione di probabilità della variabile casuale $X + Y$.
[3, 4, …, 9; 0,02, 0,07, …, 0,15]

---

22 **COMPLETA** la seguente tabella determinando la distribuzione congiunta, sapendo che le variabili X e Y sono indipendenti.

X \ Y	2	3	6	f_X
3	☐	☐	☐	0,3
4	☐	☐	☐	0,6
5	☐	☐	☐	0,1
f_Y	0,2	0,1	0,7	1

Determina la distribuzione di probabilità della variabile casuale $X + Y$.
[5, 6, …, 11; 0,06, 0,15, …, 0,07]

23 **COMPLETA** la tabella della seguente distribuzione congiunta di X e Y.

X \ Y	0	1	4	f_X
1	0,35	0,1	0,05	☐
2	0,21	0,06	0,03	☐
3	0,14	0,04	0,02	☐
f_Y	☐	☐	☐	1

Stabilisci se X e Y sono indipendenti e determina la distribuzione di probabilità della loro somma.
[indip.; 1, 2, …, 7; 0,35, 0,31, …, 0,02]

2 Valori caratterizzanti una variabile casuale discreta
▶ Teoria a p. α46

Valore medio, varianza e deviazione standard

24 **VERO O FALSO?**

a. Il valore medio permette di fare una previsione teorica sul risultato di un esperimento aleatorio. V F
b. Il valore medio coincide sempre con uno dei valori assunti dalla variabile X. V F
c. La varianza è un valore che indica il grado di dispersione dei valori di una variabile X rispetto al suo valore medio. V F
d. Date due variabili X e Y con uguale valore medio, ha valori più vicini al valore medio quella con varianza maggiore. V F
e. Il valore medio della variabile scarto è sempre uguale a 0. V F

25 **ESERCIZIO GUIDA** Un'urna contiene 5 palline che portano i numeri 1, 2, 3, 6 e 7. Estraiamo consecutivamente due palline senza rimettere nell'urna la pallina estratta per prima, e consideriamo come variabile casuale X il valore del minore tra i due numeri estratti. Calcoliamo il valore medio, la varianza e la deviazione standard di X.

Troviamo la distribuzione di probabilità della variabile casuale X.
La variabile X può assumere i valori 1, 2, 3, 6.
L'evento «$X = 1$» si verifica se una delle due palline estratte ha il numero 1; quindi:

$$p(X=1) = \frac{\binom{1}{1}\binom{4}{1}}{\binom{5}{2}} = \frac{4}{10} = \frac{2}{5}.$$

Paragrafo 2. Valori caratterizzanti una variabile casuale discreta

Procedendo allo stesso modo abbiamo la seguente distribuzione.

X	1	2	3	6
f_X	$\frac{2}{5}$	$\frac{3}{10}$	$\frac{1}{5}$	$\frac{1}{10}$

Il valore medio di X è:

$$M(X) = 1 \cdot \frac{2}{5} + 2 \cdot \frac{3}{10} + 3 \cdot \frac{1}{5} + 6 \cdot \frac{1}{10} = \frac{11}{5} = 2,2.$$

$M(X) = x_1 p_1 + x_2 p_2 + \ldots + x_n p_n$

Per determinare la varianza, consideriamo la variabile casuale degli scarti dalla media.

X − M(X)	−1,2	−0,2	0,8	3,8
$f_{X-M(X)}$	$\frac{2}{5}$	$\frac{3}{10}$	$\frac{1}{5}$	$\frac{1}{10}$

$var(X) = [x_1 - M(X)]^2 p_1 + [x_2 - M(X)]^2 p_2 + \ldots +$
$+ [x_n - M(X)]^2 p_n$

Il valore medio dei *quadrati* degli scarti è la varianza di X:

$$var(X) = 1,44 \cdot \frac{2}{5} + 0,04 \cdot \frac{3}{10} + 0,64 \cdot \frac{1}{5} + 14,44 \cdot \frac{1}{10} = 2,16.$$

Dalla varianza si ottiene la deviazione standard:

$$\sigma(X) = \sqrt{var(X)} = \sqrt{2,16} \simeq 1,47.$$

La variabile casuale considerata è caratterizzata dal valore di sintesi $\mu = 2,2$ e dal valore di dispersione $\sigma^2 = 2,16$.

Per ognuno dei seguenti esercizi determina il valore medio μ e la deviazione standard σ che caratterizzano la variabile casuale.

26 Si lancia un dado regolare. Variabile casuale: X = «valore della faccia del dado che è uscita». [3,5; 1,708]

27 Si lancia tre volte una moneta regolare. Variabile casuale: X = «numero delle facce testa uscito».
[1,5; 0,866]

28 Si lanciano contemporaneamente due dadi regolari. Variabile casuale: X = «somma dei due punteggi usciti».
[7; 2,415]

29 In una lista di candidati all'elezione nel consiglio di istituto di una scuola ci sono cinque ragazzi aventi le seguenti età: uno di 14 anni, uno di 15, uno di 16, uno di 17, uno di 18. Per scegliere il capolista, si estraggono contemporaneamente due nomi, ma si tiene conto solo di quello con età maggiore. Variabile casuale: X = «età maggiore ottenuta». [17; 1]

30 In una classe ci sono 13 maschi e 15 femmine. Si estraggono a caso e contemporaneamente i nomi di due ragazzi. Variabile casuale: X = «valore 1 se escono due femmine e valore 0 in caso contrario».
[0,278; 0,4478]

31 Le vendite di un prodotto espresse in kg sono previste secondo la seguente distribuzione di probabilità.

Quantità venduta (kg)	60	80	100	120
Probabilità	0,2	0,3	0,35	0,15

Determina la quantità media, in kilogrammi, che si prevede di vendere e la deviazione standard. [89; 19,47]

Capitolo α2. Distribuzioni di probabilità

32 Una macchina durante un ciclo di lavorazione produce pezzi in 5 lotti da 10. Se durante la produzione di un lotto ci sono problemi, tutti i 10 pezzi risultano difettosi. Il numero di pezzi difettosi per ciclo ha la seguente distribuzione di probabilità.

Pezzi difettosi	10	20	30	40	50
Probabilità	0,4	0,3	0,2	0,05	0,05

Determina il numero medio dei pezzi difettosi, la deviazione standard e la probabilità che la macchina produca non più di 20 pezzi difettosi. [20,5; 11,17 circa; 0,7]

33 In un'impresa i dipendenti hanno la facoltà di entrare con una flessibilità oraria di mezz'ora. Una rilevazione statistica ha mostrato la seguente distribuzione di probabilità.

Numero minuti	5	10	15	20	25	30
Probabilità	$\frac{2}{25}$	$\frac{7}{50}$	$\frac{9}{25}$	$\frac{1}{10}$	$\frac{3}{25}$	$\frac{1}{5}$

Determina il tempo medio e la deviazione standard. [18,2; 7,795]

REALTÀ E MODELLI

34 **Investimenti rischiosi** Un investimento in Borsa determina guadagni o perdite con diverse probabilità. Sono considerati interessanti sia i guadagni medi, sia il rischio dell'investimento. Un indicatore di rischio è la varianza: maggiore è la varianza, più rischioso è l'investimento.

Anita può scegliere tra i due seguenti investimenti.

INVESTIMENTO A

Guadagno (€)	3000	6000	9000	−2000	−1500
Probabilità	0,3	0,25	0,1	0,25	0,1

INVESTIMENTO B

Guadagno (€)	2000	7000	10 000	−5000	−400
Probabilità	0,2	0,3	0,1	0,15	0,25

a. Qual è il guadagno medio per ciascun investimento?
b. Se Anita ha una bassa propensione al rischio, quale dei due investimenti deve scegliere?

[a) € 2650; b) A]

35 **Qualità media** Da un controllo sulle magliette prodotte da un'azienda, risulta che il 2% delle magliette contiene due difetti, il 3,5% un solo difetto e le rimanenti nessun difetto. Si decide di rivedere il ciclo produttivo nel caso in cui la deviazione standard del numero di difetti risulti maggiore di 0,5. In base all'ultimo controllo, sarà necessario rivedere il ciclo produttivo? [no, σ = 0,331]

36 Un'urna contiene i 90 numeri del lotto. Si estrae una pallina. Samuel vince € 4 nel caso esca un multiplo di 8 e perde € 1 in caso contrario. Indicando con X la variabile che rappresenta i guadagni di Samuel, quali sono la vincita media di Samuel e la deviazione standard delle vincite? [≃ € −0,4; ≃ € 1,64]

37 Un'urna contiene 24 palline di cui 12 con il numero uno, 6 con il numero due, 3 con il numero tre, 2 con il numero quattro e 1 con il numero cinque. Quando si estrae una pallina, si vince o si perde una somma (in euro) corrispondente al numero indicato sulla pallina: se il numero è pari si vince, se il numero è dispari si perde. Quali sono la vincita media e la deviazione standard? [€ −0,25; ≃ € 2,22]

Paragrafo 2. Valori caratterizzanti una variabile casuale discreta

38 **YOU & MATHS** Two fair dice are thrown. If the scores are unequal, the larger of the two scores is recorded. If the scores are equal, then that score is recorded. Let X be the number recorded.
a. Draw up a table showing the probability distribution of X and show that $p(X = 3) = \frac{5}{36}$.
b. Find the mean and the variance of X.
[b) 4,472; 1,97]

Proprietà del valore medio e della varianza

39 **TEST** Una variabile casuale X ha valore medio $\mu = 2$ e varianza $\sigma^2 = 0{,}09$. La variabile casuale $2 \cdot X + 3$ ha valore medio e varianza:

| A | 4 e 0,36. | B | 4 e 0,12. | C | 7 e 0,09. | D | 7 e 0,36. | E | 4 e 0,39. |

40 Considera la seguente distribuzione di probabilità di una variabile casuale X.

X	−4	−2	5	8	10
f	0,25	0,10	0,20	0,15	0,30

$M(hX + k) = hM(X) + k$
$var(hX + k) = h^2 var(X)$

Calcola il valore medio e la varianza delle variabili casuali $X_1 = 2X$ e $X_2 = 2X + 8$. [X_1: 8; 132; X_2: 16; 132]

41 Calcola il valore medio e la varianza della variabile casuale X avente la seguente distribuzione di probabilità.

X	4	6	11	18	25
f	0,25	0,10	0,20	0,15	0,30

Determina, applicando le relative proprietà, il valore medio e la varianza delle seguenti variabili casuali aventi la stessa distribuzione di probabilità.

a.
| Y | 0 | 2 | 7 | 14 | 21 |

b.
| T | 0 | 4 | 14 | 28 | 42 |

c.
| W | 2 | 3 | 5,5 | 9 | 12,5 |

[a) 10; 71,9; b) 20; 287,6; c) 7; 17,975]

42 Un'urna contiene 5 palline con il numero due, 3 palline con l'otto e 2 con il venti. Dopo aver costruito la variabile casuale X = «numero della pallina che si ottiene dopo un'estrazione», calcola il valore medio e la varianza di X e della variabile casuale X + X = «somma dei numeri di due palline estratte consecutivamente con reimmissione della prima estratta nell'urna». [7,4; 46,44; 14,8; 92,88]

43 **REALTÀ E MODELLI** **Fotocopiatrici e affari** Andrea è rappresentante di un'azienda che vende macchine fotocopiatrici. Dall'analisi dello storico delle vendite, Andrea nota che nel mese di agosto gli affari calano sensibilmente rispetto al resto dell'anno. La variabile aleatoria che rappresenta il numero di fotocopiatrici vendute in agosto ha la distribuzione di probabilità rappresentata in tabella.

X	0	1	2	3	4	5	6
f	0,03	0,14	0,22	0,26	0,17	0,12	0,06

a. Considerando che, con le stesse probabilità, Andrea nel mese di settembre pensa di triplicare il numero di fotocopiatrici vendute, determina il numero medio e la deviazione standard delle vendite nel mese di settembre.
b. Sapendo che il guadagno di Andrea dipende dal numero X di fotocopiatrici vendute secondo la relazione $G = 750 + 150X$, stima il guadagno atteso da Andrea nel mese di settembre.

[a) 9; ≃ 4,49; b) € 2100]

Capitolo α2. Distribuzioni di probabilità

44 **ESERCIZIO GUIDA** Date due variabili casuali dipendenti X e Y aventi le probabilità congiunte indicate in tabella, calcoliamo il valore medio e la varianza della somma $X + Y$ e la covarianza di X e Y.

X \ Y	3	4	7	9
3	0	$\frac{1}{33}$	$\frac{1}{66}$	$\frac{5}{132}$
4	$\frac{1}{33}$	$\frac{1}{11}$	$\frac{2}{33}$	$\frac{5}{33}$
7	$\frac{1}{66}$	$\frac{2}{33}$	$\frac{1}{66}$	$\frac{5}{66}$
9	$\frac{5}{132}$	$\frac{5}{33}$	$\frac{5}{66}$	$\frac{5}{33}$

Troviamo la distribuzione di X:

$$p(X=3) = 0 + \frac{1}{33} + \frac{1}{66} + \frac{5}{132} = \frac{1}{12}; \qquad p(X=4) = \frac{1}{33} + \frac{1}{11} + \frac{2}{33} + \frac{5}{33} = \frac{1}{3};$$

$$p(X=7) = \frac{1}{66} + \frac{2}{33} + \frac{1}{66} + \frac{5}{66} = \frac{1}{6}; \qquad p(X=9) = \frac{5}{132} + \frac{5}{33} + \frac{5}{66} + \frac{5}{33} = \frac{5}{12}.$$

Poiché Y assume gli stessi valori di X e le colonne sono uguali alle righe corrispondenti, Y ha la stessa distribuzione di X.

Il valore medio e la varianza delle due variabili sono: $\mu_X = \mu_Y = 6{,}5$ e $\sigma^2_X = \sigma^2_Y = 5{,}75$.

Calcoliamo la media μ della variabile casuale $X + Y$:

$$\mu = M(X+Y) = \mu_X + \mu_Y = 6{,}5 + 6{,}5 = 13. \qquad \boxed{M(X+Y) = M(X) + M(Y)}$$

Poiché X e Y sono dipendenti, la varianza di $X + Y$ non è la somma delle varianze. Utilizziamo la distribuzione congiunta per determinare $cov(X, Y)$ e poi usiamo la covarianza per trovare $var(X + Y)$.

Troviamo la covarianza calcolando:

- gli scarti dei valori della variabile X;
- gli scarti dei valori della variabile Y;
- la somma dei prodotti degli scarti per le rispettive probabilità congiunte.

Nella tabella seguente sono esposti i calcoli effettuati.

$X-\mu_X$ \ $Y-\mu_Y$	−3,5	−2,5	0,5	2,5	Σ
−3,5	0	0,2652	−0,0265	−0,3314	−0,0927
−2,5	0,2652	0,5682	−0,0758	−0,9470	−0,1894
0,5	−0,0265	−0,0758	0,0038	0,0947	−0,0038
2,5	−0,3314	−0,9470	0,0947	0,9470	−0,2367
					−0,5226

$(-3{,}5) \cdot (-2{,}5) \cdot \frac{1}{33}$

$0 + 0{,}2652 - 0{,}0265 - 0{,}3314$

$cov(X, Y)$

$-0{,}0927 - 0{,}1894 - 0{,}0038 - 0{,}2367$

Troviamo la varianza della somma $X + Y$:

$$var(X+Y) = 5{,}75 + 5{,}75 + 2 \cdot (-0{,}5226) = 10{,}4548.$$

$\boxed{var(X+Y) = var(X) + var(Y) + 2 \cdot cov(X, Y)}$

Paragrafo 3. Distribuzioni di probabilità di uso frequente

45 **COMPLETA** la seguente tabella delle probabilità congiunte e marginali di due variabili casuali X e Y.

X \ Y	1	2	3	5	f_X
2	0,01	0,03	0,07	0,09	
3	0,02	0,07	0,03	0,18	
4	0,07	0,10	0,30	0,03	
f_Y					1

Determina la distribuzione di probabilità della variabile casuale $X + Y$. Verifica che X e Y sono dipendenti. Calcola il valore medio e la varianza di X, Y e $X + Y$. Determina la covarianza di X e Y in due modi diversi.

[3, 4, ..., 9; 0,01, 0,05, ..., 0,03; 3,3, 0,61; 3,2, 1,76; 6,5, 1,63; −0,37]

46 **COMPLETA** la seguente tabella delle probabilità congiunte e marginali di due variabili casuali X e Y.

X \ Y	0	1	2	f_X
0	0,45	0,03	0,01	
1	0,16	0,015	0,005	
2	0,11	0,008	0,002	
3	0,08	0,018	0,002	
4	0,0812	0,008	0,0008	
5	0,0188	0,001	0,0002	
f_Y				1

Stabilisci se le variabili sono dipendenti. Calcola il valore medio e la varianza di X, Y e $X + Y$. Calcola la covarianza di X e Y.
[dipendenti; 1,18, 2,1076; 0,12, 0,1456; 1,3, 2,2908; 0,0188]

EUREKA!

47 Si lanciano due dadi. Indichiamo con X la variabile che rappresenta l'esito sul primo dado e con Y la variabile che rappresenta la somma degli esiti sui due dadi. Determina la media e la varianza di $X + Y$ e la covarianza di X e Y. [10,5; 14,6; 2,92]

48 La variabile casuale X ha valore medio 1 e varianza 16. La variabile Y ha valore medio -3 e varianza 9. Inoltre si ha che $cov(X, Y) = 3$. Calcola $var(X + Y)$ e $M[(X + Y)^2]$.

3 Distribuzioni di probabilità di uso frequente

Distribuzione uniforme discreta

▶ Teoria a p. α50

49 **ESERCIZIO GUIDA** Un'urna contiene 30 palline numerate da 1 a 30. Consideriamo la variabile casuale X che rappresenta il resto della divisione tra il numero presente sulla pallina estratta e il numero 6.
Determiniamo la distribuzione di probabilità, la funzione di ripartizione, il valore medio, la varianza e la deviazione standard di X.

I possibili resti della divisione con divisore 6 sono 0, 1, 2, 3, 4, 5 e ognuno di questi valori ha probabilità costante di verificarsi pari a $p = \dfrac{5}{30} = \dfrac{1}{6}$. Infatti i numeri sulle palline che divisi per 6 danno resto 1 sono: 1, 7, 13, 19, 25; i numeri che divisi per 6 danno resto 2 sono: 2, 8, 14, 20, 26; e così via.

Capitolo α2. Distribuzioni di probabilità

Abbiamo una **distribuzione uniforme**

X	0	1	2	3	4	5
f	$\frac{1}{6}$	$\frac{1}{6}$	$\frac{1}{6}$	$\frac{1}{6}$	$\frac{1}{6}$	$\frac{1}{6}$
F	$\frac{1}{6}$	$\frac{1}{3}$	$\frac{1}{2}$	$\frac{2}{3}$	$\frac{5}{6}$	1

con i seguenti valori di media, varianza e deviazione standard:

$$\mu = \frac{0+1+2+3+4+5}{6} = \frac{15}{6} = 2{,}5;$$

$$\sigma^2 = \frac{(0-2{,}5)^2 + (1-2{,}5)^2 + (2-2{,}5)^2 + (3-2{,}5)^2 + (4-2{,}5)^2 + (5-2{,}5)^2}{6} = \frac{17{,}5}{6} = 2{,}91\overline{6};$$

$$\sigma = \sqrt{2{,}91\overline{6}} \simeq 1{,}708.$$

50 Viene lanciato un dado regolare. Determina la distribuzione di probabilità della variabile casuale X = «valore della faccia» e calcola il valore medio, la varianza e la deviazione standard. Determina la probabilità di ottenere un numero inferiore a 4. [3,5; 2,917; 1,708; 0,5]

51 **AL VOLO** Una variabile casuale X può assumere tutti i valori naturali da 1 a 1000 e ha distribuzione uniforme. Trova il valore medio e la varianza della variabile $\frac{X}{4}$.

52 **RIFLETTI SULLA TEORIA** È possibile che una variabile casuale discreta X con distribuzione uniforme assuma come valori tutti i numeri naturali pari? Perché?

53 **LEGGI IL GRAFICO** Considera il grafico della funzione di ripartizione della variabile casuale X. Stabilisci i valori assunti da X e la sua distribuzione di probabilità.

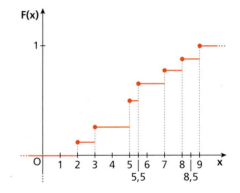

Distribuzione binomiale

▶ Teoria a p. α52

54 **ESERCIZIO GUIDA** Vengono lanciate contemporaneamente quattro monete non regolari. La probabilità di uscita della faccia testa è $\frac{2}{3}$ e quella di uscita della faccia croce è $\frac{1}{3}$.

a. Determiniamo la distribuzione di probabilità e la funzione di ripartizione della variabile casuale X che esprime il numero di croci uscite.
b. Calcoliamo la probabilità che il valore della variabile casuale X non superi il valore 2.
c. Calcoliamo la probabilità che il valore della variabile casuale X superi il valore 1.
d. Troviamo il valore medio e la varianza di X.

a. Il numero di volte che la faccia croce può comparire varia da 0 a 4. La probabilità che esca croce, che consideriamo il successo, è $p = \frac{1}{3}$, quindi:

$$p(X=x) = \binom{n}{x} p^x (1-p)^{n-x}$$

$$p(X=0) = \binom{4}{0}\left(\frac{1}{3}\right)^0 \left(\frac{2}{3}\right)^4 = \frac{16}{81} \rightarrow \text{nessuna croce (e quattro teste);}$$

$$p(X=1) = \binom{4}{1}\left(\frac{1}{3}\right)\left(\frac{2}{3}\right)^3 = \frac{32}{81} \rightarrow \text{una croce (e tre teste);}$$

Paragrafo 3. Distribuzioni di probabilità di uso frequente

$$p(X = 2) = \binom{4}{2}\left(\frac{1}{3}\right)^2\left(\frac{2}{3}\right)^2 = \frac{8}{27} \quad \rightarrow \quad \text{due croci (e due teste);}$$

$$p(X = 3) = \binom{4}{3}\left(\frac{1}{3}\right)^3\left(\frac{2}{3}\right) = \frac{8}{81} \quad \rightarrow \quad \text{tre croci (e una testa);}$$

$$p(X = 4) = \binom{4}{4}\left(\frac{1}{3}\right)^4\left(\frac{2}{3}\right)^0 = \frac{1}{81} \quad \rightarrow \quad \text{quattro croci (e nessuna testa).}$$

La distribuzione di probabilità e la funzione di ripartizione della variabile casuale X sono le seguenti.

X	0	1	2	3	4
f	$\frac{16}{81}$	$\frac{32}{81}$	$\frac{8}{27}$	$\frac{8}{81}$	$\frac{1}{81}$
F	$\frac{16}{81}$	$\frac{16}{27}$	$\frac{8}{9}$	$\frac{80}{81}$	1

b. $p(X \leq 2) = F(2) = \frac{8}{9}$.

c. $p(X > 1) = 1 - F(1) = 1 - \frac{16}{27} = \frac{11}{27}$.

d. La variabile casuale X è binomiale di parametri $n = 4$ e $p = \frac{1}{3}$, quindi:

$M(X) = \frac{4}{3}$;

$\text{var}(X) = 4 \cdot \frac{1}{3} \cdot \frac{2}{3} = \frac{8}{9}$.

$M(X) = np$
$\text{var}(X) = np(1 - p)$

55 Supponendo equiprobabile la nascita di un maschio e di una femmina, considera la variabile casuale X = «numero dei figli maschi» in famiglie aventi quattro figli. Calcola il valore medio, la varianza e la deviazione standard di X e la probabilità che in una famiglia vi sia almeno un figlio maschio. [2; 1; 1; 0,9375]

56 Da un'analisi di mercato è risultato che il 32% della popolazione usa il prodotto A. In un gruppo di 12 persone considera la variabile casuale X = «numero di persone che usa il prodotto A» e determina il valore medio, la varianza e la deviazione standard. Calcola la probabilità che le persone che usano detto prodotto sia un numero compreso tra 2 e 5. [3,84; 2,611; 1,616; 0,783]

57 **REALTÀ E MODELLI** **Tiratore alla prova** Gianni è un appassionato di tiro a segno che ha la probabilità di colpire un bersaglio del 98%. A una gara di qualificazione ha a disposizione 8 tiri.

a. Quali sono il valore medio e la varianza del numero dei bersagli colpiti durante la gara?
b. Per qualificarsi non deve fare alcun errore, cioè deve colpire sempre il bersaglio. Qual è la probabilità che Gianni si qualifichi?
[a) 7,84; 0,1568; b) 0,8508]

58 Da una statistica è risultato che lo 0,32% della popolazione possiede un terrario con rettili. In un gruppo di 12 persone qual è la probabilità che ci siano più di 2 e meno di 5 proprietari di rettili? [0,000007]

59 **REALTÀ E MODELLI** **Assicurati** Un'agenzia di una compagnia di assicurazione ha rilevato che, su 300 assicurati nel corso dell'anno precedente, 120 hanno denunciato un sinistro. Nel primo mese dell'anno nuovo si sono avuti 25 nuovi assicurati.

a. Qual è il valore medio del numero dei nuovi assicurati che denunceranno un sinistro?
b. Qual è la probabilità che al più 4 dei nuovi assicurati denuncino un sinistro?
[a) 10; b) 0,0095]

60 Si lancia un dado regolare 6 volte. Determina la distribuzione di probabilità della variabile casuale X = «numero delle volte di uscita di una faccia con un numero dispari» e calcola il valore medio, la varianza, la deviazione standard. Rappresenta graficamente la distribuzione e calcola la probabilità che un numero dispari si presenti al massimo 4 volte. [3; 1,5; 1,225; 0,89]

Capitolo α2. Distribuzioni di probabilità

61 Un produttore di bulbi garantisce la fioritura al 90% avendo constatato sperimentalmente che il 5% di essi non germoglia. I bulbi che pone in commercio sono confezionati in scatole da 40 unità. Quali sono il valore medio e la deviazione standard del numero di bulbi non fioriti in una scatola e qual è la probabilità che una confezione non raggiunga il livello garantito? [2; 1,378; 0,048]

62 **REALTÀ E MODELLI** **Bianco o nero?** Alberto e Beatrice si sfidano al seguente gioco. Beatrice ha davanti a sé una normale scacchiera di $8 \times 8 = 64$ caselle bianche e nere e una sola pedina; a ogni turno di gioco Beatrice colloca la pedina in una casella a suo piacimento e chiede ad Alberto, che non può vedere la scacchiera, di indovinare il colore della casella occupata. Ogni turno di gioco dura esattamente 10 secondi. Il gioco prosegue per 5 minuti.

a. Qual è la probabilità, in percentuale approssimata al primo decimale, che Alberto indovini il colore *esattamente* 20 volte?

b. Qual è, in percentuale, la probabilità che Alberto lo indovini *almeno* 10 volte?

c. Qual è la probabilità, espressa in frazione dell'unità, che Alberto non indovini mai il colore della casella?

$$\left[\text{a) } 2{,}8\%;\ \text{b) } 97{,}9\%;\ \text{c) } \frac{1}{2^{30}} = \frac{1}{1\,073\,741\,824} \right]$$

MATEMATICA E STORIA

999 palline bianche e nere L'astronomo e statistico belga Lambert-Adolphe-Jacques Quetelet (1796-1874), in una sua pubblicazione del 1846, esaminò la situazione di un'urna contenente un gran numero di palline, metà delle quali bianche, le altre nere. Considerò l'estrazione casuale di 999 palline e determinò la probabilità di ottenere 500 palline nere (e 499 bianche), 501 nere, 502 nere e così via. Dato che la distribuzione è simmetrica, calcolò effettivamente solo i valori corrispondenti ai casi con più palline nere che bianche.

a. Esprimi la probabilità $P(n)$ di ottenere n palline nere, supponendo di estrarre in tutto 999 palline, con reinserimento della pallina estratta.

La determinazione di $P(n)$ per ogni n avrebbe richiesto calcoli davvero gravosi, così Quetelet abbreviò la procedura calcolando le probabilità relative, cioè pose il valore di $P(500)$ uguale a 1.

b. Esprimi $P(n+1)$ in funzione di $P(n)$ e verifica che $P(501) = \frac{499}{501} \cdot P(500)$.

c. Considerando l'ipotesi $P(500) = 1$, determina, come fece Quetelet, i valori approssimati alla sesta cifra decimale di $P(501)$ e $P(502)$.

☐ Risoluzione – Esercizio in più

Distribuzione di Poisson

▶ Teoria a p. α53

63 **ESERCIZIO GUIDA** Un'edizione di *Guerra e pace* di Tolstoj è composta da 2500 pagine. Si è constatato che la probabilità che una pagina contenga almeno un refuso, e quindi vada ristampata, è dello 0,002. Determiniamo il numero medio di pagine da ristampare in tutto il libro e la probabilità di dover ristampare un numero di pagine superiore o uguale alla media.

La variabile X che conta il numero delle pagine da ristampare è, a priori, una binomiale di parametri $n = 2500$ e $p = 0{,}002$.
Il numero medio di pagine da ristampare è quindi:

$$M(X) = 2500 \cdot 0{,}002 = 5.$$

Poiché n è molto grande e p è molto piccolo, possiamo considerare la variabile X con distribuzione di Poisson di parametro $\lambda = 5$.
Pertanto:

$$p(X = x) = \frac{\lambda^x}{x!} e^{-\lambda}$$

$$p(X \geq 5) = 1 - p(X < 5) = 1 - [p(X=0) + p(X=1) + p(X=2) + p(X=3) + p(X=4)] =$$

$$1 - \left[e^{-5} + 5e^{-5} + \frac{5^2}{2} e^{-5} + \frac{5^3}{3!} e^{-5} + 5^4 \frac{e^{-5}}{4!} \right] \simeq 1 - 0{,}44 = 0{,}56.$$

Paragrafo 3. Distribuzioni di probabilità di uso frequente

64 Un esame di laboratorio, effettuato su 20 000 campioni, fornisce un risultato non attendibile nello 0,01% dei casi. Considera la variabile casuale X = «numero dei risultati non corretti» e determina il numero medio degli esami con risultato non corretto, la varianza e la deviazione standard. Calcola la probabilità che il risultato non sia corretto per non più del numero medio determinato. $[2; 2; 1,414; 0,677]$

65 Un'azienda che produce bulloni ha osservato che l'1% dei bulloni prodotti è fuori standard per misura o peso. L'azienda vende i bulloni in lotti da 500 pezzi. Qual è il numero medio di pezzi fuori standard in un lotto? Usando la distribuzione di Poisson calcola la probabilità che in un lotto ci siano:
   a. un numero di bulloni difettosi superiore a metà del numero medio (estremi esclusi);
   b. un numero di bulloni difettosi inferiore al numero medio (estremi esclusi). $[a) 0,88; b) \simeq 0,44]$

REALTÀ E MODELLI

66 Overbooking Una compagnia aerea ha valutato che il 4% di coloro che prenotano un volo non si presenta o non riesce ad arrivare in tempo al check-in. Perciò decide di praticare l'*overbooking*, cioè di accettare un numero di prenotazioni superiore a quello dei posti disponibili.
   a. Su 450 prenotazioni accettate, quante persone mediamente non si presenteranno?
   b. Usando la distribuzione di Poisson, calcola la probabilità, su 450 prenotazioni, che la compagnia debba far restare a terra almeno 8 passeggeri per un volo con 440 posti a disposizione.
   (**SUGGERIMENTO** Vuol dire che si sono presentate almeno 448 persone.) $[a) 18; b) \simeq 2,76 \cdot 10^{-6}]$

67  **Le ferrovie vicentine** La stazione di Vicenza è aperta dalle 6:00 alle 24:00; in questa fascia oraria arrivano 216 treni.
   a. Utilizzando una variabile di Poisson, calcola la probabilità che tra le 16:00 e le 16:30 arrivino almeno 3 treni.
   b. In realtà, per agevolare la mobilità degli studenti, nella fascia oraria compresa tra le 6:00 e le 8:00 arrivano a Vicenza 15 treni l'ora. Questa nuova informazione modifica la probabilità calcolata precedentemente? $[a) \simeq 0,938; b) \text{ sì: } \simeq 0,929]$

68 A un call center arrivano mediamente 20 telefonate all'ora. Modellizzando il numero di telefonate in entrata con una variabile di Poisson, calcola la probabilità che in 15 minuti arrivino più di 4 telefonate e meno di 6. $[\simeq 0,18]$

69 A un servizio di autolavaggio automatico, aperto 24 ore su 24, arrivano in media 42 macchine ogni giorno.
   a. Determina il valore medio e la varianza della distribuzione relativa al numero di auto all'ora.
   Calcola la probabilità che in un'ora:
   b. non arrivi alcun veicolo;
   c. ne arrivino 2;
   d. ne arrivino almeno 2.

$[a) 1,75; 1,75; b) 0,174; c) 0,266; d) 0,522]$

4 Variabili casuali standardizzate

▶ Teoria a p. α55

70 **TEST** Una variabile aleatoria X ha valore medio 12,3 con deviazione standard 1,8. Al valore $x = 8,3$ corrisponde il valore della variabile standardizzata Z:

A $-2,2$.   B $4,25$.   C $0,53$.   D $0,45$.   E $11,44$.

71 **ESERCIZIO GUIDA** La variabile casuale X ha la seguente distribuzione.

X	0	1	2
f_X	0,25	0,5	0,25

Determiniamo la distribuzione della variabile standardizzata Z.

Troviamo il valore medio e la deviazione standard di X.

$$\mu = M(X) = 0 \cdot 0,25 + 1 \cdot 0,5 + 2 \cdot 0,25 = 1$$

$$\sigma = \sqrt{var(X)} = \sqrt{0 \cdot 0,25 + 1 \cdot 0,5 + 4 \cdot 0,25 - 1^2} = \sqrt{0,5}$$

La standardizzata di X è:

$$Z = \frac{X-1}{\sqrt{0,5}}.$$

standardizzata di X: $Z = \dfrac{X - \mu}{\sigma}$

Quindi:

$$z_1 = \frac{x_1 - 1}{\sqrt{0,5}} = \frac{0-1}{\sqrt{0,5}} = -\sqrt{2}; \quad z_2 = \frac{x_2 - 1}{\sqrt{0,5}} = 0; \quad z_3 = \frac{2-1}{\sqrt{0,5}} = \sqrt{2}.$$

La distribuzione di Z è la seguente.

Z	$-\sqrt{2}$	0	$\sqrt{2}$
f_Z	0,25	0,5	0,25

Si verifica che:

$$M(Z) = -\sqrt{2} \cdot 0,25 + 0 \cdot 0,5 + \sqrt{2} \cdot 0,25 = 0;$$

$$\sigma(Z) = \sqrt{2 \cdot 0,25 + 0 \cdot 0,5 + 2 \cdot 0,25} = 1.$$

72 Trasforma la seguente variabile casuale X nella variabile casuale standardizzata Z e verifica che il valore medio è 0 e la deviazione standard è 1.

X	5	10	15	20	25
f	0,1	0,2	0,2	0,2	0,3

$[Z: -1,769; -1,032; ...]$

73 Una variabile aleatoria X ha media 6,3 e deviazione standard 2,1. Calcola i punti zeta per i seguenti valori della variabile: $x = 5,2$ e $x = 8,8$.

$[-0,52; 1,19]$

74 Una variabile casuale X ha valore medio 12,5 e varianza 4,41. Calcola i valori della variabile X a cui corrispondono i punti zeta -2 e 2,4.

$[8,3; 17,54]$

75 Una variabile casuale X ha valore medio 9,8 e per il valore $x = 6,3$ il punto zeta corrispondente è $z = -2,5$. Calcola la varianza di X.

$[1,96]$

Paragrafo 5. Variabili casuali continue

REALTÀ E MODELLI

76 **Studenti a confronto** In terza A il voto medio degli alunni in matematica è stato 7,3, con una deviazione standard di 2,8, e in terza B il voto medio è stato 6,8, con una deviazione standard di 1,2. Cristina, che è in terza A, ha come voto 6, mentre Sandro, in terza B, ha come voto 6,2. Rispetto all'andamento della classe, chi dei due ha il rendimento migliore? [Cristina]

77 **Stesso film, località diverse** Il venerdì sera, il numero medio di spettatori nella sala cinematografica di una cittadina è di 80 con una deviazione standard di 30, mentre in una seconda località è di 130 con una deviazione standard di 45. Viene proiettato lo stesso film e il numero degli spettatori è rispettivamente di 105 e 160. Determina in quale località il film ha avuto maggiore successo. $[z_1 = 0,83; z_2 = 0,67]$

5 Variabili casuali continue

78 **ESERCIZIO GUIDA** Dopo aver verificato che la seguente funzione è una funzione densità di probabilità, consideriamo in [0; 4] una variabile casuale continua X avente tale funzione densità.

$$f(x) = \begin{cases} 0 & \text{se } x < 0 \\ \frac{1}{8}x & \text{se } 0 \leq x \leq 4 \\ 0 & \text{se } x > 4 \end{cases}$$

a. Determiniamo la funzione di ripartizione $F(x)$ di X.
b. Rappresentiamo graficamente $f(x)$ e $F(x)$.
c. Calcoliamo $p(1 \leq X \leq 3)$.
d. Calcoliamo il valore medio e la varianza di X.

Verifichiamo che la funzione $f(x)$ è una funzione densità di probabilità:

$$f(x) \geq 0 \text{ in } \mathbb{R} \quad \text{e} \quad \int_{-\infty}^{+\infty} f(x)\,dx = \int_0^4 \frac{1}{8}x\,dx = \left[\frac{1}{8} \cdot \frac{x^2}{2}\right]_0^4 = 1.$$

a. Determiniamo la funzione di ripartizione $F(x)$:

$$F(x) = \int_{-\infty}^x f(t)\,dt = \int_0^x f(t)\,dt = \int_0^x \frac{1}{8}t\,dt = \left[\frac{1}{8} \cdot \frac{t^2}{2}\right]_0^x = \frac{x^2}{16}, \quad \text{per} \quad 0 \leq x \leq 4;$$

$F(x) = 0, \quad \text{per} \quad x < 0; \qquad F(x) = 1, \quad \text{per} \quad x > 4.$

b. Rappresentiamo graficamente le funzioni $f(x)$ e $F(x)$:

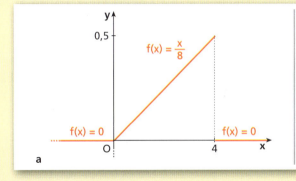
a

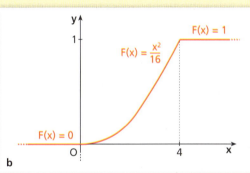
b

Capitolo α2. Distribuzioni di probabilità

c. Calcoliamo $p(1 \leq X \leq 3)$ in due modi, cioè mediante la funzione densità di probabilità o mediante la funzione di ripartizione:

$$p(1 \leq X \leq 3) = \int_1^3 \frac{1}{8} x \, dx = \left[\frac{x^2}{16}\right]_1^3 = \frac{9}{16} - \frac{1}{16} = \frac{1}{2};$$

$$p(1 \leq X \leq 3) = F(3) - F(1) = \frac{9}{16} - \frac{1}{16} = \frac{1}{2}.$$

d. Calcoliamo il valore medio di X:

$$M(X) = \int_{-\infty}^{+\infty} x \cdot f(x) \, dx = \int_0^4 x \cdot f(x) \, dx = \int_0^4 x \cdot \frac{1}{8} x \, dx = \left[\frac{1}{8} \cdot \frac{x^3}{3}\right]_0^4 = \frac{8}{3}.$$

Calcoliamo la varianza:

$$var(X) = M(X^2) - [M(X)]^2 = \int_0^4 x^2 \cdot \frac{1}{8} x \, dx - \left(\frac{8}{3}\right)^2 = \left[\frac{1}{8} \cdot \frac{x^4}{4}\right]_0^4 - \frac{64}{9} = 8 - \frac{64}{9} = \frac{8}{9}.$$

Negli esercizi che seguono indichiamo le funzioni f(x), definite in ℝ, solo negli intervalli in cui non si annullano. Verifica che esse sono funzioni densità di probabilità. Determina la funzione di ripartizione F(x), il valore medio e la varianza della variabile casuale continua X avente f(x) come funzione densità di probabilità. Rappresenta graficamente f(x) e F(x) e calcola la probabilità che X assuma valori compresi tra i due valori x₁ e x₂ indicati. (La funzione di ripartizione è indicata soltanto per gli intervalli in cui non vale 0 o 1.)

79 $f(x) = \frac{1}{5}$, $[0; 5]$; $x_1 = 1$, $x_2 = 4$. $\left[F(x) = \frac{1}{5}x; 2,5; \frac{25}{12}; 0,6\right]$

80 $f(x) = \frac{2}{9}x$, $[0; 3]$; $x_1 = 1,3$, $x_2 = 2,3$. $\left[F(x) = \frac{x^2}{9}; 2; \frac{1}{2}; 0,4\right]$

81 **AL VOLO** La variabile casuale X ha la seguente funzione di ripartizione. Calcola i valori di p indicati.

$$F(x) = \begin{cases} 0 & \text{se } x < -2 \\ \frac{x^3}{35} + \frac{8}{35} & \text{se } -2 \leq x < 3 \\ 1 & \text{se } x \geq 3 \end{cases}$$

$p(16 < X < 128)$ $\quad$ $p(X > -3)$ $\quad$ $p(-3 < X < 4)$

Negli esercizi che seguono indichiamo le funzioni f(x), definite in ℝ, solo negli intervalli in cui non si annullano. Verifica che esse sono funzioni densità di probabilità. Determina la funzione di ripartizione F(x) della variabile casuale continua X avente f(x) come funzione densità di probabilità. Rappresenta graficamente f(x) e F(x) e calcola la probabilità che X assuma valori compresi tra i due valori x₁ e x₂ indicati.

82 $f(x) = \frac{2}{x^2}$, $[2; +\infty[$; $x_1 = 2$, $x_2 = 4$. $\left[F(x) = 1 - \frac{2}{x}; \frac{1}{2}\right]$

83 $f(x) = e^{-x}$, $[0; +\infty[$; $x_1 = 0$, $x_2 = 2$. $[F(x) = 1 - e^{-x}; 1 - e^{-2}]$

84 Data la funzione di ripartizione $F(x) = \frac{x^4}{16}$ di una variabile casuale continua X che può assumere valori nell'intervallo $[0; 2]$, determina la funzione densità di probabilità di X. Calcola $P(0,5 \leq X \leq 1,5)$ e rappresenta graficamente $F(x)$ e $f(x)$. $\left[f(x) = \frac{1}{4}x^3; 0,31\right]$

85 **REALTÀ E MODELLI** **Quanto durerà?** La durata di un componente elettronico per il settore navale si può misurare in mesi e si può modellizzare come una variabile casuale X con la seguente densità di probabilità.

$$f(x) = \begin{cases} \frac{1}{10} e^{-\frac{1}{10}x} & \text{se } x \geq 0 \\ 0 & \text{se } x < 0 \end{cases}$$

$$M(X) = \int_{-\infty}^{+\infty} xf(x) \, dx$$

a. Qual è la durata media del componente elettronico?

b. Il componente viene montato su una nave che sarà in mare per 10 mesi. Qual è la probabilità che il componente duri almeno per tutta la navigazione? [a) 10 mesi; b) e^{-1}]

Paragrafo 5. Variabili casuali continue

86 **YOU & MATHS** The wait time for starting service at a checkout line has probability distribution

$$f(x) = \begin{cases} 0{,}5e^{-0{,}5x} & \text{if } x \geq 0 \\ 0 & \text{otherwise} \end{cases}$$

(x is measured in minutes). What is the probability that the wait time will be between 1 and 3 minutes?

(USA *Arkansas Council of Teachers of Mathematics Regional Contest*)

$[\simeq 0{,}38]$

Distribuzione uniforme continua

▶ Teoria a p. α59

87 **TEST** Una variabile casuale continua ha funzione di densità $f(x) = \dfrac{1}{6}$ nell'intervallo [2; 8]. Il valore medio e la varianza sono rispettivamente:

A 3 e 8,3. B 5 e 3. C 4 e 1,3. D 5 e 2. E 3 e 3.

88 **LEGGI IL GRAFICO** Osserva il grafico che rappresenta la densità di una variabile casuale X uniformemente distribuita.

a. Calcola il valore medio e la varianza di X.
b. Trova la probabilità che X sia maggiore di 13,5.

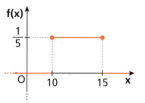

$\left[a) \ 12{,}5; \ \dfrac{25}{12}; \ b) \ 0{,}3 \right]$

89 **ESERCIZIO GUIDA** Consideriamo una variabile casuale continua X che si distribuisce uniformemente nell'intervallo [2; 7].

a. Calcoliamo la funzione di ripartizione, il valore medio, la varianza e la deviazione standard di X.
b. Calcoliamo la probabilità che X assuma valori compresi tra 2,5 e 3.

La funzione densità di probabilità di X è $f(x) = \dfrac{1}{7-2} = \dfrac{1}{5}$ se $x \in [2; 7]$, altrimenti $f(x) = 0$.

a. La funzione di ripartizione è:

$$F(x) = \int_2^x \dfrac{1}{5} \, dt = \left[\dfrac{t}{5} \right]_2^x = \dfrac{x-2}{5} \text{ se } 2 \leq x < 7,$$

$F(x) = 0$ se $x < 2$,

$F(x) = 1$ se $x \geq 7$.

I valori di media, varianza e deviazione standard di X sono:

$$\mu = \dfrac{7+2}{2} = \dfrac{9}{2}; \quad \sigma^2 = \dfrac{(7-2)^2}{12} = \dfrac{25}{12}; \quad \sigma = \dfrac{5}{2\sqrt{3}}.$$

b. $p(2{,}5 \leq X \leq 3) = \int_{2{,}5}^{3} \dfrac{1}{5} \, dx = \left[\dfrac{x}{5} \right]_{2{,}5}^{3} = \dfrac{3}{5} - \dfrac{1}{2} = 0{,}1$, oppure, con la funzione di ripartizione,

$p(2{,}5 \leq X \leq 3) = F(3) - F(2{,}5) = \dfrac{1}{5} - \dfrac{0{,}5}{5} = \dfrac{0{,}5}{5} = 0{,}1.$

Calcola la funzione densità di probabilità e la funzione di ripartizione di una variabile casuale continua, con una distribuzione uniforme, che assume valori nell'intervallo indicato. Determina inoltre il valore medio, la varianza e la deviazione standard di tale variabile. Calcola $P(x_1 \leq X \leq x_2)$.

90 [1; 5], $x_1 = 0{,}5$, $x_2 = 0{,}75$. $\left[f(x) = \dfrac{1}{4}; F(x) = \dfrac{x}{4} - \dfrac{1}{4}; 3; \dfrac{4}{3}; \dfrac{2}{\sqrt{3}}; 0{,}0625 \right]$

91 [−3; 5], $x_1 = -1$, $x_2 = 0{,}2$. $\left[f(x) = \dfrac{1}{8}; F(x) = \dfrac{x+3}{8}; 1; \dfrac{16}{3}; \dfrac{4}{\sqrt{3}}; 0{,}15 \right]$

Capitolo α2. Distribuzioni di probabilità

92 [4; 11], $x_1 = 5$, $x_2 = 6,5$. $\left[f(x) = \frac{1}{7}; F(x) = \frac{x-4}{7}; 7,5; \frac{49}{12}; \frac{7}{2\sqrt{3}}; 0,21 \right]$

93 Determina l'ampiezza massima dell'intervallo di valori che può assumere una variabile casuale continua X affinché abbia $f(x) = 8$ come funzione densità di probabilità. [0,125]

REALTÀ E MODELLI

94 **Velocisti** Durante gli allenamenti Carl ha visto che il tempo che impiega per correre i 100 metri si comporta come una variabile casuale uniformemente distribuita tra gli 11,5 e i 12,3 secondi.

a. Qual è il tempo medio in cui Carl corre i 100 metri?

b. Qual è la probabilità che in gara Carl impieghi meno di 12 secondi per correre i 100 metri?

[a) 11,9 secondi; b) 0,625]

95 **Tagliare la corda!** Carlotta lavora in un negozio di ferramenta. Un cliente le chiede un pezzo di corda lungo 1 m. Carlotta si avvicina al rotolo da 10 m e, fidandosi della sua esperienza, srotola un po' di corda e taglia in un punto a caso. Supponendo che la lunghezza del pezzo di corda che ottiene tagliando a caso abbia una lunghezza distribuita uniformemente, indica qual è la probabilità che Carlotta sia riuscita a tagliare un pezzo di corda:

a. della lunghezza esatta di 1 m.

b. di lunghezza compresa tra 0,90 m e 1,10 m.

[a) 0; b) 0,02]

Distribuzione normale o gaussiana

▶ Teoria a p. α60

96 **ESERCIZIO GUIDA** Un'impresa costruisce rasoi elettrici la cui durata è una grandezza che si distribuisce normalmente. La durata media è di 6 anni, con una deviazione standard di 1,5 anni. Calcoliamo:

a. la probabilità che un rasoio abbia una durata fino a 8 anni;

b. la probabilità che abbia una durata di almeno 7 anni;

c. il numero di rasoi, su una produzione di 400, con una durata compresa tra 4 e 9 anni.

Indichiamo con X la variabile casuale che indica la durata dei rasoi e che, quindi, ha una distribuzione normale $N(6; 2,25)$, con una funzione densità di probabilità che ha il grafico riportato nella figura.

Utilizziamo la variabile standardizzata $Z = N(0; 1)$, che si ottiene con la trasformazione $Z = \frac{X-6}{1,5}$, in modo da usare la tavola di Sheppard.

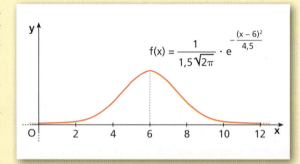

a. Il punto zeta corrispondente a $x = 8$ è $z = \frac{8-6}{1,5} \simeq 1,33$. Sfruttiamo la simmetria di $f(z)$ e utilizziamo la tavola:

$$p(X \leq 8) \simeq p(Z \leq 1,33) = p(Z < 0) + p(0 \leq Z \leq 1,33) \simeq 0,5 + 0,4082 = 0,9082.$$

b. Il punto zeta corrispondente a $x = 7$ è $z = \dfrac{7-6}{1,5} \simeq 0,67$:

$$p(X \geq 7) \simeq p(Z \geq 0,67) = 0,5 - p(0 < Z < 0,67) \simeq$$
$$0,5 - 0,2486 = 0,2514.$$

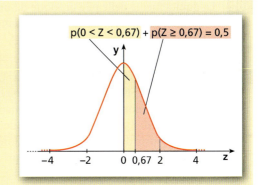

c. Calcoliamo la probabilità che un rasoio abbia una durata compresa tra 4 e 9 anni.
Trasformando $x_1 = 4$ e $x_2 = 9$ otteniamo $z_1 \simeq -1,33$ e $z_2 = 2$:

$$p(4 \leq X \leq 9) \simeq p(-1,33 \leq Z \leq 2) =$$
$$p(0 \leq Z \leq 1,33) + p(0 \leq Z \leq 2) \simeq$$
$$0,4082 + 0,4772 = 0,8854.$$

Possiamo valutare il numero di rasoi che, su una produzione di 400, avranno una durata compresa tra 4 e 9 anni. Otteniamo: $400 \cdot 0,8854 \simeq 354$.

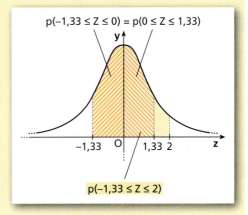

97 **TEST** Il valore medio del numero dei visitatori di una fiera campionaria che si svolge ogni anno è di 850 persone al giorno con una deviazione standard di 34 visitatori. Essendo la distribuzione del numero dei visitatori normale, la probabilità che in un certo giorno il numero dei visitatori superi il valore medio del 10% è:

A 0,7462.   **B** 0,2469.   **C** 0,0062.   **D** 0,9938.   **E** 0,4938.

98 Il tempo per rispondere a un test con quesiti a risposta multipla ha una distribuzione gaussiana con un tempo medio di 20 minuti e una varianza pari a 16 minuti. Qual è la probabilità che un test venga restituito entro 15 minuti? [0,1056]

99 La misura del diametro interno di alcuni tubi di plastica ha un andamento che si distribuisce secondo la curva di Gauss con una media di 8,5 cm e una deviazione standard di 0,08 cm. Calcola la percentuale di tubi che potrebbero avere un diametro:

a. maggiore di 8,7 cm;   **b.** minore di 8,4 cm;   **c.** compreso tra 8,48 cm e 8,52 cm.

[a) 0,62%; b) 10,56%; c) 19,74%]

100 Un'industria dolciaria che produce canditi compra cedri dolci sempre dallo stesso coltivatore in Calabria. I frutti di cui si rifornisce possono essere considerati uguali nelle dimensioni e la quantità di buccia che si ottiene da ogni frutto ha una distribuzione che si ritiene normale, con un valore medio di 1,2 kg e una deviazione standard di 0,2 kg. Determina qual è la probabilità che un frutto preso a caso abbia una scorza che pesa:

a. meno di 1 kg;   **b.** tra 0,9 kg e 1,2 kg;   **c.** più di 1,4 kg.

[a) 0,1587; b) 0,4332; c) 0,1587]

101 Una macchina confeziona sacchetti di cioccolatini e il loro peso si distribuisce normalmente. Sapendo che il peso medio è di 250 grammi e la deviazione standard è di 15 grammi, calcola la probabilità che un sacchetto abbia un peso compreso tra 240 e 260 grammi. [0,4972]

Capitolo α2. Distribuzioni di probabilità

102 La durata media delle pile prodotte da un'impresa è di 400 ore (h), con una varianza di 225 h². Sapendo che la durata è una grandezza di tipo gaussiano, determina la percentuale di pile che avranno una durata compresa tra 380 e 420 ore.
[81,65%]

103 REALTÀ E MODELLI **Data di scadenza** Un'azienda produce burro in confezioni da 250 grammi, la cui durata dalla data di confezionamento si distribuisce normalmente con una media di 30 giorni e una deviazione standard di 8 giorni. La data di scadenza di un lotto prodotto viene fissata 38 giorni dopo la data di confezionamento. Calcola la percentuale di confezioni che andranno a male prima della data di scadenza.
[0,1587]

104 Una macchina produce sfere di acciaio il cui diametro è una grandezza distribuita normalmente, con valore medio di 18 mm e deviazione standard di 0,5 mm. Calcola la probabilità di produrre sfere con diametro nell'intervallo indicato; calcola il corrispondente numero di sfere su un lotto di 400:

a. $[18 - \sigma; 18 + \sigma]$; b. $[18 - 2\sigma; 18 + 2\sigma]$; c. $[18 - 3\sigma; 18 + 3\sigma]$.

[a) 0,6826; 273; b) 0,9544; 381; c) 0,9974; 398]

REALTÀ E MODELLI

105 **Durata delle lampadine** La vita media di una lampadina a lunga durata è di 1500 ore con una deviazione standard di 200 ore. Sapendo che la durata è una grandezza normale, calcola la probabilità che sia:

a. di almeno 1300 ore;
b. al massimo di 1700 ore;
c. al massimo di 1300 ore.
[a) 0,8413; b) 0,8413; c) 0,1587]

106 **Tolleranza per i diametri dei dadi** In una fase di assemblaggio di biciclette per bambini si devono montare su viti dei dadi con un foro avente un diametro di 1,80 cm. Sono ammessi anche dadi che hanno un foro con un diametro compreso tra 1,75 cm e 1,85 cm. I dadi utilizzati hanno fori con diametri la cui misura si distribuisce normalmente con una media di 1,82 cm e con una deviazione standard di 0,02 cm.

a. Qual è la probabilità che un dado abbia un diametro compreso nei limiti di accettabilità?
b. Prendendo due dadi, qual è la probabilità che almeno un dado abbia un diametro inferiore a 1,75 cm?
c. Qual è il valore del diametro per cui l'1% dei dadi ha un valore maggiore?

[a) 0,9330; b) 0,0004; c) 1,87]

MATEMATICA AL COMPUTER

Le distribuzioni di probabilità Una fabbrica produce rasoi la cui durata si distribuisce normalmente. Costruiamo un foglio elettronico che determini la probabilità che un rasoio duri
a. sino a m anni, b. almeno n anni, c. un tempo compreso fra p e q anni,
e calcoli il numero dei rasoi corrispondenti, dopo aver ricevuto la durata media μ, la deviazione standard σ, i numeri m, n, p, q espressi in anni e il numero r dei rasoi prodotti.
Proviamo con $\mu = 6$, $\sigma = 1{,}5$, $m = 8$, $n = 7$, $p = 4$, $q = 9$ e $r = 10000$.

☐ Risoluzione – 16 esercizi in più

Allenati con **15 esercizi interattivi** con feedback "hai sbagliato, perché…"
☐ su.zanichelli.it/tutor3 risorsa riservata a chi ha acquistato l'edizione con tutor

VERIFICA DELLE COMPETENZE ALLENAMENTO

ARGOMENTARE

1 Definisci la distribuzione di probabilità e la funzione di ripartizione di una variabile casuale discreta. Spiega poi come si può ricavare il grafico della distribuzione da quello della funzione di ripartizione e viceversa, usando come esempio la seguente variabile casuale.

X	2	5	7
f	0,45	0,15	0,4

2 Scrivi le formule per calcolare la varianza di una variabile casuale X, poi usale in modo opportuno per calcolare il valore medio della variabile X^2, sapendo che $M(X) = 1$ e $var(X) = 9$.

3 Considera una variabile casuale X con valore medio μ e deviazione standard σ. Spiega come ottenere la variabile standardizzata e il vantaggio dell'analisi dei punti z rispetto ai valori di X, usando come spunto il confronto tra le due seguenti distribuzioni.

Prezzi ad agosto	1,9	2	2,1	2,5
Numero giorni	6	5	4	5

Prezzi a settembre	1,2	1,1	1,3	1
Numero giorni	8	2	6	4

4 Descrivi la distribuzione binomiale e la distribuzione di Poisson, soffermandoti sulle analogie e sulle differenze tra le due distribuzioni. Considera poi 4 tiri al bersaglio consecutivi, con probabilità di fare centro di 0,27 a ogni tiro, e indica quale variabile casuale utilizzeresti per indicare il numero di centri ottenuti in 4 tiri, motivando la tua scelta.

5 Spiega perché, nel caso di una distribuzione normale, è conveniente ricondursi alla gaussiana standardizzata e descrivi il procedimento da seguire per calcolare $p(3 < X < 5)$ nel caso in cui X sia una variabile casuale normale con media 4 e varianza 2,25.

UTILIZZARE TECNICHE E PROCEDURE DI CALCOLO

6 **TEST** X e Y sono due variabili casuali indipendenti. X ha deviazione standard 3 e Y ha deviazione standard 4. La varianza di $X + Y$ è:

A 5. **B** 12. **C** 7. **D** 25. **E** 1.

7 **VERO O FALSO?**

a. In una distribuzione uniforme e discreta i valori di X hanno probabilità crescenti. V F

b. Una variabile casuale binomiale di parametri n e p descrive i risultati di n prove indipendenti di un evento con probabilità costante p. V F

c. Nella distribuzione di Poisson la variabile casuale X assume sempre un numero limitato di valori. V F

d. Per calcolare le probabilità della distribuzione binomiale, si può sempre utilizzare la distribuzione di Poisson. V F

Capitolo α2. Distribuzioni di probabilità

8 **TEST** È data la seguente variabile casuale X.

X	3	8	11	16
f	0,1	0,4	0,3	0,2

La variabile casuale standardizzata Z assume i valori:

- **A** $-1{,}87$, $\quad -0{,}53$, $\quad 0{,}27$, $\quad 1{,}60$.
- **B** $-0{,}50$, $\quad -0{,}14$, $\quad 0{,}07$, $\quad 0{,}43$.
- **C** $1{,}87$, $\quad 0{,}53$, $\quad -0{,}27$, $\quad -1{,}60$.
- **D** $0{,}50$, $\quad 0{,}14$, $\quad -0{,}07$, $\quad -0{,}43$.
- **E** $0{,}50$, $\quad 0{,}14$, $\quad 0{,}07$, $\quad 0{,}43$.

RISOLVERE PROBLEMI

9 **TEST** Nel laboratorio linguistico di una scuola vi sono 24 postazioni che funzionano in modo indipendente. La probabilità che un apparecchio audio si guasti in un mese è del 12,5%. In media, gli apparecchi che si guastano in un mese sono:

- **A** 0.
- **B** 20,5.
- **C** 3.
- **D** 1,2.
- **E** 12,5.

10 Da un mazzo di 40 carte si estraggono quattro carte consecutivamente e senza reimmissione. Considera la variabile X = «numero di carte estratte con un numero minore di 3». Determina la distribuzione di probabilità e la funzione di ripartizione.
$$[0, 1, 2, 3, 4; 0{,}39, 0{,}43, \ldots; 0{,}39, 0{,}82, \ldots]$$

11 Dai risultati delle verifiche di matematica e italiano, sono risultate le seguenti tabelle, in cui le variabili sono: X = «numero insufficienze in matematica» e Y = «numero insufficienze in italiano». Determina la distribuzione di probabilità della variabile $X + Y$, che rappresenta il numero di insufficienze complessive.

X	0	1	2	3	4	5
f_X	0,15	0,05	0,10	0,15	0,35	0,20

Y	0	1	2	3
f_Y	0,30	0,25	0,25	0,20

$$[0, 1, \ldots; 0{,}045, 0{,}0525, \ldots]$$

12 Un'urna contiene 8 palline numerate da 1 a 8 e si estrae una pallina. Costruisci la variabile casuale che indica il numero della pallina estratta e determina il valore medio e la varianza. $\quad [4{,}5; 5{,}25]$

13 Da un mazzo di 40 carte si estrae per 5 volte una carta rimettendo ogni volta la carta estratta nel mazzo. Data la variabile casuale X = «numero delle volte di uscita dell'asso di coppe», calcola, applicando la distribuzione binomiale e quella di Poisson:
  a. il valore medio, la varianza e la deviazione standard;
  b. la probabilità che l'asso di coppe esca al massimo una volta;
  c. la probabilità che l'asso di coppe esca almeno una volta.

$$[\text{binomiale: a) } 0{,}125; 0{,}122; 0{,}349; \text{ b) } 0{,}994; \text{ c) } 0{,}119; \text{ Poisson: a) } 0{,}125; 0{,}125; 0{,}354; \text{ b) } 0{,}993; \text{ c) } 0{,}118]$$

14 L'ora di arrivo in ufficio degli impiegati di un'azienda varia dalle ore 8 alle ore 8:30 a causa del traffico. La funzione densità di probabilità, che misura la probabilità di arrivo a una certa ora, è stata individuata nella funzione $f(x) = \dfrac{65}{32} - (x - 8)^3$. Determina:
  a. la funzione di ripartizione $F(x)$;
  b. il valore medio e la varianza;
  c. la probabilità che ha un impiegato di arrivare fra le 8:12 e le 8:24;
  d. la probabilità che ha un impiegato di arrivare negli ultimi 15 minuti.

$$\left[\text{a) } F(x) = \frac{65}{32}x - \frac{(x-8)^4}{4} - \frac{65}{4}; \text{ b) } 8{:}15; 1 \text{ min e } 15 \text{ s; c) } 0{,}400; \text{ d) } 0{,}493\right]$$

15 Il tempo impiegato per effettuare la rifinitura di pezzi meccanici ha una distribuzione normale con una media di 60 minuti e una deviazione standard di 12 minuti. Determina la probabilità che il tempo impiegato:

a. sia di almeno 50 minuti;
b. sia compreso tra 50 e 70 minuti;
c. sia al massimo di 50 minuti;
d. sia di almeno 70 minuti;
e. sia di almeno 60 minuti;
f. sia al massimo di 60 minuti.

[a) 0,7967; b) 0,5934; c) 0,2033; d) 0,2033; e) 0,5; f) 0,5]

COSTRUIRE E UTILIZZARE MODELLI

RISOLVIAMO UN PROBLEMA

■ Rispettare gli standard

In una falegnameria una macchina taglia assi di legno le cui lunghezze sono rappresentate da una variabile casuale normale con media di 1 m.
La ditta che ha venduto la macchina ha assicurato una deviazione standard, cioè un margine di errore, di 5 mm. Per verificare questa dichiarazione vengono tagliate alcune assi ed empiricamente si verifica che la probabilità che la macchina tagli delle assi di lunghezza inferiore a 100,5 cm e superiore a 99,5 cm è del 68%.

- Si può considerare vera l'affermazione della ditta che ha venduto la macchina?

Per una commessa, l'azienda deve tagliare 10 assi. Il committente ha richiesto la massima precisione. Rimanderà indietro tutte le assi di lunghezza inferiore a 99,7 cm e superiore a 100,2 cm.

- Su 10 assi tagliate, qual è il numero medio di pezzi che non soddisfano lo standard del committente?
- Qual è la probabilità che a lavoro ultimato il cliente rimandi indietro più della metà delle assi?

▶ **Verifichiamo l'affermazione della ditta.**

Indichiamo con X la variabile casuale che indica la lunghezza, in cm, dell'asse tagliata.
Sappiamo che è una variabile casuale normale che ha media 1 m e deviazione standard σ. Dobbiamo verificare che $\sigma = 5$ mm. Riscriviamo la relazione $p(99,5 < X < 100,5) = 0,68$ usando la variabile standardizzata.

I punti zeta relativi a 99,5 e 100,5 sono $\dfrac{99,5 - 100}{\sigma} = -\dfrac{0,5}{\sigma}$ e $\dfrac{100,5 - 100}{\sigma} = \dfrac{0,5}{\sigma}$, dunque:

$$0,68 = p(99,5 < X < 100,5) = p\left(-\dfrac{0,5}{\sigma} < Z < \dfrac{0,5}{\sigma}\right) = 2 \cdot p\left(0 < Z < \dfrac{0,5}{\sigma}\right) \rightarrow p\left(0 < Z < \dfrac{0,5}{\sigma}\right) = 0,34.$$

Cerchiamo nella tavola di Sheppard il numero più vicino a 0,34. Il valore z corrispondente è 1, quindi:

$$\dfrac{0,5}{\sigma} = 1 \rightarrow \sigma = 0,5.$$

L'affermazione della ditta può considerarsi vera.

▶ **Determiniamo la probabilità che un pezzo non soddisfi lo standard del committente.**

Un'asse non soddisfa le richieste del committente se la sua lunghezza è inferiore a 99,7 cm o superiore a 100,2 cm. La probabilità che ciò accada è $p(X \leq 99,7) + p(X \geq 100,2)$. Passiamo alla variabile standardizzata:

$$p(X \leq 99,7) + p(X \geq 100,2) = p\left(Z \leq \dfrac{99,7 - 100}{0,5}\right) + p\left(Z \geq \dfrac{100,2 - 100}{0,5}\right) = p(Z \leq -0,6) + p(Z \geq 0,4).$$

Per la simmetria della densità gaussiana, abbiamo

$$p(Z \leq -0,6) = p(Z \geq 0,6) = 0,5 - p(0 \leq Z \leq 0,6) \quad \text{e} \quad p(Z \geq 0,4) = 0,5 - p(0 < Z \leq 0,4),$$

quindi:

$$p(Z \leq -0,6) + p(Z \geq 0,4) = 0,5 - p(0 \leq Z \leq 0,6) + 0,5 - p(0 \leq Z \leq 0,4) \simeq 1 - 0,23 - 0,16 = 0,61.$$

▶ **Stabiliamo il numero medio di pezzi che non soddisfano lo standard.**

La variabile Y che conta le assi tagliate in modo non conforme ha una distribuzione binomiale di parametri $n = 10$ e $p = 0,61$, quindi il numero medio delle assi che non rispettano lo standard è $np = 6,1$, cioè circa 6 assi.

▶ **Calcoliamo la probabilità che più della metà delle assi non soddisfi lo standard.**

L'evento «Più della metà delle assi non soddisfa lo standard» corrisponde all'evento «$Y > 5$», che è unione di eventi incompatibili, quindi:

$$p(Y > 5) = p(Y = 6) + p(Y = 7) + p(Y = 8) + p(Y = 9) + p(Y = 10) =$$

$$\binom{10}{6} 0{,}61^6 \cdot 0{,}39^4 + \binom{10}{7} 0{,}61^7 \cdot 0{,}39^3 + \binom{10}{8} 0{,}61^8 \cdot 0{,}39^2 + \binom{10}{9} 0{,}61^9 \cdot 0{,}39 + \binom{10}{10} 0{,}61^{10} \simeq 0{,}66.$$

16 Le pile di una certa marca hanno la probabilità del 60% di superare 2000 ore. Un negozio compra 400 pile di tale marca. Calcola il valore medio, la varianza e la deviazione standard della variabile casuale X = «numero delle pile che potrebbero superare le 2000 ore». Determina la probabilità che tutte le pile superino le 2000 ore.
[240; 96; 9,798; $1{,}8 \cdot 10^{-89}$]

17 In un sistema produttivo formato da 15 elementi funzionanti in modo indipendente, la probabilità che ha ciascuno di guastarsi è del 2%. Determina il valore medio del numero di elementi non funzionanti e la deviazione standard. Il sistema è funzionante se almeno 12 elementi lo sono. Determina la probabilità che il sistema si blocchi e quella che il sistema funzioni. [binomiale 0,3; 0,5422; 0,000183; 0,999817]

18 Scarti per peso eccessivo Il peso di una piccola sbarra costruita automaticamente da una macchina è una grandezza con distribuzione normale avente un valore medio di 0,8 kg e una varianza di 0,0004 kg².
   a. Se il peso accettabile di una sbarra è compreso tra 0,77 kg e 0,83 kg, qual è la probabilità che una sbarra sia nell'intervallo fissato?
   b. Qual è la probabilità che una sbarra sia scartata a causa del suo peso maggiore del limite superiore?
   c. Su 100 sbarre costruite, qual è la probabilità che solo due siano scartate perché superano il limite superiore consentito?
[a) 0,8664; b) 0,0668; c) 0,03]

19 Prima e seconda mano Il tempo che impiega una vernice ad asciugarsi ha andamento normale, con un valore medio di 20 minuti e una deviazione standard di 4 minuti. Quattro imbianchini finiscono contemporaneamente di imbiancare le quattro stanze a loro assegnate. Qual è la probabilità che almeno uno di essi possa iniziare la seconda mano dopo meno di 12 minuti? [0,09]

20 La giusta quantità Una macchina riempie brik da 1 L di latte fresco. La quantità di latte è una grandezza che si distribuisce normalmente con una deviazione standard di 0,02 L. Se le confezioni contengono meno di 0,95 L, devono essere ritirate dalla distribuzione in quanto non conformi allo standard stabilito, e se contengono più di 1,05 L, potrebbero esserci fuoriuscite.
   a. Quali sono gli estremi dell'intervallo centrato sul valore medio contenente il 95% delle confezioni?
   b. Qual è la percentuale delle confezioni che contiene più del limite superiore tollerato?
   c. Qual è la percentuale delle confezioni che rispettano i limiti stabiliti?
[a) [0,9608; 1,0392]; b) 0,62%; c) 98,76%]

21 Al tornio Il tempo di lavorazione per la rifinitura di un pezzo al tornio ha una distribuzione normale con una media di 300 secondi e una deviazione standard di 50 secondi.
   a. Quale durata di lavorazione non viene superata nel 5% dei casi?

Dopo la rifinitura al tornio il pezzo passa a un'altra macchina che ha un tempo di lavorazione distribuito normalmente con una media di 240 secondi e una deviazione standard di 25 secondi.

   b. Quali sono la media e la deviazione standard del tempo totale di lavorazione del pezzo, considerando il tempo del tornio e quello dell'altra macchina indipendenti? [a) 218 secondi; b) 540 secondi; $\simeq$ 56 secondi]

VERIFICA DELLE COMPETENZE   PROVE   ⏱ 1 ora

PROVA A

1 Per sei mesi si sono rilevati i tempi di percorrenza di un treno in un determinato tragitto. Nella seguente distribuzione di probabilità la variabile casuale X rappresenta i minuti di ritardo. Calcola il valore medio e la deviazione standard del ritardo. Qual è la probabilità che il treno abbia non più di 10 minuti di ritardo?

X	0	5	10	15	20
f	$\frac{1}{20}$	$\frac{9}{20}$	$\frac{5}{20}$	$\frac{3}{20}$	$\frac{2}{20}$

2 A uno sportello la probabilità che il disbrigo di una pratica duri più di 10 minuti è del 2%. Usando la distribuzione di Poisson determina la probabilità che su 60 pratiche ve ne siano 3 che comportano tale durata.

3 Dopo aver verificato che la funzione

$$f(x) = \begin{cases} \frac{1}{9}x^2 & \text{se } 0 \leq x \leq 3 \\ 0 & \text{se } x < 0 \text{ o } x > 3 \end{cases}$$

rappresenta la funzione densità di probabilità di una variabile casuale continua X, calcola $p(0 \leq X \leq 2)$, $M(X)$ e $var(X)$.

4 Monolocale In una città, capoluogo di provincia, l'importo dell'affitto di un monolocale arredato di 40 m² è distribuito normalmente con un valore medio di € 600 mensili e una deviazione standard di € 80. Determina qual è la probabilità che venga pagato un affitto:
a. compreso tra € 560 e € 600;
b. maggiore di € 650.
c. Quale valore massimo sarebbe disposto a pagare il 90% degli affittuari?

PROVA B

1 Fusibili Un settore di un'impresa di materiale elettrico produce fusibili e, su un campione di 100 elementi, 8 si sono rivelati difettosi. I fusibili vengono venduti in confezioni di 50. Calcola il valore medio, la varianza e la deviazione standard della variabile casuale X = «numero di fusibili difettosi in una confezione». Determina la probabilità che vi siano al massimo due fusibili difettosi.

2 L'altezza e il peso di un gruppo di giocatori di volley sono considerati due grandezze indipendenti con distribuzione normale. Sapendo che l'altezza media è 1,85 m con una deviazione standard di 5 cm e che il peso medio è 74 kg con una deviazione standard di 6 kg, determina la probabilità che:
a. un giocatore abbia un'altezza compresa tra 1,82 m e 1,87 m e un peso tra 71 kg e 77 kg;
b. un giocatore abbia un'altezza inferiore a 1,80 m e un peso superiore a 78 kg;
c. il peso non superi la media di più di 8 kg.

3 Una macchina produce sbarrette meccaniche della lunghezza nominale di 22 mm e sono accettate solo le sbarrette che hanno una lunghezza superiore. Sapendo che la funzione di ripartizione per lo scarto in lunghezza è $F(x) = \frac{x^2}{4}$, determina entro quale limite superiore le sbarrette sono accettate, la funzione densità di probabilità e la probabilità che una sbarretta sia difettosa al massimo di 1,2 mm.

CAPITOLO C3 INTERPOLAZIONE

1 Interpolazione fra punti
▶ Esercizi a p. C32

Interpolazione matematica e interpolazione statistica

Studiamo problemi che riguardano relazioni fra due variabili X e Y, delle quali conosciamo alcune coppie di valori $(x_i; y_i)$, rilevati da un'indagine statistica e che vogliamo interpretare tramite una funzione $y = f(x)$.

Rappresentiamo le coppie $(x_i; y_i)$ in un piano cartesiano tramite punti, ottenendo un **diagramma a dispersione**. Vogliamo determinare la **funzione interpolante** $y = f(x)$, in grado di rappresentare il fenomeno studiato.

- Se la funzione assume valori «vicini» ai valori rilevati e quindi il suo grafico passa fra i punti del diagramma a dispersione, parliamo di **interpolazione *fra* punti noti** o **interpolazione statistica** (figura **a**).
- Se la funzione assume esattamente i valori rilevati, e quindi il suo grafico passa per tutti i punti del diagramma a dispersione, parliamo di **interpolazione *per* punti noti** o **interpolazione matematica** (figura **b**).

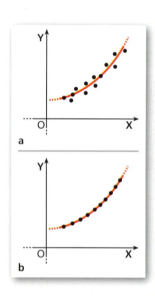

Indice quadratico relativo

Se utilizziamo l'interpolazione *fra* punti, determinata la funzione interpolante, possiamo stimare quanto i valori teorici si avvicinano a quelli rilevati, mediante degli **indici di scostamento**. Più un indice di questo tipo assume valore piccolo, tanto migliore è l'accostamento e la funzione è idonea a rappresentare il fenomeno.

In genere si utilizza l'**indice quadratico relativo**, dato dal rapporto fra l'errore standard e la media fra i valori teorici:

$$I = \frac{\sqrt{\dfrac{\sum_{i=1}^{n}[y_i - f(x_i)]^2}{n}}}{\dfrac{\sum_{i=1}^{n} f(x_i)}{n}}.$$

Di solito si può supporre che una funzione fornisca una buona interpolazione se risulta $I \leq 0{,}1$. In ogni caso l'indice è particolarmente utile per confrontare la bontà dell'accostamento, rispetto agli stessi dati, di funzioni interpolanti diverse.

Paragrafo 1. Interpolazione fra punti

Funzione interpolante lineare

Il caso della funzione interpolante lineare $y = ax + b$ è stato già studiato nel capitolo 19, dove puoi trovare la teoria relativa e gli esercizi.

Funzione interpolante di tipo esponenziale

Se per interpolare i dati di un diagramma a dispersione utilizziamo una funzione esponenziale del tipo $y = a \cdot b^x$, con $a > 0$, $b > 0$ e $b \neq 1$, i parametri da individuare sono due, cioè a e b.
Consideriamo il logaritmo decimale di entrambi i membri della funzione:

$$\log y = \log(a \cdot b^x) \underset{\text{proprietà dei logaritmi}}{\rightarrow} \log y = \log a + x \log b.$$

Poniamo $\log y = z$, $\log b = m$, $\log a = q$ e otteniamo così la funzione lineare $z = q + mx$, per la quale abbiamo già esaminato come determinare i due parametri. Ottenuti i valori di m e q, dalle posizioni precedenti, ricordando la definizione di logaritmo, possiamo ricavare a e b: $a = 10^q$ e $b = 10^m$.
La funzione interpolante esponenziale del tipo cercato è perciò $y = 10^q \cdot 10^{mx}$.

ESEMPIO

Le rilevazioni di due variabili X e Y sono riportate nella seguente tabella.

x_i	5	15	25	35	45
y_i	270	450	700	1200	1950

Determiniamo la funzione interpolante di equazione $y = a \cdot b^x$, con $a > 0$, $b > 0$.
Consideriamo il logaritmo decimale di entrambi i membri dell'equazione e abbiamo $\log y = \log a + x \log b$. Poniamo $\log y = z$, $\log a = q$ e $\log b = m$.

In questo modo la funzione y si riduce a $z = mx + q$. Compiliamo la tabella per ottenere i valori necessari per applicare le formule relative alla funzione interpolante lineare.

	x_i	y_i	$z_i = \log y_i$	$x'_i = x_i - \bar{x}$	$z'_i = z_i - \bar{z}$	$x'_i z'_i$	$(x'_i)^2$
	5	270	2,431	-20	$-0,429$	8,58	400
	15	450	2,653	-10	$-0,207$	2,07	100
	25	700	2,845	0	$-0,015$	0	0
	35	1200	3,079	10	0,219	2,19	100
	45	1950	3,290	20	0,430	8,60	400
Σ	125		14,299			21,44	1000
	$\bar{x} = 25$		$\bar{z} = 2,860$				

I valori ottenuti permettono di calcolare m e q:

$$m = \frac{\sum x'_i z'_i}{\sum x'^2_i} = \frac{21,44}{1000} \simeq 0,021;$$

$$q = \bar{z} - m\bar{x} \simeq 2,335.$$

La retta ha equazione $z = 0,021x + 2,335$.
Tenendo conto delle posizioni e della definizione di logaritmo:

$$a = 10^{2,335} \simeq 216,27; \quad b = 10^{0,021} \simeq 1,05.$$

Quindi la funzione esponenziale interpolante è:

$$y = 216,27 \cdot 1,05^x.$$

Aggiungiamo alla tabella le colonne necessarie per il calcolo dell'indice quadratico relativo I.

x_i	y_i	$z_i = \log y_i$	$f(x_i)$	$[y_i - f(x_i)]^2$
5	270	2,431	276	36
15	450	2,653	450	0
25	700	2,845	732	1024
35	1200	3,079	1193	49
45	1950	3,290	1943	49
Σ			4594	1158

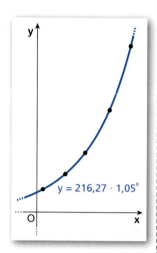

$$I = \frac{\sqrt{\frac{1158}{5}}}{\frac{4594}{5}} = 0{,}017 < 0{,}1.$$

L'indice ha un buon valore, quindi la funzione esponenziale $y = 216{,}27 \cdot 1{,}05^x$ è in grado di interpolare i dati della tabella in modo adeguato.

Funzione interpolante di tipo $y = a \cdot x^b$

Se consideriamo come funzione interpolante una potenza del tipo $y = a \cdot x^b$, con $a > 0$, dobbiamo determinare due parametri a e b. Analogamente al caso della funzione esponenziale, consideriamo il logaritmo decimale di entrambi i membri della funzione:

$$\log y = \log(a \cdot x^b) \quad \to \quad \log y = \log a + b \log x.$$

Poniamo $\log y = z$, $\log x = t$, $\log a = q$ e otteniamo così la retta, funzione di t, $z = q - mt$. Ricavati i valori m e q con le formule relative all'interpolazione mediante la funzione lineare, notiamo che $b = m$, mentre a si ricava dalla posizione $\log a = q$. Per la definizione di logaritmo $a = 10^q$.

2 Interpolazione per punti

▶ Esercizi a p. C34

Finora abbiamo visto esempi di interpolazione *fra* punti noti. Vediamo ora di determinare una funzione capace di esprimere esattamente tutti i valori rilevati, ossia che abbia il grafico che passa per tutti i punti del diagramma. In questo caso l'interpolazione non è più *fra* punti noti, bensì *per* punti noti.
Date n coppie di valori $(x_i; y_i)$, si possono determinare infinite funzioni il cui grafico passa per tutti i punti $(x_i; y_i)$.
Quella più semplice è costituita da una funzione polinomiale, cioè del tipo:

$$y = a_0 + a_1 x + a_2 x^2 + \ldots + a_n x^n.$$

Un polinomio di grado n ha $n + 1$ coefficienti incogniti.
Pertanto è necessario conoscere $n + 1$ punti $(x_i; y_i)$ per determinare tutti i coefficienti. Infatti, imponendo il passaggio per $n + 1$ punti, si ottiene un sistema di $n + 1$ equazioni in $n + 1$ incognite che ammette una e una sola soluzione.
Viceversa, se abbiamo a disposizione n punti, possiamo determinare un polinomio, di grado al massimo $n - 1$, che li interpola.

Paragrafo 2. Interpolazione per punti

ESEMPIO

Sono dati i valori della tabella.
Determiniamo il polinomio di interpolazione per punti noti.

Poiché conosciamo 4 coppie, possiamo risolvere un sistema con 4 equazioni. Prendiamo quindi un polinomio con 4 coefficienti (a_0, a_1, a_2, a_3), ossia di grado $4 - 1 = 3$.

x_i	1	2	3	4
y_i	8	5	3	16

Consideriamo la funzione $y = a_0 + a_1 x + a_2 x^2 + a_3 x^3$.

Sostituendo alle variabili i valori della tabella, abbiamo:

$$\begin{cases} a_0 + a_1 \cdot 1 + a_2 \cdot 1^2 + a_3 \cdot 1^3 = 8 \\ a_0 + a_1 \cdot 2 + a_2 \cdot 2^2 + a_3 \cdot 2^3 = 5 \\ a_0 + a_1 \cdot 3 + a_2 \cdot 3^2 + a_3 \cdot 3^3 = 3 \\ a_0 + a_1 \cdot 4 + a_2 \cdot 4^2 + a_3 \cdot 4^3 = 16 \end{cases} \rightarrow \begin{cases} a_0 + a_1 + a_2 + a_3 = 8 \\ a_0 + 2a_1 + 4a_2 + 8a_3 = 5 \\ a_0 + 3a_1 + 9a_2 + 27a_3 = 3 \\ a_0 + 4a_1 + 16a_2 + 64a_3 = 16 \end{cases}.$$

Risolvendo il sistema, otteniamo la funzione polinomiale

$$y = -2 + \frac{127}{6}x - \frac{27}{2}x^2 + \frac{7}{3}x^3,$$

che ha un grafico a cui appartengono tutti i punti dati.

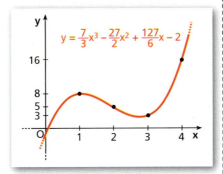

Se le coppie (x_i; y_i) osservate sono numerose, i calcoli per la determinazione del polinomio possono risultare piuttosto complessi. In questi casi utilizziamo allora, fra i tanti polinomi possibili, quello che comporta i calcoli più semplici. Si dimostra che tale polinomio $p(x)$ è il **polinomio di interpolazione di Lagrange**, che, date n coppie, risulta di grado $n - 1$ e la corrispondente funzione interpolante polinomiale $y = p(x)$ si presenta nella seguente forma:

$$y = \frac{(x - x_2)(x - x_3) \ldots (x - x_n)}{(x_1 - x_2)(x_1 - x_3) \ldots (x_1 - x_n)} y_1 + \frac{(x - x_1)(x - x_3) \ldots (x - x_n)}{(x_2 - x_1)(x_2 - x_3) \ldots (x_2 - x_n)} y_2 +$$

$$+ \ldots + \frac{(x - x_1)(x - x_2) \ldots (x - x_{n-1})}{(x_n - x_1)(x_n - x_2) \ldots (x_n - x_{n-1})} y_n.$$

ESEMPIO

Consideriamo ancora i dati dell'esempio precedente.
Abbiamo:

x_i	1	2	3	4
y_i	8	5	3	16

$$y = \frac{(x-2)(x-3)(x-4)}{(1-2)(1-3)(1-4)} \cdot 8 + \frac{(x-1)(x-3)(x-4)}{(2-1)(2-3)(2-4)} \cdot 5 +$$

$$+ \frac{(x-1)(x-2)(x-4)}{(3-1)(3-2)(3-4)} \cdot 3 + \frac{(x-1)(x-2)(x-3)}{(4-1)(4-2)(4-3)} \cdot 16.$$

Svolti i calcoli e ridotto il polinomio ai minimi termini, abbiamo di nuovo:

$$y = -2 + \frac{127}{6}x - \frac{27}{2}x^2 + \frac{7}{3}x^3.$$

È la stessa funzione polinomiale trovata risolvendo in modo diretto il sistema, ma è stata ottenuta effettuando calcoli più semplici.

CAPITOLO C3
ESERCIZI

1 Interpolazione fra punti

▶ Teoria a p. C28

Funzione interpolante di tipo esponenziale

Rappresenta in un diagramma a dispersione i dati delle seguenti tabelle. Determina l'equazione della funzione esponenziale di interpolazione e verifica la bontà dell'accostamento con l'indice quadratico relativo I.

1
x_i	1	2	3	4	5	6
y_i	6	9	11	16	21	28

$[y = 4{,}607 \cdot 1{,}354^x; I = 0{,}0269]$

2
x_i	1	2	3	4	5	6
y_i	6	16	38	93	226	549

$[y = 2{,}548 \cdot 2{,}454^x; I = 0{,}0197]$

3
x_i	1	2	3	4	5	6
y_i	2	3	4	7	9	13

$[y = 1{,}386 \cdot 1{,}459^x; I = 0{,}0564]$

4
x_i	1	2	3	4	5	6
y_i	3	3,5	4,5	5,6	7	8,5

$[y = 2{,}364 \cdot 1{,}239^x; I = 0{,}0142]$

5
x_i	1	2	3	4	5	6
y_i	27	88	283	912	2940	9481

$[y = 8{,}409 \cdot 3{,}227^x; I = 0{,}0022]$

Funzione interpolante di tipo $y = a \cdot x^b$

6 **ESERCIZIO GUIDA** Le rilevazioni di due variabili X e Y sono riportate nella seguente tabella.

x_i	3	4	5	6	7
y_i	1626	1361	1185	1058	963

Determiniamo la funzione interpolante generalizzata del tipo $y = a \cdot x^b$ e calcoliamo l'indice quadratico relativo.

Dopo aver determinato il logaritmo decimale di entrambi i membri dell'equazione della funzione, ottenendo $\log y = \log a + b \log x$, poniamo $\log y = z$, $\log x = t$, $\log a = q$ e compiliamo la tabella necessaria per calcolare i coefficienti m e q dell'equazione $z = q + mt$.

x_i	y_i	t_i	z_i	$t'_i = t_i - \bar{t}$	$z'_i = z_i - \bar{z}$	$t'_i z'_i$	$(t'_i)^2$
3	1626	0,4771	3,2111	$-0{,}2032$	0,1258	$-0{,}0255$	0,0413
4	1361	0,6021	3,1339	$-0{,}0782$	0,0485	$-0{,}0038$	0,0061
5	1185	0,6990	3,0737	0,0187	$-0{,}0116$	$-0{,}0002$	0,0003
6	1058	0,7782	3,0245	0,0979	$-0{,}0609$	$-0{,}0060$	0,0096
7	963	0,8451	2,9836	0,1648	$-0{,}1017$	$-0{,}0168$	0,0272
Σ		3,4014	15,4268			$-0{,}0523$	0,0845
		$\bar{t} = 0{,}680$	$\bar{z} = 3{,}085$				

Paragrafo 1. Interpolazione fra punti

Calcoliamo m e q:

$$m = \frac{\sum t_i' z_i'}{\sum t_i'^2} = \frac{-0,0523}{0,0845} \simeq -0,619;$$

$$q = \bar{z} - m\bar{t} \simeq 3,506.$$

Allora $a = 10^q \simeq 3206,27$ e $b = m \simeq -0,619$.

La funzione interpolante cercata è l'iperbole di equazione:

$$y = \frac{3206,27}{x^{0,619}}.$$

Calcolando tale funzione nei punti x_i, si trova:

$$I = \frac{\sqrt{\frac{9,67}{5}}}{\frac{6186}{5}} = 0,0011 < 0,1.$$

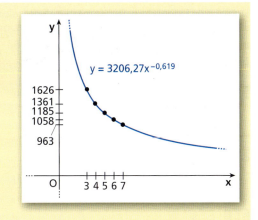

Pertanto la funzione trovata interpola in modo adeguato i dati della tabella.

Determina con il metodo dei minimi quadrati la funzione di tipo $y = a \cdot x^b$, che interpola i seguenti dati. Calcola inoltre l'indice quadratico relativo.

7

x_i	4	5	6	7	8	9
y_i	63	58	53	49	46	44

$\left[y = 119,52 \cdot \dfrac{1}{x^{0,4562}}; I = 0,0072\right]$

8

x_i	1	3	5	7	9	11
y_i	12	16	17	20	21	22

$\left[y = 11,94 \cdot x^{0,253}; I = 0,0249\right]$

9

x_i	3	4	5	6	7	8
y_i	106	133	160	185	209	230

$\left[y = 44,26 \cdot x^{0,796}; I = 0,0050\right]$

10

x_i	1	2	3	4	5	6
y_i	420	314	265	234	214	198

$\left[y = 419,97 \cdot \dfrac{1}{x^{0,4198}}; I = 0,0012\right]$

Confronto tra funzioni interpolanti

11 ASSOCIA ogni diagramma a dispersione al tipo di funzione che lo può interpolare meglio, considerando $b > 0$.

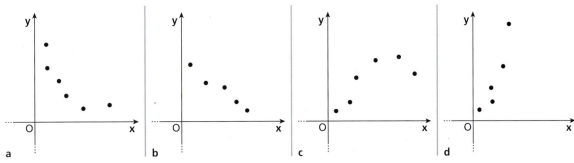

1. $y = ax + b$
2. $y = \dfrac{a}{x^b}$
3. $y = a \cdot b^x$
4. Nessuna delle precedenti.

Capitolo C3. Interpolazione

Dopo aver tracciato il diagramma a dispersione dei dati riportati in tabella, stabilisci quali delle seguenti curve interpolanti rappresenta meglio la distribuzione:

a. una retta; **b.** una curva di equazione $y = a \cdot x^b$; **c.** una curva esponenziale di equazione $y = a \cdot b^x$.

Poi verifica la tua ipotesi calcolando l'indice quadratico relativo.

12

x_i	3	5	7	9	11	13
y_i	44	38	34	32	31	29

[**b**; $I = 0,098$]

13

x_i	0	1	2	3	4	5
y_i	10	15	24	31	45	61

[**c**; $I = 0,0488$]

14

x_i	1	2	3	4	5	6
y_i	6	10	18	32	55	97

[**c**; $I = 0,0071$]

15

x_i	3	10	14	16	18	20
y_i	59	253	580	878	1328	2010

[**c**; $I = 0,013$]

16

x_i	1	3	6	10	12	13
y_i	44,4	40,6	37,4	31,8	29	27,5

[**a**; $I = 0,0095$]

17 **REALTÀ E MODELLI** **Tutti connessi** Nella tabella sono riportati i dati relativi alle vendite di smartphone, in milioni di unità, a partire dal 2007, primo anno della loro commercializzazione.

Anno	1°	2°	3°	4°	5°	6°	7°	8°	9°
Smartphone venduti	122	139	180	297	472	680	970	1200	1420

a. Rappresenta i dati nel piano cartesiano.
b. Determina la funzione che interpola meglio i dati nei primi 5 anni e quella che li interpola meglio negli ultimi 5, scegliendo tra lineare, esponenziale e potenza. È cambiato l'andamento delle vendite?

[b) primi 5 anni: $y = 74,95 \cdot 1,41^x$, $I = 0,12$; ultimi 5 anni: $y = 241,6x - 742,8$, $I = 0,018$]

2 Interpolazione per punti

▶ Teoria a p. C30

18 **VERO O FALSO?**

a. Dati 3 punti di ascisse diverse, si può determinare un solo polinomio di terzo grado che li interpola. V F
b. Dati 6 punti allineati, il polinomio di interpolazione ha grado 1 oppure 0. V F
c. Il polinomio di interpolazione per 4 punti dati ha grado maggiore o uguale a 3. V F
d. Il polinomio di interpolazione di Lagrange per 7 punti dati ha grado al più 6. V F

19 **ESERCIZIO GUIDA** Dati i valori della tabella, determiniamo la funzione di interpolazione per punti noti, mediante il polinomio di interpolazione di Lagrange. Calcoliamo inoltre il valore di y previsto quando $x = 6$.

x_i	1	2	3	4	5
y_i	1	74	369	1138	2729

Paragrafo 2. Interpolazione per punti

Utilizzando il polinomio di interpolazione di Lagrange, la funzione polinomiale interpolante è:

$$y = \frac{(x-x_2)(x-x_3)\ldots(x-x_n)}{(x_1-x_2)(x_1-x_3)\ldots(x_1-x_n)}y_1 + \frac{(x-x_1)(x-x_3)\ldots(x-x_n)}{(x_2-x_1)(x_2-x_3)\ldots(x_2-x_n)}y_2 +$$

$$+ \ldots + \frac{(x-x_1)(x-x_2)\ldots(x-x_{n-1})}{(x_n-x_1)(x_n-x_2)\ldots(x_n-x_{n-1})}y_n.$$

Con i dati della tabella otteniamo:

$$y = \frac{(x-2)(x-3)(x-4)(x-5)}{(1-2)(1-3)(1-4)(1-5)} \cdot 1 + \frac{(x-1)(x-3)(x-4)(x-5)}{(2-1)(2-3)(2-4)(2-5)} \cdot 74 +$$

$$+ \frac{(x-1)(x-2)(x-4)(x-5)}{(3-1)(3-2)(3-4)(3-5)} \cdot 369 + \frac{(x-1)(x-2)(x-3)(x-4)}{(4-1)(4-2)(4-3)(4-5)} \cdot 1138 +$$

$$+ \frac{(x-1)(x-2)(x-3)(x-4)}{(5-1)(5-2)(5-3)(5-4)} \cdot 2729.$$

Svolgendo i calcoli, abbiamo:

$$y = -6 + 2x - x^2 + 2x^3 + 4x^4.$$

Il valore che la funzione interpolante associa a $x = 6$ è:

$$y = -6 + 2 \cdot 6 - 6^2 + 2 \cdot 6^3 + 4 \cdot 6^4 = 5586.$$

Dati i valori delle seguenti tabelle, determina la funzione di interpolazione mediante il polinomio di Lagrange e calcola il valore di y previsto per il valore di x indicato a fianco.

20

x_i	2	3	4	5
y_i	6	1	6	33

$x = 6$ $[y = 2x^3 - 13x^2 + 22x - 2;\ y = 94]$

21

x_i	2	4	6	8
y_i	2	42	162	410

$x = 10$ $[y = x^3 - 2x^2 + 4x - 6;\ y = 834]$

22

x_i	2	3	5	6
y_i	10	45	229	402

$x = 7$ $[y = 2x^3 - x^2 + 2x - 6;\ y = 645]$

23

x_i	2	3	5	6
y_i	8	48	254	444

$x = 7$ $[y = 2x^3 + x^2 - 3x - 6;\ y = 708]$

24

x_i	1	2	3	4	5
y_i	1	74	369	1138	2729

$x = 6$ $[y = 4x^4 + 2x^3 - x^2 + 2x - 6;\ y = 5586]$

25

x_i	1	2	3	4	5
y_i	−1	34	177	554	1339

$x = 6$ $[y = 2x^4 + x^3 - 2x^2 + 4x - 6;\ y = 2754]$

Allenati con **15 esercizi interattivi** con feedback "hai sbagliato, perché…"
su.zanichelli.it/tutor3   risorsa riservata a chi ha acquistato l'edizione con tutor

VERSO L'INVALSI

⏱ 120 minuti

▶ Su http://online.scuola.zanichelli.it/invalsi trovi tante simulazioni interattive in più per fare pratica in vista della prova INVALSI.

1 Quale dei seguenti è il grafico della retta di equazione $y = x + 3$?

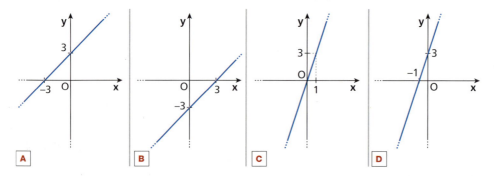

2 Qual è l'equazione della parabola in figura?

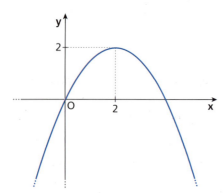

- A $y = x^2 - 4x + 6$
- B $y = x^2 - 4x$
- C $y = -x^2 + 3x$
- D $y = -\frac{1}{2}x^2 + 2x$

3 Considera la seguente funzione definita per casi.

$$f(x) = \begin{cases} x^2 & \text{se } x \leq -2 \\ |x| & \text{se } -2 < x < 2 \\ -x^2 & \text{se } x \geq 2 \end{cases}$$

a. $f(-2) = 2$ V F
b. f è una funzione pari.   V F
c. La funzione è discontinua in $x = -2$ e in $x = 2$.   V F
d. $\lim_{x \to +\infty} f(x) = -\infty$ V F

4 Il ramo di un albero è lungo 1,2 m e forma con il tronco un angolo di 38°. Qual è la distanza, in metri, fra il tronco e l'estremità del ramo? Approssima il risultato alla seconda cifra decimale.

5 6 La seguente tabella riporta i dati dell'Istat sul tasso di occupazione dei giovani tra i 15 e i 24 anni nel primo trimestre del 2015, divisi per sesso.

Maschi	17,09%
Femmine	11,17%

■ In Italia, a inizio 2015, le persone di sesso maschile costituivano il 51,48% del totale dei giovani tra i 15 e i 24 anni. Qual era il tasso di occupazione tra i 15 e i 24 anni nel primo trimestre 2015?

- A 8,82%
- B 14,13%
- C 14,22%
- D 28,26%

■ Se nel primo trimestre 2015 gli occupati tra i 15 e i 24 anni erano circa 846 000 e il tasso di disoccupazione (cioè il rapporto tra disoccupati e la somma di disoccupati e occupati), relativo allo stesso periodo e alla stessa fascia d'età, era del 44,90%, qual era il numero dei disoccupati nel primo trimestre 2015? (Approssima il risultato alle migliaia.)

Verso l'INVALSI

7 Considera $\sqrt{|-x^2|} \geq 0$.

La disequazione:

- A non è verificata per alcun $x \in \mathbb{R}$.
- B è verificata $\forall x \in \mathbb{R}$.
- C è verificata solo per $x \geq 0$.
- D è verificata solo per $x \leq 0$.

8 Laura vuole comprare dei bicchieri per il suo bar da un produttore.
Il prezzo per ogni bicchiere è di € 4, scontato a € 3,80 se l'ordine supera i 50 bicchieri. Le spese di spedizione ammontano a

€ 6; se però il costo dell'ordine supera i 100 euro, la spedizione è gratuita.
Sia $C(n)$ la funzione che esprime il costo totale che Laura deve sostenere in funzione del numero n di bicchieri.
Allora:

$$C(n) = \begin{cases} \square & \text{se } n \leq \square \\ 4n & \text{se } \square < n \leq \square \\ \square & \text{se } n > 50 \end{cases}$$

9
10 Si stima che il numero di individui di una certa popolazione di parassiti sia rappresentato dalla funzione

$$N(t) = \frac{200}{1 + 4e^{-0,3t}},$$

dove il tempo t è misurato in minuti.

- Qual è il numero iniziale di parassiti, al tempo $t = 0$?
- Cosa succede dopo un tempo molto lungo, secondo questo modello?
  - A La popolazione cala fino a raggiungere gli 0 individui.
  - B La popolazione si stabilizza intorno ai 200 individui.
  - C La popolazione continua a crescere senza limite.
  - D La popolazione continua ad aumentare e a diminuire senza stabilizzarsi.

11 Quante soluzioni ha l'equazione $\ln(x^2 - 1) = 0$?

12
13 Considera la parabola di equazione
$y = (x - 1)^2$.

- a. La parabola passa per il punto (1; 0).   V F
- b. Il vertice della parabola è $V(0; 1)$.   V F
- c. L'asse della parabola ha equazione $x = 1$.   V F
- d. La parabola interseca l'asse x in due punti distinti.   V F

Determina l'intersezione, nel primo quadrante, tra la parabola e la retta di equazione $x + y = 3$.

14
15 Nella seguente tabella sono riportati i dati relativi ai millimetri di pioggia caduti in una certa località negli ultimi 5 anni, nel mese di agosto.

Anno	2012	2013	2014	2015	2016
Precipitazioni (mm)	94,0	94,6	238,4	168,0	68,7

- Qual è la media delle precipitazioni? (Approssima il risultato al decimo di mm.)
- Calcola la deviazione standard, approssimando il risultato al decimo di mm.

16 Calcola $\lim_{x \to 0} \frac{e^x - 1}{2 \sin x}$.

17 Se $\tan \alpha = 2\sqrt{6}$ e $0 < \alpha < \pi$, quanto vale $\cos \alpha$?

18 Se le rette di equazioni
$$2x + 3y = 4 \quad \text{e} \quad \frac{1}{4}x + ay = 2$$
sono perpendicolari, quanto vale a?

19 Nella seguente tabella sono riportati gli esami sostenuti finora da Alessandro, con il relativo peso in crediti e la votazione conseguita.

Esame	Crediti formativi	Voto
Chimica organica	6	29
Chimica generale	9	30
Fisica	9	25
Bioeconomia	6	28
Biologia	12	30

Per concludere gli esami del primo anno, ad Alessandro manca solo l'esame di Matematica, da 9 crediti formativi. Per avere diritto a una borsa di studio, la media dei voti, pesata in base ai crediti formativi, non deve essere minore di 27. Qual è il voto minimo che deve prendere Alessandro nell'esame di Matematica per ottenere la borsa?

I7

Verso l'INVALSI

20
21 Piazza Primo Maggio a Udine (detta anche *Giardin Grande*) è a forma di ellisse, con gli assi lunghi 190 m e 146 m.

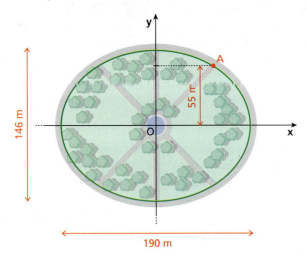

▪ Usando il sistema di riferimento in figura, trova l'equazione del bordo della piazza.

A $\dfrac{x^2}{146^2} - \dfrac{y^2}{190^2} = 1$

B $\dfrac{x^2}{95^2} - \dfrac{y^2}{73^2} = 1$

C $\dfrac{x^2}{95^2} + \dfrac{y^2}{73^2} = 1$

D $\dfrac{x^2}{190^2} + \dfrac{y^2}{146^2} = 1$

▪ Flavio si trova nel punto A della figura, sul bordo della piazza, a 55 metri di distanza dall'asse maggiore. Quanto dista Flavio dal centro della piazza? Esprimi il risultato in metri, approssimando all'unità.

22 Aumentando del 16% il lato di un quadrato, l'area aumenta del:

A 256%.

B 32%.

C 34,56%.

D 16%.

23 Un'aiuola circolare è recintata con una rete lunga 6 m. Qual è l'area, in m², dell'aiuola? Approssima il risultato al decimo.

24 Qual è il coefficiente angolare della retta tangente al grafico della funzione $y = \ln x^2$ nel punto $x = 1$?

A 0

B ln 2

C 1

D 2

25 Associa a ciascuna equazione la lunghezza del raggio della circonferenza che essa rappresenta.

a. $x^2 + y^2 = 2$ 1. $r = 2$

b. $(x-2)^2 + (y-2)^2 - 1 = 0$ 2. $r = \sqrt{2}$

c. $x^2 + y^2 + 4x = 0$ 3. $r = 1$

26 Siano a e b due numeri reali positivi, con $a \neq 1$. Se $\log_a b = 3$, quanto vale $\log_{\frac{1}{a}} \dfrac{1}{b}$?

A 3

B -3

C $\dfrac{1}{3}$

D $-\dfrac{1}{3}$

27 Considera la funzione $f(x) = \sqrt{x}\, e^{-x}$.

a. Il dominio di f è $x \geq 0$.   V F

b. L'asse x è un asintoto orizzontale per f.   V F

c. L'asse y è un asintoto verticale per f.   V F

d. f ha un minimo in $x = \dfrac{1}{2}$.   V F

28 Quale delle seguenti espressioni *non* è definita?

A $\tan\left(-\dfrac{\pi}{2}\right)$

B $\dfrac{1}{\cos 0}$

C $\tan \pi$

D $\sqrt{\cos 0}$

Verso l'INVALSI

29 Per la sua abitazione, Giulio può scegliere tra due gestori della rete elettrica. Il gestore A gli propone una tariffa monoraria da 20 cent/kWh, mentre il gestore B gli propone una tariffa bioraria al costo di 10 cent/kWh nelle fasce serali e notturne e 50 cent/kWh nelle restanti fasce della giornata.
Qual è la percentuale minima di energia elettrica, sul totale, che Giulio dovrebbe consumare nelle fasce serali e notturne affinché sia più conveniente il gestore B?

30 Calcola $\int_0^1 (x-1)^2 \, dx$.

31
32 Sei amiche vogliono dividersi in due squadre da tre.
- ■ In quanti modi diversi possono farlo?
  - **A** 6
  - **B** 10
  - **C** 20
  - **D** 120
- ■ Se Cristina e Antonella vogliono stare nella stessa squadra, quanti modi ci sono per formare le due squadre?

33 Luca affronta un quiz con 5 domande: per ognuna sono presenti 4 risposte tra cui scegliere, e una sola è corretta. Il test si considera superato se si risponde correttamente ad almeno 4 domande. Se Luca risponde a caso, qual è la probabilità che passi il test?
- **A** $\dfrac{1}{1024}$
- **B** $\dfrac{1}{64}$
- **C** $\dfrac{1}{2}$
- **D** $\dfrac{4}{5}$

34 Quanto vale $\sqrt[3]{99^{99}}$?
- **A** 33^{99}
- **B** 99^{96}
- **C** 99^{33}
- **D** 33^{33}

35 Considera la funzione $f(x) = \sqrt{\ln x}$.
- a. $f(e) = 1$.   V F
- b. Il dominio di f è $x > 0$.   V F
- c. f è una funzione pari.   V F

36
37 In un esperimento di laboratorio si sta studiando una popolazione batterica che inizialmente (al tempo $t = 0$) conta 200 individui: si osserva che questo numero raddoppia ogni 30 minuti.
- ■ Qual è la funzione che esprime il numero N di batteri presenti al tempo t, se questo è misurato in ore?
  - **A** $N(t) = 2^{\frac{t}{30}}$
  - **B** $N(t) = 200 \cdot 2^{\frac{t}{2}}$
  - **C** $N(t) = 200 \cdot 2^{30t}$
  - **D** $N(t) = 200 \cdot 2^{2t}$
- ■ Dopo quanto tempo la popolazione avrà superato i 10 000 individui? Approssima il risultato al minuto.

38 Di due numeri reali a e b sai che $a + b = 6$ e $ab = 4$. Quanto vale $a^2 + b^2$?
- **A** 36
- **B** 32
- **C** 28
- **D** 20

TAVOLA DI SHEPPARD

Aree sotto la curva normale standardizzata da 0 a z.

z	0,00	0,01	0,02	0,03	0,04	0,05	0,06	0,07	0,08	0,09
0,0	0,0000	0,0040	0,0080	0,0120	0,0160	0,0199	0,0239	0,0279	0,0319	0,0359
0,1	0,0398	0,0438	0,0478	0,0517	0,0557	0,0596	0,0636	0,0675	0,0714	0,0753
0,2	0,0793	0,0832	0,0871	0,0910	0,0948	0,0987	0,1026	0,1064	0,1103	0,1141
0,3	0,1179	0,1217	0,1255	0,1293	0,1331	0,1368	0,1406	0,1443	0,1480	0,1517
0,4	0,1554	0,1591	0,1628	0,1664	0,1700	0,1736	0,1772	0,1808	0,1844	0,1879
0,5	0,1915	0,1950	0,1985	0,2019	0,2054	0,2088	0,2123	0,2157	0,2190	0,2224
0,6	0,2257	0,2291	0,2324	0,2357	0,2389	0,2422	0,2454	0,2486	0,2517	0,2549
0,7	0,2580	0,2611	0,2642	0,2673	0,2704	0,2734	0,2764	0,2794	0,2823	0,2852
0,8	0,2881	0,2910	0,2939	0,2967	0,2995	0,3023	0,3051	0,3078	0,3106	0,3133
0,9	0,3159	0,3186	0,3212	0,3238	0,3264	0,3289	0,3315	0,3340	0,3365	0,3389
1,0	0,3413	0,3438	0,3461	0,3485	0,3508	0,3531	0,3554	0,3577	0,3599	0,3621
1,1	0,3643	0,3665	0,3686	0,3708	0,3729	0,3749	0,3770	0,3790	0,3810	0,3830
1,2	0,3849	0,3869	0,3888	0,3907	0,3925	0,3944	0,3962	0,3980	0,3997	0,4015
1,3	0,4032	0,4049	0,4066	0,4082	0,4099	0,4115	0,4131	0,4147	0,4162	0,4177
1,4	0,4192	0,4207	0,4222	0,4236	0,4251	0,4265	0,4279	0,4292	0,4306	0,4319
1,5	0,4332	0,4345	0,4357	0,4370	0,4382	0,4394	0,4406	0,4418	0,4429	0,4441
1,6	0,4452	0,4463	0,4474	0,4484	0,4495	0,4505	0,4515	0,4525	0,4535	0,4545
1,7	0,4554	0,4564	0,4573	0,4582	0,4591	0,4599	0,4608	0,4616	0,4625	0,4633
1,8	0,4641	0,4649	0,4656	0,4664	0,4671	0,4678	0,4686	0,4693	0,4699	0,4706
1,9	0,4713	0,4719	0,4726	0,4732	0,4738	0,4744	0,4750	0,4756	0,4761	0,4767
2,0	0,4772	0,4778	0,4783	0,4788	0,4793	0,4798	0,4803	0,4808	0,4812	0,4817
2,1	0,4821	0,4826	0,4830	0,4834	0,4838	0,4842	0,4846	0,4850	0,4854	0,4857
2,2	0,4861	0,4864	0,4868	0,4871	0,4875	0,4878	0,4881	0,4884	0,4887	0,4890
2,3	0,4893	0,4896	0,4898	0,4901	0,4904	0,4906	0,4909	0,4911	0,4913	0,4916
2,4	0,4918	0,4920	0,4922	0,4925	0,4927	0,4929	0,4931	0,4932	0,4934	0,4936
2,5	0,4938	0,4940	0,4941	0,4943	0,4945	0,4946	0,4948	0,4949	0,4951	0,4952
2,6	0,4953	0,4955	0,4956	0,4957	0,4959	0,4960	0,4961	0,4962	0,4963	0,4964
2,7	0,4965	0,4966	0,4967	0,4968	0,4969	0,4970	0,4971	0,4972	0,4973	0,4974
2,8	0,4974	0,4975	0,4976	0,4977	0,4977	0,4978	0,4979	0,4979	0,4980	0,4981
2,9	0,4981	0,4982	0,4982	0,4983	0,4984	0,4984	0,4985	0,4985	0,4986	0,4986
3,0	0,4987	0,4987	0,4987	0,4988	0,4988	0,4989	0,4989	0,4989	0,4990	0,4990
3,1	0,4990	0,4991	0,4991	0,4991	0,4992	0,4992	0,4992	0,4992	0,4993	0,4993
3,2	0,4993	0,4993	0,4994	0,4994	0,4994	0,4994	0,4994	0,4995	0,4995	0,4995
3,3	0,4995	0,4995	0,4995	0,4996	0,4996	0,4996	0,4996	0,4996	0,4996	0,4997